第三版前言

《有机化学》2003 年 8 月出版第一版，2004 年被评为北京市高等教育精品教材。2009 年 8 月出版第二版，被评为普通高等教育“十一五”国家级规划教材。在第二版后的十多年时间里，有机化学在许多领域又有较大的进展。科学技术的飞速发展促使编者对有机化学教材内容和教学方法进行必要的改进，以使培养出的学生能适应科学发展的需要。本次修订的主要内容包括：

(1) 按照《有机化合物命名原则》(2017)对有机化合物的系统命名和有机化合物的名称进行了修订。

(2) 删除“有机化合物的物理性质”一章，有关内容分散到各章中。在有机化合物各章中，重点讲述有机化合物的物理性质和化学性质。这是因为在进行有机物合成时，应用的是它们的化学性质，即利用的是化学反应，而要得到纯的化合物，就要利用它们的物理性质进行分离、提纯、鉴定，这是有机物合成的完整工作，缺一不可。

(3) 有机化学主要包括三部分内容，即有机物的结构、官能团反应和反应机理。官能团反应是有机化学的主要内容，国内外有机化学教材都是以官能团反应为主线进行编排。但各类官能团反应受结构、反应条件等影响，十分复杂，比较难掌握。多种分析仪器在有机化学中的应用，使学者们对有机化合物的结构有了深入的研究。通过有机化合物的结构了解官能团反应及其反应机理，进而理解和掌握反应的规律和影响因素，这是学习有机化学的重要途径。本次修订对各类官能团的结构和典型反应机理进行详细论述，特别是烷烃的自由基取代反应、碳碳双键的亲电加成反应、芳烃的亲电取代反应、卤代烃的亲核取代反应、醛和酮的亲核加成反应等，以强化学习者对反应的理解。

本书由鲁崇贤(北京化工大学)、杜洪光(北京化工大学)、崔艳丽(浙江大学)、陈宁(北京化工大学)修订编写。编写分工为：鲁崇贤(第 1、3～6、8、12～14 章)，杜洪光(第 9～11 章)，崔艳丽(第 7、15、16 章)，陈宁(第 2、17 章)。全书由鲁崇贤统稿。

本书在前两版的基础上进行修订，感谢前两版的编者打下的良好基础。感谢北京化工大学化学学院，特别是有机化学系的各位老师对本书修订提出的宝贵意见和建议。感谢北京化工大学化学学院庄俊鹏、杨占会、李顺来、吕志和雷鸣等多位老师以及多位硕士研究生对本书修订提供的帮助。本书的修订得到了北京化工大学教材建设基金的资助，在此表示感谢。感谢北京化工大学化学学院对本书出版提供的资助。感谢科学出版社的编辑在本书修订过程中给予的帮助和指导。在本书修订时参阅了多本国内外有机化学教材，得到一些启发，感谢相关著作者。

修订过程中编者作了很大的努力，但由于学术水平和写作能力有限，书中不妥之处在所难免，敬请广大师生和读者予以指正。

编　者

2024 年 10 月

第二版前言

《有机化学》第一版自2003年8月出版以来，承蒙广大读者的厚爱，6年间共印刷5次，2004年被评为北京市高等教育精品教材。第二版被评为普通高等教育“十一五”国家级规划教材。使用过第一版教材的教师和学生给本书提出了一些意见，如某些内容取材不当，印刷和排版有不妥之处。近年来有机化学在理论和应用上也有很大的进展，为了适应有机化学的新发展，同时配合有机化学国家级精品课程的建设，作者对第一版教材进行了较全面的修订。

本次修订的指导思想包括：精简繁杂和不适用的内容，突出理论和基本反应，达到少而精的目的；根据我们的教学实践，本书仍以脂肪族和芳香族混编体系为主线进行编写；注重教学内容安排，利于教师的启发性教学和学生的主动学习。

本次修订的内容包括：①将紫外吸收光谱、红外吸收光谱、核磁共振谱和质谱精简到一章——有机化合物的波谱，以精简内容并加强应用性；②将有机反应中几个重要的反应机理进行重写和加强；③删除有机物的分离和鉴别章节，有关内容分散到各章中；④精简部分章节中的繁杂内容。

本书由鲁崇贤、杜洪光任主编。参加修订编写的有：鲁崇贤(第1、3、13、16、17章)，杜洪光(第2、10、11、12章)，王涛(第4、14、15章)，赵邦蓉(第5章)，田红(第6、7章)，于景华(第8、9章)。全书由鲁崇贤统稿。

由于时间仓促，编者水平有限，书中不妥之处在所难免，敬请读者批评指正。

编　者

2009年5月

普通高等教育“十一五”国家级规划教材

有机化学

（第三版）

鲁崇贤　杜洪光　崔艳丽　陈　宁　编

科学出版社

北　京

内 容 简 介

本书共 17 章，采用脂肪族和芳香族混合编写体系，按照有机化学的研究内容进行组织。在介绍有机化学基本理论和基本知识的基础上，分别介绍有机化合物的系统命名法、有机化合物的结构、有机化合物的物理性质和化学性质、有机化合物的波谱性质、有机化合物的来源和制备。结构决定性质，性质反映结构。有机化学的核心是结构，重点是有机化合物的化学性质。本书希望通过对官能团结构深入介绍，帮助读者更好地理解和掌握官能团反应和典型的反应机理。此外，本书对周环反应进行了介绍。每章后附有习题。

本书可作为综合性院校和高等理工院校化学工程与工艺、高分子材料、应用化学、能源化学、材料科学与工程、生物工程、制药工程、环境科学与工程等专业本科生的有机化学教材，也可作为其他专业的教学参考书。

图书在版编目（CIP）数据

有机化学 / 鲁崇贤等编. -- 3 版. -- 北京 : 科学出版社，2025. 2. -- (普通高等教育“十一五”国家级规划教材). --ISBN 978-7-03-081217-9

Ⅰ. O62

中国国家版本馆 CIP 数据核字第 2025YB3486 号

责任编辑：陈雅娴 / 责任校对：杨　赛

责任印制：吴兆东 / 封面设计：有道设计

科学出版社出版

北京东黄城根北街 16 号

邮政编码：100717

http://www.sciencep.com

北京中石油彩色印刷有限责任公司印刷

科学出版社发行　各地新华书店经销

*

2003 年 8 月第 一 版　开本：787×1092　1/16

2009 年 8 月第 二 版　印张：32 3/4

2025 年 2 月第 三 版　字数：838 000

2025 年 8 月第十九次印刷

定价：89.00 元

第一版前言

进入21世纪，科学技术日新月异，人类将从工业经济步入知识经济时代，这种转变对高等教育提出了新的要求。为了培养适应新世纪经济发展需要的优秀人才，教育部组织实施了“高等教育面向21世纪教学内容和课程体系改革计划”。根据该计划的要求和我校建设“高校工科化学教学基地”的需要，我校对有机化学教学体系和教学内容进行了改革。在经过教学实践的基础上，编写了这本适用于应用化学、高分子材料、材料科学与工程、生物工程、制药工程和环境工程等专业的有机化学新教材。

编写本教材的指导思想是：为培养高素质的创新人才，加强基础，加强内容的更新，加强分析手段的介绍。在脂肪族和芳香族混编体系中，重点系统介绍各类官能团反应和反应机理，以使培养出来的学生具有较强的分析问题、解决问题和创新的能力。具体来说，其突出点如下：

一、加强基础，提高起点。有机化合物的命名、构造、构型和构象是有机化学最基本的内容，涉及各类有机化合物，一般的教科书都分散到各章进行讲述。为了使学生对这部分内容有系统深入的理解，以便在后续各章反复应用，我们集中于两章进行阐述。

二、强化官能团反应和构效规律。本书采用脂肪族、芳香族混合编写体系。考虑到各类化合物的制备内容，大多数在各类官能团反应中涉及，所以为了避免重复，不再另立专节进行介绍。重点内容以各类官能团反应为主线，详细介绍各类官能团的结构和反应之间的关系，分析各类官能团反应的规律和实际应用。

三、加强波谱分析方法的介绍和应用。本书分四章详细地介绍了四种波谱，以加强学生对各类官能团谱图的认识和波谱分析方法的应用，使学生能够利用波谱分析来指导有机化合物的合成。

四、适当介绍学科前沿。对近几年迅速发展起来的有机化学领域的科研成果，例如 C_{60}、固相合成等做出了较完整的介绍。

本书内容共分7篇21章。第1篇包括有机化学总论等3章。第2篇包括有机化合物的物理性质和波谱分析5章。第3篇含烃和卤代烃的化学性质4章。第4篇为有机含氧化合物4章。第5篇包括有机含氮化合物和杂环化合物2章。第6篇为氨基酸、蛋白质、核酸、萜类和甾族化合物1章。第7篇包括有机化合物的来源和合成，分离和鉴别2章。

本书由鲁崇贤、杜洪光任主编。参加编写的有：鲁崇贤(第1、3、16、19、20章)，杜洪光(第2、13、14、15章)，田红(第9、10章)，王涛(第4、17、18、21章)，于景华(第11、12章)，赵邦蓉(第5、6、7、8章)。全书由鲁崇贤统稿。

北京化工大学有机化学教研室全体教师经过教学实践对本教材初稿提出了一些修改意见。北京化工大学张黯教授仔细审阅了全稿，提出了许多具体意见。对张黯教授的热情关怀和细心指导，谨致衷心的谢意。本教材的编写还得到了北京化工大学化新教材建设基金的资助，在此表示感谢。

本书被北京市教育委员会评为2002年北京市高等教育精品教材立项项目。

由于编者水平有限，书中难免会有疏漏、错误和不妥之处，敬请同行和读者批评指正。

编　者

2003年2月

目　录

第1章　绪　　论

1.1　有机化合物和有机化学

有机化合物广泛存在于自然界中。历史上将从矿物中得到的化合物称为无机化合物，从动植物即生物体中得到的化合物称为有机化合物。当时认为有机化合物只能从有生命的生物体得到而不能由无机物合成得到，这种“生命力”观点在较长时间内阻碍了有机化学的发展。直到1828年韦勒(F. Wöhler)由无机化合物氰酸铵合成了有机化合物尿素，才动摇了这种观点。1845年科尔柏(H. Kolbe)合成了乙酸，1854年贝特洛(M. Berthelot)合成了油脂，证明有机化合物不但能从生物体中得到，也可由无机物合成得到。历史上根据来源划分无机化合物和有机化合物已无实际意义，但为了方便，无机化合物和有机化合物这个名称仍沿用至今。

有机化合物都含有碳元素，所以有机化合物又称为碳的化合物。有机化合物除含碳外，绝大部分含有氢，有的还含氧、氮、硫、卤素等。只含有碳和氢两种元素的化合物称为碳氢化合物，简称烃。烃分子中氢原子被其他原子或基团取代得到的化合物称为烃的衍生物。有机化合物包括烃和烃的衍生物。

有机化合物主要来源于石油和煤。以石油和煤为原料可以制得简单的有机化合物，如乙烯、丙烯、苯、甲苯等，而由这些简单的有机化合物可以合成复杂的有机化合物。生产有机化合物的工业称为有机化学工业，石油的开发和利用大大开拓了有机化学工业的发展。

有机化合物和无机化合物在性质上有很大的不同。大部分有机化合物容易燃烧(也有少部分例外，如CCl_4就不易燃烧)，无机化合物一般难以燃烧。有机化合物易挥发，熔点较低，一般不超过400℃，对热不稳定；无机化合物熔点较高，难以熔化。大部分有机化合物难溶于水，易溶于有机溶剂，无机化合物则相反。有机化合物的反应比较复杂，一般反应较慢，副反应较多；无机化合物的反应一般较快。

有机化学是研究有机化合物的来源、制备、结构、性能、应用以及有关理论和方法学的科学。对有机化合物的结构、性质和合成的研究是有机化学学科的主要内容。

1.2　有机化合物的分子结构

有机化合物是碳的化合物。碳是元素周期表中的ⅣA族元素，是最重要的化学元素之一，碳原子基态电子构型为$(1s)^2(2s)^2(2p_x)^1(2p_y)^1$，激发态电子构型为$(1s)^2(2s)^1(2p_x)^1(2p_y)^1(2p_z)^1$。它有4个价电子，电负性(2.5)中等，既不容易失去电子形成正离子，也不容易获得电子形成负离子。碳原子容易与其他原子通过共用电子对形成由共价键结合的化合物。碳原子与碳原子之间或碳原子与其他原子之间可通过单键、双键或叁键连接成链状化合物或环状化合物。在这些化合物中，或碳原子数相同、连接方式不同，或碳原子数不同、连接方式也不同，所以有机化合物种类众多，结构形式和成键方式极为丰富。习惯上，将分子中原子的连接称为“化学结构”，简称结构，表示分子结构的化学式称为结构式。

了解有机化合物，必须首先了解有机化合物的分子结构。有机化合物的分子结构一般包括有机化合物的分子构造、分子构型和分子构象。这里只介绍有机化合物的分子构造及其表示方法，分子构型和分子构象在第 3 章中介绍。

1. 有机化合物的分子构造和构造式

在有机化合物分子中，表示一个分子所包含的各种原子的种类和数目的式子称为分子式。在有机化学中，一个分子式可能会有几个不同的分子结构和结构式，因而可能会有几个不同的有机化合物，这是有机化合物中普遍存在的同分异构现象。所以有机化合物只能用结构式表示才不会发生混淆。

分子中原子间相互连接的顺序称为分子构造，表示分子构造的化学式称为构造式。分子式相同，分子构造不同的化合物称为构造异构体。例如，分子式为 C_4H_{10} 的烷烃有正丁烷和异丁烷两个构造异构体，它们是两种构造和性质不同的化合物。

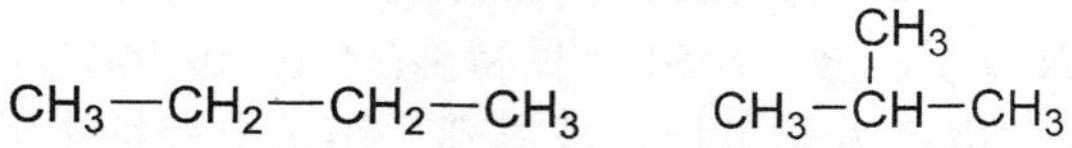

正丁烷　　异丁烷

分子式为 $C_4H_{10}O$ 的化合物，有七个构造异构体。

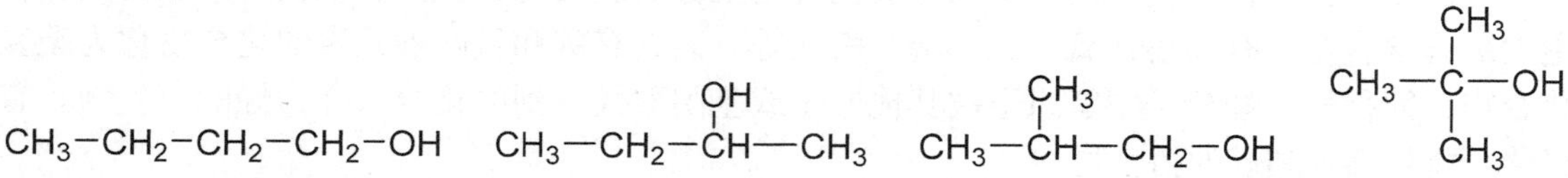

正丁醇　　仲丁醇　　异丁醇　　叔丁醇

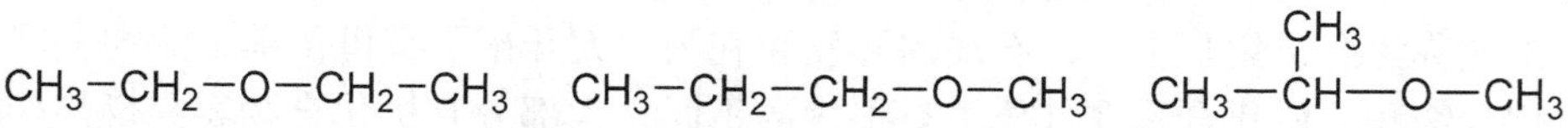

乙醚　　甲基正丙基醚　　异丙基甲基醚

2. 构造式的表示方法

用构造式表示有机化合物的分子构造，常用的有三种表示法：短线构造式、缩简构造式和键线构造式(表 1.1)。

表 1.1　构造式表示方法

化合物	短线构造式	缩简构造式	键线构造式
正丁烷	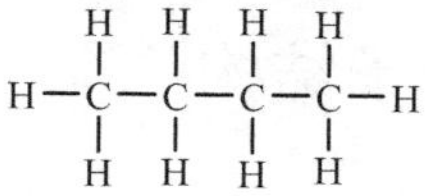	$CH_3CH_2CH_2CH_3$	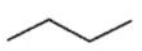
异丁烷	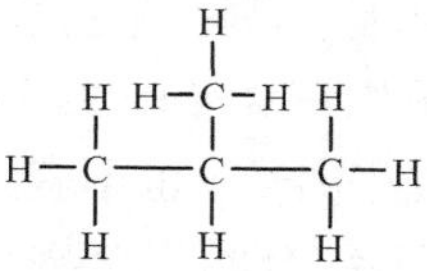	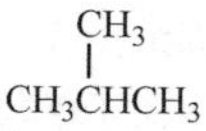	
乙醇	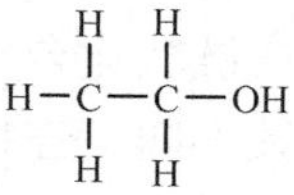	CH_3CH_2OH	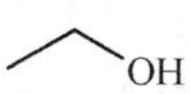
丙酮	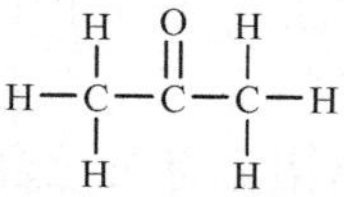	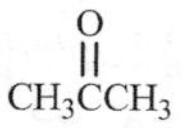	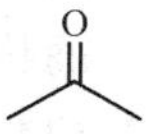

续表

化合物	短线构造式	缩简构造式	键线构造式
2-氯丁烷	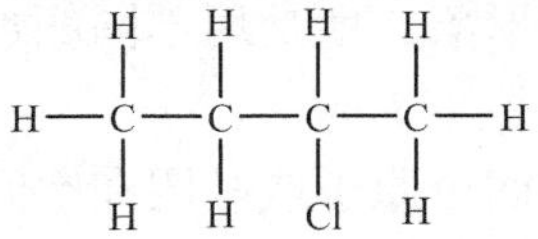	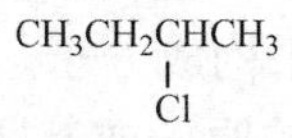	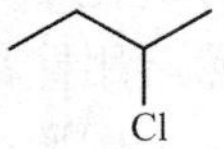
苯	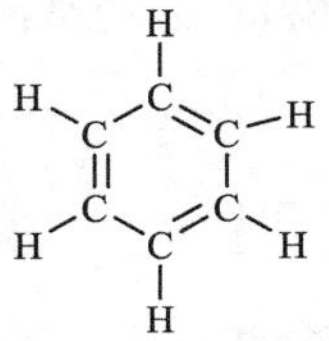	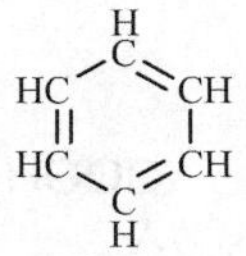	

1.3　有机分子中的化学键

在讨论有机化合物的分子结构时，首先要考虑有机化合物分子中的化学键。化学键是分子中原子间强烈的吸引力。在化学键理论发展的过程中有几个鲜明的里程碑，即凯库勒(A. Kekulé)的结构理论(1858～1865 年)、范托夫(J. H. van't Hoff)和勒贝尔(J. A. Lebel)的碳原子四面体结构理论(1874 年)、路易斯(G. N. Lewis)的共价键理论(1914～1917 年)以及海特勒(W. Hitler)和伦敦(F. London)的价键理论(1927 年)。

1.3.1　碳原子是四价的

德国化学家凯库勒于 1857～1858 年提出有机化合物中的碳是四价的，他认为碳原子以四价与碳原子或其他原子相连，碳原子与碳原子或其他原子之间可以单键、双键、叁键相连，碳原子与碳原子可以相连形成链状化合物或环状化合物。对于苯分子，他提出了著名的凯库勒结构式。凯库勒在有机结构理论方面的贡献是非常重要的，他揭示了有机化合物的内部联系，使数量巨大的有机化合物系统化。这是有机化学发展史上最基本的理论，树立了第一个里程碑。

1.3.2　有机分子的立体形象

凯库勒提出的结构理论是以平面形式描述有机化合物的分子结构。以平面形式考察分子的构造异构体的数目往往与实际找到的构造异构体数目不符合。例如，按照当时的理论，CH_2Cl_2 应有两个构造异构体，而实际发现只有一个。

为了解释这个现象，科学家认为必须从分子的立体形象来考虑分子的分子结构。1874 年，范托夫和勒贝尔同时分别提出了碳原子四面体结构理论。在有机化合物分子中，碳原子位于四面体的中心，四个价键指向四面体的四个顶角，在那里分别与四个原子或基团相连接。

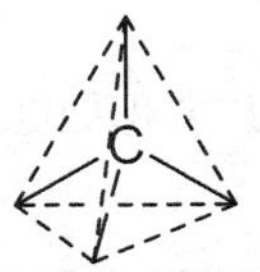

碳原子四面体结构

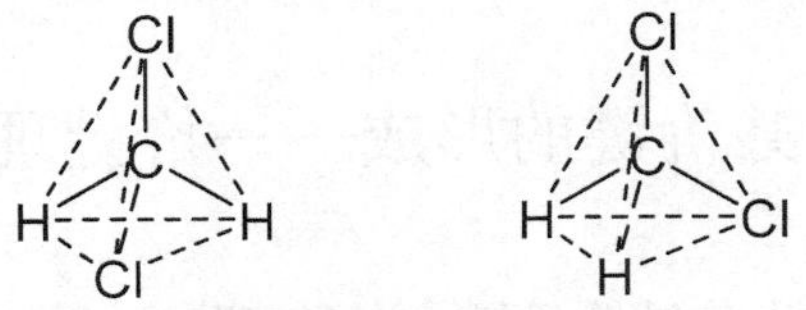

CH_2Cl_2 的四面体结构

碳原子四面体结构理论的提出，奠定了立体化学基础，进一步深化和巩固了结构理论，是结构理论发展史上第二个里程碑。

在有机化学中常用球棒模型描述有机分子的立体形象，就是用不同颜色的球表示不同的原子，然后用棒将它们连接起来构成分子。

当一个碳原子与四个不同的原子或基团相连时，四个原子或基团在空间就有两种不同的排列方式，组成一对具有不同旋光性的对映体。例如，乳酸即 2-羟基丙酸($CH_3CHOHCOOH$)有以下 2 种结构。

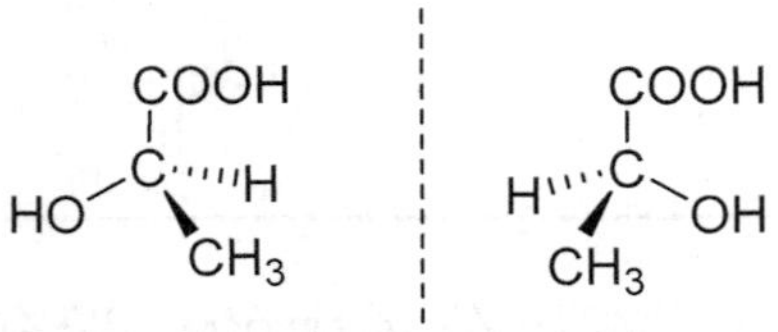

它们的关系是左手和右手的关系，是实物和镜像的关系，都具有旋光性，是一对对映异构体(参见 3.3.2)。

1.3.3　路易斯共价键理论

1869 年俄国化学家门捷列夫(D. I. Mendeleev)发现，按照原子量大小排列起来的元素在性质上呈现明显的周期性，他将这种现象定义为元素周期律。元素周期律的发现解释了元素之间的内在联系，预言和发现了许多新元素。根据元素周期律，人们发现了原子的组成和结构。1897 年汤姆逊(J. J. Thomson)发现了电子。1913 年玻尔(N. H. D. Bohr)综合前人的工作，提出了著名的原子结构学说：原子是由带正电的原子核和环绕在核周围带负电的电子组成的。这些成就引导了电子理论的创立。1916 年美国化学家路易斯将分子结构和原子结构结合起来，提出了共价键理论。该理论指出：两个原子可通过共用一对电子形成化学键。通过共用电子对形成的化学键称为共价键。共价键形成后，两个原子通过共用电子对分别形成了稳定的稀有气体原子的电子结构。例如，两个氢原子共用一对电子形成 H_2 分子，在 H_2 分子中每个氢原子都具有稀有气体氦原子的电子结构。

H· + H· ⟶ H:H　(H-H)

氢原子　　　　氢分子

4 个氢原子和 1 个碳原子形成甲烷分子。

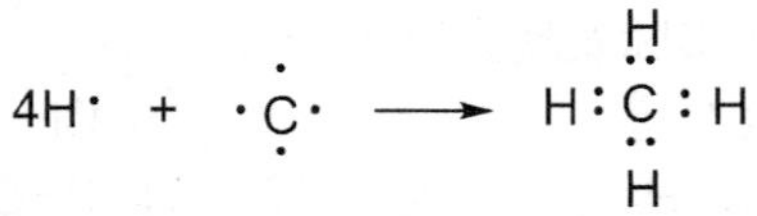

在甲烷分子中，氢原子外层具有两个电子，类似稀有气体氦的电子结构；碳原子外层具有八个电子，类似稀有气体氖的电子结构。这种用共价键结合的以外层电子(价电子)表示的电子结构式称为路易斯结构式。在路易斯结构式中，通常用一短横线表示成键的一对电子。在路易斯结构式中，两原子共用一对电子的称为共价单键，共用两对或三对电子的称为共价双键或共价叁键。

1.4　共价键的形成——价键理论和分子轨道理论

路易斯的共价键理论虽然解释了许多实验事实，为大多数化学家所接受，但该理论仍未能解释为什么原子间共用一对电子就可促使两原子结合在一起形成化学键。

1925 年量子力学出现之后，1927 年海特勒和伦敦用量子力学理论和方法处理 H_2 分子，其结果很好地说明了 H_2 分子共价键形成的原因，建立了价键理论。随后，洪德(F. Hund)和马利肯布(R. S. Mulliken)也用量子力学理论处理 H_2 分子，采用另一种物理模型(分子中单个电子独立运动模型)，建立了分子轨道理论，同样得到很好的结果。二者的区别在于：价键理论认为，形成化学键的一对电子只在以此化学键相连的两原子间的区域内运动；而分子轨道理论认为，形成化学键的一对电子遍布在整个分子的区域内运动。下面分别介绍这两种理论。

1.4.1　价键理论

1. 氢分子

在一般条件下，两个氢原子会很快地结合，形成氢分子。实验测得两个氢原子结合能为 $436\text{kJ}\cdot\text{mol}^{-1}$，氢分子中两个氢原子间的平均距离(H—H 键的键长)为 0.74Å(1Å = 10^{-10}m)。用量子力学理论如何来解释这一实验结果呢？

用量子力学理论来解决 H_2 问题时，首先必须写出 H_2 体系的薛定谔方程，重要的是找出哈密顿算符的具体形式。图 1.1 为 H_2 分子中两个氢核(用 a、b 代表)和两个电子(用 1、2 代表)的坐标图。r_{a1}、r_{b1} 为电子 1 与两核的距离，r_{a2}、r_{b2} 为电子 2 与两核的距离，r_{12} 为两电子间距离，R 为两氢核之间的距离。考虑到原子核的质量比电子的质量大得多(相差 1836 倍)，电子的运动速率又远远超过核的移动速率，所以在建立 H_2 分子体系的薛定谔方程时，假定两个氢核固定在相距为 R 的位置上，近似地将电子运动状态看成与核运动无关。这样在哈密顿算符中只包括电子 1 和 2 的动能算符和电子与核之间、电子与电子之间、核与核之间的势能项，而不出现核的动能算符。解出来的波函数只反映电子运动状态。

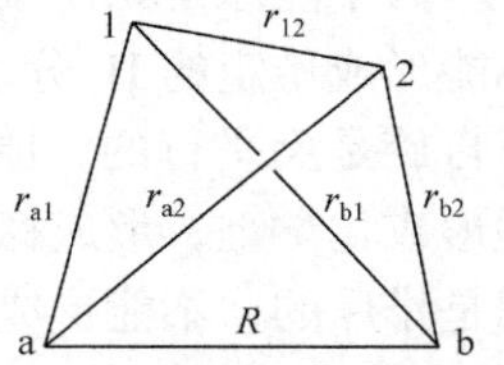

图 1.1　H_2 分子的坐标及变量

这是两个核固定在 a 和 b 位置上、两个电子快速运动的双电子体系。描述此体系的薛定谔方程无法严格求解，只能采用近似方法进行求解，最方便的近似方法是变分法。

用变分法进行近似求解时，关键问题是如何选择试探函数。

价键理论选择试探函数是这样考虑的：对 H_2 分子来讲，当两个氢原子相距较远时，即 R 很大，电子 1 基本上在核 a 周围运动，电子 2 基本上在核 b 周围运动，这时整个 H_2 分子体系的波函数可写为

$$\Psi_1 = \psi_a(1)\cdot\psi_b(2) \tag{1.1}$$

但该表达式并不能反映两个氢原子互相接近而形成 H_2 分子时的情形。当两个氢原子很接近时，电子 1 可以到核 b 周围运动，电子 2 也可以到核 a 周围运动，即发生电子交换。这时整个 H_2 分子体系的波函数可写为

$$\Psi_2 = \psi_a(2)\cdot\psi_b(1) \tag{1.2}$$

Ψ_2 代表另一个极端，即电子 2 在核 a 周围运动，电子 1 在核 b 周围运动，二者相距较远。Ψ_2 同样不能反映形成 H_2 分子的情形。可以想象，H_2 分子实际状态是处在 Ψ_1 和 Ψ_2 之间的某个中间状态。因此，可将 Ψ_1 和 Ψ_2 进行线性组合，即

$$\Psi = C_1\Psi_1 + C_2\Psi_2 \tag{1.3}$$

用线性组合成的波函数 Ψ 作为试探函数，代入 H_2 分子体系薛定谔方程中进行求解，便得到逼近 H_2 分子体系的真实波函数及其最低能量。经过比较复杂的计算得出 E_S 和 E_A 与 R 的关系曲线，如图 1.2 所示。

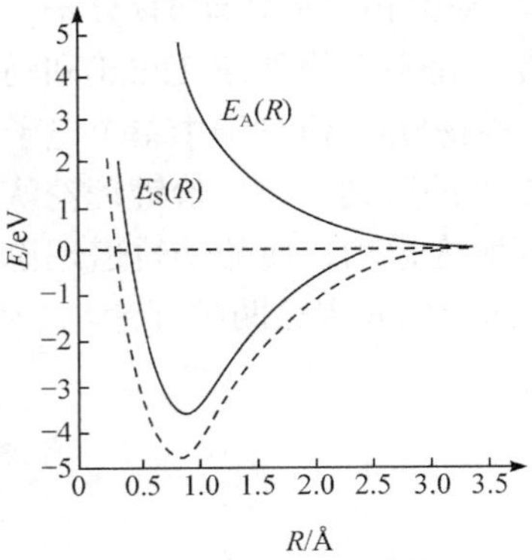

图 1.2　两个氢原子核间距与形成氢分子体系的能量关系

由图 1.2 可见，$E_S(R)$曲线在 $R = 0.87$Å 处有一个能量最低点，它比两个孤立的氢原子的总能量(坐标上所定的能量零点，相当于 $R\to\infty$时的能量值)还要低，说明两个氢原子接近到 0.87Å 时，就可形成稳定的 H_2 分子，这就是吸引状态。$E_A(R)$ 曲线的形状说明当两个氢原子接近时，若电子处在 Ψ_A 轨道中不会形成稳定的 H_2 分子，而必然回到能量较低的两个孤立的氢原子状态，这就是排斥状态。在吸引状态，$E_S(R)$曲线中，最低点的能量值为 302.4kJ · mol^{-1}，是 H_2 分子结合能的计算值。与前面介绍的 H_2 分子结合能的实验测定值 436kJ · mol^{-1} 相差较大，但它毕竟能定性说明两个氢原子相互接近时可以形成 H_2 分子的原因。

两个氢原子相互接近时，可以出现吸引状态形成稳定的 H_2 分子，也可以出现排斥状态而不能形成稳定的 H_2 分子，其原因与电子自旋有关。当两个氢原子相互接近时，如果它们的电子自旋是反平行的，原子间的相互作用是吸引的，体系能量随核间距离缩小而降至最低值，即形成化学键，形成稳定的 H_2 分子。反之，如果它们的电子自旋是平行的，原子间的相互作用是排斥的，不能形成化学键，得不到稳定的 H_2 分子。这就对化学键(共价键)的形成是由于"共享一对电子"的理论有了更深入的认识。

用量子力学处理 H_2 分子的结果，得到相应于两个能级 E_S 和 E_A 的波函数 Ψ_S 和 Ψ_A，分别描述 H_2 分子的基态和两个氢原子的相斥态。常用波函数的平方来描述电子出现的概率大小，即电子云密度。因此，Ψ_S^2 和 Ψ_A^2 各自描述 H_2 分子基态和两个氢原子相斥态的电子云密度，如图 1.3 所示。

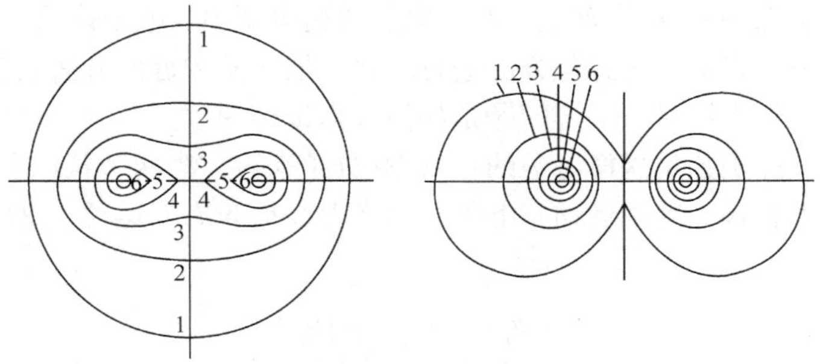

图 1.3　H_2 分子基态和两个氢原子相斥态的电子云密度示意图

从图 1.3 中可看出，形成 H_2 分子基态的电子云分布在核间区域密度较大，这是由两个氢原子原来的 1s 轨道上电子云重叠所致。在相斥态则相反，两个氢原子的电子云重叠部分很少。因此，可以认为两个原子间若要形成稳定的化学键，它们的电子云需尽可能地实现最大重叠。

2. 杂化轨道理论

1) 甲烷分子正四面体结构——sp^3 杂化

杂化轨道概念是价键理论的自然引申。价键理论的核心是两个自旋反平行的未成对电子进行最大限度的重叠，形成一个能量比两个孤立原子的能量还要低的化学键。基于这一理论，考虑到碳是四价的实验事实，为了解释甲烷的正四面体结构，1931 年美国化学家鲍林(L. C. Pauling)提出了杂化轨道理论。杂化轨道理论认为，碳原子在化合过程中为了使形成的化学键强度更大，更有利于体系能量的降低，趋向于将原有的原子轨道进一步线性组合成新的原子轨道，这种线性组合就称为杂化，线性组合形成的原子轨道(或杂化后的原子轨道)称为杂化轨道。例如，CH_4分子，碳原子为了形成 4 个 C—H 化学键，必须将基态 2s 轨道上一个电子激发到空的 2p 轨道上，从而形成激发态$(1s)^2(2s)^1(2p_x)^1(2p_y)^1(2p_z)^1$的电子构型。这个激发过程所需要的能量较小(约 $402kJ \cdot mol^{-1}$)，完全可以被成键后放出的巨大能量所补偿。这时，4 个轨道若单独直接形成化学键，从电子云的重叠程度来看，对整个体系的能量降低还不是最有利的，而且根据碳原子的 4 个键是等同的实验事实，必须消除 s 轨道和 p 轨道之间的明显区别，也就是必须将这两种轨道混合起来，即将 1 个 2s 轨道和 3 个 2p 轨道($2p_x$、$2p_y$、$2p_z$)线性组合(杂化)成 4 个等同的杂化轨道，常用 sp^3 表示这种杂化轨道。这四个杂化轨道图形完全一致，只是它们的空间取向不同。sp^3 杂化轨道图形及四面体空间取向如图 1.4 所示。

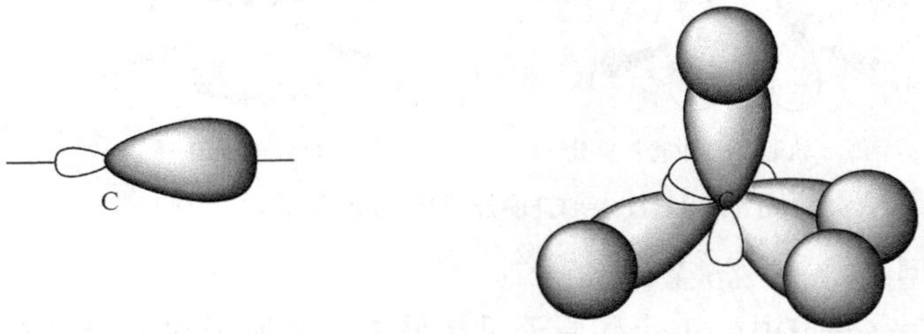

(a) sp^3杂化轨道　　(b) 碳的4个sp^3杂化轨道与4个H原子的1s轨道重叠

图 1.4　碳原子 sp^3 杂化轨道图形及四面体空间取向

每个 sp^3 杂化轨道中含有 1/4 s 轨道成分，3/4 p 轨道成分。从 sp^3 杂化轨道图形来看，杂化后的原子轨道沿一个方向更集中地分布，形成一头大一头小，当与其他原子轨道成键时，大头一端进行重叠，重叠部分增大，成键能力增强。由于碳原子中 4 个 sp^3 杂化轨道大头一瓣指向四面体的 4 个顶角，因此当 CH_4形成时，4 个氢原子的 1s 轨道沿 4 个顶角与 4 个 sp^3 杂化轨道进行重叠形成 4 个 C—H σ 键，其键角∠H—C—H 为正四面体角 109°28′。这些与实验结果完全符合。

原子在结合形成分子的过程中，根据原子的成键要求，在周围原子的影响下，可将原子轨道进行不同类型的线性组合或进行不同类型的杂化，形成不同的杂化轨道。

2) 乙烯分子平面型结构——sp^2 杂化

在乙烯($CH_2=CH_2$)分子中，一个碳原子与另一个碳原子及两个氢原子相连，这时碳原子只需用 1 个 2s 轨道和 2 个 2p 轨道(如 $2p_x$、$2p_y$)杂化成 3 个等同的 sp^2 杂化轨道。每个 sp^2 杂化轨道包含 1/3 s 轨道成分，2/3 p 轨道成分。碳原子就是用这 3 个 sp^2 杂化轨道构成乙烯分子骨架。sp^2 杂化轨道的形状和空间分布如图 1.5 所示。

从 sp^2 杂化轨道形状和空间分布图可看出，sp^2 杂化轨道和 sp^3 杂化轨道一样，电子云分布也是集中在一个方向，形成一头大一头小，其空间分布是 3 个 sp^2 杂化轨道的对称轴经过碳原子核，处在同一个平面内，互成 120°，余下 1 个未杂化的 p 轨道垂直于该平面。

在形成乙烯分子时，2 个碳原子各用 1 个 sp^2 杂化轨道进行“头对头”重叠形成 1 个 C—C σ 键；2 个碳原子还分别用 2 个 sp^2 杂化轨道与 2 个氢原子 1s 轨道重叠形成 2 个 C—H σ 键。这样，6 个原子的 5 个 σ 键共处一个平面内(图 1.6)。

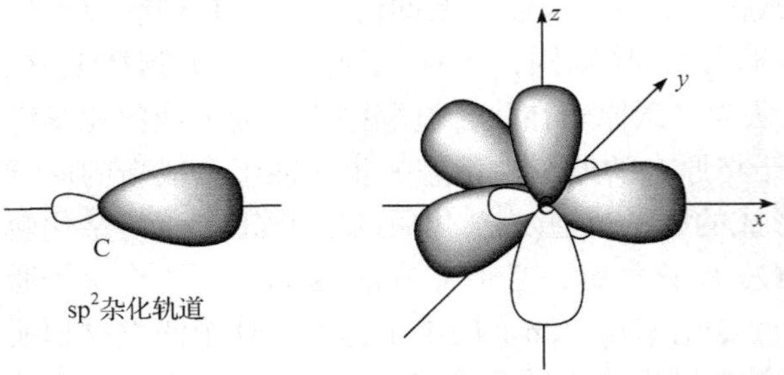

图 1.5 碳原子 sp^2 杂化轨道形状和空间分布

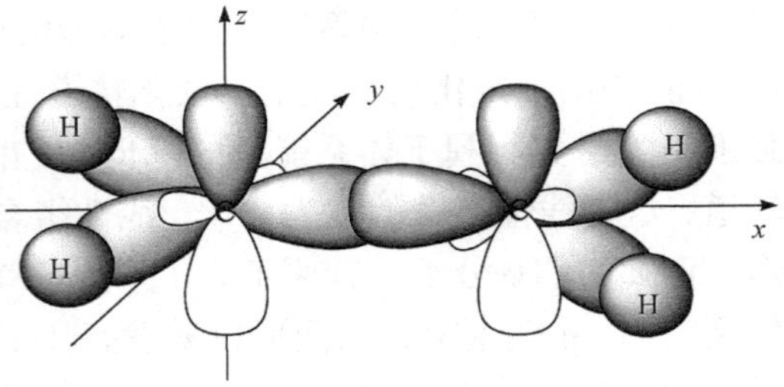

图 1.6 $CH_2=CH_2$ 分子中的 σ 键

两个碳原子上带有单电子的未参与杂化的 p 轨道互相平行，进行另一种重叠——侧面“肩并肩”重叠，形成另一种共价键 π 键。可以看出，乙烯分子中的碳碳双键，一条是 σ 键，一条是 π 键(图 1.7)。

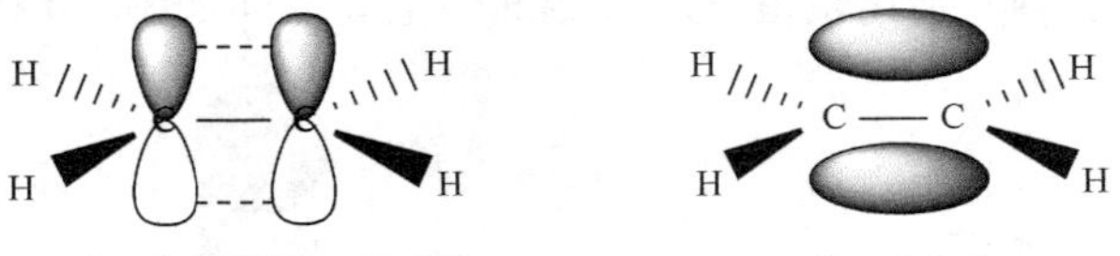

图 1.7 $CH_2=CH_2$ 分子中的 π 电子云

3) 乙炔分子直线型结构——sp 杂化

在乙炔分子(H—C≡C—H)中，1 个碳原子只与另 1 个碳原子和 1 个氢原子相连。碳原子成键时，1 个 2s 轨道和 1 个 2p 轨道(如 $2p_x$)线性组合成 2 个等同的新的原子轨道或杂化成 2 个等同的 sp 杂化轨道。每一条 sp 杂化轨道包含 1/2 s 轨道成分，1/2 p 轨道成分。碳原子用这 2 条 sp 杂化轨道构成乙炔分子骨架。sp 杂化轨道形状和空间取向如图 1.8 所示。

图 1.8 碳原子 sp 杂化轨道形状和空间取向

由图 1.8 可见，sp 杂化轨道的电子云分布也是集中在一个方向，形成一头大一头小。其空间分布是 2 个 sp 杂化轨道的对称轴经过碳原子核，处在同一条直线上，互成 180°。余下的 2 个未杂化的 p 轨道相互垂直且垂直于分子所在的直线。在形成乙炔分子时，每个碳原子分别用一个 sp 杂化轨道进行“头顶头”重叠形成 C—C σ 键，还分别用 1 个 sp 杂化轨道与氢原子的 1s 轨道重叠形成 C—H σ 键(图 1.9)。每个碳原子上还有两个未杂化的 p 轨道，进行侧面重叠形成两个 π 键(图 1.10)。可以看出，乙炔分子中碳碳叁键有一条是 σ 键，两条是 π 键。

图 1.9 碳原子 sp 杂化轨道、氢原子 1s 轨道及它们的重叠

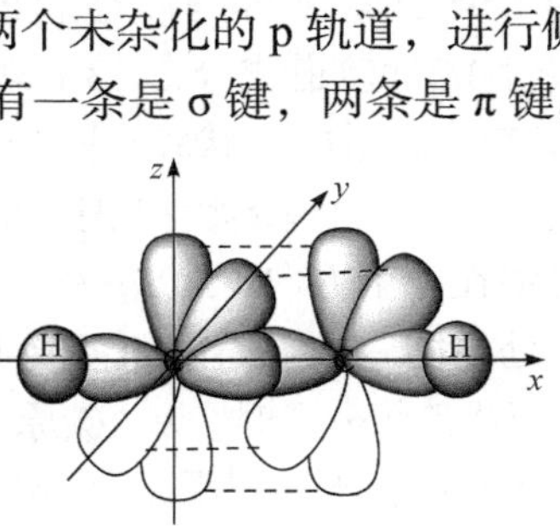

图 1.10 CH≡CH 中的 σ 键和 π 键

从以上讨论可看出，原子轨道杂化后形成的杂化轨道一般与其他原子形成较强的 σ 键。从以下的例子中可看出，杂化轨道中也可存在孤对电子，但不会以空的杂化轨道形式存在。

例如，H_2O 分子，在 H_2O 分子中氧原子基态的电子构型是$(1s)^2(2s)^2(2p_x)^2(2p_y)^1(2p_z)^1$。在 2s 和 2p 轨道上共有 6 个电子，当进行 sp^3 杂化时，形成 4 个 sp^3 杂化轨道，其中有 2 个 sp^3 杂化轨道各填入一对电子，还有 2 个 sp^3 杂化轨道各填入 1 个电子。这样，当氧原子用含有 2 个未成对电子的 sp^3 杂化轨道与氢原子的 1s 轨道重叠时，就形成 2 个 O—H σ 键，其夹角实验值 104.5°与正四面体角 109°28′比较接近。

又如，NH_3 分子，在 NH_3 分子中氮原子基态的电子构型是$(1s)^2(2s)^2(2p_x)^1(2p_y)^1(2p_z)^1$。在 2s 和 2p 轨道上共有 5 个电子，当 1 个 2s 轨道和 3 个 2p 轨道(p_x、p_y、p_z)进行 sp^3 杂化时，形成 4 个 sp^3 杂化轨道。有一对电子占据一个 sp^3 杂化轨道，而余下的 3 个未成对电子则各占据其余 3 个 sp^3 杂化轨道。当这 3 个 sp^3 杂化轨道分别与 3 个氢原子的 1s 轨道重叠时，形成了 3 个 N—H 键，其键角∠HNH 实验值 108°与正四面体角 109°28′比较接近。

3. 共振论

共振论是鲍林于 1931 年提出的，是描述分子价键结构的一种电子结构理论。共振论认为，如果一个分子可以用两个或两个以上的路易斯结构表示，而这些路易斯结构中各原子核的位置没有改变，它们的差别仅仅是电子(一般是 π 电子和未共用电子)的排列不同，而且其中任何一个路易斯结构都不能圆满地描述这个分子的性质，在此情况下，这些路易斯结构之间存在共振(用双箭头 ↔ 表示)，这些路易斯结构称为共振结构，这样的分子称为共振分子。共振分子是所有这些共振结构组成的共振杂化体。共振分子应该用共振杂化体表示，用任何一个共振结构单独地表示共振分子都是不确切、不恰当的。每个共振结构对共振分子真实结构贡献的大小取决于该共振结构的稳定性。例如，甲酸根负离子 $HCOO^-$可以用两个共振结构表示：

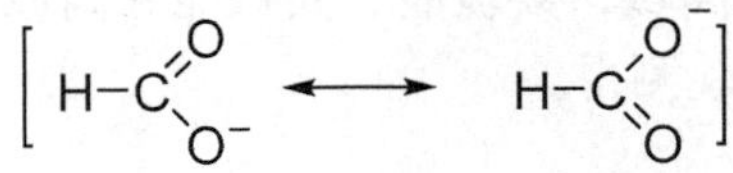

共振结构 Ⅰ　　共振结构 Ⅱ

共振杂化体

不论Ⅰ还是Ⅱ，单独表示甲酸根负离子的结构都是不合适的。因为在Ⅰ或Ⅱ中，碳氧键都是不相同的，一个是 C═O 双键，另一个是 C—O 单键。而实验测得甲酸根负离子中的两个碳氧键是相同的，键长都是 0.126nm，介于甲醛(H_2C═O)分子中的 C═O 双键键长 0.120nm 和甲醇(CH_3—OH)分子中的 C—O 单键键长 0.143nm 之间。因此，只能用共振结构Ⅰ和Ⅱ组成的共振杂化体来表示甲酸根负离子的结构。

苯可以用下面 2 种共振结构式组成的共振杂化体来表示：

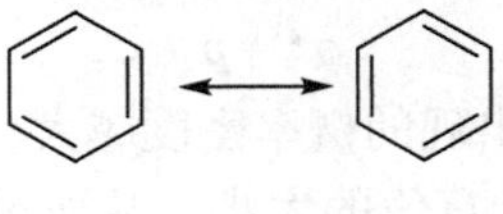

一般来说：

(1) 在共振杂化体中，共价键多的共振结构比共价键少的共振结构能量更低、更稳定，对共振杂化体贡献更大。例如：

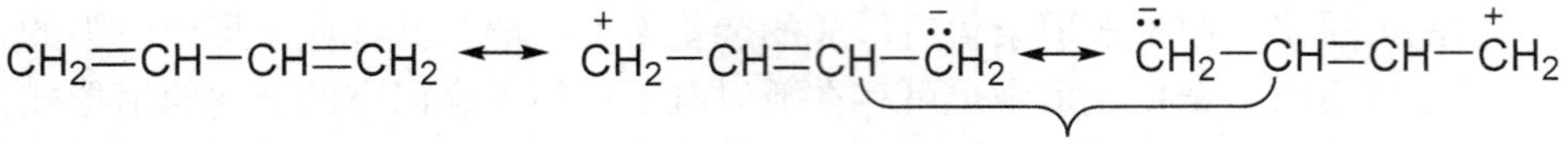

共价键多　贡献大　　　　共价键少　贡献小

(2) 在共振杂化体中，没有电荷分离的或有电荷分离但电负性较大的原子带负电荷的共振结构较稳定，对共振杂化体贡献大。例如：

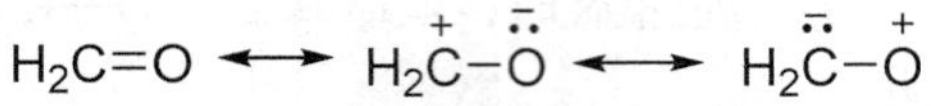

(1) 贡献大　(2) 贡献较小　(3) 贡献很小，忽略不计

所以，甲醛实际上只是由(1)和(2)组成的共振杂化体。又如，丙烯醛 CH_2═CH—CH═O，可写出如下共振结构：

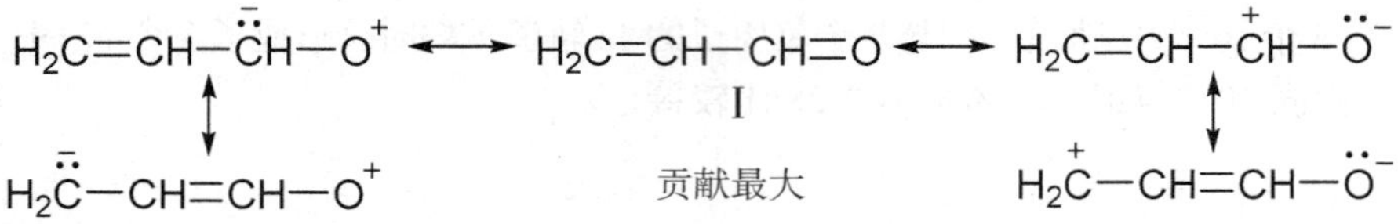

Ⅳ　Ⅰ　Ⅱ

Ⅴ　贡献最大　Ⅲ

贡献很小，可忽略不计　贡献较小

所以，丙烯醛实际上是由共振结构Ⅰ、Ⅱ和Ⅲ组成的共振杂化体。

当一个分子可以用两个或两个以上的路易斯结构(也称共振结构)表示时，真实的分子结构是所有这些共振结构组成的共振杂化体。每个共振结构都有能量，若以能量最低、稳定性最大的共振结构作为标准，则共振杂化体(分子的真实结构)与能量最低的共振结构之间的能量差称为共振能。共振能是真实分子由于电子离域而产生的共振结构所降低的能量。共振能越大，共振稳定作用也越大，说明该真实分子比能量最低的共振结构更稳定。

在有机化学中，对于共轭分子，共轭和共振这两种说法实际上是相同的，是一个问题的两种不同表示法。共轭、共振和离域，共轭能、共振能和离域能的含义也都是相同的，所以共振能也像共轭能一样可通过实验测得。

1.4.2　分子轨道理论

1. 原子轨道和分子轨道

1) 原子轨道

描述原子中单个电子运动状态的波函数ϕ称为原子轨道(AO)。原子轨道是一个电子空间坐标(笛卡儿坐标系中是 x、y、z，在球坐标系中是 γ、θ、φ)的函数。由于电子等微观粒子具有波粒二象性，轨道或单电子波函数所描述的(或隐含的)是一个电子的空间分布或在空间出现的概率。

在空间某点处原子轨道值的平方ϕ^2表示在该点附近电子出现的概率密度ρ。

$$\phi^2 = \rho$$

ϕ^2值越大，电子在空间某点处出现的概率密度越大。可以计算出在空间许多不同点处电子概率密度。用密度不同的点表示计算值的大小，从而得到电子云的图像，也就是原子轨道的图像。例如，能量最低的 1s 轨道，其图像是以原子核为中心的球体。

2) 分子轨道

描述分子中一个电子运动状态的波函数称为分子轨道(MO)，它也是一个电子空间坐标的函数。由于分子是由多个原子组成的，因此分子轨道中电子运动遍及分子中所有原子。分子轨道是多中心的，而原子轨道是单中心的。除此之外，分子轨道和原子轨道并无本质上的区别。

2. 分子轨道理论简述

分子轨道是分子中单个电子运动的波函数。分子轨道是如何构成的呢？这就是分子轨道理论所要讨论的问题。可以这样想象，在由 a、b 组成的分子中，单个电子运动到原子核 a 附近时，分子轨道近似于原子轨道ϕ_a；同样，单个电子运动到原子核 b 附近时，分子轨道近似于原子轨道ϕ_b。由于整个分子轨道具有部分原子轨道ϕ_a和ϕ_b的特征，因此常采用分子中各原子的原子轨道线性组合作为分子轨道。这就是常用的原子轨道线性组合的分子轨道法。

1) H_2分子

两个氢原子相互接近时，它们的原子轨道 1s 轨道波函数相加组成一条分子轨道 Ψ_1，相减组成另一条分子轨道 Ψ_2，这就是原子轨道的线性组合。

$$\Psi_1 = \phi_1 + \phi_2$$

$$\Psi_2 = \phi_1 - \phi_2$$

式中，ϕ_1和ϕ_2分别为氢原子 1 和氢原子 2 的原子轨道。

在 Ψ_1 中两个氢原子的原子轨道同相位重叠，重叠结果使两个氢原子核之间电子密度增加，能量较低，两个氢原子间形成一个共价键，所以 Ψ_1 为成键分子轨道。在 Ψ_2 中两个氢原子的原子轨道反相位重叠，正负抵消的结果使两个氢原子核间的电子密度减小，能量较高，形成排斥态，不能形成共价键，所以 Ψ_2 为反键分子轨道(图 1.11)。

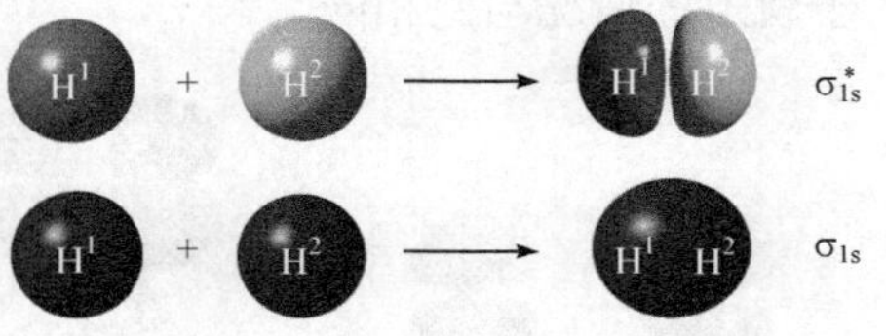

图 1.11 氢分子轨道示意图

在 H_2分子中，两个氢原子的 1s 电子占据成键的分子轨道且自旋反平行；而反键轨道没有电子占据，是空的轨道。

2) 同核双原子分子

A、B 为两个相同的原子，当它们相互接近时，它们的原子轨道也进行重叠形成分子轨道。

(1) A、B 两个原子的 2s 轨道$\phi_{2s,A}$和$\phi_{2s,B}$通过相互作用形成一对分子轨道 $\Psi_1(2s)$、$\Psi_2(2s)$。

$$\Psi_1(2s) = \phi_{2s,A} + \phi_{2s,B}$$

$$\Psi_2(2s) = \phi_{2s,A} - \phi_{2s,B}$$

$\Psi_1(2s)$中两个 2s 原子轨道同相位重叠，在 A、B 两原子核间电子密度增加，是成键分子轨道，能量较低。$\Psi_2(2s)$中两个 2s 原子轨道反相位重叠，在 A、B 两原子核间电子密度减小，是反键分子轨道，能量较高。在 $\Psi_1(2s)$和 $\Psi_2(2s)$分子轨道中，电子云沿键轴呈圆柱形对称分布，所以它们都是 σ 键。成键轨道用 σ_{2s} 表示，反键轨道用 σ_{2s}^* 表示(图 1.12)。

(2) A、B 两原子的 $2p_x$ 轨道沿着 x 轴相互接近时，通过相互作用形成一对分子轨道 $\Psi_1(2p_x)$ 和 $\Psi_2(2p_x)$。

$$\Psi_1(2p_x) = \phi_{2p_{x,A}} + \phi_{2p_{x,B}}$$

$$\Psi_2(2p_x) = \phi_{2p_{x,A}} - \phi_{2p_{x,B}}$$

$\Psi_1(2p_x)$中原子轨道是同相位重叠，为成键分子轨道；$\Psi_2(2p_x)$中原子轨道是反相位重叠，为反键分子轨道。这对分子轨道中电子云沿键轴呈圆柱形对称分布，也是 σ 键。分子轨道如图 1.13 所示。

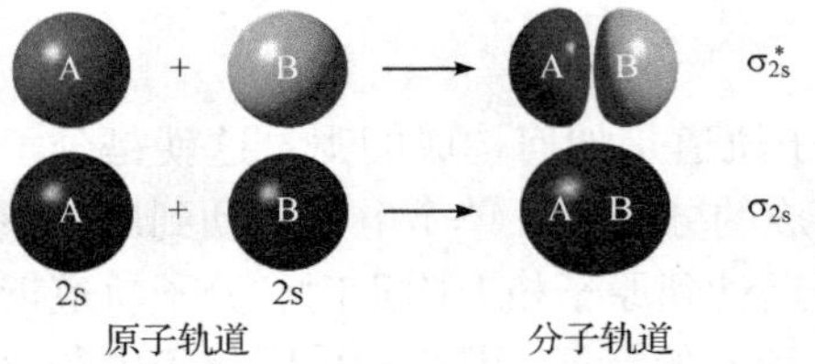

图 1.12 两个相同 2s 原子轨道形成分子轨道

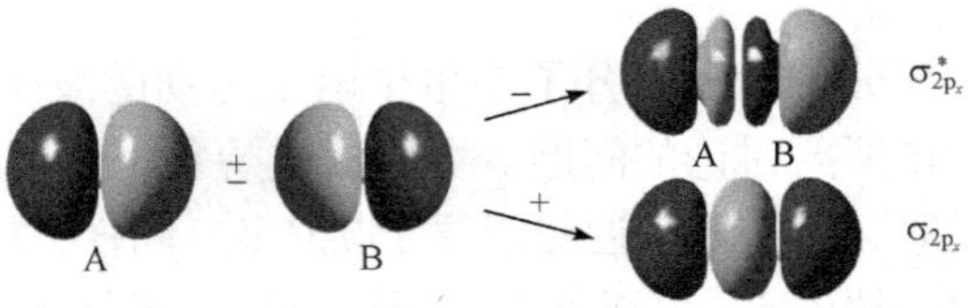

图 1.13 两个 $2p_x$ 原子轨道形成 σ 分子轨道

(3) A、B 两原子以其 $2p_z$ 轨道沿 x 轴接近，通过两个 $2p_z$ 轨道的相互作用，也形成一对分子轨道 $\Psi_1(2p_z)$和 $\Psi_2(2p_z)$，如图 1.14 所示。其中，$\Psi_1(2p_z)$是成键分子轨道，$\Psi_2(2p_z)$是反键分子轨道。这对分子轨道对于连接两原子核的二重对称轴 C_2 轴，其电子云分布都是反对称的，这种分子轨道称为 π 分子轨道。

π 分子轨道是 2 个 $2p_z$ 轨道沿着 x 轴进行侧面重叠，它们的有效重叠不如相应的 σ 分子轨道。因此，成键的 π 分子轨道的能量高于相应的成键 σ 分子轨道；而反键的 π^*分子轨道的能量低于相应的反键 σ^*分子轨道的能量，如图 1.15 所示。两个 $2p_z$ 轨道沿 y 轴相互接近形成分子轨道的情况与此相同。

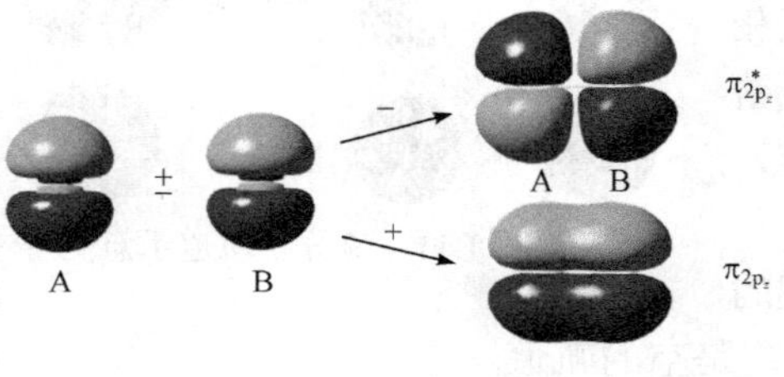

图 1.14 两个 $2p_z$ 原子轨道形成 π 分子轨道

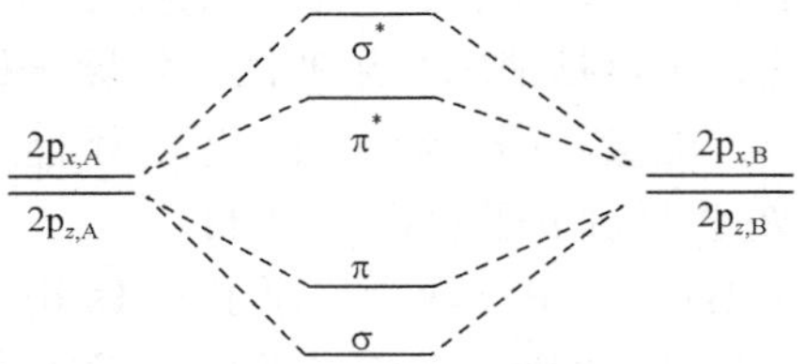

图 1.15 σ 分子轨道和 π 分子轨道能级图

3) 不同核双原子分子

A、B 为两个不相同的原子，它们组成分子轨道时，情况与此类似。原子 A 的原子轨道ϕ_A的能量比原子 B 的原子轨道ϕ_B能量高，它们相互作用形成一对分子轨道，其能级的分裂情况如图 1.16 所示。

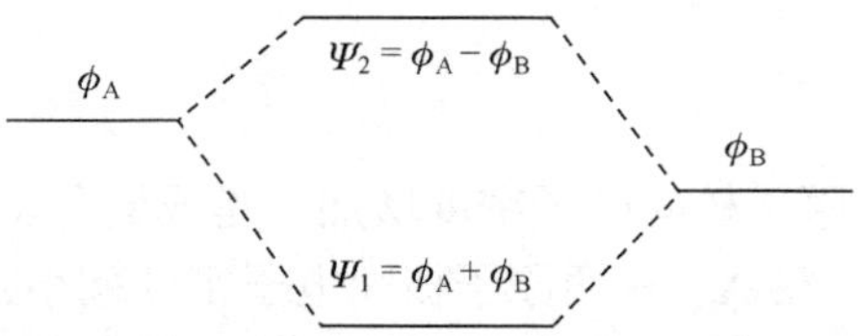

图 1.16 不同核双原子 A、B 的能级分裂图

由图 1.16 可以看出，成键的分子轨道 Ψ_1 比较接近于低能量的原子轨道ϕ_B，即成键的分子轨道中含有较多的ϕ_B，且成键分子轨道 Ψ_1 的能量比原子轨道ϕ_B的能量更低。反键分子轨道 Ψ_2 比较接近于高能量的原子轨道ϕ_A，其能量比原子轨道ϕ_A的能量更高。两个原子轨道ϕ_A、ϕ_B的能量差越大，则成键分子轨道 Ψ_1 的能量与原子轨道ϕ_B的能量越接近，就是说在成键过程中能量降低很少，因而不能形成稳定的分子轨道。

从以上讨论可以看出，若要两个原子轨道ϕ_A和ϕ_B相互作用形成分子轨道，必须满足三个条件：

(1) 能量相近，即ϕ_A和ϕ_B的能量相差越小越好。

(2) 最大重叠，即ϕ_A和ϕ_B的重叠越大越好。

(3) 对称性相同，即ϕ_A和ϕ_B有相同的对称性。

1.4.3　共价键的性质

1. 键长

先介绍三个常用的术语，分别是键长、共价半径和范德华(van der Waals)半径。

1) 键长

用共价键连接起来的两原子核间的距离，称为该共价键的键长。例如，实验测得乙烷分子中 C—C 单键的键长为 0.154nm。实验测得的数据表明，键长在不同分子中保持着接近相等的数据，这说明键长是个恒定值，但键长也随成键原子的杂化不同而略有差异。例如，$CH_2═CH_2$分子中 C_{sp^2}—H 键的键长为 0.1086nm，CH_3—CH_3分子中 C_{sp^3}—H 键键长为 0.1093nm，前者比后者短。可认为前者的碳为 sp^2杂化，其中 s 轨道成分占 1/3；后者的碳为 sp^3杂化，其中 s 轨道成分占 1/4；前者 s 轨道成分比后者多，相应的键长就短。

2) 共价半径

连接相同原子的共价键键长的一半是该原子的共价半径。通过实验可测得各种共价化合物的键长，根据键长数据可计算得到原子的共价半径。例如，实验测得 C—C 单键的键长为 0.154nm，取该值的一半 0.077nm，即为碳原子的共价半径。同样，由 Cl—Cl 键键长 0.198nm 可得到氯原子的共价半径为 0.099nm。有了各种原子的共价半径，可计算出不同原子共价键的键长。例如，已知碳原子和氯原子的共价半径分别为 0.077nm 和 0.099nm，则 C—Cl 键的键长为 0.077nm + 0.099nm = 0.176nm。在 CCl_4分子中实验测定 C—Cl 键的键长为 0.177nm，与计算值很好地符合。

3) 范德华半径

分子间相距较远时会相互吸引，而当分子靠近时又会相互排斥。当分子接触到一定距离使其吸引和排斥达到平衡，此时体系能量最低。这时相邻分子相互接触的原子间的距离即为该两原子的范德华半径之和。范德华半径比共价半径大。键长、共价半径和范德华半径可用图 1.17 表示。

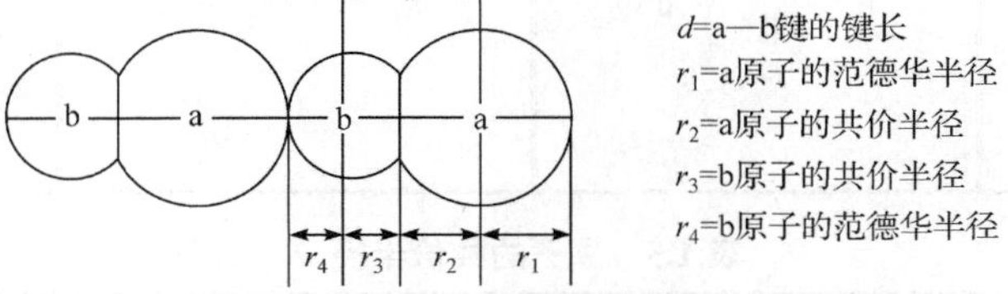

图 1.17　键长、共价半径和范德华半径示意图

表 1.2～表 1.5 列出一些重要的共价键的键长、范德华半径和共价半径数据。

表 1.2　几个脂肪烃分子中的键长　单位：nm

化合物	C—C	C═C	C≡C	C—H
CH_3—CH_3	0.1534			0.1093
CH_2═CH_2		0.1339		0.1086
CH≡CH			0.1205	0.1058

续表

化合物	C—C	C═C	C≡C	C—H
CH_3—CH_2—CH_2—CH_3	0.1539			0.1100
CH_3—CH═CH—CH_3	0.154	0.1339		
CH_3—C≡C—CH_3	0.147		0.120	0.109
CH_2═CH—CH═CH_2	0.1483	0.1337		0.108*
CH≡C—CH═CH_2	0.1446	0.134	0.120	0.107*

*指末端 CH_2 中 C—H 键的键长。

表 1.3　C—C 单键的键长　单位：nm

键型	键长	键型	键长
sp^3-sp^3		sp^2-sp^2	
CH_3—CH_3	0.1534	CH_2═CH—CH═CH_2	0.1483
CH_3—CH_2—CH_3	0.154	CH_3—CH═CH—CH═O	0.146
金刚石	0.1544	sp^2-sp	
sp^3-sp^2		CH_2═CH—C≡CH	0.1446
CH_3—CH═CH—CH_3	0.154	CH_2═CH—C≡N	0.1426
CH_3—	0.152	O═CH—C≡CH	0.1445
sp^3-sp		sp-sp	
CH_3—C≡CH	0.1459	CH≡C—C≡CH	0.1379
CH_3—C≡N	0.1458	CH≡C—C≡N	0.1378
CH_3—C≡C—C≡N	0.1458	N≡C—C≡N	0.1380

表 1.4　某些原子或基团的范德华半径　单位：nm

原子或基团	范德华半径	原子或基团	范德华半径	原子或基团	范德华半径	原子或基团	范德华半径
H	0.12	N	0.15	O	0.14	F	0.135
CH_3	0.20	P	0.19	S	0.185	Cl	0.180
苯环厚度的 1/2	0.170					Br	0.195
						I	0.215

表 1.5　原子的共价半径　单位：nm

H							He
0.037							—
Li	Be	B	C	N	O	F	Ne
0.152	0.111	0.088	0.077	0.070	0.066	0.064	—
Na	Mg	Al	Si	P	S	Cl	Ar
0.186	0.160	0.143	0.117	0.110	0.104	0.099	—
K	Ca	Ga	Ge	As	Se	Br	Kr
0.231	0.197	0.122	0.122	0.121	0.117	0.114	0.111

续表

Rb	Sr	In	Sn	Sb	Te	I	Xe
0.244	0.215	0.162	0.140	0.141	0.135	0.133	0.130
	C	N	O	P	S		
双键	0.067	0.060	0.056	0.100	0.094		
叁键	0.060	0.055	0.052	—	—		

2. 键能和键离解能

1) 键能

双原子分子的键能为 1mol 气态双原子分子离解为气态原子时所吸收的能量，或者两个气态原子(A 和 B)形成 1mol 气态分子(A—B)时所放出的能量。例如，在 25℃时，1mol 气态 H_2 分子离解为氢原子时吸收的能量是 436.0kJ，则 H—H 键的键能为 436.0kJ · mol^{-1}。

对于多原子分子(气态)，完全离解为组成它的全部原子(气态)时所吸收的能量即等于这个分子中全部化学键键能的总和，由此可算出某些化学键的平均键能。例如，实验测得

$$CH_4(g) \longrightarrow C(g) + 4H(g) \quad \text{吸热} \quad 1656.8\text{kJ} \cdot \text{mol}^{-1}$$

CH_4 分子有 4 个 C—H 键，所以 C—H 键的键能是 1656.8/4 = 414.2(kJ · mol^{-1})。对多原子分子来说，键能是个平均值。

利用共价键键能数值可计算化学反应的反应热。例如，1mol 甲烷燃烧时所放出的热量计算如下：

$$CH_4(g) + 2O_2 \longrightarrow CO_2(g) + 2H_2O(g)$$

这个反应相当于：

破坏 4 个 C—H 键	吸热	4 × 414.2 = 1656.8(kJ · mol^{-1})
破坏 2 个 O═O 键	吸热	2 × 498.3 = 996.6(kJ · mol^{-1})
生成 2 个 C═O 键	放热	2 × 803.3 = 1606.6(kJ · mol^{-1})
生成 4 个 O—H 键	放热	4 × 464.4 = 1857.6(kJ · mol^{-1})
净结果(燃烧热)	放热	810.8(kJ · mol^{-1})

2) 键离解能和自由基

多原子分子中，断裂其中一个键所吸收的能量称为该键的离解能。例如，实验测得 25℃时，1mol 甲烷(气态)离解成为甲基自由基(气态)和 H 原子(气态)时吸收的能量为 439.3kJ，则 CH_3—H 键的离解能为 439.3kJ · mol^{-1}。在烷烃分子中，处在不同碳原子上的 C—H 键的离解能是不同的。例如：

$$CH_3{-}H \longrightarrow CH_3\cdot + H\cdot \qquad \Delta H = 439.3\text{kJ} \cdot \text{mol}^{-1}$$

$$CH_3CH_2{-}H \longrightarrow CH_3CH_2\cdot + H\cdot \qquad \Delta H = 410.0\text{kJ} \cdot \text{mol}^{-1}$$

$$CH_3CH_2CH_2{-}H \longrightarrow CH_3CH_2CH_2\cdot + H\cdot \qquad \Delta H = 410.0\text{kJ} \cdot \text{mol}^{-1}$$

$$(CH_3)_2CH{-}H \longrightarrow (CH_3)_2CH\cdot + H\cdot \qquad \Delta H = 397.5\text{kJ} \cdot \text{mol}^{-1}$$

$$(CH_3)_3C{-}H \longrightarrow (CH_3)_3C\cdot + H\cdot \qquad \Delta H = 389.1\text{kJ} \cdot \text{mol}^{-1}$$

可以看出，甲烷中的 C—H 键离解能最高。此外，断裂伯碳原子(1°碳原子)上的 C—H 键

吸收的能量大于断裂仲碳原子(2°碳原子)上的 C—H 键所吸收的能量，后者又大于断裂叔碳原子(3°碳原子)上的 C—H 键所吸收的能量。形成各类含单电子的基团即自由基所需要的能量由大到小次序如下：

$$CH_3\cdot > 1°\ C\cdot > 2°\ C\cdot > 3°\ C\cdot$$

这就意味着，由甲烷形成甲基自由基时需要吸收的能量最多，即甲基自由基 $CH_3\cdot$所包含的能量最多，其次是乙基自由基 $CH_3CH_2\cdot$和丙基自由基 $CH_3CH_2CH_2\cdot$，然后是异丙基自由基$(CH_3)_2CH\cdot$，叔丁基自由基$(CH_3)_3C\cdot$的能量最少。以下图示形象地表示各自由基形成所需的能量大小。

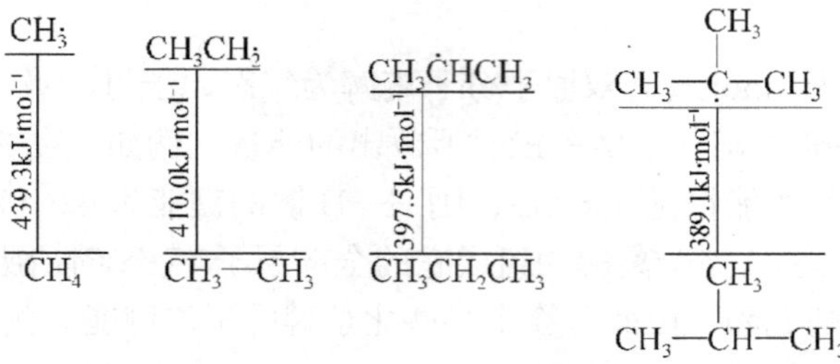

显然，形成自由基需要的能量越少，自由基越稳定，所以自由基稳定性次序是

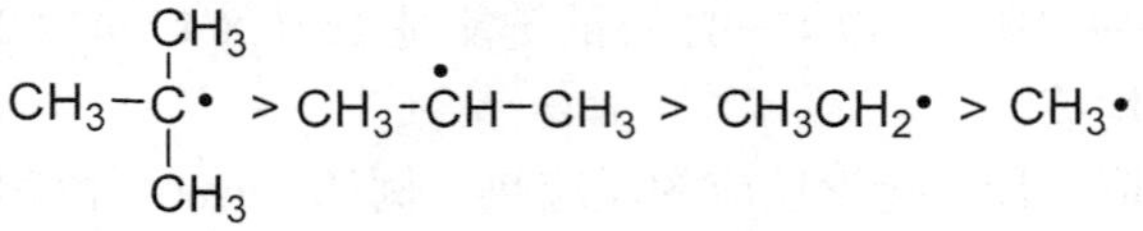

$$3°\ C\cdot > 2°\ C\cdot > 1°\ C\cdot > CH_3\cdot$$

表 1.6、表 1.7 列出一些共价键的键能和离解能。

表 1.6　一些常见共价键的平均键能(25℃，气态)　　单位：$kJ\cdot mol^{-1}$

	H	C	N	O	F	Si	S	Cl	Br	I
H	436.0	414.2	389.1	464.4	568.2	318.0	347.2	431.8	366.1	298.3
C		347.3①	305.4②	359.8③	485.3④	301.2	372.0	338.9	284.5	217.6
N			163.2	221.8	272.0			192.5		
O				196.6	188.3	451.9		217.6	200.8	234.3
F					154.8	564.8				
Si						221.8		380.7	309.6	234.3
S							251.0	225.2	217.6	
Cl								242.7		
Br									192.5	
I										150.6

注：① C═C 610.9，C≡C 836.8；② C═N 615.0，C≡N 891.2；③ C═O 736.4(醛)，748.9(酮)，803.3(CO_2)；④ 在 CF_4 中。

表 1.7　一些常见共价键的键离解能　　单位：$kJ\cdot mol^{-1}$

	H	F	Cl	Br	I	OH	NH_2	CH_3	CH_2CH_3	$CH(CH_3)_2$	$C(CH_3)_3$	C_6H_5
CH_3	439.3	460.2	355.6	297.1	238.5	389.1	355.6	376.6	359.8	359.8	351.5	426.8
CH_3CH_2	410.0	451.9	334.7	284.5	221.8	382.8	343.1	359.8	343.1	338.9	330.5	410.0
$CH_3CH_2CH_2$	410.0	447.7	338.9	284.5	221.8	384.9	343.1	361.9	343.1	334.7	330.5	410.0
$(CH_3)_2CH$	397.5	445.6	338.9	284.5	223.8	389.1	343.1	359.8	338.9	330.5	318.0	401.7

续表

	H	F	Cl	Br	I	OH	NH_2	CH_3	CH_2CH_3	$CH(CH_3)_2$	$C(CH_3)_3$	C_6H_5
$(CH_3)_3C$	389.1	460.2	338.9	280.3	217.6	289.1	343.1	351.5	330.5	318.0	297.1	389.1
C_6H_5	464.4	527.2	401.7	336.8	272.0	464.4	426.8	426.8	405.8	401.7	389.1	481.2
$C_6H_5CH_2$	368.2		301.2	242.7	200.8	338.9	297.1	318.0	301.2	297.1	292.9	376.6
$CH_2{=}CHCH_2$	359.8		284.5	225.9	171.5	326.4		309.6	292.9	292.9	280.3	
CH_3CO	359.8	497.9	338.9	276.1	205.0	447.7		338.9	318.0	309.4	301.2	391.2
CH_3CH_2O	435.1					184.1		347.3	343.1			422.6
$CH_2{=}CH$	460.2		376.6	326.4				418.4	401.7	397.5	376.6	431.0
H	436.0	568.2	431.8	366.1	298.3	497.9	447.7	439.3	410.0	397.5	389.1	464.4

3. 键角

分子中，同一个原子所形成的两个共价键之间的夹角称为键角。例如，H_2O 分子中，同一个氧原子形成的两个 O—H 键之间的夹角∠H—O—H 为 104.5°，即 H_2O 分子的键角为 104.5°。同样，CH_4 分子中键角∠H—C—H 为 109°28'，乙烯分子中键角∠H—C═C 为 120°，乙炔分子中键角∠H—C≡C 为 180°。从这些烃分子中的键角数据可看出，中心原子轨道杂化状态直接影响键角的大小。表 1.8 为一些键角的实验值。

表 1.8 一些键角的实验值

分子	键角		分子	键角	
金刚石	C—C—C	109°28′	$H_2C{=}C(CH_3){-}CH_3$	C═C—C	124.5°
CH_4	H—C—H	109°28′			
CCl_4	Cl—C—Cl	109°28′	$CH_3{-}C(H){=}O$	C—C═O	122°
$CHCl_3$	Cl—C—Cl	112°			
$CH_3CH_2CH_3$	C—C—C	111.5°	CH≡CH	H—C≡C	180°

4. 共价键的极性和可极化性

1) 元素的电负性

原子是由原子核和电子组成的。电子又分为内层电子(非价电子)和外层电子(价电子)。原子核及内层电子两者在一起称为原子实。原子实对外层电子的吸引能力就是元素的电负性。表 1.9 列出一些元素的电负性。电负性大的原子具有强的吸引电子的能力。

在元素周期表同一周期中，除零族元素(稀有气体元素)外，从左到右，原子核对价层电子的吸引能力逐渐增强，元素电负性逐渐增大；在同一族中，从上到下，元素的电负性逐渐减小。

表 1.9 元素的电负性(近似值)

H 2.2						
Li 1.0	Be 1.5	B 2.0	C 2.5	N 3.1	O 3.5	F 4.0
Na 0.9	Mg 1.2	Al 1.5	Si 1.7	P 2.1	S 2.5	Cl 3.2
K 0.8	Ca 1.0					Br 3.0
						I 2.7

同一元素的电负性随杂化状态的不同而有显著差异。例如：

碳原子杂化状态	sp	sp^2	sp^3
s 成分所占比例	1/2	1/3	1/4
电负性	3.29	2.75	2.48

可见，杂化轨道中 s 成分所占比例越多，元素的电负性越大。所以，含有不同 s 成分杂化轨道的碳原子，其电负性的大小顺序为 $C_{sp} > C_{sp^2} > C_{sp^3}$。

2) 共价键的极性

当两个原子形成共价键时，就发生电子密度的重新分配。形成共价键的两个原子相同时，由于吸引电子的能力相等，共用电子对平均分布在两个原子之间，这样的共价键是非极性共价键。例如，H—H 和 Cl—Cl 中的共价键就没有极性。

如果形成共价键的两个原子电负性不等，由于这两个原子吸引电子的能力不同，共用电子对不能平均分布在两原子之间，而是偏向于电负性较大的原子一方，使其带部分负电荷，另一个原子带部分正电荷。这种由于电子分布不匀而呈现极性的共价键称为极性共价键。可以用箭头来表示极性共价键，也可以用 δ^- 和 δ^+ 来表示构成极性共价键的原子的带电情况。例如：

$$\mathrm{H} \longmapsto \mathrm{Cl} \quad 或 \quad \overset{\delta^+}{\mathrm{H}}-\overset{\delta^-}{\mathrm{Cl}}$$

没有共用电子对的离子键(一般两原子电负性相差在 1.7 以上)和非极性共价键是化学键的两个极端情况，极性共价键位于两者中间，并且成键原子间电负性差异越大，键型则越接近离子键。

共价键的极性大小主要取决于成键两原子电负性值之差，与外界条件无关，是永久的性质。共价键的极性由偶极矩来度量。

极性共价键中电荷分布是不均匀的，正电中心与负电中心不能重合，这样就构成了一个偶极。正电中心或负电中心的电荷值(q)与两个电荷中心之间的距离(d)的乘积，称为偶极矩(μ)。

$$\mu = qd$$

偶极矩的单位用 deb(德拜，1 deb=3.336×10^{-30}C · m)表示。偶极矩有方向性，用符号 $\longmapsto$ 表示，箭头表示从正电中心到负电中心的方向。偶极矩的大小表示一个键或一个分子的极性大小。

3) 分子的极性

在两个原子形成的分子中，共价键的极性就是分子的极性。在多原子分子中，分子的极性是分子中每个共价键的极性的向量和，分子的偶极矩是分子中各个共价键的偶极矩的向量和。例如：

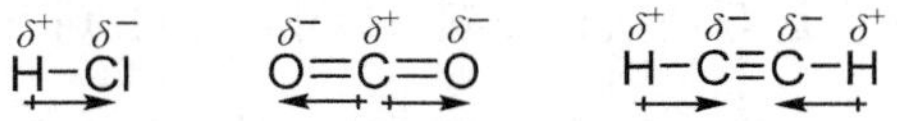

$\mu = 1.03$deb　　$\mu = 0$　　$\mu = 0$

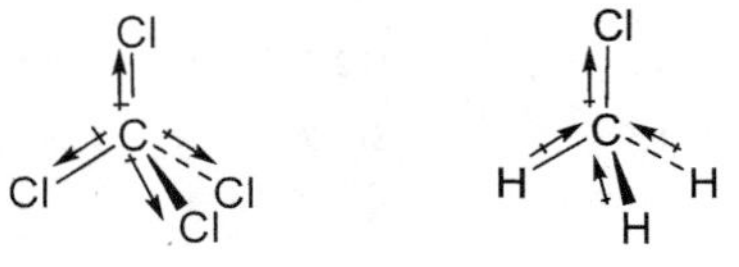

$\mu = 0$　　$\mu = 1.86$deb

共价键的极性影响化学反应活性，分子的极性还影响化合物的沸点、熔点和溶解性等物理性质。

4) 共价键的可极化性

在外界电场的作用下，共价键中的电子分布可发生相应的变化，即共价键的极性可发生改变，这种变化能力称为共价键的可极化性。共价键的可极化性用共价键的可极化度来度量，它表示成键电子被成键原子核电荷约束的相对程度。可极化度除了与成键原子的体积、电负性和共价键的种类有关外，还与外界电场强度有关。成键原子的体积越大、电负性越小、对成键电子的约束越小，键的可极化度就越大。例如，碳卤键的可极化度 C—I > C—Br > C—Cl > C—F；π 键比 σ 键易极化。外界电场越强，共价键的可极化度就越大。成键电子和原子核总是处在运动中，使共价键产生瞬时偶极矩，所以不论共价键有无极性，均有一定的可极化度。

共价键的可极化度只有在分子进行反应时才能表现出来，因此它在化学反应中对分子的反应性能起着重要作用。

1.5　共 轭 分 子

1.5.1　丁-1,3-二烯分子的结构

有一类有机化合物分子，从结构上看是单键、双键交替出现，这类分子属于共轭分子，如丁-1,3-二烯、苯等。丁-1,3-二烯分子结构如下：

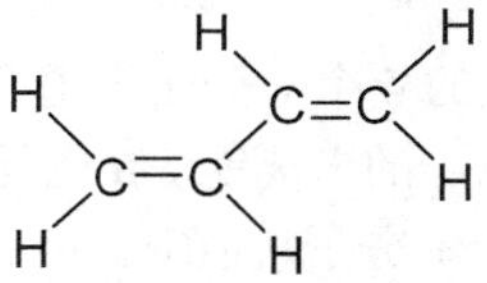

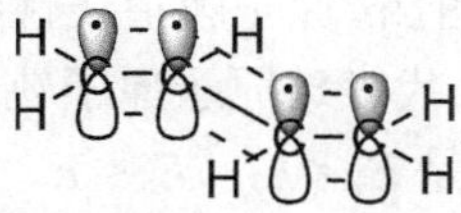

在丁-1,3-二烯分子中，每个碳原子用 3 个 sp^2 杂化轨道构成 3 个 σ 键，组成分子骨架，这样 4 个碳原子、6 个氢原子、9 个 σ 键在同一平面内，每个碳原子上还有 1 个未杂化的 $2p_z$ 轨道，它们都垂直于上述平面。如何用分子轨道理论来处理这类共轭分子呢？

在丁-1,3-二烯分子中，每个碳原子提供 4 个价电子 2s、$2p_x$、$2p_y$、$2p_z$，每个氢原子提供 1 个价电子即 1s 电子，共有 22 个价电子。丁-1,3-二烯的分子轨道就是由 22 个原子轨道所组成的，即由 22 个原子轨道线性组合成丁-1,3-二烯的分子轨道。但丁-1,3-二烯分子是平面形的，即所有原子都处在同一平面内，设此平面为 xy 平面，4 个碳原子的 $2p_z$ 轨道恰好垂直于这个平面。这样，就可将丁-1,3-二烯的分子轨道分成两类：一类是由碳原子与碳原子间 2 个 sp^2 杂化轨道以“头碰头”重叠形成的 3 个 C—C σ 键、碳原子的 sp^2 杂化轨道和氢原子 1s 轨道重叠形成的 6 个 C—H σ 键，这 9 个 σ 键都在分子所在的平面(xy 平面)内；另一类是由 4 个碳原子的 4 个 $2p_z$ 轨道侧面重叠形成的 π 键，这种由 3 个或 3 个以上原子形成的 π 键称为大 π 键或共轭 π 键。显然，这两类轨道对于分子所在平面(xy 平面)的对称性是不同的，前者是对称的，后者是非对称的。再者这两类轨道的电子之间无相互作用，因而可将这两类轨道分开处理：前者可用定域轨道的模型来描述，即成键电子对集中在两原子间的键轴区域内运动；后者可用非定域分子轨道来描述，即电子的成键作用是由于电子在遍及分子整体的轨道中运动。根据这一分析建立了简单的分子轨道理论，即休克尔(Hückel)分子轨道理论，又称 HMO 理论。

休克尔分子轨道理论：假定原子中各原子核、内层电子及定域 σ 键组成了 π 电子运动的

“骨架场”，每一个 π 电子在骨架及其余 π 电子的有效势场中运动。由此，可写出一个 π 电子的哈密顿算符 H 及其薛定谔方程：

$$H\Psi = E\Psi$$

式中，H 代表 1 个 π 电子的哈密顿算符；Ψ 为描述 1 个 π 电子运动的波函数，即 π 分子轨道。

利用变分法求解上述方程时，要选择 1 个试探函数代入上述方程中进行求解，以获得逼近丁-1,3-二烯分子共轭体系的真实波函数及其对应的能量值。

π 分子轨道的试探函数一般选择为所有碳原子的 $2p_z$ 轨道的线性组合。对于丁-1,3-二烯则为

$$\Psi = C_1\phi_1 + C_2\phi_2 + C_3\phi_3 + C_4\phi_4 \tag{1.4}$$

式中，ϕ_1 至 ϕ_4 分别代表 C^1 至 C^4 的 $2p_z$ 原子轨道；$C_1,\cdots,C_4$ 为组合系数。将式(1.4)代入薛定谔方程进行求解，可得到如下结果：

$$\begin{cases} E_1 = \alpha + 1.618\beta \\ E_2 = \alpha + 0.618\beta \\ E_3 = \alpha - 0.618\beta \\ E_4 = \alpha - 1.618\beta \end{cases} \tag{1.5}$$

$$\begin{cases} \Psi_1 = 0.3717\phi_1 + 0.6015\phi_2 + 0.6015\phi_3 + 0.3717\phi_4 \\ \Psi_2 = 0.6015\phi_1 + 0.3717\phi_2 - 0.3717\phi_3 - 0.6015\phi_4 \\ \Psi_3 = 0.6015\phi_1 - 0.3717\phi_2 - 0.3717\phi_3 + 0.6015\phi_4 \\ \Psi_4 = 0.3717\phi_1 - 0.6015\phi_2 + 0.6015\phi_3 - 0.3717\phi_4 \end{cases} \tag{1.6}$$

这就是 4 个碳原子的 $2p_z$ 原子轨道线性组合成的 4 个 π 分子轨道及其对应的能级值。在 4 个能级值中，α 是常数，代表碳原子原子轨道上电子的电离能。β 也是常数，但为负值，所以 4 个能级由低到高的顺序是 $E_1 < E_2 < E_3 < E_4$。在 4 个 π 分子轨道中，如 $\Psi_1 = 0.3717\phi_1 + 0.6015\phi_2 + 0.6015\phi_3 + 0.3717\phi_4$，表示第一个 π 分子轨道由 4 个碳原子的 $2p_z$ 原子轨道(ϕ_1～ϕ_4)组成，0.3717 表示在组成 Ψ_1 分子轨道时第一个碳原子的原子轨道的贡献，余者类推。在 Ψ_1 的 π 分子轨道中，4 个组合系数(4 个碳原子的原子轨道对组成 Ψ_1 分子轨道的贡献值)都是正值，这表示 4 个碳原子的 $2p_z$ 原子轨道组成 Ψ_1 分子轨道时相位相同(原子轨道波函数都是正号)，在键轴上任 2 个碳原子间没有电子概率为零的节面，说明电子填入这个分子轨道时在遍及 4 个原子轨道中运动，任 2 个碳原子间都起成键作用，所以这是 4 个分子轨道中能量最低的分子轨道。在 Ψ_4 分子轨道中，ϕ_1 贡献值是正值，ϕ_2 贡献值是负值，ϕ_3 贡献值是正值，ϕ_4 贡献值是负值，即 C^1～C^2、C^2～C^3、C^3～C^4 间都存在电子概率为零的节面，这样在 C^1～C^4 原子间的 3 个键轴上都不起成键作用，所以这是 4 个分子轨道中能量最高的分子轨道。在 Ψ_2 分子轨道中，C^1 与 C^2、C^3 与 C^4 原子间相位相同，起成键作用，而 C^2 与 C^3 原子间相位相反，不起成键作用，所以这是个能量高于 Ψ_1 的分子轨道。在 Ψ_3 分子轨道中，C^1 与 C^2、C^3 与 C^4 原子间相位相反，不起成键作用，而 C^2 与 C^3 间相位相同，起成键作用，所以这是个能量高于 Ψ_2 而低于 Ψ_4 的分子轨道。图 1.18 表示丁-1,3-二烯 4 个 π 分子轨道及其相应的能级图。

4 个 π 电子填入能量较低的 E_1 和 E_2 能级中。当 4 个 π 电子(或者说碳原子上的 $2p_z$ 电子)转入 E_1 和 E_2 能级的 π 分子轨道 Ψ_1 和 Ψ_2 中时，就形成包含 4 个碳原子的大 π 键或共轭 π 键。在丁-1, 3-二烯分子的 4 个 π 分子轨道中，Ψ_2 为填满电子的最高能量的分子轨道，Ψ_3 为最低能量的空轨道。在化学反应中，主要是这两种轨道参与变化，即最高占有电子的分子轨道和最

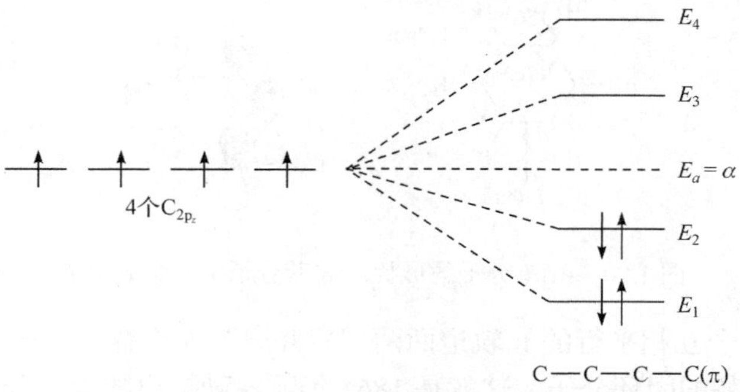

图 1.18　丁-1,3-二烯分子轨道能级图

低未占有电子的空轨道，这两类轨道又合称为前线轨道。从丁-1,3-二烯分子轨道图形(图 1.19)可看出，丁-1,3-二烯分子的前线轨道(Ψ_2 和 Ψ_3)两端碳原子上的电荷密度都比中间的大，故按成键的最大重叠原理，同步的加成反应容易发生在 1,4 位置上。当然，从空间效应来看，也有利于在两端发生反应。

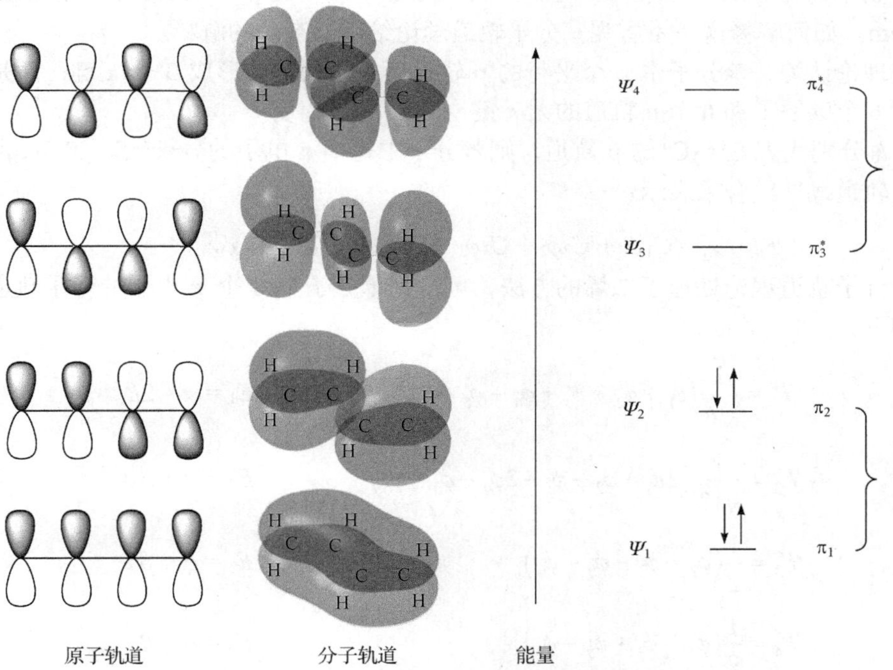

图 1.19　丁-1,3-二烯的 π 电子分子轨道和能级

1.5.2　苯分子的结构

根据苯的元素组成和相对分子质量可知，苯是由 6 个碳原子和 6 个氢原子组成的分子，近代物理实验证明苯分子中的 6 个碳和 6 个氢都在同一平面上，各键角(∠C—C—C 或∠C—C—H)都是 120°，碳碳键的键长均为 0.140nm，碳氢键的键长均为 0.108nm，这说明碳原子在构成苯分子时采用的是 sp^2 杂化轨道，即碳原子采用 sp^2 杂化轨道互相形成 6 个 C—C σ 键，并与 6 个氢原子的 1s 轨道形成 6 个 C—H σ 键。这样每个碳原子上还余下一个 p 轨道和一个 p 电子，这 6 个 p 轨道垂直于碳原子核所在的平面且相互平行，如图 1.20 所示。

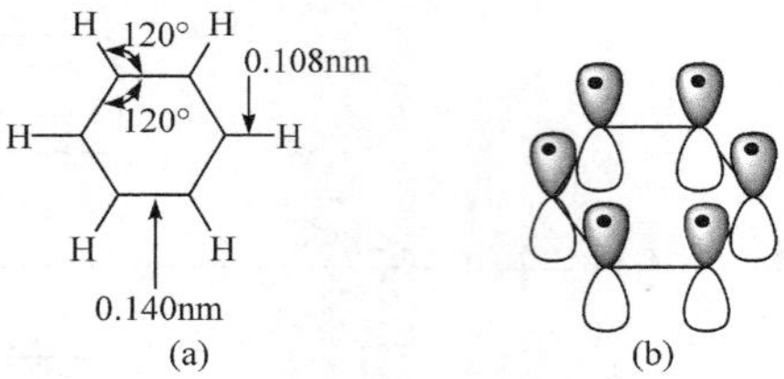

图 1.20　(a)苯分子的形状；(b)苯分子中 6 个 p 轨道

如果苯分子中 6 个互相平行的 p 轨道两两“肩并肩”地重叠，形成 3 个 π 键，苯的分子结构便是单、双键交替的闭环分子，这就是 1865 年凯库勒提出的苯的分子结构式——凯库勒结构式，如图 1.21 所示。

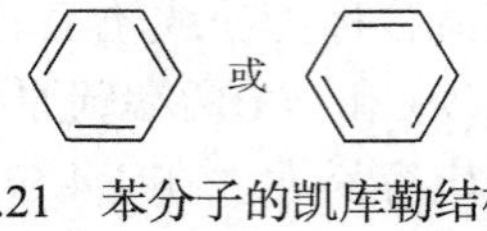

图 1.21　苯分子的凯库勒结构式

但是凯库勒结构与苯的实际结构不符，因为苯分子中无单键和双键之分，且碳碳键的键长均是 0.140nm。如何解释这一矛盾呢？分子轨道理论给予了准确的解释。

分子轨道理论认为，苯分子中 6 个平行的 p 轨道不是两两重叠形成 3 个 π 键，而是相互重叠形成包括 6 个碳原子和 6 个 p 轨道的大 π 键。

若以 ϕ_1～ϕ_6 分别代表 C^1～C^6 的 p 轨道，则苯分子中每个 π 电子的分子轨道 $\Psi_{j(j=1\sim6)}$ 可用 6 个碳原子的 p 轨道线性组合来表示：

$$\Psi_{j(j=1\sim6)} = C_1\phi_1 + C_2\phi_2 + C_3\phi_3 + C_4\phi_4 + C_5\phi_5 + C_6\phi_6$$

用类似于分子轨道理论处理丁二烯的方法，可得到苯分子中 6 个 π 电子的分子轨道及其能量，结果如下：

$$\Psi_1 = \frac{1}{\sqrt{6}}(\phi_1 + \phi_2 + \phi_3 + \phi_4 + \phi_5 + \phi_6) \qquad E_1 = \alpha + 2\beta$$

$$\Psi_2 = \frac{1}{\sqrt{12}}(2\phi_1 + \phi_2 - \phi_3 - 2\phi_4 - \phi_5 + \phi_6) \qquad E_2 = \alpha + \beta$$

$$\Psi_3 = \frac{1}{2}(\phi_2 + \phi_3 - \phi_5 - \phi_6) \qquad E_3 = \alpha + \beta$$

$$\Psi_4 = \frac{1}{2}(\phi_2 - \phi_3 + \phi_5 - \phi_6) \qquad E_4 = \alpha - \beta$$

$$\Psi_5 = \frac{1}{\sqrt{12}}(2\phi_1 - \phi_2 - \phi_3 + 2\phi_4 - \phi_5 - \phi_6) \qquad E_5 = \alpha - \beta$$

$$\Psi_6 = \frac{1}{\sqrt{6}}(\phi_1 - \phi_2 + \phi_3 - \phi_4 + \phi_5 - \phi_6) \qquad E_6 = \alpha - 2\beta$$

从计算出的结果可画出苯分子中 p 轨道线性组合图、π 电子的分子轨道图及其相应的能级图，如图 1.22 所示。

从图 1.22 中可看出：

(1) 在 p 轨道线性组合图中，若相邻碳原子的 p 轨道组成分子轨道，组合系数的符号相同就表示相邻原子间无电子概率为零的节面，相邻原子间是成键作用，在 π 电子分子轨道图中

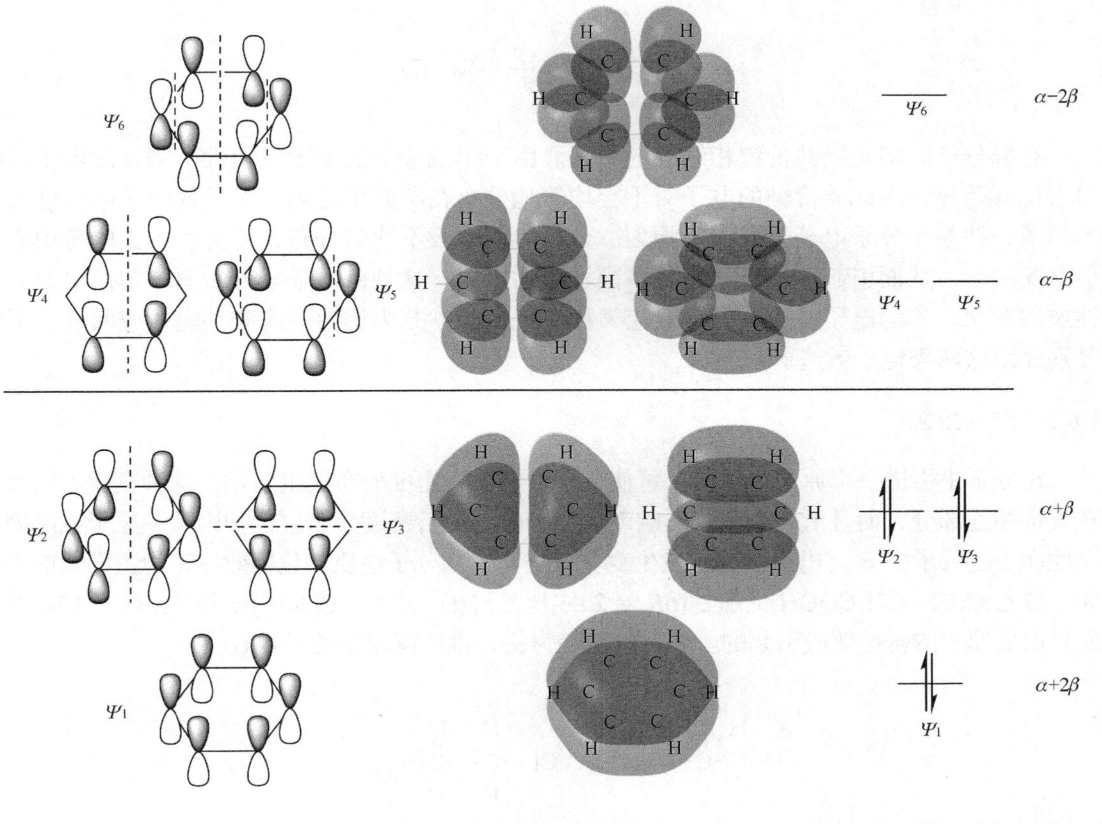

p轨道线性组合图　　π电子的分子轨道图　　$E_\pi=2(\alpha+2\beta)+4(\alpha+\beta)=6\alpha+8\beta$

图 1.22　苯的 π 电子分子轨道和能级

描绘出的是成键分子轨道；若组合系数的符号相反，就表示在相邻原子间有电子概率为零的节面，相邻原子间是反键作用，在 π 电子分子轨道图中描绘出的是反键分子轨道。从 6 个 p 轨道线性组合成的 6 个 π 电子分子轨道图中可见，$\varPsi_1$ 中无节面，相邻原子间都是成键作用，$\varPsi_1$ 是成键分子轨道。$\varPsi_6$ 中有 3 个节面，相邻原子间都是反键作用，$\varPsi_6$ 是反键分子轨道。$\varPsi_2$、$\varPsi_3$ 中均有 1 个节面，相邻原子间的成键作用大于相邻原子间的反键作用，$\varPsi_2$、$\varPsi_3$ 都是弱的成键分子轨道。由于 $\varPsi_2$、$\varPsi_3$ 分子轨道能量相等，因此 $\varPsi_2$、$\varPsi_3$ 是一对简并轨道。$\varPsi_4$、$\varPsi_5$ 均有 2 个节面，相邻原子间的成键作用小于相邻原子间的反键作用，$\varPsi_4$、$\varPsi_5$ 都是弱的反键分子轨道，二者也是一对简并轨道。因此，在 6 个 π 电子的分子轨道中，$\varPsi_1$、$\varPsi_2$、$\varPsi_3$ 是成键分子轨道，$\varPsi_4$、$\varPsi_5$、$\varPsi_6$ 是反键分子轨道。

(2) 在 π 电子分子轨道能级表达式中，α、β 均为常数。α 代表碳原子轨道上电子的电离能，即原子轨道的能级。β 是负值，所以 π 电子分子轨道能级由低到高的顺序是

$$E_1 < E_2 = E_3 < E_4 = E_5 < E_6$$

(3) 处于基态时，6 个 π 电子占据 3 个成键轨道，而 3 个反键轨道是空的没有电子占据，所以苯分子的电子云是由 3 个成键轨道叠加而成的。叠加的结果：电子云均匀地对称地分布在碳原子核所在的平面，即苯分子平面的上下(图 1.23)。

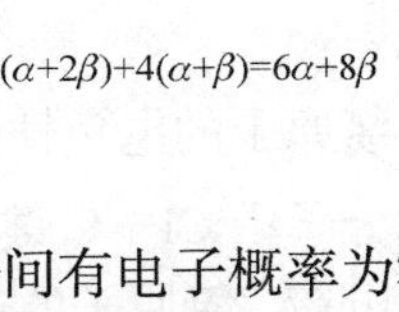

图 1.23　苯分子中的 π 电子云

1.6 电子效应

有机分子大多是以共价键相结合的分子。由于组成分子的原子电负性不同，对电子的吸引力也有差异，因此共价键的电子对不会均等地分布在两原子之间，而是偏向于电负性较大的原子，使整个分子电子云分布不均匀。分子中电子云不均匀分布，势必产生正电荷中心和负电荷中心，从而引起有机分子发生不同类型的反应。这种由电子云分布不均匀而引起分子性质的变化，称为电子效应。电子效应又称极性效应，分为诱导效应和共轭效应两类。下面分别介绍这两类电子效应。

1.6.1 诱导效应

在分子中引进一个原子或基团，可使分子中电子云密度分布发生变化，这种变化不仅发生在直接相连部分，而且沿着分子链影响整个分子的电子云密度分布。这种因某一原子或基团的极性而引起分子中 σ 键电子云分布发生变化，进而引起分子性质变化的效应称为诱导效应。例如，氯乙酸(Cl—CH_2COOH)的酸性(pK_a = 2.86)比乙酸(H—CH_2—COOH)的酸性(pK_a = 4.74)强，就是由氯原子的诱导效应引起的。现以氯乙酸为例，说明氯原子的诱导效应。

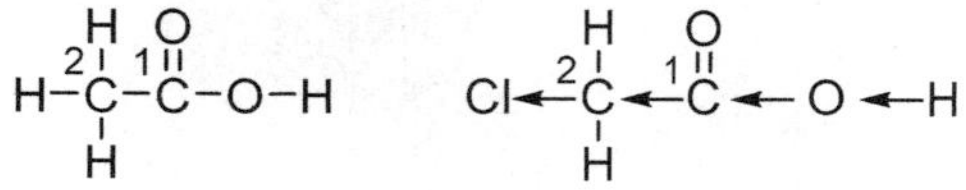

乙酸(比较标准)　　　　氯乙酸

氯原子的电负性(3.2)比氢原子的电负性(2.2)大，氯原子吸电子能力比氢原子强，所以在氯乙酸分子中 Cl—C 键上 σ 电子向氯原子方向偏移(偏移用直箭头⟵表示)，使 C_2 原子变得带部分正电荷。氯原子的这种吸电子作用，通过 C_2 原子影响 C_1 原子，再通过 C_1 原子影响 O 原子，进而影响 H 原子。结果在氯乙酸分子中 O—H 键 σ 电子“偏向”O 原子，从而有利于氢原子的电离，使酸性增强。显然，氯原子的诱导效应是吸电子的(吸电子诱导效应用–I 表示，即–I 效应)。根据卤素的电负性大小(或吸电子能力大小)，卤素吸电子诱导效应的顺序是

	F	>	Cl	>	Br	>	I
电负性	4.0		3.2		3.0		2.7

在有机化合物分子中，具有–I 效应的原子或原子团，除卤素外还有—N^+R_3、—NO_2、—CN、—COOH、—COOR、—CHO、—COR、—OH、—OR 等。其中，–I 效应强的基团或原子有—$^+NR_3$、—NO_2、—C≡N 和 F 原子。

甲酸(H—COOH)的酸性(pK_a = 3.77)比乙酸(CH_3—COOH)的酸性(pK_a = 4.74)强，说明甲基的诱导效应与氯原子相反，是推电子的诱导效应(+I 效应)。

对于烷基，推电子诱导效应的顺序如下：

$$(CH_3)_3C— > (CH_3)_2CH— > CH_3CH_2— > CH_3—$$

在讨论原子或基团诱导效应的方向时，都以 H 原子作为比较标准。一个原子或基团 X 取代 H—Cabc 分子中的 H 原子后，如果 X—Cabc 分子中的 Cabc 部分带部分正电荷(常用 δ^+ 表示)或正电荷增大，则 X 的诱导效应就是吸电子的(−I 效应)。相反，一个原子或基团 Y 取代 H—Cabc 分子中的 H 原子后，如果 Y—Cabc 分子中的 Cabc 部分带部分负电荷(常用 δ^- 表示)或负电荷增大，则 Y 的诱导效应就是推电子的(+I 效应)。

$$\overset{\delta^-}{X} \leftarrow \overset{\delta^+}{\text{Cabc}} \qquad \text{H—Cabc} \qquad \overset{\delta^+}{Y} \rightarrow \overset{\delta^-}{\text{Cabc}}$$

X(−I 效应)　　比较标准　　Y(+I 效应)

诱导效应是以静电诱导方式沿着分子链由近而远地传递下去，在分子链上不会出现正负交替现象，而且随着距离增加，诱导效应明显减弱。

表 1.10 给出一些羧酸和卤代羧酸的 pK_a，从中可看出−I 效应和+I 效应对酸性的影响。

表 1.10　羧酸和卤代羧酸的 pK_a(25℃水溶液)

酸	pK_a	酸	pK_a
CH_3COOH	4.74	CH_3COOH	4.74
FCH_2COOH	2.59	$ClCH_2COOH$	2.86
$ClCH_2COOH$	2.86	$Cl_2CHCOOH$	1.26
$BrCH_2COOH$	2.90	Cl_3CCOOH	0.64
ICH_2COOH	3.18	$HCOOH$	3.77
$CH_3CH_2CH_2COOH$	4.82	CH_3COOH	4.74
$CH_3CH_2CHClCOOH$	2.84	CH_3CH_2COOH	4.84
$CH_3CHClCH_2COOH$	4.06	$CH_3(CH_2)_nCOOH$(n=2～7)	4.82～4.95
$ClCH_2CH_2CH_2COOH$	4.52		

从表 1.10 中可以看出：①CH_3COOH 分子中 α-H 被电负性不同的卤素取代，卤素电负性越大，卤代酸酸性越强；②卤素原子越多，酸性越强；③卤素原子离羧基越近，酸性越强。

1.6.2　共轭效应

1. 共轭 π 键类型

根据共轭 π 键中的原子数(n)和电子数(m)，可将共轭 π 键(Π_n^m)分为 4 类。

1) 正常共轭 π 键

原子数和电子数相等($n = m$)的共轭 π 键称为正常共轭 π 键。例如，丁-1,3-二烯分子(CH_2═CH—CH═CH_2)，其分子中参加共轭的原子是 4 个碳原子，组成共轭 π 键的电子是 4 个 p 电子，为 Π_4^4。又如，苯分子中的 6 个原子、6 个电子组成共轭 π 键 Π_6^6。

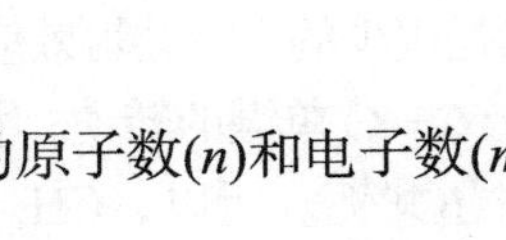

丁-1,3-二烯分子中的共轭 π 键

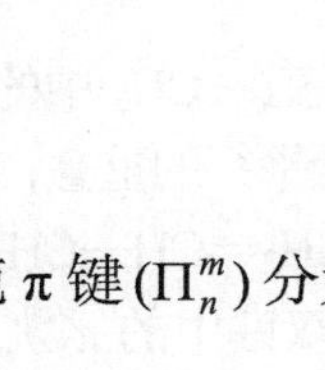
苯分子中的共轭 π 键

2) 多电子共轭 π 键

电子数大于原子数($m>n$)的共轭 π 键称多电子共轭 π 键。例如氯乙烯分子($CH_2{=}CH{-}\ddot{C}l$)、烯丙基负离子($CH_2{=}CH{-}\ddot{C}H_2^-$)，其分子中参加共轭的电子是 4 个，原子是 3 个，为 Π_3^4。

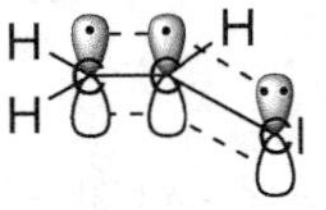
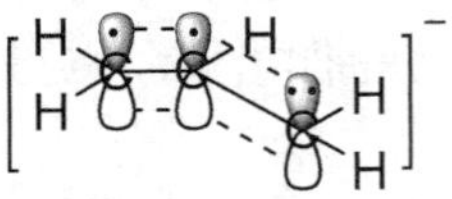

一般来说，当双键或叁键碳原子上连接带有孤对电子的原子(如 F、Cl、O、N 等)或带有负电荷的基团时，这样的分子或负性基团就含有多电子共轭 π 键，如乙烯基醚、氯苯、苯酚等。

$CH_2{=}CH{-}\ddot{O}{-}R$，Π_3^4　　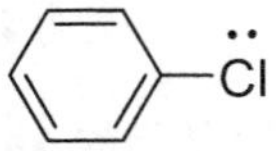，Π_7^8　　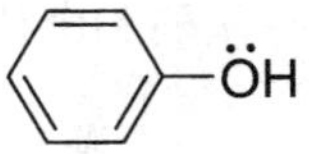，Π_7^8

3) 缺电子共轭 π 键

电子数小于原子数($m<n$)的共轭 π 键称缺电子共轭 π 键。例如烯丙基正离子($CH_2{=}CH{-}\overset{+}{C}H_2$)，其分子中参加共轭的电子是 2 个，原子是 3 个，为 Π_3^2。

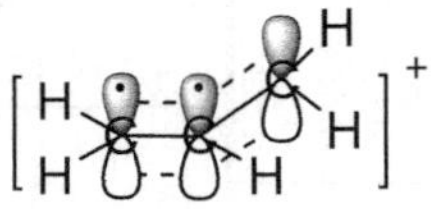

4) 超共轭

丙烯分子($CH_2{=}CH{-}CH_3$)中，甲基(CH_3)中的 C—H 键 σ 轨道可与 C═C 双键的 π 轨道重叠形成 σ-π 共轭，这种共轭称为超共轭。

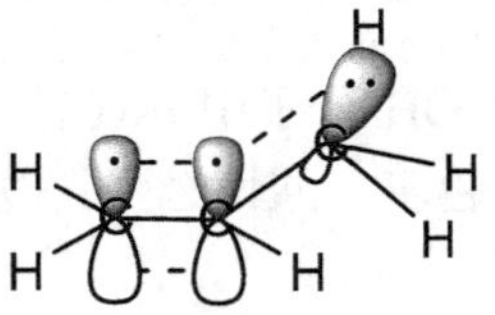

σ-π 共轭实质上是甲基(—CH_3)中的 C—H σ 键上的一对电子所在的 σ 轨道与形成 π 键的 2 个 p 轨道进行部分的、不完全平行的重叠，这种重叠当然是很少的。超共轭效应是推电子的，而且超共轭效应比较弱。在丙烯($CH_2{=}CH{-}CH_3$)分子中，由于 C—C 单键的转动，甲基中 3 个 C—H σ 键的轨道都有可能与 C═C 双键中的 π 轨道重叠，参与超共轭。所以，$CH_2{=}CH{-}CH_3$ 分子中有 3 个 C—H σ 键参与超共轭，丁-1-烯分子($CH_3CH_2CH{=}CH_2$)中有 2 个 C—H σ 键参与超共轭，丁-2-烯分子($CH_3CH{=}CHCH_3$)中有 6 个 C—H σ 键参与超共轭。

2. 共轭 π 键的形成条件

从上面讨论的共轭 π 键类型，可给出共轭 π 键的形成条件，即以 σ 键相连的 3 个或 3 个以上的原子，如果满足以下两个条件，就能形成共轭 π 键：①这些原子都在同一个平面内；②每个原子有一个 p 轨道，这些 p 轨道互相平行。这两个条件保证了所有的 p 轨道能够达到“肩并肩”最大限度的重叠。

3. 共轭效应

在分子中由于共轭 π 键的形成而引起分子性质的改变称为共轭效应。共轭效应主要表现在分子的能量、键长的改变以及分子反应性的变化等方面。

1) 键长均匀化

由于共轭 π 键的形成，π 电子的流动范围增大，一对 π 电子不再局限于两个原子间，而是扩展到参加共轭的所有原子上。其结果是按经典方法写出单、双键交替排列的结构式时，单键要比典型值缩短，双键要比典型值增长，即发生键长均匀化。例如，在 $CH_2{=}CH{-}CH{=}CH_2$ 分子中 C—C 单键的键长是 0.1483nm，比典型的 C—C 单键键长 0.154nm 短；在 $CH_2{=}CH{-}Cl$ 分子中 C—Cl 键的键长是 0.169nm，比典型的 C—Cl 单键键长 0.177nm 短；在苯分子中 6 个 C—C 键键长相等，分不出单键和双键的差别。

2) 共轭能

共轭 π 键的形成，增大了 π 电子的活动范围，使体系能量降低，分子稳定。例如，共轭分子 $CH_2{=}CH{-}CH{=}CH_2$ 的能量比两个不共轭的 $CH_2{=}CH_2$ 分子的能量总和要低，所降低的数值称为丁-1,3-二烯($CH_2{=}CH{-}CH{=}CH_2$)共轭分子的共轭能。

共轭能可通过实验测定有机化合物的氢化热得到。烯烃的氢化热是指 1mol 烯烃催化加氢生成烷烃所放出的能量。例如，$CH_2{=}CH_2$ 分子中无共轭 π 键，实验测得 $CH_2{=}CH_2$ 分子的氢化热为 137.2kJ · mol^{-1}

$$CH_2{=}CH_2 + H_2 \longrightarrow CH_3{-}CH_3 \qquad \Delta H = -137.2\ \text{kJ·mol}^{-1}$$

$CH_2{=}CH{-}CH{=}CH_2$ 分子中有共轭 π 键，实验测得其氢化热为 238.9kJ · mol^{-1}

$$CH_2{=}CH{-}CH{=}CH_2 + 2H_2 \longrightarrow CH_3{-}CH_2{-}CH_2{-}CH_3 \qquad \Delta H = -238.9\ \text{kJ·mol}^{-1}$$

则 $CH_2{=}CH{-}CH{=}CH_2$ 分子的共轭能为 $2 \times 137.2 - 238.9 = 35.5$(kJ · mol^{-1})。

表 1.11、表 1.12 分别给出烯烃的氢化热和超共轭能、共轭二烯烃的氢化热和共轭能。

表 1.11　烯烃的氢化热和超共轭能

烯烃	氢化热/(kJ · mol^{-1})	超共轭能/(kJ · mol^{-1})
比较标准 $CH_2{=}CH_2$	137.2	0
$CH_3{-}CH{=}CH_2$	125.9	11.3
$CH_3{-}CH_2{-}CH{=}CH_2$	126.8	10.4
顺-$CH_3{-}CH{=}CH{-}CH_3$	119.7	17.5
反-$CH_3{-}CH{=}CH{-}CH_3$	115.5	21.7
$(CH_3)_2C{=}CH_2$	118.8	18.4
$CH_3CH{=}C(CH_3)_2$	112.5	24.7
$(CH_3)_2C{=}C(CH_3)_2$	111.3	25.9

表 1.12　共轭二烯烃的氢化热和共轭能

共轭二烯烃	氢化热/(kJ · mol^{-1})	共轭能/(kJ · mol^{-1})
比较标准 $CH_2{=}CH_2$	137.2	0
$CH_2{=}CH{-}CH{=}CH_2$	238.9	35.5

续表

共轭二烯烃	氢化热/(kJ · mol^{-1})	共轭能/(kJ · mol^{-1})
CH_3—CH═CH—CH═CH_2	226.4	48.0
CH_2═C(CH_3)—CH═CH_2	223.4	51.0
CH_2═C(CH_3)—C(CH_3)═CH_2	225.4	49.0

4. 吸电子共轭效应和推电子共轭效应

在丁-1,3-二烯(CH_2═CH—CH═CH_2)共轭分子中，参与共轭的 4 个原子都是碳原子，因而该分子在静态时，共轭 π 键电子云的分布是均匀的，即在分子平面的上方和下方。

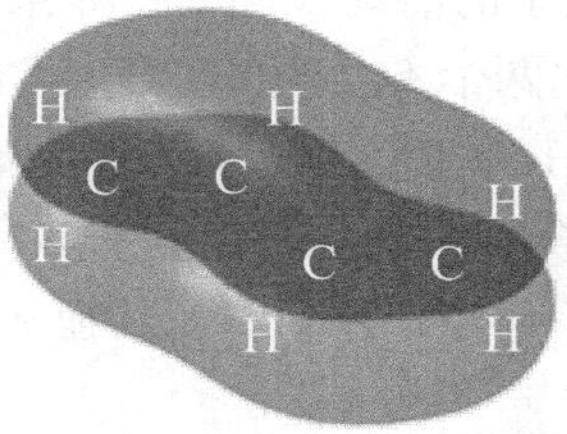

但是，当丁-1,3-二烯分子中一个端碳原子被一个杂原子如氧或氮代替，即得到丙烯醛(CH_2═CH—CH═O)、丙烯腈(CH_2═CH—C≡N)，这些分子仍是单、双(或叁)键交替的共轭分子。在共轭分子 CH_2═CH—CH═O 中，由于氧原子电负性较强，将羰基(>C═O)中的 π 电子拉向氧原子，引起了整个共轭体系中的 π 电子按照下面弯箭头所表示的方向移动——弯箭头从双键到与双键相连接的原子上和/或从双键到单键。

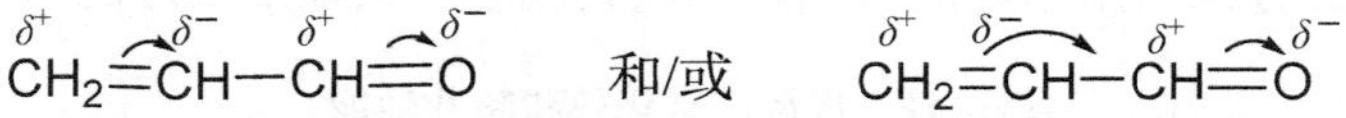

这是分子在静态时发生的电子云的移动。这种移动是由电负性较强的氧原子参加的共轭效应引起的。从 π 电子转移的情况来看：①共轭效应在共轭链上传递，产生正负交替现象；②共轭效应的传递不因共轭链的增长而减弱。

在 CH_2═CH—CH═O 共轭体系中，羰基(C═O)的共轭效应是吸电子的——吸电子共轭效应，用–C 表示。类似的共轭分子有丙炔醛(CH≡C—CH═O)、苯甲醛(C_6H_5—CH═O)等。

同样，在丙烯腈(CH_2═CH—C≡N)分子中，由于氮原子电负性(3.0)大于碳原子的电负性(2.5)，氰基(—C≡N)中的 π 电子偏向氮原子，引起了整个共轭体系中的 π 电子向氮原子方向转移：

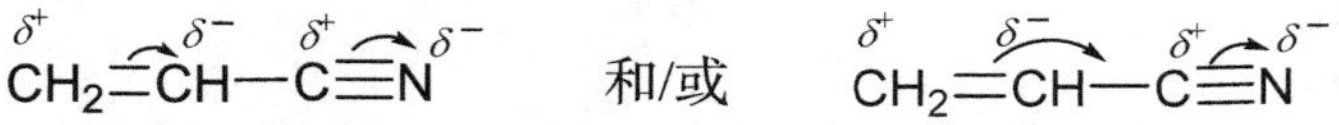

所以氰基的共轭效应也是吸电子的——吸电子共轭效应，即–C 效应。

氧原子和氮原子处在同一周期，氧原子电负性(3.5)大于氮原子电负性(3.0)，氧原子吸引 π 电子能力比氮原子强，所以 C═O 的–C 效应大于—C≡N。

当 C═C 双键或 C≡C 叁键直接和带有孤对电子的原子或基团相连时，这些带有孤对电子的原子或基团和 C═C 双键或 C≡C 叁键发生多电子共轭或 p-π 共轭。共轭效应使孤对电子向 C═C 或 C≡C 方向转移。例如：

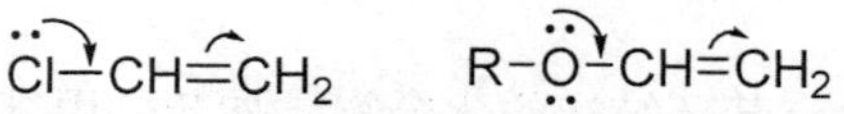

所以在 $CH_2=CH—Cl$ 分子中氯原子的共轭效应是推电子的——推电子共轭效应，用+C 表示。在 $R—O—CH=CH_2$ 分子中，氧原子(或者—OR 基)的共轭效应也是推电子的，也是+C 效应。F、Cl、Br、I 四个原子的+C 效应由强到弱的顺序是

$$—\ddot{\underset{..}{F}}: > —\ddot{\underset{..}{Cl}}: > —\ddot{\underset{..}{Br}}: > —\ddot{\underset{..}{I}}:$$

这是因为，这些原子在与碳原子 2p 轨道共轭时所用的 p 轨道大小不同，氟在第二周期，是用 2p 轨道与碳原子的 2p 轨道共轭，因而它们的大小相近，重叠得较多，共轭作用较强。而氯在第三周期，是用 3p 轨道与碳原子的 2p 轨道共轭，由于两个 p 轨道的大小相差较大，重叠较少，共轭作用较小。同样，—OR 与—SR 的+C 效应大小为—OR > —SR。

推电子共轭效应(+C 效应)的强弱，除了由参加共轭的原子轨道大小相近这一因素决定外，还与原子对“孤对电子”约束的能力有关。原子对“孤对电子”约束能力越弱，+C 效应越大。例如，氮、氧、氟同属第二周期的元素，它们都采用 2p 轨道参与共轭，而约束“孤对电子”的能力氮最弱，氧次之，氟最强。带负电荷的氧约束“孤对电子”的能力最弱，带正电荷的氧约束“孤对电子”的能力最强，中性氧原子介于二者之间。因此对于+C 效应有如下顺序：

1.7　有机化合物的分类

有机化合物一般是按照它们的分子结构来进行分类的。有机化合物的分子结构包括两个方面：一是碳与碳相连的方式，相连成链或相连成环，这是碳的骨架结构；二是与碳相连的官能团。官能团是指分子中特别容易发生反应、决定化合物化学性质的原子或基团。

1.7.1　按碳骨架分类

按碳骨架，可将有机化合物分为四类。

1) 脂肪族化合物

脂肪族化合物(又称链状化合物)是碳与碳相连成链状的化合物。如果该类化合物中只包含碳碳单键(C—C)和碳氢单键(C—H)，称为饱和烃或烷烃；如果分子中含有碳碳双键(C=C)，称为烯烃；如果含有碳碳叁键(C≡C)，称为炔烃。烯烃和炔烃又总称为不饱和烃。例如：

$CH_3—CH_3$	$CH_3CH_2CH_3$	$CH_3CH=CH_2$	$CH_3C≡CH$
乙烷	丙烷	丙烯	丙炔

2) 脂环族化合物

脂环族化合物是碳与碳相连成环状结构(不含苯环)的化合物，如环己烷、环己烯等。

环己烷

环己烯

3) 芳香族化合物

芳香族化合物是分子中含有苯环结构的化合物，如苯、甲苯、萘等。

苯

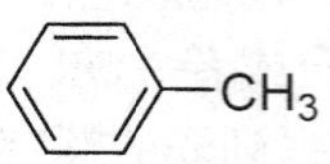
甲苯

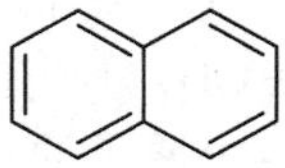
萘

4) 杂环化合物

杂环化合物是分子中含有环状结构，但环中除含有碳原子外，还含有氧、硫、氮等杂原子，如糠醛、噻吩、吡啶等。

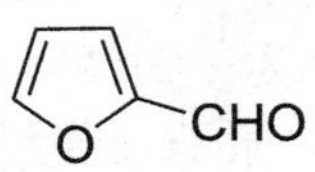
糠醛

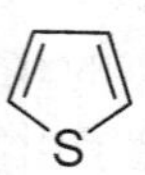
噻吩

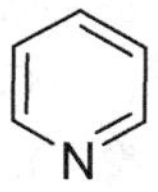
吡啶

1.7.2　按官能团分类

在碳骨架分类的基础上，再根据官能团分类。含有相同官能团的化合物具有相似的化学性质，归为同一类化合物。表 1.13 列出一些常见的、重要的官能团及其化合物类别。

表 1.13　一些常见的、重要的官能团及其化合物类别

官能团结构	官能团名称	化合物类别
>C=C<	双键	烯烃
—C≡C—	叁键	炔烃
—OH	羟基	醇、酚
—X(F、Cl、Br、I)	卤原子	卤代烃
—O—	醚键	醚
—C(=O)—H	甲酰基(醛基)	醛
—C(=O)—	羰基	酮
—C(=O)—OH	羧基	羧酸
X—C(=O)—	卤羰基	酰卤
H_2N—C(=O)—	氨基羰基	酰胺
RO—C(=O)—	烃氧羰基	酯
—C(=O)—O—C(=O)—	酰氧羰基	酸酐
—CN	氰基	腈

续表

官能团结构	官能团名称	化合物类别
$—NO_2$	硝基	硝基化合物
$—NH_2(—NHR, —NR_2)$	氨基(烃氨基,二烃氨基)	胺
$—SO_3H$	磺酸基	磺酸

例如，链状化合物或脂环族化合物中含有官能团羟基(—OH)的称为醇。芳香族化合物中含有羟基(—OH)的称为酚。

$CH_3CH_2—OH$

乙醇

$CH_2=CH—CH_2OH$

烯丙醇

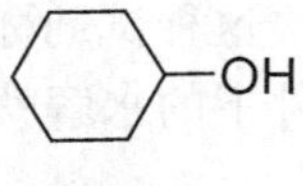

环己醇

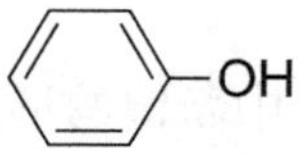

苯酚

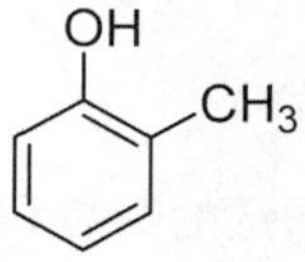

邻甲苯酚

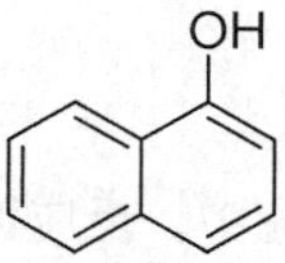

萘-1-酚

1.8　有机反应分类

在一定条件下，分子中原有的化学键断裂，形成新的化学键，分子中原子间的组合发生改变，从而形成新的分子。这就是化学反应的过程。有机反应主要发生在各类有机化合物的官能团上，官能团的共价键断裂，生成新的化合物。有的也发生在与官能团相连的原子上，断裂原有的共价键，生成新的化合物。无论哪种情况，发生反应时都发生共价键的断裂。根据共价键断裂的两种方式：均裂、异裂，将有机反应分为均裂反应和异裂反应两大类，此外还有协同反应。

1.8.1　均裂反应

共价键断裂时成键的一对电子平均分给成键的两个原子或基团，称为均裂反应。例如：

$$A\!:\!B \longrightarrow A\cdot + \cdot B$$

A—B 键的断裂是均裂，生成的原子或基团都带有一个单电子，这种带有单电子的原子或基团称为自由基(或游离基)。均裂反应即发生共价键均裂生成自由基的反应，也称为自由基反应。自由基反应一般在光、热或自由基引发剂的作用下进行，没有明显的溶剂效应，不受酸、碱等催化剂的影响。

1.8.2　异裂反应

共价键断裂时成键的一对电子完全为某原子或基团所占有而生成正离子、负离子，称为异裂反应。例如：

$$A\!:\!B \longrightarrow A^+ + :\!B^-$$

$$(CH_3)_3C—Br \longrightarrow (CH_3)_3C^+ + Br^-$$

叔丁基溴中碳溴键(C—Br)异裂生成叔丁基正离子和溴负离子。这种由反应物分子通过异裂生成离子的反应称为离子反应。离子反应一般为酸、碱或极性溶剂所催化。生成的离子是很活泼的活性中间体。

离子反应又根据反应试剂(常称进攻试剂)的不同，分为亲电反应和亲核反应。如果试剂在反应过程中从反应物中与之反应的原子上接受一对电子并与之共有，这种试剂称为亲电试剂，如 H^+、Cl^+、BF_3、$AlCl_3$ 等。由亲电试剂进攻有机物发生的反应称为亲电反应。乙烯与溴的加成反应是亲电加成反应。如果试剂在反应中将自身的一对电子给予反应物中与之反应的原子并与之共用，这种试剂称为亲核试剂，如 $H\ddot{O}^-$、$:\bar{N}H_2$、$:\bar{C}N$、ROH、$H_2\ddot{O}$、$\ddot{N}H_3$ 等。溴乙烷在碱性条件下的水解就是亲核取代反应。

$$CH_3CH_2Br + H\ddot{O}^- \longrightarrow CH_3CH_2OH + Br^-$$

1.8.3　协同反应

在有机化学反应中，反应物分子中旧键的断裂和产物分子中新键的形成同时发生的反应称为协同反应。例如，丁-1,3-二烯与乙烯生成环己烯的反应是经过一个六元环状过渡态的协同反应。

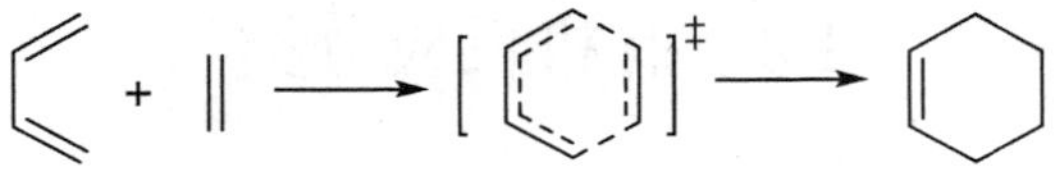

1.9　有机活性中间体

在有机反应中，从反应物到产物一般要经过若干步骤，并产生中间体。中间体非常活泼，所以一般称为活性中间体。

在有机反应中，根据共价键断裂的方式不同，会生成不同的活性中间体。共价键均裂生成自由基，共价键异裂生成碳正离子、碳负离子。它们都是活性中间体。

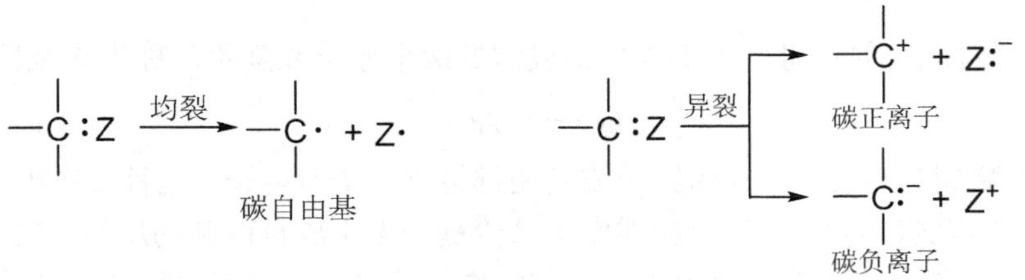

1.9.1　自由基

甲基自由基($CH_3\cdot$)、烯丙基自由基($CH_2═CH—CH_2\cdot$)、苯甲基自由基($C_6H_5—CH_2\cdot$)等都是在反应中产生的自由基活性中间体，其带有单电子的碳的价电子层有 7 个电子，由于电子未配对，倾向于获得电子，因此自由基一般具有亲电性。甲基、烯丙基和苯甲基等自由基的构型是平面形的，即带有未配对电子的碳原子成键时用 sp^2 杂化轨道。3 个 sp^2 杂化轨道与其他 3 个原子的轨道形成 σ 键，组成一个平面，键角约为 120°，未配对的电子处于垂直该平面的 p

轨道中。根据实验测定，三氟甲基自由基(·CF_3)中未配对电子所处的轨道有 s 成分，因而认为未配对电子处在 sp^3 轨道中，碳原子为 sp^3 杂化，·CF_3 自由基的构型为三角锥形。

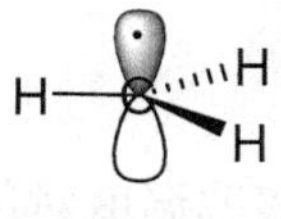

甲基自由基

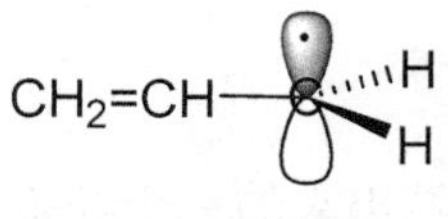

烯丙基自由基

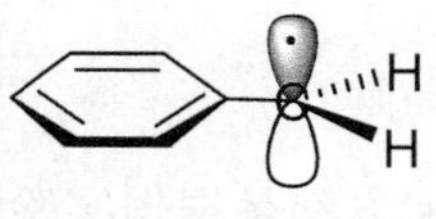

苯甲基自由基

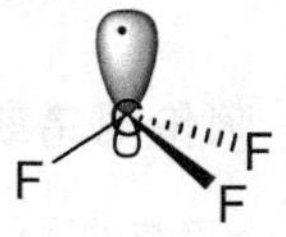

三氟甲基自由基

1.9.2 碳正离子

在碳正离子中，带有正电荷的碳价电子层只有 6 个电子，是缺电子活性中间体，碳正离子是亲电试剂。

简单的碳正离子，如异丙基正离子$(CH_3)_2CH^+$、叔丁基正离子$(CH_3)_3C^+$、烯丙基正离子$CH_2{=}CH{-}CH_2^+$和苯甲基正离子$C_6H_5{-}CH_2^+$等，构型是平面形的。缺电子的碳原子 sp^2 杂化，以 3 个 sp^2 杂化轨道与 3 个其他原子相连形成 3 个 σ 键，这样缺电子的碳和以 σ 键相连的原子处在同一个平面内，2 个 σ 键的键角约为 120°，缺电子碳原子有 1 个空的 p 轨道垂直于上述平面。

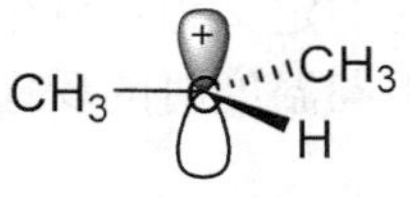

异丙基正离子

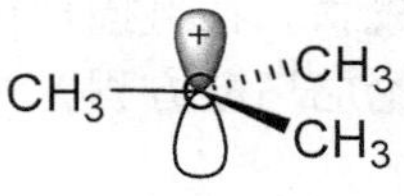

叔丁基正离子

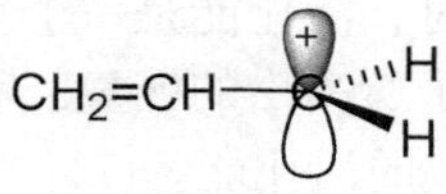

烯丙基正离子

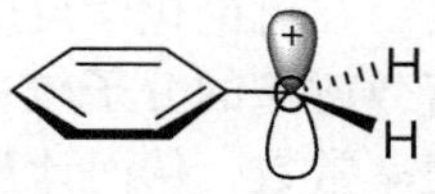

苯甲基正离子

在碳正离子中，空 p 轨道的两瓣位于平面的上面和下面，这样亲核试剂就可从平面的上面或下面进攻碳正离子活性中间体进行化学反应生成产物。

1.9.3 碳负离子

碳原子上带有负电荷的物种为碳负离子活性中间体，如甲基负离子(CH_3^-)、烯丙基负离子($CH_2{=}CH{-}CH_2^-$)和苯甲基负离子($PhCH_2^-$)等。在碳负离子中，带负电荷碳的价电子层有 8 个电子，其中有一对是成对电子，所以碳负离子是亲核试剂。简单的碳负离子，如甲基负离子、乙基负离子，构型是三角锥形，带负电荷的碳原子以 3 个 sp^3 杂化轨道与 3 个其他原子通过 σ 键相连。第 4 个 sp^3 杂化轨道带有一对电子，如构型Ⅰ和Ⅱ所示，两种构型可以通过“翻转”迅速互相转变。

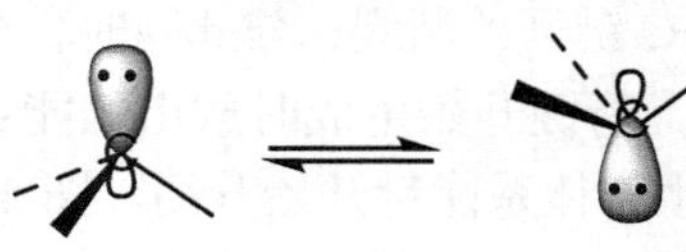
Ⅰ Ⅱ

碳负离子三角锥形结构

烯丙基负离子、苯甲基负离子，碳原子是 sp^2 杂化，碳负离子与双键或苯环形成共轭，为平面型结构。

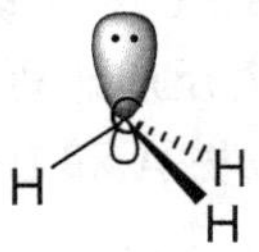

甲基负离子

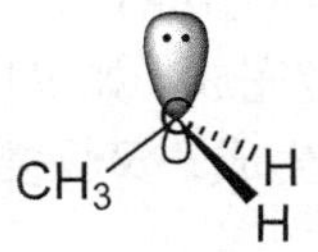

乙基负离子

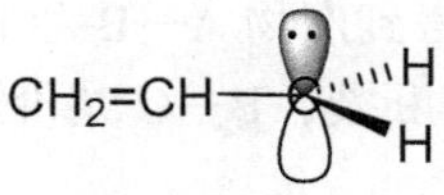

烯丙基负离子

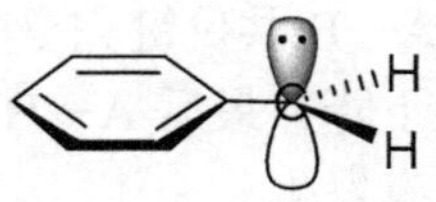

苯甲基负离子

1.10　反应速率和活化能

1.10.1　阿伦尼乌斯方程

阿伦尼乌斯(Arrhenius)方程是根据实验结果总结出来的一个经验公式，表明温度对反应速率常数的影响。它的指数表示式为

$$k = A\mathrm{e}^{-E_{\mathrm{a}}/RT} = PZ\mathrm{e}^{-E_{\mathrm{a}}/RT}$$

式中，k 为反应速率常数；T 为反应温度；R 为摩尔气体常量；E_{a} 为活化能；A 为指前因子；P 为概率因子(或取向概率)；Z 为碰撞因子；$\mathrm{e}^{-E_{\mathrm{a}}/RT}$ 为能量概率。

从阿伦尼乌斯方程可看出，反应速率与反应物浓度、反应温度和反应物的活化能直接相关。反应物浓度越大，碰撞机会越多，反应越快。但不是所有碰撞都是有效的，只有在一定取向时的碰撞才有效，才能引起反应。从能量概率可知，只有吸收了足够能量的分子，即活化分子，才能在碰撞中起反应。这就是说，对于进行反应的分子必须供给最低的活化能。反应速率与能量概率关系很大，温度每升高 10℃，反应速率将增加 2～4 倍。

在讨论化学反应速率时，活化能是一个重要的概念。在碰撞理论中活化能定义为：发生有效碰撞的分子较一般分子所高出的能量。利用阿伦尼乌斯方程，可测出不同温度时的反应速率常数，从而计算出反应的活化能。

1.10.2　过渡状态理论

过渡状态理论又称为活化复合物理论。该理论认为，化学反应不是只通过分子间的简单碰撞就能完成的，而是要经过一个中间的过渡状态，即反应物分子在相互接近的碰撞中，先被活化，形成活化复合物(过渡态)，这个活化复合物与反应物间成动态平衡。活化复合物分解得反应产物。例如：

$$\underset{\text{反应物}}{\mathrm{A + B{-}C}} \rightleftharpoons \underset{\text{过渡态}}{[\mathrm{A{\cdots}B{\cdots}C}]^{\ddagger}} \longrightarrow \underset{\text{产物}}{\mathrm{A{-}B + C}}$$

在 A 和 B—C 反应体系中，A 接近 B—C 分子中 B 原子引起反应时，B 和 C 之间的共价键的键长开始变长，键的强度开始减弱，B—C 键开始断裂；与此同时，A 和 B 之间的共价键开始形成。旧键开始断裂时吸收的能量较多，新键开始生成时放出的能量较少，放出的能量不足以补偿吸收的能量，所以随着反应的发生，体系能量开始升高。图 1.24 直观地说明了反应体系能量与反应进程的关系。反应进程继续进行，旧键进一步断裂，新键进一步生成，体系能量不断升高。当反应进程前进到 T 点时，体系的能量达到极大，此时体系称过渡态。由于过渡态处于能量曲线上的极大位置，因此是不稳定的，是分离不出来的，其结构也不能直接测定。到达过渡态后，反应继续沿着反应进程前进，能量逐步下降，最后 B—C 共价键完全断裂，A—B 共价键完全生成，得到产物 A—B 和 C，反应完成。如果反应沿着反应进程后退，能量也下降，最后 A—B 共价键断裂，B—C 共价键重新生成，又恢复为反应物 A 和 B—C，反应没有发生。

在图 1.24 中，T 和 R 之间的能量差称为活化能，用 E_{a} 表示。R 和 P 之间的能量差是反应

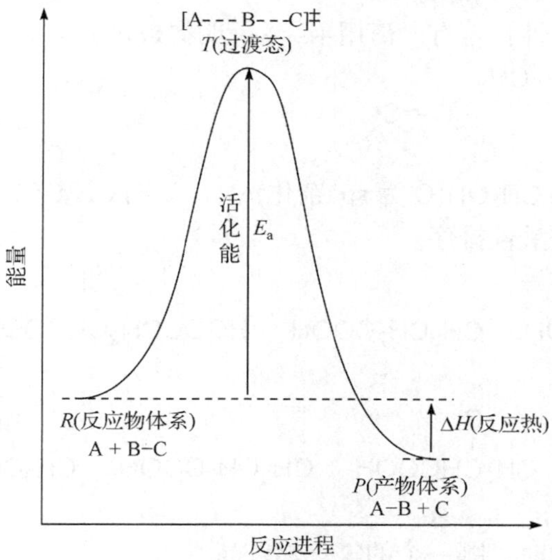

图 1.24　能量-反应进程图

热。因为 P 点能量较低，所以上述反应是放热反应，放出的热量等于ΔH。

从图 1.24 可看出，从反应物转变为产物要经过过渡态，即要克服一个高度等于活化能的能垒。活化能大，能垒高，反应物越过过渡态困难，反应就慢；反之，活化能小，反应就快。所以活化能是决定反应速率的主要因素。

一般，常温下活化能小于 $40kJ \cdot mol^{-1}$ 的反应，进行就快；活化能大于 $120kJ \cdot mol^{-1}$ 的反应，进行就慢。

习　题

1.1　简要解释下列术语。

(1) 有机化合物　(2) 杂化轨道　(3) 键长　(4) 键能　(5) 键离解能
(6) 键角　(7) 诱导效应　(8) 共轭效应　(9) σ 键　(10) π 键
(11) 共振杂化体　(12) 均裂反应　(13) 异裂反应　(14) 协同反应　(15) 活性中间体

1.2　指出下列化合物中碳原子的轨道杂化状态。

(1) $HC\equiv C-CH=CH-CH_3$　　(2) $H_2C=C=CH_2$

(3) $CH_3-CH_2-\overset{\overset{\displaystyle O}{\|}}{C}-CCl_3$　　(4) 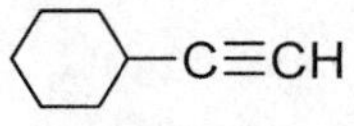

(5) $CH_2=CH-\overset{+}{C}H_2$　　(6) $CH_3-CH=CH-\dot{C}H_2$

(7) 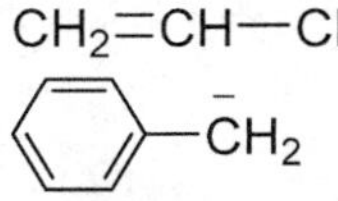

1.3　解释下列数据的差异。

	C—H 键键长/nm	C—H 键键能/($kJ \cdot mol^{-1}$)
CH_3-CH_3	0.1093	410.0
$CH_2=CH_2$	0.1086	460.2
$CH\equiv CH$	0.1058	506.3

1.4 下列化合物是否有极性？若有，请用 ⟼ 标明偶极矩方向。

(1) H—Br (2) 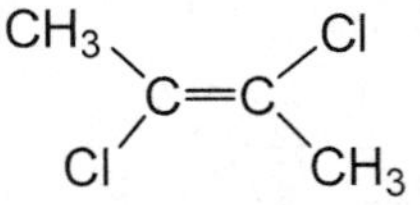 (3) 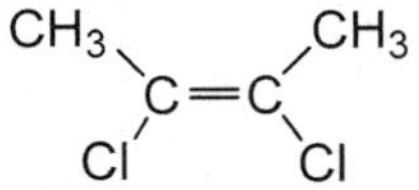

(4) CH_2Cl_2 (5) CH_3OH(O 为 sp^3 杂化) (6) CH_3OCH_3(O 为 sp^3 杂化)

1.5 将下列各组化合物按酸性排序。

(1) 

A B C D

(2) 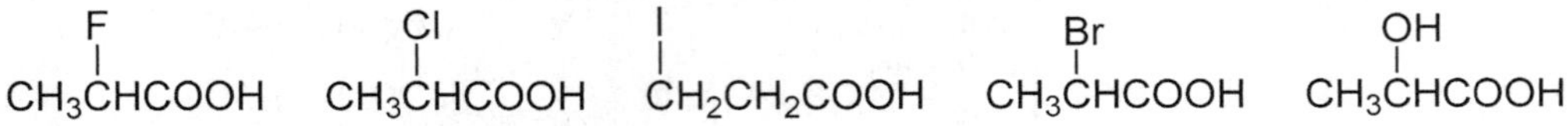

A B C D E

1.6 下列各组化合物氢化时，哪一个的氢化热较高？

(1) $(CH_3)_2C=CH_2$，$(CH_3)_2C=CHCH_3$

(2) 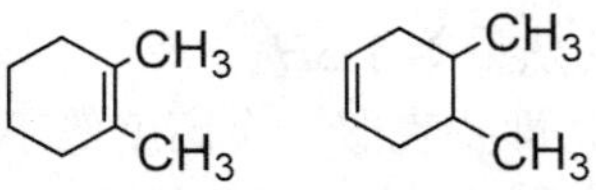

(3) 反-己-2-烯，顺-己-2-烯

(4) 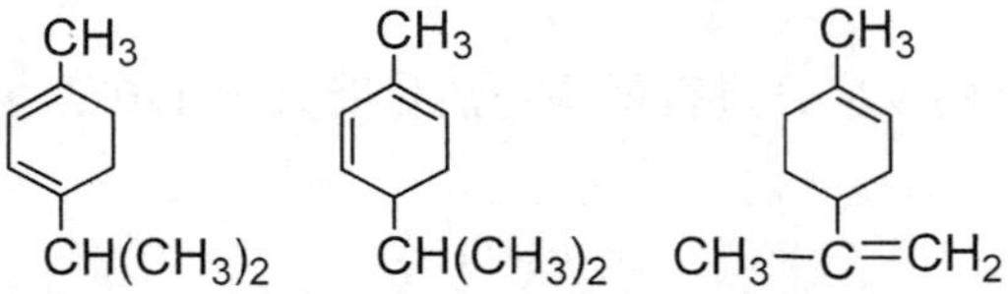

1.7 下列分子中各存在哪些类型的共轭？

(1) $CH_2=CH-CH=CH-CH_3$

(2) $HC\equiv C-CH=CH-CH_2Cl$

(3) $CH_3-CH=CH-\overset{+}{C}H-CH_3$

(4) $CH_3-CH=CH-\dot{C}H-CH_3$

(5) $BrCH=CH-\overset{\ddot{-}}{C}H-CH_3$

1.8 下列各对结构中哪一个更稳定？简述理由。

(1) 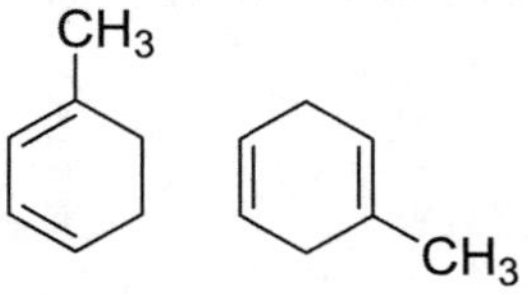

(2) 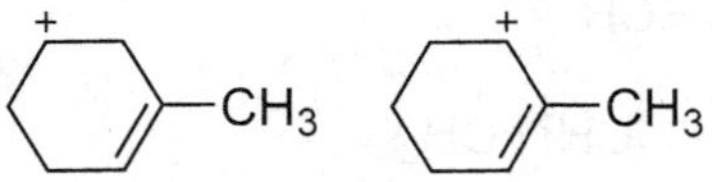

(3) $CH_3-CH=C=CH_2$ $CH_2=CH-CH=CH_2$

(4) $CH_3CH_2CH_2C\equiv CH$ $CH_3CH_2C\equiv CCH_3$

(5) $CH_3CH_2CH_2C\equiv CH$ $CH_3CH=CHCH=CH_2$

1.9 将下列碳正离子按稳定性增大的次序排列，并说明理由。

(1) $CH_3\overset{+}{C}HCH_3$

(2) $CH_2=CH\overset{+}{C}H_2$

(3) $CH_3CH_2\overset{+}{C}H_2$

(4) $Cl_3C\overset{+}{C}HCH_3$

1.10　给出下列结构的共振结构式，并指出哪个贡献最大。

(1) $CH_2{=}CH\overset{+}{C}H_2$　　(2) 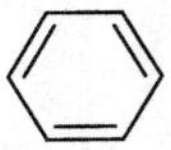　　(3) 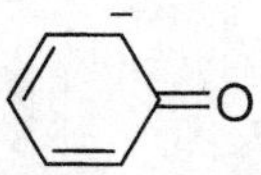

(4) $CH_2{=}CH{-}CH{=}O$　　(5) $CH_2{=}CH{-}OCH_3$　　(6) 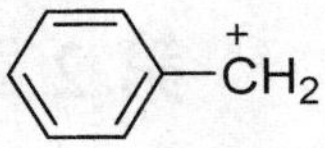

1.11　判断下列共振结构式的正误，说明理由。

(1) 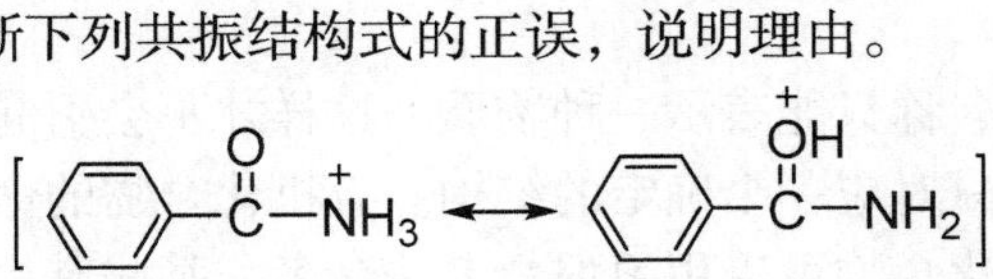

(2) $\left[CH_3C{\equiv}\overset{+}{N}{-}\overset{-}{O} \longleftrightarrow CH_3\overset{+}{C}{=}N{-}\overset{-}{O}\right]$

(3) 

(4) 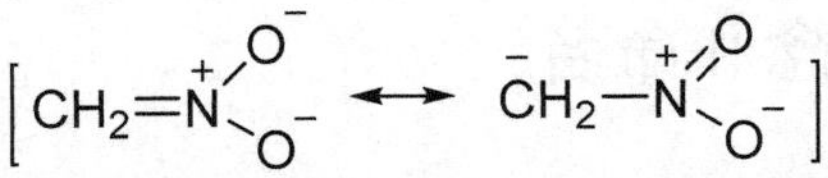

1.12　下列物种哪些具有亲电性？哪些具有亲核性？

(1) $\overset{+}{H}$　(2) $\overset{+}{Cl}$　(3) H_2O　(4) $\overset{-}{C}N$

(5) $C_2H_5\ddot{O}H$　(6) $CH_3\overset{+}{C}H_2$　(7) $CH_3\overset{+}{C}O$　(8) $\overset{+}{N}O_2$

(9) $\ddot{N}H_3$　(10) $C_2H_5\overset{-}{O}$　(11) $\overset{-}{O}H$　(12) $\overset{-}{C}H_2CHO$

第 2 章　有机化合物的命名

一个物质可以有几个名称，但是一个名称只能表示一种物质，这样才不会引起混乱。因此，有机化合物的命名必须是每一个名称只对应一个确定的结构。有机化合物的命名最常用的是系统命名法。另外，有些简单的有机化合物可以用习惯命名法命名，某些有机物还有俗名。在介绍这些命名法之前，先介绍基的概念和命名。

2.1　基的概念和命名

2.1.1　基

分子某一结构单元通过单键与分子其余部分连接，这一结构单元通常以“基”来命名。这些结构单元相当于一个分子从形式上消除一个单价原子或基团后形成的取代基和各种官能团。

1. 烃基

从烃分子中去掉一个氢原子后剩下的基团称为烃基。烃基包括以下几类。

1) 烷基

从烷烃分子中去掉一个氢原子后剩下的基团，称为烷基。例如：

CH_3—　　　　甲基(Me)

CH_3CH_2—　　乙基(Et)

简单的烷基通常用习惯命名法来命名，比较复杂的烷基用系统命名法命名。

(1) 烷基的习惯命名法。从直链烷烃链端碳原子上去掉一个氢原子形成的烷基，称为“正某基”，“正”字可以省略。英文命名时，“正”用 *n*-来表示。例如：

$CH_3CH_2CH_2$—　　　　正丙基(英文名称为 *n*-propyl，缩写 *n*-Pr)

$CH_3CH_2CH_2CH_2$—　　　正丁基(英文名称为 *n*-butyl，缩写 *n*-Bu)

$CH_3CH_2CH_2CH_2CH_2$—　正戊基(英文名称为 *n*-pentyl 或 *n*-amyl)

具有 $CH_3\overset{\displaystyle CH_3}{\overset{|}{C}}H(CH_2)_n$—($n$ = 1,2,3)构造的基，称为“异某基”。英文命名时，“异”用 iso 或 *i*-来表示。例如：

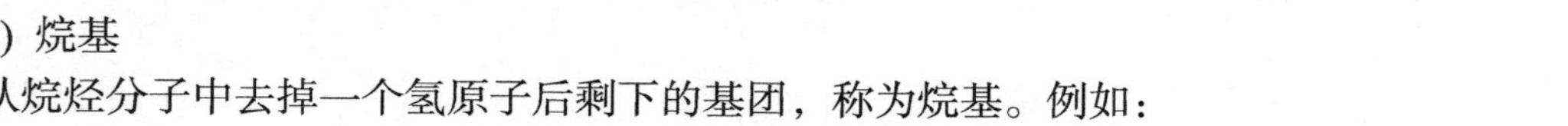

异丙基(isopropyl，*i*-Pr)　异丁基(isobutyl，*i*-Bu)　异戊基(isopentyl)　异己基(isohexyl)

此外，为了尊重中文习惯，国际纯粹与应用化学联合会(International Union of Pure and

Applied Chemistry，IUPAC)同意保留下列 4 个烷基的习惯命名：

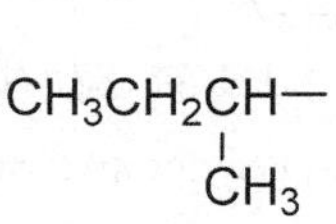

仲丁基

(*sec*-butyl，*s*-Bu)

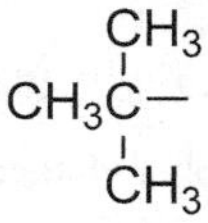

叔丁基

(*tert*-butyl，*t*-Bu)

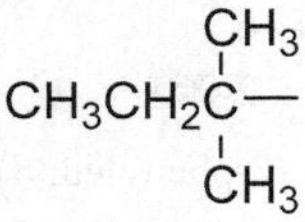

叔戊基

(*tert*-pentyl)

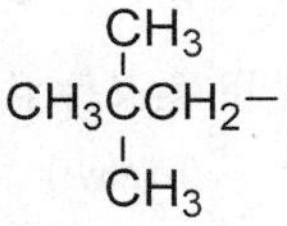

新戊基

(neopentyl)

英文命名时，仲用 *sec*-或 *s*-来表示，叔用 *tert*-或 *t*-来表示，新用 neo 来表示。

(2) 烷基的系统命名法。选择带有自由价碳原子的最长碳链作为主链，根据主链中碳原子数目称为“某基”。从自由价碳原子开始定为 1 位，将主链碳原子顺序编号，在“某基”的名称之前写出所具有的支链的位次与名称。例如：

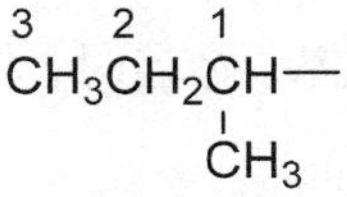

1-甲基丙基(习惯命名为仲丁基)

(1-methylpropyl)

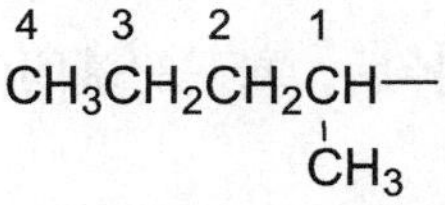

1-甲基丁基(不是仲戊基)

(1-methylbutyl)

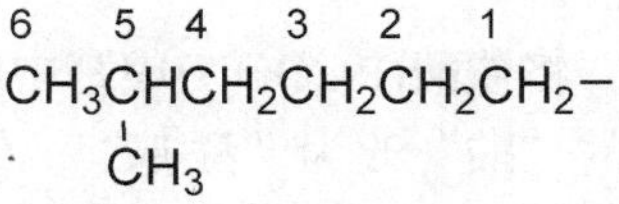

5-甲基己基(不是异庚基)

(5-methylhexyl)

2) 烯基和炔基

从烯烃或炔烃分子中去掉一个氢原子后剩下的基团，称为烯基或炔基。简单的烯基和炔基可以用习惯命名法命名，复杂的烯基和炔基用系统命名法命名。例如：

$CH_2{=}CH—$
乙烯基
(vinyl,ethenyl)

$CH_3CH{=}CH—$
丙烯基(propenyl)
丙-1-烯基(prop-1-enyl)

$CH_2{=}CHCH_2—$
烯丙基(allyl)
丙-2-烯基(prop-2-enyl)

$CH_2{=}C(CH_3)—$
异丙烯基(isopropenyl)
1-甲基乙烯基(1-methylethenyl)

$CH{\equiv}C—$
乙炔基
(ethynyl)

$CH_3C{\equiv}C—$
丙炔基(propynyl)
丙-1-炔基(prop-1-ynyl)

$CH{\equiv}CCH_2—$
炔丙基(propargyl)
丙-2-炔基(prop-2-ynyl)

$CH_2{=}CHCH{=}CH—$
丁-1,3-二烯基
but-1,3-dienyl

$CH{\equiv}CCH{=}CH—$
丁-1-烯-3-炔基(but-1-en-3-ynyl)

$CH_3CH{=}CHC{\equiv}C—$
戊-3-烯-1-炔基(pent-3-en-1-ynyl)

3) 单环脂环烃基

从单环脂环烃环上去掉一个氢原子后剩下的基团，称为环某基。例如：

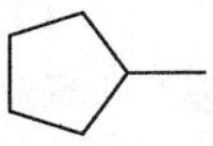

环戊基
(cyclopentyl)

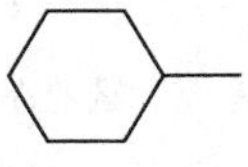

环己基
(cyclohexyl)

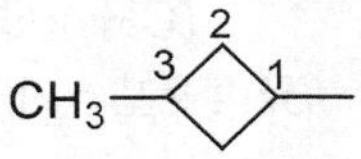

3-甲基环丁基
(3-methylcyclobutyl)

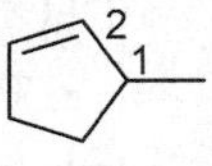

环戊-2-烯基
(cyclopent-2-enyl)

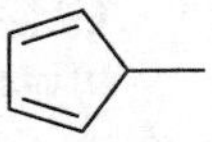

环戊-2,4-二烯基
(cyclopent-2,4-dienyl)

4) 芳香烃基

从芳烃环上去掉一个氢原子后剩下的基团，称为芳香烃基。例如：

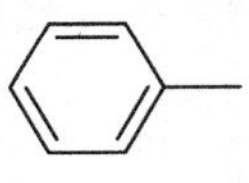

苯基
(phenyl，缩写 Ph 或 C_6H_5)

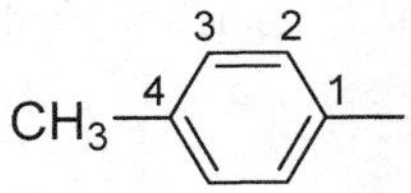

4-甲基苯基(4-methylphenyl)
或对甲基苯基(*p*-methylphenyl)

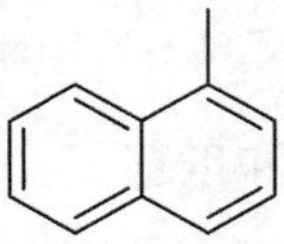

萘-1-基
(naphtha-1-yl)

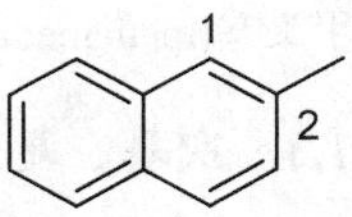

萘-2-基
(naphtha-2-yl)

从单环芳烃支链上去掉一个氢原子后剩下的基团常作为取代的链烃基来命名。例如：

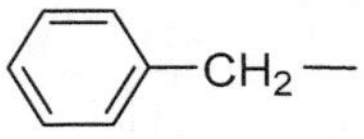	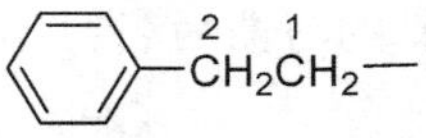	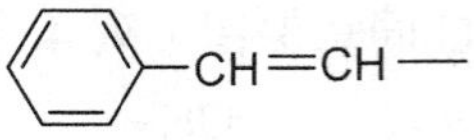	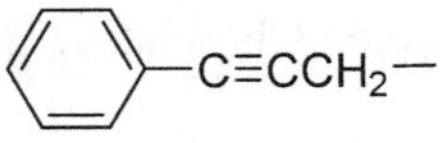
苯甲基(又称苄基)	2-苯基乙基	2-苯基乙烯基	3-苯基丙-2-炔基
(benzyl)	(2-phenylethyl)	(2-phenylethenyl)	(3-phenylprop-2-ynyl)

2. 烃氧基

烃氧基是在烃基名称之后加词尾“氧基”来命名。例如：

CH_3O—	CH_3CH_2O—	$(CH_3)_2CHO$—	$(CH_3)_3CO$—	PhO—
甲氧基(methoxy)	乙氧基(ethoxy)	异丙氧基(isopropoxy)	叔丁氧基(*t*-butoxy)	苯氧基(phenoxy)

3. 酰基

将羧酸(RCOOH)羧基中的羟基去掉后，剩下的基团(RCO—)称为酰基。命名时，将羧酸名中的“酸”改为“酰基”。例如：

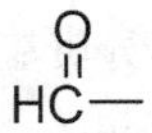	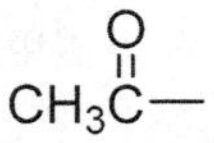	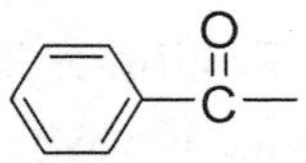	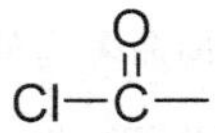
甲酰基(formyl)	乙酰基(acetyl)	苯甲酰基(benzoyl)	氯甲酰基(又称氯羰基)(chlorocarbonyl)

4. 其他取代基或原子

HO—	H_2N—	—NO_2	—NO
羟基(hydroxy)	氨基(amino)	硝基(nitro)	亚硝基(nitroso)
F—	Cl—	Br—	I—
氟(fluoro)	氯(chloro)	溴(bromo)	碘(iodo)
—COOH	HS—	—C≡N	$(CH_3)_2N$—
羧基(carboxy)	巯基(sulfanyl)	氰基(cyano)	二甲氨基(dimethylamino)

2.1.2　亚基和叉基

分子某一结构单元通过两个单键连接分子骨架的同一个原子时(即双键)，这一结构单元通常以“亚基”来命名。例如：

CH_2=	CH_3CH=	$(CH_3)_2C$=	HN=	O=
甲亚基	乙亚基	异丙亚基，丙-2-亚基	氨亚基，亚氨基	氧亚基
(methylidene,methylene)	(ethylidene)	(propan-2-ylidene)	(imino)	(oxo)

分子某一结构单元通过两个单键分别连接分子骨架的两个原子时，这一结构单元通常以“叉基”来命名。例如：

—CH_2—	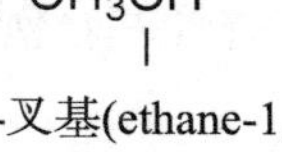	—CH_2CH_2—	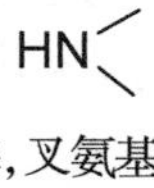
甲叉基(methanediyl)	乙-1,1-叉基(ethane-1,1-diyl)	乙-1,2-叉基(ethane-1,2-diyl)	氨叉基，叉氨基(imino)

2.1.3　次基、基亚基和爪基

分子某一结构单元通过叁键、一单键和一双键或三单键与分子其余部分相连，这一结构单元分别以“次基”、“基亚基”和“爪基”来命名。例如：

$CH\equiv$
甲次基(methylidyne)

$CH_3C\equiv$
乙次基(ethylidyne)

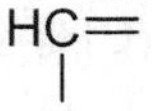
甲基亚基(methanylylidene)

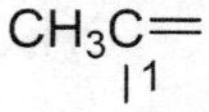
乙-1-基-1-亚基

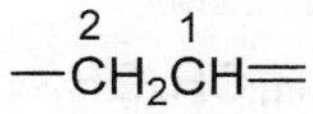
乙-2-基-1-亚基

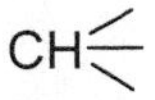
甲爪基(methanetriyl)

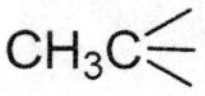
乙-1,1,1-爪基(ethane-1,1,1-triyl)

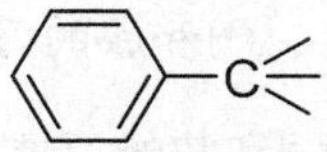
苯甲爪基

2.2　有机化合物的俗名和习惯命名

2.2.1　有机化合物的俗名

在有机化学发展初期，人们还不清楚化合物的结构，往往根据有机化合物的来源、存在或某些特性给予一定名称，其中有些名称至今仍然采用。例如：

$HCOOH$
蚁酸

$HOCH_2CH_2OH$
甘醇

CH_3COOH
醋酸

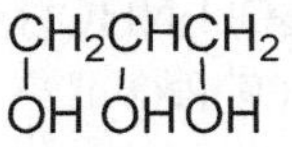
甘油

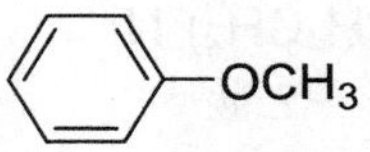
茴香醚

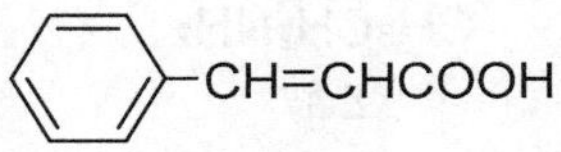
肉桂酸

2.2.2　有机化合物的习惯命名

1. 烃的习惯命名

习惯命名法用正、异、新等形容词表示碳链的结构，或用伯、仲、叔、季等形容词标明官能团所在碳原子的结构；有机物分子中碳原子的数目从 1～10 分别用天干甲、乙、丙、丁、戊、己、庚、辛、壬、癸表示，10 以上用数字十一、十二、……表示；用词尾标明化合物的类别。习惯命名法简单，但它只能用于下列物质的命名。

将直链烷烃称为正某烷。例如：

$CH_3CH_2CH_2CH_2CH_3$
正戊烷

$CH_3(CH_2)_{10}CH_3$
正十二烷

对于带支链的烷烃，IUPAC 只同意保留下列 4 个烷烃的习惯命名：

$(CH_3)_2CHCH_3$
异丁烷

$(CH_3)_2CHCH_2CH_3$
异戊烷

$(CH_3)_2CHCH_2CH_2CH_3$
异己烷

$C(CH_3)_4$
新戊烷

在石油工业中，用作测定汽油辛烷值的基准物质之一的异辛烷$(CH_3)_2CHCH_2C(CH_3)_3$(辛烷值定为 100)，是一个商品名称或俗名，不属于上述习惯名称。

只有个别烯烃才有习惯名称。例如：

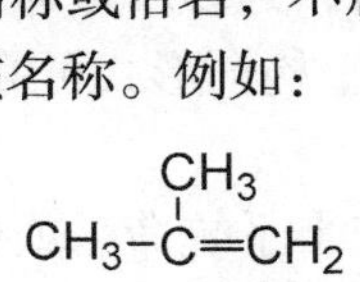
异丁烯

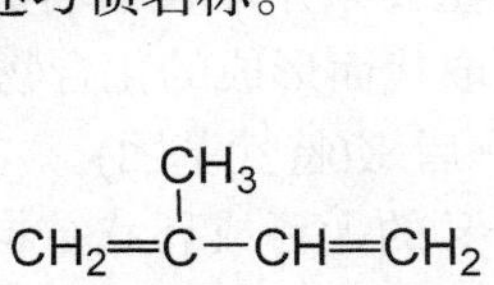
异戊二烯

2. 卤代烃和醇的习惯命名

卤代烃和醇的习惯命名是按照烃基的名称来命名的。例如：

$CH_3CH_2CH_2CH_2F$ 正丁基氟	$(CH_3)_2CHCH_2Cl$ 异丁基氯	$CH_3CH_2CHBrCH_3$ 仲丁基溴	$(CH_3)_3CI$ 叔丁基碘
$CH_3CH_2CH_2OH$ 正丙醇	$(CH_3)_2CHOH$ 异丙醇	$CH_3CH_2CH(OH)CH_3$ 仲丁醇	$(CH_3)_3COH$ 叔丁醇

3. 醚、酮和胺的习惯命名

醚、酮和胺的习惯命名分别是按照氧原子、羰基碳原子和氮原子所连接的烃基的名称来命名的。不同的烃基按照英文名称字母顺序，排列在化合物类别的名称醚、酮和胺之前。例如：

$CH_3CH_2OCH_2CH_3$ (二)乙(基)醚 (diethyl ether)	$CH_3OCH_2CH_3$ 乙基甲基醚 (ethyl methyl ether)	$CH_3CH_2OCH{=}CH_2$ 乙基乙烯基醚 (ethyl vinyl ether)
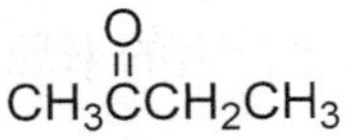 乙基甲基酮 (ethyl methyl ketone)	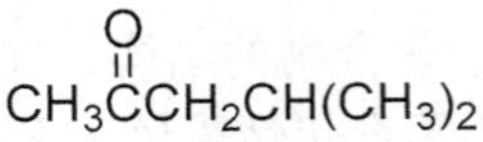 异丁基甲基酮 (isobutyl methyl ketone)	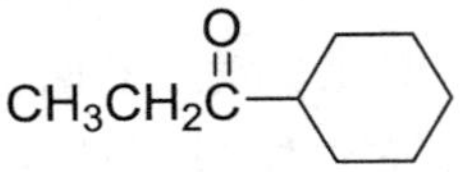 环己基乙基酮 (cyclohexyl ethyl ketone)
$CH_3CH_2NH_2$ 乙胺 (ethylamine)	$(CH_3CH_2)_3N$ 三乙胺 (triethylamine)	$CH_3CH_2CH_2CH_2NHCH_2CH_2CH_3$ 丁(基)丙(基)胺 (butylpropylamine)

4. 醛和酸的习惯命名

醛和酸的习惯命名是从相应的伯醇的名称衍生出来的。例如：

$(CH_3)_2CHCH_2OH$ 异丁醇	$(CH_3)_2CHCHO$ 异丁醛	$(CH_3)_2CHCOOH$ 异丁酸
$(CH_3)_3CCH_2OH$ 新戊醇	$(CH_3)_3CCHO$ 新戊醛	$(CH_3)_3CCOOH$ 新戊酸

2.3　脂肪族化合物的系统命名

根据 IUPAC 制定的命名方法，中国化学会结合汉字特点，于 1960 年制订了《有机化学物质的系统命名原则》，1980 年增补修订为《有机化学命名原则》(1980)，2017 年再次增补修订出版了《有机化合物命名原则》(2017)。

系统命名法是一种普遍适用的命名方法，对于比较复杂的化合物均采用系统命名法命名。有机化合物系统命名法主要采用取代命名法的方法，是表示母体结构骨架原子上一个或多个氢被其他原子或基团所取代而形成的化合物的名称，构词形式可简单表示为：前缀(包含构型、取代基等)+母体氢化物+后缀(特性基团)。

母体氢化物指无分叉的无环或环状结构以及有半系统命名或俗名的无环或有环结构，而其上仅连接有氢原子的化合物。母体氢化物最主要的是烃，如甲烷、环己烷、苯等。

与母体以非碳碳键相连的习惯上称为特性基团，是加在母体氢化物上的杂原子或含有杂原子的基团，如—Cl、═O、—NH_2、—OH、—SO_3H、—CHO、—CN、—COOH 等。特性基团与官能团的含义差别不大，可以把官能团作为特性基团的同义词来使用。

2.3.1　基本方法

有机化合物系统命名的基本方法主要分为四步：确定化合物的类别；确定化合物母体氢化物即主链并对其编号；确定不同取代基的列出顺序；确定构型。

1. 确定化合物的类别

含有两个或两个以上不同特性基团的化合物称为混合特性基团化合物。命名混合特性基团化合物时，只能选择一个特性基团作为化合物命名时的主体基团，通常按表 2.1 中特性基团的优先次序确定，次序最高者即表中位前者为主体基团。命名时根据主体基团确定化合物的类别，把排在后面的特性基团作为取代基。在系统命名中，卤素、烃氧基、硝基和亚硝基等只能作为取代基。

表 2.1　确定主体基团优先次序(按递减方式排列)

特性基团名称	特性基团结构	化合物类别
羧基	—COOH	羧酸
磺酸基	$—SO_3H$	磺酸
烃氧羰基	—COOR	酯
卤羰基	—COX	酰卤
氨基羰基	$—CONH_2$	酰胺
氰基	—C≡N	腈
甲酰基或氧亚基	HCO—或—(C)HO	醛
氧亚基	>(C)═O	酮
羟基	—OH	醇、酚
巯基	—SH	硫醇、硫酚
氨基	$—NH_2$	胺

例如，$ClCH_2CH_2OH$、$HOCH_2CH_2COOH$ 和 $CH_3COCH_2CH_2CHO$，主体基团分别为—OH、—COOH 和—CHO，分别称为醇、酸和醛。

2. 脂肪族化合物母体氢化物即主链的确定及其编号

对于脂肪族化合物，其母体氢化物即主链，依次按下列标准选择一条碳链作为主链，自上而下逐条对照至确定为止。

(1) 含有最多个数的主体基团的碳链。例如：

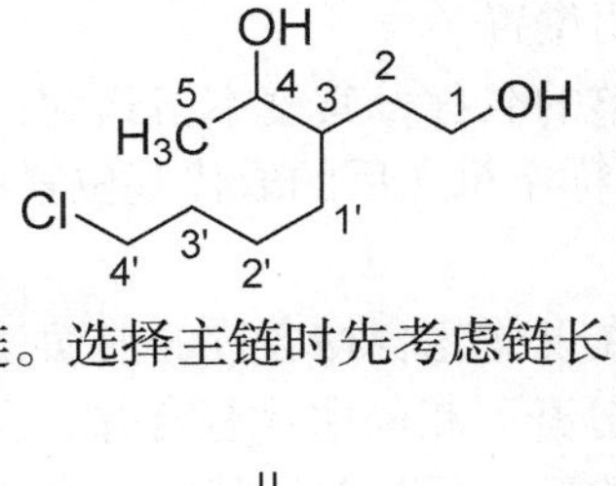

3-(4-氯丁基)戊-1,4-二醇
3-(4-chlorobutyl)pentane-1,4-diol

(2) 最长的碳链。选择主链时先考虑链长，再考虑链中所含重键(碳碳双键和碳碳叁键)的数量。例如：

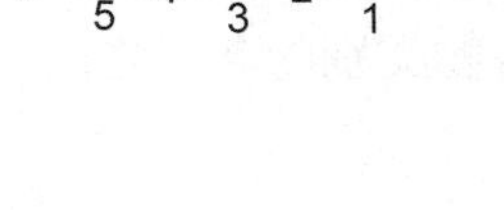

2-甲亚基己醇 (2-methylidenehexanol)

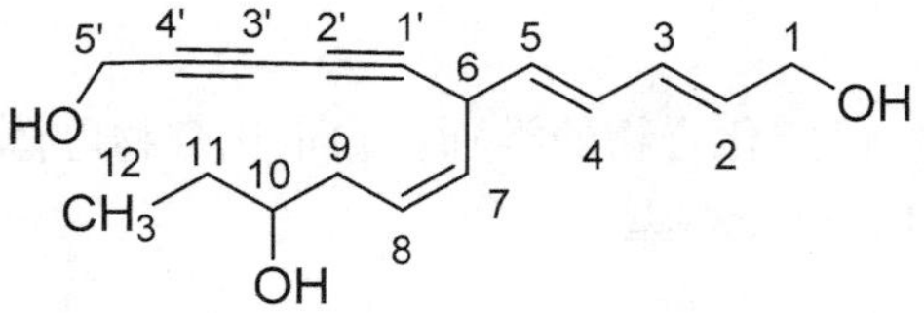

6-(5-羟基戊-1,3-二炔基)十二碳-2,4,7-三烯-1,10-二醇

6-(5-hydroxypenta-1,3-diynyl)dodeca-2,4,7-triene-1,10-diol

(3) 含双键和叁键数量最多的碳链。

(4) 双键最多的碳链。

(5) 取代基最多的碳链。

从最靠近主体基团的一端开始，用阿拉伯数字 1、2、3 等给主链碳原子依次编号，读 1 位、2 位、3 位等。对主链碳原子编号，应首先使主体基团位次最小，然后使重键(双键和叁键)的位次最小，在有选择时使双键位次最小，最后使取代基的位次最小。

在有几种编号的可能时，应当选定符合“最低位次组”原则的那种编号。“最低位次组”是指碳链从不同方向编号，得到不同编号的由小到大排列的位次组系列，则由首位开始顺次比较各系列的不同位次，最先遇到的位次最小者，定为“最低位次组”。例如：

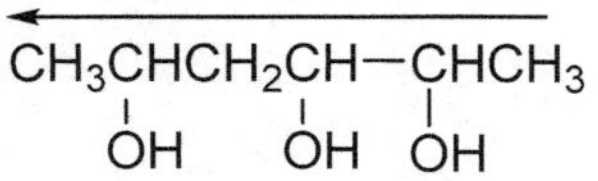

己-2,3,5-三醇

(不是己-2,4,5-三醇)

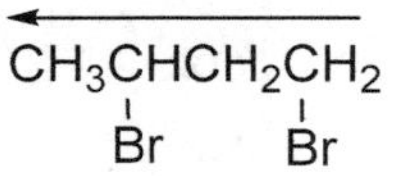

1,3-二溴丁烷

(不是 2,4-二溴丁烷)

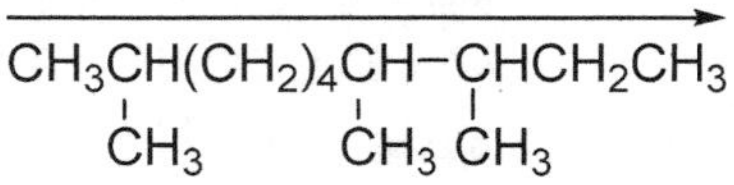

2,7,8-三甲基癸烷

(不是 3,4,9-三甲基癸烷)

3. 确定不同取代基的列出顺序

主链碳原子上其他原子、支链和除主体基团以外的其他特性基团全部作为取代基。当含有多个不同的取代基时，这些取代基按照英文名称字母顺序依次排列(1980 年版命名原则中各取代基的名称按次序规则中的优先次序由小到大排列)。例如：

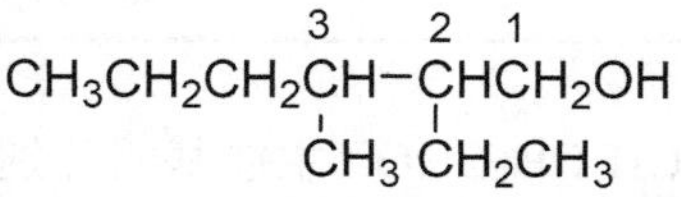

2-乙基-3-甲基己-1-醇

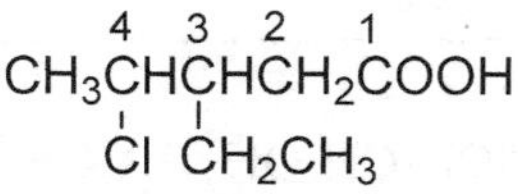

4-氯-3-乙基戊酸

在比较英文字母顺序时，iso(异)、neo(新)要计入字母顺序参与比较，而 *n*-(正)、*i*-(异)、*sec*-(仲)、*tert*-(叔)、*cis*-(顺)、*trans*-(反)、di(二)、tri(三)、tetra(四)等不计入字母顺序。

4. 确定构型

如果在化合物的分子结构中表明了构型，则在名称最前面要标明顺、反或 *Z*、*E* 或 *R*、*S* 构型(见 3.2 和 3.3 节)，存在多种构型时还须标明位置。

最后将化合物中各结构单元复合成一个完整的名称，其基本格式为：(构型)-英文名称字母在前的取代基位置-在前的取代基名称-英文名称字母在后的取代基位置-在后的取代基名称-母体氢化物-主体基团位置-化合物类别。

在写出化合物名称时，把取代基的名称放在母体化合物名称的前面，在取代基名称的前面标明它所在的位置，之间加一条短横线“-”分开。相同取代基合并，在取代基前面、短横线后面用二、三、四等数字标明相同取代基的数目，同时取代基的位次必须逐个标明，表示位次的阿拉伯数字间用逗号“，”分开。前一取代基名称与后一取代基位次号间也用短横线分开。主体基团的位次标在母体氢化物名称之后，化合物类别的名称之前，分别用短横线“-”

分开(1980 年版命名原则中主体基团的位次标在母体氢化物名称之前)，在不发生混淆时，可以省去位次号。例如：

$(CH_3)_3CCH_2CH_2CH(CH_3)CHO$
2,5,5-三甲基己(-1-)醛

$CH_3CH(OH)C(CH_3)_2COOH$
3-羟基-2,2-二甲基丁(-1-)酸

2.3.2　脂肪烃的系统命名

1. 烷烃

直链烷烃，碳数自 1～10 用天干“甲、乙、丙、丁、戊、己、庚、辛、壬、癸”加“烷”字命名，11 及以上用相应的中文数字加“(碳)烷”字命名，碳字通常省略。例如：

$CH_3CH_2CH_2CH_2CH_2CH_2CH_3$
庚烷

$CH_3(CH_2)_{20}CH_3$
二十二(碳)烷

带支链的烷烃，按支链为取代基的方式命名。烷烃无特性基团，选择最长、含支链最多的碳链为主链。主链的编号应使支链符合最低位次组原则，不同支链按英文名称字母顺序排列。例如：

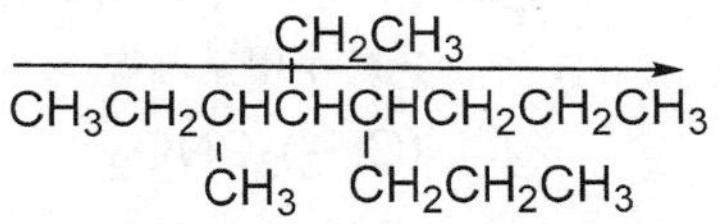
4-乙基-3-甲基-5-丙基辛烷

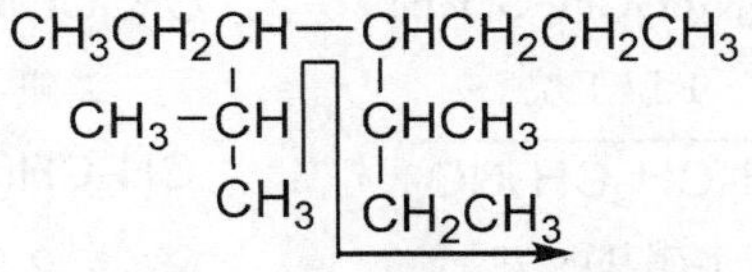
3-乙基-2,5-二甲基-4-丙基庚烷

2. 不饱和脂肪烃

碳链中如出现双键或叁键，称为“烯”或“炔”。对于超过 10 个碳原子的不饱和烃，在中文数字后、“烯或炔”字前加“碳”字。

值得注意的是，IUPAC-2013 建议对于不饱和脂肪烃的命名，选择主链时优先考虑链长而不是不饱和键，即首先选择最长的碳链，其次选择链中含双键和叁键数量多的碳链，再选择双键最多的碳链。例如：

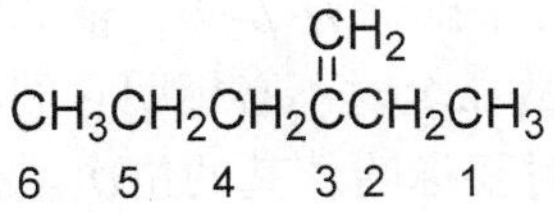
3-甲亚基己烷(不是 2-乙基戊-1-烯)

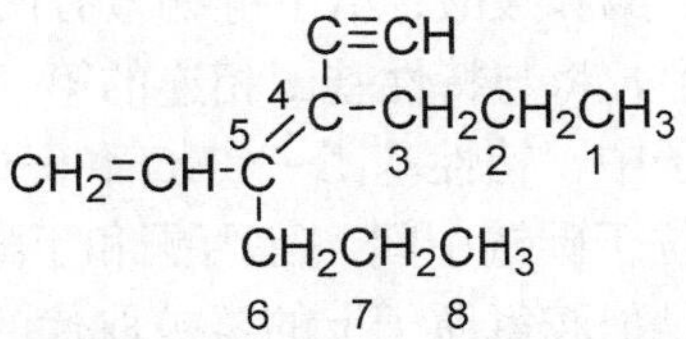
4-乙炔基-5-乙烯基辛-4-烯(不是 3,4-二丙基己-1,3-二烯-5-炔)

$CH_3CH_2CH{=}CHCH_2CH_2CH_3$
庚-3-烯

$(CH_3CH_2)_2CHCH{=}C(CH_3)CH_2CH_3$
5-乙基-3-甲基庚-3-烯

$CH_3CH{=}CHCH{=}CHCH{=}CH_2$
庚-1,3,5-三烯

$CH_3(CH_2)_8C{\equiv}CCH(CH_3)CH_2CH_3$
3-甲基十四碳-4-炔

对于主链中同时含有双键和叁键的不饱和脂肪烃，以“烯炔”命名，将“烯”字放在“炔”字前面。主链的编号遵循最低位次组原则给双键或叁键以尽可能低的数字，一般不考虑双键、叁键所在的位次大小。但当双键和叁键处在相同的位次组，即编号尚有选择时，优先给双键最低位次。例如：

$CH_3CH{=}CHC{\equiv}CH$

戊-3-烯-1-炔

$HC{\equiv}CCH_2CH{=}CH_2$

戊-1-烯-4-炔

$CH_2{=}CHCH{=}CHC{\equiv}CH$

己-1,3-二烯-5-炔

$CH_3C{\equiv}CCHCH_2CH{=}CH_2$
C_2H_5

4-乙基庚-1-烯-5-炔

$HC{\equiv}CCHCH{=}CHCH{=}CH_2$
CH_3

5-甲基庚-1,3-二烯-6-炔

2.3.3 脂肪烃衍生物的系统命名

1. 只含一种特性基团的化合物

1) 卤代烷、硝基烷和醚

对于含有卤素、硝基和烷氧基的卤代烷、硝基化合物和醚，在系统命名中，只是将卤素、硝基和烷氧基作为取代基，选择最长碳链为主链，根据主链中含碳原子数目称为“某烷”。主链上碳原子的编号遵循最低位次组原则，不同取代基按照英文名称字母顺序排列原则，并尽可能使排列在前的取代基位次最小。例如：

$CH_3CH_2CH_2CH_2Br$

1-溴丁烷

$CH_3CHICH_2CH(CH_3)_2$

2-碘-4-甲基戊烷

$FCH_2CH_2CH_2CH(CH_3)CH_2CH_3$

1-氟-4-甲基己烷

$CH_3CH_2CH_2NO_2$

1-硝基丙烷

$CH_3CH(NO_2)CH_2CH_3$

2-硝基丁烷

$(CH_3)_3CNO_2$

2-甲基-2-硝基丙烷

$CH_3CH_2CH_2CH_2CHCH_3$
OCH_3

2-甲氧基己烷

$CH_3CH_2CHCH_2CH_2OCH_3$
CH_3

1-甲氧基-3-甲基戊烷

$CH_3CH_2O\overset{2}{C}H_2\overset{1}{C}H_2Cl$

1-氯-2-乙氧基乙烷

2) 醇、醛、酮、羧酸、腈和胺

含有一种特性基团的醇、醛、酮、羧酸、腈和胺类化合物，按照有机物系统命名的一般方法来进行，选择连有特性基团的最长碳链为主链，从靠近特性基团的一端开始编号。命名应遵循特性基团位次最小、编号最低位次组原则和取代基按英文字母排列顺序原则。

对于醛、酮和羧酸，给主链编号有两种方式：一种是用 1，2，3，…表示；另一种是用 α，β，γ，…表示，将与特性基团相连的第一个碳称为 α-碳，第二个碳称为 β-碳，依此类推。在醛和羧酸分子中，特性基团—CHO 和—COOH 总是在链端，故命名时不必标明它们的位次。而酮的羰基位于碳链中间，除丙酮和丁酮外，其他酮在命名时要标明羰基的位次。仲胺和叔胺可以看作是伯胺氮原子上的氢被取代的衍生物。例如：

$CH_3CH(OH)CH_2CH(CH_3)_2$

4-甲基戊-2-醇

$(CH_3)_3CCH_2CH_2CH_2OH$

4,4-二甲基戊-1-醇

$HOCH_2CH_2OH$

乙二醇(俗名甘醇)

$(CH_3)_2CHCH_2CHO$

3-甲基丁醛(β-甲基丁醛)

$(CH_3)_2CHCOCH_2CH_3$

2-甲基戊-3-酮

$HOOCCH_2CH_2CH(CH_3)CH_2COOH$

3-甲基己二酸(β-甲基己二酸)

$CH_3C{\equiv}N$

乙腈

$CH_3CH_2CH_2CH_2C{\equiv}N$

戊腈

$N{\equiv}CCH_2CH_2CH_2CH_2C{\equiv}N$

己二腈

$(CH_3)_2CHCH_2CH(NH_2)CH_2CH_3$

5-甲基己-3-胺

$H_2N(CH_2)_6NH_2$

己-1,6-二胺

$CH_3NHCH_2CH_2CH_2NHCH_2CH_3$

N-乙基-*N′*-甲基丙-1,3-二胺

3) 羧酸衍生物

羧酸衍生物包括酰卤、酸酐、酯和酰胺。酰卤的命名是在酰基名称后面加上相应卤原子的名称。酰胺的命名是在酰基名称后面加上“胺”字来命名。酰胺分子中氮上的氢原子被烃基取代后所形成的取代酰胺，称为*N*-某基某酰胺。例如：

CH_3CH_2COCl	CH_3CONH_2	$CH_3CONHCH_3$	$HCON(CH_3)_2$
丙酰氯	乙酰胺	*N*-甲基乙酰胺	*N*,*N*-二甲基甲酰胺(DMF)

酸酐可以看成两分子羧酸羧基失去一分子水后的生成物。如果两分子羧酸是相同的，称为对称酸酐或单酐，命名时在羧酸名称后加“酐”字；如果两分子羧酸是不同的，称为不对称酸酐或混酐，命名时将两个酸的名称按英文名称字母顺序排列，加“酐”字；二元酸分子内失水形成环状酸酐，命名时在二元酸的名称后加“酐”字。通常可以将酸酐名称中的“酸”字省略。例如：

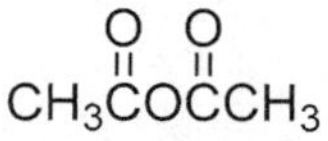

乙酸酐

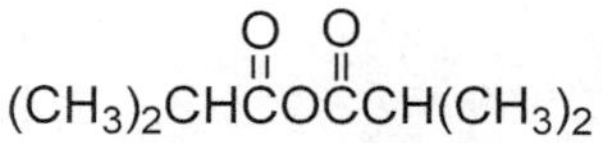

异丁酸酐

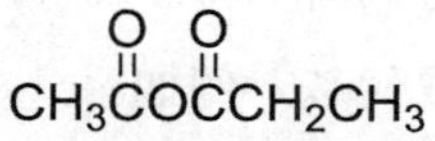

乙(酸)丙(酸)酐

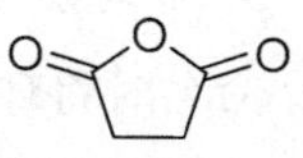
丁二酸酐

酯的名称是酸名加上醇名再加“酯”字并去掉“醇”字。例如：

$CH_3COOCH_2CH_3$	$(CH_3)_2CHCOOCH_2CH_2CH_3$	$CH_2(COOCH_2CH_3)_2$
乙酸乙酯	2-甲基丙酸丙酯	丙二酸二乙酯

2. 混合特性基团化合物

命名混合特性基团化合物，按照有机化合物系统命名的四个主要步骤，遵循主体基团优先原则、编号最低位次组原则和取代基按英文名称字母排列顺序原则。例如：

$CH_3CHBrCH_2OH$	$CH_2{=}CHCH(OH)CH_3$	$CH_3CH_2COCH_2CHO$	$CH_3OCH_2CH(NO_2)COOH$
2-溴丙(-1-)醇	丁-3-烯-2-醇	戊-3-酮醛或 3-氧亚基戊醛	3-甲氧基-2-硝基丙酸

2.4　脂环族化合物的系统命名

2.4.1　单环脂环族化合物的系统命名

1.　不带支链的单环脂环烃

单环脂环烃包括单环烷烃、单环烯烃和单环炔烃。不带支链的单环脂环烃的命名是根据环碳原子的数目和官能团分别称为环某烷、环某烯和环某炔。例如：

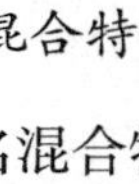
环丁烷

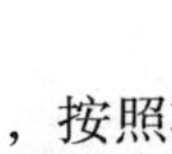
环戊烷

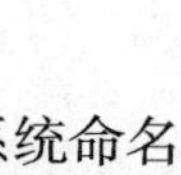
环己烯

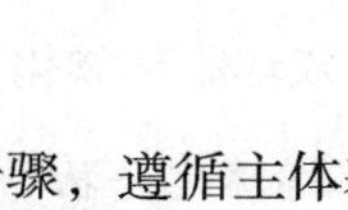

环十二碳炔

2. 带简单支链和/或特性基团的单环脂环族化合物

命名方法类似于脂肪族化合物。命名时应遵守确定主体基团的优先顺序原则、对环碳原子编号符合最低位次组原则和取代基按英文名称字母排列顺序原则。例如：

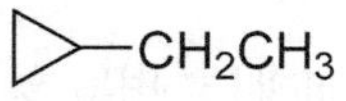

乙基环丙烷

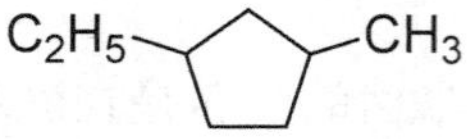

1-乙基-3-甲基环戊烷

环戊二烯

环己-1,3-二烯

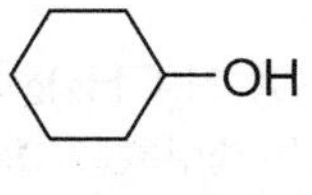

环己醇

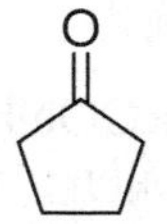

环戊酮

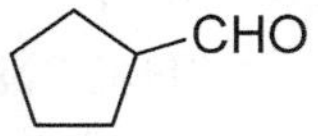

环戊甲醛

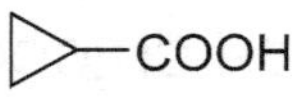

环丙烷甲酸

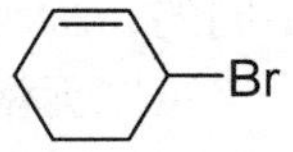

3-溴环己烯

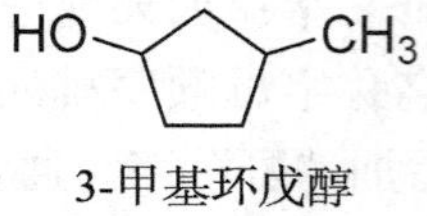

3-甲基环戊醇

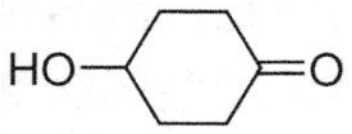

4-羟基环己酮

3. 带复杂支链的单环脂环族化合物

命名时将环作为取代基。例如：

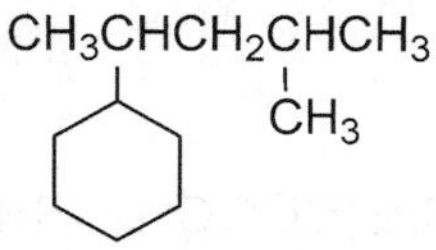

2-环己基-4-甲基戊烷

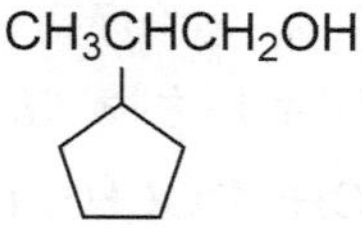

2-环戊基丙-1-醇

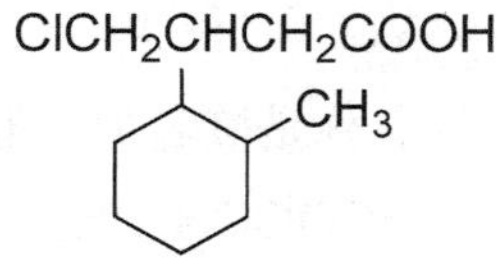

4-氯-3-(2′-甲基环己基)丁酸

2.4.2 双环脂环族化合物的系统命名

1. 螺环化合物

两个环共用一个碳原子组成的双环化合物，称为螺环化合物，共用的碳原子称为螺碳原子。不带取代基和特性基团的螺环化合物的命名，是在“螺”字后用方括号内的数字标明每个环的环碳原子数(不计螺原子)，数字按递增排列，数字之间用小圆点“.”分开，方括号后再加上以表示整个螺环骨架碳原子总数的烃的名称。其基本格式为螺[*x*.*y*]某烷，其中 *x* 为小环去掉螺碳原子后的碳原子数，*y* 为大环去掉螺碳原子后的碳原子数。

环上连有取代基或特性基团时，环的编号是从小环中与螺原子相邻的碳原子开始，沿小环顺序编号至螺原子，再绕大环继续编号。在此基础上，使主体基团位次尽可能小，并遵循最低位次组原则使其他支链或取代基的位次尽可能小。将取代基位次号和名称写在“螺”字之前，不同取代基按照英文名称字母顺序排列，代表化合物类别的主体基团的位次和化合物类别写在螺环化合物骨架之后。例如：

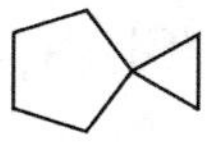

螺[2.4]庚烷

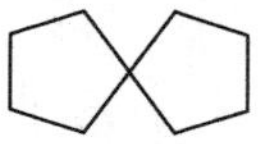

螺[4.4]壬烷

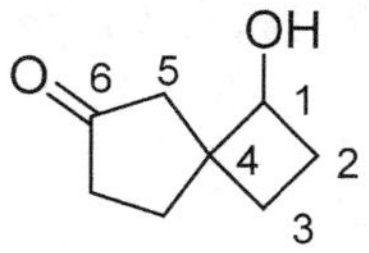

1-羟基螺[3.4]辛-6-酮

2. 桥环化合物

两个环共用两个碳原子组成的双环化合物，称为桥环化合物，共用的碳原子称为桥头碳原子。不带取代基和特性基团的桥环化合物的命名，是在“二环”或者“双环”后用方括号内的数字标明每个桥的桥长(不计桥头碳原子)，数字按递减排列，数字之间用小圆点“.”分开，方括号后再加上以表示整个桥环骨架碳原子总数的烃的名称。其基本格式为二环[*x*.*y*.*z*]某烷，

其中 x 为最长桥去掉桥头碳原子后的碳原子数，y 为次长桥去掉桥头碳原子后的碳原子数，z 为最短桥去掉桥头碳原子后的碳原子数。

环上连有取代基或特性基团时，环的编号是从一个桥头碳原子开始，沿着最长的桥到第二个桥头碳原子，再继续从第二个桥头碳原子沿着次长桥编号，回到起始第一个桥头碳，最短的桥从位次小的桥头顺序编号。在此基础上，使主体基团的位次尽可能小，并遵循最低位次组原则使其他支链和取代基的位次尽可能小。将取代基位次号和名称写在“二环”之前，不同取代基按照英文名称字母顺序排列，代表化合物类别的主体基团的位次和化合物类别写在桥环化合物骨架之后。例如：

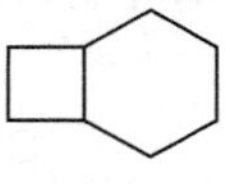

二环[4.2.0]辛烷

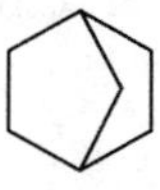

二环[2.2.1]庚烷

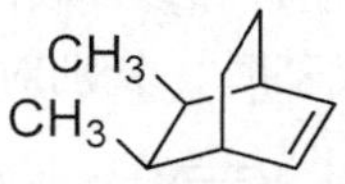

5,6-二甲基二环[2.2.2]辛-2-烯

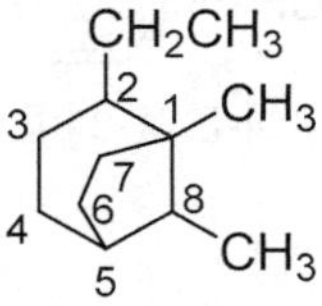

2-乙基-1,8-二甲基二环[3.2.1]辛烷

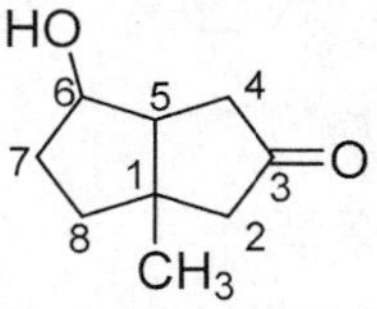

6-羟基-1-甲基二环[3.3.0]辛-3-酮

2.5　芳香族化合物的系统命名

2.5.1　单环芳烃的命名

单环芳烃是指分子中含有一个苯环的芳烃。简单的单环芳烃命名时，以苯环为母体，烷基作为取代基，称为某烷(基)苯。环上取代基位次可用 1、2、3、4、5、6 表示；二元取代物也可用“邻”、“间”、“对”或 *o*-(ortho)、*m*-(meta)、*p*-(para)表示；相同的三元取代基还可用“连”、“偏”、“均”表示。例如：

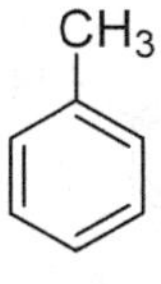

甲苯

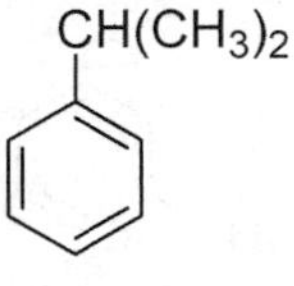

异丙苯

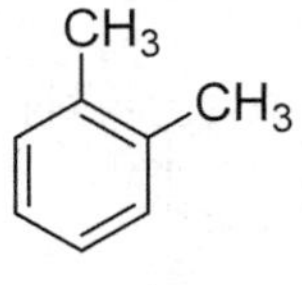

1,2-(或邻或 *o*-)二甲苯

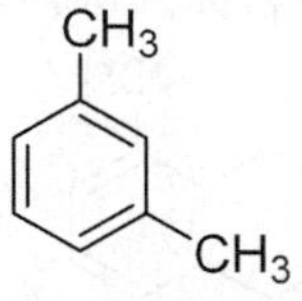

1,3-(或间或 *m*-)二甲苯

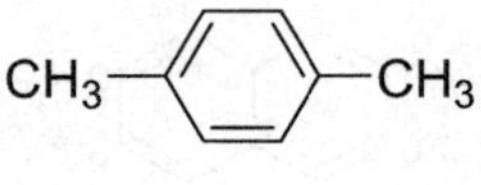

1,4-(或对或 *p*-)二甲苯

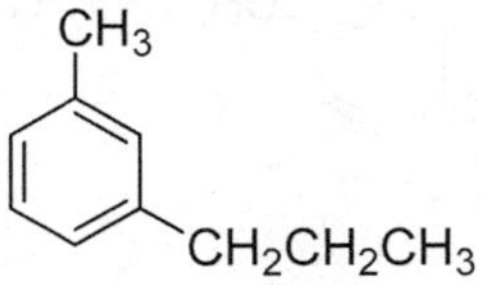

1-甲基-3-丙基苯

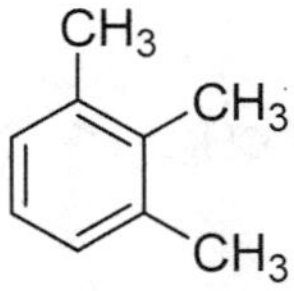

1,2,3-(或连)三甲苯

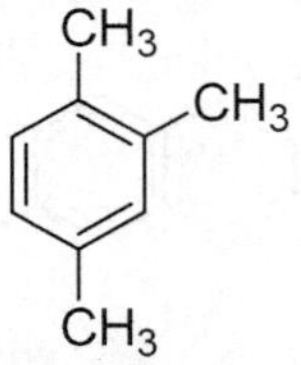

1,2,4-(或偏)三甲苯

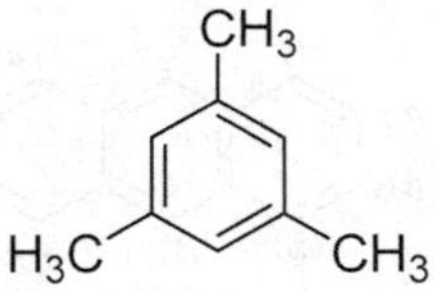

1,3,5-(或均)三甲苯

当苯环上连有复杂的烷基或不饱和烃基时，把苯环作为取代基。例如：

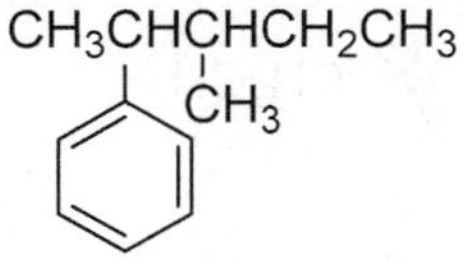

3-甲基-2-苯基戊烷

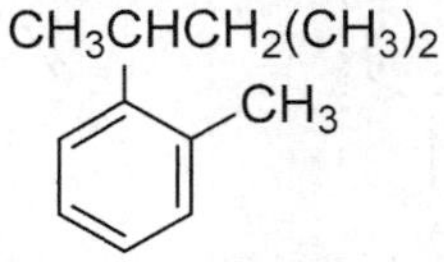

2-甲基-4-(2′-甲基苯基)戊烷

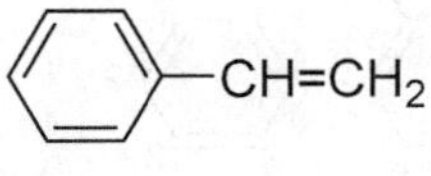

苯乙烯

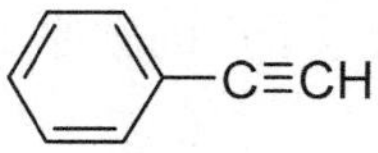

苯乙炔

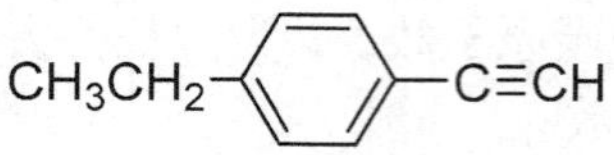

对乙基苯乙炔

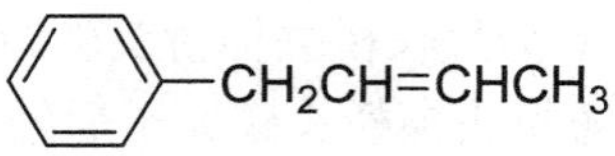

1-苯基丁-2-烯

2.5.2 多环芳烃的命名

多环芳烃是指分子中含有两个或两个以上苯环结构的烃。

1. 多苯取代脂肪烃和多苯取代脂环烃

多苯取代脂肪烃和多苯取代脂环烃的命名，以脂肪烃或脂环烃为母体，将苯环看成取代基。当苯环上有取代基时，分别对苯环进行编号。例如：

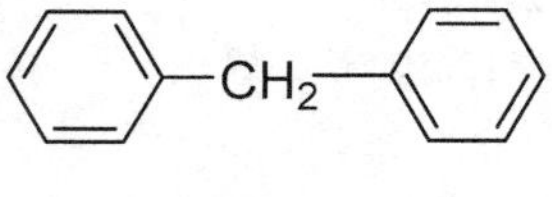

二苯甲烷

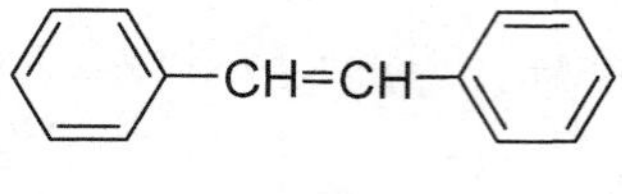

1,2-二苯乙烯

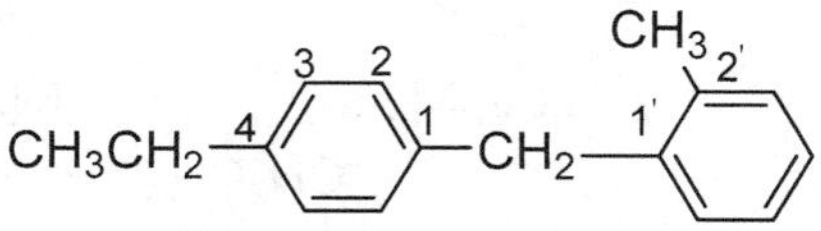

4-乙基-2'-甲基二苯甲烷

2. 联苯类芳烃

联苯类芳烃的命名是以联苯为母体，支链作为取代基。编号时从与单键相连的碳原子开始，分别对两个苯环进行编号。例如：

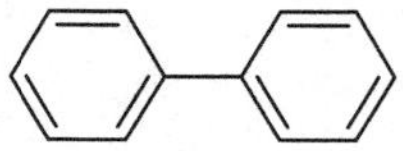
联(二)苯

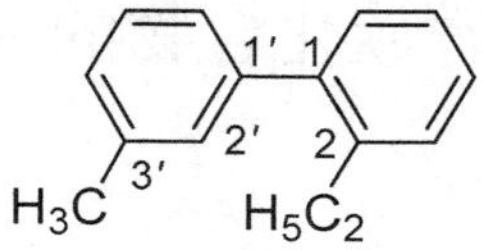

2-乙基-3'-甲基联苯

对联三苯

3. 稠环芳烃

由两个或两个以上的苯环通过共用两个相邻的碳原子稠合而成的芳烃，称为稠环芳烃。简单的稠环芳烃给予特定的名称，每种稠环芳烃环上编号有所不同。例如：

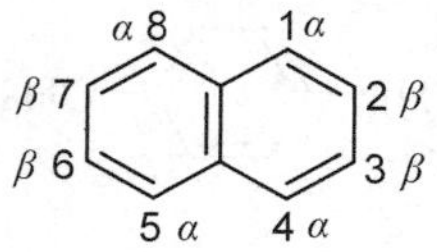

萘

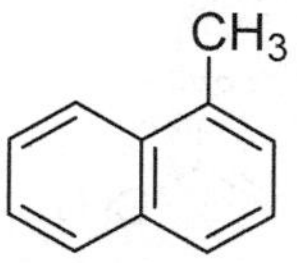

1-甲基萘或 α-甲基萘

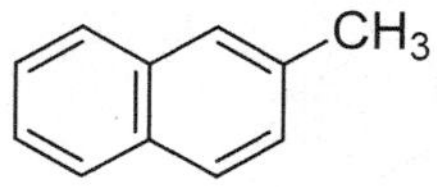

2-甲基萘或 β-甲基萘

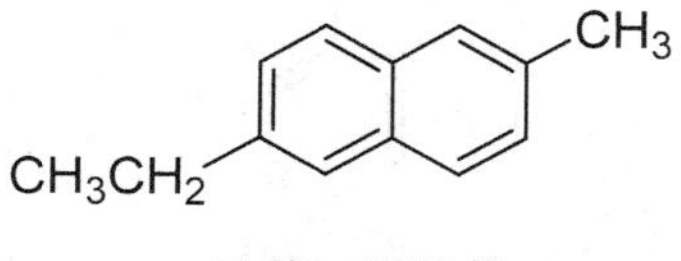

2-乙基-6-甲基萘

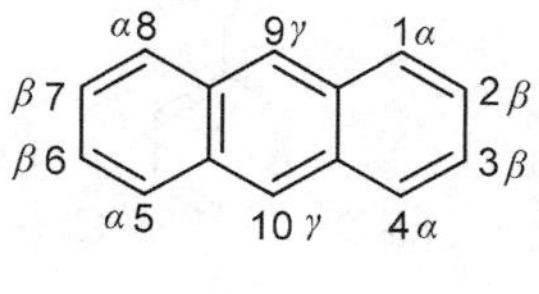

蒽

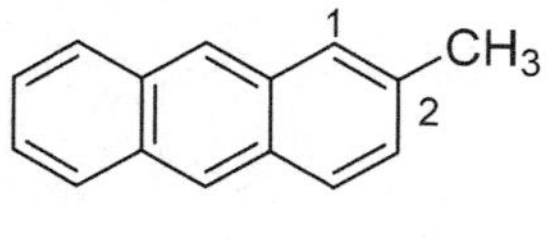

2-甲基蒽或 β-甲基蒽

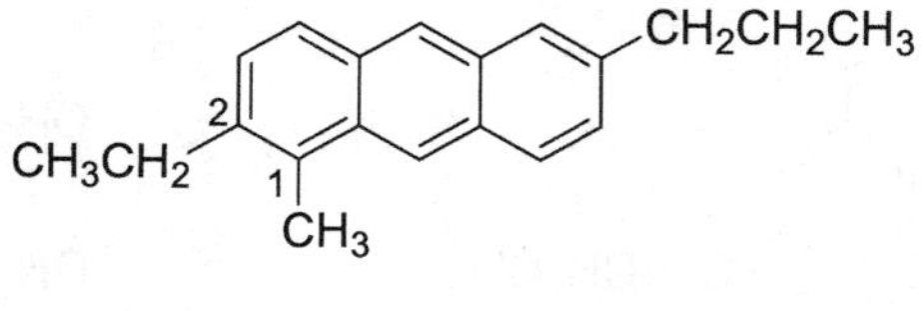

2-乙基-1-甲基-6-丙基蒽

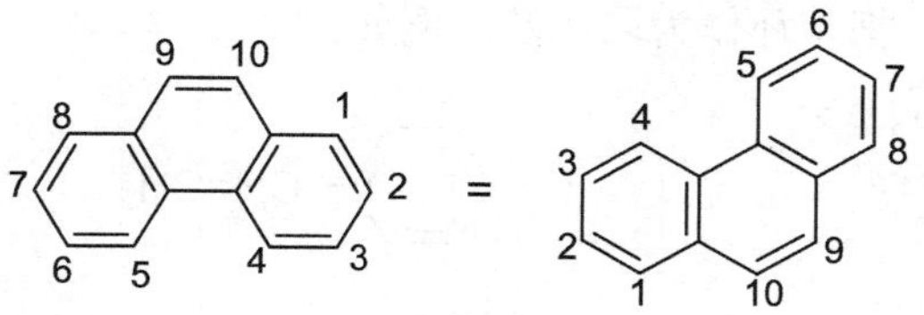

菲

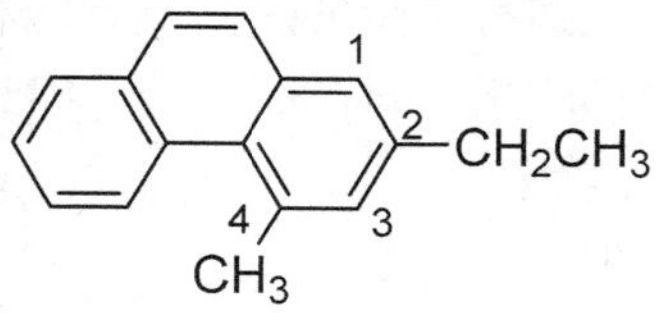

2-乙基-4-甲基菲

2.5.3　芳烃衍生物的命名

芳烃衍生物的命名有以下两种方式。

以芳烃为母体，其他取代基或特性基团，如卤素、硝基等作为取代基进行命名。例如：

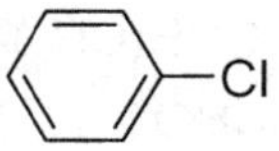
氯苯

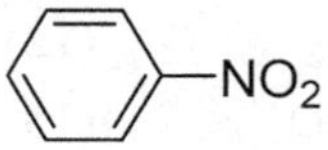
硝基苯

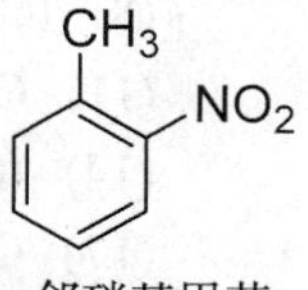
邻硝基甲苯

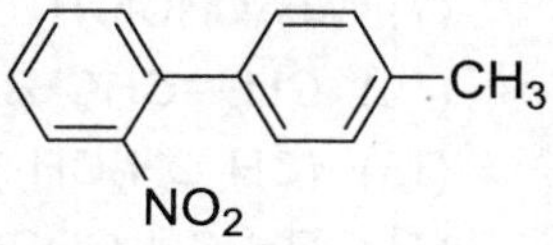
4-甲基-2'-硝基联苯

将芳烃作为取代基，放在化合物类别之前进行命名。例如：

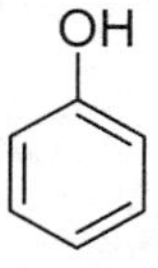
苯酚

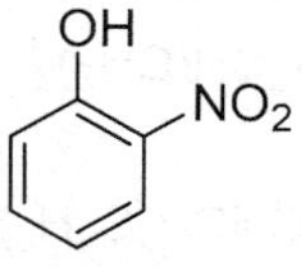
2-硝基苯酚

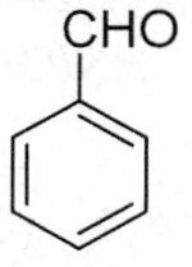
苯甲醛

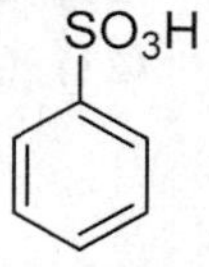
苯磺酸

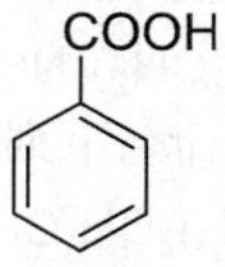
苯甲酸

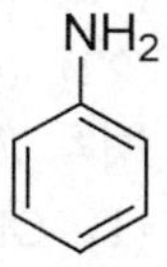
苯胺

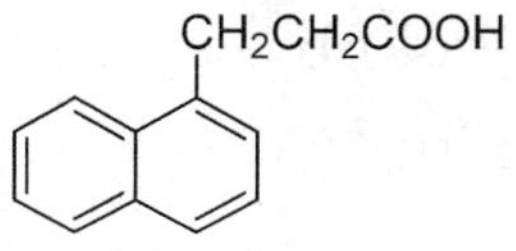
3-(萘-1-基)丙酸

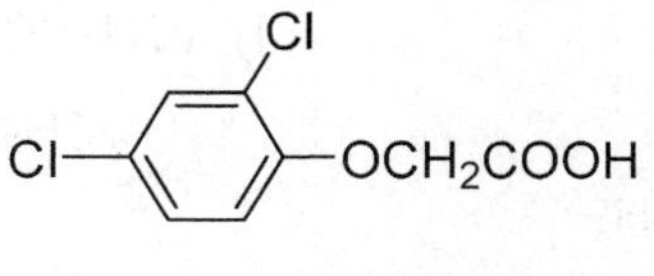
2,4-二氯苯氧乙酸

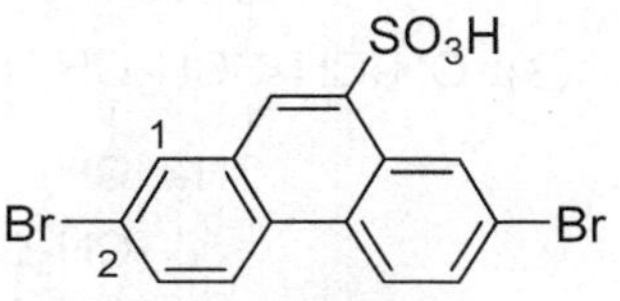
2,7-二溴菲-9-磺酸

习　题

2.1　命名下列基。

(1) $CH_3CH_2CH_2—$　(2) $(CH_3)_2CHCH_2—$　(3) $CH_3CH_2CH(CH_3)—$

(4) $(CH_3)_3C—$　(5) $CH_2═CHCH_2—$　(6) $CH_3C≡C—$

(7) 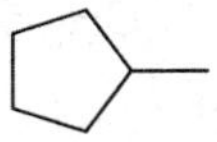　(8) 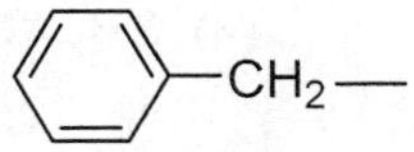　(9) 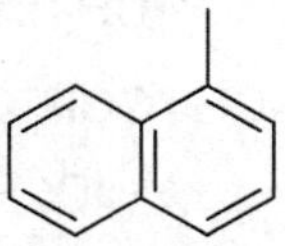

(10) $PhO—$　(11) $CH_3CH_2CO—$　(12) $—CH_2CH_2CH_2—$

(13) $(CH_3)_2CHCH(CH_3)CH(CH_3)—$　(14) $(CH_3)_2CHCH_2CH(CH_3)CH_2—$　(15) 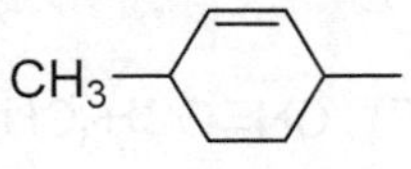

(16) $CH_3C≡CCH═CH—$　(17) 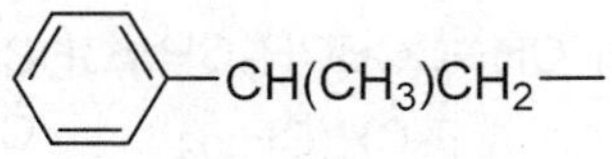

(18) 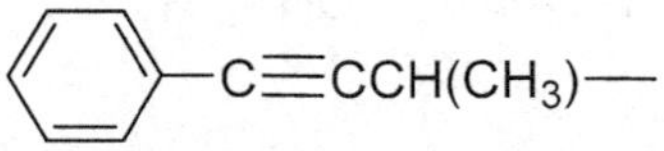　(19) $CH_3CH_2C(CH_3)_2O—$

(20) $—CH_2CH(CH_3)CH_2COOH$　(21) $—CH_2CH(CH_3)CH_2OH$

2.2　写出下列基的构造式。

(1) 异丙基　(2) 仲丁基　(3) 叔戊基　(4) 新戊基　(5) 异戊基

(6) 正戊基　(7) 乙烯基　(8) 苄基　(9) 2-甲基戊基

(10) 1-甲基丁-1,3-二烯基　(11) 4-甲基戊-4-烯-2-炔基

(12) 3-乙基-2-甲基环戊-2,4-二烯基　(13) 2,4-二甲基苯基　(14) 叔丁氧基

(15) 3-苯基丙-1-烯基　(16) 烯丙氧基　(17) 2,4-二氯苯氧基

2.3　用习惯命名法命名下列化合物：

(1) $CH_3CH_2CH_2CH_3$　(2) $(CH_3)_2CHCH_2CH_3$　(3) $C(CH_3)_4$

(4) $(CH_3)_3CCH_2CH_3$　(5) $(CH_3)_2C{=}CH_2$　(6) $CH_2{=}C(CH_3)CH{=}CH_2$

(7) $CH_3CHClCH_3$　(8) $(CH_3)_3C{-}Br$　(9) $CH_3CHOHCH_2CH_3$

(10) $CH_2{=}CHCH_2OH$　(11) $CH_3OC(CH_3)_3$　(12) $CH_3CH_2OCH(CH_3)_2$

(13) $(CH_3CH_2CH_2)_2O$　(14) $(CH_3)_2CHCHO$　(15) $(CH_3)_3CCHO$

(16) $CH_3CH_2COCH_3$　(17) $CH_3CH_2COCH_2CH{=}CH_2$

(18) $CH_3CH_2COCH{=}CH_2$　(19) $CH_3CH_2CH_2CH_2COOH$

(20) $(CH_3)_3CCOOH$　(21) $CH_3CH(NH_2)CH_2CH_3$

(22) $(CH_3CH_2CH_2)_2NH$　(23) $(CH_3)_2CHN(CH_3)CH_2CH(CH_3)_2$

2.4　用系统命名法命名下列烷烃：

(1) $CH_3C(CH_3)_2CH(CH_3)CH_3$　(2) $(CH_3)_2CHCH(C_2H_5)CH(CH_3)_2$

(3) 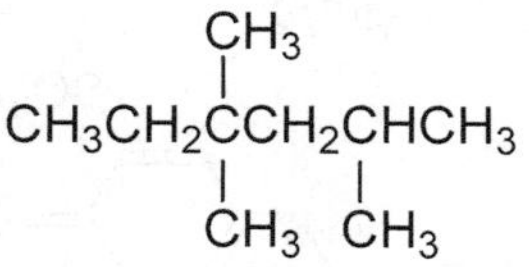　(4) 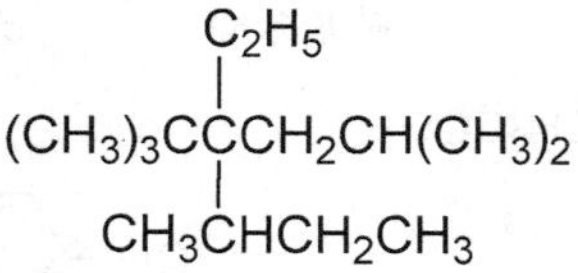

(5) 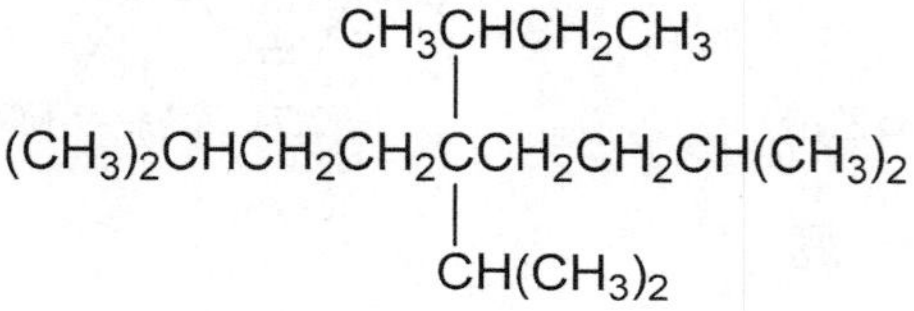　(6) 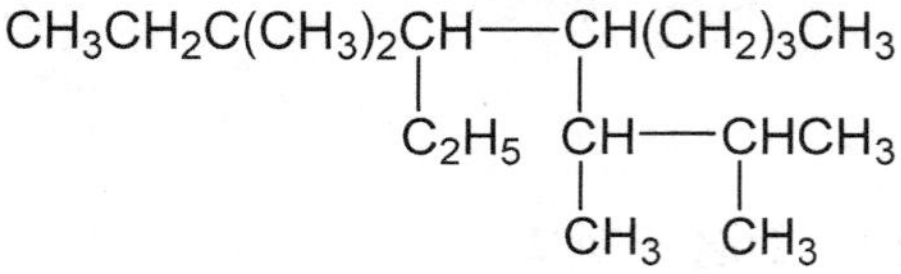

2.5　用系统命名法命名下列不饱和脂肪烃：

(1) 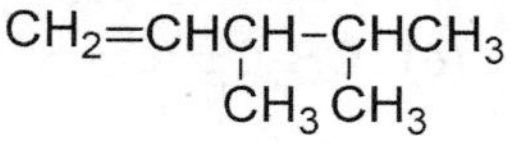　(2) 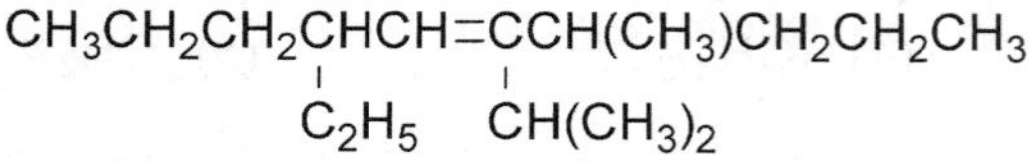

(3) 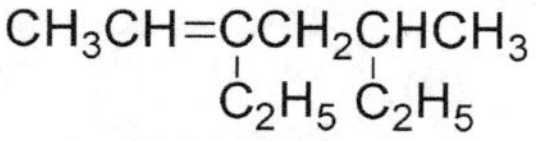　(4) 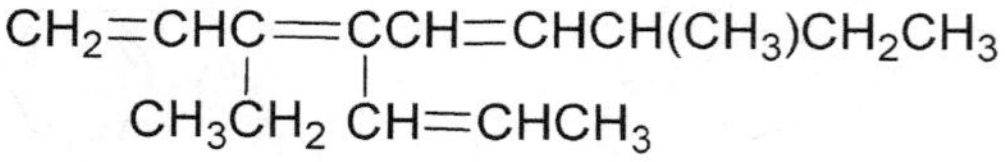

(5) $(CH_3)_3CCH_2C{\equiv}CCH_2CH_3$　(6) 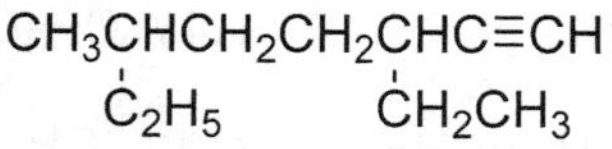

(7) 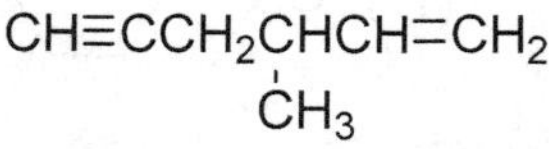　(8) 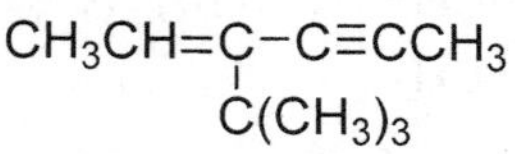

(9) 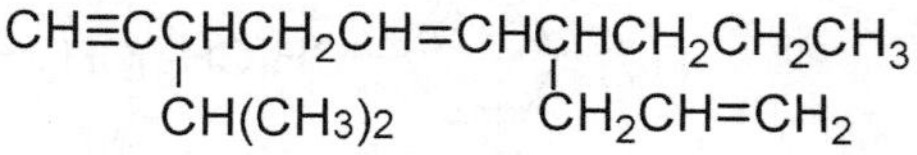　(10) 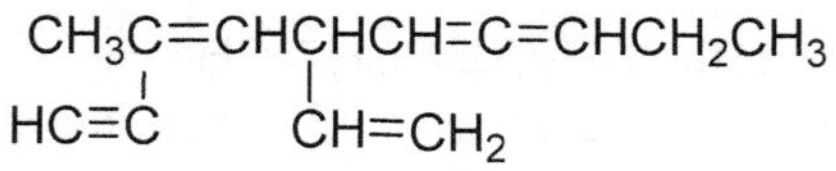

2.6　用系统命名法命名下列脂环族化合物。

(1) 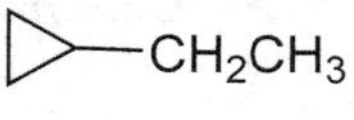　(2) 　(3) 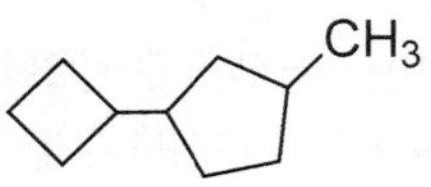

(4) 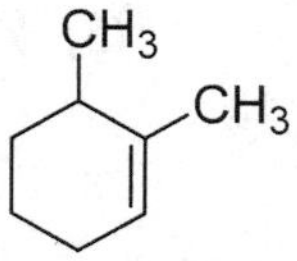　(5) 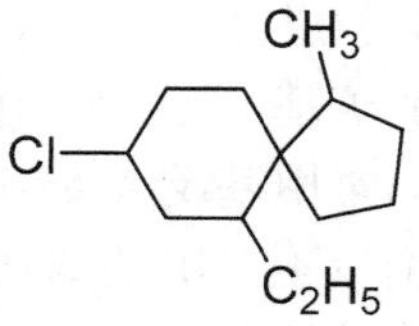　(6) 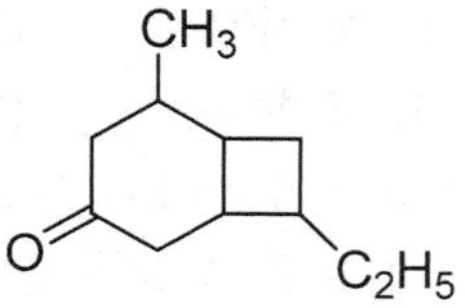

(7) 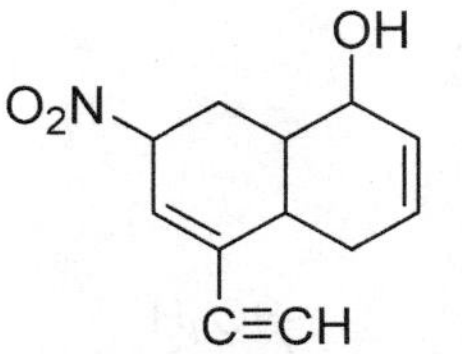　(8) 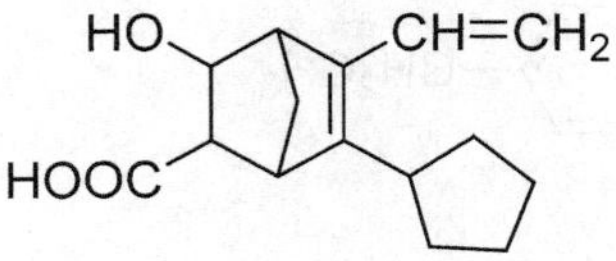　(9) 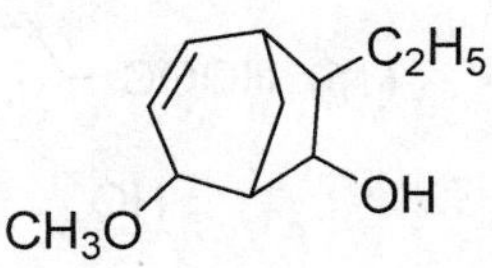

2.7　用系统命名法命名下列芳香族化合物：

(1) 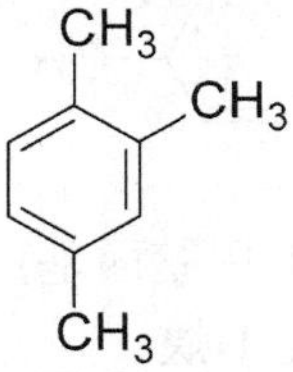　(2) 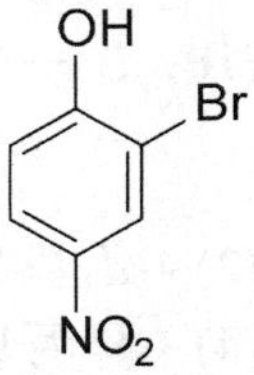　(3) 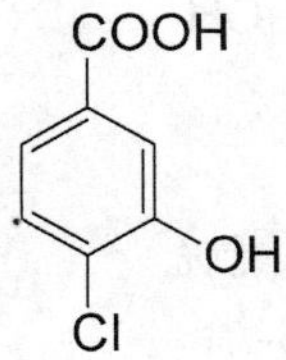

(4) 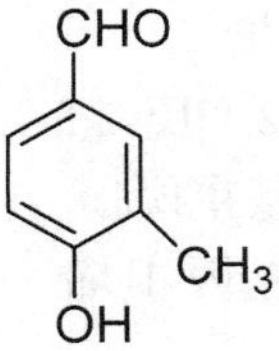　(5) 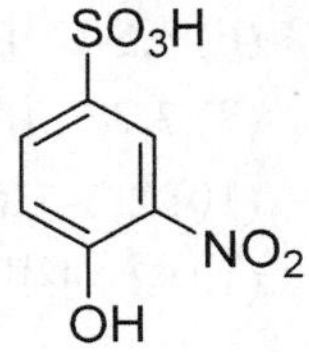　(6) 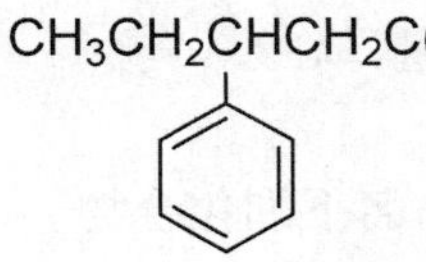

(7) 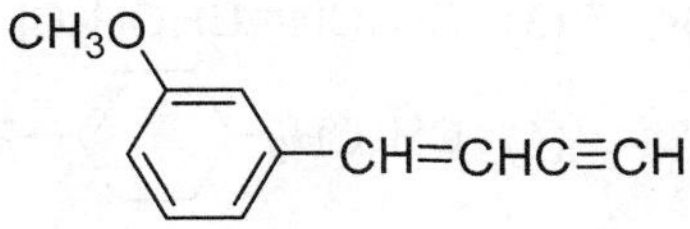　(8) 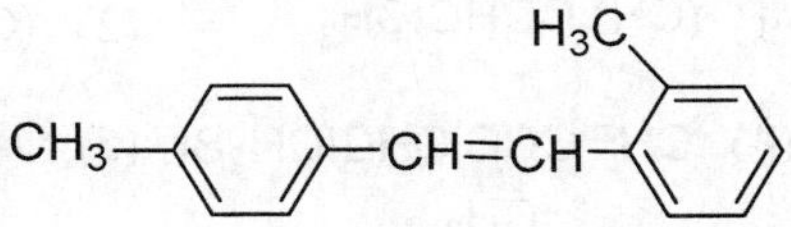

(9) 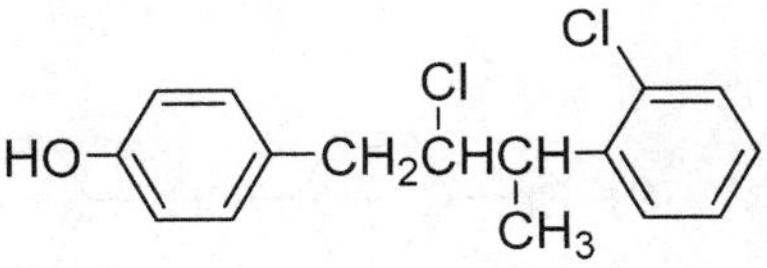　(10) 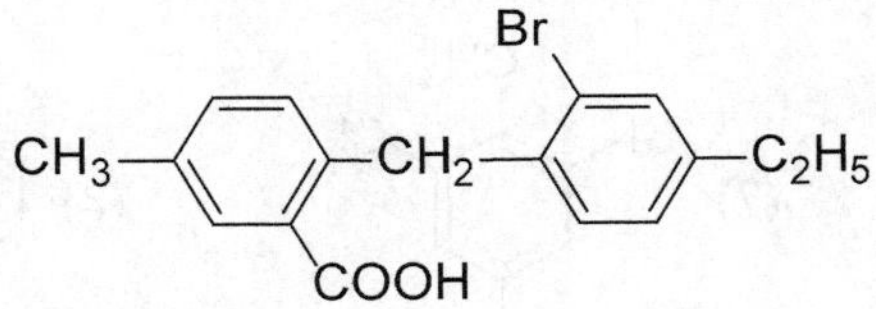

(11) 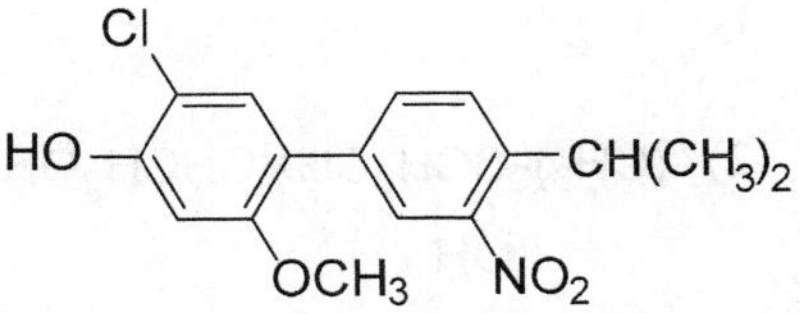　(12) 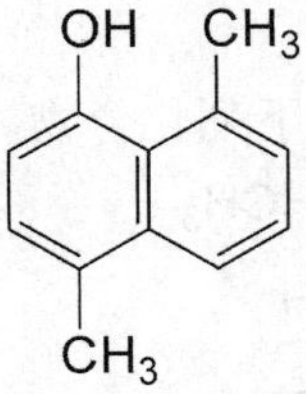

(13) 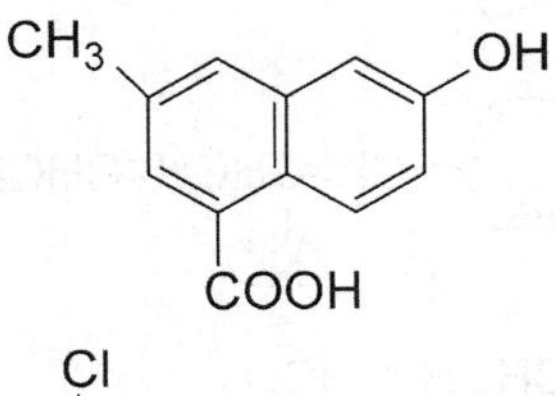　(14) 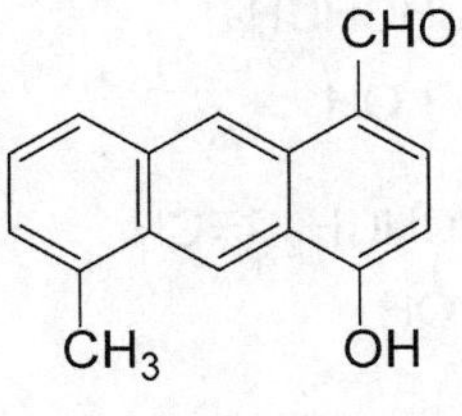

(15) 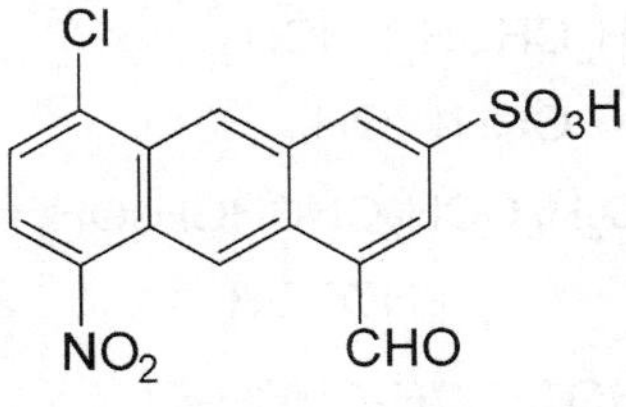

(16) 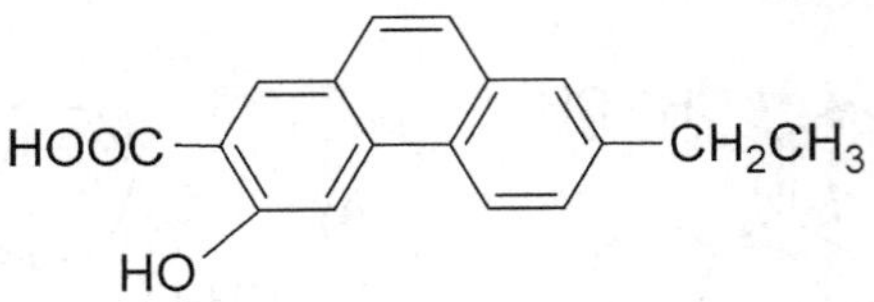

(17) 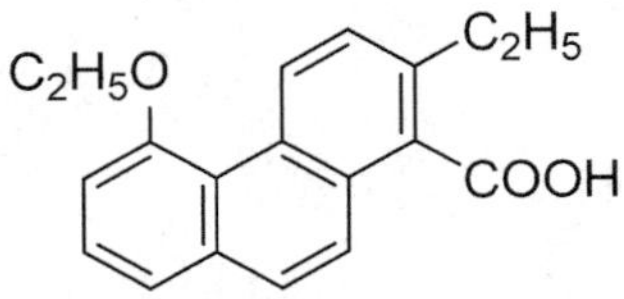　　(18) 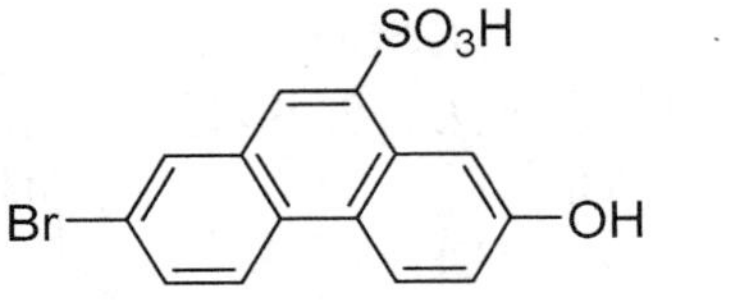

2.8 写出下列化合物的构造式。

(1) 3-乙基-4-异丙基-3-甲基庚烷　　(2) 4-乙基-3-甲基-5-(1-甲基丙基)壬烷

(3) 4-乙基-2,3,5-三甲基己-3-烯　　(4) 3-异丙基-4-甲基戊-1-炔

(5) 3-乙基-4-异丙基己-1,3-二烯-5-炔　　(6) 3,5-二甲基环己-1-烯

(7) 1-甲基螺[4.5]癸-6-烯　　(8) 7,7-二甲基二环[2.2.1]庚-2,5-二烯

(9) 对环己基乙基苯　　(10) 2,2-二(对羟基苯基)丙烷

(11) 1,1′-联二萘　　(12) 2-对甲苯基-1-苯基丙-1-烯

2.9 用系统命名法命名下列化合物。

(1) $(CH)_3CCHClCH_3$　　(2) $(CH_3)_2CHCCl_2CHBr_2$　　(3) $CH_3CH{=}CHCH_2Cl$

(4) $CH{\equiv}C\underset{CH_3}{\underset{|}{C}}ClCHClCH_2Br$　　(5) $CH_2{=}\underset{CH_3}{\underset{|}{C}}C{\equiv}CBr$　　(6) 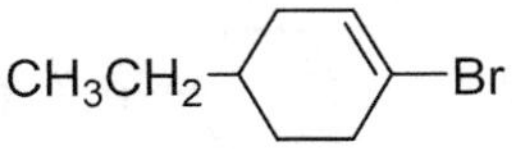

(7) 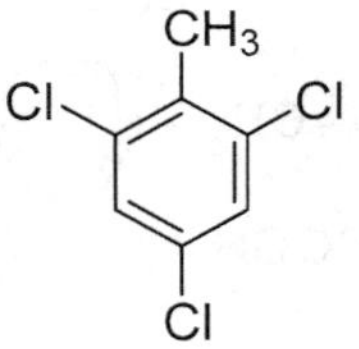　　(8) 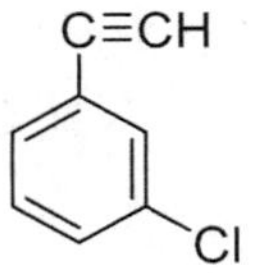　　(9) 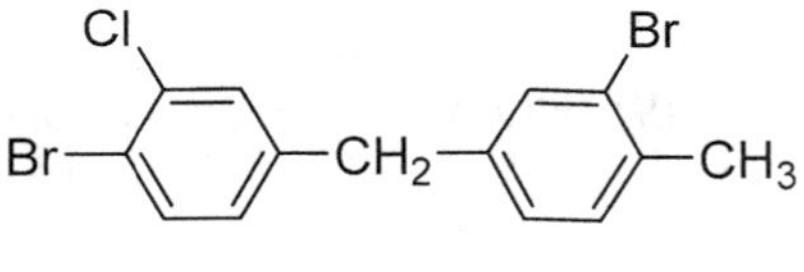

2.10 用系统命名法命名下列化合物。

(1) $(CH_3)_3CCH_2\underset{OH}{\underset{|}{C}}HCH_3$　　(2) $(CH_3)_2\underset{OH}{\underset{|}{C}}CH_2CH{=}CHCH_2OH$

(3) $CH_3\underset{Br}{\underset{|}{C}}H\underset{Cl}{\underset{|}{C}}H\underset{OH}{\underset{|}{C}}HCH_3$　　(4) 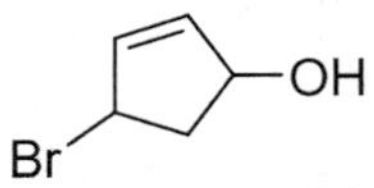

(5) 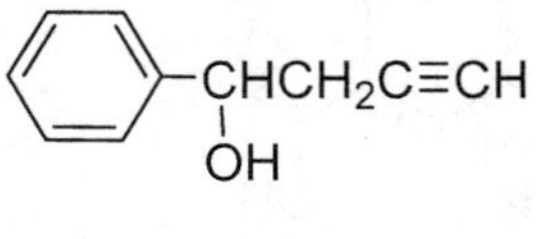　　(6) 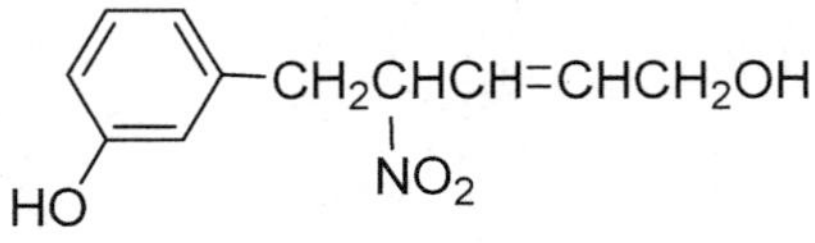

(7) $CH_3CH_2OCH_2\underset{CH_3}{\underset{|}{C}}H-\underset{CH_3}{\underset{|}{C}}HCH_2CH_3$　　(8) $CH_3\underset{OCH_3}{\underset{|}{C}}HCH_2\underset{OH}{\underset{|}{C}}HCH_3$

(9) $CH_3OCH_2C{\equiv}C\underset{OH}{\underset{|}{C}}HCH_2Cl$　　(10) $C_2H_5OCH_2\underset{HO}{\underset{|}{C}}H\underset{OH}{\underset{|}{C}}HCH_2OH$

(11) 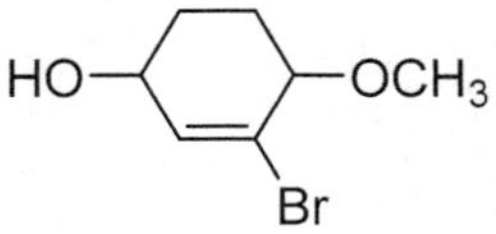　　(12) $HOCH_2CH_2\underset{CH_2CH_2OH}{\underset{|}{C}}HCH_2Cl$

2.11　用系统命名法命名下列化合物。

(1) $(CH_3)_3CCH_2CH(CH_3)CHO$

(2) $(CH_3)_2C{=}CHCH_2CH_2CHO$

(3) 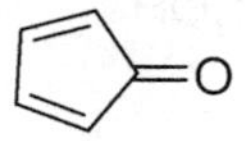

(4) 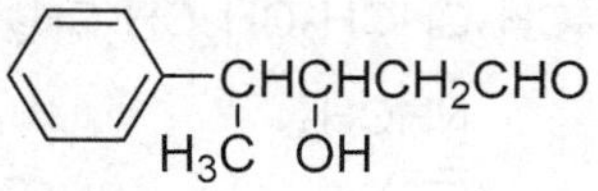

(5) 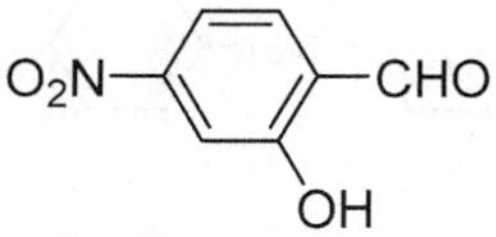

(6) 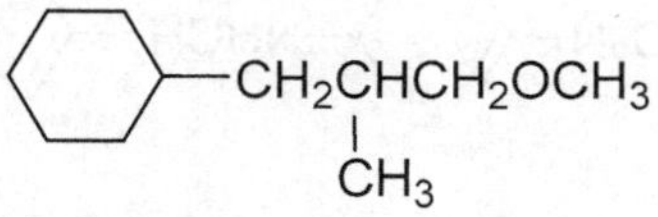

(7) 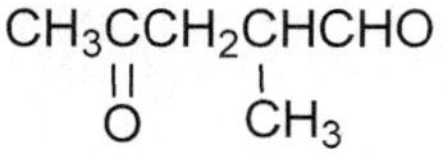

(8) 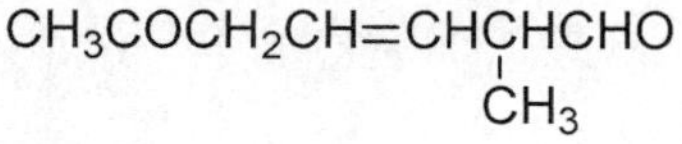

(9) 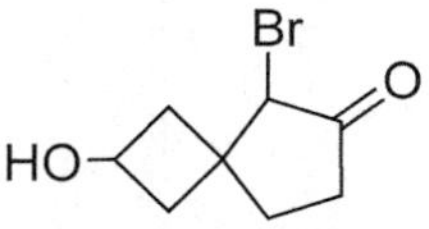

(10) 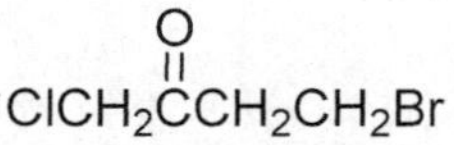

(11) 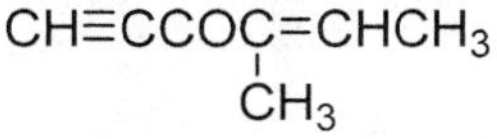

(12) 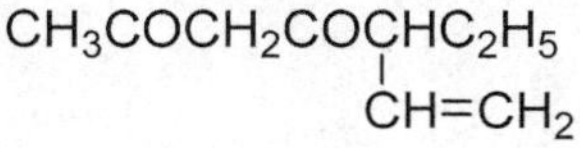

2.12　用系统命名法命名下列化合物。

(1) 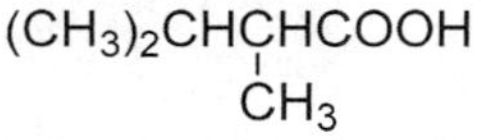

(2) 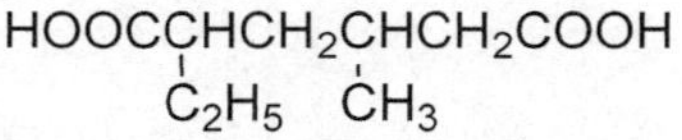

(3) $HOCH_2CH_2CHBrCOOH$

(4) $HOOCCH_2COCH_2CHO$

(5) 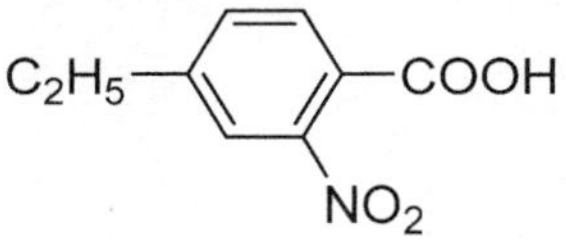

(6) 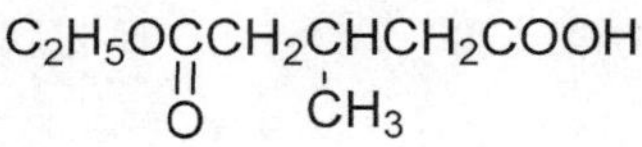

(7) 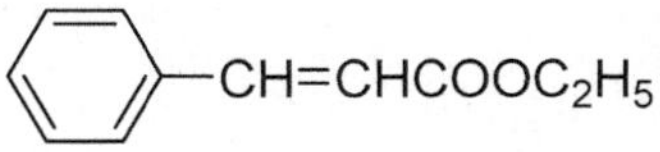

(8) 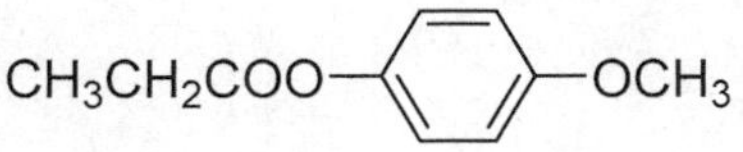

(9) 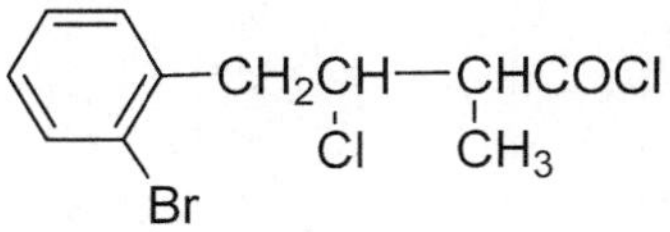

(10) 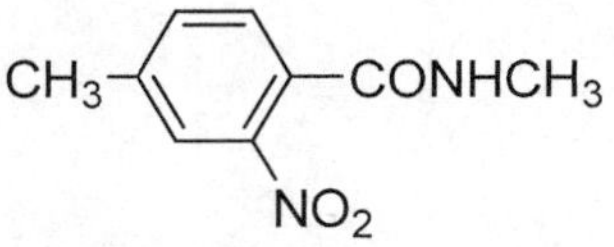

(11) $(CH_3)_3CCH_2CH_2CONH_2$

(12) $(CH_3OCH_2CO)_2O$

2.13　写出下列化合物的构造式。

(1) 1,4-二溴-3-(2-氯乙基)戊-2-烯

(2) 1-溴-3-间乙基苯基己烷

(3) 2,7-二甲基辛-3,5-二炔-2,7-二醇

(4) 5-甲氧基-3-甲基庚-1-烯

(5) 3-羟基-2-甲基戊醛

(6) 2-溴-5-苯基庚-3-酮

(7) 4-苯氧基环己烷甲酸

(8) 乙酰乙酸乙酯

(9) 3-氨甲酰基戊酰氯

(10) 5-硝基-2-萘乙酰胺

(11) 4-溴-*N*-乙基-*N*-甲基苯甲酰胺

(12) 邻苯二甲酸酐

(13) 5-氨基萘-2-磺酸

(14) 2,4-二氨基-*N*-甲基苯胺

(15) 2,6-二氯-6′-硝基联苯-3′-甲酸

(16) 4-乙基-2′,4′-二甲基-3″-硝基三苯甲烷

(17) 3-(8-氨基-1-甲基萘-2-基)丁酸甲酯

(18) *α*-萘乙酸

2.14　命名下列化合物。

(1) $(CH_3)_3CCH_2NH_2$

(2) 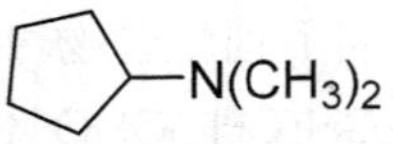

(3) $CH_3CH_2\underset{\displaystyle NHCH_3}{\underset{|}{C}H}CH_2CH_2CH(CH_3)_2$

(4) $CH_3NHCH_2CH_2CH_2OH$

(5) 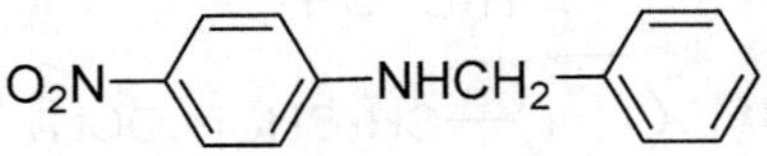

(6) 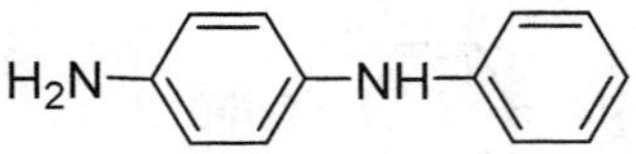

第 3 章　有机化合物的构造、构型和构象

有机物分子是由组成分子的原子按照一定的连接方式和次序，相互作用和相互影响形成的一个整体。习惯上，将分子中原子的连接方式称为分子结构，简称结构。有机化合物的物理性质和化学性质都取决于其分子结构。

结构决定性质，性质反映结构，性质决定应用。分析有机分子的结构特点以及差异对于有机化学的学习和研究至关重要。

描述一个有机分子的具体结构需要考虑以下三个层次。一是分子中原子的连接方式和次序，称为构造；二是分子中原子在空间的排列，称为构型；三是分子由于单键旋转产生的原子在空间的排列，称为构象。

在化学上，某些化合物具有相同分子式，但具有不同结构(构造、构型、构象)，这种现象称为同分异构现象。具有相同分子式，但具有不同结构的化合物互为同分异构体。同分异构体分为以下类型：

- 同分异构体
  - 构造异构体
    - 碳架异构
    - 官能团位置异构
    - 官能团异构
  - 立体异构体
    - 构型异构体
      - 顺反异构体
      - 对映异构体
    - 构象异构体

分子式相同，但由于分子中原子相互连接的方式和次序不同而产生的异构体，称为构造异构体。构造相同，但由于分子中原子在空间的排列不同而产生的异构体，称为构型异构体。构型异构体包括顺反异构体和对映异构体等。由于单键旋转引起的分子中的原子在空间的排列不同所产生的异构体，称为构象异构体。

分子中的原子相互连接的次序相同，但由于在空间的排列位置不同而引起的异构体称为立体异构体。立体异构体包括构型异构体和构象异构体。

3.1　构 造 异 构

构造异构可以分为碳架异构、官能团位置异构和官能团异构。

3.1.1　碳架异构

有机物分子中碳原子数相同，但碳原子间相互连接的顺序不同，构成不同的碳骨架，称为碳架异构。

1. 脂肪族化合物的碳架异构

三个碳及其以下的烷烃分子中碳原子之间的连接方式是唯一的，不存在碳架异构。从四个碳开始，碳原子之间的连接方式开始出现不同，四个碳有 2 种连接方式，五个碳有 3 种连

接方式，六个碳有 5 种连接方式。例如，六个碳的烷烃有 5 个异构体，这 5 个异构体属于碳骨架不同而引起的构造异构体。

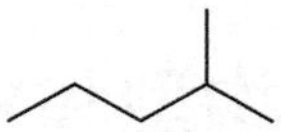
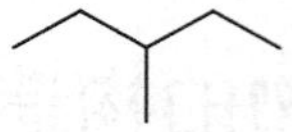
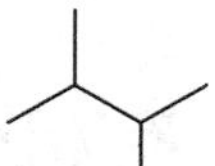
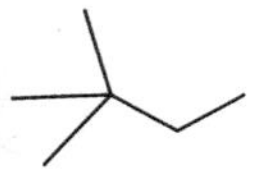

正己烷　　2-甲基戊烷　　3-甲基戊烷　　2,3-二甲基丁烷　　2,2-二甲基丁烷

随着碳原子数增加，异构体数量也迅速增加，烷烃的构造异构体的数量如表 3.1 所示。

表 3.1　烷烃构造异构体数目

烷烃	构造异构体数
丁烷(C_4H_{10})	2
戊烷(C_5H_{12})	3
己烷(C_6H_{14})	5
庚烷(C_7H_{16})	9
辛烷(C_8H_{18})	18
壬烷(C_9H_{20})	35
癸烷($C_{10}H_{22}$)	75
十五烷($C_{15}H_{32}$)	4347
二十烷($C_{20}H_{42}$)	366310

用逐步缩短碳链的方法写出脂肪族化合物的碳架异构。例如，含 7 个碳原子的碳链可以按以下步骤写出不同碳架异构。

(1) 7 个碳首尾连接形成的直链有 1 种碳原子的连接方式。

(2) 7 个碳减少一个碳，剩下的 6 个碳连成直链，减少的一个碳作为甲基去分别连接直链上的 6 个碳，得到 2 种新的碳架。

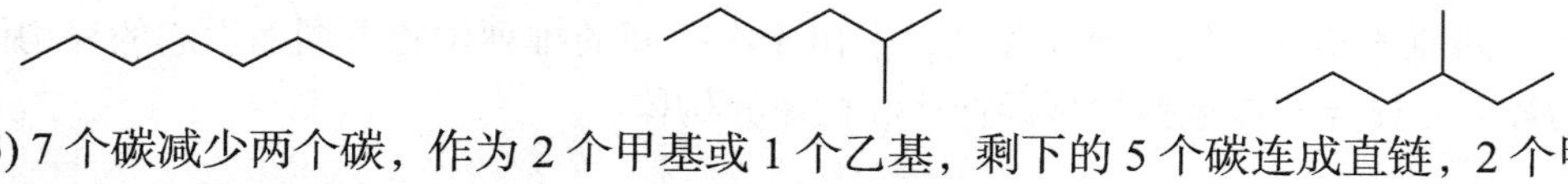

(3) 7 个碳减少两个碳，作为 2 个甲基或 1 个乙基，剩下的 5 个碳连成直链，2 个甲基和 1 个乙基去分别连接直链上的 5 个碳，得到 5 种新的碳架。

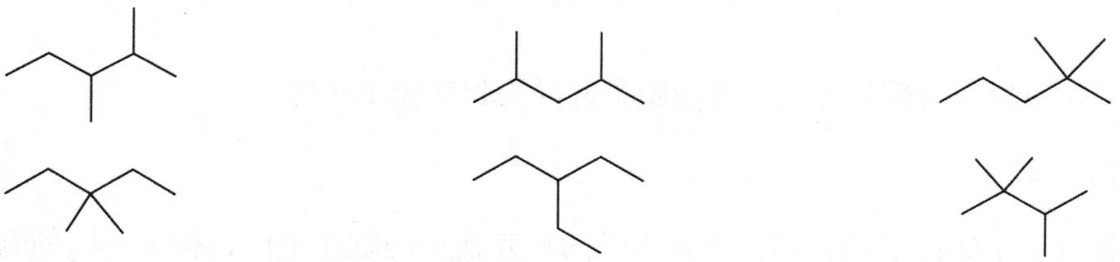

(4) 7 个碳减少 3 个碳，作为 3 个甲基或 1 个甲基和 1 个乙基或 1 个正丙基或 1 个异丙基，剩下的 4 个碳连成直链，3 个甲基或 1 个甲基和 1 个乙基或 1 个正丙基或 1 个异丙基去分别连接直链上的 4 个碳，得到 1 种新的碳架。

因此，含 7 个碳原子的碳链有 9 个碳架异构。

2. 单环脂环族化合物的碳架异构

用逐步缩小碳环的方法写出单环脂环族化合物的碳架异构。例如，含 6 个碳原子的碳环可以按以下步骤写出不同碳架异构。

(1) 6 个碳的环有 1 种碳原子的连接方式。

(2) 6 个碳减少 1 个碳，作为甲基，剩下的 5 个碳连成五元环，甲基去分别连接五元环上的碳，得到 1 种新的碳架。

(3) 6 个碳减少 2 个碳，作为 2 个甲基或 1 个乙基，剩下的 4 个碳连成四元环，2 个甲基和 1 个乙基去分别连接四元环上的 4 个碳，得到 4 种新的碳架。

(4) 6 个碳减少 3 个碳，作为 3 个甲基或 1 个甲基和 1 个乙基或 1 个正丙基或 1 个异丙基，剩下的 3 个碳连成三元环，3 个甲基或 1 个甲基和 1 个乙基或 1 个正丙基或 1 个异丙基去分别连接三元环上的 3 个碳，得到 6 种新的碳架。

因此，含 6 个碳原子的碳环有 12 个碳架异构。

环已烷

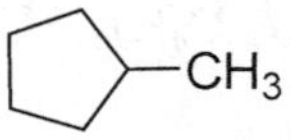

甲基环戊烷

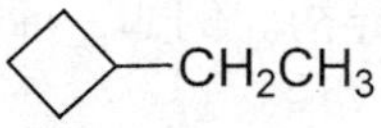

乙基环丁烷

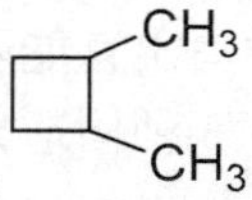

1,2-二甲基环丁烷

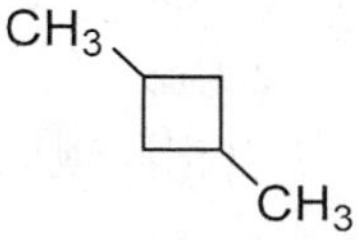

1,3-二甲基环丁烷

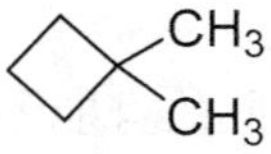

1,1-二甲基环丁烷

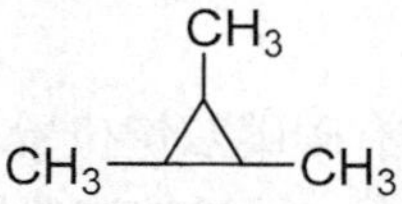

1,2,3-三甲基环丙烷

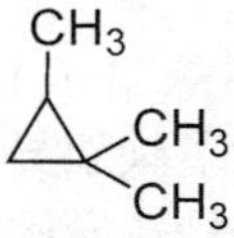

1,1,2-三甲基环丙烷

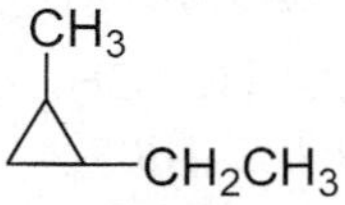

1-乙基-2-甲基环丙烷

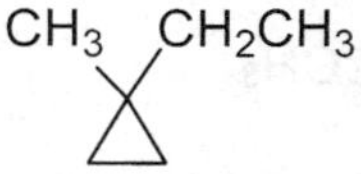

1-乙基-1-甲基环丙烷

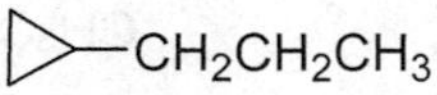

正丙基环丙烷

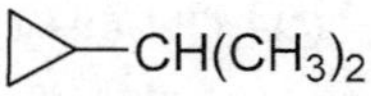

异丙基环丙烷

3. 芳香族化合物的碳架异构

芳香族化合物中有芳环，其构造异构体的产生一方面是取代基不同，另一方面是取代基位置不同，也是碳架异构。例如，对于分子式为 C_8H_{10} 的芳烃，有如下构造异构体：

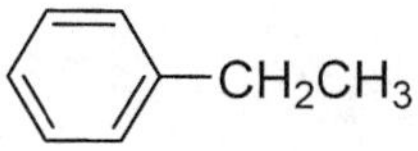

乙苯

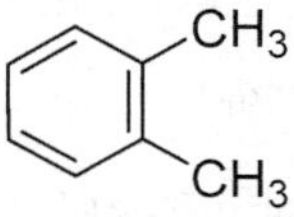

邻二甲苯

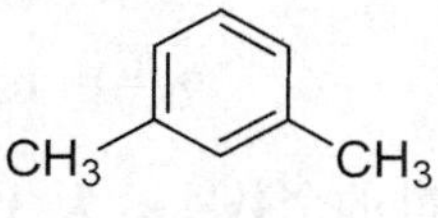

间二甲苯

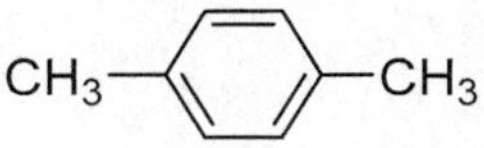

对二甲苯

分子式为 C_9H_{12} 的芳烃，有以下构造异构体：

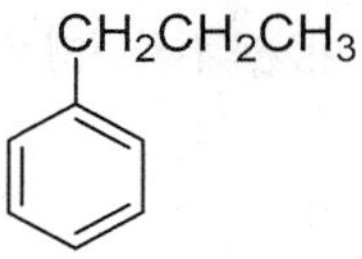

正丙基苯

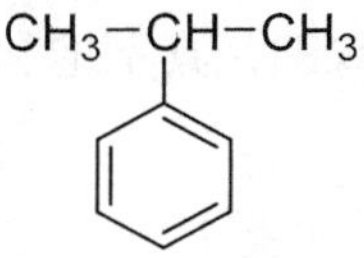

异丙基苯

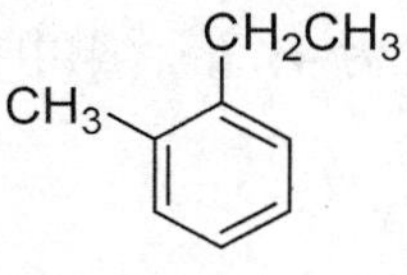

邻乙甲苯

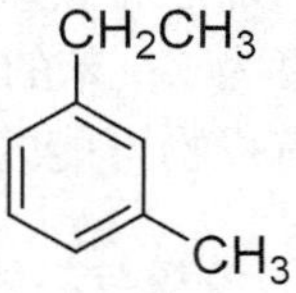

间乙甲苯

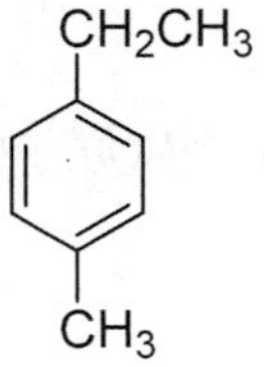

对乙甲苯

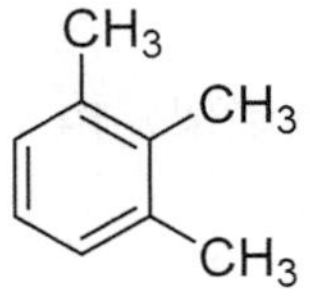

连三甲苯

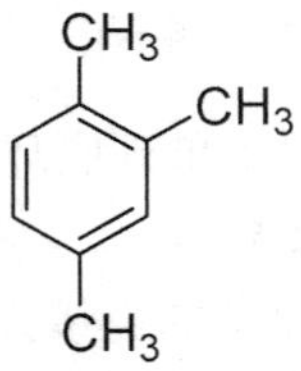

偏三甲苯

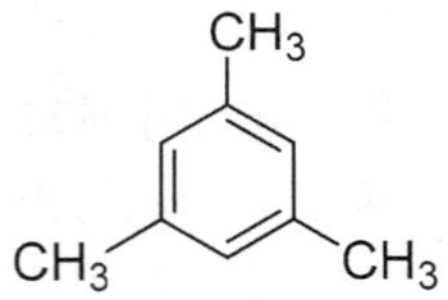

均三甲苯

3.1.2　官能团位置异构

官能团位置异构是指相同的官能团而连的碳架位置不同的异构。含有相同的官能团，分子式具有同一个通式，在组成上相差只是 CH_2 或其整数倍的一系列化合物称为同系列。同系列中各个化合物称为同系物。CH_2 称为同系列的系差。同系物具有相似的化学性质，其物理性质(如沸点、熔点等)随着碳原子数增加而呈现规律性的变化。

含相同碳原子数的同系物，其构造异构体是先写出不同碳架异构，然后再在每一个碳架结构中写出官能团的位置异构。例如，烯烃的通式为 C_nH_{2n}，四个碳的烯烃的分子式为 C_4H_8，有如下 3 种构造异构体：

$CH_3—CH_2—CH═CH_2$

丁-1-烯

$CH_3—CH═CH—CH_3$

丁-2-烯

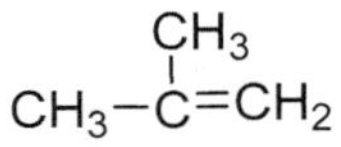

2-甲基丙烯

除了碳架异构外，还有碳碳双键位置不同而引起的官能团位置异构。所以相同碳原子数的烯烃构造异构体比烷烃多。丁烯的构造异构体有三个，而丁烷只有两个。

炔烃的通式为 C_nH_{2n-2}，五个碳的炔烃的分子式为 C_5H_8，有如下 3 种构造异构体：

$CH_3CH_2CH_2C≡CH$

戊-1-炔

$CH_3CH_2C≡CCH_3$

戊-2-炔

$(CH_3)_2CHC≡CH$

3-甲基丁-1-炔

3.1.3　官能团异构

分子式通式相同，具有不同官能团的化合物，是不同类型的化合物，这样的异构体是官能团异构。

根据有机物的分子式，可以计算出分子的不饱和度 n：

$$n = 1 + n_4 + \frac{1}{2}(n_3 - n_1)$$

式中，n_4 为 4 价原子碳和硅的个数；n_3 为 3 价原子氮和磷的个数；n_1 为 1 价原子氢和卤素的个数。不饱和度表示分子的不饱和程度，不饱和度为 1，表示分子中存在 1 个 π 键或 1 个环。例如，烯烃有碳碳双键，其不饱和度为 1；单环脂环烃不饱和度为 1；炔烃有碳碳叁键，其不饱和度为 2；苯的不饱和度为 4；醛、酮中有碳氧双键，其不饱和度为 1。根据不饱和度可以推测有机物可能的结构。

1. 烯烃与环烷烃

烯烃与环烷烃具有相同的通式 C_nH_{2n}，不饱和度为 1，它们是不同类型的化合物，碳原子数相同的烯烃和环烷烃是构造异构体，为官能团异构。

例如，分析分子式为 C_4H_8 的构造异构体。首先，根据分子式计算出其不饱和度为 $n = 1 + 4 + 1/2(0 - 8) = 1$，说明存在 1 个 π 键或 1 个环。而分子中只有碳氢两种元素，说明 π 键为碳碳双键，因此分子式为 C_4H_8 的化合物包括烯烃和环烷烃两类。然后，写出四个碳的碳链异构，在每个碳架上列出官能团的位置异构。最后再将四个碳的碳环异构列出。结果写出分子式为 C_4H_8 的构造异构体有 5 个：

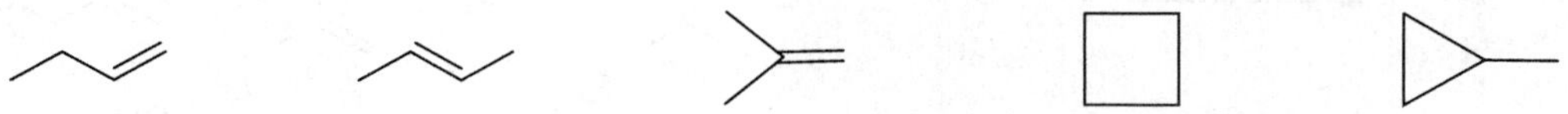

2. 炔烃、二烯烃、环烯烃和二环化合物

炔烃、二烯烃、环烯烃和二环化合物具有相同的通式 C_nH_{2n-2}，不饱和度为 2，它们是具有不同官能团的化合物，即不同类型的化合物。碳原子数相同的炔烃、二烯烃、环烯烃和二环化合物互为构造异构体。

例如，分析分子式为 C_5H_8 的构造异构体。不饱和度为 2 的烃，可能为 1 个碳碳叁键或 2 个碳碳双键或 1 个碳碳双键和一个环或 2 个环。按照每一类化合物先写碳架异构再写官能团位置异构的顺序，写出其所有可能的构造异构体：

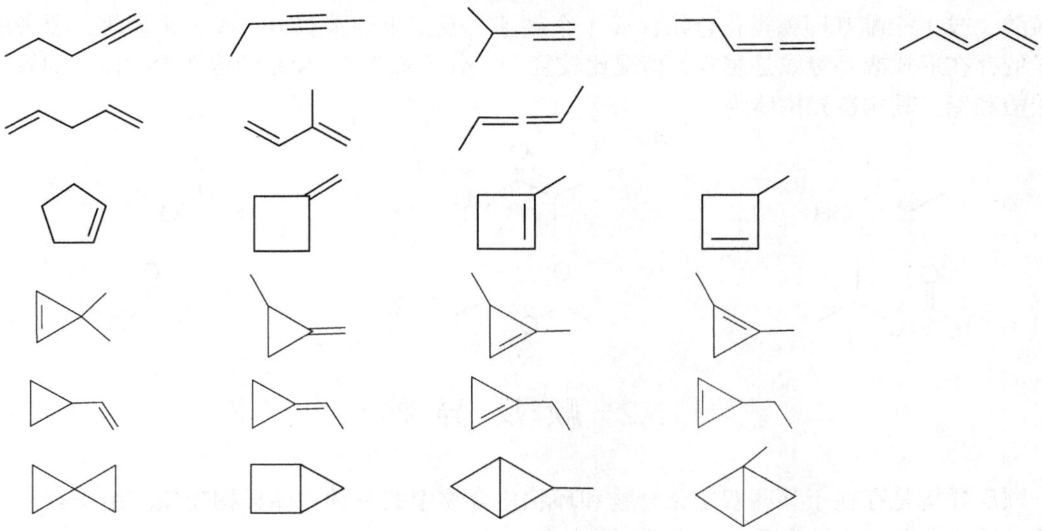

3. 醇和醚

开链饱和一元醇和醚具有相同的通式 $C_nH_{2n+2}O$，不饱和度为 0，是不同类型的化合物。碳原子数相同的醇和醚互为构造异构体，为官能团异构。

分子式为 $C_4H_{10}O$ 的化合物，不饱和度为 0，是饱和化合物。所有可能的构造异构体为

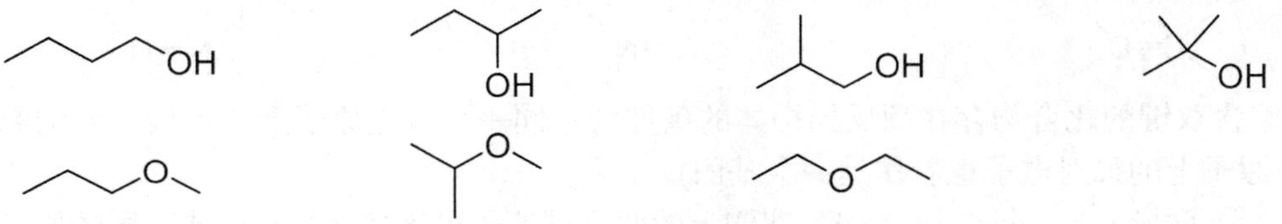

4. 醛、酮、烯醇、烯醚、环醇、环醚

醛、酮、烯醇、烯醚、环醇、环醚具有相同的通式 $C_nH_{2n}O$，不饱和度为 1，是不同类型的

化合物，碳原子数相同的醛、酮、烯醇、烯醚、环醇、环醚是构造异构体，为官能团异构。

例如，分子式为 C_3H_6O 的化合物，是不饱和度为 1 的含氧化合物，可能是含 1 个碳氧双键即醛、酮，或是含 1 个碳碳双键、氧为醇或醚即烯醇、烯醚，或是含一个环、氧为醇或醚即环醇、环醚。其所有可能的构造异构体为

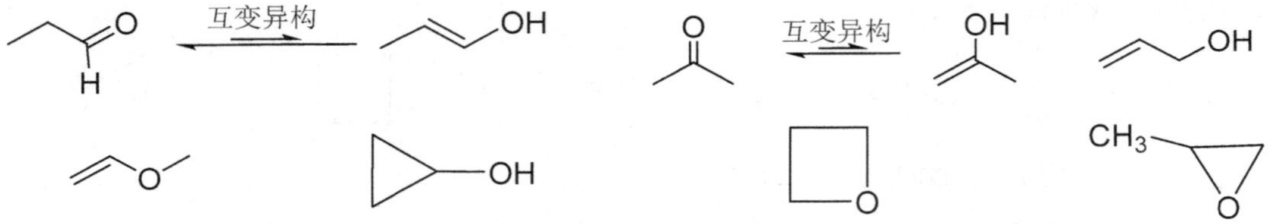

某些异构体之间可以相互转化，并以动态平衡共存，这样的异构体称为互变异构体。互变异构是官能团异构的特殊形式。例如，在同一个碳原子上同时含有双键和羟基的烯醇式结构不稳定，可以重排，变为羰基化合物，所以酮式结构和烯醇式结构为互变异构体。

5. 羧酸和酯

羧酸和酯具有相同的通式 $C_nH_{2n}O_2$，不饱和度为 1，含有 2 个氧原子。可能是含 1 个羧基即羧酸，或 1 个酯基即酯类化合物，或 1 个羰基，或 1 个碳碳双键，或 1 个环等，要考虑氧原子的存在形式或是醇或是醚等，情况比较复杂。分子式为 $C_4H_8O_2$ 的构造异构体，如果只考虑羧酸和酯，其构造异构体为

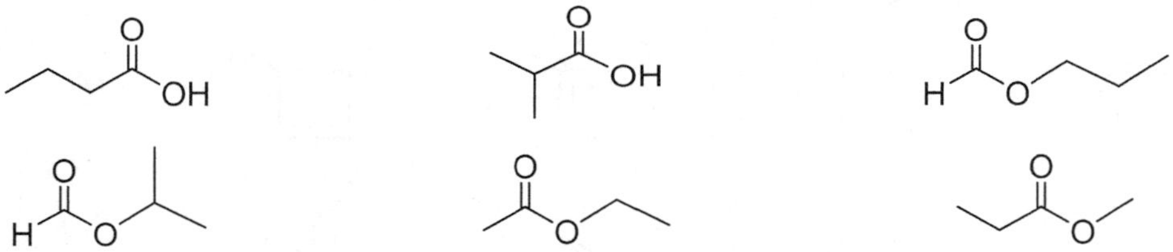

3.2 顺反异构

顺反异构是存在于某些双键化合物和环状化合物中的一种立体异构现象。由于存在双键或环，这些分子的旋转受阻，产生顺反异构体。

3.2.1 含双键化合物的顺反异构

含双键的化合物包括含碳碳双键的烯烃、含碳氮双键的化合物如亚胺、肟等和含氮氮双键的化合物如偶氮苯等，它们的结构如下：

这些含双键的化合物存在顺反异构体的条件为：同一个双键原子上均连接不同的原子或基团(氮原子上的孤对电子也看作是一个基团)。

烯烃分子中含有一个 C═C 双键，双键上的两个碳原子可连接 4 个相同或不同的原子或基团，由于两个碳原子和相连的 4 个原子或基团处在同一平面内，并且 C═C 双键不能绕键轴自由转动，则与 C═C 双键相连的 4 个原子或基团在空间就有两种不同的排列，也就对应两种不

同的构型，代表两种不同的化合物。例如，$CH_3CH{=}CHCH_3$ 就有两种异构体：

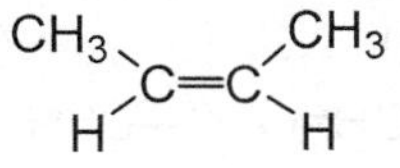

顺-丁-2-烯

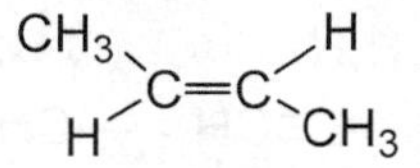

反-丁-2-烯

与烯烃类似，含有碳氮双键的化合物和含有氮氮双键的化合物，同一个双键原子上均连接不同的原子或基团时，也存在两种构型异构体。例如：

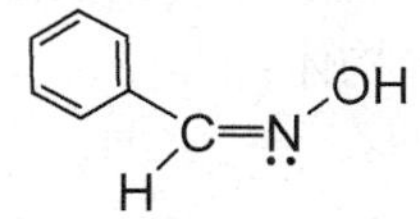

Z-苯甲醛肟

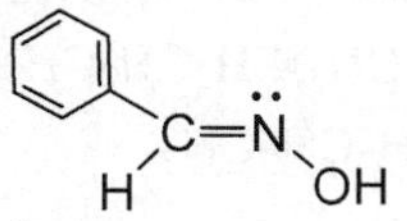

E-苯甲醛肟

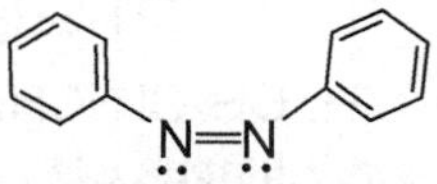

顺-偶氮苯

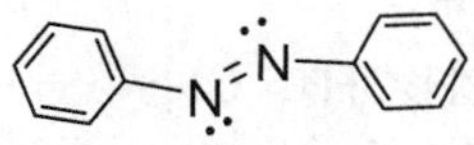

反-偶氮苯

这种异构现象称为顺反异构现象，这种异构体称为顺反异构体。烯烃存在顺反异构体的条件是：每个双键碳原子上连接的都是不相同的原子或基团，只要有一个碳原子连接的是相同的原子或基团，就没有顺反异构体。例如，aaC═Cab 和 aaC═Cbc 都没有顺反异构体。

3.2.2　顺反异构体的命名法

1. *顺/反命名法*

对于双键两个原子连有相同原子或基团的化合物 abC═Cab 和 abC═Cac，常用顺/反命名法来命名。两个相同的原子或基团在 C═C 双键同侧称为顺式(*cis*-)，在异侧称为反式(*trans*-)。例如，戊-2-烯 $CH_3CH_2CH{=}CHCH_3$ 就有顺-戊-2-烯和反-戊-2-烯两种异构体。

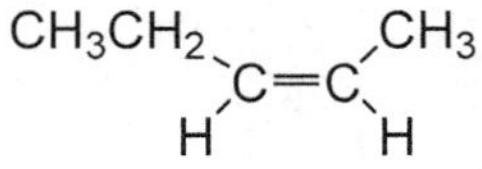

顺-戊-2-烯

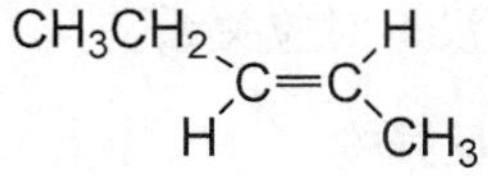

反-戊-2-烯

2. *Z/E 命名法*

对于双键的两个原子没有连接相同原子或基团的化合物 abC═Ccd，无法用顺/反命名法来命名，只能采用 *Z*/*E* 命名法来命名。*Z*/*E* 命名法是根据原子或基团的次序规则进行命名的。

次序规则是排列原子或基团次序的规定，主要内容如下：

(1) 将取代基第一个原子按原子序数大小排列，大者为“较优”基团。若为同位素，则质量高的为“较优”基团。

$$I > Br > Cl > S > P > F > O > N > C > D > H > \text{:(孤对电子)}$$

(2) 如果第一个原子相同，则比较与之直接相连的其他几个原子的原子序数。比较时，按原子序数排列，先比较各组中最大者，若仍相同，再依次比较第二、第三个。例如：

$—CH_2Cl > —CH_3$　(Cl,H,H) > (H,H,H)　　　$—CH_2Cl > —CHF_2$　(Cl,H,H) > (F,F,H)

若仍相同，则沿取代链逐次比较，直至能比较出二者的次序为止。例如：

$—CH_2CH_2CH(CH_3)_2$ > $—CH_2CH_2CH_2CH_3$　　第三个碳 (C,C,H) >(C,H,H)

(3) 连接双键或叁键，认为连有 2 个或 3 个相同原子。苯环按凯库勒结构处理。例如：

—CH=CH$_2$　(C,C,H);(C,H,H)　　—C≡CH　(C,C,C);(C,C,H)　　—CH=O　(O,O,H)　　—C≡N　(N,N,N)

—C≡CH > —CH=CH$_2$　　—CH=O > —C≡N

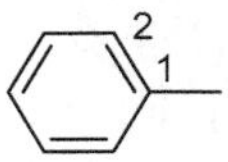
C^1(C,C,C); C^2(C,C,H)
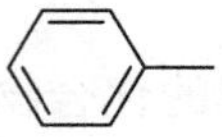
> —CH(CH$_3$)$_2$

优先的两个原子或基团位于 C═C 双键同侧者称为 *Z* 式，位于 C═C 双键异侧者称为 *E* 式。例如，$CH_3CH_2CH{=}C(CH_3)CH_2CH_2CH_3$ 有如下两种顺反异构体：

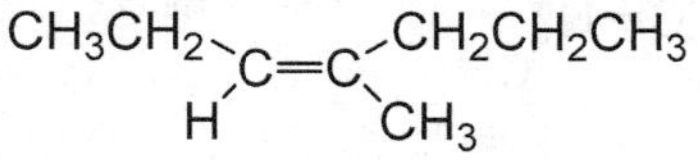

CH_3CH_2 > H; $CH_3CH_2CH_2$ > CH_3

(*Z*)-4-甲基庚-3-烯

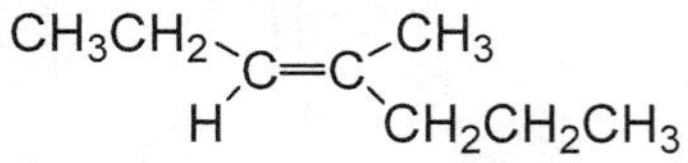

CH_3CH_2 > H; $CH_3CH_2CH_2$ > CH_3

(*E*)-4-甲基庚-3-烯

又如：

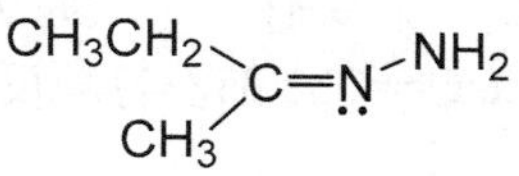

(*Z*)-丁酮腙

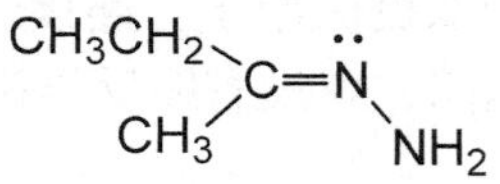

(*E*)-丁酮腙

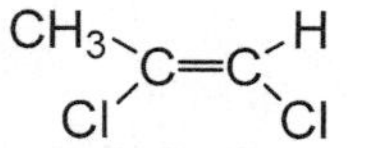

Cl > CH_3; Cl > H

顺-1,2-二氯丙烯

或(*Z*)-1,2-二氯丙烯

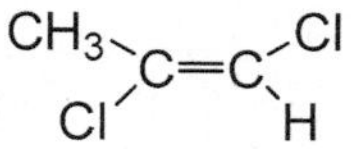

Cl > CH_3; Cl > H

反-1,2-二氯丙烯

或(*E*)-1,2-二氯丙烯

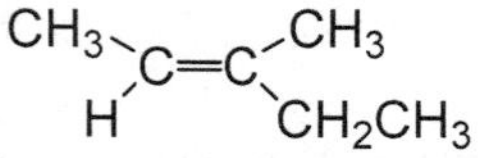

CH_3 > H; CH_3CH_2 > CH_3

顺-3-甲基戊-2-烯

或(*E*)-3-甲基戊-2-烯

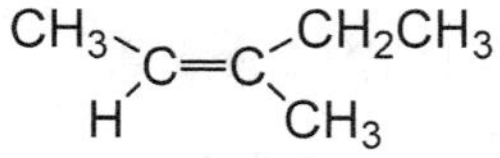

CH_3 > H; CH_3CH_2 > CH_3

反-3-甲基戊-2-烯

或(*Z*)-3-甲基戊-2-烯

可见，顺/反与 *Z*/*E* 没有对应关系。

3.2.3　共轭二烯烃的顺反异构

两个 C═C 双键被一个单键隔开的二烯烃称为共轭二烯烃。例如：

$CH_2{=}CH{-}CH{=}CH_2$

丁-1,3-二烯

$CH_3{-}CH{=}CH{-}CH{=}CH{-}CH_3$

己-2,4-二烯

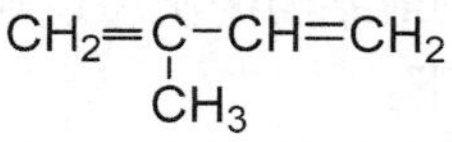

2-甲基丁-1,3-二烯

$CH_3CH_2CH{=}CH{-}CH{=}CH{-}CH_3$

庚-2,4-二烯

有的共轭二烯烃的双键具有顺反构型，在命名时需要用顺/反或 *Z*/*E* 标明其构型。如果两个双键都有顺反构型，需要标明每个位置的构型。例如，己-2,4-二烯有如下 3 个顺反异构体：

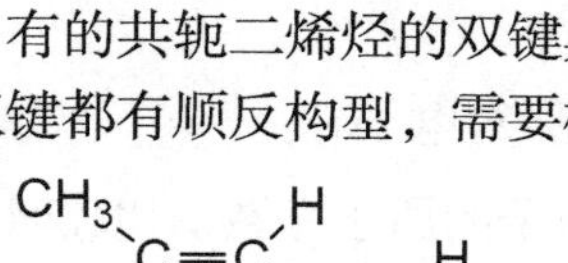

(反,反)-己-2,4-二烯

(2*E*,4*E*)-己-2,4-二烯

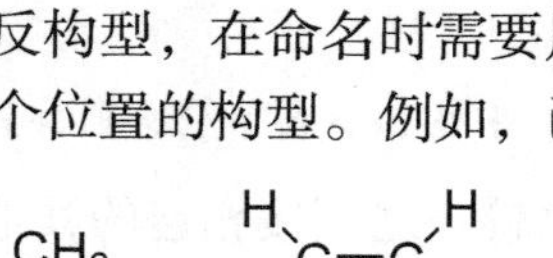

(顺,顺)-己-2,4-二烯

(2*Z*,4*Z*)-己-2,4-二烯

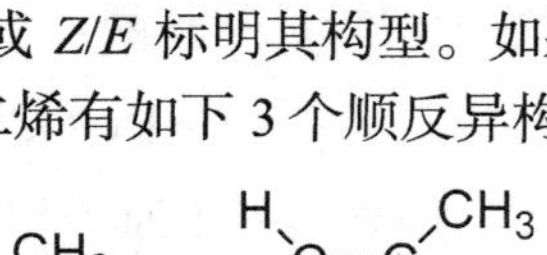

(顺,反)-己-2,4-二烯

(2*Z*,4*E*)-己-2,4-二烯

3.2.4　环烷烃的顺反异构

环烷烃按环中碳原子数可分为环丙烷、环丁烷、环戊烷和环己烷等。根据碳原子四面体构型，除环丙烷外，其他环烷烃的碳环不可能是平面形的，即四元及以上环的碳原子不在同

一平面上，而是存在一定的碳环构象(见 3.4.2 节)。但是在讨论环烷烃二元取代物的顺反异构体时是假定环烷烃的碳环是平面形的，即环中所有碳原子都在同一平面上，这样两个取代基在环平面同侧者称为顺式，在环平面异侧者称为反式。例如：

环丙烷-1,2-二甲酸

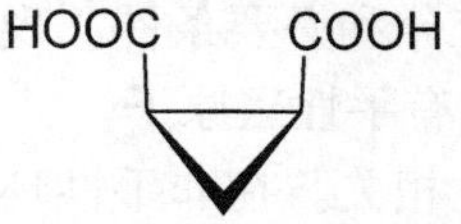

顺-环丙烷-1,2-二甲酸

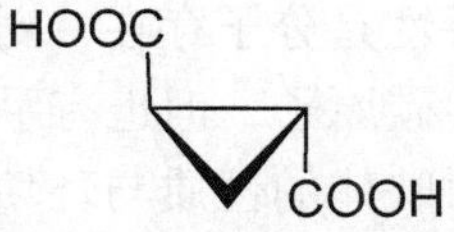

反-环丙烷-1,2-二甲酸

1,3-二甲基环丁烷

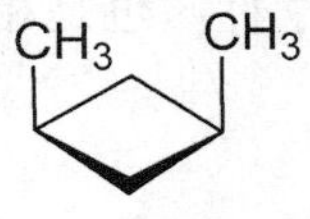

顺-1,3-二甲基环丁烷

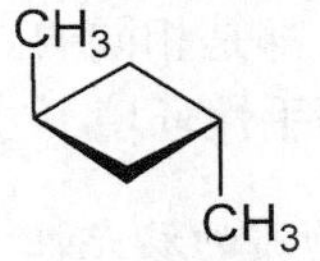

反-1,3-二甲基环丁烷

1,3-二氯环戊烷

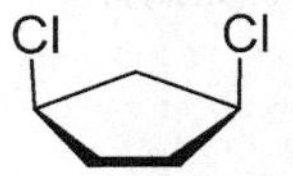

顺-1,3-二氯环戊烷

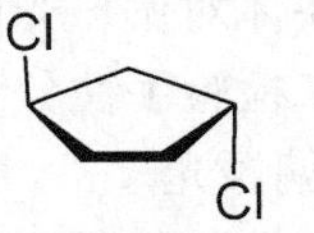

反-1,3-二氯环戊烷

1,2-二甲基环己烷

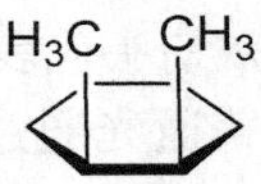

顺-1,2-二甲基环己烷

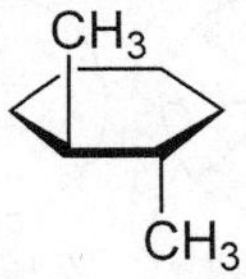

反-1,2-二甲基环己烷

3.3 对映异构

3.3.1 对映体、物质的旋光性和分子的手性

1. 对映体

有机分子中碳原子与 4 个原子或基团相连时，该碳原子是 sp^3 杂化，为四面体结构，因此大多数有机物具有立体构型。当碳原子与 4 个不相同的原子或基团相连时，如 α-羟基丙酸(俗名乳酸)，有两种构型异构体，这两种构型异构体的球棍模型和四面体模型表示如下：

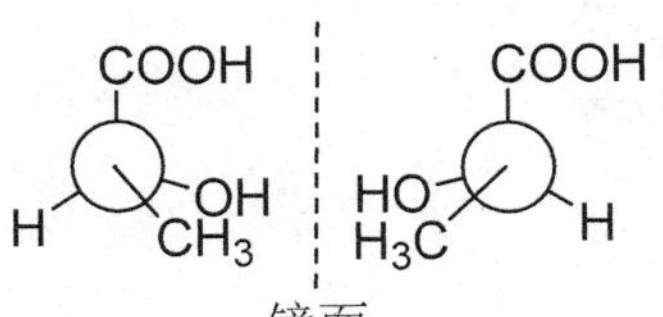

镜面

球棍模型

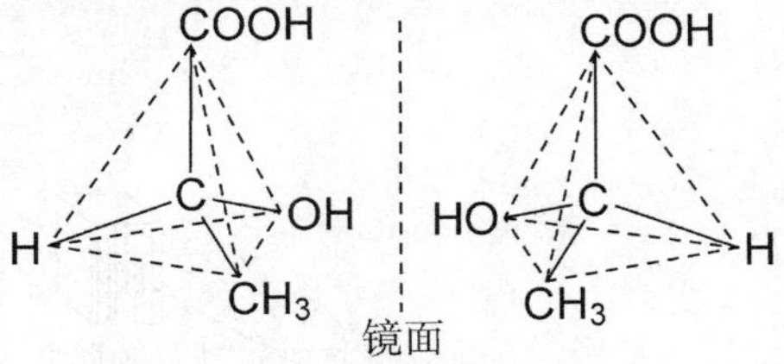

镜面

四面体模型

从乳酸的球棍模型或四面体模型的表示式可发现，两种异构体互为物像关系，即一个为物体，另一个则为它的镜像，并且二者不能重合，犹如人的左右手。人的左手和右手呈不能重合的物像关系，所以物像不重合的性质称为手性，物像不重合的分子称为手性分子；物像重合的性质称为非手性，物像重合的分子称为非手性分子。

连接 4 个不相同的原子或基团的碳原子称为手性碳原子，用 C^*表示。围绕手性碳原子，4 个不相同的原子或基团在空间有两种不同的构型，对应于两种不同的化合物。这两种化合物彼此互为物体与镜像关系且不能重合，称为对映异构体，简称对映体。

手性是分子存在一对对映体的充分和必要条件。现在已知大多数手性分子含有一个或多个手性碳原子，但也有手性分子不含有手性碳原子。

对映体的性质与环境是否是手性相关。在非手性环境中，对映体的性质相同；但在手性环境中，对映体的性质不同。对映体的物理性质，如熔点、沸点、密度、非手性溶剂中的溶解度等，都是相同的。一般情况下其化学性质也是相同的，只是在手性溶剂中或与手性试剂起反应等手性环境下才表现出差异。

2. 物质的旋光性

对映体对偏振光的作用不同，一个可使偏振光左旋，另一个可使偏振光右旋，所以常用偏振光来检验手性分子及其旋光性。

1) 偏振光

光是一种电磁波，光波振动的方向与其传播方向垂直。图 3.1(a)表示一束光线朝着纸面直射过来，它包含各种波长、可在各个平面上振动的光线，图中每个双箭头代表与纸面垂直的平面。

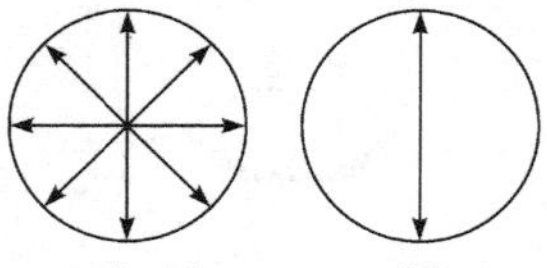

图 3.1　普通光和平面偏振光示意图

将普通光通过一种由方解石制成的尼科尔(Nicol)棱镜(称为偏振片)，只有在和棱镜晶轴平行的平面上振动的光线才能通过，在其他平面上振动的光线都被阻挡不能通过。所以通过这种棱镜的光线就只在一个平面振动，这种只在一个平面振动的光称为平面偏振光，简称偏振光。偏振光振动的平面称为偏振面，如图 3.1(b)所示。

2) 旋光物质与比旋光度

旋光仪是用来测定物质旋光度的仪器。旋光仪是由光源、两个尼科尔棱镜和一个旋光管组成，如图 3.2 所示。

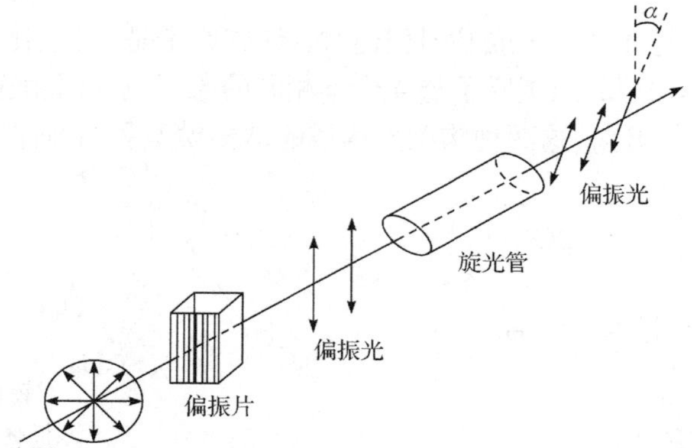

图 3.2　旋光仪示意图

由光源发出的光经过第一个尼科尔棱镜(称为起偏镜)变成偏振光，通过空管或装有水、乙醇等的旋光管后，到达第二个尼科尔棱镜(称为检偏镜)。如果两个尼科尔棱镜轴平行，偏振光通过第二个尼科尔棱镜的光量最大。如果旋光管中装有乳酸等旋光性物质的溶液时，则在检偏镜后见到的光不是最亮而是有所减弱，只有当检偏镜向左或向右旋转某个角度后才能见到最亮的光。这是由于偏振光通过旋光性物质时，旋光性物质使偏振面旋转了一个角度，这个角度称为旋光物质的旋光度，可从旋光仪刻度盘上读出，常用 α 表示。使偏振面向右偏转的物质称为右旋物质，用“+”表示；使偏振面向左偏转的物质称为左旋物质，用“−”表示。

测定旋光物质在溶液中的旋光度时，旋光管的长度、溶液的浓度、溶剂、温度以及光源的波长都影响旋光度 α 的数值。当旋光管的长度是 1dm、待测物质溶液的浓度是 $1g \cdot mL^{-1}$ 时，测得的旋光度称为比旋光度，常用[α]表示。比旋光度与旋光度的关系是

$$[\alpha]=\frac{\alpha}{l\times c}$$

式中，α 为旋光仪上测得的旋光度；l 为旋光管的长度，单位为 dm；c 为溶液的浓度，单位为 $g \cdot mL^{-1}$。

在用旋光仪测定物质的旋光度时常固定测定时的温度、光源的波长和溶剂，以消除它们的影响，这时得到的比旋光度是恒定的，用 $[\alpha]_{\lambda}^{t}$ 表示。比旋光度不受旋光管的长度和溶液浓度的影响，所以比旋光度像物质的熔点、沸点一样，作为旋光物质的一个物理常数，用来表示旋光物质的一个物理性质——旋光性。

若旋光性物质是液体，则比旋光度的定义是

$$[\alpha]_{\lambda}^{t}=\frac{\alpha}{l\times \rho}$$

式中，l 为旋光管的长度，单位为 dm；ρ 为液体的密度，单位为 $g \cdot cm^{-3}$。

3. 分子的手性与对称因素

判断一个分子是否是手性分子的方法有两种，一是用模型摆出分子构型和它的镜像，若物像不重合，则为手性分子，具有旋光性；若物像重合，不是手性分子也不具有旋光性。二是分析分子中的对称因素，若分子中有对称面或有对称中心，为非手性分子，无旋光性；若分子中既无对称面又无对称中心，一般为手性分子，具有旋光性。

1) 对称中心

如果分子中有一个点，分子中所有的原子或基团对于这一点是对称的，此点称为对称中心。例如，反-1,2-二氯乙烯、环丁烷、苯和反-1,3-二氯环丁烷都有一个对称中心：

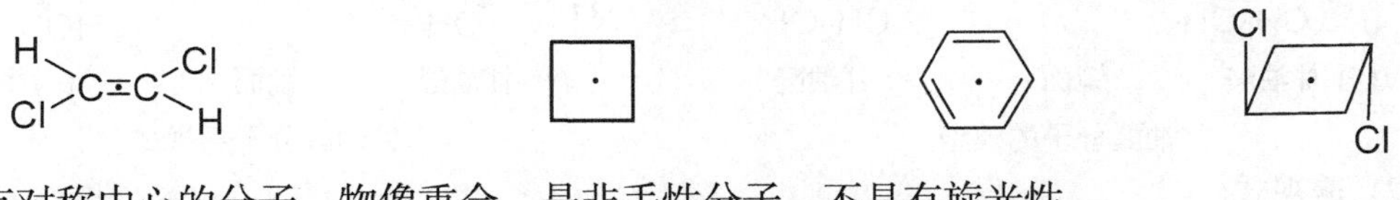

具有对称中心的分子，物像重合，是非手性分子，不具有旋光性。

2) 对称面

可以将分子分成互为镜像的两部分的平面，称为该分子的对称面。例如，CH_2FCl、顺式和反式 1,2-二氯乙烯分子中都有对称面：

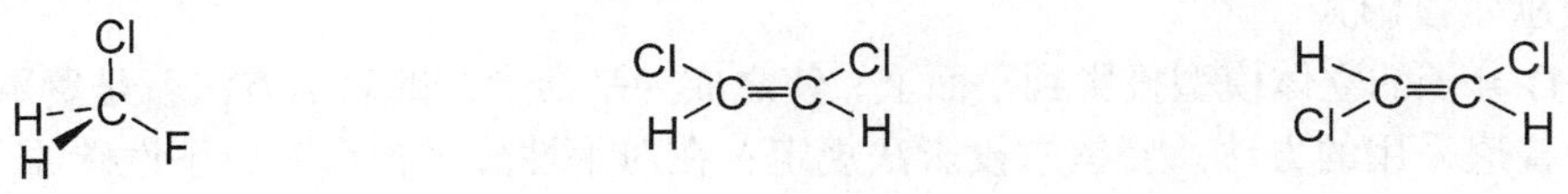

具有对称面的分子，物像重合，是非手性分子，不具有旋光性。

一个分子如果既无对称面又无对称中心，则在一般情况下是手性分子，具有旋光性。

3) 对称轴

通过分子作一直线，以这条直线为轴将分子旋转 360°/n 的角度，如果旋转后分子的形象与转动前的形象完全复原，则这条直线为该分子的 n 重旋转对称轴，用 C_n表示，n 表示分子绕轴旋转 360°中分子复原的次数。例如，水分子有一个二重轴，即水分子绕 C_2轴转动 180°，分子形象与转动前的形象完全重合；顺式和反式 1,2-二氯乙烯分子中有 C_2轴；环丁烷分子中有 C_4轴；苯分子中有 C_6轴。

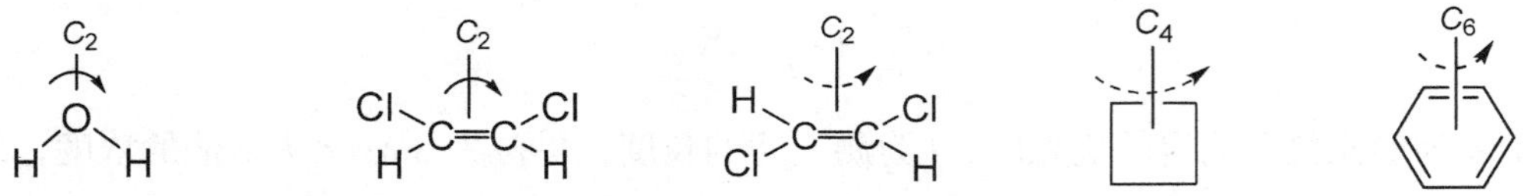

以上具有对称轴的分子，物像均重合，是非手性分子，无旋光性。但(+)-酒石酸和 (−)-酒石酸分子中都有 C_2 轴，二者互为物像，不重合，是手性分子，具有旋光性。

(+)-酒石酸 (−)-酒石酸

因此，分子中有无 C_n 轴不能用作判断分子是否为手性分子的依据。

4. 手性分子构型的表示方法

手性分子构型是表示与手性碳原子相连的 4 个原子或基团在空间的排列。表示手性分子构型的方法有三种：模型、透视式和费歇尔(Fischer)投影式。下面以甘油醛 ($HOCH_2CHOHCHO$) 为例说明这三种表示方法。

1) 模型

模型比较直观，但需要从立体模型去想象写在纸面的式子，如甘油醛分子的模型如下所示。

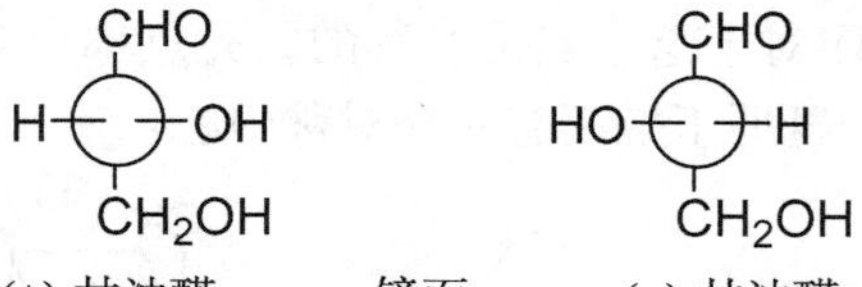

(+)-甘油醛 镜面 (−)-甘油醛

甘油醛分子的模型

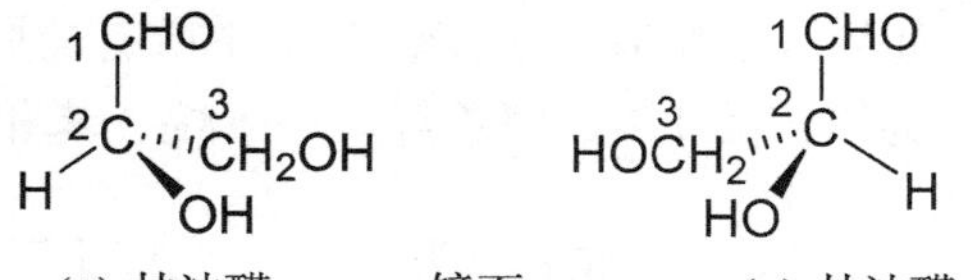

(+)-甘油醛 镜面 (−)-甘油醛

甘油醛分子透视式

2) 透视式

在甘油醛分子的透视式中，手性碳原子 C*和以细实线与 C*原子相连的原子均在纸平面内，以虚楔线尖端与 C*原子相连的原子在平面的后面，以实楔线的尖端与 C*原子相连的原子在平面的前面。

3) 费歇尔投影式

将手性分子的立体模型投影到平面上，使之成为平面形式的表示方法就是费歇尔投影法，它是一种普遍采用的方法。费歇尔投影法规定：在对手性分子投影时，手性碳原子放在纸面内，将碳链直立，在系统命名中编号小的碳原子(—CHO)在上，编号大的碳原子(—CH_2OH)在下，二者等程度与纸面倾斜，处在纸面后面。与碳链连接的其他原子和基团(H 原子和—OH)就必然一左一右地处在纸面前面并等程度与纸面倾斜。将这种模型投影到纸面上即可得到费歇尔投影式。甘油醛的两个构型的分子模型对应的费歇尔投影式为

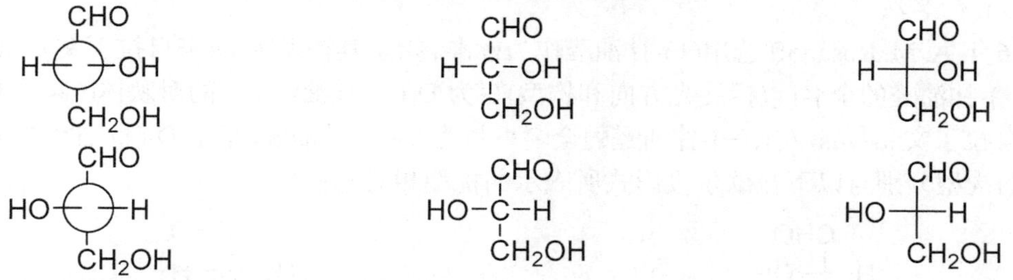

关于费歇尔投影式，有如下几点需要注意：

(1) 将一个手性分子模型用费歇尔投影法进行投影时，一定将碳链直立，C*原子处在纸面内，两个直立的单键所连接的基团一上一下处在纸面的后面，而两个水平的单键所连接的基团一左一右地处在纸面的前面。这是一条最主要的规定。所以看到一个手性分子的平面投影式时，立即就可想象到竖线相连的基团在纸面的后面，而横线相连的基团在纸面的前面。

(2) 费歇尔投影式在纸面内转动 90°，得到的投影式不再是原来的化合物，而是其对映体；转动 180°，得到的投影式还是原来的化合物。例如：

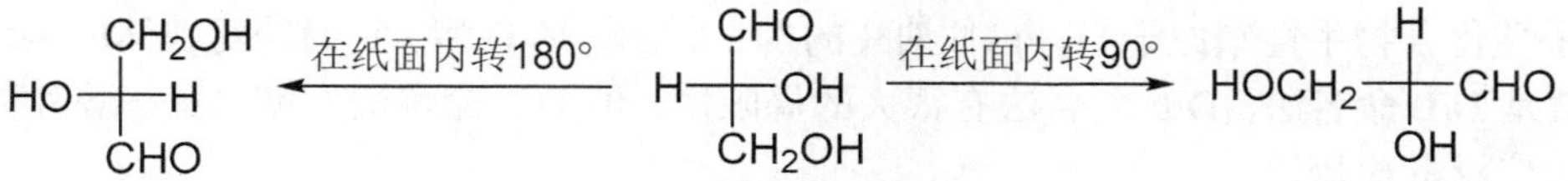

(+)-甘油醛　　(+)-甘油醛　　(−)-甘油醛

5. 手性分子构型的命名方法

1) *R*/*S* 命名法

R/*S* 命名法是确定手性分子构型普遍适用的方法。与手性碳原子相连的 4 个原子或基团在空间有 2 种排列方式，即手性碳有 2 个构型，其中一种为 *R* 构型，另一种为 *S* 构型。用以下方法来确定手性碳的 *R*/*S* 构型：

(1) 按次序规则确定与手性碳原子相连的四个原子或基团的优先次序。

(2) 用模型或透视式来表示分子的构型时，将次序规则中最小的基团放在离观察者最远的位置，然后观察其余三个基团的排列，如果由大到小为顺时针方向，则为 *R* 型(*R* 来自拉丁文 rectus，右)；如果由大到小为逆时针方向，则为 *S* 型(*S* 来自拉丁文 sinister，左)。例如：

(*R*)　　(*S*)

用费歇尔投影式来表示分子构型时可采用如下方法确定 *R*/*S* 构型。在费歇尔投影式中，如果最小基团位于投影式的左面或右面，观察其余三个基团由大到小的次序，顺时针的，构型为 *S* 型；逆时针的，构型为 *R* 型。如果在费歇尔投影式中最小基团位于投影式的上面或下面，观察其余三个基团由大到小的次序，顺时针的，构型为 *R* 型；逆时针的，构型为 *S* 型。例如：

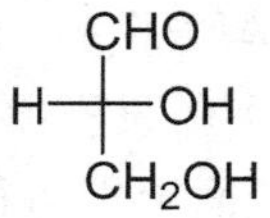 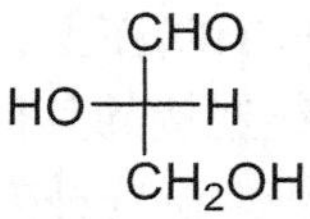 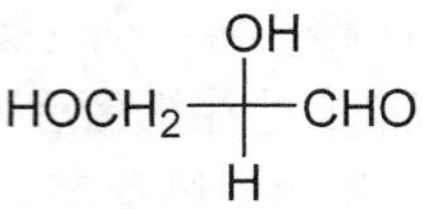 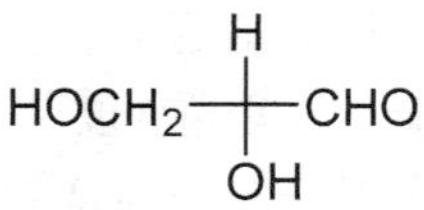

(*R*) (*S*) (*R*) (*S*)

2) D/L 命名法

1906 年 A. M. Rosanoff 选用(+)-甘油醛作为标准，指定其构型为 D(来自拉丁文 dexter，右)，于是将(+)-甘油醛的全名(包括旋光方向和构型)写为 D-(+)-甘油醛。它的对映体(−)-甘油醛定为 L 型(来自拉丁文 laevus，左)，(−)-甘油醛的全名可写为 L-(−)-甘油醛。指定 D-(+)-甘油醛和 L-(−)-甘油醛的构型分别与以下费歇尔投影式所表示的构型相对应：

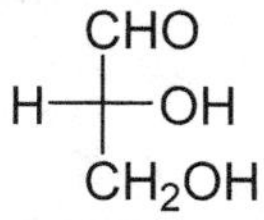

D-(+)-甘油醛

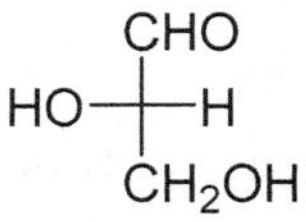

L-(−)-甘油醛

在指定的费歇尔投影式中，碳链在竖立的方向，甲酰基(—CHO)在上面，羟甲基(—CH_2OH)在下面，羟基(—OH)在 C*原子的右边，氢原子在 C*原子的左边，这样的构型定为 D 型。羟基在 C*原子左边，氢原子在 C*原子的右边，这样的构型定为 L 型。

1951 年，J. M. Bijvoet 应用 X 射线衍射法证明，(+)-甘油醛的构型正是 Rosanoff 指定的构型——D 型。将其他化合物的构型以甘油醛的构型为参照标准通过化学反应进行关联确定，如果其他手性化合物手性碳原子与(+) -甘油醛的构型相同，是 D 型，它们的对映体的构型则是 L 型，这就是 D/L 命名法。D/L 命名法有很大的局限性，但 D/L 命名法在糖、氨基酸等类化合物中仍得到广泛的应用。

3.3.2 含一个手性碳原子的开链化合物分子及其构型

含有一个 C*原子的化合物，有两个旋光方向不同的异构体，一个为右旋体，另一个为左旋体，二者互为镜像，组成一对对映体，其中一个构型为 *R*，其对映体的构型为 *S*。一对对映体等量混合，组成不旋光的混合物，称为外消旋体。

乳酸($CH_3C^*HOHCOOH$)是含有一个手性碳原子的化合物。在乳酸中与 C*原子相连的四个原子和基团是—H、—CH_3、—OH 和—COOH，它们围绕 C*原子在空间的排列即构型有两种，用费歇尔投影式表示为

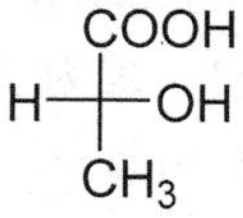

(*R*)-(−)-乳酸 D-(−)-乳酸

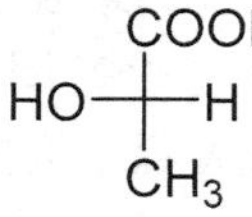

(*S*)-(+)-乳酸 L-(+)-乳酸

这两种构型异构体互为镜像，是一对对映体。它们都具有旋光性，一个可使偏振面向右旋转，是右旋体，称为右旋乳酸即(+)-乳酸。另一个可使偏振面向左旋转，是左旋体，称为左旋乳酸即(−)-乳酸。等量的(+)-乳酸和(−)-乳酸混合，其旋光性互相抵消，就成为不旋光的外消旋乳酸即(±)-乳酸。实验发现：从肌肉得到的乳酸是(+)-乳酸，熔点为 26℃，比旋光度$[\alpha]_D^{15} = +3.82°$。在左旋乳酸菌作用下发酵得到的乳酸为(−)-乳酸，熔点为 26℃，比旋光度$[\alpha]_D^{15} = -3.82°$。用一般乳酸菌发酵得到的乳酸或用通常化学反应合成得到的乳酸是不旋光的(±)-乳酸，熔点为 18℃。

总之，乳酸有三种形式：右旋乳酸(+)-乳酸、左旋乳酸(−)-乳酸和外消旋乳酸(±)-乳酸。

3.3.3　含两个手性碳原子的开链化合物分子及其构型

1. 含有两个不相同的手性碳原子的化合物

2,3-二氯戊烷($CH_3CH_2C^*HClC^*HClCH_3$)、丁醛糖($HOCH_2C^{3*}HOHC^{2*}HOHCHO$，系统命名为 2,3,4-三羟基丁醛)等都是含有两个不相同 C^*原子的化合物。丁醛糖分子中 C^{2*}连接的 4 个原子或基团为—CHO、—H、—OH、—$C^{3*}HOHCH_2OH$，而 C^{3*}连接的 4 个原子或基团为—H、—OH、—CH_2OH、—$C^{2*}HOHCHO$。丁醛糖分子中的两个手性碳原子是不相同的。

构型异构体的产生是由于围绕 C^*原子的 4 个原子或基团在空间的不同排列而引起的，每一种排列就是一种构型。含有一个 C^*原子的化合物有 2 种构型异构体，含有两个不相同 C^*原子的化合物有 4 种构型异构体。以丁醛糖为例，其 4 种构型异构体的费歇尔投影式表示如下：

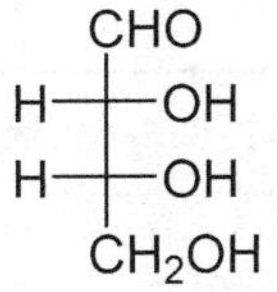

Ⅰ　D-(−)-赤藓糖

(2*R*,3*R*)-(−)-赤藓糖

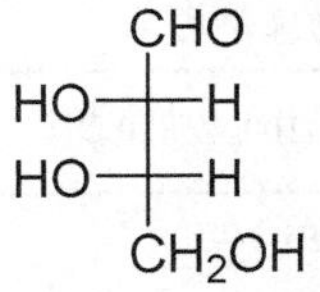

Ⅱ　L-(+)-赤藓糖

(2*S*,3*S*)-(+)-赤藓糖

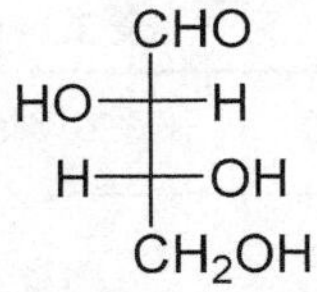

Ⅲ　D-(−)-苏阿糖

(2*S*,3*R*)-(−)-苏阿糖

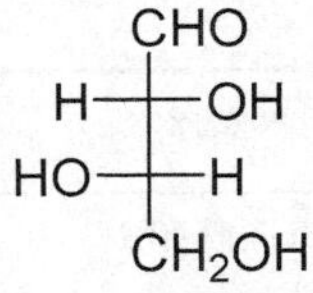

Ⅳ　L-(+)-苏阿糖

(2*R*,3*S*)-(+)-苏阿糖

在这 4 种构型异构体中，Ⅰ和Ⅱ互为物像，是一对对映体；Ⅲ和Ⅳ互为物像，是一对对映体。而Ⅰ与Ⅲ、Ⅰ与Ⅳ、Ⅱ与Ⅲ、Ⅱ与Ⅳ不是物像关系，不是对映体，它们是非对映体。

命名含有 2 个和 2 个以上 C^*原子的化合物时，根据系统命名法的原则将碳链编号，依次确定每个 C^*原子的构型是 *R* 型还是 *S* 型，命名时用阿拉伯数字注明每个 C^*原子的编号和构型。

含有一个 C^*原子的化合物有 $2^1 = 2$ 个构型异构体，组成一对对映体。含有 2 个不相同 C^*原子的化合物有 $2^2 = 4$ 个构型异构体，组成 $2^{2-1} = 2$ 对对映体。含有 n 个不相同 C^*原子的化合物有 2^n 个构型异构体，组成 2^{n-1} 对对映体。

2. 含有两个相同的手性碳原子的化合物

含有 2 个相同 C^*原子化合物的最典型的实例就是酒石酸，即 2,3-二羟基丁二酸。其构造式为

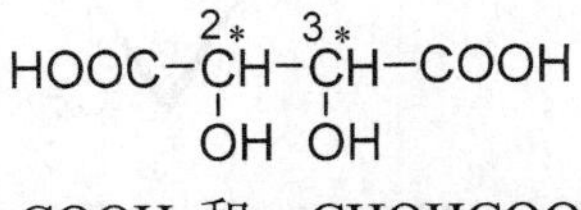

C^{2*}和 C^{3*}原子都与—H、—OH、—COOH 和—CHOHCOOH 4 个原子和基团相连。这 2 个 C^*原子的构型可能同时都是 *R* 型或 *S* 型，也可能一个 C^*原子是 *R* 型，另一个是 *S* 型，即有 4 种可能的构型。酒石酸 4 种可能的构型用费歇尔投影式表示如下：

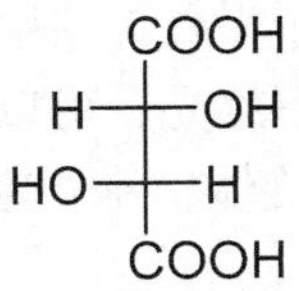

Ⅰ　(+)-酒石酸

(2*R*,3*R*)-(+)-酒石酸

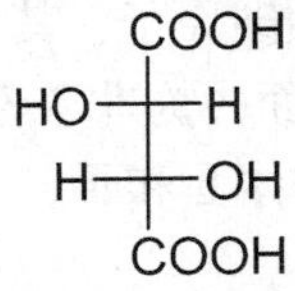

Ⅱ　(−)-酒石酸

(2*S*,3*S*)-(−)-酒石酸

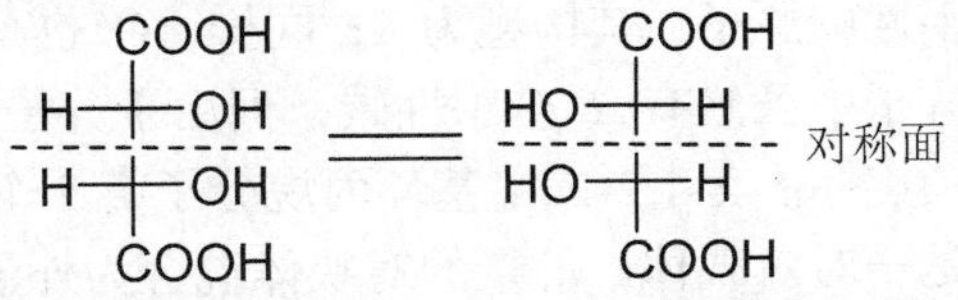

Ⅲ　内消旋酒石酸

(2*R*,3*S*)-酒石酸

Ⅳ　内消旋酒石酸

(2*S*,3*R*)-酒石酸

其中，Ⅰ和Ⅱ互为物像关系，二者不能重合，是一对对映体。而Ⅲ和Ⅳ看起来也是物像，但二者能够重合。Ⅲ和Ⅳ的结构中有对称面，它们是非手性分子，不旋光。将投影式Ⅲ在纸面转动 180°就是投影式Ⅳ，所以Ⅲ和Ⅳ实际上是一种化合物。在这种化合物中，两个相同 C^* 原子的构型相反，一个是 *R* 型，另一个是 *S* 型，因而它们的旋光方向也相反，一个是右旋，另一个是左旋，旋光性在分子内抵消了，所以为不旋光的内消旋体。Ⅰ与Ⅲ、Ⅱ与Ⅲ是非对映体。

酒石酸有 3 种构型异构体：右旋体(2*R*,3*R*)-(+)-酒石酸、左旋体(2*S*,3*S*)-(−)-酒石酸和内消旋体(2*R*,3*S*)-酒石酸。等量的(+)-酒石酸和(−)-酒石酸混合成为不旋光的外消旋酒石酸即(±)-酒石酸。外消旋体和内消旋体均无旋光性，但外消旋体为混合物，而内消旋体为纯净物。外消旋体、内消旋体与对映体中的左旋体和右旋体的物理性质不同。酒石酸的物理性质见表 3.2。

表 3.2　酒石酸的物理性质

名称	熔点/℃	水中溶解度/[g · (100g)$^{-1}$](20℃)	$[\alpha]_D^{25}$ (20%水溶液)
(+)-酒石酸	170	139	+ 12°
(−)-酒石酸	170	139	−12°
(±)-酒石酸	206	20.9	不旋光
内消旋酒石酸	140	125	不旋光

3.3.4　单环脂环族化合物的对映异构

单环脂环族化合物除了可能存在顺反异构体以外，有的环状化合物也存在对映异构体。单环化合物分子是否具有手性可以通过其平面式的对称因素来判断，将成环碳原子看作是在同一平面上。

例如，1,2-二甲基环丙烷有顺反异构体，其中顺-1,2-二甲基环丙烷分子中有对称面，为非手性分子，不旋光。反-1,2-二甲基环丙烷分子中无对称面，无对称中心，为手性分子，有对映体。1,2-二甲基环丙烷的 3 个构型异构体如下：

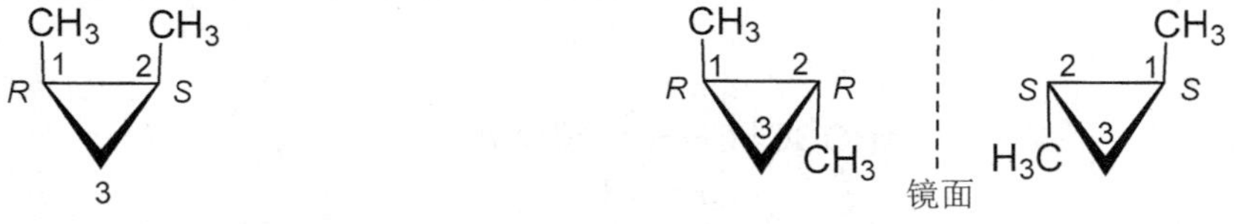

Ⅰ　(1*R*,2*S*)-1,2-二甲基环丙烷　　Ⅱ　(1*R*,2*R*)-1,2-二甲基环丙烷　　Ⅲ　(1*S*,2*S*)-1,2-二甲基环丙烷

顺-1,2-二甲基环丙烷　　　　　　反-1,2-二甲基环丙烷

在顺-1,2-二甲基环丙烷分子Ⅰ中，C^1 连接四个不同的原子或基团 H、甲基、C^2 和 C^3，是一个手性碳原子，其构型为 *R*；同样，C^2 也是一个手性碳原子，其构型为 *S*。顺-1,2-二甲基环丙烷分子中虽然有 2 个手性碳，但由于分子中有对称面，为非手性分子，不旋光，可以看作是内消旋体。反-1,2-二甲基环丙烷分子有 2 个构型异构体Ⅱ和Ⅲ，一个为左旋体，一个为右旋体，是一对对映体。等量的对映体混合为外消旋体。

类似的，1,2-二甲基环丁烷有顺反异构体：其中顺-1,2-二甲基环丁烷分子Ⅰ中有对称面，为非手性分子，不旋光；反-1,2-二甲基环丁烷分子中无对称面，无对称中心，为手性分子，有一对对映体Ⅱ和Ⅲ，一个左旋，一个右旋。1,2-二甲基环丁烷的 3 个构型异构体如下：

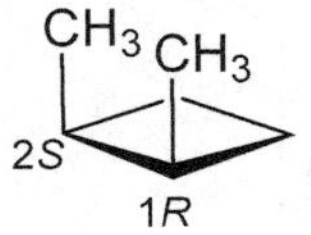

Ⅰ　顺-1,2-二甲基环丁烷
(1*R*,2*S*)-1,2-二甲基环丁烷

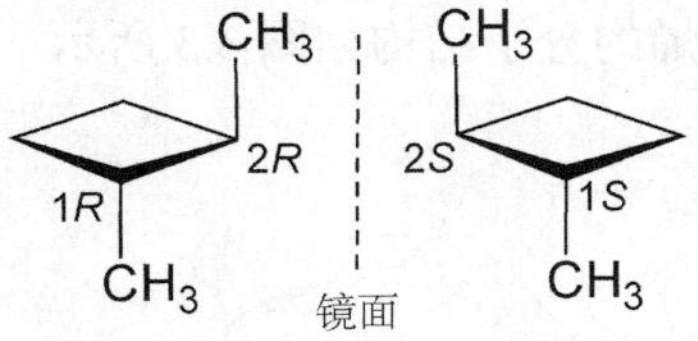

Ⅱ　(1*R*,2*R*)-1,2-二甲基环丁烷　　Ⅲ　(1*S*,2*S*)-1,2-二甲基环丁烷

1,3-二甲基环丁烷有顺反异构体，顺-1,3-二甲基环丁烷分子和反-1,3-二甲基环丁烷分子都有对称面，为非手性分子，无对映异构体，不旋光。1,3-二甲基环戊烷有顺反异构体，顺-1,3-二甲基环戊烷分子有对称面，为非手性分子，无对映异构体，不旋光；反-1,3-二甲基环戊烷分子为手性分子，有对映异构体，旋光。1,2-二甲基环戊烷有顺反异构体，反-1,2-二甲基环戊烷分子为手性分子，有对映异构体，旋光；顺-1,2-二甲基环戊烷分子有对称面，为非手性分子，无对映异构体，不旋光。

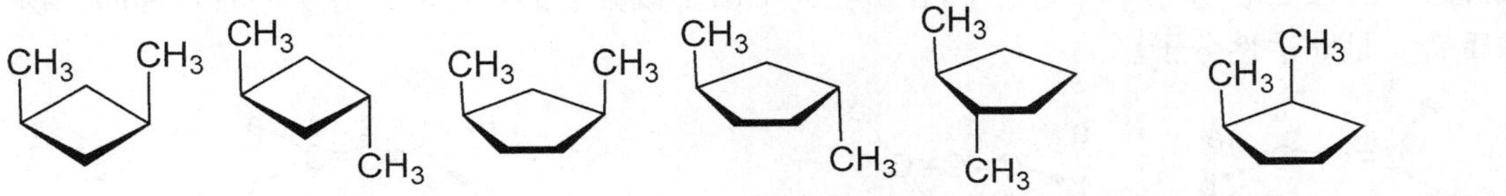

有对称面，非手性，不旋光　　手性，有对映体，旋光　　有对称面，非手性，不旋光

3.3.5　不含手性碳原子的手性分子及其对映异构

1. 含有其他手性原子的分子及其构型

其他原子如 Si、N、P、As 等，当它们连接 4 个不同的基团时，也是四面体结构，是手性的，存在对映异构体。例如：

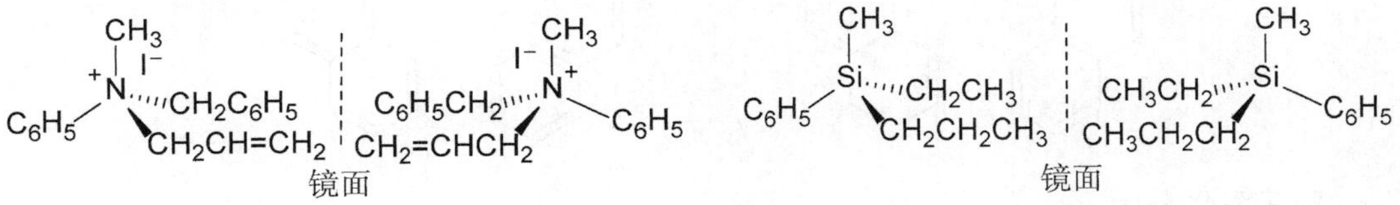

2. 丙二烯型化合物

丙二烯分子($CH_2{=}C{=}CH_2$)中，两端的 C^1 和 C^3 原子是 sp^2 杂化，3 个 sp^2 杂化轨道在同一平面内，未杂化的 p 轨道垂直于这个平面。而中间的 C^2 原子是 sp 杂化，2 个 sp 杂化轨道分别与 C^1 和 C^3 的 1 个 sp^2 杂化轨道重叠形成在一条直线上的 2 条 C—C σ 键。C^2 原子余下的 2 个未杂化的 p 轨道互相垂直且垂直于 2 条 C—C σ 键所在的直线。C^2 原子的 1 个 p 轨道与 C^1 原子的 p 轨道相互平行重叠形成 π 键，C^2 原子的另外 1 个 p 轨道与 C^3 原子的 p 轨道相互平行重叠形成 π 键。由于 C^2 原子上 2 个未杂化的 p 轨道互相垂直，因而形成的 2 个 π 键也必然在相互垂直的两个平面上。C^1 原子和其相连的 2 个氢原子所在的平面垂直于 C^1 原子与 C^2 原子间 π 键所在的平面；C^3 原子和其相连的 2 个氢原子所在的平面垂直于 C^3 原子与 C^2 原子间 π 键所在的平面。因此，丙二烯分子的结构为 C^1 原子和其相连的 2 个氢原子以及 C^2 原子在一个平面上，

C—C—C 在一条直线上，C^3原子和其相连的 2 个氢原子以及 C^2原子在一个平面上，两个平面相互垂直。丙二烯的分子结构如图 3.3 所示。

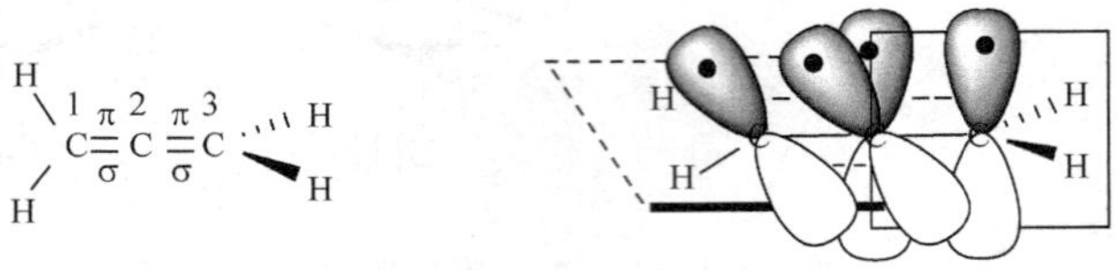

图 3.3　丙二烯的分子结构

对于丙二烯类化合物，当 C^1和 C^3原子上分别都带有 2 个不同的原子或基团如 a、b 时，由于处在 C^1原子上的取代基 a、b 和处在 C^3原子上的取代基 a、b 不在同一平面内，而是在互相垂直的 2 个平面上，该分子既无对称面也无对称中心，物与像不重合，是手性分子，可形成一对对映体。

在丙二烯二取代衍生物中，只要 C^1、C^3中有一个 C 原子上带有两个相同的原子或基团，如 aaC═C═Cab，分子中 a 、C^1和 b 所在的平面是该分子的对称面，分子中有对称面，物与像重合，是非手性分子。

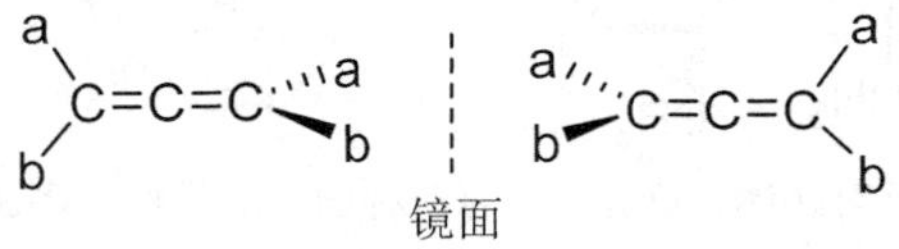

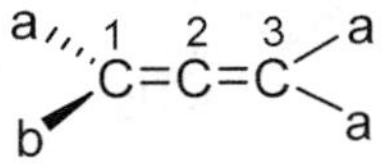

有对称面,非手性

例如，1,3-二(萘-1-基)-1,3-二苯基丙二烯，分子中既无对称面也无对称中心 ，所以从分子对称性上可判断它是手性分子。

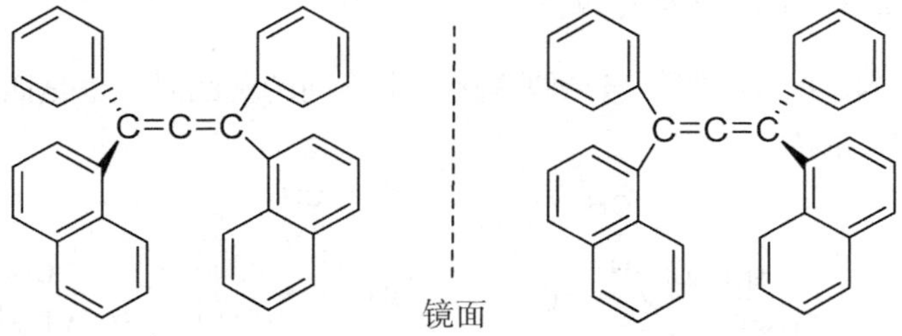

3. 联苯型化合物

联苯可看成苯分子中一个氢原子被苯基取代的产物。其分子构造式为

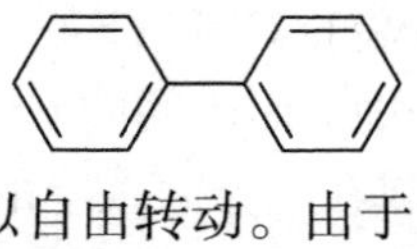

2 个苯环之间的单键是 σ 键，可以自由转动。由于 σ 键自由转动，2 个苯环间夹角可呈任意角度，只有当 2 个苯环的夹角为 0 即当 2 个苯环共平面时，才能形成包括 2 个苯环的共轭体系，分子才最稳定。所以，固态时联苯是平面形分子。但是，如果联苯分子中邻位上的氢原子被体积足够大的原子或基团取代，由于 2 个苯环邻位上的取代基不能容纳在同一平面内，使 2 个苯环所在平面间有一定的角度，足够大的取代基也阻碍着两个苯环间 σ 键的自由转动。当两个苯环邻位上分别带有两个不同的取代基时，这时分子中既无对称面也无对称中心，是手性分子，物与像不重合，形成一对对映体。例如，6,6′-二硝基联苯-2,2′-二甲酸、6,6′-二甲基联苯-2,2′-二胺和联苯-2,2′-二磺酸等都是手性分子。若其中一个苯环的邻位是相同的取代基，

分子有对称面，是非手性分子，无对映体，不旋光。例如，2′,6′,6-三硝基联苯-2-甲酸，硝基和羧基所连的苯环是分子的对称面，是非手性分子。

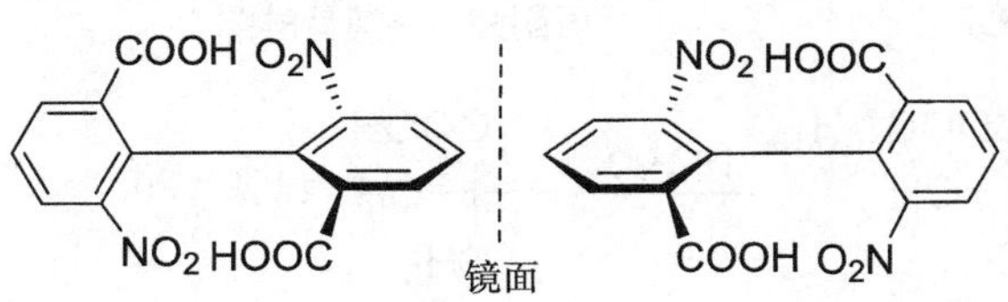

6,6′-二硝基联苯-2,2′-二甲酸的一对对映体

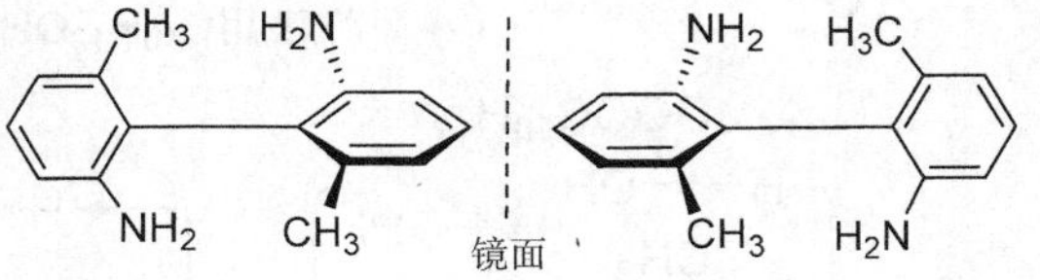

6,6′-二甲基联苯-2,2′-二胺的一对对映体

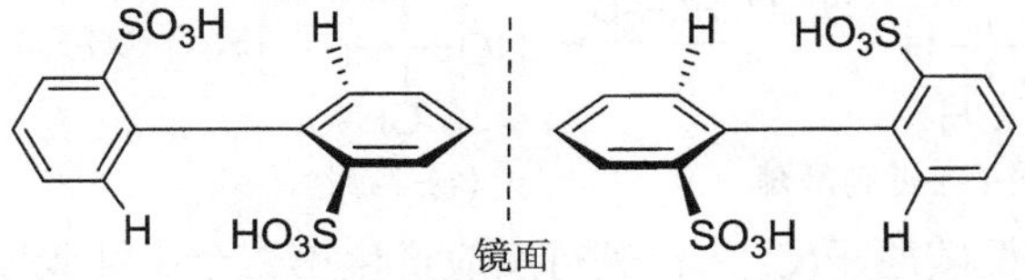

联苯-2,2′-二磺酸的一对对映体

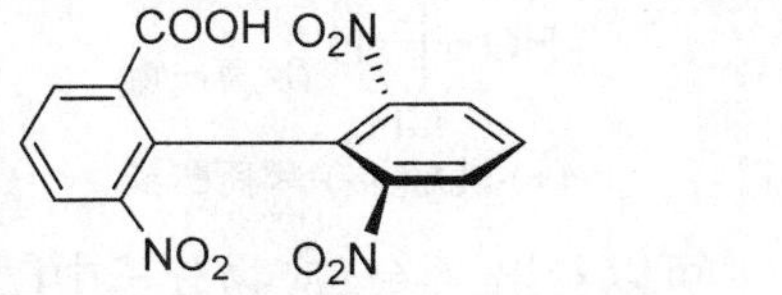

2′,6′,6-三硝基联苯-2-甲酸，有对称面，非手性

3.3.6 不对称合成和外消旋体的拆分

1. 不对称合成

乙醛是个非手性分子，不具有旋光性。乙醛与氢氰酸加成可生成 2-羟基丙腈。

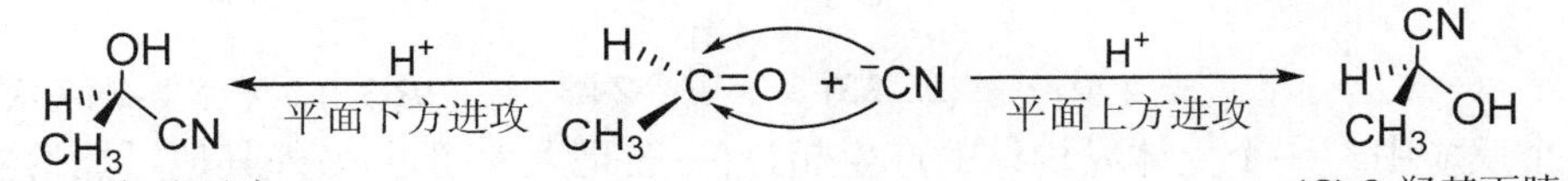

(*R*)-2-羟基丙腈　　(*S*)-2-羟基丙腈

产物 2-羟基丙腈含有一个手性碳原子，是手性分子，有一对对映体。乙醛的羰基是平面型，在与 HCN 进行反应时，CN^-可从平面的上方和下方两个方向进攻羰基碳，而且概率均等，所以得到两个等量的对映异构体(*R*)-2-羟基丙腈和(*S*)-2-羟基丙腈组成的混合物，即外消旋体，因而产物不旋光。

对于一个非手性化合物进行反应生成手性化合物的反应，如果反应体系中无手性环境，即反应物、催化剂和溶剂等均为非手性，结果总是得到等量的一对对映体组成的外消旋体。要使反应有立体选择性，就需要在反应中引入手性因素，使反应在手性环境中进行，这样得到的产物中一个异构体的量就会超过另一个异构体的量，产物就有旋光性。

丙酮酸乙酯($CH_3COCOOC_2H_5$)是个非手性的化合物，用醇铝还原剂进行还原反应时，可将酮羰基还原成羟基，生成含有 1 个手性碳原子的 2-羟基丙酸乙酯(乳酸乙酯)外消旋体，水解后得到外消旋乳酸：

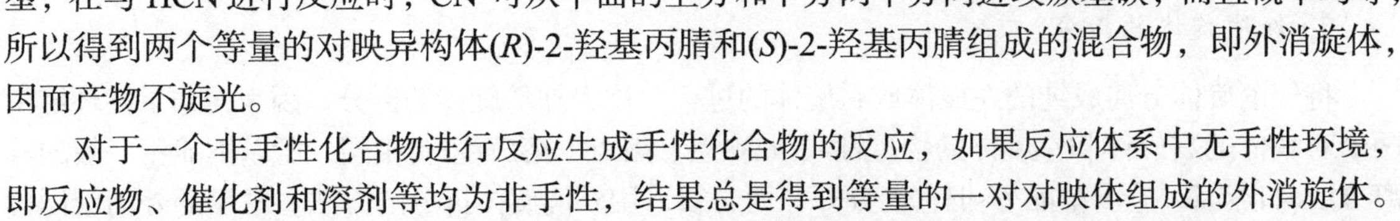

(+)-乳酸, 50%　(−)-乳酸, 50%

如果用丙酮酸与天然的左旋薄荷醇进行酯化反应生成手性丙酮酸-(−)-薄荷醇酯，这时丙酮酸-(−)-薄荷醇酯再进行还原反应，可得含量不等的非对映体(−)-乳酸-(−)-薄荷醇酯(主要产物)和(+)-乳酸-(−)-薄荷醇酯(次要产物)。非对映体可以用重结晶等常规的物理方法进行分离，再经过水解即可分别得到(−)-乳酸和(+)-乳酸。反应式如下：

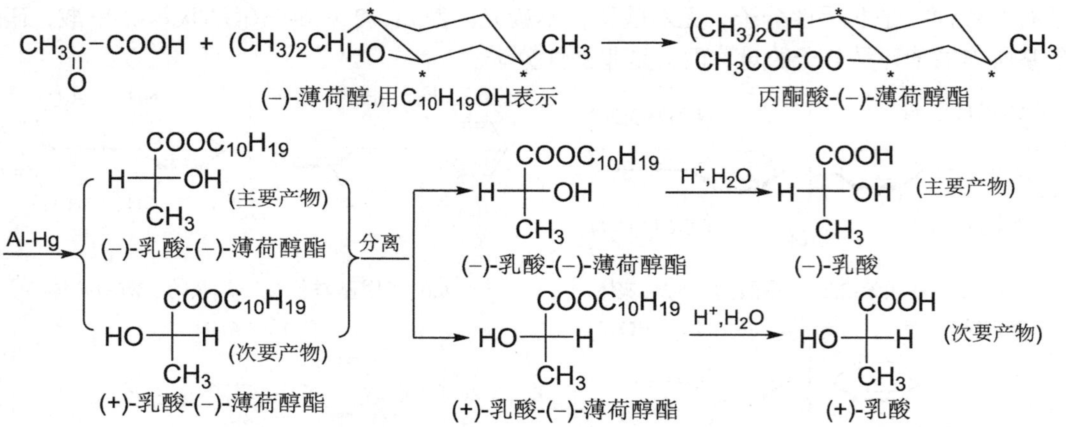

可以看出，当反应物分子中已经有一个手性碳原子(C*)，再进行反应产生第二个手性碳原子时，第二个手性碳原子的产生受第一个手性碳原子的影响，生成两个不等量的非对映体。例如，(*S*)-2-苯基丙醛与甲基碘化镁反应，生成两个非对映体(2*S*,3*S*)-3-苯基丁-2-醇(主要产物)和(2*R*,3*S*)-3-苯基丁-2-醇(次要产物)，含量比约为 2∶1。

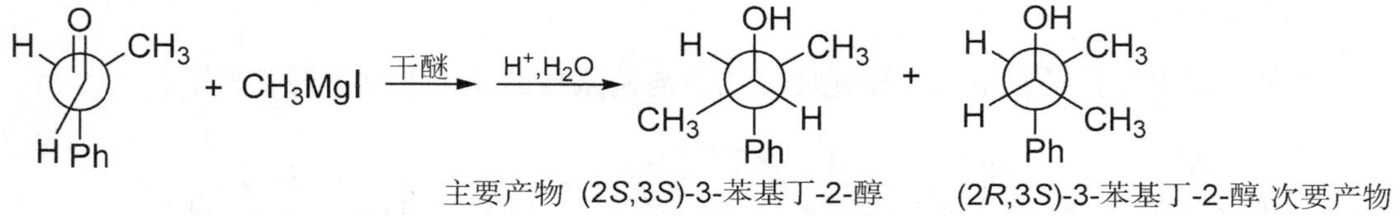

在一个反应中，一个立体异构体的产生超过(一般是大大超过)另外其他可能的立体异构体，该反应称为立体选择反应。利用立体选择反应合成过量的几个立体异构体其中之一的，称为不对称合成。

2. 外消旋体的拆分

将外消旋体分离成纯的左旋体或右旋体的过程，称为外消旋体的拆分。因为在非手性环境中两个对映体的右旋体和左旋体的物理性质(如沸点、熔点、溶解度等)相同，所以不能用一般的分离方法(如蒸馏、分步结晶等)把它们分开，而必须采用外消旋体拆分的方法。常用的外消旋体拆分方法有化学法、手性柱色谱法、酶解法、生物法和晶种结晶法等，这里只介绍最常用的化学法。

化学法拆分外消旋体的基本原理：将两个对映体经过化学反应变成两个非对映体。由于非对映体的物理性质不同，可用一般的分离方法将它们分离开。分开后，再将纯的非对映体转变为原本的右旋体和左旋体。

为了拆分两个对映体，就要选择旋光性的试剂。由于自然界存在的旋光性试剂多是碱(如奎宁、马钱子碱等)和酸(如酒石酸、樟脑磺酸等)，因此被拆分的两个对映体多是酸和碱，以形成两个非对映体盐再进行分离。例如，对于由两个构型为 D-酸和 L-酸的对映体组成的外消旋体，就可选择自然界存在的旋光性的 D-碱与之反应。

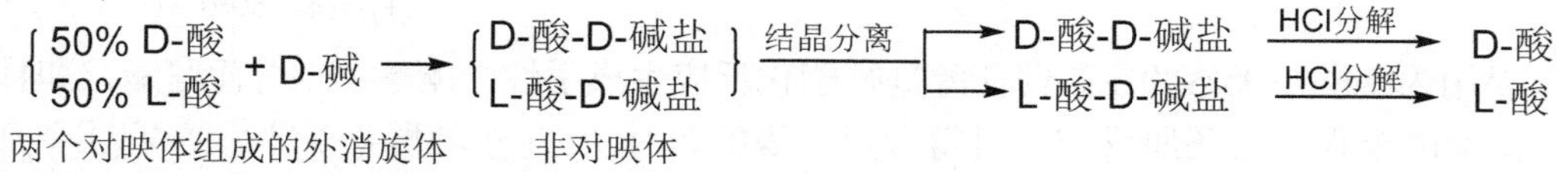

如果外消旋化合物既不是酸也不是碱，设法将外消旋化合物进行反应接上具有酸性或碱性的基团，转化为外消旋酸或外消旋碱，然后与手性试剂碱或酸反应后得到非对映体，最后

再进行拆分。例如，拆分醇外消旋体，则可利用二元酸酐与之反应生成外消旋二元酸单酯，再用旋光性的碱处理，使其生成两个非对映体盐再进行分离。

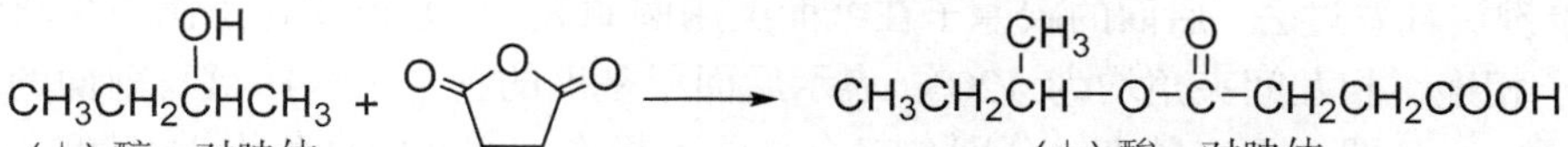

(±)-醇　对映体　　　　(±)-酸　对映体

(±)-酸+(−)-马钱子碱 ⟶ {(+)-酸-(−)-碱盐, (−)-酸-(−)-碱盐}（非对映体） —结晶分离→ (+)-酸-(−)-碱盐 —HCl→ (+)-酸 —酯水解→ (+)-醇；(−)-酸-(−)-碱盐 —HCl→ (−)-酸 —酯水解→ (−)-醇

对映体　　　　非对映体

3.4 构　象

根据价键理论，轨道重叠形成共价键。从轨道重叠的程度来看，单键连接的原子围绕键轴旋转，重叠的大小程度没有影响，所以单键可以旋转。单键旋转会引起分子中的原子在空间的相对位置发生改变，因而形成不同的排列。这种由单键旋转引起的分子中的原子在空间不同的排列称为构象。

由单键旋转而产生的构象有无穷多个，它们之间能量相差不大，在室温下能够进行不断转换因而不可分离，因此，一般不将各构象称为构象异构体。如果某些化合物有几个处于能量极小位置的构象，则将这些较稳定的构象称为构象异构体。

构象对于分子的物理性质和化学性质有很大的影响。用构象来分析一个化合物的物理性质和化学性质，称为构象分析。

3.4.1 烷烃分子的构象

1. 乙烷的构象

在乙烷($CH_3—CH_3$)分子中，连接两个碳原子之间的单键是 σ 键，当碳原子绕 σ 键的键轴转动时，对 σ 键的强度没有任何影响，但乙烷分子中两个碳原子上的氢原子在空间的排列会发生改变。每一种排列相当于一种构象。转动的角度可以是无穷小的，排列是无穷多的，所以乙烷分子的构象是无穷多的。在乙烷分子无穷多的构象中，有这样一种构象：两个碳原子上的氢原子相距最近，即两个甲基处在重叠的位置，这种构象称为重叠式构象。从重叠式构象出发，让前面的甲基保持不动，使后面的甲基绕 C—C 单键旋转，当顺时针旋转到 60°时，两个碳原子上的氢原子彼此相距最远，也就是两个甲基正好处在交叉位置，这种构象称为交叉式构象。继续使甲基绕 C—C 单键转动，当转动角度到 120°、240°、360°时，构象为重叠式；当转动角度为 180°、300°时，构象为交叉式。重叠式构象和交叉式构象是乙烷无穷多个构象中的两种极限情况。乙烷分子的两种极限构象可用以下三种形式来表示：

重叠式

交叉式

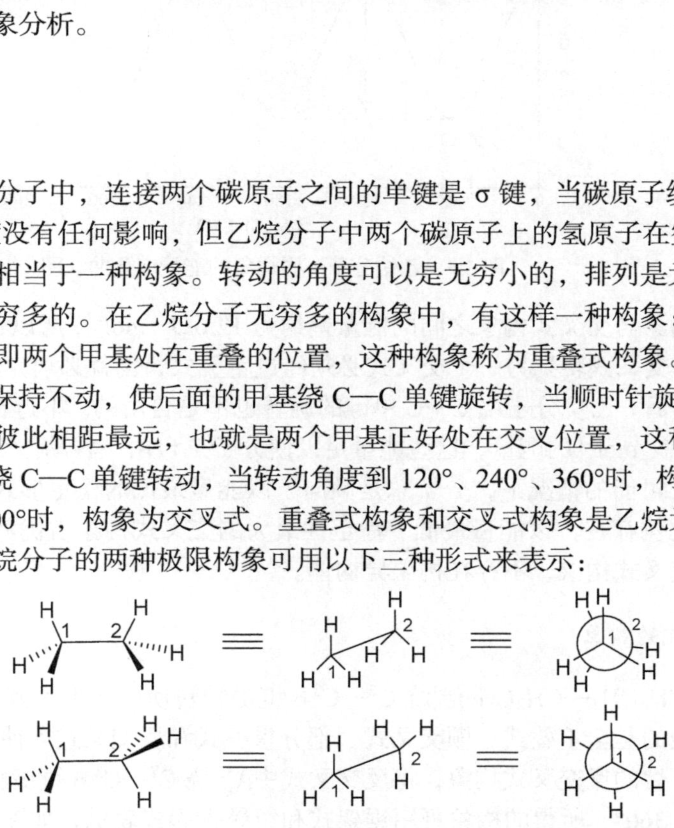

透视式　　　锯架式　　　纽曼(Newman)投影式

锯架式是从 C—C 键键轴斜 45°方向观察，每个碳原子上的其他三个键相互间夹角均为 120°。乙烷分子的纽曼(Newman)投影式是按照如下方法得出的：摆出乙烷分子模型，眼睛对着 C—C 单键键轴看过去，后面的碳原子在纸面上用圆圈表示，从圆圈边上画三条直线分别与三个氢原子相连，相互间夹角均为 120°，表示后面甲基上的三个 C—H 键；前面的碳原子用点表示在圆心，从圆心画三条直线分别与三个氢原子相连，相互间夹角均为 120°，表示前面甲基上的三个 C—H 键，这就是乙烷的纽曼投影式。

在乙烷的重叠式构象中，经计算两个碳原子上相距最近的 2 个氢原子核之间的距离约为 0.229nm，而氢原子的范德华半径为 0.12nm，两个氢原子核之间的距离 0.229nm 小于两个氢原子范德华半径之和 0.24nm，因此在两个氢原子之间存在排斥力即范德华斥力。另一方面，在乙烷的重叠式构象中，两个碳原子上的两个 C—H σ 键处于重叠式，距离最近，两个 C—H σ 键上的电子对之间的排斥力最大，而且这种排斥力远大于上述范德华斥力。由于以上两种排斥作用，重叠式构象具有较高的能量，比较不稳定。将这种因围绕 C—C σ 键旋转而产生的原子或基团间的排斥作用称为扭转张力。在乙烷的交叉式构象中，两个碳原子上的氢原子相距最远， 根据计算约为 0.25nm，而且 C—H σ 键上的电子对之间距离最远，因此扭转张力最小，此构象能量最低、稳定性最大。乙烷分子的其他构象，其能量都介于重叠式构象和交叉式构象之间(图 3.4)。

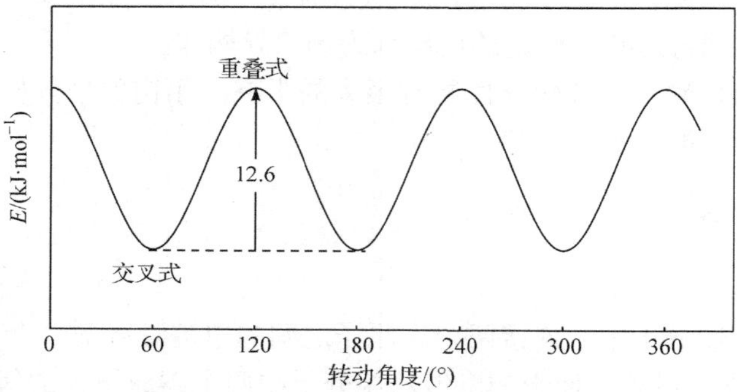

图 3.4　乙烷分子不同构象的能量变化曲线图

重叠式构象与交叉式构象之间的能量差约为 $12.6kJ\cdot mol^{-1}$，所以乙烷分子围绕 C—C 单键旋转，从一个交叉式转到另一个交叉式必须经过重叠式，也就必须克服 $12.6kJ\cdot mol^{-1}$ 的能垒。从这个角度来看，乙烷分子绕 C—C 单键的旋转也不是自由的。不过在室温下，分子间的碰撞可产生约 $84kJ\cdot mol^{-1}$ 的能量，这些能量足以使分子“自由”转动。因此，不能分离出这些构象异构体。在可能的情况下，分子总是倾向于以能量最低的稳定形式存在，所以乙烷中各种构象按一定比例存在，以能量最低、稳定性最大的交叉式构象占优势。乙烷只有一个处于波谷的构象即交叉式构象，不存在构象异构体。

2. 正丁烷的构象

正丁烷(CH_3CH_2—CH_2CH_3)围绕 C^2—C^3 σ 键键轴转动可产生无穷多个构象，在这无穷多个构象中最典型的是全重叠式、顺交叉式、部分重叠式和反交叉式 4 种极限构象。

摆出正丁烷的反交叉式构象，将反交叉式中 C^2 绕 C^2—C^3 σ 键键轴转动 60°、120°、180°、240°、300°和 360°，所得的构象可用锯架式和纽曼投影式表示，如图 3.5 所示。

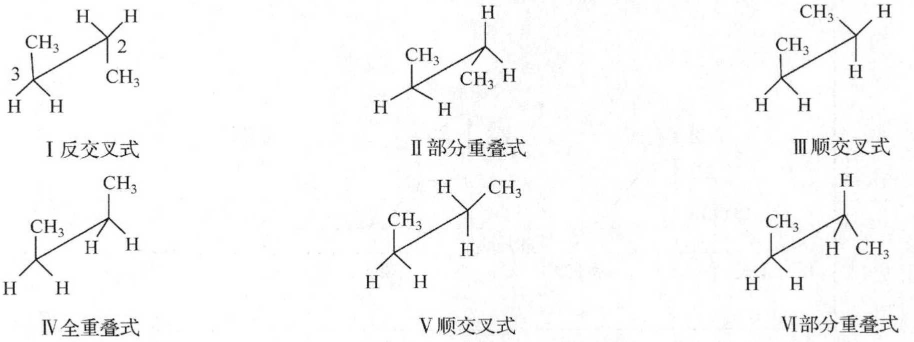

(a) 锯架式

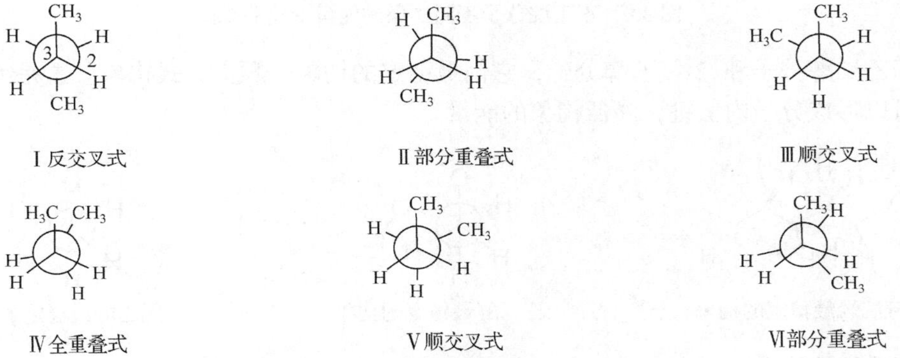

(b) 纽曼投影式

图 3.5　正丁烷分子的极限构象

在图 3.5 的构象中，Ⅰ是反交叉式，Ⅱ和Ⅵ是部分重叠式，Ⅲ和Ⅴ是顺交叉式，Ⅳ是全重叠式。在反交叉式构象中，C^2和C^3原子上的两个氢原子和甲基相距最远，氢原子与氢原子间、氢原子与甲基间、甲基与甲基间斥力最小，所以能量最低、稳定性最大。其次是顺交叉式，再然后是部分重叠式，全重叠式能量最高，稳定性最小。在正丁烷的构象中，Ⅱ和Ⅵ、Ⅲ和Ⅴ具有实物和镜像的关系，称它们为构象对映体。

影响乙烷分子构象能量的是扭转张力，而影响正丁烷分子构象能量的除扭转张力外，还有立体张力(或称范德华斥力)。这是因为在正丁烷中与C^2和C^3两个碳原子相连的除 H 原子外，还有两个甲基($—CH_3$)，甲基的范德华半径(0.20nm)比 H 原子的(0.12nm)大，从而导致在正丁烷分子构象中出现立体张力。由图 3.6 可看出这些构象之间的能量差值。

正丁烷绕着$C^2—C^3$单键转动，有三个构象处于能量变化曲线的极小值，它们是构象异构体，分别是一个反交叉式Ⅰ和两个顺交叉式构象Ⅲ、Ⅴ。正丁烷构象异构体的转动能垒约为 $18.9kJ \cdot mol^{-1}$，常温时由于分子的热运动就能越过这个能垒从而使各种构象异构体迅速转变，因而这些构象异构体分离不出来，所以正丁烷中各种构象按一定比例存在，能量最低、稳定性最大的反交叉式构象是优势构象。

如果正丁烷中每两个相邻碳原子的其他键都是交叉式构象，正丁烷的整体构象为四个碳原子在一个平面呈锯齿形，相邻碳原子上的氢原子都处于交叉式构象，这是正丁烷最稳定的构象。这也是其他直链烷烃最稳定的构象。

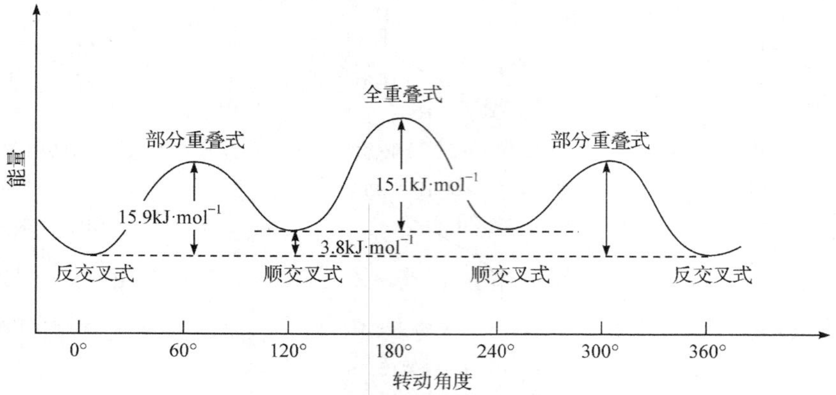

图 3.6　正丁烷分子不同构象的能量变化曲线图

对于乙二醇分子和 2-氯乙醇分子，它们最稳定的构象是顺交叉式构象。这是因为顺交叉式构象可以形成分子内氢键，降低构象的能量。

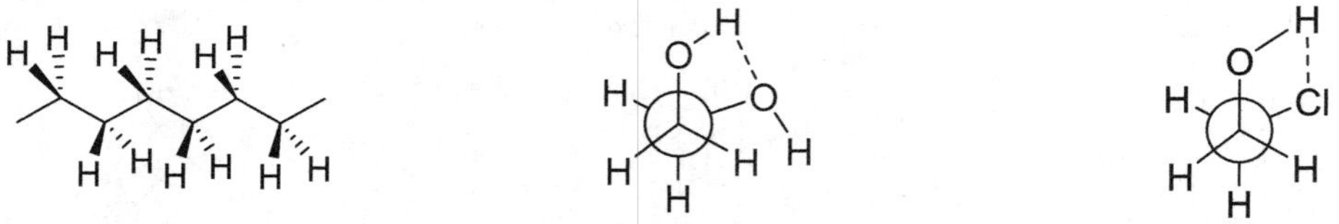

直链烷烃最稳定的构象　　乙二醇最稳定的构象　　2-氯乙醇最稳定的构象

3.4.2　环烷烃的构象

环丙烷、环丁烷、环戊烷和环己烷都是环烷烃，因环的大小不同、稳定性不同而表现出不同的化学性质，因此研究环状化合物的构象具有重要的意义。

1. 环丙烷、环丁烷和环戊烷的构象

环丙烷分子中三个碳原子在同一平面内形成正三角形，三个碳原子连线之间的夹角∠C—C—C 都为 60°，显然比烷烃分子的正常正四面体键角 109°28′小很多。这说明 sp^3 杂化的碳原子在形成环丙烷时，每条键必须向内压缩(109°28′−60°)/2 = 24°44′。这样，分子内部就产生了张力，这种张力是由键角的偏移引起的，称为角张力。这是德国化学家拜尔(A. Baeyer)在 1885 年为了解释各种环的稳定性及成环的难易提出的张力学说，因此也将角张力称为拜尔张力。环的角张力越大，稳定性越小，也就越容易开环生成开链化合物以解除这种张力，合成时也就越困难。

显然，环丙烷是具有角张力的分子。为了减少这种角张力，而又保证三角形的形成，每个碳原子在用 sp^3 轨道重叠形成 C—C σ 键时，在 C—C σ 键键轴上不能形成最大程度的重叠，只能在 C—C σ 键键轴的外围进行较小的重叠从而形成弯曲的 σ 键，如图 3.7 所示。这样就可使 C—C—C 键角增大，比较接近碳原子的正常四面体键角 109°28′，从而使角张力减少。实际上测得环丙烷分子的 C—C—C 键角为 105°30′。这说明，碳原子在成键形成环丙烷分子时，既大体保持了 sp^3 杂化轨道间的角度，又达到一定程度的重叠而形成了弯曲的 C—C σ 键。环丙烷分子中的 6 个氢原子是等同的，处于重叠式构象，环丙烷分子中存在扭转张力和角张力，特别是在形成 C—C σ 键时，碳原子的 sp^3 杂化轨道之间没有达到最大重叠，因此，环丙烷分子能量较高，不稳定，C—C σ 键容易断裂发生开环加成反应。

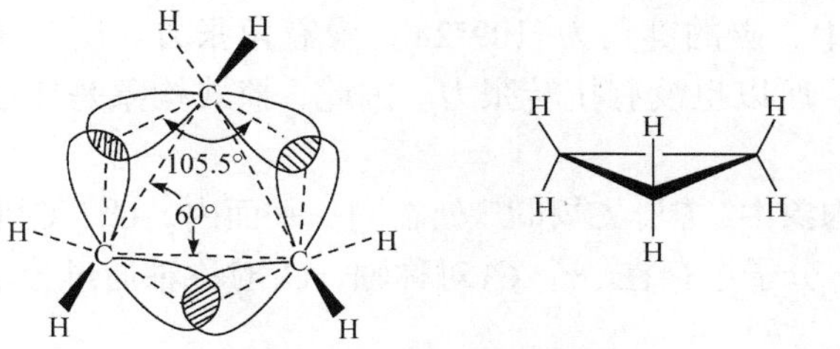

图 3.7　环丙烷分子中的 C—C σ 键及其几何结构

环丁烷分子中 4 个碳原子如果都在同一平面内，则为正四边形结构，键角为 90°，任两个碳原子上的 C—H 键都处在重叠式位置，分子具有很高的能量。若环丁烷分子中 4 个碳原子折叠成下列蝴蝶形结构，则碳原子键角虽略缩小为 88°，角张力有所增大，但任意两个碳原子上的 C—H 键不再是重叠式，扭转张力减少，二者协调的结果反而使分子能量降低，稳定性增大，如图 3.8(a)所示。所以环丁烷的 4 个碳原子不在同一平面内，形成的是一个折叠环。环丁烷分子中碳原子的 sp^3 轨道也是采取弯曲重叠，形成弯曲 C—C σ 键。

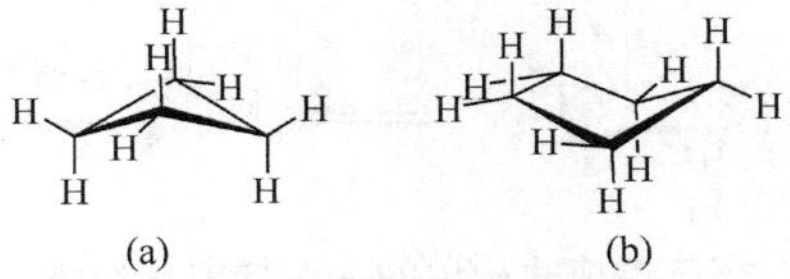

图 3.8　环丁烷的蝴蝶形构象(a)和环戊烷的信封式构象(b)

在环戊烷分子中如果 5 个碳原子都在同一平面上，则为正五边形结构，碳原子间夹角为 108°，接近 109°28'，角张力很小。但这种构象的任意两个碳原子上的 C—H 键都处在重叠式位置，扭转张力很大，体系能量很高，稳定性很小。为了减小扭转张力，环戊烷分子的环也不是平面形的，而是 4 个碳原子在同一平面上，另一个碳原子伸出这个平面之外，处在这个平面的上面或下面成为信封式构象，如图 3-8 (b)所示。这种构象较平面形构象扭转张力减小，虽角张力有所增大，但减小的扭转张力足以抵消增大的角张力，所以环戊烷采取信封式构象，体系能量较低、稳定性较大，是处在能量极低位置的一个构象。

2. 环己烷的构象

从环丁烷起所有环烷烃的碳环都不是平面形的，而是折叠形的。环己烷 6 个碳原子形成的折叠环有椅式构象和船式构象两种形式。在这两个构象中，碳原子可以保持正常 sp^3 杂化的正四面体结构和正四面体的正常键角。

1) 环己烷的椅式构象

环己烷的椅式构象用锯架式和纽曼投影式表示如下：

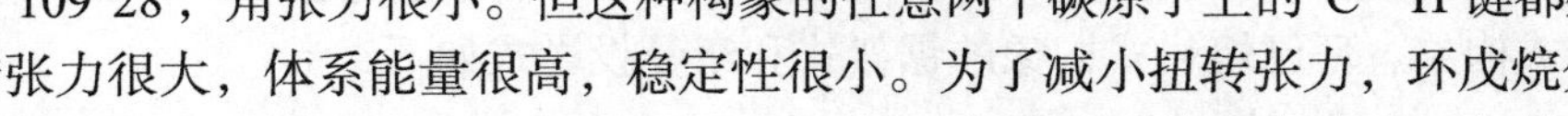

锯架式　　　　纽曼投影式

在环己烷的椅式构象中，C^2、C^3、C^5、C^6 处在同一平面内，可看成是椅面；C^1 处在椅面的下面，看成是椅腿；C^4 处在椅面的上面，看成是椅背。分子的构象像一把椅子，所以称为椅式构象。椅式构象中，碳的键角为 109°28'，没有角张力。所有相邻两个原子上的 C—H 键都处在交叉式位置，所以也没有扭转张力。因此，椅式构象是环己烷能量最低、最稳定的构象。

在环己烷的椅式构象中，C^1、C^3和C^5处在同一平面内，C^2、C^4和C^6处在另一个平面内，这两个平面互相平行。分子中存在一个C_3对称轴，C_3对称轴通过分子的中心并垂直于上述两个互相平行的平面。

环己烷分子的椅式构象中的 12 个 C—H 键可分为两类：一类是 6 个 C—H 键与分子中的对称轴平行，称为直立键或 a 键。其中，上边平面内的 3 个碳原子上的 3 个 C—H 键方向向上，下边平面内的 3 个碳原子上的 C—H 键方向向下。另一类是 6 个 C—H 键分别与 6 个 a 键成 109°28'角，与对称轴大致垂直，大致处于水平位置，所以称为平伏键或 e 键。其中，3 个 e 键略向上伸，3 个 e 键略向下伸。

环己烷分子可由一个椅式构象翻转成为另一个椅式构象，结果碳原子上原来的 a 键变成 e 键，原来的 e 键变成 a 键。

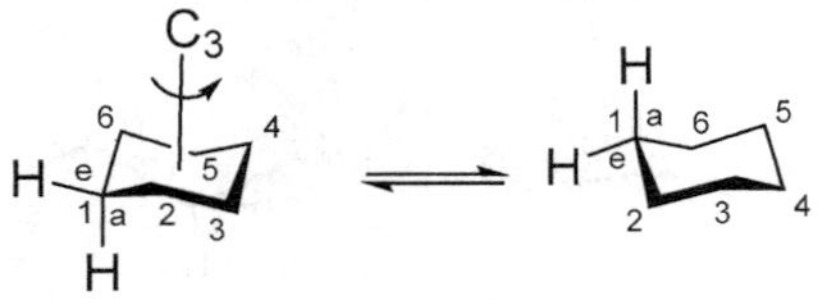

环己烷椅式构象的一对构象转换体

2) 环己烷的船式构象

在环己烷分子中，如果 C^2、C^3、C^5和 C^6 4 个原子处在同一平面内，好像一个船底，C^1和C^4两个原子处在这个平面的上方，一个是船头，另一个则是船尾，整个分子像一条小船，所以称为船式构象。环己烷船式构象的锯架式和纽曼投影式如下：

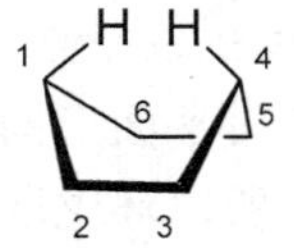

透视式

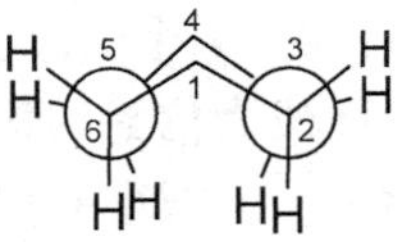

纽曼投影式

在环己烷的船式构象中，碳原子键角均是 109°28'，所以没有角张力，但是C^2和C^3，C^5和C^6上的 C—H 键处于重叠式位置，存在扭转张力，而且C^1和C^4上的两个“旗杆”氢原子间距离是 0.183nm，比两个氢原子的范德华半径之和(0.24nm)小很多，从而产生斥力，存在立体张力。所以船式构象比椅式构象的能量高(约高 29.7kJ · mol^{-1})，处在能量变化曲线的极大值位置。

3) 环己烷的其他构象

从环己烷的船式构象出发，一手握住C^2和C^3原子，另一手握住C^5和C^6原子，让C^3和C^6向下转，C^2和C^5向上转，这时可看出C^1和C^4两个原子上的“旗杆”氢原子H^1和 H^4斜着离开，而C^3和C^6上的两个氢原子H^3和H^6则互相靠近。当H^1和H^4的距离等于H^3和H^6的距离时，停止转动。这时得到的构象称为扭船式构象。

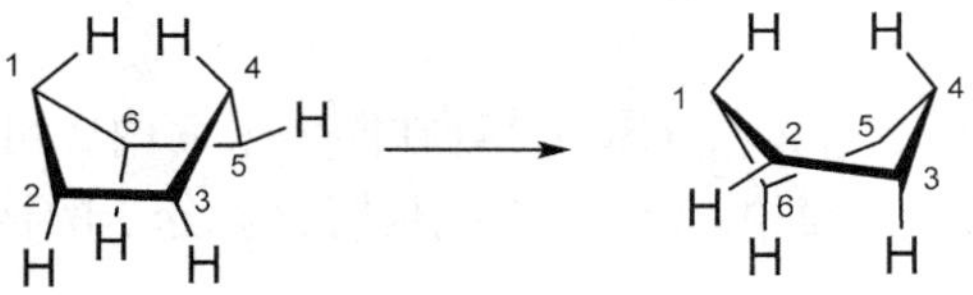

在扭船式构象中，C^1 和 C^4 原子上的“旗杆”氢原子间的立体张力减小，而且 C^2 和 C^3、C^5 和 C^6 上的 C—H 键也偏离船式构象中的重叠式，从而使扭转张力减小。所以扭船式构象比船式构象能量低，是处在能量较小位置的一个构象。

当船式通过扭转动作变成扭船式构象后，如果扭转动作继续进行下去，便得到一个新的船式构象，这时原来的 H^3 和 H^6 变成了“旗杆”氢原子。

从环己烷的椅式构象出发，一手握住 C^1、C^2 和 C^6 原子，另一手将 C^4 原子向上翻动，使 C^2、C^3、C^4、C^5 和 C^6 原子处在同一平面内，就得到了半椅式构象。半椅式构象具有角张力和扭转张力，是处在能量极大位置上的一个构象。

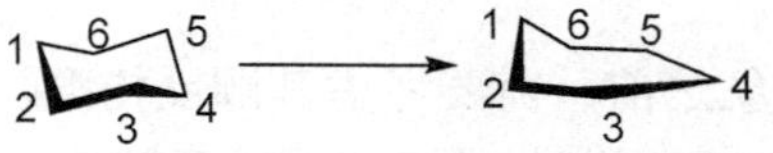

椅式构象　　半椅式构象

环己烷的椅式构象和扭船式构象的能量差为 23kJ · mol^{-1}，而椅式构象和船式构象的能量差约为 29.7kJ · mol^{-1}，和半椅式构象的能量差为 46kJ · mol^{-1}。环己烷各种构象的能量关系如图 3.9 所示，从图中可看出从一个椅式构象转变成为另一个椅式构象所经过的不同极限情况以及它们的能量之间的关系。各种构象异构体之间的能垒不高，常温时分子的热运动就能够越过能垒，使构象异构体互相转变，因此这些构象异构体无法分离出来，它们是个平衡混合物。常温时，椅式和扭船式两种异构体的比约为 10000 : 1。

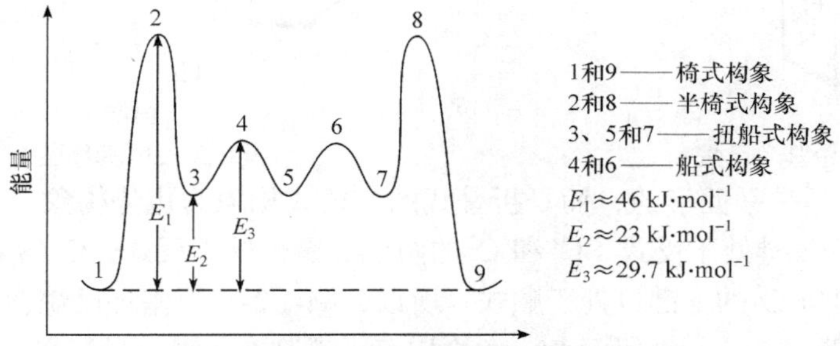

图 3.9　环己烷各种构象能量关系图

3. 取代环己烷的构象

1) 一取代环己烷的构象

环己烷最稳定的构象为椅式构象。在环己烷的椅式构象中有两类 C—H 键，平伏键(或 e 键)和直立键(或 a 键)。因而环己烷一取代物有两种可能的构象：取代基在 e 键上；取代基在 a 键上，甲基环己烷的这两种构象如下所示。

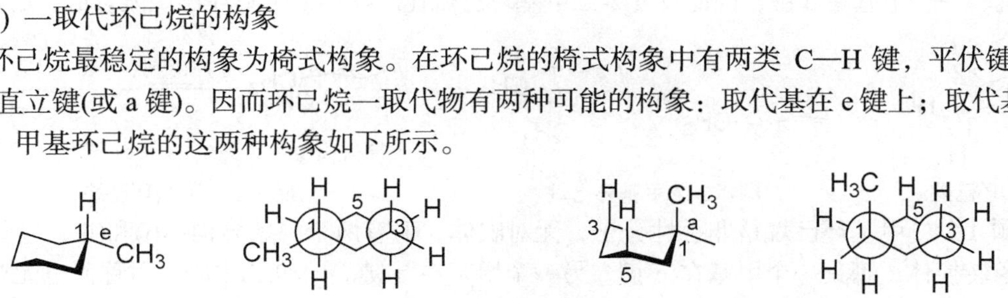

甲基在 e 键上　　甲基在 a 键上

在甲基环己烷的这两种构象中，如果甲基处在 a 键上，甲基与 C^3 、C^5 上的氢发生相互作用即相互排斥，这种作用称为 1,3-二直立键的相互作用，是非键连的相互作用。而且，甲基在 a 键上，甲基与 C^3 和 C^5 都处于邻位交叉式位置，这就使得这种构象具有较高的能量，不稳定。如果甲基处在 e 键上，甲基不但与 C^3 、C^5 上的氢不会发生相互作用，而且与 C^3 和 C^5 都处于对位交叉式位置，使得这种构象能量较低，相对稳定。常见的一取代环己烷取代基在 e 键与在 a 键的能量差值列于表 3.3。在甲基环己烷的构象中，甲基连在 e 键上，其含量约为 95%。而且取代基越大，占据 e 键越明显。例如，叔丁基环己烷，叔丁基处于 e 键的构象为 99.9%以上。

表 3.3　常见的一取代环己烷取代基在 e 键与在 a 键的能量差值(25℃)　单位：kJ · mol^{-1}

取代基	CH_3—	CH_3CH_2—	$(CH_3)_2CH$—	$(CH_3)_3C$—	—F,—CN	—Cl,—Br,—I	CH_3O—	C_6H_5—	—COOH
能量差	7.1	7.5	8.8	18.4	0.8	1.7	2.9	13.0	5.0

2) 二取代环己烷的构象

在分析二取代环己烷的构象之前，需要考虑其顺反构型。在分析取代环己烷的顺反异构体时，由于环己烷的各种构象之间可以非常迅速地相互转变，所以在一定时间内，从“平均”的角度来看，可将环己烷看作平面形的。这样二取代环己烷就存在顺反异构体：两个取代基在平面同侧者称为顺式；在平面异侧者称为反式。二取代环己烷不仅有顺反异构体，还有对映异构体。下面用构象分析的方法来分析二取代环己烷的稳定性。

(1) 1,2-二甲基环己烷。

1,2-二甲基环己烷有如下两种顺反异构体，其中反-1,2-二甲基环己烷存在一对对映体：

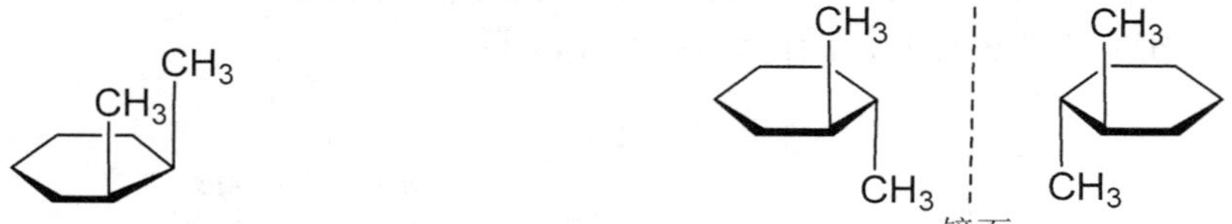

顺-1,2-二甲基环己烷　　　　反-1,2-二甲基环己烷

环己烷实际上不是平面形的，而是折叠式的，椅式构象为优势构象。在环己烷椅式构象中，C^1 和 C^2 的两个 e 键处于反式，C^1 和 C^2 的两个 a 键也处于反式，C^1 的 e 键与 C^2 的 a 键处于顺式，C^1 的 a 键与 C^2 的 e 键也处于顺式。所以，顺-1,2-二甲基环己烷，一个甲基在 e 键，一个甲基在 a 键；反-1,2-二甲基环己烷，两个甲基或者都在 e 键或者都在 a 键，由于取代基在 e 键上比在 a 键上能量低，所以，反-1,2-二甲基环己烷两个甲基都在 e 键上是优势构象。反-1,2-二甲基环己烷的优势构象中两个甲基都在 e 键上，顺-1,2-二甲基环己烷的优势构象中一个甲基在 e 键、一个甲基在 a 键，因此反-1,2-二甲基环己烷比顺-1,2-二甲基环己烷能量低、稳定。

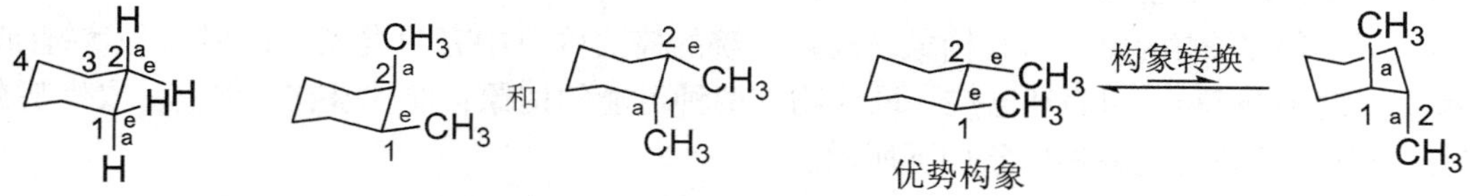

环己烷　　　　顺-1,2-二甲基环己烷　　　　反-1,2-二甲基环己烷

顺-1,2-二甲基环己烷是非手性分子，无对映体，但有两个构象异构体(i)和(ii)，它们是一对构象转换体，都是一个甲基在 e 键，另一个甲基在 a 键。(i)和(ii)中既无对称面也无对称中心，故为手性分子，具有旋光性。将(ii)向左旋转 120°后，可以看出(i)和(ii)是一对对映体，它们能量相等，稳定性也相同，且各个构象异构体之间的能垒不高，常温时通过环的翻转，两个异构体互相转变而得到等量的异构体，所以不旋光的顺-1,2-二甲基环己烷实际上是由等量的(i)和(ii)组成的外消旋体。

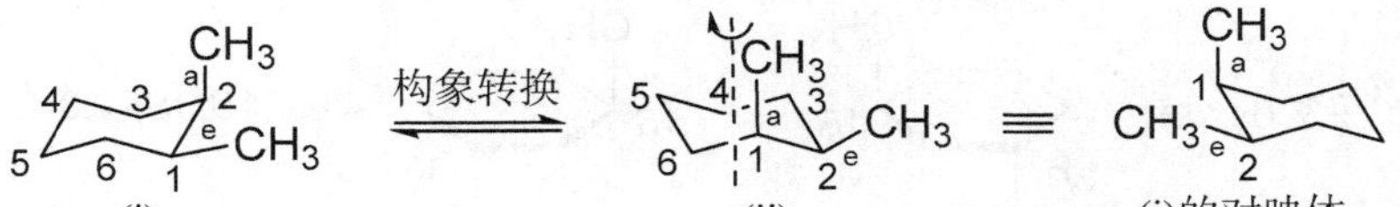

(i)　　(ii)　　(i)的对映体

对于反-1,2-二甲基环己烷，有一对对映体(1*R*,2*R*)-1,2-二甲基环己烷和(1*S*,2*S*)-1,2-二甲基环己烷。

(1*R*,2*R*)-1,2-二甲基环己烷有两个构象异构体(iii)和(iv)，(iii)的两个甲基都在 e 键上，是优势构象，(iv)的两个甲基都在 a 键上。(iii)和(iv)既无对称面又无对称中心，都是手性分子，具有旋光性。二者可通过环的翻转互相转变，它们是一对构象转换体，但二者不呈镜像关系，不是对映体。因此(1*R*,2*R*)-1,2-二甲基环己烷实际是(iii)占优势的，由(iii)和(iv)组成的旋光性物质。

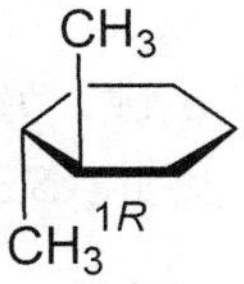

(1*R*,2*R*)-1,2-二甲基环己烷

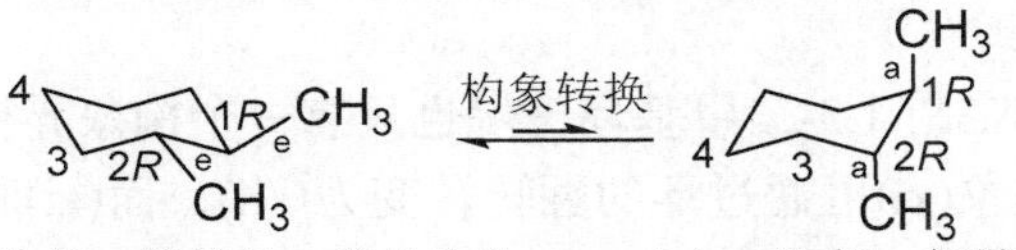

(iii) ee取代，能量低，优势构象　(iv) aa取代，能量高

(1*R*,2*R*)-1,2-二甲基环己烷的两个构象异构体

(1*S*,2*S*)-1,2-二甲基环己烷也有两个构象异构体(v)和(vi)，它们是一对构象转换体，不是对映体。(1*S*,2*S*)-1,2-二甲基环己烷实际上是(v)占优势的，由(v)和(vi)组成的旋光性物质。

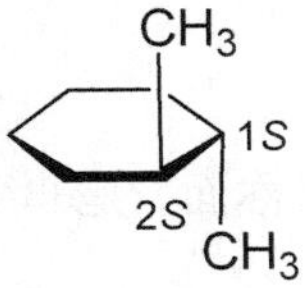

(1*S*,2*S*)-1,2-二甲基环己烷

(v) ee取代，能量低，优势构象　(vi) aa取代，能量高

(1*S*,2*S*)-1,2-二甲基环己烷的两个构象异构体

在反-1,2-二甲基环己烷的 4 个构象异构体(iii)、(iv)、(v)和(vi)中，(iii)和(v)是一对构型对映体，(iv)和(vi)是另一对构型对映体。所以，由等量的(1*R*,2*R*)-1,2-二甲基环己烷和(1*S*,2*S*)-1,2-二甲基环己烷组成的反-1,2-二甲基环己烷的外消旋体是由等量的(iii)和(v)及等量的(iv)和(vi)组成的外消旋体，其中(iii)和(v)占优势。

(2) 1,3-二甲基环己烷。

与 1,2-二甲基环己烷类似，1,3-二甲基环己烷有顺反异构体，其中反-1,3-二甲基环己烷存在一对对映体。

顺-1,3-二甲基环己烷有对称面，是非手性分子，不旋光，无对映体存在。有两个构象异构体(vii)和(viii)，它们是一对构象转换体，(vii)的两个甲基均在 e 键，能量较低，稳定，而(viii)的两个甲基均在 a 键，能量较高。构象(vii)和(viii)中均有一个对称面，是非手性分子。所以，顺-1,3-二甲基环己烷两个甲基均在 e 键上是优势构象，不旋光。

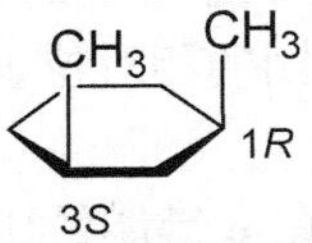

顺-1,3-二甲基环己烷

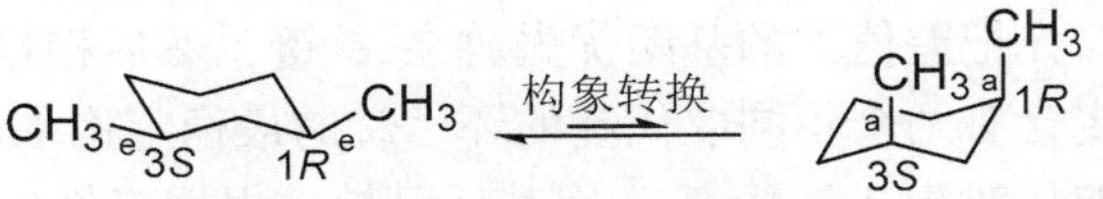

(vii) ee取代，能量低，优势构象　(viii) aa取代，能量高

对于反-1,3-二甲基环己烷，有一对对映体(1*R*,3*R*)-1,3-二甲基环己烷和(1*S*,3*S*)-1,3-二甲基环己烷。

(1*R*,3*R*)-1,3-二甲基环己烷 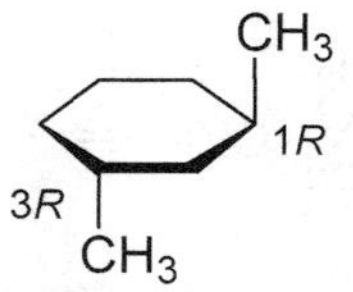 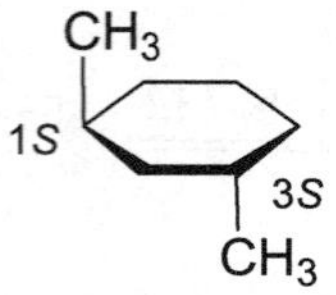 (1*S*,3*S*)-1,3-二甲基环己烷

(1*R*,3*R*)-1,3-二甲基环己烷只有一个构象异构体(ix)，一个甲基在 e 键，另一个甲基在 a 键。构象(ix)可通过环的翻转转变为(x)，而(ix)和(x)是相同的结构。因此(1*R*,3*R*)-1,3-二甲基环己烷实际上是由(ix)组成的旋光性物质。

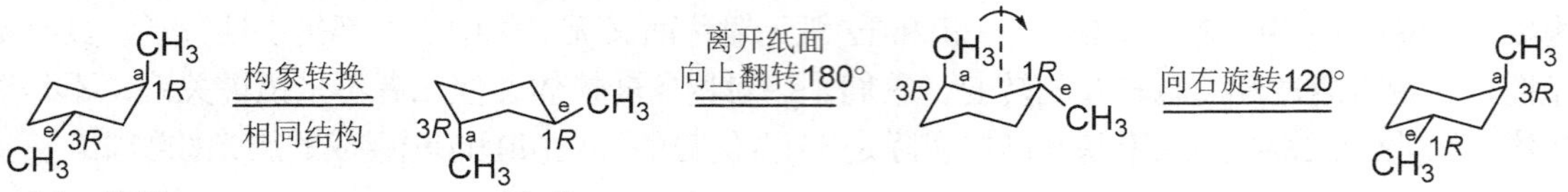

(ix) ae取代　　(x) ea取代　　(ix)

(1*S*,3*S*)-1,3-二甲基环己烷也只有一个构象异构体(xi)，一个甲基在 e 键，另一个甲基在 a 键。构象(xi)可通过环的翻转转变为(xii)，而(xi)和(xii)是相同的结构。因此(1*S*,3*S*)-1,3-二甲基环己烷实际上是由(xi)组成的旋光性物质。

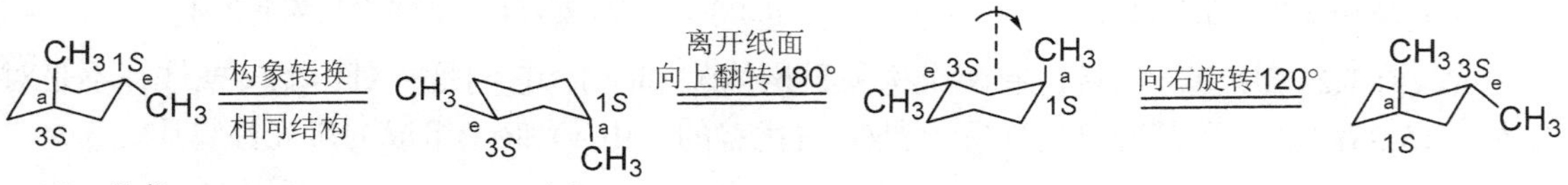

(xi) ea取代　　(xii) ae取代　　(xi)

(3) 1,4-二甲基环己烷。

顺-1,4-二甲基环己烷只有一个构象异构体(xiii)，(xiii)中有一个对称面，是非手性分子，不旋光。

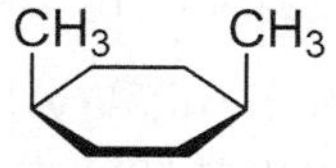

顺-1,4-二甲基环己烷

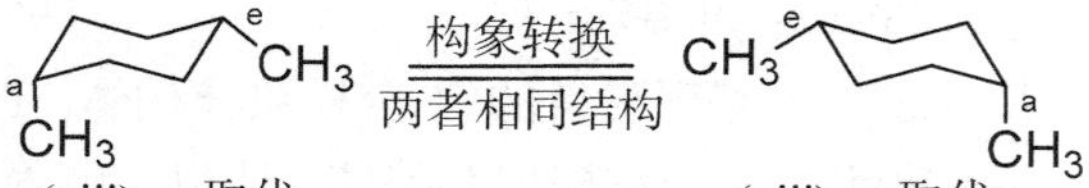

(xiii) ea取代　　(xiii) ea取代

反-1,4-二甲基环己烷有两个构象异构体(xiv)和(xv)，它们是一对构象转换体，都存在一个对称面，是非手性分子，不旋光。(xiv)上的两个甲基都在 e 键，能量低，是优势构象。

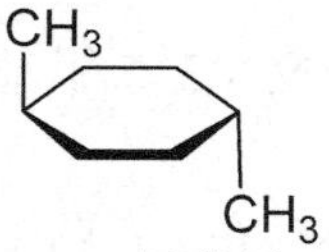

反-1,4-二甲基环己烷

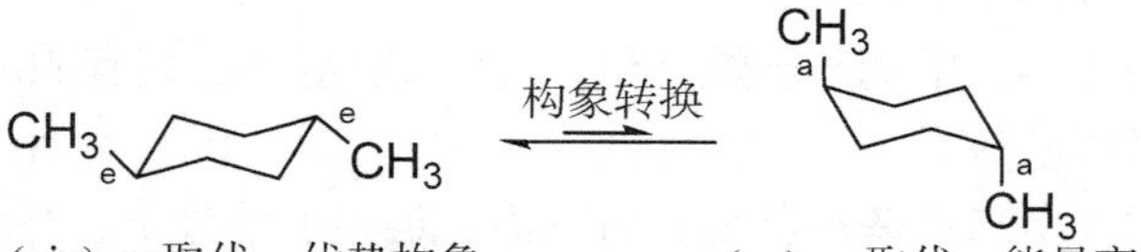

(xiv) ee取代，优势构象　　(xv) aa取代，能量高

(4) 取代基不同的二取代环己烷。

环己烷最稳定的构象是椅式构象，一取代环己烷取代基在 e 键上能量低、稳定。如果环己烷上有两个不同的取代基，根据表 3.3 常见的一取代环己烷取代基在 e 键与在 a 键的能量差值数据，先把差值大的基团优先放在 e 键，然后根据其他基团与此基团的相对位置和顺反情况，确定含有两个不同取代基的环己烷的最稳定构象。

例如，对于 1-异丙基-4-甲基环己烷，根据表 3.3 的数据，异丙基在 e 键能量比在 a 键低 8.8kJ · mol^{-1}，甲基在 e 键能量比在 a 键低 7.1kJ · mol^{-1}，因此异丙基在 e 键能量更低，更有利于稳定。先将异丙基放置在 C^1 的 e 键上，在 C^4 上与 C^1 的 e 键处于顺式的是 a 键，反式的是 e 键，所以顺-1-异丙基-4-甲基环己烷的优势构象是异丙基在 e 键、甲基在 a 键(xvi)，反-1-异丙

基-4-甲基环己烷的优势构象是异丙基和甲基都在 e 键(xvii)。同样地，1-叔丁基-3-甲基环己烷，先将叔丁基放在 C^1 的 e 键上，在 C^3 与 C^1 的 e 键处于顺式的是 e 键，反式的是 a 键。所以顺-1-叔丁基-3-甲基环己烷的优势构象是叔丁基和甲基都在 e 键(xviii)，反-1-叔丁基-3-甲基环己烷的优势构象是叔丁基在 e 键、甲基在 a 键(xix)。

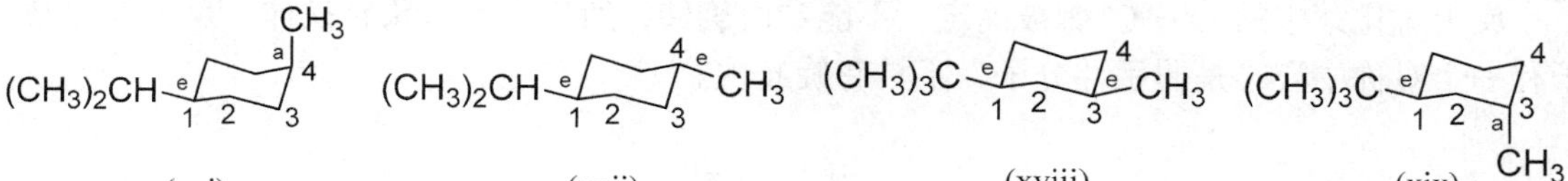

(xvi)　(xvii)　(xviii)　(xix)

(5) 多取代的环己烷。

对于多取代环己烷，椅式构象 e 键上取代基越多，构象越稳定；取代基体积越大，在 e 键上构象越稳定。

4. 十氢化萘的构象

十氢化萘系统命名为二环[4.4.0]癸烷，是两个环己烷通过共用相邻的两个碳原子并合起来的桥环化合物。其结构式如下：

十氢化萘有一对顺反异构体。X 射线衍射实验证明，十氢化萘是由两个椅式环己烷稠合而成的。当两个椅式环己烷用相邻的一个 e 键和一个 a 键稠合时(称为 ea 稠合)，两个桥头碳上的氢原子处在环的同侧——顺式，得到的是顺十氢化萘。当两个椅式环己烷用相邻的两个 e 键稠合时(称为 ee 稠合)，两个桥头碳上的氢原子处在环的两侧——反式，得到的是反十氢化萘。顺十氢化萘和反十氢化萘的构象式和平面式如下：

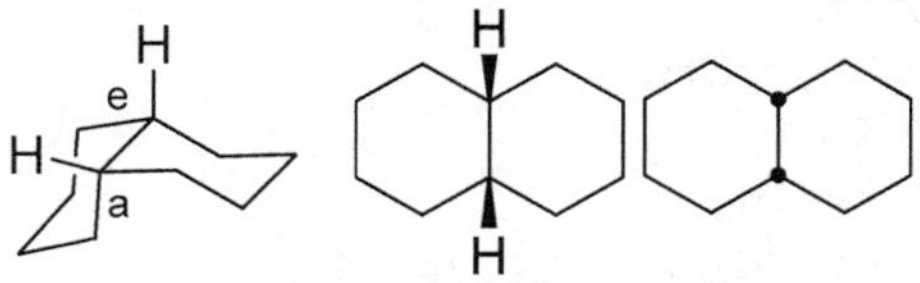

顺十氢化萘

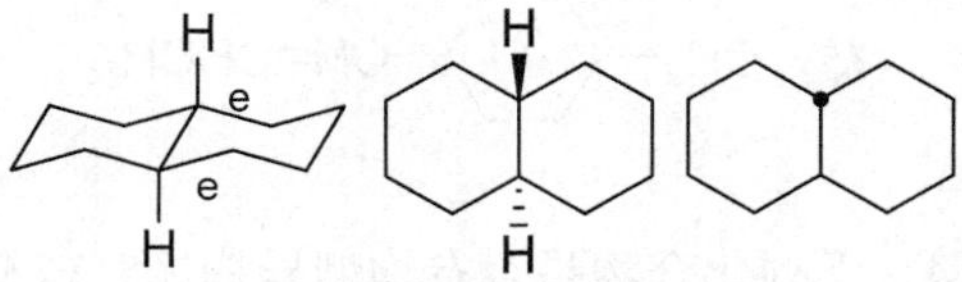

反十氢化萘

在顺十氢化萘平面式中，实楔线和黑点表示氢原子在纸面的上方，而在反十氢化萘平面式中虚线表示氢原子在纸面的下面，没有黑点的则相当于虚线。

环己烷可通过翻转从一个椅式构象变到另一个椅式构象，在这个过程中碳原子上原来的 a 键变成 e 键，而原来的 e 键变成 a 键。由此可以想象，在顺十氢化萘构象式中，两个环己烷的椅式构象可以从一个翻转成另一个，这时顺十氢化萘就从一个构象(xx)翻转成另一个构象了(xxi)。

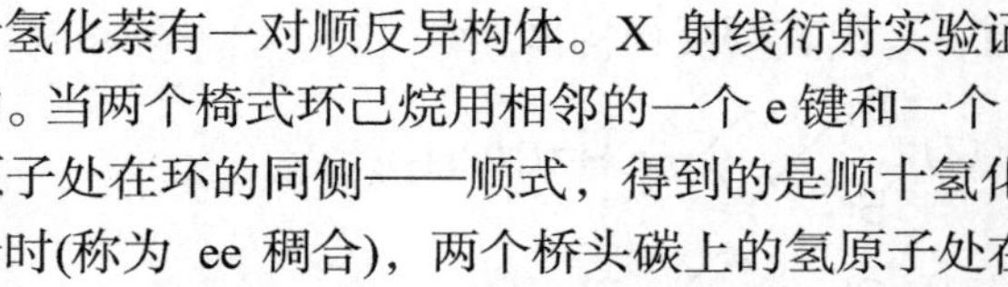

(xx)　(xxi)

顺十氢化萘的构象转换体

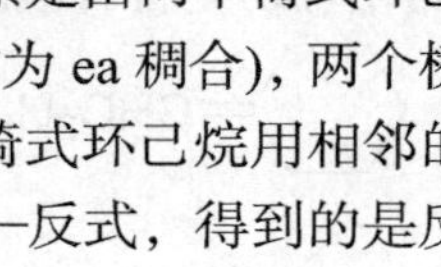

反十氢化萘的构象

顺十氢化萘中的 C^1—C^6 键可以旋转，进行椅式构象的转换，这种翻转过程涉及同时将 e

键转变成 a 键、a 键转变成 e 键，产生一对构象转换体(xx)和(xxi)，(xx)和(xxi)中的两个椅式环己烷都是 ea 稠合，能量相等。(xx)和(xxi)都是手性分子，具有旋光性，而且它们之间是实物与镜像的关系，是一对构象对映体。由于在常温时两个构象对映体可以迅速相互转变，因而组成了不能拆分的外消旋体，故顺十氢化萘不具有旋光性。

反十氢化萘中的 C^1—C^6 键被固定，不能自由旋转，所以没有构象转换体。反十氢化萘分子有一个对称中心，是非手性分子，不具有旋光性。

习　　题

3.1　写出下列化合物中的一个氢原子被一个氯原子取代时可能生成的构造异构体。

(1) $CH_3CH_2CH_2CH_2CH_3$　　(2) $CH_2{=}CHCH_2CH_3$

(3) 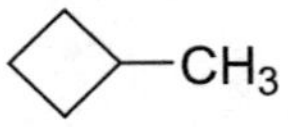　　(4) 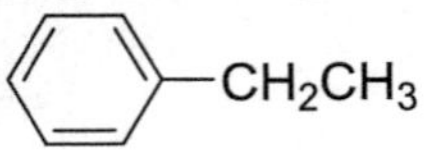

(5) 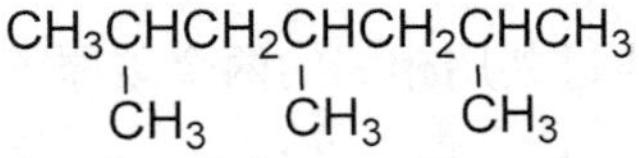

3.2　写出下列化合物的各种构造异构体。

(1) C_4H_9Br　(2) C_5H_{10}　(3) $C_4H_{10}O$　(4) C_4H_8O

(5) $C_4H_8O_2$　(6) C_9H_{12}(含有苯环)

3.3　下列化合物是否有顺反异构体？若有，写出其顺反异构体。

(1) 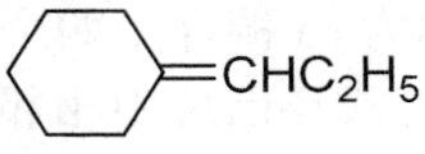　　(2) 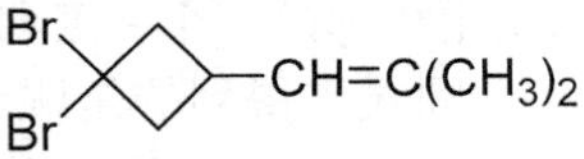

(3) 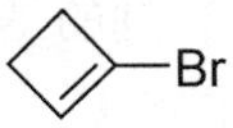　　(4) 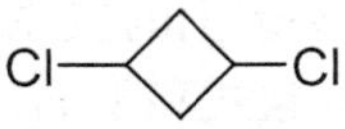

(5) 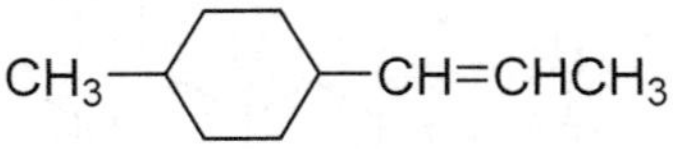　　(6) 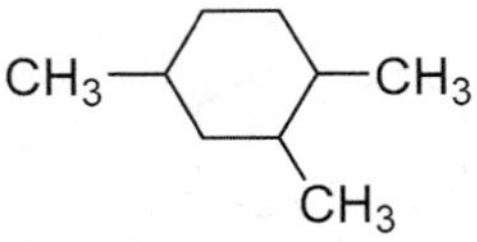

3.4　下列化合物是否有构型异构体？若有，写出所有可能的构型异构体并命名。

(1) 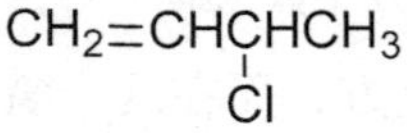　　(2) $CH_3CH_2CH{=}CHCH(CH_3)_2$

(3) 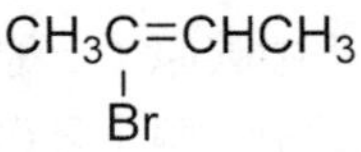　　(4) 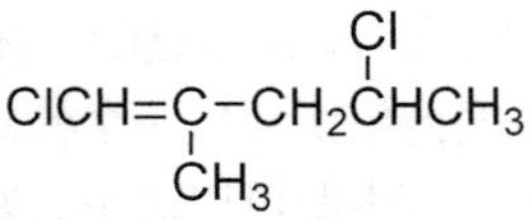

(5) 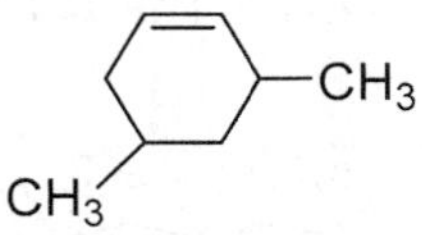　　(6) 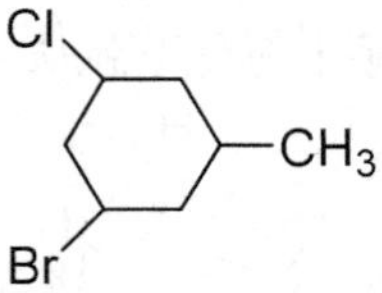

3.5　下列化合物中，哪些有手性碳原子？(用*表示手性碳原子)

(1) $CH_3CHDC_2H_5$　　(2) 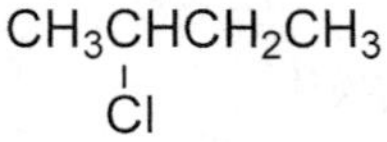

(3) 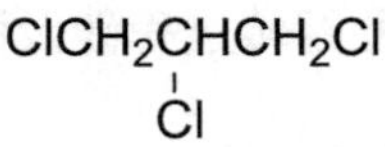　　(4) 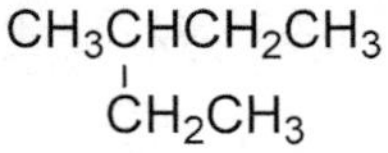

(5) 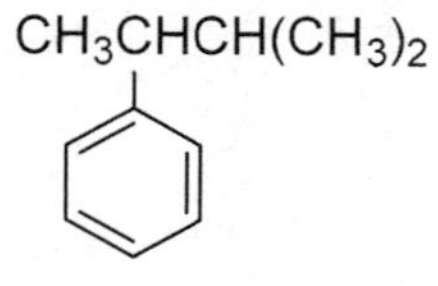　(6) 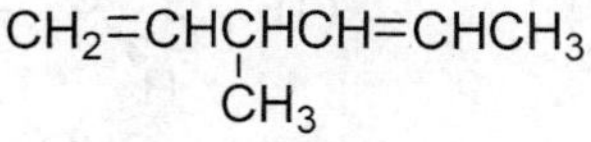

(7) 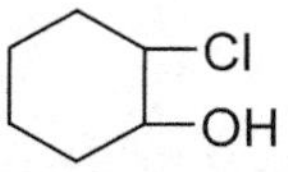　(8) 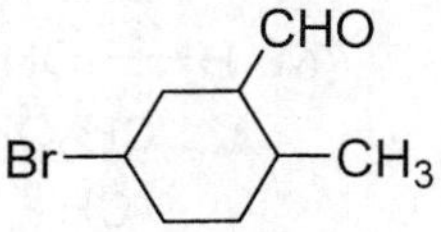

3.6　用 *R*/*S* 标记下列化合物的构型。

(1) 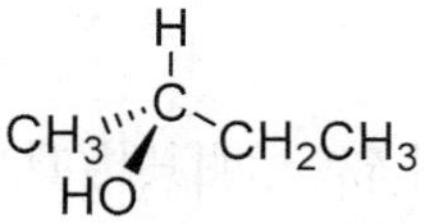　(2) 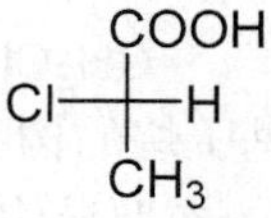

(3) 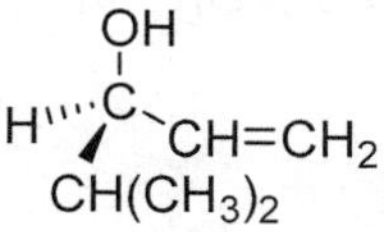　(4) 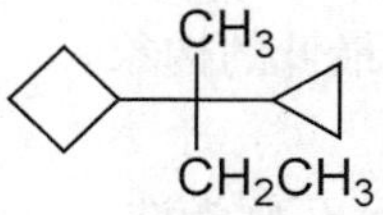

(5) 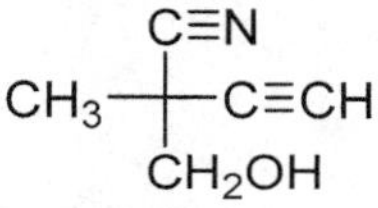　(6) 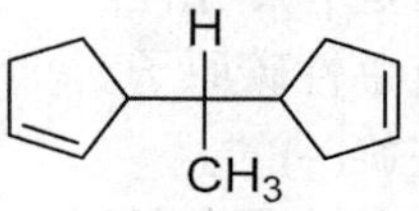

(7) 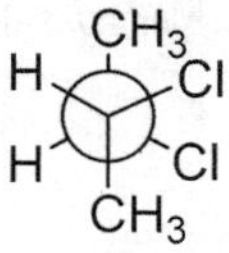　(8) 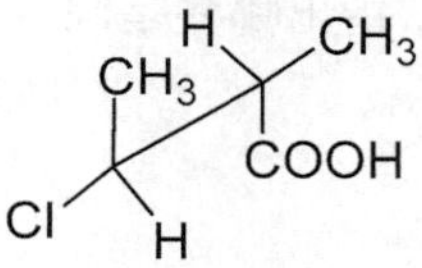

(9) 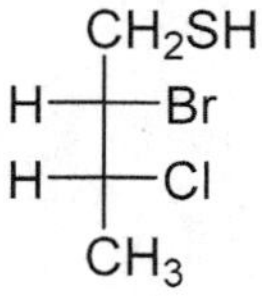　(10) 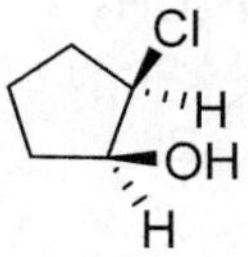

(11) 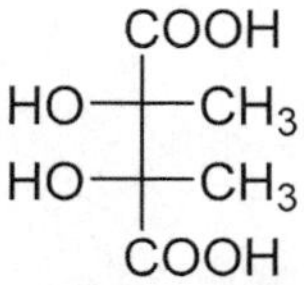　(12) 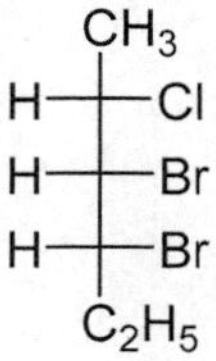

3.7　写出下列化合物的结构式。

(1) (*R*)-2-羟基丙酸　(2) (*R*)-3-氨基丙-1,2-二醇

(3) (*S*)-3-乙基庚-1-烯-5-炔　(4) (*S*)-3-甲氧基环戊酮

(5) (3*R*,4*S*)-3-氯-4-甲基己烷　(6) (1*S*,3*R*)-1-溴-3-乙基环戊烷

(7) 无光学活性的 1,3-二甲基环戊烷

(8) 具有光学活性的 1,2-二甲基环丁烷

3.8　将下列透视式改成费歇尔投影式，将费歇尔投影式改为透视式。

(1) 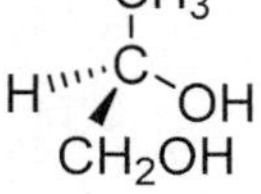　(2) 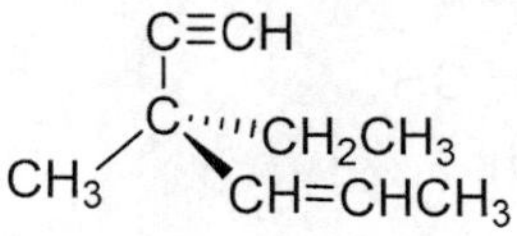

(3) 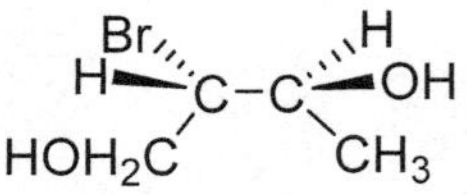
(4) 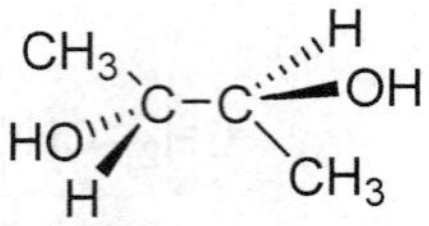

(5) 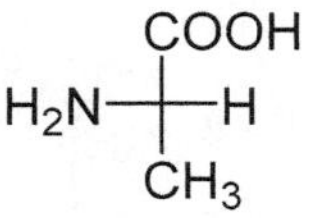
(6) 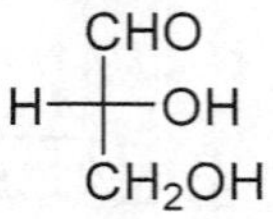

(7) 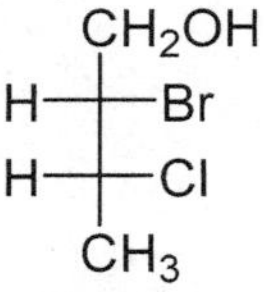
(8) 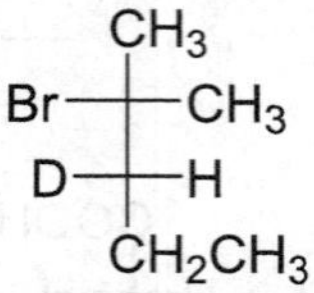

3.9 用费歇尔投影式写出 1,3-二溴-2-甲基丁烷的构型异构体，并用 *R*/*S* 标明其构型。

3.10 试写出 2,2,3,4,5,5-六甲基己烷所有的构型异构体，用费歇尔投影式表示，并用纽曼投影式表示出每个构型异构体能量最低的构象。

3.11 下列叙述是否正确？为什么？

(1) 具有手性碳原子的分子必定有旋光性。

(2) 有旋光性的分子必定具有手性碳原子。

(3) 具有 *S* 构型的化合物是左旋(−)的。

3.12 判别下列化合物之间的关系，指出哪些是同一化合物，哪些是对映体，哪些是非对映体。

(1) 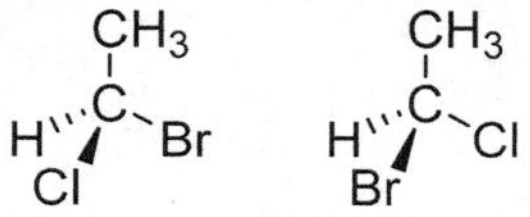

(2) 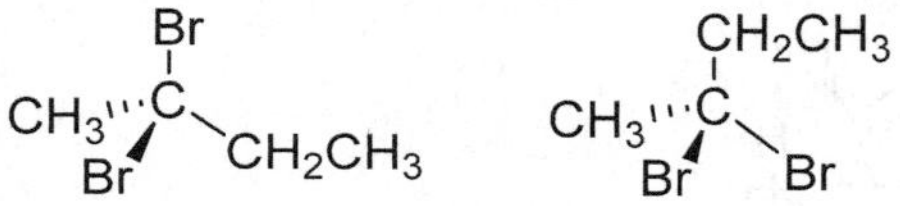

(3) 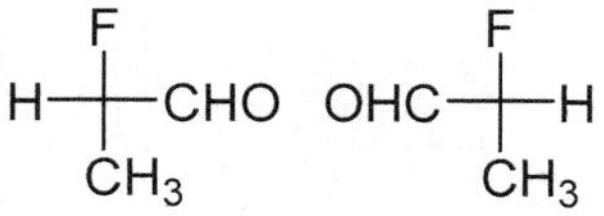

(4) 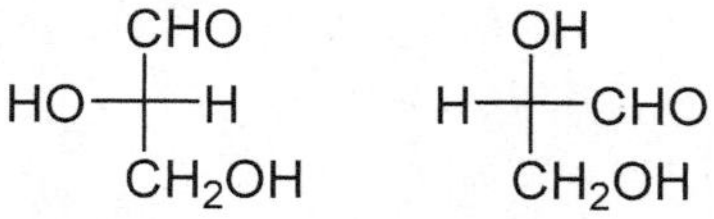

(5) 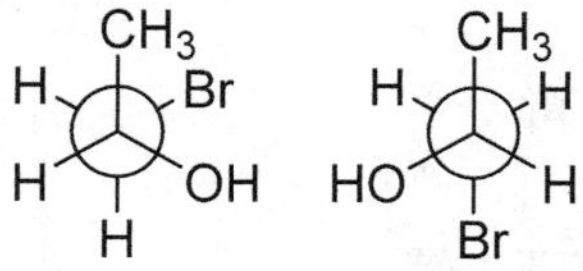

(6) 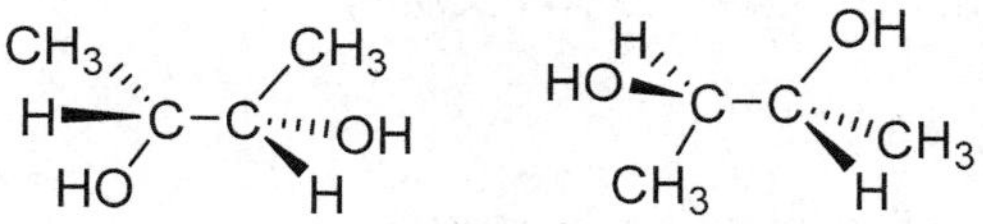

(7) 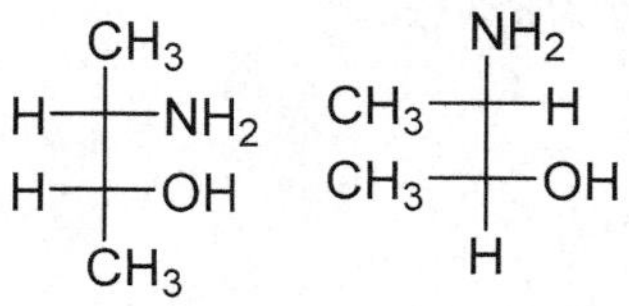

(8) 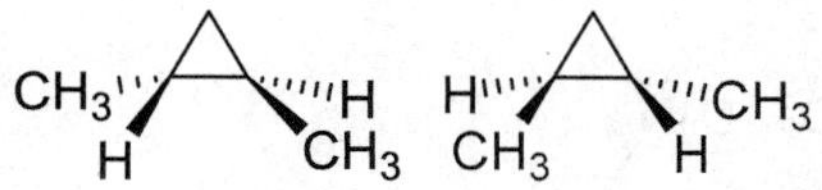

(9) 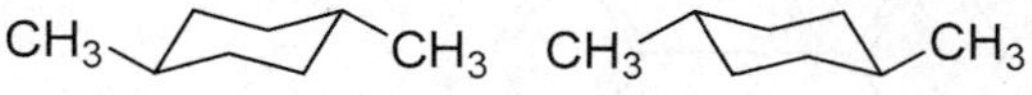

(10) 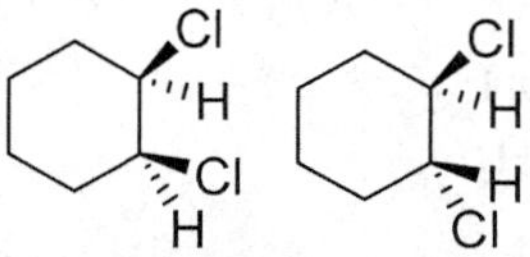

3.13　下列化合物哪些为(*R*)-丁-2-醇？哪些为(*R*)-丁-2-醇的对映体？

(1) 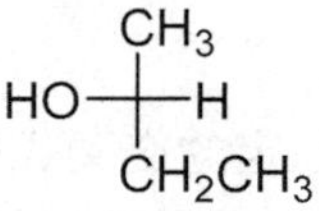　(2) 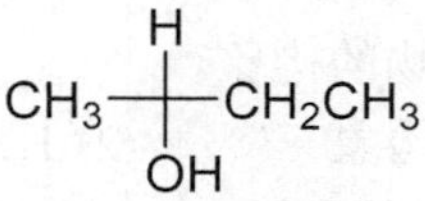

(3) 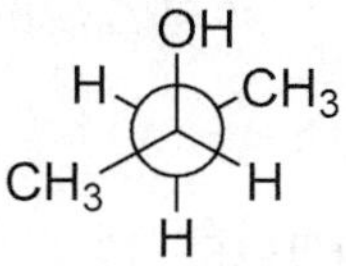　(4) 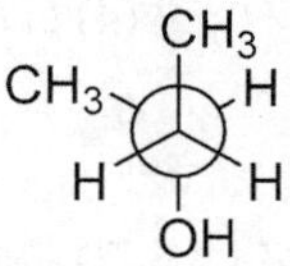

(5) 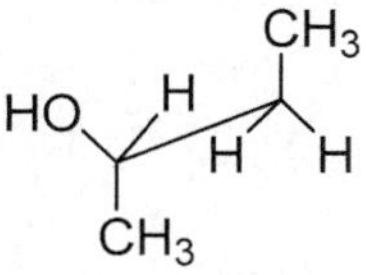　(6) 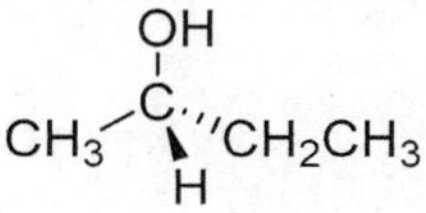

3.14　假定观察到的(*S*)-(+)-丁-2-醇和(*R*)-(−)-丁-2-醇的混合物的比旋光度$[\alpha]_D^{25}$为−6.76°，而(*S*)-(+)-丁-2-醇的$[\alpha]_D^{25}$为+13.52°。该混合物中，两种丁-2-醇的百分组成如何？

3.15　下列化合物中，各有几个手性碳原子？各有几个构型异构体？

(1) 　(2) $CH_3CH{=}CH{-}CH(CH_3){-}CH{=}CH_2$

(3) 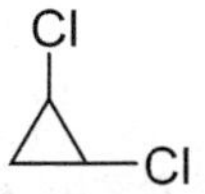　(4) 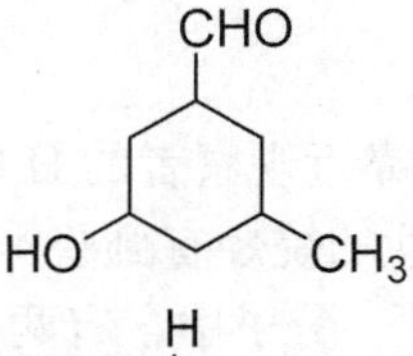

(5) 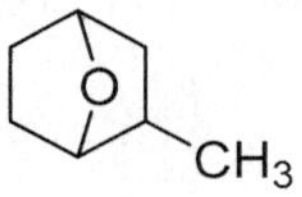　(6) 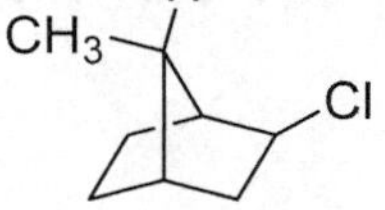

(7) 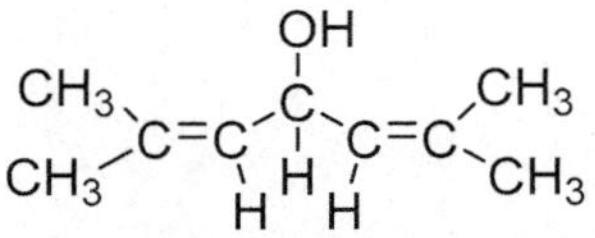　(8) 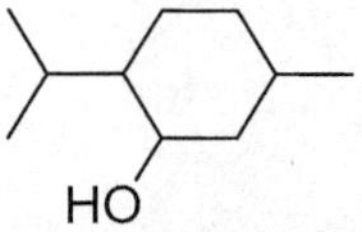

3.16　在下列分子中，C^2和C^4的构型分别是*S*和*R*构型，对C^3而言，它所连接的 4 个基团不同，分子却无旋光性，为什么？试写出该分子所有可能的构型异构体。

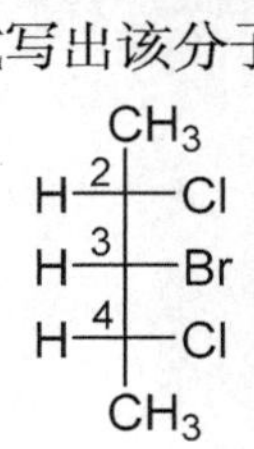

3.17 下列各化合物是否有对映体存在?

(1) 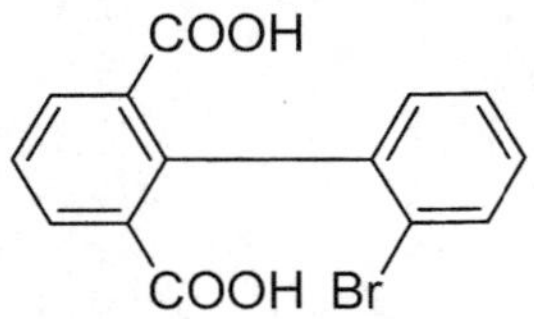

(2) 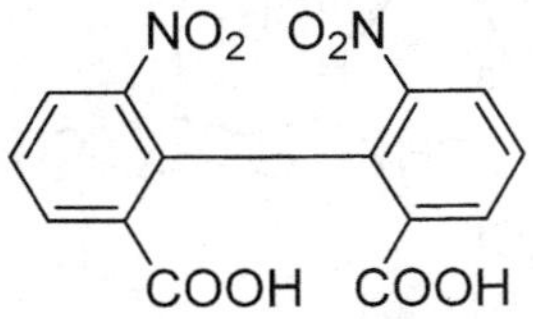

(3) $CH_3CH=C=C(CH_3)_2$

(4) $C_6H_5CH=C=CHC_6H_5$

(5) 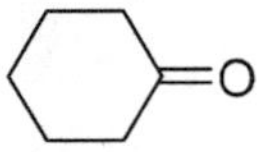

(6) 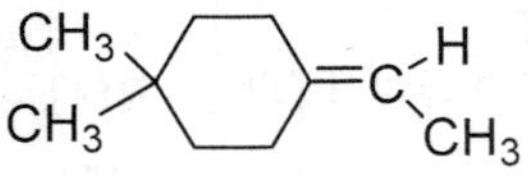

3.18 用纽曼投影式画出下列化合物的构象。

(1) 1,2-二溴乙烷最不稳定的构象

(2) 1,1,2,2 -四溴乙烷最稳定的交叉式构象

(3) (2*R*,3*S*)-丁-2,3-二醇的优势构象

(4) (1*R*,2*S*)-1,2-二氯-1,2-二苯基乙烷的优势构象

3.19 写出己醇的所有可能异构体。

3.20 写出下列化合物最稳定的构象式。

(1) 顺-和反-1-异丙基-3-甲基环己烷

(2) 顺-和反-1-溴-2-叔丁基环己烷

(3) 1-甲基-1-正丙基环己烷

(4) 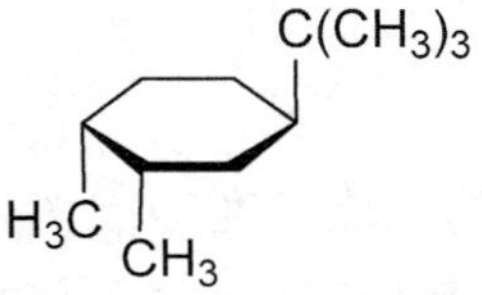

(5) 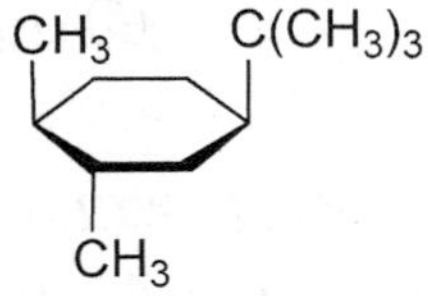

(6) 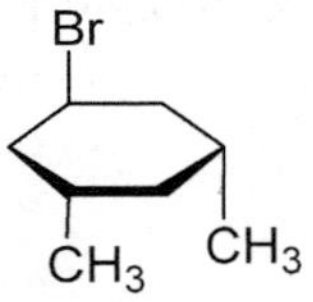

(7) 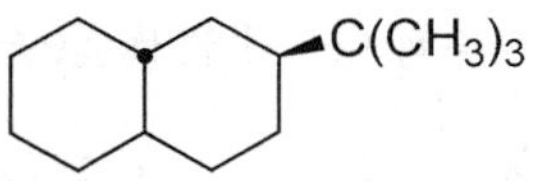

(8) 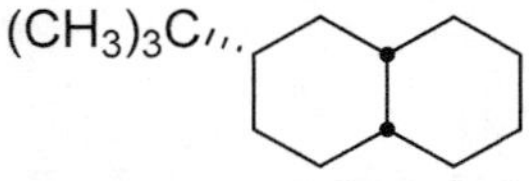

(9) 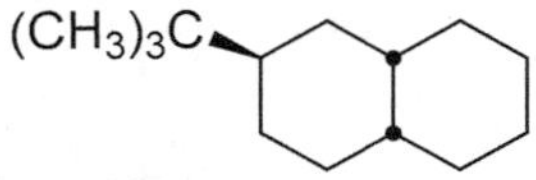

注：(7)、(8)、(9)中黑点表示靠近观察者的 H 的投影。

3.21 相对分子质量最低而有旋光性的烷烃有哪些？请用费歇尔投影式表示它们的构型。

3.22 某化合物($C_5H_{10}O$)没有旋光性，分子中含有两个甲基、一个羟基和一个环丙烷环，试推测该化合物可能的结构。

第 4 章　烷烃　饱和碳原子上的自由基取代反应

4.1　烷烃的物理性质

烷烃无色，在常温常压下，C_1～C_4 的直链烷烃为气体，C_5～C_{17} 的直链烷烃为液体，C_{18} 以及 C_{18} 以上的直链烷烃为固体。表 4.1 给出一些直链烷烃的物理常数。

表 4.1　一些直链烷烃的物理常数

名称	构造式	熔点/℃	沸点/℃	相对密度(d_4^{20})
甲烷	CH_4	−182.5	−162	
乙烷	CH_3CH_3	−183.3	−88.5	
丙烷	$CH_3CH_2CH_3$	−187	−42	
正丁烷	$CH_3(CH_2)_2CH_3$	−138	0	
正戊烷	$CH_3(CH_2)_3CH_3$	−130	36	0.626
正己烷	$CH_3(CH_2)_4CH_3$	−95	69	0.659
正庚烷	$CH_3(CH_2)_5CH_3$	−90.5	98	0.684
正辛烷	$CH_3(CH_2)_6CH_3$	−57	126	0.703
正壬烷	$CH_3(CH_2)_7CH_3$	−54	151	0.718
正癸烷	$CH_3(CH_2)_8CH_3$	−30	174	0.730
正十一烷	$CH_3(CH_2)_9CH_3$	−26	196	0.740
正十二烷	$CH_3(CH_2)_{10}CH_3$	−10	216	0.749
正十三烷	$CH_3(CH_2)_{11}CH_3$	−6	234	0.757
正十四烷	$CH_3(CH_2)_{12}CH_3$	5.5	251	0.764
正十五烷	$CH_3(CH_2)_{13}CH_3$	10	268	0.769
正十六烷	$CH_3(CH_2)_{14}CH_3$	18	280	0.775
正十七烷	$CH_3(CH_2)_{15}CH_3$	22	303	
正十八烷	$CH_3(CH_2)_{16}CH_3$	28	308	
正十九烷	$CH_3(CH_2)_{17}CH_3$	32	330	
正二十烷	$CH_3(CH_2)_{18}CH_3$	36		

随着相对分子质量的增加，直链烷烃的沸点逐渐升高，如图 4.1 所示。这是因为随着相对分子质量的增加，分子间接触面积增加，分子间作用力增大，所以沸点升高。

对于同碳数的烷烃，直链烷烃比支链烷烃沸点高，支链越多，沸点越低。例如，正戊烷 $CH_3CH_2CH_2CH_2CH_3$ 的沸点为 36℃，异戊烷$(CH_3)_2CHCH_2CH_3$ 的沸点为 28℃，新戊烷$(CH_3)_4C$

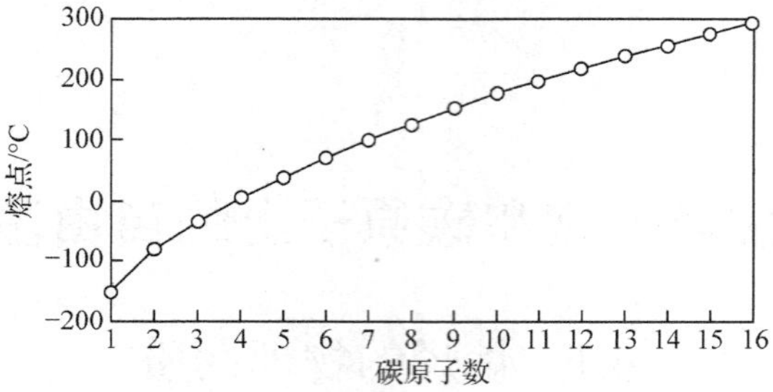

图 4.1　直链烷烃的沸点变化

的沸点为 9.5℃。这是由于支链烷烃接近于球形，分子间接触面积减少，分子间作用力减小，因而沸点降低。

烷烃的熔点变化与沸点不同。随相对分子质量的增加，直链烷烃(甲烷、乙烷和丙烷除外)的熔点逐渐升高。一般从奇数碳原子的烷烃到偶数碳原子烷烃(如从庚烷到辛烷 $C_7 \rightarrow C_8$)，熔点升高得多些，从偶数碳原子烷烃到奇数碳原子烷烃(如从辛烷到壬烷 $C_8 \rightarrow C_9$)，熔点升高得少些，如图 4.2 所示。

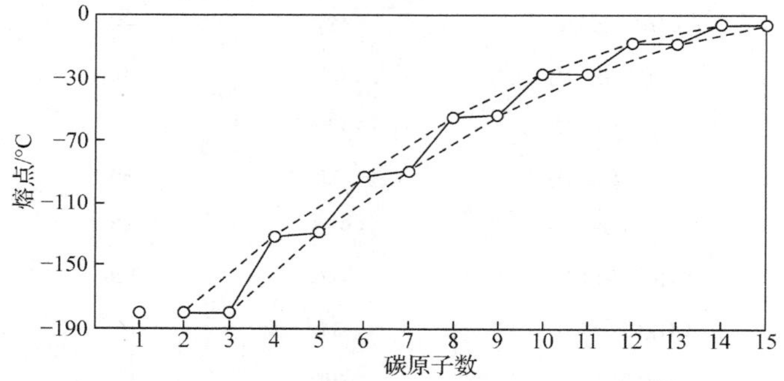

图 4.2　直链烷烃的熔点变化

从图 4.2 中可看出，将各直链烷烃的碳原子数与对应熔点作图，得到的不是一条平滑的曲线，而是折线。但是，若将奇数碳原子直链烷烃(甲烷除外)的熔点连接起来，得到一条较平滑的曲线。若将偶数碳原子直链烷烃的熔点连接起来，也得到一条较平滑的曲线。偶数碳原子直链烷烃熔点曲线位于奇数碳原子的曲线上面。

当液体物质的饱和蒸气压与外界压力达到平衡时，液体沸腾。液体沸腾时的温度是液体的沸点。沸腾是物质由液态变为气态。物质在液态和气态时分子的排列是无序的，沸点的高低取决于分子间作用力的大小。分子间作用力大，沸点高；分子间作用力小，沸点低。熔点是固体变成液体时的温度。物质在固态时，分子的排列是有序的，物质的熔点高低不仅取决于分子间作用力大小，还取决于分子的对称性以及在晶体中排列的紧密程度。一般来说，分子对称性高、排列整齐紧密的物质，熔点高。例如，分子对称性好的新戊烷$(CH_3)_4C$熔点为−17℃，而异戊烷$(CH_3)_2CHCH_2CH_3$熔点为−160℃。

烷烃的相对密度(液态)小于 1。从表 4.1 可看出，随着相对分子质量增大，直链烷烃的相对密度逐渐增大。

烷烃是非极性分子，根据相似相溶原理，烷烃不溶于水。但溶于某些非极性的有机溶剂，如苯、乙醚、氯仿、四氯化碳等。

有机化合物的物理性质非常重要。不论在实验室还是工业生产中，制备有机化合物时，应用有机物的化学性质，而在分离、提纯和鉴定时，则必定要涉及它们的物理性质。纯的有机物具有一定的熔点和沸点，不同的物质具有不同的熔点和沸点。可以通过熔点和沸点等物理性质定性鉴定有机物。另外，纯的物质从初熔到全熔的温度差值即熔程较短，一般不超过1℃，不纯的物质不仅熔点下降，而且熔程较长；不纯物质的沸点不恒定。所以，通过测熔点和沸点还可以初步判断物质的纯度。此外，根据物理性质的差异，还可以分离提纯有机物。例如，苯的沸点是 80℃，甲苯是 111℃，乙苯是 136℃，根据它们沸点的差异，可应用精馏的方法分离出纯的苯、甲苯和乙苯。

4.2　烷烃的化学性质

烷烃分子中只有 C—C 单键(键能 $347.3kJ \cdot mol^{-1}$)和 C—H 键(键能 $414.2kJ \cdot mol^{-1}$)，断裂它们需要较高的能量。同时碳和氢的电负性差别很小(碳的电负性是 2.5，氢的电负性是 2.2)，分子中的电子云分布均匀，共价键极性很小，故对亲核试剂和亲电试剂的亲和力都很小，与其他类型有机化合物相比，烷烃的化学性质很不活泼。一般情况下，烷烃与强酸、强碱及常用的氧化剂和还原剂都不发生反应。当然，烷烃并不是在任何条件下与任何试剂都不发生反应。在光、热或引发剂作用下，烷烃可发生一系列复杂的化学反应。由于烷烃中只有 C—C 单键和 C—H 键，所以烷烃的化学反应也就表现在 C—C 单键的断裂和 C—H 键的断裂。由于 C—C 单键和 C—H 键断裂是均裂，产生自由基，因此烷烃的化学反应是自由基反应。

4.2.1　烷烃的取代反应

烷烃分子中氢原子被其他原子或基团取代的反应，称为烷烃的取代反应。

1. 卤化反应

烷烃中的氢原子被卤素原子取代生成卤代烷的反应，称为烷烃的卤化反应。卤化反应中，氟化反应过于剧烈，反应较难控制，碘化反应不易发生。卤化反应主要是氯化和溴化反应。因溴较贵，因而比较有实用意义的是氯化反应。

1) 甲烷的氯化反应

甲烷在紫外光或热(250～400℃)作用下，与氯反应得到一氯甲烷、二氯甲烷、三氯甲烷(氯仿)和四氯化碳。

$$CH_4 + Cl_2 \xrightarrow{\text{热或光}} CH_3Cl + HCl$$

$$CH_3Cl + Cl_2 \xrightarrow{\text{热或光}} CH_2Cl_2 + HCl$$

$$CH_2Cl_2 + Cl_2 \xrightarrow{\text{热或光}} CHCl_3 + HCl$$

$$CHCl_3 + Cl_2 \xrightarrow{\text{热或光}} CCl_4 + HCl$$

一般情况下得到的是 4 种氯化物的混合物。若控制氯的用量且甲烷过量，主要得到一氯甲烷。若用过量氯气，主要得到四氯化碳。工业上通过精馏可使混合物分开。一氯甲烷、二氯甲烷、三氯甲烷和四氯化碳均是重要的试剂和溶剂。

反应机理又称反应历程，是对一个反应过程的详细描述，包括从反应物到产物经过哪些步骤，每步所涉及的过渡态和中间体等。反应机理是根据很多实验事实总结后提出的，有一定的适用范围，能解释许多实验事实，并能预测反应的发生。

甲烷的氯化反应是一个自由基链反应，包括链引发、链传递和链终止三个阶段。

链引发：① $Cl_2 \xrightarrow{热或光} 2Cl\cdot$　　$\Delta H = +242.7kJ \cdot mol^{-1}$

链传递：② $Cl\cdot + CH_4 \longrightarrow CH_3\cdot + HCl$　　$\Delta H = +7.5kJ \cdot mol^{-1}$, $E_{a2} = +16.7kJ \cdot mol^{-1}$

③ $CH_3\cdot + Cl_2 \longrightarrow CH_3Cl + Cl\cdot$　　$\Delta H = -112.9kJ \cdot mol^{-1}$, $E_{a3} = +8.3kJ \cdot mol^{-1}$

重复反应②和③，直到链终止。

链终止：④ $Cl\cdot + Cl\cdot \longrightarrow Cl_2$　　$\Delta H = -242.7kJ \cdot mol^{-1}$

⑤ $CH_3\cdot + CH_3\cdot \longrightarrow CH_3CH_3$　　$\Delta H = -376.6kJ \cdot mol^{-1}$

⑥ $CH_3\cdot + Cl\cdot \longrightarrow CH_3Cl$　　$\Delta H = -355.6kJ \cdot mol^{-1}$

链引发反应①是 Cl_2 光照或受热后发生均裂离解成氯原子 Cl·。

链传递反应包括②和③。反应②是反应①生成的 Cl·与 CH_4 分子中的氢原子作用，从四面体结构的 CH_4 分子中夺取氢原子，生成产物 HCl 和平面结构的甲基自由基 $CH_3\cdot$。反应③是反应②生成的自由基 $CH_3\cdot$与 Cl_2 分子作用，从 Cl_2 中夺取 Cl·，生成产物 CH_3Cl 和 Cl· 。反应②和③相加，得到的恰好是甲烷一氯化的结果。

$$CH_4 + Cl_2 \xrightarrow{热或光} CH_3Cl + HCl$$

链传递阶段是由一个自由基转变为另一个自由基的阶段，不断地传递下去，像一环接一环的链，所以称为链反应。反应②消耗掉一个 Cl·，产生一个 $CH_3\cdot$；反应③消耗掉反应②产生的 $CH_3\cdot$，产生一个新的 Cl·。不断重复进行②和③反应，循环反应下去，不断消耗反应物甲烷和氯气，生成产物氯甲烷和氯化氢。随着反应物浓度的不断降低，自由基之间碰撞机会增加。

链终止反应④、⑤和⑥是自由基之间相互结合生成分子，自由基消失，链传递终止，反应结束。

在甲烷氯化反应中，随着反应的不断进行，反应物甲烷的浓度不断降低，产物一氯甲烷的浓度不断升高，在链传递②中，若 Cl·夺取的是产物一氯甲烷 H—CH_2Cl 中的 H·，生成产物 CH_2Cl_2。同样，若 Cl·夺取的是 H—$CHCl_2$、H—CCl_3 中的 H·，就会相应生成 $CHCl_3$ 和 CCl_4。由于 CH_4、CH_3Cl、CH_2Cl_2 和 $CHCl_3$ 分子中 C—H 键的离解能逐渐减少，分别为 $439.3kJ \cdot mol^{-1}$、$422.2kJ \cdot mol^{-1}$、$414.2kJ \cdot mol^{-1}$、$400.8kJ \cdot mol^{-1}$，因此 Cl·夺取 CH_4、CH_3Cl、CH_2Cl_2 和 $CHCl_3$ 分子中的 H·越来越容易，但难易程度相差不大，所以 CH_4 氯化的产物经常是 4 种氯代物的混合物。

下面讨论 CH_4 氯化反应过程中的能量变化。

链引发反应①，Cl_2 光照或受热后发生均裂离解成 Cl·，这一步是吸热反应，$\Delta H = +242.7kJ \cdot mol^{-1}$。吸收的热量等于 Cl—Cl 键的离解能。

链传递反应②，断裂 H—CH_3 键吸热 $439.3kJ \cdot mol^{-1}$，生成 H—Cl 键放热 $431.8kJ \cdot mol^{-1}$，净结果是吸热 $7.5kJ \cdot mol^{-1}$。该步反应需要的活化能为 $E_{a2} = +16.7kJ \cdot mol^{-1}$，反应热$\Delta H = +7.5kJ \cdot mol^{-1}$。

链传递反应③，断裂 Cl—Cl 键吸热 $242.7kJ \cdot mol^{-1}$，生成 CH_3—Cl 键放热 $355.6kJ \cdot mol^{-1}$，净结果放热$-112.9kJ \cdot mol^{-1}$。该步反应需要的活化能为 $E_{a3}=+8.3kJ \cdot mol^{-1}$，反应热$\Delta H = -112.9kJ \cdot mol^{-1}$。

在链传递阶段②和③中，反应②需要的活化能 E_{a2} = +16.7kJ · mol^{-1} 比反应③需要的活化能 E_{a3} = +8.3kJ · mol^{-1} 高，因此反应②是慢的一步反应，是甲烷氯化反应的决速步。

反应②和③相加，得到的是甲烷一氯化反应的总结果：$CH_4 + Cl_2 \longrightarrow CH_3Cl + HCl$，该反应放热 105.4kJ · mol^{-1}。

链终止反应④、⑤和⑥是两个原子或自由基之间的结合，放出的热量等于共价键的离解能。

2) 其他烷烃的氯化反应

丙烷和三个以上碳原子的烷烃，在紫外光或热的作用下与氯发生一氯化反应时，生成的一氯代烷一般是两种或两种以上的异构体。例如，异戊烷一氯化反应生成四种异构体。

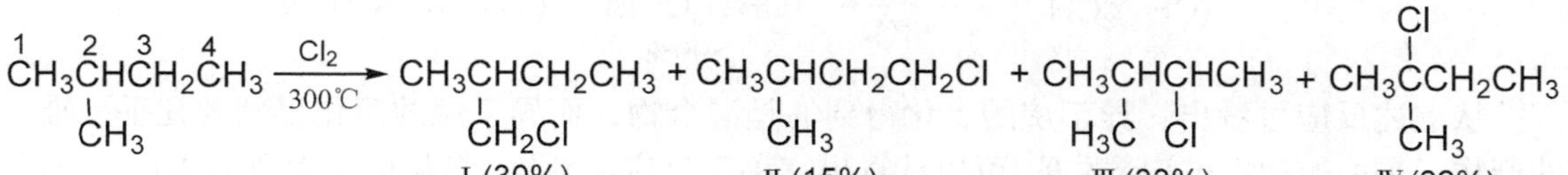

Ⅰ(30%)　Ⅱ(15%)　Ⅲ(33%)　Ⅳ(22%)

实验发现，这 4 种异构体在产物中的比例不同。异戊烷 C^2 上的 2 个甲基有 6 个 1°H，每个 1°H 被氯取代均得到产物Ⅰ，因而 C^1 上每个 1°H 被氯取代的相对概率为 30/6。同样地，产物Ⅱ的比例也可以说明 C^4 上每个 1°H 被氯取代的相对概率为 15/3。C^3 有两个 2°H，每个 2°H 被氯取代均得到产物Ⅲ，每个 2°H 被氯取代的相对概率为 33/2。C^2 有一个 3°H，被氯取代的产物为Ⅳ，3°H 被氯取代的相对概率为 22/1。从得到上面 4 种一氯化物的比例可以计算出，每个氢原子被氯取代的概率比为：3°H：2°H：1°H = 22：16.5：5。

因此，烷烃发生氯化反应，不同氢原子的活性顺序为

$$3°H > 2°H > 1°H > CH_4$$

这是由于与甲烷氯化一样，其他烷烃的氯化反应也是自由基链反应。链反应第②步是慢的一步反应，是烷烃氯化反应的决速步。在此反应中，Cl·夺取烷烃中不同的氢原子生成不同的烷基自由基。烷基自由基能量越低、越稳定，越容易生成，反应速率就越快，即反应活性就越高。碳自由基核外有 7 个电子，是缺电子的，如果碳自由基连接烷基，由于烷基推电子的诱导效应和推电子的超共轭效应作用，碳自由基缺电子减少，能量降低、稳定性增大。因此，烷基自由基稳定性顺序为

$$3°C\cdot > 2°C\cdot > 1°C\cdot > CH_3\cdot$$

所以，烷烃发生氯化反应，烷烃中不同氢原子的活性顺序为：3°H > 2°H > 1°H > CH_4。

另一方面，这也可从 C—H 键离解能的大小来说明。在表 1.6 中可以看到，共价键的键离解能为：3°C—H 键 389.1kJ · mol^{-1}，2°C—H 键 397.5kJ · mol^{-1}，1°C—H 键 410.0kJ · mol^{-1}，CH_3—H 键 439.3kJ · mol^{-1}，逐渐增大。因而 3°C—H 键均裂生成三级烷基自由基最容易，反应最快，活性最高。其次是 2°C—H 键，1°C—H 键较难均裂，CH_3—H 键最难均裂。

烷烃进行氯化反应时，温度越高，伯、仲、叔三类氢原子被取代的难易差别越小。这是因为温度升高时氯原子和烷烃分子活性都增大，当氯原子碰撞到烷烃分子中任一个氢原子时，都有可能将它从烷烃分子中夺取出来。这时产物中各种异构体的量就取决于三类氢原子的数目。对异戊烷一氯化来说，产物中Ⅰ、Ⅱ、Ⅲ和Ⅳ的量趋向于 6：3：2：1。

3) 烷烃的溴化反应

在烷烃的卤化反应中，溴的活性比氯小，但是溴的选择性比氯高。例如：

$$CH_3CH_2CH_3 \xrightarrow[hv,\ 25℃]{Cl_2} \underset{45\%}{CH_3CH_2CH_2Cl} + \underset{55\%}{CH_3\overset{Cl}{\overset{|}{C}}HCH_3}$$

$$(CH_3)_3CH \xrightarrow[hv,\ 25℃]{Cl_2} \underset{37\%}{(CH_3)_3C{-}Cl} + \underset{63\%}{(CH_3)_2CHCH_2Cl}$$

$$CH_3CH_2CH_3 \xrightarrow[hv,\ 25℃]{Br_2} \underset{3\%}{CH_3CH_2CH_2Br} + \underset{97\%}{CH_3\overset{Br}{\overset{|}{C}}HCH_3}$$

$$(CH_3)_3CH \xrightarrow[hv,\ 127℃]{Br_2} \underset{>99\%}{(CH_3)_3C{-}Br} + \underset{\text{痕量}}{(CH_3)_2CHCH_2Br}$$

从上述反应可看出：异丁烷的氯化得到的是混合物，而异丁烷的溴化得到的几乎是唯一的产物。通过分析以上实验数据，可以计算出三种氢反应活性比，氯化反应大致为 3°H：2°H：1°H＝5：3：1，溴化反应大致为 3°H：2°H：1°H＝1600：82：1。溴化反应具有如此高的选择性主要是由溴的不活泼性决定的。

哈蒙德(Hammond)原则：在能量-反应进程曲线上连续的两个状态，能量接近，结构相近，这就是哈蒙德原则。对于放热反应(图 4.3)，在能量-反应进程曲线上，过渡态的能量与反应物相近，过渡态结构与反应物相似。对于吸热反应(图 4.4)，过渡态的能量与产物相近，过渡态结构与产物相似。

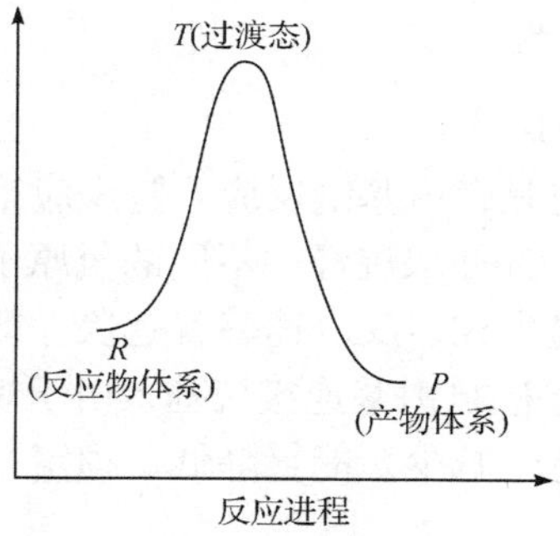

图 4.3　放热反应

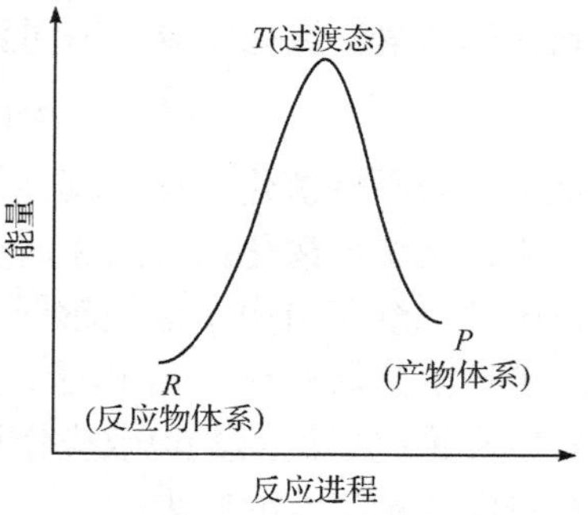

图 4.4　吸热反应

对于异丁烷氯化反应，第②步氯原子夺取异丁烷中的 1°H 和 3°H 的反应都是放热反应。

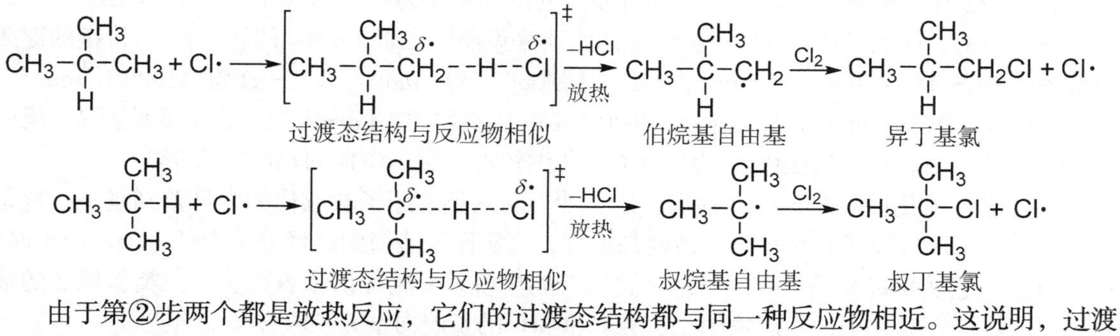

由于第②步两个都是放热反应，它们的过渡态结构都与同一种反应物相近。这说明，过渡态异丁烷 C—H 键的均裂程度较小，因而 C—H 键离解能对于过渡态能量影响也较小。结果是两个过渡态能量相差不大，两个反应的活化能相差不大。所以异丁烷氯化生成两种产物异丁基氯和叔丁基氯，氯的选择性小。只是氯原子夺取 3°H 的反应活化能小些，反应快些，见图 4.5。

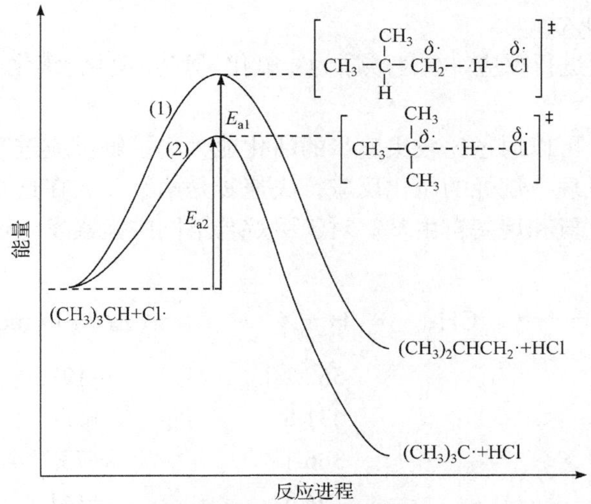

图 4.5　氯原子夺取异丁烷分子中两类氢原子的基元反应

对于异丁烷溴化反应，第②步溴原子夺取异丁烷中的 1°H 和 3°H 的反应都是吸热反应。

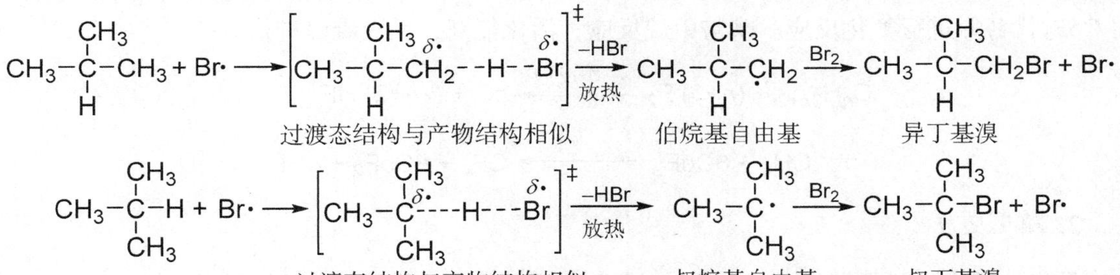

由于都是吸热反应，两个过渡态结构都与产物结构相近。这说明在过渡态异丁烷中的 C—H 键已接近完全均裂。但是这两个过渡态是不同的，一个接近于伯烷基自由基——异丁基自由基，另一个接近于叔烷基自由基——叔丁基自由基。因而，C—H 键离解能的大小对过渡态能量的高低有明显影响。叔 C—H 键的离解能明显比伯 C—H 键小，所以溴原子夺取异丁烷中的 3°H 反应的活化能明显比夺取 1°H 反应的低，导致溴原子夺取 3°H 反应速率明显比夺取 1°H 快，见图 4.6。所以异丁烷溴化反应几乎只生成一种产物叔丁基溴。

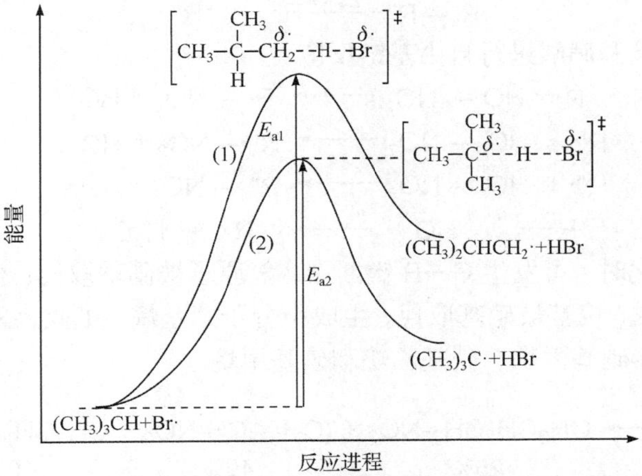

图 4.6　溴原子夺取异丁烷分子中两类氢原子的基元反应

4) 烷烃的其他卤化反应

烷烃与不同的卤素进行反应，活性顺序为：氟化>氯化>溴化>碘化，这与卤素的活性顺序 $F_2 > Cl_2 > Br_2 > I_2$ 一致。

在同类型反应中，可以通过比较决速步的活化能大小了解反应进行的难易。烷烃的卤化反应都是自由基反应机理。烷烃的卤化反应，决速步是第②步，在这步反应中卤素原子夺取烷烃中的氢，生成卤化氢和烷基自由基。对于甲烷与不同的卤素发生这一步反应，反应热和活化能分别为：

$X\cdot$ + CH_3—H	$\longrightarrow$ $CH_3\cdot$ + H—X	ΔH/ kJ · mol^{-1}	E_{a2}/kJ · mol^{-1}
F　439.3	568.2	−128.9	+4.2
Cl	431.8	+7.5	+16.7
Br	366.1	+73.2	+75.3
I	298.3	+141	>+141

可以看出，氟与甲烷反应大量放热，一旦反应，大量的热难以移走，会破坏生成的氟甲烷，得到碳和氟化氢，因此直接氟化的反应很难实现，可在稀有气体稀释下进行烷烃的氟化或者用 CoF_3 代替氟进行氟化反应。碘与甲烷反应，活化能高，反应难以进行。

$$C_nH_{2n+2} + (n+1)\,F_2 \xrightarrow{\text{爆炸反应}} nC + (2n+2)\,HF$$

$$CH_4 + 8CoF_3 \longrightarrow CF_4 + 8CoF_2 + 4HF$$

2. *硝化反应*

烷烃分子中的氢原子被硝基(—NO_2)取代的反应称为硝化反应。烷烃与硝酸在常温下不反应，高温时(400～450℃)则发生硝化反应生成硝基烷。

$$RH + HONO_2 \xrightarrow{\text{高温}} RNO_2 + H_2O$$

烷烃在高温进行的气相硝化反应也是自由基反应。其反应机理是，烷烃首先热裂解生成烷基自由基 R·。

$$R\text{—}H \xrightarrow{\triangle} R\cdot + \cdot H$$

$$R'\text{—}R'' \xrightarrow{\triangle} R'\cdot + \cdot R''$$

生成的烷烃自由基和硝酸进行自由基链反应。

$$R\cdot + HO\text{—}NO_2 \longrightarrow R\text{—}NO_2 + HO\cdot$$

$$R'\cdot + HO\text{—}NO_2 \longrightarrow R'\text{—}NO_2 + HO\cdot$$

$$R''\cdot + HO\text{—}NO_2 \longrightarrow R''\text{—}NO_2 + HO\cdot$$

$$R\text{—}H + HO\cdot \longrightarrow R\cdot + H_2O$$

烷烃进行气相硝化时，可发生 C—H 键断裂，氢原子被硝基取代，生成硝基烷烃。同时也可发生 C—C 键的断裂，烷基被硝基取代，生成小分子硝基烷。工业上采用丙烷的气相硝化反应生产 1-硝基丙烷、2-硝基丙烷、硝基乙烷和硝基甲烷。

$$CH_3CH_2CH_3 \xrightarrow[420℃]{HNO_3} CH_3CH_2CH_2\text{-}NO_2 + (CH_3)_2CH\text{-}NO_2 + CH_3CH_2\text{-}NO_2 + CH_3\text{-}NO_2$$

	$CH_3CH_2CH_2$-NO_2	$(CH_3)_2CH$-NO_2	CH_3CH_2-NO_2	CH_3-NO_2
	25%	40%	10%	25%
沸点	132℃	120℃	114℃	102℃

硝基烷在工业上用作溶剂，可用来溶解纤维素酯与合成树脂，也用作制备胺、羟胺、腈、醇、醛、酮和羧酸的原料。

硝酸是强氧化剂，所以硝化时还伴随烷烃氧化，生成醇、醛、酮、酸等氧化物。

3. 磺化和氯磺化反应

烷烃在高温下与硫酸反应，生成烷基磺酸，称为磺化反应。例如：

$$CH_3CH_3 + HOSO_2OH \xrightarrow{400℃} CH_3CH_2SO_3H + H_2O$$

烷烃与 SO_2 和 Cl_2 在日光或紫外光的照射下，常温下发生反应生成烷基磺酰氯。烷烃分子中氢原子被氯磺酰基(—SO_2Cl)取代的反应称为氯磺化反应，也称为 Reed 反应。

$$RH + SO_2 + Cl_2 \xrightarrow[\text{室温}]{h\nu} R—SO_2—Cl + HCl$$

烷烃氯磺化反应也是自由基反应。其反应机理如下：

链引发　$Cl—Cl \xrightarrow{h\nu} 2Cl·$

或　$SO_2Cl_2 \xrightarrow{h\nu} SO_2 + 2Cl·$

链传递　$RH + Cl· \longrightarrow R· + HCl$

$R· + SO_2 \longrightarrow R—\dot{S}O_2$

$R—\dot{S}O_2 + Cl—Cl \longrightarrow R—SO_2—Cl + Cl·$

链终止　自由基或原子相互结合成分子

反应除生成烷基磺酰氯外，还生成氯烷和烷烃的多磺酰氯等副产物。

Reed 反应在工业上用来生产高级烷基磺酰氯和高级烷基磺酸钠。例如，在紫外光的照射和常温条件下，将二氧化硫和氯同时通入直链高级烷烃($C_{12}H_{26}$～$C_{18}H_{38}$)中，则生成烷基磺酰氯。烷基磺酰氯在 100℃时用氢氧化钠水溶液进行水解，则得到烷基磺酸钠。

$$C_{12}H_{26} + SO_2 + Cl_2 \xrightarrow[-HCl]{h\nu,\text{常温}} C_{12}H_{25}SO_2Cl \xrightarrow[H_2O]{NaOH} \underset{\text{十二烷基磺酸钠}}{C_{12}H_{25}SO_2ONa}$$

烷基磺酸盐是一类重要的表面活性剂，常用来制备液体洗涤剂，其生物降解性能好，并且可在酸性、碱性、中性或硬水中使用。

4.2.2　燃烧和氧化反应

烷烃在空气中易燃烧，在空气充足、燃烧完全时，生成 CO_2 和 H_2O，并放出大量的热量。石油产品如汽油、煤油、柴油等用作燃料就是利用它们燃烧时放出的大量热。烷烃燃烧不完全时会产生游离碳，汽油、煤油、柴油等燃烧时带有黑烟(含有游离碳)就是空气不充足、燃烧不完全的缘故。

$$C_nH_{2n+2} + \frac{3n+1}{2}O_2 \longrightarrow n\,CO_2 + (n+1)\,H_2O + \text{热量}$$

低级烷烃的蒸气与空气混合达到一定的比例时，遇火焰或火花即迅速燃烧，短时间内放出大量的热，而不能迅速消散，同时产生的 CO_2 和水蒸气突然膨胀，从而产生剧烈的爆炸现象。例如，甲烷的爆炸极限是 5.3%～14%(体积分数)，即空气中甲烷的含量在这个范围内，遇火即爆炸。矿井瓦斯爆炸即缘于此。

烷烃燃烧不完全时产生一氧化碳。汽油在汽缸中很难完全燃烧，故汽车排放的废气中含有相当多的一氧化碳，造成空气污染。燃烧是自由基反应，形成自由基需要相当多的活化能，因此在一定温度下才能发生燃烧。

烷烃与氧在常温下不发生反应，但在一定条件下，用空气氧化烷烃可以生成醇、醛、酮和酸等含氧有机物。例如，石蜡(C_{20}～C_{30}的固态烃)在锰盐催化下，部分氧化生成复杂产物，经分离得到 C_{10}～C_{20} 的脂肪酸，可作为原料用于制作肥皂、表面活性剂等。

$$R-CH_2-CH_2-R' \xrightarrow[120\sim160℃]{锰盐,\ O_2} R-CH_2OH + RCHO + RCOOH + \cdots$$

$$R-CH_2-CH_2-R' \xrightarrow{O_2} RCOOH + R'COOH + H_2O$$

4.2.3　异构化反应

异构化反应是将烷烃从一个异构体转变成为另一个异构体的反应，在催化剂无水三氯化铝或无水三溴化铝作用下，烷烃可发生异构化反应，直链烷烃异构化为支链烷烃。例如：

$$CH_3CH_2CH_2CH_3 \xrightarrow[95\sim150℃,\ 1\sim2MPa]{AlCl_3,HCl} CH_3\overset{\displaystyle CH_3}{\overset{|}{C}}HCH_3\ (90\%)$$

伴随着异构化，还常发生其他反应，如裂解和聚合，因此在异构化产物中还有许多副产物。

直链烷烃异构成支链烷烃，可以提高油品的辛烷值，改善油品的质量。

辛烷值是汽油抗爆性的表示单位，将抗爆能力很差的直链烷烃正庚烷的“辛烷值”定为 0，将基本无爆震的多支链烷烃异辛烷(2,2,4-三甲基戊烷)的“辛烷值”定为 100。在规定条件下，将汽油样品与标准燃料(异辛烷与正庚烷的混合物)相比较，若二者抗爆性相同，则标准燃料中异辛烷的体积分数即为该汽油的辛烷值。辛烷值越大，抗爆震的能力越强。一般带支链的烷烃其辛烷值较大，抗爆震能力较好，即汽油的质量较优。烷烃通过异构化或裂化反应能提高产物的支链程度，也就提高了汽油的质量。表 4.2 为部分烃的辛烷值。

表 4.2　部分烃的辛烷值

烃的种类	辛烷值	烃的种类	辛烷值
庚烷	0	苯	101
2-甲基庚烷	24	甲苯	110
2-甲基戊烷	71	2,2,3-三甲基戊烷	116
辛烷	–20	环戊烷	122
2-甲基丁烷	90	对二甲苯	128
2,2,4-三甲基戊烷	100		

1923 年，托马斯-米基利为解决汽车引擎爆震问题，发明了含铅汽油(此人还发明了冰箱制冷剂氟利昂)，即在汽油中加入四乙基铅$(CH_3CH_2)_4Pb$ 来提高汽油的辛烷值。但地质学家帕特森意外发现，从 1923 年起，空气和水中的铅含量升高。由于铅的毒性，现在四乙基铅已被叔丁基甲基醚代替。

4.2.4　裂化、裂解和脱氢反应

烷烃在隔绝空气下加热，发生 C—C 键和 C—H 键的断裂，生成相对分子质量较小的碳氢化合物，这一过程称为热裂化或热裂解。例如：

$$CH_3CH_2CH_2CH_3 \xrightarrow{500℃} \begin{cases} H_2 + CH_3CH_2CH{=}CH_2 + CH_3CH{=}CHCH_3 \\ CH_4 + CH_2{=}CHCH_3 \\ CH_3CH_3 + CH_2{=}CH_2 \end{cases}$$

高级烷经热裂化时，碳链可以在任何一处断裂，加之反应过程中常伴有异构化、芳构化、环化、脱氢聚合等反应，因而产物是复杂的混合物。

石油工业中，热裂化通常在 500～600℃下进行，是石油炼制的一种成熟工艺，主要是为了裂化石油高沸点馏分以生产轻质油。裂解一般是在高于 700℃进行的一种深度裂化，其目的是得到低级烯烃——乙烯、丙烯及丁-1,3-二烯等。

在催化剂作用下，裂化石油高沸点馏分的过程称为催化裂化，此时反应可在较低温度下进行。此法在化工中主要用于生产乙烯、丙烯、丁烯。

高温裂化或裂解时，烷烃分子中 C—C 单键(键能 347.3kJ · mol^{-1})比 C—H 单键(键能 414.2kJ · mol^{-1})容易断裂，因此要使烷烃的高温脱氢变为主反应，就必须选用合适的催化剂。例如，制备丁-1,3-二烯的反应如下：

$$CH_3CH_2CH_2CH_3 \xrightarrow[-H_2]{催化脱氢} CH_3CH_2CH{=}CH_2 + CH_3CH{=}CHCH_3 \xrightarrow[-H_2]{催化脱氢} CH_2{=}CH{-}CH{=}CH_2$$

烷烃的高温裂化也是自由基反应。例如：

$$CH_3CH_2CH_2CH_3 \longrightarrow CH_3CH_2CH_2\cdot + CH_3\cdot + CH_3CH_2\cdot + CH_3CH_2\cdot$$

生成的自由基可以相互结合，生成烷烃：

$$CH_3CH_2\cdot + CH_3\cdot \longrightarrow CH_3CH_2CH_3$$

$$CH_3CH_2CH_2\cdot + CH_3CH_2\cdot \longrightarrow CH_3CH_2CH_2CH_2CH_3$$

$$CH_3\cdot + CH_3\cdot \longrightarrow CH_3CH_3$$

生成的自由基可通过断裂碳氢键生成烯烃：

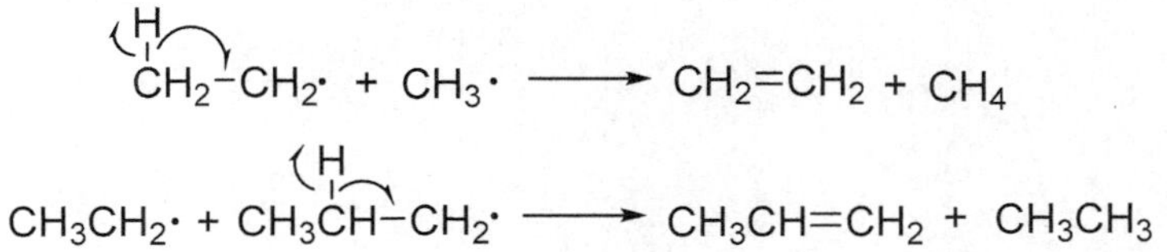

习　　题

4.1　某烷烃的相对分子质量为 114，在光照下与氯气反应，仅能生成一种一氯化产物，试推测其构造式。

4.2　以甲烷的溴化反应为例，讨论反应 $Br\cdot + CH_4 \longrightarrow \cdot CH_3 + HBr$ 中过渡态和$\cdot CH_3$的结构状态。画出相应的能量-反应进程图。

4.3　甲烷和氯在高温或紫外光照射下的反应式如下：

$$H_3C\text{—}H + Cl\text{—}Cl \longrightarrow H_3C\text{—}Cl + H\text{—}Cl$$

(1) 计算反应热。

(2) 既然甲烷的氯化反应是放热反应，为什么要加热(或紫外光照射下)才能发生反应？

4.4　甲烷在光照下进行氯化反应时，可以观察到下列现象，请解释。

(1) 将氯气先用光照，然后立即在黑暗中与甲烷混合，可得到氯化产物。

(2) 氯气经光照后，若在黑暗中放置一段时间再与甲烷混合，则不发生氯化反应。

(3) 甲烷经光照后，在黑暗中与氯气混合不能发生氯化反应。

4.5　试根据各键离解能说明为什么甲烷氯化时，不太可能按下述方式进行。

$$Cl_2 \xrightarrow{h\nu} Cl\cdot + Cl\cdot$$

$$Cl\cdot + CH_4 \longrightarrow CH_3Cl + H\cdot$$

$$H\cdot + Cl_2 \longrightarrow HCl + \cdot Cl$$

$$H\cdot + H\cdot \longrightarrow H_2$$

4.6　在室温光照下，烷烃和氯反应时，1°H、2°H 及 3°H 的相对反应活性比为 1 : 4 : 5，试预测 2,2,4-三甲基戊烷和 Cl_2 反应时，可能生成的所有一氯代物的相对含量。

4.7　等物质的量的甲烷和乙烷的混合物与少量氯反应，得到的氯甲烷与氯乙烷的物质的量比为 1 : 400，比较甲烷与乙烷中氢的相对反应活性。

4.8　比较下列自由基的稳定性。

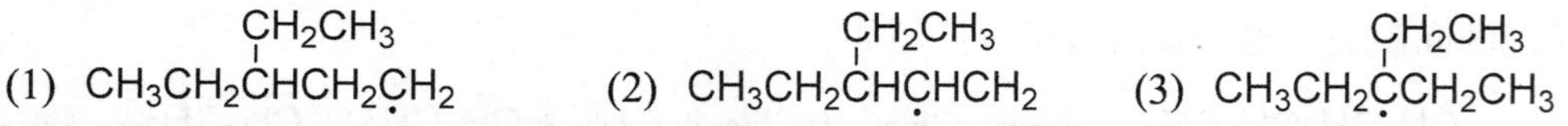

4.9　甲烷和氯通常需要加热到 250℃以上才能反应，但加入微量的(0.02%)四乙基铅后，在 140℃就可以发生反应，试解释这一现象。(提示：Cl—Cl 键和 C—Pb 键的键能分别为 242.7kJ · mol^{-1} 和 205.0kJ · mol^{-1})

第 5 章　烯烃、炔烃、共轭二烯烃和脂环烃碳碳双键的亲电加成反应

5.1　烯烃的物理性质

在常温常压时，乙烯、丙烯和丁-1-烯是气体，在直链末端烯烃(末端烯烃也称为 *α*-烯烃)中，从戊-1-烯开始是液体，从二十碳-1-烯开始是固体。直链 *α*-烯烃的沸点随着相对分子质量的增加而升高。液态烯烃的相对密度小于 1，随着相对分子质量增加，直链 *α*-烯烃的相对密度逐渐增大。烯烃不溶于水，能溶解于某些非极性有机溶剂中，如苯、乙醚、氯仿、四氯化碳等。表 5.1 列出了一些烯烃的物理常数。

表 5.1　一些烯烃的物理常数

名称	构造式	熔点/℃	沸点/℃	相对密度(d_4^{20})
乙烯	$CH_2{=}CH_2$	−169	−103.7	
丙烯	$CH_3CH{=}CH_2$	−185	−47.7	
丁-1-烯	$CH_3CH_2CH{=}CH_2$	−185	−6.5	
戊-1-烯	$CH_3(CH_2)_2CH{=}CH_2$	−165	30	0.643
己-1-烯	$CH_3(CH_2)_3CH{=}CH_2$	−140	63.5	0.675
庚-1-烯	$CH_3(CH_2)_4CH{=}CH_2$	−119	93.6	0.698
辛-1-烯	$CH_3(CH_2)_5CH{=}CH_2$	−101	122.5	0.716
壬-1-烯	$CH_3(CH_2)_6CH{=}CH_2$	−81	147	0.734
癸-1-烯	$CH_2(CH_2)_7CH{=}CH_2$	−66	171	0.743
异丁烯	$(CH_3)_2C{=}CH_2$	−140	−7	
顺-丁-2-烯	顺-$CH_3CH{=}CHCH_3$	−139	4	
反-丁-2-烯	反-$CH_3CH{=}CHCH_3$	−106	1	
顺-戊-2-烯	顺-$CH_3CH_2CH{=}CHCH_3$	−180	37	0.655
反-戊-2-烯	反-$CH_3CH_2CH{=}CHCH_3$	−140	36	0.647
3-甲基丁-1-烯	$(CH_3)_2CHCH{=}CH_2$	−168	20	
2-甲基丁-2-烯	$CH_3CH{=}C(CH_3)_2$	−134	39	0.660
2,3-二甲基丁-2-烯	$(CH_3)_2C{=}C(CH_3)_2$	−74	73	0.705

5.2　烯烃的化学性质

烯烃的化学性质主要表现在官能团碳碳双键(C═C)上。在烯烃分子的碳碳双键中，一个是 σ 键(键能 347.3kJ · mol^{-1})，一个是 π 键(键能 263.6kJ · mol^{-1})，π 键是 p 轨道侧面重叠形成的，其强度比 σ 键小，在进行化学反应时容易发生 π 键断裂，结果在两个双键碳原子上各加上一个原子或基团形成两个 σ 键，这样的反应称为加成反应。

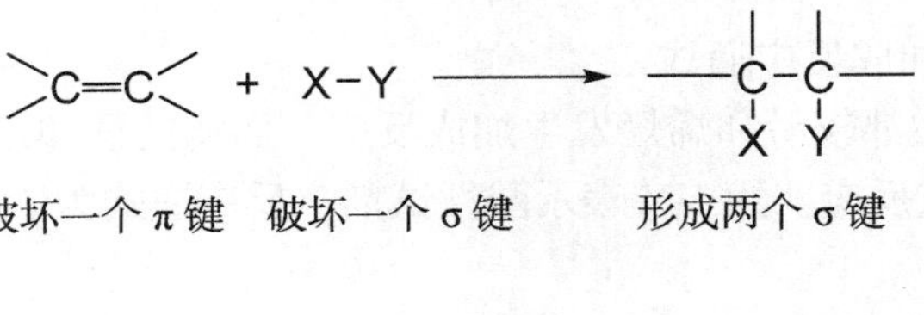

破坏一个 π 键　破坏一个 σ 键　　形成两个 σ 键　　　反应放热

在烯烃分子中，形成 π 键的 π 电子不像 σ 电子那样集中在两个碳原子核之间，而是裸露在分子所在平面的上方和下方，从而有利于缺电子试剂(如正离子，或带一个单电子的试剂如自由基)的进攻。进攻试剂的类型不同，反应的机理不同，因此可以将烯烃的加成反应分为离子型的亲电加成反应和自由基加成反应，其中离子型的亲电加成反应是烯烃最常见、最主要的反应。在某些情况下，烯烃也可以发生亲核加成反应。另外，烯烃还易发生氧化反应和加氢反应等。

烯烃碳碳双键的 α-H 原子受碳碳双键的影响，具有一定的活性，可以发生 α-H 的自由基取代和氧化反应。

5.2.1　烯烃的亲电加成反应

亲电试剂进攻烯烃分子中的 π 键，发生 π 键断裂进行加成反应，此类反应称为烯烃的亲电加成反应。与烯烃发生亲电加成反应的试剂，常见的有酸性试剂(HCl、HBr、HI、H_2SO_4、H_2O、醇 ROH、酚 ArOH、羧酸 RCOOH 等)、卤素(Cl_2、Br_2)和次卤酸(HOCl、HOBr)等。

烯烃的亲电加成反应有两种机理，即碳正离子中间体机理和环状正离子中间体机理。

(1) 碳正离子中间体机理。

当烯烃与氢卤酸、硫酸、水、醇、有机酸等酸性试剂(用通式 HX 表示)加成时，第一步是 H^+加到烯烃 π 键上生成碳正离子中间体和 X^-。

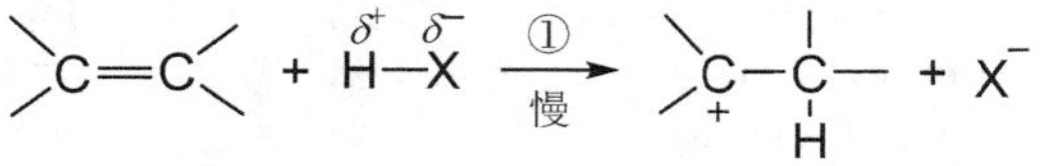

这是慢的一步反应。反应速率和产物的结构由碳正离子中间体稳定性决定。

第二步，由 X^-与碳正离子中间体结合得到加成产物，这是快的一步反应。

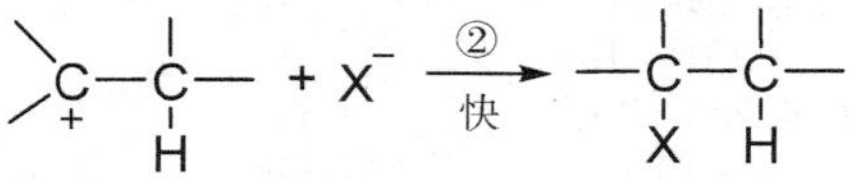

(2) 环状正离子中间体机理。

当烯烃与卤素和次卤酸等加成时，第一步加到 π 键上的卤素带有孤对电子，可与生成的碳正离子成键，形成环状正离子中间体，使碳上正电荷得以分散而稳定。

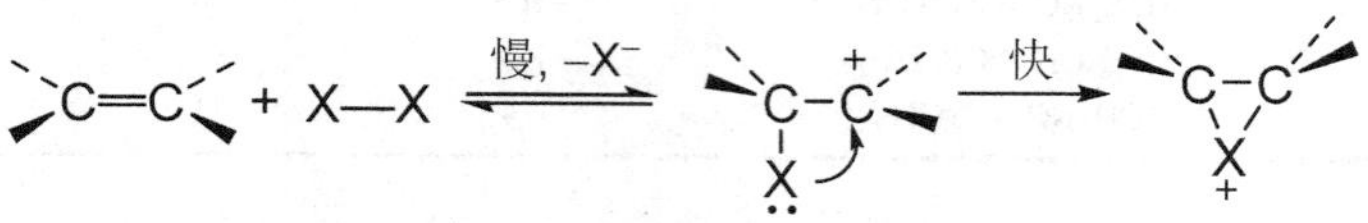

第二步，X^-从环平面背面进攻带有部分正电荷的碳得到加成产物。

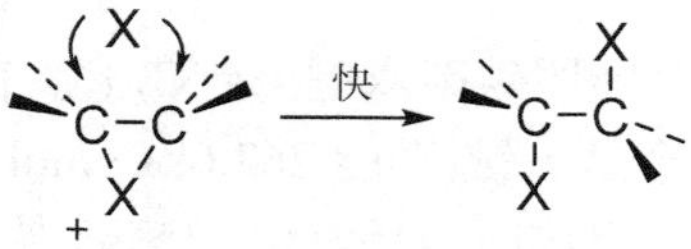

1. 烯烃与酸性试剂的加成

1) 烯烃与酸性试剂加成反应通式

无机酸和强的有机酸都较易和烯烃发生加成反应，而弱的酸如乙酸、水、醇等只有在强酸催化下，才能发生加成反应。用 HX 表示酸性试剂，反应通式为

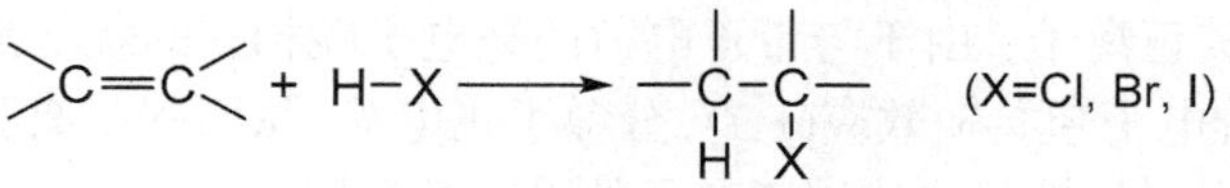

2) 烯烃与酸性试剂加成反应的机理

酸性试剂与烯烃的亲电加成反应分两步进行，第一步是酸性试剂 H—X 中带部分正电荷的氢进攻烯烃双键碳原子，形成 C—H σ 键，同时 π 键断裂，H—X σ 键断裂，形成碳正离子中间体和 X^-。

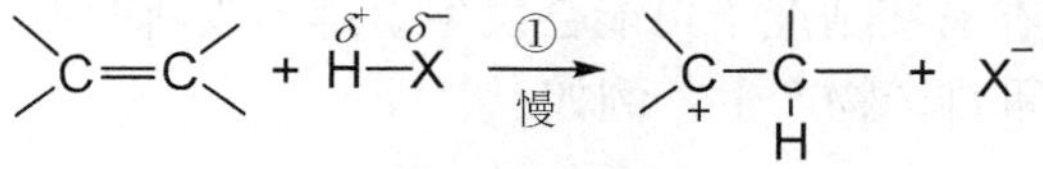

第二步是碳正离子中间体和 X^-结合，得到加成产物。

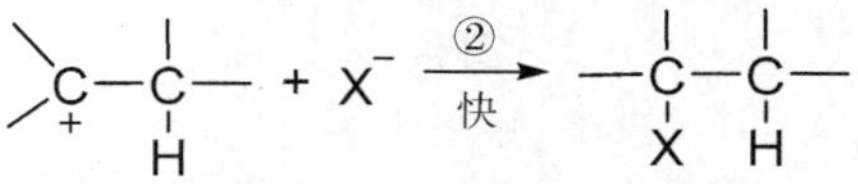

反应过程中的能量变化如图 5.1 所示。

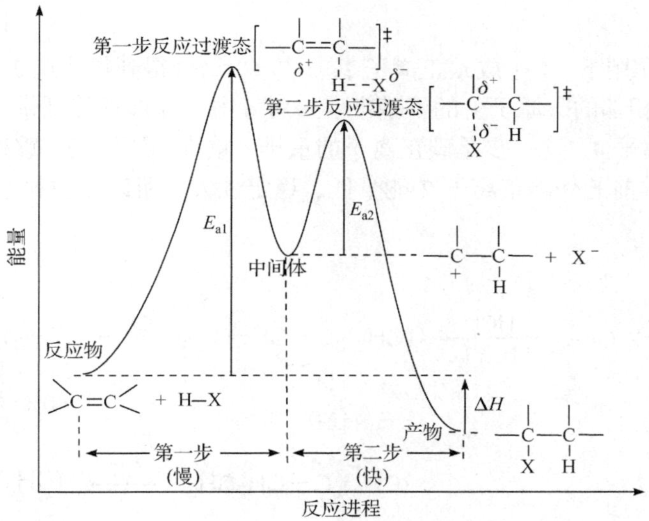

图 5.1　C═C 双键与 HX 加成的能量-反应图

由图 5.1 可以看出，第一步反应①吸热，活化能高，反应慢；第二步反应②活化能低，反应快，放热。

在分步进行的反应中，慢的一步反应决定整个反应的反应速率。因此，第一步形成碳正离子的反应是决定整个烯烃亲电加成反应速率的步骤，而这一步反应的速率决定于碳正离子的稳定性，碳正离子越稳定越容易生成，反应速率越快。从另外一个方面来看，烯烃双键上的电子密度越大，越容易受到亲电试剂的进攻，烯烃的反应速率就越快，即烯烃的反应活性越高。

3) 碳正离子的稳定性与碳正离子的重排

根据静电定律，带电体中电荷越集中越不稳定，电荷分散越广体系越稳定。因此，对于带正电荷的碳正离子，任何有利于分散该正电荷使之转移到碳正离子其他部分的结构因素，都能降低碳正离子的能量，增大碳正离子的稳定性。

对于烷基取代的碳正离子，由于与带正电荷的缺电子碳相连的烷基推电子的诱导效应(+I)和 C—H σ 键参与的推电子超共轭效应(+C′)，分散了正电荷，从而碳正离子所带的正电荷减少，碳正离子的稳定性增强，故烷基取代碳正离子的稳定性顺序是

叔碳正离子 > 仲碳正离子 > 伯碳正离子 > 甲基正离子

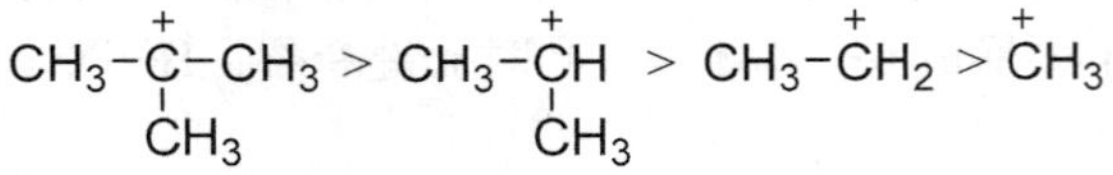

碳正离子有个特点，在有些情况下可能会发生重排形成新的碳正离子。因此，烯烃与酸性试剂加成反应常伴随有重排产物产生。例如：

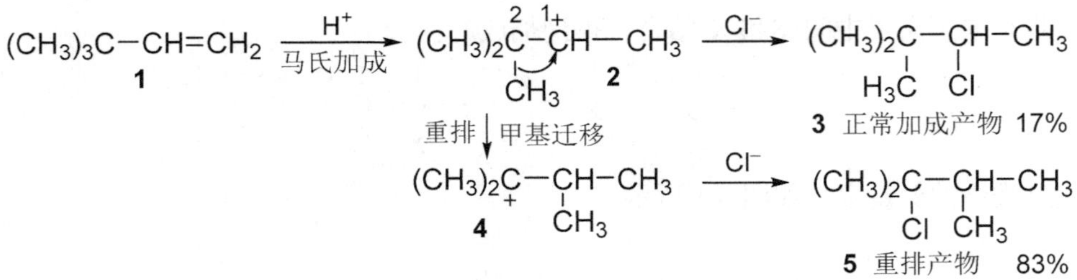

首先，在 H^+的作用下，**1** 生成碳正离子 **2**，**2** 与 Cl^-结合得到氯代烷 **3**，这是正常的加成产物。**2** 中与碳正离子相邻的碳原子上的甲基带着一对 σ 电子立即迁移到带正电荷的缺电子的碳上，生成新的碳正离子 **4**，这一步是碳正离子的重排。重排的原因是，重排后生成的 **4** 是一个叔碳正离子，比重排前的仲碳正离子 **2** 能量低、稳定性大，所以 **2** 重排生成 **4**，**4** 与 Cl^-结合得到重排产物 **5**。

又如：

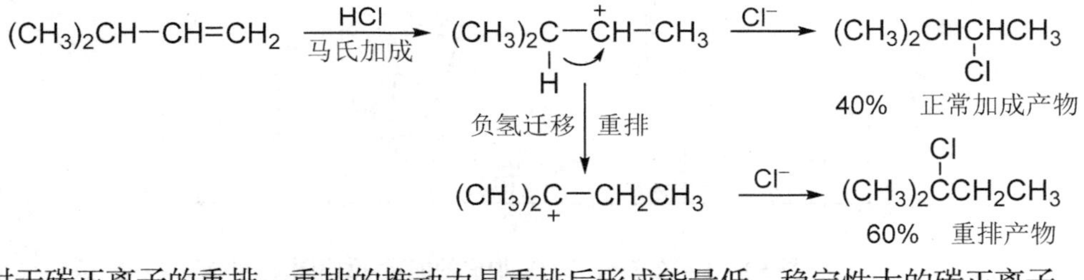

对于碳正离子的重排，重排的推动力是重排后形成能量低、稳定性大的碳正离子，重排过程是与碳正离子相邻的碳原子上的氢或烃基带着一对 σ 电子迁移到碳正离子上，形成新的碳正离子。这种迁移也称为 1,2-迁移。1,2-迁移碳正离子重排常称为瓦格纳-米尔文(Wagner-Meerwein)重排。

4) 烯烃与酸性试剂加成反应的速率即反应活性

对于不同的烯烃，如果双键上有烷基取代基，由于烷基给电子的诱导效应和给电子的超共轭效应，第一步反应形成的碳正离子上的正电荷减少，稳定性增加，烯烃的反应速率即烯烃的活性增高。如果双键上有吸电子取代基，会使碳正离子带的正电荷增多，稳定性下降，烯烃的反应活性降低。

例如，丙烯与卤化氢的加成比乙烯快。其原因是甲基的给电子诱导效应和给电子超共轭效应，使丙烯与 HX 加成生成的仲碳正离子比乙烯与 HX 加成生成的伯碳正离子带正电荷少、能量低、稳定性大，生成时活化能小、反应速率快。因而与 HX 加成时，丙烯比乙烯反应快，

即丙烯比乙烯活性高。

$$CH_2{=}CH_2 + H{-}X \xrightarrow{\text{慢}} \overset{+}{C}H_2{-}CH_2{-}H + X^-$$

$$CH_3{-}CH{=}CH_2 + H{-}X \xrightarrow{\text{慢}} CH_3{-}\overset{+}{C}H{-}CH_3 + X^-$$

从另一方面来看，双键上带有给电子基团，双键电子密度增大，有利于反应的进行，活性增大；若双键上带有吸电子基团，双键电子密度降低，反应活性降低。因此，不同烯烃亲电加成反应的活性顺序为

$$(CH_3)_2C{=}C(CH_3)_2 > (CH_3)_2C{=}CH_2 > CH_3CH{=}CHCH_3 > CH_3CH{=}CH_2 > CH_2{=}CH_2 > CH_2{=}CH{-}Cl$$

不同的酸性试剂与烯烃亲电加成反应的活性，取决于 H—X 电离的难易，H—X 越容易电离，即酸性越强，反应越容易，活性越高。因此，无机酸和强的有机酸都较易和烯烃发生加成反应，而弱的酸如乙酸、水、醇等只有在强酸催化下，才能与烯烃发生加成反应。显然，不同卤化氢的反应活性顺序为

$$HI > HBr > HCl$$

5) 不对称烯烃与酸性试剂加成反应的区域选择性

不对称烯烃与酸性试剂加成反应时，H^+加到不同的碳原子上，得到两种产物。例如：

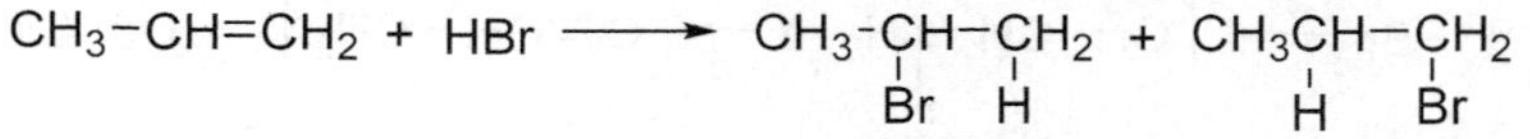

Ⅰ 主要产物　　Ⅱ 次要产物

如果一个反应可能生成几个构造异构体，而反应结果则是只生成其中的一个或主要生成其中的一个，这个反应称为区域选择反应。

上述丙烯与溴化氢的加成反应就是一个典型的区域选择反应。实验发现，生成的主要产物是Ⅰ，即不对称烯烃与酸性试剂 H—X 加成时，H—X 分子中的氢原子加在烯烃分子中含氢较多的双键 C 原子上，X 原子加在含氢较少的双键 C 原子上。这是 1868 年俄国科学家马尔科夫尼科夫(Markovnikov)根据一些实验结果总结出的一条经验规则，称为马尔科夫尼科夫规则，简称马氏规则。加成产物与马氏规则一致的，称为马氏加成或正常加成；加成产物与马氏规则相反的，称为反马氏加成或反常加成。

由于酸性试剂与烯烃亲电加成反应的决定速率步骤是第一步，不对称烯烃的马氏加成和反马氏加成可形成两种不同的碳正离子。比较这两个碳正离子的稳定性，能量低的稳定碳正离子容易形成，反应速率快，以此加成得到的产物是主要产物。

如果烯烃分子双键上连接烷基(R－)、烷氧基(RO－)、烷氨基(RNH－或 R_2N—)等给电子基团，不仅发生亲电加成反应活性高，而且与酸性试剂的加成符合马氏规则。这是由于给电子基团使马氏加成形成的碳正离子带的正电荷较少，能量较低，较稳定。例如：

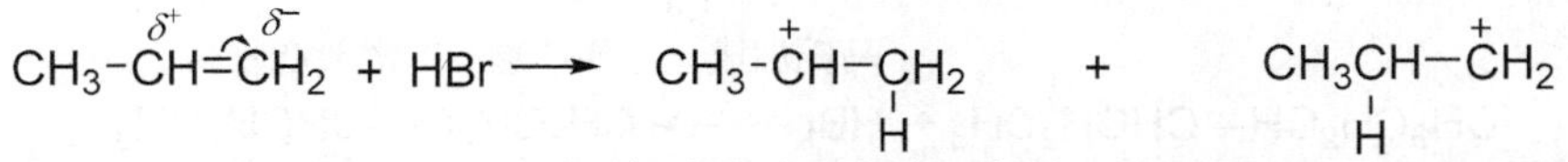

甲基推电子诱导效应和推电子超共轭效应使π电子偏移　　马氏加成形成二级碳正离子能量低，稳定　　反马氏加成形成一级碳正离子能量高，不稳定

所以，主要得到马氏加成产物 $CH_3CHBrCH_3$，而反马氏加成产物 $CH_3CH_2CH_2Br$ 较少。

从电子密度来看，给电子基团使双键上的 π 电子偏移，结果使含氢多的双键碳上电子密度更高，更易与亲电试剂结合进行马氏加成。

如果烯烃分子双键上连接三氟甲基(F_3C—)、硝基(—NO_2)、羧基(—COOH)、氰基(—CN)等吸电子基团，发生亲电加成反应活性低，与酸性试剂的加成符合反马氏规则。这是由于吸电子基团与碳正离子直接连接，吸电子作用更强，马氏加成形成的碳正离子带正电荷更多、更不稳定；而反马氏加成形成的碳正离子中，吸电子基团与碳正离子之间隔了一个碳原子，带正电荷较少、稳定。例如：

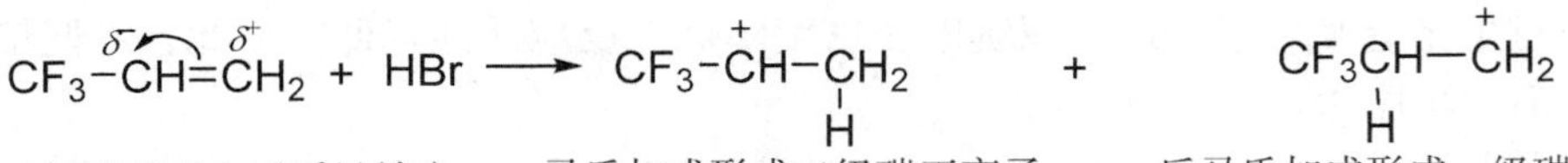

三氟甲基吸电子诱导效应使双键上的π电子偏移　　马氏加成形成二级碳正离子 三氟甲基吸电子诱导效应强 能量高，不稳定　　反马氏加成形成一级碳正离子 三氟甲基与碳正离子隔了一个碳 能量较低，较稳定

从电子密度来看，吸电子基团使 π 键上的 π 电子向吸电子基团偏移，结果含氢多的双键碳上电子密度减少，含氢少的双键碳上电子密度相对较高，进行反马氏加成。

需要特别注意的是，如果烯烃分子双键上连接卤素(X)等吸电子基团，发生亲电加成反应活性低，与酸性试剂的加成符合马氏规则。这是由于卤素虽然有吸电子的诱导效应，但是可以通过给电子的共轭效应使马氏加成形成的碳正离子更稳定；而反马氏加成形成的碳正离子中卤素只有吸电子的诱导效应而无给电子的共轭效应。例如：

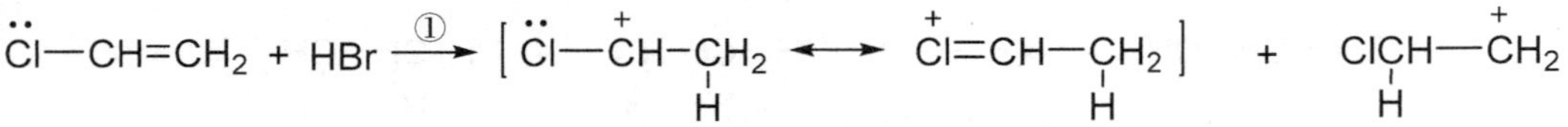

马氏加成形成二级碳正离子，可以与卤素成键，使正电荷转移而分散，能量较低，较稳定　　反马氏加成形成一级碳正离子 能量较高，较不稳定

6) 烯烃与不同酸性试剂的亲电加成反应

(1) 加卤化氢。

烯烃能与卤化氢(HCl、HBr 和 HI)加成，生成卤代烷。

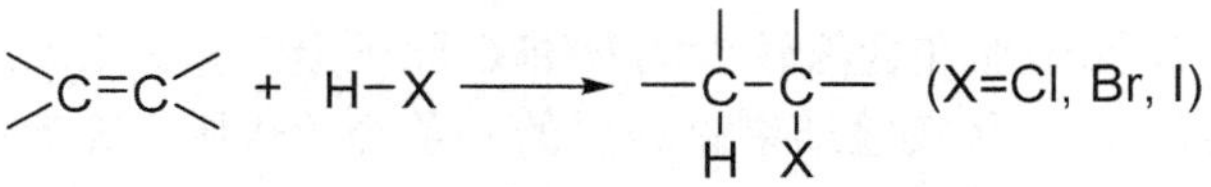

反应时将干燥的 HX 气体直接通入烯烃或烯烃的乙酸溶液中，溶剂乙酸既可溶解烯烃，也可溶解卤化氢。一般不用卤化氢水溶液(盐酸、氢溴酸和氢碘酸)，一则因为卤化氢水溶液活性较小，再则是为避免烯烃与水加成。

根据马氏规则，除乙烯与卤化氢加成得一级卤代烷外，其他烯烃均得二级卤代烷或三级卤代烷。例如：

$$CH_2{=}CH_2 + HBr \xrightarrow{CH_3COOH} CH_3CH_2Br$$

$$CH_3CH{=}CH_2 + HCl \longrightarrow CH_3CH(Cl)CH_3 + CH_3CH_2CH_2Cl$$

马氏加成，主要产物　　次要产物

$$CH_3CH_2CH{=}CHCH_2CH_3 + HBr \longrightarrow CH_3CH_2CH_2CH(Br)CH_2CH_3$$

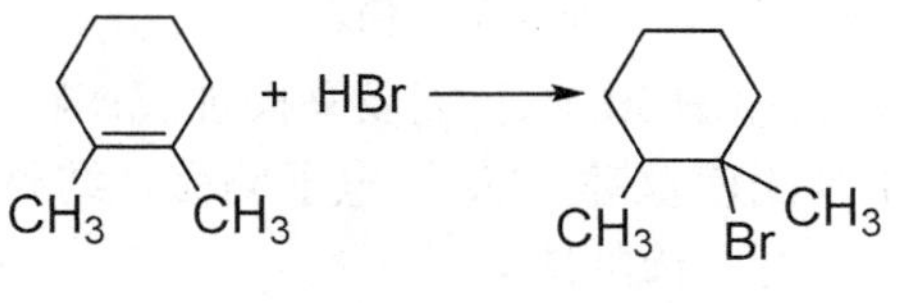

(2) 加 H_2SO_4。

烯烃能与冷的浓硫酸加成，结果硫酸中氢离子加到 C═C 双键的一个碳上，硫酸氢根负离子加到另一个双键碳上，生成硫酸氢酯。硫酸氢酯溶于硫酸，呈澄清溶液。用水稀释，然后加热，硫酸氢酯就水解生成醇和硫酸。这是由烯烃制备醇的一种间接方法，称为烯烃间接水合法。

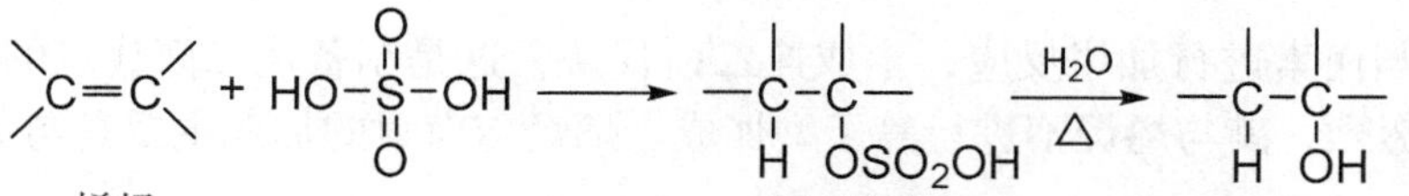

烯烃　　硫酸氢酯　　醇

乙烯、丙烯等低碳烯烃容易从石油裂解中得到，工业上就用这些烯烃与硫酸反应生产乙醇、异丙醇和叔丁醇等低级醇。

$$CH_2{=}CH_2 \xrightarrow{98\%H_2SO_4} \underset{\text{硫酸氢乙酯}}{CH_3CH_2OSO_2OH} \xrightarrow[90℃]{H_2O} CH_3CH_2OH + H_2SO_4$$

$$CH_3CH{=}CH_2 \xrightarrow{80\%H_2SO_4} \underset{\text{硫酸氢异丙酯}}{CH_3CH(OSO_2OH)CH_3} \xrightarrow[\triangle]{H_2O} CH_3CH(OH)CH_3 + H_2SO_4$$

$$(CH_3)_2C{=}CH_2 \xrightarrow{63\%H_2SO_4} \underset{\text{硫酸氢叔丁酯}}{(CH_3)_3COSO_2OH} \xrightarrow[\triangle]{H_2O} (CH_3)_3COH + H_2SO_4$$

从加成反应所用硫酸浓度可以看出，碳碳双键上烷基越多，加成反应越容易。烯烃加硫酸是亲电加成，也是通过碳正离子中间体机理进行的，反应遵守马氏规则，符合亲电加成反应的一般规律。

(3) 加水。

在酸催化下，烯烃与水加成先形成碳正离子，然后与水结合形成质子化的醇，再失去质子生成醇，这是工业上制备醇的方法，称烯烃直接水合法。

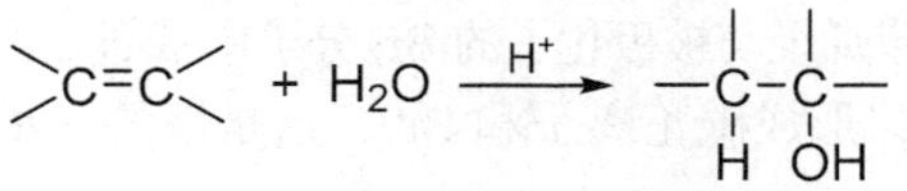

$$CH_2{=}CH_2 \xrightarrow{H_3PO_4} CH_3-\overset{+}{C}H_2 \xrightarrow{H_2O} CH_3CH_2\overset{+}{O}H_2 \xrightarrow{-H^+} CH_3CH_2OH$$

推电子取代的不对称烯烃与水加成遵守马氏规则。

$$CH_3-CH{=}CH_2 + H_2O \xrightarrow[195℃,2MPa]{H_3PO_4} CH_3-\underset{OH}{CH}-CH_3$$

由于乙烯、丙烯、异丁烯等来源充足，因此工业上可用此法大量生产乙醇、异丙醇、叔丁醇等。

(4) 加有机酸。

烯烃与有机酸加成生成酯。有机弱酸需要在强酸催化下进行反应。

$$CH_2{=}CH_2 + CF_3COOH \longrightarrow CH_3CH_2-OCOCF_3 \quad \text{三氟乙酸乙酯}$$

$$CH_3CH{=}CH_2 + CH_3COOH \xrightarrow{H^+} (CH_3)_2CH-OCOCH_3 \quad \text{乙酸异丙酯}$$

(5) 加醇和酚。

在强酸催化下，烯烃与醇(ROH)或酚(ArOH)加成生成醚。

$$(CH_3)_2C{=}CH_2 + CH_3OH \xrightarrow{HBF_4(BF_3+HF)} (CH_3)_3COCH_3 \quad \text{叔丁基甲基醚}$$

2. 烯烃与卤素的加成

烯烃容易与卤素进行加成反应，生成连二卤代烷，这是制备连二卤代烷的重要方法。氟太活泼，反应激烈，碘与烯烃不进行离子型加成。烯烃与卤素的加成主要是与氯和溴的加成：

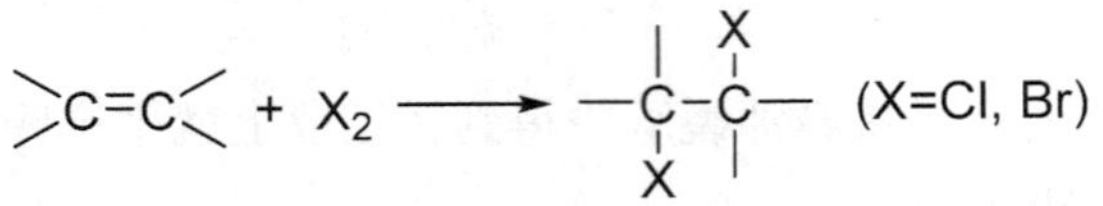

实验室中烯烃与溴的加成常用于检验 C═C 双键，将红棕色的 5%溴-四氯化碳溶液滴加到烯烃或其溶液中，C═C 双键就与溴加成生成无色的连二溴化物，而使溴的红棕色消失，这是检验 C═C 双键最常用的一个方法。

卤素的活性顺序是 $Cl_2 > Br_2$。

烯烃的活性顺序是

$$(CH_3)_2C{=}C(CH_3)_2 > (CH_3)_2C{=}CHCH_3 > CH_3CH{=}CH_2 > CH_2{=}CH_2$$

例如：

$$CH_2{=}CH_2 + Cl_2 \xrightarrow[ClCH_2CH_2Cl]{FeCl_3,\ 40℃} ClCH_2{-}CH_2Cl \quad (97\%)$$

$$BrCH_2{-}CH{=}CH_2 + Br_2 \xrightarrow[CCl_4]{-5\sim0℃} BrCH_2{-}CHBr{-}CH_2Br \quad (96\%\sim98\%)$$

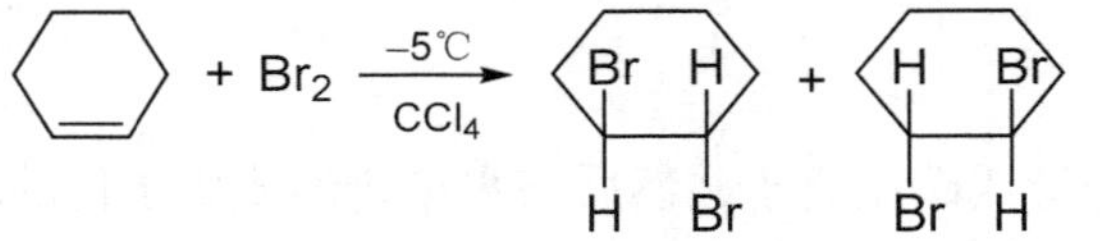

(反式加成产物95%)
一对对映体

反应机理：

烯烃与溴加成反应，第一步烯烃与被极化了的 Br_2 分子中带部分正电荷的溴原子接近，Br—Br σ 键异裂，烯烃中的 π 键断裂，形成碳正离子和 Br^-，这是慢的一步反应，是亲电加成。

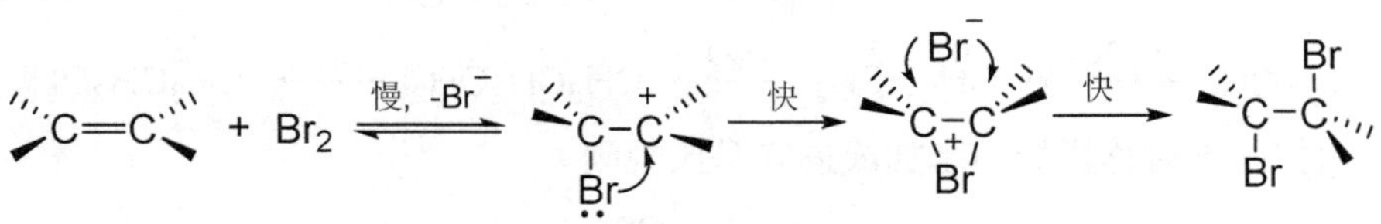

在生成的碳正离子中，由溴原子的孤对电子所占轨道与碳正离子 p 轨道重叠形成环状结构的溴正离子。例如：

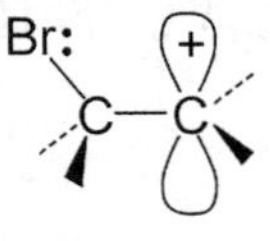

碳正离子

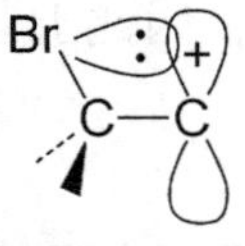

溴与碳正离子轨道重叠

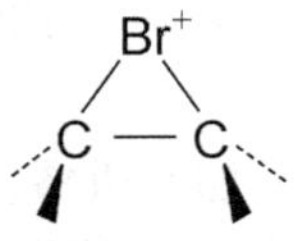

环状溴正离子

三元环的存在既阻止 C—C 单键的转动，又使 Br^- 从远离 Br^+ 的方向即环中溴的背面进攻与溴相连的两个碳原子中的一个，这是快的一步。总的结果是 Br_2 的两个溴原子在烯烃平面的两边发生反应，得到反式加成的产物。

下面举两个具体的反应实例，说明这个反应历程。

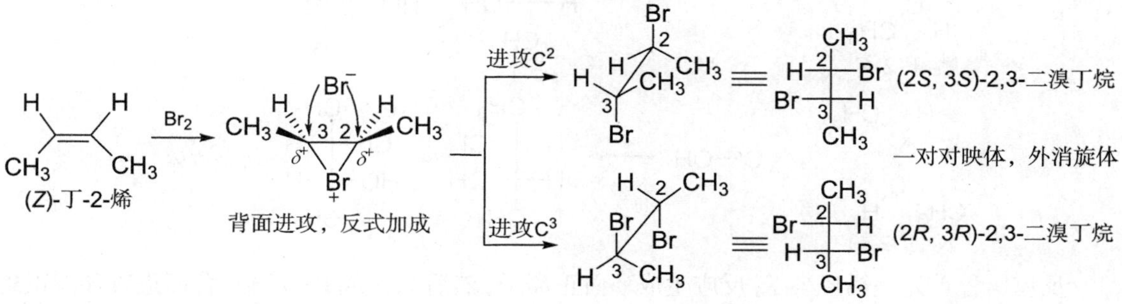

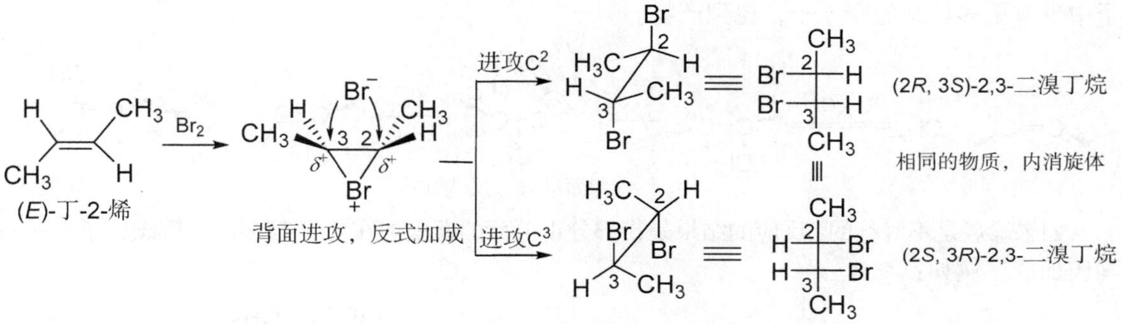

上述卤素与烯烃的加成反应，是立体选择的反式加成反应。

(*Z*)-丁-2-烯和(*E*)-丁-2-烯是立体异构体，它们与溴的亲电加成反应，得到的反应产物(2*R*,3*R*)、(2*S*,3*S*)和(2*R*,3*S*)-2,3-二溴丁烷也是立体异构体。凡是立体异构不同的反应物在一反应中生成立体异构不同的产物，该反应称为立体专一反应。所有的立体专一反应都是立体选择的，但不是所有立体选择的反应都是立体专一的。

由于立体因素，反式加成这个事实更加清楚地表明 C═C 双键与溴的加成不可能是一步机理，而必定是分步机理。

3. 烯烃与次卤酸的加成

如果烯烃与氯或溴的加成是在水溶液或碱性水溶液中(而不是四氯化碳中)进行，这个反应的主要产物就不是连二卤代烷，而是β-卤代醇。

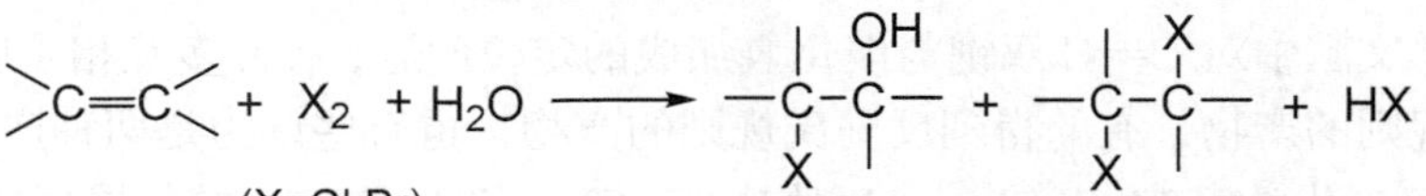

反应相当于烯烃与次卤酸加成生成β-卤代醇。β-卤代醇在碱的作用下脱去卤化氢生成环氧化合物，这是制备环氧化合物的一种方法。

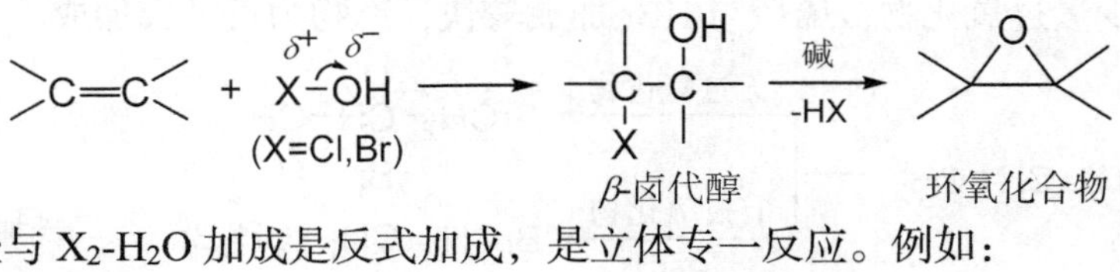

简单的烯烃与 X_2-H_2O 加成是反式加成，是立体专一反应。例如：

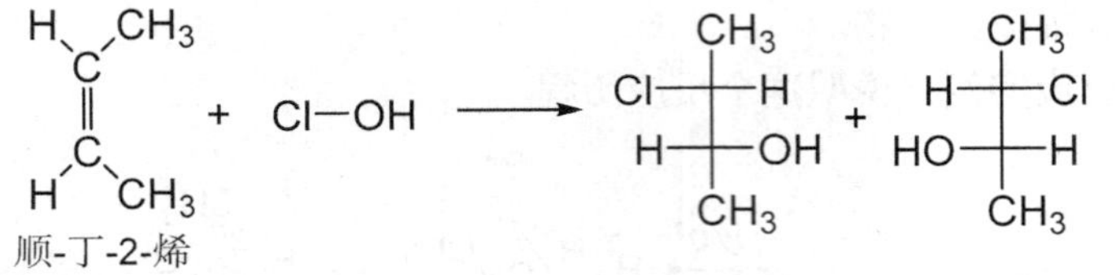

顺-丁-2-烯　　外消旋体

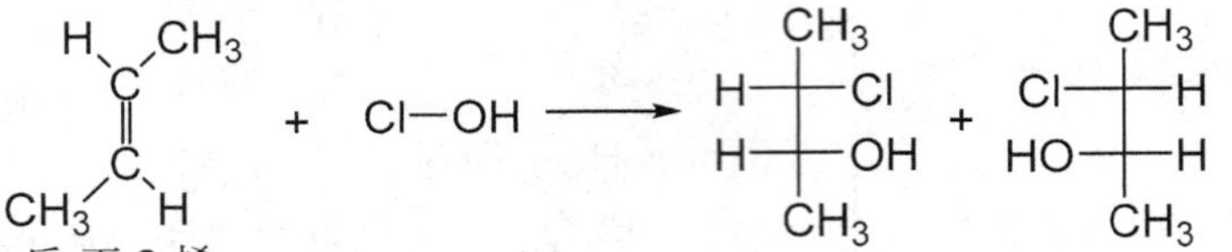

反-丁-2-烯　　外消旋体

反应历程首先是烯烃与 X_2 反应生成环卤正离子，然后 HO^-或 H_2O 再从背面进攻环卤正离子中带有更多烷基的碳原子，得到产物。

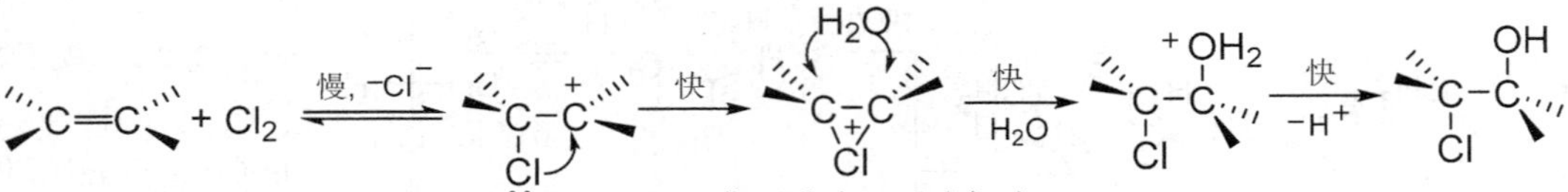

背面进攻，反式加成

如果烯烃是不对称的，反应的结果是带部分正电荷的卤素加在含 H 较多的双键碳原子上——马氏加成，例如：

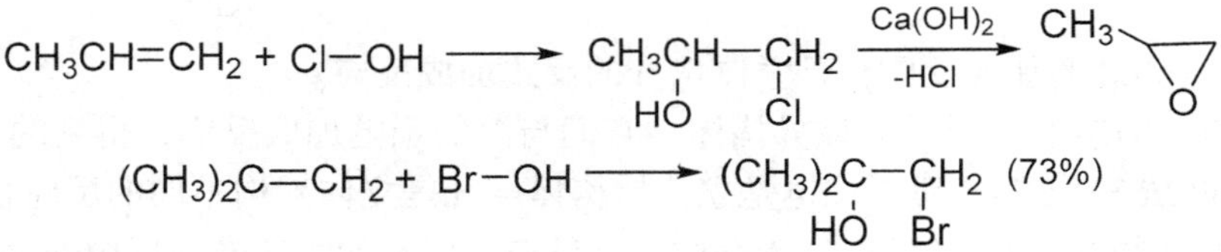

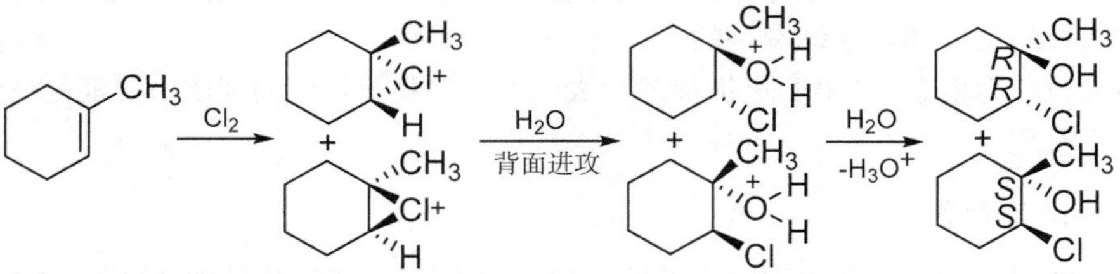

一对对映体
外消旋体

5.2.2　烯烃的自由基加成反应——过氧化物效应

早期的化学文献中对 C═C 双键与溴化氢加成的定位问题，有许多互相矛盾的报道，有的得到符合马氏规则的产物，有的得到反马氏规则的产物，也有些认为是两种产物的混合物。

1933 年，美国化学家 M. S. Kharasch 对 $BrCH_2CH{=}CH_2$ 和 HBr 的加成反应进行了深入的研究，发现 C═C 双键与 HBr 加成的定位，完全取决于有无过氧化物的存在。如果仔细除去反应体系中存在着的过氧化物，烯烃与 HBr 加成较慢，产物符合马氏规则；如果不除去反应体系中存在着的少量过氧化物，烯烃与 HBr 加成较快，产物为反马氏加成。

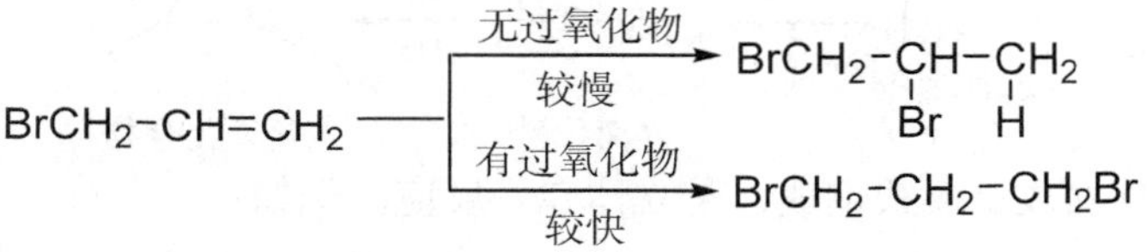

马氏加成
反马氏加成

$$CH_2{=}C(CH_3)_2 + HBr \begin{cases} \xrightarrow{\text{无过氧化物}} (CH_3)_3CBr & \text{马氏加成} \\ \xrightarrow{\text{有过氧化物}} BrCH_2CH(CH_3)_2 & \text{反马氏加成} \end{cases}$$

这种反马氏加成是由于过氧化物的存在使试剂生成自由基，故此种加成位置的改变称为过氧化物效应。当烯烃与卤化氢、硫酸、水等试剂加成时，只有烯烃与溴化氢的加成反应存在过氧化物效应。

在光照或过氧化物(ROOR)存在下，溴化氢与异丁烯进行的反马氏加成是自由基加成反应，反应机理如下：

$$\text{链引发}\begin{cases} RO{-}OR \xrightarrow{①} 2\,RO\cdot & \Delta H = 100\sim200\text{kJ}\cdot\text{mol}^{-1} \\ RO\cdot + H{-}Br \xrightarrow{②} RO{-}H + Br\cdot & \Delta H = -69\text{kJ}\cdot\text{mol}^{-1} \end{cases}$$

$$\text{链传递}\begin{cases} Br\cdot + (CH_3)_2C{=}CH_2 \xrightarrow{③} (CH_3)_2\dot{C}CH_2Br & \Delta H = -20.9\text{kJ}\cdot\text{mol}^{-1} \\ (CH_3)_2\dot{C}CH_2Br + H{-}Br \xrightarrow{④} (CH_3)_2CHCH_2Br + Br\cdot & \Delta H = -23.0\text{kJ}\cdot\text{mol}^{-1} \end{cases}$$

重复进行③和④，直到链终止。

链终止　自由基 $\xrightarrow{⑤}$ 分子

在反应③中，Br·与 C═C 双键加成生成的活性中间体是自由基$(CH_3)_2\dot{C}CH_2Br$，而不是$(CH_3)_2CBr\dot{C}H_2$。这是因为前者是三级自由基，比后者一级自由基稳定，容易生成，因而加成产物是$(CH_3)_2CHCH_2Br$ 而不是$(CH_3)_3CBr$。

由此可看出，烯烃与 HBr 加成时定位不同是由于反应历程不同。符合马氏规则的是亲电加成，氢先加上去，生成较稳定的碳正离子。反马氏规则是自由基加成，溴先加上去，生成较稳定的自由基。因此，自由基加成与亲电加成的定位恰好相反。

HCl 和 HI 都不进行上述自由基加成，原因是烯烃与 HBr 的自由基链反应中，链传递步骤③和④都是放热的，因此，链反应可以迅速传递下去。

将溴换成碘，链传递步骤③是吸热的。

$$\begin{cases} RCH{=}CH_2 + I\cdot \xrightarrow{③} R\dot{C}HCH_2I & \Delta H = +46\text{kJ}\cdot\text{mol}^{-1} \\ R\dot{C}HCH_2I + H{-}I \xrightarrow{④} RCH_2CH_2I + I\cdot & \Delta H = -115.9\text{kJ}\cdot\text{mol}^{-1} \end{cases}$$

将溴换成氯，链传递步骤④是吸热的。

$$\begin{cases} RCH{=}CH_2 + Cl\cdot \xrightarrow{③} R\dot{C}HCH_2Cl & \Delta H = -75.3\text{kJ}\cdot\text{mol}^{-1} \\ R\dot{C}HCH_2Cl + H{-}Cl \xrightarrow{④} RCH_2CH_2Cl + Cl\cdot & \Delta H = +17.6\text{kJ}\cdot\text{mol}^{-1} \end{cases}$$

吸热反应活化能高、反应速度慢，使反应链不能传递，所以只有烯烃与溴化氢的加成才有过氧化物效应。

利用烯烃与溴化氢的不同的反应条件，可以选择合成马氏加成和反马氏加成两种类型的溴代烷。

5.2.3　烯烃的亲核加成反应

C═C 双键的离子加成反应一般是亲电的，但是，如果双键碳原子上带有强的吸电子取代基，这些强的吸电子取代基能够稳定亲核加成生成的活性中间体——碳负离子，则 C═C 双键的离子加成就有可能从亲电的转变成为亲核的。例如，四氟乙烯难以与 HBr 发生亲电加成，但在乙醇钠的催化下，可以与乙醇发生亲核加成反应：

$$CF_2{=}CF_2 + C_2H_5OH \xrightarrow{C_2H_5ONa} C_2H_5OCF_2{-}CHF_2$$

烯烃发生亲核加成反应的机理为

$$CF_2{=}CF_2 \xrightarrow[\text{慢}]{C_2H_5O^-} C_2H_5O{-}CF_2{-}\ddot{C}F_2^{-} \xrightarrow[\text{快}]{C_2H_5OH} C_2H_5O{-}CF_2{-}CHF_2 + C_2H_5\bar{O}:$$

5.2.4　硼氢化-氧化反应和硼氢化-还原反应

烯烃的硼氢化-氧化反应是实验室中由烯烃制备醇的一种非常有用的方法，反应分两步：第一步烯烃与甲硼烷反应生成烷基硼，称为烯烃的硼氢化反应；第二步烷基硼氧化后水解生成醇，称为烷基硼的氧化反应。两步反应合在一起称为烯烃的硼氢化-氧化反应，反应的结果相当于 C═C 双键与 H_2O 的顺式、反马氏加成生成醇。

$$R{-}CH{=}CH_2 \xrightarrow[\text{②氧化}]{\text{①硼氢化}} RCH_2CH_2OH \quad \text{反马氏加成}$$

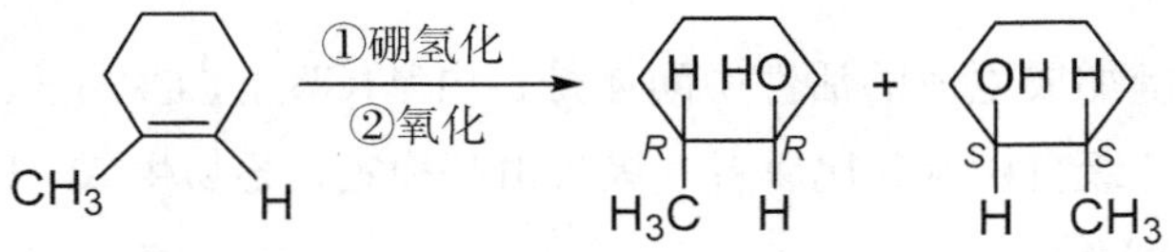

反马氏加成，顺式加成

一对对映体 外消旋体

硼氢化反应中乙硼烷的无水四氢呋喃(THF)溶液是常用的试剂。因甲硼烷(BH_3)分子中，硼原子的价电子层是 6 个电子，而不是 8 个，不稳定，故甲硼烷不能独立存在。乙硼烷是能独立存在的最简单的硼烷，可以由三氟化硼和硼氢化钠反应制得

$$4BF_3 + 3NaBH_4 \longrightarrow 2B_2H_6 + 3NaBF_4$$

乙硼烷为无色有毒气体，在空气中能自燃，通常在醚溶液中氮气保护下小心保存和使用。在 THF 中，乙硼烷可以离解成甲硼烷的配合物：

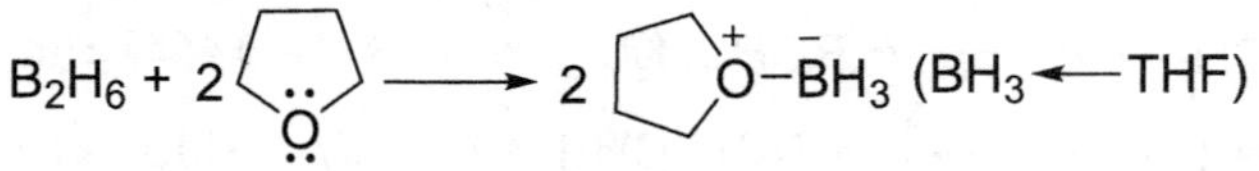

因而反应时实际上进行硼氢化反应的物种是以配合物形式存在的 BH_3。

烯烃的硼氢化通常是在醚中进行的，无水乙醚、无水 THF、一缩二乙二醇二甲醚($CH_3OCH_2CH_2OCH_2CH_2OCH_3$)是常用的溶剂。烷基取代的烯烃中，烷基推电子使烯烃中的 π 电子偏向于烷基取代基少的碳原子上，结果含氢较多的双键碳电子密度较大。硼氢化反应发生时 BH_3 中的硼原子缺电子，是亲电试剂。B—H 键中氢的电负性(2.2)略大于硼(2.0)，所以硼带有部分正电荷，氢带有部分负电荷，所以缺电子的 B 加到含氢较多(取代基较少)的双键碳原子上，氢则加到含氢较少的双键碳原子上，生成一烷基硼烷。

反应机理是经过四中心的过渡态，亲电的硼原子首先与烯烃 Ⅰ 中电子密度较大、立体位阻较小(含氢较多、取代基较少)的 C^1 接近，形成Ⅱ。Ⅱ中硼原子得到部分负电荷，C^2 上具有部分正电荷，推电子的烷基 R 使Ⅱ稳定，此时得到部分电子的硼原子释放氢的倾向增加，形成四中心过渡态Ⅲ，结果是硼原子和氢原子同时顺式加到双键碳上，然后进一步反应生成反马氏加成的硼烷Ⅳ。这样的过渡态决定了硼烷与烯烃的加成是顺式加成和反马氏加成。

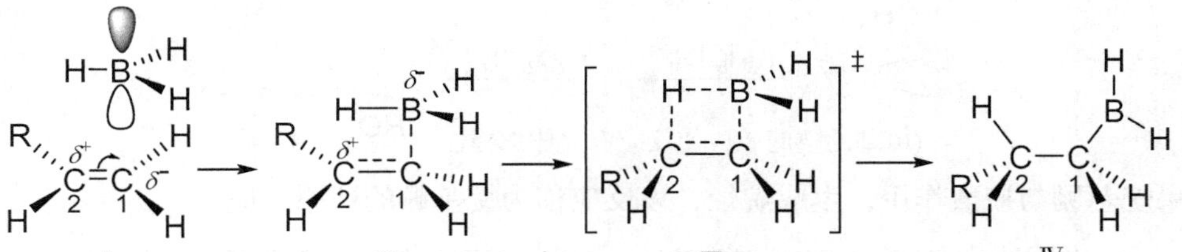

Ⅰ　　Ⅱ　　Ⅲ　　Ⅳ

一烷基硼烷中仍含 B—H 键，可以继续与烯烃发生亲电加成，直至最终生成三烷基硼：

$$RCH=CH_2 + H-BH_2 \xrightarrow{THF} RCH_2CH_2\overset{H}{B}H \xrightarrow{RCH=CH_2} (RCH_2CH_2)_2\overset{H}{B} \xrightarrow{RCH=CH_2} (RCH_2CH_2)_3B$$

若烯烃取代基空间位阻很大，可以分离得到一烷基硼烷、二烷基硼烷。

生成的三烷基硼烷通常不分离出来，而直接用 H_2O_2 的 NaOH 水溶液处理，使之氧化、水解生成醇：

$$(RCH_2CH_2)_3B + 3H_2O_2 + NaOH \xrightarrow{\text{氧化、水解}} 3RCH_2CH_2OH + NaB(OH)_4$$

氧化反应机理如下：

有弱酸性的 H_2O_2 在碱性溶液中转变为它的共轭碱：

$$HO-OH + {}^{-}OH \rightleftharpoons HOO^{-} + H_2O$$

该共轭碱进攻缺电子的硼烷，生成的产物中含有较弱的 O—O 键，烷基 R 中碳原子带着一对电子由硼原子迁移到氧原子上：

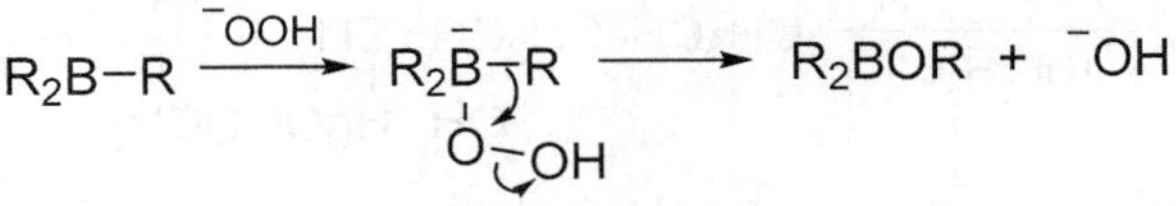

上述过程再重复两次，就得到三烷基硼酸酯 $B(OR)_3$。三烷基硼酸酯在碱性条件下水解生成醇：

$$B(OR)_3 + NaOH + 3H_2O \longrightarrow 3ROH + NaB(OH)_4$$

C═C 双键的硼氢化-氧化不经过碳正离子过程，不发生重排。烯烃的硼氢化-氧化反应提供了一种制备醇的方法，特别是由末端烯烃制备伯醇的一种方法，而这些醇通常是不能用酸催化水化或羟汞化脱汞(马氏加成)的方法制备的。例如：

$$CH_3(CH_2)_3CH=CH_2 \xrightarrow[\text{②}H_2O_2, HO^-]{\text{①}BH_3\text{-}THF} CH_3(CH_2)_3CH_2CH_2OH \quad (90\%)$$

$$(CH_3)_3CCH=CH_2 \xrightarrow[\text{②}H_2O_2, HO^-]{\text{①}BH_3\text{-}THF} (CH_3)_3CCH_2CH_2OH \quad (67\%)$$

$$(CH_3)_2C=CHCH_3 \xrightarrow[\text{②}H_2O_2, HO^-]{\text{①}BH_3\text{-}THF} (CH_3)_2CH\underset{OH}{C}HCH_3 \quad (59\%)$$

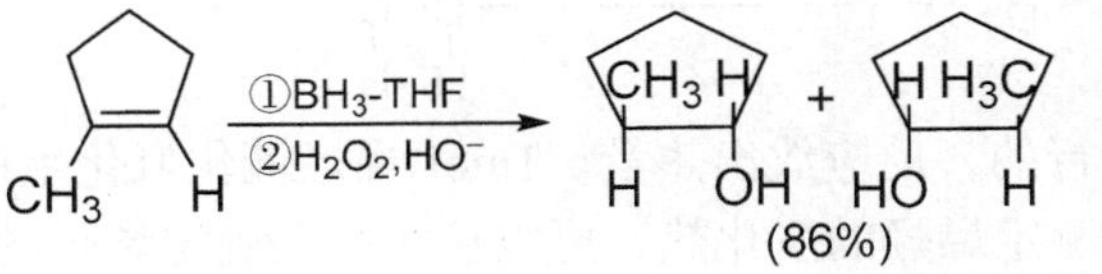

(86%)

反马氏加成，顺式加成
一对对映体，外消旋体

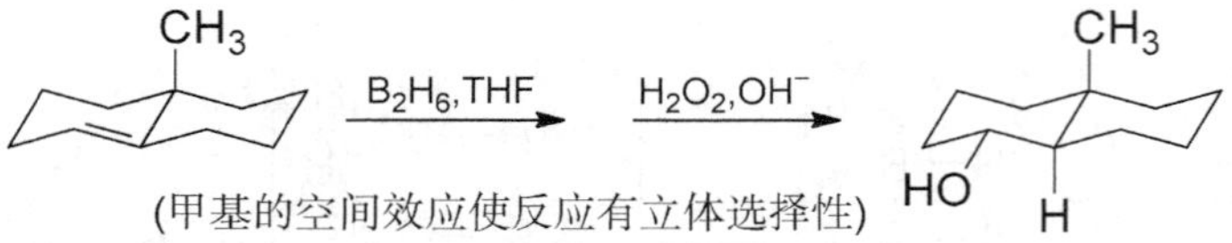

(甲基的空间效应使反应有立体选择性)

如果烷基硼与羧酸作用，生成烷烃，该反应称为烷基硼的还原反应。

$$(RCH_2CH_2)_3B + 3CH_3COOH \longrightarrow 3RCH_2CH_3 + B(OCOCH_3)_3$$

此反应与烯烃的硼氢化反应合在一起，称为烯烃的硼氢化-还原反应。这是将烯烃还原为烷烃的一种方法。

5.2.5 羟汞化-脱汞反应

烯烃的羟汞化-脱汞反应是实验室中由烯烃制备醇的又一种方法。反应分两步：第一步在四氢呋喃水溶液中，烯烃与乙酸汞水溶液反应生成羟烷基汞化合物——羟汞化；第二步羟烷基汞化合物中的 C—Hg 键被 $NaBH_4$ 还原为 C—H 键——脱汞。

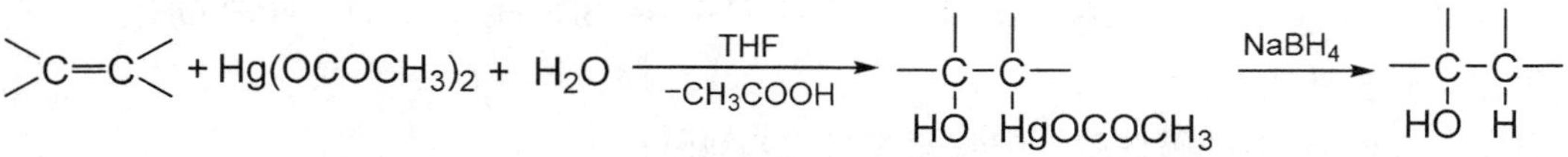

反应的结果相当于 C═C 双键与 H_2O 的马氏加成。羟汞化-脱汞反应很快，一般不超过 1 h，常温下即可进行，操作方便，两步反应可在同一容器中进行，产率较高，反应过程中不发生重排。例如：

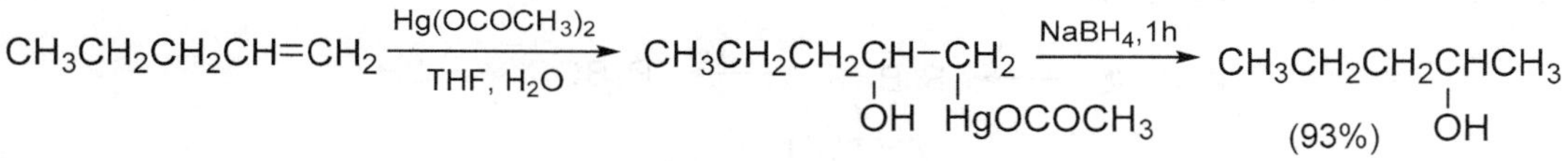

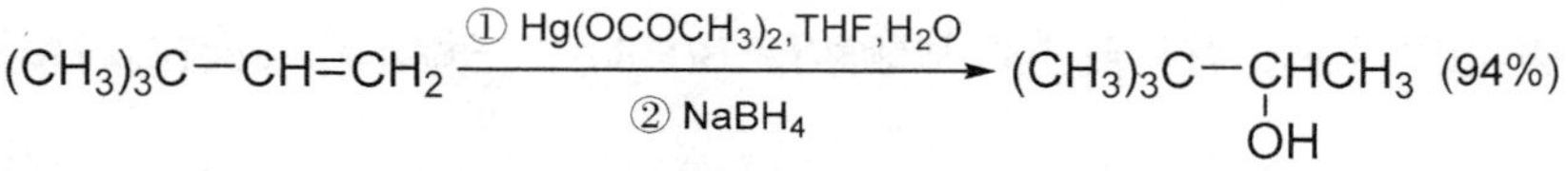

将以上反应中的水换为醇，可以进行烷氧汞化-脱汞反应，得到醚。

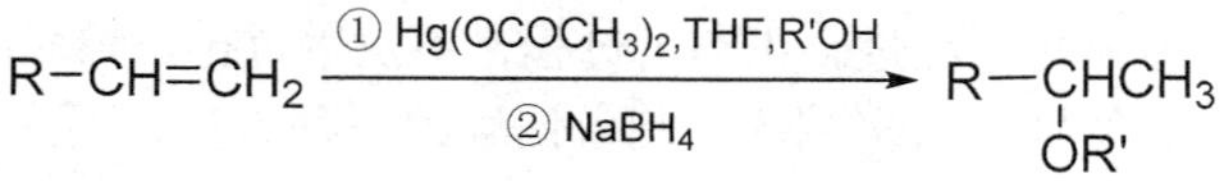

该反应的缺点是要用到含重金属汞的试剂，处理不当会污染环境。

5.2.6 催化加氢反应

烯烃与氢的加成反应需要很高的活化能，较难进行。使用催化剂可降低活化能，使反应易于进行。在催化剂铂、钯或雷尼(Raney)镍等的作用下，烯烃与氢加成生成烷烃。这是制备烷烃的一个重要方法。

烯烃的催化加氢反应是定量进行的，反应放出热量。1mol 烯烃催化氢化生成烷烃时放出的热量，称为烯烃的氢化热。通过测定烯烃的氢化热，可以从实验上确定烯烃的相对稳定性。从氢化热数据(表 1.11)可知，在烯烃中双键碳上的甲基越多，催化氢化时放出的能量就越少，

稳定性就越大。因此，烯烃稳定性的顺序是

$(CH_3)_2C{=}C(CH_3)_2 > (CH_3)_2C{=}CHCH_3 > (CH_3)_2C{=}CH_2 \sim CH_3CH{=}CHCH_3 > CH_3CH{=}CH_2 > CH_2{=}CH_2$

这是连接在双键碳上的 C—H σ 键与 C═C 双键中的 π 键发生超共轭作用的结果。

在烯烃的顺反异构体中，一般说来，顺式异构体氢化热较多，稳定性较小。这是在顺式异构体中，双键碳上的两个取代基距离较近，范德华斥力较大的缘故。例如，顺-丁-2-烯、反-丁-2-烯氢化时生成同一个化合物——正丁烷，可是顺-丁-2-烯氢化时放出的能量比反-丁-2-烯多 4.2kJ · mol^{-1}，说明顺-丁-2-烯能量比反-丁-2-烯高，反-丁-2-烯比顺-丁-2-烯稳定。

催化加氢的过程，一般认为氢被吸附在催化剂表面，催化剂 Pt 和 Pd 对 H_2 有较高的亲和力，可使 H—H 键断裂，在金属表面形成两个活泼的氢原子。烯烃与催化剂配位，两个活泼的氢原子加到双键碳原子上，还原为烷烃，脱离催化剂表面。烯烃加氢主要为顺式加成，得到顺式产物。

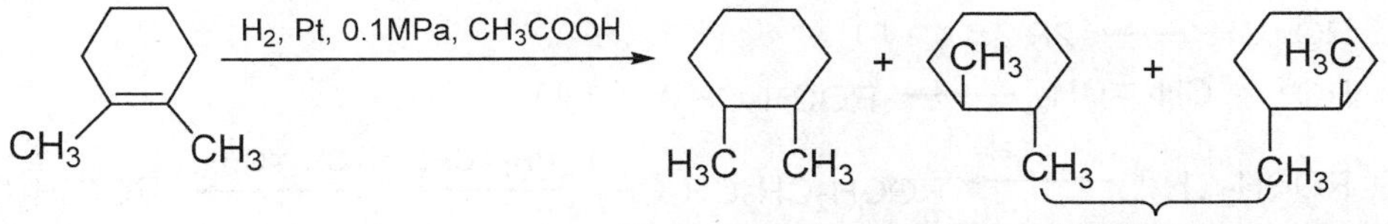

烯烃还原反应是在催化剂表面进行的。烯烃的双键碳上取代基越少，空间阻碍小，使得烯烃越容易吸附于催化剂表面，氢化反应就越快。因此，烯烃的相对氢化速率为

乙烯 > 一元取代乙烯 > 二元取代乙烯 > 三元取代乙烯 > 四元取代乙烯

这样，就可在含有不同取代程度的烯烃分子中进行有选择的氢化。例如：

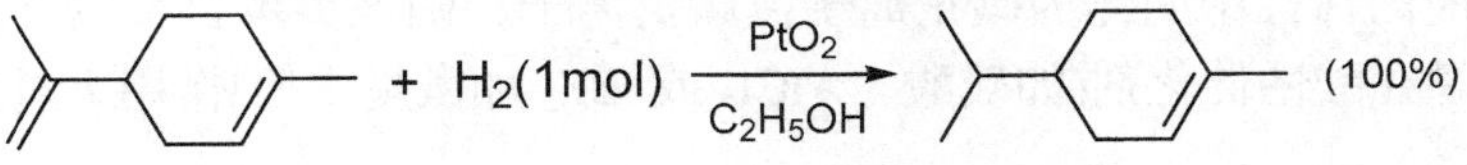

5.2.7　聚合反应——自身加成

在催化剂或引发剂的作用下，烯烃中的 π 键断裂，通过自身相互加成生成相对分子质量较大的化合物，该类反应为烯烃的聚合反应。聚合反应是烯烃的一类重要反应，反应式如下所示：

$$n\,CH_2{=}CH{-}R \longrightarrow \left[CH_2{-}\underset{\displaystyle R}{\underset{|}{CH}} \right]_n$$

参与聚合反应的分子称为单体，聚合后生成的高相对分子质量化合物称为聚合物。聚合物分子链上所含的重复结构单元称为链节。聚合物分子链上所含链节数目的平均值 *n* 为聚合度。

烯类单体的聚合大多属链聚合反应，根据反应过程中形成的活性中间体的种类，链反应可分为自由基聚合、离子型聚合等。它们都包括链引发、链增长和链终止三个阶段的反应。

1. 自由基聚合反应

以有机过氧化物(如过苯甲酸叔丁酯)为引发剂，在 100～250℃、100～300MPa 压力下，

乙烯聚合生成的聚乙烯，工业上通常称高压聚乙烯。高压聚乙烯平均相对分子质量约为 25000，最高可达 50000，熔点为 105～110℃，密度较低，为 0.910～0.925g · cm^{-3}。高压聚乙烯又称低密度聚乙烯。

$$n\,CH_2{=}CH_2 \xrightarrow[>100℃,>100MPa]{PhC(=O)-OOC(CH_3)_3} {+}CH_2CH_2{+}_n$$

聚乙烯可加工成各种聚乙烯塑料制品，在工业、农业、国防上都有着广泛的应用。

在自由基引发剂作用下，乙烯聚合生成聚乙烯的反应是自由基聚合。自由基引发剂受热分解产生自由基(Ⅰ)，(Ⅰ)加到乙烯分子的双键上产生新的自由基(Ⅱ)，(Ⅱ)再和乙烯分子反应，这样自由基不断传递下去，碳链不断增长，形成聚合物。生成的高分子自由基也会互相碰撞，一个高分子自由基可以同另一个互相结合，或从另一个高分子自由基夺取一个氢原子，产生一分子烷烃和一分子烯烃，这两种情况均使自由基消失，反应终止：

链引发 $RO{-}OR \longrightarrow 2RO\cdot$ （Ⅰ）

$RO\cdot + CH_2{=}CH_2 \longrightarrow ROCH_2CH_2\cdot$ （Ⅱ）

链传递 $ROCH_2CH_2\cdot \xrightarrow{CH_2=CH_2} ROCH_2CH_2CH_2CH_2\cdot \xrightarrow{CH_2=CH_2} \cdots \xrightarrow{CH_2=CH_2} RO(CH_2CH_2)_n\cdot$

链终止 $RO(CH_2CH_2)_n\cdot + RO(CH_2CH_2)_m\cdot \xrightarrow{双基结合} RO(CH_2CH_2)_{n+m}OR$

$RO(CH_2CH_2)_n\cdot + RO(CH_2CH_2)_m\cdot \xrightarrow{双基歧化} RO(CH_2CH_2)_nH + RO(CH_2CH_2)_{m-1}CH{=}CH_2$

2. 离子型聚合

如果聚合反应的活性中间体为碳正离子或碳负离子，则该类聚合反应称为离子型聚合反应。例如，异丁烯在酸性催化剂(如硫酸、$AlCl_3$ 或 BF_3 加微量水等)作用下可发生阳离子型聚合生成聚异丁烯：

$$n\,CH_2{=}C(CH_3){-}CH_3 \xrightarrow{AlCl_3\cdot H_2O} {+}CH_2{-}C(CH_3)_2{+}_n$$

聚异丁烯是一种弹性体，可用作汽车内胎的原料。

苯乙烯在碱性催化剂(如 $NaNH_2$、RLi、RMgX、NaOH 等)作用下可发生阴离子型聚合反应，生成聚苯乙烯。

$$n\,CH_2{=}CH(Ph) \xrightarrow{CH_3CH_2CH_2CH_2Li} {+}CH_2{-}CH(Ph){+}_n$$

20 世纪 50 年代，德国化学家齐格勒(K. Ziegler)和意大利化学家纳塔(G. Natta)发明了由三氯化钛或四氯化钛和三乙基铝组成的齐格勒-纳塔催化剂用于烯烃聚合，其反应机理属离子型聚合，也称定向聚合或配位配合聚合。1963 年两人共获诺贝尔化学奖。在齐格勒-纳塔催化剂作用下，乙烯在较低的压力和温度下可聚合生成聚乙烯，其性能与高压聚乙烯不同，工业上称低压聚乙烯。反应式如下：

$$n\,CH_2{=}CH_2 \xrightarrow{齐格勒-纳塔催化剂} {+}CH_2{-}CH_2{+}_n \quad 低压聚乙烯$$

低压聚乙烯平均相对分子质量一般小于 350000，熔点为 125～135℃，密度较高，为 0.941～0.965g · cm^{-3}。低压聚乙烯又称高密度聚乙烯。

5.2.8　烯烃碳碳双键的氧化反应

1. 烯烃与有机过酸发生的环氧化反应

有机过酸(RCOOOH)与烯烃反应，生成环氧化物和羧酸，称为烯烃的环氧化反应。

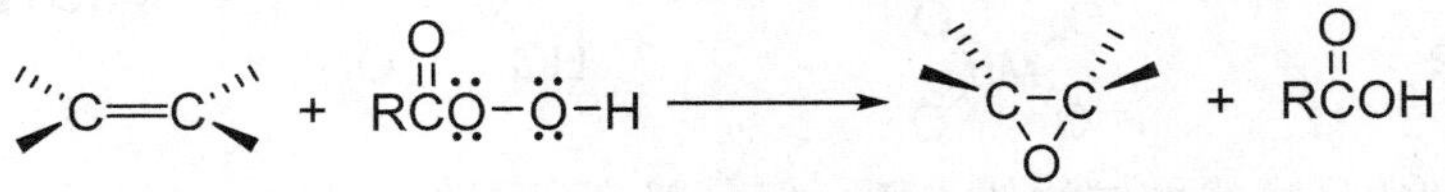

实验室中常用的有机过酸有过乙酸(CH_3CO_3H)、过苯甲酸($PhCO_3H$)和三氟过乙酸(CF_3CO_3H)等。

烯烃与有机过酸形成环氧化物的反应机理如下：

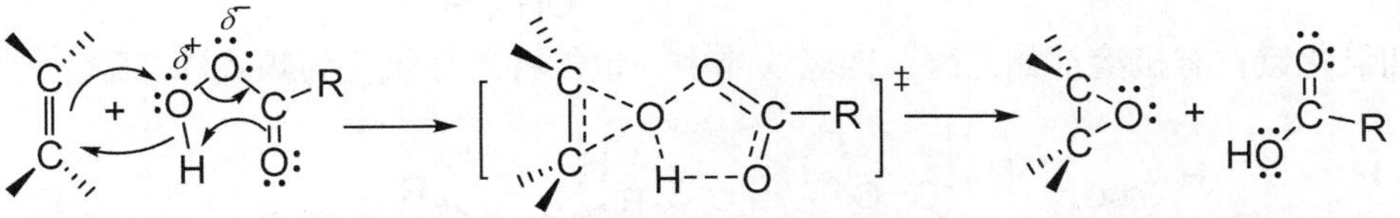

烯烃与有机过酸的反应是顺式亲电加成反应，是经过一个双环状过渡态的协同反应。在环氧化反应中，过氧羧酸中—OH 的氧原子是亲电性的，受烯烃 π 电子的进攻，与烯烃的一个双键碳结合，过氧羧酸中的过氧键(O—O 键)和 O—H 键同时异裂，过酸 O—H 键的一对电子转移到氧和烯烃的另一个双键碳之间，形成碳氧键。过氧键中的另外一个氧原子带着过氧键的一对电子转移到碳氧键之间形成新的羰基，原来羰基上的 π 电子转移到氧氢之间形成新的羧羟基。反应最终生成环氧化合物和羧酸。

对于烯烃的环氧化反应，烯烃双键碳原子连有推电子基团(如烷基)时，反应较易进行，连接的推电子基团越多反应越容易。

环氧化反应是立体专一的顺式加成，环氧化物仍保留原来烯烃的构型。例如，顺-丁-2-烯与有机过酸反应得到的环氧化合物为内消旋体，反-丁-2-烯与有机过酸反应得到的环氧化合物为外消旋体。

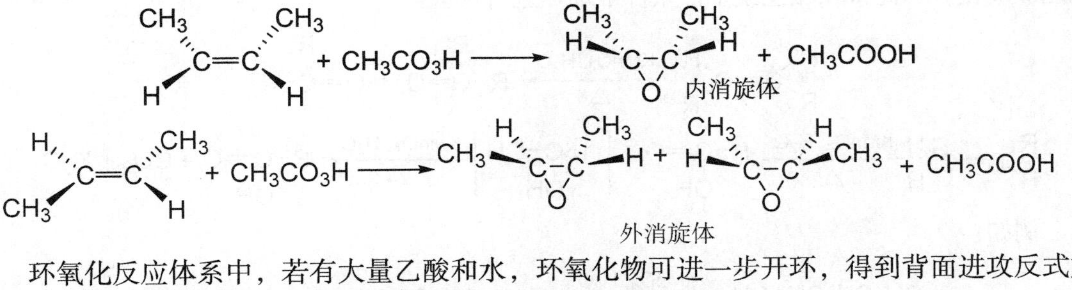

环氧化反应体系中，若有大量乙酸和水，环氧化物可进一步开环，得到背面进攻反式加成的产物 β-羟基酯。β-羟基酯水解得到羟基处于反式的邻二醇。

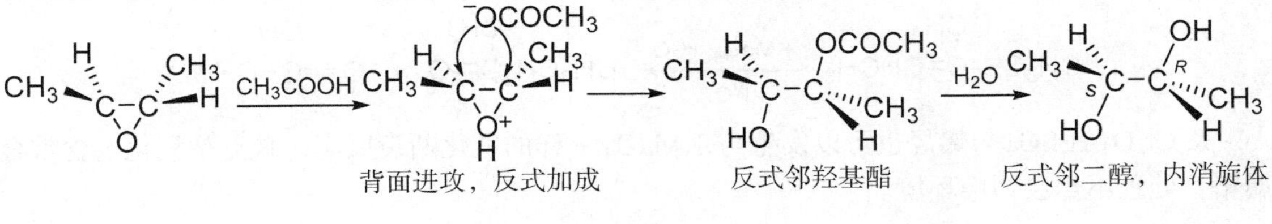

2. 烯烃与 $KMnO_4$、OsO_4、$K_2Cr_2O_4$-H_2SO_4 的氧化反应

1) 顺式羟基化

将冷的不过量的高锰酸钾的稀水溶液滴加到烯烃中，烯烃被氧化生成顺式邻二醇，高锰酸钾的紫色褪去，同时被还原生成棕色 MnO_2 沉淀，此反应可用来鉴别 C═C 双键：

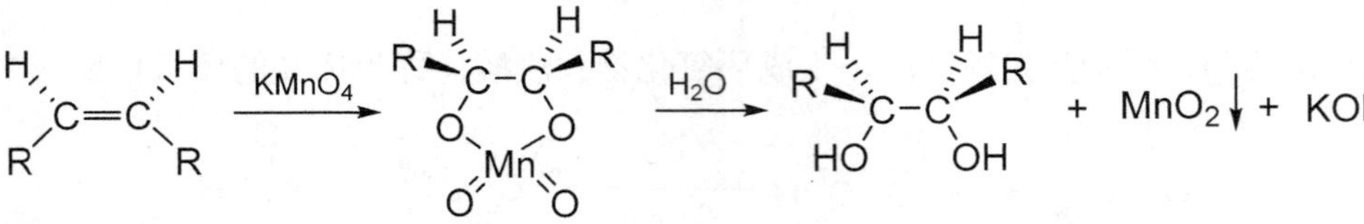

这个反应得到的是顺式加成的邻二醇，但一般产率不高：

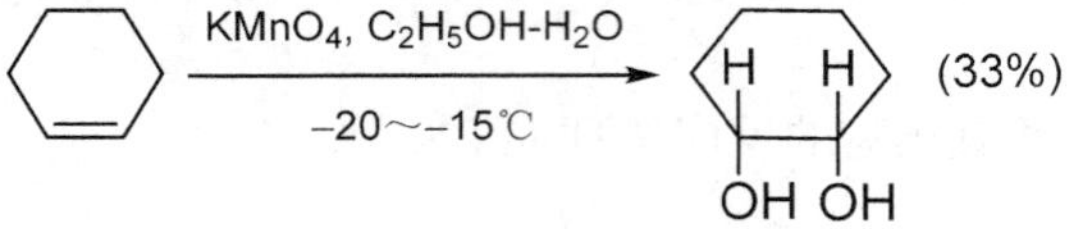

用四氧化锇在有机溶剂如乙醚、四氢呋喃中，也能将烯烃氧化为顺式邻二醇。

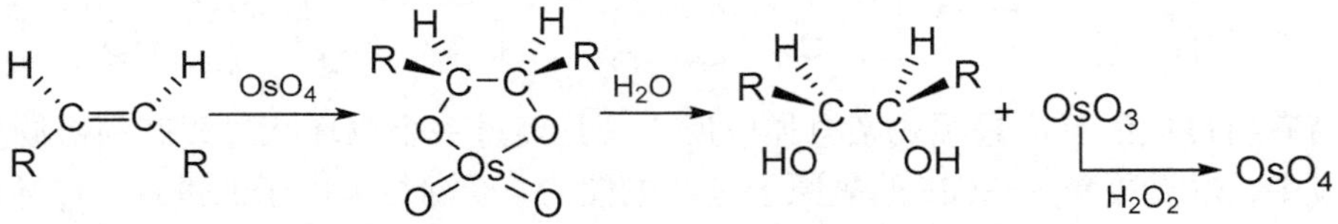

OsO_4 价格昂贵，降低成本的方法是用 H_2O_2 和催化量的 OsO_4 联用，先是 OsO_4 与烯烃反应，OsO_4 被还原为 OsO_3，OsO_3 与 H_2O_2 反应再产生 OsO_4，如此反复进行，直至反应完全。

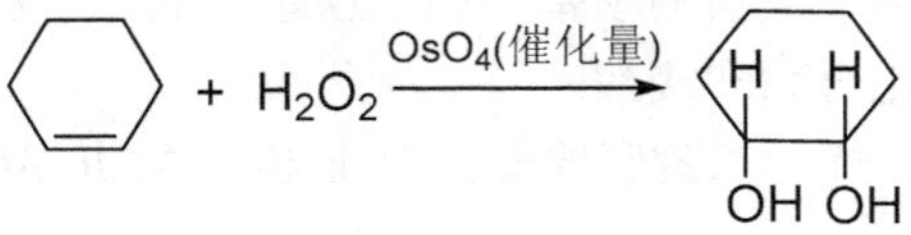

2) 氧化断裂

在比较剧烈的氧化条件下，如在加热的条件下，使用过量的高锰酸钾，可将烯烃氧化断裂为酮、酸或二者的混合物。在酸性条件下，$KMnO_4$ 氧化能力较强，除烯烃外，很多化合物也能被氧化，因此常在碱性或中性条件下加热进行反应。

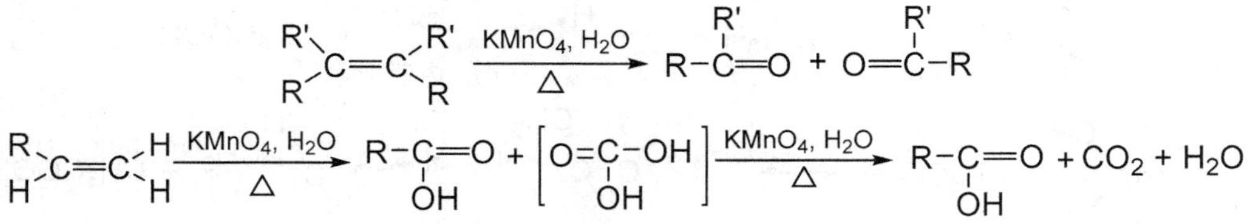

例如：

$$CH_3CH_2CH{=}CH_2 \xrightarrow[HO^-]{KMnO_4,\ H_2O} CH_3CH_2COOH + CO_2 + H_2O$$

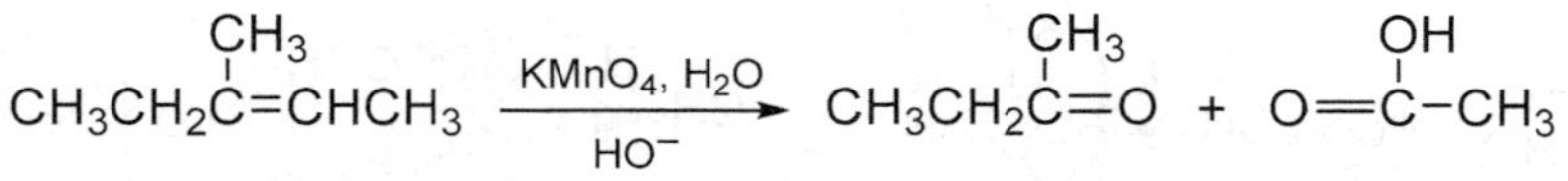

$K_2Cr_2O_4$-H_2SO_4 与烯烃也可以发生与 $KMnO_4$ 一样的氧化断裂反应，缺点是氧化剂含重金属铬，处理不当会污染环境。

以上反应可用于检查烯烃的存在和推测原烯烃的构造。将得到的酮、酸分子中的氧去掉，剩余部分用双键连接起来，即为原来的烯烃。烯烃的氧化断裂反应还可用于有机合成——合成羧酸。例如：

$$\underset{\text{蓖麻酸}}{CH_3(CH_2)_5\underset{\underset{OH}{|}}{C}HCH{=}CH(CH_2)_7COOH} \xrightarrow[\triangle]{KMnO_4,\ HO^-} HOOC(CH_2)_7COOH\ (32\%\sim36\%)$$

$$CH_3(CH_2)_{10}CH{=}CH_2 \xrightarrow[\triangle]{KMnO_4} CH_3(CH_2)_{10}COOH\quad \text{月桂酸}\quad (84\%)$$

3. 烯烃的臭氧解反应

将氧气通过臭氧发生器，在无声放电的作用下，可产生 6%～8%的臭氧。在低温下将含 6%～8%臭氧的氧气通入烯烃的 CCl_4 溶液中，C═C 双键就迅速与臭氧发生亲电加成反应，生成中间体一级臭氧化物，一级臭氧化物不稳定，转化为二级臭氧化物。该过程称为烯烃的臭氧化反应。二级臭氧化物经进一步处理，被水分解成醛、酮或二者的混合物，该反应为二级臭氧化物的分解反应。两步反应总的结果是烯烃的双键被氧化断裂生成醛、酮，称为烯烃的臭氧解反应。

臭氧分子的结构可用共振式表示如下：

烯烃的臭氧化反应过程如下：

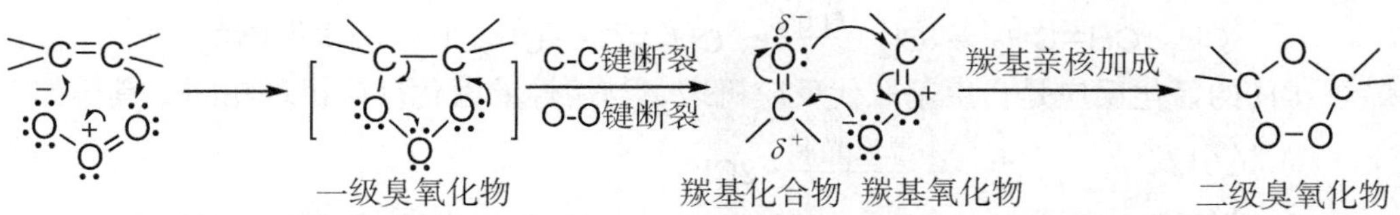

二级臭氧化物用水或酸分解，得两个羰基化物及 H_2O_2，如有—CHO，则一部分被 H_2O_2 氧化为酸，得醛、酸混合物。为避免醛被氧化，在用水分解时常加入还原剂 Zn。反应式如下：

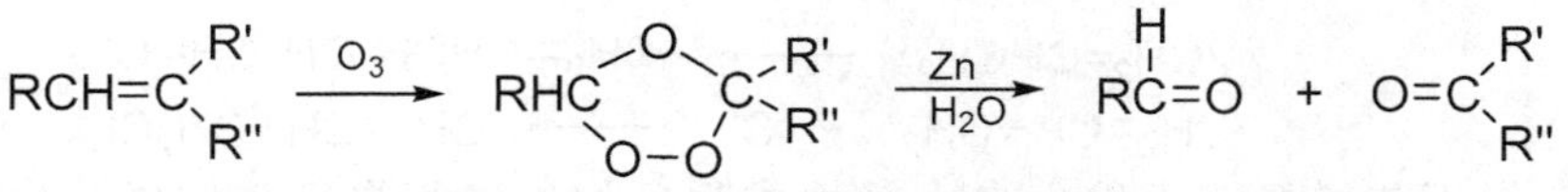

烯烃的臭氧解可以用来推断烯烃的构造，也可用来合成醛或酮。例如：

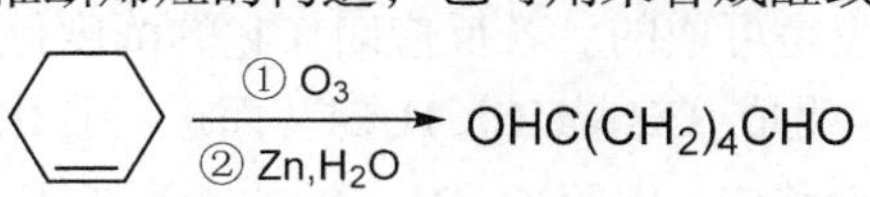

4. 简单烯烃的催化氧化反应

工业上常用一些简单的烯烃由空气氧化来制备一些含氧的化工原料，反应的产物依催化剂、温度、压力的不同而定。例如：

$$CH_2{=}CH_2 + \frac{1}{2}O_2 \xrightarrow[120\sim130℃,0.3MPa]{PdCl_2\text{-}CuCl_2} CH_3CHO$$

这是近年来工业上大规模生产乙醛的重要方法，此方法的工业化使由乙醇氧化、乙炔水合生产乙醛失去了工业意义。又如，工业上以丙烯为原料，经过催化氧化反应合成丙酮；以乙烯为原料，合成环氧乙烷和乙酸乙烯酯等重要化工原料。

$$CH_3CH{=}CH_2 + \frac{1}{2}O_2 \xrightarrow[110℃,1MPa]{PdCl_2\text{-}CuCl_2} CH_3COCH_3$$

$$CH_2{=}CH_2 + \frac{1}{2}O_2 \xrightarrow[250℃]{Ag}$$ 

$$CH_2{=}CH_2 + CH_3COOH + \frac{1}{2}O_2 \xrightarrow[100℃,2MPa]{PdCl_2\text{-}CuCl_2,CH_3COONa} CH_3COOCH{=}CH_2 + H_2O$$

乙酸乙烯酯是生产合成纤维“维纶”和聚乙烯醇的原料，后者广泛应用于黏合剂和涂料工业。乙酸乙烯酯聚合后水解或醇解可以制备聚乙烯醇。

$$n\,\underset{\text{乙酸乙烯酯}}{CH_2{=}\underset{OOCCH_3}{CH}} \xrightarrow{\text{引发剂}} \underset{\text{聚乙酸乙烯酯}}{\left(CH_2{-}\underset{OOCCH_3}{CH}\right)_n} \xrightarrow{\text{水解}} \underset{\text{聚乙烯醇}}{\left(CH_2{-}\underset{OH}{CH}\right)_n}$$

5.2.9 *α*-H 原子的反应

1. 取代反应

烯烃与卤素在室温可发生双键的亲电加成反应，但在高温或光照条件下，则在双键的 *α* 位发生自由基取代反应，得到 *α*-卤代烯烃。例如：

$$CH_3{-}CH{=}CH_2 + Cl_2 \xrightarrow[\text{室温}]{CCl_4} CH_3CHClCH_2Cl \qquad \text{亲电加成}$$

$$CH_3{-}CH{=}CH_2 + Cl_2 \xrightarrow{500℃} CH_2{=}CH{-}CH_2Cl \qquad \text{自由基取代}$$

烯烃 *α*-H 的氯化反应是自由基取代反应机理，与烷烃的卤化反应机理相同。具体如下：

链引发 $$Cl_2 \xrightarrow{\text{高温或光照}} 2Cl\cdot$$

链传递 $$Cl\cdot + CH_2{=}CHCH_3 \longrightarrow CH_2{=}CH{-}CH_2\cdot + HCl$$

$$CH_2{=}CH{-}CH_2\cdot + Cl_2 \longrightarrow CH_2{=}CH{-}CH_2Cl + Cl\cdot$$

链终止 $$2Cl\cdot \longrightarrow Cl_2$$

$$2CH_2{=}CHCH_2\cdot \longrightarrow CH_2{=}CHCH_2CH_2CH{=}CH_2$$

$$CH_2{=}CH{-}CH_2\cdot + Cl\cdot \longrightarrow CH_2{=}CH{-}CH_2Cl$$

为什么卤素不与烯烃双键发生自由基加成呢？如果进行自由基加成，生成的自由基 $CH_3\dot{C}HCH_2Cl$ 不太稳定，反应是可逆的。若反应时 Cl_2 的浓度低，因 $CH_3\dot{C}HCH_2Cl$ 与 Cl_2 碰撞的机会少，很难进一步反应生成 $CH_3CHClCH_2Cl$。而进行自由基取代时生成的烯丙基自由基 $CH{=}CH\dot{C}H_2$ 因共轭效应而稳定，因而 C—H σ 键的断裂是不可逆的，与 Cl_2 可进行后续的反应，得到 *α*-H 被氯取代的产物。

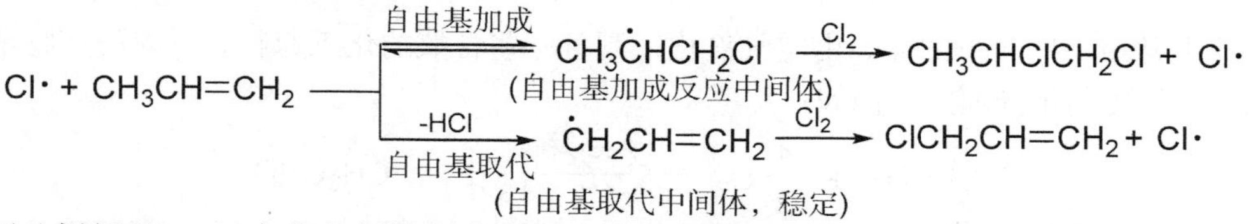

因此烯烃的 *α*-H 卤化必须控制在高温、卤素低浓度的条件下。在实验室中如需在较低温度下进行 *α*-H 取代反应，可采用 *N*-溴代丁二酰亚胺(NBS)作溴化试剂。

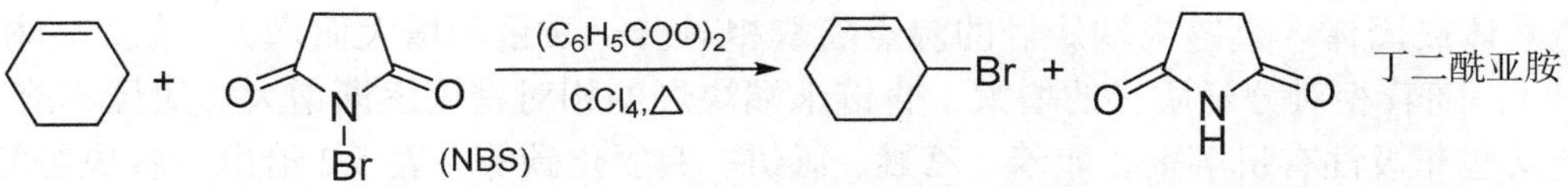

该反应首先是由 NBS 与体系中存在的极少量的酸或水作用，产生少量的溴，Br_2 在自由基引发剂过氧化苯甲酰$(C_6H_5COO)_2$作用下产生 Br·，Br·与烯烃进行自由基取代反应，Br·夺取烯烃的 *α*-H，形成的中间体碳自由基因可以与双键进行共轭而稳定，因此，取代发生在烯烃的 *α*-C 上。链传递中产生的 HBr 不断地再与 NBS 反应产生出 Br_2，维持反应的继续进行，直至原料消耗完反应结束。

链引发

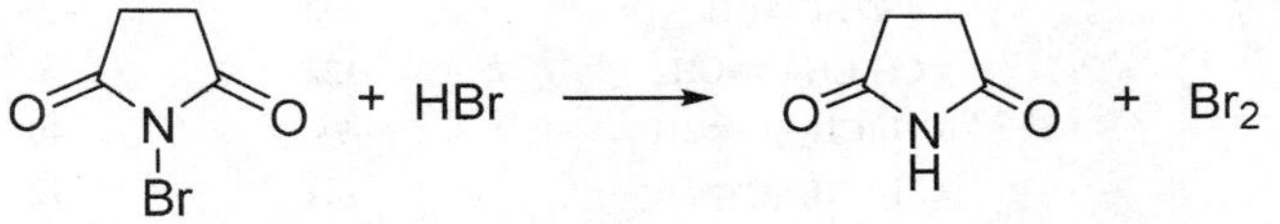

$$(C_6H_5COO)_2 \xrightarrow{\triangle} C_6H_5COO\cdot \xrightarrow{\text{自发分解}} C_6H_5\cdot + CO_2$$

$$C_6H_5\cdot + Br_2 \longrightarrow C_6H_5Br + Br\cdot$$

链传递

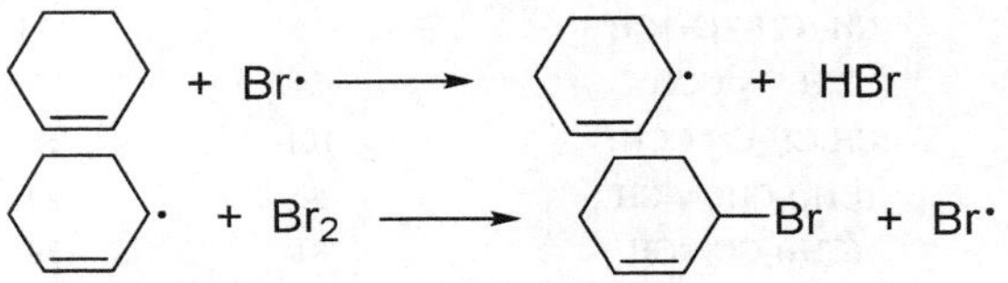

链终止　　　自由基结合成分子

有些不对称烯烃，经常得到混合物。例如：

$$CH_3CH_2CH{=}CH_2 \xrightarrow[CCl_4,\ \triangle]{NBS,(C_6H_5COO)_2} CH_3CHBrCH{=}CH_2 + CH_3CH{=}CHCH_2Br$$

这是烯丙基自由基共振的结果：

$$CH_3\dot{C}HCH{=}CH_2 \longleftrightarrow CH_3CH{=}CH\dot{C}H_2$$

2. 氧化反应

工业上以金属氧化物的混合物为催化剂，用空气氧化丙烯生成丙烯醛：

$$CH_2{=}CH{-}CH_3 + O_2 \xrightarrow[300\sim400℃,0.2\sim0.3MPa]{\text{钼酸铋等}} CH_2{=}CH{-}CHO + H_2O$$

丙烯醛再进一步氧化则生成丙烯酸：

$$CH_2{=}CH{-}CHO + O_2 \xrightarrow[\text{催化剂}]{200\sim300℃} CH_2{=}CH{-}COOH$$

丙烯在氨的存在下进行氧化，则可生成丙烯腈：

$$CH_3{-}CH{=}CH_2 + \frac{3}{2}O_2 + NH_3 \xrightarrow[470\sim500℃]{\text{含铈的磷钼酸铋}} CH_2{=}CHCN + H_2O$$

这是目前工业上生产丙烯腈的方法。丙烯腈可用于合成纤维(腈纶)、ABS 工程塑料、丁腈橡胶等。

5.3　炔烃的物理性质

炔烃是无色物质，具有一定的气味。常温常压时，乙炔、丙炔、丁-1-炔是气体，其他炔烃是液体或固体。直链末端炔烃的沸点随着相对分子质量的增大而增大。炔烃的相对密度小于 1，随着相对分子质量的增大，直链末端炔烃的相对密度逐渐增大。炔烃不溶于水，但溶于某些非极性有机溶剂，如苯、乙醚、氯仿、四氯化碳等。表 5.2 给出一些炔烃的物理常数。

表 5.2　一些炔烃的物理常数

名称	构造式	熔点/℃	沸点/℃	相对密度(d_4^{20})
乙炔	$CH{\equiv}CH$	−82	−84	
丙炔	$CH_3C{\equiv}CH$	−102	−23	
丁-1-炔	$CH_3CH_2C{\equiv}CH$	−122	8	
戊-1-炔	$CH_3(CH_2)_2C{\equiv}CH$	−98	40	0.695
己-1-炔	$CH_3(CH_2)_3C{\equiv}CH$	−124	72	0.719
庚-1-炔	$CH_3(CH_2)_4C{\equiv}CH$	−80	100	0.733
辛-1-炔	$CH_3(CH_2)_5C{\equiv}CH$	−70	126	0.747
壬-1-炔	$CH_3(CH_2)_6C{\equiv}CH$	−50	151	0.763
癸-1-炔	$CH_3(CH_2)_7C{\equiv}CH$	−44	174	0.770
丁-2-炔	$CH_3C{\equiv}CCH_3$	−24	27	0.694
戊-2-炔	$CH_3CH_2C{\equiv}CCH_3$	−101	55	0.714
3-甲基丁-1-炔	$(CH_3)_2CHC{\equiv}CH$	−90	29	0.665
3,3-二甲基丁-1-炔	$(CH_3)_3CC{\equiv}CH$	−81	38	0.699

5.4　炔烃的化学性质

炔烃的官能团是碳碳叁键。炔烃分子中的 C≡C 叁键由一个较强的 σ 键和两个较弱的 π 键构成，碳原子的成键轨道是 sp 杂化轨道。烷烃分子中只含有 C—C 单键和 C—H 键，碳原子的成键轨道是 sp^3 杂化轨道。烯烃分子中含有 C═C 双键，碳原子的成键轨道是 sp^2 杂化轨道。在这些分子中，碳原子随着杂化轨道中 s 成分的增加，原子核对价电子吸引力增大，即电负性增大。含有不同 s 成分杂化轨道的碳原子，其电负性的大小顺序为 $C_{sp} > C_{sp^2} > C_{sp^3}$ 。

炔烃的结构特点是分子中含有电负性较大的 sp 杂化的碳原子，使得碳碳 σ 键的电子云集中于两个碳原子之间，碳与碳结合更紧密，所以炔烃的叁键比烯烃的双键更短，其键长为 0.1205nm。在炔烃分子中，由于键长的缩短，原子间键能也就增加，所以炔烃的亲电加成反应比烯烃困难。因为 sp 杂化的碳原子电负性较大，—C≡C—H 中 C—H 键的电子对主要位于碳原子周围，使氢原子带有部分正电荷，容易给出电子形成氢正离子，所以末端炔烃有酸性，可与强碱反应生成金属化合物。

炔烃的化学性质主要表现在 C≡C 叁键的加成反应和末端炔烃炔氢上的反应。炔烃与烯烃的性质相似，也能发生亲电加成反应、自由基加成反应、亲核加成反应、催化加氢反应、聚合反应和氧化反应。

5.4.1　炔烃的亲电加成反应

1. 加卤化氢

炔烃与卤化氢加成首先生成卤代烯烃。该反应为亲电加成。例如，丙炔与溴化氢的加成，首先叁键中的π电子与亲电试剂 HBr 中 H^+进行亲电加成生成 1 个 C—H 键，同时在叁键上另一个碳上产生 δ^+部分正电荷，由于 δ^+连在电负性较大的碳原子上，能量较高，稳定性较小，一旦生成立即与第二个 HBr 分子中的 Br^-反应，经过过渡态生成 2-溴丙烯。

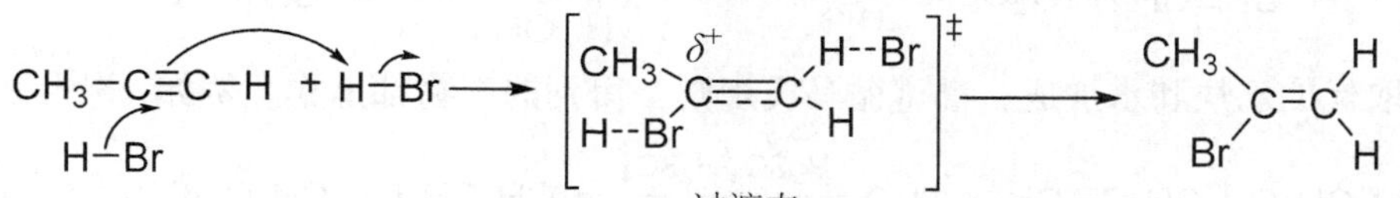

过渡态

该反应过渡态中生成的 δ^+所在位置，决定着过渡态能量的高低，是否容易生成。通常 C^{δ^+}上带有烷基越多，越稳定，越容易生成，所以上述反应主要产物是 2-溴丙烯。

炔烃与卤化氢的加成为反式加成。例如，己-3-炔与氯化氢的加成，生成反-3-氯己-3-烯。

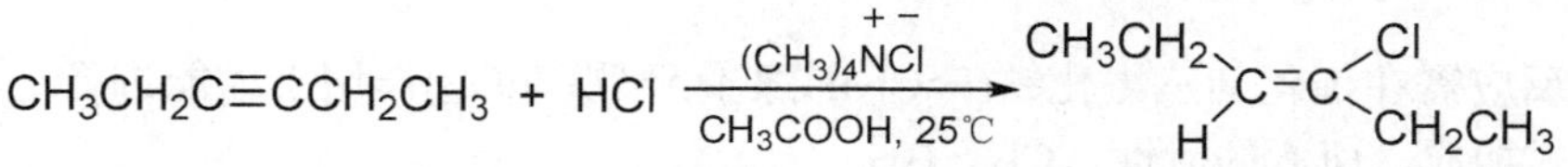

反式加成

炔烃分子中π键是由两个碳原子 p 轨道线性组合而成的两个π分子轨道，一个π分子轨道能量比 p 原子轨道能量低，是成键的分子轨道，填有两个电子，另一个π^*分子轨道能量比 p 原子轨道能量高，是反键的分子轨道，未填有电子，是空轨道。填有电子的成键的π分子轨道构成的共价键即π键。当炔烃与卤化氢加成时，亲电试剂 H^+首先与成键π键中一对电子结合生成一条 C—H 键，而亲核试剂 X^-为了减少与成键π轨道电子间的排斥，只能从远离成键轨道另一面进攻反键π^*分子轨道从而形成 C—X 键，使分子能量降低而稳定。所以炔烃与卤化氢的加成都是反式加成。

卤代烯烃中还有一条π键，可继续与卤化氢进行烯烃的亲电加成反应，经过碳正离子中间体生成同碳二卤化物。

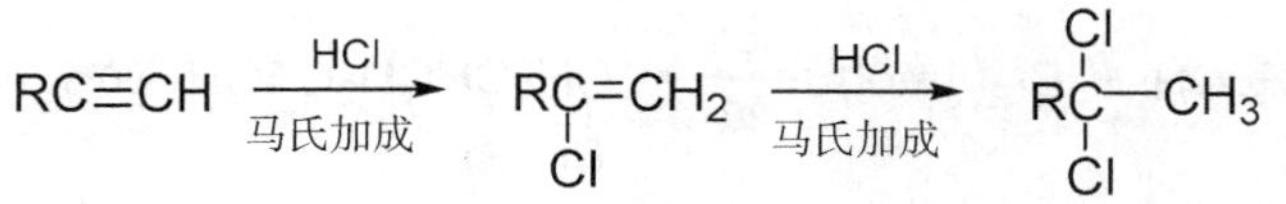

同碳二氯代烷

$$CH\equiv CH + H\text{-}Cl \xrightarrow[150\sim160℃]{HgCl_2\text{-活性炭}} CH_2=CHCl$$

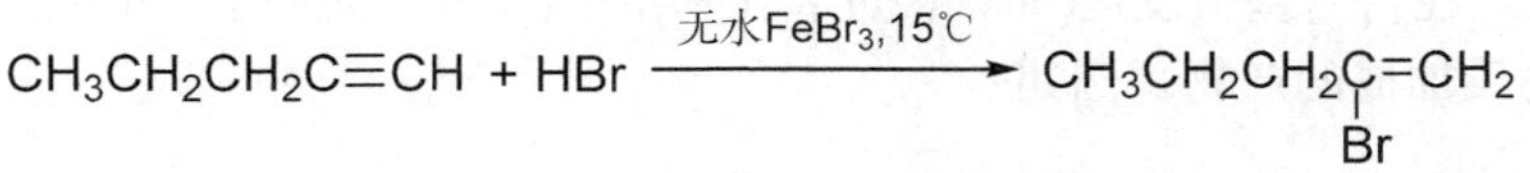

马氏加成

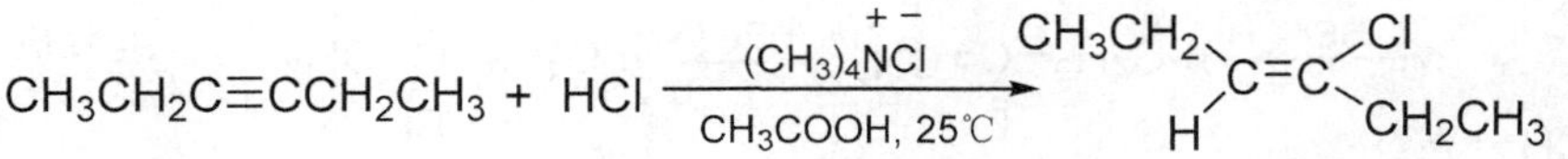

反式加成

2. 加水

在无催化剂时，炔烃不与水反应。但在强酸与汞盐催化下(常用 $HgSO_4$-H_2SO_4 水溶液)，炔烃和水加成反应生成烯醇，烯醇很不稳定，很快异构化重排生成稳定的醛或酮。

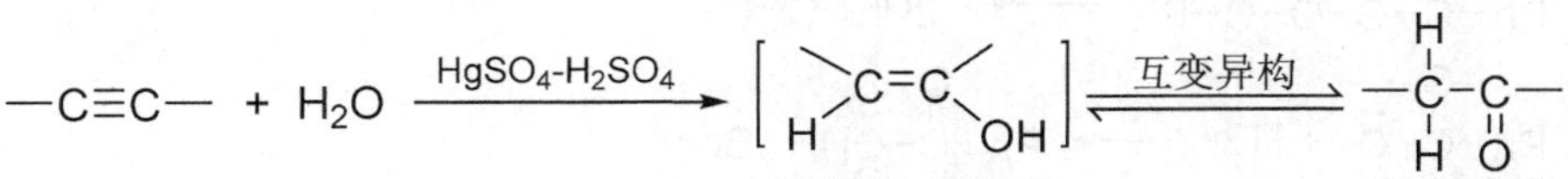

烯醇式　不稳定　　酮式　稳定

例如，乙炔在 $HgSO_4$-H_2SO_4 的催化作用下与水加成生成乙烯醇，乙烯醇不稳定，重排生成乙醛。

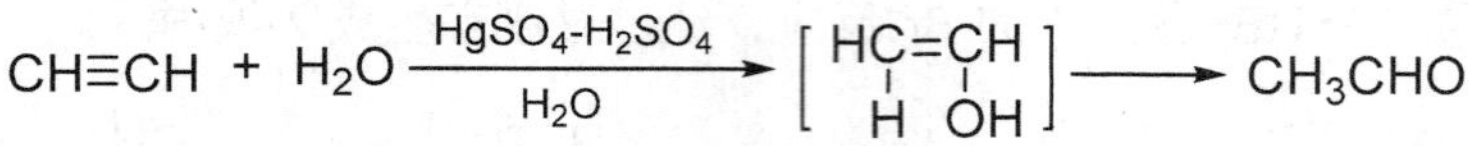

烷基取代的乙炔和水加成，都遵循马氏规则，得到的产物都是酮。例如：

$$CH_3CH_2CH_2CH_2C\equiv CH + H_2O \xrightarrow{HgSO_4\text{-}H_2SO_4} CH_3CH_2CH_2CH_2COCH_3 \quad (80\%)$$

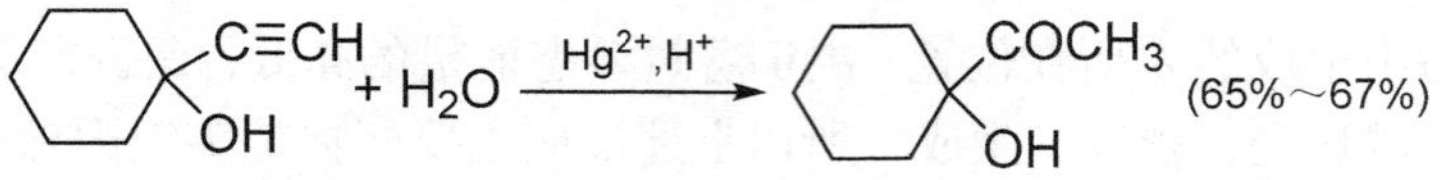

3. 加卤素

乙炔与氯的反应需在催化剂三氯化铁($FeCl_3$)或氯化亚锡($SnCl_2$)作用下才能进行。炔烃与卤素的加成为反式加成。卤素的活性：$Cl_2 > Br_2$。

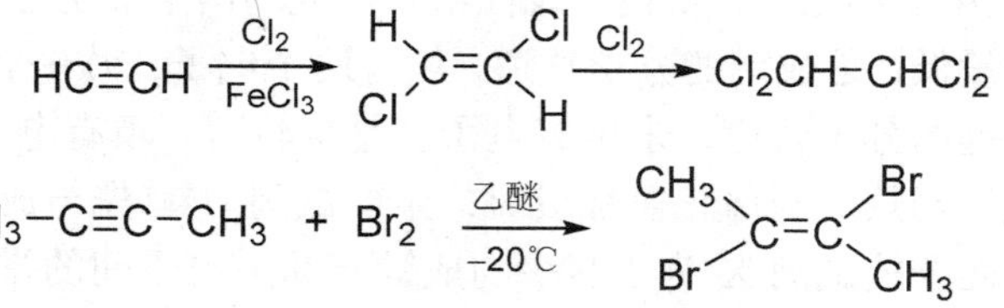

$$CH_3-C\equiv C-CH_3 + Br_2(\text{过量}) \xrightarrow[20℃]{CCl_4} CH_3CBr_2CBr_2CH_3 \quad 90\%$$

炔烃亲电加成比烯烃困难，因此在分子中存在非共轭的双键和叁键时，首先是双键进行亲电加成反应。例如：

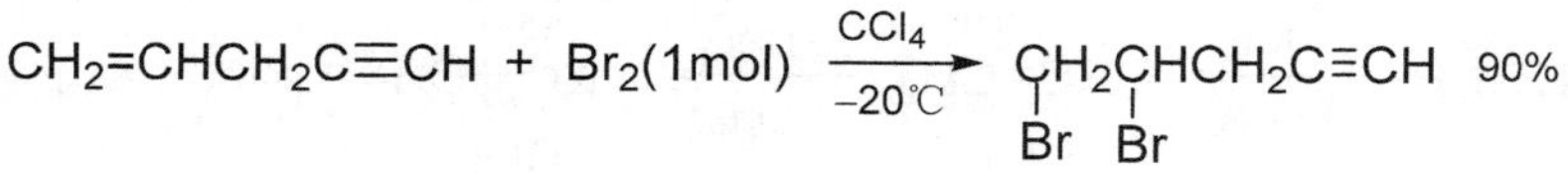

5.4.2　炔烃的自由基加成反应

与烯烃相似，炔烃在自由基引发剂(如有机过氧化物)的引发或在光照下，也能发生自由基加成反应，得到反马氏加成的产物。例如：

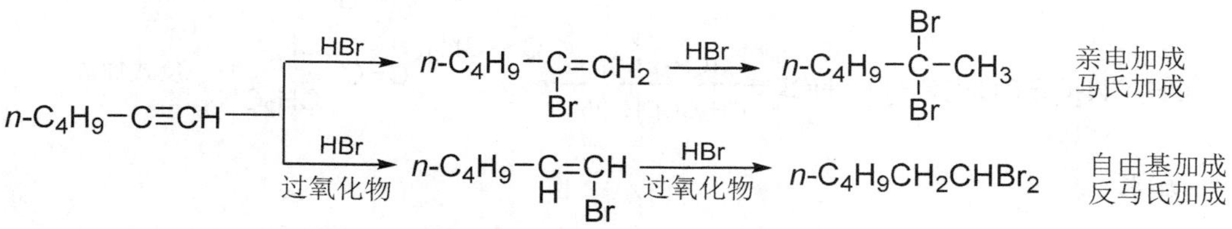

炔烃与 HBr 在过氧化物引发下进行自由基加成的反应历程为

链引发

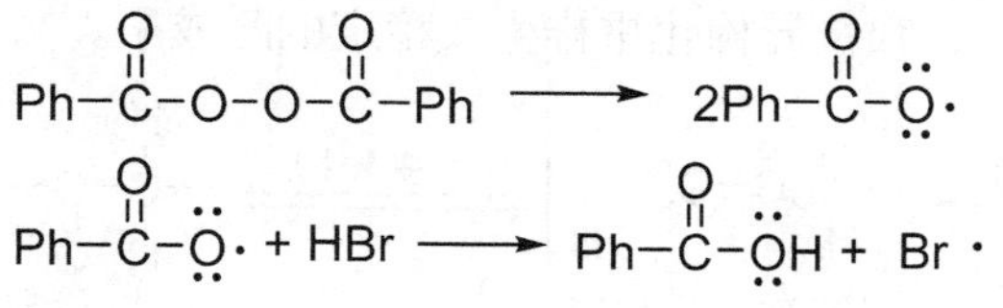

链传递

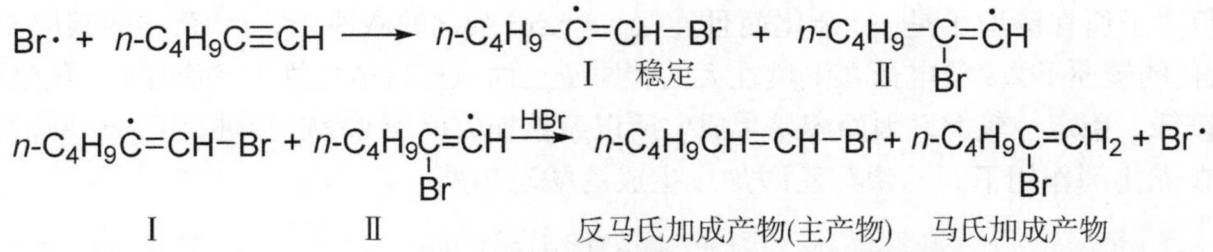

因为链引发产生溴原子 Br·，Br·在链传递过程中与炔烃加成产生两个自由基Ⅰ和Ⅱ，Ⅰ比Ⅱ稳定，易生成，所以Ⅰ再与 HBr 反应，得到的主要产物为炔烃加一分子 HBr 的反马氏加成产物 n-$C_4H_9CH{=}CHBr$ 并产生 Br·。Br·继续重复链传递过程，不断消耗原料至链终止。

如果 HBr 过量，炔烃与一分子 HBr 反应结束后生成的 n-$C_4H_9CH{=}CHBr$ 再与 Br·反应，又产生两个自由基Ⅲ和Ⅳ。Ⅲ比Ⅳ稳定，这是Ⅲ中带有自由电子的碳原子所在的 p 轨道与其直接相连的溴原子上孤对电子所在的 p 轨道相互作用的结果。

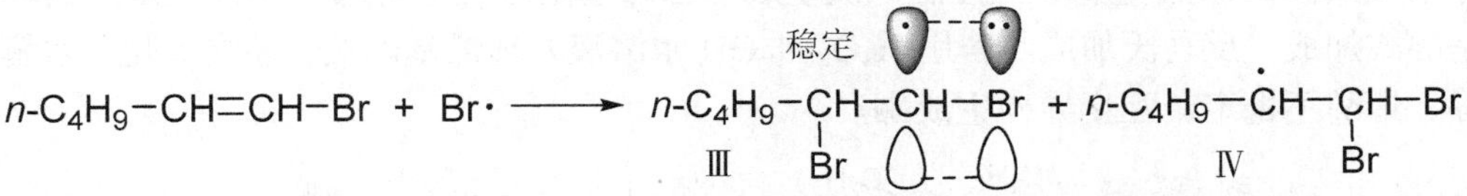

Ⅲ再与过量的 HBr 反应，夺取 HBr 中的氢原子，得到炔烃加两分子 HBr 的产物 1,2-二溴己烷。

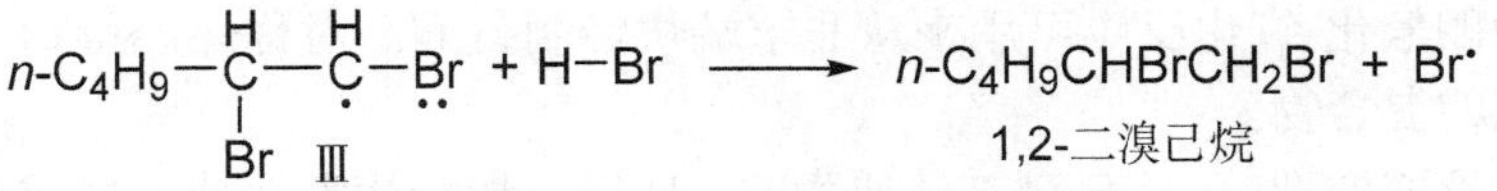

链终止：任意两个自由基结合成分子，自由基消失，反应结束。

5.4.3 炔烃的亲核加成反应

乙炔或一烷基取代乙炔可与醇(ROH)、硫醇(RSH)、胺(RNH_2)、羧酸(RCOOH)等发生亲核加成反应，生成含有双键的产物。例如，乙炔在碱催化下与乙醇加成生成乙烯基型醚。这是制备乙烯基型醚的一种方法。

$$CH{\equiv}CH + H{-}O{-}C_2H_5 \xrightarrow[150\sim180℃,\ 0.1\sim1.5MPa]{C_2H_5ONa} CH_2{=}CHOCH_2CH_3$$

乙基乙烯基醚聚合后得聚乙基乙烯基醚，常用做黏合剂。

此类反应为亲核加成反应，其反应历程为

$$HC{\equiv}CH \xrightarrow{C_2H_5O^-} \underset{\text{碳负离子活性中间体}}{C_2H_5O{-}CH{=}\overset{-}{C}H} \xrightarrow{C_2H_5OH} C_2H_5O{-}CH{=}CH_2 + C_2H_5O^-$$

一般的烯烃不发生亲核加成，除非双键碳原子上带有很强的吸电子基团才能进行亲核加成反应。对于亲核加成，C≡C 叁键的活性比 C═C 双键大。这是因为 C≡C 叁键亲核加成生成的活性中间体碳负离子Ⅰ比 C═C 双键亲核加成生成的活性中间体碳负离子Ⅱ稳定。

$$\underset{\text{I}}{C_2H_5O{-}\overset{sp^2}{CH}{=}\overset{sp^2}{\overset{-}{C}H}} \qquad\qquad \underset{\text{II}}{C_2H_5O{-}\overset{sp^3}{CH_2}{-}\overset{sp^3}{\overset{-}{C}H_2}}$$

在炔烃 C≡C 叁键亲核加成生成的活性中间体碳负离子Ⅰ中，由于负离子所在碳原子是 sp^2 杂化而且连接一个 sp^2 杂化的碳原子，而烯烃 C═C 双键亲核生成的活性中间体碳负离子Ⅱ

中，负离子所在碳原子是 sp^3 杂化而且连接一个 sp^3 杂化的碳原子，sp^2 杂化的碳原子电负性比 sp^3 杂化的碳原子大，负电荷在电负性大的碳原子上而且连接电负性大的碳原子，负电荷密度小、能量较低，稳定性较大，因而容易生成。所以亲核加成反应 C≡C 叁键比 C═C 双键活性大。

在催化剂作用下，乙炔与乙酸加成生成乙酸乙烯酯。

$$HC\equiv CH + CH_3COOH \xrightarrow[170\sim230℃]{\text{乙酸锌-活性炭}} \underset{\text{乙酸乙烯酯}}{CH_3COO-CH=CH_2}$$

5.4.4 硼氢化-氧化和硼氢化-还原反应

与烯烃的 C═C 双键相似，炔烃的 C≡C 叁键也发生硼氢化反应。反应历程与烯烃的硼氢化反应类似。

非末端炔烃的硼氢化反应可控制一次生成三乙烯基型硼烷。与烯烃一样，炔烃的硼氢化反应是顺式加成、反马氏加成。若用 H_2O_2-NaOH 水溶液处理烯基硼烷，使之氧化、水解，生成烯醇，烯醇不稳定，互变异构生成酮。

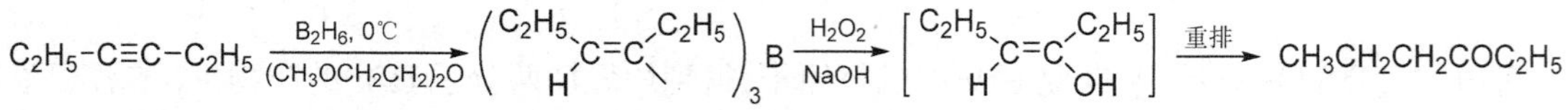

这个炔烃的硼氢化-氧化反应可用来从非末端炔烃制备酮。对称炔烃得到一种酮，不对称炔烃得到两种酮的混合物。

烯基硼烷用乙酸处理，C—B 键被还原为 C—H 键，烯烃构型保持，生成顺式烯烃。这两步反应合在一起被称为炔烃的硼氢化-还原反应。

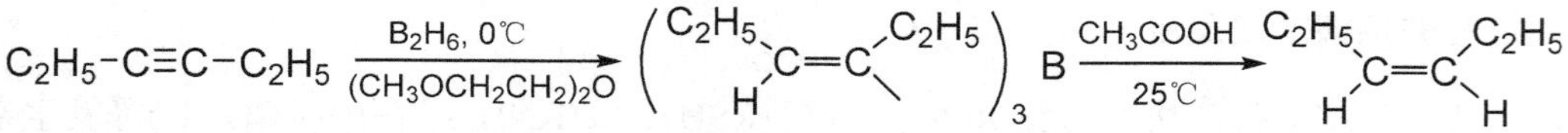

这是由非末端炔烃制备顺式烯烃的一种方法。

对于末端炔烃，C≡C 叁键与 B_2H_6 反应很难控制在加成一次只生成乙烯基型硼烷这一步，而是继续加成(加成二次)生成同碳二硼衍生物。

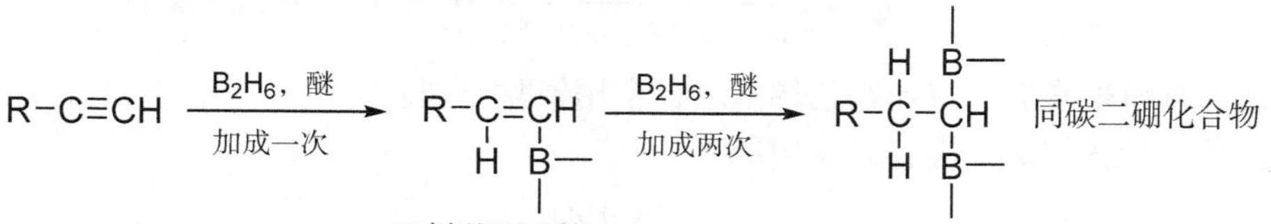

末端炔烃与空间位阻大的二取代硼烷加成，反应只加一分子硼烷，生成乙烯基型硼烷。例如，二(1,2-二甲基丙基)硼烷与 C≡C 叁键的加成：

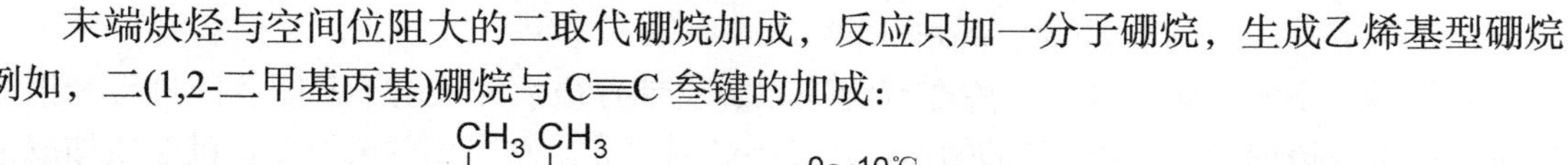

乙烯基型硼烷氧化水解后得到醛，乙烯基型硼烷还原后得到烯烃。

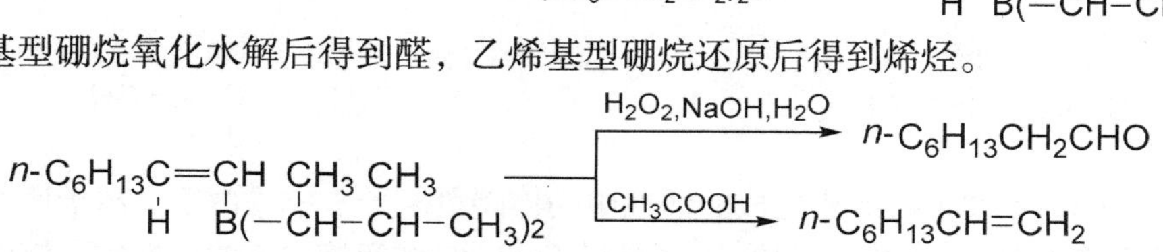

该反应可用来从末端炔烃制备 α-烯烃和醛，而炔烃的直接水合除乙炔得到乙醛外，其他

炔烃得到的都是酮。例如：

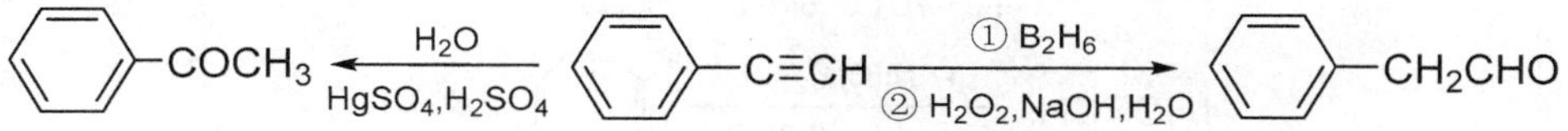

5.4.5　催化加氢和还原

在催化剂铂、钯或雷尼镍的作用下，炔烃与过量氢加成，生成烷烃。

$$-C\equiv C- + 2H_2 \xrightarrow{\text{Pt或Pd或Raney Ni}} -CH_2-CH_2-$$

在林德拉(Lindlar)催化剂(在钯/碳酸钙中加入一些乙酸铅使钯钝化)或 Cram 催化剂(在钯/硫酸钡中加入一些喹啉使钯钝化)或 P-2 催化剂(硼化镍 Ni_2B-乙醇溶液)任何一种催化剂的作用下，将 C≡C 叁键的催化加氢控制在只加一分子氢生成 C=C 双键这一步。例如：

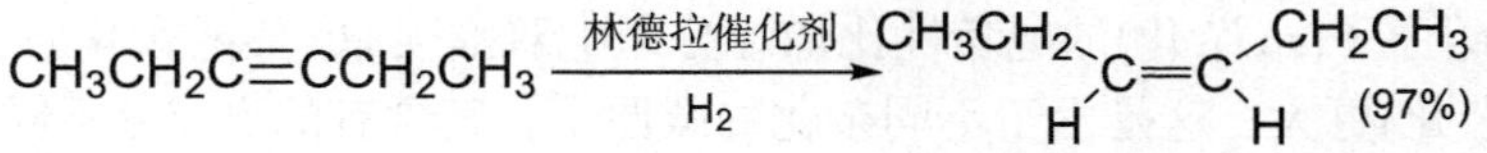

顺式加成
顺式烯烃

这是一个高度立体选择反应——顺式加成，得到的是顺式烯烃。这是制备顺式烯烃的重要方法，在合成中有着广泛的应用。

炔烃还可被还原剂还原成烯烃。例如，金属钠在液氨中可将非末端炔烃还原成反式烯烃。

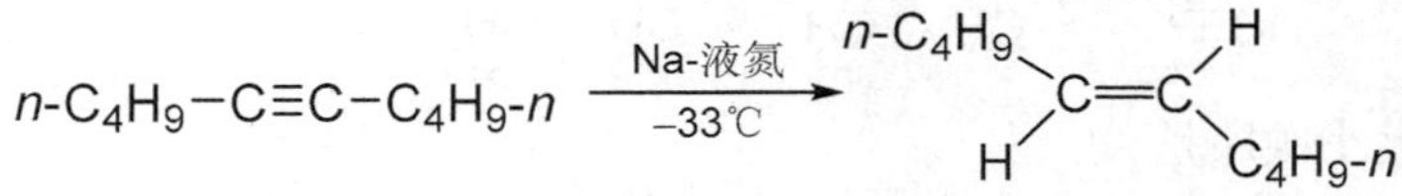

(80%～90%)
反式烯烃

由于烯烃在液氨中不被金属钠还原，因此还原停止在生成烯烃这一步。反应的结果是两个氢原子对 C≡C 叁键的反式加成，得到的是反式烯烃。

强的金属氢化物 $LiAlH_4$ 作为还原剂也可将炔烃还原成反式烯烃：

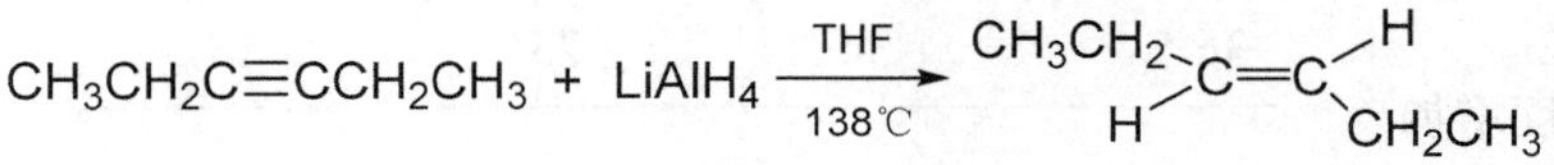

反式烯烃

5.4.6　氧化反应

炔烃经高锰酸钾氧化或臭氧解，C≡C 叁键发生断裂，非末端炔烃氧化生成两个羧酸。

$$CH_3(CH_2)_7C\equiv C(CH_2)_7COOH \xrightarrow[HO^-]{KMnO_4} \xrightarrow{H^+} CH_3(CH_2)_7COOH + HOOC(CH_2)_7COOH$$

$$CH_3CH_2CH_2C\equiv CCH_2CH_3 \xrightarrow[CCl_4]{O_3} \xrightarrow{H_2O} CH_3CH_2CH_2COOH + CH_3CH_2COOH$$

和烯烃氧化裂解一样，可由所得的产物推测原炔烃的构造。根据高锰酸钾溶液的颜色变化可以鉴别炔烃。

5.4.7　聚合反应

乙炔像烯烃一样可发生聚合反应。但与烯烃不同的是，它一般不易聚合成高聚物。依反应条件的不同，可聚合成链形化合物或环状化合物。例如：

$$HC\equiv CH + HC\equiv CH \xrightarrow[NH_4Cl]{CuCl} \underset{\text{乙烯基乙炔}}{CH_2=CH-C\equiv CH} \xrightarrow{HC\equiv CH} \underset{\text{二乙烯基乙炔}}{CH_2=CH-C\equiv C-CH=CH_2}$$

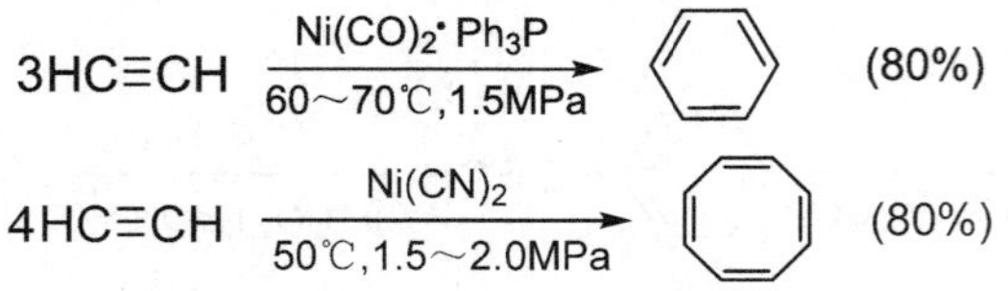

这类聚合反应可看作乙炔的自身加成反应。

5.4.8　炔氢的反应

1. 炔氢的酸性

sp 杂化的碳原子电负性较大，使末端炔烃 RC≡C—H 中 C—H 键的电子对主要集中在碳原子周围，使氢原子带有部分正电荷，容易给出电子形成氢正离子，因而末端炔烃显示酸性。

炔烃分子中叁键碳原子(sp 杂化)的电负性比烯烃分子中双键碳原子(sp^2 杂化)大，比烷烃分子中单键碳原子(sp^3 杂化)更大。这是由于不同杂化的碳原子，其含有的 s 成分不同，s 成分越多，离原子核越近，吸引电子能力越强，电负性越大，越易电离出 H^+而呈碳负离子。所以，同是碳负离子，孤对电子处在电负性较大的碳原子较为稳定。因此三类烃基碳负离子稳定性顺序是

$$\underset{sp}{HC\equiv\ddot{\bar{C}}} > \underset{sp^2}{CH_2=\ddot{\bar{C}}H} > \underset{sp^3}{CH_3-\ddot{\bar{C}}H_2}$$

三类脂肪烃的酸性大小顺序是

$$HC\equiv\overset{sp}{C}H > CH_2=\overset{sp^2}{C}H_2 > CH_3-\overset{sp^3}{C}H_3$$

以下给出几个化合物的酸性强度(pK_a)及其共轭碱的碱性强度(pK_b)。

酸	CH_3CH_2—H	CH_2=CH—H	NH_2—H	CH≡C—H	C_2H_5O—H	HO—H
pK_a	42	36.5	34	25	18	15.74
	酸性强度增加 →					
共轭碱	$CH_3\ddot{\bar{C}}H_2$	$CH_2=\ddot{\bar{C}}H$	$\ddot{\bar{N}}H_2$	$CH\equiv\ddot{\bar{C}}$	$C_2H_5\ddot{\bar{O}}$	$H\ddot{\bar{O}}$
pK_b	−28	−22.5	−20	−11	−4	−1.74
	碱性强度减弱 →					

可以看出，炔氢的酸性比 NH_3 强，但比水弱，因此炔氢可与 $NaNH_2$ 反应生成炔钠。

$$CH\equiv CH + NaNH_2 \xrightarrow[-33℃]{\text{液氨}} CH\equiv C^-Na^+ + NH_3$$

$$RC\equiv CH + NaNH_2 \xrightarrow[-33℃]{\text{液氨}} RC\equiv C^-Na^+ + NH_3$$

2. 乙炔的烷基化——炔烃的制备

炔钠既是很强的碱，又是很强的亲核试剂。在液氨中，炔钠可与伯卤代烷发生取代反应，生成烷基乙炔。反应的结果是乙炔中的氢被烷基取代，该反应称为乙炔的烷基化反应。

$$HC\equiv CH \xrightarrow[-33℃]{NaNH_2,\text{液氨}} HC\equiv CNa \xrightarrow[\text{液氨},-33℃]{n\text{-}C_4H_9Br} n\text{-}C_4H_9C\equiv CH\ (89\%)$$

$$CH_3CH_2C\equiv CH \xrightarrow[-33℃]{NaNH_2,\text{液氨}} CH_3CH_2C\equiv CNa \xrightarrow[\text{液氨},-33℃]{CH_3CH_2Br} C_2H_5C\equiv CC_2H_5$$

$$CH\equiv CH \xrightarrow[-33℃]{2NaNH_2,\text{液氮}} NaC\equiv CNa \xrightarrow[\text{液氮},-33℃]{2CH_3CH_2CH_2Br} n\text{-}C_3H_7C\equiv CC_3H_7\text{-}n$$

$$2CH\equiv CH \xrightarrow[-33℃]{2\ NaNH_2,\text{液氮}} 2CH\equiv CNa \xrightarrow[\text{液氮},-33℃]{Br(CH_2)_4Br} HC\equiv C(CH_2)_4C\equiv CH$$

上述反应中，如果是仲卤烷、叔卤烷，则易发生消除反应，而不是取代反应。

3. 炔银和炔铜的生成——末端炔烃的鉴定

将乙炔通入硝酸银的氨溶液中立即生成白色乙炔银沉淀。

$$CH\equiv CH + 2[Ag(NH_3)_2]^+NO_3^- \longrightarrow AgC\equiv CAg\downarrow + 2NH_4NO_3 + 2NH_3$$

将乙炔通入氯化亚铜的氨溶液中，立即生成棕红色乙炔亚铜沉淀。

$$CH\equiv CH + 2[Cu(NH_3)_2]^+Cl^- \longrightarrow CuC\equiv CCu\downarrow + 2NH_4Cl + 2NH_3$$

其他末端炔烃也会发生上述反应，这是具有—C≡C—H 构造末端炔烃的特征反应，非常灵敏，在实验室中和生产上经常用于乙炔和末端炔烃的分析。

炔银(RC≡CAg)和炔亚铜(RC≡CCu)分子中的碳-金属键基本上是共价键，这与基本上是离子键的炔钠($RC\equiv C^-Na^+$)不同，它们不与水反应，也不溶于水。但可以被稀酸分解，重新生成末端炔烃，可利用这个性质在实验室中提纯末端炔烃。

炔银、炔亚铜潮湿时比较稳定，干燥时，因撞击、震动或受热会发生爆炸。实验后应立即用稀酸分解。

$$AgC\equiv CAg + 2HCl \longrightarrow CH\equiv CH + 2AgCl\downarrow$$

$$CuC\equiv CCu + 2HCl \longrightarrow CH\equiv CH + Cu_2Cl_2\downarrow$$

4. 氧化偶联

炔化亚铜用氧化剂(如空气等)氧化，可以偶联成共轭二炔。例如：

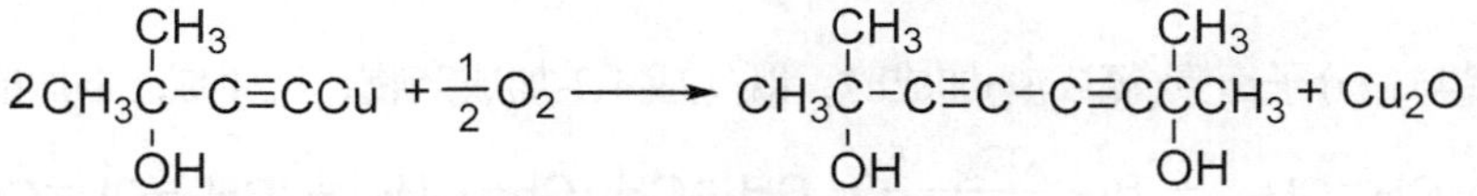

这种共轭二炔也可用末端炔烃直接氧化得到。例如：

$$2RC\equiv CH \xrightarrow[CuCl,\ NH_3,\ CH_3OH]{O_2} RC\equiv C-C\equiv CR$$

$$2Ph-C\equiv CH \xrightarrow[CuCl,\text{吡啶}]{O_2} PhC\equiv C-C\equiv C-Ph\ (86\%)$$

5.5　共轭二烯烃的化学性质

脂肪烃分子中含有两个 C═C 双键的烯烃称为二烯烃。根据这两个 C═C 双键在分子中的相对位置，可将二烯烃分为三类。

两个双键连接在同一个碳原子上的二烯烃称为累积双键二烯烃。例如：

$\overset{sp^2}{CH_2}=\overset{sp}{C}=\overset{sp^2}{CH_2}$　　丙二烯　　$\overset{4}{C}H_3-\overset{3}{C}H=\overset{2}{C}=\overset{1}{C}H_2$　　丁-1,2-二烯

两个双键被一个单键隔开的二烯烃称为共轭双键二烯烃。例如：

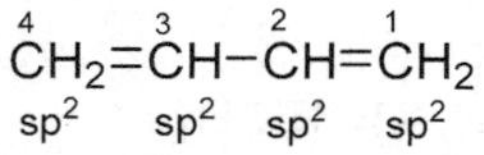

丁-1,3-二烯

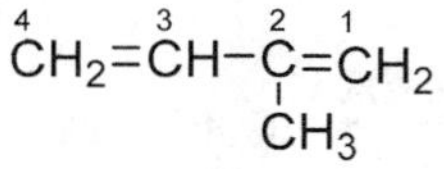

2-甲基丁-1,3-二烯
(异戊二烯)

两个双键被两个或两个以上单键隔开的二烯烃称为孤立双键二烯烃。例如：

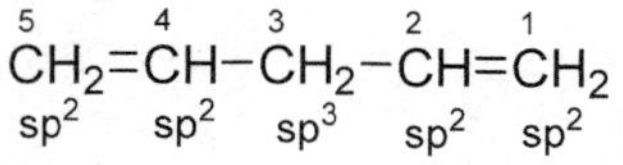

戊-1,4-二烯

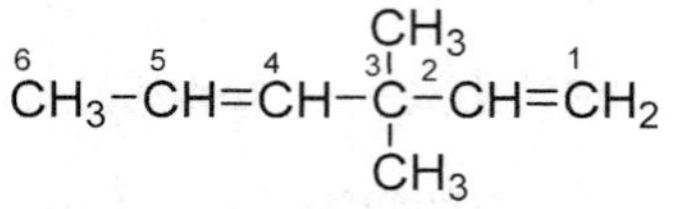

3,3-二甲基己-1,4-二烯

这里主要讨论共轭二烯烃。在其分子中，两个双键共轭，共轭 π 键既有类似烯烃的性质，如可以与亲电试剂进行加成反应等，又有与孤立二烯烃不同的性质，如共轭二烯烃可进行共轭加成和 Diels-Alder 反应等。

共轭二烯烃中的共轭 π 键与亲电试剂进行加成反应时有两种加成方式。一种是亲电试剂只与一个单独的双键加成，称为 1,2-加成反应；另一种是亲电试剂加在共轭 π 键两端的碳原子上，同时在中间的两个碳上生成一个新的双键，称为 1,4-加成。1,4-加成也称为共轭加成。

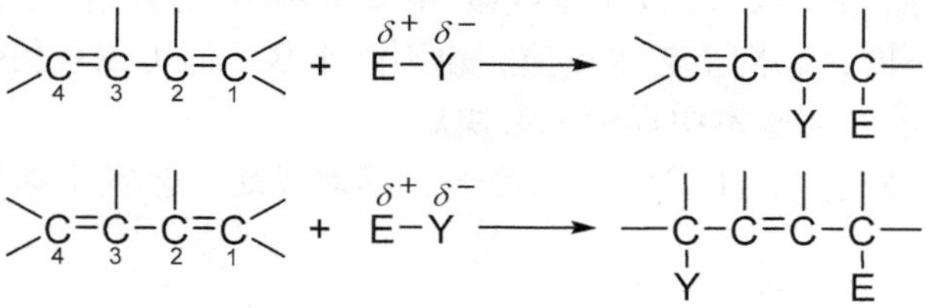

(1,2-加成)

(1,4-加成)

一般总得到两种不同加成反应的产物。1,2-加成产物和 1,4-加成产物的比例，除取决于共轭二烯烃的构造外，也受外加试剂、反应温度和溶剂等的影响。下面介绍共轭二烯烃的几个典型反应。

5.5.1　共轭二烯烃的亲电加成反应

1. 加卤素

丁-1,3-二烯与一分子卤素(氯或溴)加成时，既生成 1,2-加成产物，又生成 1,4-加成产物。例如：

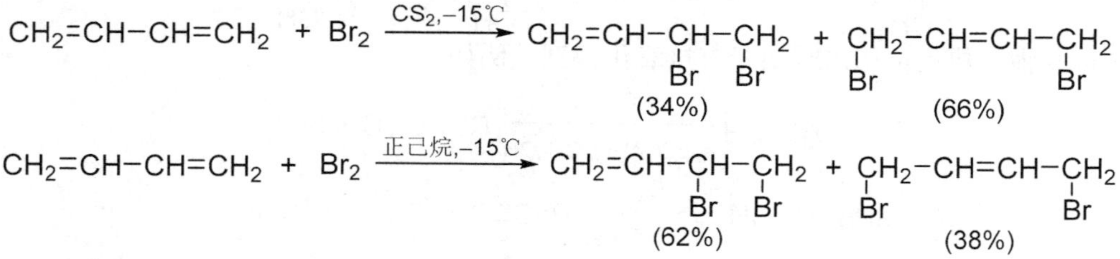

2. 加卤化氢

丁-1,3-二烯与一分子卤化氢(氯化氢或溴化氢)加成时，既生成 1,2-加成产物，又生成 1,4-加成产物。例如：

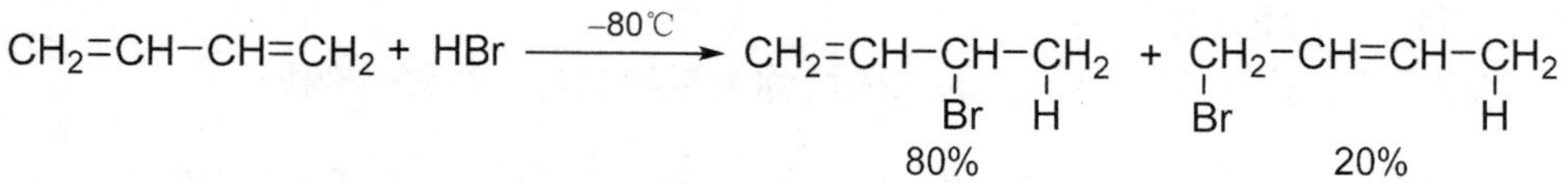

温度升高时，1,2-加成产物逐渐变为 1,4-加成产物。在 40℃达到平衡时，1,2-加成产物为

20%，1,4-加成产物为 80%。反应机理为

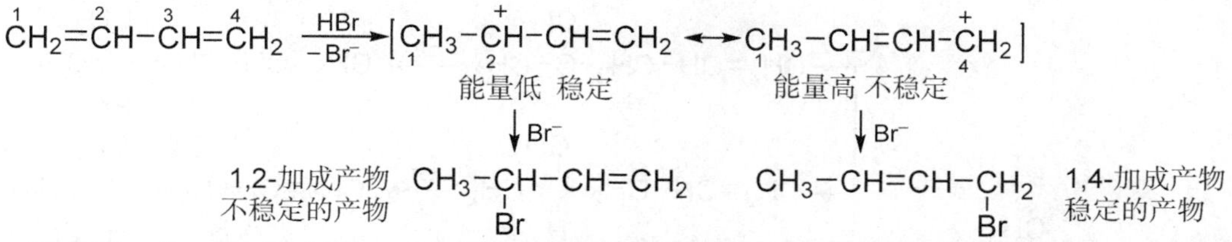

反应第一步，亲电试剂 HBr 与共轭 π 键作用，H—Br 键断裂，H^+加到 C^1 上，π 键断裂形成 C^1—H 键，同时形成碳正离子，由于共轭作用正电荷既可在 C^2 上也可在 C^4 上。第二步，亲核试剂 Br^-进攻 C^2 得到 1,2-加成产物，进攻 C^4 得到 1,4-加成产物。

反应产物的最终比例分配是受两种互相竞争因素——动力学和热力学控制的。在低温(−80℃)时，活性中间体碳正离子与 Br^-的加成反应为不可逆反应。由于甲基给电子诱导效应和给电子超共轭效应直接作用在碳正离子上，C^2 仲碳正离子的稳定性比 C^4 伯碳正离子的稳定性大，反应快，这意味着得到的碳正离子 C^2 比 C^4 更多，C^2 正离子很快与 Br^-结合，所以 1,2-加成快于 1,4-加成，主要产物为 1, 2-加成产物。这种在不可逆反应中由反应速率控制，称为动力学控制。

在较高温度(40℃)下，碳正离子与 Br^-的加成反应为可逆反应。在较高温度时，1,2-加成产物和 1,4-加成产物分子的 C—Br 键可断裂重新形成碳正离子。从能量-反应进程图(图 5.2)可看出：由于 1,4-加成产物中 C—H 键给电子超共轭作用强，能量较低较稳定，断裂 C—Br 键重新生成伯碳正离子需要较高的活化能，因此 C—Br 键不易断裂。而 1,2-加成产物能量较高不稳定，断裂 C—Br 键生成仲碳正离子活化能较低，所以 C—Br 键较易断裂。重新生成的碳正离子既可发生 1,2-加成，生成 1,2-加成产物，也可发生 1,4-加成，生成 1,4-加成产物。由于 1,4-加成产物能量低稳定，而 1,2-加成产物能量高较不稳定，因此在较高温度下，随着反应的进行，较不稳定的 1,2-加成产物逐渐转变为较稳定的 1,4-加成产物。达到平衡时产物的量取决于它们能量的多少即稳定性的大小。能量较低较稳定的 1,4-加成产物较多。在可逆反应中产物的量由产物的能量控制，称为热力学控制。

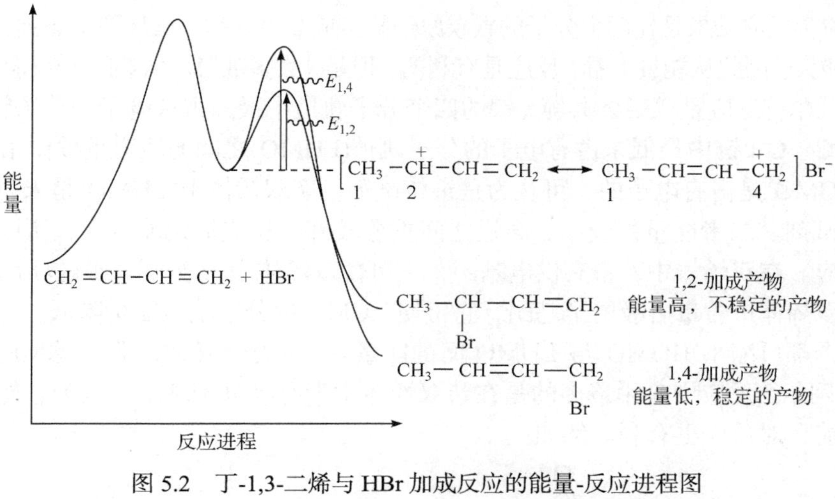

图 5.2　丁-1,3-二烯与 HBr 加成反应的能量-反应进程图

在孤立二烯烃分子中，由于两个 π 键无相互作用，因此每个 π 键都可以独立地进行反应。那么，这两个孤立的 π 键进行反应的顺序和产物的量如何进行判断？通常是由生成的中间体碳正离子的稳定性决定。如果一个 π 键给出电子后生成的碳正离子越稳定，该 π 键越容易给

出电子，反应越容易发生，最后生成的产物就越多。例如：

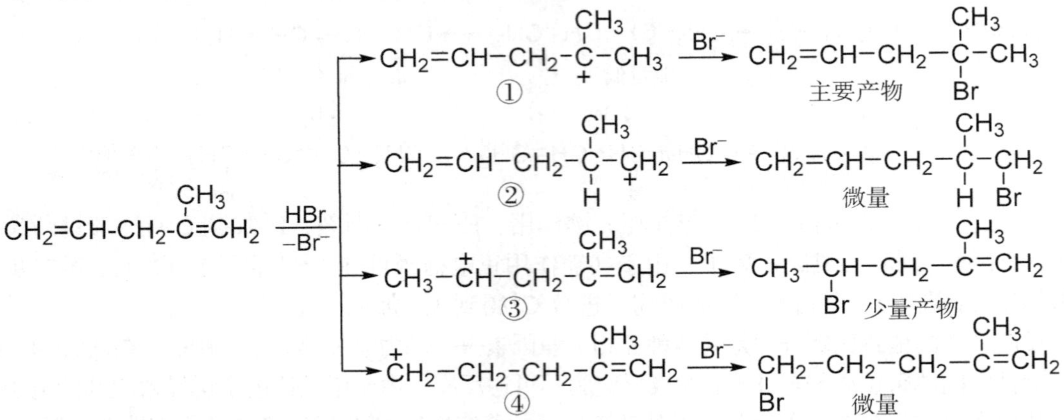

上述四个活性中间体碳正离子的稳定性顺序是：①>③>④>②。所以由①生成的产物为主要产物。

5.5.2　第尔斯-阿尔德反应——共轭二烯烃的 1,4-环加成反应

含共轭 π 键的共轭二烯烃与含 C═C 双键或 C≡C 叁键的化合物相互作用，可发生 1,4-环加成反应，生成六元环状化合物。这类反应称为第尔斯-阿尔德(Diels-Alder)反应，又称双烯合成。例如：

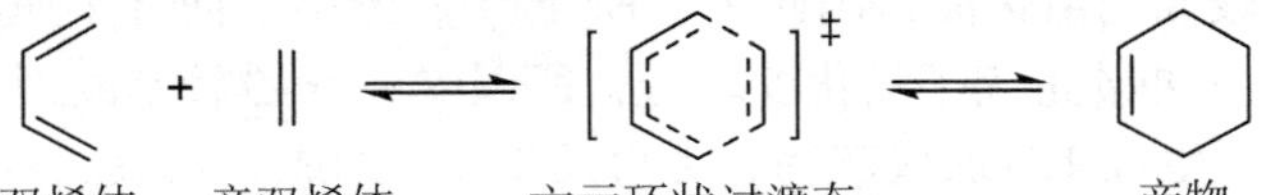

第尔斯-阿尔德反应在有机合成中有着重要的应用，二人因此共同获得 1950 年诺贝尔化学奖。

反应中，含有共轭 π 键的二烯烃称为双烯体(4π 电子体系)，含有 C═C 双键的化合物称为亲双烯体(2π 电子体系)。第尔斯-阿尔德反应是在加热条件下 π 键体系间的环加成反应，经过一个六元环状过渡态，旧键的断裂和新键的形成是相互协调在同一步骤中完成的。具有这种特点的反应称为协同反应。反应结果是在两个分子的碳碳原子间生成 2 个 σ 键，破坏两个 π 键，由于 σ 键能比 π 键的键能大，因此从能量上看，反应是有利的。但是，大多数第尔斯-阿尔德反应是可逆反应。

第尔斯-阿尔德反应是双烯体共轭 π 键的四个分子轨道中最高占有电子的分子轨道(HOMO)与亲双烯体 C═C π 键中最低未占有电子的分子轨道(LUMO)之间的轨道重叠作用(见 14.4.2)。双烯体的 HOMO 是占有电子的，可认为是亲核试剂。亲双烯体中 LUMO 是未有电子的，可认为是亲电试剂。二者能量差较小，轨道之间重叠较好，反应活化能较小，所以这是比较容易进行的反应。在双烯体中若带有供电基团，它可使双烯体中 π 分子轨道(包括 HOMO)能量升高，在亲双烯体中若带有吸电子基团，它可使 LUMO 中分子轨道能量降低。这两个因素中的一个或两个都可缩小 HOMO 与 LUMO 间的能量差，可增加第尔斯-阿尔德反应的速率。通常在第尔斯-阿尔德反应中应用最多的是在亲双烯体中带有吸电子基团，因为它能更多地减少反应的活化能，对反应更有利。例如：

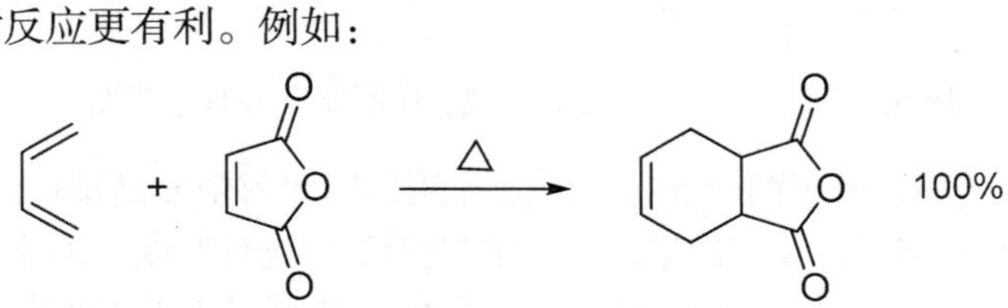

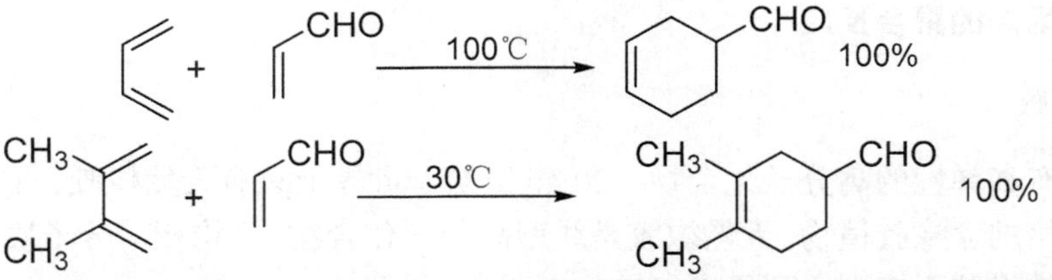

第尔斯-阿尔德反应要求与亲双烯体反应的双烯体的两个双键必须是 *S*-顺式构象，如下列结构(i)～(iv)。*S*-反式构象的双烯体不能发生此类反应，如下列结构(v)(vi)。空间因素对第尔斯-阿尔德反应影响较大，空间位阻大的 *S*-顺式构象，如(vii)也不能发生此类反应。

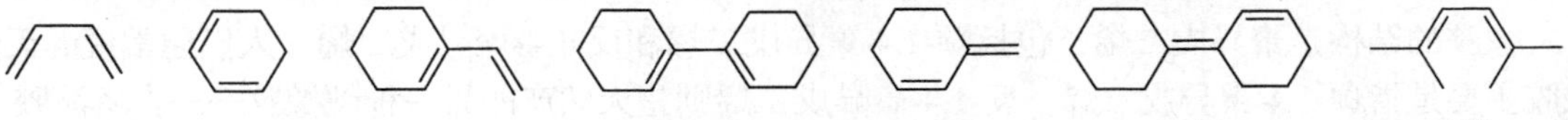

(i)　(ii)　(iii)　(iv)　(v)　(vi)　(vii)

第尔斯-阿尔德反应是立体专一的顺式加成反应，亲双烯体的顺反关系在反应前后保持不变。例如：

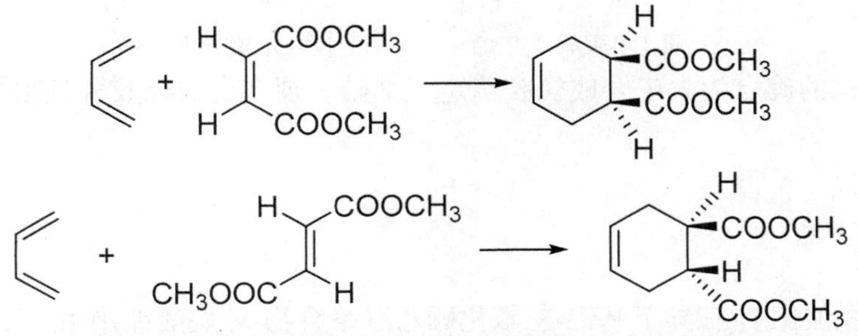

第尔斯-阿尔德反应具有很强的区域选择性。当双烯体与亲双烯体上均有取代基时，两个取代基处于邻位或对位的产物占优势。例如：

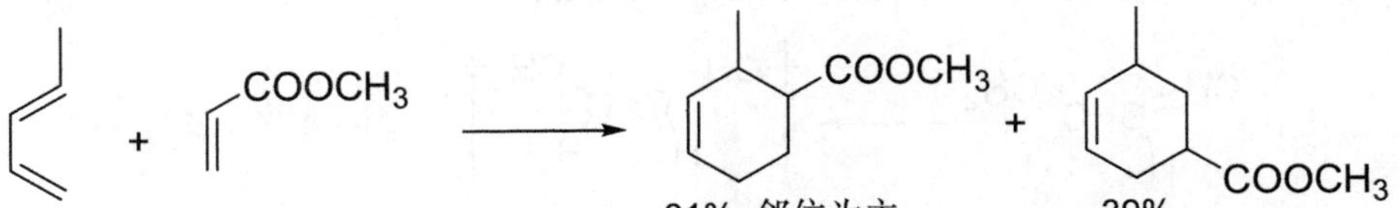

61%　邻位为主　　39%

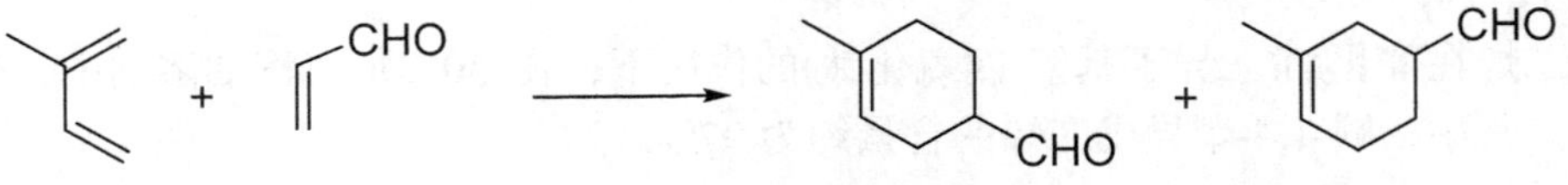

70%　对位为主　　30%

当双烯体上有给电子取代基，而亲双烯体上有不饱和基团(如羰基、羧基、酯基、氰基和硝基等)与亲双烯体的 π 键共轭时，优先生成内向(endo)加成产物。内向加成物是指产物中的双键和亲双烯体中与 π 键共轭的不饱和基团处于连接平面同侧时的加成物，两者处于异侧时的生成物称为外向(exo)加成物。例如，戊-1,3-二烯与丙烯酸甲酯的加成反应，得到内向加成物。

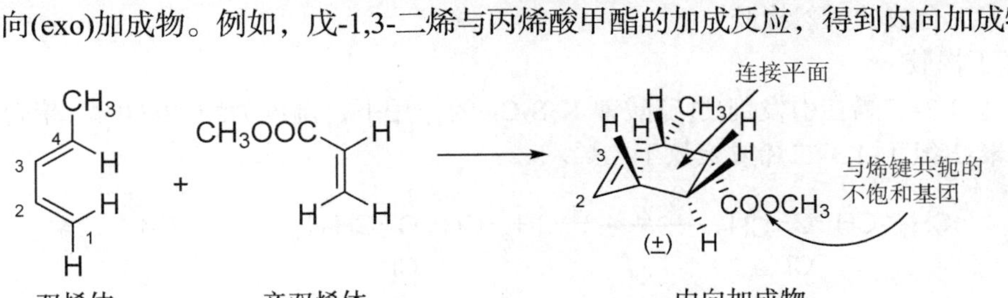

双烯体　　亲双烯体　　内向加成物

5.5.3　共轭二烯烃的聚合反应

1. 天然橡胶

橡胶是具有高弹性的高分子化合物。20 世纪初，世界上只有天然橡胶，它主要来源于野生的或人工栽培的含橡胶植物。天然橡胶是线型高分子化合物。平均相对分子质量为 200000～500000。将天然橡胶干馏则得到异戊二烯。

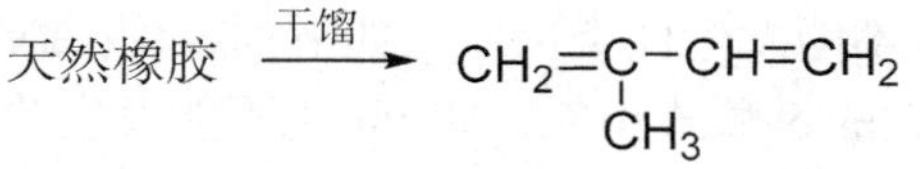

异戊二烯

橡胶的结构是聚异戊二烯，包括顺-1,4-聚异戊二烯和反-1,4-聚异戊二烯。人们通常说的天然橡胶主要是指顺-1,4-聚异戊二烯，反-1,4-聚异戊二烯则是天然产的另一种硬橡胶——古塔波胶。

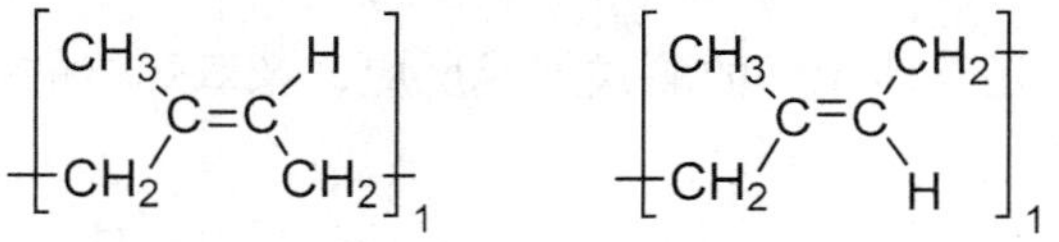

顺-1,4-聚异戊二烯　　反-1,4-聚异戊二烯

天然橡胶结构的确定为人工合成橡胶奠定了基础。现在合成橡胶种类很多，产量也远远超过天然橡胶。

2. 合成橡胶

1) 顺丁橡胶

丁-1,3-二烯在催化剂(三异丁基铝-三氟化硼乙醚络合物-环烷酸镍)作用下，在 40～70℃苯或加氢汽油溶剂中，聚合生成顺丁橡胶。其中顺-1,4-聚丁二烯的含量大于 94%，其他为反-1,4-聚丁二烯和 1,2-聚合的产物。顺丁橡胶的用途是制造轮胎。

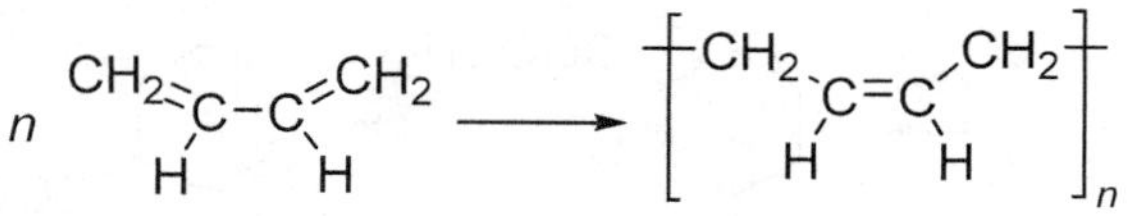

顺-1,4-聚丁二烯

2) 异戊橡胶

异戊二烯在催化剂(三异丁基铝-四氯化钛)的作用下，在 30℃加氢汽油溶剂中，聚合生成异戊橡胶。其中，顺-1,4-聚异戊二烯的含量约为 97%。

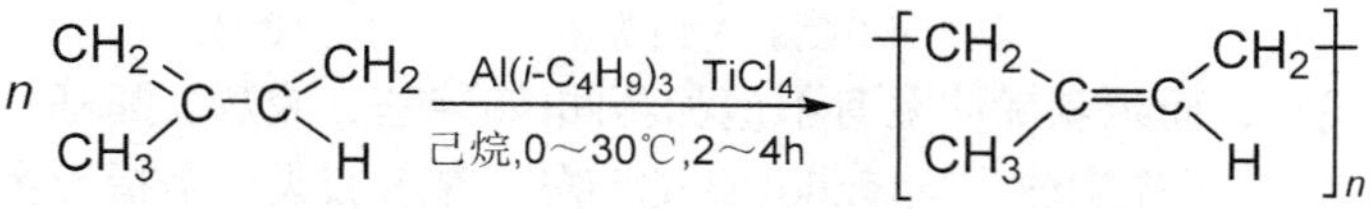

顺-1,4-聚异戊二烯

异戊橡胶的分子结构与天然橡胶相同，化学、物理性质与天然橡胶相似，因此异戊橡胶又称为“人工合成的天然橡胶”。

3) 氯丁橡胶

2-氯-丁-1,3-二烯在引发剂(过硫酸钾 $K_2S_2O_8$)的作用下，温度为约 40℃时，聚合生成氯丁橡胶——聚-2-氯丁-1,3-二烯或聚氯丁二烯。

聚-2-氯丁-1,3-二烯

氯丁橡胶的强度和弹性与天然橡胶相似，而其耐臭氧、耐油、耐化学药品的性能超过天然橡胶，但耐寒性能差，主要用于电线电缆材料、轮胎、输送带以及密封垫圈的制造等。

4) 丁苯橡胶

丁-1,3-二烯与苯乙烯共聚可制备丁苯橡胶。

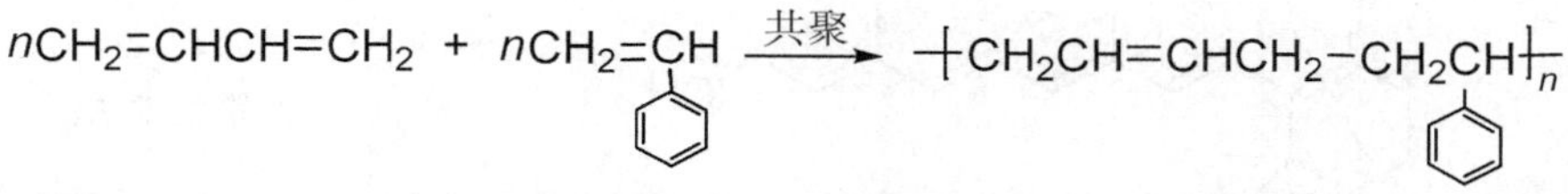

丁苯橡胶是世界上产量最大的合成橡胶，主要用于制造轮胎、运输皮带、胶管等。

5) 丁腈橡胶

丁-1,3-二烯与丙烯腈共聚，合成丁腈橡胶。

$$nCH_2{=}CHCH{=}CH_2 + nCH_2{=}\underset{\displaystyle CN}{CH} \longrightarrow {+}CH_2CH{=}CHCH_2\text{-}CH_2\underset{\displaystyle CN}{CH}{+}_n$$

丁腈橡胶具有优良的耐油、耐热性，但耐低温性差，主要用于制备耐油橡胶制品，如耐油垫圈、垫片、套管等。

5.6　萜类化合物

萜类化合物是指由两个或多个异戊二烯碳骨架组成的化合物。异戊二烯碳骨架组成萜类化合物时，都是通过两个或多个异戊二烯的头-尾相连完成的。

$$\overset{头}{}CH_2{=}\overset{\displaystyle CH_3}{C}{-}CH{=}CH_2\overset{尾}{}$$

异戊二烯相连成链所组成的萜称开链萜，异戊二烯相连成环所组成的萜称环状萜。根据萜类分子中所含的异戊二烯结构单位的数目，可将萜类化合物分为单萜、倍半萜、二萜、三萜等。

	单萜	倍半萜	二萜	三萜
碳原子数	10	15	20	30
异戊二烯单位	2	3	4	6

萜类化合物的这种结构特征称为异戊二烯规则。

萜类化合物分子中一般含有碳碳双键(C=C)、羟基(—OH)、羰基(C=O)、羧基(—COOH)等。

萜类化合物广泛存在于植物内，可通过水蒸气蒸馏或溶剂萃取得到。萜类化合物一般具有较大的挥发性和芳香气味。常见的萜类化合物如下：

开链萜

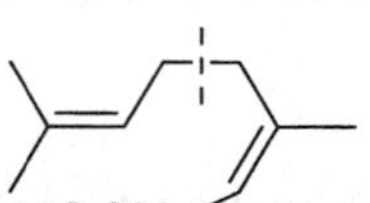

橙花醇

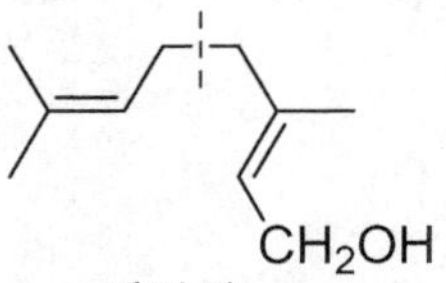

香叶醇

环状萜

苧烯

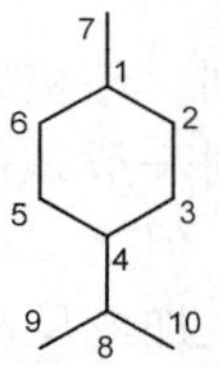

对盖烷

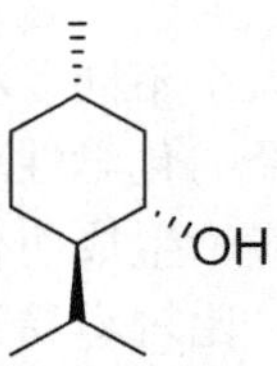

薄荷醇

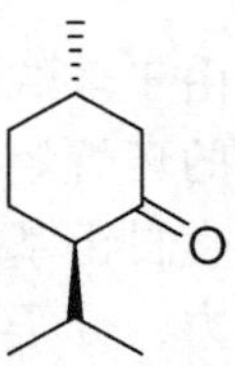

薄荷酮

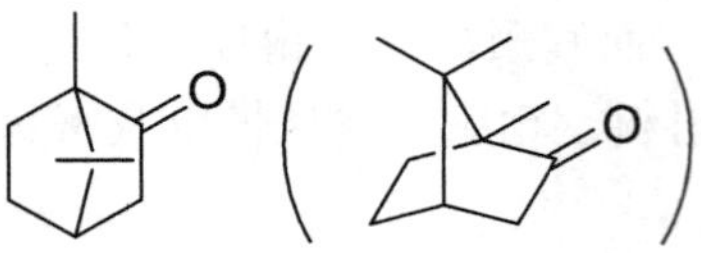

樟脑(莰酮)

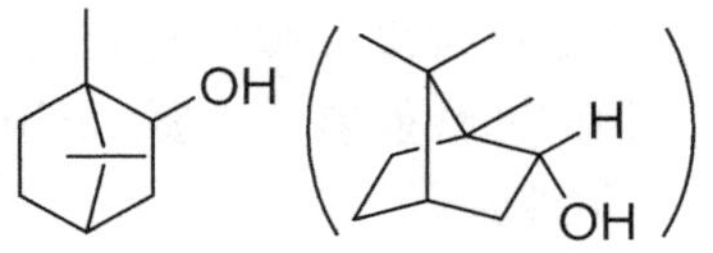

冰片

二萜

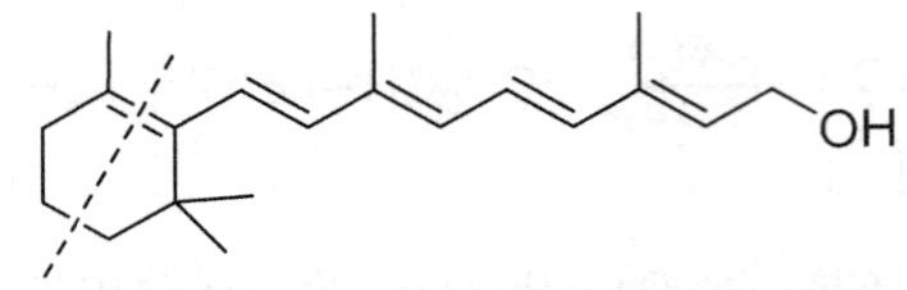

维生素 A_1

萜类化合物由于易挥发和具有芳香味，在化妆品和医药等工业上有很大的用途。例如：

(1) 橙花醇，一种单萜醇，是香叶醇的反式异构体，存在于橙花油和玫瑰油中，无色液体，具有玫瑰和橙花的香气，其香味比香叶醇柔和、优雅，是一种贵重的香料。

(2) 香叶醇，一种单萜醇，是橙花醇的顺式异构体，存在于香叶油、香茅油、玫瑰油等中，是无色或淡黄色液体，有玫瑰的香味，主要用作香皂的香精。

(3) 薄荷醇，又称薄荷脑，是一种单萜醇，存在于薄荷油中，是无色透明晶体，具有杀菌和防腐作用，常用于制造清凉油、止痛药以及用作牙膏、糖果、饮料的香料。

(4) 樟脑，一种环状萜酮，存在于樟脑油中，是无色或白色晶体，有樟木气味和辛辣味道，在常温易升华，所以常用作防蛀剂和防腐剂等。

(5) 维生素 A_1，一种二萜醇，是维生素 A 中的一种，存在于蛋黄和鱼肝油中，是油溶性的黄色晶体，是动物生长所必需的物质。鱼肝油和胡萝卜素(在人体内转化为维生素 A_1)所制成的制剂可用来防治儿童发育不良、干眼症、夜盲症等。

(6) 番茄红素(lycopene)。植物性食物中存在的一种类胡萝卜素，也是一种红色素，最早从番茄中分离制得，故称番茄红素。在分子结构上有 11 个共轭双键和 2 个非共轭双键组成的直链型碳氢化合物。通过高温蒸煮、油炸等加工方式可使番茄红素由反式构型向顺式构型转变。其淬灭单线态氧的速率常数是维生素 E 的 100 倍，是自然界中发现的最强抗氧化剂之一。对消化道癌、宫颈癌、乳腺癌、皮肤癌、膀胱癌等有一定的抑制作用。

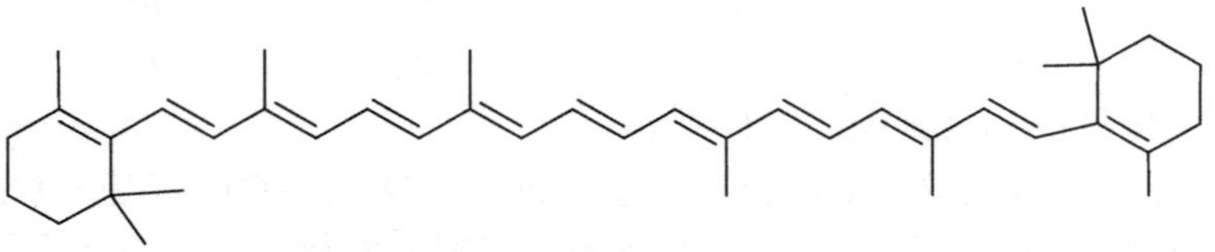

β-胡萝卜素

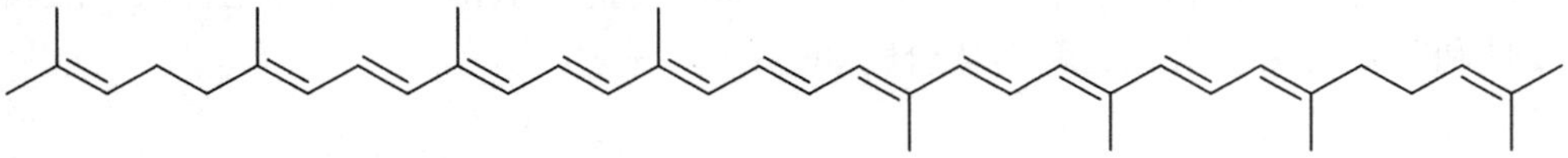

番茄红素

5.7　脂环烃的化学性质

由于环烷烃环的大小不同、稳定性不同，环烷烃表现出不同的化学性质。五元和五元以上的环烷烃与链烷烃的化学性质相似，对一般试剂表现得不活泼，但在光照等条件下，易发生自由基取代反应，生成卤代环烷烃。但是，小环烷烃则与烷烃不同，由于分子中有角张力，分子不稳定，比较容易开环，发生加成反应，因此小环烷烃的化学性质类似于烯烃。不过，随着环的增大，它的反应性能逐渐减弱。五元、六元环烷烃即使在相当强烈的条件下也不开环。

5.7.1　小环烷烃的开环加成反应

1. 催化加氢

在催化剂铂、钯或雷尼镍的作用下，环丙烷和环丁烷与氢发生开环加成，生成相应的烷烃。

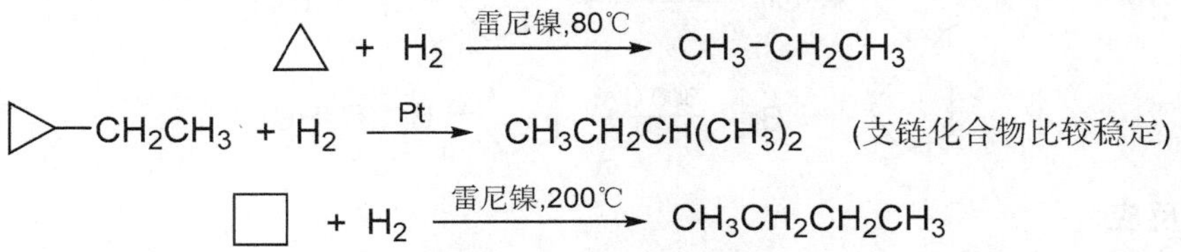

而在上述条件下，环戊烷、环己烷、环庚烷并不反应。

2. 与卤素氯、溴的加成

环丙烷、环丁烷可以与氯、溴发生开环加成反应。例如：

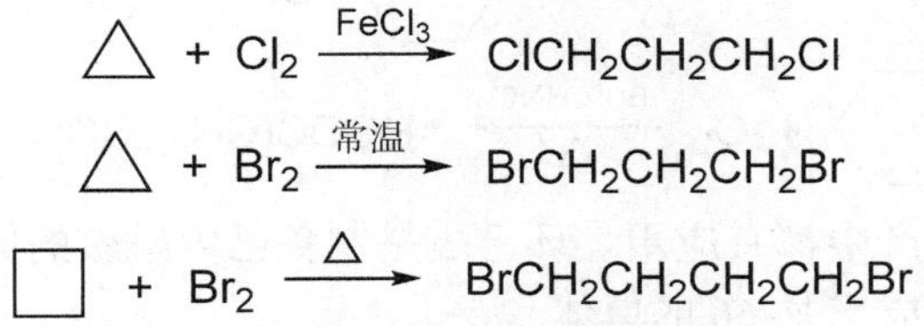

而环戊烷、环己烷与氯、溴并不发生上述加成反应。

3. 加 HX

环丙烷可与溴化氢发生开环加成反应，四元及以上环烷烃与溴化氢不反应。甲基环丙烷与 HBr 加成时，遵循马氏加成规则。例如：

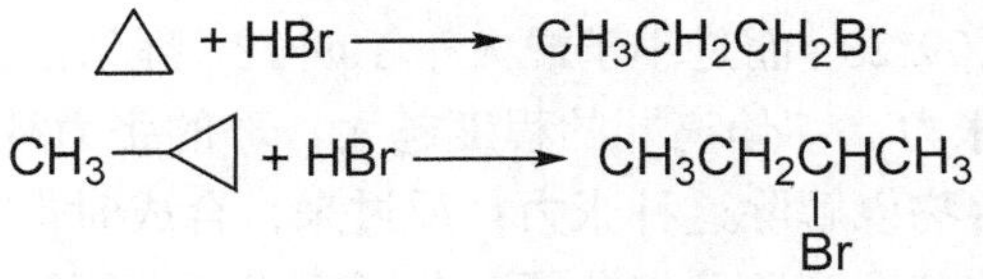

甲基环丙烷与 HBr 加成时，有两种可能的开环方式，分别形成碳正离子活性中间体 $CH_3\overset{+}{C}HCH_2CH_3$ 和 $(CH_3)_2CH\overset{+}{C}H_2$，由于前者 2° C^+ 比后者 1° C^+ 稳定，所以主要产物为 $CH_3CHBrCH_2CH_3$。

碘化氢可与环丙烷和环丁烷发生开环加成反应，五元及以上环烷烃与碘化氢不反应。

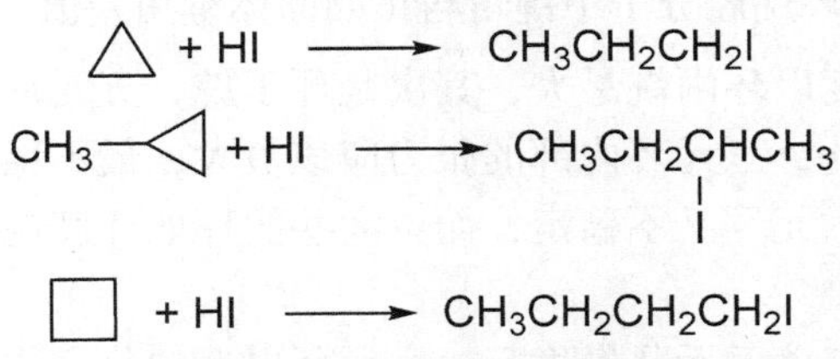

从以上反应可看出，三元环的稳定性最小，最易发生开环反应；四元环次之；五元环、

六元环以及更大的环，稳定性较大，不易发生开环反应。

5.7.2　取代反应

五元环和五元环以上的环烷烃的化学性质与烷烃相似，在高温或光照下，可与卤素(Cl_2或 Br_2)发生自由基取代反应。由环烷烃所得产物比链烷烃简单。例如：

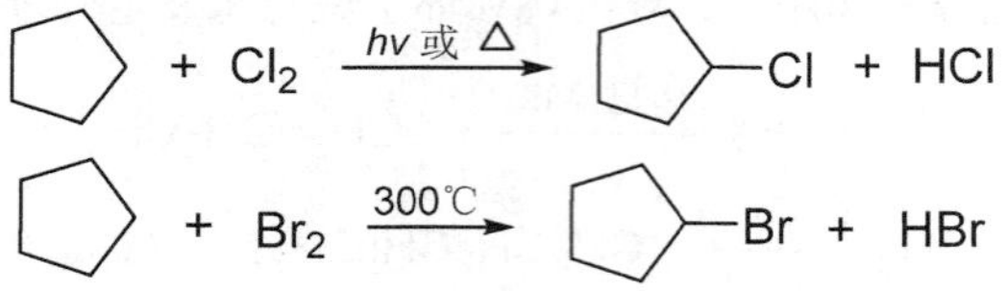

5.7.3　氧化反应

在常温下，环烷烃与一般氧化剂如 $KMnO_4$、O_3 等不起反应。因此，可利用 $KMnO_4$ 水溶液来区别烯烃与环烷烃。但与链烷烃一样，在加热条件下用强氧化剂或在催化剂存在下用空气直接氧化，环烷烃也能被氧化。氧化条件不同，得到不同的产物。例如：

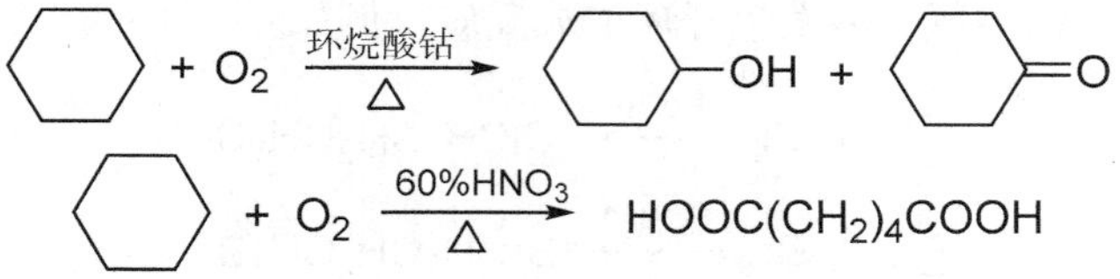

这两个反应在工业生产中都有应用。环己酮是制备己内酰胺的原料，后者是合成纤维锦纶-6 的单体。己二酸是合成尼龙-66 的单体。

5.7.4　环烷烃的燃烧热及其稳定性

1. 拜尔张力学说

为了解释各种环的稳定性及成环的难易，德国化学家拜尔(A. Baeyer)于 1885 年提出了张力学说。拜尔假设成环的碳原子都在同一平面内排成正多边形。在环中碳原子间的夹角并不一定是正常的四面体键角 109°28′，而是小于或大于 109°28′。拜尔认为环中碳原子间的夹角“偏离”109°28′时，就会产生张力。“偏离”的程度越大，环的张力越大，稳定性也越小，也就越容易开环，生成开链化合物以解除这种张力；反过来，合成时也就越困难。

按拜尔理论，从环丙烷分子到环己烷分子，分子中成环碳原子之间的夹角应分别为 60°、90°、108°和 120°。与正四面体键角 109°28′偏离的差值分别是+24°44′、+9°44′、+44′和−5°16′。

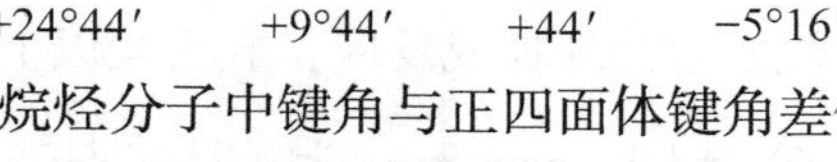

+24°44′　　+9°44′　　+44′　　−5°16′

环烷烃分子中键角与正四面体键角差值

可以看出，偏离的程度以环丙烷最大，其次是环丁烷，五元环基本上没有偏离，到了环己烷又出现一定偏离。因此，三元环内部的张力应该最大，最不稳定，最易开环，环丁烷次之，而五元环比较稳定，六元环又不稳定，而更大些的环如环庚烷、环辛烷的稳定性也应是越来越小。

按拜尔的张力学说，应该五元环最稳定，六元环以上的化合物，角张力大，应该是不稳定的。但后来合成的一些大环化合物都是稳定的，这与张力学说不符合。

现在来看，拜尔张力学说，三元、四元小环由于存在角张力而易发生开环反应，是正确的，但其基本假定——所有成环原子在同一平面上，却是错误的。因为除三元环外，其他环均非平面形。六元环或更大的环，由于环不是平面形，或者没有张力，或者张力不大，因而非常稳定。

2. 燃烧热

1mol 有机物完全燃烧生成 CO_2 和 H_2O 时放出的热量，称为燃烧热。燃烧热的大小反映分子能量的高低，从而可以判断有机化合物的相对稳定性。对于脂环族化合物，环的大小不同，其稳定性不同。表 5.3 列出一些环烷烃的燃烧热。

表 5.3　一些环烷烃的燃烧热

名称	成环碳数	燃烧热/$(kJ \cdot mol^{-1})$	—CH_2—的平均燃烧热/$(kJ \cdot mol^{-1})$	名称	成环碳数	燃烧热/$(kJ \cdot mol^{-1})$	—CH_2—的平均燃烧热/$(kJ \cdot mol^{-1})$
环丙烷	3	2091	697	环辛烷	8	5310	664
环丁烷	4	2744	686	环壬烷	9	5981	665
环戊烷	5	3320	664	环癸烷	10	6636	664
环己烷	6	3951	659	环十五烷	15	9885	659
环庚烷	7	4637	662	开链烷烃			659

不同环烷烃所含碳、氢原子数目不等，它们的燃烧热不能直接比较。环烷烃中每个 CH_2 的燃烧热由环烷烃分子的燃烧热除以环内的碳原子数得到，而每个 CH_2 燃烧时，不管其在什么化合物中都生成 CO_2 和 H_2O，故可以用每个 CH_2 燃烧时放出的能量来比较分子的稳定性。

直链烷烃中一个 CH_2 的燃烧热为 $659kJ \cdot mol^{-1}$，直链烷烃无张力，所以这个数值是无张力分子中的每个 CH_2 的燃烧热。环丙烷中的每个 CH_2 的燃烧热比该值大 $38kJ \cdot mol^{-1}$，环丁烷中的每个 CH_2 燃烧热比该值大 $27kJ \cdot mol^{-1}$，这就说明环丙烷和环丁烷的每个 CH_2 含有较多的能量。这个差值是环中每个 CH_2 的张力，该值乘以环内的碳原子数后即为环的张力能。

可以看出，小环(三元和四元环)化合物，张力很大，不稳定，容易开环生成开链化合物以解除张力，因而合成时也困难；普通环和中环(五～十一元环)化合物，除环已烷无张力外，其他环都有张力，但张力很小；大环(十二元及以上环)化合物，几乎没有张力。

习　题

5.1　1-甲基环己烯与下列试剂反应，写出主要产物的结构式。

(1) Br_2/CCl_4　　(2) HBr/氯仿

(3) Br_2,H_2O　　(4) HBr/有机过氧化物

(5) H_2/Pd　　(6) 稀冷 $KMnO_4$

(7) ①B_2H_6/THF；②H_2O_2,OH^-　　(8) ①$Hg(OCOCH_3)_2$,H_2O；②$NaBH_4$

(9) ①O_3；②Zn, H_2O　　(10) Br_2,高温

(11) ①H_2SO_4；②H_2O

5.2 写出下列试剂分别与丁-1-炔和丁-2-炔反应的主要产物。

(1) 1mol HCl　　(2) 2mol HCl

(3) 1mol Br_2/CCl_4, 0℃　　(4) 2mol Br_2

(5) H_2/Pd-$BaSO_4$,喹啉　　(6) 过量 H_2,Ni

(7) Na-液 NH_3　　(8) ①$NaNH_2$/液 NH_3；②C_2H_5Br

(9) $AgNO_3$ 的 NH_3 溶液　　(10) $HgSO_4$/稀 H_2SO_4

(11) 热的 $KMnO_4$ 溶液

5.3 完成下列反应。

(1) 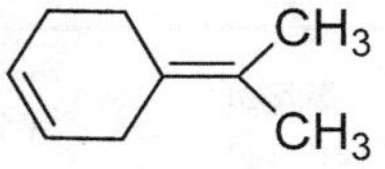 + Br_2(1mol) ⟶ ?

(2) 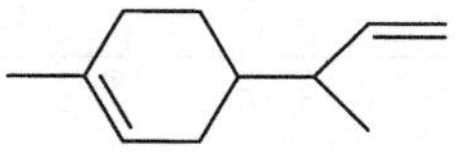 + HCl (1mol) ⟶ ?

(3) $CF_3CH{=}CH_2 + HBr \longrightarrow$?

(4) $BrCH{=}CH_2 + HCl \longrightarrow$?

(5) $CH_3OCH{=}CHCH_3 + HBr \longrightarrow$?

(6) 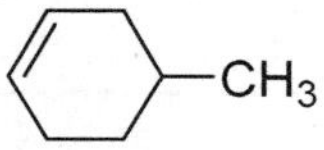 + $KMnO_4$ $\xrightarrow[\triangle]{H^+}$?

(7) 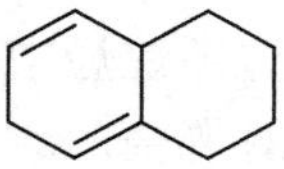 $\xrightarrow[②Zn,\ HCl]{①O_3}$?

(8)  + $C_6H_5COOOH \longrightarrow$?

(9) 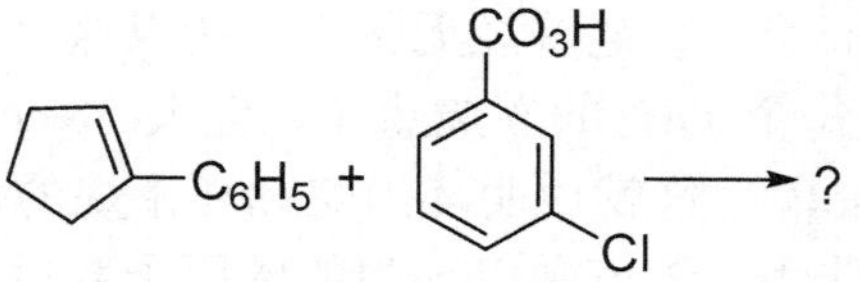

(10) $CH_3CH_2C{\equiv}CH \xrightarrow{Ag(NH_3)_2^+}$? $\xrightarrow{HNO_3}$?

(11) $CH_3CH_2CH_2C{\equiv}CH + NaNH_2 \longrightarrow$? $\xrightarrow{n\text{-}C_3H_7Br}$? $\xrightarrow[H_2SO_4]{HgSO_4}$?

(12) $CH_3CH_2C{\equiv}CH \xrightarrow[Et_2O]{[(CH_3)_2CHCH(CH_3)]_2BH}$? $\xrightarrow{CH_3COOH}$? $\xrightarrow[HO^-]{冷、稀KMnO_4}$?

(13) $CH_2{=}CH\text{-}CH_2\text{-}C{\equiv}CH \xrightarrow{HCl}$?

(14) $CH_2{=}CH\text{-}CH_2\text{-}C{\equiv}CH \xrightarrow[Pd\text{-}CaCO_3/(CH_3COO)_2Pb]{H_2}$?

(15) $CH_2{=}CH\text{-}CH_2\text{-}C{\equiv}CH \xrightarrow{CrO_3}$?

(16) $CH_2{=}CH\text{-}CH_2\text{-}C{\equiv}CH \xrightarrow[KOH]{CH_3CH_2OH}$?

(17) 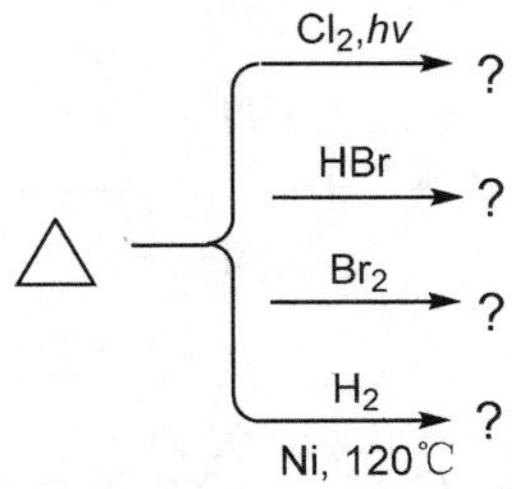

(18) 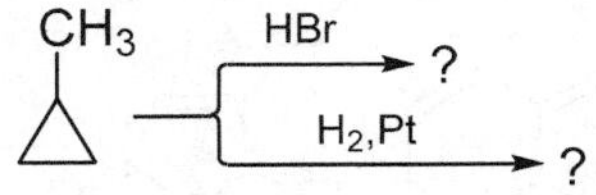

(19) 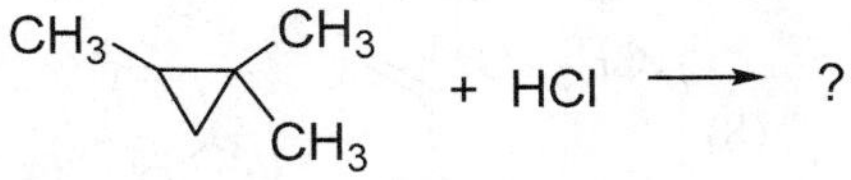

(20) 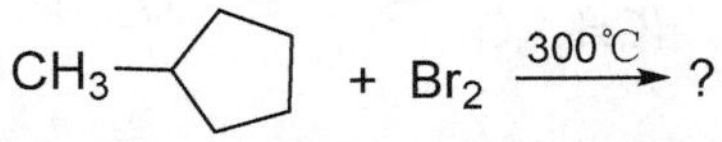

5.4　将下列烯烃与浓硫酸的反应活性排序。

(1) $CH_3CH_2CH{=}CH_2$　　(2) $CH_3CH{=}CHCH_3$

(3) $CH_2{=}CH_2$　　(4) $CH_2{=}C(CH_3)_2$

5.5　将下列化合物按照与 HBr 加成反应的相对活性大小排序。

(1) $CH_3CH{=}CHCH{=}CH_2$　　(2) $CH_2{=}CHCH_2CH_3$

(3) $CH_3CH{=}CHCH_3$　　(4) $CH_2{=}CHCH{=}CH_2$

(5) 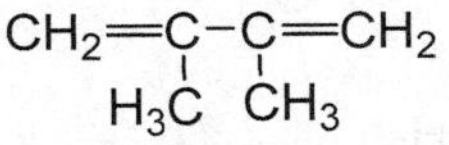

5.6　比较下列各组化合物的燃烧热大小。

(1) 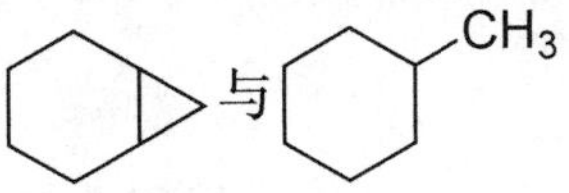

(2) 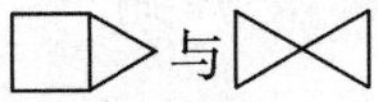

(3) 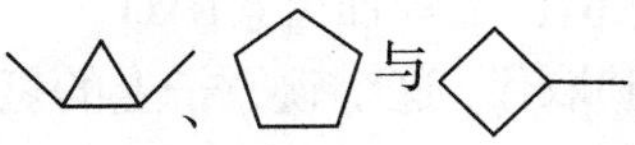

(4) 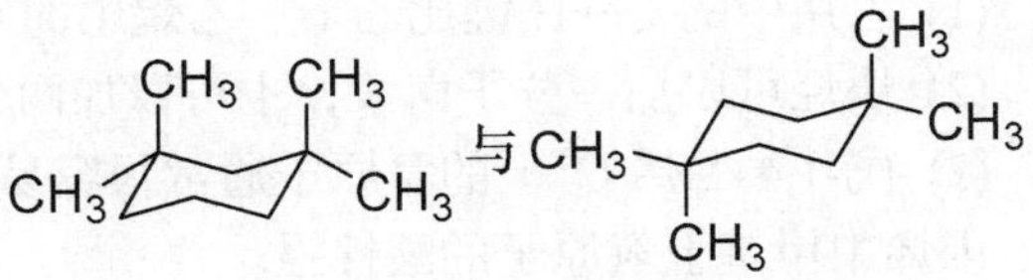

(5) 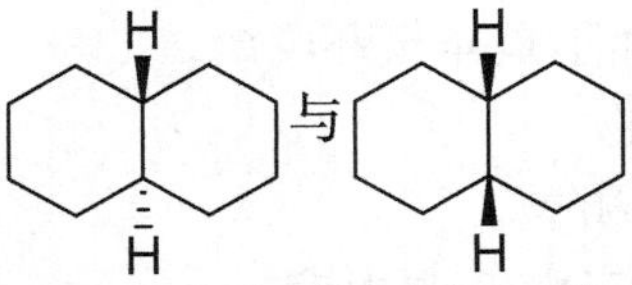

5.7　用简单的化学方法区别下列各组中的化合物。

(1) 环丙烷、丙烷、丙烯

(2) 1,1-二甲基环丙烷、环戊烷、环戊烯、戊-1-炔

(3) $CH_3(CH_2)_4CH_3$，$CH_3(CH_2)_3C{\equiv}CH$，$CH_3(CH_2)_3CH{=}CH_2$

(4) $CH_3CH_2C{\equiv}CCH_3$, $CH_3(CH_2)_2C{\equiv}CH$, $CH_3CH{=}CHCH{=}CH_2$

(5) 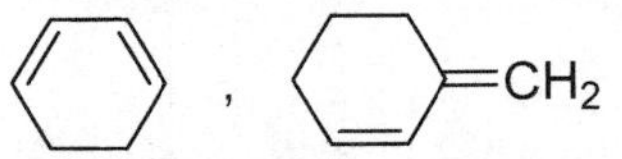

5.8　下列反应能否进行？如果能，请写出反应产物。

(1) 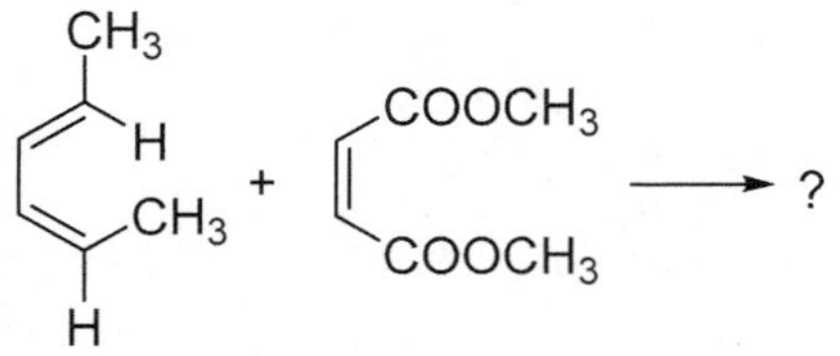　　(2) 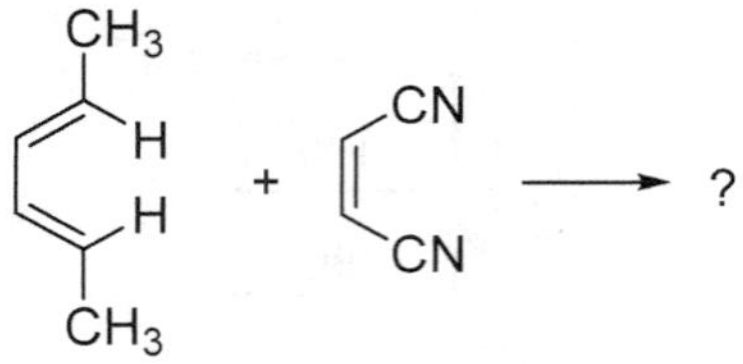

(3) 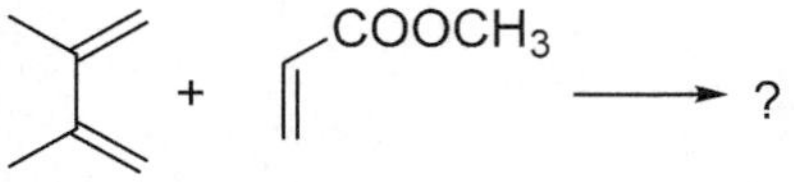　　(4) 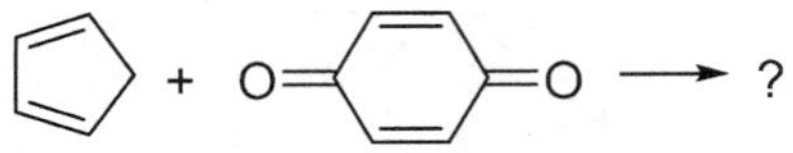

(5) 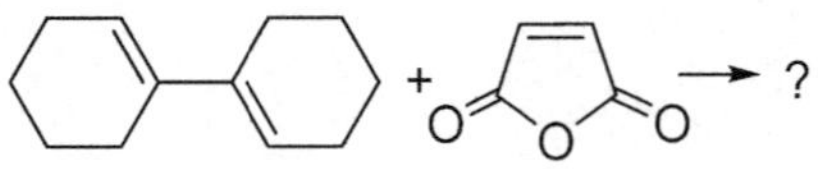　　(6) 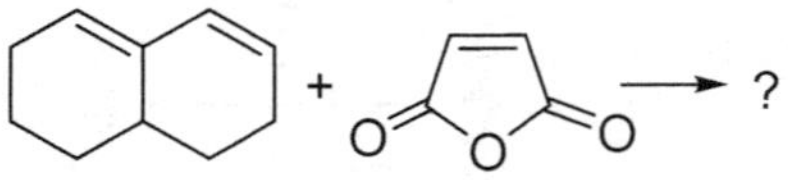

(7) 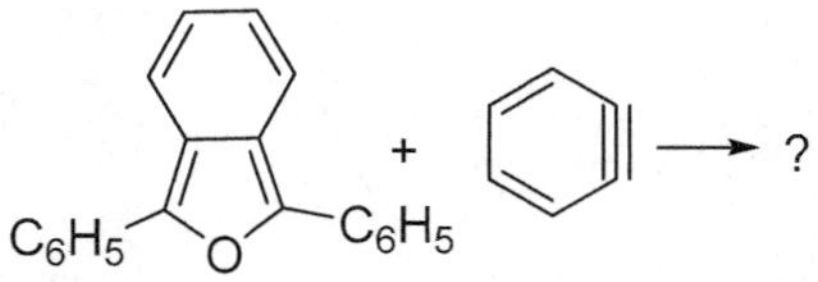　　(8) 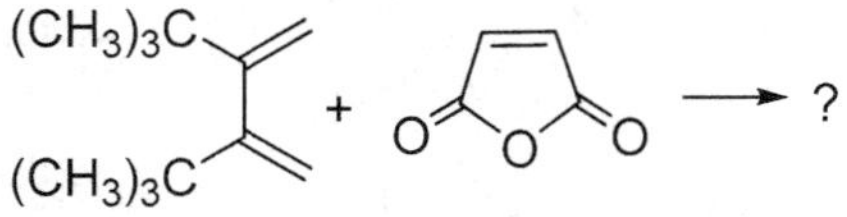

5.9　丁-2-炔与下列哪些试剂反应可以用于制备顺-2,3-二氘代丁-2-烯？

(1) HD/Pd 或 Ni　　(2) D_2/林德拉催化剂

(3) B_2D_6，然后 CH_3COOH　　(4) B_2D_6，然后 CH_3COOD

5.10　对下列反应提出相应的机理。

(1) $(CH_3)_3CCH{=}CH_2 + H_2O \xrightarrow{H^+} (CH_3)_3CCH(OH)CH_3 + (CH_3)_2C(OH)CH(CH_3)_2$

(2) $2\,CH_3C(CH_3){=}CH_2 \xrightarrow{H^+} CH_3C(CH_3)_2CH{=}C(CH_3)CH_3 + CH_3C(CH_3)_2CH_2C(CH_3){=}CH_2$

主要产物　　次要产物

5.11　试解释下列现象。

(1) 乙炔中的 C—H 键比乙烯、乙烷中的 C—H 键键能大，键长短，但酸性却强。

(2) 炔烃可以加一分子卤素，也可以加两分子卤素，但比烯烃加卤素困难。

(3) 戊-1,4-二烯 C^3 上的氢原子通常很容易发生自由基取代，这个碳原子上的氢的酸性比丙烯中甲基上氢原子的酸性强。

(4) 环戊-1,3-二烯与 HCl 加成反应得 3-氯环戊烯，而不是 4-氯环戊烯。

5.12　以丙烯为原料，选用必要的无机试剂制备下列化合物。

(1) 2-溴丙烷　　(2) 1-溴丙烷　　(3) 异丙醇

(4) 正丙醇　　(5) 1,2,3-三氯丙烷　　(6) 1,2-二溴-3-氯丙烷

(7) 聚丙烯腈

5.13　下面是三种由丙炔合成 $CH_3CHClCH_3$ 的方法，哪种较为合理？为什么？

(1) ①H_2/林德拉催化剂；②HCl

(2) ①HCl；②H_2,Ni

(3) ①过量 H_2/Ni；②Cl_2/光照

5.14　以丙炔为原料，合成下列各化合物。

(1) $(CH_3)_2CHBr$　　(2) CH_3CH_2CHO

(3) $CH_3(CH_2)_4CH_3$　　(4) $CH_3C{\equiv}C(CH_2)_3C{\equiv}CCH_3$

5.15　以乙炔为原料，合成下列化合物。

(1) $CH_3CH_2CH_2CH_2OH$　　(2) $CH_2=CH-CH=CH-CH=CH_2$

(3) 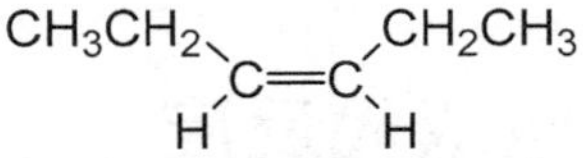　　(4) $CH_3CH_2CH(OH)CH_3$

(5) (2*R*, 3*S*)-丁-2,3-二醇

5.16　利用第尔斯-阿尔德反应合成下列化合物。

(1) 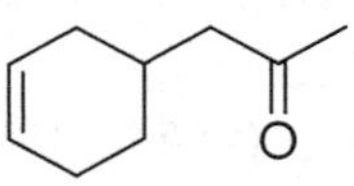　(2) 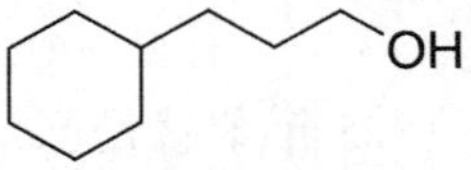　(3) 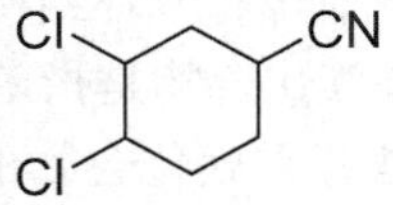

(4) 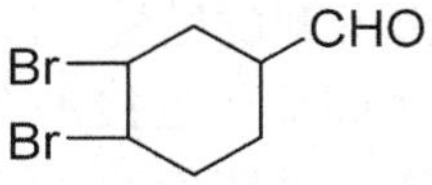　(5) 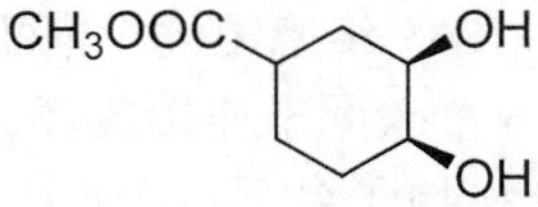

(6) $HOOCCH_2CH_2CH(COOH)CH_2COOH$

5.17　化合物 C_7H_{14} 经 $KMnO_4$ 氧化后的两个产物和臭氧还原水解后的两个产物相同，试推测该化合物的构造式。

5.18　某化合物 A，吸收一分子氢气得到 B，B 的相对分子质量为 84，实验式为 C_6H_{12}。A 经臭氧分解后生成单一产物 C(C 不含有—CHO 基团)，A 与 $KMnO_4$ 作用得到二醇 D，D 没有旋光性。推测 A、B、C、D 的构造式。

5.19　香叶烯 $C_{10}H_{16}$ 是从月桂油中分离得到的萜烯，它吸收 3mol H_2 成为 $C_{10}H_{22}$，臭氧化还原水解可得到 1mol CH_3COCH_3、2mol HCHO 和 1mol $OHCCH_2CH_2COCHO$。试推测香叶烯的构造式。

5.20　某烃分子式为 C_6H_{10}，能使溴水褪色，能与水在硫酸汞-硫酸存在下反应生成两种羰基化合物，但与硝酸银氨溶液无反应。试写出该烃的构造式及各步反应式。

5.21　有三个化合物 A、B、C，分子式均为 C_5H_8，它们都能使溴的四氯化碳溶液褪色。化合物 A 与 $AgNO_3$-NH_3 作用可生成沉淀，B、C 则不能；当用热的 $KMnO_4$ 氧化时，化合物 A 得到丁酸($CH_3CH_2CH_2COOH$)和 CO_2，化合物 B 得到乙酸和丙酸，化合物 C 得到戊二酸。试写出 A、B、C 的构造式和各步反应式。

5.22　某化合物 A，分子式为 C_8H_{12}，有旋光性，A 经催化氢化得到 B(C_8H_{18})，B 无旋光性，但 A 经 Lindlar 催化剂加氢得到 C(C_8H_{14})，C 有旋光性；A 与 Na/液 NH_3 反应得到 D，D 的分子式也是 C_8H_{14}，但没有旋光性。试推测 A、B、C、D 的构造式。

5.23　分子式为 C_7H_{10} 的某开链烃 A，可发生下列反应：A 经催化氢化可生成 3-乙基戊烷；A 与 $AgNO_3/NH_3$ 溶液反应可产成白色沉淀；A 在 Pd/$BaSO_4$ 作用下吸收 1mol H_2 生成化合物 B；B 可以与顺丁烯二酸酐反应生成化合物 C。试推测 A、B 和 C 的构造式。

5.24　化合物 A 和 B 是组成为 C_6H_{12} 的两个同分异构体，在室温下均能使 Br_2-CCl_4 溶液褪色，而不被 $KMnO_4$ 氧化，其氢化产物都是 3-甲基戊烷，但 A 与 HI 反应主要得 3-碘-3-甲基戊烷，而 B 则得到 2-碘-3-甲基戊烷。推测 A 和 B 的构造式。

第 6 章　芳烃　苯环上的亲电取代反应

分子中含有苯环结构的烃称为芳烃。因芳烃最初来自具有芳香气味的物质，故又称芳香烃。芳香族化合物是指苯及其衍生物。

苯是芳香族化合物的母体。早在 1825 年苯就是已知的化合物了，化学家对苯的性质的研究比其他有机化合物更多更深。1865 年德国化学家凯库勒提出了苯的结构。凯库勒根据苯的分子式 C_6H_6 提出，苯分子中 6 个碳原子连接成环，环上每个碳原子连接一个氢原子，这 6 个氢原子地位相等，环上每个碳原子余下一个价(因当时已知碳是四价的)可以“俩俩”彼此结合形成三条双键，苯的结构式是单、双键交替的环状共轭体系，这就是苯的凯库勒结构式。

 或 

后来，化学家发现苯分子中并无单、双键之分，苯的二元取代物也只有一种。苯的结构问题一直困扰着许多化学家，休克尔分子轨道理论给予了圆满解答，但目前文献和书刊上采用最多的仍是凯库勒结构式。

芳烃按其分子构造分为三类。

(1) 单环芳烃：分子中只含有一个苯环结构的芳烃。例如：

苯

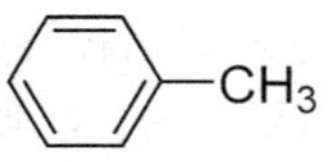

甲苯

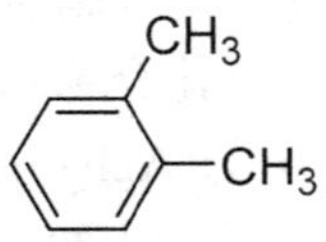

邻二甲苯

(2) 多环芳烃：分子中含有两个或两个以上独立苯环的芳烃称为多环芳烃。例如：

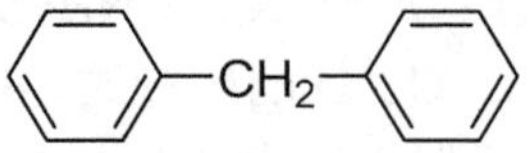

二苯甲烷

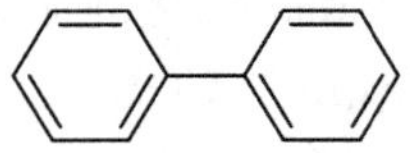

联苯

(3) 稠环芳烃：分子中含有两个或两个以上苯环通过共用两个相邻碳原子稠合而成的芳烃称为稠环芳烃。例如：

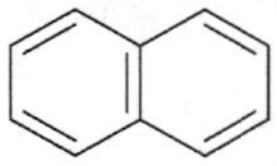

萘

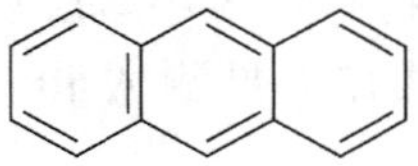

蒽

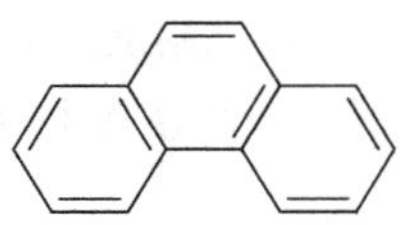

菲

6.1　单环芳烃的物理性质

单环芳烃是无色液体，有特殊的气味，有毒，容易燃烧。不溶于水，易溶于某些有机溶剂，如四氯化碳、乙醚、石油醚等。单环芳烃相对密度小于 1，一般在 0.86～0.90 之间。表 6.1 给出一些单环芳烃的物理常数。

表 6.1　一些单环芳烃的物理常数

名称	构造式	熔点/℃	沸点/℃	相对密度(d_4^{20})
苯	C_6H_6	5.5	80	0.879
甲苯	$C_6H_5CH_3$	–95	111	0.866
邻二甲苯	1,2-$C_6H_4(CH_3)_2$	–25	144	0.880
间二甲苯	1,3-$C_6H_4(CH_3)_2$	–48	139	0.864
对二甲苯	1,4-$C_6H_4(CH_3)_2$	13	138	0.861
连三甲苯	1,2,3-$C_6H_3(CH_3)_3$	–25	176	0.895
偏三甲苯	1,2,4-$C_6H_3(CH_3)_3$	–44	169	0.876
均三甲苯	1,3,5-$C_6H_3(CH_3)_3$	–45	165	0.864
乙苯	$C_6H_5CH_2CH_3$	–95	136	0.867
正丙苯	$C_6H_5CH_2CH_2CH_3$	–99	159	0.862
异丙苯	$C_6H_5CH(CH_3)_2$	–96	152	0.862

单环芳烃的沸点随分子中碳原子数增加而升高。其熔点除与相对分子质量有关外，还与结构有关。例如，对二甲苯的熔点比邻二甲苯、间二甲苯都高。一般来说熔点越高，异构体的溶解度越小。

6.2　单环芳烃的化学性质

从电子云的观点来看，苯分子中两个“救生圈”形的 π 电子云屏蔽着苯环碳原子，不利于亲核试剂进攻，而有利于亲电试剂进攻。苯环具有特别的稳定性，不易发生加成反应而易发生亲电取代反应。如果苯环上没有吸电子基团使苯环上的电子云密度降低，苯环很难发生亲核取代反应。另外，芳烃还可以发生氧化反应、还原反应、侧链 α-H 的氧化和被卤素取代的反应。

6.2.1　苯环上的亲电取代反应

苯环被亲电试剂进攻发生氢原子被取代的反应是苯、苯的同系物以及它们的衍生物最重要的化学反应。苯环上最容易发生的亲电取代反应主要有硝化、卤化、磺化、烷基化和酰基化等反应。

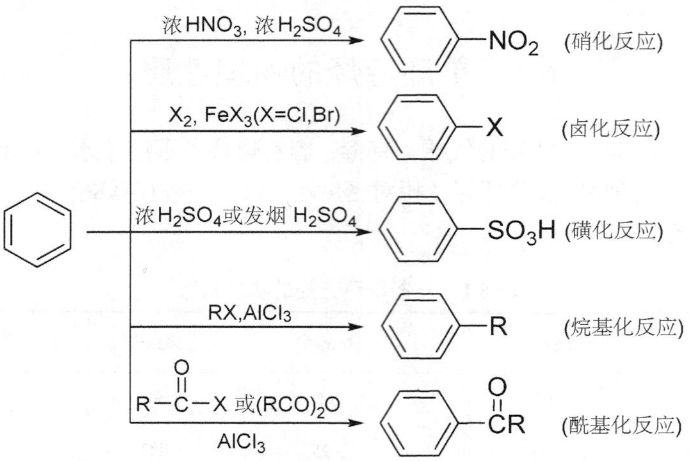

这些反应的反应机理类似，一般包括两步，首先亲电试剂与苯环大 π 电子云作用，生成 π 络合物，接着亲电试剂与苯环发生亲电加成反应，亲电试剂从苯环大 π 电子云中得到一对电子与苯环上一个碳原子形成 σ 键，生成碳正离子活性中间体(也称为 σ 络合物)。然后碳正离子很快就发生消除反应，从 sp^3 杂化碳原子上失去一个质子，恢复了苯环的结构生成取代产物。

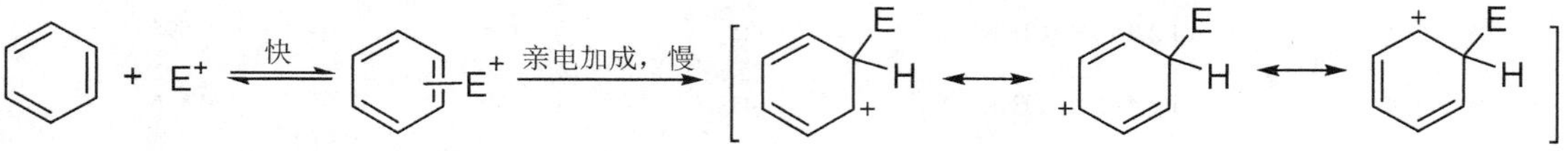

亲电试剂　　π 络合物

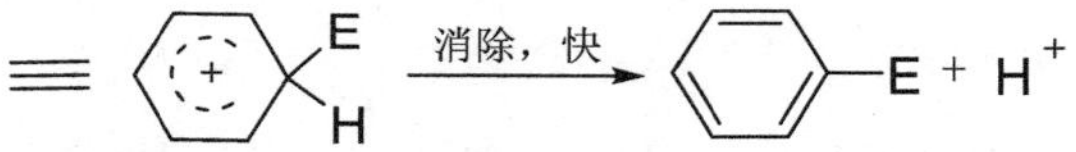

碳正离子中间体(也称 σ 络合物)　　取代产物

1. 硝化反应

苯环上的氢原子被硝基取代生成硝基苯的反应，称为硝化反应。常用的硝化试剂为浓硝酸和浓硫酸、发烟硝酸和浓硫酸等。硝化反应是制备芳香族硝基化合物的主要方法。

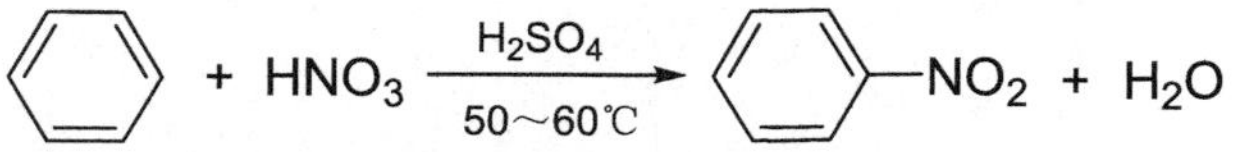

硝基苯继续硝化比苯困难，生成的产物主要是间位产物——间二硝基苯。

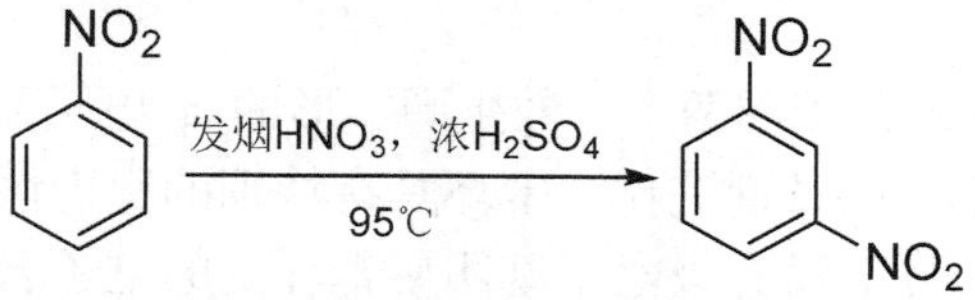

甲苯比苯容易硝化，主要产物是邻硝基甲苯和对硝基甲苯。

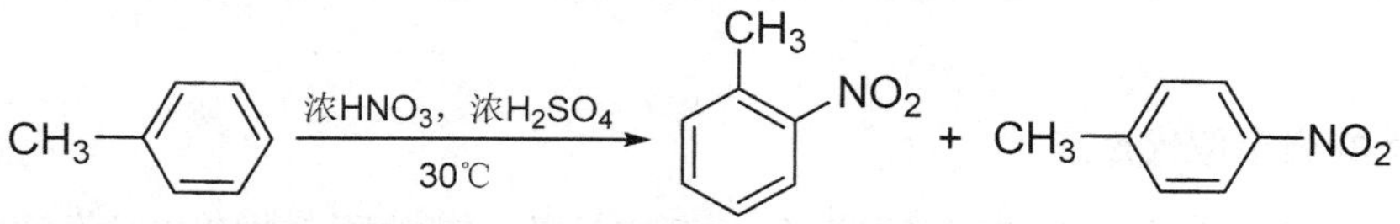

在硝化反应中，硝酸(作为碱)在浓硫酸的作用下，先被质子化，然后失水生成硝基正离子：

$$HO-NO_2 + H_2SO_4 \rightleftharpoons H_2\overset{+}{O}-NO_2 + HSO_4^-$$

$$H_2\overset{+}{O}\text{—}NO_2 \rightleftharpoons H_2O + \overset{+}{N}O_2$$
$$H_2SO_4 + H_2O \rightleftharpoons H_3O^+ + HSO_4^-$$

即 $$HO\text{-}NO_2 + 2H_2SO_4 \rightleftharpoons \overset{+}{N}O_2 + H_3O^+ + 2HSO_4^-$$

硝基正离子的存在已为硝酸的硫酸溶液的冰点降低和该溶液的拉曼(Raman)光谱等实验所证实。

硝化时，$\overset{+}{N}O_2$ 是亲电试剂。首先，$\overset{+}{N}O_2$ 加到苯环上，生成碳正离子活性中间体 σ 络合物，接着 σ 络合物消去 H^+，生成产物。硝化反应机理如下：

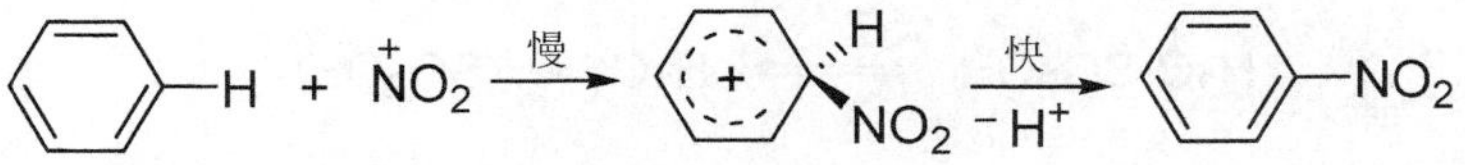

苯硝化反应的能量-反应进程图如图 6.1 所示。

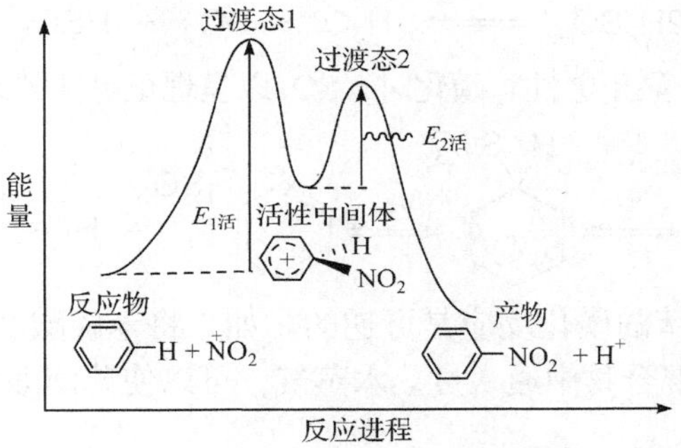

图 6.1　苯硝化反应的能量-反应进程图

2. 卤化反应

苯环上氢原子被卤素取代生成卤苯的反应，称为卤化反应。

苯在铁或三卤化铁等催化剂的作用下，与卤素(Cl_2 或 Br_2)反应，生成氯苯或溴苯：

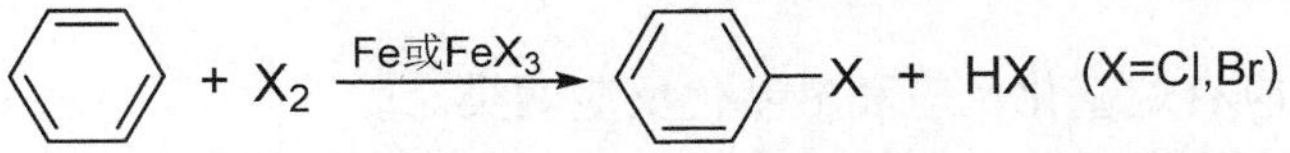

这是工业上和实验室中制备芳香族氯化物和芳香族溴化物的一种重要方法。例如：

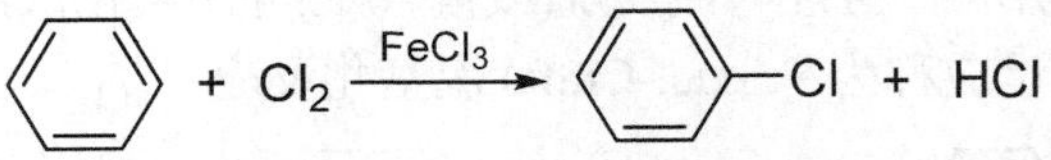

苯与氯反应时，首先生成 π 络合物，π 络合物在 $FeCl_3$ 催化作用下转变成 σ 络合物，最后，在 $FeCl_3$ 作用下从 σ 络合物中失去一个 H^+，生成产物氯苯：

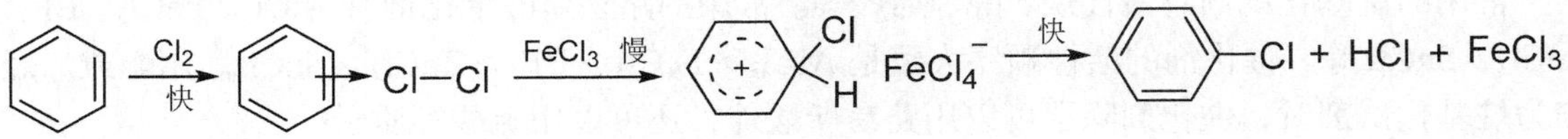

3. 磺化反应

苯环上的氢原子被磺酸基(—SO_3H)取代的反应，称为苯的磺化反应。常用的磺化试剂是浓硫酸或发烟硫酸(H_2SO_4-SO_3)。苯的磺化反应为可逆反应。

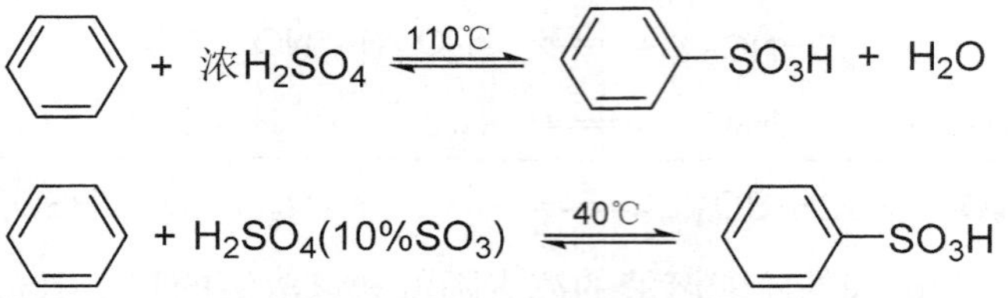

苯磺酸

人们对磺化反应机理研究得不像硝化和卤化那么详细。磺化时，随着所用磺化试剂的不同，进攻试剂可能有所不同。进攻试剂一般认为是 SO_3 或其共轭酸 SO_3H^+。

$$2H_2SO_4 \rightleftharpoons H_2\overset{+}{O}\text{-}SO_2OH + HSO_4^-$$

$$H_2\overset{+}{O}\text{-}SO_2OH \rightleftharpoons H_2O + {}^{+}SO_2OH$$

$$H_2O + {}^{+}SO_2OH \rightleftharpoons H_3O^+ + SO_3$$

$$2H_2SO_4 \rightleftharpoons H_3O^+ + SO_3 + HSO_4^-$$

在 SO_3 分子中，硫原子显正电性。磺化时，SO_3 以呈现正电性的硫原子进攻苯环，其机理是

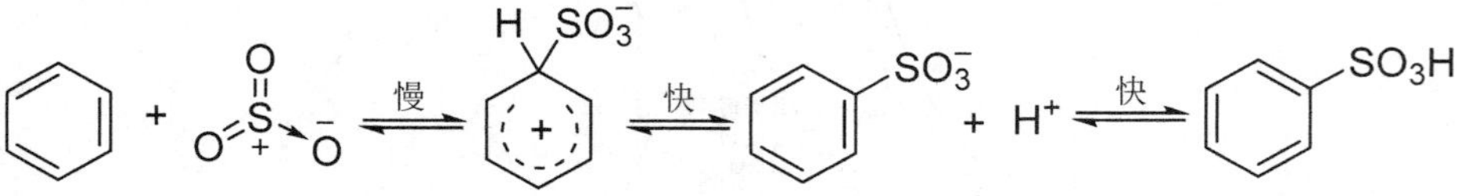

与硝化和卤化不同，苯的磺化反应是可逆的。如果将苯磺酸和稀硫酸或盐酸在加压、加热条件下，或在磺化所得混合物中通入过热水蒸气，可以使苯磺酸发生水解反应而又变成苯。

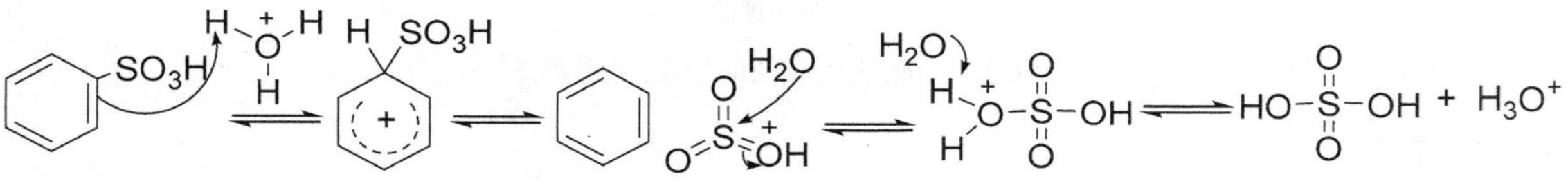

在反应中，水与 HSO_3^+ 反应生成 H_2SO_4，以除去反应中的 HSO_3^+，使平衡反应向右边进行。

4. Friedel-Crafts 反应

Friedel-Crafts 反应有烷基化反应和酰基化反应两类。

l) Friedel-Crafts 烷基化反应

在路易斯酸催化剂作用下，芳烃与氯代烷(或溴代烷)等烷基化试剂反应，芳环上的氢被烷基取代生成烷基苯，该类反应称为 Friedel-Crafts 烷基化反应。

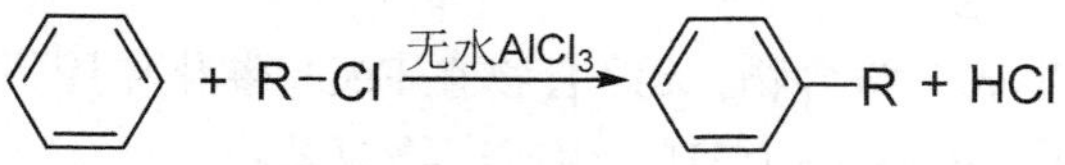

常用的烷基化试剂有卤代烷、醇、烯烃等。常用的路易斯酸催化剂有 $AlCl_3$、$FeCl_3$、BF_3、$ZnCl_2$、$SnCl_4$ 等。催化剂的活性顺序大致是 $AlCl_3 > FeCl_3 > BF_3 > ZnCl_2 > SnCl_4$。用醇或烯烃作为烷基化试剂时，催化剂除了可以用路易斯酸外，还可以用硫酸等质子酸。

在卤代烷 $R^{\delta^+}—X^{\delta^-}$ 分子中，由于卤素电负性比碳大，电子偏移使与卤原子相连的碳原子带有部分正电荷，是亲电的，但是，其正电性不够大，不足以与苯环直接发生亲电取代反应，故苯环上的卤化反应需要有路易斯酸催化。路易斯酸的催化作用是通过金属原子利用空轨道与 R—X 分子中卤素的孤对电子络合，极化 C—X 键，以增强与卤原子相连的碳原子的正电性——

亲电性，使之能够与苯环顺利发生亲电取代反应。

对于叔卤代烷 $R_3C—X$，由于叔烷基正离子较易生成，进攻试剂是叔烷基碳正离子。例如：

$$R_3C-X + AlX_3 \xrightleftharpoons{快} R_3C^+AlX_4^-$$

叔卤烷

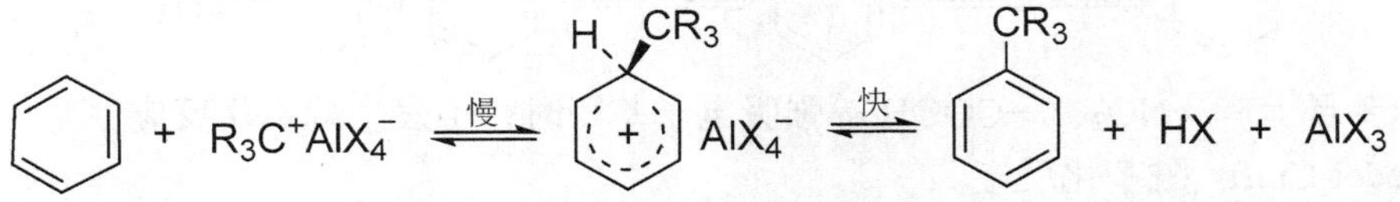

对于仲卤代烷 $R_2CH—X$ 和伯卤代烷 $RCH_2—X$，进攻试剂可能是高度极化的配合物，极化程度取决于 R—X 的构造及所用路易斯酸的活性。例如：

$$R_2CH-X + AlX_3 \xrightleftharpoons{快} \overset{\delta^+}{R_2CH}\cdots\overset{\delta^-}{X}\cdots AlX_3$$

仲卤烷

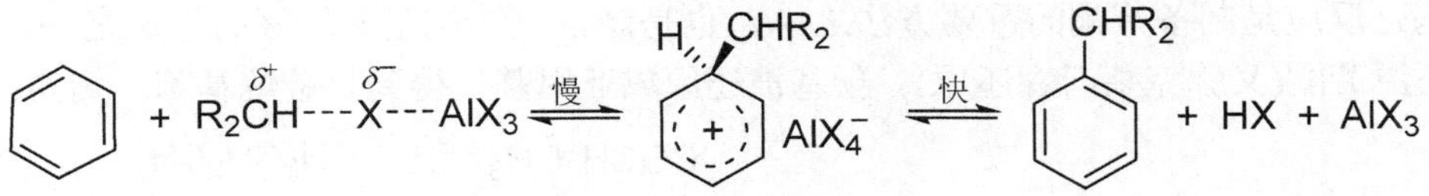

$$RCH_2-X + AlX_3 \xrightleftharpoons{快} \overset{\delta^+}{RCH_2}\cdots\overset{\delta^-}{X}\cdots AlX_3$$

伯卤烷

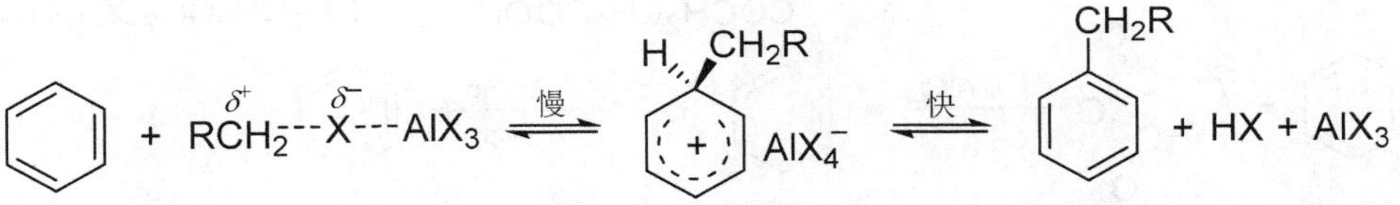

在反应中，由于 AlX_3 的作用，在配合物 $R_2CH\cdots X\cdots AlX_3$ 或 $RCH_2\cdots X\cdots AlX_3$ 中，卤代烃中与卤素 X 相连接的碳原子的正电性显然比没有 AlX_3 时大，大到可以进攻苯环，结果与苯环发生亲电取代反应。

烷基化反应具有以下特点：

(1) 在烷基化反应中，由于有碳正离子或高度极化的配合物生成，因此引入的烷基有可能发生碳正离子的重排。例如：

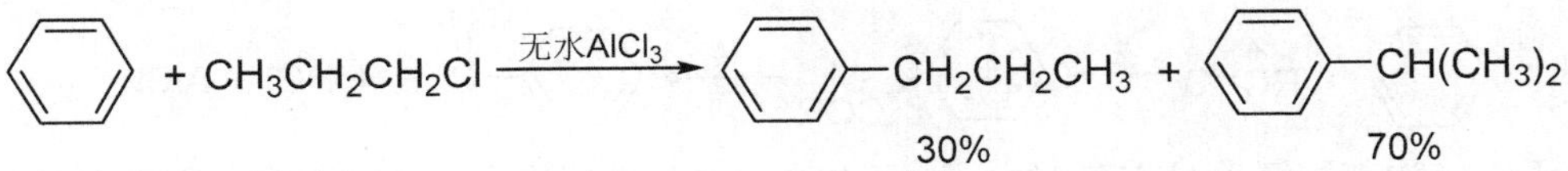

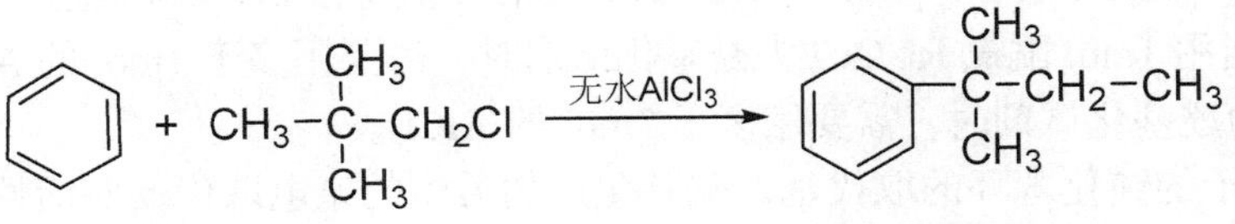

几乎完全是重排产物

$AlCl_3$ 是强路易斯酸，与 $(CH_3)_3CCH_2Cl$ 作用生成一级碳正离子 $(CH_3)_3C\overset{+}{C}H_2$，接着 $(CH_3)_3C\overset{+}{C}H_2$ 发生重排，与碳正离子相连的碳上的甲基带着一对电子迁移到碳正离子上，形成新的能量更低更稳定的三级碳正离子 $CH_3CH_2\overset{+}{C}(CH_3)_2$，然后再进行烷基化反应，生成产物。

(2) 在烷基化反应时，常发生多烷基化反应。这是因为烷基是一个推电子的活化苯环的取代基，当苯环上引入了第一个烷基后，第二个烷基的引入比第一个要容易。

(3) 烷基化反应是可逆反应，在路易斯酸的催化下，烷基苯可以发生去烷基化反应。例如：

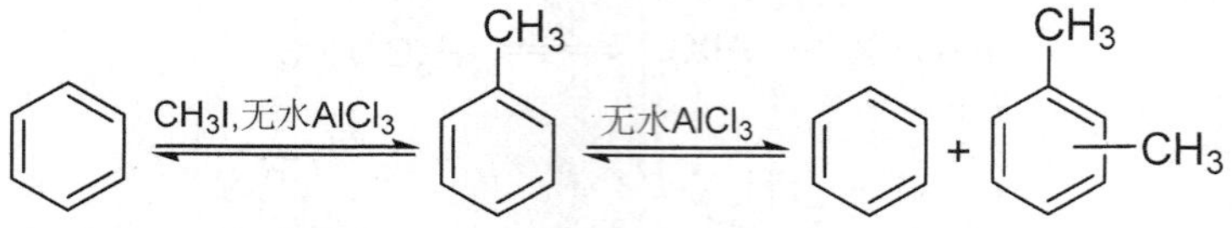

(4) 当苯环上有—NO_2、—COOH 等强吸电子基团时，不发生烷基化反应。

2) Friedel-Crafts 酰基化反应

芳烃在无水三氯化铝等路易斯酸的催化下，与酰卤(RCOX)或酸酐(RCOOCOR)反应，苯环上氢原子被酰基取代，生成芳酮。这类反应称为 Friedel-Crafts 酰基化反应。

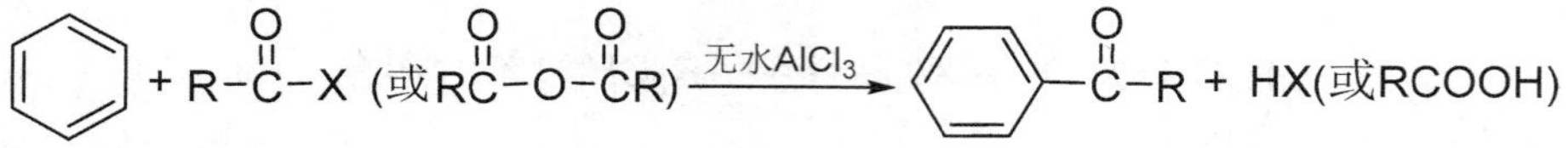

酰基化反应是制备芳酮的重要方法之一，也是制备直链烷基苯较好的方法之一。因为用锌汞齐还原芳酮(又称克莱门森还原)，羰基被还原成亚甲基，得到直链烷基苯。例如：

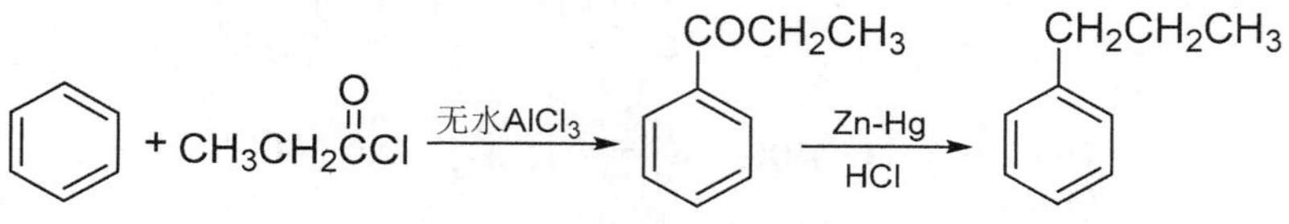

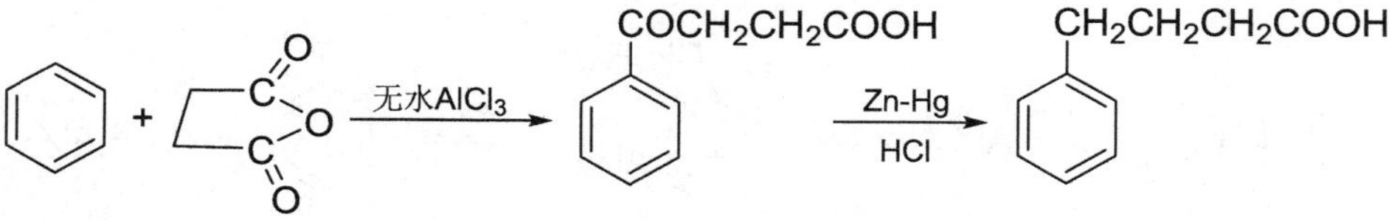

酰基化反应时，进攻的亲电试剂可能是酰基正离子或高度极化的配合物。

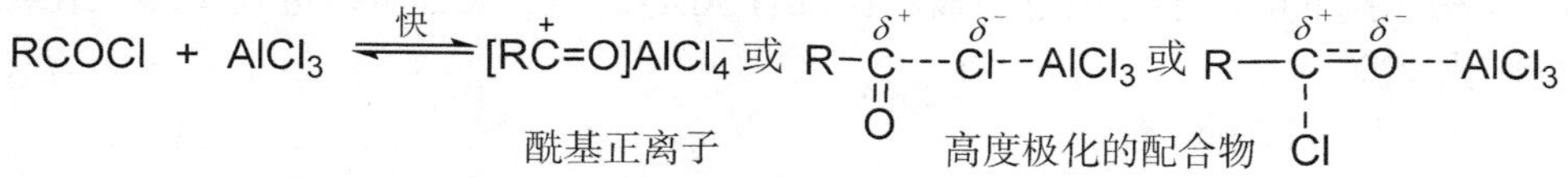

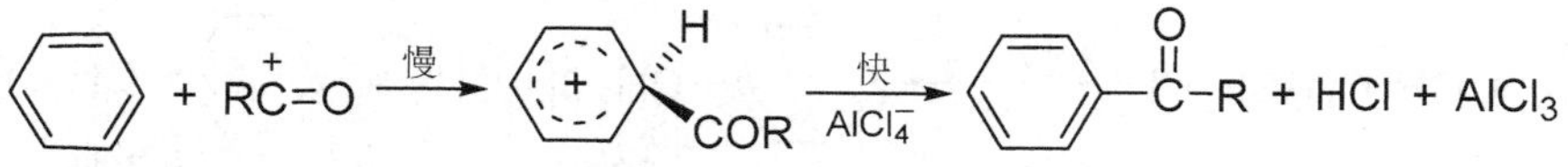

由于生成物芳酮氧上具有孤对电子，可以与 $AlCl_3$ 进行络合生成络合物，因此酰基化反应消耗催化剂 $AlCl_3$ 量多，当用 1mol 酰氯 RCOCl 为酰基化试剂时，需要用多于 1mol 的 $AlCl_3$；当用 1mol 酸酐 $(RCO)_2O$ 为酰基化试剂时，需要用多于 2mol 的 $AlCl_3$。

由于酰基是一个吸电子的钝化苯环的取代基，酰基化产物芳酮的亲电取代反应活性比芳烃小，因此酰基化反应一般不发生多酰基化。酰基化时，引入的酰基也不发生重排。当苯环上有—NO_2、—COOH 等强吸电子基团时，也不发生酰基化反应。

5. 氯甲基化反应

在无水氯化锌作用下，芳烃与甲醛及氯化氢作用，芳环上氢原子被氯甲基取代的反应称为氯甲基化反应。例如：

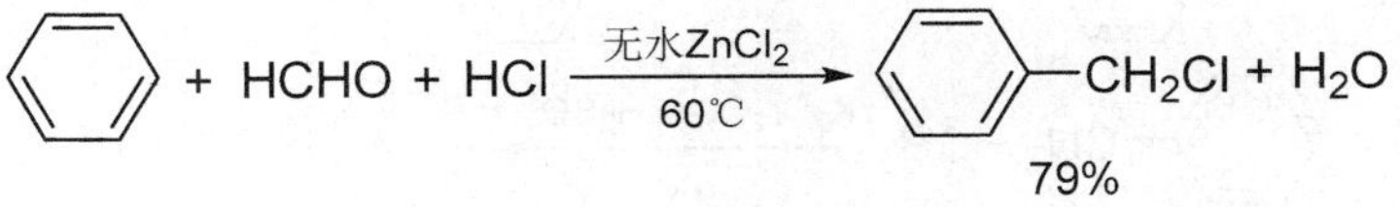

反应机理：

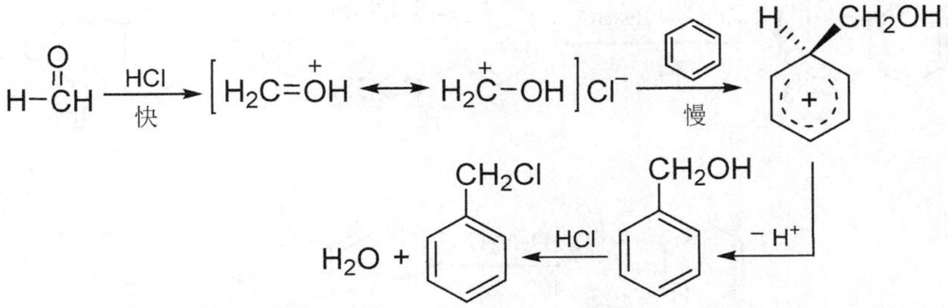

苯甲基氯中的氯原子位于苯环的 α-碳原子上，性质十分活泼，因此氯甲基—CH_2Cl 可进一步转化为—CH_2OH、—CHO、—CH_2CN、—CH_2COOH、—CH_2NH_2、—$CH_2N^+R_3Cl^-$等。例如：

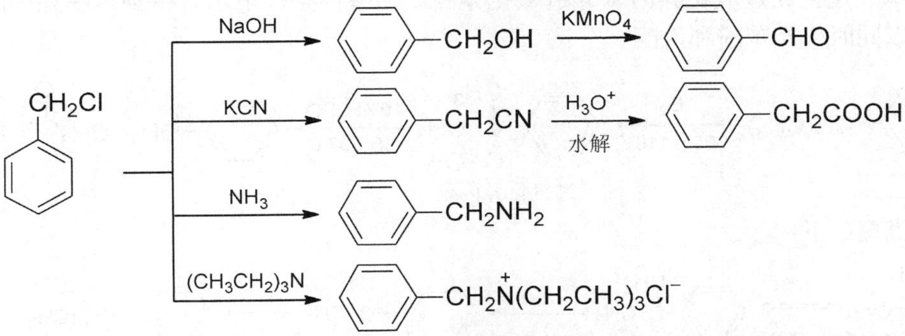

氯甲基化反应对于苯、烷基苯、烷氧基苯和稠环芳烃都是可以实现的，但当苯环上有强吸电子基团时，产率很低甚至不反应。例如，硝基苯的氯甲基化反应产率极低，间二硝基苯一般不发生氯甲基化反应。

6.2.2　氧化反应

苯环具有特殊的稳定性，一般在 $KMnO_4$、$K_2Cr_2O_7$ 的酸性溶液中不发生氧化反应。但在高温和催化剂作用下，可被空气氧化生成顺丁烯二酸酐：

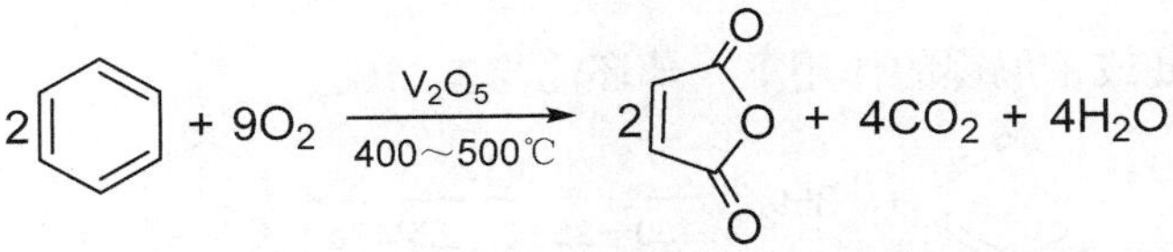

在苯环侧链的 α-C 上没有氢原子的烷基苯，剧烈氧化条件下苯环被氧化。

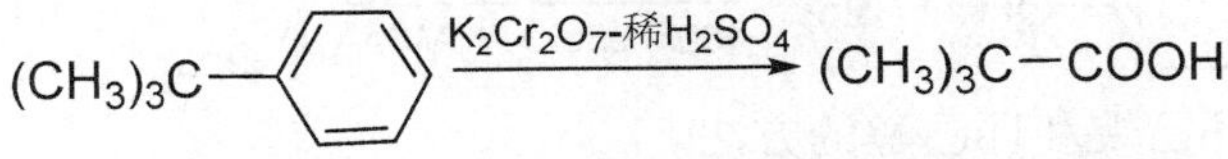

在苯环侧链的 α-C 上有氢原子的烷基苯，在强氧化剂如 $KMnO_4$、$K_2Cr_2O_7$、HNO_3 的氧化下，或在催化剂作用下，用空气或氧气氧化，烷基被氧化成羧基，而且不论烷基碳链的长短，只要有 α-H 存在，一般就被氧化生成苯甲酸。

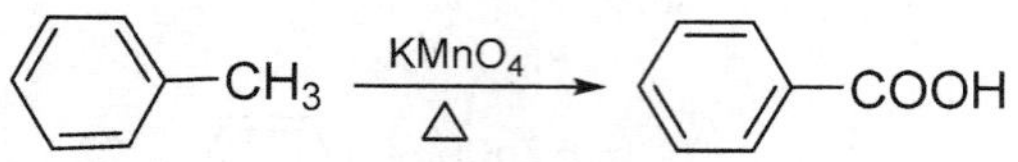

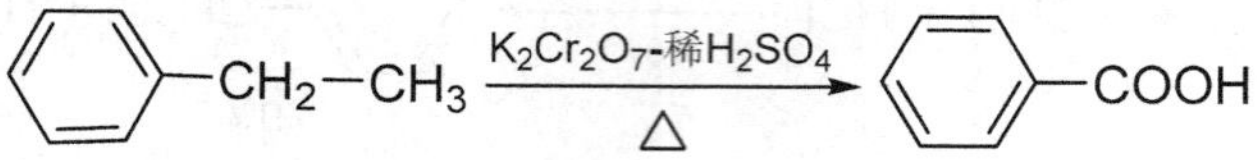

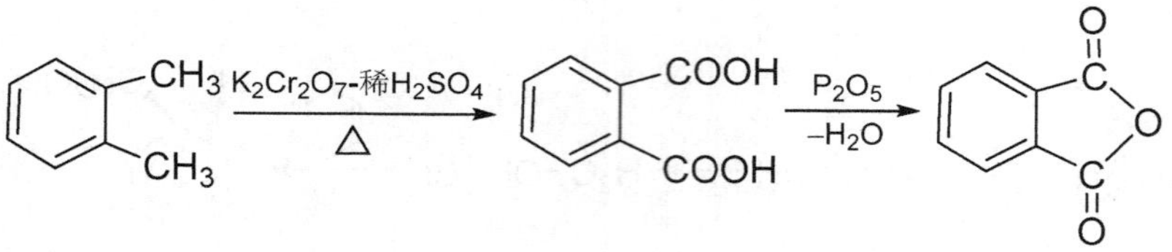

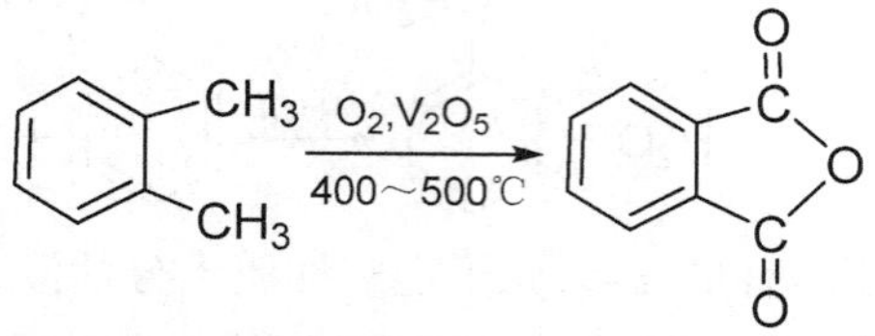

异丙苯氧化生成过氧化异丙苯，过氧化异丙苯在酸性条件下水解得到苯酚和丙酮。这在工业上可以同时生产苯酚和丙酮。

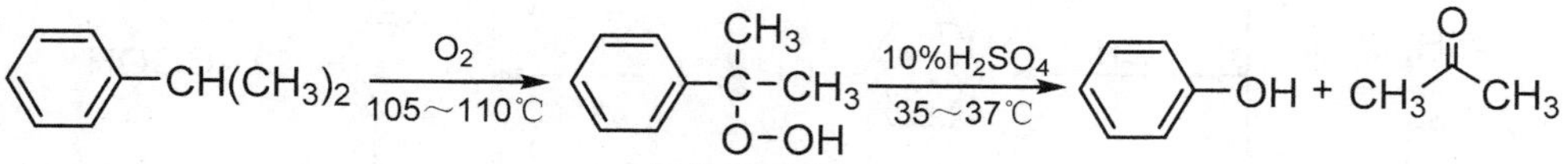

过氧化异丙苯

反应机理如下：

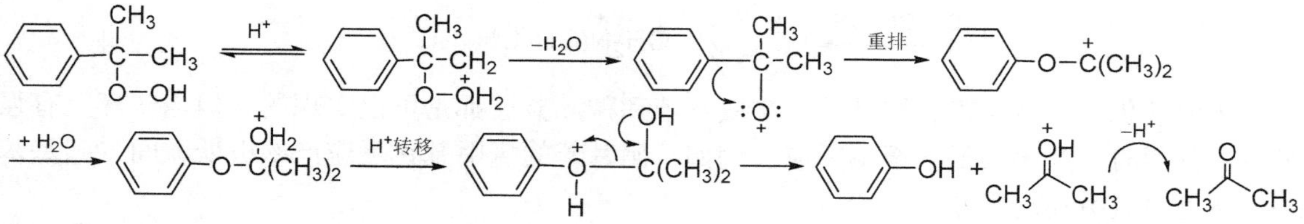

6.2.3　加成反应

芳烃中的芳环发生加成反应比较难，但在一定条件下，苯环是可以发生加成反应的。

1. 催化加氢

在催化剂 Pt、Pd 或雷尼镍的作用下，苯环能与氢加成。

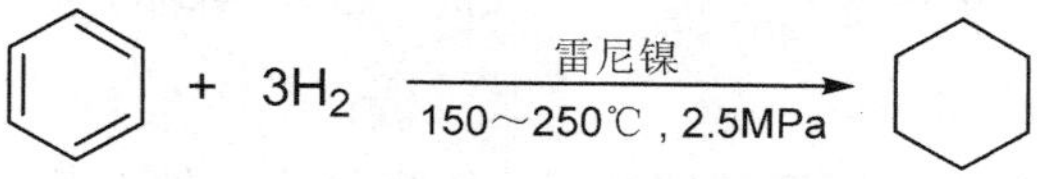

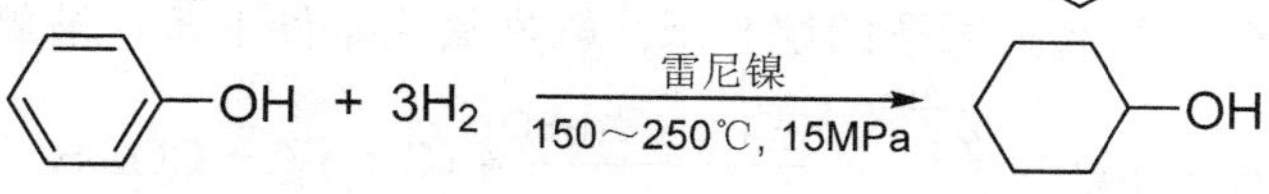

这是工业上生产环己烷和环己醇的方法。

2. Birch 还原

金属钠在液氨-乙醇溶液中可将苯还原为环己-1,4-二烯：

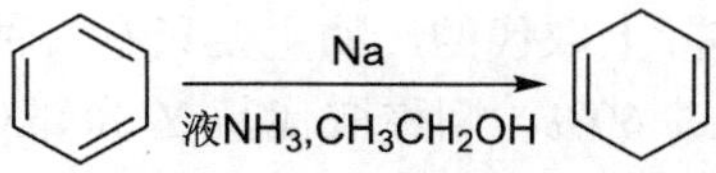

这类反应称为 Birch 还原。苯环上带有卤素、硝基、羰基时，可同时被还原。Birch 还原可以用来合成一些用其他方法难以合成的化合物。例如：

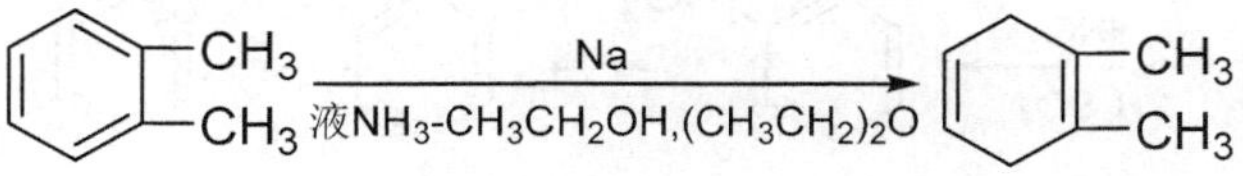

3. 加氯

在日光或紫外光照射下，苯能与氯加成，生成六氯环己烷。

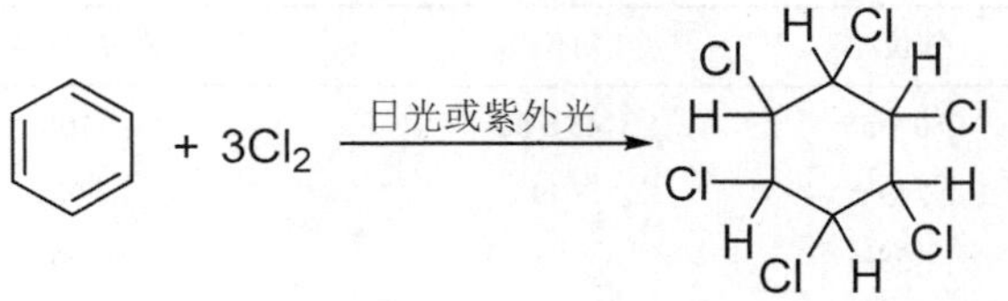

六氯环己烷

六氯环己烷 $C_6H_6Cl_6$ 俗名六六六，曾是一种大量使用的农用杀虫剂，由于严重污染环境现已被禁止使用。

6.2.4　苯环侧链 *α*-H 的卤化反应

在光照或能产生自由基试剂的作用下，甲苯的卤化发生在侧链上而不是在芳环上。如果侧链较长，卤化反应主要发生在 *α* 位。例如：

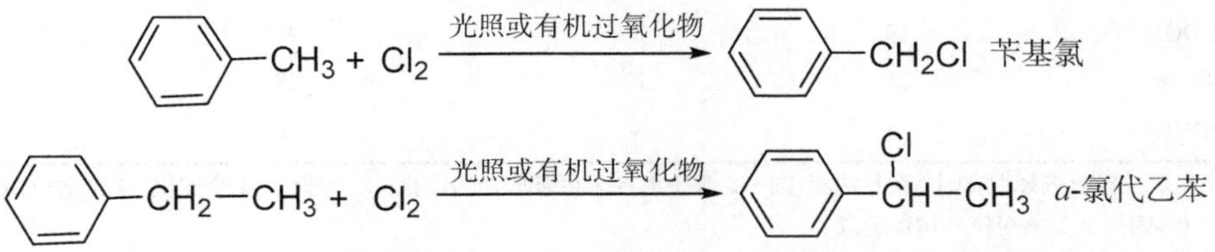

反应机理与丙烯中的 *α*-H 卤化(参见 5.2.9 中 1)一样，是自由基取代反应机理(参见 4.2.1 中 1)。

6.3　苯环上亲电取代反应定位规律

如果苯环上有一个取代基 Y 即一取代苯 Ph—Y，再进行亲电取代反应引入第二个取代基时，将出现两个问题：一是进行亲电取代反应比苯容易还是困难，即 Ph—Y 与 PhH 对比相对反应活性问题；二是第二个取代基进入苯环的位置是优先进入第一取代基 Y 的邻对位还是间位，即取代基 Y 的定位问题。

6.3.1　两类定位基

Ph—Y 进行亲电取代反应，亲电试剂可进入第一取代基 Y 的邻位、对位或间位，生成三种异构体，分析产物中邻位、间位、对位三种异构体比例。

Ph—Y 有两个邻位、两个间位和一个对位上的氢原子可以被取代，如果这 5 个位置取代的机会是均等的，所得的取代产物中邻位异构体应占 40% (2/5)、对位异构体应占 20% (1/5)、间位异构体应占 40% (2/5)，但实际上取代的产物主要只有一种或两种。如果 Ph—Y 反应得到的邻位产物和对位产物的比例超过 60%，则称取代基 Y 为邻对位定位基；如果间位产物的比例超过 40%，则称取代基 Y 为间位定位基。

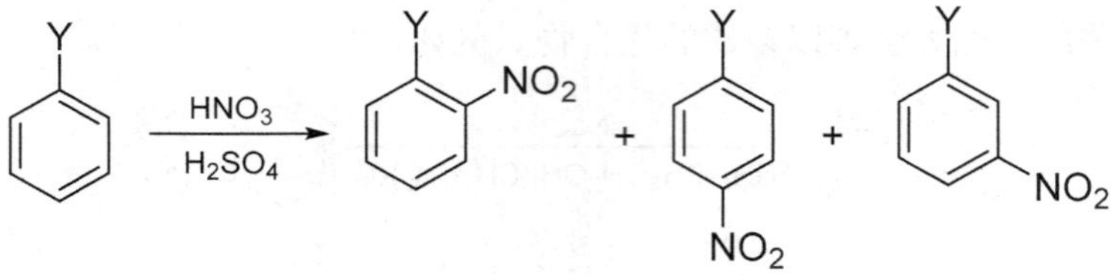

表 6.2 列出一些一取代苯硝化反应的结果。

表 6.2　Ph-Y 的硝化产物

Y	邻位/%	对位/%	(邻位+对位)/%	间位/%
OH	50～55	45～50	100	微量
$NHCOCH_3$	19	79	98	2
CH_3	58	38	96	4
F	12	88	100	微量
Cl	30	70	100	微量
Br	37	62	99	1
I	38	60	98	2
(H)	(40)	(20)	(60)	(40)*
NO_2	6.4	0.3	6.7	93.3
$^+N(CH_3)_3$	0	11	11	89
CN	—	—	19	81
COOH	19	1	20	80
SO_3H	21	7	28	72
CHO	—	—	28	72

*. 如果亲电取代没有选择性，则从统计因素(Ph—Y 环上有 5 个可被取代的位置：2 个邻位、2 个间位、1 个对位)来看，产物应由 40%邻位、40%间位和 20%对位异构体组成。

从表 6.2 中数据可以看出，当取代基 Y 为羟基(—OH)、乙酰氨基(—$NHCOCH_3$)、甲基(—CH_3)和卤素(—X)时，Ph—Y 硝化产物主要是邻位和对位产物，它们是邻对位定位基；当取代基 Y 为硝基(—NO_2)、三甲基氨基[—$N^+(CH_3)_3$]、氰基(—CN)、羧基(—COOH)、磺酸基(—SO_3H)和甲酰基(—CHO)时，Ph—Y 硝化产物主要是间位产物，它们是间位定位基。

一取代苯 Ph—Y 发生苯环上的亲电取代反应时，苯环上原有的取代基即第一取代基 Y，不仅影响反应的难易，也影响着第二取代基进入苯环的位置。这种影响称为取代基的定位效应。根据亲电取代反应的实验结果，可以将苯环上的取代基的定位效应大致分为两类：

第一类定位基即邻对位定位基，如—O^-、—$N(CH_3)_2$、—NH_2、—OH、—OCH_3、—$NHCOCH_3$、—$OCOCH_3$、—R、—Cl、—Br、—I、—C_6H_5 等。这些定位基都是以单键和苯环相连，且直接和苯环相连的原子一般具有孤对电子或负电荷。这类定位基使新进入的取代基主要进入它的邻位和对位。这些邻对位定位基中，卤素钝化苯环，卤苯的亲电取代反应比苯难。其余的邻对位定位基都活化苯环，亲电取代反应比苯容易。

第二类定位基即间位定位基，如—$N^+(CH_3)_3$、—NH_3^+、—NO_2、—CN、—SO_3H、—CHO、

—$COCH_3$、—COOH、—$COOCH_3$、—$CONH_2$ 等。在这类定位基中与苯环直接相连的原子一般具有双键或带正电荷。该定位基使新进入的取代基主要进入它的间位，钝化苯环，亲电取代反应比苯难。

两类取代基有 3 种表现方式：活化苯环的邻对位定位基、钝化苯环的邻对位定位基和钝化苯环的间位定位基。各种不同性质的取代基列于表 6.3。

表 6.3　各种不同性质的取代基

类型	性能	取代基	电子效应	性质
邻对位定位基	最强	—O^-	+I，+C	活化基
	强	—NR_2，—NHR，—NH_2，—OH	–I < +C *+I，+C' **+I	
	中	—OR，—OCOR，—NHCOR		
	弱	—Ph，—CH_3*，—CR_3**		
	最弱	—F，—Cl，—Br，—I，—CH_2Cl， —CH=CHCOOH，—CH=$CHNO_2$	–I > +C	钝化基
间位定位基	中	—CHO，—COR，—COOH，—COOR， —$CONH_2$，—SO_3H，—CN	–I，–C *只有–I	
	强	—NO_2，—CF_3*，—CCl_3*		
	最强	—$^+NR_3$，—$^+NH_3$	–I	

6.3.2　亲电取代定位规律的理论解释

当苯与亲电试剂进行亲电取代反应时，首先亲电试剂与苯环大 π 键作用，生成 π 络合物，接着亲电试剂进行亲电加成，从苯环大 π 键中得到一对电子与苯环上一个碳原子形成 σ 键，生成碳正离子中间体 σ 络合物，然后 σ 络合物进行消除失去质子，得到亲电取代产物。

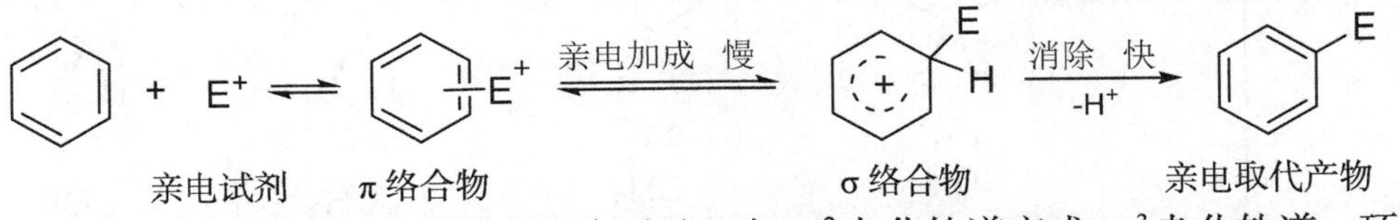

在 σ 络合物中，与亲电试剂相连的碳原子已由 sp^2 杂化轨道变成 sp^3 杂化轨道，环上其余的碳原子上带有正电荷，原由 6 个碳原子、6 个 π 电子组成的闭合的共轭体系变成由 5 个碳原子、4 个 π 电子组成的缺电子共轭体系 Π_5^4。所以，σ 络合物是一个能量高、不稳定的碳正离子活性中间体。在苯的亲电取代反应中，碳正离子的形成是整个反应中最慢的一步，是决定反应速率的一步。碳正离子的稳定性决定了反应的活性，碳正离子能量越低，越稳定，越容易形成，反应活性越高即反应速率越快；碳正离子能量越高，越不稳定，越不容易形成，反应活性越低即反应速率越慢。

中间体碳正离子的稳定性，由环上取代基的诱导效应、共轭效应和超共轭效应等电子效应决定。比较一取代苯 PhY 与苯 PhH 分别进行亲电取代反应形成的碳正离子中间体的稳定性，如果取代基 Y 的电子效应是推电子的，会使 PhY 形成的碳正离子带的正电荷减少，稳定性增加，那么形成该碳正离子中间体的活化能就小，碳正离子中间体就容易生成，亲电取代反应就比苯容易，该取代基就活化苯环。反之，如果取代基的电子效应是吸电子的，会使 PhY 形成的碳正离子中间体稳定性降低，那么生成该碳正离子中间体活化能就大，碳正离子中间体就难以形成，亲电取代反应就比苯难，该取代基钝化苯环。

PhY 发生苯环上的亲电取代反应，亲电试剂进攻取代基 Y 的邻位、对位和间位，形成不同的碳正离子中间体。通过取代基的电子效应来分析比较这三个碳正离子中间体的稳定性，如果进攻邻位和对位生成的碳正离子中间体能量低、稳定，得到的取代产物就是邻对位为主(邻对位产物超过 60%)，取代基 Y 就是邻对位定位基。如果进攻间位形成的碳正离子中间体能量低、稳定，得到的取代产物就是间位为主(间位产物超过 40%)，Y 就是间位定位基。

1. 邻、对位定位基对苯环亲电取代反应的影响及其定位效应

现以甲基、羟基和氯原子为例说明。

1) 甲基

甲苯比苯容易进行亲电取代反应，原因是甲基具有给电子的诱导效应和较弱的给电子的超共轭效应，使甲苯苯环上的电子云密度有所增加，有利于亲电试剂的进攻。

从碳正离子中间体 σ 络合物的稳定性来看，亲电试剂无论进攻甲基的邻位、对位还是间位，生成的三个 σ 络合物都比苯进行同样的反应所生成的 σ 络合物稳定。这是由于甲基给电子的结果，中和了环上部分正电荷，使环上的正电荷减少而稳定，因此甲苯比苯容易进行亲电取代反应。

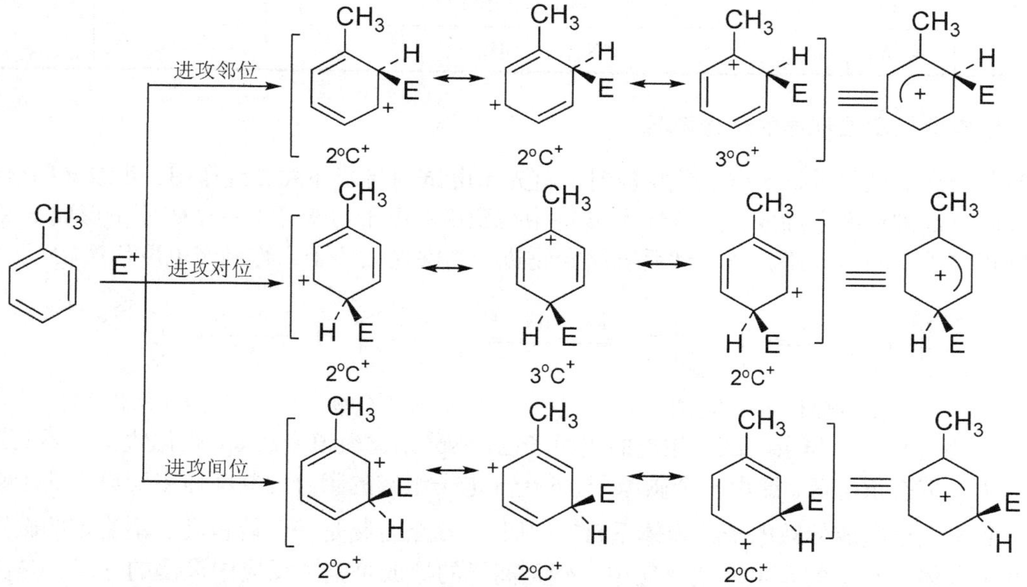

亲电试剂 E^+进攻甲基的邻位、对位与间位，生成的 3 个碳正离子稳定性不同。亲电试剂无论从甲基的邻位还是对位进攻苯环，在共振结构中都有叔碳正离子，且带正电荷的碳原子与推电子的甲基直接相连，因此正电荷减少，有较低的能量，比较稳定，由于它的贡献大，邻、对位取代物容易生成；而进攻间位时生成的碳正离子，其共振结构都是仲碳正离子，而且带电荷的碳原子不与甲基直接相连，因此正电荷较多、能量较高，较难形成。因此甲苯的亲电取代反应主要发生在甲基的邻位和对位。

所以，甲基是活化苯环的邻对位定位基(图 6.2)。

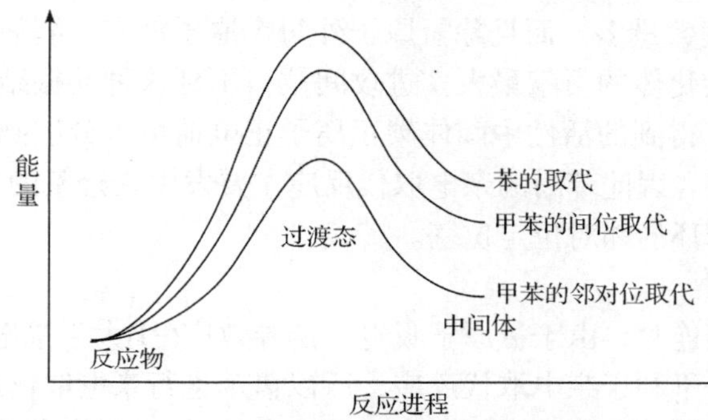

图 6.2 甲苯和苯亲电取代中的能量变化比较

2) 羟基

羟基与苯环相连时，由于羟基氧原子的电负性比碳原子强，羟基具有吸电子的诱导效应(−I)，因此苯环上电子云密度降低，如结构 I 所示。但由于氧原子直接与苯环相连，氧原子上的未共用电子对与苯环 π 电子形成 p-π 共轭体系，电子离域，氧原子的给电子共轭效应(+C)使苯环上的电子云密度增高，尤其是邻位和对位，如结构 Ⅱ 所示。

在苯酚分子中，由于羟基给电子共轭效应(+C)大于吸电子诱导效应(−I)，苯环上电子云密度增大，当苯酚进行亲电取代反应时，不仅比苯容易进行，而且反应主要发生在羟基的邻位和对位。

与甲基相似，通过考查 σ 络合物的稳定性，也可以得出同样的结论。当亲电试剂分别进攻酚羟基的邻、对位和间位时，可分别得到如下 σ 络合物。

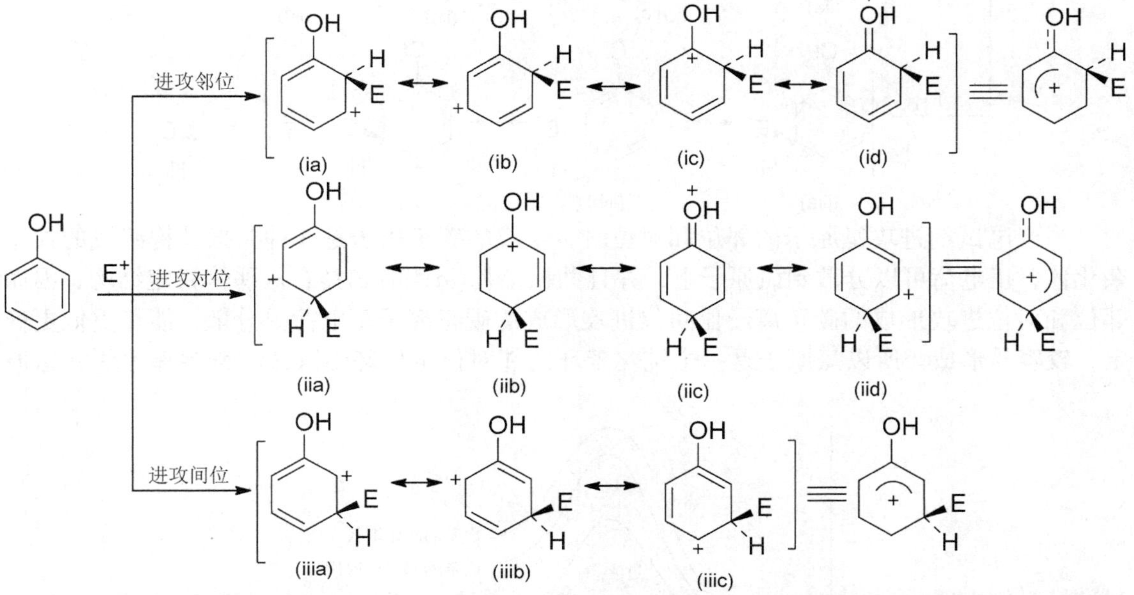

亲电试剂无论进攻羟基的邻位、对位还是间位，生成的三个碳正离子都比苯进行同样的反应所生成的碳正离子稳定。这是由于羟基给电子共轭效应大于吸电子诱导效应，给电子的结果使环上的正电荷减少而稳定，因此苯酚比苯容易进行亲电取代反应。

亲电试剂进攻羟基的邻位、对位和间位，生成的碳正离子稳定性不同。在上述共振结构中，由于(id)和(iic)共价键数量多，而且除氢原子外每个原子都有八隅体稳定结构，因此能量最低、最稳定，对共振杂化体的贡献最大。进攻间位得不到这种共振结构。另外，亲电试剂进攻苯酚的邻位和对位，得到的活性中间体碳正离子正电荷可以分散到氧原子上，使正电荷更分散，能量更低更稳定。因此苯酚的亲电取代反应主要发生在羟基的邻位和对位。

所以，羟基是活化苯环的邻对位定位基。

3) 氯原子

氯原子与苯环直接相连时，由于氯原子吸电子诱导效应(−I)大于推电子共轭效应(+C)，使苯环上电子云密度降低，不利于亲电取代反应，所以氯苯进行亲电取代反应比苯困难。

从亲电试剂进攻氯原子的邻位、对位和间位所生成的 σ 络合物来考虑，因氯原子的吸电子诱导效应(−I)大于推电子共轭效应(+C)，亲电试剂无论进攻氯原子的邻位、对位还是间位，生成的三个碳正离子带正电荷都增多，都比苯进行同样的反应所生成的碳正离子更不稳定。因此，氯苯比苯难进行亲电取代反应。

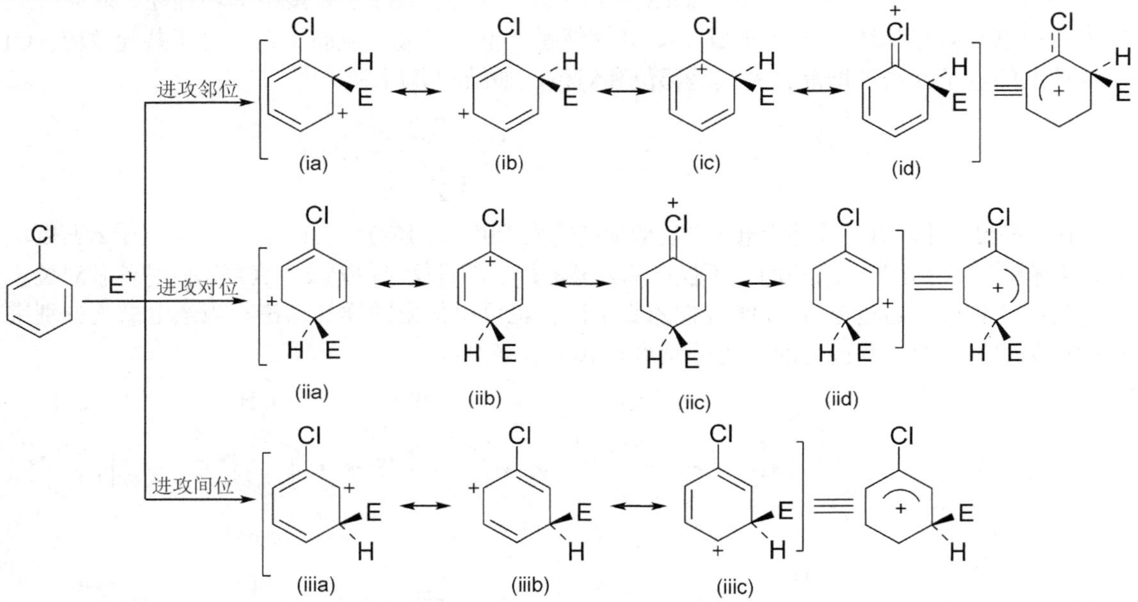

当亲电试剂进攻氯原子的邻位和对位时，生成的碳正离子是 4 种共振结构组成的共振杂化体，正电荷可以分散到氯原子上，并且共振结构(id)和(iic)具有八隅体稳定结构，因而邻位和对位进攻形成的碳正离子比间位进攻形成的碳正离子正电荷更分散，能量更低更稳定，较容易形成。所以氯原子是一个钝化苯环的邻对位定位基(图 6.3)。对氯苯来说，氯原

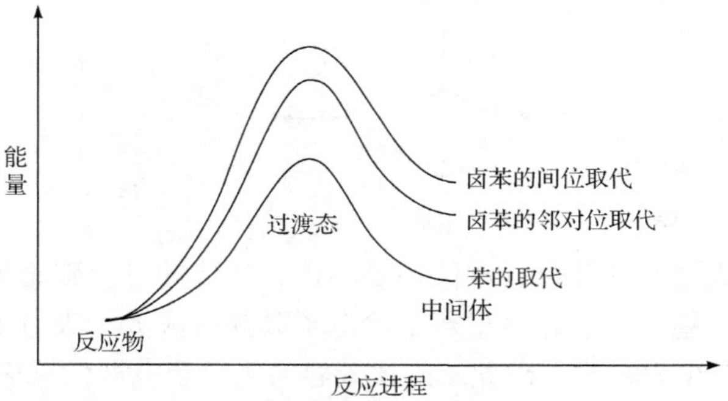

图 6.3　卤苯和苯亲电取代中的能量变化比较

子钝化苯环的结果是氯原子的邻位、间位和对位都被钝化，只是邻位和对位钝化的程度比间位小。

2. 间位定位基对苯环亲电取代反应的影响及其定位效应

现以硝基苯为例来说明。当硝基与苯环直接相连时，由于氮原子和氧原子的电负性都比碳原子大，硝基吸电子诱导效应的结果使苯环电子云密度降低(−I)，如结构 I 所示；同时硝基的 π 轨道与苯环的 π 轨道形成 π-π 共轭体系，硝基吸电子共轭效应也使苯环的电子云密度降低，尤其是硝基的邻位和对位降低更多，如结构 II 所示。因此，硝基苯在进行亲电取代反应时，不仅比苯难进行，而且主要得到间位产物。

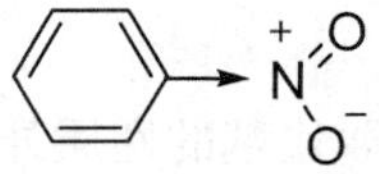
I

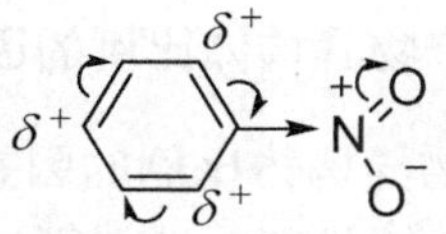
II

从亲电试剂进攻硝基的邻位、对位和间位所生成的 σ 络合物的稳定性考虑，也会得到同样的结论。

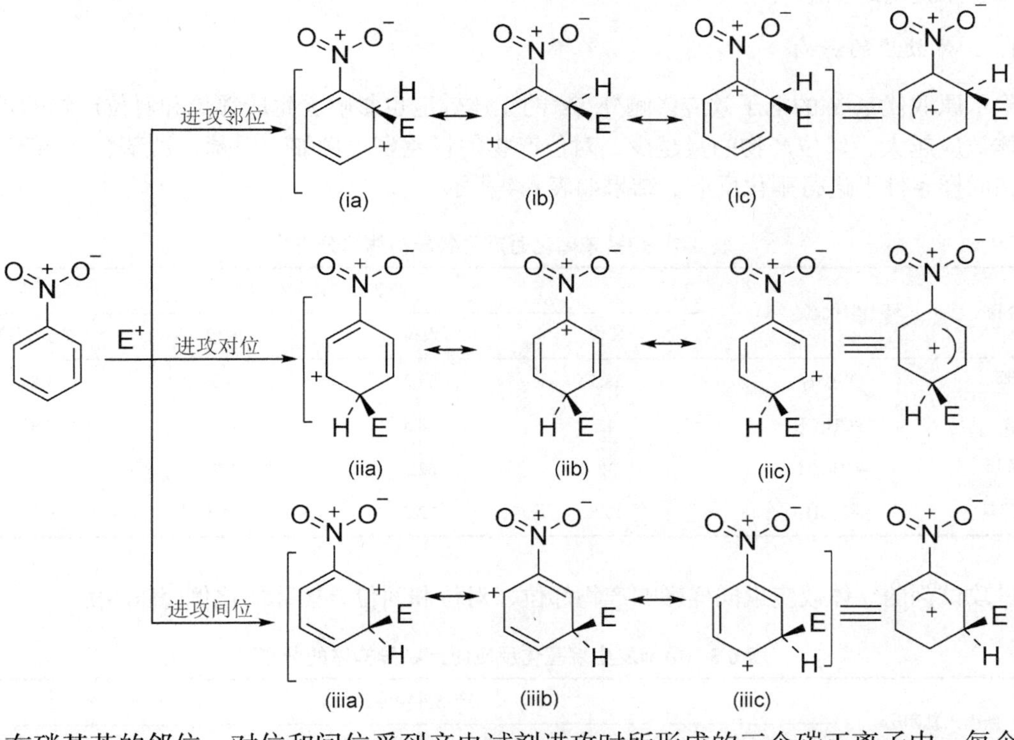

在硝基苯的邻位、对位和间位受到亲电试剂进攻时所形成的三个碳正离子中，每个碳正离子都是三个共振结构组成的共振杂化体。但(ic)和(iib)两种共振结构，其带有正电荷的碳原子都直接与强吸电子基团硝基相连，正电荷更加集中，能量更高而不稳定，故更不易形成。进攻间位得到的三种共振结构，带电荷的碳原子都不直接与硝基相连，比前两种碳正离子稳定，能量较低而比较容易生成，因此硝基苯的亲电取代反应主要发生在间位。

所以，硝基是一个钝化苯环的间位定位基(图 6.4)。

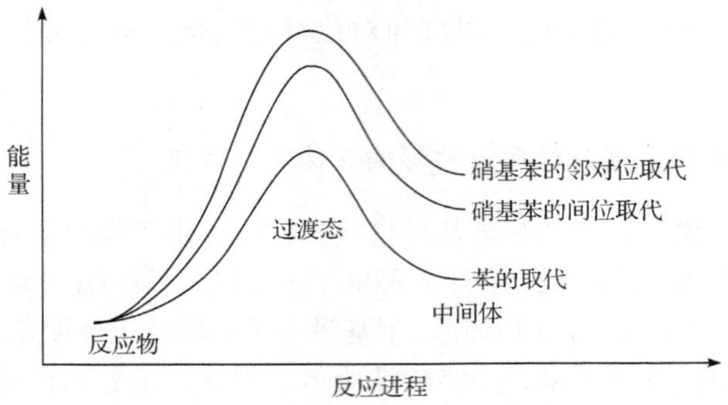

图 6.4　硝基苯和苯亲电取代中的能量变化比较

6.3.3　影响苯的二取代产物异构体比例的因素

影响苯的二取代产物异构体比例的因素除了第一取代基的性质外，还有其他一些因素，如立体效应、反应温度、催化剂、试剂等，它们对反应速率、试剂进攻的位置和邻位、对位、间位各异构体的产率都有影响。但只要是亲电取代反应，取代基 Y 的类型不会改变。下面举几个例子来说明这些影响。

1. 立体效应的影响

除了原取代基 Y 的电子效应影响外，Y 的立体效应也影响着生成邻位和对位产物的量。Y 的立体效应越大，邻位产物的量越少，对位产物的量越多。例如，甲苯、乙苯、异丙苯和叔丁苯在同样条件下进行硝化反应，结果如表 6.4 所示。

表 6.4　烷基苯硝化时产物各异构体的分布

化合物	环上取代基(—R)	产物异构体分布/%			
		邻位	对位	间位	邻位/对位
甲苯	$—CH_3$	58.5	37.2	4.3	1.57
乙苯	$—CH_2CH_3$	45	48.5	6.5	0.92
异丙苯	$—CH(CH_3)_2$	30	62.3	7.7	0.48
叔丁苯	$—C(CH_3)_3$	15.8	72.7	11.5	0.22

进攻试剂的立体效应也同样影响产物邻位、对位和间位异构体的比例(表 6.5)。

表 6.5　甲苯发生烷基化反应时产物异构体的分布

新引入基团	产物异构体分布/%		
	邻位	间位	对位
甲基	53.8	17.4	28.8
乙基	45	30	25
异丙基	37.5	29.8	32.7
叔丁基	0	7	93

2. 温度的影响

温度的变化，对于产物异构体的比例也有一定的影响(表 6.6)。

表 6.6　甲苯在不同温度下的磺化反应

温度/℃	产物异构体分布/%		
	邻位	间位	对位
100	13	8	79
0	53	4	43

3. 催化剂的影响

催化剂不同，产物异构体的比例也有所不同(表 6.7)。

表 6.7　溴苯溴化时使用不同催化剂

催化剂	异构体分布/%		
	邻位	间位	对位
$AlCl_3$	8	30	62
$FeCl_3$	13	2	85

4. 试剂的影响

试剂不同，产物异构体的比例也有所不同。

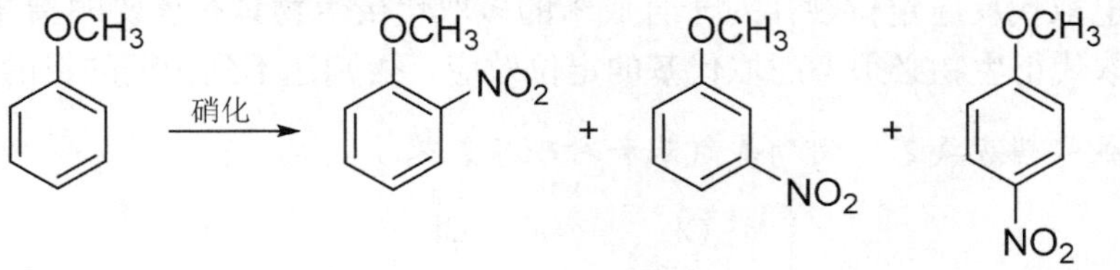

HNO_3-H_2SO_4	31%	2%	67%
HNO_3-$(CH_3CO)_2O$	71%	1%	28%

6.3.4　二取代苯的定位规律

二取代苯在进行亲电取代反应时，具有以下定位规律。

(1) 当苯环上原有的两个取代基定位效应一致时，第三个取代基进入的位置由上述取代基的定位规律来决定。例如：

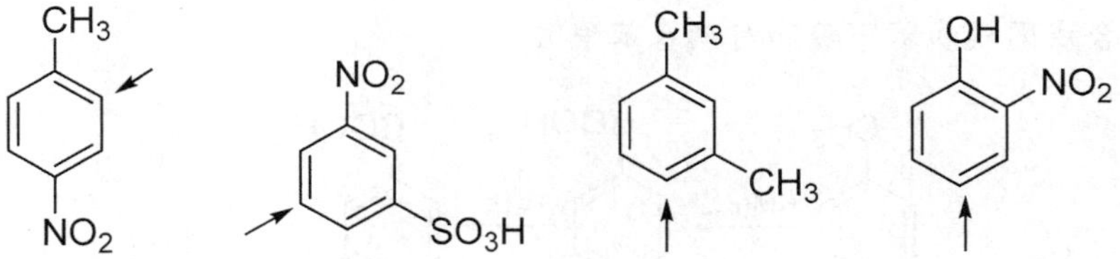

(2) 当苯环上原有的两个取代基定位效应不一致时，如果两个取代基都是活化基团，则较强的活化基团起控制作用。例如：

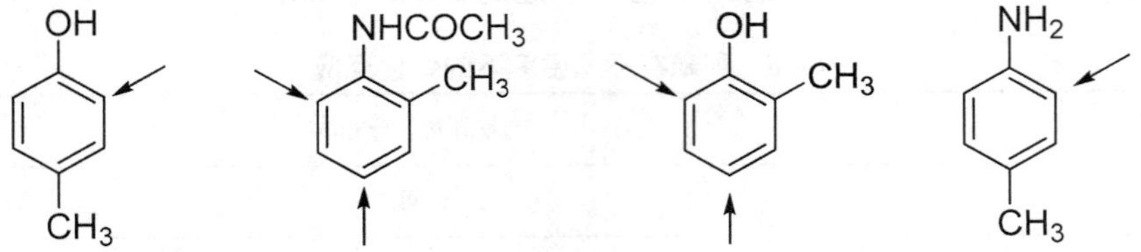

若这两个取代基一个是活化基团，另一个是钝化基团，则活化基团起控制作用。例如：

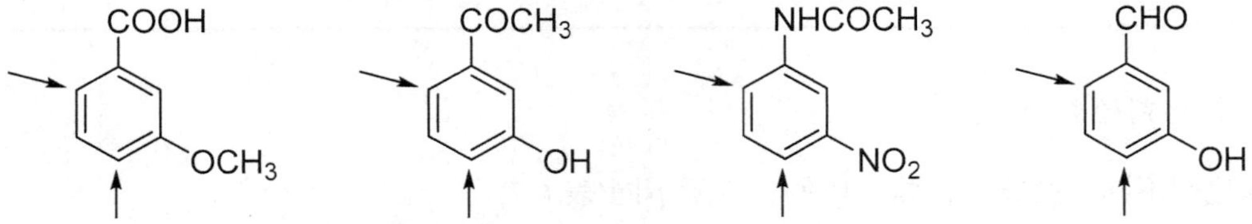

(3) 如果苯环上原有的两个取代基处于 1,3-位，由于立体效应，第三个取代基一般不进入 2 位。例如：

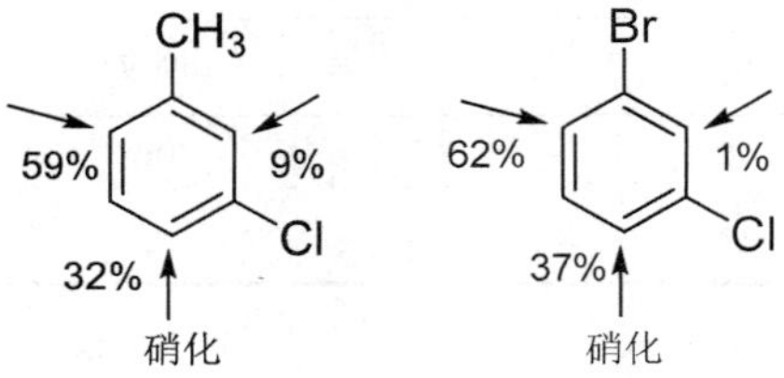

6.3.5 定位规律的应用

苯环上亲电取代反应定位规律对于合成苯的多取代衍生物具有重要的指导作用。这是因为合成苯的多取代衍生物必须考虑取代基的定位效应，否则达不到预期的目的。

1. 由苯合成邻硝基氯苯、间硝基氯苯和对硝基氯苯

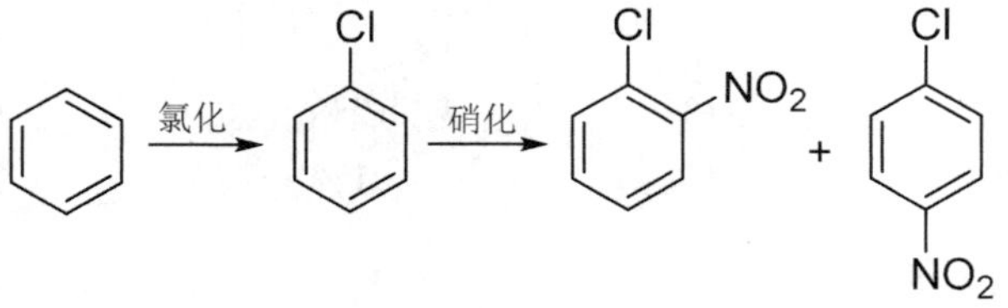

2. 由甲苯合成间硝基苯甲酸和对硝基苯甲酸

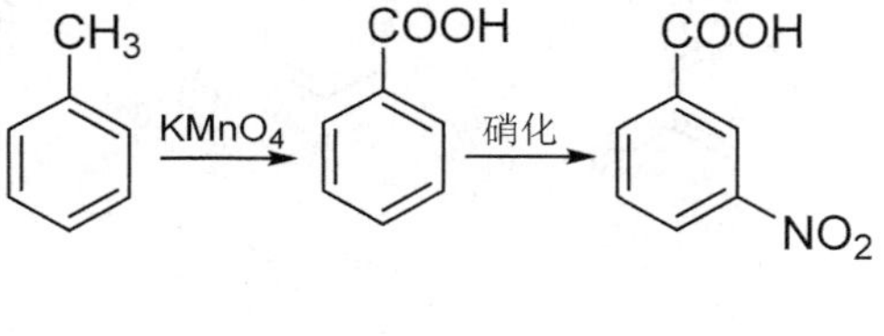

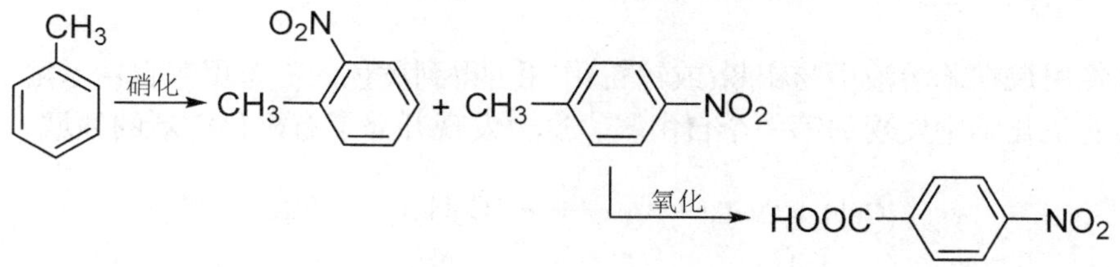

3. 由苯合成 4-氯-3-硝基苯磺酸

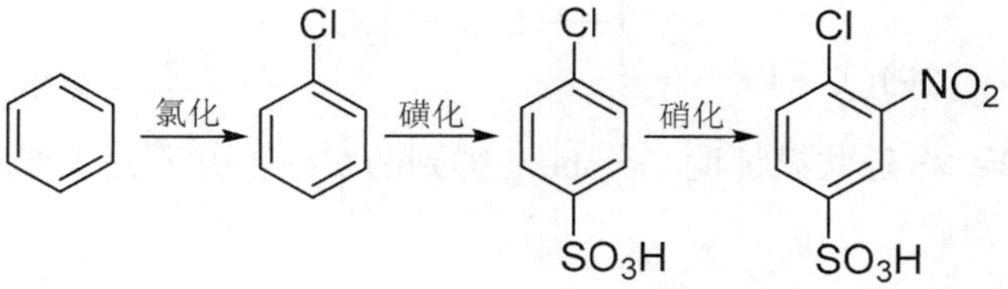

6.4 多苯代烃

多苯代烃是指烃分子中两个或两个以上的氢被苯取代的化合物，分为多苯代脂肪烃、多苯代脂环烃和联苯类化合物三类。本节介绍三苯甲烷和联苯。

6.4.1 三苯甲烷

三苯甲烷是一个重要的多苯烷烃，为斜方叶状晶体，熔点为 92℃，是三苯甲烷类染料的母体，可由苯与氯仿进行苯的烷基化反应得到。反应式如下：

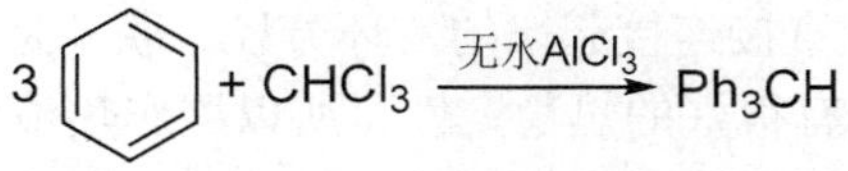

三苯甲烷中的 C—H 键与三个苯环形成 σ-π 共轭体系，氢原子显示出“酸性”，pK_a=31.5。在溶剂中三苯甲烷与钠反应生成血红色的三苯甲基钠，其中含有三苯甲基负离子。

$$(C_6H_5)_3CH + Na \longrightarrow (C_6H_5)_3C^-Na^+ + \frac{1}{2}H_2$$

三苯甲烷氧化可以得到三苯甲醇，在硫酸作用下生成三苯甲基正离子。

$$(C_6H_5)_3CH \xrightarrow{O_2} (C_6H_5)_3COH \xrightarrow{H_2SO_4} (C_6H_5)_3\overset{+}{C}\underset{H}{O}H\ HSO_4^- \xrightarrow{H_2O} (C_6H_5)_3\overset{+}{C}$$

三苯甲基正离子比较稳定，可以同亲核性弱的负离子形成稳定的盐。在苯环的邻位、对位再引入给电子基团，会使三苯甲基正离子更加稳定，就得到一类色泽鲜艳的染料——三苯甲烷类染料。

1900 年，美国化学家 M. Gomberg 在二氧化碳保护下，用三苯基氯甲烷在苯溶液中与银粉(或锌粉)作用，得到熔点为 145～147℃的白色晶体，当时 Gomberg 认为是六苯乙烷。此白色晶体溶于苯得黄色溶液，与空气中的氧反应生成过氧化物，与氯、溴、碘反应分别生成三苯基氯甲烷、三苯基溴甲烷、三苯基碘甲烷。为了解释这些现象，Gomberg 认为六苯乙烷在苯溶液中部分分解生成了三苯甲基自由基，苯溶液呈现的黄色和上述反应都是由自由基引起的。

三苯基氯甲烷在苯溶液中与银粉(或锌粉)作用，得到黄色的三苯甲基自由基溶液。三苯甲基自由基是有机化学中发现的第一个自由基，这个发现开辟了有机化学新的领域。

$$\underset{\text{无色}}{(C_6H_5)_3C{-}Cl} + Ag \xrightarrow{\text{苯}} \underset{\text{黄色}}{(C_6H_5)_3\dot{C}} + AgCl$$

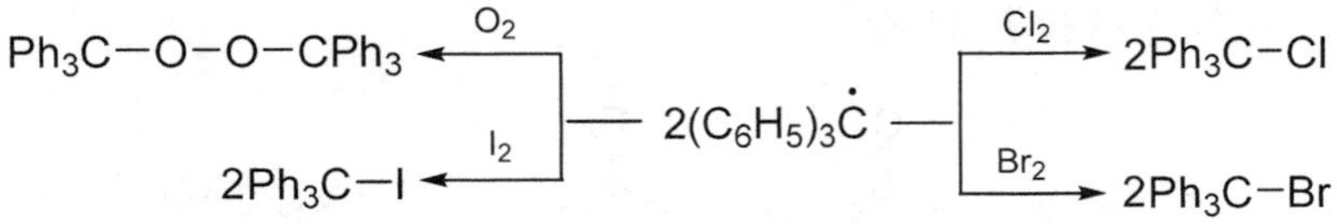

但是到了 1968 年，核磁共振证明 Gomberg 得到的实际上并不是六苯乙烷，而是两个三苯甲基自由基偶联的产物。

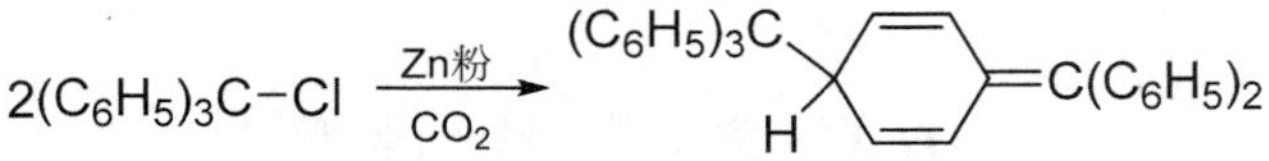

由于三苯甲基自由基是共振杂化体，两个三苯甲基自由基偶联生成上述产物。

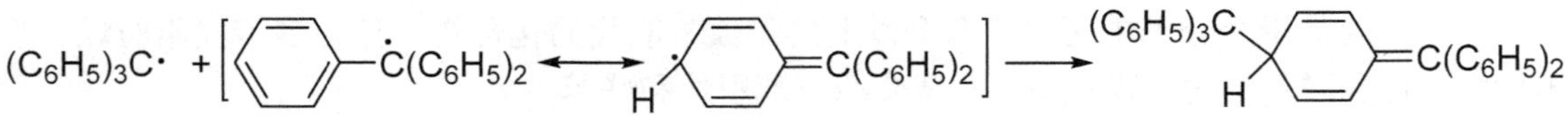

三苯甲基负离子、三苯甲基正离子和三苯甲基自由基比其他的碳负离子、碳正离子和碳自由基稳定。

6.4.2　联苯

联苯是两个苯环通过单键直接连接起来的二环芳烃。联苯是无色晶体，熔点为 70℃，沸点为 255℃。因其沸点高和具有很好的热稳定性，所以用作热传导介质(热载体)。由 26.5%的联苯与 73.5%的二苯醚组成的低共熔混合物的熔点是 12℃，在 1MPa 压力下，加热到 400℃也不分解，是工业上性能优良的热载体。

1. 联苯的制备

工业上由苯蒸气通过红热的铁管脱氢制得联苯：

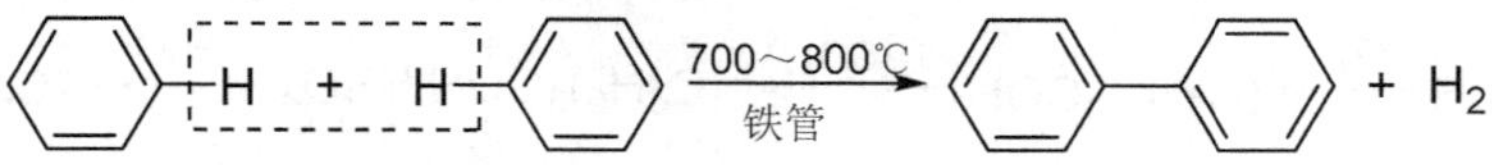

实验室可由碘苯与铜粉共热而制得

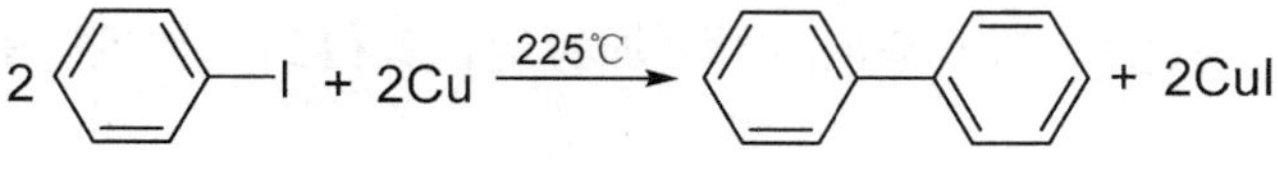

2. 联苯的化学性质

联苯可以看作是苯的一个氢原子被苯基所取代，而苯基是活化苯环的邻对位定位基，所以联苯发生亲电取代反应时，取代基主要进入苯基的对位(由于空间位阻)，同时也有少量的邻位产物。例如：

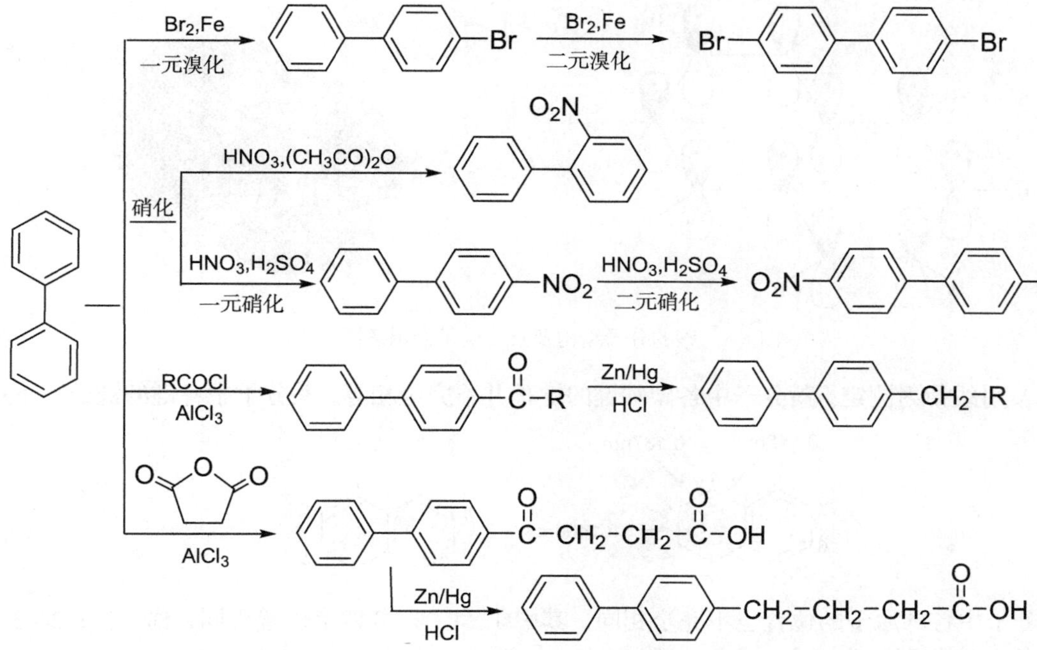

4-取代联苯的亲电取代反应定位规律：若 Y 是活化苯环的邻对位定位基，发生同环邻位取代；若 Y 是钝化苯环的定位基，发生异环对位取代，因为邻位位阻大。

Y：活化苯环的邻对位定位基　　Y：钝化苯环的定位基

6.5　稠环芳烃及其衍生物

由两个或两个以上的苯环通过共用两个邻位碳原子稠合而成的芳烃称为稠环芳烃。简单的稠环芳烃如萘、蒽和菲是重要的化工产品，也是有机化工的基本原料，复杂的稠环芳烃如苯并菲、苯并蒽等，是有致癌活性和促进致癌的物质，这些稠环芳烃的衍生物也是如此。

6.5.1　萘的结构和性质

1. 萘的结构

萘的结构和苯的结构类似，也是一个平面分子。萘分子中 10 个碳原子都处在同一平面上，连接成两个稠合的六元环，8 个氢原子也在同一平面上。萘分子中每个碳原子的 sp^2 杂化轨道与相邻的碳原子的 sp^2 杂化轨道及氢原子的 1s 轨道重叠形成 3 个 σ 键。每个碳原子还有一个未杂化的 p 轨道，每个 p 轨道上有一个电子。这些 p 轨道的对称轴互相平行，侧面相互重叠，形成了包含 10 个碳原子 10 个电子的共轭 π 键。萘具有 $254.8kJ \cdot mol^{-1}$ 的共振能(离域能)。图 6.5 为萘的分子结构及其 π 电子云示意图。

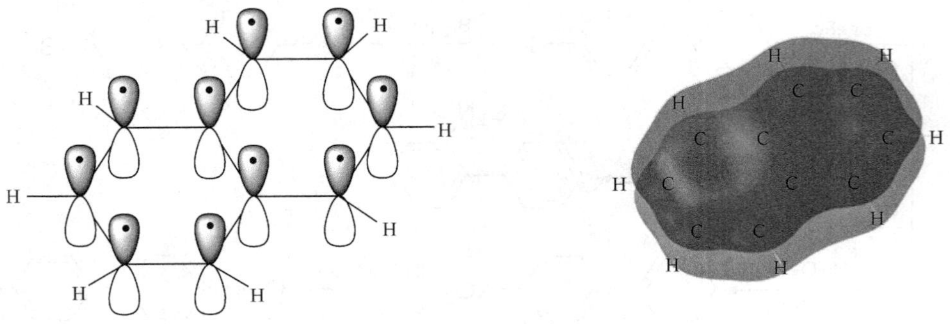

图 6.5　萘的分子结构及其 π 电子云示意图

经 X 射线衍射测定，萘分子中各碳碳键的键长并不完全相等，萘分子中各键的键长如下：

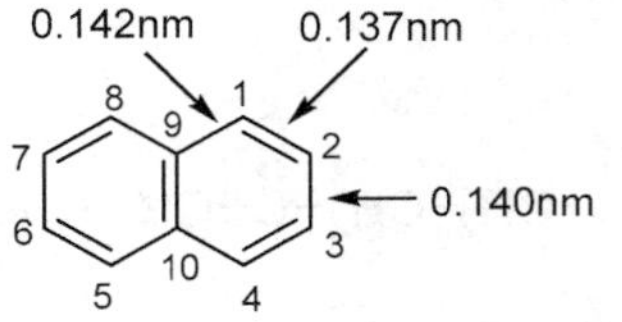

萘分子中各碳原子的位置也不完全相同，其中 1、4、5、8 四个位置等同，称 α 位；2、3、6、7 四个位置等同，称 β 位。

2. 萘的性质

萘是无色片状晶体，熔点 80℃，沸点 218℃，易升华。萘有特殊的气味，溶于乙醇、乙醚及苯中。萘是有机化工基础原料，它的许多衍生物是合成染料、农药和医药的重要中间体。

萘的化学性质与苯类似，都可以发生亲电取代反应、氧化反应和还原反应。萘的共轭能(254.8kJ · mol^{-1})比两个单独苯环的共轭能的总和(2×150kJ · mol^{-1})低。因此，萘的稳定性比苯小，活泼性比苯大。

1) 一元亲电取代反应

萘分子中 α 位电子云密度比 β 位大，亲电取代反应 α 位的活性大于 β 位。萘的一元亲电取代反应主要发生在 α 位。

这可从亲电取代反应形成的碳正离子的稳定性予以解释。当萘的 α 位被取代时，中间体碳正离子的结构可以用下列共振结构式组成的共振杂化体来表示：

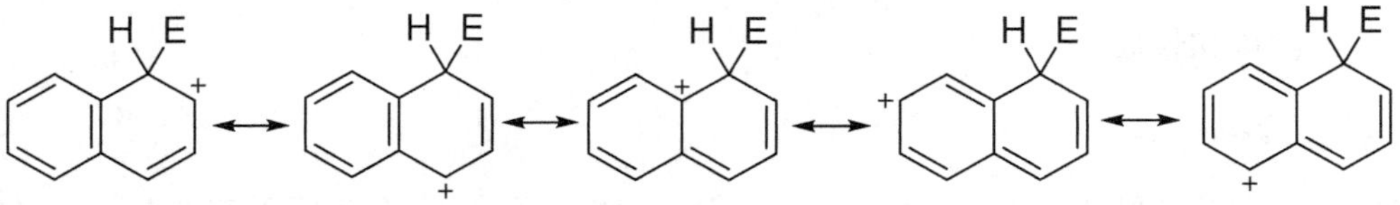

当萘的 β 位被取代时，中间体碳正离子的结构可以用下列共振结构式组成的共振杂化体来表示：

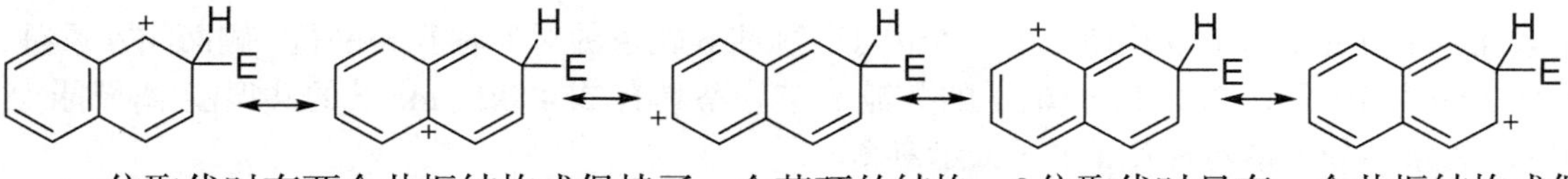

α 位取代时有两个共振结构式保持了一个苯环的结构，β 位取代时只有一个共振结构式保持了一个苯环的结构，所以就整个共振杂化体来说，α 取代得到的共振杂化体能量低、稳定，

β 取代的能量高，因而 α 位的活性大于 β 位。

(1) 硝化。在 30～60℃时，萘与硝酸和硫酸进行硝化反应，可得 α-硝基萘(黄色针状结晶，熔点为 61℃)。这是制备 α-硝基萘的方法。以 α-硝基萘为原料，可制得一系列萘的衍生物。

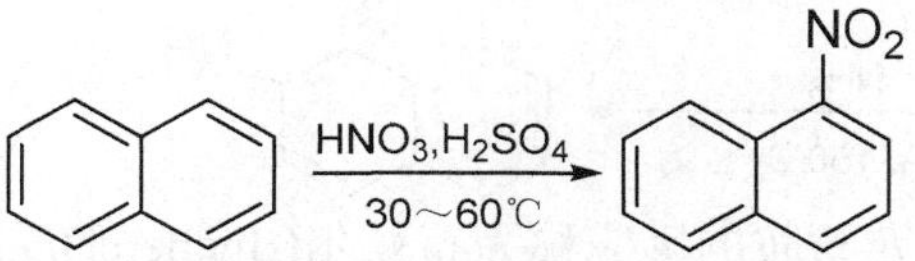

(2) 卤化。萘的氯化和溴化反应几乎完全发生在 α 位。

α-溴萘 (72%～75% 无色液体,沸点281℃)

这是制备 α-溴萘和 α-氯萘的方法。以 α-溴萘为原料，通过格氏(Grignard)试剂的反应，可以制得一系列的 α-萘衍生物。

(3) 磺化。萘的磺化反应是可逆反应。磺酸基进入萘环的位置取决于反应温度。在 80℃，萘用浓硫酸磺化时几乎完全生成 α-萘磺酸。在这一温度下，磺化反应实际上是不可逆的，是动力学控制。由于萘 α 位的活性比 β 位的大，所以生成的绝大多数是 α-萘磺酸。在 160℃磺化时，生成的产物中 β-萘磺酸约占 80%，其余是 α-萘磺酸。这时磺化反应是可逆的，是热力学控制。

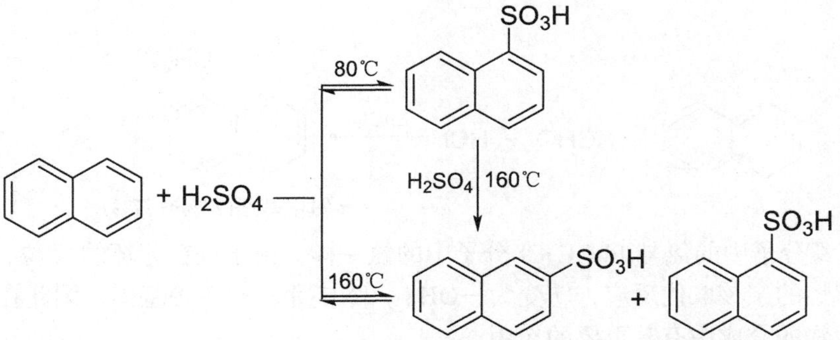

(β-萘磺酸，约 80%)　(α-萘磺酸，约 20%)

在 α-萘磺酸分子中，体积相当大的磺酸基与第 8 位上的氢原子存在着较大的范德华斥力(立体张力)，所以与 α-萘磺酸相比，β-萘磺酸的能量低、稳定性较大。

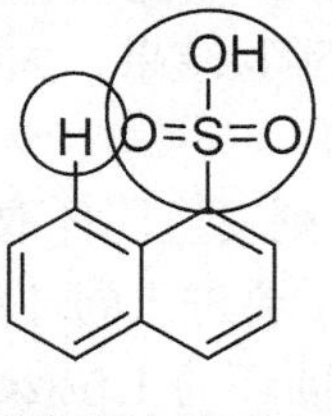

α-萘磺酸(立体张力较大)

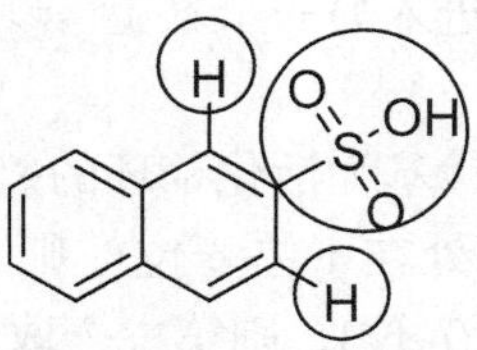

β-萘磺酸(立体张力较小)

α-萘磺酸、β-萘磺酸在工业上可用来制备 α-萘酚、β-萘酚及 β-萘胺等一系列萘的衍生物。

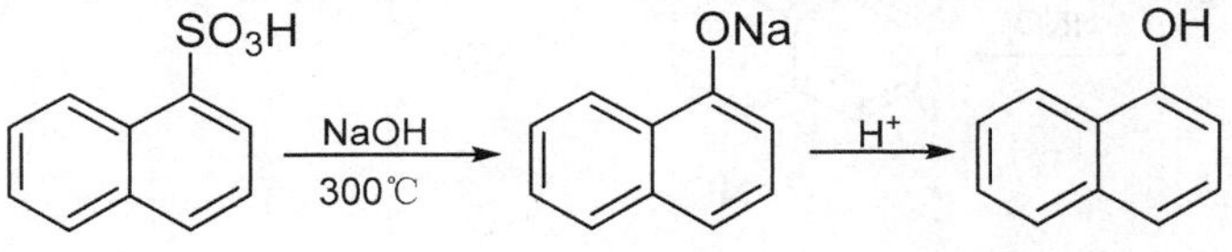

α-萘酚，无色针状晶体

m.p. 96℃，b.p. 279℃

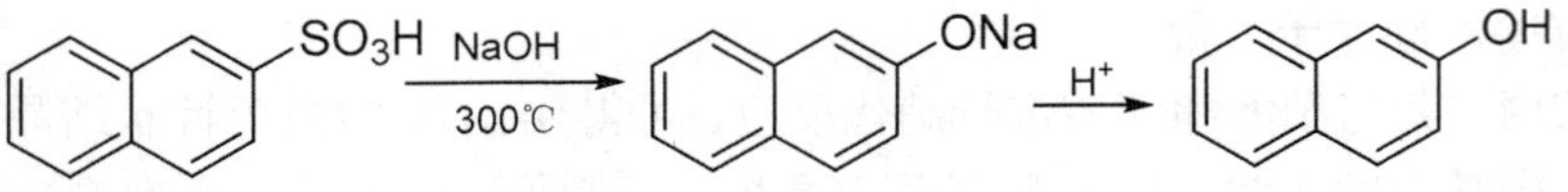

β-萘酚，无色片状晶体
m.p. 113℃，b.p. 294℃

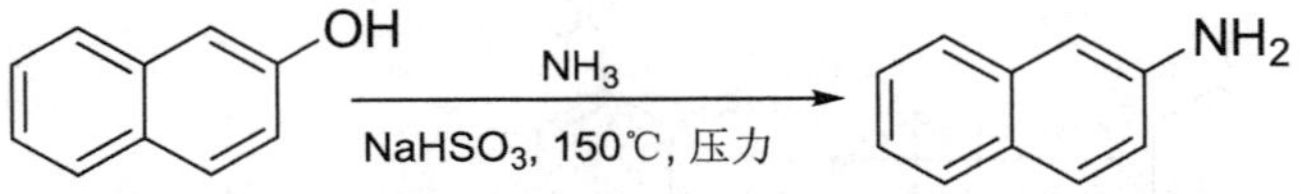

β-萘胺，无色片状晶体
m.p. 112℃，b.p. 306℃

用β-萘酚与氨反应制备β-萘胺的反应称为布赫尔(Bucherer)反应。

(4) Friedel-Crafts 酰基化反应。萘的酰基化反应通常得到α位和β位取代的混合物。产物中α位取代物和β位取代物的比例取决于反应条件。例如，在二硫化碳非极性溶剂中，主要得到α位取代产物；而在硝基苯中，则主要得到β位取代产物。

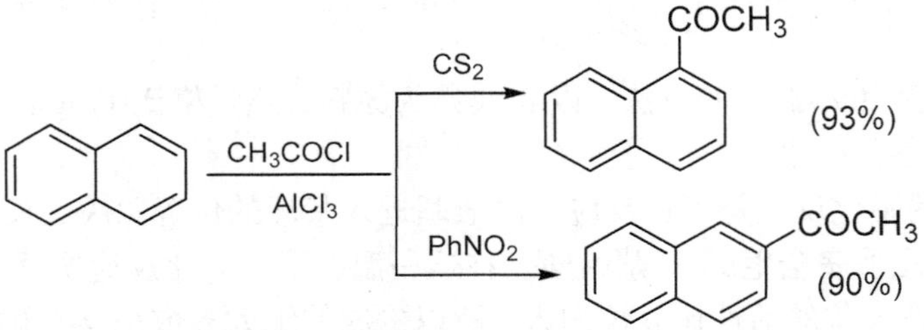

显然，酰基化反应为合成萘的β位取代产物又提供了一条途径。

(5) 氯甲基化反应。在无水氯化锌的催化下，萘与甲醛及浓盐酸反应时，主要产物是α-氯甲基萘。

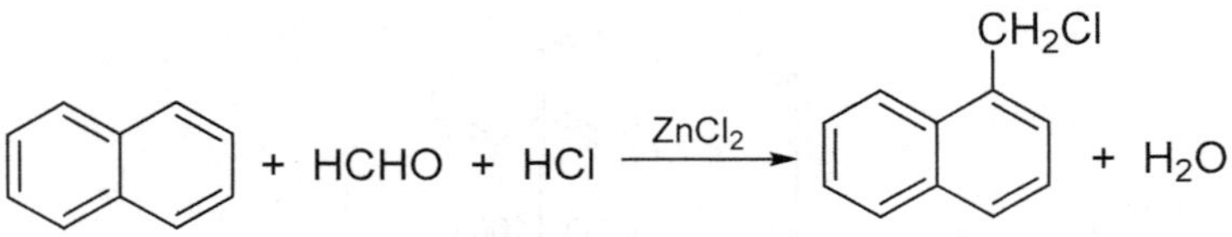

α-氯甲基萘(74%～77%)

α-氯甲基萘分子中的氯与 $PhCH_2Cl$ 分子中的氯一样，由于处在芳环的α位，活性很高，容易进行卤代烃的亲核取代反应，转变为—OH、—NH_2和—CN 等基团，因此在α-氯甲基萘的一系列衍生物的合成中有着重要的作用。

2) 萘环上亲电取代定位规律

与一取代苯相比，一取代萘将有 7 个不同的位置可以被进一步取代，取代基的定位效应要比一取代苯复杂得多。当一取代萘再进行亲电取代时，新的基团既可进入已有取代基的环上(同环取代)，也可以进入另一个环上(异环取代)。根据实验结果，大致可以归纳出下列几条原则。

(1) 萘环上第一取代基为活化苯环的邻对位定位基，则发生同环取代。

如果第一个取代基处在 1 位(α位)，则第二个取代基主要进入同环的另一个 4 位(α位)；如果第一个取代基在 2 位(β位)，则第二个取代基主要进入同环的 1 位(α位)。

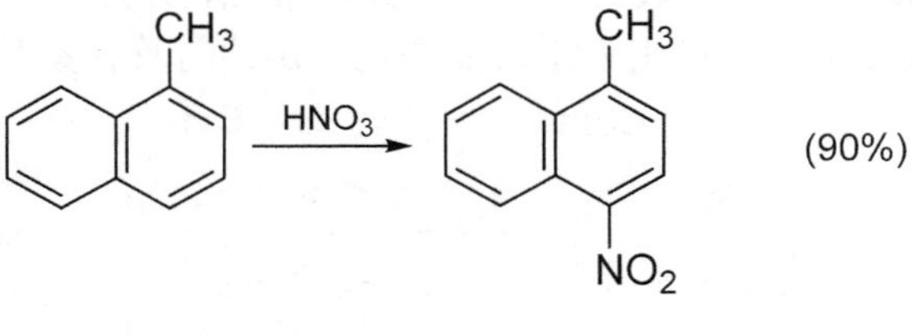

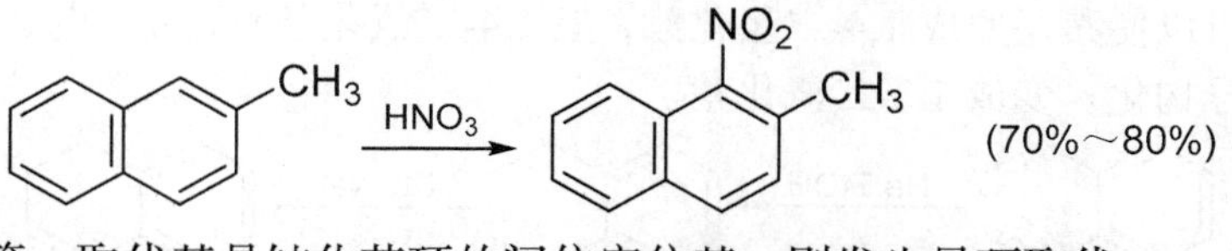

(2) 萘环上第一取代基是钝化苯环的间位定位基，则发生异环取代。

不论第一个取代基处在萘环的 1 位(α 位)还是 2 位(β 位)，第二个取代基主要进入到异环的 α 位(5 位或 8 位)。例如：

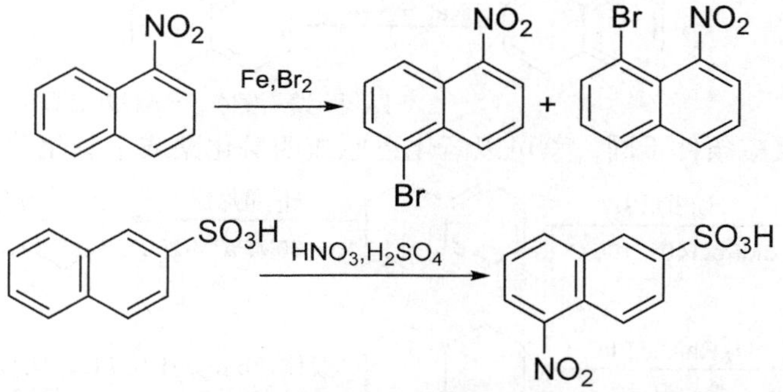

在一取代萘的亲电取代反应中，影响第二个取代基进入萘环位置的因素较多，除原有的取代基外，亲电试剂、溶剂和温度也都有明显的影响。

3) 氧化反应

萘比苯容易氧化，条件不同，得到的氧化产物不同。在乙酸溶液中，用铬酸酐氧化萘，制得 1,4-萘醌。在催化剂 V_2O_5 作用下，空气氧化萘可制得邻苯二甲酸酐。

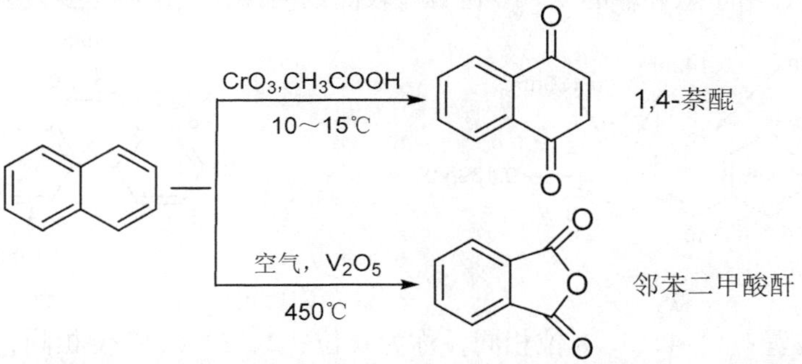

由于萘环较易被氧化成萘醌，因此在合成上一般不能用像烷基苯侧链氧化制备苯甲酸的方法来制备萘甲酸。

在强烈的氧化条件下，电子云密度较大的苯环发生氧化断裂。

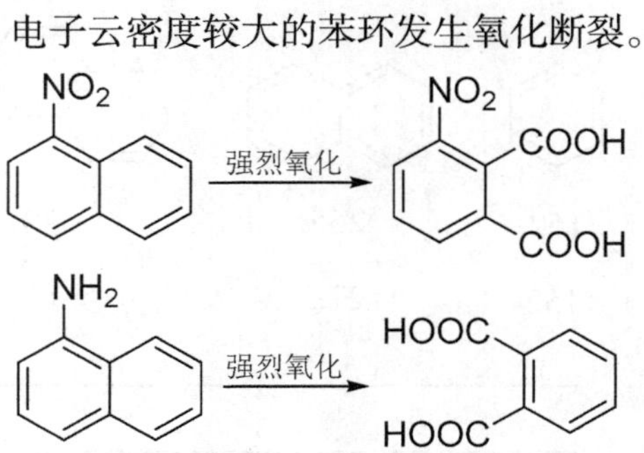

4) 还原反应

萘比苯容易还原。反应条件不同，得到的还原产物不同。

用钠和乙醇可以使萘还原成 1,4-二氢化萘，但 1,4-二氢化萘不稳定，与乙醇钠的乙醇溶液一起加热，容易异构化，变成 1,2-二氢化萘。

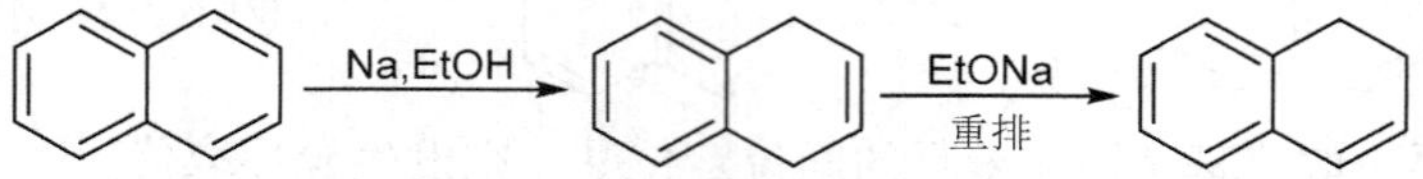

1, 4-二氢化萘　　1, 2-二氢化萘

用钠和异戊醇还原萘，反应在更高的温度下进行，得到 1,2,3,4-四氢化萘(简称四氢化萘)。

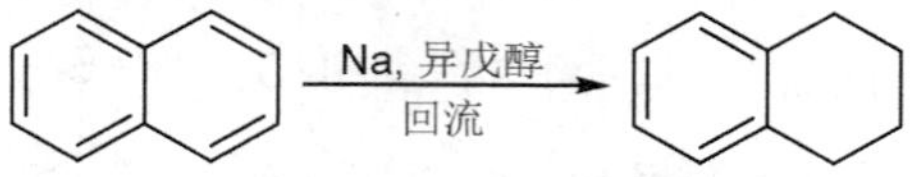

四氢化萘(液体，b.p. 270.2℃)

如果催化剂或反应条件不同，萘可以氢化还原成四氢化萘或十氢化萘。

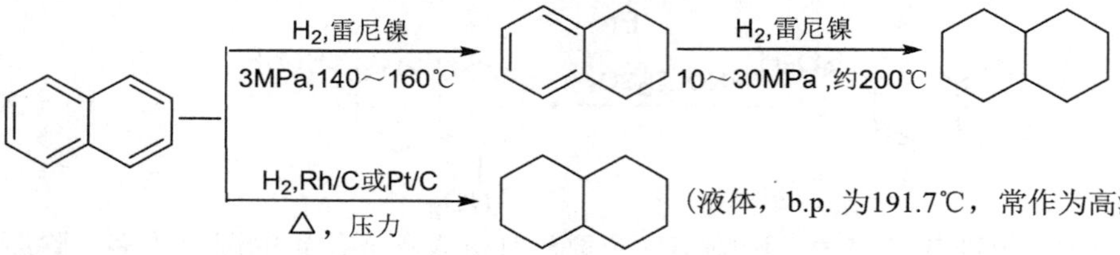

十氢化萘

(液体，b.p. 为191.7℃，常作为高沸点溶剂)

6.5.2　蒽和菲的结构和性质

蒽和菲的分子式均为 $C_{14}H_{10}$，互为同分异构体，可以看成三个苯环稠合而成的稠环芳烃。但它们的共轭能都比苯的共轭能的 3 倍小得多，其稳定性比苯甚至比萘都小，因而比萘更易氧化和加成。反应时，由于蒽和菲的 9、10 位具有较高的活性，其反应主要发生在 9、10 位。

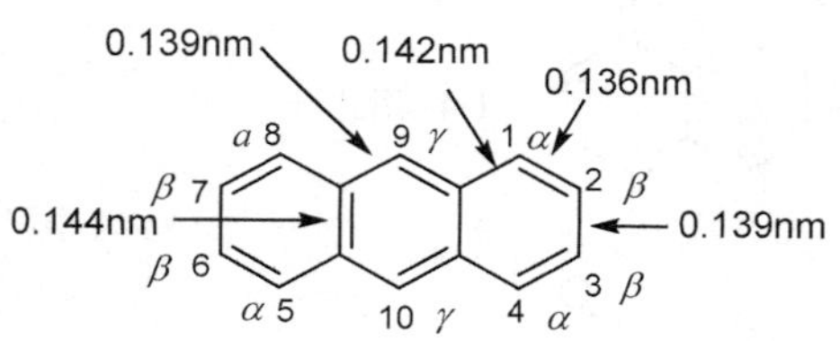

蒽

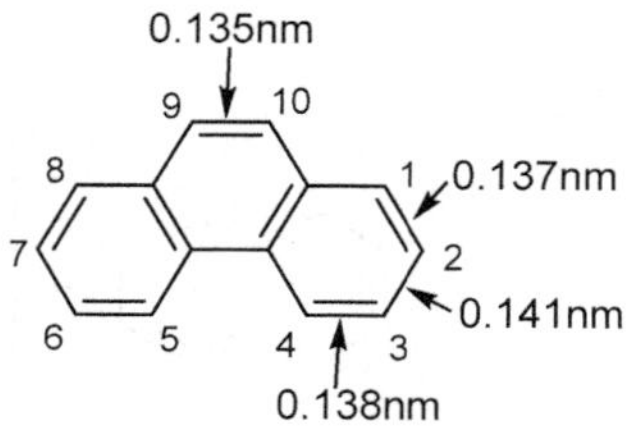

菲

蒽中碳原子位置：1、4、5、8 位相同，称为 α 位；2、3、6、7 位相同，称为 β 位；9、10 位相同，称为 γ 位。

菲中碳原子位置：1、8 位，2、7 位，3、6 位，4、5 位，9、10 位相同。

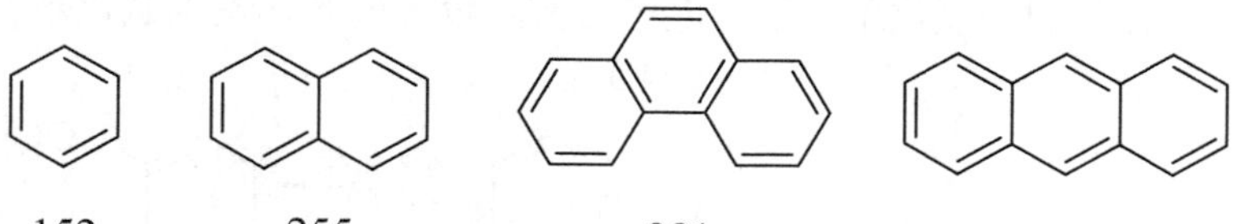

共振能/(kJ · mol^{-1})	152	255	381	351
每个环的共振能/(kJ · mol^{-1})	152	127.5	127	117

芳香性/稳定性 ——→ 减小

活性 ——→ 增加

蒽为具有蓝色荧光的片状晶体，熔点为 216℃，沸点为 340℃，不溶于水，难溶于乙醇、

乙醚，但溶于苯。

菲是无色晶体，熔点为 100℃，沸点为 340℃，不溶于水，溶于苯和乙醚中，呈蓝色荧光。蒽和菲的化学性质主要表现在以下几个方面：

1. 亲电取代反应

蒽和菲的亲电取代反应既可以发生在比较活泼的 9、10 位上，也可以发生在其他位置上。因此，除少数情况下，蒽、菲的亲电取代通常得到的是混合物。

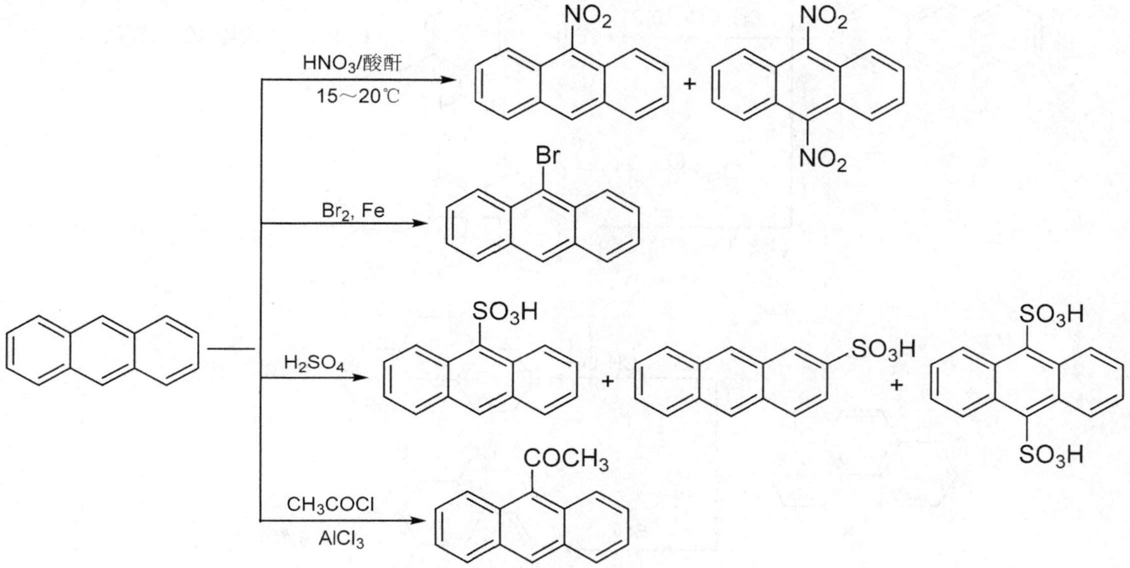

2. 氧化反应

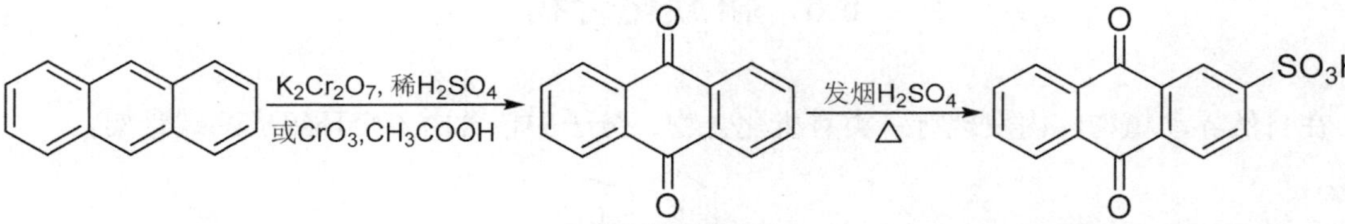

9, 10-蒽醌(90%)　　　β-蒽醌磺酸(染料中间体)

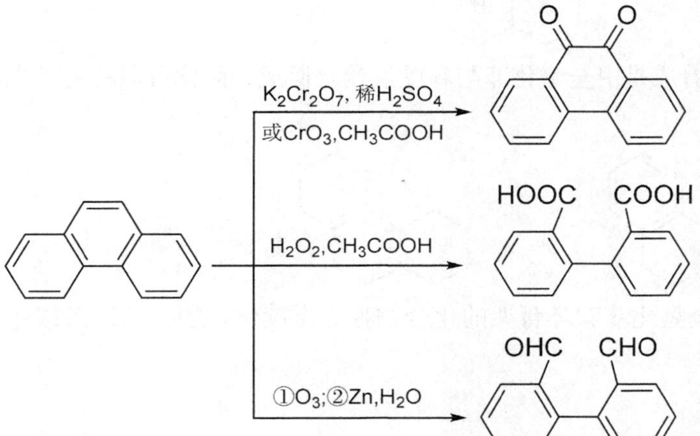

9,10-菲醌(50%)

联苯-2, 2'-二甲酸

联苯-2, 2'-二甲醛

3. 加成反应

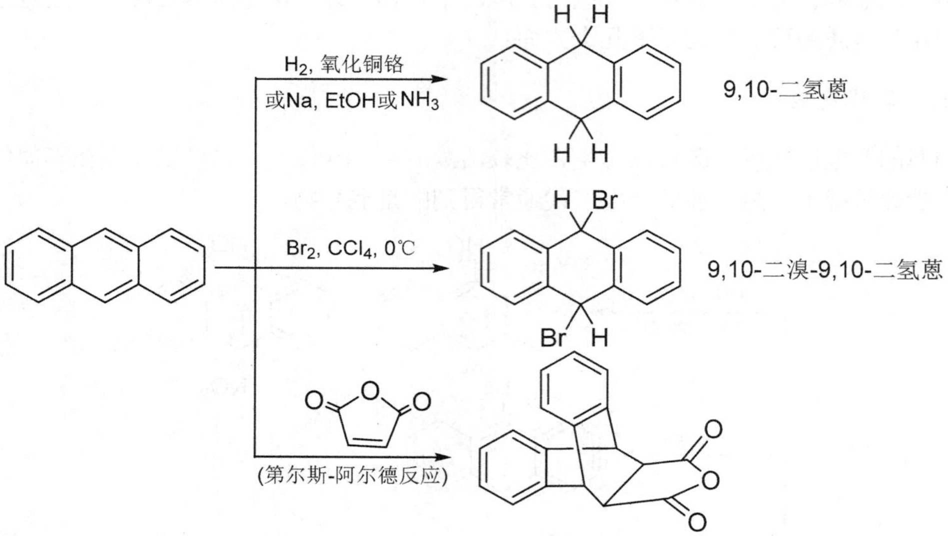

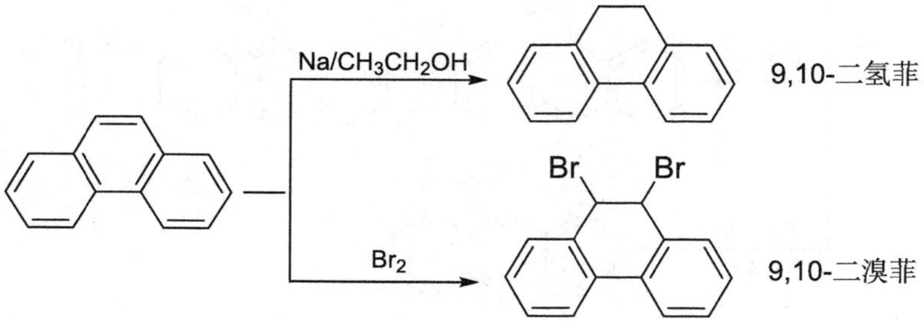

6.6 甾族化合物

在自然界动植物体内发现有一类有机化合物，分子中包含由 4 个环组成的碳骨架：

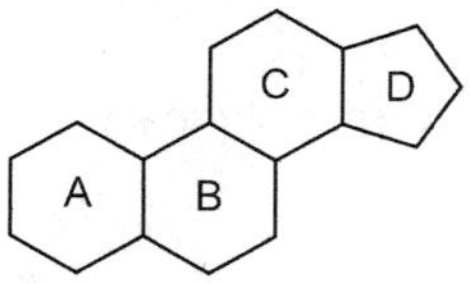

这 4 个环组成的碳骨架可看成是由全氢化菲与环戊烷稠合而成，因此可以称为环戊烷并全氢化菲：

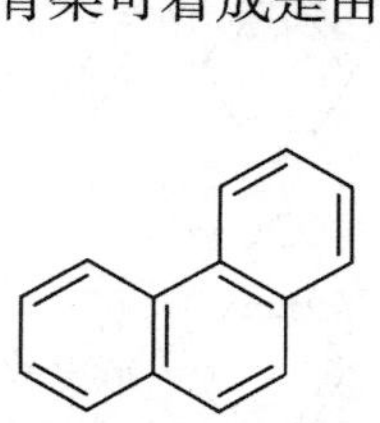 菲  全氢化菲

分子中含有环戊烷并全氢化菲碳环骨架的化合物称为甾族化合物，所以甾族化合物可用如下结构通式表示：

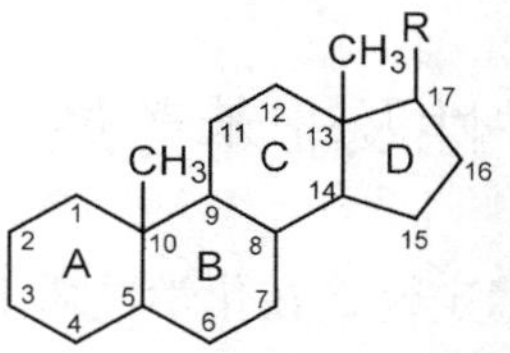

甾族化合物

甾族化合物分子中 4 个环可用 A、B、C、D 表示，环中碳原子位次编号如上所示。在 10 位和 13 位上的两个甲基称为角甲基，在 17 位上的 R 基团因化合物不同而不同。

甾族化合物种类很多，最常见的是胆甾醇，通常称为胆固醇。其结构式为

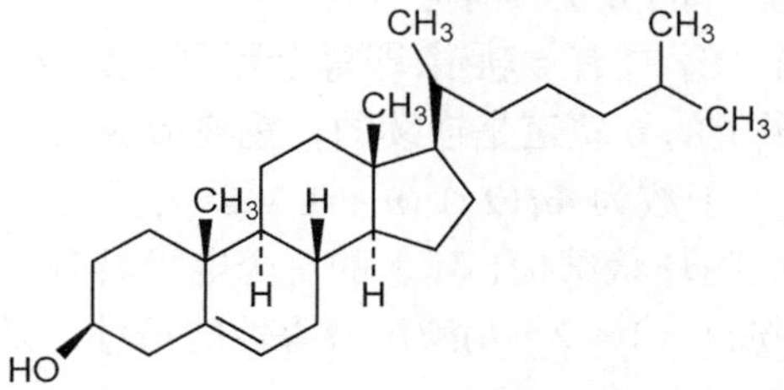

胆甾醇最早是从胆石中提取得到的，是一种无色或微黄色晶体。它以游离状态或酯的形式存在于人体或动物体内，尤其是在脑和脊髓中，当血液中胆固醇含量过高时，便会引起血管硬化及高血压等症状。

性激素是另一类甾族化合物，有雄性激素和雌性激素，它们是决定性特征的物质。重要的代表物有

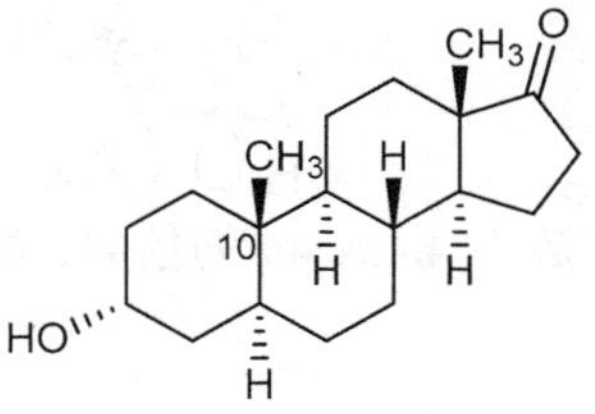

雄酮激素

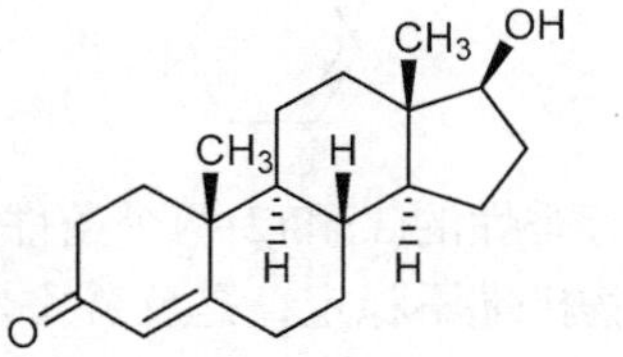

睾酮激素

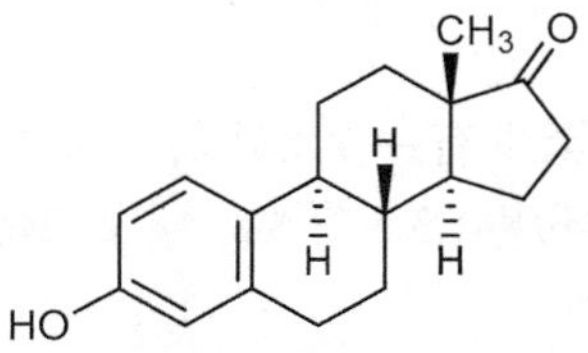

雌酮激素

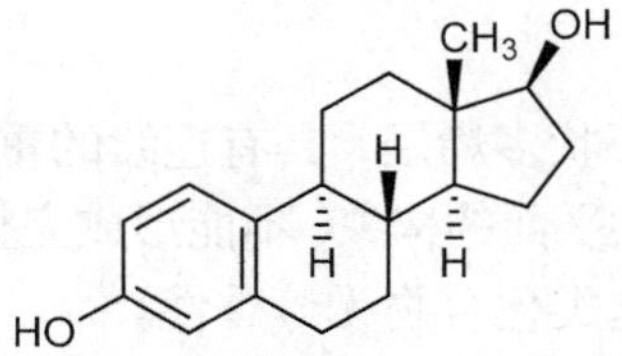

雌二醇激素

从结构上讲，雄酮激素在 10 位有一个角甲基，A 环是饱和的，是一个仲醇；而雌酮激素在 10 位无角甲基，A 环是苯环，是一个酚。二者结构上的这一差异决定了动物的两性差别。

激素存在于动物的卵巢、胎盘、睾丸或尿中，含量极少，却有非常强的生理活性。可的松是一种肾上腺皮质激素，可用来治疗关节炎等疾病，该化合物已可合成得到。

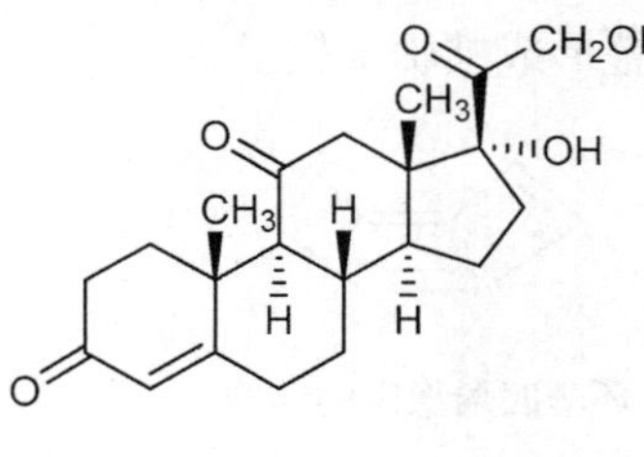

可的松

6.7　芳香性及非苯芳烃

芳香烃中的苯环在结构上具有特别的稳定性，在化学性质上表现为容易进行亲电取代反应，不易进行氧化反应和加成反应。芳香烃具有的这种特性称为芳香性。

6.7.1　芳香性、反芳香性和无芳香性

在结构上同时满足如下条件的分子具有芳香性。

(1) 环状结构，环上每个原子具有 p 轨道(即每个环原子是 sp^2 或 sp 杂化)。

(2) 环是平面的，环原子上的 p 轨道是连续的，重叠形成共轭 π 键。

(3) 环上参与共轭的 π 电子数为 $4n+2$ 个($n = 0, 1, 2\cdots$)。

例如，苯和吡啶都是平面的环状结构，环上的每个电子具有 p 轨道(都是 sp^2 杂化)，6 个 π 电子连续，重叠形成共轭 π 键($4 \times 1 + 2 = 6$)满足芳香性的条件，是芳香性的化合物。

苯

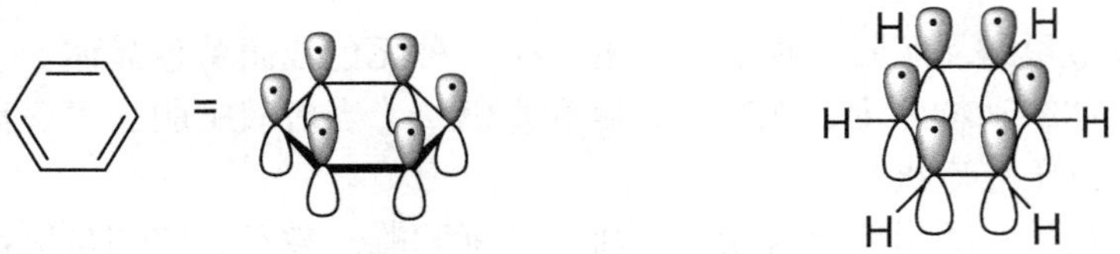

吡啶

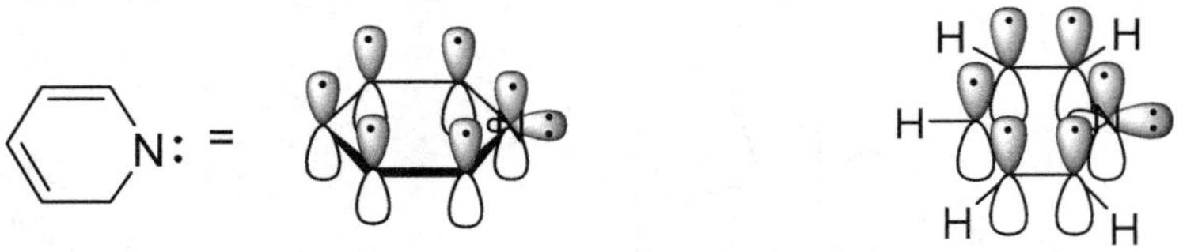

满足芳香性的(1)和(2)两个条件，但参加共轭的 π 电子数为 $4n$ 或 $4n$ 的倍数，如环丁二烯，这类化合物极端不稳定，是反芳香性的。

4 个 π 电子　反芳香性

一个环状多烯烃，具有连续的重叠的 p 轨道，但环中至少有一个 sp^3 杂化原子，使得整个环成为非共平面的构象，不能形成完整的共轭体系。例如，环庚-1,3,5-三烯、环戊二烯、环己-1,4-二烯等。这类化合物无芳香性。

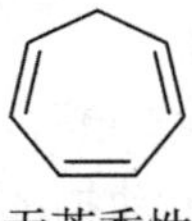

无芳香性

无芳香性

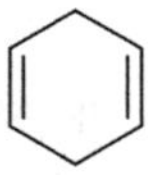

无芳香性

另外，还有一类环状多烯烃，具有连续的 p 轨道，由于不是平面型的，这些 p 轨道不能连续重叠形成共轭 π 键，该类烯烃无芳香性。例如，环辛四烯不是平面结构，最稳定的结构是船式构象，所有 p 轨道不能相互重叠形成共轭 π 键。

环辛四烯构造式

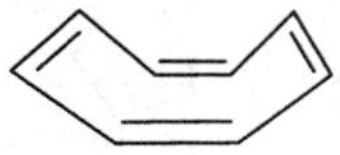

环辛四烯稳定的结构

无芳香性

当然，环辛四烯其共轭的 π 电子数为 8 个，是 4*n* 的倍数，所以它也是反芳香性的。

6.7.2　休克尔规则——芳香性的一种判据

1931 年，德国化学家休克尔(Hückel)用分子轨道理论研究单环平面共轭多烯时发现，如果这个体系环中的每个碳原子(sp^2 杂化)有一个 p 轨道，当这个体系的 π 电子数是 $4n+2(n=0, 1, 2,\cdots)$时，这个体系就像苯一样具有闭壳层结构的离域 π 电子，从而获得了较大的稳定性——芳香稳定性。这一规则称为休克尔规则，或称为 4*n*+2 规则。

休克尔规则的依据是环状 π 体系的分子轨道的能量。根据分子轨道理论，线性的共轭分子的 *n* 个 p 轨道，可形成 *n* 个不同能级的分子轨道。例如，丁-1,3-二烯有四个 p 轨道，形成了四个不同能级的分子轨道($\Psi_1\sim\Psi_4$)，而环状共轭体系同样可由 *n* 个 p 轨道形成 *n* 个不同能级的分子轨道，所不同的是这些分子轨道中有些是具有相同能量的。具有相同能量的轨道称为简并轨道。例如，苯分子的 6 个分子轨道($\Psi_1\sim\Psi_6$)中 Ψ_2、Ψ_3 具有相同的能量，为简并轨道，Ψ_4、Ψ_5 也是具有相同能量的简并轨道。苯分子基态构型是六个 p 电子(即 $4\times1+2$)填入最低能级的分子轨道($\Psi_1\sim\Psi_3$)中形成一个非常稳定结构的电子组态，具有芳香性。环丁二烯分子的四个分子轨道($\Psi_1\sim\Psi_4$)中，Ψ_2、Ψ_3 为具有相同能量的简并轨道。环丁二烯基态的 4 个 p 电子，2 个填入最低的成键轨道 Ψ_1，2 个非键的简并轨道 Ψ_2、Ψ_3 各填入一个 p 电子，形成非常不稳定的电子组态，是反芳香性的。

用休克尔分子轨道(HMO)理论处理单环平面共轭多烯时，得到的 π 分子轨道的数目、能级的分布以及基态的电子构型，如图 6.6 所示。为了帮助记忆 HMO 的能级分布，提出了一种有趣的能够得到单环平面共轭多烯能级分布的方法。该方法是在一个半径为 2 |*β*| 的圆内，将单环平面共轭多烯(以 *m* 边正多边形表示)放入圆内，让一个顶点位于圆内最低点，其他顶点与圆相交。将这些交点向圆右边的垂直线投影，其投影点的垂直距离，便对应着单环平面共轭多烯的各个分子轨道的能级。圆心投影点对应着非键能级。

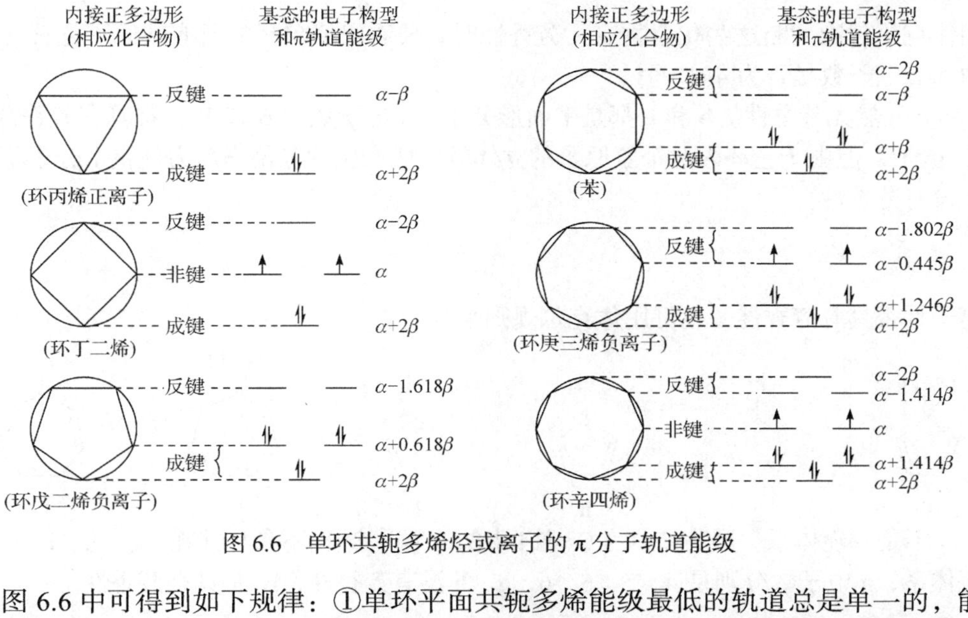

图 6.6　单环共轭多烯烃或离子的 π 分子轨道能级

从图 6.6 中可得到如下规律：①单环平面共轭多烯能级最低的轨道总是单一的，能值为 $\alpha+2\beta$。②单环平面共轭多烯相对应的 *m* 边正多边形的 *m* 为奇数时，最低能级之外的其他轨道都是成对出现的简并轨道。m 为偶数时，能级最高的轨道也是单一的，能值为 $\alpha-2\beta$，其他轨道都是成对出现的简并轨道。用这一规律阐述 $4n+2$ 规则：在每一分子中，能量相等的各分子轨道构成一个壳层。当壳层中各分子轨道被电子全充满时即构成闭壳层。闭壳层的电子结构是稳定的。单环平面共轭多烯，能级最低的轨道都是单一的，只需要两个电子即可充满该壳层。而其他壳层都是成对出现的简并轨道，要充满该壳层需要 4 个电子。所以只有 π 电子数为 $4n+2(n=0, 1, 2,\cdots)$时，才能获得稳定的闭壳层结构，显示出体系的稳定性——芳香性。

6.7.3 非苯芳烃

没有苯环结构，但是具有芳香性的环烃，称为非苯芳烃。

1. 轮烯

含最大非累积双键数的单环不饱和烃，通式为 C_nH_n 或 $C_nH_{n+1}(n>6)$，通称为轮烯。具体化合物以[*n*]轮烯命名，方括号中数字表示环碳原子数。*n* 为奇数的轮烯可用氢的标注法在词前标出，例如，环壬-1,3,5,7-四烯可以称为 1*H*-[9]轮烯。*n* 为 6 时即为苯，不称为[6]轮烯。例如，下列化合物：

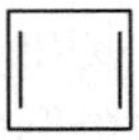
环丁二烯
[4]轮烯
a

苯
b

环辛四烯
[8]轮烯
c

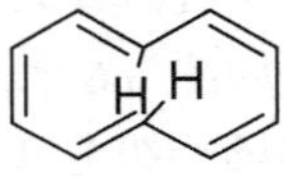

环癸五烯
[10]轮烯
d

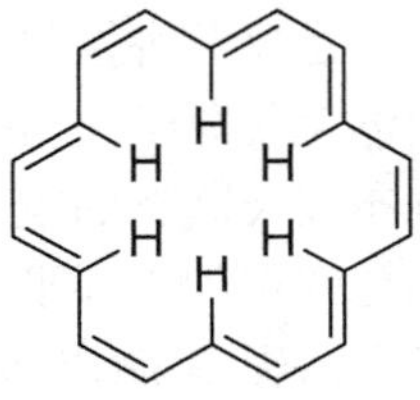

环十八碳九烯
[18]轮烯
e

用休克尔规则判断这些化合物有无芳香性时，要看组成单环的所有碳原子是否在同一个平面内和 π 电子数是否为 $4n+2$ 个。

a 和 **c** 显然无芳香性。**b** 和 **e** 都是平面形分子，π 电子数为 6 和 18，都具有芳香性。**d** 有 10 个 π 电子，但由于它环内两个氢原子的立体效应所产生的范德华斥力使整个分子不是平面形的，没有芳香性。

2. 离子

离子是否具有芳香性，也可用休克尔规则来判断。

f

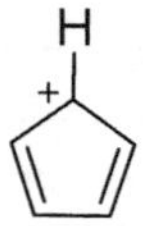

g

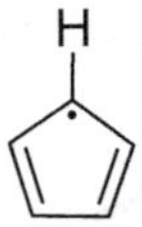

h

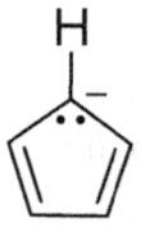

i

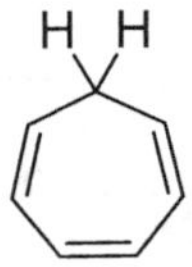

j

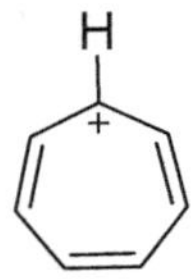

k

f、**j** 不是共轭体系，因为 **f** 中的 C^5 和 **j** 中的 C^7(sp^3 杂化)不参与共轭。**g**、**h**、**i**、**k** 都是环状共轭体系，π 电子数分别是 4、5、6、6，**g**、**h** 没有芳香性，**i**、**k** 具有芳香性。

由于环戊二烯负离子 **i** 具有芳香性，稳定性被异常地增大，所以环戊二烯 **f** 饱和碳上的氢具有酸性($pK_a \approx 16$)，酸性与水、醇相当。环戊二烯可以与强碱反应生成盐。

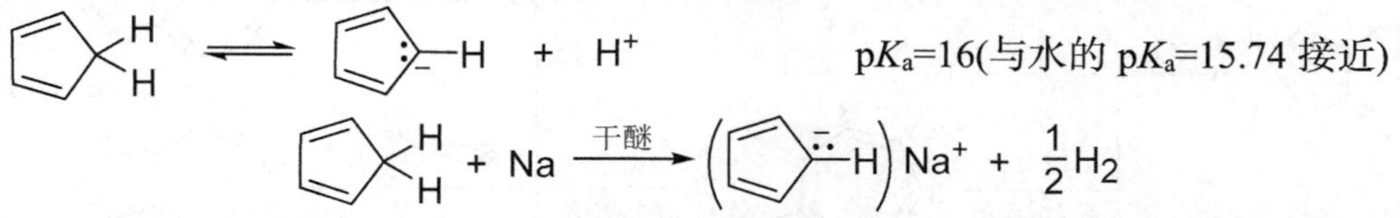

环庚三烯正离子 **k** 具有芳香性，其氟硼酸盐已被合成分离出来，可长期存放而不变质。

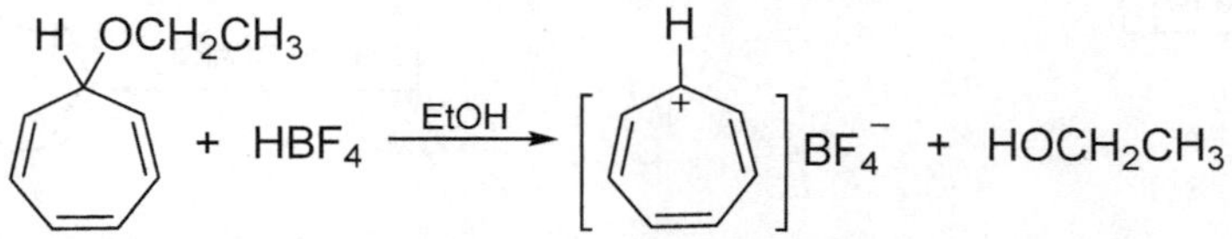

环辛四烯 **c** 没有芳香性，而环辛四烯双负离子 **m** 是平面形，10 个电子，具有芳香性。**m** 由 **c** 在四氢呋喃中与金属钾反应制得。

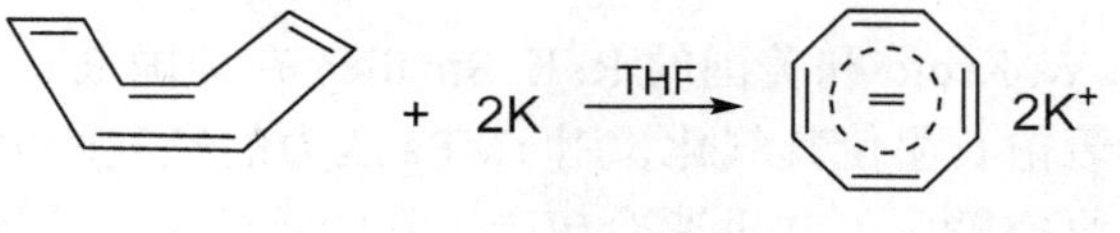

c　　　　　　　　　　　　**m**

无芳香性　　　　　　　　具有芳香性

3. 稠环化合物

如果将休克尔规则应用到稠环化合物上，则是计算成环原子周边的 π 电子数。

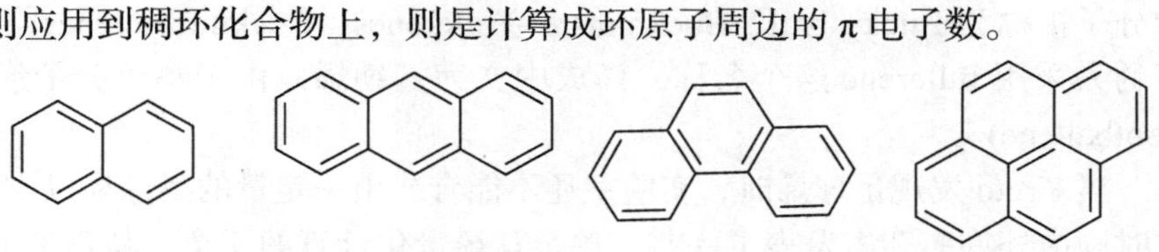

	萘(**n**)	蒽(**o**)	菲(**p**)	芘(**q**)
π 电子数	10	14	14	16
外围 π 电子数	10	14	14	14

萘、蒽、菲、芘都是平面形分子，外围 π 电子数符合 $4n+2$ 规则，所以均有芳香性。

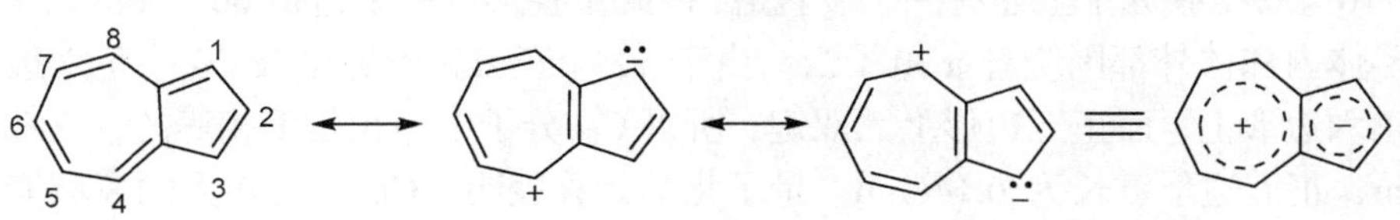

r(薁)

薁(ào)也称蓝烃，是由一个五元环和一个七元环稠合而成，其成环原子的外围 π 电子是 10 个，具有芳香性。

薁是一个烃，但是其偶极矩却非常大。这是由于在薁分子中环庚三烯带正电荷，环戊二烯带负电荷，薁可以看成是由环庚三烯正离子和环戊二烯负离子稠合而成的，每个环都有一个由 6 个 π 电子构成的环状共轭 π 键，因此薁具有芳香性。在 1,3 位上发生亲电取代反应，在 4,8 位上发生亲核取代反应。

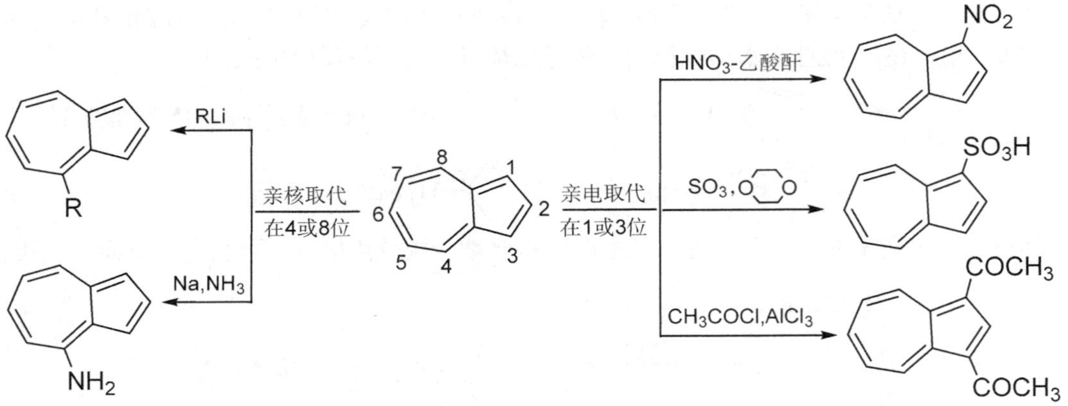

6.8 足 球 烯

1985 年，英国的 H. W. Kroto 和美国的 R. E. Smalley 在美国 Rice 大学自制的仪器上进行实验。他们采用激光束轰击石墨使其气化，用 1MPa 压力的氦气产生超声波，使气化的碳原子通过一个小喷嘴进入真空膨胀，并迅速冷却产生新的碳分子。将这种分子用质谱仪测试，发现该分子是由 60 个碳组成的。那么这种分子的结构是怎样的呢？R. E. Smalley 百思不解。这时，他突然想起建筑师 Buckminster Fuller 设计建造的圆屋顶，于是拿起硬纸剪下 12 个正五边形和 20 个正六边形，拼成一个球体，在这种球体顶点上恰好是 60 个碳原子。因此，这种分子被称为 Bucky ball、Buckminster-Fullerenes、Buckminsterenes、Fullerenes 等。现在更多的人采用 fullerene 这个名称，译成中文为富勒烯。由于整个分子形似足球，也称足球烯(footballene)。

当 Kroto 发现足球烯时，实验室还不能合成出一定量的足球烯以供研究其化学性质使用。这时国内外许多杂志发表了一些有关足球烯量化计算的文章，从理论上探讨足球烯的性质。因而，有关足球烯的分子结构研究得比较多。足球烯分子式为 C_{60}，是由 12 个正五边形和 20 个正六边形构成的包括 32 个面的球形体。在这个球形体的 60 个顶点上，每个碳原子用近似 sp^2 杂化轨道与相邻碳原子的近似 sp^2 杂化轨道形成三个 σ 键，这三条 σ 键不是共平面的，键角近似为 116°。每个碳原子上还有一个 p 轨道，彼此重叠形成一条包括 60 个碳原子的大 π 键，因而在球形体内和体外都围绕着 π 电子云。由于 12 个正五边形完全被 20 个正六边形分开，双键处在正六边形上，而正五边形上无双键，所以 C_{60} 分子中键长是不相等的，正六边形键长为 0.140nm，正五边形键长为 0.146nm。量子化学计算表明，C_{60} 具有较大的离域能。所以足球烯具有芳香性，其分子结构如图 6.7 所示。

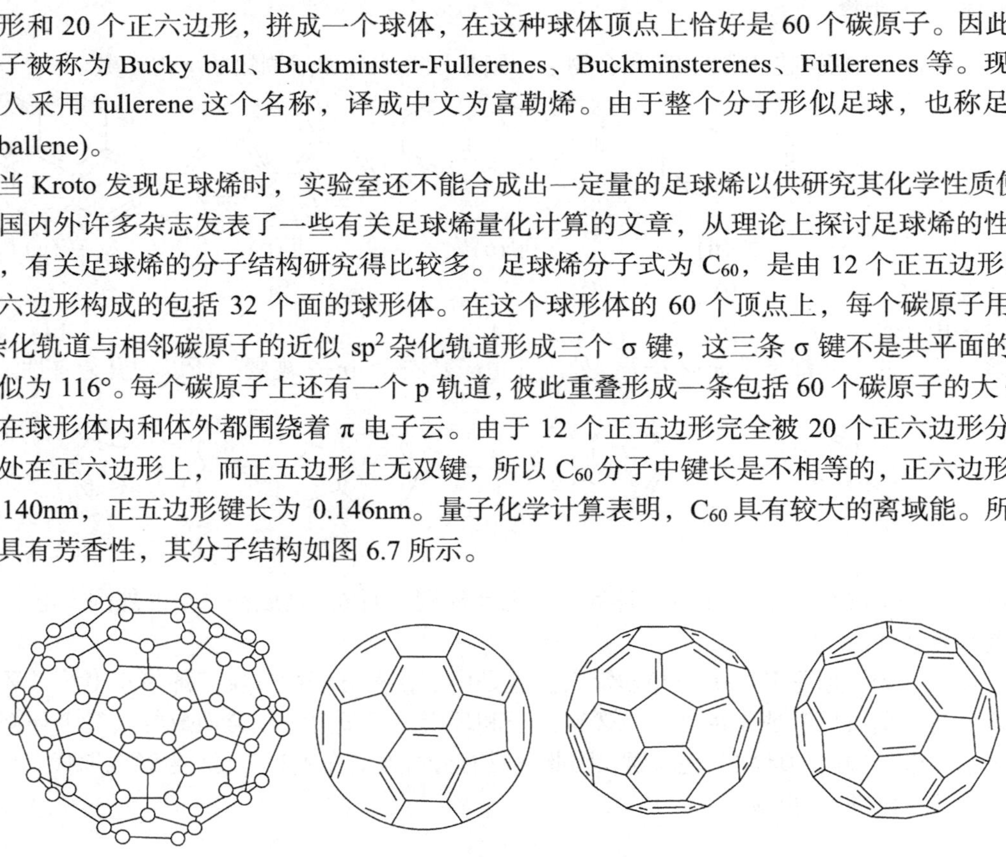

图 6.7　C_{60} 的分子结构

足球烯为棕黑色固体，不溶于水，在己烷、苯、甲苯等非极性溶剂中有一定的溶解度。

足球烯是由碳一种元素组成的分子，其分子结构为一封闭的共轭体系，具有较大的共轭能，是一种稳定的分子。研究发现，足球烯不易发生取代反应，而易发生加成、氧化、还原等一系列反应。但由于产物的结构不易确定，给研究工作带来很大的困难。因此，需要在分析 C_{60} 产物结构测定等方面作进一步探索。

足球烯在超导方面的应用显示其潜在的应用价值。足球烯的发现为化学、材料科学等的研究开辟了新的领域。

习　题

6.1　写出符合下列条件的芳香族化合物的结构式。

(1) C_8H_{10}，仅能生成一种一硝基化合物。

(2) $C_6H_3Br_3$，能生成三种一硝基化合物。

(3) $C_{10}H_{14}$，不能被强氧化剂氧化成芳香族羧酸。

(4) $C_{10}H_{14}$，有 6 个可能的单溴代物，其中有两个一溴取代物可拆分成一对对映体，该化合物经氧化后生成一个酸性物质($C_8H_6O_4$)，后者只有一种单硝化产物($C_8H_5O_6N$)。

6.2　写出下列化合物一硝化时的主要产物(用箭头标明硝基进入位置)。

(1) 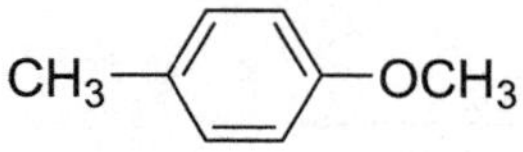

(2) 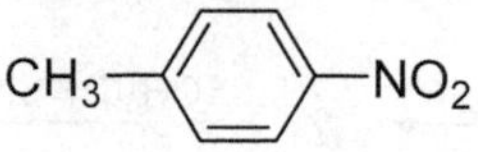

(3) 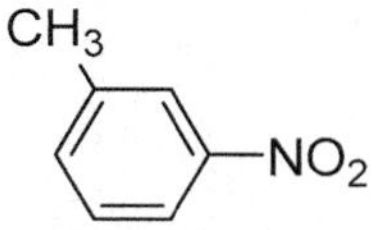

(4) 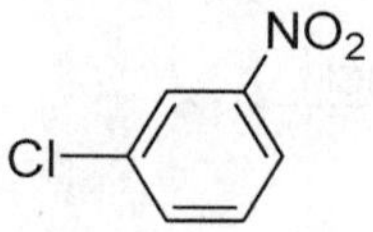

(5) 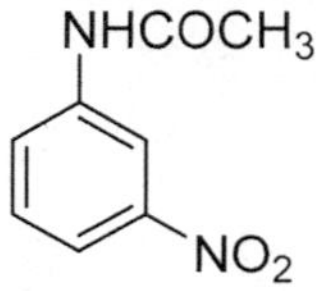

(6) 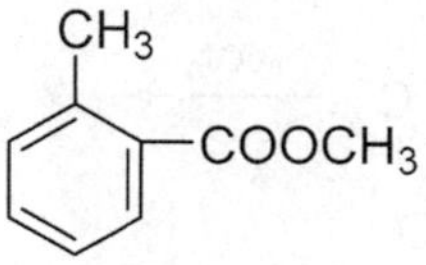

(7) 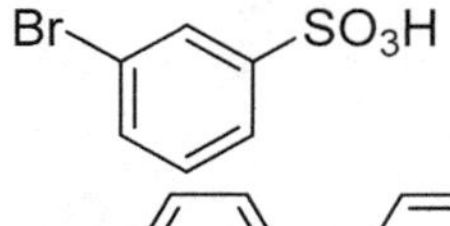

(8) 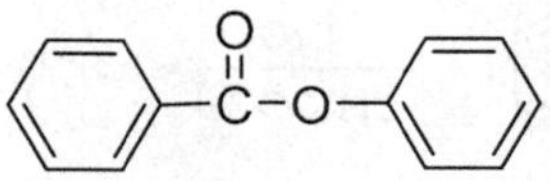

(9) 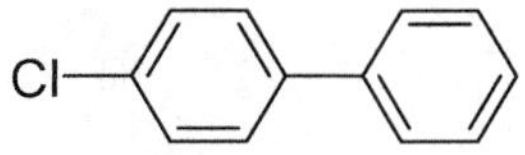

(10) 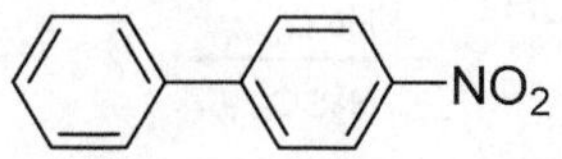

(11) 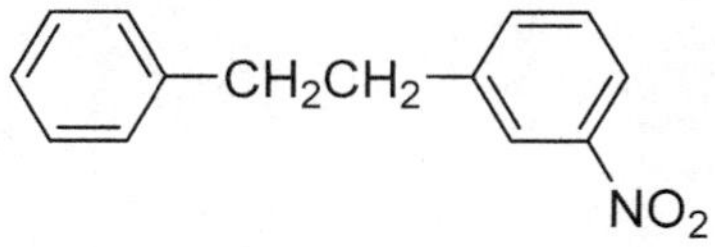

(12) 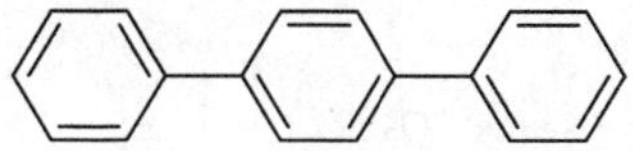

(13) 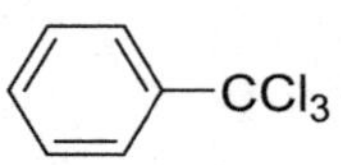

(14) 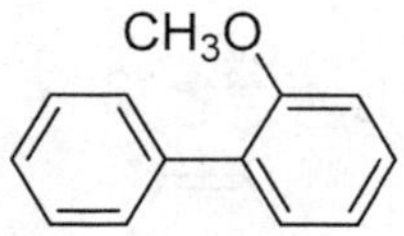

(15) 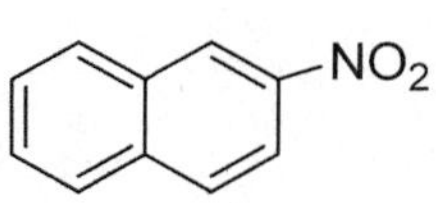

(16) 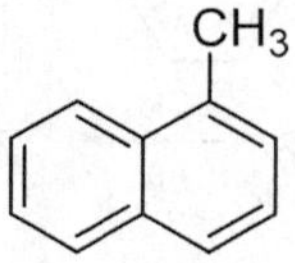

(17) 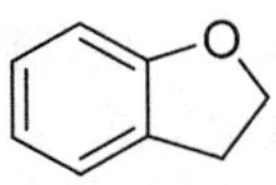

(18) 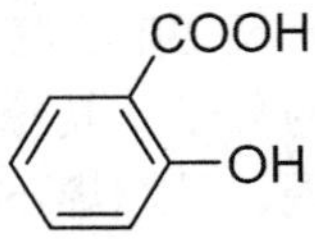

6.3 写出苯、甲苯和硝基苯分别与下列试剂反应的主要产物。

(1) Cl_2，Fe (2) Cl_2，$h\nu$ (3) HNO_3-H_2SO_4 (4) H_2SO_4-SO_3

(5) $CH_3CH{=}CH_2$，H_2SO_4 (6) CH_3COCl，$AlCl_3$ (7) $KMnO_4$，H_2SO_4

6.4 写出萘分别与下列试剂作用的主要产物。

(1) Cl_2，Fe (2) HNO_3-H_2SO_4 (3) H_2SO_4，80℃ (4) H_2SO_4，165℃

(5) $CH_3CH{=}CH_2$，H_2SO_4 (6) CH_3COCl，$AlCl_3$，CS_2

(7) O_2，V_2O_5，450℃ (8) CrO_3，CH_3COOH，15℃

6.5 完成下列反应。

(1) 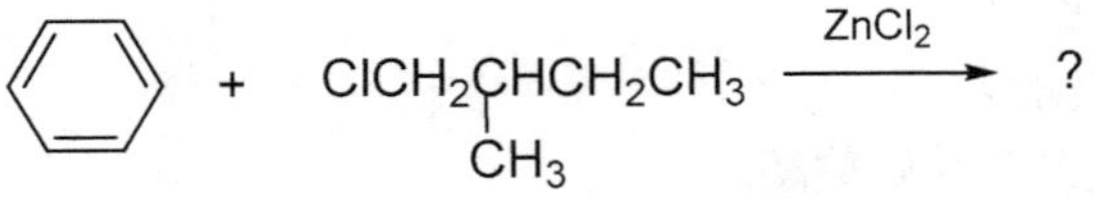

(2) 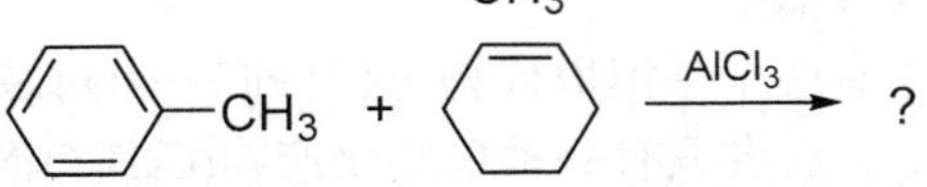

(3) 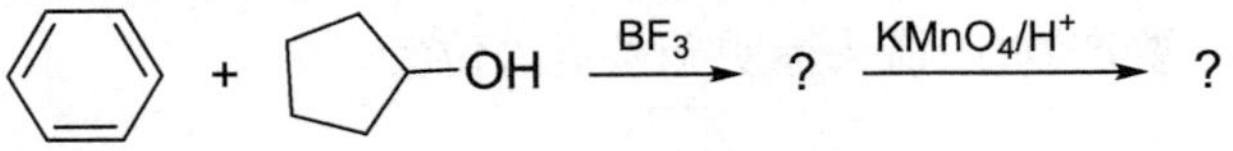

(4) 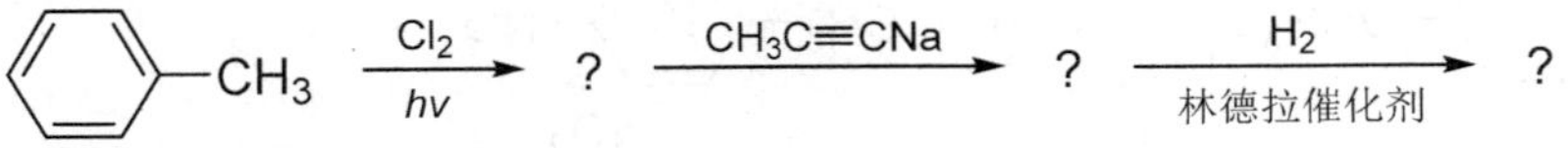

(5) 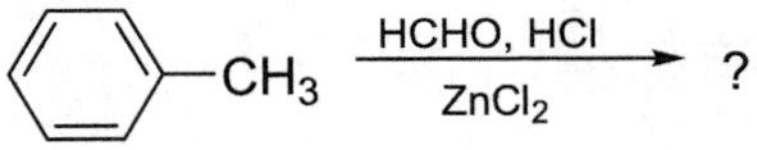

(6) 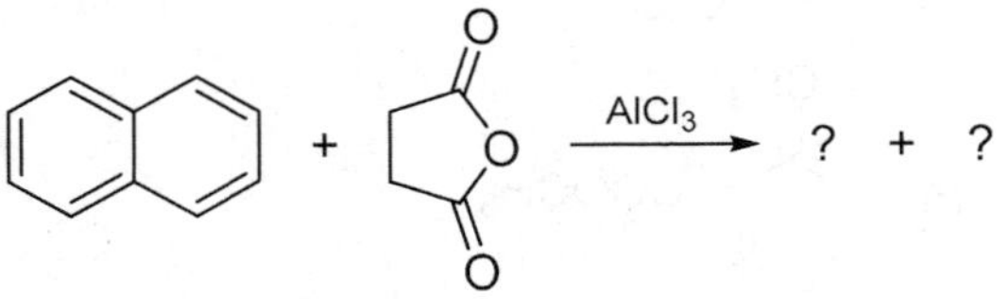

(7) 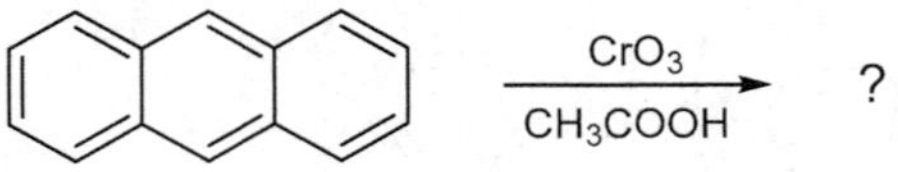

(8) 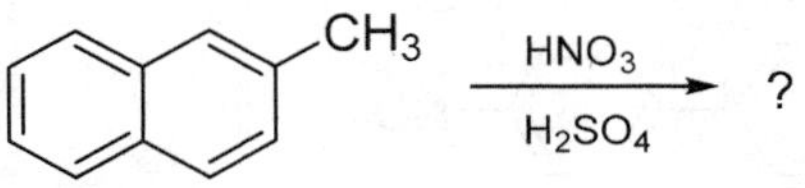

(9) 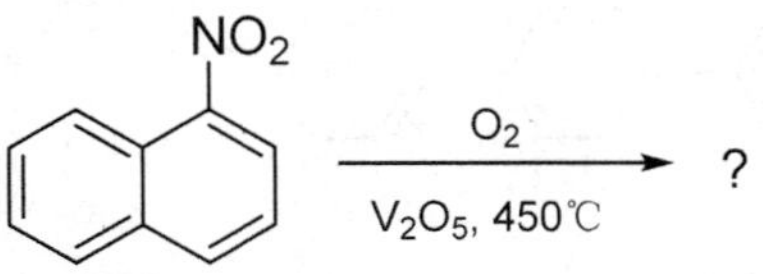

(10) 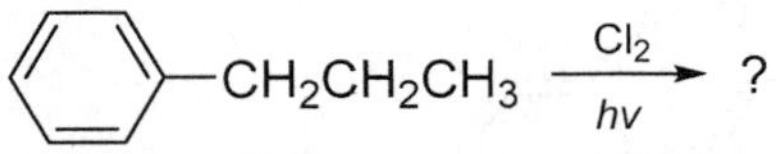

(11) 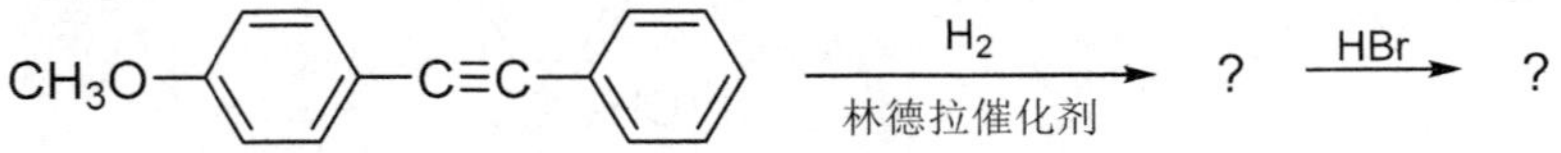

(12) 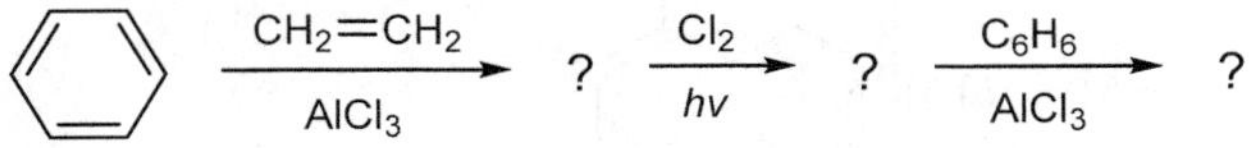

(13) 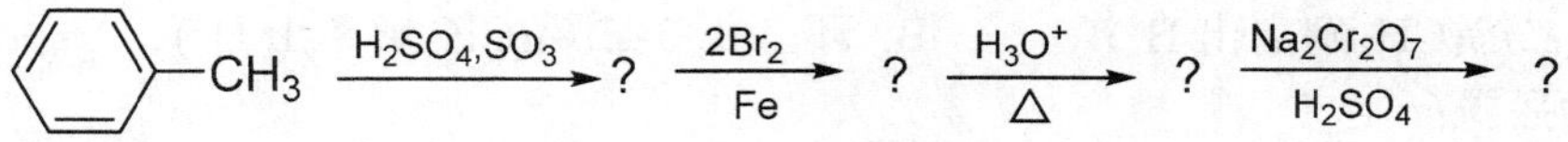

(14) 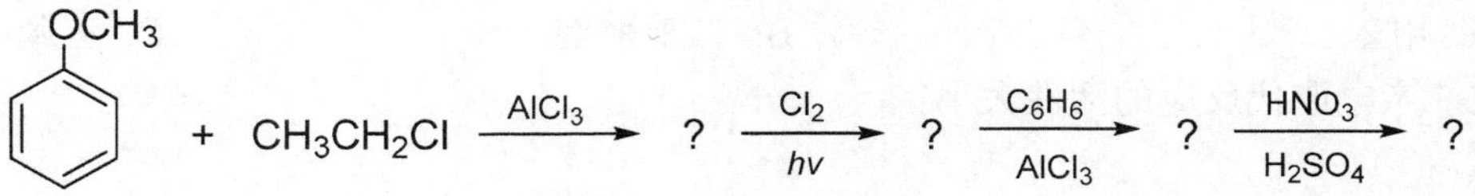

(15) 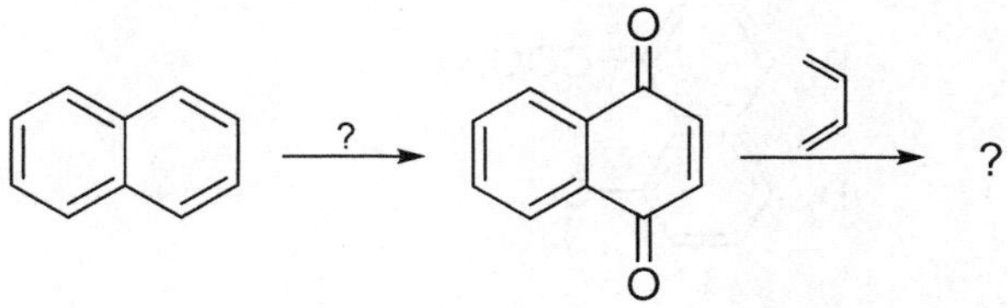

(16) 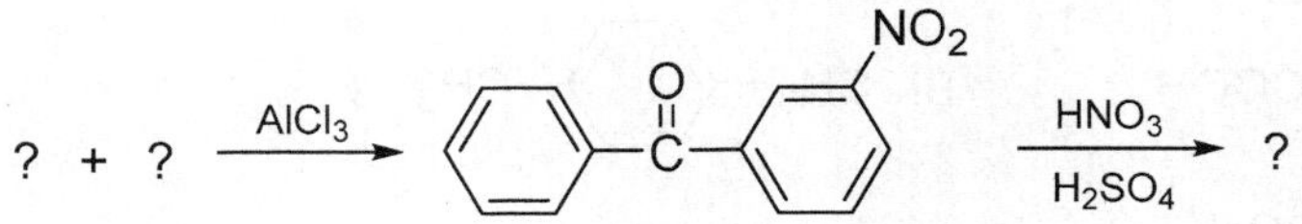

(17) 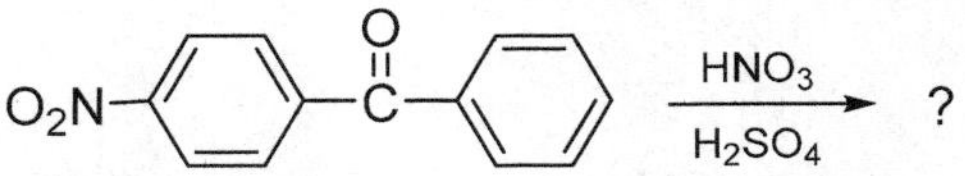

(18) 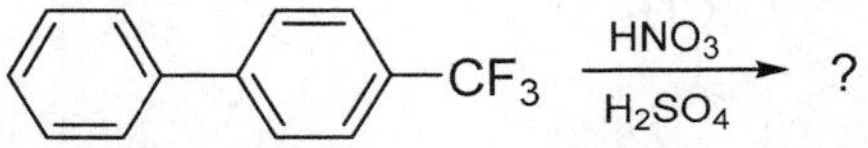

6.6　下列反应有无错误？若有，请予以改正。

(1) 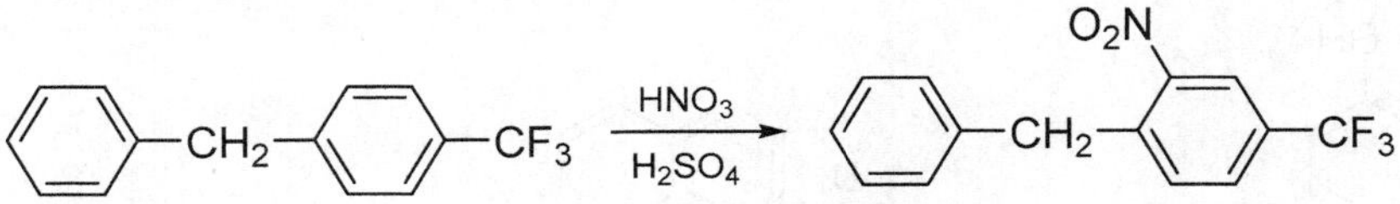

(2) 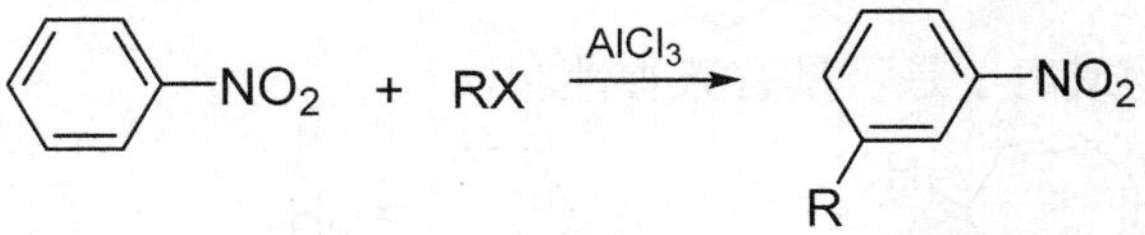

(3) 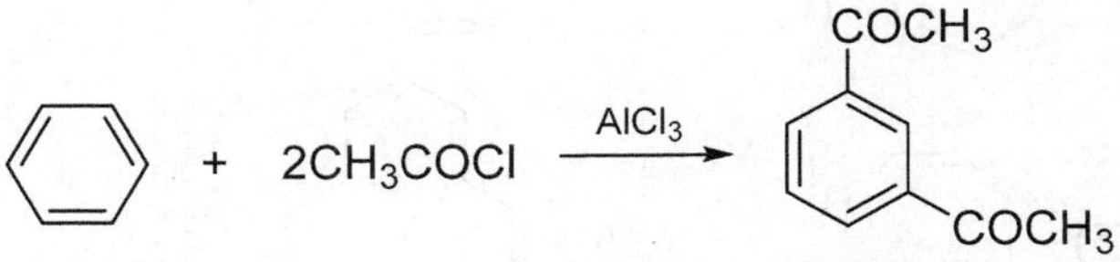

(4) 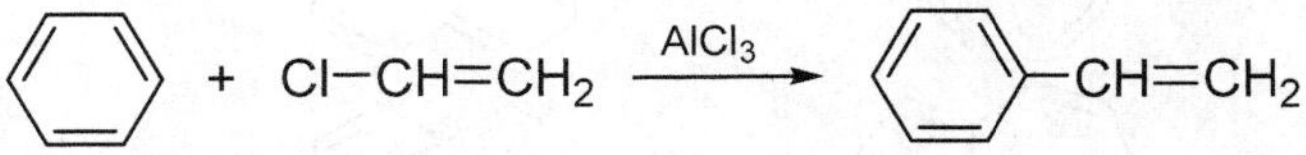

6.7　用化学方法区别下列化合物。

A. 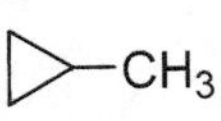　B. 　C. 　D. 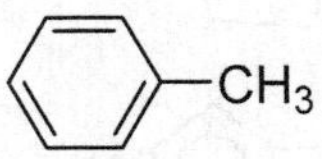

6.8　将下列化合物按要求排序。

(1) 被氧化难易程度：

A. 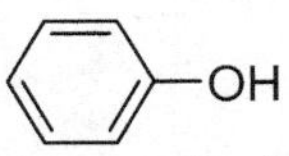　B. 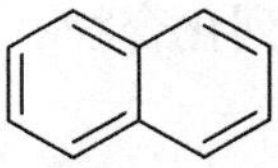　C. 　D. 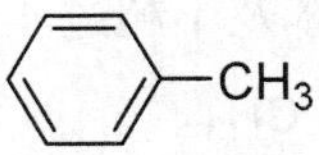

(2) 与 HBr 加成反应的活性：

A. Ph—CH═CH₂ 　B. *p*-$CH_3C_6H_4CH{=}CH_2$　C. *p*-$NO_2C_6H_4CH{=}CH_2$

(3) 酸性强弱：

A. 环戊二烯(CH_2解离出 H^+)　　B. 环己-1, 3-二烯(CH_2解离出 H^+)

(4) 酸性强弱：

A. 甲苯　　B. 二苯甲烷　　C. 三苯甲烷

(5) 亲电取代反应的活性大小：

①

A. 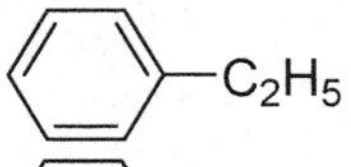

B. 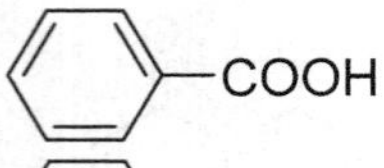

C. 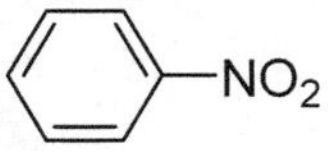

D. 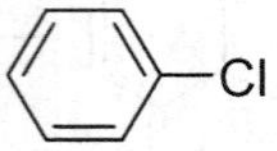

②

A. 

B. 

C. 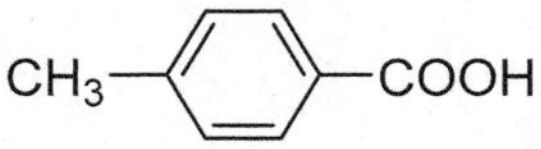

③

A. 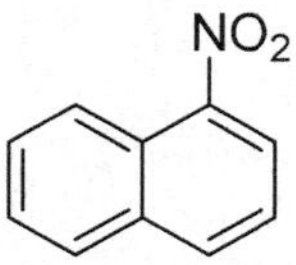

B. 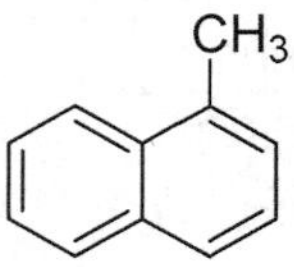

C. 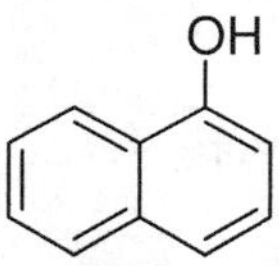

D. 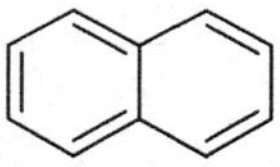

6.9 根据休克尔规则判断下列化合物或离子是否具有芳香性。

(1) 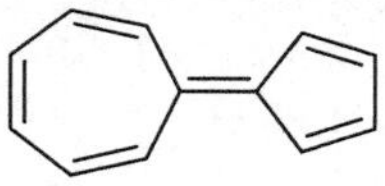

(2) 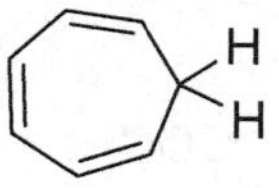

(3) 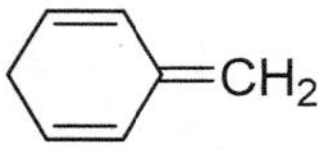

(4) 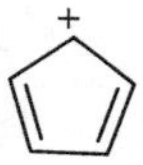

(5) 

(6) 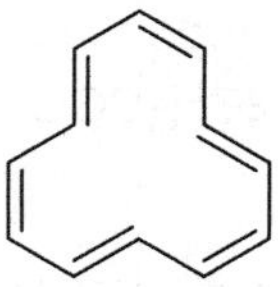

(7) 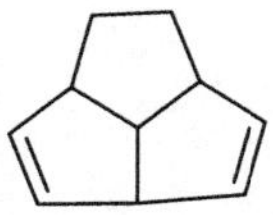

(8) 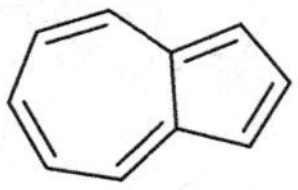

(9) 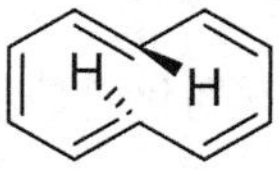

(10) 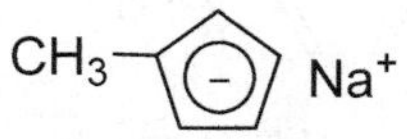

(11) 

(12) 

6.10 写出甲苯与 HNO_3-H_2SO_4 发生一硝化反应的机理和甲苯在光照下与 Cl_2 反应的机理。

6.11 用苯、甲苯及不超过 4 个碳的烯烃为原料合成下列化合物。

(1) 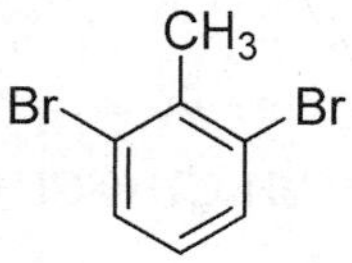

(2) 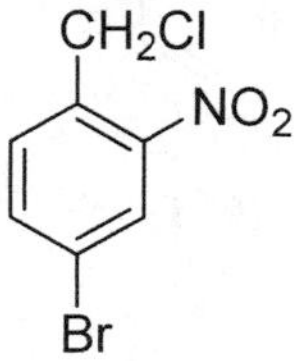

(3) 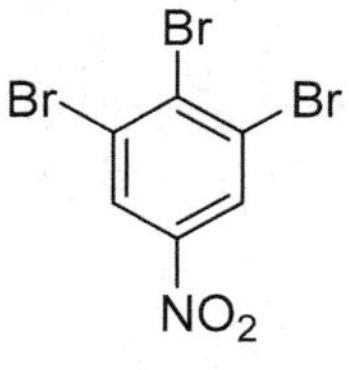

(4) 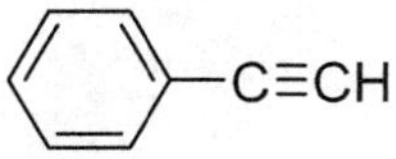

(5) 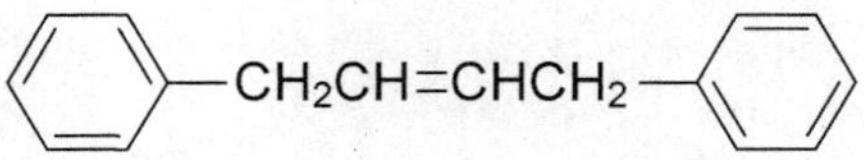

(6) 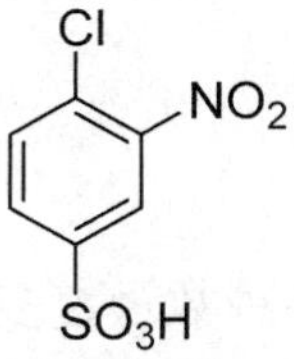

(7) 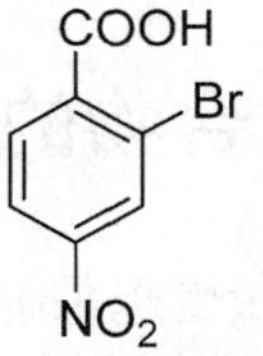

(8) 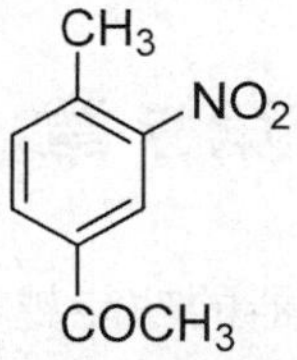

6.12　某不饱和烃 A，分子式为 C_9H_8，能与 Cu_2Cl_2 的氨溶液反应生成红色沉淀。A 催化加氢得 B(C_9H_{12})。将 B 用酸性 $K_2Cr_2O_7$ 氧化得酸性化合物 C($C_8H_6O_4$)。将化合物 C 加热得化合物 D($C_8H_4O_3$)。若将化合物 A 和丁-1,3-二烯作用则得一个不饱和化合物 E。将 E 催化脱氢得到 2-甲基联苯。写出 A～E 的结构式及各步反应式。

第 7 章　有机化合物的波谱性质

现今各种波谱仪器的功能越来越多，灵敏度越来越高。它们对品种数量繁多的有机化合物，无论是小分子化合物、大分子化合物或是高分子化合物的鉴定、测定、结构研究，以及性质研究等，都是有力的工具。对有机化合物来说，应用最普遍、最广泛的波谱分析方法是紫外吸收光谱法、红外吸收光谱法、核磁共振谱法和质谱法。这些波谱产生的基本原理及波谱特征，在有机化合物的结构方面提供的信息以及在有机化合物的合成、生产、研究方面的应用，对一个化学工作者来说是不可缺少的知识，也是从事这些方面工作经常要使用的工具。

7.1　紫外吸收光谱

7.1.1　紫外吸收光谱的基本原理

1. 紫外吸收光谱的产生

化合物分子内的电子运动、各原子核的相对振动和分子的转动，每一种运动状态都具有一定的能级。分子的总能量即被认为是这三种能量之和，用 E 来表示：

$$E = E_e + E_v + E_r \tag{7.1}$$

式中，E_e 为电子能量；E_v 为振动能量；E_r 为转动能量。分子吸收能量就会受到激发，从它的基态能级跃迁到较高激发态能级。按量子力学的观点，分子吸收的能量只能是等于两个能级的能量之差。此能量与光能有如下的关系：

$$\Delta E = E_2 - E_1 = h\nu = hc/\lambda \tag{7.2}$$

式中，ΔE 为两个能级的能量之差；E_2 为激发态的能量；E_1 为基态的能量；h 为普朗克常量；ν 为光的振动频率；c 为光速；λ 为波长。式(7.2)说明：当某一波长的光能量正好等于分子某个能级跃迁所需的能量差时，即会被分子吸收，由此产生的吸收谱线称为吸收光谱。由于电子能级跃迁，吸收 200～400nm 波长的光，是在近紫外光区，由此产生的吸收光谱称为紫外吸收光谱(ultraviolet absorption spectrum)。电子能级能量差间隔最大，一般为 1～20eV(电子伏特)，而振动能级的能量差为 0.05～1eV，转动能级能量差小于 0.05eV。当电子能级跃迁时，不可避免地产生振动能级和转动能级的跃迁，因此电子跃迁形成的吸收谱带不仅包括电子跃迁的谱线，还包括振动能级和转动能级跃迁的谱线，形成许多谱线密集在一起的宽带。这就是紫外光谱都是大宽峰的原因。

2. 电子跃迁的类型

电子跃迁有 $\sigma\rightarrow\sigma^*$、$\pi\rightarrow\pi^*$、$n\rightarrow\sigma^*$和 $n\rightarrow\pi^*$四种类型。σ^*、π^*分别为 σ 电子和 π 电子的反键轨道。四种跃迁所需能量大小的顺序为

$$\sigma \rightarrow \sigma^* > n \rightarrow \sigma^* > \pi \rightarrow \pi^* > n \rightarrow \pi^*$$

电子能级跃迁的示意图如图 7.1 所示。

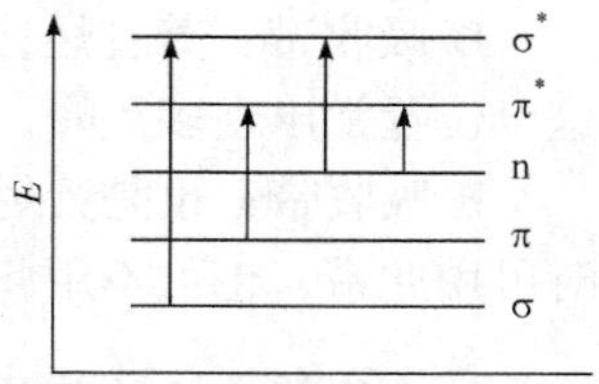

图 7.1　电子能级跃迁示意图

(1) $\sigma \rightarrow \sigma^*$跃迁。吸收波长在 200nm 以下的光，属远紫外区。例如，甲烷 λ_{max} = 125nm，环丙烷 λ_{max} = 190nm。一般的仪器设计是从 200nm 开始，对吸收在 200nm 以下的跃迁不能进行检测。

(2) $n \rightarrow \sigma^*$跃迁。吸收波长在 150～250nm 的光，部分属远紫外区。含有杂原子氧、氮、硫、卤素的饱和化合物有这类跃迁。吸收强度(摩尔吸光系数)ε 一般在 100～3000。

(3) $\pi \rightarrow \pi^*$跃迁。对非共轭体系，含独立双键的化合物，吸收波长范围靠近 200nm，仍在远紫外区。例如，乙烯的 $\pi \rightarrow \pi^*$跃迁，λ_{max} = 165nm，吸收强度很大，ε 为 10000。

对共轭体系，随共轭双键数目(n)的增加，吸收波长向长波移动，均在 200nm 以上，都在近紫外区。吸收强度也增大，ε 均在 10000 以上。

(4) $n \rightarrow \pi^*$跃迁。吸收波长在 285～300nm，吸收强度弱，ε 在 10～100。含有 C═O、C═S、N═O 等基团的化合物有这类跃迁。

3. 紫外吸收光谱的表示方法

紫外吸收光谱图如图 7.2 所示，纵坐标表示吸收强度(A)、摩尔吸光系数(ε)或 lgε，横坐标表示波长(λ)，单位用纳米(nm)或埃(Å)。图中“2”为吸收谷或最小吸收，其波长用 λ_{min} 表示。“1”和“3”为吸收峰或最大吸收，其波长用 λ_{max} 表示。最大吸收时的摩尔吸光系数用 ε_{max} 表示。

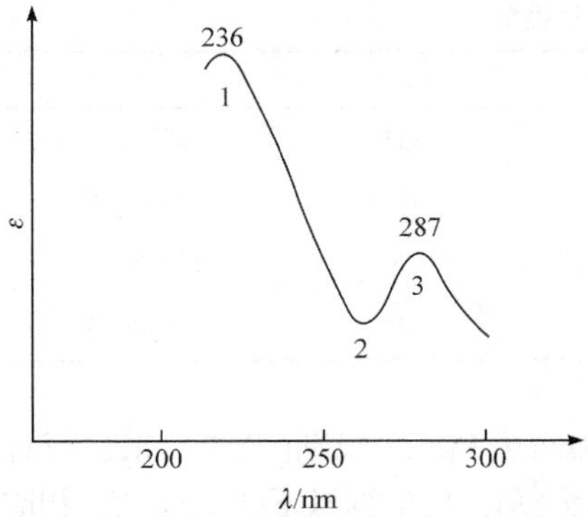

图 7.2　酚的紫外吸收光谱(碱性溶液)

4. 紫外吸收光谱中的几个常用术语

(1) 生色团。在分子结构中能产生 $\pi \rightarrow \pi^*$、$n \rightarrow \pi^*$跃迁，导致在 200～1000nm 波长范围内产生吸收的基团，称为生色团。

(2) 助色团。在分子中可使吸收波长向长波方向移动，并使吸收强度增加的基团称为助色团。常见助色团有—Cl、—Br、—I、—NH_2、—OH、—OR、—SH、—SR 等。

(3) 红移。由于分子中助色团的作用、共轭作用或溶剂改变等，吸收峰向长波方向移动的现象称为红移。

(4) 蓝移。由于取代基、溶剂的影响，吸收峰向短波方向移动的现象称为蓝移。

(5) 增色效应和减色效应。由于结构的变化或其他原因，吸收强度增加的现象称增色效应，吸收强度减弱的现象称为减色效应。

5. 吸收带的分类

在紫外吸收光谱中吸收带分为四类。

R 吸收带：$n \rightarrow \pi^*$跃迁产生的吸收带，摩尔吸光系数 $\varepsilon < 100$。

K 吸收带：$\pi \rightarrow \pi^*$跃迁产生的吸收带。共轭烯烃结构产生的 K 吸收带不受溶剂的影响。烯酮结构产生的 K 吸收带受溶剂的影响。

B 吸收带：芳香烃化合物的 $\pi\rightarrow\pi^*$跃迁产生的吸收带，吸收波长位置在 230～270nm，在这个位置常出现多重峰，表现了芳环的精细结构。

E 吸收带：也是芳烃 $\pi\rightarrow\pi^*$跃迁产生的吸收带，其位置在 184nm 和 204nm。在识别芳环时可用此带，也可不用此带。

7.1.2 有机化合物的紫外吸收光谱

1. 饱和有机化合物

饱和烃只含有 σ 电子。由于 σ 电子跃迁的吸收波长范围在远紫外区(10～200nm)，在 200～1000nm 范围内不产生吸收峰，因此在紫外光谱分析中常用作溶剂。若饱和烃上的氢原子被氮、氧、硫、卤素等杂原子基团取代，由于杂原子上有孤对 n 电子，可产生跃迁，使吸收峰向长波方向移动，致使有的化合物在 200～1000nm 也出现吸收峰。例如，碘甲烷：由于 $n\rightarrow\sigma^*$跃迁，在 258nm 处出现吸收峰。

2. 烯烃

含独立双键的化合物的吸收峰在 200nm 波长以下，在共轭体系中，随共轭体系中双键数目(n)的增加，吸收峰向长波方向移动，吸收强度增加，如表 7.1 所示。

表 7.1　共轭烯烃紫外吸收波长与吸收强度

$H(CH{=}CH)_nH$	λ/nm	ε	$H(CH{=}CH)_nH$	λ/nm	ε
1	165	10000	5	335	118000(浅黄)
2	217	21000	8	415	210000(橙)
3	258	35000	11	470	185000(红)
4	296	52000	15	547	150000(紫)

对于共轭烯烃的 λ_{max}，可以利用伍德沃德-费塞尔(Woodward-Fieser)规则(表 7.2)来进行计算，这是一个经验规律，是以 λ_{max} 217nm 为基本数据(或母体数据)，再根据以下的情况加上相应的波数计算而得。

表 7.2　共轭烯烃伍德沃德-费塞尔规则

共轭二烯体系母体值	217nm
增加值	
二烯体系在同一个环中	36nm
每一个烷基取代或环残余	5nm
任何环外双键	5nm
一个延伸双键	30nm
助色团—O—CO—	0nm
—OR	6nm
—SR	30nm
—Cl，—Br	5nm
$—NR_2$	60nm

例 7.1　计算下列化合物的 λ_{max}。

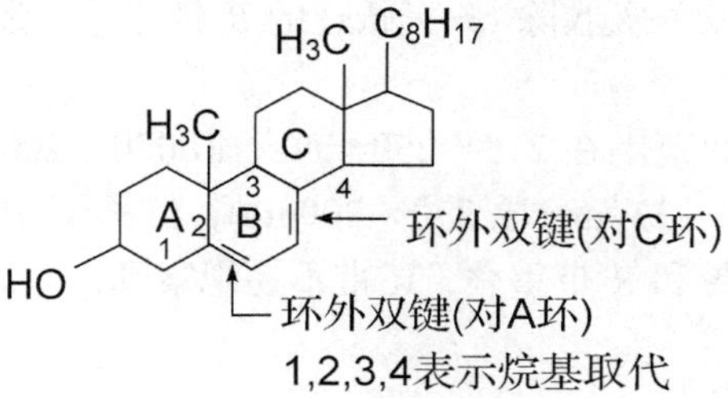

计算：	母体		217
	共轭二双键在同一环内		36
	环外双键	(2×5)	10
	烷基取代	(4×5)	20
	λ_{max}(计算)		283nm
	(实测)		282nm

注意：这个规则不适用于芳香体系和交叉共轭体系(如下所示)。

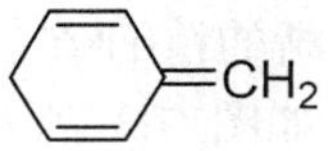

3. 羰基化合物及其衍生物

1) 醛和酮

醛和酮的羰基含有一对 σ 电子和一对 π 电子，还含有两对未成键的 n 电子，可产生三种电子跃迁：

$n\to\pi^*$ 跃迁	270～300nm	$\varepsilon = 10\sim20$	R 带	
$n\to\sigma^*$ 跃迁	180nm			
$\pi\to\pi^*$ 跃迁	160nm	不在仪器检测范围之内		

2) 羧酸、羧酸酯、酰卤、酰胺

相对醛或酮来说，这几类化合物的羰基都是因助色团的存在而蓝移，如表 7.3 所示。

表 7.3　羧酸、羧酸酯、酰卤和酰胺的紫外吸收谱带

CH_3CO—X	溶剂	λ_{max}/nm	ε_{max}
—H	蒸汽	290	10
—CH_3	己烷	279	15
—OH	95%乙醇	272.5	19
—SH	95%乙醇	204	41
—OCH_3	环己烷	219	2200
—$OCOCH_3$	异辛烷	211	47
—Cl	异辛烷	225	40
—Br	正庚烷	240	40
—I	甲醇	205	100
—NH_2	正己烷	214	60

3) 不饱和羰基化合物

在双键与羰基共轭后，紫外吸收除 n→π*跃迁的 R 带之外，还出现共轭双键 π→π*跃迁的 K 带。

$\pi\to\pi^*$	跃迁	吸收范围在 215～250nm (ε = 10000～20000)	K 带
$n\to\pi^*$	跃迁	310～330nm(原 270～300nm)，红移了 15～45nm	R 带

当共轭双键增长时，K 带和 R 带重叠，R 带不易观察到，有时出现肩峰。

4. 芳香族化合物

1) 苯

苯是环状共轭体系，在紫外光区有三个吸收带，分别为

E_1 带	吸收在 184nm(ε = 60000，47000)
E_2 带	吸收在 204nm(ε = 7400)
B 带	吸收在 256nm(ε = 230)

这三个吸收带都是由 π→π*跃迁产生的。B 带是芳香族化合物的特征吸收带，由 π→π*跃迁与振动跃迁重叠而产生。在非极性溶剂中或以气态存在时，其吸收光谱出现清晰的精细结构，即在 230～270nm 出现 7 个精细结构的峰，如图 7.3 所示。苯的同系物也有精细结构，但在极性溶剂中这些精细结构可能会消失或变得不明显。精细结构的出现是鉴定芳香族化合物的有用特征。

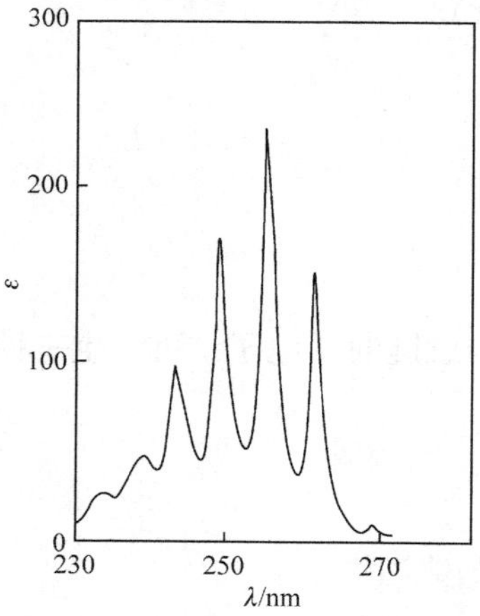

图 7.3　苯的紫外吸收光谱

2) 单取代苯

当苯环上有烷基取代基时，B 带红移，E 带变化不大。助色团(羟基—OH、氨基—NH_2 等)引入苯环时，B 带增强，并影响精细结构的消失。不饱和取代基(如—CH═CH—、—CHO、—NO_2 等)与苯环相连时，B 带发生强的红移，并有致强效应。在 200～250nm 区域出现 K 带(ε_{max} > 10000)。一些单取代苯的紫外吸收光谱数据见表 7.4。

表 7.4　一些单取代苯的紫外吸收光谱数据

取代基	E 带 λ_{max}/nm	ε_{max}	B 带 λ_{max}/nm	ε_{max}	溶剂
—H	204	7400	254	204	2%甲醇水溶液
—CH_3	206.5	7000	261	225	2%甲醇水溶液
—OH	210.5	6200	270	1450	2%甲醇水溶液
—NH_2	230	8600	280	1430	2%甲醇水溶液
—CH═CH_2	244	12000	282	450	乙醇
—$COCH_3$	240	3000	278	1100	乙醇
—CHO	244	15000	280	1500	乙醇
—NO_2	252	10000	280	10000	己烷

3) 稠环化合物吸收光谱

随着共轭环数目的增加，B 带和 E 带发生红移并有致强效应。

4) 杂环化合物

饱和五元和六元杂环化合物紫外吸收光谱的吸收峰位置一般低于 200nm。不饱和杂环化合物在近紫外区同样有吸收。不饱和六元杂环化合物的紫外吸收光谱与相应的芳香化合物的紫外光谱类似。例如，吡啶的紫外光谱与苯的紫外光谱类似，只是吡啶的 B 带比苯的 B 带强，而吡啶的精细结构不如苯的明显。

7.1.3　紫外吸收光谱的应用

1. 在定性分析中的应用

由于紫外吸收光谱主要取决于分子中的发色团和助色团的特性，而不是整个分子的特性。因此，不能只用紫外吸收光谱来对有机化合物的分子结构下结论。但在有机化合物的定性分析中，紫外吸收光谱仍是一个有用的工具，下面简要介绍几方面的应用。

(1) 对未知物的鉴定。其方法是将未知物与已知化合物在同样的条件下测定的紫外光谱相对照，或查找标准紫外光谱与之对照。二者谱图一致，则可能为同一化合物。

(2) 结构测定。在结构测定中主要是确定分子中有无共轭体系，有什么样的共轭体系，或确定顺反异构体。一般来说，反式异构体比顺式异构体的 λ_{max} 和 ε_{max} 都大。

互变异构现象的研究，如乙酰乙酸乙酯存在酮式和烯醇式两种互变异构体：

酮式　　烯醇式

酮式异构体在近紫外区无强的吸收，烯醇式因分子中有了共轭体系，故有强的吸收峰，λ_{max} = 243nm(ε_{max} = 16000)。

(3) 微量杂质的鉴定。紫外吸收光谱的灵敏度较高，用于鉴定某些带发色团的微量杂质是非常方便和快速的。例如，要确定在环己烷中是否有微量芳烃存在，就可用紫外光谱鉴定。若在 250～280nm 处有吸收峰，即表明有芳烃存在。

2. 在定量分析中的应用

只要样品在适当的溶剂中在紫外光区有特征的吸收峰，就可以根据样品的吸收系数，通过测定已知浓度纯样品的吸收值和未知浓度样品的吸收值来计算出未知浓度样品的含量。其原理和方法与一般分光光度法一样。

7.2　红外吸收光谱

7.2.1　红外吸收光谱的基本原理

用 0.7～1000μm 连续波长的红外光照射样品，引起分子振动能级的跃迁，同时伴有转动能级的跃迁，由此产生的吸收曲线称为红外吸收光谱(infrared absorption spectrum)，又称振动-转动光谱。绝大多数有机化合物和无机离子的振动能级跃迁所吸收的光波都在中红外区(波长 2.5～25 μm 或波数 4000～400cm^{-1})，因此主要讨论这部分的吸收光谱。

1. 双原子分子和多原子分子的振动光谱

分子的红外吸收光谱主要是由振动能级跃迁而产生的。将双原子分子看成是两个小球中

间用弹簧连接所组成的谐振子体系。根据胡克定律，可以得到振动频率为

$$\nu = \frac{1}{2\pi}\sqrt{\frac{k}{\mu}} \qquad \mu = \frac{m_1 m_2}{m_1 + m_2} \tag{7.3}$$

式中，ν 为振动频率；k 为化学键的力常量(指两个原子由平衡位置伸长 1Å 后的恢复力)，单位为 dyn · cm^{-1}(达因/厘米)；μ 为折合质量，单位为 g(克)；m_1、m_2 分别为两原子的质量。

为了使用方便，红外光谱中常用波数($\bar{\nu}$)代替频率(ν)，它们的关系是 $\nu = c\bar{\nu}$，故双原子体系中，式(7.3)可写成式(7.4)：

$$\bar{\nu} = \frac{1}{2\pi c}\sqrt{\frac{k}{\mu}} = 1307\sqrt{\frac{k}{\mu}} \tag{7.4}$$

如果知道两个原子的质量和键的力常数，可以近似地计算振动的吸收频率。

多原子分子的振动形式很复杂，但可以将复杂的振动分解为许多简单的基本振动。分子的振动由各个简单的基本振动组合而成。基本振动的数目称为振动自由度，又称独立振动。每一个独立振动应当产生一个吸收带。由 n 个原子组成的分子中，每个原子的运动状态都可用三个自由度来描述。线型分子有 $3n-5$ 个振动自由度，非线型分子有 $3n-6$ 个振动自由度。但由于频率相同的峰出现在同一位置；有的振动没有偶极矩的变化，在红外光谱中不出现峰；仪器的分辨率不够高，频率相近的峰分不开；或者是仪器灵敏度低，一些较弱的峰观察不出来，因此实际观察到的峰数常小于基本振动的数目。

2. 分子振动的类型

有机分子是多原子分子，其振动类型比较多，一般分为如下两大类。其振动模型以甲叉基(—CH_2—)和甲基(CH_3—)为例，如图 7.4 所示。

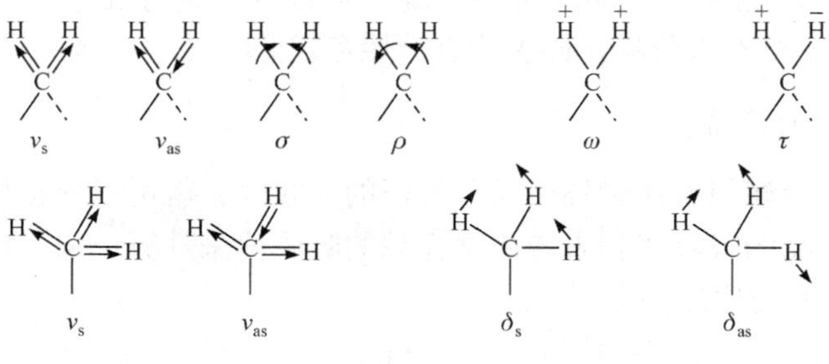

图 7.4　以—CH_2—和—CH_3 为例的各种振动

“+”表示运动方向垂直纸面向下，“−”表示运动方向垂直纸面向上

(1) 伸缩振动(stretching vibration)，键长沿键轴方向发生周期性的伸长和缩短的变化，又可分为

对称伸缩振动(symmetrical stretching vibration)　　简写 ν_s

不对称伸缩振动(asymmetrical stretching vibration)　　简写 ν_{as}

(2) 弯曲振动(bending vibration)或变形振动(deformation vibration)，简写为 δ，指原子垂直于键轴方向的运动。变形振动是一种使基团键角发生变化的振动，可分为

对称变形振动(symmetrical deformation vibration)　　简写 δ_s

不对称变形振动(asymmetrical deformation vibration)　　简写 δ_{as}

面内弯曲振动(in plane bending vibration)　　简写 β
面外弯曲振动(out of plane bending vibration)　　简写 γ
面内弯曲振动又分为剪式振动(scissoring vibration)　　简写 σ
　　面内摇摆(rocking vibration)　　简写 ρ
面外弯曲振动又分为面外摇摆(wagging vibration)　　简写 ω
　　面外扭曲(twisting vibration)　　简写 τ

除此之外，还有骨架振动，如烃中的碳链和芳香族化合物中芳环等产生的振动。

3. 红外光谱的表示方法

红外光谱图中，横坐标表示波长(λ)或波数(cm^{-1})，波长的单位是 μm(微米)、波数的单位是 cm^{-1}[波长与波数的互换关系式为 $\bar{\nu}\,(cm^{-1}) = 10^4/\lambda(\mu m)$]。纵坐标表示透光率 T 或吸光度 A，两者的关系是 $A = \lg(1/T)$。

表示峰的强度时常采用：vs(很强)、s(强)、m(中)、w(弱)、vw(很弱)来描述。

7.2.2　有机化合物的红外吸收光谱

1. 烃类

1) 饱和烃

饱和烃的红外光谱图主要是由 C—H 和碳架振动产生。这类化合物的吸收特征频率归纳于表 7.5 中。

表 7.5　饱和烃红外吸收特征频率

基团	振动类型	吸收峰位置/cm^{-1}	强度
$—CH_3$	ν_{as}	2962±10	m～s
	ν_s	2872±10	m
	δ_{as}	1450±20	m
	δ_s	1375±5	m～s
$—CH(CH_3)_2$		1385±5	m～s 双峰，两峰强度相等
		1370±5	
$—C(CH_3)_3$		1395±5	m～s 双峰，低波数峰是高波数峰的 2 倍
		1370±5	
$—CH_2—$	ν_{as}	2925±5	m～s
	ν_s	2853±5	m
	δ_{as}	1465±20	m
$—(CH_2)_n—$	ρ	$n \geqslant 4$　725～722	w～m 液态样品为单峰，固态样品分裂为双峰
		n=3　729～726	w～m
		n=2　743～734	w～m
		n=1　785～770	w～m
$>$CH	ν_s	2890±10	w
	δ_s	≈1340	w

图 7.5 为正辛烷的红外光谱图。2962～2853cm^{-1} 为甲基、甲叉基的不对称伸缩振动和对称伸缩振动峰，1470cm^{-1} 为甲基、甲叉基的不对称变形振动吸收峰，1380cm^{-1} 为甲基的对称变形振动吸收峰，725cm^{-1} 为甲叉基的面内摇摆振动吸收峰，$n > 4$。

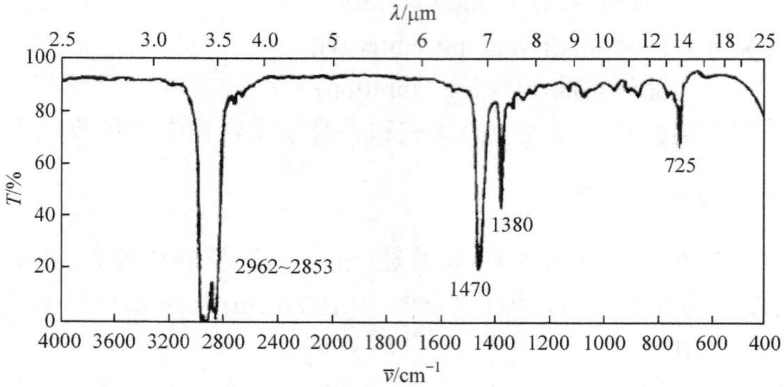

图 7.5　正辛烷的红外光谱图

饱和烃的红外光谱有几个特点：

(1) 在 3000～2800cm^{-1} 区域是碳氢的伸缩振动，在仪器分辨率高的情况下，可以看到甲基、甲叉基的四个峰，即两个不对称伸缩和两个对称伸缩振动峰。在仪器分辨率低的情况下，由于峰重叠，有的成为两个峰，有的成为一个峰。

(2) 在碳氢的弯曲振动区，1375cm^{-1} 是甲基的对称弯曲振动吸收峰。如果出现这个峰，则可证实甲基的存在。如果结构中有异丙基或叔丁基存在，1375cm^{-1} 这个峰将发生裂分，异丙基显示几乎强度相等的两个峰，位置在 1385cm^{-1} 和 1370cm^{-1} 附近。叔丁基显示的峰在 1385cm^{-1} 和 1365cm^{-1} 附近，1365cm^{-1} 峰的强度是 1385cm^{-1} 峰强度的 2 倍。

(3) 当烃基中相连甲叉基—$(CH_2)_n$—的数目 $n \geqslant 4$ 时，在红外光谱 722cm^{-1} 处会出现吸收峰，液态或溶液样品出现单峰，固态样品此峰分裂为双峰。

(4) 个别环烷烃，如环丙烷的—CH_2—的 C—H 伸缩振动吸收峰，由于环张力大，往高波数方向移动，高过 3000cm^{-1}，出现在 3100～3070cm^{-1}。

2) 烯烃

烯烃结构中含有双键。有关双键的特征频率是碳碳双键(C═C)的伸缩振动和与双键相连的碳氢(═C—H)的伸缩振动和弯曲振动所产生的，具体数据见表 7.6。图 7.6 为辛-1-烯的红外光谱图。

表 7.6　烯烃红外吸收特征频率

烯烃类型	$\nu_{(=C-H)}$/cm^{-1}	$\nu_{(C=C)}$/cm^{-1}	$\delta_{(=C-H)}$/cm^{-1}	$\gamma_{(=C-H)}$/cm^{-1}
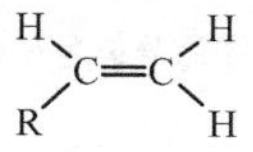	3085±10　m	1642±10　m	1415　m 1300　w	990±5　s 910±5　s
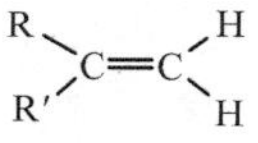	3090±20　m	1652±10　m	1415　m	890±5　s
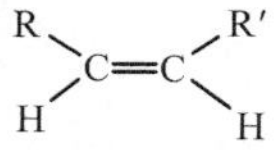	3020±30　m	1647±20　w	1300　w	690±40　m

续表

烯烃类型	$\nu_{(=C-H)}/cm^{-1}$	$\nu_{(C=C)}/cm^{-1}$	$\delta_{(=C-H)}/cm^{-1}$	$\gamma_{(=C-H)}/cm^{-1}$
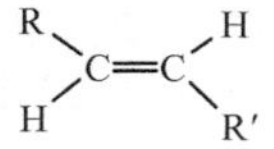	3020±30　m	1672±10　w	1410	970±10　s
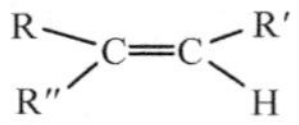	3030±30　w	1680±15　w～m	1345	815±25　m～s
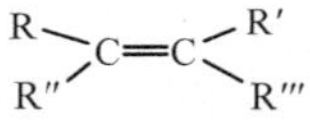		1670±10　w		

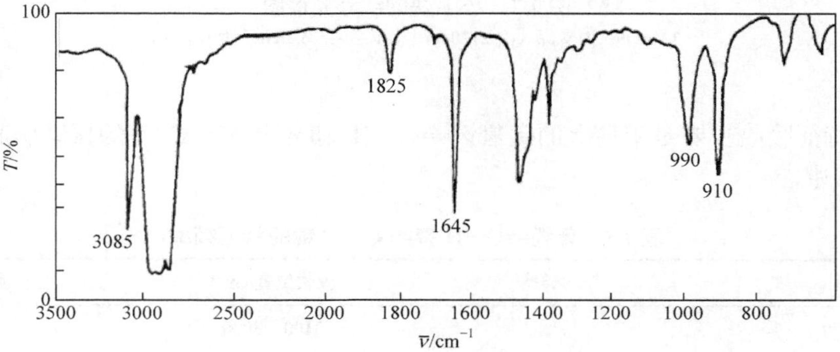

图 7.6　辛-1-烯的红外光谱图

图 7.6 中，$3085cm^{-1}$为 $\nu_{(=C-H)}$；$1645cm^{-1}$为 $\nu_{(C=C)}$；$990cm^{-1}$和 $910cm^{-1}$为 $\gamma_{(=C-H)}$；$1825cm^{-1}$为 $\gamma_{(=C-H)}$的倍频峰。

从表 7.6 和图 7.6 看出，烯烃的特征谱带主要是 $3095\sim3000cm^{-1}$、$1695\sim1540cm^{-1}$和 $990\sim675cm^{-1}$三个区域的谱带。如辛-1-烯的红外光谱图中，$1645cm^{-1}$峰确定了双键的存在，其相关峰 $3085cm^{-1}$峰进一步表明了双键的存在。$990cm^{-1}$和 $910cm^{-1}$两个强峰的出现，及在 $1825cm^{-1}$位置非平面摇摆振动倍频峰的出现，表明这个烯烃是末端烯烃(R—CH═CH_2)。由于烯烃在 $1415\sim1300cm^{-1}$区域的面外变形振动谱带 $\delta_{(=C-H)}$峰弱，其位置易与其他峰重叠，在实际分析中，此吸收带无实用价值。

3) 炔烃

炔烃分子中含有不饱和碳碳叁键 C≡C，其主要的红外特征频率是碳碳叁键的伸缩振动，其位置在 $2300\sim2100cm^{-1}$区域。相关的特征频率是与叁键相连的碳上若有氢，则有碳氢伸缩振动和面外弯曲振动。如果碳碳叁键上的二取代基相等(R=R′)，则为非红外活性，在此炔烃的红外光谱图中就看不到碳碳叁键的伸缩振动峰。具体数据见表 7.7，实例如图 7.7 所示。

表 7.7　炔烃的特征频率

炔烃类型	振动类型	吸收峰位置/cm^{-1}	强度
R—C≡C—H	$\nu_{(\equiv C-H)}$	3310～3210	m，峰尖锐
	$\gamma_{(\equiv C-H)}$	700～600	m～s
R—C≡CH	$\nu_{(C\equiv C)}$	2140～2100	w～m
R—C≡C—R′	$\nu_{(C\equiv C)}$	2260～2190	随分子对称性增加强度减弱

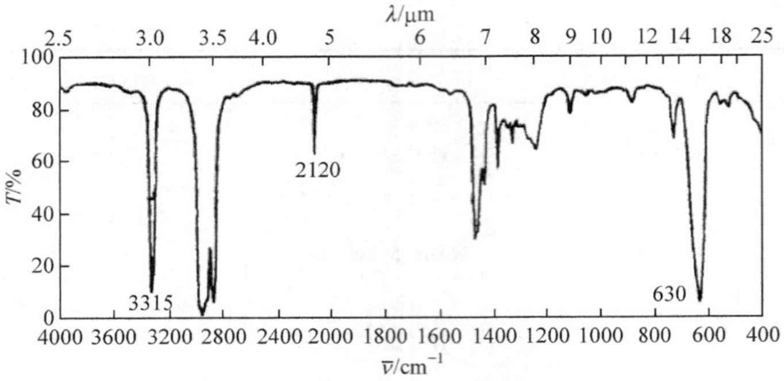

图 7.7 辛-1-炔的红外光谱图

3315cm^{-1} 为 $\nu_{(\equiv C—H)}$，2120cm^{-1} 为 $\nu_{(C\equiv C)}$，630cm^{-1} 为 $\gamma_{(\equiv C—H)}$

4) 芳烃

芳烃的特征吸收主要是苯环上的碳氢键═C—H 和环上 C═C 键的振动引起的。特征频率列于表 7.8 中。

表 7.8 芳烃═C—H 键和 C═C 键的特征频率

基团	振动类型	吸收位置/cm^{-1}	强度
═C—H	$\nu_{(=C—H)}$	3100～3000	m
	$\delta_{(=C—H)}$	1225～1000	w
	$\gamma_{(=C—H)}$	1000～650	s
	$2\gamma_{(=C—H)}$	2000～1660	w
C═C	$\nu_{(C=C)}$	1650～1450	s

芳烃特征频率有五个区域。苯环的存在与否一般是根据 3100～3000cm^{-1} 区域苯环上碳氢伸缩振动的吸收峰和 1650～1450cm^{-1} 区域苯环骨架振动的吸收峰来判断的。苯环骨架振动产生的吸收峰是一组峰，一般出现的位置在 1600cm^{-1}、1500cm^{-1}、1450cm^{-1} 附近。表征苯环上取代基位置，是根据面外弯曲振动[$\gamma_{(C—H)}$ 1000～650cm^{-1}]和其倍频带[$2\gamma_{(C—H)}$ 2000～1650cm^{-1}]两个区域的吸收峰位置而定。面外弯曲振动的特征频率及取代情况见表 7.9。

表 7.9 取代苯 C—H 面外弯曲振动[$\gamma_{(C-H)}$]的特征频率

取代情况	特征频率/cm^{-1}	强度
苯	670	vs
单取代	770～730 和 710～690	vs
二取代 邻位	～750	vs
间位	810～750 和 710～690	vs
对位	～800	vs
三取代 1, 2, 3-	780～760 和 745～705	vs
1, 2, 4-	885～870 和 825～805	m
1, 3, 5-	865～810 和 730～675	s
四取代 1, 2, 3, 4-	～805	vs

续表

取代情况	特征频率/cm^{-1}	强度
1, 2, 3, 5-	～845	s
1, 2, 4, 5-	～865	m
五取代	～870	m

倍频带的峰较弱，在有羰基存在时会受到羰基伸缩振动峰的干扰。在无羰基存在的情况下，特别是在加大样品浓度的情况下，根据这个区域出现峰的图形，也可以判断苯环上取代基的数目和取代基的位置。

2. 醇和酚

醇和酚的结构中都含有羟基(—OH)，其红外光谱的吸收特征频率主要来自 O—H 键的伸缩振动、C—O 键的伸缩振动和 O—H 键的变形振动。羟基的伸缩振动对氢键非常敏感，当羟基处在游离态时，吸收峰在 3700～3500cm^{-1}，峰型尖锐。在通常情况下，醇和酚的羟基由于氢键的形成，分子处在缔合状态，吸收峰往低波数移动，峰形变宽。这对鉴定羟基是否存在氢键是很直观的。醇和酚的 C—O 键伸缩振动吸收带的位置是鉴别伯、仲、叔醇非常有用的谱带，具体数据见表 7.10。羟基的变形振动吸收位置在 1500～1300cm^{-1}，峰形宽而散。随溶液稀释，峰形变窄。这个吸收带在分析中实用价值不大。图 7.8 是正丁醇的红外光谱图。

表 7.10　醇和酚 O—H 和 C—O 的特征频率

基团	振动类型	吸收位置/cm^{-1}	强度
O—H 游离	$\nu_{(O-H)}$	3620～3590	m，稀溶液中，尖峰
缔合		3250～3000	v，宽
芳环邻位取代		3200～2500	m
C—O 伯醇	$\nu_{(C-O)}$	≈1050	s
仲醇		≈1100	s
叔醇		≈1150	s
酚		≈1200	s

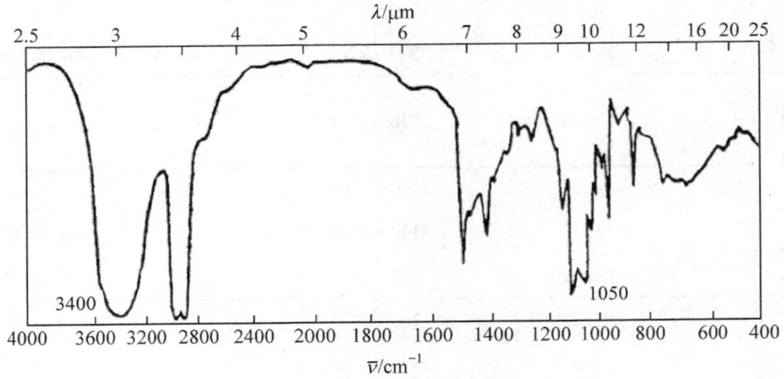

图 7.8　正丁醇的红外光谱图

3400cm^{-1} 为 $\nu_{(O-H)}$，1050cm^{-1} 为 $\nu_{(C-O)}$

3. 醚和环氧化合物

醚的结构特点是分子中含有 C—O—C 或 Ar—O—C 特性基团。环氧化合物的结构中含有一个由 2 个碳原子和 1 个氧原子组成的三元环，为环醚。脂肪族醚和脂环族醚最主要的特征频率是 C_{sp^3}—O 的不对称伸缩振动，其位置在 1150～1060cm^{-1} 范围内。芳香醚和乙烯基醚 C_{sp^2}—O 的不对称伸缩振动峰在 1275～1200cm^{-1} 范围内，峰都很强而且较宽。对称结构的醚由于分子的对称性，无 C—O—C 的对称伸缩振动峰。而芳基烷基醚或乙烯基烷基醚的对称伸缩振动峰出现在 1120～1020cm^{-1} 范围内，峰也强，但比不对称伸缩振动弱一些。环氧乙烷是三元环醚，其三元环醚基的振动吸收有三个峰，其位置在 1260～1240cm^{-1}、950～810cm^{-1} 和 840～750cm^{-1} 处，这三个峰作为三元环醚基存在的标志。醚和环氧化合物的特征频率列于表 7.11 中。

表 7.11　醚和环氧化合物的特征频率

基团		振动类型	吸收位置/cm^{-1}	强度
C—O—C	脂肪族醚和环醚	ν_{as}	1150～1060	vs，宽
	芳香醚和乙烯基醚	ν_{as}	1275～1200	vs
		ν_s	1120～1020	s
		$\nu_{(C-O)}$	1260～1240	m～s
		环振动	950～810	m
		环振动	840～750	m
C—H(氧环)		$\nu_{(C-H)}$	3050～2990	w

4. 羰基化合物

醛、酮、酸、酯、酐、酰卤和酰胺结构中都含有羰基(C═O)。这个特性基团的伸缩振动峰是一个很强的峰，特征性很强，出现在 1900～1550cm^{-1} 区域。化合物类别不同，其特征频率有所不同。具体数据列于表 7.12 中。

表 7.12　羰基化合物的特征频率

基团	振动类型	吸收位置/cm^{-1}	强度
醛 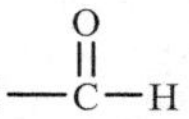	$\nu_{(C=O)}$	1740～1720	s
	$\nu_{(C-H)}$	2900～2700	w，有两峰，在 2820cm^{-1} 和 2720cm^{-1}
酮 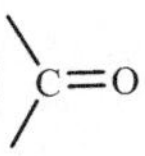	$\nu_{(C=O)}$	1720～1715	vs
酸 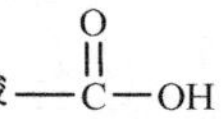	$\nu_{(C=O)}$	1760～1700	s
	$\nu_{(O-H)}$	3300～2500	m，峰很宽
	$\delta_{(O-H)}$	955～915	s
酯 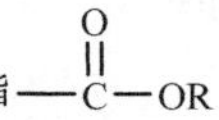	$\nu_{(C=O)}$	1750～1735	s
	$\nu_{as(C-O-C)}$	1300～1150	s
	$\nu_{s(C-O-C)}$	1140～1030	s

续表

基团	振动类型	吸收位置/cm^{-1}	强度
酸酐 $-\overset{O}{\overset{\|}{C}}-O-\overset{O}{\overset{\|}{C}}-$	$\nu_{(C=O)}$	1860～1800	s
		1800～1750	s
	$\nu_{(C-O-C)}$	1170～1050	s
酰卤 $-\overset{O}{\overset{\|}{C}}-X$	$\nu_{(C=O)}$	1800～1735	s
	$\nu_{(C-\overset{O}{\overset{\|}{C}})}$	965～850	s
酰胺 $-\overset{O}{\overset{\|}{C}}-NH_2$	$\nu_{(C=O)}$	1690～1650	s，酰胺Ⅰ带
	$\nu_{(N-H)}$	3500～3050	m
	$\delta_{(N-H)}$	1650～1620	m，酰胺Ⅱ带
	$\nu_{(C-N)}$	～1400	w，酰胺Ⅲ带
	$\gamma_{(N-H)}$	700	酰胺Ⅳ带

5. 有机含氮化合物

有机含氮化合物主要包括胺类和铵盐、硝基化合物和亚硝基化合物、腈和异腈以及异氰酸酯等。

1) 胺类和铵盐

胺类和铵盐的特征吸收主要由 N—H 的伸缩振动、变形振动以及 C—N 的伸缩振动引起，其吸收位置及强度列于表 7.13 中。

表 7.13　胺类和铵盐的红外吸收特征频率

分类	基团	振动类型	吸收位置/cm^{-1}	强度
胺类	伯胺—NH_2(游离)	ν_{as}	3550～3300	m
		ν_s	3450～3250	m
	伯胺—NH_2(缔合)	ν_{as}	3400～3300	m
		ν_s	3300～3250	m
		δ	1640～1560	m～s
		γ	900～650	m，宽
	C—N	$\nu_{(脂肪胺)}$	1240～1020	w～m
		$\nu_{(芳胺)}$	1360～1250	s
	仲胺—NH(游离)	ν	3350～3300	w
	仲胺—NH(缔合)	ν	3460～3420	w
		δ	1650～1550	w
	C—N	ν	1190～1130	m～s
	叔胺 C—N	ν	1380～1040	m～s
铵盐	铵离子 NH_4^+	$\nu_{(N-H)}$	3300～3030	s，宽

续表

分类	基团	振动类型	吸收位置/cm^{-1}	强度
铵盐	伯铵盐 RNH_3^+	$\nu_{(N-H)}$	约 3000	m，宽
		合频振动	约 2500	w，多峰，有时不出现
		δ_{as}	1600～1575	m
		δ_s	约 1500	m
	仲铵盐 $R_2NH_2^+$	$\nu_{(N-H)}$	2700～2250	m～s，宽或较尖峰群
		合频振动	约 2000	w
		δ_{as}	1600～1575	m～s
	叔铵盐 R_3NH^+	$\nu_{(N-H)}$	2700～2350	w～m

2) 硝基化合物和亚硝基化合物

硝基化合物的特征吸收峰主要是不对称和对称伸缩振动引起的两个强峰。

硝基化合物	$\nu_{as(NO_2)}$	1590～1500cm^{-1}	s
	$\nu_{s(NO_2)}$	1390～1250cm^{-1}	s
芳香族硝基化合物还有	$\nu_{(C-N)}$	870cm^{-1}	m
亚硝基化合物	$\nu_{(N=O)}$	1620～1488cm^{-1}	s

3) 腈、异腈和异氰酸酯

其主要特征吸收是在 2300～2100cm^{-1} 区域，具体数据如下：

腈(脂肪)	$\nu_{(C\equiv N)}$	2260～2240cm^{-1}	s
(芳香)		2240～2222cm^{-1}	s，尖锐
异腈	$\nu_{(N\equiv C)}$	2185～2100cm^{-1}	s
异氰酸酯	$\nu_{as(N=C=O)}$	2275～2240cm^{-1}	s，宽峰
	$\nu_{s(N=C=O)}$	1399～1370cm^{-1}	w

7.2.3 红外吸收光谱图的解析

各类化合物的红外吸收特征频率和峰形是直观快速解析光谱图的基础。首先要确定化合物含有什么官能团，这需要看红外光谱图在哪些波段有吸收峰以及峰的宽窄强弱等。一般将谱图分为 4000～1300cm^{-1} 官能团特征频率区和 1300～400cm^{-1} 指纹区。因为官能团的特征吸收大多集中在特征频率区。“指纹区”如同人的指纹，不同化合物的吸收谱线不同，在确定化合物时很有用处。

解析谱图先从特征频率区入手。若在谱图的特征频率区的某些波段出现吸收峰，可以根据吸收峰的位置、峰的强弱以及峰形初步确定可能有些什么基团。对照特征频率表的数据，再在谱图中查找每一个初步确定的基团的其他振动吸收峰(相关峰)是否存在。如果存在，就可确定该基团存在，否则该基团不存在。

总结解析结果，确定存在的基团和基团之间的关系，提出可能的结构，再经过已知化合物的谱图或标准谱图验证。或者通过其他分析数据如物性常数、元素分析以及其他光谱(紫外、核磁共振或质谱等)的分析来验证，或综合分析确定化合物的结构。

例 7.2 一未知物，分子式为 C_7H_9N，红外光谱图如图 7.9 所示，解析其结构。

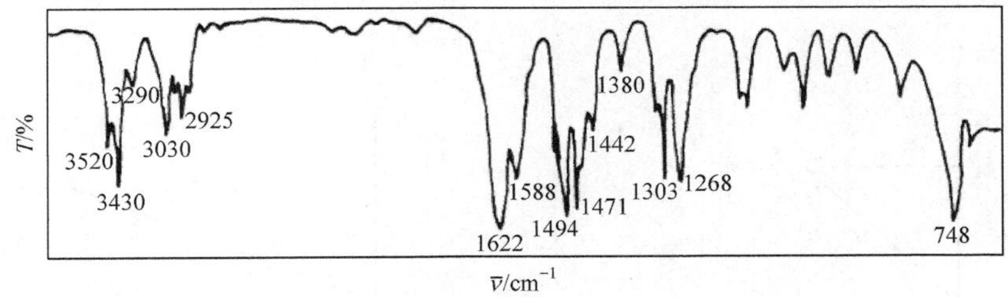

图 7.9　未知物的红外光谱图

解析：根据分子式 C_7H_9N，计算不饱和度为 $n = 1 + 7 + 1/2(1 - 9) = 4$，说明有芳环存在；

$3520cm^{-1}$、$3430cm^{-1}$、$3290cm^{-1}$ 是多个尖锐的峰，为 $\nu_{(N-H)}$，表示有氨基存在；

$1622cm^{-1}$ 是 $\delta_{(N-H)}$，表示是伯胺；

$1268cm^{-1}$ 强峰，是芳胺的 $\nu_{(C-N)}$，即氨基与苯环相连；

$3030cm^{-1}$ 是苯环，C—H 的伸缩振动；

$1588cm^{-1}$、$1494cm^{-1}$、$1471cm^{-1}$ 是苯环的骨架振动；

$748cm^{-1}$ 是苯环，C—H 的面外弯曲振动，芳环上有两个取代基，互在邻位；

$2925cm^{-1}$ 是 $\nu_{(C-H)}$；

$1380cm^{-1}$ 是甲基 $\delta_{(C-H)}$，说明存在甲基。

综合解析结果：此未知物有苯环、—NH_2 和—CH_3，两个基团与苯环相连，邻位取代。此化合物是邻甲苯胺(o-$CH_3C_6H_4NH_2$)，其元素组成 C_7H_9N 与题中的分子式相符。

7.3　核磁共振谱

7.3.1　核磁共振的基本原理

原子核是由带正电荷的质子和中子组成。实验证明，有些原子核有自旋现象。不同的原子核，自旋运动的情况不同，可以用核的自旋量子数 I 来描述。当原子核质量数为奇数时，I 为半整数，如 ^1H、^{13}C、^{19}F、^{29}Si 和 ^{31}P，$I = 1/2$。本章主要讨论 ^1H 核磁共振谱。

自旋不为零的原子核，在无外加磁场的情况下，在空间取向是不规则的。当有外加磁场时，根据空间量子化规则，自旋量子数为 I 的原子核在磁场中只能有 $2I$+1 个取向，可以用自旋磁量子数 m 来表示。每一个取向表示原子核的一个能级。^1H 核 $I = 1/2$，则 $m = \pm1/2$，也就是说 ^1H 核在外加磁场中有两个取向。这两个取向表示两个能级，$m = +1/2$ 时，与磁场方向相同，能量较低，$E = -\mu H_0$；$m = -1/2$ 时，与磁场方向相反，能量较高，$E = \mu H_0$。如图 7.10 和图 7.11 所示，两个能级能量差为

$$\Delta E = 2\mu H_0 \tag{7.5}$$

式中，μ 为磁矩，对于给定类型的核是一个常数；H_0 为外加磁场强度。

在外加磁场中的 ^1H 核要从一个低能级跃迁到高能级必须要吸收两能级差的能量，这能量用电磁辐射来提供，$\Delta E = h\nu$，h 为普朗克常量。也就是说当电磁波的频率满足能量 $h\nu = \Delta E = 2\mu H_0$ 时，就发生低能级的核吸收电磁辐射能量跃迁到高能级。这种现象就是核磁共振(nuclear magnetic resonance，NMR)。

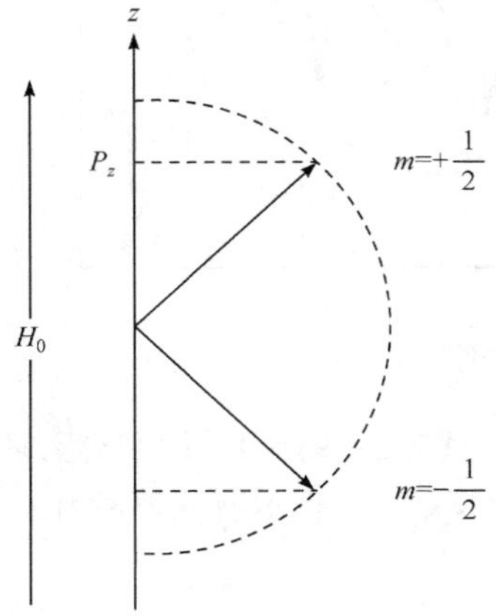

图 7.10　¹H 核在磁场中的取向

P_z是核自旋角动量在磁场方向 z 轴上投影的最大值

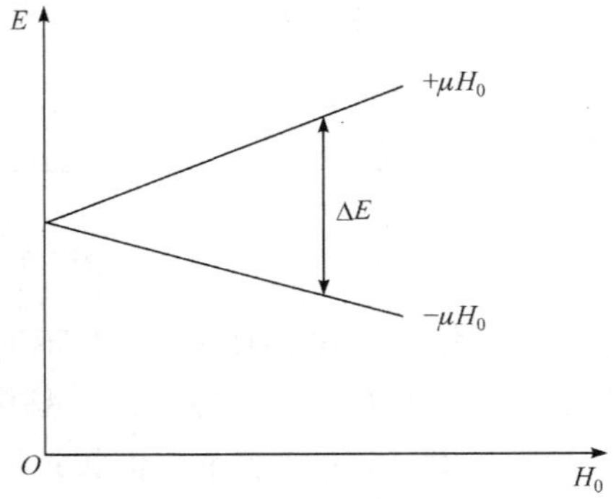

图 7.11　¹H 核的能级图

7.3.2　化学位移与有机化合物结构的关系

1. 化学位移的产生

氢核在 14092G(高斯)的磁场中，将吸收频率为 60MHz(兆赫)的电磁波而产生共振峰。但所有的氢核的共振峰将出现在谱图的同一位置，这对化合物结构的分析无意义。实验发现化合物结构中的氢原子所处的化学环境不同，吸收的频率稍有不同。也就是说，共振条件不同，峰的位置也就不同。峰与峰的差距就是化学位移。差距来源于氢核外围的电子在外加磁场的感应下，产生对抗磁场，这种屏蔽作用使原子核实受磁场稍有降低。

$$H_{实受} = H_0(l - \sigma) \tag{7.6}$$

式中，$H_{实受}$为原子核实受磁场强度；H_0为外加磁场强度；σ为屏蔽常数。

原子核实受磁场降低的程度各不相同，与各种氢核所处的化学环境有关，也就是与化学结构有关。由于频率差异很小，不能精确地测定出绝对值，都以相对值表示。一般以四甲基硅$(CH_3)_4Si$(简称 TMS)作为标准，其峰作为原点，测出各峰与原点之间的相对距离。这些相对距离用式(7.7)表示：

$$\delta = \frac{\nu_{样} - \nu_{标}}{\nu_{仪}} \times 10^6 \tag{7.7}$$

式中，δ 表示化学位移，由于这个数值很小，乘以 10^6 是为了使所得的数值易读。以 ppm 作为化学位移的单位。化学位移也可以用 τ 值来表示：

$$\tau = 10 - \sigma \tag{7.8}$$

$(CH_3)_4Si$ 的屏蔽效应很高，吸收峰的位置在右边。一般化合物中氢核的吸收峰在它的左边。例如，$(CH_3)_4Si$ 的 δ 值作为零，其他氢核的 δ 值都是负值。文献中常将负号省略。当氢核周围的电子云密度大时，屏蔽作用大，化学位移向高场移(向右)。当电子云密度降低时，屏蔽减小，化学位移向低场移(向左)。

10　　　　　　　　0　δ

低场　　　　　　　高场

2. 核磁共振谱

图 7.12 是乙酸乙酯的氢核磁共振谱图。横坐标为 δ 或 τ，表示峰的化学位移；纵坐标为吸收峰的强度，以积分曲线高度表示各峰的峰面积。J 表示偶合常数，单位是 cps(周 · 秒$^{-1}$)或 Hz(赫兹)。

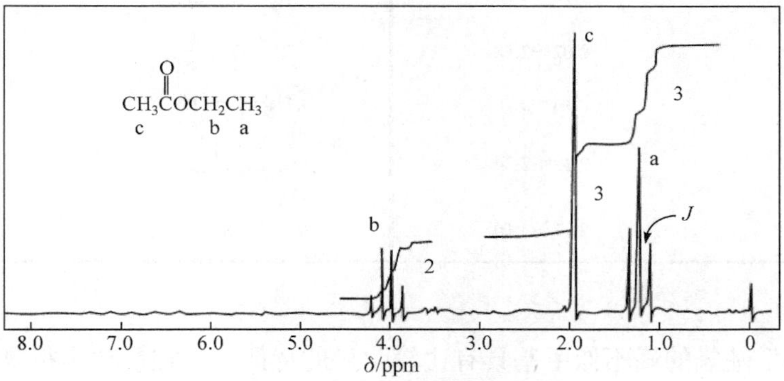

图 7.12　乙酸乙酯的氢核磁共振谱图

3. 溶剂

要得到分辨率高的谱图，对于固体样需要用溶剂溶解。氢核磁共振谱最好选择不含氢的溶剂，以避免溶剂峰的干扰。常用的溶剂有 CCl_4 和重氢溶剂如 D_2O、$CDCl_3$ 等。

4. 各类质子的化学位移

各类质子的化学位移都有一定的范围。化学位移可以确定质子的类型，对推导分子结构十分重要。下面分述几类质子的化学位移。

1) 甲基、甲叉基、甲爪基氢的化学位移

在饱和烃中甲基、甲叉基、甲爪基氢的化学位移范围为 $\delta_{CH_3} \approx 0.9$ppm、$\delta_{CH_2} \approx 1.3$ppm、$\delta_{CH} \approx 1.5$ppm。与各种基团相连的甲基的化学位移简单总结在表 7.14 中。

表 7.14　甲基的化学位移

甲基类型	δ/ppm	甲基类型	δ/ppm
$CH_3—C{<}$ (—)	0.77～0.88	$CH_3—\overset{\vert}{\underset{\vert}{C}}—X^*$	1.49～1.88
$CH_3—\overset{\vert}{\underset{\vert}{C}}—C{<}$ (—)	0.79～1.10	$CH_3—\overset{\vert}{C}{=}C{<}$	1.59～2.14
$CH_3—\overset{\vert}{\underset{\vert}{C}}—N{<}$	0.95～1.23	$CH_3—\overset{\vert}{C}{=}O$	1.95～2.68
$CH_3—\overset{\vert}{\underset{\vert}{C}}—\overset{\vert}{C}{=}O$	1.04～1.23	$CH_3—\overset{O}{\overset{\Vert}{C}}—O—$	1.97～2.11
$CH_3—\overset{\vert}{\underset{\vert}{C}}—Ph$	1.20～1.32	$CH_3—\overset{O}{\overset{\Vert}{C}}—C{<}$ (—)	1.95～2.41
$CH_3—\overset{\vert}{\underset{\vert}{C}}—O—$	0.98～1.44	$CH_3—\overset{O}{\overset{\Vert}{C}}—\overset{\vert}{C}{=}\overset{\vert}{C}—$	2.06～2.31

续表

甲基类型	δ/ppm	甲基类型	δ/ppm
$CH_3-\overset{\vert}{\underset{\vert}{C}}-S-$	1.23～1.53	$CH_3-\overset{O}{\overset{\Vert}{C}}-Ph$	2.45～2.68
$CH_3-C\equiv$	1.83～2.12	$CH_3-\overset{\vert}{N}-\overset{\vert}{C}=O$	2.74～3.05
CH_3-S-	2.02～2.58	$CH_3-O-C\lessgtr$	3.24～3.47
CH_3-Ph	2.14～2.76	CH_3-O-Ph	3.61～3.86
$CH_3-\overset{\vert}{N}-C\lessgtr$	2.12～2.34	$CH_3-O-\overset{\vert}{C}=O$	3.57～3.96
$CH_3-\overset{\vert}{N}-Ph$	2.71～3.10	CH_3X^*	2.16～4.26

* X 代表卤素

甲叉基和甲爪基氢的峰不像甲基具有比较明显的特征，往往呈现出很复杂的峰形，有时甚至和别的峰相互重叠，不易辨认。甲叉基和甲爪基氢的化学位移可参看表 7.15，也可以通过式(7.9)、式(7.10)计算：

$$\delta_{-CH_2-} = 1.25 + \sum\sigma \tag{7.9}$$

$$\delta_{>CH-} = 1.5 + \sum\sigma \tag{7.10}$$

式中，$\sum\sigma$ 是各种取代基对化学位移影响值的总和。各种取代基对化学位移影响的 σ 值列于表 7.16 中。

表 7.15　甲叉基、甲爪基氢的化学位移(±0.3)　　单位：ppm

取代基	—CH₂R	—CHR₂	—C—CH₂R	—C—CHR₂
R—	1.3	1.4	1.3	1.4
—C═C—	1.9	2.2	1.3	1.5
—C≡C—	2.1	2.8	1.5	1.8
R₂N(C═O)—	2.2	2.4	1.5	1.8
RO(C═O)—	2.2	2.5	1.7	1.9
R(C═O)—	2.4	2.6	1.5	2.0
H(C═O)—	2.2	2.4	1.6	
N≡C—	2.4	2.9	1.6	2.0
I—	3.1	4.2	1.8	2.1
R₂N—	2.5	2.9	1.4	1.7
R—S—	2.5	3.0	1.6	1.9
Ph—	2.9	2.9	1.5	1.8
Ph(C═O)—	2.7	3.4	1.6	1.9
Br—	3.3	3.6	1.8	1.9
R(C═O)—NH—	3.2	3.8	1.5	1.8

续表

取代基	$—CH_2R$	$—CHR_2$	$—C—CH_2R$	$—C—CHR_2$
Ph—NH—	3.1	3.6	1.5	1.8
Cl—	3.6	4.0	1.8	2.0
R—O—	3.4	3.6	1.5	1.7
H—O—	3.5	3.9	1.5	1.7
R(C═O)—O—	4.2	5.1	1.6	1.8
Ph—O—	4.0	4.6	1.5	2.0
Ph(C═O)—O—	4.3	5.2	1.7	1.8
F—	4.4	4.8	1.8	1.9
O_2N—	4.4	4.5	2.0	3.0

表 7.16　各种取代基的 σ 值

取代基	σ/ppm	取代基	σ/ppm	取代基	σ/ppm
—R	0.0	—OH	1.7	$—NO_2$	3.0
—C═C—	0.8	—OR	1.5	—SR	1.0
—C≡C—	0.9	—OPh	2.3	—CHO	1.2
—Ph	1.3	—OCOR	2.7	—COR	1.2
—Cl	2.0	—OCOPh	2.9	—COOH	0.8
—Br	1.9	$—NH_2$	1.0	—COOR	0.7
—I	1.4	$—NR_2$	1.0	—CN	1.2

例如，计算 $C_6H_5—CH_2—OH$ 中 $—CH_2—$ 的化学位移：δ=1.25+1.3+1.7=4.25(ppm)(实测 4.41ppm)；计算 $CH_3—CH_2—CH(Cl)—CH_3$ 中 C—H 的化学位移：δ=1.50+0+2.0+0=3.5(ppm)(实测 3.88ppm)。

2) 烯氢的化学位移

烯氢的化学位移值 δ 一般在 4.5～8ppm。非共轭体系烯氢 δ 值在 4.5～5.9ppm。乙烯型烯氢的化学位移可以用式(7.11)计算：

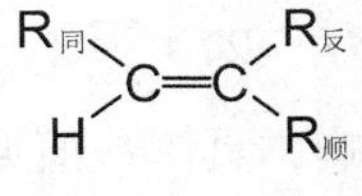

$$\delta_{C═C—H} = 5.28 + Z_{同} + Z_{顺} + Z_{反} \tag{7.11}$$

式中，Z 表示取代基对乙烯氢的影响。Z 的具体数值见表 7.17。

表 7.17　取代基对于烯氢的影响　　单位：ppm

取代基	$Z_{同}$	$Z_{顺}$	$Z_{反}$	取代基	$Z_{同}$	$Z_{顺}$	$Z_{反}$
—H	0	0	0	—COOR	0.84	1.15	0.56
—R	0.44	−0.26	−0.29	—COOR(共轭)	0.68	1.02	0.33
—R(环)	0.71	−0.33	−0.30	—CHO	1.03	0.97	1.21

续表

取代基	$Z_{同}$	$Z_{顺}$	$Z_{反}$	取代基	$Z_{同}$	$Z_{顺}$	$Z_{反}$
—CH_2O—、—CH_2I—	0.67	−0.02	−0.07	—CON<	1.37	0.93	0.35
—CH_2S—	0.53	−0.15	−0.15	—COCl	1.10	1.14	0.99
—CH_2Cl、—CH_2Br	0.72	0.12	0.07	—OR(R 饱和)	1.18	−1.06	−1.28
—CH_2N<	0.66	−0.05	−0.23	—OR(R 共轭)	1.14	−0.65	−1.05
—C≡C—	0.50	0.35	0.10	—OCOR	2.09	−0.40	−0.67
—C≡N	0.23	0.78	0.58	—Ph	1.35	0.37	−0.10
—C═C	0.98	−0.04	−0.21	—Br	1.04	0.40	0.55
—C═C(共轭)	1.26	0.08	−0.01	—Cl	1.00	0.19	0.03
—C═O	1.10	1.13	0.81	—F	1.03	−0.89	−1.19
—C═O(共轭)	1.06	1.01	0.95	—NR_2(R 饱和)	0.69	−1.19	−1.31
—COOH	1.00	1.35	0.74	—NR_2(R 共轭)	2.30	−0.73	−0.81
—COOH(共轭)	0.69	0.97	0.39	—SR	1.00	−0.24	−0.04
				—SO_2—	1.58	1.15	0.95

例 7.3　计算下列化合物中 H_a 和 H_b 的 δ 值。

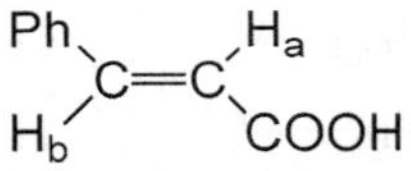

计算　$\delta_{H_a} = 5.28 + 1.00 + 0.37 + 0 = 6.65(\text{ppm})$ (实测 6.64ppm)

$\delta_{H_b} = 5.28 + 1.35 + 1.35 + 0 = 7.98(\text{ppm})$ (实测 7.83ppm)

有的计算误差会大到 0.5ppm，这是结构中共轭链的延长、立体位阻、环张力等因素影响的结果。

3) 芳氢的化学位移

芳氢的化学位移一般出现在 6.5～8.0ppm。芳环上 6 个氢是等价质子，因而峰重叠在一起，是一个单峰。当有取代基存在时，就会影响各个氢的化学位移，使之发生变化。各个氢的化学位移可按式(7.12)计算：

$$\delta = 7.27 + \sum Z \tag{7.12}$$

式中，$\sum Z$ 表示所有取代基对芳氢的影响，具体数值见表 7.18。

表 7.18　取代基对于苯环芳氢的影响　　单位：ppm

取代基	$Z_{邻}$	$Z_{间}$	$Z_{对}$
—NO_2	−0.95	−0.17	−0.33
—CHO	−0.58	−0.21	−0.27
—COCl	−0.83	−0.16	−0.30
—COOH	−0.8	−0.14	−0.20
—$COOCH_3$	−0.74	−0.07	−0.20

续表

取代基	$Z_{邻}$	$Z_{间}$	$Z_{对}$
—$COCH_3$	−0.64	−0.09	−0.30
—CN	−0.27	−0.11	−0.30
—Ph	−0.18	0.00	0.08
—CCl_3	−0.80	−0.20	−0.20
—$CHCl_2$	−0.10	−0.06	−0.10
—CH_2Cl	0.00	−0.01	0.00
—CH_3	0.17	0.09	0.18
—CH_2CH_3	0.15	0.06	0.18
—$CH(CH_3)_2$	0.14	0.09	0.18
—$C(CH_3)_3$	−0.01	0.10	0.24
—CH_2OH	0.10	0.10	0.10
—CH_2NH_2	0.00	0.00	0.00
—CH═CHR	−0.13	−0.03	−0.13
—F	0.30	0.02	0.22
—Cl	−0.02	0.06	0.04
—Br	−0.22	0.13	0.03
—I	−0.40	0.26	0.03
—OCH_3	0.43	0.09	0.37
—$OCOCH_3$	0.21	0.02	
—OH	0.50	0.14	0.40
—OSO_2-C_6H_4Me-*p*	0.26	0.05	
—NH_2	0.75	0.24	0.63
—SCH_3	0.03	0.00	
—$N(CH_3)_2$	0.60	0.10	0.62
—$NHCOCH_3$	−0.31	−0.06	

4) 醛基氢的化学位移

醛基氢受到羰基的去屏蔽作用，化学位移出现在较低场，其范围一般为 9.0～10.5ppm。

5) 活泼氢的化学位移

活泼氢是指—OH、—COOH、—NH_2、—SH 等基团上的氢，它们的化学位移与溶剂、浓度和温度有很大的关系，往往不是固定在一个位置，见表 7.19。

表 7.19　活泼氢的化学位移*(溶剂 CCl_4 或 $CDCl_3$，浓度 5%～10%)

化合物类型	δ/ppm	化合物类型	δ/ppm
醇	0.5～5.5	Ph—SH	3～4

续表

化合物类型	δ/ppm	化合物类型	δ/ppm
酚(分子内缔合)	10.5～16	RSO_3H	11～12
其他酚	4～8	RNH_2,R_2NH	0.4～3.5
烯醇(分子内缔合)	15～19	$PhNH_2$, Ph_2NH, PhNHR	2.9～4.8
羧酸	10～13	$RCONH_2$, $PhCONH_2$	5～6.5
肟	7.4～10.2	RCONHR, PhCONHR	6～8.2
R—SH	0.9～2.5	RCONHPh, PhCONHPh	7.8～9.4

*. 胺类加入三氟乙酸后，会发生较大的左移。

7.3.3　自旋耦合与自旋裂分

1. 自旋耦合与自旋裂分

从图 7.12 乙酸乙酯的 ^{1}H NMR 谱看出，c 甲基为单峰，而 a 甲基有三重峰，b 亚甲基有四重峰，这是由 a 甲基和 b 甲叉基之间的氢核相互干扰引起的，这种相互干扰称自旋耦合。自旋耦合引起谱线增多的现象称自旋裂分。耦合是裂分的原因，裂分是耦合的结果。干扰强度的大小用耦合常数(或裂分常数)J 表示，单位是 cps、c · s^{-1}(周 · 秒$^{-1}$)或 Hz(赫兹)。干扰的大小与外加磁场无关。

2. 自旋裂分的产生

先看乙基(CH_3—CH_2—)中 CH_2 对 CH_3 的影响。^{1}H 核在磁场中的两种取向分别用↑和↓来表示。CH_2 上 2 个氢有 3 种排列方式，产生 3 种局部磁场，使邻近 CH_3 峰裂分为三重峰，其高度为 1 : 2 : 1。

	↑↑		1
CH_2	↑↓	↓↑	2
	↓↓		1

同理，CH_3 的 3 个氢有 4 种排列方式，产生 4 种局部磁场，使邻位 CH_2 峰裂分为四重峰，峰的高度为 1 : 3 : 3 : 1。

	↑↑↑			1
CH_3	↑↑↓	↑↓↑	↓↑↑	3
	↓↓↑	↓↑↓	↑↓↓	3
	↓↓↓			1

由上可见，自旋裂分有一定的规律，如上述甲叉基的邻位是甲基，有 3 个氢，则甲叉基峰裂分为四重峰；甲基邻位是甲叉基，有 2 个氢，则甲基峰裂分为三重峰，这称为 $n+1$ 规律。也就是说：某基团的氢有 n 个氢相邻时，将显示 $n+1$ 个峰。如果相邻的氢处在不同的环境中，如在一种环境有 n 个氢，在另一种环境有 n'个氢，则分别显示$(n+1)$、$(n'+1)$个峰。如果这些不同环境的氢与某基团的氢的偶合常数相同，则可将这些不同环境的氢的总数认作 n，仍然按 $n+1$ 规律计算裂分的峰数目。按 $n+1$ 规律裂分的谱图称为一级谱图。一级谱图各峰的强度比也是有规律的，如表 7.20 所示。

表 7.20　一级谱图中峰数与强度比

相邻核数目	多重峰数	强度比
0	1(s)	1
1	2(d)	1：1
2	3(t)	1：2：1
3	4(q)	1：3：3：1
4	5(quint)	1：4：6：4：1
5	6(sext)	1：5：10：10：5：1
6	7(hept)	1：6：15：20：15：6：1

$n+1$ 规律只有当 $J<\Delta\nu$ 时才能成立。J 和 $\Delta\nu$ 分别为相邻二基团上氢核之间的耦合常数与化学位移差。若 J 和 $\Delta\nu$ 相近到一定程度，或 $J>\Delta\nu$ 时就会出现复杂的峰群谱图，解析就很麻烦，需按自旋系统分类来加以解释。

原子核间的耦合是通过成键电子传递的。上述甲基与甲叉基是通过 3 个键传递的。通过两个键也可以传递。一般相隔 4 个单键的氢，耦合常数基本为零。但也有超过 3 个键的耦合，称远程耦合。

3. 耦合常数与结构的关系

耦合常数与外加磁场无关。与成键类型，如单键、双键、叁键，取代基的电负性和化合物的立体结构等有关。由此可以根据耦合常数的大小来确定被测化合物的分子结构。

1) 同碳氢的耦合常数(简写 $J_{同}$、^2J 或 J_{gem})

同碳氢(H—C—H)两氢核间的键数为 2，两者之间的耦合常数简称同碳耦合常数，一般为负值。

2) 邻位氢的耦合常数($J_{邻}$、J_{vic} 或 ^3J)

饱和化合物相隔三个单键(H—C—C—H)的耦合常数称为邻位氢耦合常数，一般在 0～16Hz。开链脂肪族化合物中由于 C—C 键自由旋转的平均化，^3J 为 7Hz 左右。

3) 远程耦合

分子中超过三个键的 H 核之间的耦合称为远程耦合，多数由 π 电子传递耦合，故远程耦合通常存在于芳环、芳杂环、双键、叁键和环化合物中。远程耦合常数一般较小，为 0～3Hz。

7.3.4　^{1}H 核磁共振谱图的解析

在解析谱图上没有固定不变的步骤，一般解析谱图的思路如下。

看谱图中是否有溶剂峰。根据化学位移，初步确定峰归属于什么基团的氢。从给出的积分曲线，或积分数值来确定各种氢核的数目。根据峰的形状(包括峰的数目，宽与窄)和耦合常数确定基团与基团之间的相互关系。确定是否有活泼氢，可采用重氢交换等方法来辨认。综合以上各步的信息，推断出结构。

例 7.4　一个化合物的分子式为 $C_9H_{12}S$，^{1}H NMR 谱如图 7.13 所示。试推导其结构。

解

峰号	δ	峰重数	相对强度	结构单元
a	1.21	3(t)	3	CH_3
b	2.4	4(q)	2	—CH_2—S—
c	3.6	1(s)	2	—CH_2—
d	7.25	1	5	苯环上的氢

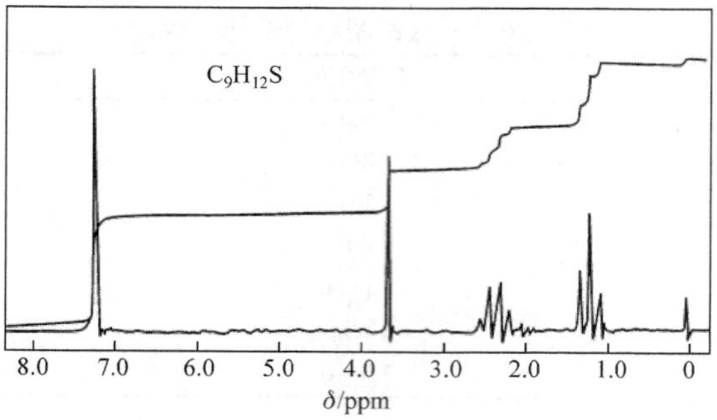

图 7.13

根据谱图解析，得到 a 与 b 质子相互耦合，使 a 质子裂分为三重峰，b 质子裂分为四重峰，故说明 CH_3 与—CH_2—相邻。根据 b 质子的化学位移，查表 7.15，可知—CH_2—与 S 相连。c 的相对强度是 2，说明也是—CH_2—，是单峰，表明邻位上无氢。虽然从表 7.15 查不到它与什么基团相连，但可初步认为它一边与 S 相连，一边与苯环相连。d 是单峰，有 5 个氢，根据化学位移是芳氢的位置，表明是单取代。从以上分析可推出结构式为

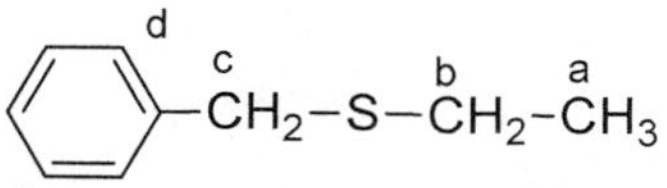

验证　计算 c 质子的化学位移

$$\delta = 1.25 + 1.3 + 1 = 3.55(\text{ppm})$$

从计算的结果可知，3.55ppm 与实际的化学位移 3.6ppm 非常接近，表明推断的结果正确。

这里举的实例是一级图谱，符合 $n+1$ 规律。但有许多图谱属于二级图谱，峰形复杂，裂分峰的数目不服从 $n+1$ 规律，化学位移不一定在裂分峰的中心，解析起来非常复杂。目前也可采用一些适当的方法使谱图简化。一种方法是采用大磁场强度的仪器作图，可使一些二级谱图变成一级谱图。另一种方法是采用一些实验技术，如双照射(去偶)、NOE(nuclear overhauser effect)、位移试剂等。这些方法既能简化谱图，还能提供质子之间相互耦合的情况或空间的构型等，对结构的测定是非常有利的。

7.3.5　核磁共振谱的应用

核磁共振谱的应用广泛，在小分子化合物、金属配合物、大分子化合物、高聚物等方面都有应用，是一个定性、定结构的有力工具。在测定未知复杂结构的化合物中，氢谱可以提供化合物中各种氢核的化学环境和数目，提供化合物中存在的特性基团信息和化合物的构型、构象信息。碳谱可以提供化合物的骨架。它们能提供的各种数据和信息对结构的测定非常有价值。除此之外，核磁共振还用于金属配合物结构的研究、互变异构体的研究、共聚物中组成的测定、反应机理的研究等。

7.4　质　　谱

7.4.1　质谱的形成及其表示方法

质谱(mass spectroscopy，MS)指化合物的分子离子和碎片离子按质荷比值由小到大排列

而成的谱，主要是正离子谱。

质荷比：质量(m)与电荷数(z)之比。用 m/z 表示(曾经用 m/e 表示)，z 通常为 1。

质谱常用的表示方法是棒形图(图 7.14)和数据表(表 7.21)两种。

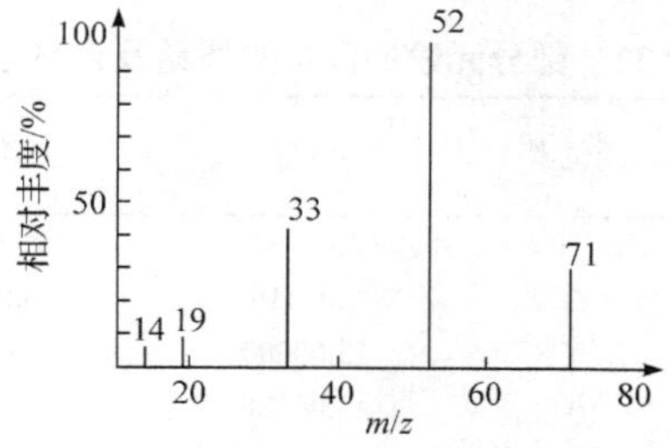

图 7.14　NF_3 的质谱图(棒形图)

表 7.21　NF_3 的质谱(数据表)

m/z	相对丰度	m/z	相对丰度
14	5.2	52	100
19	8.4	53	0.4
33	33	71	30

棒形图：横坐标表示质荷比(m/z)，纵坐标表示离子的丰度，即离子的丰富程度。表示丰度的方法有两种，一种称为相对丰度(relative abundance)，一种称为相对强度(relative intensity)。这两种名称含义都一样，都是将图中的最高峰定为基峰，并将基峰的高度定为 100，其余的峰都以基峰为准，按相对于基峰的百分数来表示。

质谱的形成：化合物的分子或原子在质谱仪器的离子源中生成离子后，聚焦成束，经过质量分析器、检测器以及数据处理系统，即可得到质谱图或数据表。

离子源的种类较多，对有机化合物最基本最主要的是电子轰击型离子源(electron impact ion source，EI 源)。有机化合物在此离子源中除可能得到分子离子外，还能得到许多碎片离子，对解析有机化合物的结构非常有用，标准谱图也积累最多。

7.4.2　质谱中的主要离子类型

在质谱中出现的离子主要有分子离子、同位素离子和碎片离子。

1. 分子离子

有机化合物分子在 EI 源中离子化，首先丢失成键轨道或非成键轨道的一个电子成为带正电荷的离子，称为分子离子。由于分子离子上还有一个未成对的电子，又称奇电子离子，用 $M^{+\cdot}$、$[M]^{+\cdot}$ 或 $M]^{+\cdot}$ 表示。例如：

$$H_3C{:}CH_3 \xrightarrow{-e} H_3C\overset{+}{\cdot}CH_3 \text{ 或 } H_3C\ CH_3]^{+\cdot}$$

$$R{-}\ddot{O}{-}H \xrightarrow{-e} R{-}\overset{+\cdot}{O}{-}H \text{ 或 } R{-}O{-}H]^{+\cdot}$$

多数化合物分子易失去一个电子而带正电荷，因而分子离子的质荷比值就相当于相对分子质量。分子离子在质谱图中相应的峰称为分子离子峰。分子离子峰在质谱图中有的出现，有的不出现，这主要取决于分子离子的稳定性。

2. 同位素离子

组成有机化合物的一些主要元素，如 C、H、N、O、S、Si、Cl 和 Br 等都具有同位素，它们的天然丰度如表 7.22 所示。

表 7.22　部分元素的同位素质量及天然丰度

元素	相对原子质量(平均)	同位素	质量	天然丰度/%	以轻同位素为 100 的相对丰度
H	1.00797	^{1}H	1.00783	99.985	100
		D	2.01410	0.015	0.016
C	12.0115	^{12}C	12.00000	98.89	100
		^{13}C	13.00386	1.108	1.12
N	14.0067	^{14}N	14.0031	99.64	100
		^{15}N	15.0001	0.36	0.38
O	15.9994	^{16}O	15.9949	99.74	100
		^{17}O	16.9991	0.04	0.04
		^{18}O	17.9992	0.20	0.20
Si	28.0086	^{28}Si	27.9769	92.20	100
		^{29}Si	28.9765	4.70	5.10
		^{30}Si	29.9738	3.10	3.35
S	32.064	^{32}S	31.9721	95.06	100
		^{33}S	32.97164	0.66	0.75
		^{34}S	33.96786	4.20	4.40
Cl	35.453	^{35}Cl	34.96885	75.54	100
		^{37}Cl	36.96590	24.6	32.5
Br	79.909	^{79}Br	78.9183	50.57	100
		^{81}Br	80.9163	49.43	98.0

在质谱仪器中出现的离子都是用同位素质量来计算。由于许多元素都具有两个以上的同位素，因而在质谱中出现的分子离子峰和碎片离子峰常伴有比其高 1、2、3、4、…个质量数的同位素峰。例如，甲烷分子中碳有同位素 ^{12}C 和 ^{13}C，氢也有同位素，由于氢的重同位素丰度很小，可以忽略不计，由此在甲烷质谱图的分子离子峰区有 *m/z* 16(*M*)和 *m/z* 17(*M*+1)两个峰，丰度比为 98.9%：1.1%。又如，CH_3Cl 的分子离子峰区会出现 *m/z* 50：*m/z* 52≈3：1 两个峰。若分子中含有两个氯，在分子离子峰区会看到 $M:(M+2):(M+4) = 9:6:1$ 三个峰(M 表示相对分子质量)。不同数目的氯和溴同位素丰度比棒形图如图 7.15 所示。

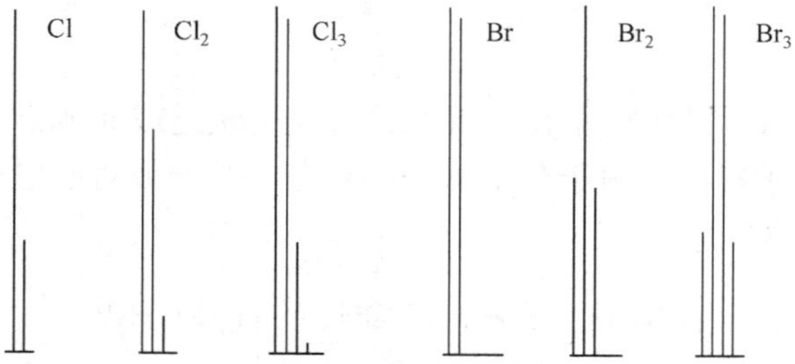

图 7.15　氯和溴同位素丰度比棒形图

3. 碎片离子

在 EI 源中，分子受 70eV 电子轰击之后，生成的分子离子具有宽范围的热力学能值(0～

20eV)，过剩的热力学能会促使部分键发生断裂，形成或多或少的碎片离子。各种碎片离子的形成及丰度大小与结构有很大的关系。碎片离子往往代表分子中不同的部分。若将化合物的碎片离子拼凑起来，就可推测原分子的结构。碎片离子可由分子离子的简单断裂或复杂断裂而来。碎片离子还可以进一步断裂成更小的碎片离子。

(1) 简单断裂，指一个键的断裂。例如，丙烷生成分子离子后会进一步发生 C—C 键的断裂，这种断裂为σ-裂解，生成乙基正离子和甲基自由基，或乙基自由基和甲基正离子：

$$CH_3CH_2\overset{+}{\cdot}CH_4 \xrightarrow{-e} CH_3CH_2^{+} + \cdot CH_3 \text{ 或 } CH_3CH_2\cdot + CH_3^{+}$$

奇电子离子中包含自由基和正电荷，二者均可以诱导键断裂。其中，自由基可诱导邻近 α-原子上的键均裂，称为 α-裂解。而正电荷可诱导邻近化学键异裂，称为 *i*-裂解。用鱼钩线"↼"表示均裂，即成键上两个电子各转向一边。用弯箭头"↱"表示异裂，箭头所指两个电子转向同一边。例如，苯乙酮分子离子的断裂反应，第Ⅰ步是均裂(α-裂解)，得到 m/z 105 正离子，丢失$\cdot CH_3$。第Ⅱ步是异裂(*i*-裂解)，正电荷保留在苯环上得到 m/z 77 正离子，丢失中性分子 CO。

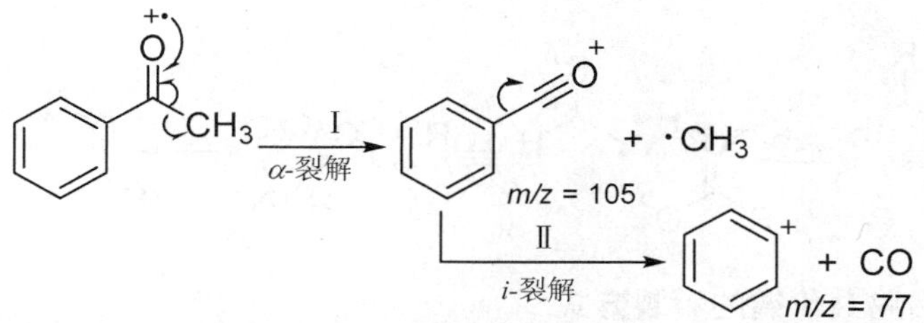

(2) 复杂断裂，指两个键以上的断裂或在断裂的同时发生分子内原子或基团的重排。下述几个典型的反应均为复杂断裂。

a. 脂环族的逆第尔斯-阿尔德(*retro*-Diels-Alder)反应，简称 RDA 反应。

这个反应发生在环己烯环上，两个键断裂，生成共轭二烯离子或单烯离子，丢失中性碎片。反应示例如下：

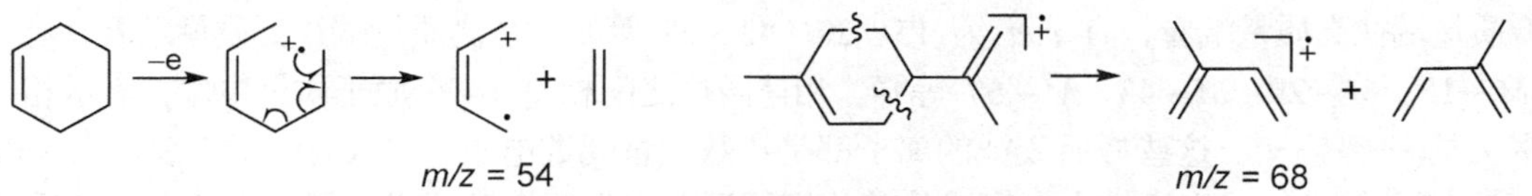

b. 官能团与氢结合的消除反应，反应的结果是丢失中性小分子：

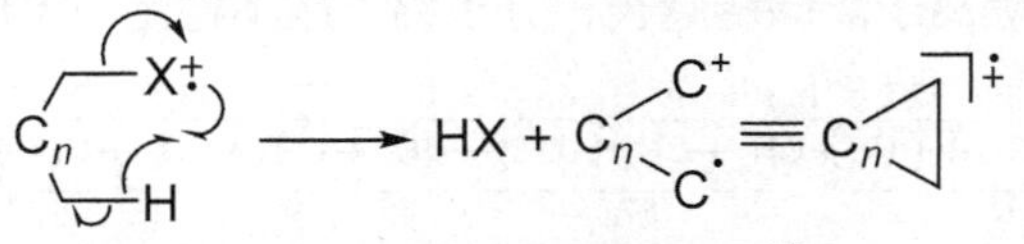

式中，$n = 0, 1, 2, 3, \cdots$；X = F, Cl, Br, I, OH, SH, $OCOCH_3$ 等。

c. 麦氏重排(McLafferty rearrangement)，其反应的通式如下，其中涉及 γ-H 迁移：

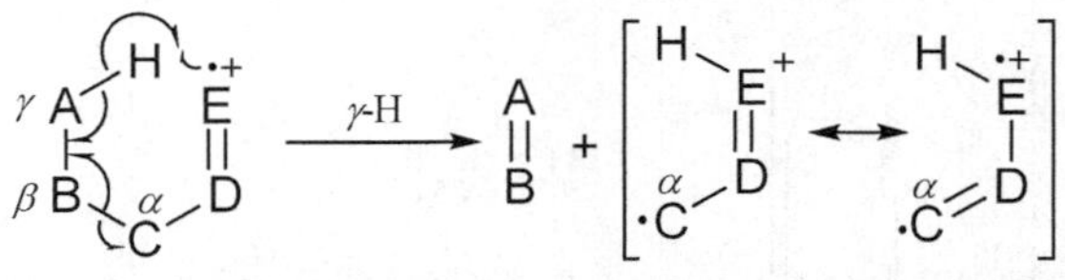

麦氏重排的条件是 E、D 原子间是双键，距离双键的 γ 位上有氢原子。例如：

链烯的麦氏重排

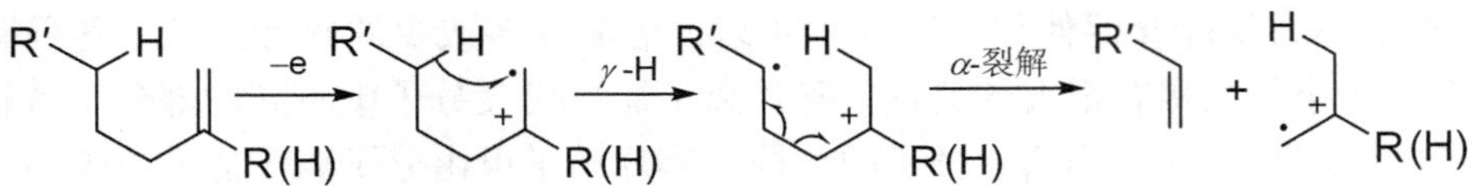

烷基芳基醚麦氏重排

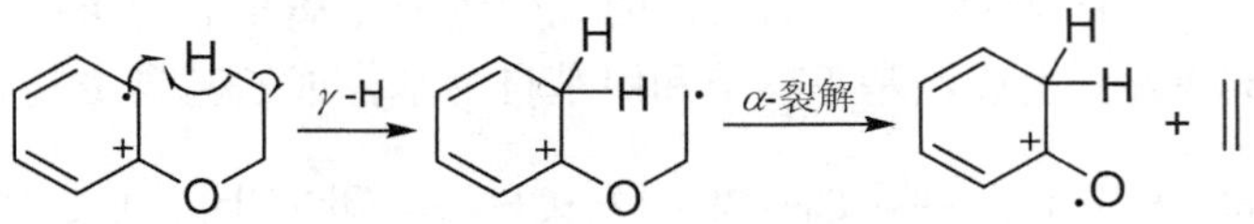

醛和酮的麦氏重排

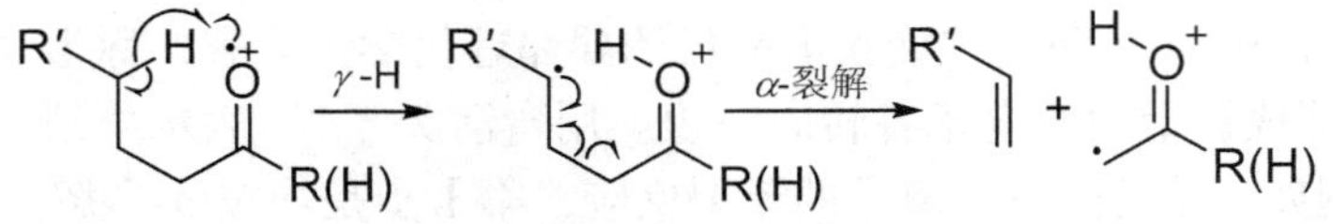

若与 D 相连的两个链都有 γ-H，则能发生两次麦氏重排，第二次重排更容易发生。

d. 二氢重排，即两个氢发生转移的重排，如羧酸酯的重排：

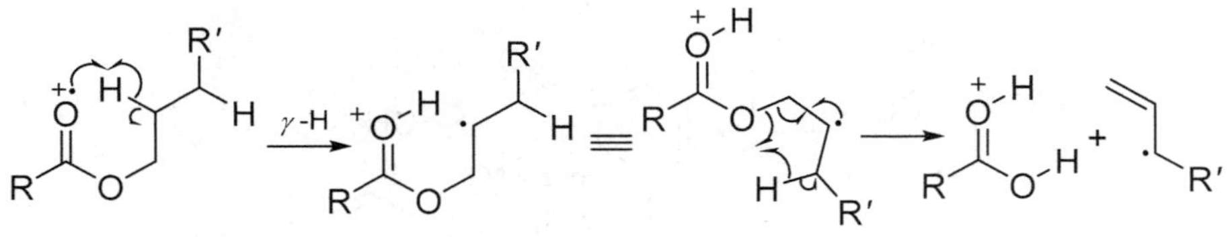

7.4.3 各类有机化合物共价键的断裂方式

1. 烃类

1) 饱和烃

主要是 C—C 键的简单断裂和一些随机重排。

(1) 直链烷烃。以正癸烷为例，各个 C—C 键断裂的机会是相同的。因而从质谱图(图 7.16)的低质量端往高质量端看，有 m/z 为 15、29、43、57 等峰。从高质量端往低质量端看，有 m/z 为 $M-15$、$M-29$、$M-43$、$M-57$ 等峰。相连两峰之间相差 14 个原子质量单位，表示相差 1 个甲叉基(—CH_2—)。这些峰所表征的离子都是奇数质量偶数电子，以 $C_nH_{2n+1}^+$来表示。一般是 C_3～C_6 离子较稳定，丰度较大。生成的碎片离子还会失去两个氢而成烯基，小两个原子质量单位，如 m/z 为 27、41、55 等离子。碳链越长，分子离子越不稳定，丰度越小，甚至不出现。

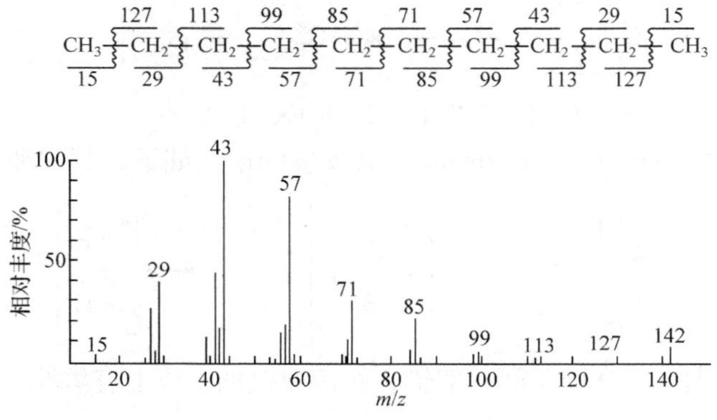

图 7.16 正癸烷的质谱图

(2) 支链烷烃，断裂易发生在支链取代的位置上，优先失去最大烷基。分子离子峰小或不出现。例如，3-乙基己烷的质谱断裂，质谱图如图 7.17 所示。

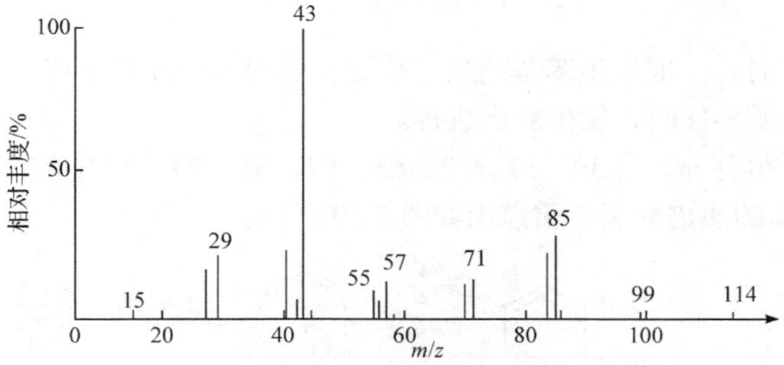

图 7.17　3-乙基己烷的质谱图

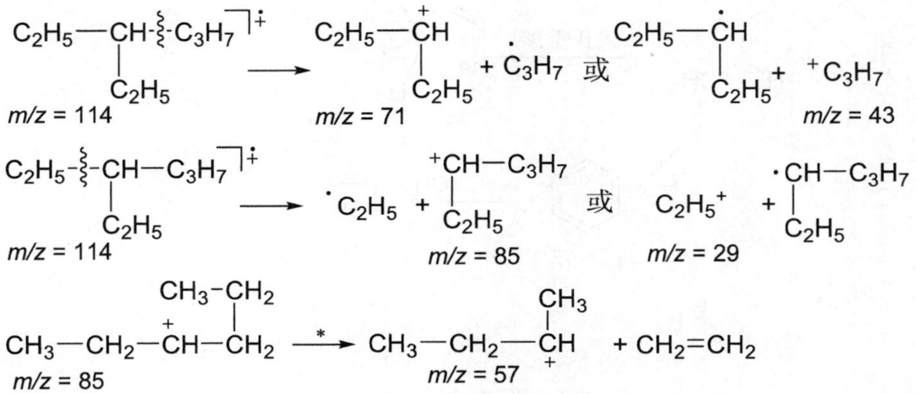

*表示这一步甲基重排反应已被观察到的亚稳峰证明。

2) 环烷烃

对取代环烷烃来说，质谱断裂可发生在环上，也可发生在取代基上。环外有取代基时，环外取代基容易断裂。例如，环己烷的质谱断裂，质谱图如图 7.18 所示。

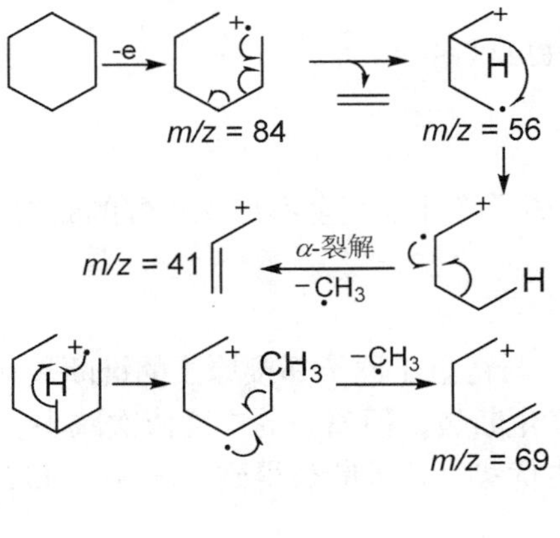

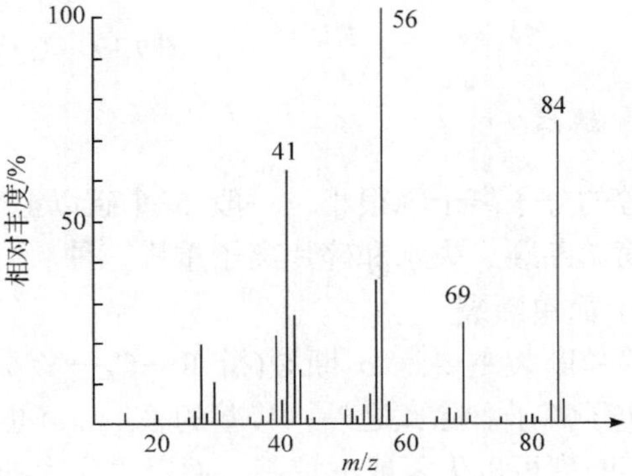

图 7.18　环己烷的质谱图

3) 脂肪族烯烃

(1) 单烯烃。在 70eV 下电离，以 C_nH_{2n-1} 离子占优势。随质量数增加，丰度逐渐衰弱。

(2) 烯丙断裂。在双键的 $^{\beta}$C—C 键发生断裂，生成烯丙基正离子。

(3) 麦氏重排。对双键来说，在离双键位置的 γ 碳上有氢时，则发生麦氏重排。

4) 芳烃

(1) 有烷基取代时，一般发生苯基断裂，得到较强的 m/z 91 离子峰。

(2) 当取代基上有 γ-H 时，发生麦氏重排。

(3) 芳环断裂可得到 m/z 为 39、51、52、63、64、65、74～77 中的部分离子。

例如，正丁基苯的质谱断裂，质谱图如图 7.19 所示。

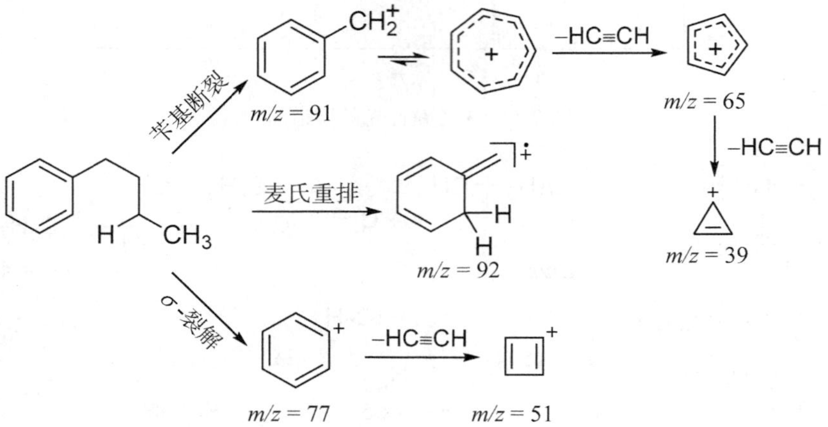

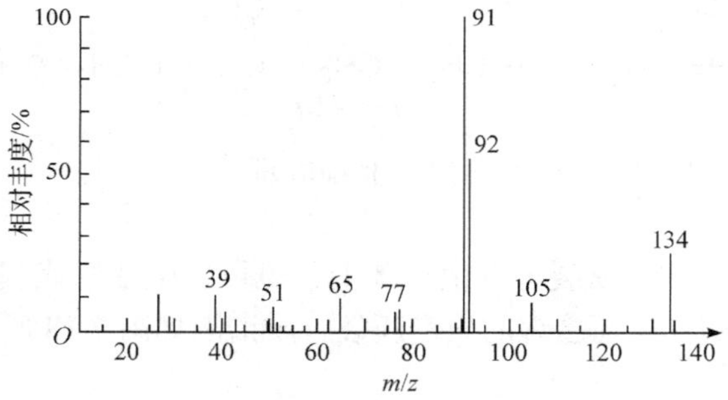

图 7.19　正丁基苯的 EI-MS 图

2. 醇类

醇的分子离子峰很小，一般 5 个碳以上的分子离子峰几乎完全不出现。醇的断裂方式主要有简单断裂、失水和碎片离子重排三种。

1) 简单断裂

简单断裂主要是 α 断裂(指 R—C_α—Y 分子中，与奇电子原子邻接原子的键断裂)，形成偶数电子离子。除此之外，羟基的 β、γ、δ 也可能发生断裂，但离子的丰度依次减小。

α 断裂可以失氢或失烷基，而以丢失大的烷基占优势。这种断裂得到 m/z 31、45、59 等离子。

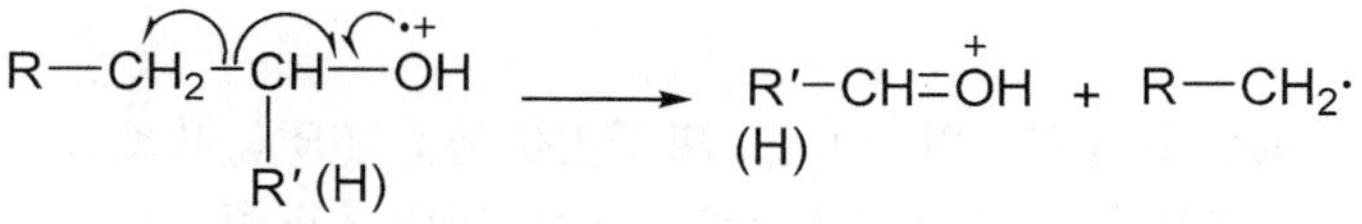

2) 失水

醇分子离子常发生 1,2 或 1,4 消除而失水，在质谱图中出现 $M-18$ 峰。

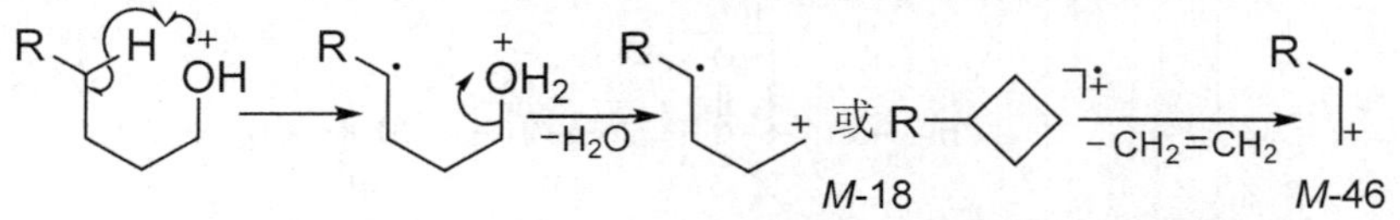

碳链在 4 个碳以上的醇，在失水的同时失去乙烯，得到 $M-46(M-18-28)$峰。例如，戊-2-醇的质谱图如图 7.20 所示。

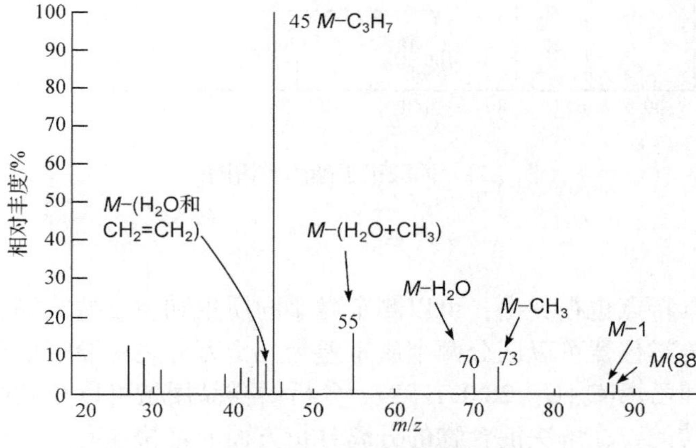

图 7.20　戊-2-醇的质谱图

3) 羧酸酯

(1) α-断裂。

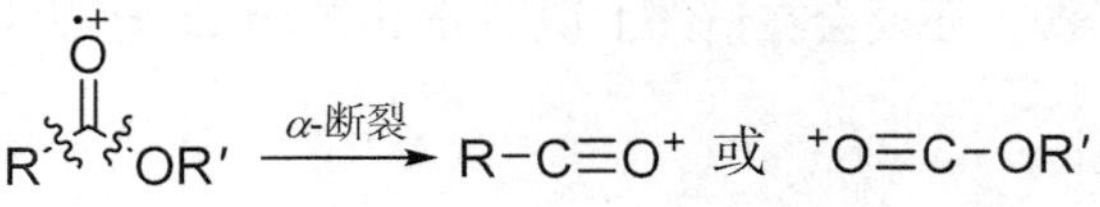

(2) 麦氏重排。

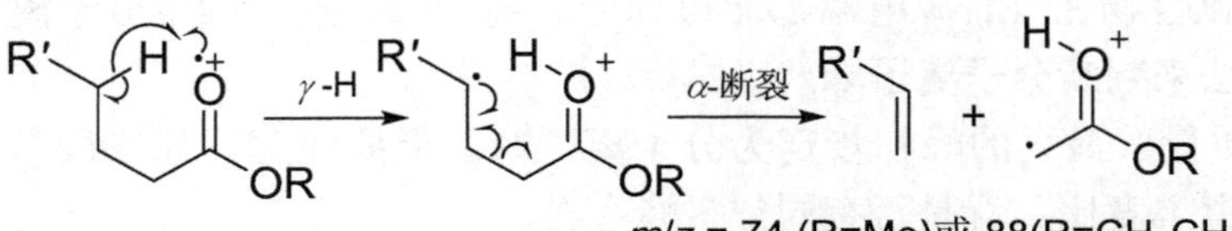

$m/z = 74$ (R=Me)或 88($R=CH_2CH_3$)或102…

(3) 某些酯的二氢重排。

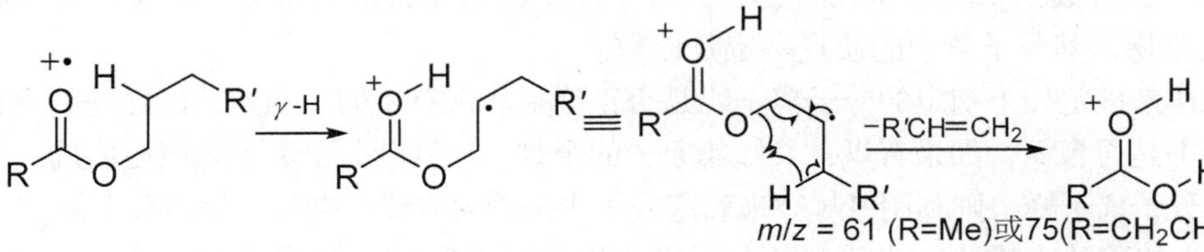

$m/z = 61$ (R=Me)或75($R=CH_2CH_3$)或89…

(4) 失酸，该过程也属于麦氏重排。

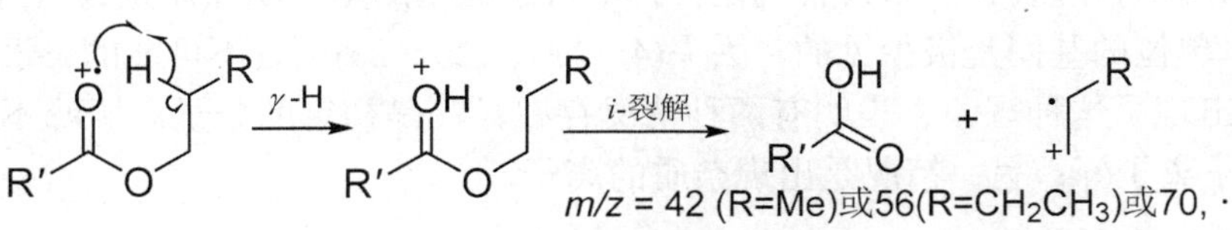

$m/z = 42$ (R=Me)或56($R=CH_2CH_3$)或70, …

例如，丙酸正丁酯的质谱图如图 7.21 所示。

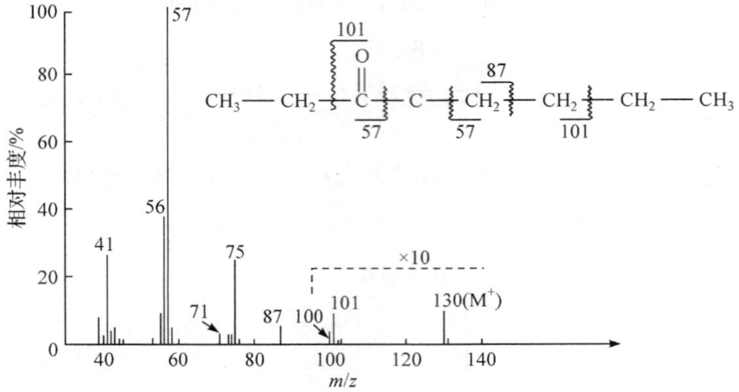

图 7.21　丙酸正丁酯的质谱图

7.4.4　质谱的应用

质谱作为分析工具特点也很突出，可以测定微小的质量和质量差。测定质量的下限是一个原子质量单位，高分辨仪器可以区分两个质量差为几十万分之一原子质量单位的物质，如氮气(N_2：28.006147)和乙烯(C_2H_4：28.031299)。分析时样品用量可以小到微克级。质谱与色谱联机方面也是很成功的，在解决混合物的分离分析方面非常快速有效。由此，质谱的应用面很广，主要是测定化合物的相对分子质量、分子式和分子结构。以下着重介绍化合物相对分子质量的测定。

用质谱仪器测定相对分子质量可以达到既快速又准确，关键是要得到分子离子。这需要根据化合物选择适当的离子源，还要会在谱图上识别分子离子峰。现以如下两种情况进行讨论。

1. EI 源电离

不是所有的有机化合物在 EI 源电离都能得到分子离子峰，这给确定分子离子峰带来了困难。一般按如下方法来判断分子离子峰。

(1) 先将谱图中质量数最大的峰初步定为分子离子峰。但要注意，如果最高质量端有相连的质量数时，要注意丰度比，看是否有同位素峰存在。

(2) 利用氮规律来判断分子离子峰。

氮规律——含奇数个氮的有机化合物，其分子离子的质量必定是奇数。不含氮或含偶数个氮的有机化合物，其分子离子的质量必定是偶数。

利用氮规律来确定如上初定的分子离子峰是否正确是非常有用的。当然，最好先利用其他方法测定分子中是否含氮，如果有氮，又知氮原子的个数，对判断分子离子峰就更准确。某些情况下，已知分子离子峰，则利用氮规律来确定分子中是否含氮或含奇数还是偶数个氮。

(3) 用失去的碎片来检验初步确定的分子离子峰是否正确。一般情况下，$M-(4\sim13)$或$M-(20\sim25)$都属不合理丢失。因为有机化合物中最小的基团是—CH_3(质量为 15)，从分子离子丢失 14 质量单位的基团是极少见的，丢失(4～13)、(20～25)更是不可能的，没有基团等于这些质量。若出现了这种现象，表明有两种情况存在：一是初定的分子离子峰不正确，误将碎片峰当成分子离子峰；另一情况是出现杂质的离子。

(4) 降低电子轰击的能量。一般常用的电子能量是 70eV，为了获得明显的分子离子峰，可采用 7～15eV，以减少分子离子的断裂，增强分子离子的丰度。

2. 采用其他离子源电离

为了直接测定分子离子，采用一些其他的电离源是非常方便的。目前用得较多的电离源有化学电离源(CI)、场解吸源(FD)、快原子轰击源(FAB)等。这些电离源共同的特点是给出的碎片离子峰少，分子离子峰多数以$(M+1)$峰出现，有的还伴有 $M+23(M+\mathrm{Na})$或 $M+39(M+\mathrm{K})$等峰，增强了对分子离子峰的识别。

7.5 X 射线衍射单晶结构分析

7.5.1 固体的分类

固体是物质的一种聚集状态，可分为晶体、非晶体和准晶体三大类。

晶体是组成物质的微观粒子(包括分子、原子、离子等)在三维空间呈有规律的周期性重复排列的固体物质。晶体有固定的熔点，可以使 *X* 射线发生有规律的衍射。常见的晶体有糖、盐、味精、石英、冰、雪花等。

晶体按其结构粒子和作用力的不同可分为四类：离子晶体、原子晶体、分子晶体和金属晶体。为了描述晶体的结构，可以将构成晶体的重复单元当成一个点，再用假想的线段将这些代表粒子的各个点连接起来，就绘成了格架式空间结构。这种用来描述微观粒子在晶体中排列的几何空间格架，称为晶格。由于晶体中微观粒子的排列是有规律的，可以从晶格中取出一个完全能够表达晶格结构的最小平移单元，这个最小平移单元就称为晶胞。许多取向相同的晶胞组成晶粒，一个晶粒就是单晶体，简称单晶。对于单晶，整块晶体由一颗晶粒组成，在不同的方向上有不同的物理性质，如机械强度、导热性、热膨胀、导电性等，称为各向异性。对于多个晶粒，每个晶粒的大小和形状不同，而且取向也是凌乱的，具有各向同性的特点，是多晶体，简称多晶。对于多晶体，整块晶体由大量晶粒组成。

非晶体是组成物质的微观粒子在三维空间的排列没有明显规律的物质。外形为无规则形状，物理性质在各个方向上是相同的，即“各向同性”。非晶体没有固定的熔点，随着温度升高，首先变软，然后由稠逐渐变稀，成为流体，如玻璃、塑料、沥青、松香等。晶体与非晶体之间在一定条件下可以相互转化。

准晶体由大量晶体或晶粒聚集而成，晶体或晶粒本身有规则结构，但它们聚集成多晶固体时的排列方式是无规则的，或非完全有序，也可特殊方向有序。

仅从外观上，用肉眼很难区分晶体、非晶体与准晶体。一种鉴别三类固体最常用的技术是 X 射线衍射技术。

7.5.2 X 射线衍射结构分析

1895 年，德国物理学家伦琴(W. C. Rontgen)在研究阴极射线时发现一种尚未被人所知的新射线，取名为 X 射线。伦琴因此获得了 1901 年诺贝尔物理学奖。X 射线是一种波长很短频率很高的电磁波，波长范围为 0.001～10nm，能穿透一定厚度的物质，并能使荧光物质发光、照相乳胶感光、气体电离。用高能电子束轰击阳极靶材可以产生一系列具有特定波长的

X 射线，与靶中元素相对应，称为该元素的特征(或标识)X 射线。必须注意，X 射线对人体有一定的损害，过量照射后可能造成白细胞数量下降，甚至发生放射性疾病，使用时必须注意安全，做好防护。

考虑到 X 射线的波长和晶体内部晶面之间的间距相近，1912 年德国物理学家劳厄(M. von Laue)提出一个重要的科学预见：晶体可以作为 X 射线的空间衍射光栅，即当一束 *X* 射线通过晶体时，X 射线在晶体中散射，每个原子都产生散射波，这些散射波相互干涉，形成数目很多、波长不变、在空间具有特定方向的衍射。X 射线衍射波叠加的结果使射线的强度在某些方向上加强，而在其他方向上减弱甚至消失。分析在照相底片上得到的衍射花样即衍射方向和强度，便可确定晶体结构。这一预见随即为实验所验证，成为 X 射线衍射学发展的一个重要里程碑。劳厄发现 X 射线通过晶体时产生衍射现象，证明了 X 射线的波动性和晶体内部结构的周期性，提出了计算衍射条件的劳厄方程，获得 1914 年诺贝尔物理学奖。

1913 年，英国物理学家布拉格父子(W. H. Bragg 和 W. L. Bragg)在劳厄研究的基础上，成功测定了 NaCl、KCl 等的晶体结构，并提出了作为晶体衍射基础的著名布拉格方程：$2d\sin\theta = n\lambda$(式中 λ 为 X 射线的波长，n 为任何正整数)。当 X 射线以掠射角 θ(入射线与衍射晶面的夹角)入射到某一点阵晶格间距为 d 的晶面上时，在符合布拉格方程的条件下，将在反射方向上得到因叠加而加强的衍射线。布拉格方程简洁直观地表达了衍射所必须满足的条件，是 X 射线衍射分析的根本依据。布拉格父子于 1915 年获得诺贝尔物理学奖。

对有机化合物的晶体结构测定在 1923 年取得突破，首例被测定晶体结构的有机化合物是六亚甲基四胺。随后，有关有机化合物、金属有机化合物和配位化合物等的晶体结构研究也取得迅速发展，涉及的结构越来越复杂。

由于晶体中微观粒子是周期排列的，晶体衍射 X 射线的衍射方向是与晶体的周期性有关的。测量出 X 射线衍射的方向和衍射的强度，即得到 X 射线衍射图。衍射线在空间分布的方位和强度与晶体结构密切相关，这就是 X 射线衍射结构分析的基本原理。X 射线衍射结构分析是以物理学为理论基础，以计算数学为手段，从原子水平上来研究固体物质的微观结构。X 射线衍射结构分析方法包括单晶结构分析和粉末结构分析，这里简单介绍 X 射线衍射单晶结构分析。

7.5.3 X 射线衍射单晶结构分析的应用

X 射线衍射单晶结构分析包括小分子和生物大分子结构分析两大分支。单晶衍射所用的 X 射线是用高能电子束轰击阳极金属靶材产生 X 射线，金属靶为高纯金属。通常用于单晶衍射的 X 射线由钼靶或铜靶产生，所产生的 X 射线被相应称为钼靶 X 射线或铜靶 X 射线，MoK_α 射线的波长约为 0.071073nm，CuK_α 射线的波长约为 0.15418nm。对于结晶有规律的单晶，其空间中的微观粒子有规律地排布，通过 X 射线晶体衍射可以获得该晶体的 X 射线单晶衍射图。根据晶体学理论对 X 射线单晶衍射图进行结构解析和结构精修，推导出晶体中原子的排列情况，获得晶体的结构信息，如晶胞参数、晶体密度、原子的种类和数目、原子的坐标、键长和键角、构象、氢键、电子密度和分子在三维空间的排列以及分子之间的堆积作用等，便可确定晶体结构，最后绘出分子结构图和晶胞图，就可以将结构完美地表达出来。X 射线单晶衍射结构分析可以提供化合物在固态中所有原子的精确空间位置，从而为化学、材料科学和生命科学等研究提供广泛而重要的信息，包括原子的连接方式、分子的绝对构型与准确的键长和键角等数据，用于分析研究复杂分子的结构和有机物的立体构型，揭示复杂材料、蛋白质和病毒的三维结构。

X 射线衍射单晶结构分析作为一种可以精确测定分子三维空间结构的物理方法，成为认识固体物质微观结构的最强有力手段，是现代化学研究中重要的技术手段之一，广泛应用于物理学、化学、材料科学、生命科学、分子生物学和药学等学科，并对这些学科的发展起着重要的推动作用。到目前为止，已经有多位科学家借助 X 射线衍射单晶结构分析方法开展研究，取得重大研究成果并获得诺贝尔奖。例如，英国结构化学家 D. C. Hodgkin 因测定青霉素和维生素 B_{12} 等重要的生物活性化合物结构而获得 1964 年诺贝尔化学奖；W. N. Lipscomb 因为在硼氢化合物的结构和键合研究中取得突出贡献而获得 1976 年诺贝尔化学奖；D. J. Cram、J. M. Lehn 和 C. J. Pederson 因在超分子化学方面的成就而共同获得 1987 年诺贝尔化学奖。

青霉素(penicillin，盘尼西林)是由青霉菌中提炼出的抗生素，属于 β-内酰胺类化合物，其结构如图 7.22 所示。最早发现的青霉素是苄基青霉素，也称为青霉素 G，青霉素 G 的结构在 1945 年被 D. C. Hodgkin 通过 X 射线晶体衍射法确定。青霉素是一种高效、低毒、临床应用广泛的重要抗生素。青霉素的出现开创了用抗生素治疗疾病的新纪元，其研制成功大大增强了人类抵抗细菌性感染的能力，带动了抗生素家族的诞生。青霉素是很常用的抗菌药品，但每次使用前必须做皮试，以防过敏。

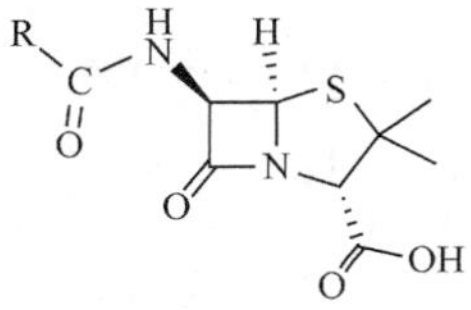
青霉素G:R=PhCH$_2$

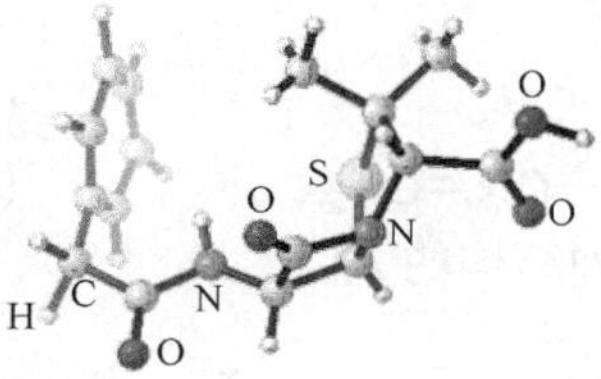

图 7.22　青霉素 G(盘尼西林)的结构

维生素 B_{12} 简写为 VB_{12}，又称为钴胺素(cobalamine)，是一类含有钴的咕啉类化合物总称。它是目前已发现的最大、最复杂的维生素分子，也是唯一含有金属离子的维生素，其结晶为红色，故又称红色维生素。1956 年由 D. C. Hodgkin 等用 X 射线衍射法证明了其晶体结构，即中心咕啉环、中心环轴向 Co β 配基部分及 1 个含有核苷酸环的 Co α 配基。中心咕啉环由相连的 4 个吡咯和 1 个钴原子组成，钴螯合在 4 个吡咯中心。咕啉环轴向上方的配基不同(即 Co 配基不同)，则会产生不同形式的钴胺素类物质。其中，氰基钴胺素、羟基钴胺素、甲基钴胺素和脱氧腺苷钴胺素是 VB_{12} 主要存在形式。其中氰基钴胺素不是 VB_{12} 的天然存在形式，它是在工业提纯时用氰化物取代天然钴胺素而得到的产物，商品形式的 VB_{12} 多为氰基钴胺素，分子式为 $C_{63}H_{88}CoN_{14}O_{14}P$。由于其结构复杂，因此它也是自然界中生物合成途径最烦琐的小分子生物物质。VB_{12} 的结构如图 7.23 所示。

VB_{12} 化学结构的确定，为人工合成奠定了基础。1972 年美国科学家伍德沃德领导 100 多位合作者历时 11 年，共同完成了 VB_{12} 全化学合成工作。伍德沃德参加测定过青霉素、马钱子碱、土霉素和金霉素等有机化合物的结构，并合成了奎宁、胆甾醇、皮质酮、马钱子碱、利血平、叶绿素、四环素、VB_{12} 等结构复杂的有机化合物，这些合成工作代表了当时的最高水平，其中 VB_{12} 的合成是有划时代意义的。伍德沃德因在有机合成方面作出重大贡献而在 1965 年荣获诺贝尔化学奖。

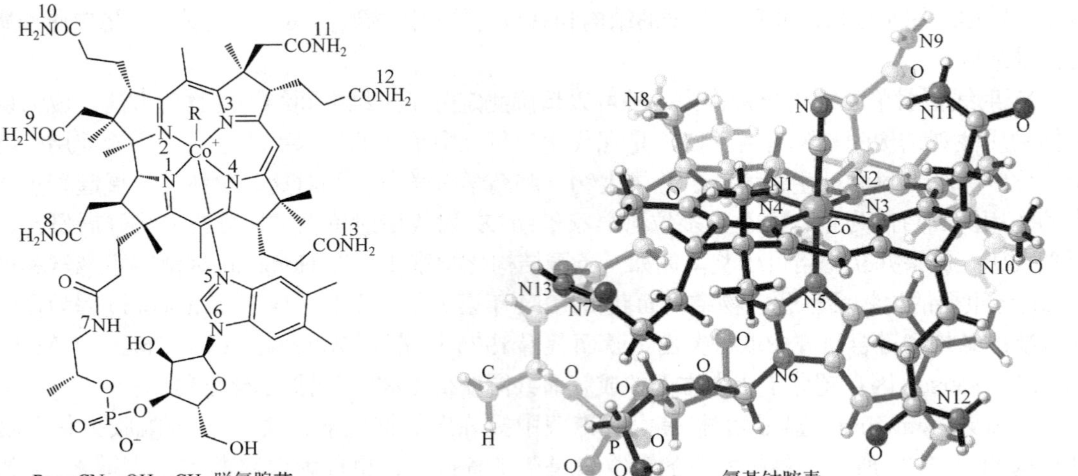

R =−CN, −OH, −CH$_3$,脱氧腺苷　　　　氰基钴胺素

图 7.23　VB$_{12}$的结构

习　　题

7.1　下列化合物除 σ→σ*跃迁外，还有什么跃迁？

(1) $CH_3-\overset{\overset{O}{\|}}{C}-CH_3$　　　　(2) $CH_2=CH-CH_2-CH_2-CH_3$

(3) $(CH_3)_2N-CH=CH_2$　　　　(4) $CH_2=CH-O-CH_3$

7.2　计算下面 4 种结构的 λ_{max}。

(1) 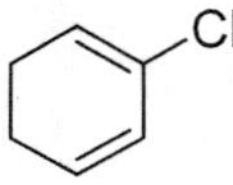　(2) 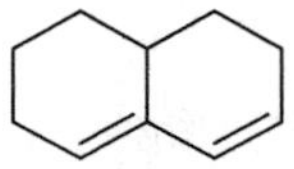　(3) 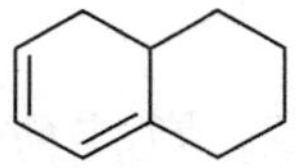　(4) 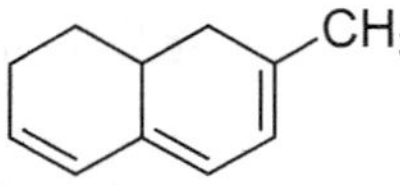

7.3　苯环在紫外光区有哪些吸收带？哪一个吸收带对判断是否是芳香族化合物最有用？

7.4　烷烃的红外光谱中有哪些振动的特征频率？可提供哪些结构信息？

7.5　根据红外光谱图哪些区域的吸收峰能判断可能有双键存在？从哪个区域的吸收峰可判断双键是否在末端？

7.6　在 2000～2400cm^{-1}，有哪些特性基团的特征吸收频率出现？

7.7　图 7.24、图 7.25、图 7.26 和图 7.27 是 4 个化合物的红外谱图，这 4 个化合物是二丁胺、丙酸乙酯、丙酸酐和正癸酸。分别说明各张谱图所对应的化合物，说明依据，以及说明各化合物红外谱图的特征。

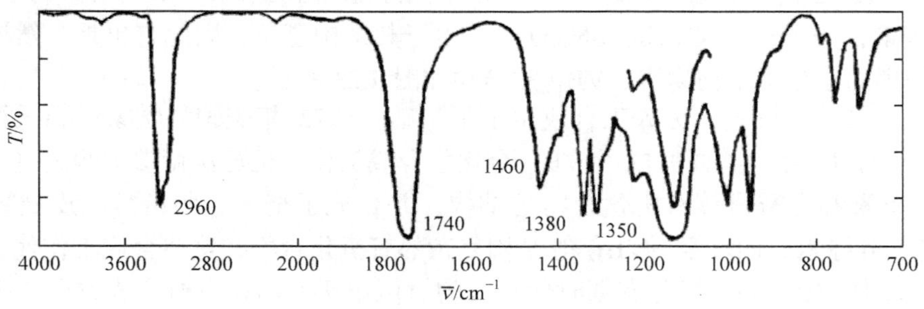

图 7.24

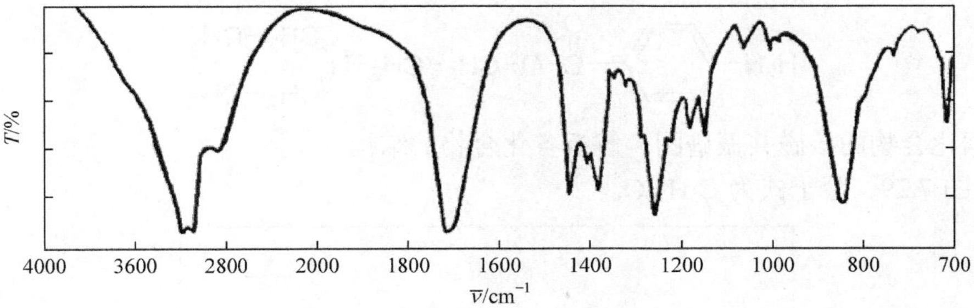

图 7.25

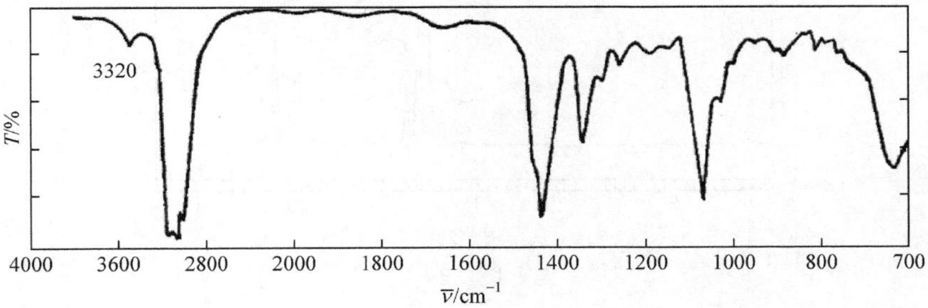

图 7.26

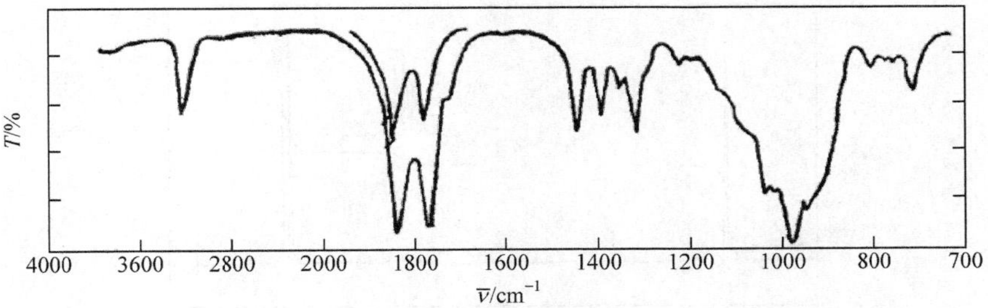

图 7.27

7.8　计算下列化合物中亚甲基和次甲基的化学位移。

(1) $CH_3-CH(OH)-CH_2-NH_2$　　(2) $HO-C(=O)-CH_2-CH_2-CH_2-C(=O)-OH$

7.9　下列化合物的核磁共振谱如图 7.28 所示。利用查表和计算，将化合物各种质子的化学位移与核磁共振谱的数据对应起来。

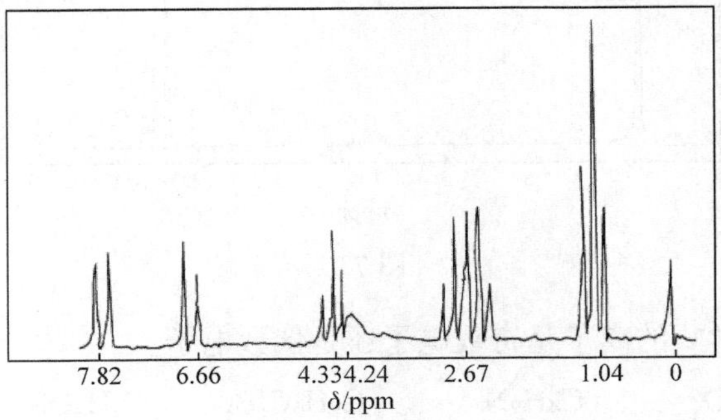

图 7.28

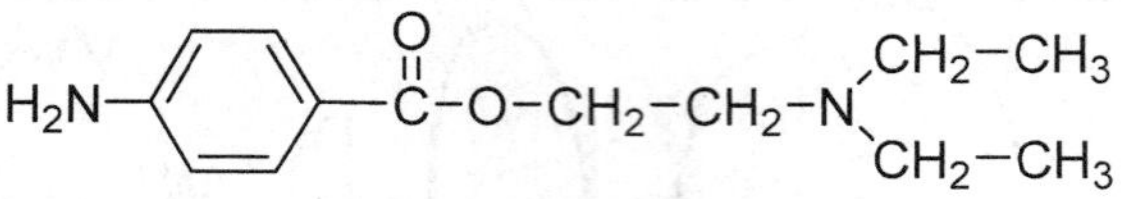

7.10　根据化合物的核磁共振谱图，解析各化合物的结构。

(1) 图 7.29，分子式为 $C_5H_{10}O$。

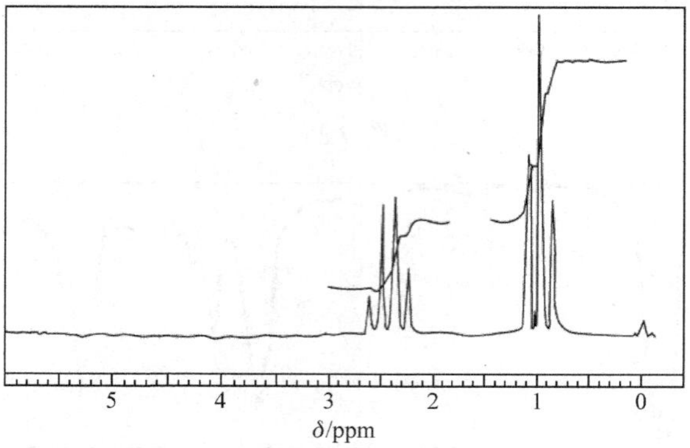

图 7.29

(2) 图 7.30，分子式为 C_9H_{12}。

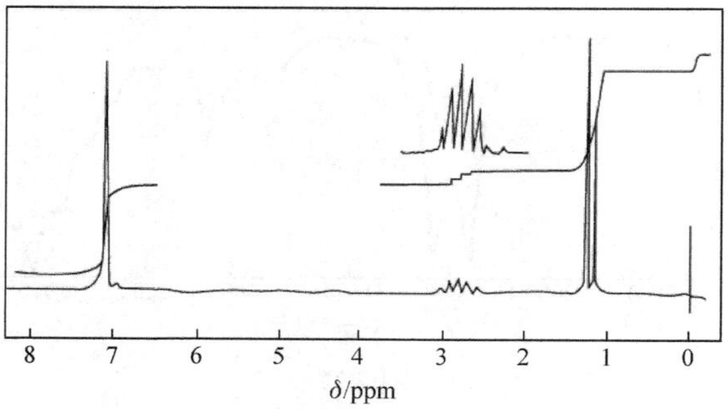

图 7.30

(3) 图 7.31，分子式为 $C_8H_{11}N$。

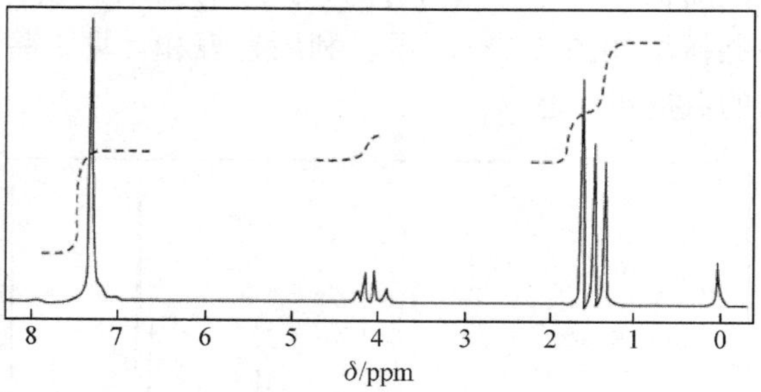

图 7.31

7.11　说明下述这些化学式的离子是奇数电子还是偶数电子。

C_2H_4　　C_2H_7O　　C_4H_9N　　C_7H_5ClBr　　C_6H_4OS　　C_3H_9SiO

7.12　下述这些化学式的离子都在质谱图的高质量端出现，判断哪些是分子离子。

C_6H_7　　C_3H_5O　　C_2H_5F　　$C_{10}H_{15}O$　　$C_3H_4N_2O_2$　　$C_3H_3N_3O_2S$

7.13　下列化合物中，哪些能发生麦氏重排？写出重排过程与产物的 m/z。

(1) 　(2) 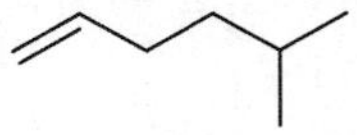　(3) 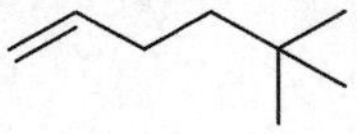

(4) 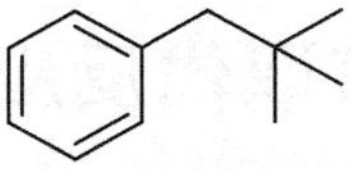　(5) $CH_3-CH_2-CH_2-\overset{O}{\overset{\|}{C}}-O-CH_3$

7.14　推测下述几种化合物中哪些能够发生逆第尔斯-阿尔德型断裂。断裂后的碎片离子具有什么样的 m/z 值？

(1) 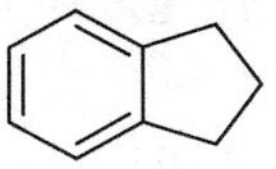　(2) 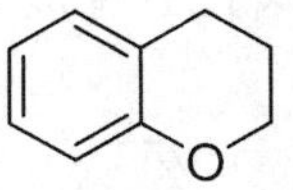　(3) 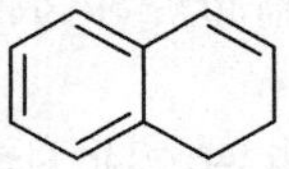

(4) 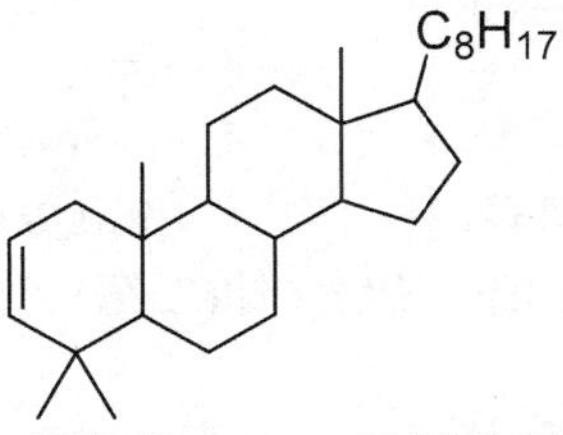

(5) 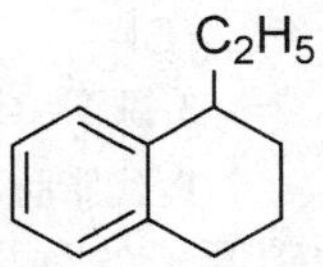

7.15　两个化合物 A、B 是同分异构体，不含氧。根据质谱图 7.32 推测它们的结构。

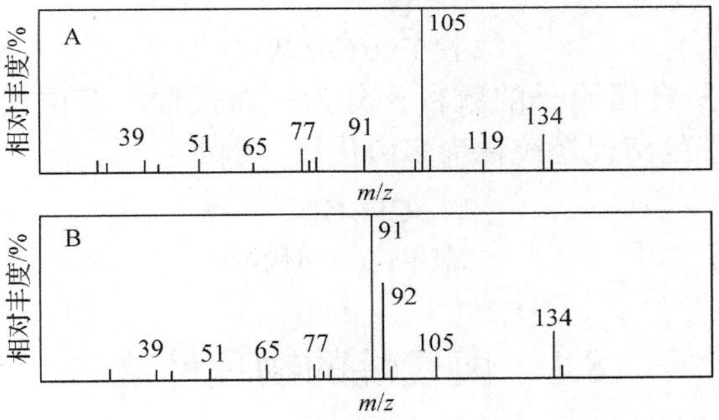

图 7.32

7.16　参照羧酸酯的质谱断裂方式，解释丙酸正丁酯质谱图 7.21 中 m/z 56、m/z 57 和 m/z 75 三个峰的由来并写出断裂反应式。

第 8 章　卤代烃　饱和碳原子上的亲核取代反应

卤代烃是烃分子中氢原子被卤原子取代后生成的化合物。卤代烃可根据分子中卤原子所连接的烃基类型分为卤代脂肪烃和卤代芳香烃。卤代芳香烃分为卤原子连在苯环上和卤原子连在侧链上两类。例如：

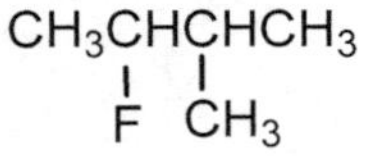

2-氟-3-甲基丁烷

(卤代脂肪烃)

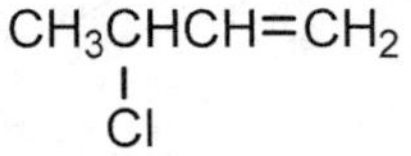

3-氯丁-1-烯

(卤代脂肪烃)

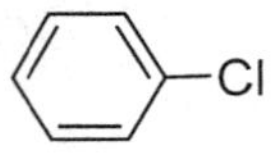

氯苯

(氯代芳香烃)

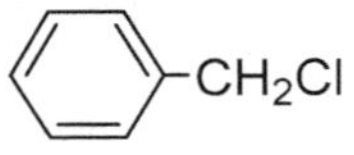

苄基氯

(氯代芳香烃)

根据卤原子所连接的碳原子的种类不同，将卤代烷分为伯(一级)、仲(二级)、叔(三级)卤代烷。例如：

$CH_3CH_2CH_2CH_2I$

1-碘丁烷(伯卤代烷)

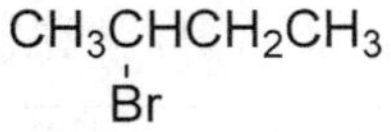

2-溴丁烷(仲卤代烷)

$(CH_3)_3C{-}Br$

2-溴-2-甲基丙烷(叔卤代烷)

根据卤代烃分子中所含卤原子的数目，分为一卤代烃、二卤代烃和三卤代烃，以此类推。含两个及以上卤原子的卤代烃统称为多卤代烃。例如：

CH_3Cl　一氯甲烷(一卤代烃)

CH_2Cl_2　二氯甲烷(二卤代烃)

$CHCl_3$　三氯甲烷(三卤代烃)

8.1　卤代烷的物理性质

一卤代烷是无色物质。常温时氯甲烷、氯乙烷和溴甲烷是气体，其他卤代烷一般为液体，高级卤代烷为固体。卤代烷的沸点随着分子中碳原子数的增加而升高。含有相同烃基的卤代烷，氟代烷的沸点最低，碘代烷的沸点最高。氟代烷和氯代烷相对密度比水小，溴代烷和碘代烷相对密度比水大。卤代烷不溶于水而溶于某些有机溶剂，如汽油、苯、乙醚等。在同系列中，卤代烷的相对密度随着分子中碳原子数的增加而下降，表 8.1 列出一些卤代烷的物理常数。

表 8.1　一些卤代烷的物理常数

RX	氟化物		氯化物		溴化物		碘化物	
	沸点/℃	相对密度(d_4^{20})	沸点/℃	相对密度(d_4^{20})	沸点/℃	相对密度(d_4^{20})	沸点/℃	相对密度(d_4^{20})
CH_3X	−78.4		−24.2		3.6		42.4	2.279
CH_3CH_2X	−37.7		12.3		33.4	1.440	72.3	1.933
$CH_3CH_2CH_2X$	−2.5		46.6	0.890	71.0	1.335	102.5	1.747
$(CH_3)_2CHX$	−9.4		34.8	0.850	59.4	1.310	89.5	1.705
$CH_3(CH_2)_3X$	32.5	0.779	78.4	0.884	101.6	1.276	130.5	1.617
$CH_3CH_2CH(CH_3)X$	25.3	0.766	68.3	0.871	91.2	1.258	120	1.595

续表

RX	氟化物		氯化物		溴化物		碘化物	
	沸点/℃	相对密度 (d_4^{20})	沸点/℃	相对密度 (d_4^{20})	沸点/℃	相对密度 (d_4^{20})	沸点/℃	相对密度 (d_4^{20})
$(CH_3)_2CHCH_2X$	25.1		68.8	0.875	91.4	1.261	121	1.605
$(CH_3)_3CX$	12.1		50.7	0.840	73.1	1.222	100(分解)	—
$CH_3(CH_2)_4X$			108	0.883	130	1.223	157	1.517
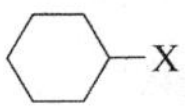			142.5	1.000	165			
CH_2X_2	−52		40	1.336	99	2.49	180(分解)	3.325
CHX_3	−83		61	1.489	150	2.89	升华	4.008
CX_4	−128		77	1.595	189.5	3.42	升华	4.32

8.2　卤代烃的化学性质

烷烃分子中氢原子被卤原子取代后的化合物称为卤代烷，简称卤烷。卤烷是一类很重要的、比较活泼的有机化合物。卤原子是卤烷的官能团。由于卤原子的电负性比碳原子大，所以 C—X 键的一对电子偏向卤原子，使卤原子带部分负电荷，碳原子带部分正电荷。

卤烷的化学性质主要表现在卤原子上。①取代反应：带有负电荷的离子或带有孤对电子的分子取代卤烷分子中的卤素，结果得到亲核取代反应的产物。②消除反应：卤烷中卤素和 β-C 上的氢消去一分子 HX，生成烯烃。③卤烷中的卤素被还原生成烷烃。④卤烷与活泼金属镁、锂或钠等反应，生成金属有机化合物。下面分别讨论这些反应。

8.2.1　取代反应

在一定条件下，卤代烷分子中的卤原子被其他原子或基团取代，生成取代产物。

1. 水解反应

卤代烷与水作用，卤原子被羟基(—OH)取代生成醇，该反应称为卤代烷的水解反应。

$$RCH_2-X + H-OH \longrightarrow RCH_2-OH + HX$$

在一般情况下，伯卤代烷水解反应进行得很慢，通常是将伯卤代烷与碱(如氢氧化钠)的水溶液共热进行反应。例如：

$$C_5H_{11}Cl + NaOH \xrightarrow[\text{回流}]{H_2O} C_5H_{11}OH + NaCl$$

这是工业上生产戊醇的方法之一。混合戊醇用作溶剂。

伯卤代烷容易进行水解反应。叔卤代烷在碱性溶液中发生消除反应生成烯烃，而不是取代产物醇。

$$R-CH_2-Cl + NaOH \xrightarrow{H_2O} R-CH_2-OH + NaCl$$

$$(CH_3)_3C{-}Cl + NaOH \xrightarrow{H_2O} (CH_3)_2C{=}CH_2 + NaCl$$

2. 醇解反应

伯卤代烷与醇钠的醇溶液共热反应，卤原子被烷氧基(RO—)取代生成醚，称为卤代烷的醇解反应。这个反应称为威廉逊(Williamson)合成法，是制备不对称醚最常用的一种方法。

$$R{-}X + Na\ddot{O}R' \xrightarrow{HOR'} R{-}O{-}R' + NaX$$

$$CH_3CH_2Br + NaOCH(CH_3)CH_2CH_3 \xrightarrow{CH_3CH(OH)CH_2CH_3} CH_3CH_2OCH(CH_3)CH_2CH_3 + NaBr$$

这个反应中用的卤代烷是伯卤代烷。如果用叔卤代烷和醇钠作用，则主要发生消除反应得到烯烃。

3. 氨(胺)解反应

伯卤代烷与氨溶液共热生成胺的反应，称为卤代烷的氨解反应。氨溶液要过量，以减少生成的胺进一步与卤代烷反应。

$$R{-}X + H{-}\ddot{N}H_2(\text{过量}) \longrightarrow R{-}NH_2 + HX \longrightarrow R\overset{+}{N}H_3X^- \xrightarrow{NaOH} R{-}NH_2$$

这个反应可以用于制备伯胺。

伯胺还可以与卤代烷反应，卤素被烷氨基取代得到仲胺。仲胺与卤代烷继续反应得到叔胺。

$$R{-}X + R{-}NH_2 \longrightarrow R{-}NH{-}R + HX$$

$$R{-}X + R{-}NH{-}R \longrightarrow R{-}NR_2 + HX$$

叔胺还可以与卤代烷反应得到季铵盐。

$$R{-}X + R_3N \longrightarrow R_4\overset{+}{N}X^- \quad \text{季铵盐}$$

4. 氰解反应

伯卤代烷与氰化钠或氰化钾的醇溶液一起加热回流，生成腈。此反应称为氰解反应。

$$R{-}X + NaCN \xrightarrow{\text{醇}} R{-}CN + NaX$$

这个反应使分子中增加了一个碳原子，在有机合成中用来增长碳链。另外，氰基是重要的官能团，可转化为氨基或羧基等。

$$CH_3CH_2Br + NaCN \xrightarrow{\text{醇}} CH_3CH_2CN \begin{cases} \xrightarrow{H_2O,\ H^+} CH_3CH_2COOH \\ \xrightarrow{H_2,\ Pt} CH_3CH_2CH_2NH_2 \end{cases}$$

以上 4 种反应，可以看作水、醇、氨和氰化氢分子中氢原子被烷基取代，称为烷基化反应，所以卤代烷常作为烷基化试剂。

5. 与硝酸银醇溶液的反应

卤代烷和硝酸银的醇溶液作用，可得硝酸酯和卤化银沉淀。

$$R-X + AgNO_3 \xrightarrow{\text{醇}} RONO_2 + AgX\downarrow \ (X=Cl, Br, I)$$

卤代烷与硝酸银反应的活性顺序如下：

$$RI > RBr > RCl$$

叔卤代烷 ＞ 仲卤代烷 ＞ 伯卤代烷

叔卤代烷生成 AgX 沉淀的速率最快，伯卤代烷最慢常需要加热。此反应可用于卤代烷的分析鉴定。

6. 卤代烷与碘化钠的丙酮溶液反应

在丙酮溶液中，氯代烷、溴代烷分别为碘化钠反应，生成碘代烷。反应式如下：

$$R-X + NaI \xrightarrow{\text{丙酮}} R-I + NaX\downarrow \ (X=Cl, Br)$$

NaI 溶于丙酮，而 NaCl、NaBr 不溶于丙酮，所以此反应用于实验室制备碘代烷、检验氯代烷和溴代烷。

卤代烷(RCl 和 RBr)的活性顺序为

伯卤代烷 ＞ 仲卤代烷 ＞ 叔卤代烷

8.2.2　消除反应

1. 脱卤化氢

卤代烷与浓氢氧化钾的乙醇溶液共热时，主要产物不是醇，而是卤代烷脱去一分子卤化氢生成不饱和烃的消除反应。消除反应用 E 表示。

$$\underset{\text{H}}{\text{R}-\underset{|}{\text{CH}}}-\underset{\text{X}}{\underset{|}{\text{CH}_2}} + KOH \xrightarrow[\triangle]{\text{醇}} RCH=CH_2 + KX + H_2O$$

在碱的作用下，卤代烷易于消除 β-H 和卤原子，这种消除又称 β-消除反应。这种消除反应在有机合成上常作为在分子中引入不饱和键的方法。不同的卤代烷在相同的反应条件下发生消除反应的活性不同。例如：

$$(CH_3)_2CH-CH_2Br \xrightarrow[C_2H_5OH,\ 55℃]{C_2H_5ONa} \underset{62\%}{(CH_3)_2C=CH_2} + \underset{38\%}{(CH_3)_2CHCH_2OC_2H_5}$$

$$(CH_3)_2CHBr \xrightarrow[C_2H_5OH,\ 55℃]{C_2H_5ONa} \underset{80\%}{CH_3CH=CH_2} + \underset{20\%}{(CH_3)_2CHOC_2H_5}$$

$$(CH_3)_3CBr \xrightarrow[C_2H_5OH,\ 55℃]{C_2H_5ONa} \underset{98\%}{(CH_3)_2C=CH_2} + \underset{2\%}{(CH_3)_3COC_2H_5}$$

卤代烷消除 HX 生成烯烃的反应活性次序如下：

叔卤代烷 ＞ 仲卤代烷 ＞ 伯卤代烷；　　$RI > RBr > RCl > RF$

含有两个 β-H 的卤代烷进行消除反应脱去卤化氢时，将脱去哪一边的氢原子呢？实验证明：卤代烷在消除卤化氢时，氢原子主要是从含氢较少的 β-C 上脱去。这个规则称为札依采夫(Zaitsev)规则，符合札依采夫规则的消除反应称为札依采夫消除。例如：

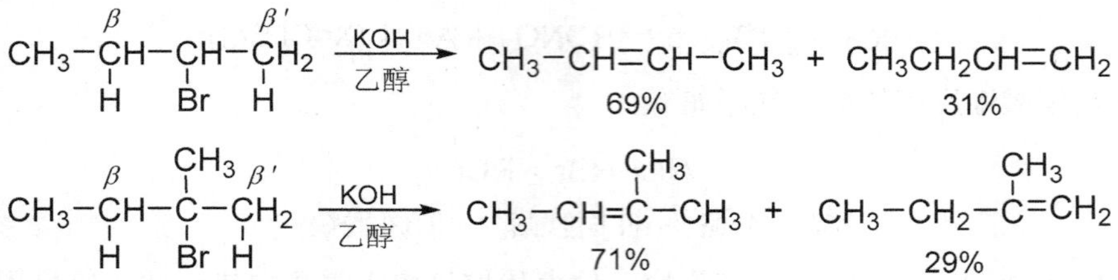

从产物结构上看，双键碳上连有较多烷基的烯烃占主导地位，因为这样的烯烃较稳定(从σ-π超共轭解释)。总之，消除反应倾向于生成更稳定的烯烃。例如：

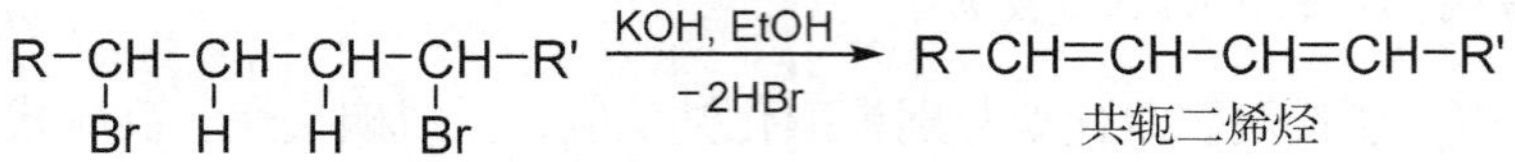

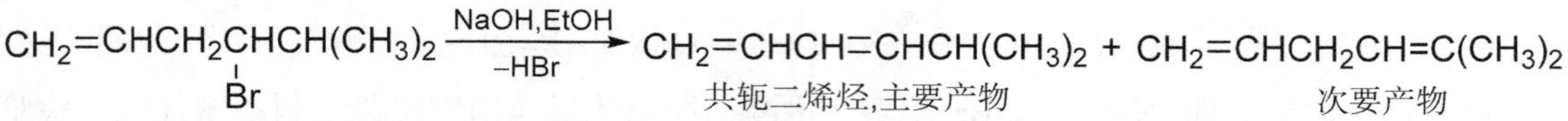

另外，邻二卤代烷或同碳二卤代烷(偕二卤代烷)脱去 2 分子 HX 可得炔烃。

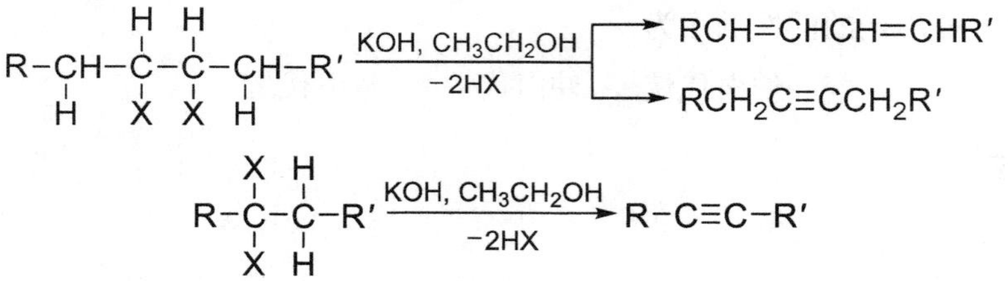

氟代烷在消除氟化氢时，氢原子主要是从含氢较多的 β-C 上脱去，得到烷基取代少的烯烃，称为霍夫曼(Hofmann)消除。例如：

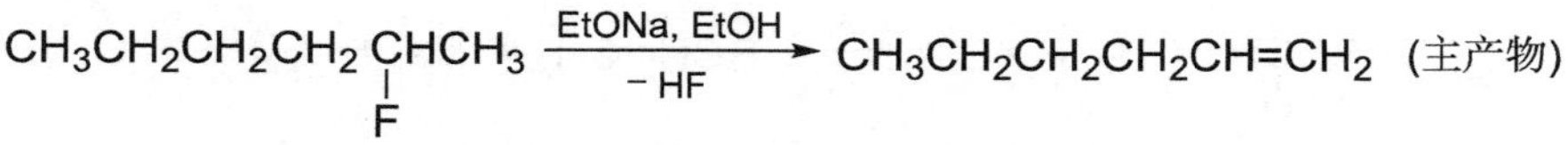

在大多数情况下，卤代烷的消除反应常和取代反应同时进行，而且相互竞争，究竟哪一种反应占优势，则与分子结构和反应条件有关。通常伯卤代烷与稀的氢氧化钠水溶液共热时主要发生取代反应，而与浓的氢氧化钾乙醇溶液共热时主要发生消除反应。叔卤代烷通常发生的是消除反应。

2. 脱卤素

邻二卤代烷除了能发生脱卤化氢反应生成炔烃或较稳定的共轭二烯烃外，在锌粉(或镍粉)的存在下，也能脱去卤素生成烯烃。

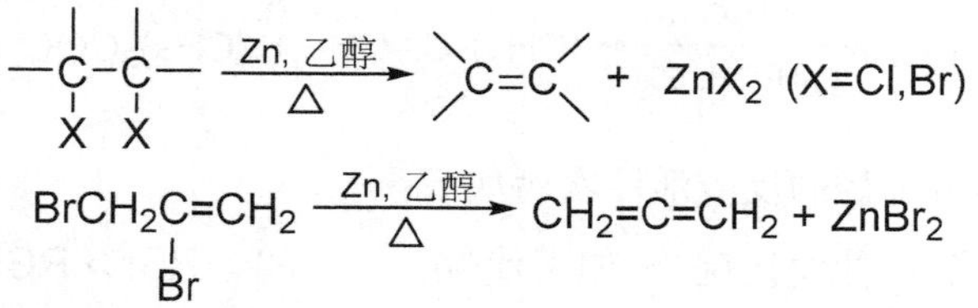

脱卤素反应常用于分离和提纯烯烃。

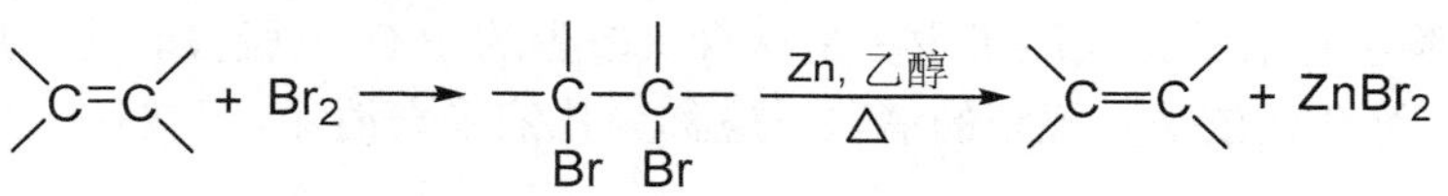

脱卤素反应还可以用于环状化合物的合成。例如：

8.2.3　与金属的反应

卤代烃可以和一些金属元素(Li、Na、K、Mg、Zn、Cd、Al、Hg 等)作用，生成由金属原子与碳原子直接相连的化合物，称为金属有机化合物。

$$R{-}X + 2Li \longrightarrow RLi + LiX \qquad R{-}X + Mg \longrightarrow R{-}Mg{-}X$$

金属有机化合物的结构特点是在分子中存在碳金属键。碳金属键的性质变化范围很广，可以从离子键到共价键。例如，碳钠键和碳钾键基本上是离子型的，碳铅、碳锡、碳汞键是共价键型的，碳镁、碳锂键则是处在两者之间。

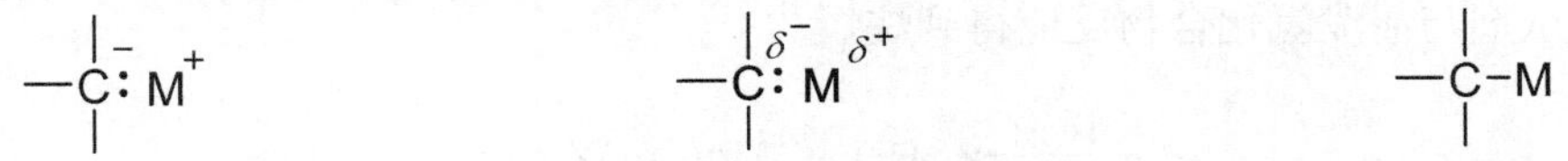

(M: Na, K)　　(M: Mg, Li, Al)　　(M: Pb, Sn, Hg)

在金属有机化合物中，有机钠、有机钾非常活泼，在空气中立即燃烧爆炸；有机铅、锡、汞等在空气中较稳定。有机锂、有机镁和有机铝最为重要。它们的碳金属键具有较大的离子性(R—Li、R—MgX)，所发生的反应实质是碳负离子(R^-)的反应。R^-既是强碱，又是很强的亲核试剂，在有机合成中有广泛的应用。

1. 与镁反应——格利雅(Grignard)试剂的生成

卤代烃与金属镁在干醚(无水、无醇的醚)中反应，生成卤化烃基镁，又称格利雅(Grignard)试剂(也称格氏试剂)，用 RMgX 表示。

$$RX + Mg \xrightarrow{\text{干醚,隔绝空气}} RMgX$$

格利雅试剂在有机合成中具有广泛的应用，对有机化学的发展产生了重要的影响。格利雅因此获得 1912 年诺贝尔化学奖。

乙醚是此反应常用的溶剂，此外，四氢呋喃和其他醚均可用作溶剂。格利雅试剂溶于醚中，不需要分离即可直接用于各种合成反应。格利雅试剂与乙醚络合物形成稳定的溶剂化物：

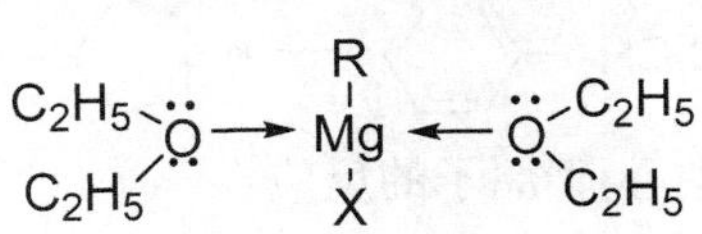

卤代烃与镁的反应活性：

苯甲型卤代烃、烯丙型卤代烃 > 卤代烷 > 苯型卤代烃、乙烯型卤代烃

$$RI > RBr > RCl >> RF$$

由于氯代烃活性较小，碘代烃比较贵，故实验室中常用溴代烃。例如：

$$CH_3I + Mg \xrightarrow{\text{干醚}} CH_3MgI \quad (95\%) \quad \text{碘化甲基镁}$$

$$CH_3CH_2Br + Mg \xrightarrow{\text{干醚}} CH_3CH_2MgBr \quad (97\%) \quad \text{溴化乙基镁}$$

$$(CH_3)_3CCl + Mg \xrightarrow{\text{干醚}} (CH_3)_3CMgCl\ (80\%)$$ 氯化叔丁基镁

合成烯丙基型和苄基型格氏试剂需较低的温度，因为这类卤代烃非常活泼，温度稍高，一旦有格氏试剂生成，就会与尚未反应的卤代烃发生偶联，因此在合成时要严格控制反应温度。但在合成乙烯型和苯甲型的格氏试剂时，要在较高的温度下进行，可用丁醚、戊醚或四氢呋喃(THF)代替乙醚：

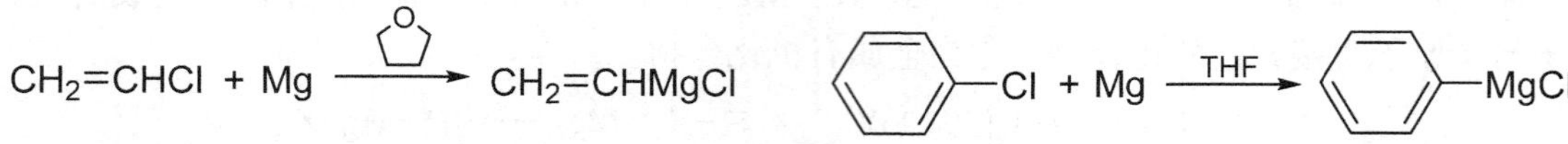

格利雅试剂中存在着潜在的 R⁻，它既是强碱，又是强的亲核试剂。因此可与含有酸性氢或活泼氢的化合物，如酸、水、醇、氨等反应，被它所分解，生成烃。

1) 与活泼氢反应

格利雅试剂与活泼氢化合物反应得到烷烃。

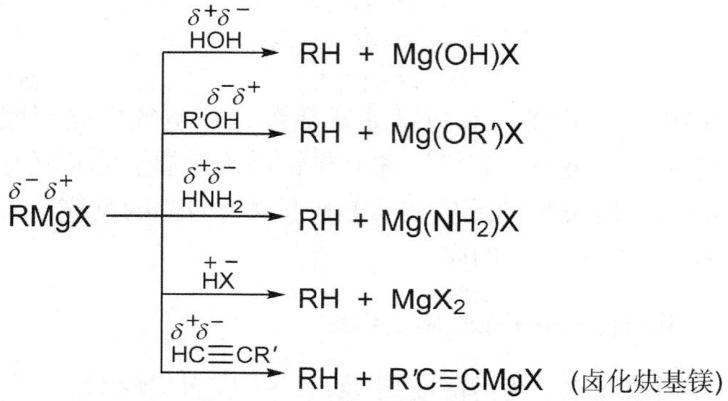

制备末端炔烃的格利雅试剂

格利雅试剂与活泼氢化合物的反应是定量进行的。

2) 与活泼卤代烃作用

格利雅试剂作为亲核试剂与活泼卤代烃如烯丙型卤代烃和苯甲型卤代烃进行亲核取代反应，生成烃：

$$CH_2{=}CHCH_2MgCl + ClCH_2CH{=}CH_2 \longrightarrow CH_2{=}CHCH_2{-}CH_2CH{=}CH_2 + MgCl_2$$

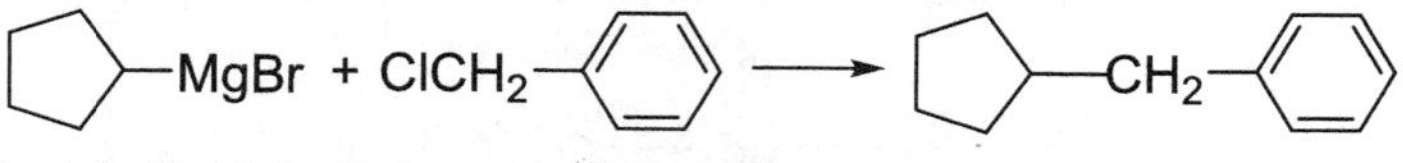

3) 与带部分正电荷(缺电子中心)碳原子的反应

格利雅试剂中的烃基是带有负电荷的强亲核试剂，可与醛、酮、酯、腈和 CO_2 等极性的双键或叁键发生亲核加成反应，这在有机合成上被广泛用于合成醇、酮、酸等。例如：

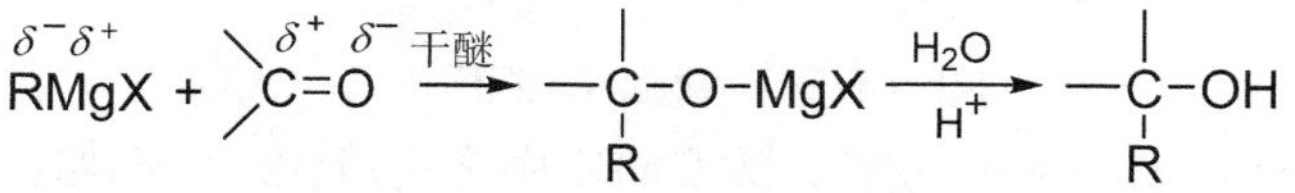

醇

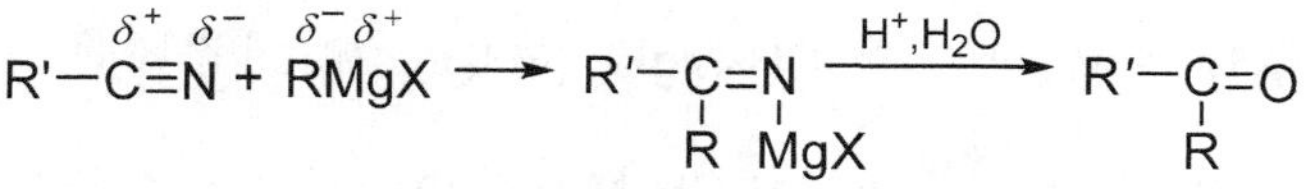

酮

$$\overset{\delta^-\delta^+}{RMgX} + \overset{\delta^-\delta^+}{O{=}C{=}O} \xrightarrow{\text{干醚}} R{-}\overset{O}{\overset{\|}{C}}{-}O{-}MgX \xrightarrow[H^+]{H_2O} R{-}\overset{O}{\overset{\|}{C}}{-}OH$$

2. 与锂反应

卤代烃与金属锂在干醚中或其他稀有溶剂(石油醚、苯、正己烷等)中，在氮气的保护下，在较低温度时作用，就可以得到有机锂化物：

$$CH_3CH_2CH_2CH_2Br + 2Li \xrightarrow[\text{己烷}]{N_2,-10℃} \underset{\text{正丁基锂}}{CH_3CH_2CH_2CH_2Li} + LiBr$$

$$CH_3CH{=}\underset{Br}{\underset{|}{C}}CH_3 + 2Li \xrightarrow[\text{正己烷}]{N_2,-10℃} CH_3CH{=}\underset{Li}{\underset{|}{C}}CH_3 + LiBr$$

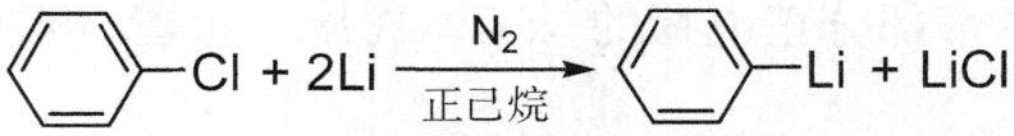

有机锂试剂比格利雅试剂的活性大。常温时能缓慢地与乙醚发生消除反应，使乙醚分解：

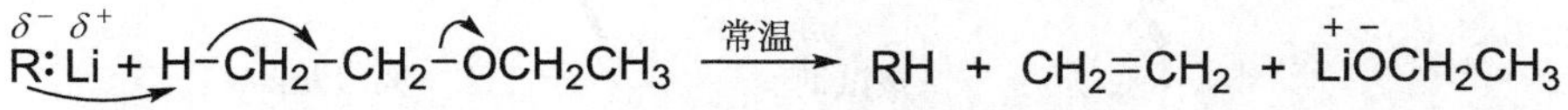

所以有机锂试剂在醚中不能存放，生成后应立即进行下一步反应。有机锂试剂在正己烷中则稳定得多，在氮气保护下，可存放较长时间。

活泼的烃基锂在乙醚或四氢呋喃溶液中与卤化亚铜反应，生成加合物——二烃基铜锂，并且溶于醚中。二烃基铜锂的活性比烃基锂低。

$$2RLi + CuX \xrightarrow{\text{乙醚}} R_2CuLi + LiX \quad (\text{R为烷基、烯基、烯丙基、苯基})$$

二烃基铜锂是一个良好的亲核试剂，与卤代烃作用可以得到收率较高的烃。

$$R_2CuLi + R'{-}X \xrightarrow{\text{醚}} R{-}R' + RCu + LiX$$

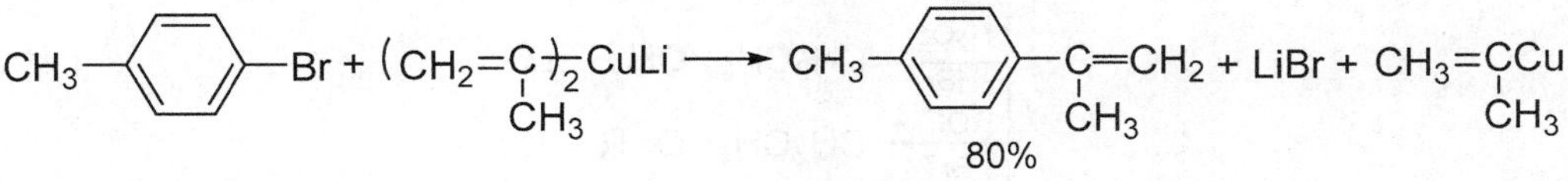

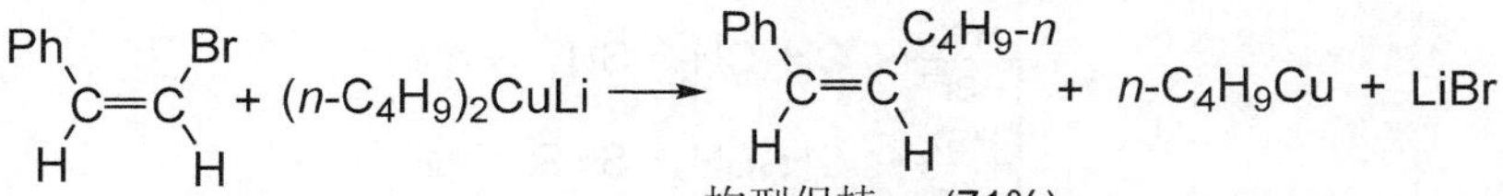

构型保持　(71%)

氯代烃、溴代烃和碘代烃均可进行此反应，烃基可以是烷基、烯基、烯丙基、苄基，反应物上带有 C═O、—COOH、—COOR 和—CONR$_2$ 均不受影响，产率较高，广泛用于有机合成。

3. 与金属钠反应

卤代烃与金属钠作用可生成有机钠化合物。

$$RX + 2Na \longrightarrow \overset{-}{R}\overset{+}{Na} + NaX$$

有机钠化合物的活性比有机锂化合物的高。烷基钠形成后容易进一步与卤代烷反应生成烷烃，此反应称为伍兹(Wurtz)反应。因生成烷烃的产率比较低，故很少使用。但此反应用于制备芳烃则产率较高。

8.2.4 还原反应

卤代烷中卤素可被氢/催化剂或还原剂还原，生成烷烃。常用的还原剂是四氢铝锂($LiAlH_4$)，在乙醚或四氢呋喃(THF)等溶剂中进行。

$$R{-}X + H_2 \xrightarrow{\text{Pt,Pd或Raney Ni}} R{-}H + HX \qquad R{-}X \xrightarrow{LiAlH_4} R{-}H + HX$$

8.3 饱和碳原子上的亲核取代反应

卤烷的水解、醇解、氨解和氰解反应，其共同特征是：负离子 HO^-、RO^-、H_2N^-、^-CN 作为亲核试剂，进攻卤烷中带部分正电荷的 α-C，卤原子带着一对电子离去，生成取代产物。其通式为

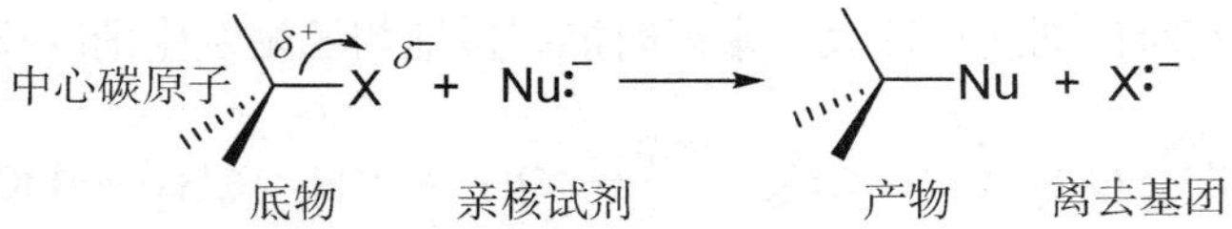

$$Nu{:}^- = HO{:}^-、R{-}O{:}^-、{:}NH_2^-、{:}CN^-$$

这种由亲核试剂进攻而发生的取代反应称为亲核取代反应(nucleophilic substitution reaction)，用 S_N 表示。在 S_N 反应中，卤烷是受亲核试剂进攻的，称为底物。$Nu{:}^-$是进攻者，带有一对未共用电子，为亲核试剂，$X{:}^-$为反应后离去的基团，称为离去基团。卤烷的亲核取代反应是研究得非常仔细的，在有机合成上是非常重要的一类反应。一些常见的卤代烷亲核取代反应列于表 8.2 中。

表 8.2 一些常见的卤代烷亲核取代反应

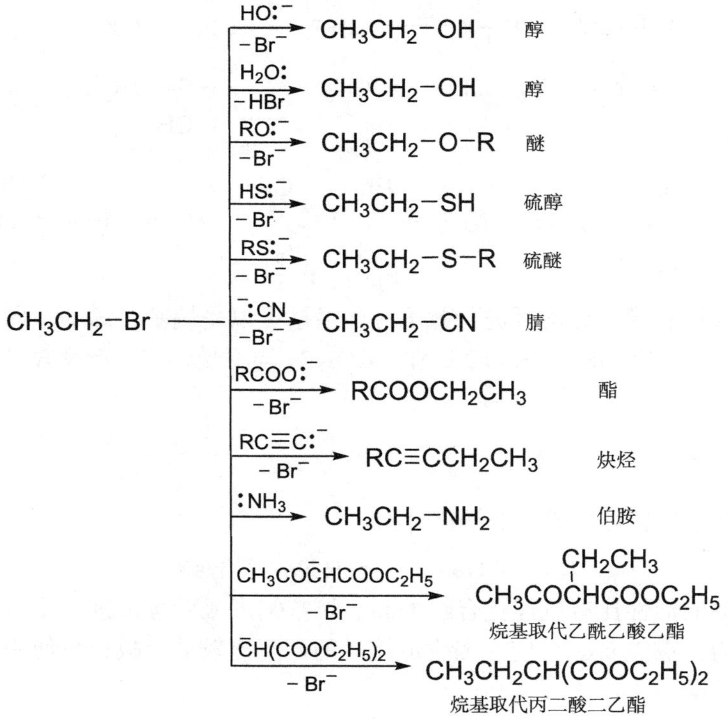

8.3.1　双分子亲核取代(S_N2)反应机理及其影响因素

对 S_N 历程的研究和确定最主要依据此类反应的动力学和立体化学的实验结果。1933 年，C. K. Ingola 等总结出 S_N 反应有两种机理——双分子机理 S_N2 和单分子机理 S_N1。下面分别介绍这两种机理。

1. S_N2 机理

在 80%乙醇水溶液中，溴甲烷与 NaOH 或 KOH 反应：

$$CH_3-Br + NaOH \longrightarrow CH_3-OH + NaBr$$

实验发现，该反应速率与 CH_3—Br 浓度和 HO^-浓度成正比，$v = k[CH_3Br][NaOH]$，即反应速率随二者浓度的增加而加快。这说明在该反应过程中，CH_3—Br 分子和 HO^-都参与了控制速率的一步即慢的一步。这一步的过渡态包括一个 CH_3—Br 分子和一个 HO^-。

$$HO{:}^- + CH_3-Br \longrightarrow \left[\overset{\delta^-}{HO}\text{--}CH_3\text{--}\overset{\delta^-}{Br}\right]^{\ddagger} \longrightarrow HO-CH_3 + Br^-$$

反应速率依赖于两个化合物的浓度，在动力学上称为二级反应，属于双分子反应过程。

用 NaI^*($^*I^-$为放射性的 $^{128}I^-$)在丙酮中与(*S*)-2-碘辛烷的反应可证明 S_N2 反应是亲核试剂背面进攻，同步过程，*α*-C 构型翻转。

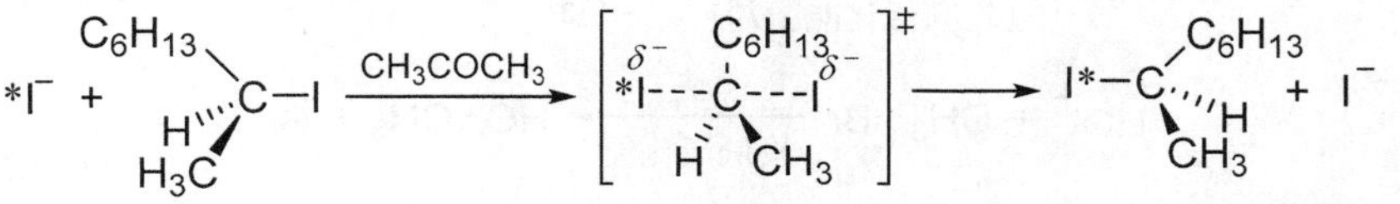

(*S*)-2-碘辛烷　　过渡态　　(*R*)-2-碘(*I)辛烷

反应由(*S*)-2-碘辛烷生成(*R*)-2-碘(*I)辛烷。二者构型相反，均为手性分子，具有旋光性。所以随着取代反应的进行，溶液的旋光度逐渐减小直到零——外消旋化。这说明放射性碘离子只有从碘原子所连接的 *α*-C 背面进攻才能生成构型相反的产物。每一个手性分子(*S*)-2-碘辛烷发生构型翻转就与构型未翻转的分子配对产生外消旋体。所以外消旋化的速度是构型翻转速度的两倍。一个反应物分子和产物分子构型完全相反，这个过程称为构型反转也称为瓦尔登(Walden)翻转。

下面再用溴甲烷与 HO^-反应为例，仔细说明 S_N2 反应过程。

亲核试剂 $HO{:}^-$与 CH_3—Br 反应时，$HO{:}^-$从离去基团溴的背面进攻中心碳原子。$HO{:}^-$在接近碳原子过程中，逐渐形成 C—O 键，同时 C—Br 键由于受到 HO^-进攻的影响而逐渐伸长和变弱，中心碳原子由 sp^3 杂化向 sp^2 杂化转变，碳原子上三个碳氢键开始偏转，由四面体结构向平面型结构转化。当达到能量最高状态过渡态时 C—O 键还没有完全形成、C—Br 键还没有完全断裂。在过渡态，中心 C 原子为 sp^2 杂化，中心 C 原子和 3 个 H 原子位于同一平面上，O⋯C⋯Br 在一条直线上，垂直于中心 C 原子所在的平面，羟基和溴分别位于平面的两侧。随着 C—O 键的进一步形成，C—Br 键的进一步断裂，体系的能量又逐渐降低，中心 C 原子又开始恢复 sp^3 杂化四面体结构，中心碳原子上三个碳氢键开始向另一边偏转，整个过程犹如大风将雨伞由里向外翻转一样，这时就要释放能量，形成产物。产物甲醇的羟基不是连在原来溴原子的位置上，而是与溴甲烷的构型相反，这种构型的翻转也称为瓦尔登转换，这是 S_N2 反应在立体化学上的重要特征。溴甲烷水解 S_N2 反应的能量-反应进程曲线如图 8.1 所示。

2. 影响 S_N2 机理的因素

1) 亲核试剂的亲核性

有多种因素影响 S_N2 反应速率。最主要的是亲核试剂给出电子的能力，有时称为亲核试剂的强度，也就是它的亲核性。强的亲核试剂容易给出电子，反应活化能低，反应速率快。而弱的亲核试剂不容易给出电子，反应活化能高，反应速率慢或难以反应。所以亲核试剂的强弱是关系到 S_N2 反应活化能的高低、反应速率快慢的动力学性质的问题。

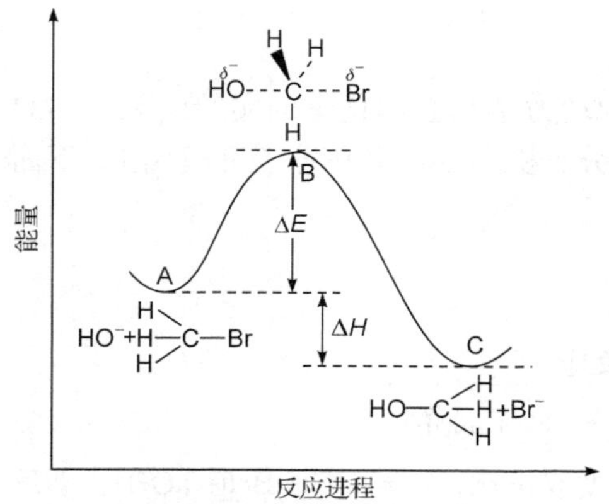

图 8.1 溴甲烷水解反应的能量-反应进程曲线

(1) 负离子是强碱也是强的亲核试剂。

带有负电荷的碱，如 HO:⁻比它的共轭酸 H_2O 有更多的有效电子，是比较好的电子给予体，是强的亲核试剂。由于带有负电荷的亲核试剂其能量高于其对应的中性分子，因此在进行 S_N2 反应时降低了活化能，反应较快。

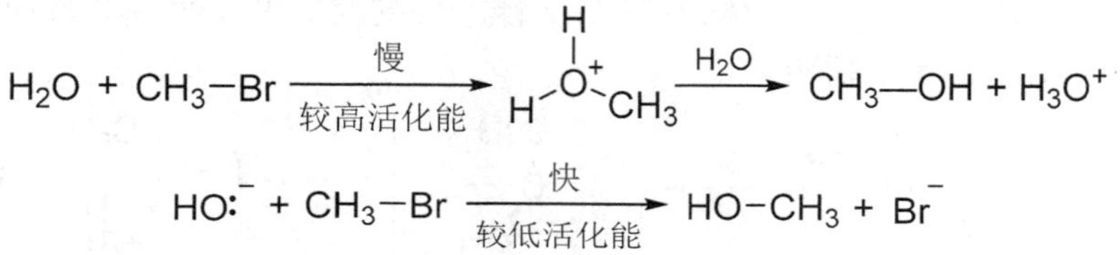

其他的共轭酸碱，如 CH_3O^-与 CH_3OH、CH_3COO^-与 CH_3COOH 等，在进行 S_N2 反应时，均是负离子 CH_3O^-和 CH_3COO^-比其对应的中性分子 CH_3OH 和 CH_3COOH 快。

(2) 电负性与亲核性。

电负性大的原子具有较小的亲核性。原子的电负性大，意味着吸引电子的能力强，就不容易给予电子共用形成键。在元素周期表中从左到右原子的电负性增加，其原子的亲核性减小。例如，氧原子电负性(3.5)比氮电负性(3.1)大，其亲核性比氮小，所以 CH_3NH_2、CH_3OH 与 CH_3Br 反应时，CH_3NH_2 较 CH_3OH 容易给出电子形成新键。

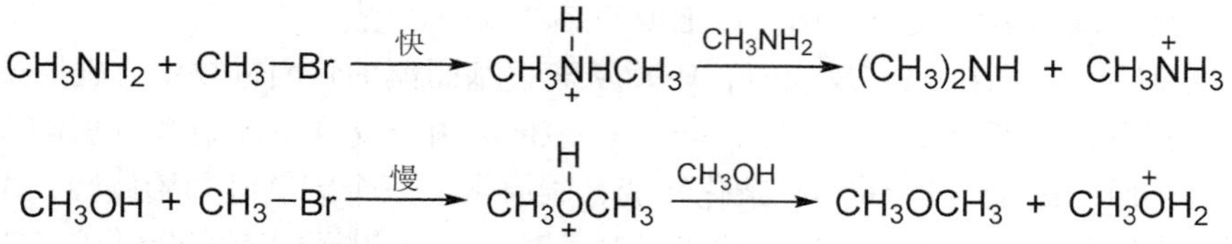

(3) 原子序数。

原子序数较大的原子，原子核对核外电子的吸引力随着原子序数增加和与核间距离增加而减弱。像这样的原子容易受到附近电荷的影响而极化，其电子云容易被正电荷吸引而形成键。所以原子随着原子序数的增加，其可极化性和亲核性增加。例如，硫醇比对应的醇具有较强的亲核性，与溴甲烷进行 S_N2 反应，硫醇比醇快。

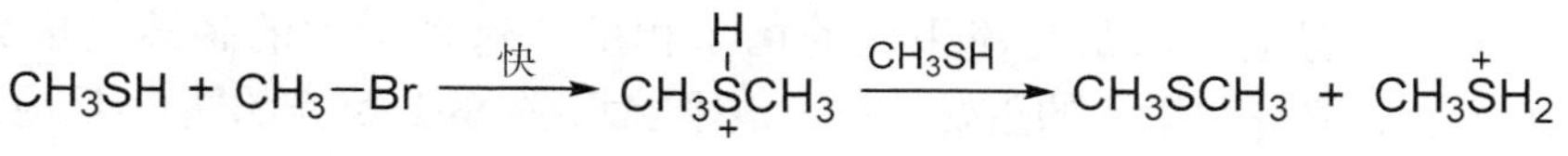

(4) 电子的离域——降低亲核性。

亲核试剂中亲核原子的孤对电子通过共轭等作用而被分散，这就减少了该原子上的电荷密度，降低了亲核性。另外，这类亲核试剂由于电子分散，能量降低而较稳定，在进行 S_N2 反应时，需要较大的活化能，降低了 S_N2 反应速率。例如，HO^-和 CH_3COO^-，二者在氧原子上都含有负电荷，在 HO^-中氧原子上的孤对电子定域在一个单原子上，而在 CH_3COO^-的氧原子上的孤对电子分散在羧基原子上，降低了每个氧原子上的电子密度，因而 CH_3COO^-较 HO^-是弱的亲核试剂。

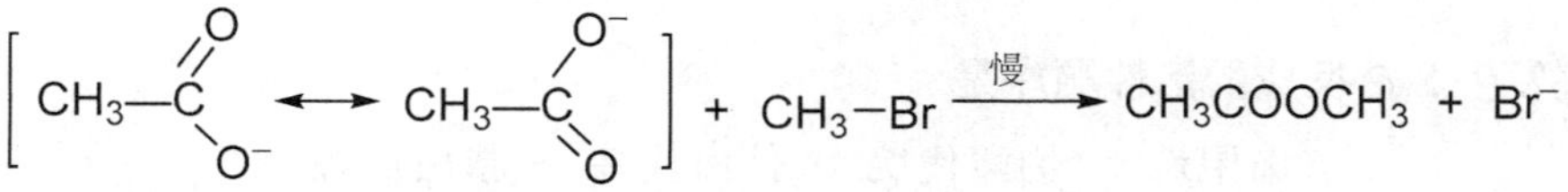

2) 离去基团对 S_N2 反应的影响

在 S_N2 反应中，离去基团有两个作用：①极化 α-C—离去基团键，增加 α-C 的正电性，使其更强地吸引进攻试剂(亲核试剂)，加快取代反应。②带着一对电子离开。离开后生成的负离子越稳定，越容易离开，是好的离去基团，反应速率较快。实验发现，强酸(HI、HBr、HCl)的共轭碱 I^-、Br^-、Cl^-等是弱碱，容易离去，是好的离去基团，反应较快。而弱酸(HF、H_2O、ROH、NH_3)的共轭碱 F^-、HO^-、RO^-、H_2N^-是强碱，较难离去，是不好的离去基团，反应较慢。将离去基团的离去能力和碱性强弱联系起来是合理的。因为在 R—X 中 X^-离开的难易程度与 H—X 电离的难易程度是相似的。H—X 酸性越强，X^-越容易离去，作为离去基团也就越好。从不同的离去基团来看，卤烷的活性顺序是

$$RI > RBr > RCl > RF$$

F^-、HO^-、RO^-、H_2N^-等是强碱，不容易离去，是不好的离去基团，在 S_N2 反应中，很难从反应物分子中离去。所以醇、醚、胺这些化合物在中性和碱性条件下，很难进行 S_N2 反应。

可用化学方法改变离去基团的碱性，从强碱难离去的基团变为弱碱易离去的基团。常用的方法是酸催化，即在酸性条件下进行反应。例如，醇和 Br^-在酸性溶液中就能进行 S_N2 反应。

$$CH_3CH_2CH_2—OH + H^+ + Br^- \longrightarrow CH_3CH_2CH_2—Br + H_2O$$

强酸 HCl、HBr、HI 是很好的酸催化剂，它不仅能提供亲电的 H^+，用以减弱离去基团的碱性，还提供亲核试剂 Br^-等。此外 Lewis 酸，如 BF_3、$AlCl_3$ 等也能催化醇进行 S_N2 反应。

3) 烷基对 S_N2 反应的影响

溴甲烷、溴乙烷、2-溴丙烷和 2-溴-2-甲基丙烷在极性较小的无水丙酮溶剂中与碘化钾反应，生成相应的碘代烷。

$$R-Br + KI \xrightarrow{丙酮} RI + KBr$$

实验证明，这些反应都是按 S_N2 机理进行的，其相对反应速率如下：

	CH_3Br	CH_3CH_2Br	$(CH_3)_2CHBr$	$(CH_3)_3CBr$
相对速率	150	1	0.01	0.001

实验结果说明，溴甲烷和伯溴代烷进行 S_N2 反应较快，较容易进行，而仲溴代烷和叔溴代烷较难或不按 S_N2 机理进行反应。

从立体效应考虑，在 S_N2 反应机理中，亲核试剂是从离去基团的背面进攻中心碳原子的。中心碳原子上的烷基越多，对亲核试剂进攻的阻碍作用越大。从过渡态看，中心碳原子

上的烃基越多，立体张力越大，过渡态的能量越高，反应的活化能越高，因而使反应越难进行，如图 8.2 所示。

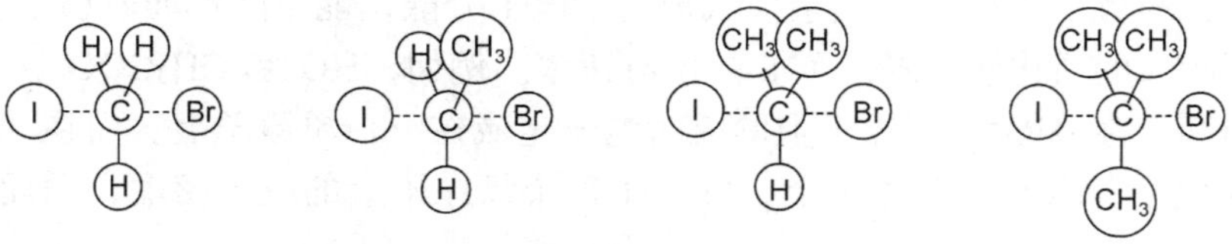

图 8.2　空间效应对 S_N2 的影响示意图

卤代烷发生 S_N2 反应的活性顺序是

卤甲烷 > 伯卤代烷 > 仲卤代烷 > 叔卤代烷

若 β-C 上的氢被烷基取代，也能阻碍亲核试剂的进攻。例如：

$$R-Br + CH_3CH_2O^- \xrightarrow{\text{乙醇}} ROC_2H_5 + Br^-$$

反应随 RBr 中 R 的不同，相对反应速率如下：

	CH_3CH_2Br	$CH_3CH_2CH_2Br$	$(CH_3)_2CHCH_2Br$	$(CH_3)_3CCH_2Br$
相对速率	100	28	3	4.2×10^{-4}

从电子效应考虑，中心碳上氢原子被烷基取代后，由于烷基推电子的诱导效应，中心碳上所带正电荷减少，也不利于亲核试剂的进攻。

8.3.2　单分子亲核取代(S_N1)反应机理及其影响因素

1. S_N1 机理

在 80%乙醇-20%水(体积比)溶液中，叔丁基溴与 NaOH 的水解反应速率仅与叔丁基溴的浓度成正比，而与 NaOH 的浓度无关，反应速率 $v = k[(CH_3)_3CBr]$。

$$(CH_3)_3C-Br + NaOH \longrightarrow (CH_3)_3C-OH + NaBr$$

因此，可以认为只有叔丁基溴参与了决定反应速率的步骤，该反应为 S_N1 机理。S_N1 是分步进行的，首先叔丁基溴离解为叔丁基碳正离子和溴负离子，这个过程需要能量，是慢的一步反应，是控制整个反应速率的一步。

$$(CH_3)_3C-Br \xrightleftharpoons{\text{慢}} (CH_3)_3C^+ + Br^-$$

然后，叔丁基碳正离子很快与亲核试剂结合得到取代产物，这是快的一步反应。

$$(CH_3)_3C^+ + HO\!:^- \longrightarrow (CH_3)_3C-OH$$

在这个反应过程中，生成一个活性中间体叔丁基碳正离子，出现两个过渡态 T_1 和 T_2。

$$(CH_3)_3C-Br \rightleftharpoons \underset{\text{过渡态}T_1}{\left[(CH_3)_3\overset{\delta^+}{C}\text{--}\overset{\delta^-}{Br}\right]^{\ddagger}} \rightleftharpoons \underset{\text{活性中间体}}{(CH_3)_3C^+} + Br^- \quad (\text{慢})$$

$$(CH_3)_3C^+ + HO\!:^- \longrightarrow \underset{\text{过渡态}T_2}{\left[(CH_3)_3\overset{\delta^+}{C}\text{--}\overset{\delta^-}{OH}\right]^{\ddagger}} \longrightarrow (CH_3)_3C-OH \quad (\text{快})$$

叔丁基溴水解 S_N1 反应的能量-反应进程曲线如图 8.3 所示。从图 8.3 可看出，S_N1 反应是分两步进行的，第一步是$(CH_3)_3C—Br$ 分子解离，通过过渡态 T_1 生成中间体碳正离子$(CH_3)_3C^+$和 Br^-。碳正离子的生成这一步活化能(E_{a_1})是较高的，是慢的一步，控制反应速率的一步。中间体$(CH_3)_3C^+$活性很大，很容易发生第二步反应，即$(CH_3)_3C^+$立即与溶液中的亲核试剂 HO^-结合，通过过渡态 T_2 生成产物$(CH_3)_3C—OH$。这一步是高活性的碳正离子$(CH_3)_3C^+$与 HO^-负离子结合，活化能(E_{a_2})很小，是快的一步反应。对 S_N1 反应来说，$E_{a_1} > E_{a_2}$，反应的速控步骤是中间体$(CH_3)_3C^+$的生成速率，决定整个反应速率。在决定反应速率的步骤中，发生共价键变化的只有一种分子，所以称为单分子反应机理。碳正离子越稳定，越可能发生 S_N1 反应。

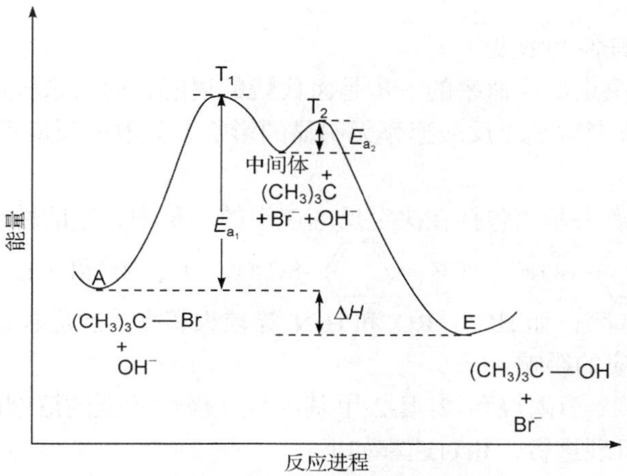

图 8.3　叔丁基溴水解反应的能量-反应进程曲线

S_N1 反应的立体化学。由于反应的第一步形成中间体叔丁基碳正离子，中心 C 原子为 sp^2 杂化，具有平面三角形结构，碳正离子有一个空的 p 轨道，当亲核试剂如 HO^-在第二步与碳正离子作用时，从平面两边进攻的机会均等。若与卤原子相连的 C 原子是手性的，则得到构型保持和构型反转两种产物，组成外消旋体。

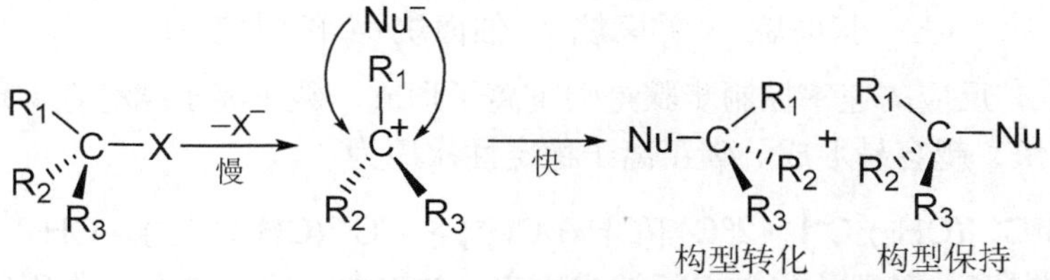

在 S_N1 反应中，由于有活性中间体碳正离子生成，碳正离子重排和消除是其典型性质，因此常伴有重排和消除产物出现。碳正离子的生成是 S_N1 反应特征。

例如，新戊基溴在乙醇中与 $CH_3CH_2O^-$作用，证明通过 S_N2 机理进行反应，产物为醚，没有重排产物。

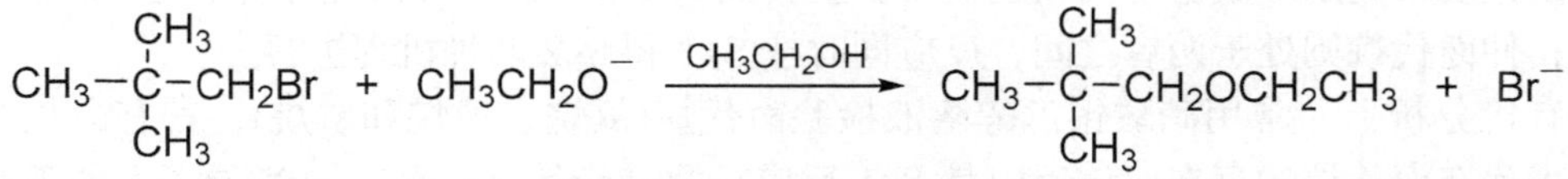

但新戊基溴在乙醇中反应得到的产物是醚和烯，碳骨架有改变。这说明反应时新戊基溴首先离解生成伯碳正离子和溴负离子。伯碳正离子重排生成稳定的叔碳正离子，再与亲核试

剂结合或进行消除反应，得到醚或烯。

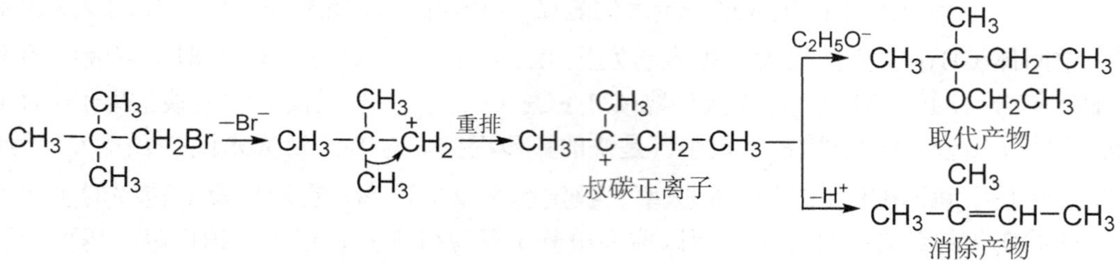

2. 影响 S_N1 反应机理的因素

1) 亲核试剂的亲核性和浓度

对于 S_N1 反应，决定反应速率的一步是卤代烷的离解，而与亲核试剂无关，因此亲核试剂的亲核性和浓度的改变对 S_N1 反应速率无明显的影响，只改变反应产物。

2) 离去基团

在 S_N1 反应中，离去基团包括在决定反应速率的一步中，它的性质较大影响反应速率。好的离去基团，如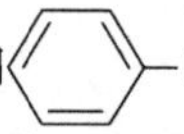$-SO_2O^-$、CH_3-$-SO_2O^-$、I^-、Br^-和 Cl^-，容易离去，加速 S_N1 反应；而不好的离去基团，如 HO^-、RO^-和 H_2N^-等较难离去，反应较慢。

3) 烷基对 S_N1 反应的影响

溴甲烷、溴乙烷、2-溴丙烷和 2-溴-2-甲基丙烷在极性较强的溶剂(如甲酸溶液)中水解，测得这些反应按 S_N1 机理进行，相对速率如下：

$$R-Br + H_2O \xrightarrow{HCOOH} ROH + HBr$$

	$(CH_3)_3C—Br$	$(CH_3)_2CH—Br$	$CH_3CH_2—Br$	$CH_3—Br$
相对速率	10^8	45	1.7	1.0
活性中间体	$(CH_3)_3C^+(3°C^+)$	$(CH_3)_2CH^+(2°C^+)$	$CH_3CH_2^+(1°C^+)$	CH_3^+

由此可见，卤代烷发生 S_N1 反应的活性顺序是

叔卤烷 > 仲卤烷 > 伯卤烷 > 卤甲烷

这是因为 S_N1 反应的速率控制步骤是碳正离子形成。碳正离子越稳定，形成时活化能越小，反应速率越快，越容易形成。碳正离子稳定性次序为

$$3°C^+\ [(CH_3)_3C^+] > 2°C^+\ [(CH_3)_2CH^+] > 1°C^+\ (CH_3CH_2^+) > CH_3^+$$

碳正离子稳定性由电子效应和空间效应决定。$3°C^+$中，甲基推电子作用使正电荷分散，稳定性增加。当叔卤烷离解为叔碳正离子时，中心碳原子由 sp^3 杂化转变为 sp^2 杂化，取代基团间拥挤程度降低，有利于 $3°C^+$的形成。

从上述讨论中可以看出，卤代烷分子中的烷基结构对反应按照何种机理进行有很大影响。叔卤代烷易离解形成稳定的碳正离子，主要按照 S_N1 机理进行；伯卤代烷主要按 S_N2 机理进行；仲卤代烷则处于两者之间，反应同时按 S_N1 和 S_N2 两种机理进行。

在有机分析上，常用硝酸银乙醇溶液检验卤代烷(氯烷、溴烷和碘烷)，若有卤化银沉淀生成，表示有卤代烷的存在。该反应是 S_N1 反应，第一步是 Ag^+通过与 X 原子上的孤对电子络合，极化卤代烃中的 C—X 键，促进 R—X 的离解，生成 R^+和 AgX 沉淀。

$$R{-}X + Ag^+ \rightleftharpoons \left[\overset{\delta^+}{R}{\cdots}\overset{\delta^-}{X}{\cdots}Ag\right]^{\ddagger} \rightleftharpoons R^+ + AgX\downarrow$$

卤代烷的活性顺序是

叔卤烷 > 仲卤烷 > 伯卤烷

叔卤代烷生成卤化银沉淀的速度最快，立即生成。伯卤烷最慢，常需要加热才能生成。

8.3.3　溶剂对 S_N 反应的影响

1. 溶剂的分类

1) 溶剂的极性

溶剂的极性是根据介电常数(ε)的大小来判断的，$\varepsilon > 15$ 的溶剂是极性溶剂，$\varepsilon < 15$ 的溶剂是非极性溶剂。此外，还可根据溶剂分子的偶极矩(μ)来判断溶剂的极性。μ 等于零的溶剂是非极性溶剂，μ 不等于零的溶剂是极性溶剂。μ 越大，极性越大。通常所说的极性溶剂和非极性溶剂是以溶剂的介电常数 ε 为判据的，而不是以溶剂分子的偶极矩为判据的。

2) 溶剂的溶剂化离子能力

溶剂和溶质(特别溶质是离子时)之间有无氢键的形成是决定溶剂的溶剂化离子能力的主要因素。如果溶剂与溶质间有氢键形成，溶质就强烈被溶剂化，溶剂与溶质间相互作用也就越强。反之，就较弱。根据氢键的形成条件，分子或正离子中有 O—H 键或 N—H 键的是氢键的给体。分子或负离子中氧原子或氮原子上有孤对电子的是氢键受体。氢键就是在给体和受体间形成的。根据溶剂分子是不是氢键给体，又将溶剂分为质子溶剂和非质子溶剂两类。例如，H_2O、CH_3OH 分子有氢键给体 O—H，为质子溶剂，而丙酮(CH_3COCH_3)和二甲基甲酰胺[$HCON(CH_3)_2$、DMF]等分子中无氢键给体，有氢键受体，为非质子溶剂。

根据溶剂是极性的还是非极性的，是质子的还是非质子的，将溶剂分为四类：①非极性非质子溶剂，如 CCl_4、C_6H_6 等；②非极性质子溶剂，如 $CH_3(CH_2)_5OH$ 等；③极性非质子溶剂，如 CH_3COCH_3、$HCON(CH_3)_2$、CH_3CN、$(CH_3)_2S{=}O$ 等；④极性质子溶剂，如 H_2O、HCOOH、CH_3OH、CH_3CH_2OH 等。表 8.3 列出一些常见溶剂的介电常数及偶极矩。

表 8.3　一些常用溶剂的介电常数 ε 和偶极矩 μ (25℃)

溶剂	ε	μ/deb
非极性非质子溶剂		
CCl_4	2.24(20℃)	0
n-C_6H_{14}	1.88	0.085
环己烷	2.02(20℃)	0
苯	2.28	0
$CH_3CH_2OCH_2CH_3$	4.34(20℃)	1.15
非极性质子溶剂		
CH_3COOH	6.15	1.68
$CH_3(CH_2)_5OH$	13.3	1.55
极性非质子溶剂		
CH_3COCH_3	20.70	2.69

续表

溶剂	ε	μ/deb
极性非质子溶剂		
$HCON(CH_3)_2$	36.71	3.86
CH_3SOCH_3	46.68	3.9
CH_3CN	37.5(20℃)	3.44
CH_3NO_2	35.87(30℃)	3.56
极性质子溶剂		
H_2O	78.5	1.84
HCOOH	58.5(16℃)	1.82
CH_3OH	32.70	1.70
CH_3CH_2OH	24.55	1.66

2. 溶剂对 S_N 反应的影响

决定反应速率的主要因素是活化能。活化能小，反应速率大；活化能大，反应速率小。溶剂的选择主要看它是否能够降低活化能。能使活化能降低的溶剂，有利于反应。否则，不利于反应。

溶剂对 S_N 反应的影响主要表现在两个方面：溶剂的极性和溶剂化离子的能力。卤代烃是极性分子，它所进行的反应是离子反应。所以只有极性溶剂，才能促进其反应。这就决定了此类反应常用的溶剂是极性质子溶剂和极性非质子溶剂。

1) 极性质子溶剂对 S_N2 和 S_N1 的影响

S_N2 反应机理：

$$\text{Nu:}^- + \text{RX} \longrightarrow \left[\overset{\delta^-}{\text{Nu}}\text{---R---}\overset{\delta^-}{\text{X}}\right]^{\ddagger} \longrightarrow \text{NuR} + \text{X}^-$$

极性质子溶剂不利于 S_N2 反应。原因是在 S_N2 反应中，电荷由比较集中的反应物变成电荷比较分散的过渡态，从而使极性质子溶剂溶剂化负电荷集中的反应物超过溶剂化负电荷分散的过渡态，使反应物体系能量降低的程度超过过渡态，导致活化能升高，反应速率减小，不利于 S_N2 反应。

S_N1 反应机理：

$$\text{R—Br} \rightleftharpoons \underset{\text{过渡态}}{\left[\overset{\delta^+}{\text{R}}\text{---}\overset{\delta^-}{\text{Br}}\right]^{\ddagger}} \rightleftharpoons \underset{\text{活性中间体}}{\text{R}^+} + \text{Br}^- \quad (\text{慢})$$

$$\text{R}^+ + \text{HO:}^- \longrightarrow \underset{\text{过渡态}}{\left[\overset{\delta^+}{\text{R}}\text{---}\overset{\delta^-}{\text{OH}}\right]^{\ddagger}} \longrightarrow \text{R—OH} \quad (\text{快})$$

极性质子溶剂促进 S_N1 反应。一方面极性质子溶剂中的质子可与反应物的离去基团形成氢键，降低了 R—Br 电离时需要吸收的能量——活化能，有利于离去基团的离去。另一方面极性质子溶剂中的孤对电子可与反应中生成的碳正离子结合，使之溶剂化，增加了中间体碳正离子的稳定性。二者作用的结果使活化能降低，反应速率增大，促进 S_N1 反应。

2) 极性非质子溶剂对 S_N2 和 S_N1 反应的影响

对于 S_N2 反应，极性非质子溶剂无氢键给体，同样不能与亲核试剂负离子形成氢键而使之溶剂化。所以在极性非质子溶剂中进行的 S_N2 反应，亲核试剂负离子仍以裸露的负离子进行反应，由于负离子很强的亲核性，能量较高，进行反应时活性能较低，反应速率快，因此极性非质子溶剂促进 S_N2 反应。例如，在 0℃，CH_3I 和 NaN_3 进行的 S_N2 反应，在极性非质子溶剂 $HCON(CH_3)_2$(DMF，$\varepsilon = 36.71$)中比在极性质子溶剂 CH_3OH($\varepsilon = 32.70$)中反应快 4.5×10^4 倍，这就是因为极性质子溶剂 CH_3OH 可以与亲核试剂叠氮负离子生成氢键，亲核试剂被强烈地溶剂化，亲核性降低，而在极性非质子溶剂中叠氮负离子无氢键形成，以强的亲核性去进行反应。所以，极性非质子溶剂促进 S_N2 反应。

极性非质子溶剂对于 S_N1 反应的影响，仅限于溶剂本身的极性与反应物的极性和过渡态极性之间的偶极-偶极相互作用。这种作用有利于克服 R—Br 电离时的阻力，降低 R—Br 电离时需要吸收的能量——活化能。有利于 R—Br 的电离，但因极性非质子溶剂无氢键给体，不能与活性中间体碳正离子形成氢键而溶剂化碳正离子。所以，同样的反应，在极性非质子溶剂中比在极性质子溶剂中反应要慢。

8.4 消除反应

有机化合物分子中从相邻碳原子上消去氢原子和离去基(X)，在两个碳原子之间形成 π 键。这类反应称为消除反应(elimination reaction)。

$$R-\underset{H}{CH}-\underset{X}{CH_2} + NaOH \xrightarrow[\triangle]{\text{醇}} RCH{=}CH_2 + NaX + H_2O$$

与被消除的离去基(—X)直接相连的碳原子指定为 1-(或 α-)，而与另一个被消去的氢原子直接相连的碳原子则为 2-(或 β-)，所以这类消除为 1,2-消除或 α, β-消除。通常 α 被省略，简称 β-消除。例如，卤代烷脱卤化氢的反应、醇脱水反应，都是 β-消除反应。

β-消除反应有两种反应机理——E2 和 E1，它们之间的区别在于 C—H 键和 C—X 键断裂的先后顺序。如果 C—H 键和 C—X 键同时断裂，为双分子消除即 E2 机理。如果 C—X 键先断裂生成碳正离子中间体，然后 C—H 键再断裂，生成烯烃，为单分子消除即 E1 机理。

8.4.1　双分子消除(E2)反应机理

1. E2 反应机理

E2 反应是一步协同反应机理。卤代烷在碱的作用下消去卤化氢的 E2 反应机理如下：

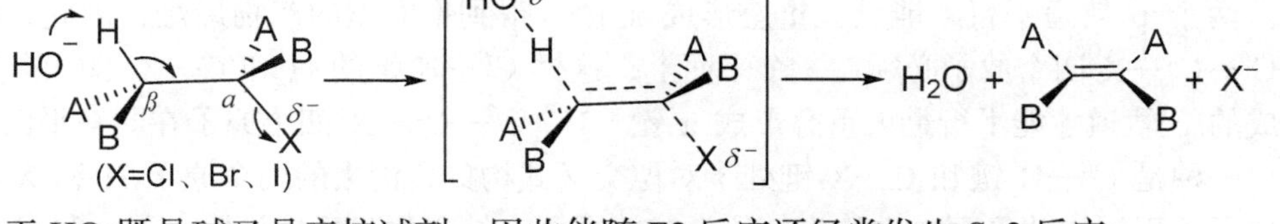

由于 HO^-既是碱又是亲核试剂，因此伴随 E2 反应还经常发生 S_N2 反应。

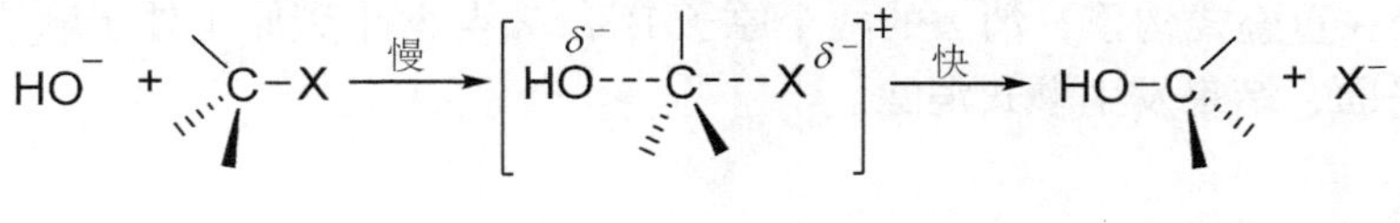

如果 HO^-夺取的是 RCH_2CH_2X 分子中的 β-H 原子，这时 HO^-是一个碱，进行 E2 反应；如果 HO^-进攻的是 RCH_2CH_2X 分子中 α-C 原子，这时 HO^-是一个亲核试剂，进行 S_N2 反应。所以，E2 和 S_N2 反应经常是同时发生的互相平行、互相竞争的反应。

实验发现，E2 反应的速率方程式为：$v = k[RX][HO^-]$。这表明：RCH_2CH_2X 分子和 HO^- 离子都参与了慢的一步反应。反应过渡态包括了分子 RCH_2CH_2X 和离子 HO^-。当碱进攻卤烷的 β-氢原子使 C—H 断裂，碳氢键上两个电子流向 α-碳和 β-碳间形成 π 键，同时离去基 X 离去。所有键的断裂和形成是同时发生的，是一步完成的协同反应。E2 反应所用的碱是强碱，如 HO^-、RO^-等。

2. E2 反应机理的取向——札依采夫规则

在碱的作用下，不对称卤烷的消除反应得到的产物是混合物。例如：

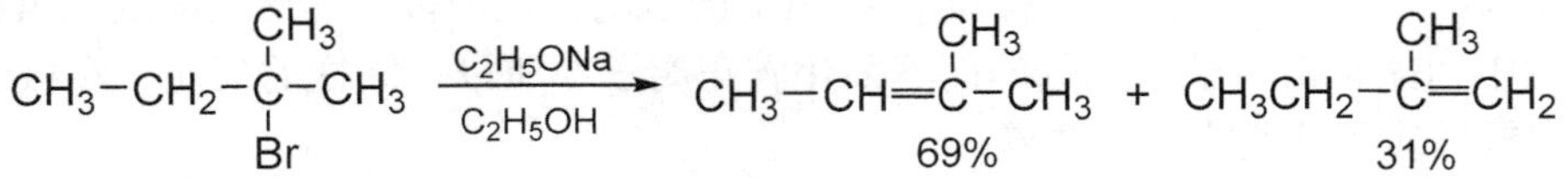

1875 年，俄罗斯化学家 A. M. Zaitsev 描述了不对称卤烷进行消除反应时，得到的主要产物是最稳定的烯烃。最稳定的烯烃是双键碳原子上带有最多烷基取代的烯烃。这说明了在消除反应中，产物的稳定性影响产物生成时的反应速率。在 E2 反应机理中，过渡态已具有较大的双键特征，增加烷基取代基将稳定具有双键特征的过渡态，降低反应的活化能，得到最稳定的烯烃产物。如上述反应，可生成两个过渡态 **1** 和 **2**：

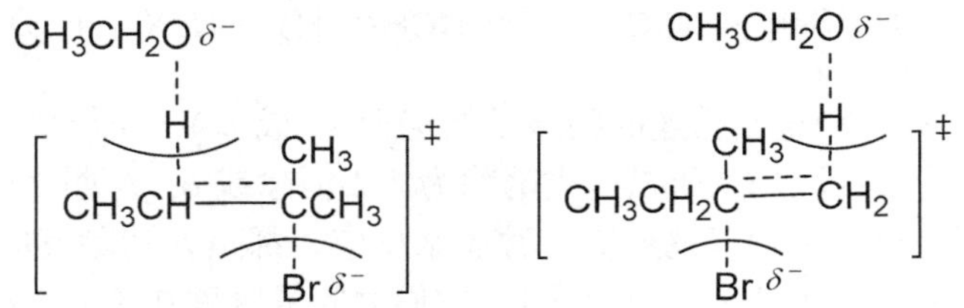

1　　　　**2**

1 的稳定性比 **2** 大，生成 **1** 的活化能比 **2** 小，所以 **1** 比 **2** 较易生成，得到的主要产物是 $CH_3CH{=}C(CH_3)_2$。

3. E2 机理的立体化学——反式消除

在 E2 反应中，碱夺取卤代烷中的 β-H，在形成过渡态时，C—X 键开始变弱，C^α 和 C^β 由 sp^3 杂化逐渐变为 sp^2 杂化，每个碳上逐渐形成一个 p 轨道，在过渡态时已具有此中间状态的性质。两个 p 轨道平行才能最大重叠形成 π 键，得到平面型的产物烯烃，因此，卤代烷中 H—C^β—C^α—X 四个原子必须在一个平面上，这样 C^β—H 键的 H 和 C—X 键中的 X 离去后新形成的 p 轨道才能平行最大重叠形成 π 键。H—C^β—C^α—X 四个原子在同一平面上有两种构象，一种是 C^β—H 键和 C—X 键处于对位交叉式构象，消去的两个原子 H 和 X 与相邻两个碳原子处于反式共平面，也称为邻位反式共平面，结果发生反式消除。另一种是 C^β—H 键和 C—X 键处在重叠式构象，消去的两个原子 H 和 X 与两个碳原子处于顺式共平面，也称为邻位顺式共平面，结果发生顺式消除。

对位交叉式构象(邻位反式共平面)

重叠式构象(邻位顺式共平面)

由于交叉式构象能量低、稳定，从对位交叉式构象消去 HX 的过渡态能量较低，活化能低，反应速率快。所以 E2 反应易以邻位反式共平面构象进行反式消除。

例如，2-溴丁烷发生的 E2 反应，主要得到 Zaitsev 消除的产物丁-2-烯，其中主要是大基团处于反式的 *E*-丁-2-烯。

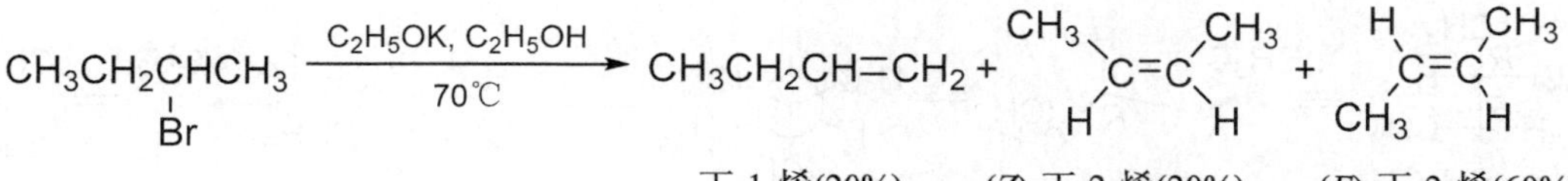

丁-1-烯(20%)　(*Z*)-丁-2-烯(20%)　(*E*)-丁-2-烯(60%)

2-溴丁烷分子中含有一个手性碳原子，有两个构型异构体 *R*-2-溴丁烷和 *S*-2-溴丁烷，是一对对映体。*R*-2-溴丁烷和 *S*-2-溴丁烷进行 E2 反应，都是主要生成(*E*)-丁-2-烯。

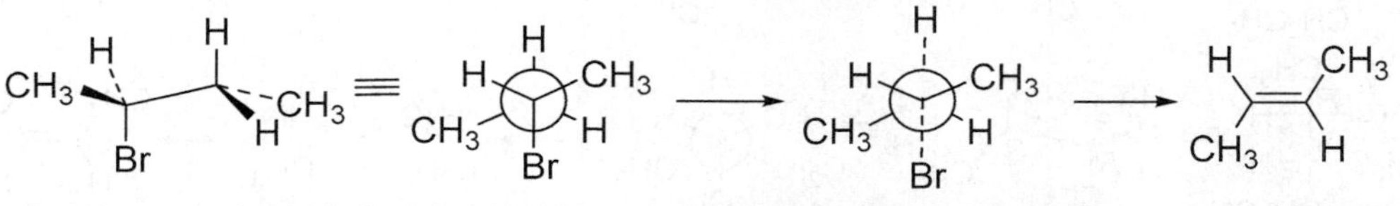

S-2-溴丁烷，两个甲基对位交叉式、能量低　虚线代表消除原子所在的键　(*E*)-丁-2-烯(主要产物)

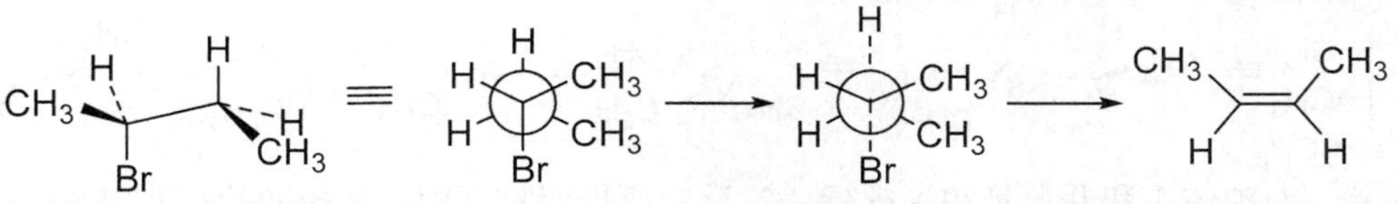

S-2-溴丁烷，两个甲基邻位交叉式、能量高　虚线代表消除原子所在的键　(*Z*)-丁-2-烯(次要产物)

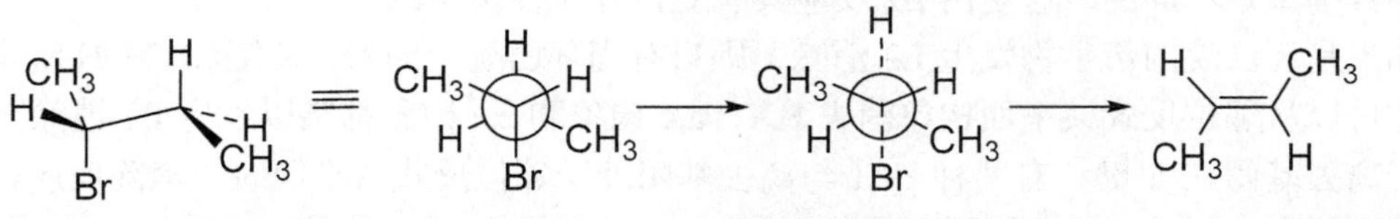

R-2-溴丁烷，两个甲基对位交叉式、能量低　虚线代表消除原子所在的键　(*E*)-丁-2-烯(主要产物)

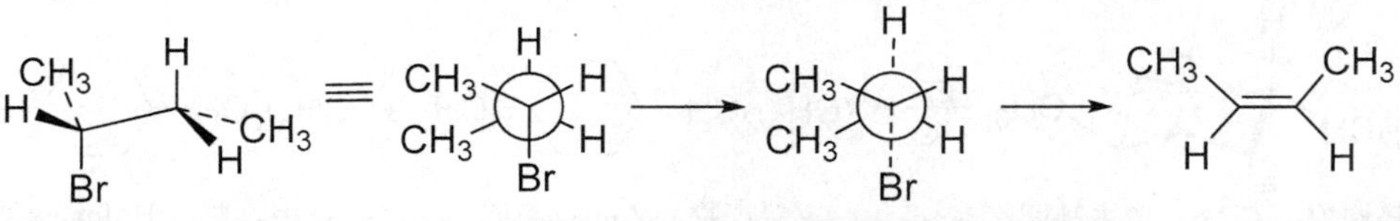

R-2-溴丁烷，两个甲基邻位交叉式、能量高　虚线代表消除原子所在的键　(*Z*)-丁-2-烯(次要产物)

另一方面，从对位交叉式构象进行 E2 反应，由于 H^+离去，在 C^β 原子上出现的电子对将从 C^α—X 键背面接近 C^α 原子，促进卤素带着一对电子离去，这就使得进入和离开的电子对保持尽可能远的距离，减少了电子对之间的排斥力，形成的过渡态能量低。

所以，E2 反应是以对位交叉式构象(邻位反式共平面)进行反式消除。

再如，2-氯-3-甲基戊烷含有两个不相同的手性碳原子，有四个构型异构体：

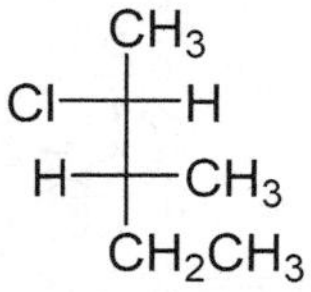
Ⅰ (2*R*,3*R*)-2-氯-3-甲基戊烷

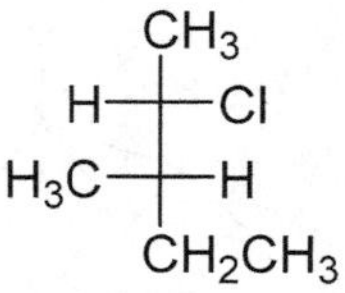
Ⅱ (2*S*,3*S*)-2-氯-3-甲基戊烷

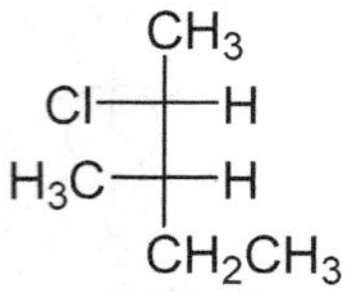
Ⅲ (2*R*,3*S*)-2-氯-3-甲基戊烷

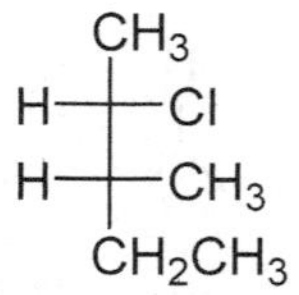
Ⅳ (2*S*,3*R*)-2-氯-3-甲基戊烷

Ⅰ和Ⅱ是一对对映体，Ⅲ和Ⅳ是一对对映体。这四个构型异构体分别进行 E2 反应时，分子中的共价键 $C^2—C^3$ 旋转，主要采取稳定的对位交叉式构象进行反式消除，得到相应的产物。反应过程如下：

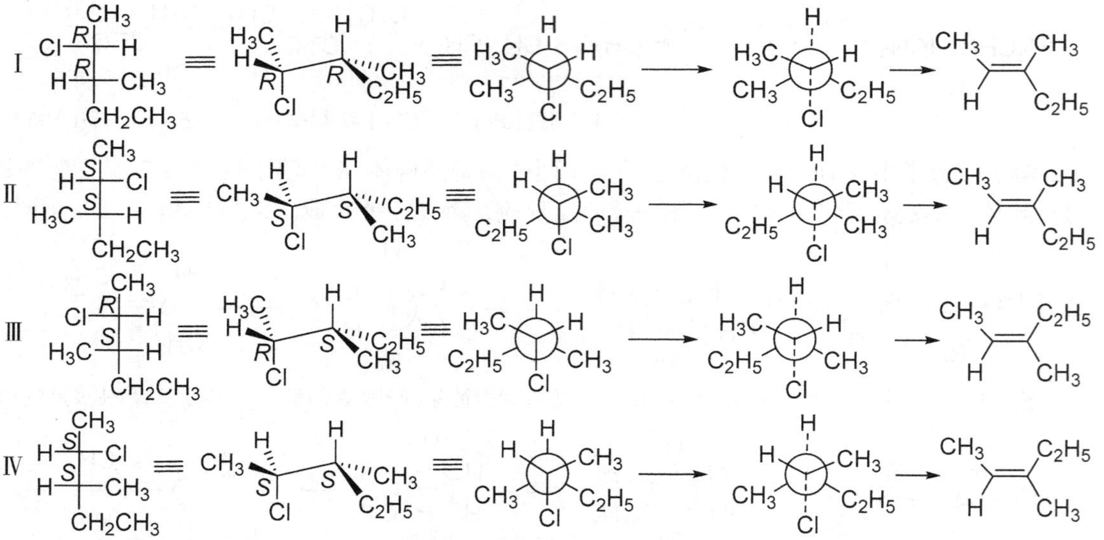

显然，对映体Ⅰ和Ⅱ、Ⅲ和Ⅳ进行 E2 反应所得产物其构型是相同的，非对映体所得到的产物其构型是不同的，这是由 E2 反应具有立体专一性决定的。

如果是环己烷的衍生物发生 E2 消除，则只有当环己烷上的 C—X 键和 C—H 键都是 a 键时，才可以从邻位反式共平面构象消去 HX，a,e 构象和 e,e 构象都难以发生 E2 消除。

当离去基团在 a 键，有两种 *β*-H 与离去基团处于邻位反式共平面时，消除反应得到两种产物，主要发生 Zaitsev 消除。例如：

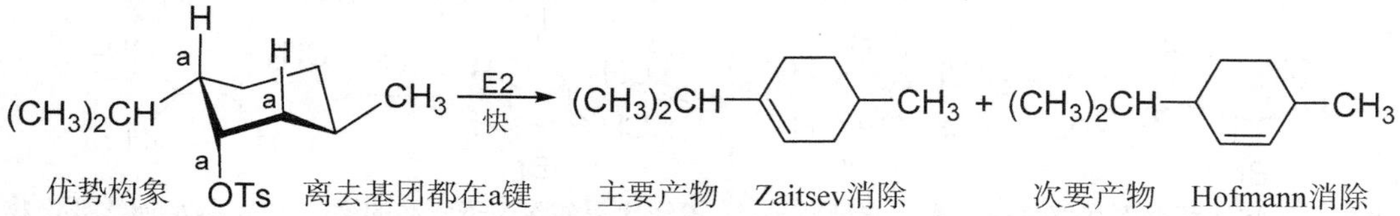

优势构象　离去基团都在a键　主要产物　Zaitsev消除　次要产物　Hofmann消除

当离去基团在 e 键，不和 *β*-H 处在邻位反式共平面构象，不能进行 E2 消除，首先要转变成离去基团在 a 键的较高能量的构象，有与之处于邻位反式共平面的 *β*-H，才能进行 E2 消除，生成烯烃。整个反应过程比较慢。

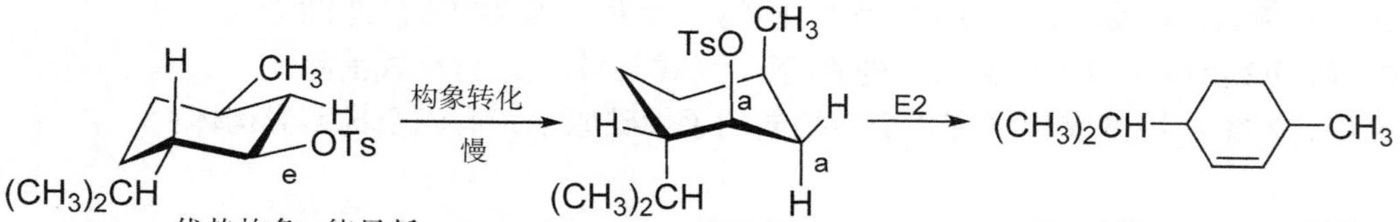

优势构象　能量低　　能量高　　唯一产物　Hofmann消除

8.4.2　单分子消除(E1)反应机理

与 S_N1 反应相似，E1 反应也是分两步进行的。第一步是卤代烷分子在溶剂中先离解为碳正离子，第二步是在 β-C 上脱去一个质子，同时在 α-C 和 β-C 之间形成一个双键。例如，叔戊基溴在乙醇中生成烯烃的溶剂解反应是 E1 机理。

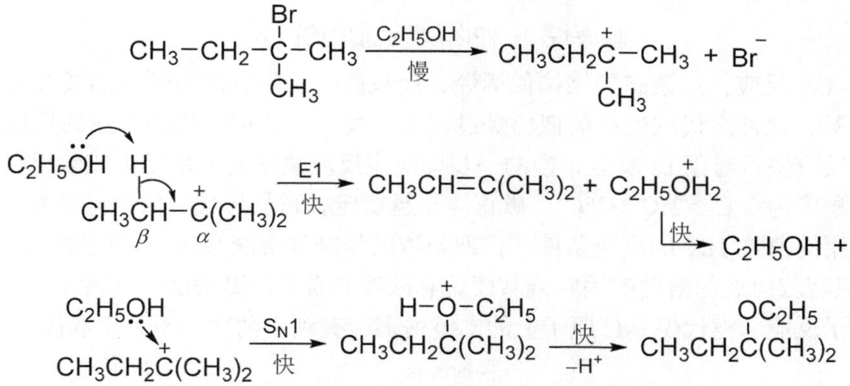

从以上反应机理可以看出，E1 和 S_N1 反应经常是同时发生的两个互相平行、互相竞争的反应。乙醇既具有碱性，又具有亲核性，如果乙醇分子进攻叔戊基正离子的 α-C 原子时，发生 S_N1 反应；夺取 β-H 时，发生 E1 反应。

叔戊基溴在乙醇中的消除反应速率方程为 $v = k$[叔戊基溴]，反应速率只与底物浓度成正比，与碱的浓度乙醇无关。叔戊基溴在乙醇中的消除反应是溶剂解反应，由于溶剂大量存在，在反应中浓度可以认为是保持不变的，因此在动力学上无法判断溶剂解是 E2 机理还是 E1 机理。在反应中加入 CH_3CH_2OH 的共轭碱 $CH_3CH_2O^-$，如果反应速率仍然没有变化，显然不可能是 E2 机理，只能是 E1 机理。

只有能形成稳定的碳正离子中间体的反应物，才能通过 E1 机理进行消除反应。相对于 E2 消除反应要求用强碱，而 E1 消除用弱碱即可完成。

只要烷基的构造允许，E1 消除伴随有重排反应。例如：

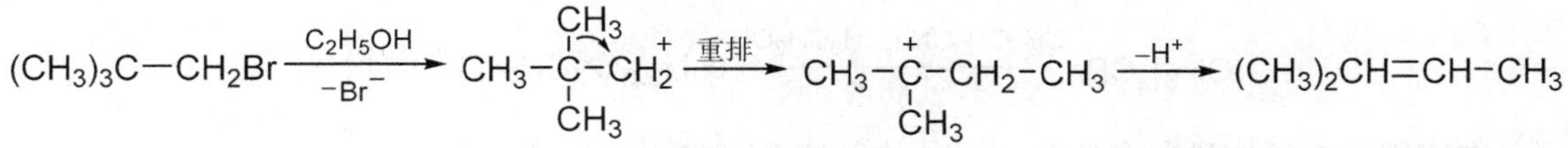

E1 消除与 E2 消除一样，当卤代烷有两种不同的 β-H 时，产物遵循 Zaitsev 规则，生成最稳定的烯烃。

对于 E1 消除，产物烯烃来自于碳正离子消去 β-C 上的氢，而碳正离子是平面形的，以单键连接 C^β，C^α—C^β 键可以旋转以形成烯烃两个可能的构型异构体。因为第二步消去氢很快，使得形成 Z 和 E 异构体过渡态的能量相差很小，给出最稳定异构体的选择性也很小，产物 Z 和 E 异构体比例接近于 1。所以 E1 消除没有立体选择性。

8.5　影响 E2/E1 和 E/S_N 反应的因素

在卤代烷的反应中，亲核取代反应常与消除反应同时发生并相互竞争，亲核试剂既可以进攻 α-C 发生亲核取代反应，也可以夺取 β-H 发生消除反应。取代产物和消除产物的比例受反应物结构、试剂、溶剂、温度等多种因素的影响。对影响取代反应和消除反应的各种因素进行研究，可以为有效控制反应提供依据，具有重要意义。

8.5.1 卤代烷结构的影响

卤代烷的消除反应无论是按 E2 机理还是按 E1 机理进行，其活性顺序为

叔卤烷 > 仲卤烷 > 伯卤烷

因为对于 E2 反应，过渡态的结构似烯烃，而叔卤代烷生成的似烯烃的过渡态双键碳上带有较多的烷基，比仲卤代烷生成的似烯烃过渡态要稳定，比伯卤代烷生成的更稳定，稳定的容易生成，反应快。对于 E1 反应，慢的一步即决定反应速率的一步是生成碳正离子，碳正离子的稳定性顺序为 $3°C^+>2°C^+>1°C^+$。碳正离子越稳定，越易形成，E1 反应越快。

在通常采用的消除 HX 的反应条件下，即与浓的强碱醇溶液共热，卤代烷消去 HX 一般是 E2 反应。只有叔卤烷的溶剂解消除或叔卤烷和浓度非常低的碱消除，才发生 E1 反应。

对于双分子反应，卤代烷 α-C 原子上的支链增多，有利于消除，不利于取代。

E2　活性增强 →

伯卤代烷　仲卤代烷　叔卤代烷

← S_N2　活性增强

这是因为：①卤代烷 α-C 上支链越多，对于进攻 α-C 原子的试剂产生的空间位阻越大，越不利于 S_N2 反应进行；②卤代烷 α-C 上的支链越多，对似烯烃过渡态的稳定作用越大，越有利于 E2 反应进行；③卤代烷 α-C 上支链越多，β-H 的数目也就随着增多，从统计因素来看，越有利于试剂夺取 β-H 进行 E2 反应。

由于上述原因，当卤代烷与碱性较强的亲核试剂(如 HO^-、RO^-、CN^-、NH_3 等)发生反应时，只有伯卤代烷能够较好地发生 S_N2 反应，生成取代产物。叔卤代烷一般不进行 S_N2 反应，而是进行 E2 反应生成烯烃。例如：

$$CH_3CH_2CH_2CH_2Br \xrightarrow[55℃]{CH_3CH_2ONa,CH_3CH_2OH} CH_3CH_2CH_2CH_2OCH_2CH_3 \quad \text{(主产物)}$$

$$(CH_3)_3CBr \xrightarrow[55℃]{CH_3CH_2ONa,CH_3CH_2OH} (CH_3)_2C{=}CH_2 \quad \text{(主产物)}$$

在应用 S_N2 反应进行合成时，必须注意这个事实。

对单分子机理，卤烷 α-碳原子上支链增多，有利于消除。

8.5.2 离去基团的影响

离去基团对 E2 和 E1 的反应速率均有影响，好的离去基团相对来说更有利于 E1 反应。不同卤代烃消除反应的活性为：RI > RBr > RCl > RF。

8.5.3 进攻试剂

进攻试剂影响 E2 反应速率，但是对 E1 反应速率没有影响。进攻试剂的碱性越强，浓度越大，E2 的反应速率越大。浓的强碱加速 E2 反应，促使反应从 E1 向 E2 转变。实际上，使用浓的强碱进行消除反应，一般是 E2 反应。在实验室中，常用的强碱有 $NaOH/H_2O$、RONa/ROH、$NaNH_2/NH_3$(液)等。

对比消除与取代，浓的强碱有利于消除，既有利于 E2，也有利于 E1。例如：

$$(CH_3)_2CH{-}Br + C_2H_5ONa \xrightarrow{C_2H_5OH} \underset{21\%}{(CH_3)_2CH{-}O{-}C_2H_5} + \underset{79\%}{CH_3{-}CH{=}CH_2}$$

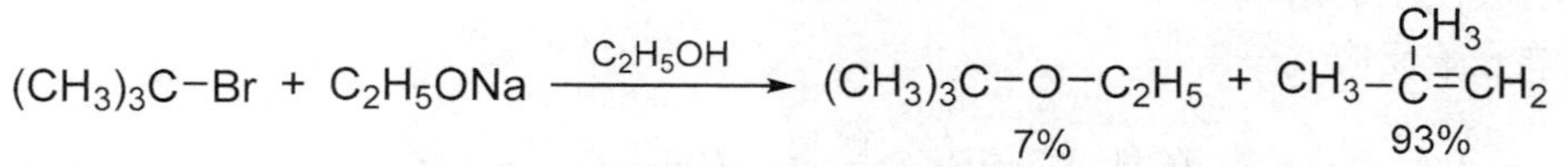

卤代烷的溶剂解反应或在很弱的碱的溶液中反应，有利于亲核取代反应，消除反应很少。例如：

$$(CH_3)_2CH{-}Br \xrightarrow[55℃]{C_2H_5OH} \underset{97\%}{(CH_3)_2CH{-}O{-}C_2H_5} + \underset{3\%}{CH_3{-}CH{=}CH_2}$$

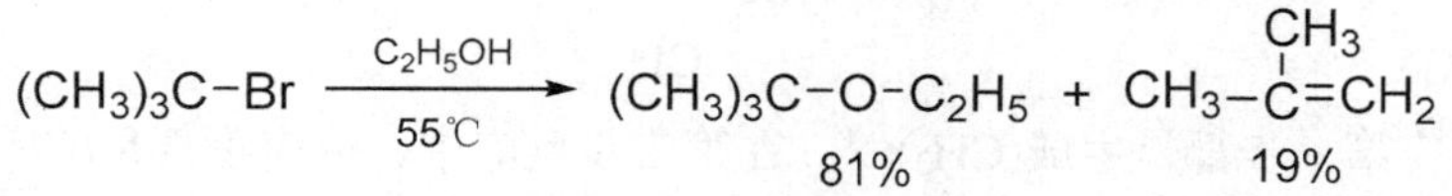

进攻试剂的体积也影响 E/S_N 比。体积增大有利于消除，不利于取代。因此，为了进行消除反应，使用$(CH_3)_3CONa$(叔丁醇溶液)作为进攻试剂，比使用 CH_3CH_2ONa (乙醇溶液)效果好。因为体积较大的离子$(CH_3)_3CO^-$进攻空间阻碍较大的 α-C 进行取代难，而夺取 β-H 进行消除容易。

进攻试剂是强的亲核试剂，有利于 S_N2 反应。例如：

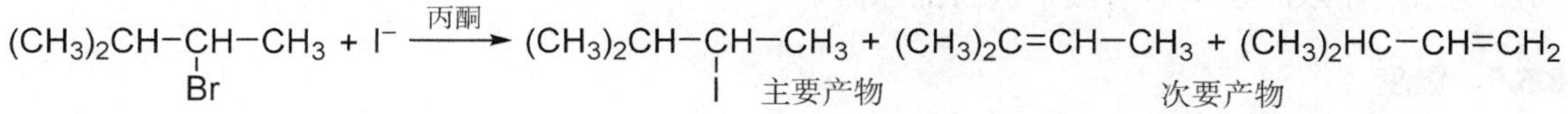

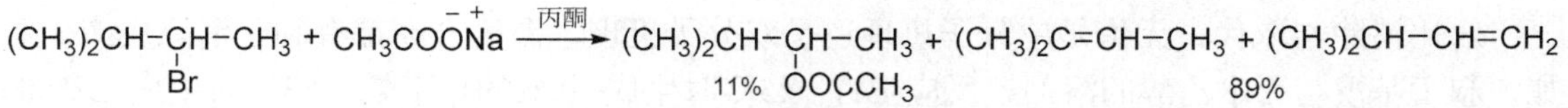

对于双分子反应，I^-(强酸 HI 的共轭碱)是弱碱，但 I^-体积大，易给出电子，可极化性强，是强的亲核试剂，有利于取代，所以取代产物为主；CH_3COO^-是强碱(弱酸 CH_3COOH 的共轭碱)，有利于消除，所以消除产物为主。

8.5.4　溶剂

溶剂的性质影响 E2 和 E1 的反应速率。增大溶剂的极性明显地有利于 E1 反应。

对比消除与取代，增大溶剂的极性有利于取代，不利于消除；减小溶剂的极性有利于消除，不利于取代。所以为了进行消除，要选用极性小的溶剂。对于羟基溶剂，乙醇要比水好。例如，在碱作用下溴乙烷的反应：

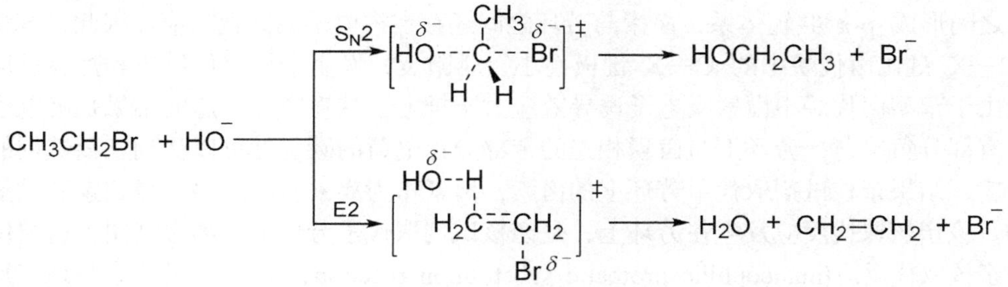

上述反应中，反应物为 CH_3CH_2Br 和 HO^-，负电荷集中在 HO^-上，而在 S_N2 和 E2 过渡态上负电荷则是分散的，增大溶剂的极性不利于电荷分散的过渡态的形成。E2 过渡态电荷分散比 S_N2 更大，所以增大溶剂的极性对 E2 过渡态的形成更为不利。因此，为了进行 E2 反应，要使用极性小的溶剂。

对于单分子反应：

$$(CH_3)_3C—Br \xrightarrow{\text{慢}} (CH_3)_3C^+ + Br^-$$

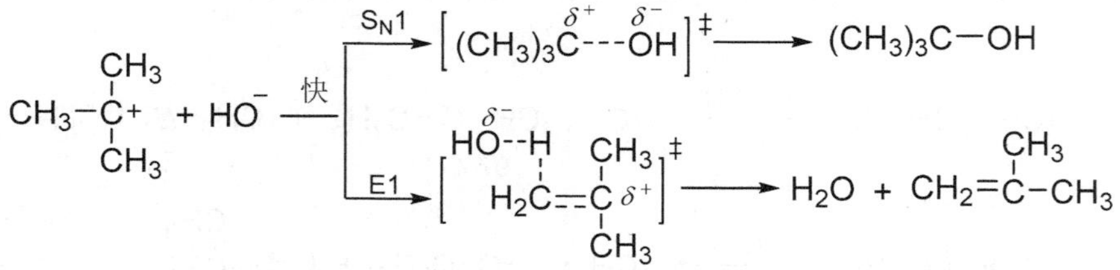

S_N1 和 E1 反应第一步都是生成$(CH_3)C^+$。在第二步反应中，反应物都是$(CH_3)_3C^+$和 HO^-，电荷分别集中在两个离子上，在 S_N1 和 E1 过渡态上电荷都是分散的，而 E1 的过渡态电荷分散的程度更大，所以增大溶剂的极性对 E1 反应更为不利。因此，进行 E1 反应需选用极性较小的溶剂。

总之，对于 E1 和 E2 反应，极性较小的溶剂(如乙醇)有利于消除，而极性较大的溶剂(如水)有利于取代。这就是卤代烷水解反应是在稀的 NaOH 溶液中进行，而卤代烷消去卤化氢的反应总是在浓的强碱醇溶液中进行的原因。

8.5.5　温度

对比消除与取代，无论是单分子机理还是双分子机理，温度升高都有利于消除反应。例如，叔丁基溴与无水乙醇的溶剂解反应(E1)，25℃时生成 19%的异丁烯，55℃时生成 28%的异丁烯。这是因为在第二步由碳正离子转变成产物时，E1 反应断裂 C^{β}—H 键形成过渡态需要的活化能比 S_N1 需要的活化能高。因此，加热有利于 E1 反应的进行，低温有利于 E2 反应的进行。

综上所述，对于一个给定的卤代烷，对比消除与取代，进攻试剂的碱性强、浓度大、溶剂的极性小、反应温度高都有利于消除，反之则有利于取代。

8.6　芳香亲核取代反应

对于苯型卤代烃，卤素除了有吸电子的诱导效应外，由于卤素直接连接在芳环上，卤素与芳环之间形成 p-π 共轭体系，卤素与芳环之间还存在推电子的共轭效应。因此，苯型卤代烃中 C—X 键比卤代烷中的 C—X 键极性小、难断裂，发生亲核取代反应和消除反应活性低。但由于苯型卤代烃中卤素吸电子诱导效应大于推电子共轭效应，总的结果是吸电子的，卤素带有部分负电荷，芳环上与卤素相连的带部分正电荷的碳仍然可以受到亲核试剂的进攻发生反应，结果亲核试剂取代了芳环上的卤素，卤素作为离去基团离去，得到亲核试剂取代的产物。该亲核取代反应发生在芳环上，是亲核试剂取代了芳环上的离去基团，这类反应称为芳香亲核取代反应(nucleophilic aromatic substitution reaction，S_NAr)。芳香亲核取代反应有多种类型，本节讨论加成-消除(S_N2Ar)反应机理和消除-加成(苯炔中间体)反应机理。

8.6.1　加成-消除(S_N2Ar)反应机理

苯型卤代烃亲核取代反应难，在一般的反应条件下，卤苯不与 NaOH、NaOR、NH_3、NaCN 反应，只有在强烈的条件下才能发生苯环上的亲核取代。例如，氯苯的水解、氨解不仅要加入催化剂，而且需要在高温高压下才可以进行。

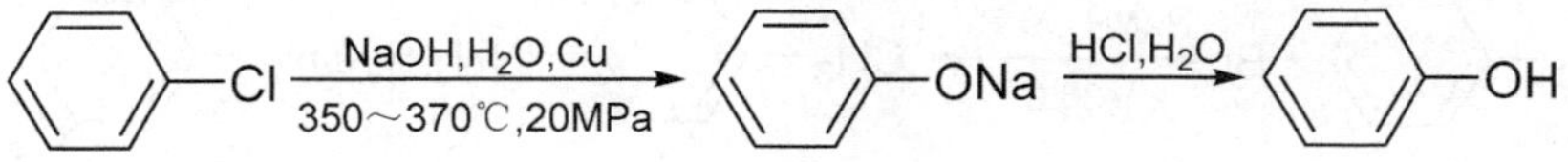

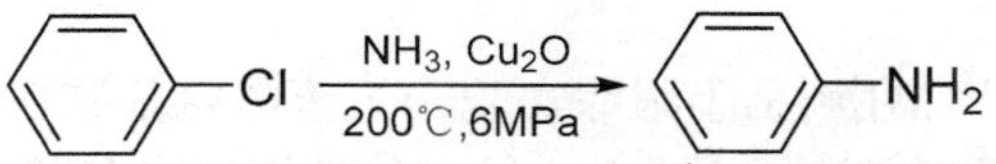

如果在卤苯的环上连有强的吸电子取代基，尤其是连在离去基团卤原子的邻位或/和对位时，C—X 键的极性增加，卤原子被亲核取代变得容易。

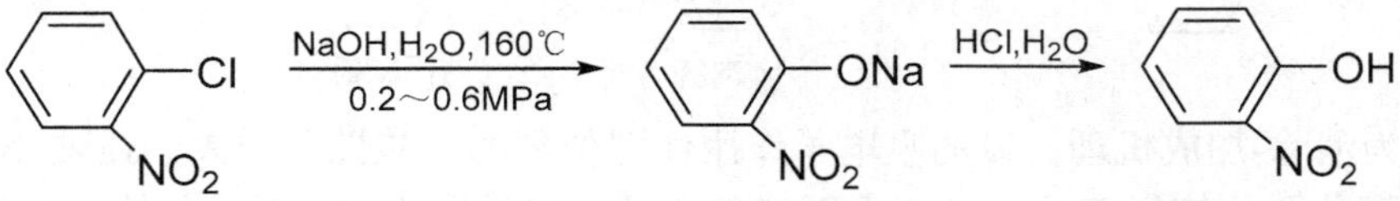

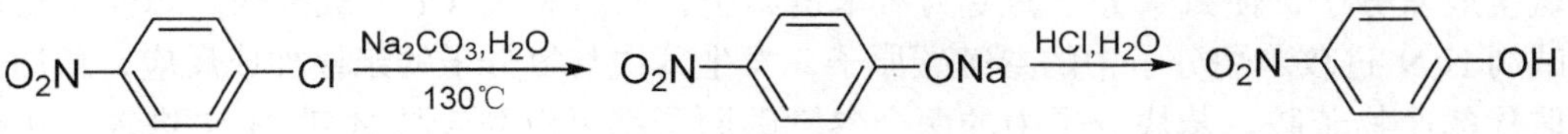

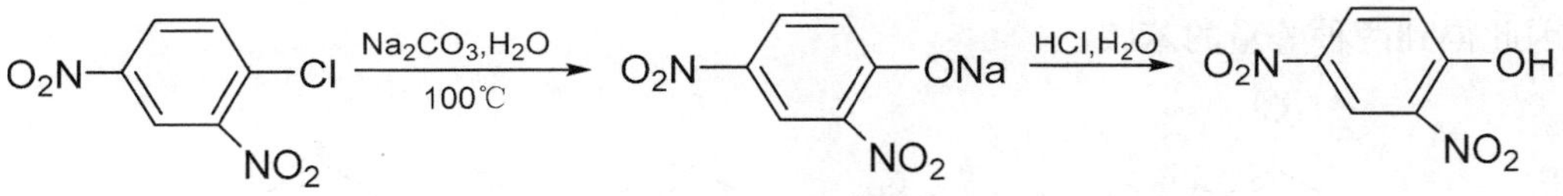

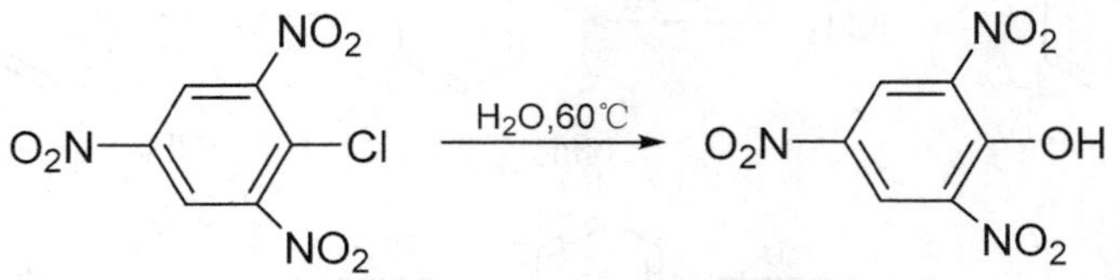

此类反应是加成-消除反应机理。首先，亲核试剂进攻与离去基团连接的带部分正电荷的碳原子，进行芳环的亲核加成反应，破坏了芳环的共轭结构形成碳负离子，这一步反应速率较慢，是控速步骤，需要吸收较多的能量，反应速率 $v = k[PhX][Nu^-]$，这是一个二级反应；然后碳负离子脱去 X^-，恢复芳环的闭环共轭结构，得到取代产物，这一步反应较快。整个取代反应的过程是发生在芳环上的双分子亲核取代反应，用 S_N2Ar 表示。

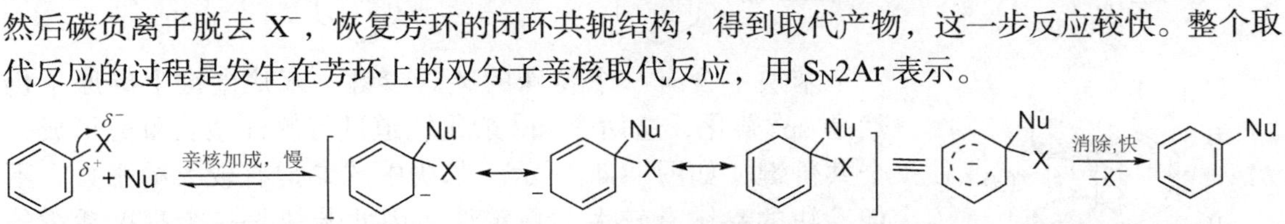

决速步骤形成活性中间体碳负离子，碳负离子越稳定越容易形成，反应速率越快。显然，在离去基团的邻位和/或对位有强的吸电子基团，可以增加 C—X 键的极性，有利于亲核试剂的进攻，吸电子的结果使形成的碳负离子带负电荷减少，稳定性增加，反应速率加快。

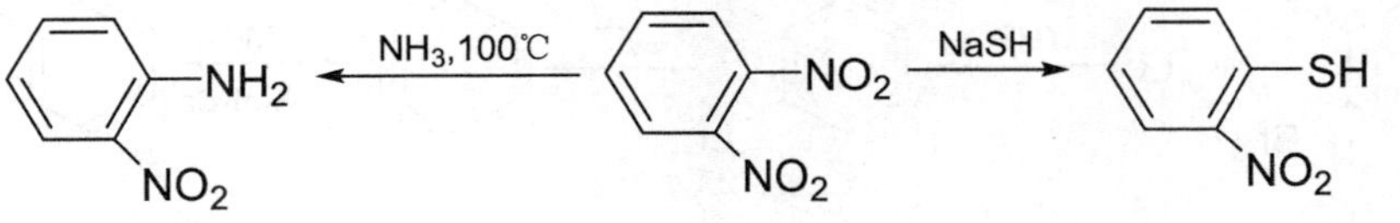

8.6.2　消除-加成(苯炔中间体)反应机理

苯型卤代烃在一般条件下很难进行亲核取代反应，但用强碱氨基钠($NaNH_2$)与苯型卤代烃作用，卤素被氨基取代。

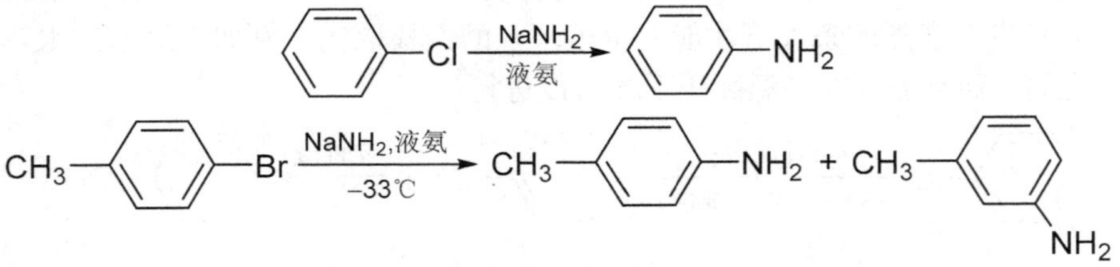

如果此反应用同位素 ^{14}C(用*标记)跟踪实验，氯苯与氨基钠在液氨中反应，可以得到两种几乎等量的苯胺，一种是氨基连在 ^{14}C 上，另一种是氨基连在 ^{14}C 的邻位上。

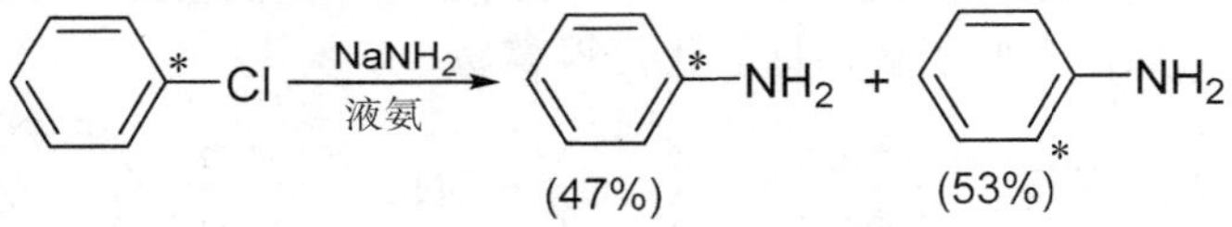

此反应为消除-加成机理。氯的吸电子作用使邻位氢的“酸性”增大，强碱 $NaNH_2$ 夺取这个氢生成氨分子，使氯苯分子转变为氯苯负离子，然后脱去 Cl^-形成苯炔。苯炔不稳定，亲核试剂 H_2N^-进攻苯炔分子中的叁键碳原子，发生苯炔与氨分子的亲核加成反应，最后得到亲核取代的产物苯胺。苯炔分子中的两个叁键碳原子都可以被亲核试剂 H_2N^-进攻，机会均等，因此得到两种等量的苯胺。

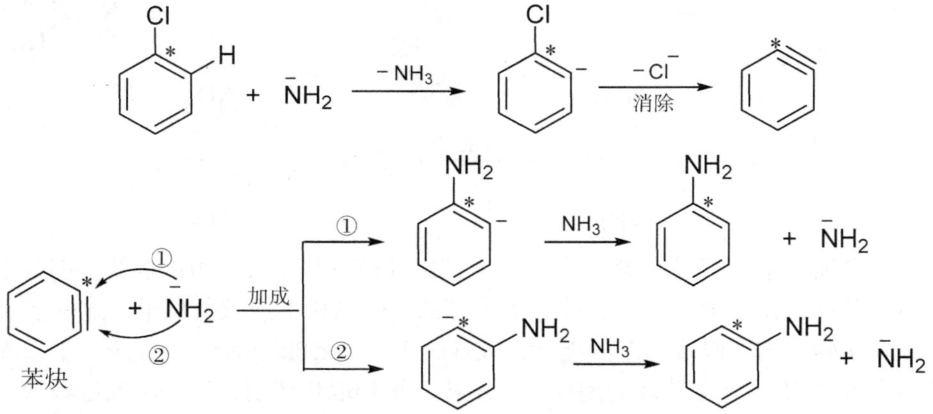

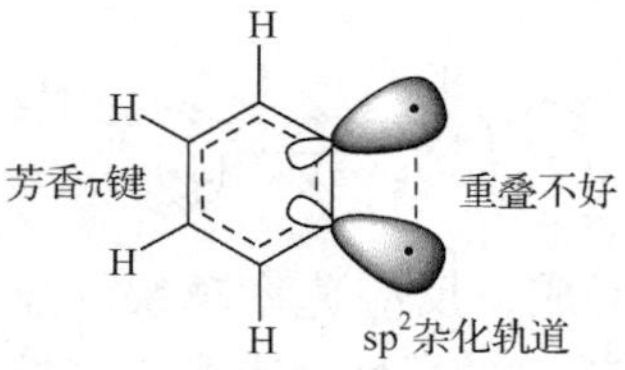

图 8.4　苯炔的结构

苯炔中含有一个特殊的碳碳叁键，苯炔叁键上碳原子仍然是 sp^2 杂化，这两个 sp^2 杂化轨道进行侧面微弱重叠形成一个共价键，如图 8.4 所示。苯炔中的叁键有较大的张力，不像乙炔的叁键有较大的稳定性，因此苯炔是一个高度活泼的中间体。

苯炔还可以由以下方法形成：

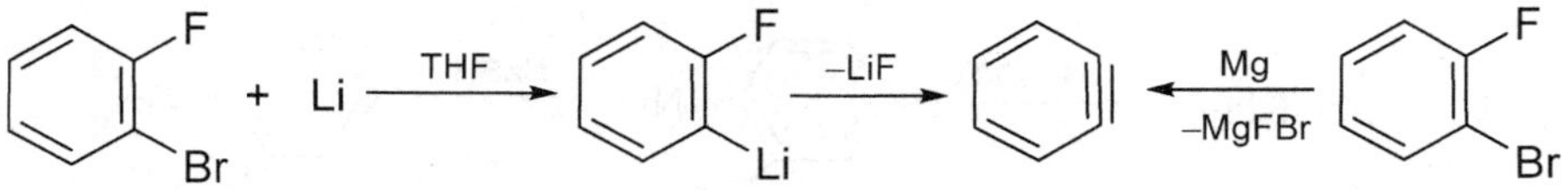

苯炔的典型反应是 Diels-Alder 反应及类似炔烃的反应：

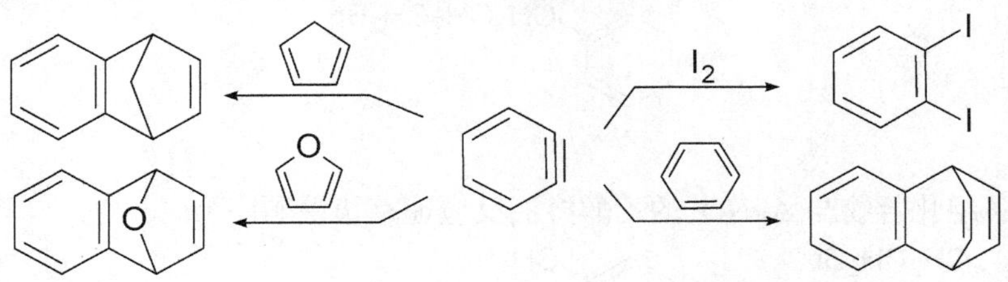

习　题

8.1　写出 1-溴丁烷与下列试剂反应的主要产物。

(1) NaOH 水溶液　(2) Mg，干醚　(3) (2)的产物+D_2O

(4) 浓 KOH，乙醇　(5) NaI，丙酮　(6) NaCN

(7) $CH_3C\equiv CNa$　(8) CH_3COONa　(9) NH_3(过量)

(10) $NaOCH_3$　(11) 苯，$AlCl_3$　(12) Na　(13) $AgNO_3$，乙醚

8.2　完成下列反应方程式。

(1) $CH_3CH{=}CH_2$

$\xrightarrow{HBr}$? $\xrightarrow{NaCN}$?

$\xrightarrow{HBr,过氧化物}$? $\xrightarrow{H_2O/KOH}$?

$\xrightarrow{Cl_2,500℃}$? $\xrightarrow{Cl_2/H_2O}$?

(2) 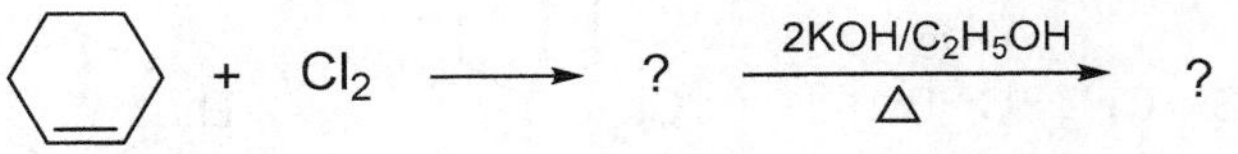

(3) 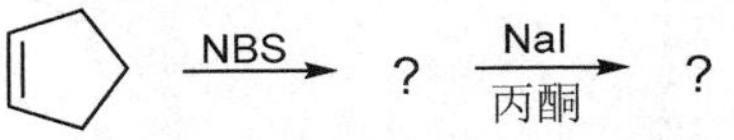

(4) $n\text{-}C_3H_7Br \xrightarrow{Mg/干醚}$? $\xrightarrow{HC\equiv CCH_3}$?

(5) 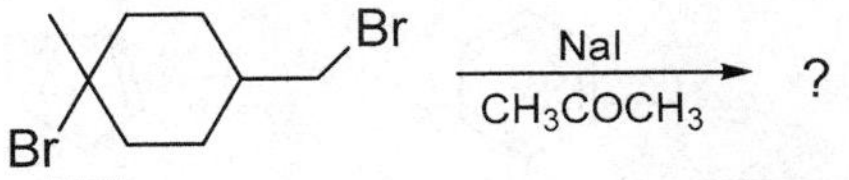

(6) 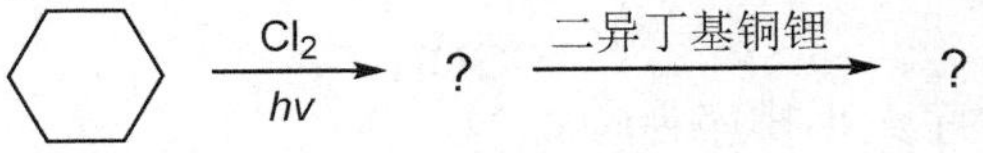

(7) $ClCH{=}CHCH_2Cl \xrightarrow[CH_3COOH]{CH_3COONa}$?

(8) $CH_3CH{=}CH_2 \xrightarrow{Cl_2}$? $\xrightarrow{2KOH,\ 醇}$?

(9) 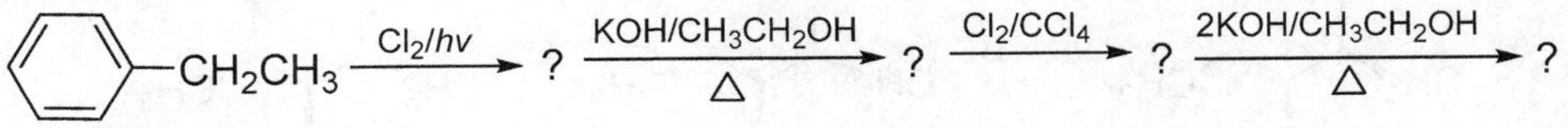

8.3　按要求回答下列各题。

(1) 下列异构体中，能进行 S_N2 反应，而无 E2 反应的是(　　)。

A. 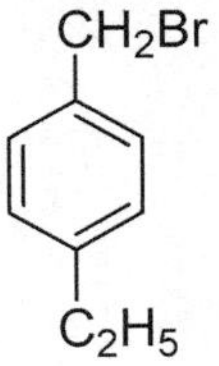

B. 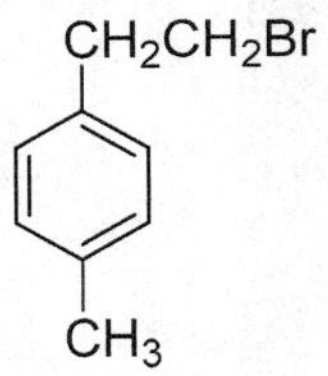

C. 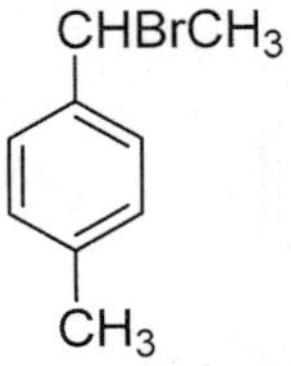　　D. 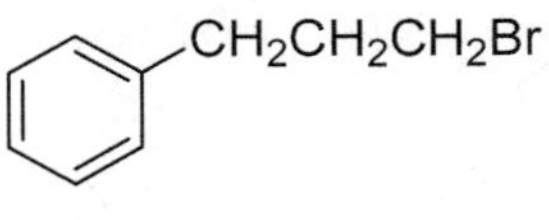

(2) 下列各组化合物与 $AgNO_3$ 的乙醇溶液反应速率快慢顺序为(　　)。

A. 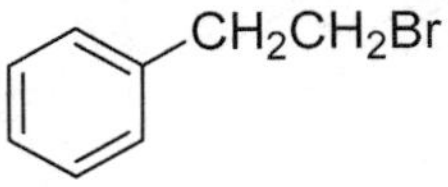　　B. 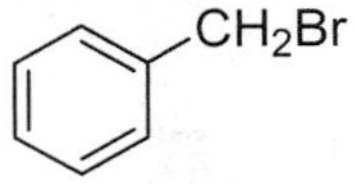

C. 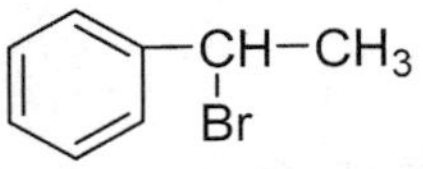　　D. 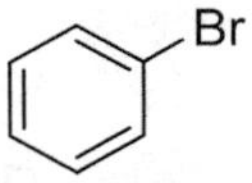

(3) 下列化合物进行消除反应的活性顺序为(　　)。

A. 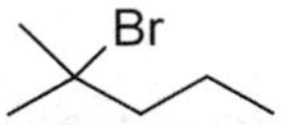　　B. 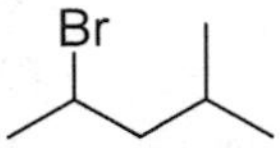　　C. 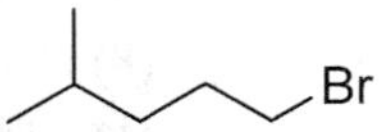

(4) 下列化合物在 NaI 的 CH_3COCH_3 溶液中反应的快慢顺序为(　　)。

A. 3-溴丙-1-烯　　B. 溴乙烯　　C. 1-溴丁烷　　D. 2-溴丁烷

(5) 下列化合物在 2% $AgNO_3$ 的 EtOH 溶液中反应的快慢顺序为(　　)。

A. CH_3CH_2Cl　　B. $(CH_3)_2CHCl$　　C. $(CH_3)_3CCl$

(6) 下列化合物进行 S_N1 反应最快的是(　　)，最慢的是(　　)。

A. $\mathrm{CH_3-\underset{CH_3}{\overset{CH_3}{C}}-CH_2Br}$　　B. $\mathrm{CH_3-\underset{CH_3}{\overset{CH_3}{C}}-Br}$　　C. 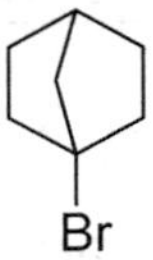　　D. 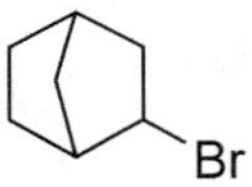

(7) 下列化合物能与镁反应生成格氏试剂的是(　　)。

A. 　　B. 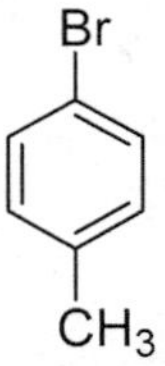　　C. 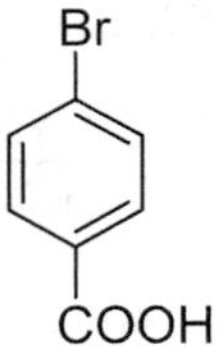　　D. 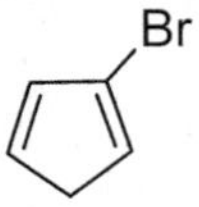

(8) 将下列化合物按照 S_N2 反应活性次序大小排序为(　　)。

A. 2-溴-2-甲基丁烷　　B. 2-溴-3-甲基丁烷　　C. 1-溴戊烷　　D. 1-碘戊烷

(9) 下列化合物按 E2 消除机理，反应速率由快到慢的顺序是(　　)。

A. 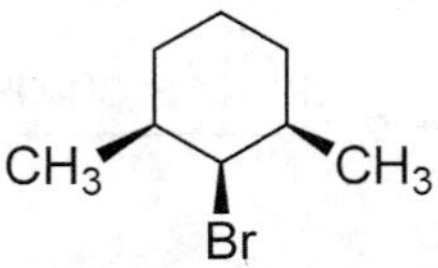　　B. 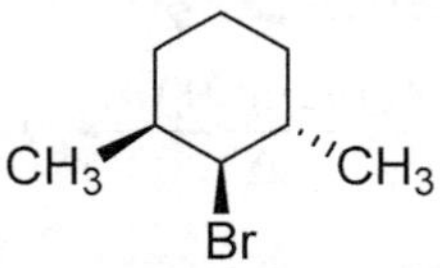　　C. 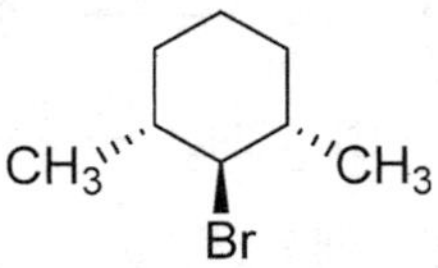

(10) 下列化合物按 E1 消除机理，反应速率由快到慢的顺序是(　　)。

A. 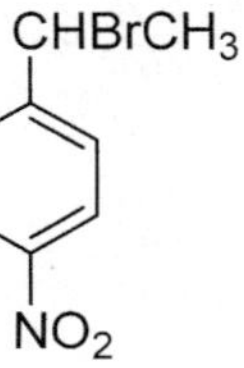　　B. 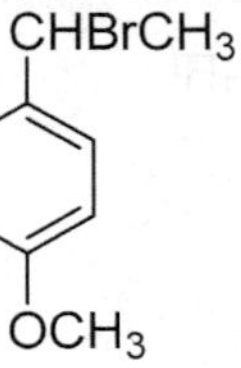　　C. 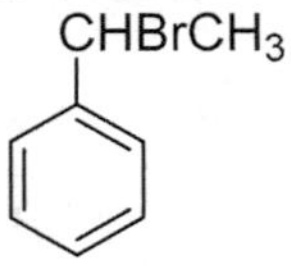

8.4　试比较下列化合物分别按 S_N2、S_N1、E2、E1 反应机理进行反应的速率。

(1) $CH_3CH_2CH_2\underset{}{C}H(Cl)CH_3$　(2) $CH_3CH_2C(Cl)(CH_3)_2$　(3) $CH_3CH_2CH_2CH_2CH_2Cl$

8.5　用简单的化学方法区别下列各组化合物。

(1) A. $CH_3CH{=}CHCl$　B. $CH_3CH{=}CHCH_2Cl$　C. $CH_3CH_2CH_2Cl$

(2) A. 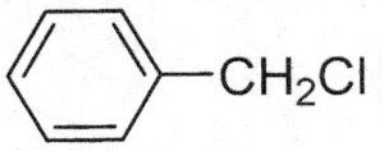 B. 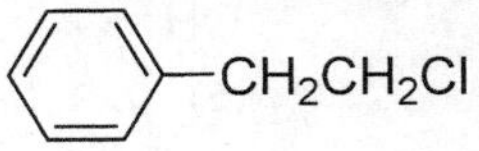 C. 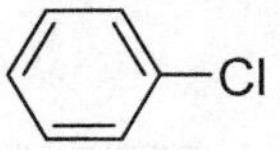

(3) A. 1-碘丁烷　B. 1-溴丁烷　C. 1-氯丁烷

(4) A. 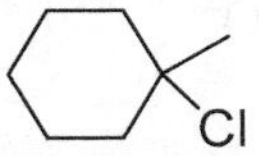 B. 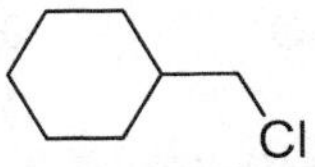 C. 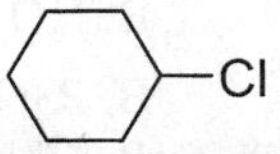

8.6　在水/乙醇溶液中，卤代烷与氢氧化钠反应，哪些具有 S_N1 机理的特点？哪些具有 S_N2 机理的特点？

(1) 增加溶剂的含水量，反应速率明显加快。
(2) 产物发生瓦尔登反转。
(3) 有重排产物。
(4) 反应速率与离去基团的性质有关。
(5) 反应速率明显与亲核试剂的亲核性有关。
(6) 仲卤代烷反应速率小于叔卤代烷。

8.7　下列合成路线中有无错误？若有，请指出。

(1) $CH_3CH{=}CH_2 \xrightarrow{HOBr} CH_3CHBrCH_2OH \xrightarrow{Mg} \xrightarrow[2)H_3O^+]{1)HCHO} HOCH_2CH(CH_3)CH_2OH$

(2) $CH_2{=}CHCH_2CH_3 \xrightarrow[Cl_2]{>500℃} CH_2{=}CHCHClCH_3 \xrightarrow{KOH,EtOH} CH_2{=}C{=}CHCH_3$

(3) $(CH_3)_2C{=}CHCH_3 + HCl \longrightarrow (CH_3)_2C(Cl){-}CH_2CH_3 \xrightarrow{NaCN} (CH_3)_2C(CN)CH_2CH_3$

(4) $(CH_3)_2C{=}CH_2 + HBr \xrightarrow{hv} (CH_3)_3C{-}Br \xrightarrow{CH_3ONa} (CH_3)_3C{-}ONa$

(5) $HC{\equiv}CH \xrightarrow{HCl} CH_2{=}CHCl \xrightarrow{CH_3ONa} CH_2{=}CH{-}OCH_3$

8.8　写出 2,3-二氯丁烷在叔丁醇钠的叔丁醇溶液中进行消除反应，得到两个顺反异构体的反应机理。

8.9　下面所述各条件对于 S_N1 和 S_N2 的反应速率的增加是否有利？

(1) 增大反应物 R—X 或亲核试剂的浓度。
(2) 增加溶剂的极性。
(3) 反应物 RX 的 α-碳上的烷基数目增加。
(4) 反应物 RX 的离去基(X^-)的碱性增加。
(5) 亲核试剂的亲核性增加。

8.10　在 2-氯丁烷消除氯化氢的反应中，如何用构象分析解释产物顺-丁-2-烯与反-丁-2-烯的比例为 1：6？

8.11　用立体结构写出下列两个反应的机理，并解释立体化学问题。

(1) 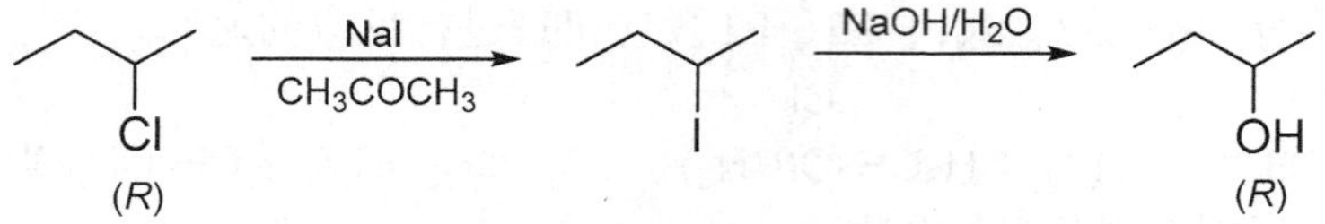

(2) 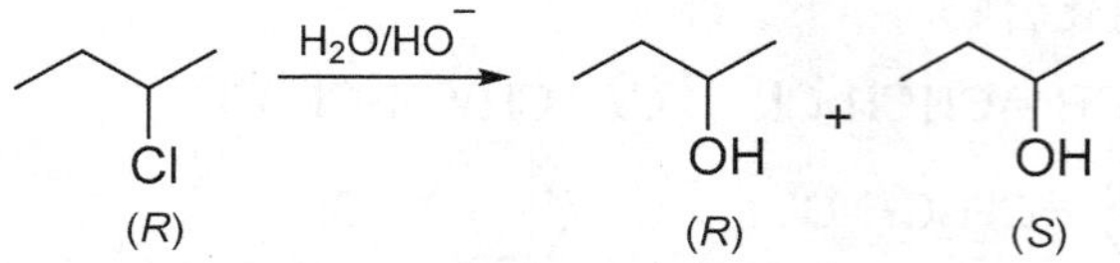

8.12　将下列基团按亲核性强弱排列成序。

(1) A. $C_2H_5O^-$　B. HO^-　C. $C_6H_5O^-$　D. CH_3COO^-

(2) A. R_3C^-　B. R_2N^-　C. RO^-　D. F^-

8.13　以下化合物能否直接用来制备格氏试剂？为什么？

(1) $ClCH_2CH_2CH_2OH$　(2) $BrCH_2CH_2COOH$　(3) $CH_3CH{=}CHCl$

(4) CH_3COCH_2Br　(5) 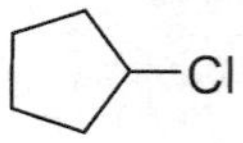　(6) $HC{\equiv}CCH_2CH_2CH_2Br$

8.14　完成下列转化。

(1) 

(2) 

(3) $CH_3CH{=}CH_2 \longrightarrow HC{\equiv}CCH_2OH$

(4) $CH_2{=}CHCH{=}CH_2 \longrightarrow NC(CH_2)_4CN$

(5) $CH_3CH(OH)CH_3 \longrightarrow CH_3CH_2CH_2Cl$

(6) $CH_3CH{=}CH_2 \longrightarrow CH_3C{\equiv}CCH_2CH_2CH_3$

(7) 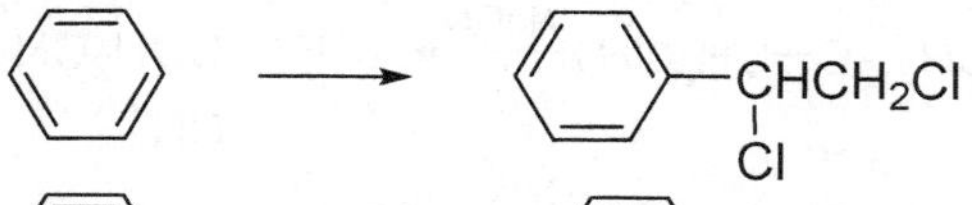

(8) 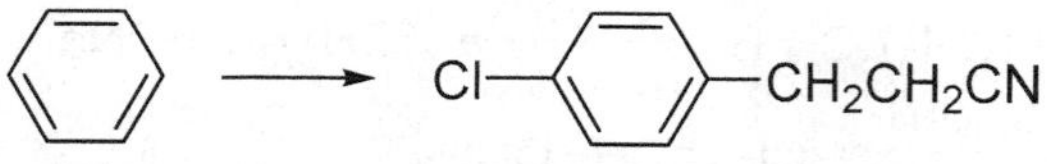

(9) $HC{\equiv}CH \longrightarrow CH_3(CH_2)_4CHO$ ， $CH_3(CH_2)_3COCH_3$

8.15　同分异构体 A 和 B($C_6H_{11}Cl$)不溶于浓 H_2SO_4，A 经脱 HCl 生成一种物质 C(C_6H_{10})，B 脱 HCl 生成分子式相同的两种物质 D(主要产物)和 E(次要产物)；C 经 $KMnO_4$ 氧化后得 $HOOC(CH_2)_4COOH$。经相同条件氧化，D 生成 $CH_3CO(CH_2)_3COOH$，E 生成唯一有机物环戊酮。试写出 A～E 的构造式。

8.16　某化合物 A(C_7H_8)，单氯化时根据反应条件不同可以得到化合物 B、C 或 D，B 和 D 进一步氯化可生成相同的邻位化合物 E($C_7H_6Cl_2$)，E 与 KCN 作用，再水解可得化合物 F($C_8H_7O_2Cl$)。试推测 A～F 的构造式。

第 9 章　醇、酚和醚

烃分子中饱和碳原子上的氢原子被羟基(—OH)取代后的化合物，称为醇(R—OH)。按分子中含羟基数目，醇分为一元醇、二元醇、三元醇等，二元以上的醇统称为多元醇。例如：

CH_3CH_2OH	$HOCH_2CH_2OH$	$HOCH_2CHOHCH_2OH$
乙醇(一元醇)	乙二醇，俗称甘醇(二元醇)	丙三醇，俗称甘油(三元醇)

另外，根据羟基所连接的碳原子级数不同，将羟基连接一级碳原子(伯碳原子)的醇称为伯醇，连接二级碳原子(仲碳原子)的醇称为仲醇，连接三级碳原子(叔碳原子)的醇称为叔醇。例如：

$CH_3CH_2CH_2CH_2OH$	$CH_3CH_2CHOHCH_3$	$(CH_3)_3C—OH$
正丁醇(伯醇)	丁-2-醇或仲丁醇(仲醇)	2-甲基丙-2-醇或叔丁醇(叔醇)

羟基与烯烃中的双键碳原子相连，称为烯醇。它很不稳定，很容易互变异构为醛或酮。

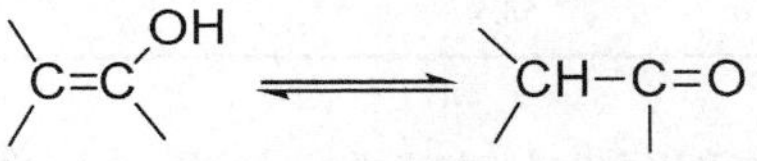

如果一个 sp^3 杂化的碳原子与两个羟基相连，这类结构的化合物很不稳定，很容易脱水，变为羰基化合物。

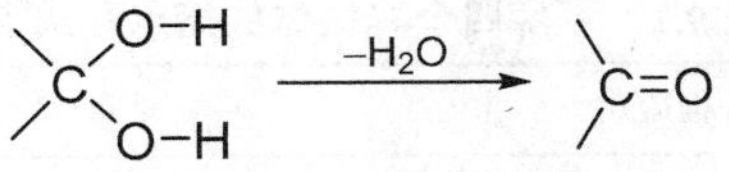

芳香烃芳环上的氢原子被羟基取代后的化合物称为酚(Ar—OH)，酚中羟基直接与芳环相连。根据酚分子中芳环上羟基的数目，可分为一元酚和多元酚。

醇和酚分子中羟基的氢被烃基取代后的化合物称为醚(R—O—R′、R—O—Ar、Ar—O—Ar′)，醚也可以看作是水分子中的两个氢原子都被烃基取代的衍生物。醚分子中的 C—O—C 键俗称醚键，是醚的官能团。醚分子中与氧相连的两个烃基相同时称为单醚，两个烃基不同时称为混醚。碳和氧共同形成环状结构的称为环醚。醇与醚互为官能团异构体。

9.1　醇的物理性质

饱和一元醇是无色的物质，在常温时低级醇是液体，高级醇是固体。表 9.1 列出一些醇的物理常数。直链饱和一元醇随着相对分子质量的增加，其沸点逐渐升高。直链饱和一元醇的熔点随着相对分子质量的增加，从 C_1 到 C_3 醇的熔点降低，从 C_4 醇起熔点升高。

表 9.1　一些醇的物理常数

名称	构造式	熔点/℃	沸点/℃	相对密度(d_4^{20})	水中溶解度/[g · (100g)$^{-1}$]
甲醇	CH_3OH	–97	64.5	0.793	∞

续表

名称	构造式	熔点/℃	沸点/℃	相对密度(d_4^{20})	水中溶解度/[g · (100g)$^{-1}$]
乙醇	CH_3CH_2OH	−115	78.3	0.789	∞
正丙醇	$CH_3(CH_2)_2OH$	−126	97.2	0.804	∞
正丁醇	$CH_3(CH_2)_3OH$	−90	118	0.810	7.9
正戊醇	$CH_3(CH_2)_4OH$	−78.5	138	0.817	2.3
正己醇	$CH_3(CH_2)_5OH$	−52	156.5	0.819	0.6
正庚醇	$CH_3(CH_2)_6OH$	−34	176	0.822	0.2
正辛醇	$CH_3(CH_2)_7OH$	−15	195	0.825	0.05
正壬醇	$CH_3(CH_2)_8OH$	−5	214	0.827	不溶
正癸醇	$CH_3(CH_2)_9OH$	6	228	0.829	不溶
正十二醇	$CH_3(CH_2)_{11}OH$	24	259		不溶
正十四醇	$CH_3(CH_2)_{13}OH$	38			不溶
正十六醇	$CH_3(CH_2)_{15}OH$	49			不溶
正十八醇	$CH_3(CH_2)_{17}OH$	58.5			不溶

饱和一元醇各异构体的沸点不同，直链醇沸点最高，支链醇沸点低，支链越多，沸点越低。表 9.2 列出丁醇四个异构体的熔点和沸点。

表 9.2　丁醇四个异构体的熔点和沸点

名称	构造式	熔点/℃	沸点/℃
正丁醇	$CH_3CH_2CH_2CH_2OH$	−90	118
异丁醇	$(CH_3)_2CH_2CH_2OH$	−108	108
仲丁醇	$CH_3CH_2CH(CH_3)OH$	−114	99.5
叔丁醇	$(CH_3)_3COH$	25.5	83

表 9.3 列出几组相对分子质量相近的醇和烷烃的沸点。可以看出，醇的沸点比与它相对分子质量相近的烷烃的高。这是因为醇分子间存在氢键，醇分子间的作用力比相对分子质量相近的、分子间不存在氢键的烷烃的大，从而使醇从液态(分子间距离较近)变到气态(分子间距离较远)比烷烃难，沸点也就比烷烃的高。

表 9.3　相对分子质量相近的醇和烷烃的沸点比较

醇及其沸点/℃	烷烃及其沸点/℃
CH_3OH，64.5	CH_3CH_3，−88.5
CH_3CH_2OH，78.3	$CH_3CH_2CH_3$，−42
$CH_3CH_2CH_2OH$，97.2	$CH_3(CH_2)_2CH_3$，0
$CH_3CH_2CH_2CH_2OH$，118	$CH_3(CH_2)_3CH_3$，36

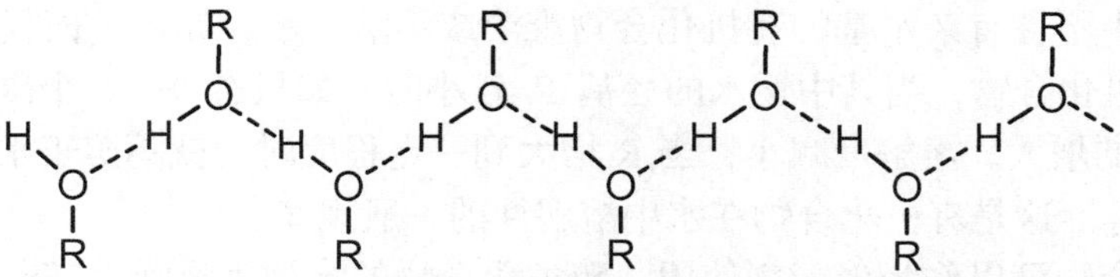

醇的沸点不但比分子间没有氢键的烷烃的高，而且一般也比分子间没有氢键的相对分子质量相近的其他类有机化合物如烯烃、炔烃、氯代烃、醚、醛、酮、酯等的沸点高。相对分子质量相近的几类有机化合物的沸点如表 9.4 所示。

表 9.4　相对分子质量相近的几类有机化合物的沸点

名称	构造式	相对分子质量	沸点/℃
正庚烷	$CH_3(CH_2)_5CH_3$	100	98
庚-1-烯	$CH_3(CH_2)_4CH{=}CH_2$	98	93
庚-1-炔	$CH_3(CH_2)_4C{\equiv}CH$	96	100
1-氯戊烷	$CH_3(CH_2)_4Cl$	106.5	108
正丙醚	$CH_3(CH_2)_2O(CH_2)_2CH_3$	102	91
乙酸正丙酯	$CH_3COOCH_2CH_2CH_3$	102	102
正己醛	$CH_3(CH_2)_4CHO$	100	131
己-2-酮	$CH_3(CH_2)_3COCH_3$	100	150
正己醇	$CH_3(CH_2)_5OH$	102	156.5

醇在水中溶解性从表 9.1 可看出，甲醇、乙醇、正丙醇无限溶于水，而从丁醇起在水中溶解性逐渐降低，从正壬醇起已完全不溶于水了。醇在水中的溶解性与醇和水分子间能形成氢键有关。醇(ROH)分子是由烃基(—R)和羟基(—OH)这两部分组成的。能与水形成氢键的基团(如羟基、羰基、羧基、氨基、磺酸基团等)为亲水基团，不能与水形成氢键的基团(一般为烃基)为憎水基团。醇中羟基(—OH)能与水分子形成氢键，是亲水基团，烃基(—R)不能与水分子形成氢键，是憎水基团。

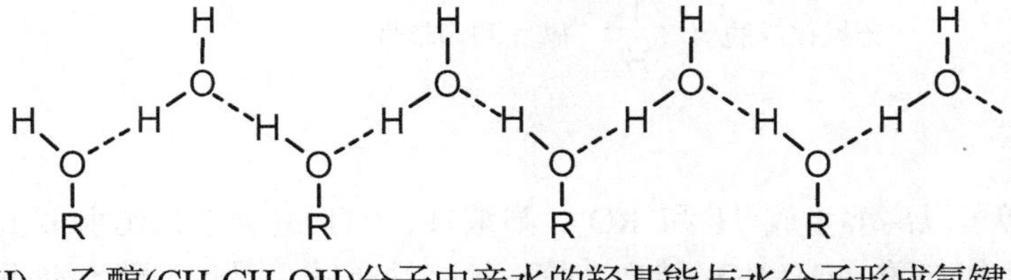

甲醇(CH_3OH)、乙醇(CH_3CH_2OH)分子中亲水的羟基能与水分子形成氢键，憎水的 R 基虽然不能与水分子形成氢键，但是 R 基碳原子数较少，碳链较短，在甲醇、乙醇分子中所占“比例”较小，结果甲醇、乙醇无限溶于水。正丁醇 $CH_3(CH_2)_3OH$、正戊醇 $CH_3(CH_2)_4OH$、正己醇 $CH_3(CH_2)_5OH$ 中虽然也有亲水的—OH，但是憎水的烃基 R 碳原子数增多，碳链增长，在醇分子中所占“比例”增大，这些醇在水中的溶解度比甲醇、乙醇小很多，并且随着 R 基碳原子数的增多，碳链的增长，正丁醇、正戊醇、正己醇在水中的溶解度依次减小。从正壬醇起，碳链比正壬醇更长的其他醇，不溶于水。

总之，分子中不含有亲水基的有机化合物难溶或不溶于水，如烃、卤代烃等。分子中含有亲水基团的有机化合物，当其中憎水的烃基 R 较小时，如只有 1～3 个碳原子，则易溶于水；随着烃基 R 的增大，溶解度减小；当 R 增大到一定程度时，就不溶于水了，如醇、醚、醛、酮、酸、胺等。这是有机化合物在水中溶解性的一般规律。

部分醇类化合物可以作为消毒剂使用。醇类化合物的抗微生物活性随着碳链长度的增加而增强，六个碳原子的醇类具有最好的效果，但是考虑到在水中的溶解性，所以常用的醇类消毒剂是乙醇、正丙醇和异丙醇，特别是乙醇。其作用机理是使蛋白质变性、破坏细菌细胞壁、破坏微生物酶系统。由于乙醇具有刺激性，源自植物的醇类引起人们的重视，如松油醇为研究较多的一种植物源醇类，一般为三种异构体的混合物，其抑菌谱广，对革兰阴性菌和革兰阳性菌均有较强的抑菌效果，具有较好的药物开发价值。

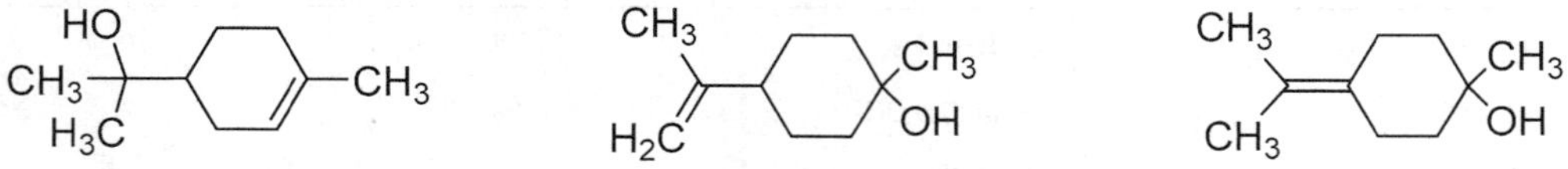

α-松油醇　　*β*-松油醇　　*γ*-松油醇

9.2　醇的化学性质

氧原子的核外电子排布为 $1s^2 2s^2 2p_x^2 2p_y^1 2p_z^1$。在醇(ROH)分子中，羟基中的氧原子是 sp^3 杂化，其中 2 个 sp^3 杂化轨道充满电子，形成了 2 对未成键电子，另外 2 个 sp^3 杂化轨道各有一个电子，分别与氢原子的 1s 轨道和碳原子的 sp^3 杂化轨道重叠，形成 O—H σ 键和 C—O σ 键。由于氧的电负性较大，醇分子中氧原子上的电子云密度较高，与之相连的碳、氢上的电子云密度较低，因此醇分子具有较强的极性。

醇中的羟基又称为醇羟基，是醇的官能团，决定醇的主要化学性质。醇的化学反应一般涉及以下一种或几种共价键的断裂。

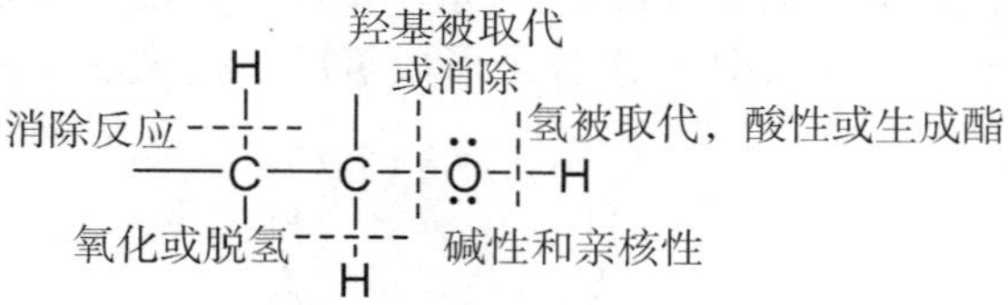

9.2.1　醇的酸碱性

与水一样，醇可以离解生成 H^+和 RO^-，显酸性，但其离解常数比水小。另外，氧原子上有孤对电子存在，能与酸(如 H_2SO_4)结合，是一种路易斯碱。因此，醇与水相似，遇强碱显酸性，遇强酸显碱性。值得注意的是，与水相似，醇不能使 pH 试纸变色，是一类中性物质。

1. 醇的酸性(醇盐的生成——醇中氧氢键断裂)

醇分子中的 O—H 键具有极性，能微弱电离生成 H^+，故醇具有酸性($pK_a \approx 16$)，可与活泼金属或金属氢化物如 Na、Mg、Al、NaH 等反应，放出氢气生成醇盐。

$$ROH + Na \longrightarrow \underset{\text{醇钠}}{RO^-Na^+} + 1/2H_2\uparrow$$

$$2ROH + Mg \longrightarrow (RO)_2Mg + H_2\uparrow$$
醇镁

$$ROH + NaH \longrightarrow RO^-Na^+ + H_2\uparrow$$

烷基的推电子诱导效应使醇中氧氢键断裂比水中的困难，并且使烷氧负离子带的负电荷增多，稳定性比氢氧根负离子的差，因此醇的酸性比水弱。所以醇与活泼金属反应比较缓和。利用这一性质，在实验室中常用乙醇销毁多余的金属钠，而不致引起燃烧和爆炸。各类醇与金属钠反应的速率：甲醇 > 伯醇 > 仲醇 > 叔醇。

醇钠、醇钾、醇镁和醇铝等醇盐作为强碱和强亲核试剂，具有广泛的应用，它们一般是用金属与醇反应得到。醇钠、醇钾的碱性比 NaOH、KOH 强，遇水即分解成氢氧化物和醇，存在下列平衡：

$$RONa + H_2O \rightleftharpoons NaOH + ROH$$

因此醇盐一般不能用 NaOH、KOH 与醇反应得到，除非能将逆反应中的水去掉，使平衡向左移动。例如，工业生产醇钠时，在反应混合物中加入苯，利用恒沸蒸馏将水带出。

$$CH_3OH + NaOH \rightleftharpoons CH_3ONa + H_2O$$

2. 醇的碱性

与水相似，醇分子中氧原子上具有孤对电子，是路易斯碱。但它是弱碱，只有在强酸如浓 H_2SO_4 中才能接受质子，生成质子化的醇，称为锌盐。

$$R\ddot{\underset{\cdot\cdot}{O}}H + H_2SO_4 \rightleftharpoons R\overset{+}{O}H_2\ HSO_4^-$$

锌盐溶解在浓 H_2SO_4 中，因此不溶于水的醇可以溶解在浓 H_2SO_4 中，就是由于生成了锌盐。利用醇的这个性质，可以将不溶于水的醇与烷烃、卤代烷区别开，也可以将烷烃、卤代烷中含有的少量不溶于水的醇除去。另外，由于醇质子化后增加了碳氧键的极性，更有利于碳氧键的断裂，因此强酸是醇发生碳氧键断裂进行取代和消除反应有效的催化剂。

醇同样可以与路易斯酸反应，生成盐：

$$R-\ddot{\underset{\cdot\cdot}{O}}H + ZnCl_2 \longrightarrow R-\overset{\delta^+}{O}(-H)-\overset{\delta^-}{Z}nCl_2$$

另外，低级醇还可与某些无机盐形成络合物，这种络合物中的醇称为结晶醇。例如：

$$4CH_3CH_2OH + CaCl_2 \longrightarrow CaCl_2\cdot 4CH_3CH_2OH$$

因此不能用无水 $CaCl_2$ 作干燥剂除去醇中的水。

9.2.2　醇的亲核性——氧氢键断裂

醇分子中羟基氧原子上具有孤对电子，除了具有碱性外，还具有亲核性。醇作为亲核试剂可以发生一系列反应，结果发生醇中氧氢键断裂，得到产物。

醇作为亲核试剂，与无机含氧酸或其酰氯反应，结果是无机含氧酸分子中的羟基或者其酰氯中的氯原子被醇中烃氧基取代，生成无机含氧酸酯。例如：

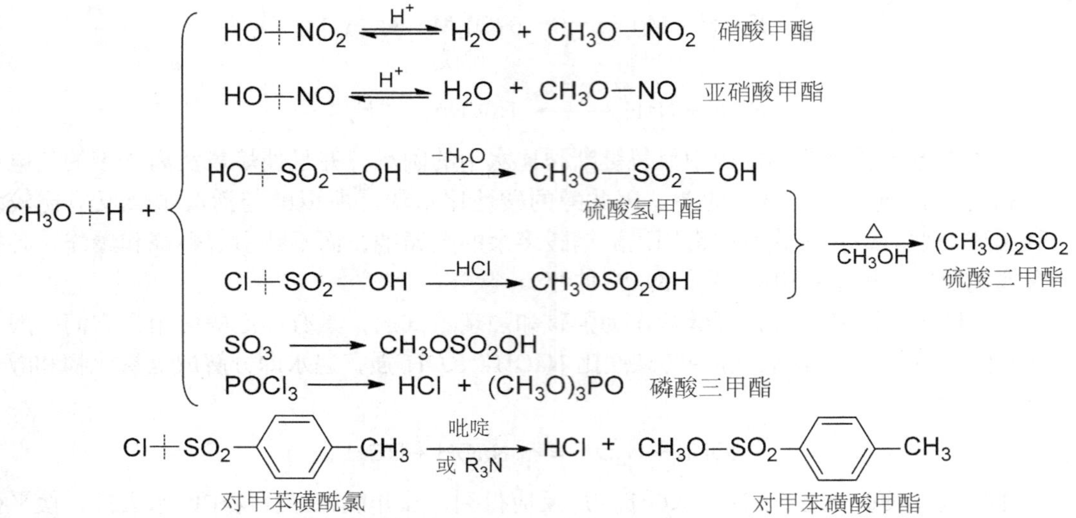

以甲醇与硝酸反应生成硝酸甲酯为例，这类反应的机理如下：

$$CH_3OH + HNO_3 \xrightarrow{H^+} H_2O + CH_3ONO_2$$

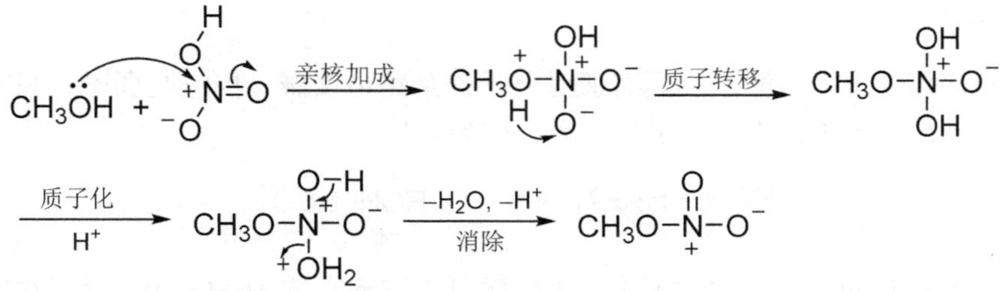

无机酸酯和对甲苯磺酸酯中的酸部分是好的离去基团，而醇中的羟基不是好的离去基团，因此这类酯比醇更容易进行亲核取代反应。例如，硫酸二甲酯是一种很好的甲基化试剂，可使羟基上的氢被甲基取代。但它有剧毒，能使蛋白质甲基化而变性，使用时要小心。

$$(CH_3O)_2SO_2 + ROH \longrightarrow ROCH_3 + CH_3OSO_2OH$$

又如，磺酸酯可与I^-、Br^-、Cl^-等亲核试剂发生亲核取代反应，离去基团为磺酸根负离子：

该反应对于伯醇和仲醇的磺酸酯，主要按 S_N2 机理进行；对于叔醇的磺酸酯，不能进行 S_N2 反应，主要发生消除反应。

9.2.3　醇中羟基被卤素取代生成卤代烷——碳氧键断裂

醇分子中碳氧键是极性共价键。由于氧的电负性大于碳，其共用电子对偏向氧，使氧带部分负电荷，碳带部分正电荷。亲核试剂如 X^-，进攻带部分正电荷的碳，发生碳氧键异裂，羟基被亲核试剂 X^-取代，生成取代产物卤代烃。

醇分子中的羟基是一个差的离去基团，一般很难直接进行亲核取代反应。一般是将醇在强酸存在下变成锌盐，把差的离去基团羟基转换成较好的离去基团水，使碳氧键更容易断裂。

1. 与氢卤酸反应

醇与氢卤酸(HCl、HBr、HI)反应，结果醇羟基被卤素取代生成卤代烷。

$$R-OH + H-X \longrightarrow R-X + H_2O$$

卤素负离子的亲核能力为 $I^- > Br^- > Cl^-$，故氢卤酸的反应活性顺序为 HI > HBr > HCl。

各类醇的反应活性顺序为：烯丙醇、苯甲醇、叔醇 > 仲醇 > 伯醇。

氢碘酸是强酸，伯醇很容易与它反应；氢溴酸的酸性比氢碘酸弱，因此需要用 H_2SO_4 增强酸性，或者用 NaBr 和 H_2SO_4 代替氢溴酸，这是从伯醇制溴烷常用的方法；浓盐酸的酸性更弱，需要用无水 $ZnCl_2$ 与其混合使用，称为卢卡斯(Lucas)试剂，$ZnCl_2$ 是强的路易斯酸，其作用与质子酸类似，可以极化醇中的碳氧键。叔醇易反应，只需浓盐酸在室温振荡即可反应。例如：

$$CH_3CH_2CH_2CH_2OH \xrightarrow[\triangle]{\text{浓 HI}} CH_3CH_2CH_2CH_2I + H_2O$$

$$CH_3CH_2CH_2CH_2OH \xrightarrow[\triangle]{NaBr\text{-}H_2SO_4} CH_3CH_2CH_2CH_2Br + H_2O$$

$$CH_3CH_2CH_2CH_2OH \xrightarrow[\triangle]{\text{浓 HCl, } ZnCl_2} CH_3CH_2CH_2CH_2Cl + H_2O$$

$$(CH_3)_3COH \xrightarrow{\text{浓 HCl, 室温}} (CH_3)_3CCl + H_2O$$

$$PhCH_2OH \xrightarrow{\text{浓 HCl, }\triangle} PhCH_2Cl + H_2O$$

在室温下，卢卡斯试剂与伯、仲、叔醇反应的速率不同，利用这个性质可以鉴别三类醇。

伯醇　$RCH_2OH \xrightarrow[\text{室温}]{\text{浓 HCl, 无水}ZnCl_2}$ 不反应(加热后可反应)　不分层、不浑浊

仲醇　$R_2CHOH \xrightarrow[\text{室温}]{\text{浓 HCl, 无水}ZnCl_2}$ 反应慢　几分钟出现浑浊

叔醇

烯丙型醇

苯甲型醇

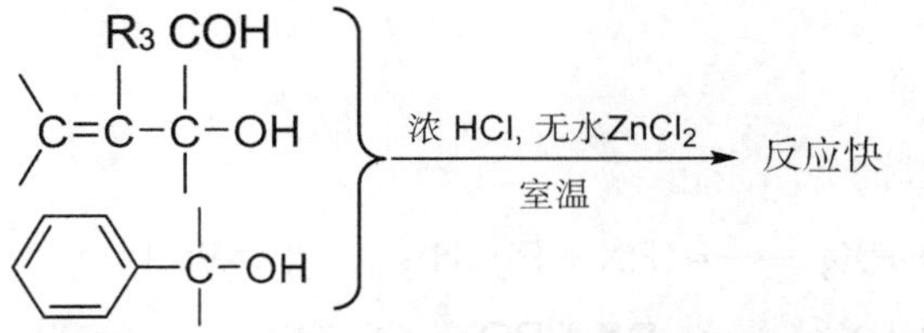

立即变浑浊或分层

低级醇溶解在卢卡斯试剂中，而卤代烷不溶。因此，醇一旦转化为卤代烃，在反应液中就会出现浑浊或分层现象。

醇与氢卤酸的反应有两种机理，即双分子的亲核取代反应(S_N2)和单分子的亲核取代反应(S_N1)。在质子酸或路易斯酸(如 $ZnCl_2$)催化下，大多数伯醇按 S_N2 机理进行，大多数仲醇、叔醇、烯丙型醇和苯甲型醇按 S_N1 机理进行。

S_N2 机理：

$$R-OH \xrightleftharpoons{H^+} R-\overset{+}{O}H_2 \xrightarrow{X^-} [\overset{\delta^-}{X}\cdots R\cdots \overset{\delta^+}{O}H_2]^{\ddagger} \longrightarrow X-R + H_2O$$

或者

$$R-OH + ZnCl_2 \rightleftharpoons R-\underset{H}{\overset{\delta^+}{O}}-\overset{\delta^-}{Zn}Cl_2 \xrightarrow{Cl^-} [\overset{\delta^-}{Cl}\cdots R\cdots \underset{H}{\overset{\delta^-}{O}}-ZnCl_2]^{\ddagger} \longrightarrow Cl-R + ZnCl_2(OH)^-$$

$$ZnCl_2(OH)^- \xrightarrow{H^+} ZnCl_2 + H_2O$$

S_N1 机理：

$$R-OH \underset{}{\overset{H^+}{\rightleftharpoons}} R-\overset{+}{O}H_2 \underset{}{\overset{-H_2O}{\rightleftharpoons}} R^+ \underset{}{\overset{X^-}{\rightleftharpoons}} R-X$$

或者

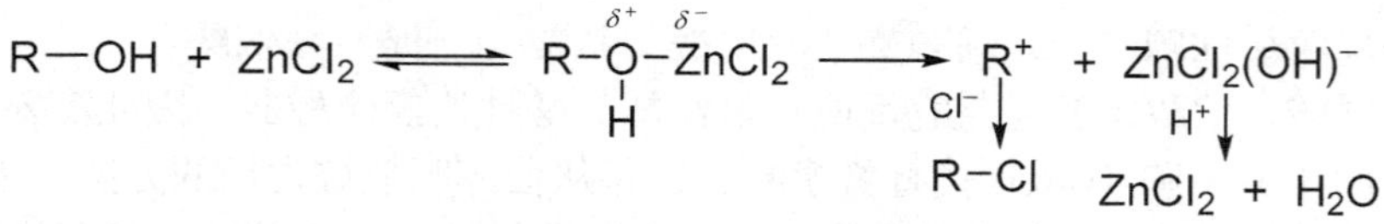

在 S_N1 反应机理中，有碳正离子出现，因此在某些情况下，可能会有重排的产物生成。例如：

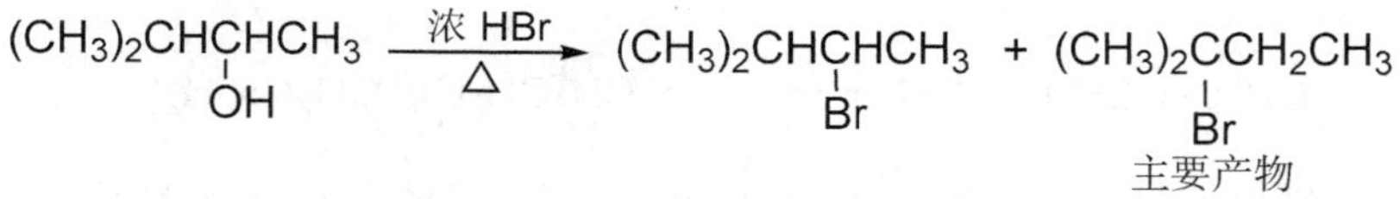

反应机理如下：

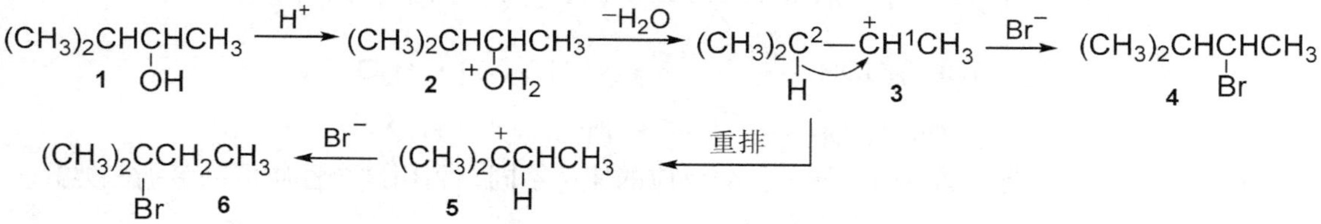

首先，在酸作用下，醇 **1** 质子化生成 **2**，**2** 发生碳氧键断裂脱水，形成碳正离子 **3**，**3** 与 Br^- 结合得到正常的取代产物 **4**。仲碳正离子 **3** 进行重排，结果 C^2 上的氢带着一对电子迁移到 C^1 上，形成能量低、稳定性大的叔碳正离子 **5**，**5** 再与 Br^- 结合得到重排后的取代产物 **6**。

2. 与卤化磷反应

醇与卤化磷反应生成卤代烷。

$$ROH + PX_3 \longrightarrow RX + P(OH)_3 \qquad (X=Br, I)$$

$$ROH + PX_5 \longrightarrow RX + POX_3 + HX \qquad (X=Cl)$$

伯醇与 PCl_3 作用，因有副产物亚磷酸酯生成，故氯代烷产率不高：

$$ROH + PCl_3 \longrightarrow (RO)_3P + HCl$$

因此从伯醇制取氯代烷时，一般用 PCl_5；制备溴代烷用 PBr_3；制备碘代烷除用 PI_3 外，也可以用红磷和碘与醇一起加热反应。反应活性顺序如下：

叔醇 > 仲醇 > 伯醇；　$PI_3 > PBr_3 > PCl_3$；　$PI_5 > PBr_5 > PCl_5$

醇与卤化磷的反应，伯醇常按 S_N2 机理进行。例如：

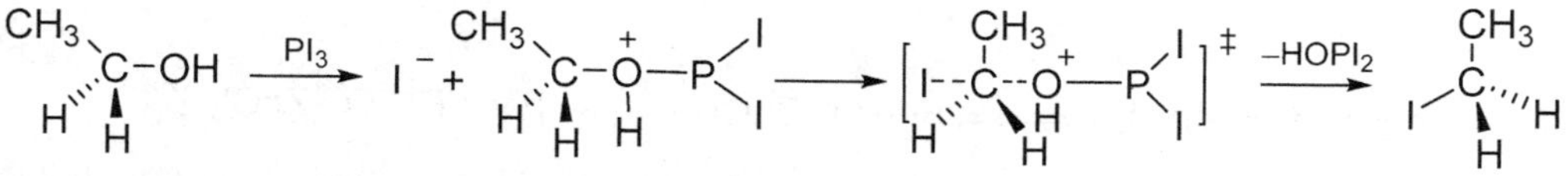

烯丙醇和叔醇常按 S_N1 机理进行。例如：

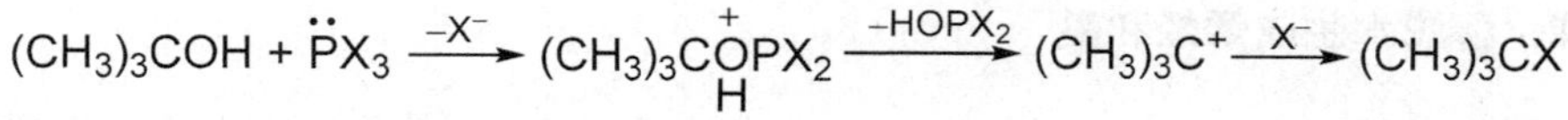

仲醇介于 S_N2 和 S_N1 机理之间。

3. 与氯化亚砜反应

醇与氯化亚砜($SOCl_2$，或称亚硫酰氯，b.p. 79℃)反应生成氯代烷。

$$ROH + SOCl_2 \xrightarrow{\triangle} RCl + SO_2\uparrow + HCl\uparrow$$

该反应不仅速率快、反应条件温和、产率高，而且反应后剩余试剂可回收，反应产生的 SO_2 和 HCl 都以气体形式离开反应体系，使产物易提纯，通常不发生重排。这是制氯代烷的一种好方法。反应机理如下：

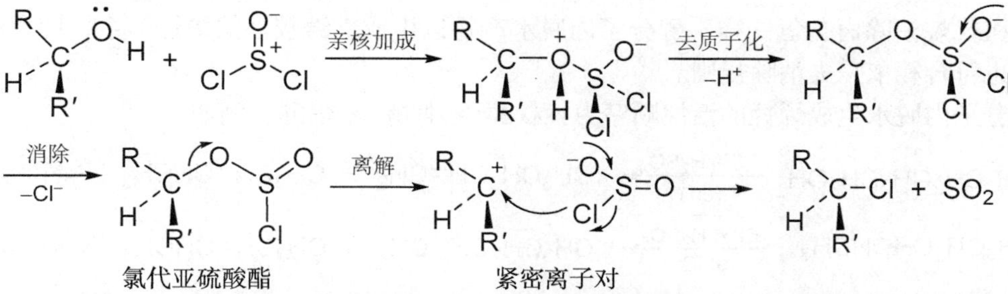

反应过程中，醇先进行亲核加成，然后消除得到亲核取代的产物氯代亚硫酸酯，然后分解为紧密离子对，Cl^-作为离去基团(^-OSOCl)中的一部分进攻碳正离子，得到构型保持的取代产物氯代烷。这种取代是在分子内进行的，所以称它为分子内亲核取代，用 S_Ni 表示(substitution nucleophilic internal)，这种取代较少。此反应与羟基相连的碳原子构型保持不变，只是氯原子占据了羟基所在的位置。

但在醇和 $SOCl_2$ 的混合液中加入弱碱吡啶或叔胺，则不发生 S_Ni 反应，而是进行 S_N2 反应，得到构型反转的取代产物氯代烷。这是因为中间产物氯代亚硫酸酯以及反应中生成的 HCl 均可与碱反应生成下列产物：

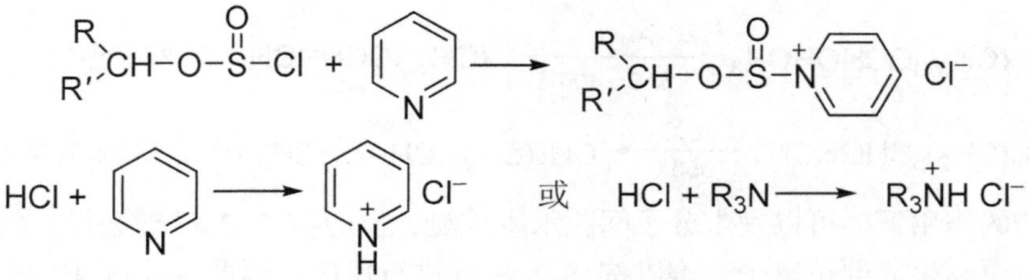

这些产物中均含有“自由”的 Cl^-，它从碳氧键的背面进攻碳原子，发生 S_N2 反应，结果使该碳原子的构型发生转化：

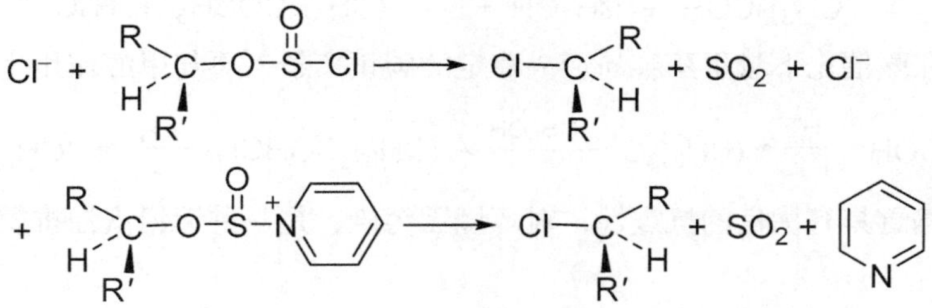

9.2.4 酸催化醇脱水生成烯烃和醚

在催化剂如质子酸(浓 H_2SO_4、浓 H_3PO_4)或路易斯酸 Al_2O_3 等作用下，醇可以进行分子内脱水得到烯烃，也可以发生分子间脱水得到醚。高温有利于分子内脱水生成烯烃。例如：

$$CH_3CH_2OH \xrightarrow[170℃]{浓\ H_2SO_4} CH_2{=}CH_2 + H_2O$$

$$2CH_3CH_2OH \xrightarrow[140\sim150℃]{浓\ H_2SO_4} CH_3CH_2OCH_2CH_3 + H_2O$$

$$CH_3CH_2OH \xrightarrow[350\sim400℃]{Al_2O_3} CH_2{=}CH_2 + H_2O$$

$$2CH_3CH_2OH \xrightarrow[\sim260℃]{Al_2O_3} CH_3CH_2OCH_2CH_3 + H_2O$$

与卤代烷消除卤化氢一样，醇分子内脱水产物以生成支链较多的烯烃为主，即醇脱水生成烯烃也符合札依采夫消除规则。

醇分子内脱水生成烯烃的活性顺序为：叔醇 > 仲醇 > 伯醇。例如：

$$CH_3CH_2CH_2CH_2OH \xrightarrow[150℃]{75\%\ H_2SO_4} CH_3CH_2CH{=}CH_2 + CH_3CH{=}CHCH_3\ (主要产物)$$

$$CH_3CH_2CHOHCH_3 \xrightarrow[95℃]{60\%\ H_2SO_4} CH_3CH_2CH{=}CH_2 + CH_3CH{=}CHCH_3\ (主要产物)$$

$$(CH_3)_3C{-}OH \xrightarrow[90℃]{20\%\ H_2SO_4} (CH_3)_2C{=}CH_2$$

在酸存在下，醇分子内脱水生成烯烃是按 E1 机理进行的：

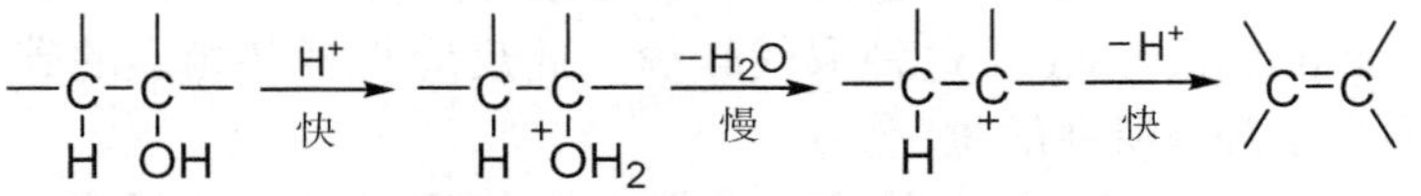

这是烯烃酸催化水合的逆过程，由于在反应过程中有碳正离子形成，因此可能会有重排产物生成。

工业上，常用 Al_2O_3 作催化剂使醇脱水，此反应不发生重排。例如：

$$(CH_3)_3CCHOHCH_3 \xrightarrow[350\sim400℃]{Al_2O_3} (CH_3)_3CCH{=}CH_2\ (不发生重排)$$

$$CH_3(CH_2)_5CHOHCH_3 \xrightarrow[350℃]{Al_2O_3} CH_3(CH_2)_4CH{=}CHCH_3\ (遵守札依采夫规则)$$

伯醇在酸的作用下，可以发生分子间脱水生成醚，反应按 S_N2 机理进行。由于仲醇和叔醇在酸存在下更易生成碳正离子，难以按 S_N2 机理进行反应，因此主要以 E1 机理进行消除反应，得到烯烃。但是，在实验室中制备叔丁基甲基醚时，可用硫酸脱水法合成：

$$(CH_3)_3COH + CH_3OH \xrightarrow{H^+} (CH_3)_3COCH_3 + H_2O$$

这是因为在酸催化下叔丁醇容易形成稳定的碳正离子，再与甲醇作用生成混醚：

$$(CH_3)_3COH \xrightarrow[-H_2O]{H^+} (CH_3)_3C^+ \xrightarrow{CH_3\ddot{O}H} (CH_3)_3\overset{+}{O}HCH_3 \xrightarrow{-H^+} (CH_3)_3COCH_3$$

叔丁基甲基醚具有优良的抗震性，对环境无污染，是一种无铅汽油抗震剂。

9.2.5　邻二醇酸催化脱水——片呐醇重排

在催化剂 Al_2O_3 作用下，于气相 420～470℃，2,3-二甲基丁-2,3-二醇(俗称片呐醇，pinacol)可以消去两分子水生成正常产物 2,3 二甲基丁-1,3-二烯；在质子酸催化下，片呐醇容易消去一分子水，生成的不是消除产物，而是重排产物叔丁基甲基酮(俗称片呐酮，pinacolone)：

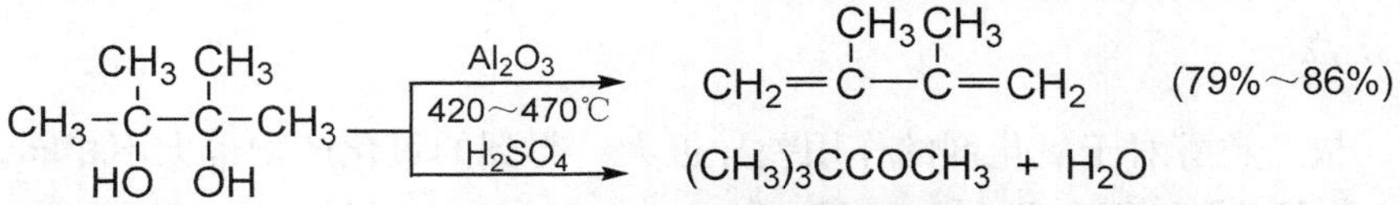

生成片呐酮的反应显然发生了重排。这类邻二醇的重排称为片呐醇重排。机理如下：

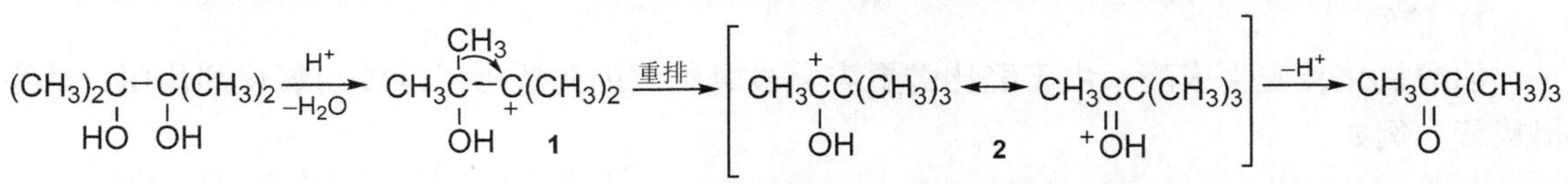

在质子酸的作用下，片呐醇分子中的一个羟基质子化后脱水生成碳正离子 **1**，**1** 立即重排生成 **2**。重排的推动力是重排后生成的 **2** 由于共振获得了额外的稳定作用，共振后生成的氧正离子中的每个原子均满足八隅体，能量比 **1** 低，虽然 **1** 已经是一个叔碳正离子。**2** 失去质子 H^+得到重排产物。

对于构造不对称的邻二醇的重排，首先取决于邻二醇分子中的两个羟基哪个是离去基，然后取决于哪个基团是迁移基团。在构造不对称的邻二醇中，哪一个羟基被质子化后离去，这与离去后形成的碳正离子的稳定性有关，一般形成比较稳定的碳正离子的碳上的羟基被质子化。例如，下式中苯环与碳正离子共轭比较稳定，因此 C^1 形成碳正离子，由 C^2 上的氢迁移发生重排，得到主要产物。

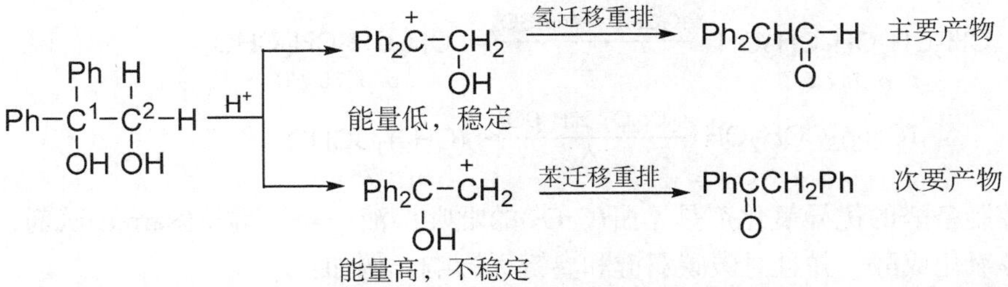

当形成的碳正离子相邻碳上两个烃基不同时，通常是能提供电子、稳定正电荷较多的烃基优先迁移。结果发现，烃基迁移的容易程度大致为苯基>烷基，但经常得到两种重排产物。例如：

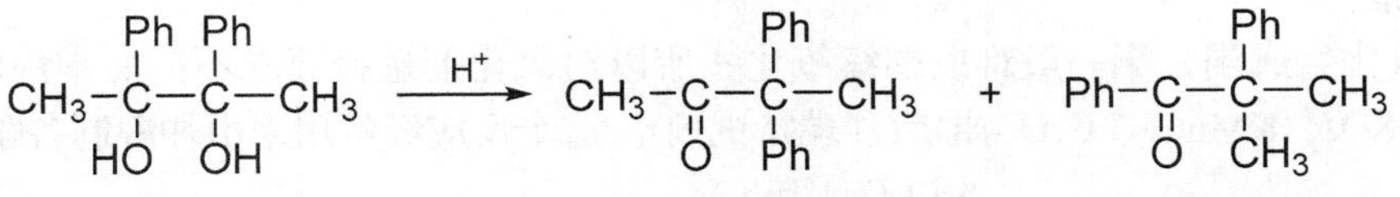

主要产物　　次要产物

对于片呐醇重排，当离去基团羟基与迁移基团烃基处于反式位置时，重排反应很快；否则，反应很慢。例如：

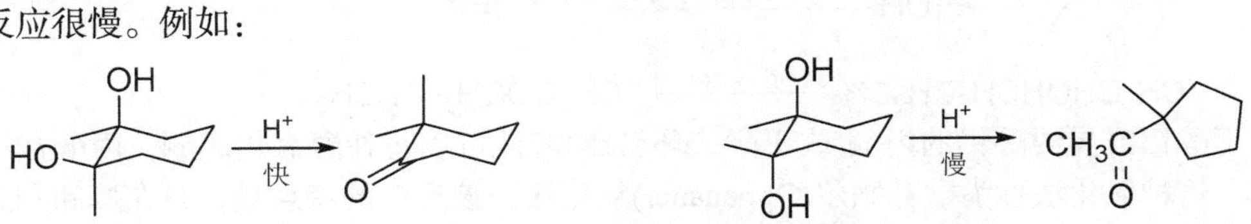

顺-1,2-二甲基环己-1,2-二醇　　反-1,2-二甲基环己-1,2-二醇

片呐醇重排是分子内重排，不发生交叉重排。重排时，迁移基团烃基的构型保持不变。

9.2.6　醇的氧化与脱氢

由于羟基的影响，醇分子中的 α-H 原子容易被氧化或脱氢。

1. 氧化反应

伯、仲、叔三类醇对于氧化剂的作用差异很大，得到的氧化产物也大不相同。常用的氧化剂为 $K_2Cr_2O_7$-H_2SO_4、$KMnO_4$ 和 HNO_3 等。

1) 伯醇

伯醇氧化首先生成醛，由于醛比醇更容易被氧化，因此醛可以继续与氧化剂作用，最终得羧酸。例如：

$$CH_3(CH_2)_6CH_2OH \xrightarrow[\triangle]{K_2Cr_2O_7\text{-}H_2SO_4} CH_3(CH_2)_6COOH$$

$$CH_3(CH_2)_3\underset{\displaystyle CH_2CH_3}{\underset{|}{C}}HCH_2OH \xrightarrow[\text{② } H^+]{\text{① } KMnO_4,\ HO^-} CH_3(CH_2)_3\underset{\displaystyle CH_2CH_3}{\underset{|}{C}}HCOOH$$

$$ClCH_2CH_2CH_2OH \xrightarrow{\text{稀 } HNO_3} ClCH_2CH_2COOH$$

氧化剂 $K_2Cr_2O_7$-H_2SO_4、$KMnO_4$-H_2SO_4、HNO_3 可以使碳碳双键和碳碳叁键发生氧化断裂。

要使伯醇氧化反应停留在生成醛这一步，在反应时需及时将醛与氧化剂分开。常用的方法是控制反应温度，醛的沸点一般比相应醇的低，使醛在生成后立即从反应体系中离去。例如：

$$\underset{\text{b. p. }117.5℃}{CH_3CH_2CH_2CH_2OH} \xrightarrow[\triangle]{K_2Cr_2O_7\text{-稀}H_2SO_4} \underset{\text{b. p. }75.7℃}{CH_3CH_2CH_2CHO} \qquad (50\%)$$

$$\underset{\text{b. p. }113℃}{(CH_3)_3CCH_2OH} \xrightarrow[\triangle]{K_2Cr_2O_7\text{-稀}H_2SO_4} \underset{\text{b. p. }75℃}{(CH_3)_3CCHO} \qquad (80\%)$$

从伯醇制备醛的优异氧化剂是铬酐(CrO_3)的吡啶溶液——沙瑞特(Sarrett)试剂，它能高产率地将伯醇氧化成醛，并且对碳碳双键和叁键无影响。例如：

$$CH_3(CH_2)_6CH_2OH \xrightarrow{CrO_3\text{-吡啶}} CH_3(CH_2)_6CHO \qquad (90\%)$$

$$PhCH{=}CHCH_2OH \xrightarrow{CrO_3\text{-吡啶}} PhCH{=}CHCHO$$

2) 仲醇

仲醇氧化生成酮，酮一般难以继续氧化，所以对氧化剂选择要求不高。常用的氧化剂为 $K_2Cr_2O_7$-H_2SO_4、$KMnO_4$、CrO_3-吡啶(沙瑞特试剂)。这个反应经常用来由仲醇制备酮。例如：

$$CH_3(CH_2)_5CHOHCH_3 \xrightarrow[\triangle]{K_2Cr_2O_7\text{-稀}H_2SO_4} CH_3(CH_2)_5COCH_3 \qquad (96\%)$$

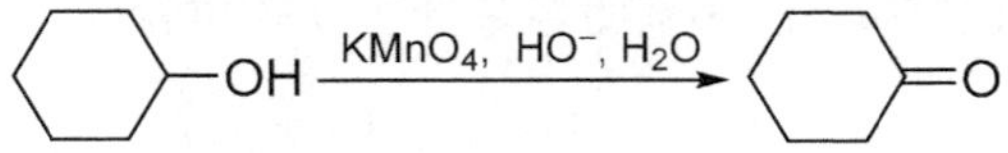

$$CH_3CHOHCH_2CH_2CH_3 \xrightarrow{CrO_3\text{-吡啶}} CH_3COCH_2CH_2CH_3$$

叔丁醇铝或异丙醇铝的丙酮(或丁酮或环己酮)溶液可以将仲醇氧化成酮，丙酮被还原成异丙醇，这种氧化法称为欧芬脑尔(Oppenauer)氧化法。该反应的特点是，只在醇和酮之间发生氢原子转移，不涉及分子中的其他部分，因此对分子中的碳碳不饱和键没有影响。这是由一种不饱和仲醇制备不饱和酮的有效方法。欧芬脑尔氧化反应是可逆的，调节反应原料可以改变反应方向。例如：

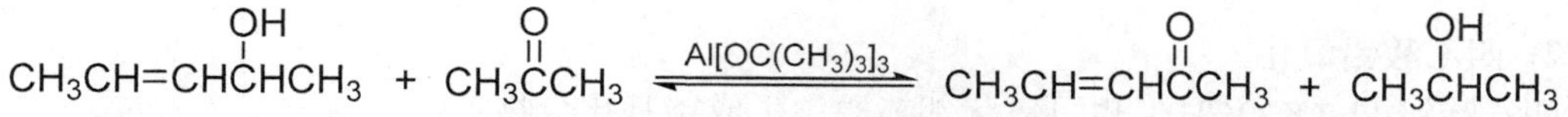

欧芬脑尔氧化法也可以将伯醇氧化成相应的醛，但效果并不好。这是因为在强碱醇铝存在下，生成的醛易进行羟醛缩合反应。

环醇用 HNO_3 氧化，结果发生碳碳键断裂得到二元酸：

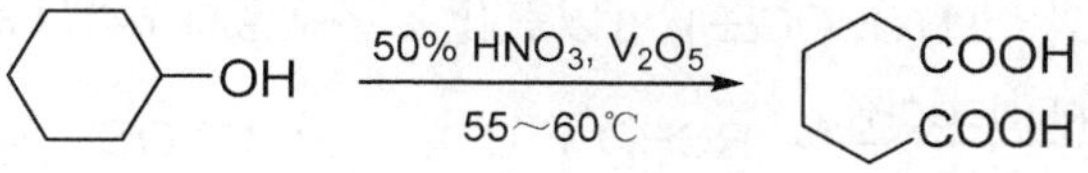

3) 叔醇

叔醇无 α-H，很难被氧化。但在过于强烈的条件下，叔醇则可能发生氧化裂解，最后生成碳原子数较少的氧化产物。

醇的氧化反应除了用来制备醛、酮和羧酸外，在实验室中还可以根据产物性质不同用来区别伯、仲、叔三类醇。

2. 脱氢反应

伯醇或仲醇的蒸气在高温下通过活性铜或银等催化剂的表面时，可发生脱氢反应，分别生成醛或酮。例如：

$$CH_3CHOHCH_3 \xrightarrow[400\sim480^\circ C]{Cu} CH_3COCH_3$$

这是工业上生产丙酮的一种方法。

叔醇无 α-H，不发生催化脱氢反应，而发生催化脱水反应生成烯烃。

3. 卤仿反应

具有 $CH_3CHOH—R$(R=H 或烃基)构造的醇，可与卤素在 NaOH 溶液中反应，生成羧酸盐和卤仿，称为卤仿反应(见 10.2.3 中 2)。

$$CH_3CHOHR + X_2 + NaOH \xrightarrow{H_2O} CH_3COR \xrightarrow[HO^-]{X_2} CX_3COR \xrightarrow{HO^-} RCOO^- + CHX_3$$

4. 邻二醇的氧化

1) 高碘酸氧化

邻二醇用高碘酸(HIO_4)氧化发生碳碳键断裂，醇变成醛或酮。邻羟基醛酮也可以被 HIO_4 氧化断裂，醇变成醛或酮，醛、酮变成羧酸。非邻位二醇不发生此反应。例如：

$$RCHOHCHOHR' + HIO_4 \longrightarrow RCHO + R'CHO + HIO_3 + H_2O$$

$$RCHOHCOR' + HIO_4 \longrightarrow RCHO + R'COOH + HIO_3$$

在反应后的混合物中加入 $AgNO_3$，根据是否有碘酸银的白色沉淀生成，可以判断反应是否进行。另外，该反应是定量进行的，可以通过测定生成醛或酮的量或IO_3^-的量进行定量分析。

$$Ag^+ + IO_3^- \longrightarrow AgIO_3\downarrow$$

2) 四乙酸铅氧化

四乙酸铅$Pb(OCOCH_3)_4$也可氧化邻二醇，生成羰基化合物：

$$RCHOHCHOHR' \xrightarrow{Pb(OCOCH_3)_4} RCHO + R'CHO + Pb(OCOCH_3)_2 + 2CH_3COOH$$

$Pb(OCOCH_3)_4$溶于有机溶剂，不溶于水；而HIO_4溶于水，不溶于有机溶剂。因此，它们在应用中可以相互补充。另外，$Pb(OCOCH_3)_4$可以氧化*α*-羟基酸或*α*-羰基酸，而HIO_4则不能：

$$RCHOHCOOH \xrightarrow{Pb(OCOCH_3)_4} RCHO + CO_2 + Pb(OCOCH_3)_2 + 2CH_3COOH$$

9.3 酚的物理性质

纯的酚及其同系物一般为无色结晶的固体，但通常因有酚的氧化产物而带有粉红色或红色。酚具有特殊气味。酚分子间能形成氢键，因此酚与相对分子质量相近的芳烃相比，其沸点比芳烃高。例如，苯酚(相对分子质量 94)的沸点为 182℃，而甲苯(相对分子质量 92)的沸点为 111℃。酚能与水分子形成氢键，在水中有一定的溶解度。例如，苯酚 25℃在水中溶解度为 $9.3g \cdot (100g)^{-1}$，其他一元酚难溶于水，易溶于乙醇、乙醚等有机溶剂。能形成分子内氢键的酚，如邻硝基苯酚，其熔点、沸点以及在水中的溶解度相对较低。表 9.5 列出一些酚的物理常数。

表 9.5 一些酚的物理常数

名称	熔点/℃	沸点/℃	水中溶解度(25℃)/[$g \cdot (100g)^{-1}$]
苯酚	41	182	9.3
邻甲苯酚	31	191	2.5
间甲苯酚	11	201	2.6
对甲苯酚	35	202	2.3
邻氯苯酚	9	173	2.8
间氯苯酚	33	214	2.6
对氯苯酚	43	220	2.7
邻溴苯酚	5	194	—
间溴苯酚	33	236	—
对溴苯酚	64	236	1.4
邻硝基苯酚	45	217	0.2
间硝基苯酚	96	—	1.4
对硝基苯酚	114	—	1.7
2,4-二硝基苯酚	113	—	0.6
邻苯二酚	104	246	45
间苯二酚	110	281	123

续表

名称	熔点/℃	沸点/℃	水中溶解度(25℃)/[g · (100g)$^{-1}$]
对苯二酚	173	286	8
苯-1,2,3-三酚	133	309	62
苯-1,2,4-三酚	140	—	易溶
苯-1,3,5-三酚	218	升华	1
α-萘酚	94	279	难溶
β-萘酚	123	286	0.1

9.4　酚的化学性质

酚和醇分子中都含有官能团羟基，它们的性质有许多相似之处。但由于酚羟基是与芳环上 sp^2 杂化碳原子相连，而醇羟基是与 sp^3 杂化碳原子相连，因此，它们的性质又有明显的差别。

氧原子核外电子排布为 $1s^2 2s^2 2p_x^2 2p_y^1 2p_z^1$。酚羟基中的氧原子处于 sp^2 杂化状态，三个 sp^2 杂化轨道中有两个各含一个电子，分别与氢原子的 1s 轨道、芳环中碳原子的 sp^2 杂化轨道重叠形成一个 O—H σ 键和一个 C—O σ 键，另外一个 sp^2 杂化轨道被一对孤对电子占据。在氧原子上还有一个未杂化的 p 轨道，被另外一对孤对电子占据，这个 p 轨道与苯环上每个碳未参与杂化的 p 轨道平行，进行侧面重叠，形成 7 原子 8 电子的 p-π 共轭体系(图 9.1)。

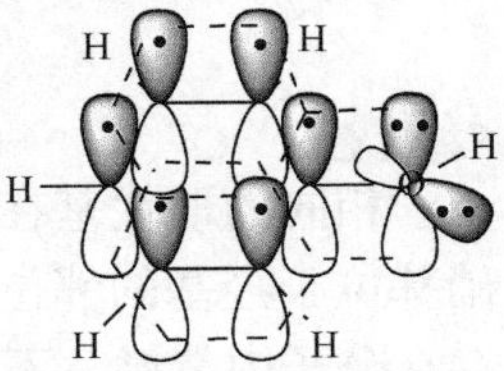

图 9.1　苯酚的 p-π 共轭

酚羟基的这一结构特点与醇羟基有很大区别。酚羟基氧原子未杂化的 p 轨道能与苯环发生共轭，结果导致 O—H 键之间的电子云进一步向氧转移，从而使氢离子容易离去，酚表现出比醇更强的酸性。共轭的结果使 C—O 键键能增强，因此酚中 C—O 键很难断裂，酚虽然也有成醚成酯的性质，但酚羟基不能像醇羟基那样被卤素取代。在共轭体系中，酚羟基氧的 p 电子云向苯环转移，增加了苯环上的电子云密度，一方面使酚羟基的亲核性比醇弱，另一方面酚羟基使芳环上发生亲电取代反应容易。另外，酚比苯更容易被氧化。

9.4.1　酸碱性

1. 酸性

酚具有弱酸性，酸性比醇强。以苯酚为例，其 pK_a = 10，而环己醇的 pK_a = 18。这是由于，一方面 p-π 共轭降低了酚羟基氧原子上的电子云密度，导致氧氢键之间的电子云进一步向氧转移，因而氢离子容易离去；另一方面酚电离后生成的芳氧负离子上的负电荷可以更好地离域而分散到整个共轭体系中，使芳氧负离子得以稳定。而醇的负离子不发生离域，它是不稳定的，所以醇不易离解。

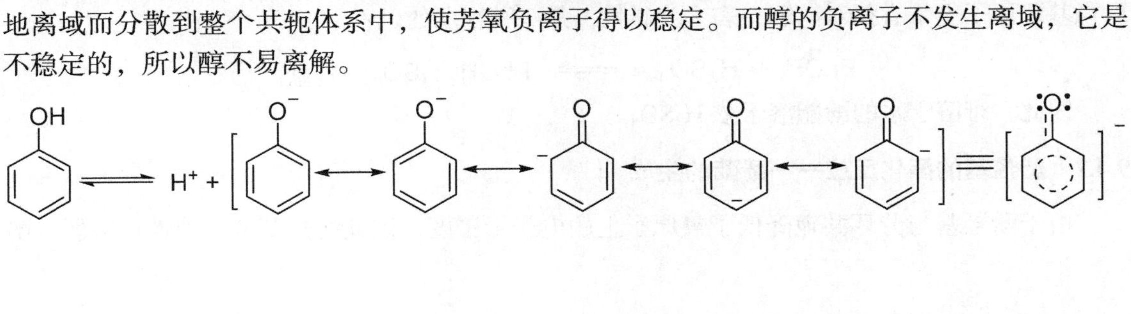

酚的酸性比醇($pK_a = 16 \sim 19$)、水($pK_a = 15.7$)强，比碳酸($pK_a = 6.35$)、羧酸($pK_a \approx 5$)弱。酚能与 NaOH 溶液反应生成可溶于水的酚钠：

$$\text{PhOH} + \text{NaOH} \xrightarrow{H_2O} \text{Ph}\overset{-}{\text{O}}\overset{+}{\text{Na}} + H_2O$$

酚不能与 $NaHCO_3$、Na_2CO_3 反应。相反，向酚钠水溶液中通入 CO_2，可游离出酚：

$$\text{Ph}\overset{-}{\text{O}}\overset{+}{\text{Na}} + CO_2 + H_2O \longrightarrow \text{PhOH} + NaHCO_3$$

利用以上性质可以分离、提纯和鉴别酚。

酚分子中芳环上的取代基的电子效应对其酸性强弱产生影响。吸电子取代基(如—NO_2、—X 等)使酚的酸性增强，推电子取代基(如—CH_3 等)使酚的酸性减弱。这是由于芳环上的吸电子取代基可以促使芳氧负离子氧上 p 电子向芳环离域，负电荷得以充分分散，有利于负离子的稳定，因而促进了电离，酸性增强。而推电子基团增加了芳环上的电子云密度，阻止了芳氧负离子氧上的 p 电子向芳环离域，负电荷得不到充分分散，不利于负离子稳定，因而酸性减弱。例如，对硝基苯酚的酸性($pK_a = 7.15$)比苯酚($pK_a = 10$)强，这是由于硝基具有吸电子诱导效应和吸电子共轭效应，可使酚盐中氧上负电荷离域，从而使负离子更加稳定。对硝基苯氧负离子的共振结构式如下：

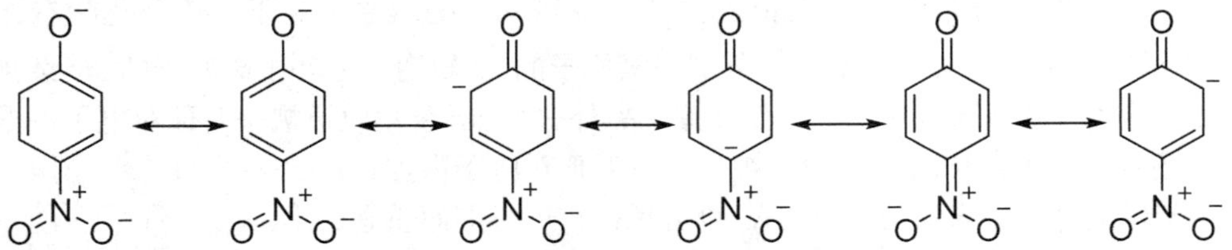

相同的取代基在芳环上与羟基所处的相对位置不同，对酚的酸性也有不同的影响。如果硝基位于羟基的邻位，负电荷也可以离域到硝基的氧上，使酸性增强，但由于邻硝基苯酚中存在分子内氢键，不利于氢离子电离，因此邻硝基苯酚的酸性($pK_a = 7.22$)比对硝基苯酚弱。硝基位于羟基的间位时，不能通过共轭效应使负电荷离域到硝基的氧上，只有吸电子诱导效应的影响，因此间硝基苯酚的酸性($pK_a = 8.39$)虽然比苯酚的强，但远不如邻硝基苯酚和对硝基苯酚的酸性强。

在酚的芳环上连接吸电子取代基越多，酚的酸性越强。例如，2,4-二硝基苯酚的酸性($pK_a = 4.09$)与羧酸相当，而 2,4,6-三硝基苯酚(苦味酸)为强酸($pK_a = 0.25$)，与三氟乙酸的酸性相当。

除电子效应外，酚的芳环上取代基的空间效应有时也会影响酚的酸性。例如，2,4,6-三新戊基苯酚的酸性极弱，这可能是因为两个邻位的大基团阻碍了溶剂对酚羟基离解所起的溶剂化作用。

2. 碱性

酚具有弱酸性，但酸与碱是相对的，不是绝对的。当酚与强酸如浓 H_2SO_4 作用时，由于酚羟基氧原子上带有孤对电子，表现为碱性，是一种很弱的碱：

$$\text{Ph}\ddot{\text{O}}\text{H} + H_2SO_4 \rightleftharpoons \text{Ph}\overset{+}{\text{O}}H_2\ HSO_4^- \quad \text{锌盐}$$

因此，难溶于水的酚能溶于浓 H_2SO_4。

9.4.2　酚羟基的酯化反应——酚酯的生成

由于酚羟基与芳环共轭降低了氧原子上的电子云密度，因此酚羟基的亲核性比醇弱，酚的成酯反应比醇困难。酚很难与羧酸直接发生酯化作用，而在酸(如 H_2SO_4、H_3PO_4)或碱(如吡啶、K_2CO_3)的催化下，可与酰氯或酸酐反应生成酯。例如：

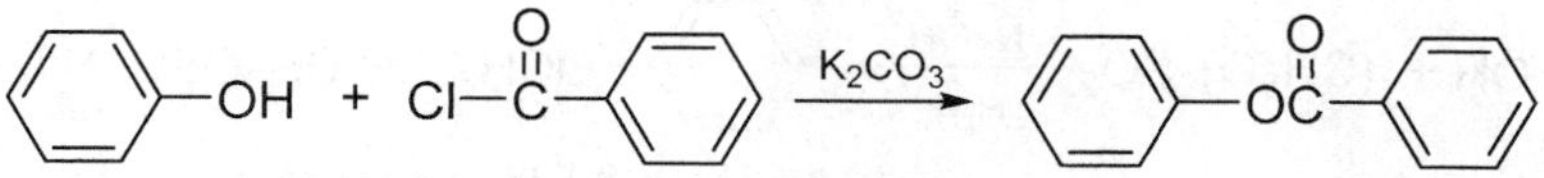

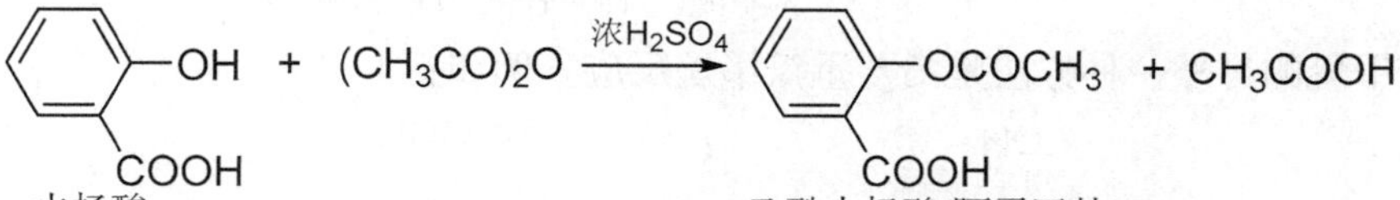

水杨酸　　　　　　　　乙酰水杨酸(阿司匹林)

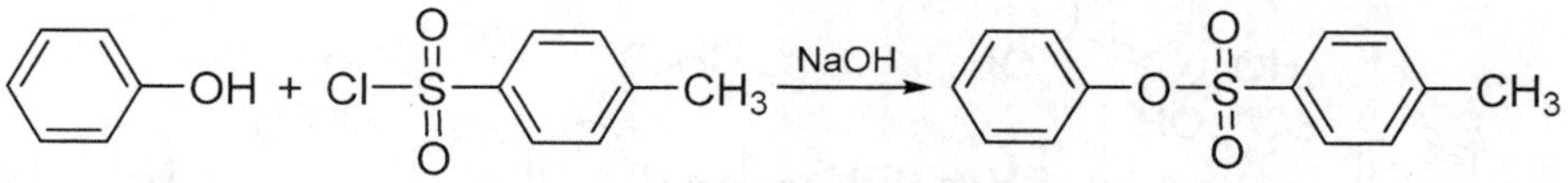

在特殊的仪器中，通过分水器将水及时分出也可以使酚直接与羧酸进行酯化反应。例如：

酚酯在 $AlCl_3$ 或 $ZnCl_2$ 等路易斯酸催化下加热，酰基转移到酚羟基的邻位或对位，生成邻羟基酮和对羟基酮，这一反应称为弗莱斯(Fries)重排。该反应常用于制备酚酮，但往往得到的是邻羟基芳酮和对羟基芳酮的混合物，如果反应在较低温度下进行，主要得到对位产物，如果在较高的温度下，主要得到邻位产物。

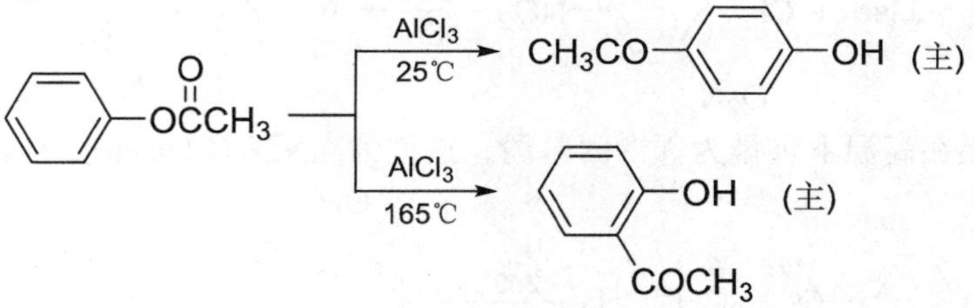

9.4.3　酚羟基的烃基化反应——生成芳基烃基醚

与醇相似，酚也能生成醚，但酚不能通过分子间脱水成醚。可利用 Williamson 合成法制备芳基烃基醚。例如：

$$PhOH + CH_3CH_2Br \xrightarrow{NaOH} PhOCH_2CH_3$$ (苯乙醚，b.p. 170℃)

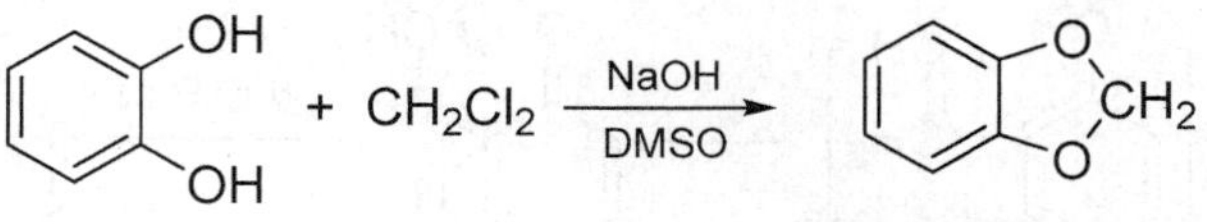

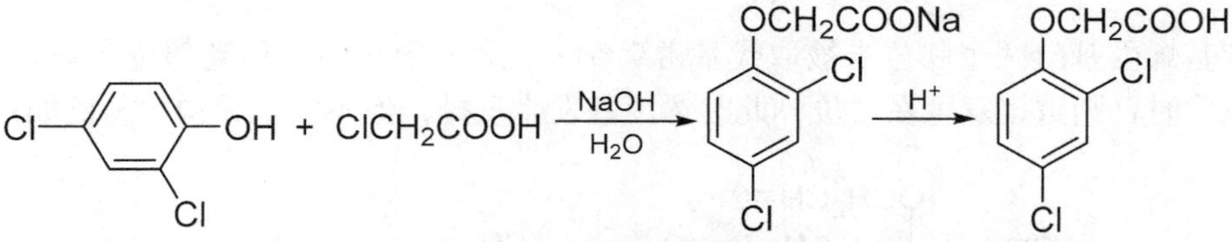

2,4-二氯苯氧乙酸又称 2,4-D，是一种植物生长调节剂，也是一种除草剂。

此类反应是以芳氧负离子作为亲核试剂，与卤代烷进行 S_N2 反应，因此卤代烷最好为伯卤烷。若用仲卤烷，则有部分发生消除反应生成烯烃；若用叔卤代烷，则主要发生消除反应得到烯烃。

制备苯甲醚、苯乙醚也常用硫酸酯$(CH_3O)_2SO_2$、$(CH_3CH_2O)_2SO_2$作为烷基化试剂。

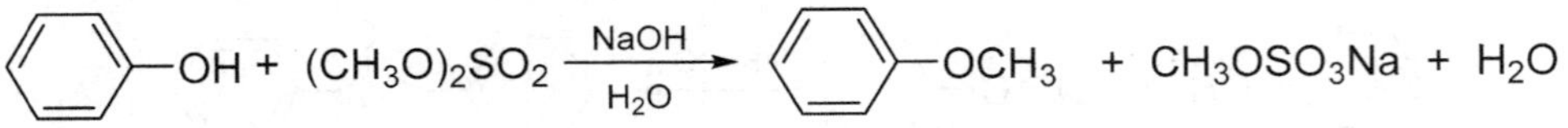

苯甲醚(俗称茴香醚, b.p. 154℃)

制备芳甲醚的另外一种方法是酚与重氮甲烷反应。例如：

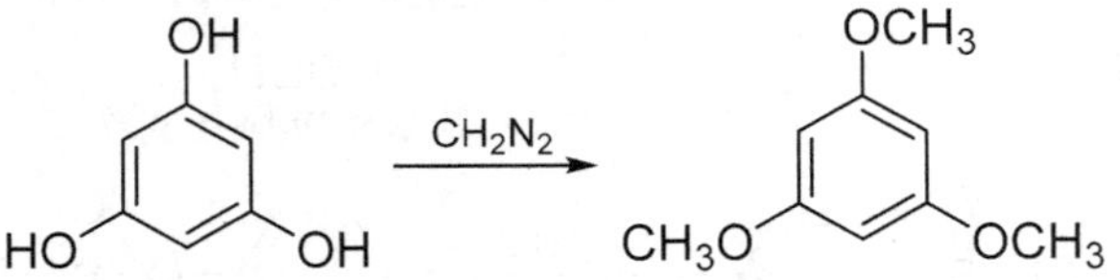

β-萘甲醚(m.p. 56℃)

二芳基醚的制备比较困难，因为卤代芳烃的卤素不活泼，很难与亲核试剂发生反应。但当卤原子的邻位或/和对位上有很强的吸电子基团存在时，卤原子被活化，发生芳香族的亲核取代反应比较容易。例如：

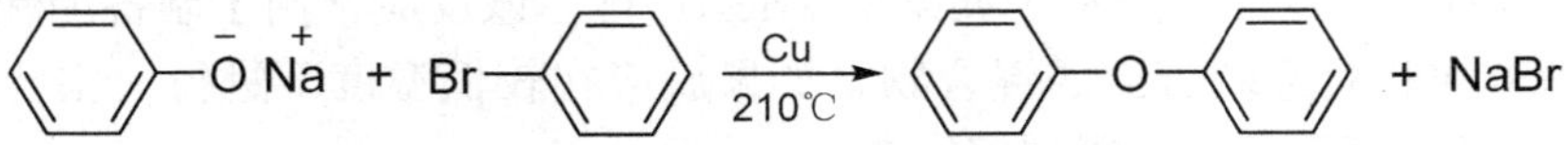

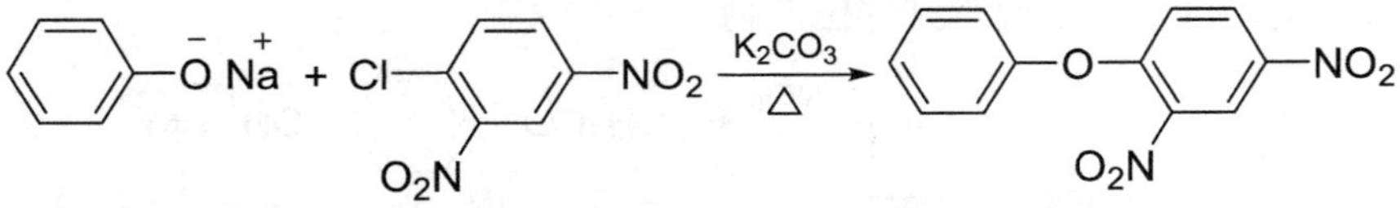

芳基烯丙基醚在高温下重排为邻烯丙基酚，这称为克莱森(Claisen)重排。

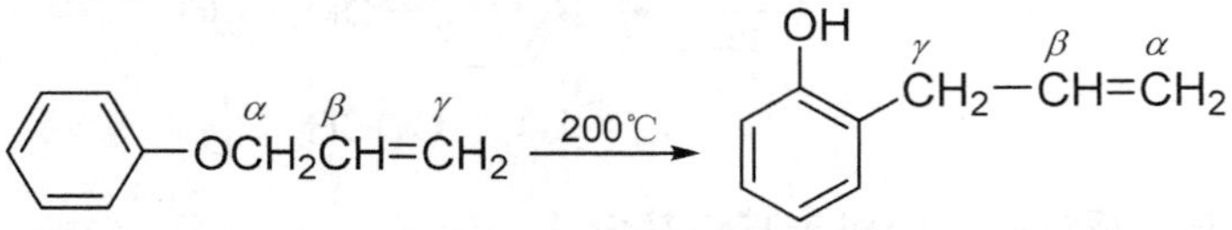

克莱森重排反应是协同反应，反应中不形成活性中间体，而在反应过程中通过电子迁移形成环状过渡态。烯丙基不仅发生重排，还发生异构化，γ-C 与苯环相连，碳碳双键发生迁移。反应机理如下：

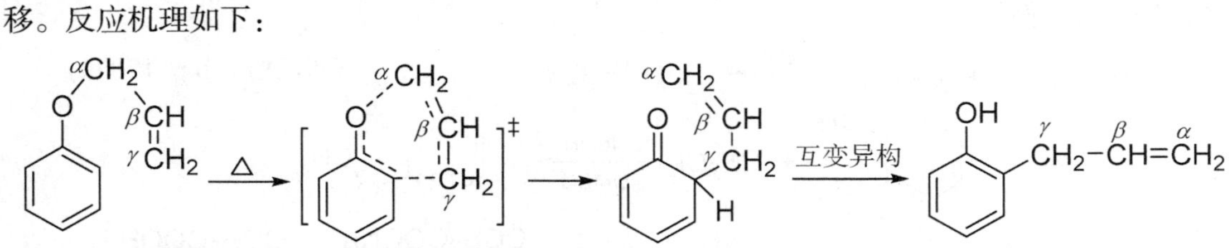

当芳基烯丙基醚两个邻位未被取代基占满时，克莱森重排主要得到邻位产物。若两个邻位都有取代时，则重排发生在对位，此时烯丙基发生重排，但不发生异构化。例如：

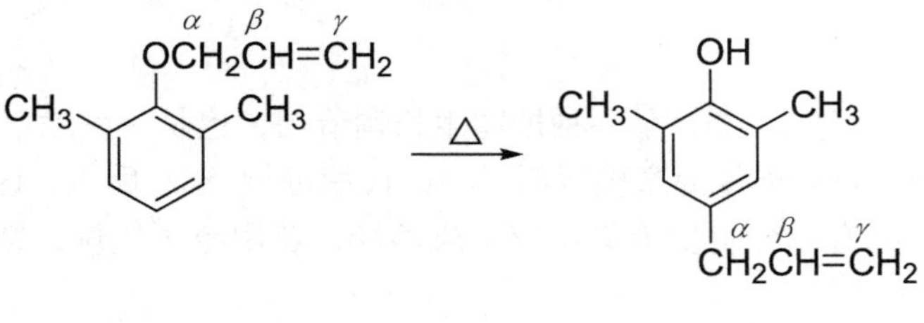

反应机理如下：

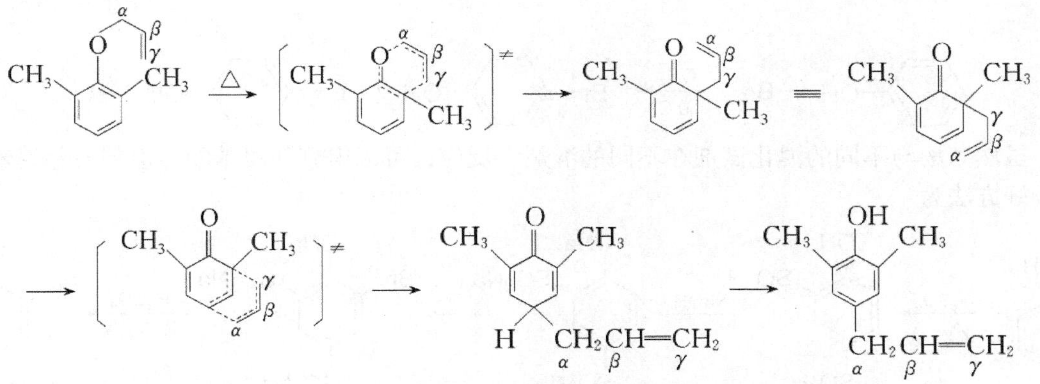

当芳基烯丙基醚的两个邻位和一个对位都有取代基时，不发生克莱森重排。

9.4.4　酚与 $FeCl_3$ 的显色反应

大多数酚及具有烯醇式构造的化合物能与 $FeCl_3$ 水溶液反应生成有颜色的络合物。

$$6PhOH + FeCl_3 \longrightarrow [Fe(OPh)_6]^{3-} + 6H^+ + 3Cl^-$$

不同的络合物呈现不同的颜色，可以利用这个反应鉴别酚或烯醇式构造的化合物。例如：

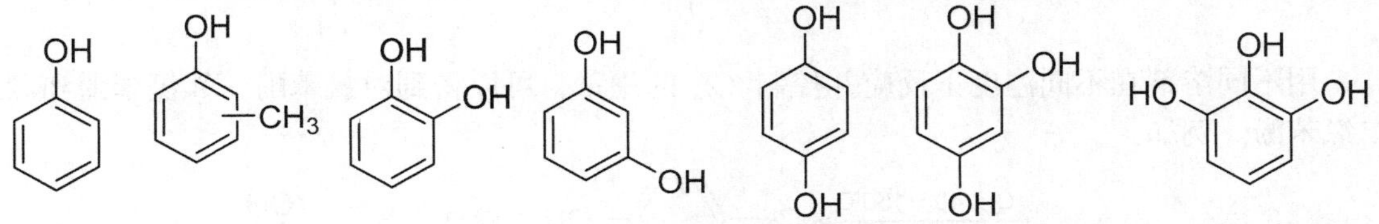

蓝紫色　蓝色　绿色　深紫色　暗绿色　蓝绿色　淡棕红色

9.4.5　芳环上的亲电取代反应

羟基是强的活化苯环的邻对位定位基。当酚羟基在碱的作用下变成芳氧负离子后，活化苯环的能力进一步提高。因此，酚尤其是它的负离子，很容易在苯环上发生亲电取代反应，如卤化、磺化、硝化、烷基化和酰基化等反应。

1. 卤化

酚很容易发生氯化和溴化反应，产物随反应条件不同而异。

在室温下，当苯酚与溴水反应时，立即定量生成 2,4,6-三溴苯酚白色沉淀。这个反应非常灵敏，可用于定性和定量分析苯酚。

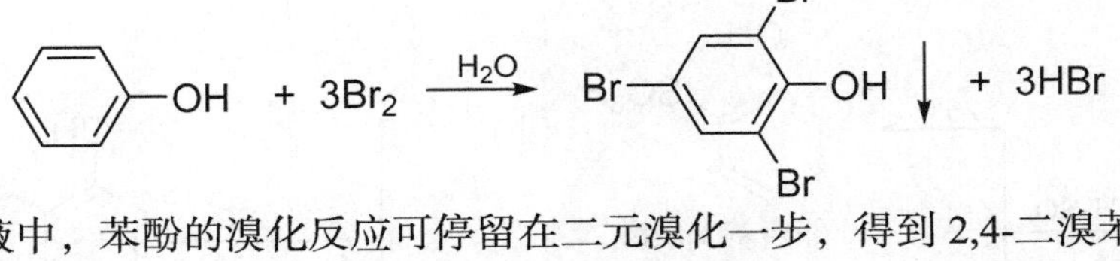

在强酸溶液中，苯酚的溴化反应可停留在二元溴化一步，得到 2,4-二溴苯酚：

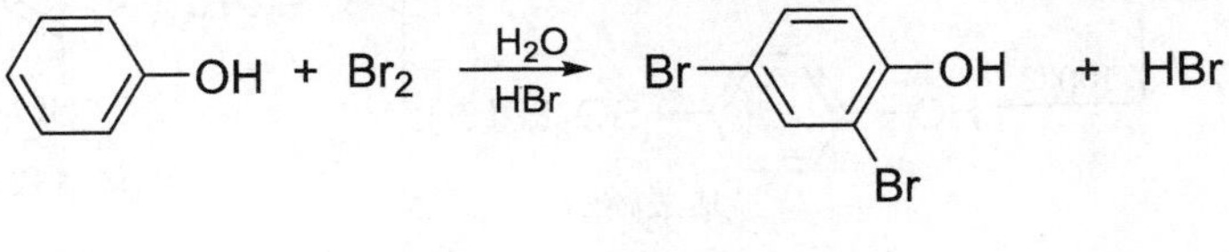

在非极性溶剂 CS_2 或 CCl_4 中，苯酚与 Br_2 反应则主要得到对溴苯酚：

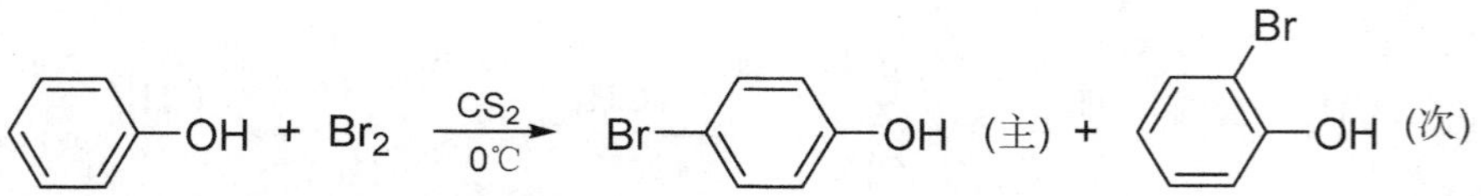

虽然苯酚与不同的溴化试剂在不同的溶剂中反应，可以得到邻溴苯酚，但制备邻溴苯酚的较好方法为

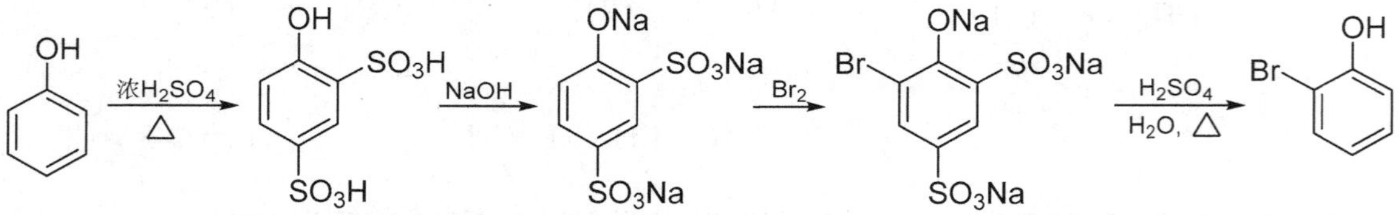

在弱碱性溶液中，苯酚与 Cl_2 反应得到 2,4,6-三氯苯酚，在 $FeCl_3$ 存在下可进一步氯化成五氯苯酚，五氯苯酚是一种杀菌剂，也是一种防血吸虫病的药物。

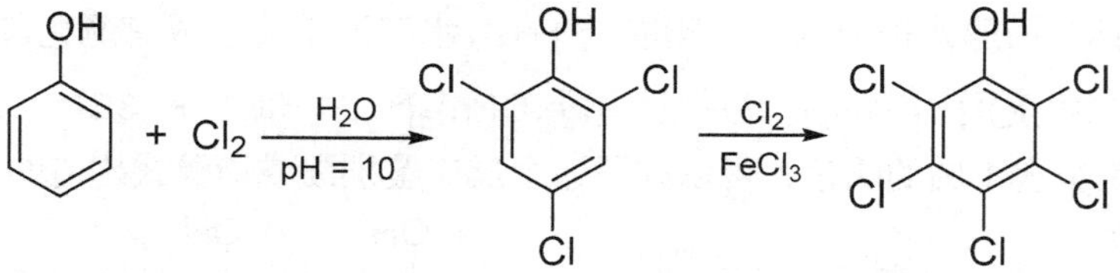

用不同溶剂在不同温度下反应并控制 Cl_2 的用量，可以得到对氯苯酚、邻氯苯酚和 2,4-二氯苯酚。例如：

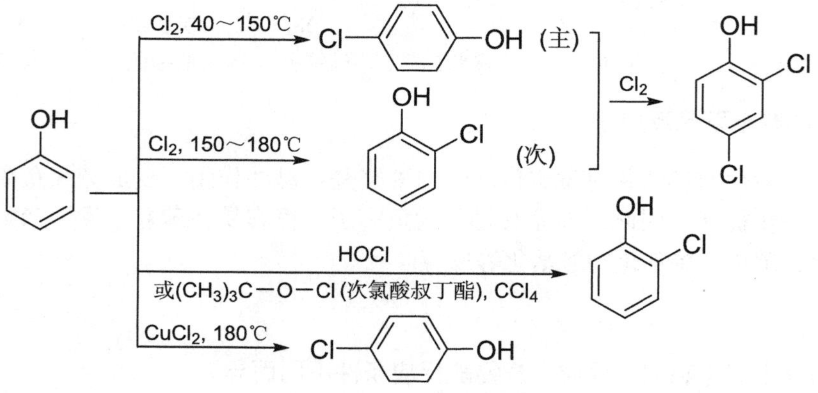

2. 磺化

酚的磺化反应在不同的温度下可以得到不同的产物。

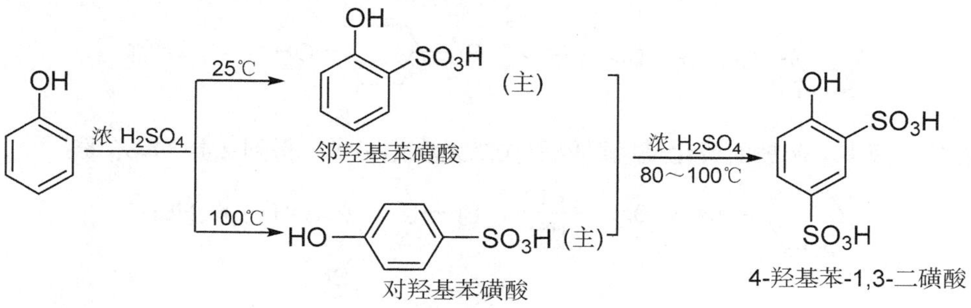

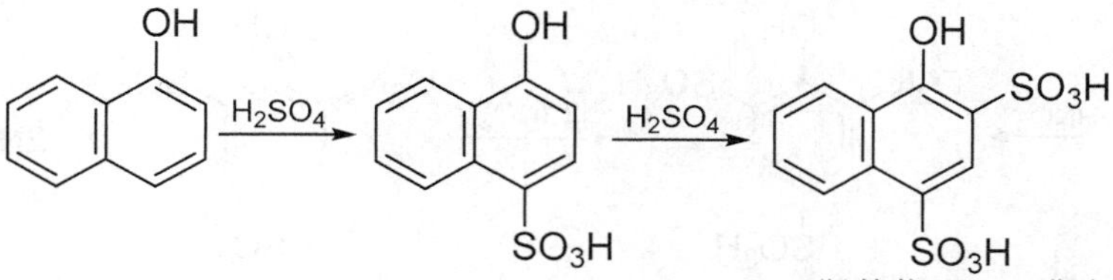

4-羟基萘-1,3-二磺酸

磺化反应是可逆的，在稀 H_2SO_4 中回流即可除去磺酸基团。

3. 硝化

苯酚在室温下用稀 HNO_3 硝化，生成邻硝基苯酚和对硝基苯酚。该反应可用于实验室制备邻硝基苯酚和对硝基苯酚。由于苯酚易被氧化，产率较低。

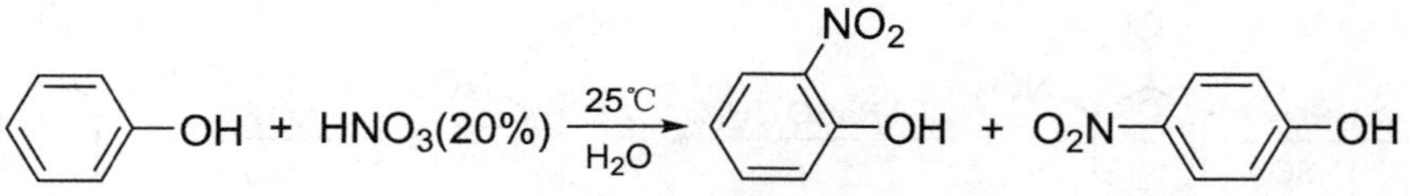

(30%～40%)　　(15%)

邻硝基苯酚可形成分子内氢键，而对硝基苯酚则形成分子间氢键，故邻硝基苯酚沸点比对硝基苯酚低，用水蒸气蒸馏可先蒸出邻硝基苯酚。

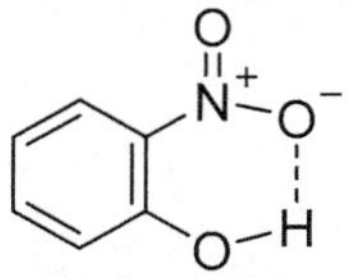

邻硝基苯酚(分子内氢键)

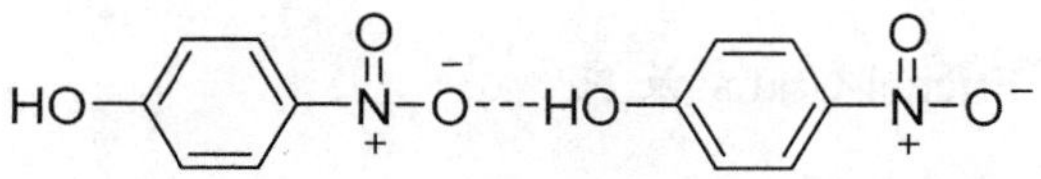

对硝基苯酚(分子间氢键)

苯酚若用较浓的硝酸硝化，可得 2,4-二硝基苯酚，但产率很低。制备 2,4-二硝基苯酚最常用的方法是 2,4-二硝基氯苯的水解。

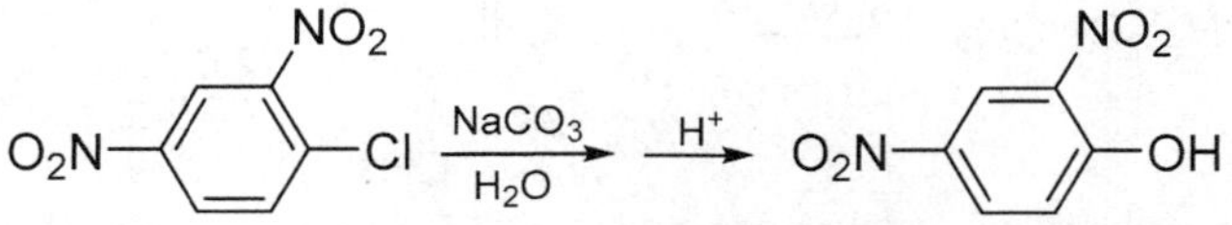

苯酚若用浓 HNO_3 直接硝化，可得 2,4,6-三硝基苯酚(苦味酸)，但产率很低，大部分苯酚在未硝化之前已经被氧化。为了获得多硝基酚，可先在苯酚分子中引入两个磺酸基，使苯环钝化，不易被氧化，然后与浓 HNO_3 反应，在硝化的同时两个磺酸基团被硝基取代生成 2,4,6-三硝基苯酚。

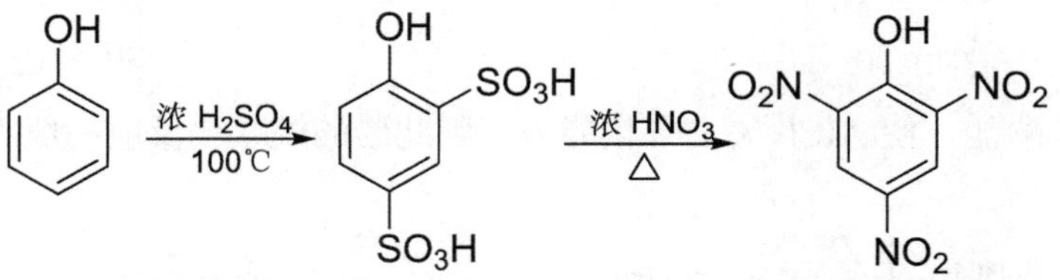

(黄色晶体, m. p. 123℃)

(90%)

后一步反应的过程是亲电的硝基正离子进攻磺酸基所在的芳环碳原子，同时消除三氧化硫分子，具体过程如下：

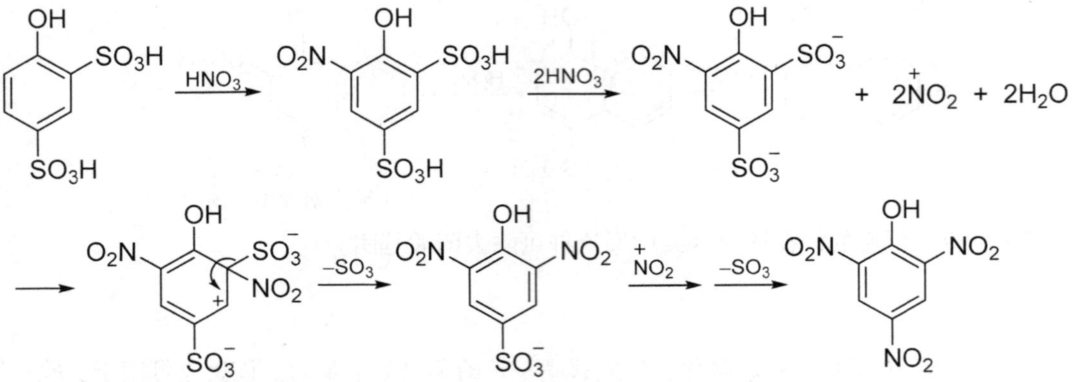

苦味酸的另外一种生产方法是硝化 2,4-二硝基苯酚。

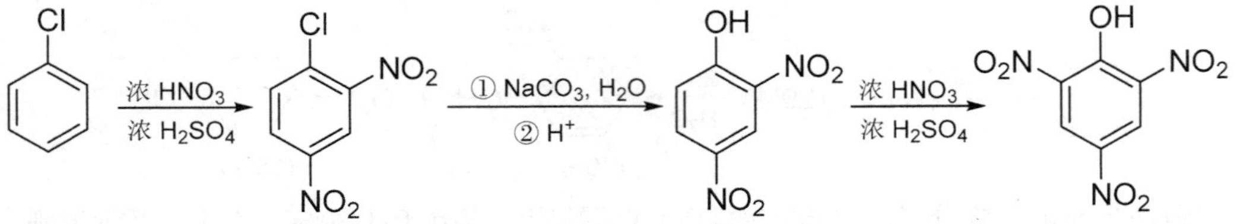

苦味酸是一种有苦味的酸，有毒。它在有机分析中有重要应用，苦味酸可以与有机碱、稠环芳烃等反应，得到有明确熔点的晶体。

4. Friedel-Crafts 反应

1) 烷基化反应

酚的烷基化反应容易进行，常得到多烷基取代产物。例如：

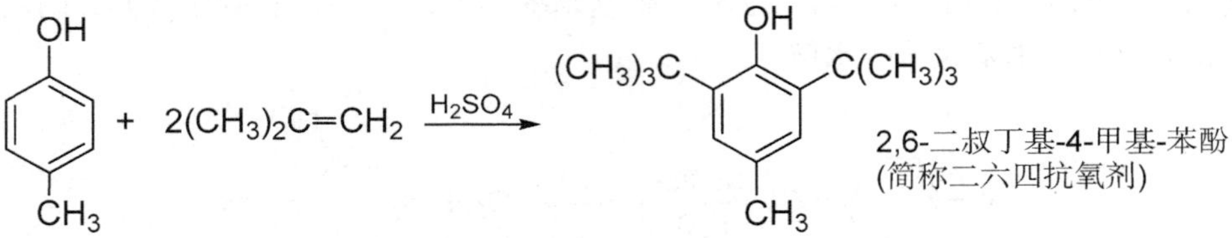

选择体积较大的烷基化试剂或用弱的催化剂，可得到一取代产物。例如：

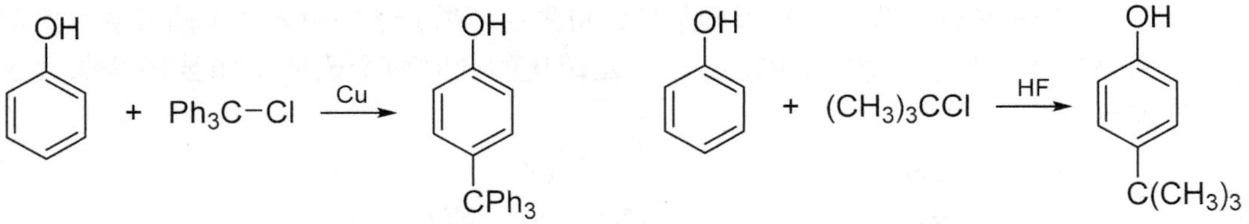

由于酚能与 $AlCl_3$ 作用形成酚盐，使 $AlCl_3$ 失去催化能力，因此酚的烷基化反应一般不用 $AlCl_3$ 作催化剂。

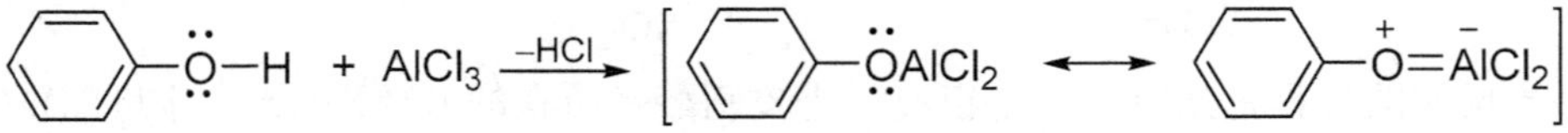

2) 酰基化反应

由于酚能与 $AlCl_3$ 作用形成酚盐，在酚盐中氧原子上的孤对电子离域到缺电子的铝原子上，使芳环在进行亲电取代时活性比酚低，因此在 $AlCl_3$ 作用下，酚的酰基化反应进行得较慢，并且需用较多的 $AlCl_3$。但升高温度，反应可顺利进行，一般得到邻酚酮和对酚酮的混合物。例如：

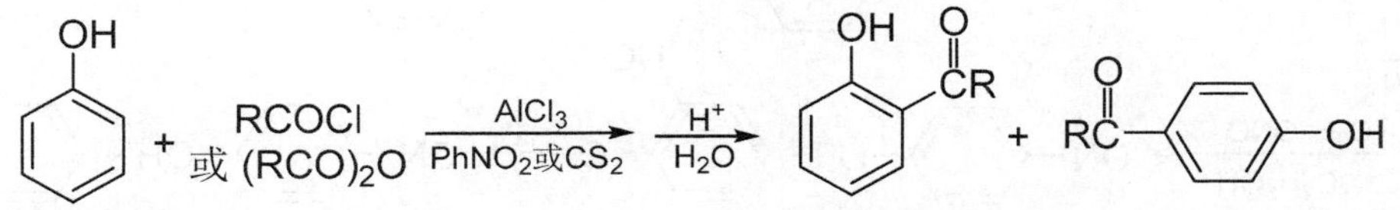

由于酚的芳环上电子云密度较大，因此酚在弱的催化剂如 BF_3 的作用下可以与羧酸直接发生酰基化反应，主要得到对位产物。例如：

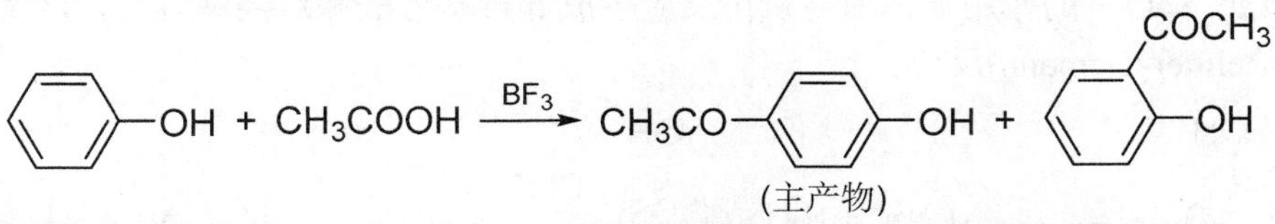

有些酚与羧酸直接反应时，酰基化反应产率较低，其中一个重要原因是生成酚酯。

苯酚与邻苯二甲酸酐在浓 H_2SO_4 或无水 $ZnCl_2$ 的作用下不发生上述酰基化反应，而是两分子酚与酸酐进行缩合，脱去一分子水，生成酚酞。

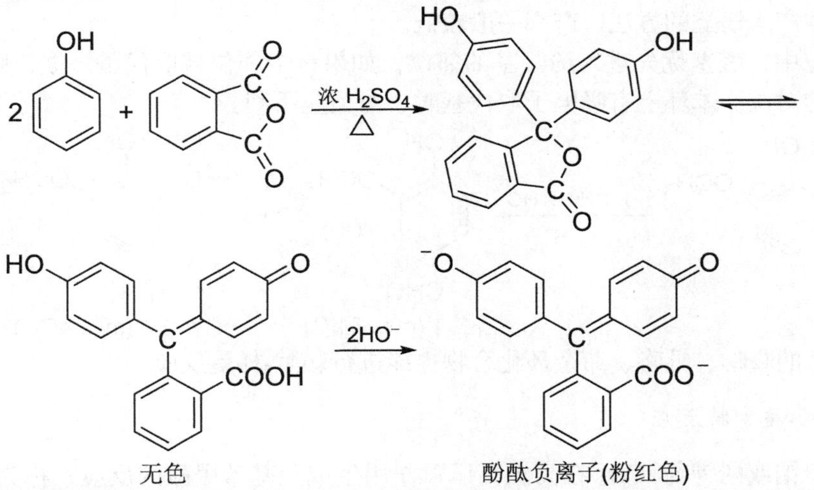

酚酞是常用的酸碱指示剂，其溶液 pH < 8.5 时为无色，当 pH > 9 时，生成粉红色的共轭双负离子。

间苯二酚在浓 H_2SO_4 或 $ZnCl_2$ 的作用下与邻苯二甲酸酐反应，生成荧光染料——荧光黄。反应式如下：

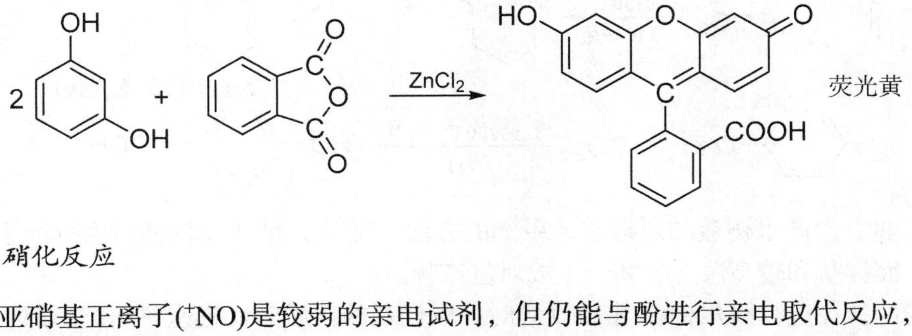

5. 亚硝化反应

虽然亚硝基正离子(^+NO)是较弱的亲电试剂，但仍能与酚进行亲电取代反应，生成对亚硝基苯酚和邻亚硝基苯酚。例如：

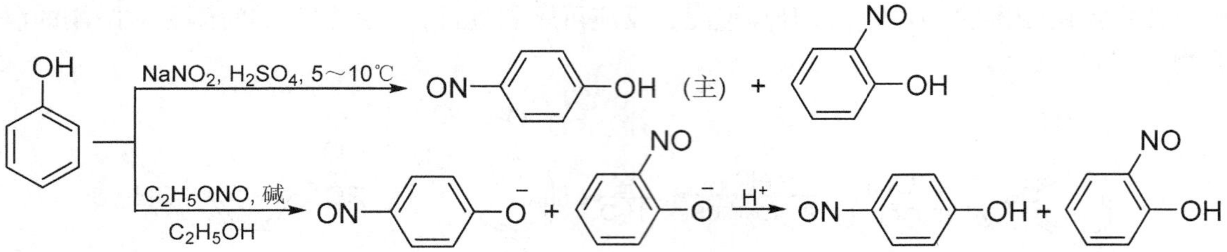

6. 赖默-梯曼反应

在强碱如 NaOH 的作用下，酚与氯仿反应生成邻羟基芳醛和对羟基芳醛，该反应被称为赖默-梯曼(Reimer-Tiemann)反应：

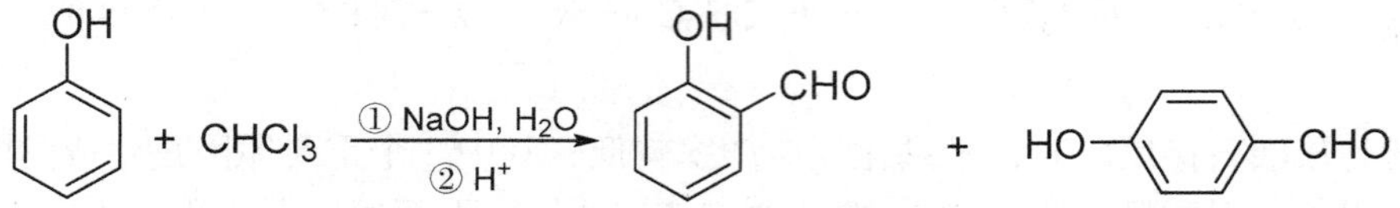

邻羟基苯甲醛(水杨醛)　(37%～45%)　　对羟基苯甲醛　(8%～12%)

这是工业上生产水杨醛的方法，产率一般较低。

在此反应中，醛基优先进入酚羟基的邻位，如果一个邻位被取代基占据，则醛基倾向于进入酚羟基的对位。苯环上有吸电子取代基时，对反应不利。

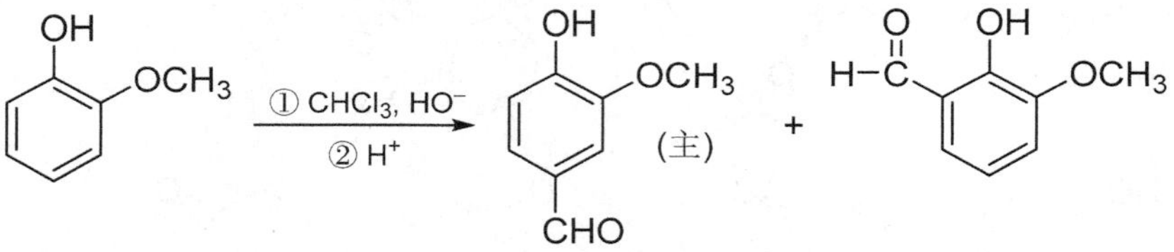

香兰素(m.p. 81℃)　　邻香兰素(m.p. 45℃)

含有羟基的喹啉、吡咯、茚杂环化合物也能进行赖默-梯曼反应。

7. 科尔柏-施密特反应

干燥的酚钠或酚钾与 CO_2 在高温高压下作用生成羟基苯甲酸的反应，称为科尔柏-施密特(Kolbo-Schmitt)反应。这是在酚的芳环上直接引入羧基的一种方法。不同的酚盐和反应温度对羧基进入芳环的位置有影响。例如：

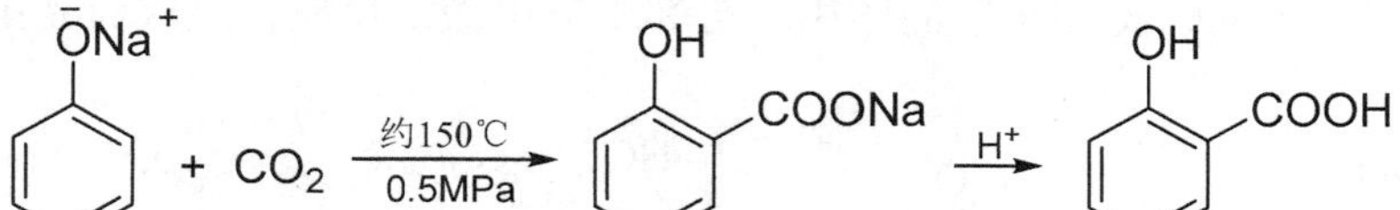

邻羟基苯甲酸(水杨酸)

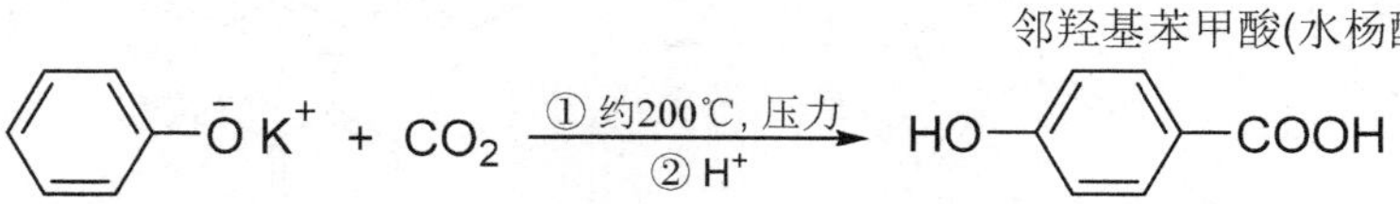

对羟基苯甲酸

这是工业上生产水杨酸和对羟基苯甲酸的方法。显然，钠盐及较低温度有利于邻位异构体的生成，而钾盐和较高温度有利于生成对位产物。

取代酚的盐在进行科尔柏-施密特反应时，取代基的性质对反应速率和产率都有影响，推电子基团有利于反应的进行，而吸电子基团不利于反应进行。例如：

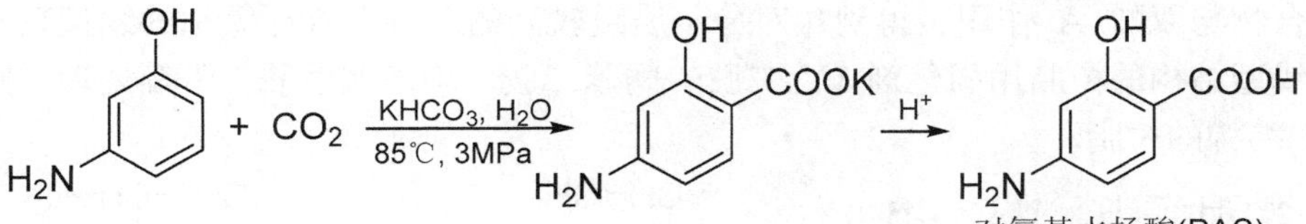

8. 与甲醛缩合——酚醛树脂的合成

在酸或碱的作用下，苯酚与甲醛反应，首先在苯酚的邻对位上引入羟甲基，这些产物具有与苄醇类似的性质，可与酚进行烷基化反应。例如：

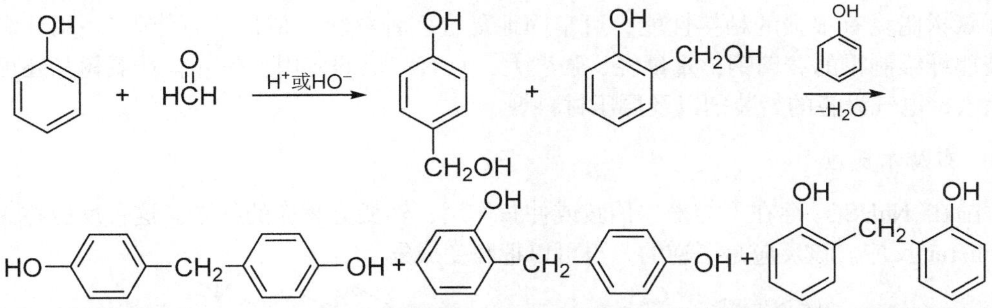

上述反应连续进行，可得到一种树脂状的高分子物质，称为酚醛树脂，其他酚(如甲酚、二甲酚等)、醛(如乙醛、糠醛等)也可缩合生成类似的酚醛树脂。

当所用原料的种类、酚与醛的比例以及催化剂的类型不同时，所得的酚醛树脂在结构和性质上明显不同，适合于不同的用途。例如，在酸性介质中过量的苯酚与甲醛反应，最后得到线型缩合产物，它受热可熔化，称为热塑性酚醛树脂。若在碱性介质中苯酚与过量的甲醛反应，可得到线型直至体型结构的缩合物，称为热固性酚醛树脂。

9. 与丙酮缩合——双酚 A 及环氧树脂

在酸的催化作用下，苯酚与丙酮反应，结果两分子苯酚在羟基的对位与丙酮缩合，生成 2, 2-二(对羟基苯基)丙烷，俗称双酚 A。

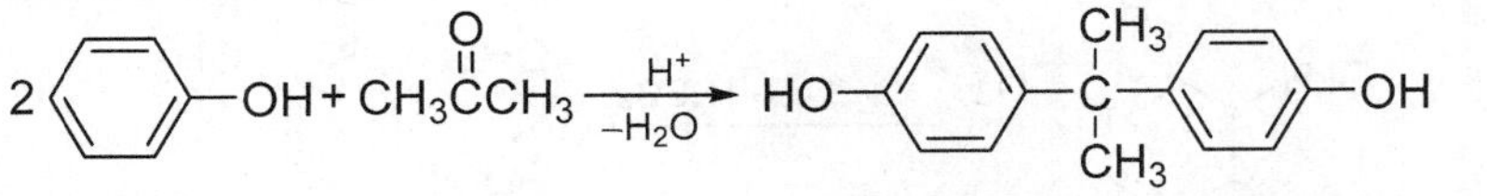

双酚A(无色晶体, m.p. 153～156℃)

双酚 A 是生产环氧树脂、聚碳酸酯、聚砜等的重要原料。在碱(如 NaOH)的作用下，双酚 A 与环氧氯丙烷反应，可制得环氧树脂。反应的第一步是双酚 A 中的芳氧负离子与环氧氯丙烷发生亲核取代，然后脱去 Cl^-使环氧环再生。反应式如下：

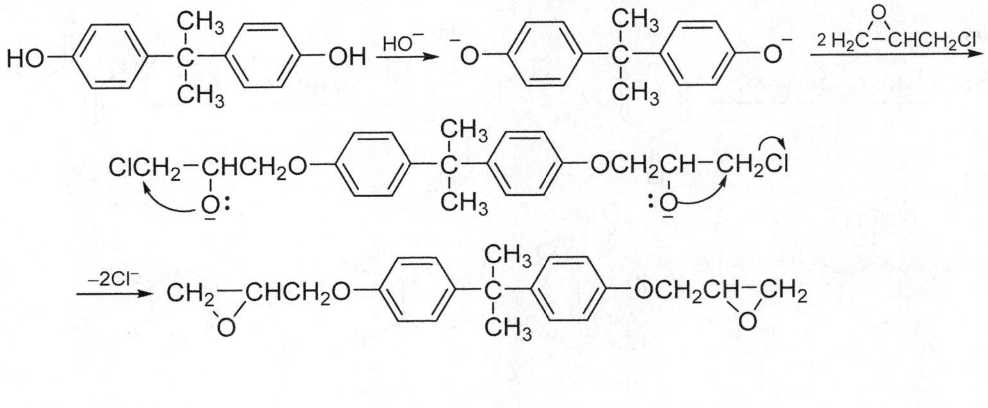

此化合物与双酚 A 作用，得到相对分子质量较高的末端带有环氧基的线型高分子化合物。这种线型结构的树脂用固化剂如乙二胺、间苯二胺、均苯四甲酸二酐等处理，则交联成体型(网状)结构的树脂。

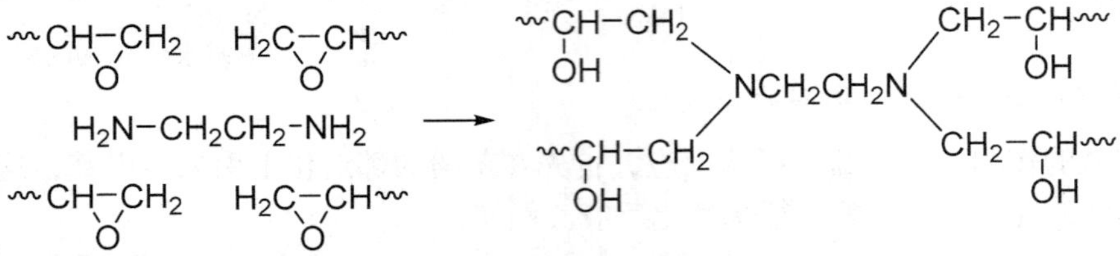

环氧树脂具有很强的粘接性能，可牢固地黏合多种材料，俗称“万能胶”。用环氧树脂浸渍玻璃纤维制得的玻璃钢，重量轻、强度大，具有广泛的应用。另外，环氧树脂还可用于表面涂层、电气设备的封装剂以及层压材料等。

10. 布赫尔反应

萘酚在 $NaHSO_3$ 存在下与氨、伯胺或仲胺作用，转变为相应的萘胺。这一反应称为布赫尔(Bucherer)反应。该反应是可逆的，也可以把胺变成酚。

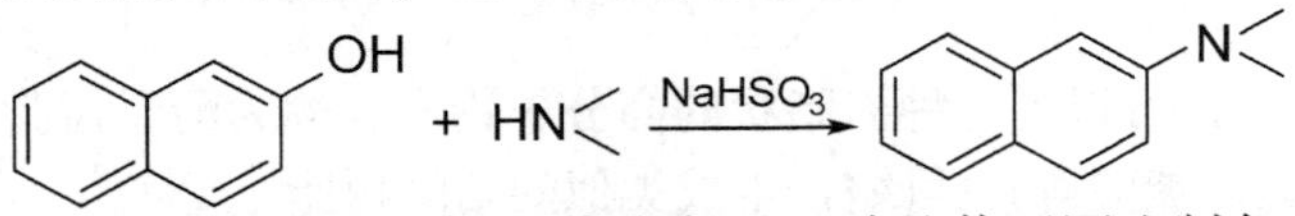

用 α-萘酚同样可以制得 α-萘胺，但 α-萘胺常用 α-硝基萘还原法制备。

9.4.6 氧化反应

酚比苯、醇易氧化，如苯酚在空气中长期放置可被空气中的氧气氧化。酚的氧化产物随氧化方式不同而不同，在一般情况下，酚氧化的产物是醌。例如：

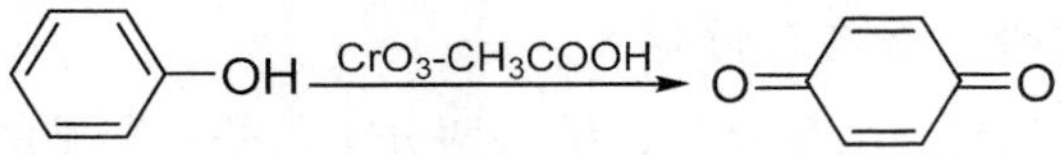

对苯醌

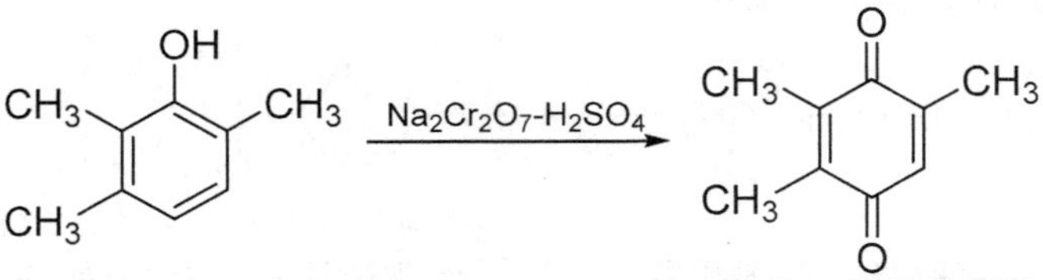

2,3,6-三甲基对苯醌

当苯环上有两个羟基或一个羟基和一个氨基处在邻位或对位时，很容易被氧化成醌，而且产率一般较高。例如：

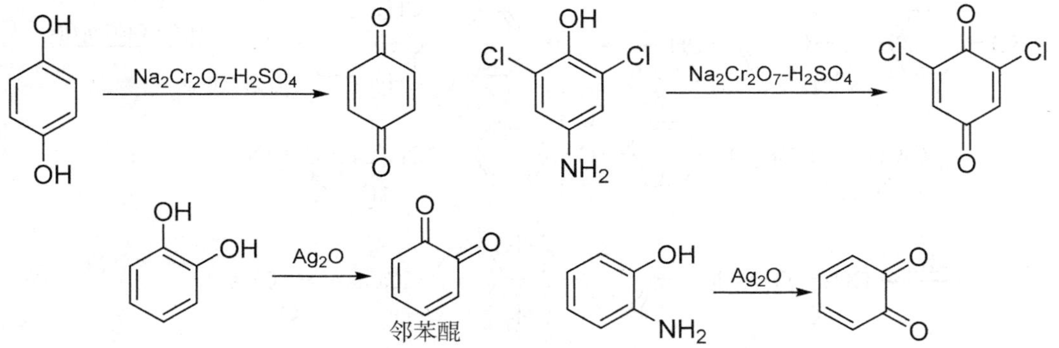

邻苯醌

9.4.7　还原反应

酚通过催化加氢，芳环被还原。例如：

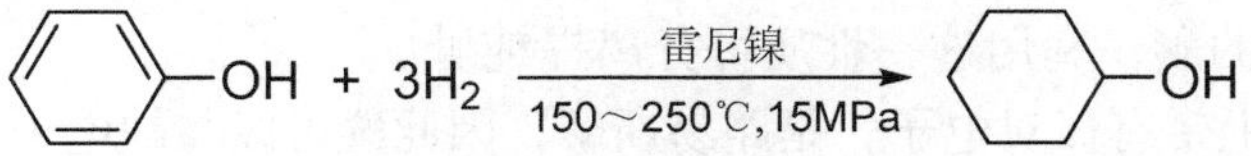

这是工业上生产环己醇的一种方法。

9.5　醚的物理性质

常温时，甲醚和乙甲醚是气体，其他醚多是无色流动的液体。由于醚分子间不能形成氢键，因此醚同其构造异构体醇相比沸点低得多。例如，乙醚的沸点为 34.5℃，正丁醇的沸点为 117.8℃。醚难溶于水，能溶于许多有机溶剂。醚本身就是良好的有机溶剂。醚的相对密度小于 1。表 9.6 列出一些醚的物理常数。

表 9.6　一些醚的物理常数

名称	构造式	熔点/℃	沸点/℃	相对密度(d_4^{20})	水中溶解度
甲醚	CH_3OCH_3	–140	–24		1 体积水溶解约 37 体积气体
乙醚	$CH_3CH_2OCH_2CH_3$	–116	34.5	0.713	约 8g · (100g 水)$^{-1}$
正丙醚	$CH_3(CH_2)_2O(CH_2)_2CH_3$	–122	91	0.736	微溶
正丁醚	$CH_3(CH_2)_3O(CH_2)_3CH_3$	–95	142	0.773	微溶
正戊醚	$CH_3(CH_2)_4O(CH_2)_4CH_3$	–69	188	0.774	不溶

9.6　醚的化学性质

醚分子中，与氧相连的两个烃基是脂肪族烃基时，氧原子为 sp^3 杂化，两对孤对电子处于两个 sp^3 杂化轨道，醚键的键角接近 109.5°。例如，二甲醚分子中 C—O—C 键角为 111.7°，C—O 键键长为 0.141nm。

当在醚分子中与氧直接相连的两个烃基至少有一个是芳环时，氧原子为 sp^2 杂化，未杂化的 p 轨道上一对电子与芳环的 π 电子形成 p-π 共轭体系，醚键的键角接近 120°。例如，苯甲醚分子中醚键键角为 121°，$C_{环}$—O 键键长为 0.136nm，比二甲醚中的 C—O 键键长 0.141nm 短。乙烯基醚中氧原子也是 sp^2 杂化，氧原子与双键形成共轭体系。

除三元与四元环醚外，醚键是相当稳定的，遇碱、氧化剂、还原剂一般不发生反应，所以在许多有机反应中常用醚作溶剂。由于氧原子上含有孤对电子，因此可作为路易斯碱参与一些反应。

9.6.1　生成鎓盐和络合物

与水、醇、酚相似，醚中氧原子上的孤对电子具有碱性，能接受强酸(如浓盐酸、浓 H_2SO_4 等)中的质子，生成鎓盐：

$$R-\ddot{\underset{..}{O}}-R' + H_2SO_4 \xrightarrow{\triangle} R-\overset{H}{\underset{+}{O}}-R'\ HSO_4^-$$

醚由于形成鎓盐可溶于浓强酸中，利用此性质可区别醚与烷烃和卤代烷。用冷水稀释鎓盐溶液可以得到原来的醚，利用这一性质可分离提纯醚。

醚分子中氧原子上带有孤对电子，是路易斯碱，因此醚可以与缺电子的路易斯酸如 BF_3、$AlCl_3$、格氏试剂等形成络合物。例如：

$$(CH_3CH_2)_2\overset{+}{O}-\overset{-}{B}F_3 \quad 或 \quad (CH_3CH_2)_2O \rightarrow BF_3$$

$$(CH_3CH_2)_2\overset{+}{O}-\overset{-}{Al}Cl_3 \quad 或 \quad (CH_3CH_2)_2O \rightarrow AlCl_3$$

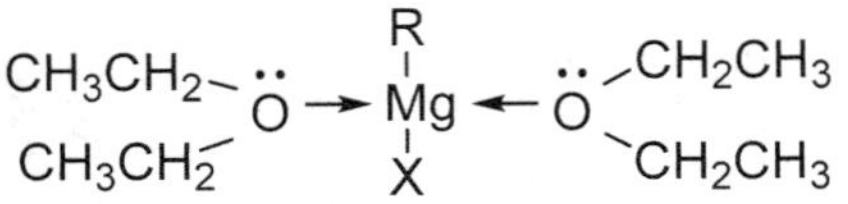

格氏试剂较易在醚如乙醚、四氢呋喃中生成，这也和醚与格氏试剂生成络合物而使之稳定有一定的关系。

9.6.2　醚键的断裂

醚与浓氢卤酸一起加热，C—O 键发生断裂，生成卤代烷和醇。在过量酸的存在下，产生的醇也可转变为卤代烷。

$$R-\ddot{\underset{..}{O}}-R' + HX \xrightarrow{\triangle} R-X + R'OH$$

$$R'OH \xrightarrow{过量HX} R'X + H_2O$$

最常用的强酸为 HI 和 HBr，对于较易断裂的醚键如叔烷基醚、烯丙基醚等也可用盐酸或 H_2SO_4 。在质子溶剂中，这些强酸的活性顺序为

$$HI > HBr > HCl、H_2SO_4$$

$$CH_3CH_2OCH_2CH_3 \xrightarrow{HI} CH_3CH_2I + CH_3CH_2OH \xrightarrow{过量HI} 2CH_3CH_2I$$

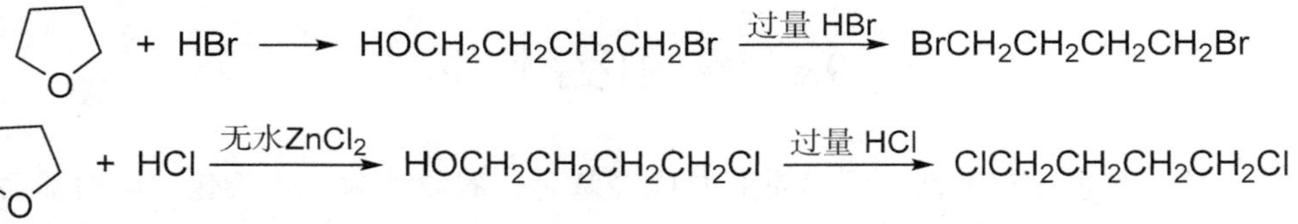

由于芳环与氧原子上的孤对电子共轭，不易断裂，因此芳基烷基醚被 HI 分解时，只发生烷氧键断裂，不发生芳氧键断裂。二芳基醚与 HI 不反应。

酚的烷基化反应和芳基烷基醚被 HI 分解的反应结合使用，可以在反应中保护酚羟基。

醚键的断裂反应实质上是醚与强酸先形成鎓盐，增强碳氧键的极性，使碳氧键变弱，把醚中不易离去的基团变为容易离去的基团，然后根据醚中烃基构造的不同发生 S_N2 或 S_N1 反应。

伯烷基醚发生 S_N2 反应。例如：

$$CH_3(CH_2)_3OCH_3 \xrightarrow[质子化]{HI} CH_3(CH_2)_3\overset{H}{\underset{+}{O}}-CH_3 + I^- \xrightarrow{S_N2} CH_3(CH_2)_3OH + CH_3I$$

$$CH_3(CH_2)_3OH \xrightarrow{HI} CH_3(CH_2)_3I$$

伯烷基醚与 HI 作用时，按 S_N2 机理进行反应，亲核试剂 I^-优先进攻立体阻碍较小的烷基。因此对于甲基醚的反应优先得到碘甲烷，在有机分析中将反应混合物中的 CH_3I 蒸馏出

来，通入 $AgNO_3$ 的醇溶液中，可根据生成 AgI 的量测定分子中甲氧基的含量。这种方法称为蔡泽尔(Zeisel)测定法。

在酸催化醚键断裂的反应中，最常用的强酸是 HI 。这是由于：①酸性 HI > HBr > HCl；②在强酸介质中，亲核性 $I^- > Br^- > Cl^-$。

叔烷基醚容易发生 S_N1 反应。例如：

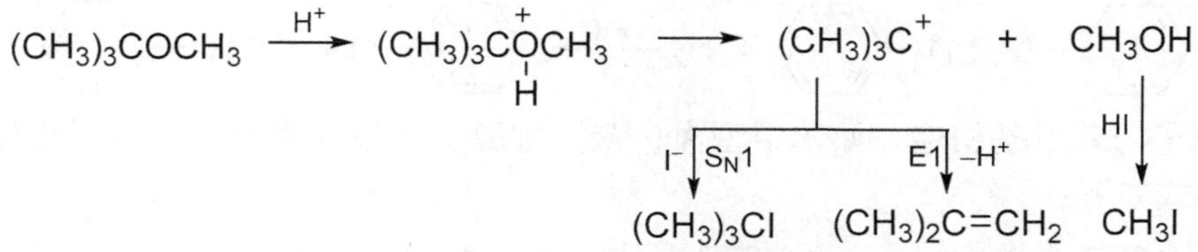

叔烷基醚键的断裂按 S_N1 机理进行，首先生成稳定性大的叔碳正离子，然后与亲核试剂结合生成卤代烷(S_N1)，或者消去 H^+生成烯烃(E1)。

叔烷基醚比只含有伯烷基和仲烷基的醚容易被酸断裂，叔烷基醚不仅能被 HI 断裂，还可被 HCl 或 H_2SO_4 断裂。叔烷基醚发生醚键断裂时，不仅可进行取代反应，还可以进行消除反应生成烯烃。例如：

$$(CH_3)_3COCH_3 \underset{\triangle}{\overset{浓\ H_2SO_4}{\rightleftharpoons}} (CH_3)_2C{=}CH_2 + CH_3OH$$

因此，在有机合成中，可以利用异丁烯与醇反应生成叔丁基醚来保护醇羟基。例如：

$$HO(CH_2)_4Br + (CH_3)_2C{=}CH_2 \xrightarrow{H_2SO_4} (CH_3)_3CO(CH_2)_4Br \xrightarrow[干醚]{Mg} (CH_3)_3CO(CH_2)_4MgBr$$

$$\xrightarrow[②\ H^+,\ H_2O]{①\ CO_2} (CH_3)_3CO(CH_2)_4COOH \xrightarrow[\triangle]{H_2SO_4} HO(CH_2)_4COOH + (CH_3)_2C{=}CH_2$$

9.6.3　醚的 *α*-H 自动氧化

醚对氧化剂是稳定的，但在放置过程中长期与空气接触或经光照，则醚分子中与氧原子相连的碳上(*α*-C)的碳氢键可被氧化，先生成氢过氧化醚，然后再进一步转变为过氧化醚。例如，乙醚的自动氧化过程为

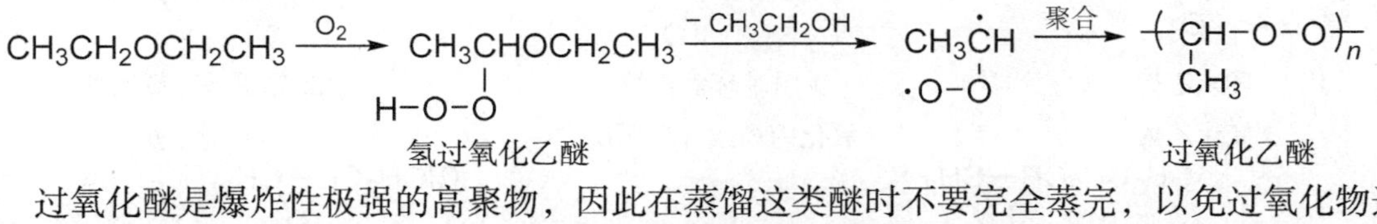

过氧化醚是爆炸性极强的高聚物，因此在蒸馏这类醚时不要完全蒸完，以免过氧化物达到爆炸浓度而出现意外。通常在蒸馏以前，先用淀粉-KI 试纸检查有无过氧化物存在，如存在过氧化物，KI 被氧化成 I_2 而使含淀粉的试纸变为蓝色或紫色。新配制的硫酸亚铁或亚硫酸钠水溶液可以除去过氧化物。为了防止过氧化物的形成，可在醚中加入抗氧剂，如锌粉、铁粉等。

9.6.4　芳香醚中烃氧基对芳环的影响

1. 芳香醚的亲电取代反应

烷氧基是中等活化苯环的邻对位定位基，因此芳香醚较易进行芳环上的亲电取代反应，

主要得到邻对位取代的产物。

2. 苯甲型醚的氢解反应

在催化剂 Pt 或 Pd 的作用下，苯甲型醚很容易被氢解，氢解时是苯甲基与氧相连的键断裂。例如：

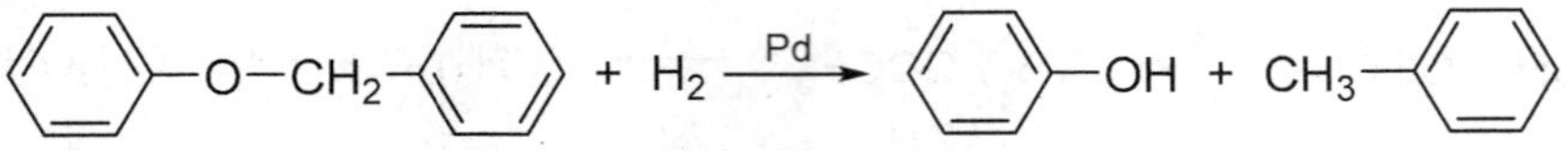

凡杂原子与苯甲基相连，如苯甲型卤、苯甲型醇、羧酸苯甲酯、苯甲型胺等均易被氢解。反应通式如下：

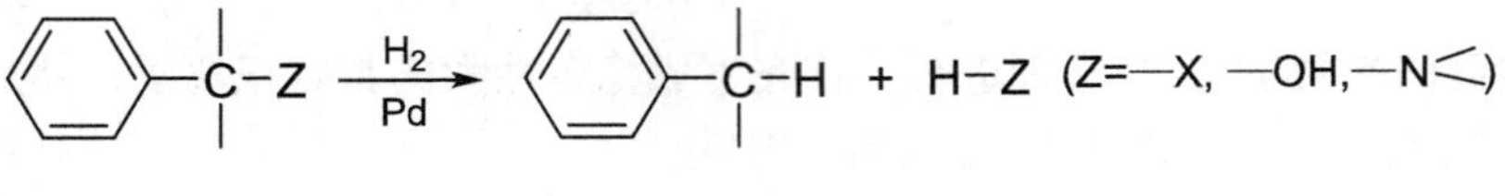

9.7 环　　醚

由碳原子与氧原子共同组成环状结构的醚称为环醚。例如：

环氧乙烷

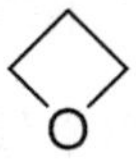
氧杂环丁烷

四氢呋喃(THF)

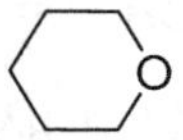
四氢吡喃

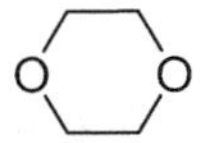
1,4-二氧六环(二噁烷)

环醚的性质随环的大小不同而异，其中五元环醚和六元环醚性质比较稳定，具有一般醚的性质。三元环醚由于环有张力，容易发生开环反应。

9.7.1 三元环醚——环氧化合物

分子中含有由两个碳原子和一个氧原子组成的三元环的化合物是三元环醚，又称为环氧化合物。环氧化合物可以从烯烃氧化得到，所以又称其为氧化烯烃。环氧化合物中的环是一个杂环，杂环编号从杂原子氧开始。下面列出几种环氧化合物的结构和名称。

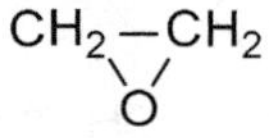
环氧乙烷
氧化乙烯

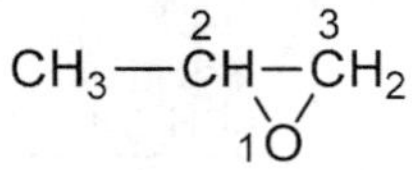
2-甲基环氧乙烷
氧化丙烯或环氧丙烷

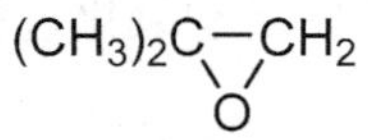
2,2-二甲基环氧乙烷
氧化异丁烯

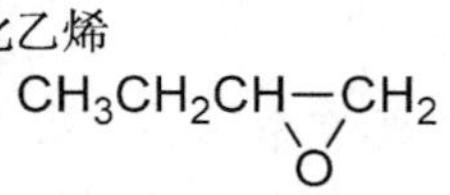
2-乙基环氧乙烷
氧化正丁烯或 1,2-环氧丁烷

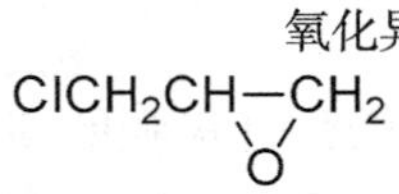
2-氯甲基环氧乙烷
3-氯-1,2-环氧丙烷(简称环氧氯丙烷)

1. 环氧化合物的制备

1) 烯烃氧化

在工业上环氧乙烷是用乙烯催化氧化制得的。反应式如下：

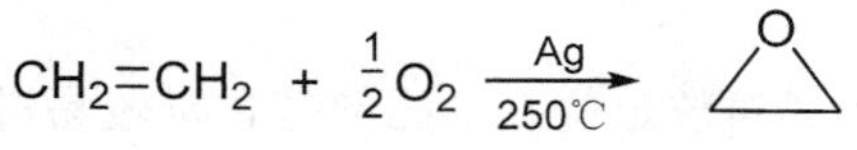

用有机过氧酸氧化烯烃是制备其他环氧化合物最常用的方法。例如：

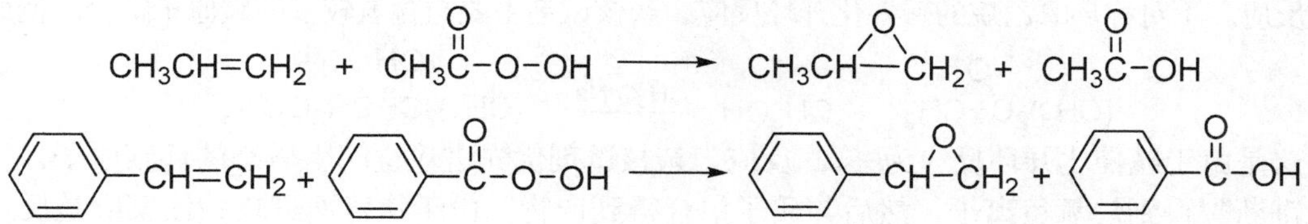

2) β-卤醇消除

制备环氧化合物的另一种方法是用碱处理烯烃与次卤酸反应生成的 β-卤醇，β-卤醇发生分子内 S_N2 反应，消除一分子卤化氢。例如：

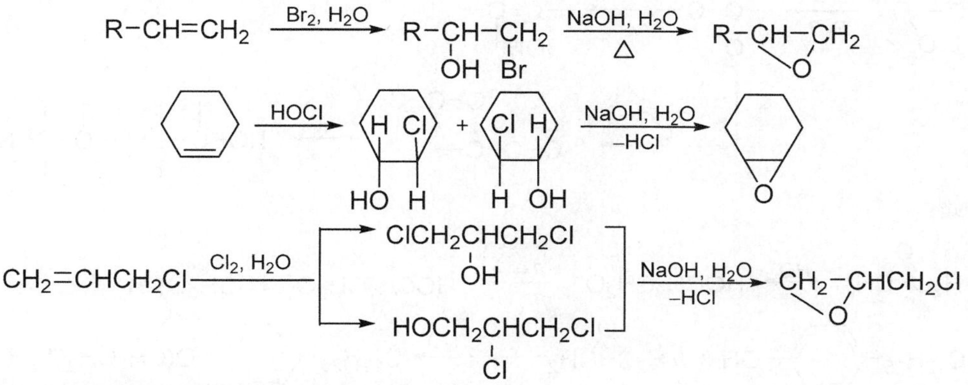

工业上环氧氯丙烷就是用这种方法生产的。

2. 环氧化合物的性质

醚是属于比较不活泼的一类有机物，但环氧乙烷类化合物由于三元环的张力，容易与亲核试剂发生碳氧键断裂的开环反应，生成开链化合物以解除环的张力。

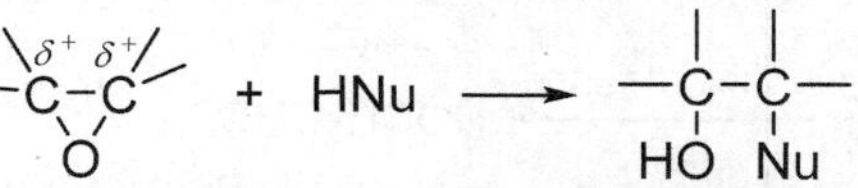

反应的结果是加成，其机理则是饱和碳原子上的亲核取代(S_N)反应。环氧化合物与弱亲核试剂的反应可被酸或碱催化。

环氧化合物在酸催化下，可与 H_2O、ROH、ArOH、RCOOH、HX 等进行开环反应。酸催化时，根据环氧化合物构造可按 S_N2 或 S_N1 机理进行开环反应。

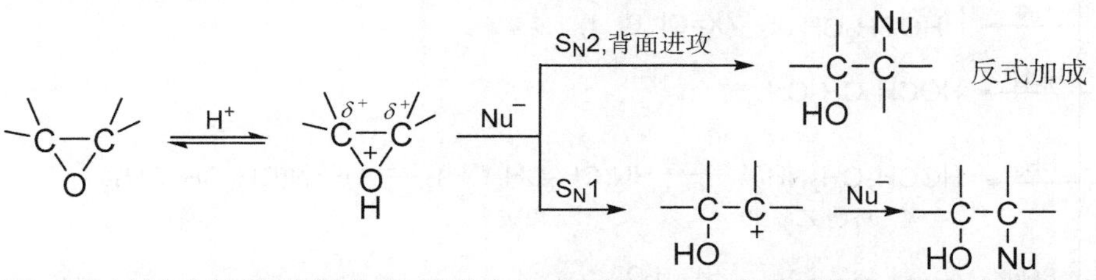

对于不对称环氧乙烷的酸催化开环反应，主要按 S_N1 机理进行，加成产物由碳正离子稳定性决定，因此亲核试剂主要与含氢较少的碳原子结合。例如：

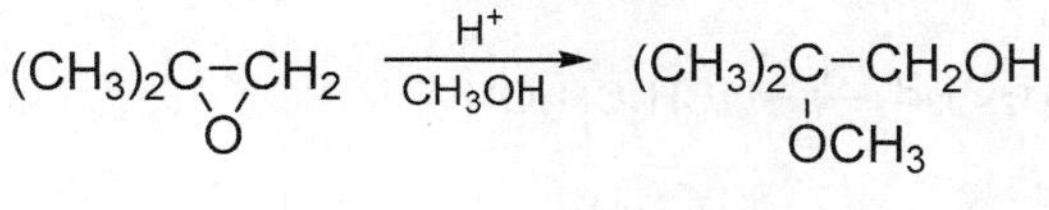

碱催化下，环氧化合物可与 H_2O、ROH、ArOH、NH_3、RNH_2、R_2NH、RMgX 等进行开环加成反应。不对称环氧乙烷的碱催化开环反应，亲核试剂主要与含氢较多的碳原子结合。例如：

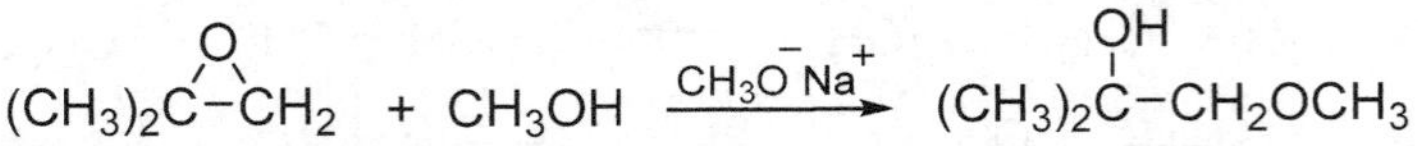

这是由于碱催化开环反应为 S_N2 反应，亲核试剂优先进攻空间阻碍小的环碳原子，发生碳氧键断裂得到烷氧负离子，然后与质子结合得到产物。由于从背面进攻，该反应是反式加成。烷氧负离子也可以作为新的亲核试剂再与环氧化合物作用，生成新的烷氧负离子，重复进行此反应可以得到相对分子质量更大的化合物。反应机理如下：

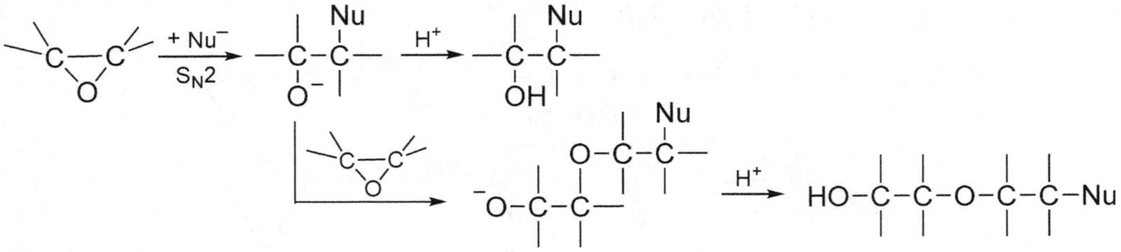

例如：

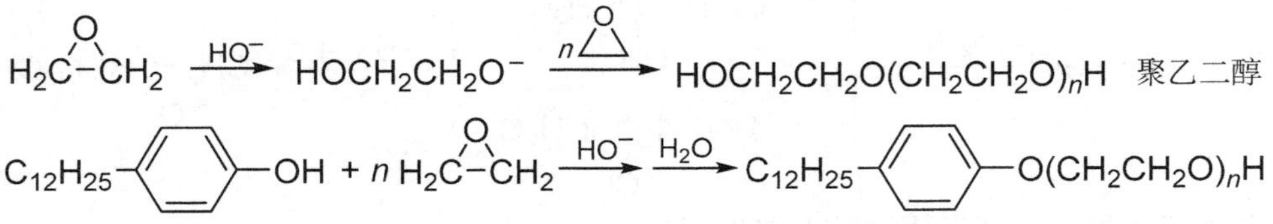

聚乙二醇十二烷基苯醚

聚乙二醇十二烷基苯醚是一种表面活性剂，是常用洗涤剂的主要成分。

环氧乙烷是最简单、最重要的环氧化合物，其主要化学性质总结如下：

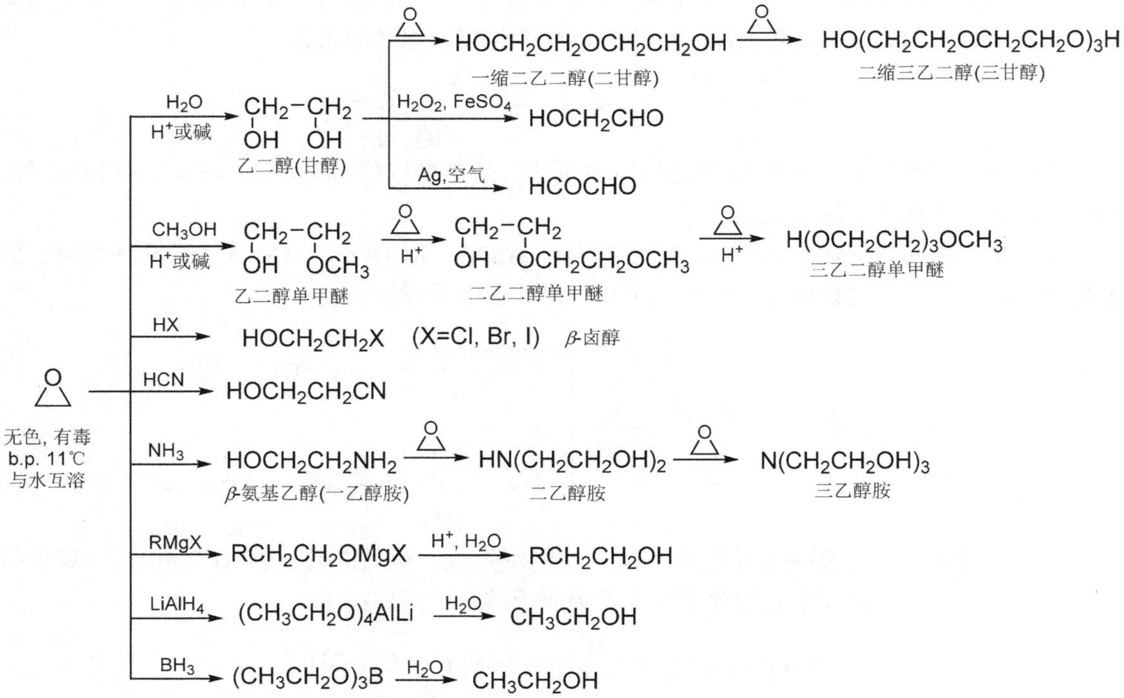

9.7.2　其他环醚

四氢呋喃即氧杂环戊烷或称 1,4-环氧丁烷(THF，b.p. 67℃)，既无限溶于水，又溶于许多有机溶剂，是一种应用广泛的溶剂。与乙醚相似，THF 长期与空气接触也会生成爆炸性的过氧化物，因此使用前要先检查是否有过氧化物存在。四氢呋喃是五元环醚，基本没有环张力，具有一般醚的化学性质。

1,4-二氧六环又称二噁烷(dioxane，b.p. 101.5℃)，可与水及多种有机溶剂混溶，也是一种应用广泛的溶剂。1,4-二氧六环是六元环醚，没有环张力，它的稳定性与开链醚相似，具有一般醚的化学性质。

9.8　冠　　醚

冠醚是乙二醇的环状聚合物，分子中具有 CH_2CH_2O 的重复单元，它们的结构像王冠，所以称为冠醚。冠醚有其特有的命名方法——*x*-冠-*y*，“冠”代表冠醚这一类物质，*x* 是环中原子总数，*y* 是环中氧原子数。例如：

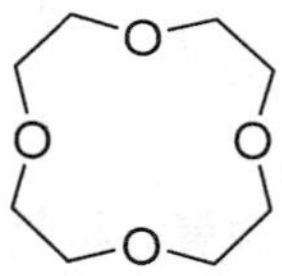

12-冠-4

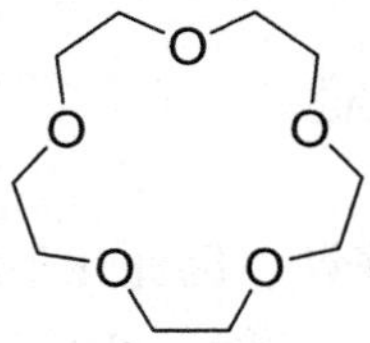

15-冠-5

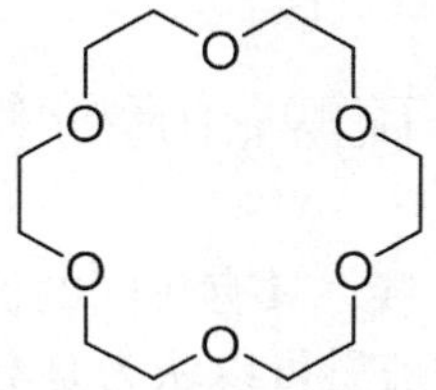

18-冠-6

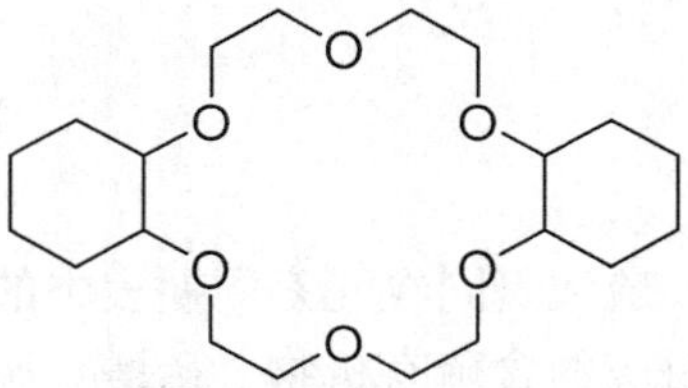

二环已烷并-18-冠-6

9.8.1　冠醚的合成

冠醚的合成方法比较简单，一般用缩乙二醇与缩乙二醇的氯化物在碱的作用下进行亲核取代，发生关环而得到。例如：

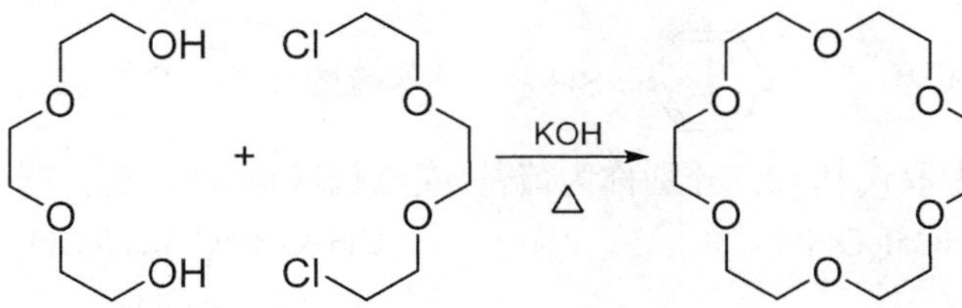

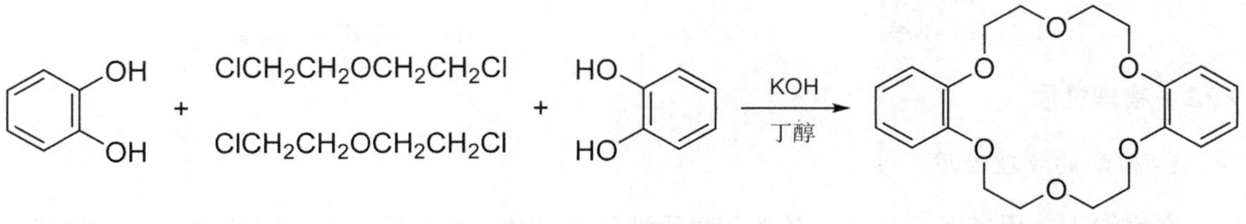

二苯并-18-冠-6

9.8.2　冠醚的性质

在冠醚的环状结构中有空穴，并且由于氧原子上含有孤对电子，可以与金属离子络合，因此空穴大小不同的冠醚可以与不同的金属离子络合。例如，12-冠-4 可以与 Li^+络合，而不与

K^+络合；18-冠-6 可以与 K^+络合，而不与 Li^+、Na^+络合。

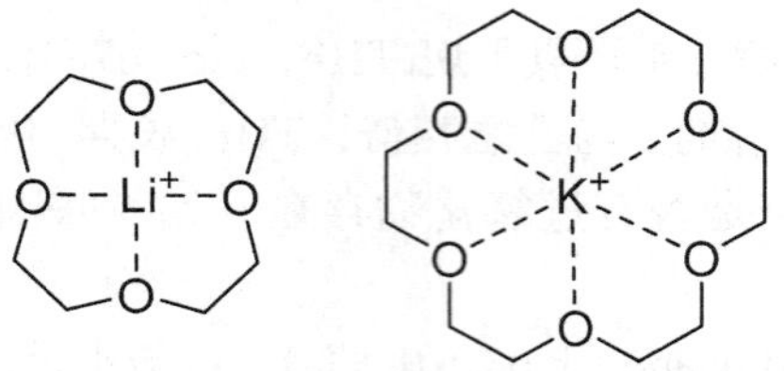

冠醚的这些性质不仅可以用来分离金属离子，而且在有机合成中也很有用。例如，用 $KMnO_4$ 氧化环己烯，因两者不互溶而反应难以进行。冠醚可以作为相转移催化剂，当加入 18-冠-6 后，冠醚与 K^+络合，与 MnO_4^-形成离子对，溶于环己烯中，有利于氧化剂与烯烃的接触，从而加快反应的进行。

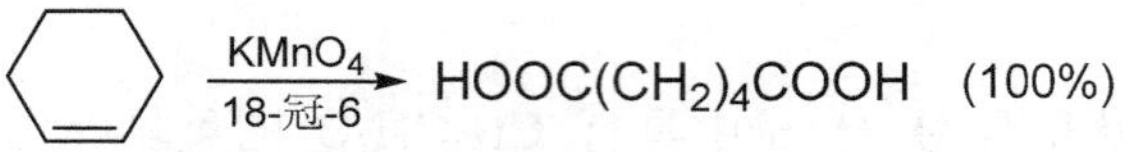

冠醚有较大的毒性，使用时应小心，避免吸入其蒸气或与皮肤接触。另外，冠醚价格较贵，使用后难以回收，故在应用中受到一定限制。

9.9　硫醇、硫酚和硫醚

硫和氧同在元素周期表中的ⅥA 族，具有相同的价电子数，因此几乎所有含氧有机物都有对应的含硫有机物。硫醇、硫酚和硫醚可以认为是醇、酚、醚分子中的氧原子被硫原子代替后形成的化合物。

9.9.1　命名

硫醇、硫酚和硫醚的命名分别与醇、酚、醚类似，只是在官能团名称前加一个“硫”字。例如：

CH_3SH　　甲硫醇　　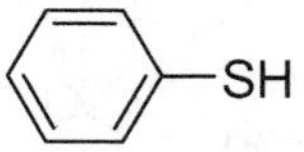　　苯硫酚　　$C_2H_5SC_2H_5$　　乙硫醚

—SH 和—SR 作为取代基时，分别称为巯基(或氢硫基)和烷硫基。例如：

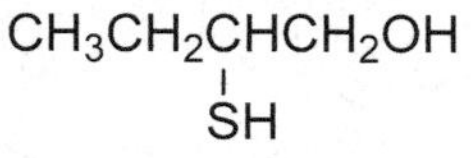

2-巯基丁-1-醇

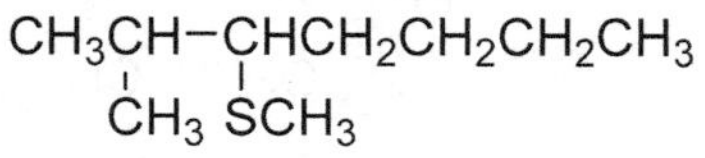

2-甲基-3-甲硫基庚烷

9.9.2　物理性质

1. 硫醇的物理性质

在室温下，甲硫醇为气体，其他硫醇为液体或固体。由于巯基不能形成氢键，因此硫醇的沸点比相应醇的沸点低。例如，甲硫醇沸点(b.p. 5.9℃)低于甲醇(b.p. 64.7℃)，乙硫醇沸点(b.p. 37℃)低于乙醇(b.p. 78.3℃)

由于硫醇难与水形成氢键，因此硫醇在水中的溶解度比相应的醇低得多。例如，乙硫醇在水中溶解度为 $1.5g \cdot (100g)^{-1}$，而乙醇可与水无限混溶。

低级硫醇有毒，有很臭的气味，人对它很敏感，因此常将痕量的乙硫醇加入到气体中，以便检查是否漏气。

2. 硫醚的物理性质

低级硫醚是无色液体，有臭味。硫醚的相对分子质量大于相应的醚，因此硫醚的沸点比相应的醚的沸点高。因不能与水分子形成氢键，硫醚不溶于水。

9.9.3　化学性质

1. 硫醇、硫酚的酸性

硫化氢(H—SH)的酸性比水(H—OH)的强，类似地，硫醇的酸性比醇强，硫酚的酸性比酚强。这是由于硫的价电子在核外第三层，而氧的价电子在第二层，3p 轨道比 2p 轨道大，因此与氢的 1s 轨道只能小部分重叠，而且可极化性大，所以巯基中的氢比羟基中的氢更易解离，酸性更强。酚的酸性比醇强，类似地，硫酚的酸性比硫醇的强。

C_2H_5SH　(pK_a=9.5)　　C_2H_5OH　(pK_a=17)

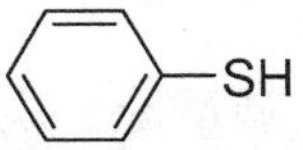　(pK_a=7.8)　　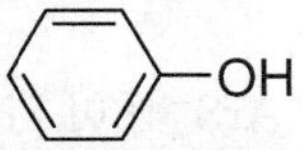　(pK_a=10)

硫醇显弱酸性，可溶于稀 NaOH 溶液中。硫酚的酸性比碳酸强，可溶于 $NaHCO_3$ 溶液中：

$$RSH + NaOH \longrightarrow R\bar{S}Na^+ + H_2O$$

$$ArSH + NaHCO_3 \longrightarrow Ar\bar{S}Na^+ + H_2O + CO_2$$

硫醇不仅能与碱金属形成硫醇盐，还可以与重金属离子如 Hg^{2+}、Pb^{2+}、Cu^{2+}等形成不溶于水的硫醇盐：

$$2RSH + HgO \longrightarrow (RS)_2Hg\downarrow + H_2O$$

许多重金属盐能导致人体中毒，就是由于这些重金属盐与人体内某些酶中的巯基结合，使酶失去活性而丧失正常的生理作用。利用硫醇与重金属离子能形成稳定的不溶性盐的性质，可以向人体内注射含有巯基的化合物作为重金属盐中毒的解毒剂。医药上常用的是二巯基丙醇 $HSCH_2CH(SH)CH_2OH$，它可以夺取与体内酶结合的金属，生成更加稳定的络合物，而后从尿中排出体外。

2. 硫醇、硫酚和硫醚的氧化

硫醇、硫酚和硫醚容易被氧化，氧化反应发生在硫原子上。

硫醇、硫酚在比较温和的氧化剂如 I_2-NaOH、H_2O_2、O_2 等作用下，可氧化成为二硫化物。例如：

$$2RSH + I_2 + 2NaOH \longrightarrow R{-}S{-}S{-}R + 2NaI + 2H_2O$$

这一反应是定量的，可用于测定巯基的含量。

二硫化物很易被还原剂如 Li-液氨或 Zn-CH_3COOH 等还原为硫醇。

$$R{-}S{-}S{-}R \xrightarrow{Zn\text{-}CH_3COOH} 2R{-}SH$$

在强氧化剂如 HNO_3、$KMnO_4$ 等的作用下，硫醇、硫酚和二硫化物可被氧化成磺酸，这是实验室中制备脂肪族磺酸的一种方法。

$$R-SH \xrightarrow{HNO_3 或 KMnO_4} R-SO_3H$$

$$Ar-SH \xrightarrow{HNO_3 或 KMnO_4} Ar-SO_3H$$

$$R-S-S-R \xrightarrow{HNO_3 或 KMnO_4} 2R-SO_3H$$

硫醚在常温时可被氧化剂如 HNO_3、H_2O_2 等氧化成亚砜；加热时，硫醚可被发烟硝酸、H_2O_2-冰醋酸、$KMnO_4$、有机过酸等氧化，生成砜。

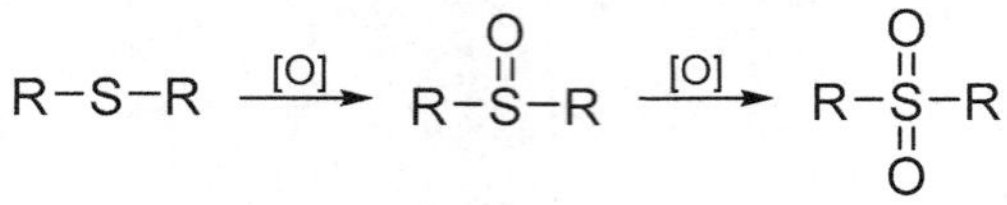

硫醚　　亚砜　　砜

二甲基亚砜(CH_3SOCH_3，简写为 DMSO，b.p. 189℃)，是一种重要的有机溶剂，它可与水无限混溶，又可以溶解多种有机化合物和无机盐。

3. 硫醇、硫酚和硫醚的亲核性

HS^-的亲核性比 HO^-强。类似地，硫醇、硫酚及其盐具有比相应的氧化物更强的亲核性，较易发生亲核取代反应。

HS^-、RSH、ArSH、RS^-、ArS^-等可与伯卤代烷、磺酸酯、硫酸酯、质子化的醇等发生亲核取代反应，得到硫醇、硫醚。

$$RX + HS^- \longrightarrow RSH \quad 硫醇$$

$$RX + R'S^- \longrightarrow R-S-R' \quad 硫醚$$

$$RX + ArS^- \longrightarrow R-S-Ar \quad 硫醚$$

H_2S 可与酰氯、酸酐反应生成硫羟酸。类似地，硫醇可与酰氯、酸酐反应形成硫羟酸酯：

$$H_2S + (CH_3CO)_2O \longrightarrow \underset{乙硫羟酸}{CH_3CO-SH} + CH_3COOH$$

$$H_2S + CH_3COCl \longrightarrow CH_3CO-SH + HCl$$

$$RSH + (CH_3CO)_2O \longrightarrow \underset{乙硫羟酸酯}{CH_3CO-SR} + CH_3COOH$$

$$RSH + CH_3COCl \longrightarrow CH_3CO-SR + HCl$$

硫醇和硫酚在碱性条件下，可与炔烃发生亲核加成反应。硫醇还可与含吸电子的烯烃进行亲核加成反应：

$$CH_3SH + CH_2{=}CHCN \xrightarrow[CH_3OH]{CH_3ONa} CH_3SCH_2CH_2CN$$

硫醚可与卤代烷进行反应，形成稳定的锍盐：

$$RSR + R'X \longrightarrow R_2\overset{+}{S}-R'X^-$$

锍盐也可与亲核试剂进行 S_N2 反应，使亲核试剂烷基化：

$$Br^- + CH_3-\overset{+}{S}(CH_3)_2 \xrightarrow{\triangle} CH_3Br + (CH_3)_2S$$

9.9.4　硫醇和硫醚的制备

1. 硫醇的制备

实验室中常用卤代烷与硫脲反应制备硫醇：

$$RBr + H_2N\overset{\overset{S}{\|}}{C}NH_2 \longrightarrow H_2N-\overset{\overset{R-S}{|}}{C}=\overset{+}{N}H_2\overset{-}{Br} \xrightarrow{NaOH} RSH + H_2NCN + NaBr + H_2O$$

制备硫醇的另一种方法是用伯卤代烷与过量的 NaSH 或 KSH 作用：

$$RX + KSH \xrightarrow{S_N2} RSH + KX$$

2. 硫醚的制备

单硫醚可以用 K_2S 与卤代烷等烷基化试剂进行亲核取代反应制取。例如：

$$2CH_3I + K_2S \longrightarrow CH_3-S-CH_3 + 2KI$$

$$2(CH_3O)_2SO_2 + K_2S \longrightarrow CH_3-S-CH_3 + 2CH_3OSO_3^-K^+$$

在碱性溶液中硫醇与伯卤代烷等烃基化试剂作用生成硫醚。这种合成方法类似于 Williamson 制醚法，既可以用来合成对称硫醚，又可以合成不对称硫醚。例如：

$$CH_3CH_2SH + BrCH_2CH(CH_3)_2 \xrightarrow{HO^-} CH_3CH_2SCH_2CH(CH_3)_2$$

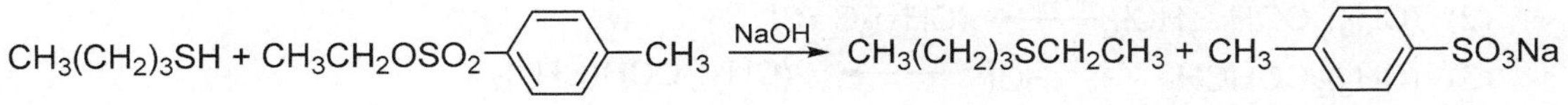

习　题

9.1　写出正丙醇与下列试剂反应的主要产物。

(1) Na　(2) Mg　(3) NaH
(4) CH_3MgI　(5) $CH_3C\equiv CNa$　(6) 冷浓 H_2SO_4
(7) 对甲苯磺酰氯　(8) $(CH_3O)_2SO_2$　(9) CH_3COOH，H^+
(10) 浓 HCl+无水 $ZnCl_2$　(11) NaBr，H_2SO_4　(12) $P + I_2$
(13) PCl_5　(14) PBr_3　(15) $SOCl_2$
(16) 浓 H_2SO_4，140～150℃　(17) 浓 H_2SO_4，170℃　(18) $K_2Cr_2O_7$，稀硫酸
(19) 过量 $KMnO_4$　(20) CrO_3 · 吡啶，CH_2Cl_2　(21) Cu，△
(22) (1)的产物 + C_2H_5Br　(23) (16)的产物+过量 HI　(24) (8)的产物+HI

9.2　写出对甲苯酚与下列物质反应的主要产物。

(1) NaOH, H_2O　(2) CH_3COCl　(3) CH_3COCl，$AlCl_3$，165℃
(4) $(CH_3CO)_2O$　(5) $CH_3CH_2CH_2OH$，浓 H_2SO_4
(6) $CH_3CH_2CH_2Br$，NaOH　(7) $(CH_3O)_2SO_2$，NaOH　(8) CH_2N_2
(9) 对硝基氯苯，NaOH　(10) $CH_2{=}CHCH_2Br$，NaOH
(11) (10)的产物，高温　(12) $FeCl_3$，H_2O　(13) Br_2，H_2O
(14) 浓 H_2SO_4，加热　(15) 稀 HNO_3
(16) $(CH_3)_2C{=}CH_2$，浓 H_2SO_4　(17) $CHCl_3$，NaOH，H_2O，然后 H^+
(18) (1)的产物，CO_2，150℃　(19) H_2，Ni

9.3　用简单的化学方法鉴别下列各组化合物。

(1) A. 戊-1-醇　B. 戊-2-醇　C. 戊-3-醇　D. 2-甲基丁-2-醇
(2) A. 甲醇　B. 乙醇　C. 乙二醇　D. 2-氯乙醇

(3) A. $CH\equiv CCH_2CH_2OH$　　B. $CH_2=CHCH_2CH_2OH$　　C. $CH_3CH_2CH_2CH_2OH$

(4) A. 苯酚　　B. 环己醇　　C. 环己烷　　D. 甲苯

(5) A. 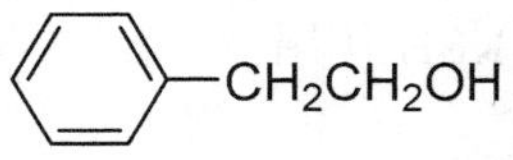　B. 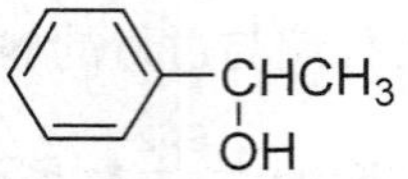

C. 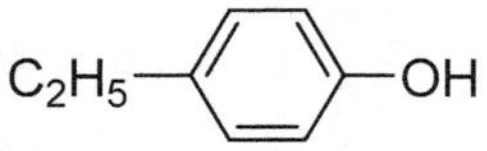　D. 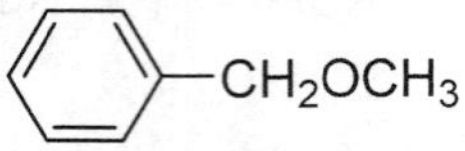

(6) A. 正己烷　　B. 1-溴丁烷　　C. 正丁醇　　D. 正丁醚　　E. 苯酚

9.4 分离下列各组化合物。

(1) 环己烷、环己醇和苯酚

(2) 苯甲醇、邻硝基苯酚和对硝基苯酚

(3) 氯苯、苯甲醚和邻甲苯酚

9.5 写出下列反应的机理。

(1) $CH_3CH_2CH_2CH_2OH + HCl \xrightarrow{ZnCl_2} CH_3CH_2CH_2CH_2Cl$

(2) $(CH_3)_3COH + HCl \xrightarrow{ZnCl_2} (CH_3)_3C-Cl$

(3) 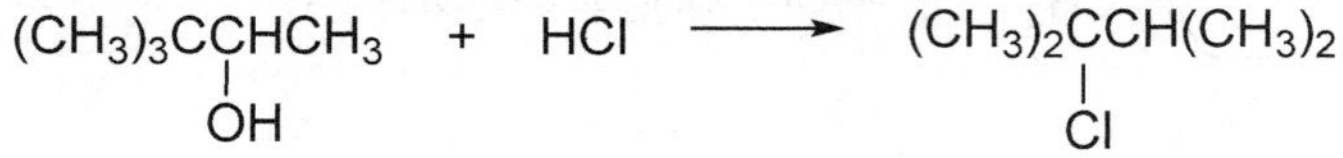

(4) 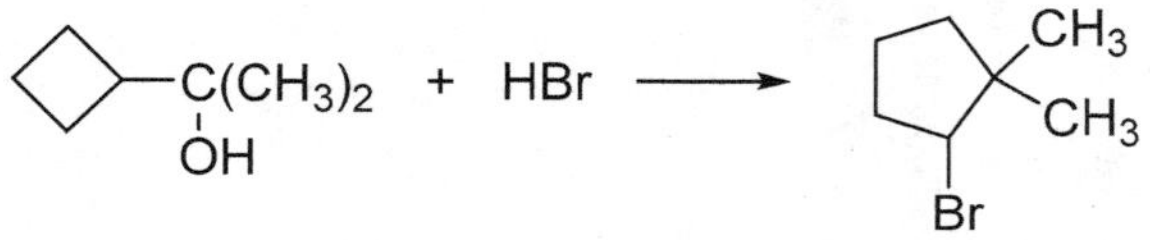

(5) 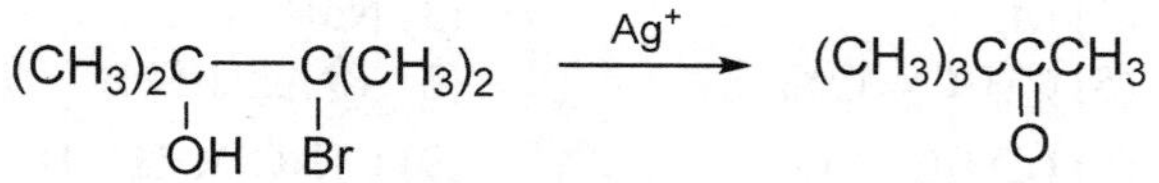

(6) 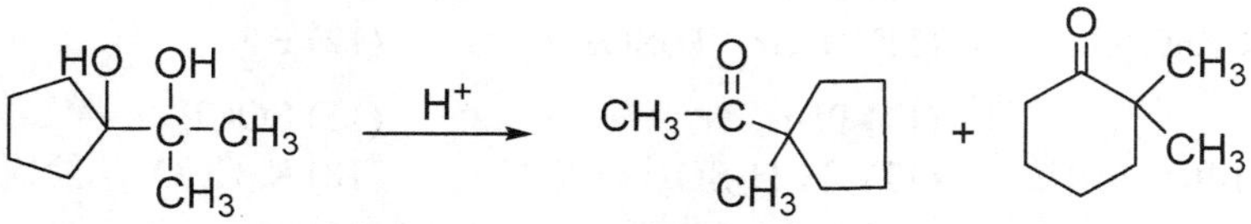

(7) $(CH_3)_3COCH_3 + HBr \longrightarrow (CH_3)_3CBr + CH_3OH$

(8) 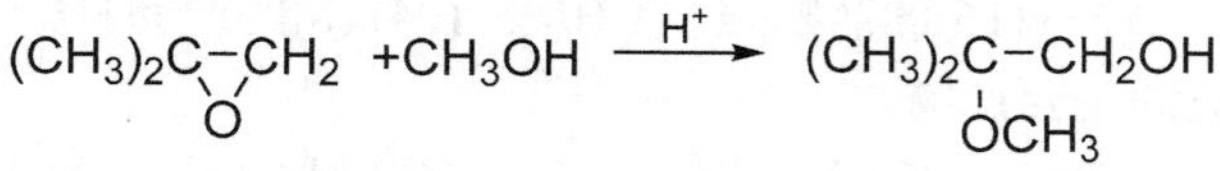

(9) 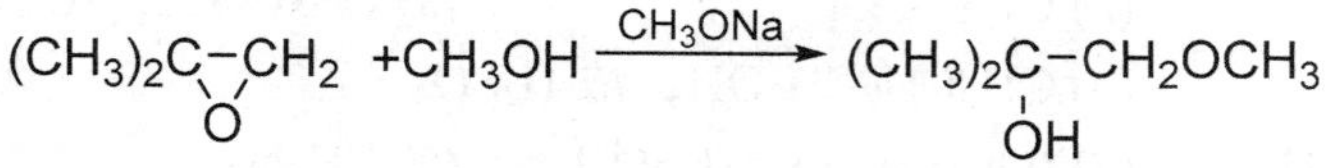

(10) 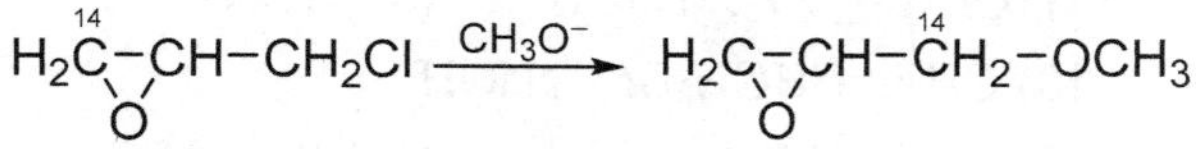

9.6 完成下列反应。

(1) 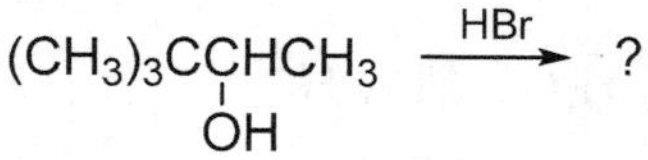

(2) 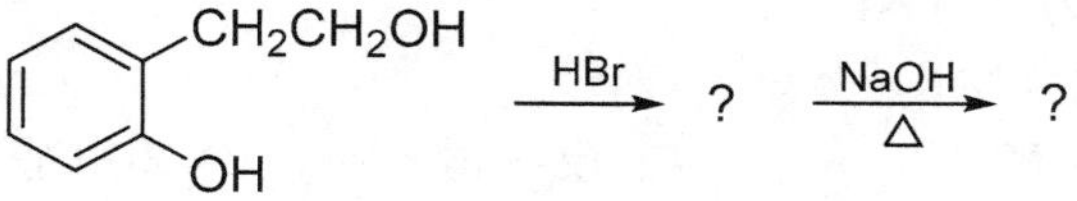

(3) 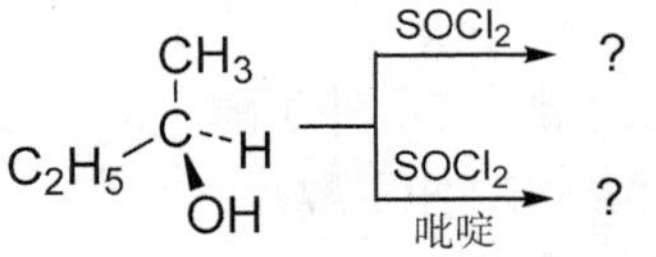

(4) 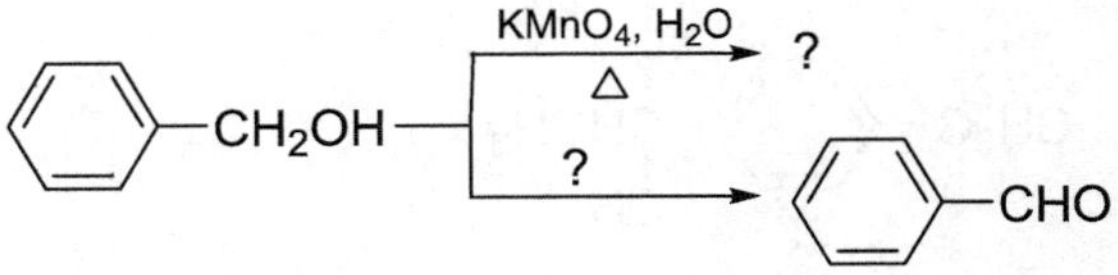

(5) 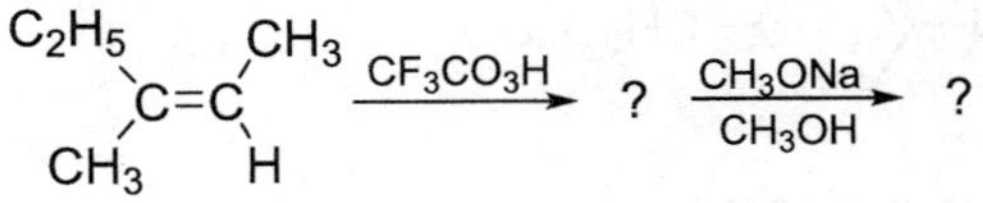

(6) $CH_3CH{=}CHCH_2OH \xrightarrow{?} CH_3CH{=}CHCHO$

(7) 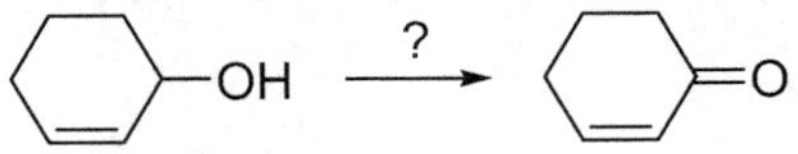

(8) 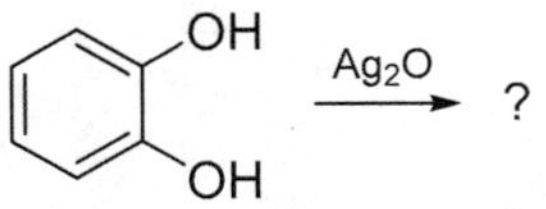

(9) $CH_2{=}CH_2 \xrightarrow{Ag,O_2} ? \xrightarrow[H^+]{C_2H_5OH} ?$

(10) $C_6H_5CH{=}CH_2 \xrightarrow{C_6H_5CO_3H} ? \xrightarrow{CH_3NH_2} ?$

(11) 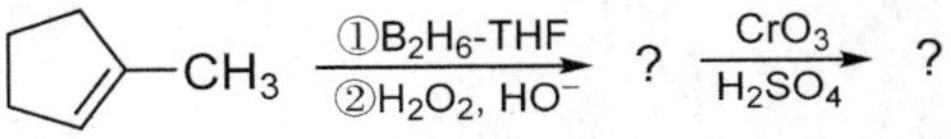

(12) $(CH_3)_3CCH{=}CH_2 \xrightarrow{H^+,\ H_2O} ? \xrightarrow[\triangle]{Al_2O_3} ?$

(13) $(CH_3)_3COH \xrightarrow{Na} ? \xrightarrow{?} (CH_3)_3COCH_2CH_3$

(14) 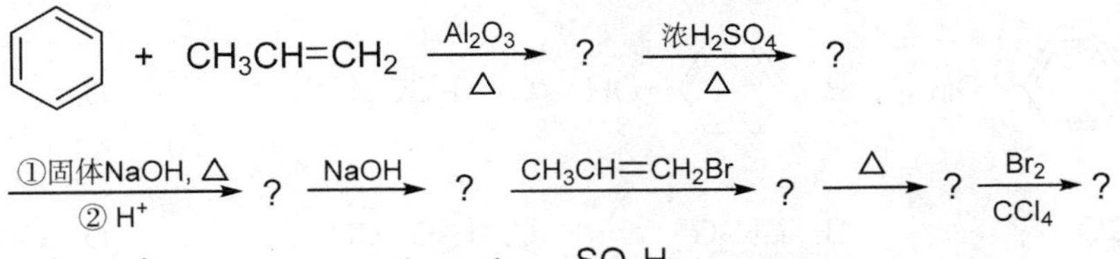

(15) 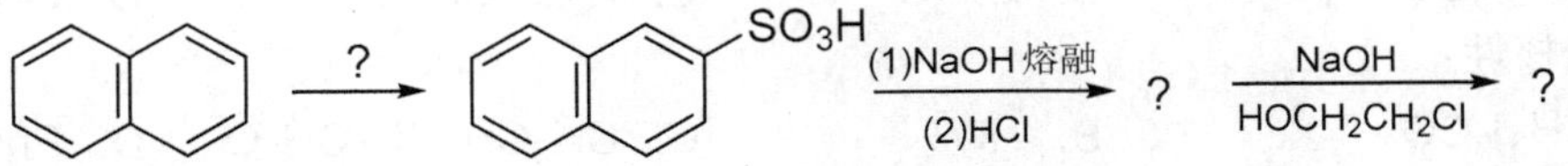

(16) $CH_3CH_2CH(OCH_3)CH_3 + HI\ (1mol) \xrightarrow{\triangle} ? + ?$

(17) 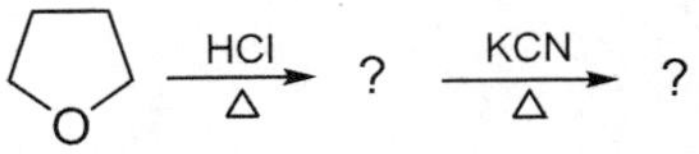

(18) 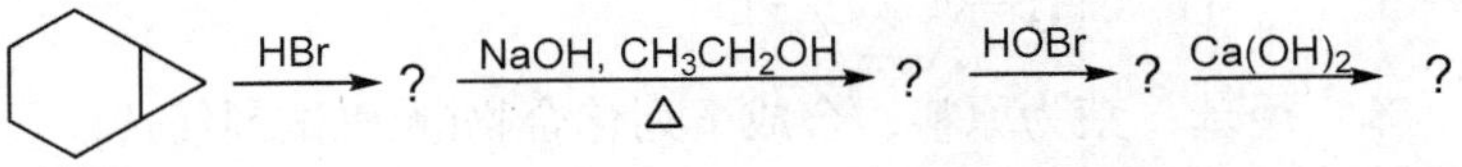

(19) 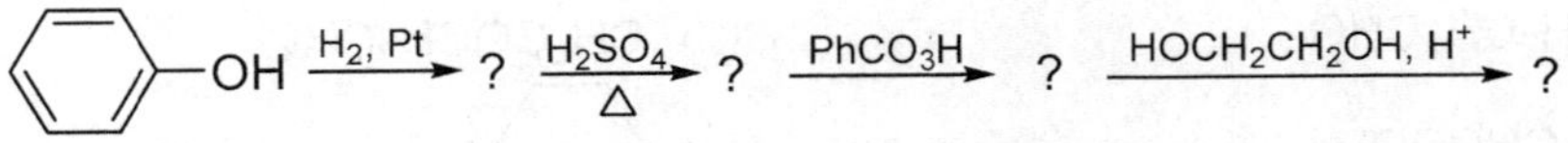

(20) 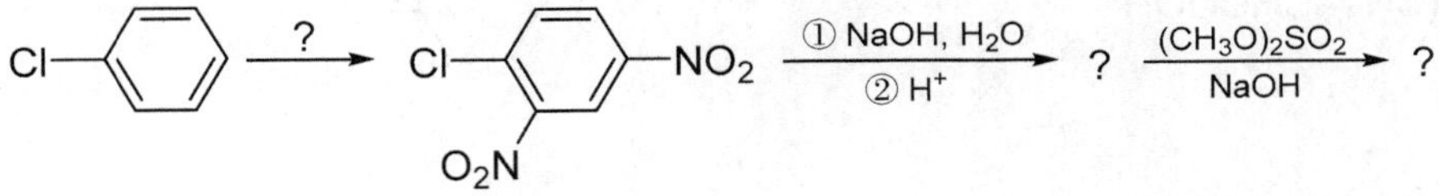

9.7 排列顺序。

(1) 与金属钠反应的速率：A. 甲醇　B. 乙醇　C. 叔丁醇　D. 仲丁醇

(2) 与 Lucas 试剂反应的速率：A. 正丁醇　B. 叔丁醇　C. 仲丁醇

(3) 与 HBr 水溶液反应的活性：

A. 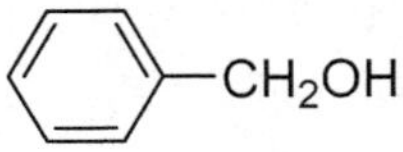　B. 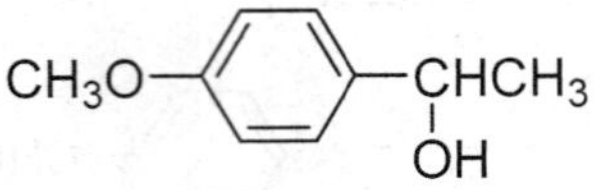

C. 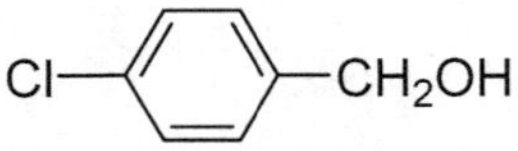　D. 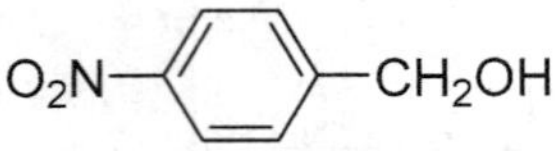

(4) 脱水反应活性：

A. $CH_2=CHCH(OH)CH_3$　B. $CH_3CH_2CH(OH)CH_3$

C. $Cl_3CCH_2CH_2CH_2OH$　D. 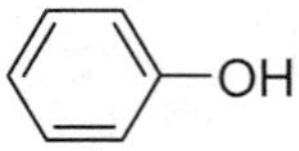

(5) 酸催化脱水反应活性：

A. 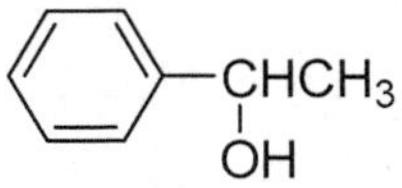　B. 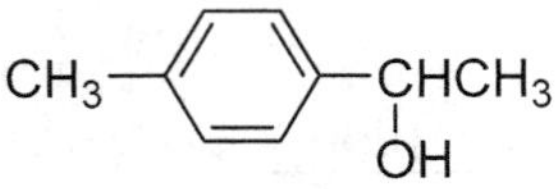

C. 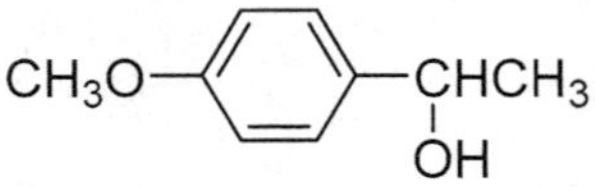　D. 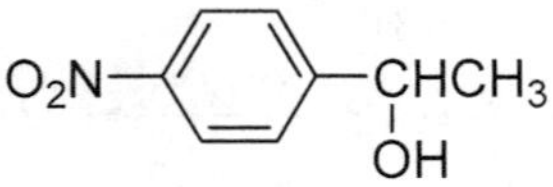

(6) 酸性：

A. 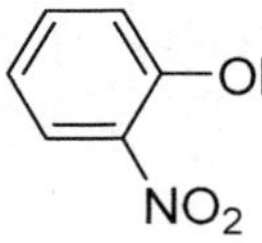　B. 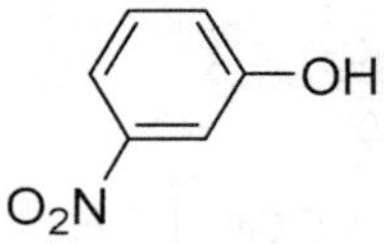　C. 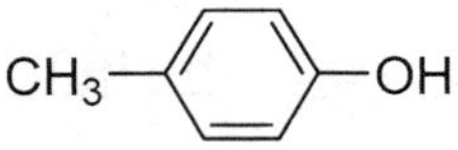　D. 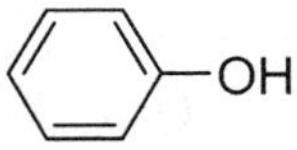

(7) 酸性：

A. 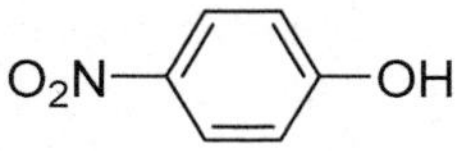　B. 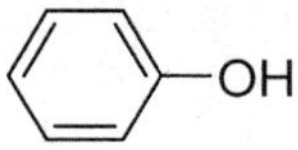　C. H_2CO_3　D. 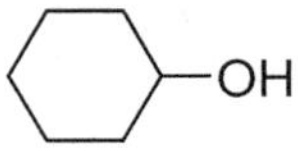

(8) 碱性：

A. $(CH_3)_3CO^-$　B. CH_3O^-　C. $H_2C=\overset{-}{C}H$　D. $CH_3CH_2^-$

(9) 亲核性：

A. $(CH_3)_3CO^-$　B. HO^-　C. $CH_3CH_2CH_2CH_2O^-$　D. PhO^-

(10) 亲核性：

A. 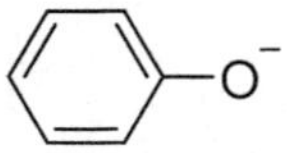　B. 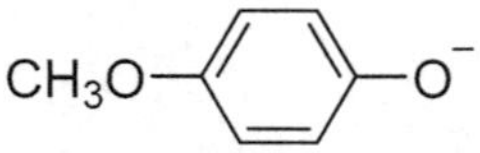

C. 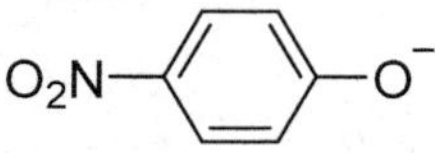　D. 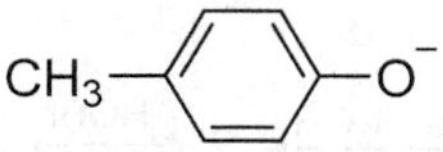

9.8 以 C_2～C_4 的烯烃、苯、甲苯、萘为原料，合成下列化合物(无机试剂任选)。

(1) $CH_3CH_2CH_2CHO$　(2) $CH_3COCH_2CH_3$

(3) $(CH_3)_2CHCOOH$　(4) 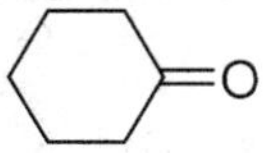

(5) 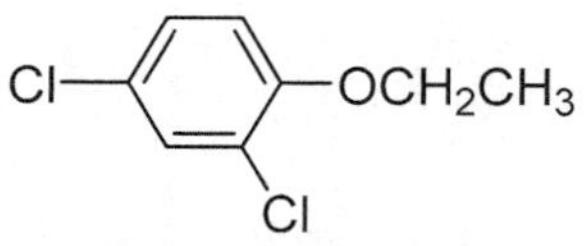

(6) 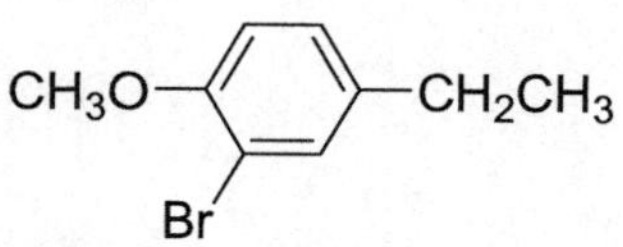

(7) $(CH_3CH_2CH_2CH_2)_2O$

(8) 二甘醇二乙醚

(9) 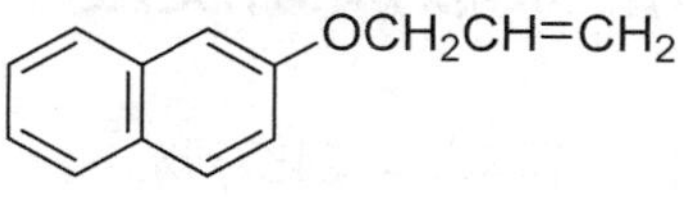

(10) 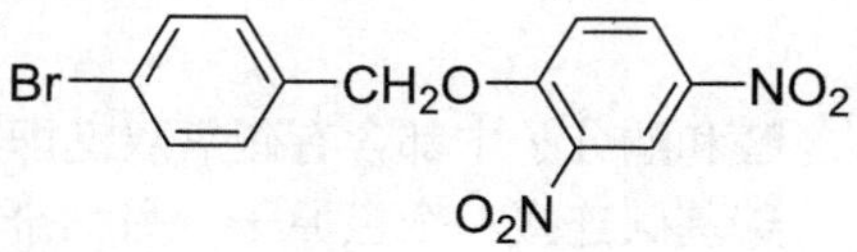

(11) 反-环己-1,2-二醇

(12) 15-冠-5

9.9　化合物 $A(C_5H_{12}O)$可以发生碘仿反应，A 与浓 H_2SO_4共热生成化合物 $B(C_5H_{10})$，B 的臭氧解产物为 C 和 D，C 为醛，D 为酮。试推测化合物 A～D 的构造式，并写出相关反应式。

9.10　中性化合物 $A(C_8H_{16}O_2)$，与 Na 反应放出 H_2，与 PBr_3反应生成化合物 $B(C_8H_{14}Br_2)$，A 用 $KMnO_4$ 氧化生成 $C(C_8H_{12}O_2)$。A 与浓 H_2SO_4 一起共热生成 $D(C_8H_{12})$，D 可以使 Br_2-CCl_4 溶液和碱性 $KMnO_4$ 溶液褪色。D 在低温下与硫酸作用再水解，生成 A 的同分异构体 E，E 与浓 H_2SO_4 共热也生成 D，但 E 不能被 $KMnO_4$ 氧化。D 臭氧解产物为己-2,5-二酮和乙二醛。试写出 A～E 的构造式及相关反应式。

9.11　化合物 $A(C_7H_8O)$，不与 Na 发生反应，但能与浓 HI 溶液反应生成 B 和 C。B 能溶于 NaOH 溶液，并且 B 与 $FeCl_3$ 水溶液作用生成有颜色的物质。C 能与 $AgNO_3$ 溶液作用，生成 AgI 沉淀。试写出 A～C 的构造式及相关反应式。

9.12　化合物 $A(C_5H_{10}O)$，不溶于水，与 Br_2-CCl_4 溶液、金属 Na 都不反应。在硫酸作用下与水反应的化合物 $B(C_5H_{12}O_2)$，B 与等物质的量的高碘酸反应得甲醛和化合物 $C(C_4H_8O)$，C 可发生碘仿反应。试写出 A～C 的构造式及相关反应式。

9.13　化合物 $A(C_4H_{10}O)$，不与金属钠反应，其核磁共振氢谱数据为：δ 4.1(1H)，七重峰；δ 3.1(3H)，单峰；δ 1.55(6H)，二重峰。红外光谱在 2000cm^{-1} 以上仅显示出一个吸收带 (2950cm^{-1})。试推测 A 的构造式。

第10章　醛、酮和醌　羰基的亲核加成反应

醛和酮分子中都含有碳氧双键即羰基(carbonyl group)，统称为羰基化合物。

羰基碳连接一个氢原子，另一个连接氢原子或烃基，这类化合物为醛(aldehyde)。醛分子中的—CHO称为醛基，是醛的官能团。

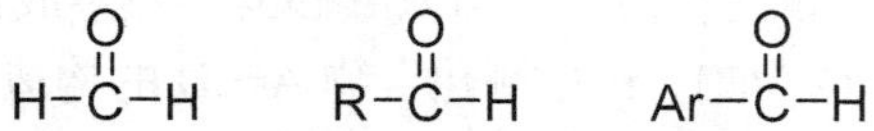

羰基碳与两个烃基相连的化合物为酮(ketone)。酮分子中的羰基也称为酮基，是酮的官能团。

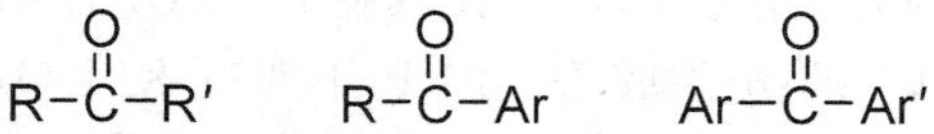

对于酮，与羰基相连的两个烃基相同时，如丙酮(CH_3COCH_3)和二苯甲酮(PhCOPh)，称为单酮或对称酮；而与羰基相连的两个烃基不相同时，如丁酮($CH_3COCH_2CH_3$)和苯乙酮($PhCOCH_3$)，称为混酮或不对称酮。

按照醛和酮分子中烃基是脂肪族的还是芳香族的，可将其分为脂肪族醛、酮与芳香族醛、酮；根据烃基是否饱和，可以将其分为饱和醛、酮与不饱和醛、酮；根据醛、酮分子中所含羰基数目，可将其分为一元醛、酮，二元醛、酮等。例如：

$CH_2{=}CHCHO$	$CH_3COCH_2CH{=}CH_2$	$CH_3COCH_2COCH_3$
丙烯醛	戊-4-烯-2-酮	戊-2,4-二酮
(脂肪族醛、不饱和醛、一元醛)	(脂肪族酮、不饱和酮、一元酮)	(脂肪族酮、饱和酮、二元酮)

10.1　醛、酮的物理性质

常温时，甲醛、乙醛是气体，其他醛和酮是液体或固体。低级醛具有强烈的刺激性气味，但C_9和C_{10}的醛、酮具有花果香味，常用于香料工业。

由于醛和酮是极性化合物，因此醛和酮的沸点比相对分子质量相近的烃及醚高。但由于醛、酮分子间不能形成氢键，因此其沸点比相对分子质量相近的醇低。例如，乙烷的沸点是−88.5℃，甲醛的沸点是−21℃，甲醇的沸点是64.5℃。

由于醛、酮分子中的羰基可与水分子形成氢键，因此低级醛、酮，如甲醛、乙醛、丙酮都溶于水。但随相对分子质量增大，醛、酮在水中溶解度逐渐降低，以至不溶于水，但能溶于一些有机溶剂。丙酮、丁酮能溶解很多有机化合物，常用作有机溶剂。表10.1列出一些醛、酮的熔点和沸点。

表10.1　一些醛和酮的熔点和沸点

化合物	构造式	熔点/℃	沸点/℃
甲醛	HCHO	−92	−21

续表

化合物	构造式	熔点/℃	沸点/℃
乙醛	CH_3CHO	−121	21
丙醛	CH_3CH_2CHO	−81	49
丁醛	$CH_3(CH_2)_2CHO$	−99	76
戊醛	$CH_3(CH_2)_3CHO$	−92	103
己醛	$CH_3(CH_2)_4CHO$	−56	131
庚醛	$CH_3(CH_2)_5CHO$	−42	155
辛醛	$CH_3(CH_2)_6CHO$	—	171
丙酮	CH_3COCH_3	−94	56
丁酮	$CH_3COCH_2CH_3$	−86	80
戊-2-酮	$CH_3COCH_2CH_2CH_3$	−78	102
戊-3-酮	$CH_3CH_2COCH_2CH_3$	−40	102
己-2-酮	$CH_3CO(CH_2)_3CH_3$	−35	150
己-3-酮	$CH_3CH_2CO(CH_2)_2CH_3$	—	124
庚-2-酮	$CH_3CO(CH_2)_4CH_3$	−36	151
辛-2-酮	$CH_3CO(CH_2)_5CH_3$	−16	173

10.2　醛、酮的化学性质

在醛和酮分子中，羰基碳为 sp^2 杂化，3 个 sp^2 杂化轨道与其他原子形成 3 个 σ 键，位于同一平面上，键角约为 120°；碳原子上还有一个未杂化的 p 轨道，与氧的 p 轨道平行“肩并肩”重叠，形成一个 π 键。因此，醛和酮分子中的羰基是由一个 σ 键和一个 π 键组成。

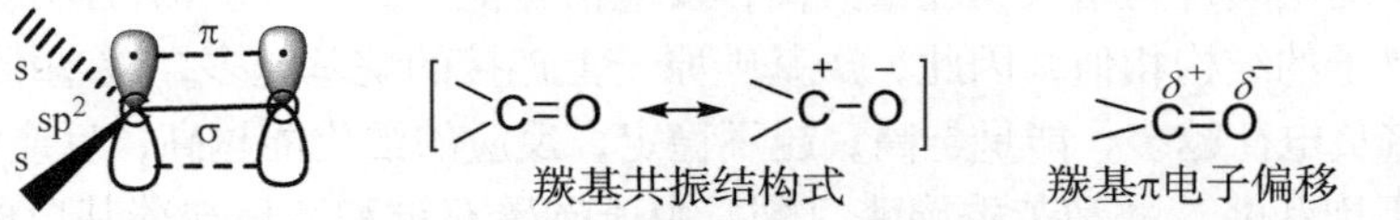

羰基共振结构式　　羰基π电子偏移

由于碳和氧电负性相差较大，因此碳氧间的电子并不是平均地被共用，特别是活动性较大的 π 电子被强烈地拉向电负性较大的氧原子，使氧原子明显地带有部分负电荷，而碳原子带有部分正电荷。因此，羰基是极性共价键，可用共振结构式或 π 电子偏移的形式表示。

醛和酮的化学性质主要表现在羰基以及受羰基影响较大的 *α*-碳原子上。羰基碳带部分正电荷，容易受到亲核试剂的进攻，羰基上的 π 键发生断裂，发生羰基的亲核加成反应；醛、酮能发生氧化和还原反应；由于羰基的吸电子作用，醛、酮的 *α*-H 具有一定的活性，能发生 *α*-卤化反应和羟醛缩合反应。

10.2.1　醛、酮的亲核加成反应

由于氧原子电负性比碳大，醛、酮分子中的羰基氧原子带部分负电荷，羰基碳带部分正电荷，它比带部分负电荷的氧的活性大，容易受到亲核试剂的进攻，羰基中的 π 键异裂，形成两个 σ 键，得到加成的产物。这就是羰基的亲核加成反应。

羰基的亲核加成可以在碱性条件下进行。首先亲核试剂以负离子形式进攻羰基中带部分正电荷的碳原子，羰基中的 π 键异裂，亲核试剂加到羰基碳原子上，π 键中的一对电子给了电负性大的氧原子形成氧负离子，这是慢的一步，是决速步。然后，氧负离子作为强碱，很快与反应体系中的水发生酸碱反应，夺取水中的氢，得到加成的产物，这是快的一步反应。反应机理如下：

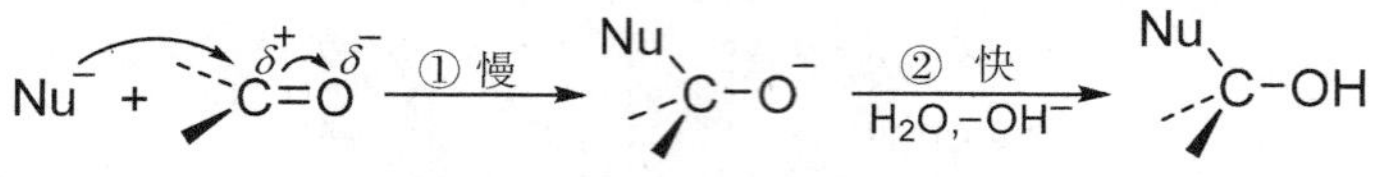

羰基的亲核加成反应也可以在酸性条件下进行。羰基氧上有两对孤对电子，具有碱性，可以与质子结合。酸中的质子与醛、酮中富电子的氧结合，形成质子化的羰基，结果 π 电子更加偏向氧原子一端，羰基碳上所带正电荷增多，更有利于亲核试剂 HNu 对它的进攻，π 键异裂，亲核试剂加到羰基碳原子上，得到质子化的加成产物。这是慢的一步，是决速步。然后，质子化的加成产物脱去质子，这是快的一步反应。反应机理如下：

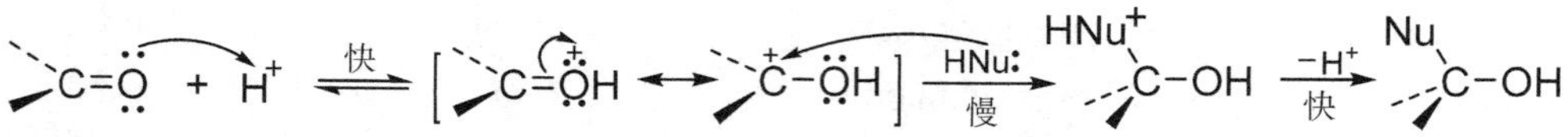

醛和酮在进行羰基的亲核加成反应时，醛、酮分子中的电子效应和空间效应影响着羰基的反应活性。从电子效应来看，羰基碳上带的正电荷多，反应活性高。因此，如果羰基碳原子上所连接的烷基多，烷基是推电子基团，导致羰基碳原子所带正电荷减少，不利于亲核试剂的进攻。从空间效应来看，羰基碳所连的烷基体积越大，越不利于亲核试剂对羰基碳的进攻。因此，无论是从电子效应还是空间效应来看，羰基碳原子上连接的烷基越多，反应活性越低。

从过渡态来分析，在羰基的加成过程中，碳原子由 sp^2 杂化转化为 sp^3 杂化，即反应物是平面三角形结构，而产物是四面体结构，加成反应的过渡态是处在由平面三角形的羰基结构转变成正四面体结构的中间状态。如果羰基碳上连有较大的烃基，增加了空间的“拥挤”程度，导致过渡态的空间位阻增大，能量升高，反应活化能升高，反应活性降低。另外，过渡态与中间体氧负离子的结构相似，因此，羰基碳原子上连接的烷基越多，烷基推电子作用使中间体氧负离子所带负电荷越多，能量越高，越不稳定，反应的活化能越高，反应活性越低。

对于 α,β-不饱和醛、酮和芳香族醛、酮，由于碳碳双键和芳环与羰基形成π-π共轭，羰基碳上的正电荷减少，反应活性降低。

由此，醛、酮发生亲核加成反应的活性顺序是

$$HCHO > CH_3CHO > CH_3COCH_3 > CH_3COCH_2CH_3 > C_6H_5CHO > C_6H_5COCH_3$$

对于不同的亲核试剂，亲核性强对羰基的亲核加成反应有利。亲核试剂体积大，空间位阻大，对反应不利。在与羰基进行亲核加成反应的亲核试剂中，亲核原子可以是碳、氧、硫和氮等。下面分别介绍这些亲核试剂与醛、酮发生的亲核加成反应。

1. 与氢氰酸的加成

氢氰酸可以与醛和大多数酮的羰基发生亲核加成反应，生成 α-羟基腈。

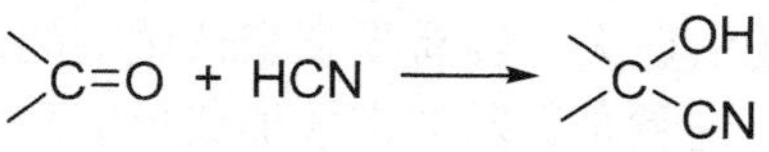

1903 年，A. Lapworth 发现 HCN 与羰基化合物的加成明显地被碱催化，微量碱的加入不仅加速反应的进行，而且产率也能提高；如果在反应中加入酸，则反应进行得很慢。据此，Lapworth 提出 HCN 与羰基化合物的加成反应机理如下：

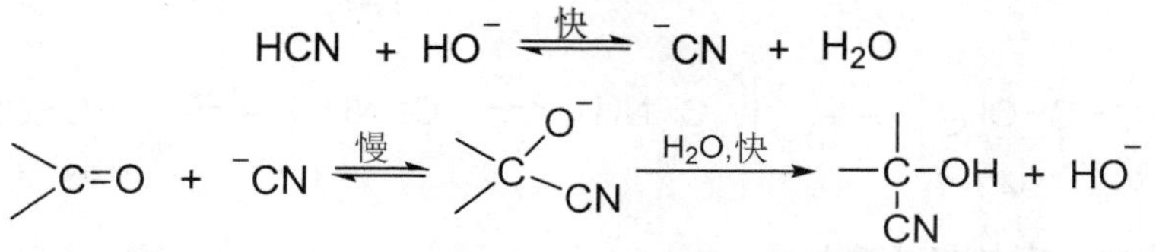

氢氰酸与羰基化合物的亲核加成反应机理是历史上第一个被确认的反应机理。在此反应中，反应的速率控制步骤是氰基负离子对羰基碳的进攻。由于氢氰酸是一个弱酸，在水中的电离常数很小，如果加入少量碱，可以增加亲核试剂^{-}CN 的浓度，从而促进反应的进行。如果加酸，H^+和羰基发生质子化作用，虽然增加了羰基碳原子上所带的正电荷，对反应有利，但在酸性介质中，^{-}CN 的浓度很低，又不利于亲核试剂对羰基的进攻，使反应很难发生。因此，氢氰酸与羰基化合物的加成反应在弱碱性介质中进行得比较顺利，但碱性不能太强，这是由于在最后一步反应需要 H^+才能完成。

氢氰酸是一种剧毒的易挥发液体，因此在实验室中一般很少使用。常用的办法是将盐酸或硫酸滴加到羰基化合物与氰化钠或氰化钾水溶液的混合物中，使产生的氢氰酸立刻与羰基化合物反应。但在加酸时应注意控制溶液始终为弱碱性。

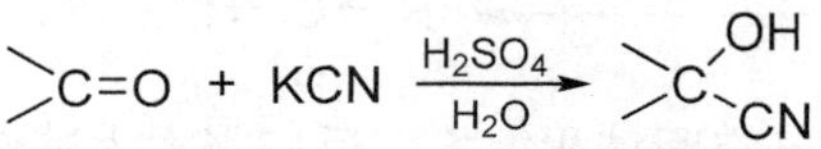

α-羟基腈是一类重要的有机合成中间体。由于氰基可以水解为羧基和还原为氨甲基，羟基可以发生消除反应，所以可以利用羰基化合物与 HCN 的加成产物 *α*-羟基腈来制备 *α*-羟基酸、*α*,*β*-不饱和酸和 *β*-氨基醇。例如：

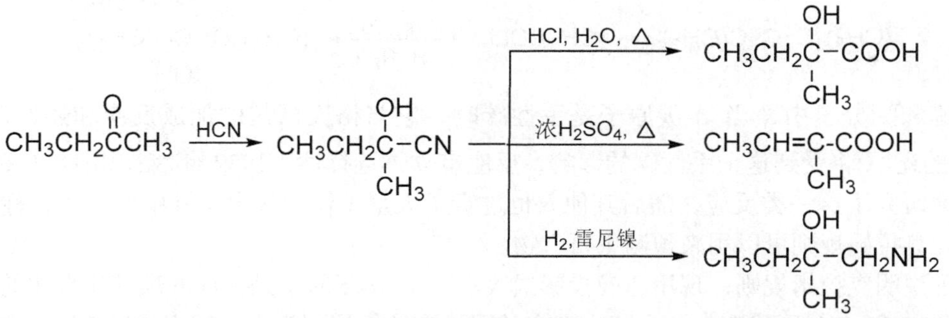

在工业上，有机玻璃(聚 *α*-甲基丙烯酸甲酯)的单体(*α*-甲基丙烯酸甲酯)就是通过 HCN 与丙酮的加成反应制得的。

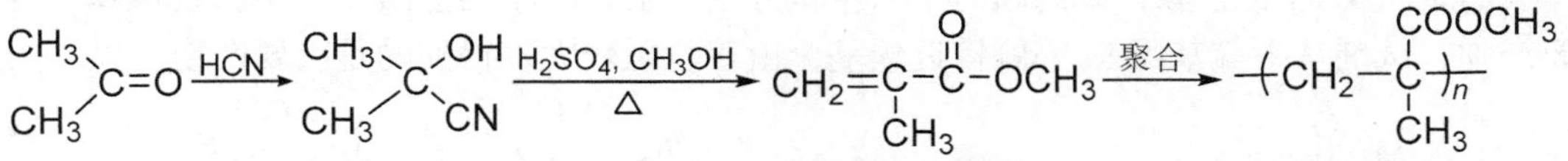

与此类似的一个反应是羰基化合物与氯化铵、氰化钠的反应，生成 *α*-氨基腈，这一反应称为斯特雷克尔(Strecker)反应。*α*-氨基腈水解可以制备 *α*-氨基酸：

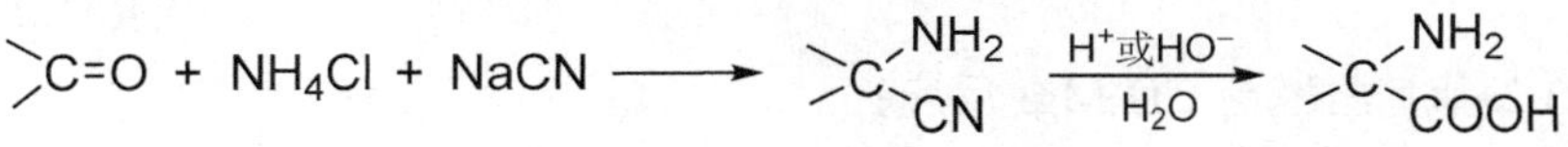

反应机理如下：

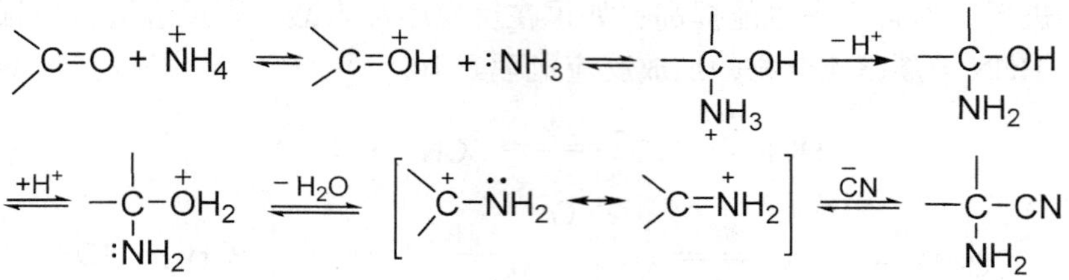

2. 与格氏试剂、有机锂试剂加成

格氏试剂、有机锂试剂与羰基化合物加成，水解后得到醇。这是制备醇的一种重要方法。

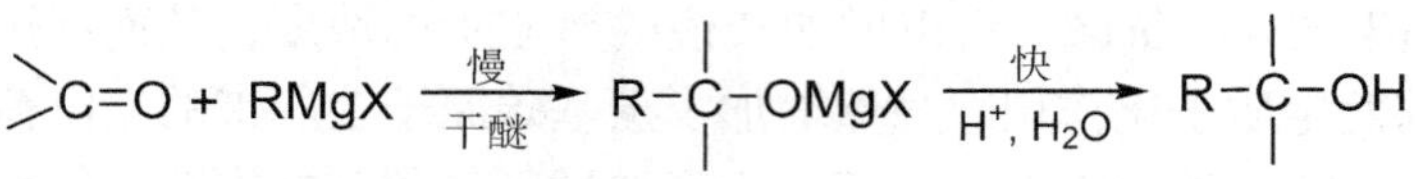

格氏试剂与甲醛反应得到比格氏试剂中的烃基多一个碳原子的伯醇；与其他的醛反应得到仲醇；与酮反应得到叔醇。

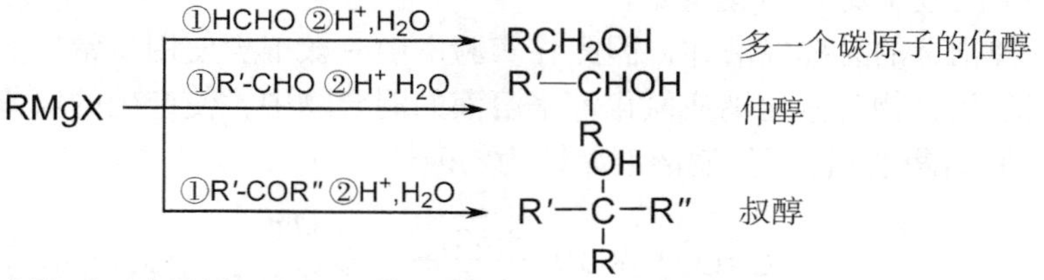

若醛、酮或格氏试剂的烃基空间体积太大，反应将大大减慢，同时副反应增加。由于有机锂试剂的活性比格氏试剂高，因此当格氏试剂反应结果不好时，可以用有机锂试剂进行加成反应。例如：

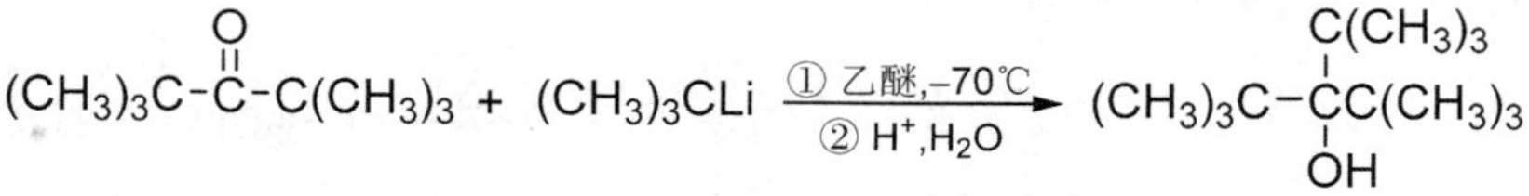

在醛和酮分子中，当 α-碳原子是手性碳时，它与格氏试剂的加成反应和还原反应(如 $LiAlH_4$ 的还原)将受到这个手性碳的影响，反应有立体选择性。1952 年克拉姆(D. J. Cram)首先系统地研究了这一类反应，随后其他人也进行了大量工作，找出了其中的规律，称为克拉姆规则。克拉姆规则可以用来预测主要产物。

为了说明克拉姆规则，现用纽曼投影式表示一个 α-碳原子是手性的羰基化合物的构型，其中 L、M 和 S 分别代表大、中和小三个基团。克拉姆规则指出：当亲核试剂(如 RMgX)或还原试剂(如 $LiAlH_4$)与醛或酮的羰基进行反应时，羰基总是处在中基团 M 和小基团 S 的中间，大的基团 L 与 R 重叠，试剂倾向于从羰基旁空间阻碍较小的基团 S 一侧接近羰基，得到主要产物；试剂从中等基团 M 一侧接近羰基，由于位阻较大，得到的是次要产物。

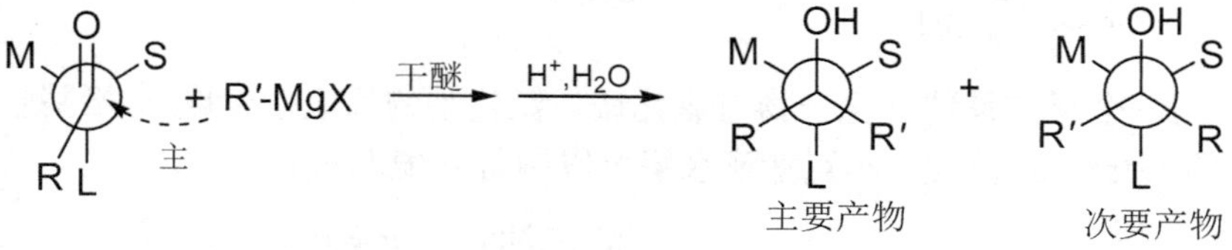

例如，(*R*)-2-苯基丙醛与 CH_3MgI 反应：

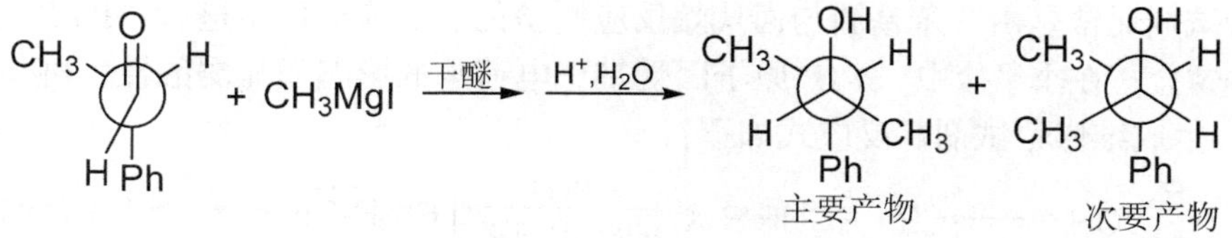

3. 与炔化物的加成

炔化物中的炔基负离子是一个强亲核试剂，与醛、酮发生亲核加成反应，生成 α-炔醇。

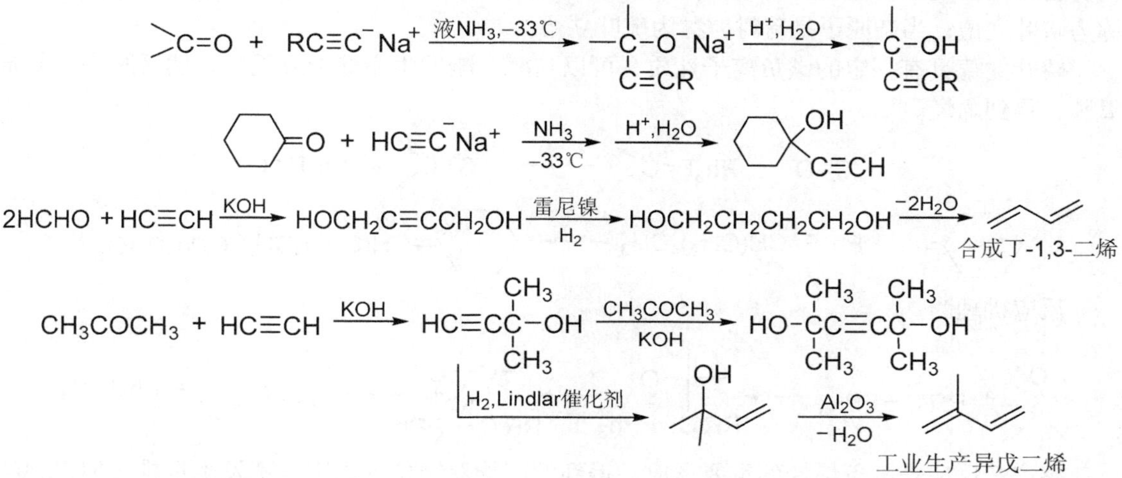

4. 雷佛马茨基反应

在金属锌的作用下，α-溴代羧酸酯与醛、酮反应生成 β-羟基酯的反应，称为雷佛马茨基(Reformatsky)反应。反应机理如下：

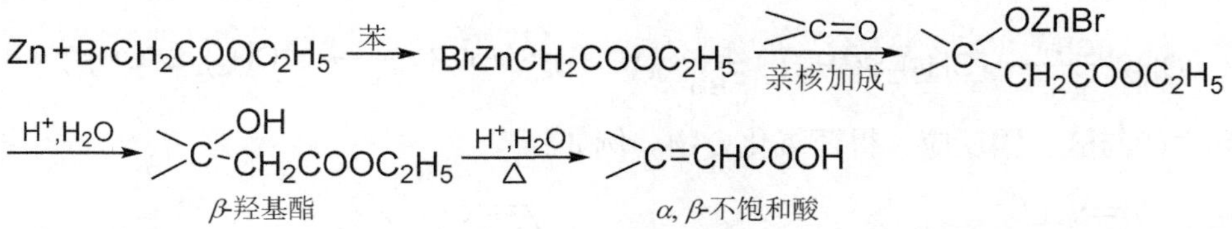

β-羟基酯在进行酸性水解的同时可脱水，最后生成 α,β-不饱和酸，所以可以利用雷佛马茨基反应来制备 β-羟基酯和 α,β-不饱和酸。例如：

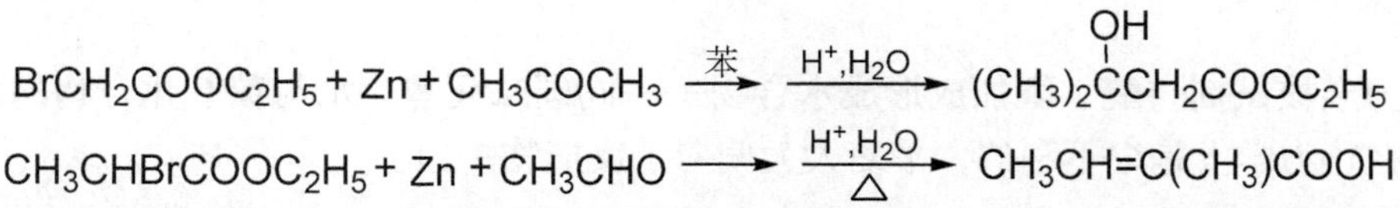

雷佛马茨基反应所用的有机锌试剂的活性比格氏试剂小，它只能与醛和酮的羰基发生亲核加成反应，不与酯基加成。因此，在此反应中可以保证有机锌试剂只与醛、酮反应而不与 α-溴代羧酸酯反应。

5. 维悌希反应

醛或酮与维悌希(Wittig)试剂作用生成烯烃的反应，称为维悌希反应。

维悌希试剂通常是由三苯基膦与卤代烷反应制备的。反应分两步进行：Ph_3P 与卤代烷反应，生成季鏻盐；在季鏻盐中，α-H 原子因受带正电荷磷的影响而显弱酸性，可与强碱(如烷基锂)反应，生成维悌希试剂。反应式如下：

$$Ph_3\ddot{P} + \underset{R'}{\overset{R}{>}}CHX \longrightarrow \underset{\text{季鏻盐}}{Ph_3\overset{+}{P}CHR'R\ X^-} \xrightarrow[-n\text{-BuH},-LiX]{n\text{-BuLi}} \underset{\text{维悌希试剂}}{\left[Ph_3\overset{+}{P}\text{-}\overset{..}{\overset{-}{C}}R'R \longleftrightarrow Ph_3P{=}CR'R\right]}$$

在维悌希试剂中存在一个缺电子的磷原子(带正电荷)和一个多电子的碳原子(带负电荷)，具有这种结构的化合物称为叶立德(Ylide)，其中杂原子可以是 P、S 或 N。当杂原子是磷时，称为磷叶立德；当杂原子是硫时，称为硫叶立德。

磷叶立德具有一定的碳负离子性质，可以与醛、酮发生亲核加成反应，然后脱去三苯基氧膦，得到烯烃。

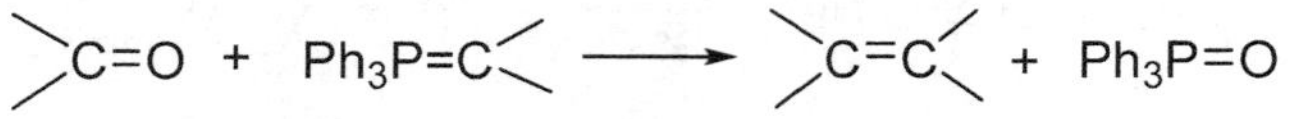

反应机理为

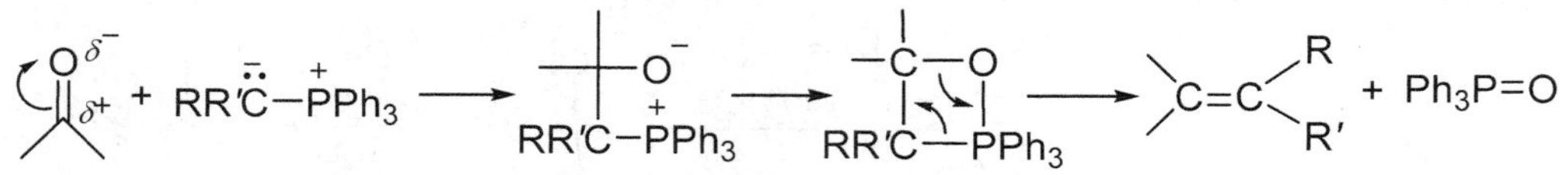

维悌希反应是制备烯烃的重要反应，得到的产物双键位置固定，不发生重排，但得到的烯烃为可能的顺反异构体的混合物。

由于一系列维悌希试剂的开发及其在有机合成中的重要应用，德国化学家维悌希荣获1979年诺贝尔化学奖。

硫叶立德通常是由二甲硫醚与卤代烷进行反应，得锍盐，再与强碱反应制得。例如：

$$CH_3SCH_3 \xrightarrow{CH_3I} (CH_3)_2\overset{+}{S}CH_3\ I^- \xrightarrow[-BH]{B\colon^-} [(CH_3)_2\overset{+}{S}-\overset{..}{\overset{-}{C}}H_2 \longleftrightarrow (CH_3)_2S{=}CH_2\,] + I^-$$

硫叶立德与醛、酮反应，得环氧化合物。例如：

6. 加水

水作为亲核试剂与醛、酮加成形成水合物——同碳二元醇。水与羰基化合物的加成是可逆反应，在热力学上是很不利的，平衡大大偏向于反应物一边。

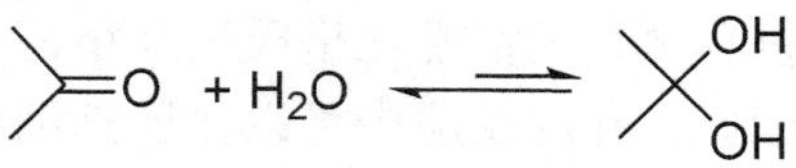

一般情况下，同碳二元醇是不稳定的，不能从水溶液中分离出来。只有低级醛，如甲醛和乙醛等，能在水溶液中生成较多的水合物，但不能把它分离出来，原因是它在分离过程中很容易失水。若羰基碳原子上连有强的吸电子基团，如 Cl_3C—、RCO—、—CHO、—COOH、FCH_2—等基团，则羰基碳上正电性增强，可以与水形成稳定的水合物，而且可以从水溶液中

分离出来。

$$Cl_3C-CHO + H_2O \longrightarrow Cl_3C-CH(OH)-OH$$ 三氯乙醛水合物

醛、酮的水合可以被酸或碱催化。

7. 加醇

在酸性催化剂如对甲苯磺酸或干燥氯化氢的作用下，醛与醇发生亲核加成反应，生成半缩醛，这是一个不稳定的中间产物，一般很难分离出来，它进一步与醇进行分子间脱水反应，最后生成缩醛。

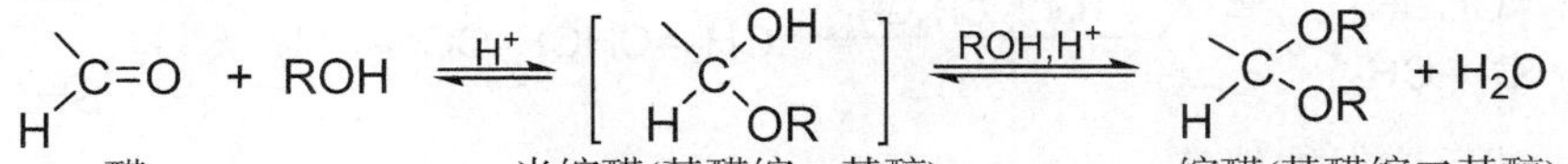

醛　　半缩醛(某醛缩一某醇)　　缩醛(某醛缩二某醇)

例如：

$$CH_3CHO + 2CH_3CH_2CH_2OH \xrightarrow{\text{干}HCl} CH_3CH(OCH_2CH_2CH_3)_2 + H_2O$$

乙醛缩二丙醇

缩醛形成的过程：首先醇作为亲核试剂对质子化的羰基进行亲核加成形成半缩醛，然后在酸催化下半缩醛与醇脱水得到缩醛。机理如下：

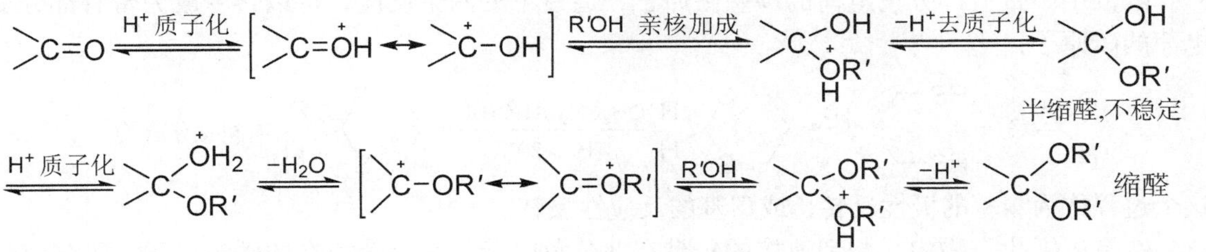

即使用酸作催化剂，酮也很难与一元醇形成缩酮。某些二元醇，如 1, 2-二醇和 1, 3-二醇，在酸催化下可与酮反应生成缩酮。例如：

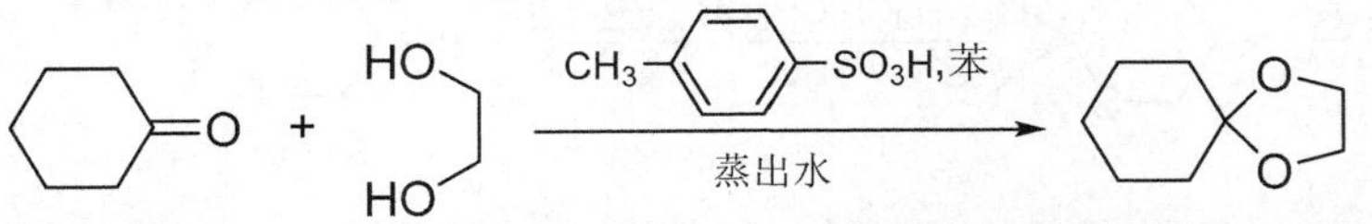

(环己酮缩乙二醇)

形成缩酮的另一方法是在酸的催化作用下酮与原甲酸酯进行反应：

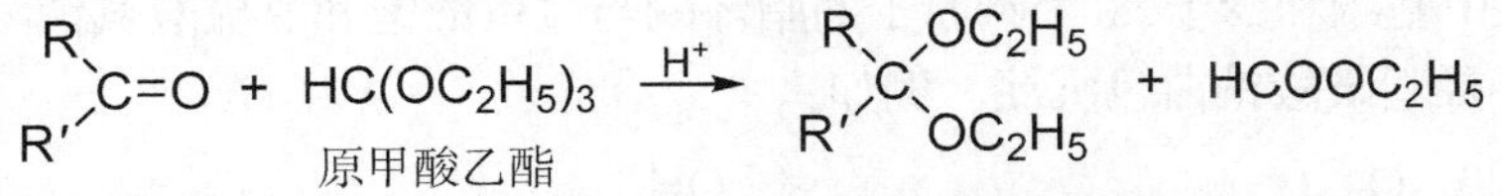

醇与羰基的反应是可逆反应。在酸的存在下，缩醛或缩酮可以水解为原来的醛或酮。因此，在有机合成中常利用上述反应保护羰基，尤其是醛基。例如，从 $BrCH_2CH_2CHO$ 合成 $CH_3C\equiv CCH_2CH_2CHO$ 时，就需要保护醛基：

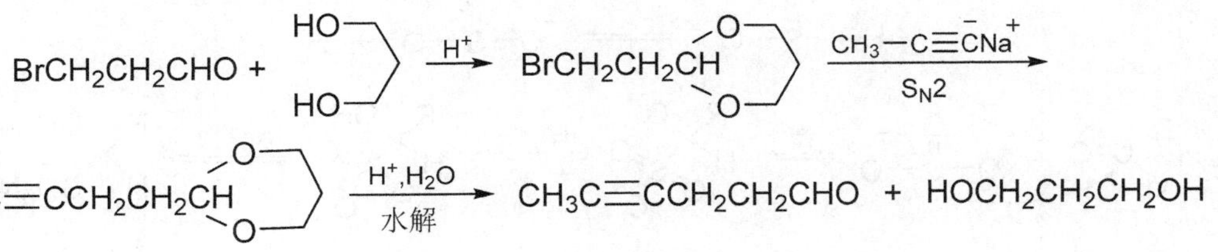

8. 加硫醇

与醇类似，硫醇可以与醛、酮的羰基反应，生成缩硫醛或缩硫酮。因为硫醇的亲核性比醇强，所以反应比醇更容易进行：

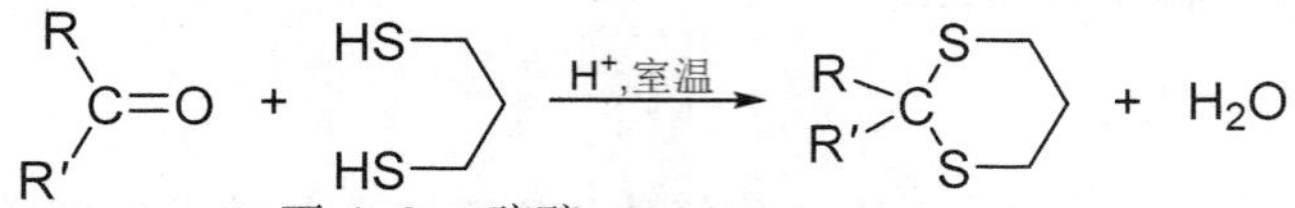

丙-1, 3-二硫醇

缩硫醛、缩硫酮难被酸水解，但在 $HgCl_2$ 的作用下，可水解为原来的羰基化合物：

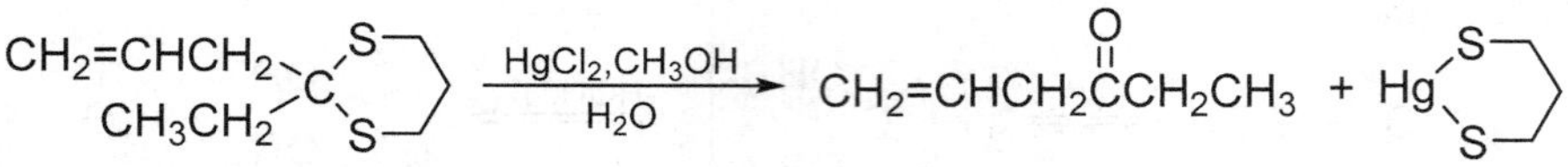

也可以利用上述反应保护羰基。

缩硫酮在雷尼镍的催化下可氢解生成烃：

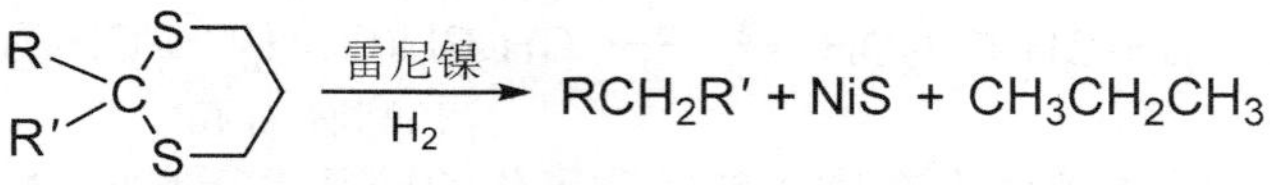

这是间接将醛、酮中的羰基还原成亚甲基的一种方法，在有机合成中有一定的应用。

醛分子中带有部分正电荷的羰基碳原子，通过下列两个反应，可以转变成为带有部分负电荷的碳原子：

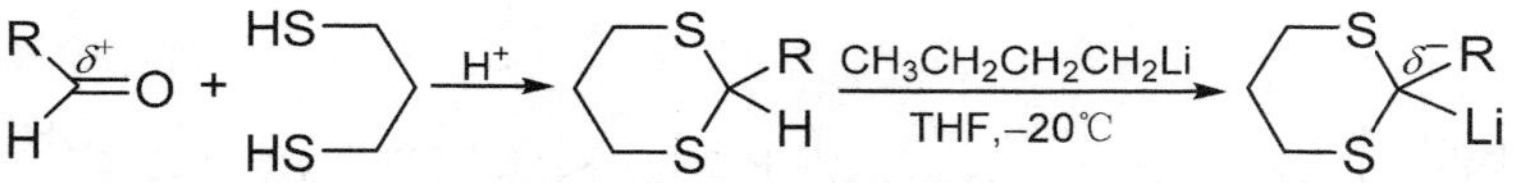

有机锂化合物

这个过程称为羰基的极性反转，或羰基的反应性反转。

在有机锂化合物中，与锂连接的碳带有部分负电荷，是一个潜在的碳负离子，可与卤代烷发生亲核取代反应，然后经 $HgCl_2$ 水解生成酮：

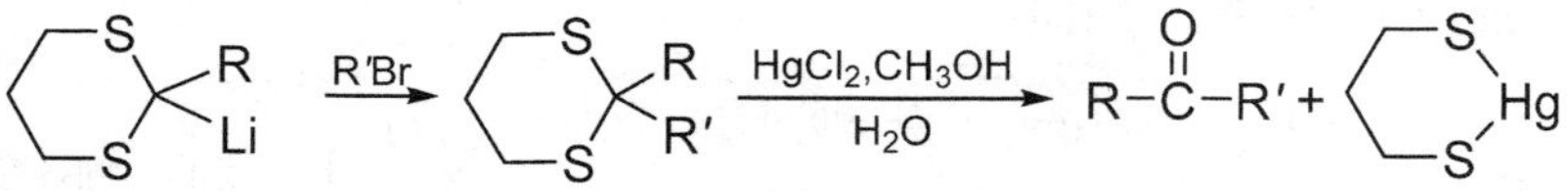

9. 与亚硫酸氢钠加成

醛、脂肪族甲基酮和少于 8 个碳原子的脂环酮与过量的饱和亚硫酸氢钠溶液发生亲核加成反应，生成 *α*-羟基磺酸钠白色沉淀。例如：

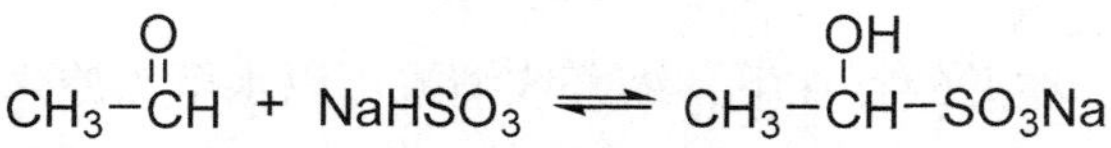

α-羟基乙基磺酸钠

反应机理如下：

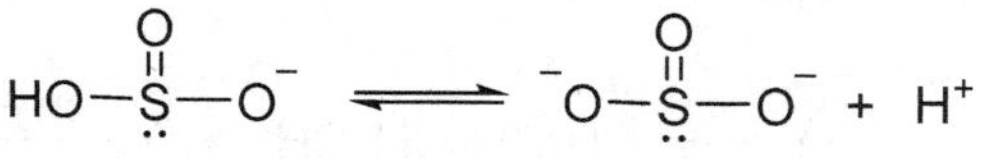

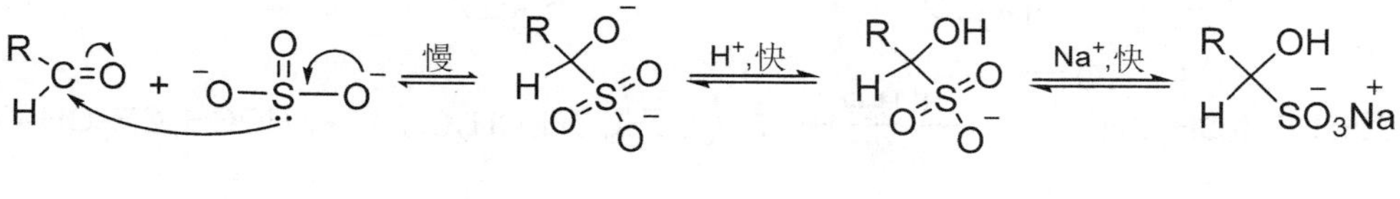

此反应的亲核试剂 HSO_3^- 体积比较大，所以在醛、酮分子中与羰基相连的烃基空间体积对反应影响较大。

亚硫酸氢钠与醛、酮的加成产物 α-羟基磺酸钠是无色晶体，易溶于水，但不溶于乙醚和饱和亚硫酸氢钠溶液。由于醛和酮与亚硫酸氢钠的加成是可逆的，因此在加成物中加入酸或碱破坏 $NaHSO_3$ 可使加成物分解，得到原来的醛或酮。所以，这个反应可用来分离提纯某些羰基化合物：

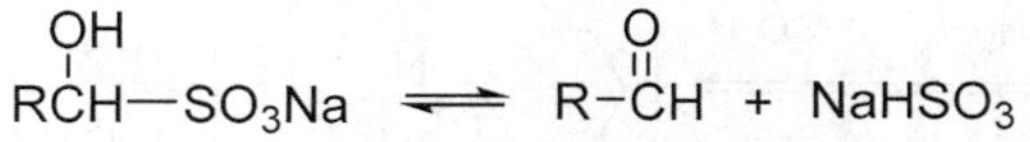

$$NaHSO_3 + HCl \longrightarrow NaCl + SO_2 + H_2O$$

$$2NaHSO_3 + Na_2CO_3 \longrightarrow 2Na_2SO_3 + CO_2 + H_2O$$

将 α-羟基磺酸钠与等物质的量的 NaCN 或 KCN 反应，则磺酸基可被氰基取代，生成 α-羟基腈。这是由醛、酮间接制备 α-羟基腈的很好方法。这样可以避免使用剧毒的 HCN，并且产率也比较高。

这是由于 NaCN 与平衡体系中的 $NaHSO_3$ 发生反应，使平衡向右移动，同时产生 HCN，HCN 再与醛、酮发生加成反应得到 α-羟基腈。

$$NaCN + NaHSO_3 \longrightarrow Na_2SO_3 + HCN$$

10. 与氨及其衍生物的缩合反应

氨和胺均可与醛、酮的羰基进行亲核加成反应。

氨与醛、酮反应生成的是极不稳定的亚胺，它极容易水解为原来的醛、酮和氨。

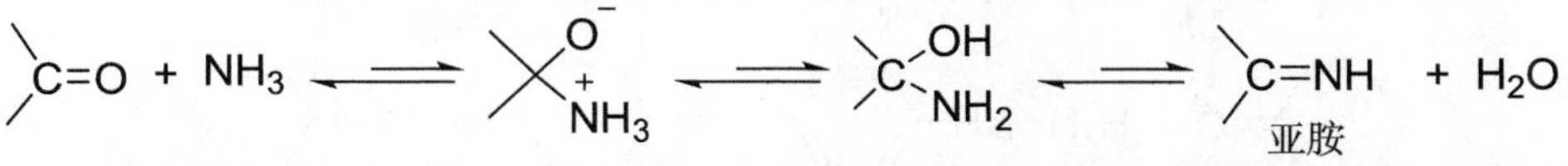

甲醛和氨反应生成一个特殊的笼状化合物，称为六亚甲基四胺或乌洛托品。它的产生经过如下几个步骤：

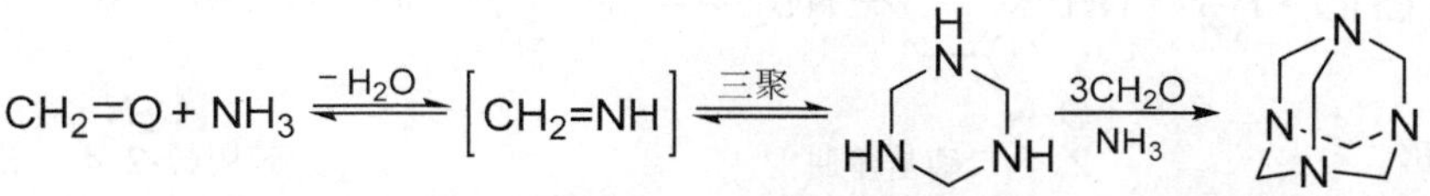

六亚甲基四胺可用于生产树脂及炸药，本身具有消毒作用。用硝酸硝化，生成爆炸能力极强的旋风炸药，简称 RDX，这个反应产生三分子的甲醛和一分子的氨，可以反复使用。实际上是将环中的“桥”打断，同时在氮原子上发生硝化作用：

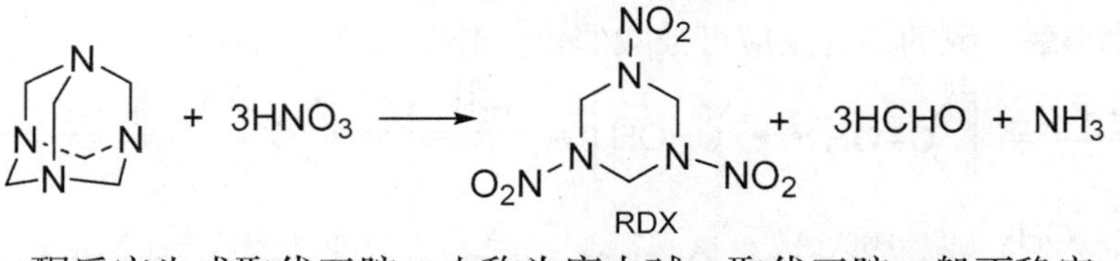

伯胺与醛、酮反应生成取代亚胺，也称为席夫碱。取代亚胺一般不稳定，容易分解，但当亚胺的 C 或 N 上连有至少一个芳基时稳定，可分离出来。该反应为可逆反应，取代亚胺在

稀酸中水解为原来的醛、酮和伯胺。要使正反应完全，需要不断将水从反应体系中蒸出，使平衡向正反应方向移动。

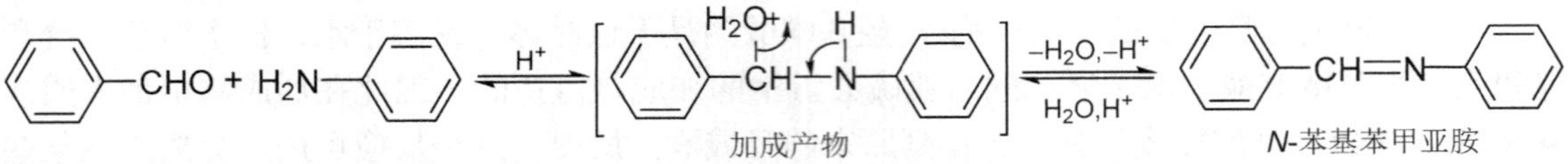

仲胺与醛、酮的加成反应产物不稳定，由于氮上无氢，脱水反应在碳上发生，生成烯胺。

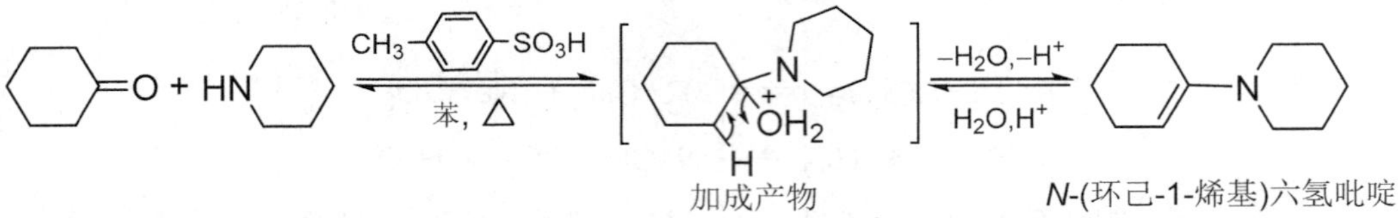

许多氨的衍生物(用一般式 $H_2N—Y$ 表示)可以与醛、酮的羰基发生亲核加成反应，然后加成物脱水，得到缩合产物。反应过程如下：

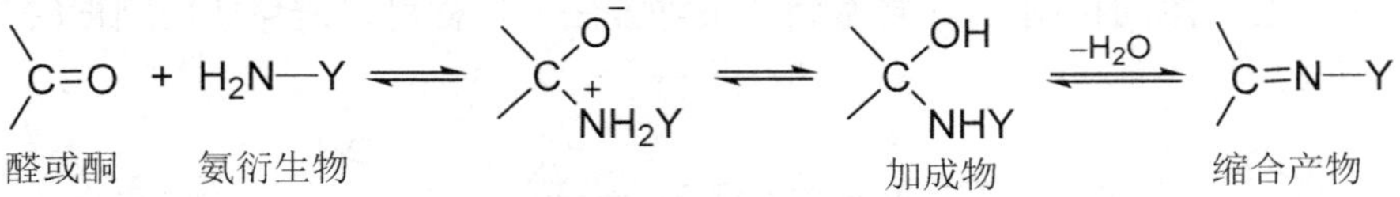

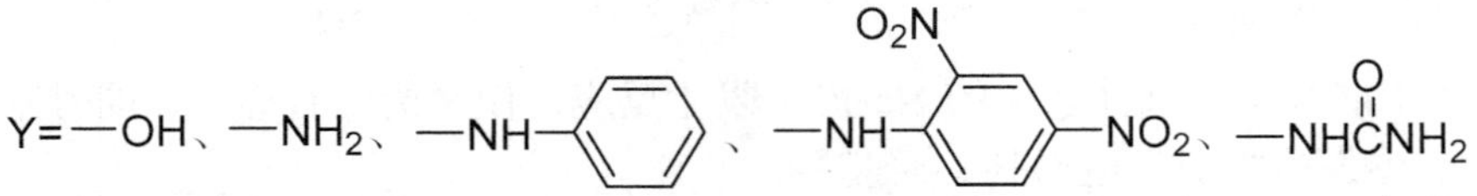

相应的氨的衍生物分别为羟胺、肼、苯肼、2,4-二硝基苯肼和氨基脲，产物分别为肟、腙、苯腙、2, 4-二硝基苯腙、缩氨脲等。例如：

$$(CH_3)_2C{=}O + H_2N{-}OH \rightleftharpoons (CH_3)_2C{=}N{-}OH$$

丙酮　　羟胺　　丙酮肟

$$CH_3CH{=}O + H_2N{-}NH_2 \rightleftharpoons CH_3CH{=}N{-}NH_2$$

乙醛　　肼　　乙醛腙

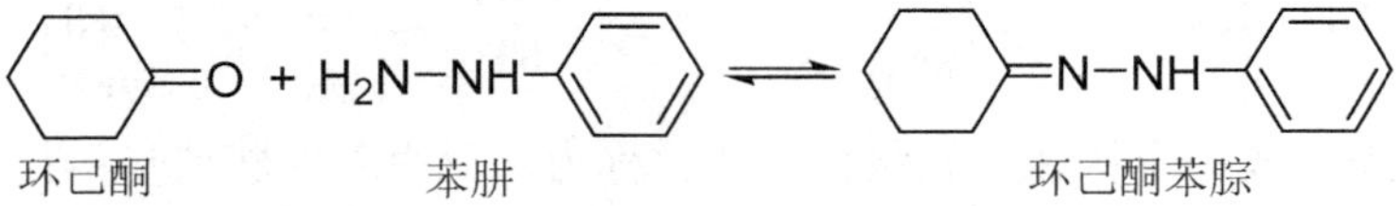

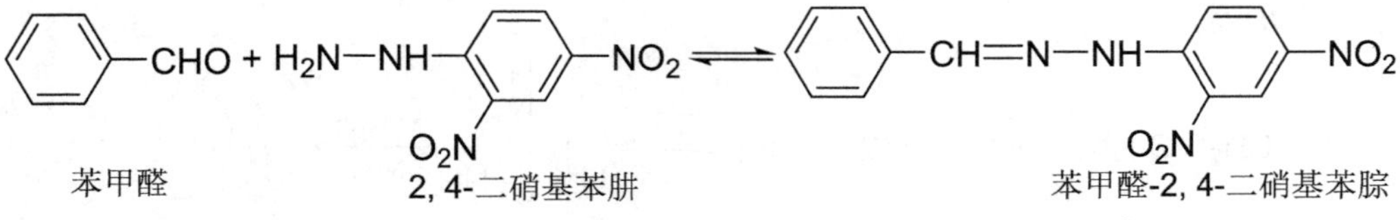

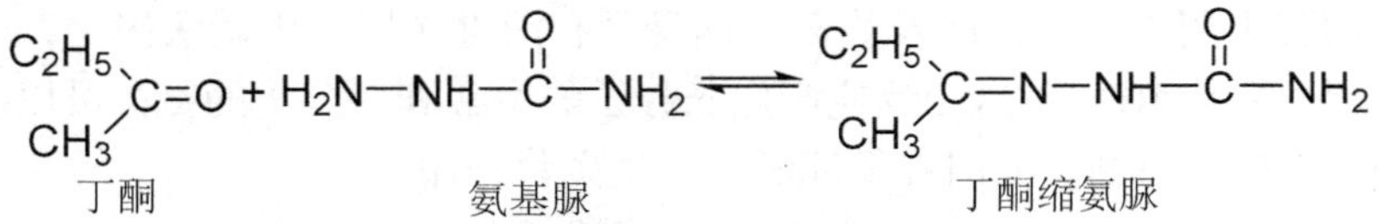

氨的衍生物与醛、酮的缩合反应可被酸催化。酸催化反应机理为

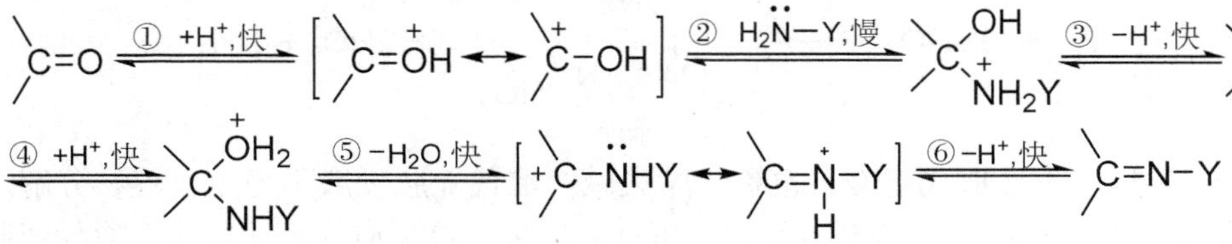

在上述反应中，反应②是慢的一步反应，决定整个反应速率。在反应①中，羰基氧原子被质子化的结果是增强了羰基碳上所带的正电性，酸催化有利于反应②的进行，但是，溶液的酸性不能太强，否则亲核试剂 YNH_2 会与酸反应生成铵盐 YN^+H_3，氮原子被质子化失去亲核能力，不能与醛、酮发生亲核加成，即不能发生反应②。因此，为了使反应顺利进行，需要控制溶液的酸性，使溶液中既有一定数量的质子化的醛、酮，又有一定数量的未质子化的亲核试剂 YNH_2。

氨的衍生物与醛、酮缩合得到产物——肟、腙、苯腙、2,4-二硝基苯腙和缩氨脲，这些化合物多半是具有一定熔点的晶体，在波谱分析方法应用之前经常用来定性分析醛、酮。另外，氨的衍生物与醛、酮的缩合反应是可逆的，缩合产物在稀酸中水解又可分别生成醛、酮和氨的衍生物。所以可以利用这个反应来进行醛、酮的分离和精制。

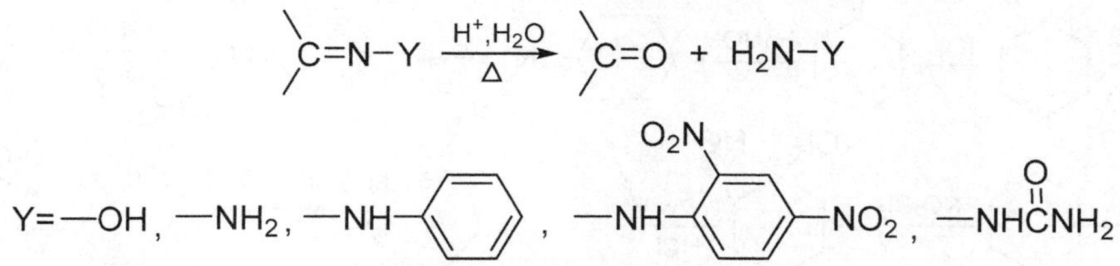

醛、酮与羟胺反应生成肟。下面简单介绍肟的结构和性质。

肟与亚硝基化合物存在互变异构：

亚硝基化合物　　　　肟

当与亚硝基相连的碳上无氢原子时是稳定的，如果有氢原子，平衡有利于肟。

肟有 *Z*、*E* 两种异构体，*Z* 构型一般不稳定，容易转变成 *E* 构型。例如，(*Z*)-苯甲醛肟溶于醇后加一点酸就可变为(*E*)-苯甲醛肟，而(*E*)-苯甲醛肟不能用化学试剂转变为 *Z* 构型，只有在光的作用下，才能转变为(*Z*)-苯甲醛肟。

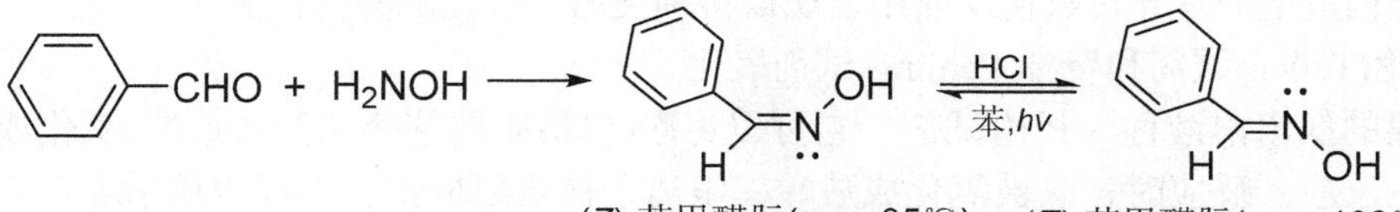

(*Z*)-苯甲醛肟(m.p. 35℃)　(*E*)-苯甲醛肟(m.p. 132℃)

肟在酸性试剂如 H_2SO_4、多聚磷酸、PCl_5、PCl_3、苯磺酰氯、亚硫酰氯等作用下，可发生重排反应，生成 *N*-取代酰胺，这一重排称为贝克曼(Beckmann)重排。反应机理如下：

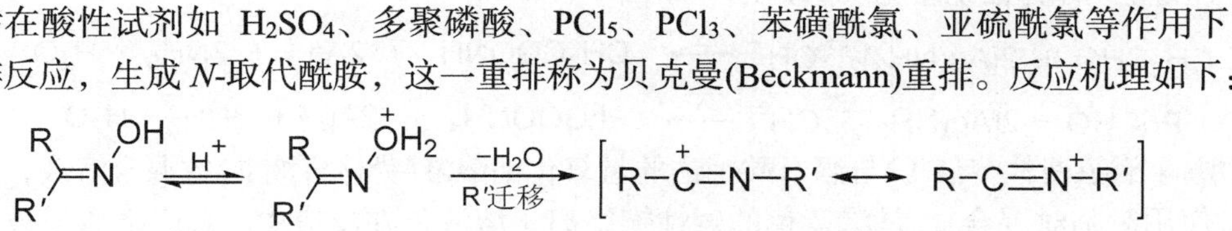

贝克曼重排具有以下特点：①酸催化，有利于—OH 离去；②离去基团 H_2O 与迁移基团 R′处于反式；③基团的离去与基团的迁移是同时进行的；④迁移基团的构型在迁移前后保持不变。

对于对称的酮肟，发生贝克曼重排后只得到一种酰胺；对于不对称的酮肟，由于有 *Z*、*E* 不同构型，重排后可以得到不同的酰胺。贝克曼重排产物 *N*-取代酰胺中，*N*-取代基与肟中的羟基处于反式结构，*N*-取代酰胺水解后生成羧酸和胺。因此，根据重排后的产物酰胺的结构，或者根据 *N*-取代酰胺水解后的产物，可以推断原来酮肟的构型。例如：

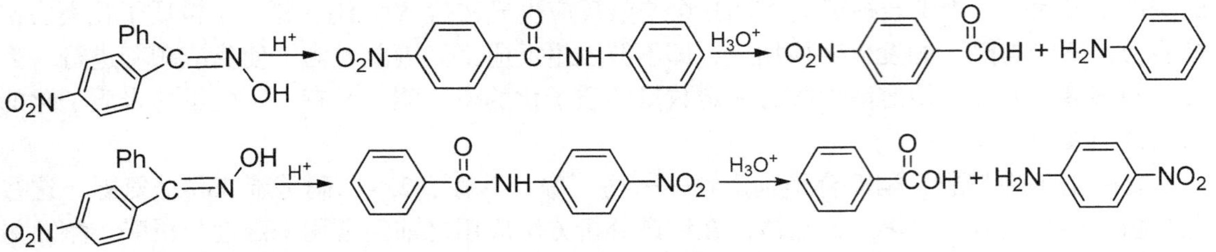

贝克曼重排在工业上的一个重要应用是从环己酮肟重排合成 *ε*-己内酰胺。反应式如下：

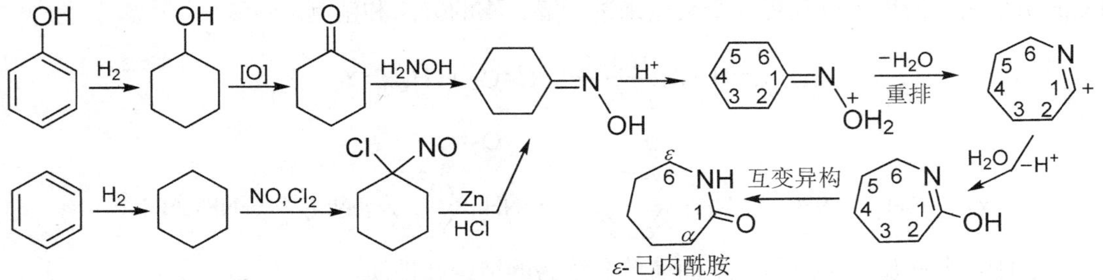

ε-己内酰胺为白色结晶或粉末，m.p. 68～70℃，b.p. 262.5℃，溶于水、乙醇和乙醚，是制造尼龙-6(又称卡普纶、耐纶-6 或锦纶)的原料。

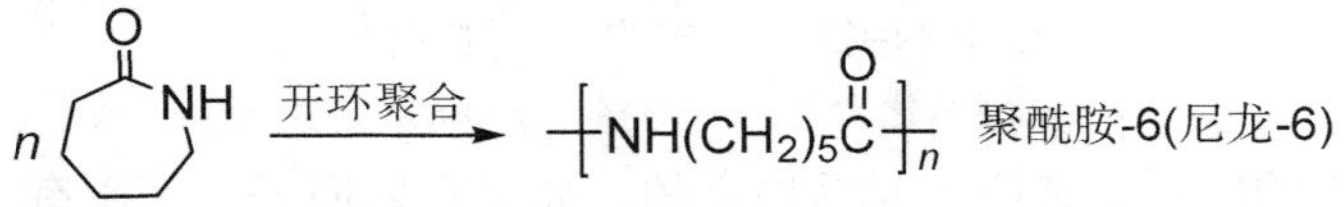

10.2.2 醛、酮的氧化和还原反应

1. 醛和酮的氧化

醛和酮构造上的差异在氧化反应中表现得特别突出。醛比酮容易被氧化。

1) 托伦(Tollen)试剂和费林(Fehling)试剂氧化

硝酸银的氨水溶液称为托伦试剂，它可以将醛(包括脂肪族醛和芳香族醛)氧化成羧酸，与酮不发生反应。反应时，醛被氧化成羧酸，银离子被还原成银，形成银镜附着在管壁上，因此这个反应又称为银镜反应。例如：

$$CH_3CHO + 2[Ag(NH_3)_2]^+OH^- \xrightarrow{\triangle} CH_3COONH_4 + 2Ag\downarrow + 3NH_3 + H_2O$$

$$PhCHO + 2[Ag(NH_3)_2]^+OH^- \xrightarrow{\triangle} PhCOONH_4 + 2Ag\downarrow + 3NH_3 + H_2O$$

硫酸铜溶液(费林溶液Ⅰ)与酒石酸钾钠的氢氧化钠溶液(费林溶液Ⅱ)的混合溶液，称为费林试剂(使用时临时混合)，是深蓝色的碱性铜络离子溶液。在反应中，Cu^{2+}络离子被还原成砖红色的 Cu_2O 沉淀，蓝色消失，而醛被氧化成酸。其中脂肪醛氧化速度较快，芳香醛难被费林试剂氧化，酮不反应。

$$RCHO + 2Cu^{2+} + 5HO^- \xrightarrow{\triangle} RCOO^- + Cu_2O\downarrow + 3H_2O$$

弱氧化剂托伦试剂可以氧化醛，无论是脂肪醛还是芳香醛，而弱氧化剂费林试剂只氧化脂肪醛，酮与这两个试剂都不发生反应。因此，常用这两个试剂鉴别脂肪醛、芳香醛和酮。

葡萄糖是多羟基醛，糖尿病患者尿中含有较多的这种糖，在医院检查时，采用的就是费林试剂。

在有机合成中，有时也用这两种弱氧化剂选择性地氧化醛基。例如：

$$CH_3CH{=}CHCHO \xrightarrow[\text{②}H^+]{\text{①}AgNO_3,NH_3,H_2O} CH_3CH{=}CHCOOH$$

2) 强氧化剂氧化

在强氧化剂如 $K_2Cr_2O_7$-稀 H_2SO_4、$KMnO_4$、CrO_3-H_2SO_4 和 HNO_3 等作用下，醛很容易被氧化成羧酸。例如：

$$CH_3CHO \xrightarrow{O_2,\text{催化剂}} CH_3COOH$$

$$CH_3CH_2CH_2CH_2CHO \xrightarrow[H_2SO_4]{KMnO_4} CH_3CH_2CH_2CH_2COOH$$

$$PhCH_2CHO \xrightarrow[\text{或冷的}KMnO_4\text{稀溶液}]{CrO_3,H^+} PhCH_2COOH$$

苯乙醛氧化反应制备苯乙酸的反应条件不能太强烈，否则芳环侧链氧化得到苯甲酸。

酮一般不易被氧化，但在强烈氧化条件下，酮羰基和 α-碳原子之间会发生碳链断裂，生成碳原子数较少的氧化产物，无制备意义。

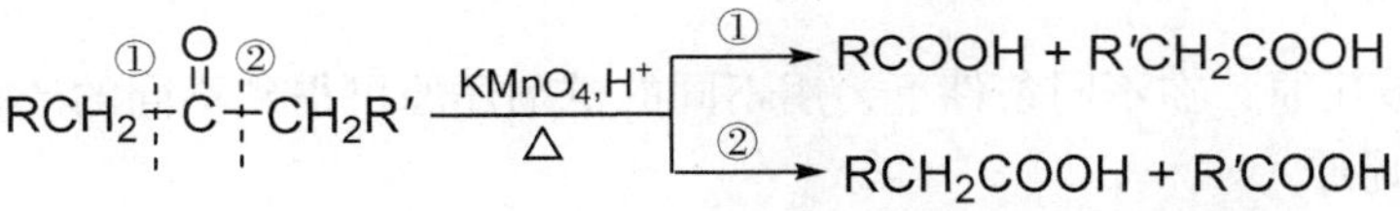

但环己酮氧化可得到己二酸，是工业上制备己二酸的一个重要方法。

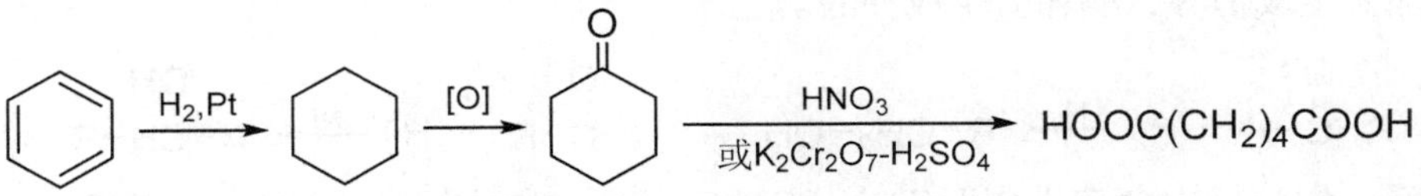

环戊酮氧化得到戊二酸也具有制备意义：

戊二酸

3) 拜尔-维利格氧化反应

用有机过酸如过乙酸(CH_3COOOH)、过苯甲酸(PhCOOOH)、过三氟乙酸(CF_3COOOH)等可以将酮氧化成酯，该反应称为拜尔-维利格(Baeyer-Villiger)氧化反应。

$$-\overset{O}{\overset{\|}{C}}- \xrightarrow{RCO_3H} -\overset{O}{\overset{\|}{C}}-O- \ + \ RCOOH$$

对称的酮进行拜尔-维利格氧化反应只得到一种产物；不对称的酮得到两种产物；环酮的氧化产物是内酯。例如：

$$CH_3CH_2\overset{O}{\overset{\|}{C}}CH_2CH_3 \xrightarrow[CH_2Cl_2]{CF_3CO_3H} CH_3CH_2\overset{O}{\overset{\|}{C}}\text{-}OCH_2CH_3$$

$$R-COR' \xrightarrow{CF_3CO_3H} R-COO-R' \ + \ R-O-COR'$$

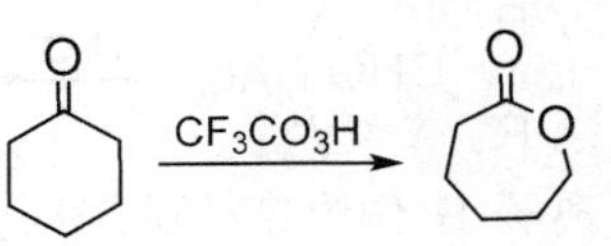
ε-己内酯

反应机理如下：

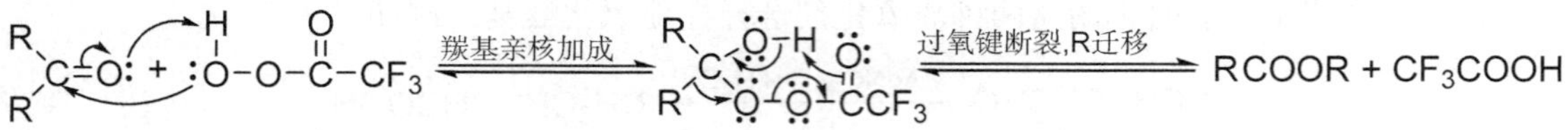

这个反应既是一个氧化反应，又是一个重排反应，所以也称这个反应为拜尔-维利格重排。迁移基团的构型在迁移时保持不变。对于不对称酮，羰基两旁基团不同，两个基团均可迁移，但有一定的选择性，按迁移能力由易到难的顺序是

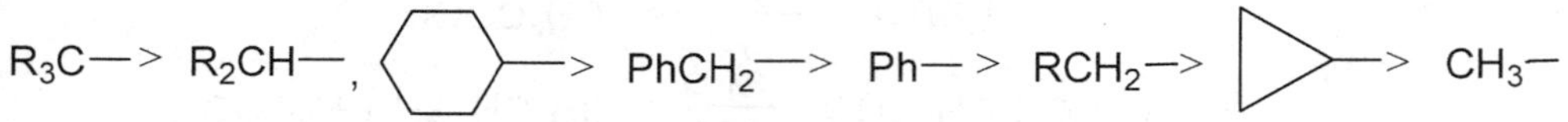

$$CH_3COCH_2CH(CH_3)_2 \xrightarrow{RCO_3H} CH_3COOCH_2CH(CH_3)_2 \quad (\text{主产物})$$

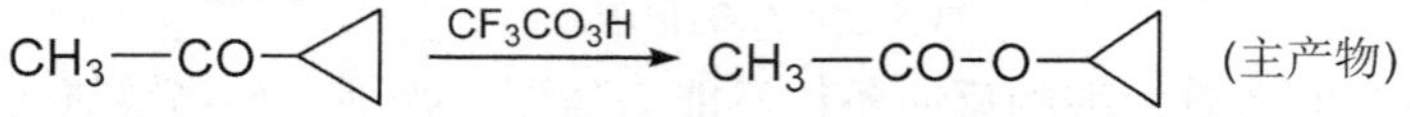

$$CH_3COAr \xrightarrow{RCO_3H} CH_3{-}CO{-}O{-}Ar + RCOOH$$

2. 醛和酮的还原

醛和酮可以被还原，在不同条件下，用不同的试剂还原可得到不同的产物。

1) 催化加氢还原

在金属催化剂如 Pt、Pd、Ni 存在下与 H_2 作用，醛、酮中的羰基可以加上一分子氢，生成醇。醛加氢生成伯醇，酮加氢生成仲醇。

$$R{-}\overset{O}{\overset{\|}{C}}{-}H + H_2 \xrightarrow{Ni} R{-}CH_2{-}OH \qquad R{-}\overset{O}{\overset{\|}{C}}{-}R' + H_2 \xrightarrow{Ni} R{-}\overset{OH}{\overset{|}{C}}H{-}R'$$

如果醛、酮分子中含有碳碳双键、—C≡C—、—X(卤素)、$—NO_2$、—CN、—COOR、$—CONH_2$、—COCl 等基团，它们同时也被还原。例如：

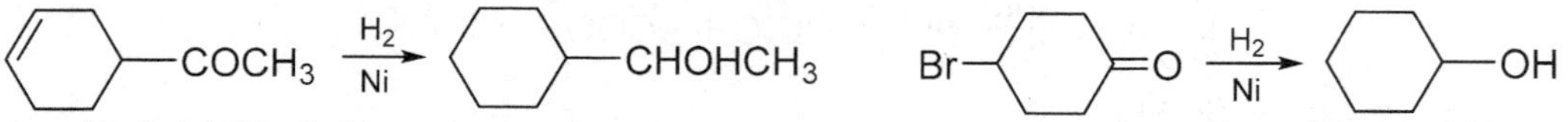

2) 络合金属氢化物还原

络合金属氢化物，如 $LiAlH_4$、$NaBH_4$，可以将醛和酮还原成相应的醇。

$LiAlH_4$ 非常活泼，遇到含有活泼氢的化合物，如 H_2O、ROH 等，会迅速分解放出氢气。所以使用 $LiAlH_4$ 作还原剂时，不能用水、醇作溶剂，常用醚作溶剂。而 $NaBH_4$ 不与水、醇反应，所以水、醇均可作溶剂。

$LiAlH_4$ 还原能力比 $NaBH_4$ 强，与催化氢化相近。与催化加氢相比，$LiAlH_4$ 一般不能还原碳碳双键和叁键，但可以还原羧基(—COOH)，而催化氢化不能还原羧基。$NaBH_4$ 广泛用于还原醛、酮。

由于 $LiAlH_4$ 和 $NaBH_4$ 分子中的 4 个氢都是负性的，因此一分子的还原剂可以还原 4 分子的醛或酮。

$$4\ \begin{matrix}R\\R'\end{matrix}\!\!>C{=}O + LiAlH_4 \longrightarrow \left(\begin{matrix}R\\R'\end{matrix}\!\!>CHO\right)_4AlLi \xrightarrow{H_3O^+} 4\ \begin{matrix}R\\R'\end{matrix}\!\!>CHOH$$

还原时，络合金属氢化物提供氢负离子 H^- 作为亲核试剂从羰基所在平面的上方和下方进

攻羰基碳原子。机理大致如下：

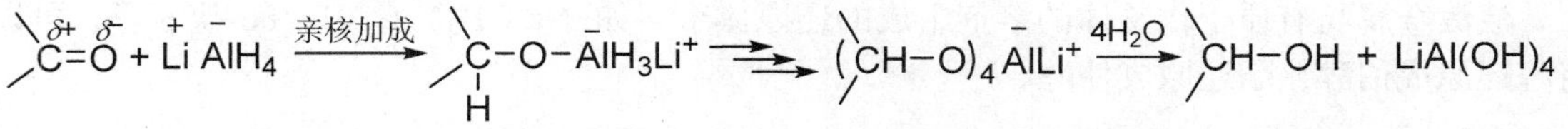

不对称酮被还原生成仲醇时，形成一个手性碳，在非手性条件下，得到一对对映体。当用络合金属氢化物还原脂环酮时，生成不等量的两个异构体——立体选择反应。当羰基两旁的立体环境差不多时，主要生成较稳定的产物。例如：

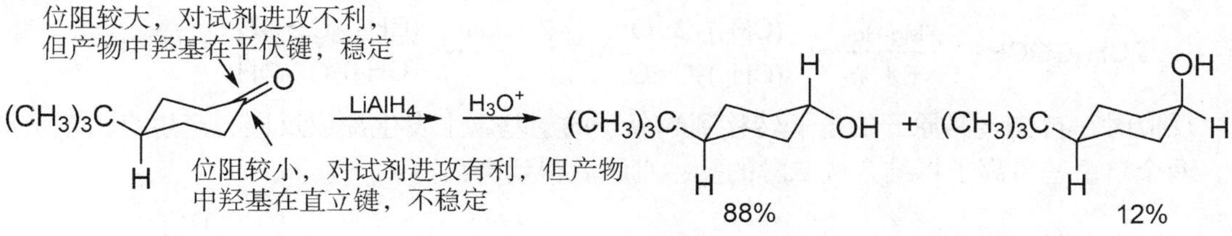

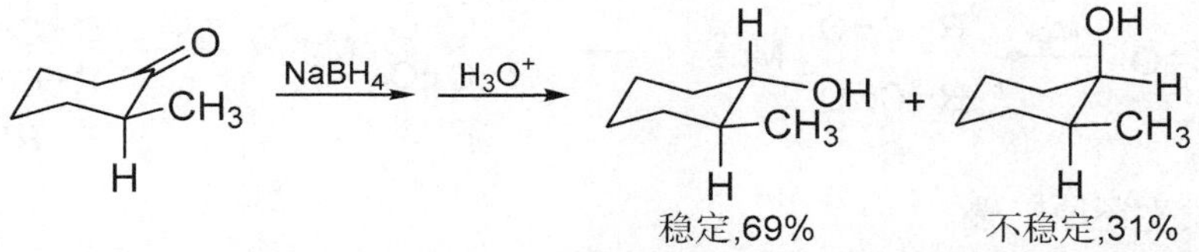

如果羰基两旁的立体环境相差较大，或进攻试剂的空间位阻太大，则还原剂主要从立体阻碍较小的一侧进攻羰基。例如：

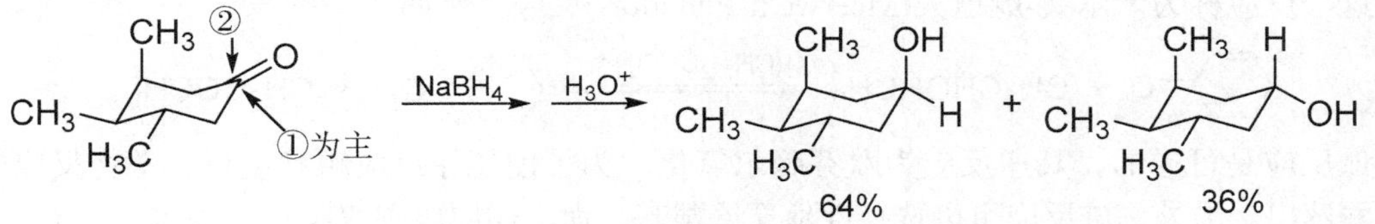

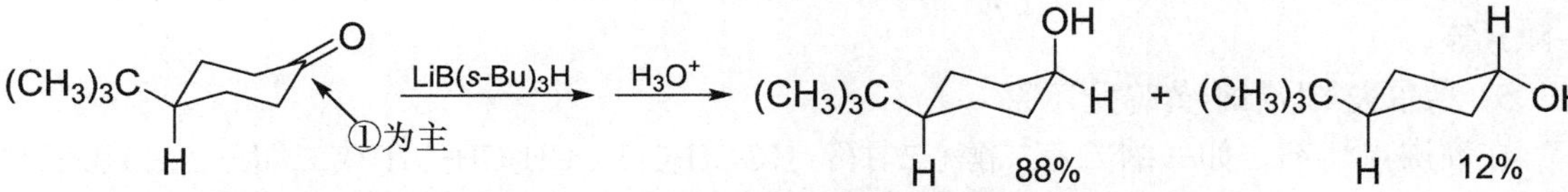

当羰基和一个手性中心连接时，反应符合克拉姆规则。例如：

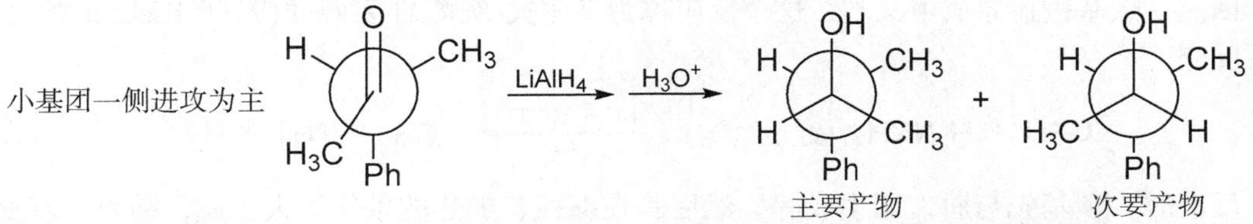

用烷氧基取代的氢化铝锂，反应活性降低。例如，$LiAlH_4$ 可以还原酯基(—COO—)，而三(叔丁氧基)氢化铝锂不能还原酯基，但可以还原羰基。

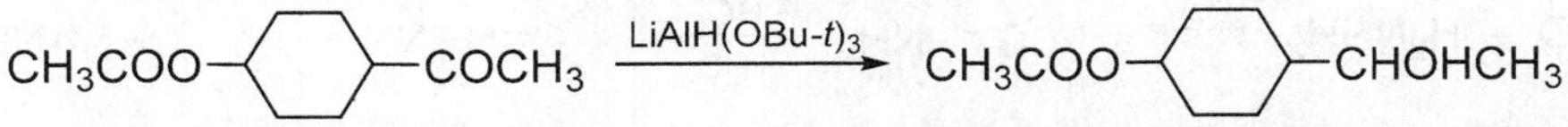

另外，乙硼烷也能还原羰基化合物，生成醇。不饱和醛、酮还原时，先还原羰基，再还原碳碳双键。

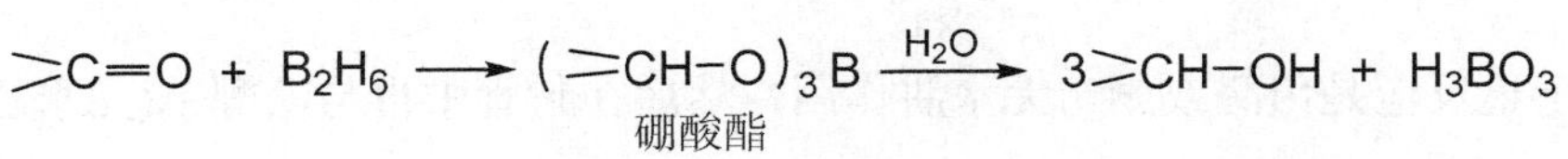

3) 活泼金属还原

活泼金属与有质子供给体的溶剂组成的还原体系，如 Na-CH_3CH_2OH、Fe-盐酸等，可以将醛还原成伯醇，酮还原成仲醇。

$$RCHO \xrightarrow{Fe,H^+} RCH_2OH \qquad RCOR' \xrightarrow{Na,C_2H_5OH} RCHOHR'$$

在非质子溶剂中，比较活泼的金属，如 Na、Mg，可使酮发生还原二聚，生成片呐醇类化合物(HO—CRR′—CRR′—OH)。例如：

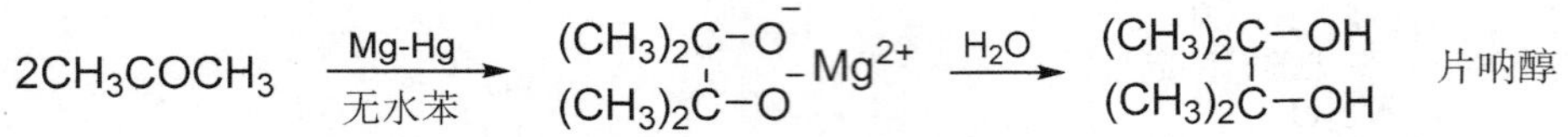

反应时，首先金属原子的电子转移到酮分子的羰基碳上发生加成反应，产生自由基负离子，两个自由基负离子再结合成二醇的盐，水解后得到产物。

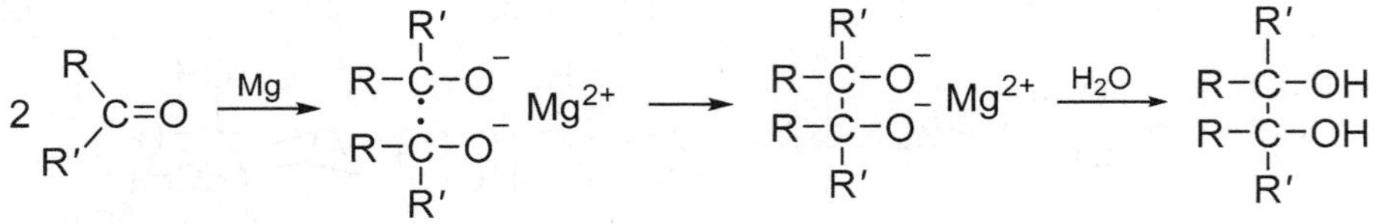

醛通常不发生还原二聚。

4) 米尔文-庞道夫还原

在异丙醇铝的催化下，异丙醇将醛还原成伯醇，将酮还原成仲醇，而自身被氧化成丙酮。这个反应称为米尔文-庞道夫(Meerwein-Ponndorf)反应。例如：

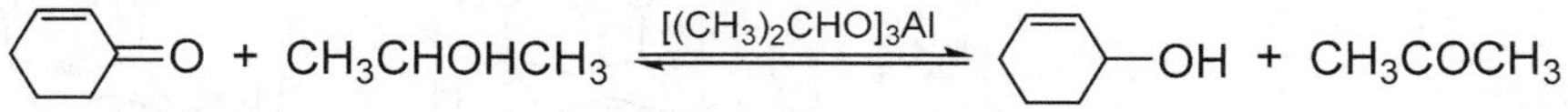

该反应是可逆的，其逆反应为欧芬脑尔氧化。为了使还原反应顺利进行，常将反应生成的丙酮蒸出。另外，该反应可以选择性地还原羰基，而不还原碳碳双键、—C≡C—、C—X、—NO_2等。

5) 乌尔夫-凯惜纳-黄鸣龙还原

在高沸点溶剂，如一缩二乙二醇(二甘醇 $HOCH_2CH_2OCH_2CH_2OH$)或二缩三乙二醇(三甘醇 $HOCH_2CH_2OCH_2CH_2OCH_2CH_2OH$)中，将醛或酮、85%肼的水溶液和碱(如 NaOH、KOH 等)一起回流，羰基被还原成甲叉基，这个反应称为乌尔夫-凯惜纳-黄鸣龙(Wolff-Kishner-黄鸣龙)还原反应。

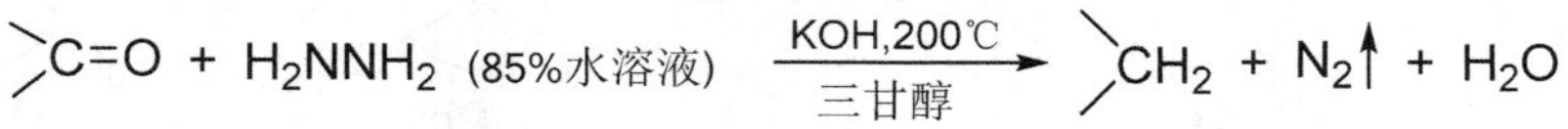

反应时，羰基先与肼作用生成腙，然后腙在碱性、加热的条件下失去氮，结果羰基变成甲叉基。反应机理如下：

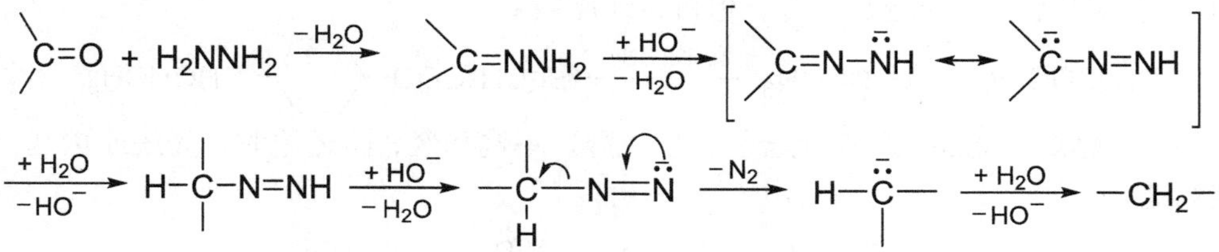

最初，上述反应是由醛或酮与无水肼作用，然后在封管中再与乙醇钠(无水乙醇为溶剂)

等强碱加热反应而完成的，称为乌尔夫-凯惜纳(Wolff-Kishner)反应。1946 年，我国化学家黄鸣龙对此反应进行了改进。黄鸣龙改进法采用含水的肼和高沸点溶剂，使反应在常压进行，避免使用昂贵的无水肼和高压设备，更适合工业生产，而且副反应少，收率也好，所以现在常称为乌尔夫-凯惜纳-黄鸣龙还原法。这种方法非常适用于脂环酮的还原。例如：

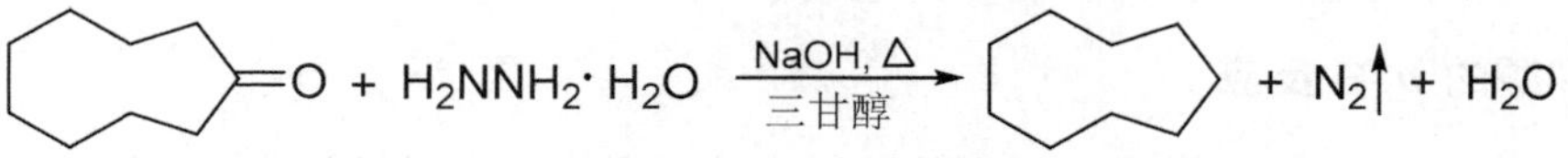

6) 克莱门森(Clemmensen)还原

醛或酮与锌-汞齐和浓盐酸反应，羰基被还原成甲叉基，这一反应称为克莱门森还原。例如：

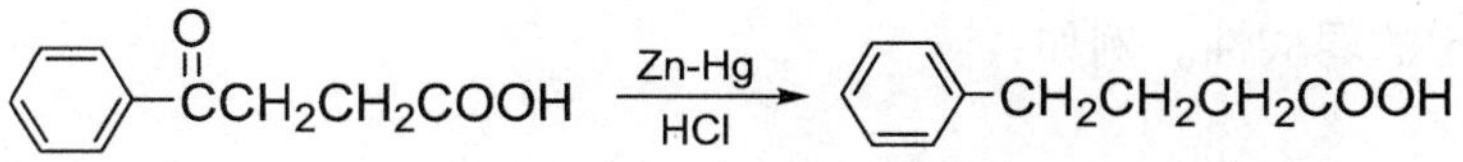

对于大脂环酮的克莱门森还原，在反应过程中环的骨架可能会发生改变。例如：

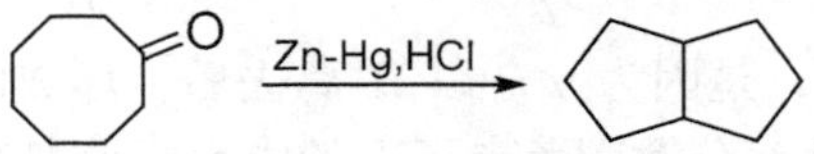

乌尔夫-凯惜纳-黄鸣龙反应和克莱门森反应分别是在碱性和酸性介质中进行的，两者可以相互补充使用。对碱稳定对酸不稳定的化合物，用乌尔夫-凯惜纳-黄鸣龙反应还原；而对酸稳定对碱不稳定的化合物，用克莱门森反应还原。

对酸碱敏感的化合物的羰基还原，可以通过缩硫醛或缩硫酮氢化裂解来实现羰基转化为甲叉基。

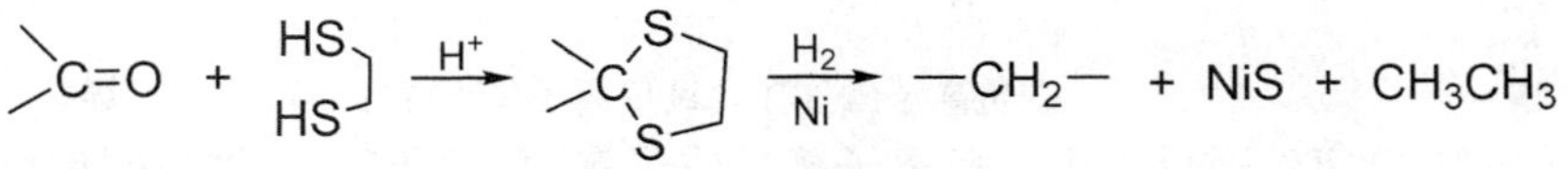

3. 康尼查罗反应

无 α-H 原子的醛在浓碱如 40% NaOH 水溶液中发生歧化反应，一分子醛被氧化成羧酸，另一分子醛被还原成醇。这个反应称为康尼查罗(Cannizzaro)反应。例如：

$$2HCHO \xrightarrow[\Delta]{\text{浓NaOH}} HCOONa + CH_3OH$$

$$2(CH_3)_3CCHO \xrightarrow[\Delta]{\text{浓NaOH}} (CH_3)_3CCOONa + (CH_3)_3CCH_2OH$$

$$2PhCHO \xrightarrow[\Delta]{\text{浓NaOH}} \xrightarrow{H_3O^+} PhCOOH + PhCH_2OH$$

反应时，首先 HO^- 作为亲核试剂与羰基加成，然后反应中间体将 H^- 转移，进攻另外一分子的羰基。反应机理如下：

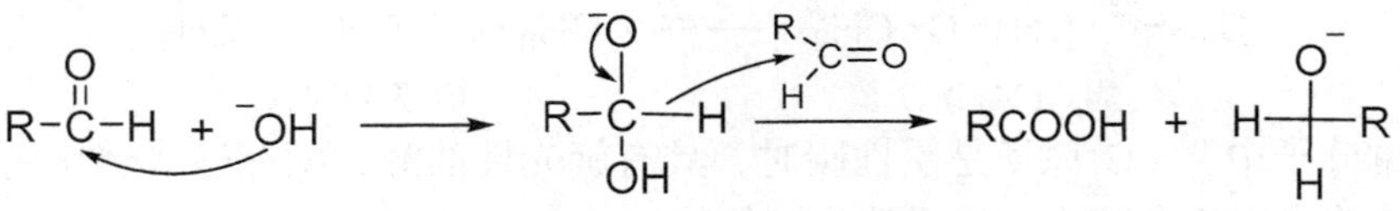

$$\longrightarrow RCOO^- + RCH_2OH \xrightarrow{H^+} RCOOH + RCH_2OH$$

不同分子间进行的康尼查罗反应称为交叉康尼查罗反应。从反应机理可以看出，容易发生亲核加成的醛先进行第一步亲核加成反应被氧化，然后脱去一个更强的亲核试剂 H^- 去进攻第二个醛发生亲核加成，结果是第二个不太容易发生亲核加成的醛被还原。因为甲醛在醛类中最容易发生亲核加成反应，还原性能最强，最容易被氧化，所以在有甲醛参加的交叉康尼查罗反应中，总是甲醛被氧化成甲酸，另外的不含 α-H 原子的醛被还原成醇。例如：

$$C_6H_5CHO + HCHO \xrightarrow[\triangle]{NaOH} HCOONa + C_6H_5CH_2OH$$

10.2.3 醛和酮的 α-H 反应

醛、酮分子中的 α-H 原子由于受到羰基的影响而具有一定的活性。

1. α-H 的酸性及酮式与烯醇式互变异构

醛、酮分子中的 α-H 受到羰基吸电子诱导效应和 α-C—H 键对羰基的给电子超共轭效应的影响，具有一定的弱酸性。例如：

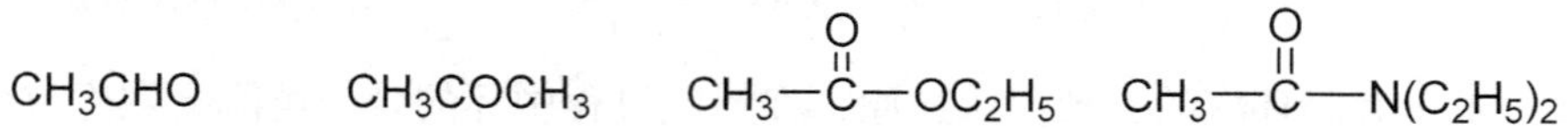

pK_a　　～17　　～20　　～25　　～26

醛、酮的 α-H 具有弱酸性，是因为 α-H 以 H^+离去后，形成的碳负离子的未共用电子对可与羰基上的 π 键发生共轭，从而分散碳负离子上的电荷，使其变得比较稳定。如果羰基上带有供电子基团，则生成的碳负离子稳定性降低，不利于 α-H 的电离，酸性减弱。所以，酮的酸性比醛小。如果从共振的观点来看，由于负电荷在电负性较大的氧原子上能量较低，比较稳定，所以氧负离子对共振结构的贡献较大。

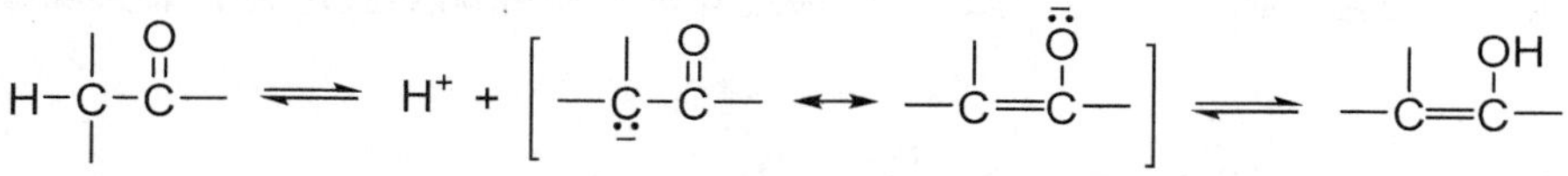

酮　　碳负离子(酮式)　　氧负离子(烯醇式)　　烯醇

在醛、酮 α-H 电离的逆反应中，负离子接受质子有两种可能：一种是碳负离子接受质子变成醛、酮；另一种是烯醇氧负离子接受质子变成烯醇，这样就产生了酮式与烯醇式的互变异构。因此，含有 α-H 原子的醛、酮，实际上是以酮式和烯醇式这两个互变异构体的形式呈平衡存在的。对于一般的醛、酮，由于酮式比烯醇式稳定，所以在平衡体系中，烯醇式含量很少。例如：

$(1.5\times10^{-4}\%)$

随着醛、酮 α-H 活性的增强，烯醇式含量增加。对于 β-二羰基化合物(两个羰基之间隔有一个饱和碳原子)，由于烯醇式结构中的共轭效应和氢键，能量降低，因此稳定性增加，所以在平衡体系中含量较高。

酮式(24%)　　烯醇式(76%)

在醛、酮分子中，α-C 原子是手性碳时，具有旋光性的醛、酮在酸或碱作用下将会发生外消旋化，使旋光度逐渐减小，最后消失。例如：

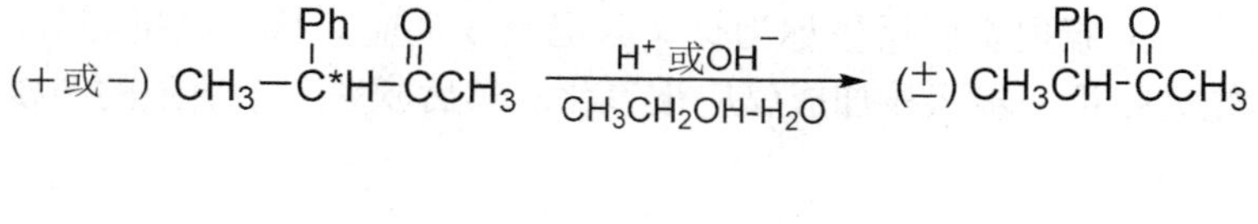

外消旋化是通过非手性的烯醇式进行的。

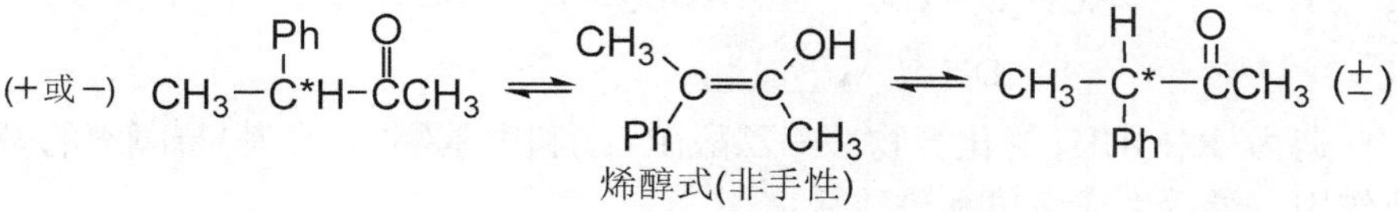

2. 卤化反应和卤仿反应

醛和酮的 α-H 原子可被卤素(氯、溴或碘)取代，生成 α-卤代醛、酮。这是制备 α-卤代羰基化合物的重要方法。例如：

$$CH_3COCH_3 + Br_2 \xrightarrow{CH_3COOH} CH_3COCH_2Br + HBr$$

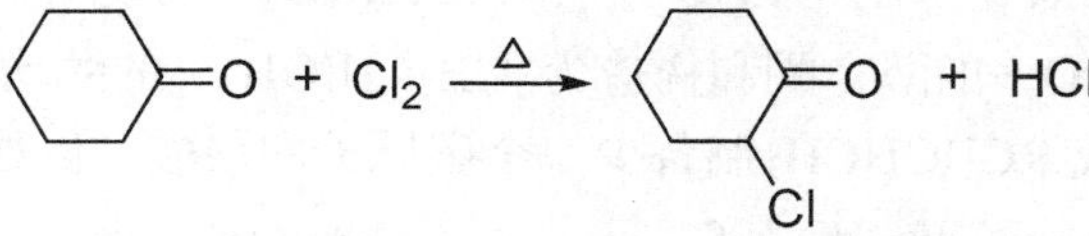

一卤代醛、酮中的 α-H 可以继续被取代，生成二卤代、三卤代产物。例如：

$$CH_3CHO \xrightarrow[Cl_2]{H_2O} ClCH_2CHO \xrightarrow{Cl_2} Cl_2CHCHO \xrightarrow{Cl_2} Cl_3CCHO$$

醛、酮的卤化反应可被酸碱所催化。在碱性条件下，醛、酮先失去一个 α-H 原子生成烯醇负离子，然后与卤素加成，生成 α-卤代醛、酮。

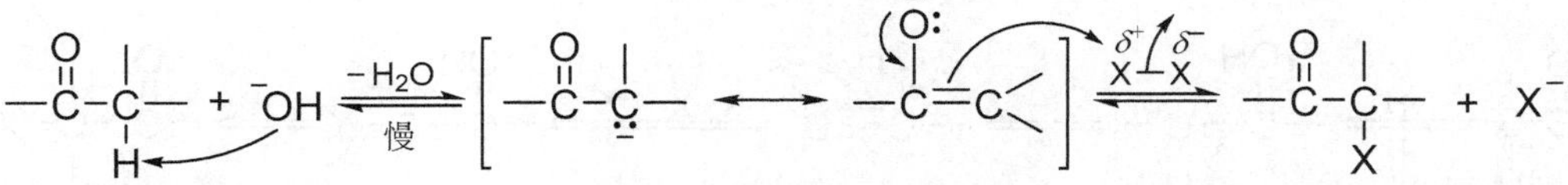

由于卤素的吸电子诱导效应，在碱性条件下，一元卤代产物的卤化反应比醛、酮更容易，因此碱催化卤化很难控制在一元卤化阶段，最后得到的是 α-H 原子都被取代的多卤代醛、酮。

对于具有 CH_3CO—构造的羰基化合物(乙醛和甲基酮)，在碱性介质中的卤化反应总是先生成同碳三卤代羰基化合物(CX_3CO—)。例如：

$$RCH_2COCH_3 + 3X_2 \xrightarrow{HO^-} RCH_2COCX_3 + 3X^-$$

反应机理如下：

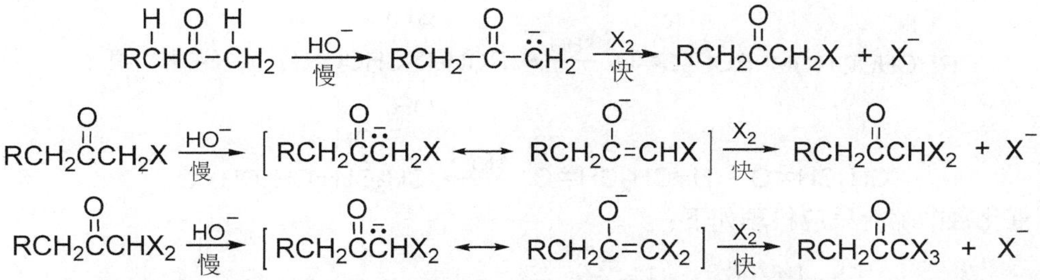

在生成的同碳三卤代羰基化合物分子中，由于三卤甲基强烈的吸电子诱导效应，羰基碳所带正电荷增多，从而在碱 HO^-的作用下发生亲核加成反应，然后消去$^-CX_3$负离子，最后得到三卤甲烷(俗称卤仿，$CHCl_3$、$CHBr_3$、CHI_3分别称为氯仿、溴仿和碘仿)和羧酸盐。

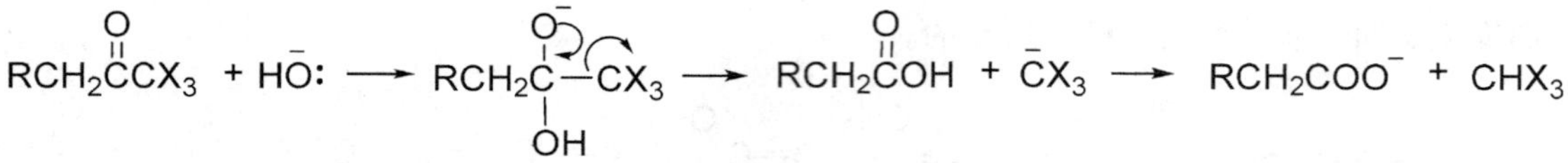

因此，构造为 $RCOCH_3$ 的化合物——乙醛(R=H)和甲基酮(R=烃基)与卤素的碱溶液或次卤酸盐溶液作用，最后生成卤仿和羧酸盐：

$$RCOCH_3 + 3X_2 + 4OH^- \longrightarrow RCOO^- + CHX_3 + 3X^- + 3H_2O$$

这个反应称为卤仿反应。

在卤仿反应条件下，卤素碱溶液中的次卤酸盐具有氧化性，可以将乙醇氧化成乙醛，将具有 $CH_3CH(OH)$—构造的仲醇氧化成甲基酮。

$$CH_3CH(OH)\text{—}(H或R) + X_2 + 2HO^- \longrightarrow CH_3CO\text{—}(H或R) + 2X^- + 2H_2O$$

所以，构造为 CH_3CO—的醛、酮和构造为 $CH_3CH(OH)$—的醇均可发生卤仿反应。卤仿反应可用来从 $RCOCH_3$ 或 $RCHOHCH_3$ 制备少一个碳原子的羧酸。例如：

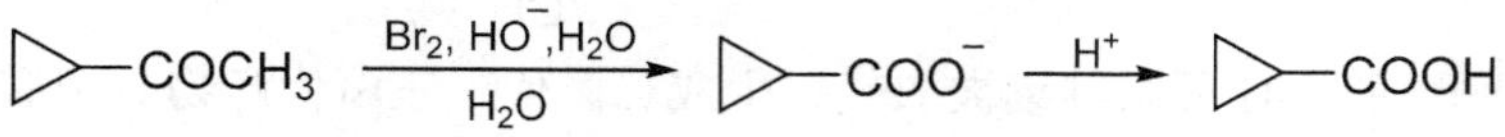

$$(CH_3)_3CCOCH_3 \xrightarrow[HO^-,\ H_2O]{NaOCl} (CH_3)_3CCOONa \xrightarrow{H^+} (CH_3)_3CCOOH$$

碘仿是不溶于水的黄色固体，具有特殊气味。如果反应中有碘仿生成，现象非常明显，因此碘仿反应常用于定性鉴定。

醛、酮的卤化也可被酸催化。

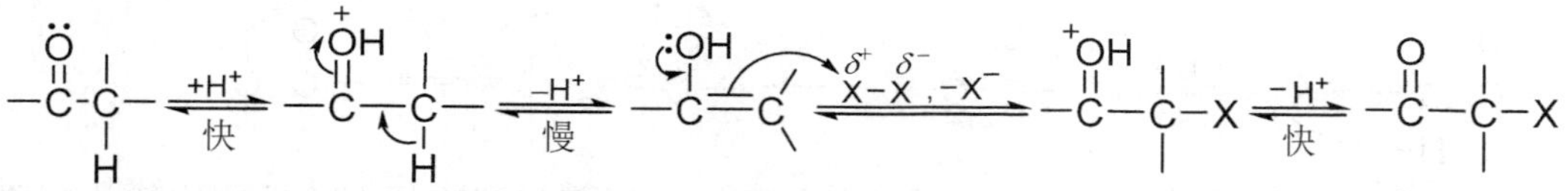

与碱催化不同，酸催化较易控制在一元卤代。这是因为卤原子的吸电子诱导效应使羰基上氧原子的电子云密度有所下降，不利于与质子结合再转化成为烯醇式构造，因此难以再与卤素反应。

3. 缩合反应

含有 α-H 原子的醛、酮，在碱的作用下进行反应，结果一个分子中的 α-H 原子加到另一个分子的羰基氧原子上，其余部分加成到羰基碳原子上，生成 β-羟基醛、酮。这是具有 α-H 原子的醛、酮的一个普遍反应，称为羟醛缩合反应。例如：

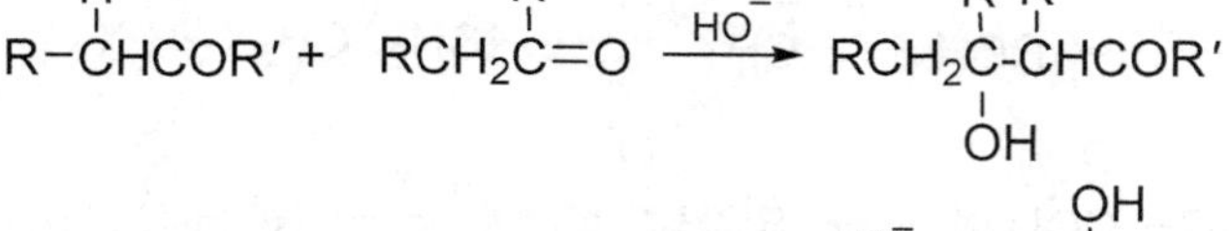

β-羟基醛、酮

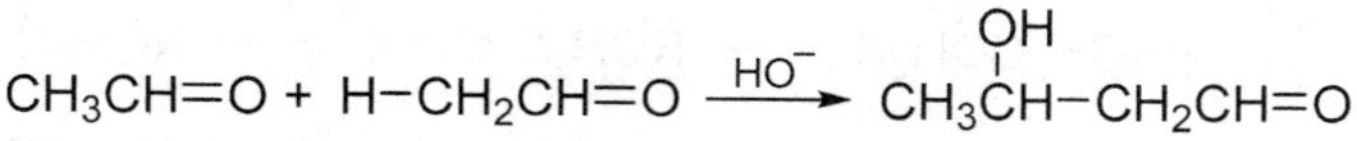

碱催化羟醛缩合反应机理如下：

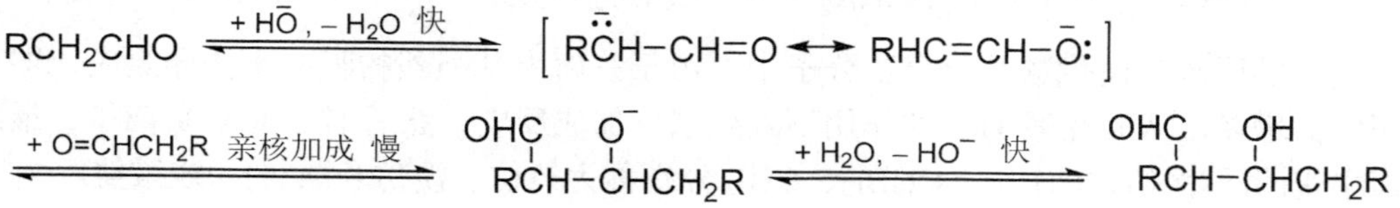

由于酮的 α-H 酸性较醛的 α-H 酸性弱，特别是酮羰基周围空间位阻比较大，进行亲核加成反应活性比醛低，因此酮的羟醛缩合反应比醛困难。

羟醛缩合反应的产物 β-羟基醛、酮容易脱水生成 α, β-不饱和醛、酮，这是制备 α, β-不饱和羰基化合物的一种方法。例如：

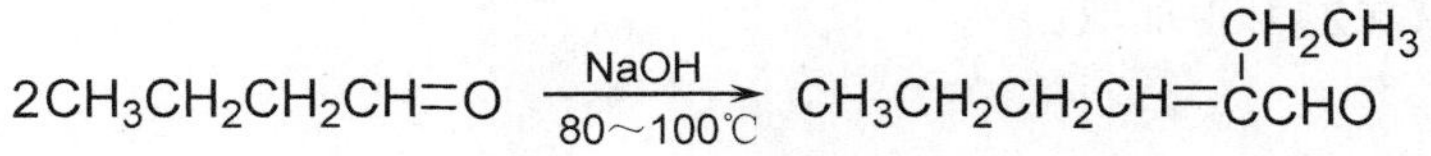

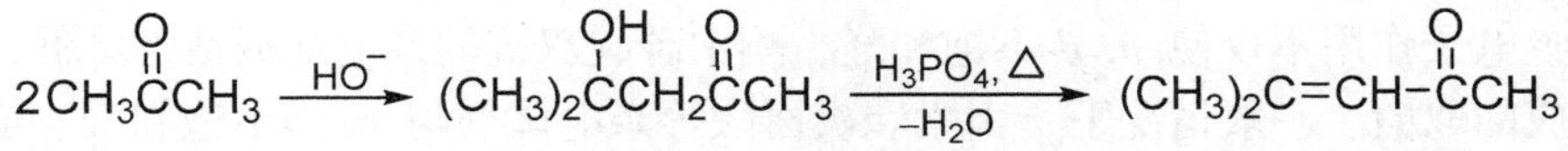

如果发生羟醛缩合的是两个不相同的含有 α-H 原子的醛、酮，生成的产物有 4 种，产率都不高，在有机合成中没有意义。但是，如果一个分子中含 α-H 原子，另一个分子中无 α-H 原子，则它们之间发生交叉羟醛缩合反应的产物就减少到两种。如果控制好反应条件，可用于制备。例如：

$$HCHO + CH_3CHO \xrightarrow[\triangle]{\text{稀}HO^-} CH_2{=}CH\text{-}CHO$$

又如，工业上以甲醛和乙醛为原料制备季戊四醇，反应式为

$$CH_3CHO + 4H_2C{=}O \xrightarrow[55\sim65℃]{Ca(OH)_2} C(CH_2OH)_4 + (HCOO)_2Ca$$

反应首先是乙醛分子中的三个 α-H 原子与三分子甲醛发生交叉羟醛缩合反应，生成三羟甲基乙醛；然后三羟甲基乙醛和甲醛在碱的作用下发生交叉的歧化反应，生成季戊四醇和甲酸钙。

$$3CH_2O + CH_3CHO \xrightarrow[55\sim65℃]{Ca(OH)_2} (HOCH_2)_3CCHO \xrightarrow[55\sim65℃]{CH_2O,Ca(OH)_2} C(CH_2OH)_4 + (HCOO)_2Ca$$

含有 α-H 原子的醛、酮与芳醛之间的交叉缩合反应，生成芳基取代的 α, β-不饱和醛、酮，这一反应称为克莱森-施密特(Claisen-Schmidt)反应。例如：

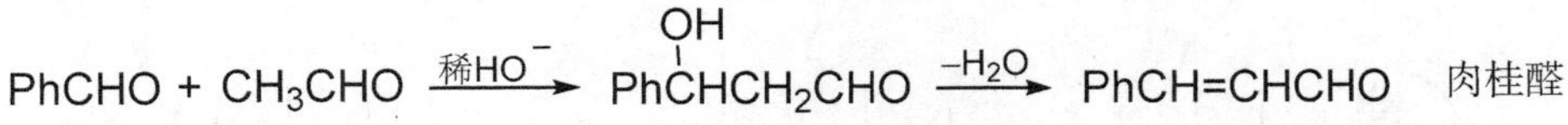

$$PhCHO + CH_3COCH_3 \xrightarrow[\triangle]{HO^-} Ph\text{-}CH{=}CHCOCH_3$$ 苯甲亚基丙酮

适当构造的二羰基化合物可发生分子内交叉羟醛缩合反应，生成环状 α, β-不饱和羰基化合物。例如：

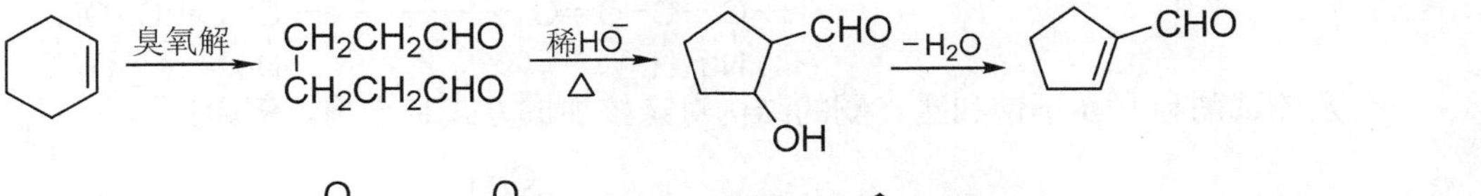

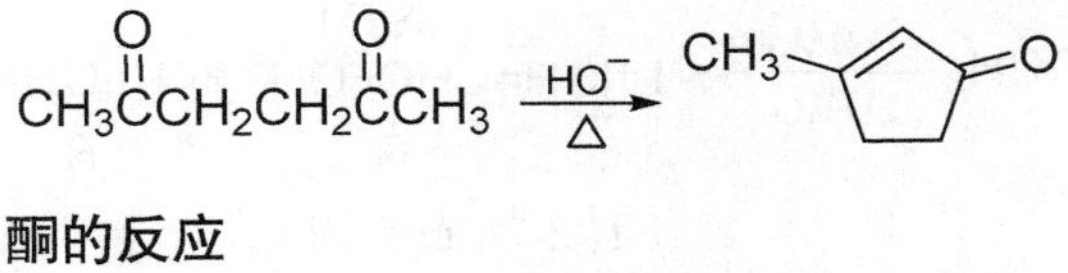

10.2.4　α, β-不饱和醛、酮的反应

α, β-不饱和醛、酮分子中同时含有碳碳双键和羰基，具有这两个官能团的特征反应。例如，碳碳双键可以与 X_2、HOX 等进行亲电加成，可以发生加氢、氧化等反应，另外羰基还

可以进行亲核加成。由于 α, β-不饱和醛、酮分子中碳碳双键和羰基处于共轭状态，这两个官能团的相互影响不仅使各自的化学性质有不同程度的改变，而且还表现出某些特性。由于羰基是一个强吸电子基团，碳碳双键的亲电加成活性降低，另一方面却使亲核试剂对碳碳双键加成的活性增加。碳碳双键与羰基共轭的结果使羰基的亲核加成反应活性降低。此外，α, β-不饱和醛、酮可以发生 1, 4-加成。

1. 亲电加成

羰基强吸电子作用不仅使 α, β-不饱和醛、酮中碳碳双键的亲电加成活性降低，而且还控制着亲电加成的取向。一般情况下，卤素和次卤酸等亲电试剂与 α, β-不饱和醛、酮中的碳碳双键发生加成。例如：

$$CH_2{=}CHCOCH_3 + Br_2 \longrightarrow BrCH_2\text{-}CHBrCOCH_3$$

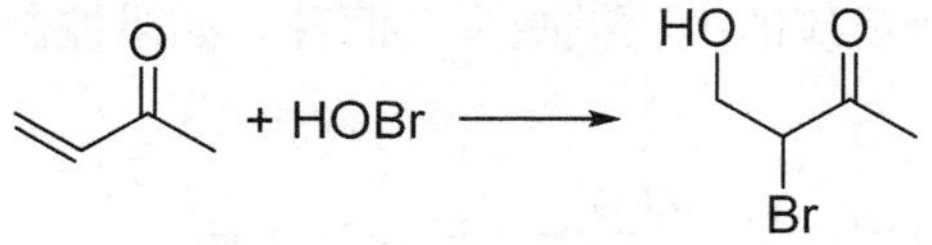

反马氏加成产物

2. 亲核加成

共轭效应 α, β-不饱和醛、酮分子中羰基碳原子缺电子性下降，同时 β-碳原子显示一定的缺电子性。因此，当亲核试剂与 α, β-不饱和醛、酮进行加成反应时，有两种不同方式的加成，得到两种不同的加成产物。

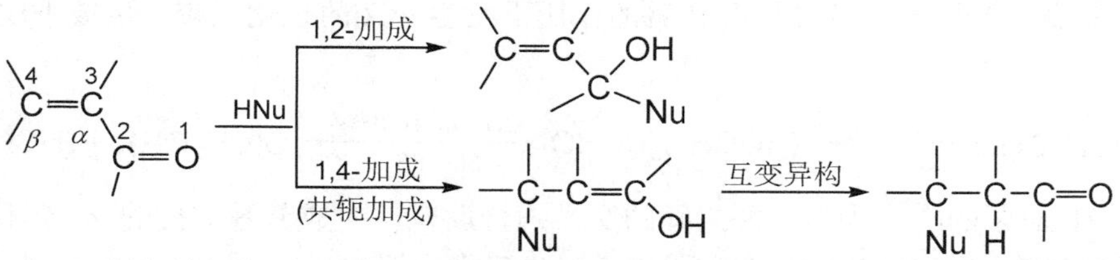

1,4-加成(也称为共轭加成)总的结果是在碳碳双键上发生加成，生成羰基化合物。反应机理如下：

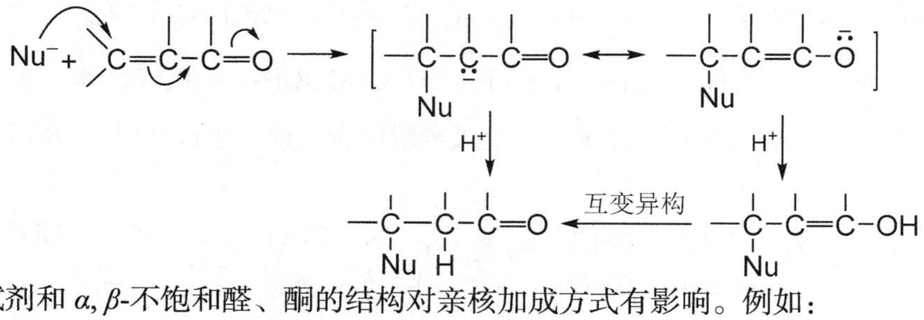

亲核试剂和 α, β-不饱和醛、酮的结构对亲核加成方式有影响。例如：

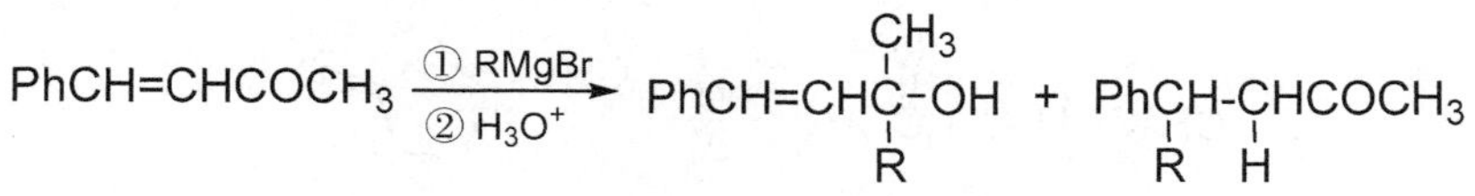

	1, 2-加成产物	1, 4-加成产物
R = C_2H_5—	40%	60%
C_6H_5—	88%	12%

这是由于在 4 位上有苯环存在，亲核试剂空间体积增大，不利于 1, 4-加成。

格氏试剂与 α, β-不饱和醛主要为 1,2-加成，与 α, β-不饱和酮则有 1,2-和 1,4-加成两种方式，而且羰基周围空间阻碍越大，1,4-加成产物越多。例如：

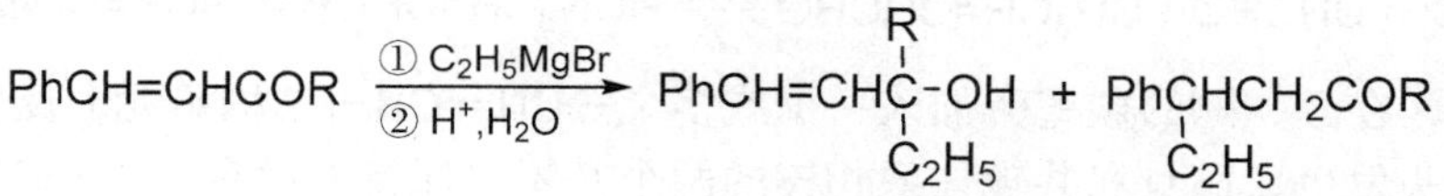

R=	1, 2-加成产物	1, 4-加成产物
H—	100%	0
CH_3—	40%	60%
C_2H_5—	29%	71%
$(CH_3)_2CH$—	0	100%

3. 还原反应

1) 催化氢化

在 α, β-不饱和醛、酮中，碳碳双键比羰基容易被催化氢化。因此 α, β-不饱和醛、酮可以加一分子氢得到醛或酮，也可以加两分子氢得到醇。例如：

$$PhCH{=}CHCHO \xrightarrow{H_2,Ni} PhCH_2CH_2CHO \xrightarrow{H_2,Ni} PhCH_2CH_2CH_2OH$$

2) 络合金属氢化物还原

$LiAlH_4$ 可以还原 α, β-不饱和醛、酮中的羰基，与羰基共轭的双键不受影响。例如：

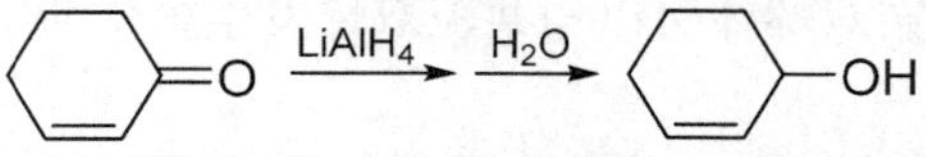

$NaBH_4$ 不仅可以还原 α, β-不饱和醛、酮中的羰基，还可以同时部分还原双键，得到混合物。例如：

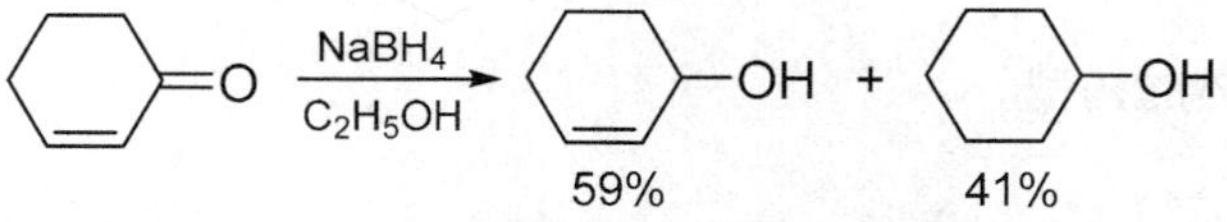

在还原过程中，$NaBH_4$ 提供 H^-，C_2H_5OH 提供 H^+。反应机理如下：

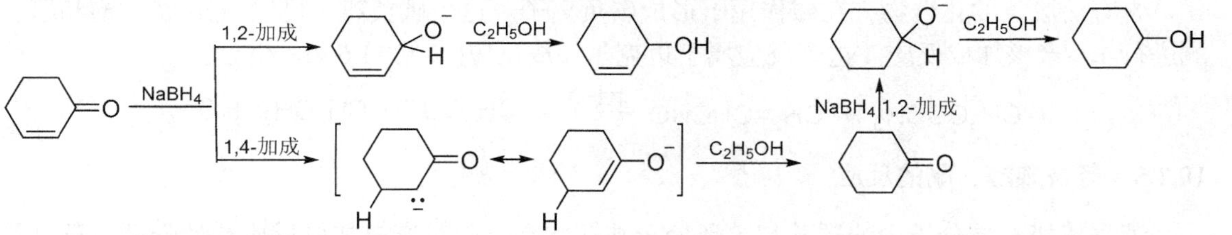

3) Li(Na,K)-液 NH_3 还原

在液氨中碱金属可还原 α, β-不饱和醛、酮分子中的双键，生成醛或酮。例如：

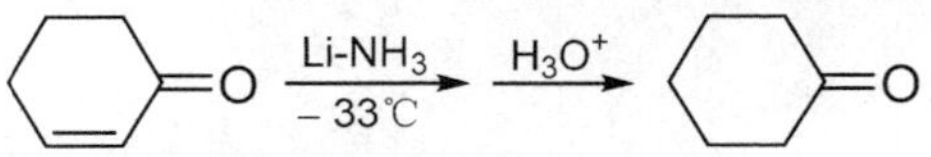

若还原剂过量，醛、酮可继续被还原得到醇。

4. 缩合反应

在 α, β-不饱和醛、酮分子中，由于羰基吸电子的作用和共轭体系的存在，γ-碳原子上的氢具有一定的“酸性”。在碱的作用下，可以发生羟醛缩合反应。例如：

$$CH_3CH{=}CHCHO + \overset{\gamma}{C}H_3\overset{\beta}{C}H{=}\overset{\alpha}{C}HCHO \xrightarrow[\triangle]{HO^-} CH_3CH{=}CHCH{=}\overset{\gamma}{C}H\overset{\beta}{C}H{=}\overset{\alpha}{C}HCHO$$

可以看出，在醛、酮的羰基旁加入一个或多个—CH═CH—结构单元，反应不仅可以在共轭体系的两头发生，而且和共轭体系相连的两个基团也保持着没有加入—CH═CH—时同样的关系。例如，通式 $A{+}CH{=}CH{+}_nB$ 中，n=0 和 n=1,2,3 时，A 和 B 的关系是一样的。这个规则称为插烯规则。

根据插烯规则，丁-2-烯醛($CH_3CH{=}CHCHO$)中的甲基与乙醛(CH_3CHO)中的甲基具有相似的活泼性。例如：

$$PhCHO + CH_3CHO \xrightarrow[\triangle]{HO^-} PhCH{=}CHCHO$$

$$PhCHO + CH_3CH{=}CHCHO \xrightarrow[\triangle]{HO^-} PhCH{=}CHCH{=}CHCHO$$

对于无活泼氢的 α,β-不饱和醛、酮，在碱中可以与含有活泼氢的醛、酮进行交叉羟醛缩合反应。例如：

$$C_6H_5CH{=}CHCHO + CH_3CH{=}CHCHO \xrightarrow[\triangle]{HO^-} C_6H_5CH{=}CHCH{=}CHCH{=}CHCHO$$

5. 第尔斯-阿尔德反应

α,β-不饱和醛、酮作为亲双烯体可以与共轭双烯发生第尔斯-阿尔德环加成反应，形成六元环。例如：

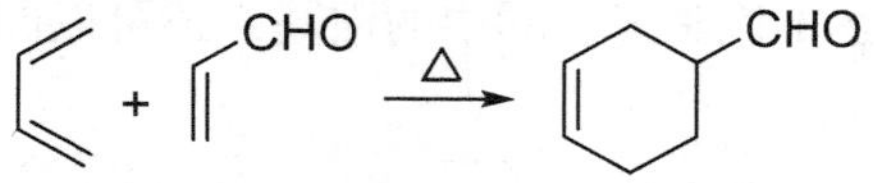

产物中保留着亲双烯体的构型。

6. 迈克尔加成反应

含有活泼氢的化合物，在碱作用下形成碳负离子。这个碳负离子可以与 α,β-不饱和醛、酮进行 1,4-亲核加成反应。这个反应属于迈克尔加成反应(参见 11.6.4)。例如：

$$CH_3COCH_3 + CH_2{=}CHCHO \xrightarrow{\text{稀}HO^-} CH_3COCH_2CH_2CH_2CHO$$

10.2.5　芳香族醛、酮的反应

芳香族醛、酮分子中的羰基与苯环处于共轭状态，羰基亲核加成反应活性降低，羰基是钝化苯环的间位定位基。此外，芳香族醛、酮还具有某些特性。

1. 芳醛的缩合反应

1) 佩金反应

芳醛与含有 α-H 的酸酐在与酸酐相应的羧酸盐的催化下发生反应，生成芳基取代的 α,β-不饱和羧酸。这一反应称为佩金(Perkin)反应。例如：

$$PhCHO + (CH_3CO)_2O \xrightarrow[\text{②}H_2O]{\text{①}CH_3COOK,\ \triangle} \underset{\text{3-苯基丙烯酸，俗名肉桂酸}}{PhCH{=}CHCOOH} + CH_3COOH$$

佩金反应的机理：含有 α-H 的酸酐在碱性催化剂作用下先生成一个酸酐负离子，酸酐负离子作为亲核试剂与芳醛发生亲核加成，生成 β-羟基酸酐，然后脱水和水解，生成芳基取代的 α, β-不饱和酸。

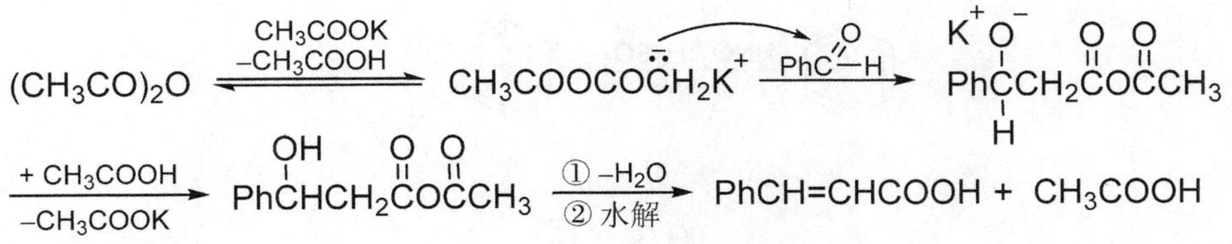

2) 安息香缩合

在⁻CN 的催化下，两分子苯甲醛相互作用生成苯甲酰基苯基甲醇(俗称安息香)。这一反应称为安息香缩合。

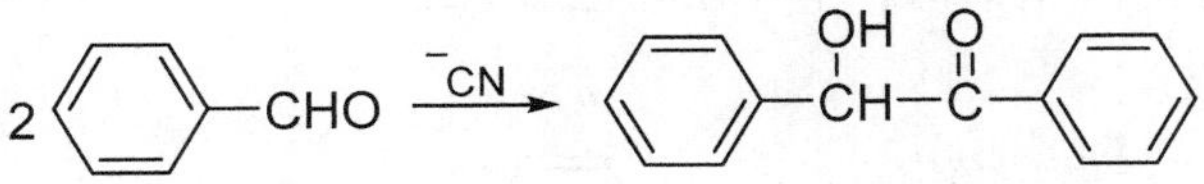

安息香

反应机理如下：

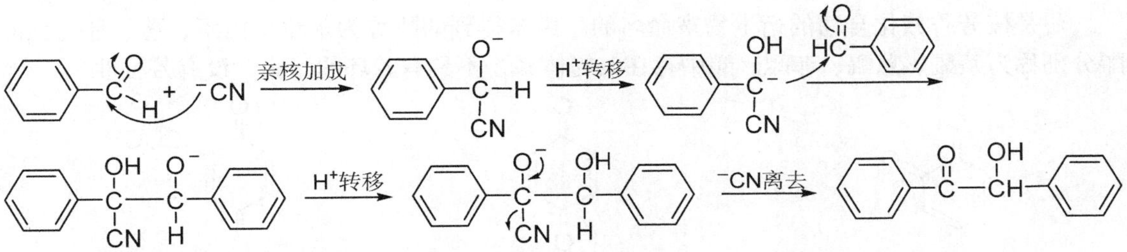

安息香氧化可得二苯基乙二酮(黄色晶体，m.p. 95℃)：

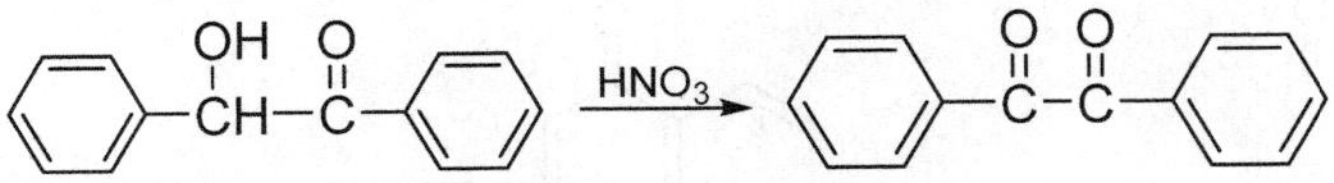

二苯基乙二酮也可由苄基苯基酮氧化制得：

$$C_6H_5COCH_2C_6H_5 \xrightarrow{SeO_2} C_6H_5COCOC_6H_5$$

二苯基乙二酮与浓的强碱溶液共热，生成二苯基乙醇酸或其衍生物，这个反应也称为二苯基乙醇酸重排。

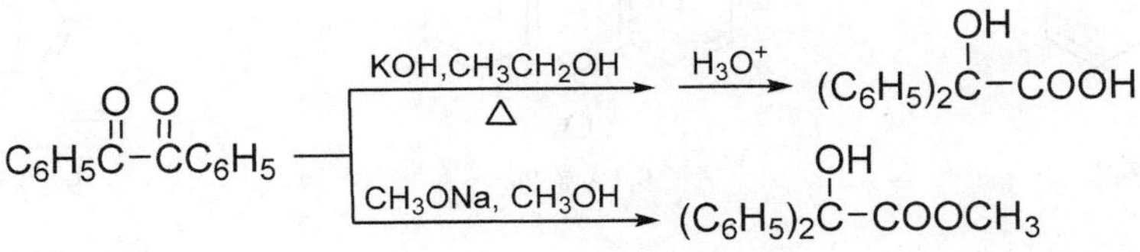

重排反应机理如下：

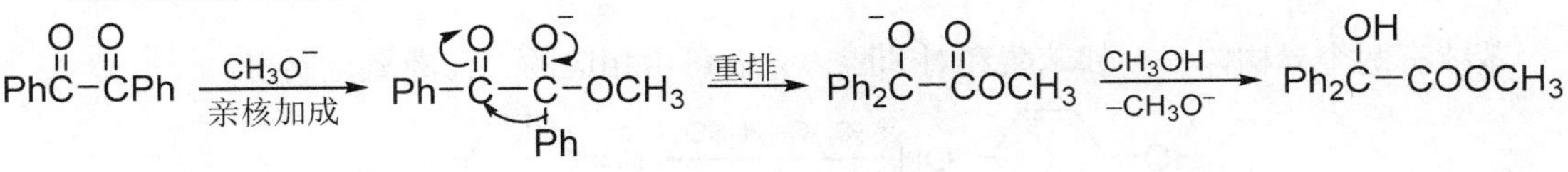

2. 芳香环上的亲电取代

羰基是钝化苯环的间位定位基，因此芳醛和芳酮的亲电取代主要发生在间位，并且比苯困难。芳醛和芳酮可以发生硝化、卤化和磺化反应，但不能发生 Friedel-Crafts 烷基化和酰基化反应。例如：

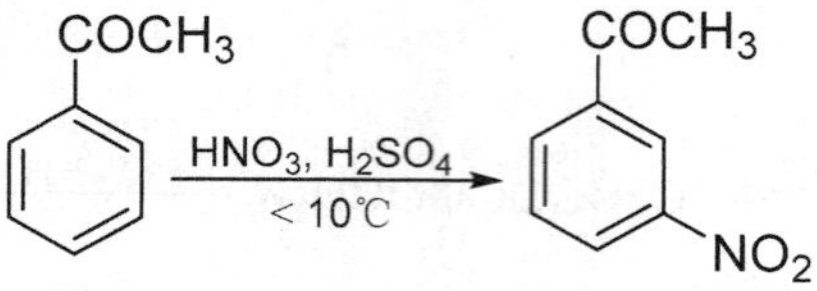

10.3 醌

醌(quinone)是指分子中含有共轭环己二烯二酮结构的化合物。醌的结构有两种类型，一种是邻醌型结构，另一种是对醌型结构。不存在间位醌型结构。

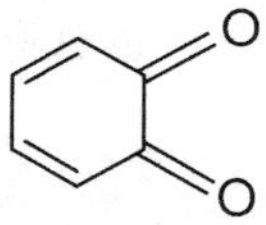
邻苯醌结构

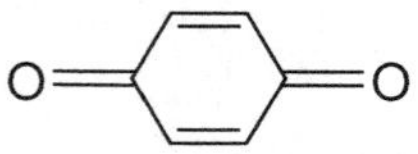
对苯醌结构

醌是按芳香族化合物的衍生物来命名的。由苯得到的醌称为苯醌，由萘、蒽、菲得到的醌分别称为萘醌、蒽醌、菲醌。醌中存在共轭体系，不具有芳环的结构，没有芳香性。

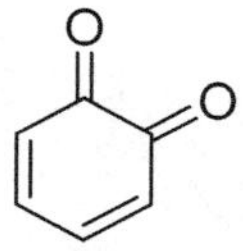
1,2-苯醌(邻苯醌)

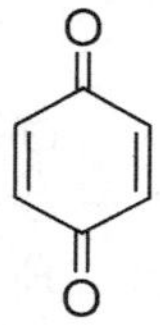
1,4-苯醌(对苯醌)

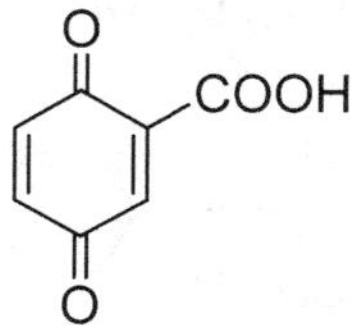

1,4-苯醌-2-甲酸

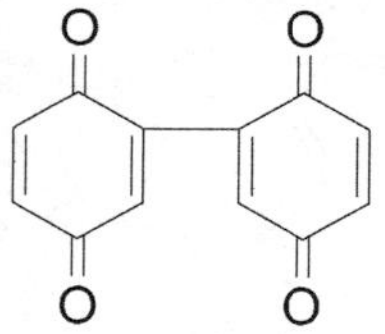
2,2′-联对苯醌

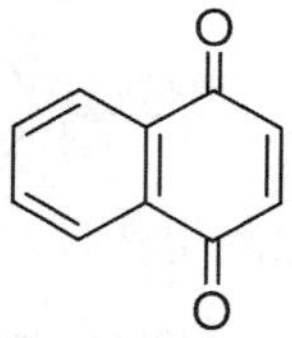
1,4-萘醌(α-萘醌)

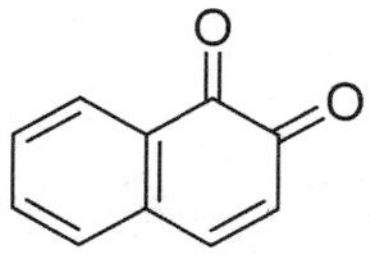
1,2-萘醌(β-萘醌)

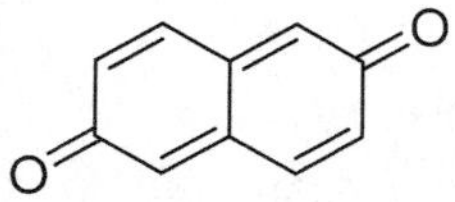
2,6-萘醌

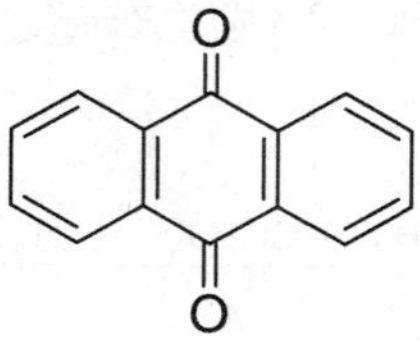
9,10-蒽醌

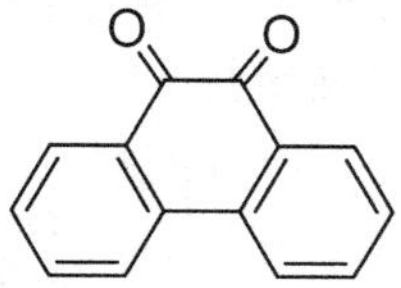
9,10-菲醌

10.3.1 苯醌

苯醌有两个异构体——邻苯醌和对苯醌，它们可由相应的二元酚氧化制得。

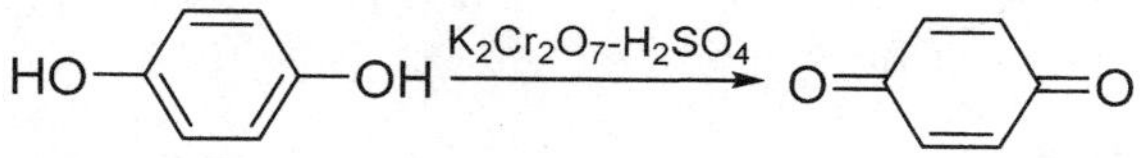

对苯醌也可由苯胺氧化制得。

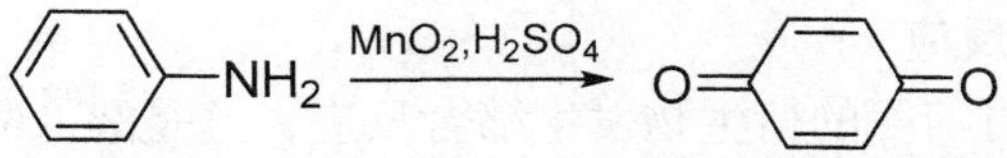

苯醌分子中具有 α, β-不饱和酮的构造，具有 α, β-不饱和酮的性质。苯醌既能与亲电试剂又能与亲核试剂加成，并且可以进行共轭加成。此外，苯醌还能被还原。

1. 碳碳双键的加成

1) 加卤素

对苯醌与 Cl_2 或 Br_2 的加成发生在碳碳双键上，是亲电加成。

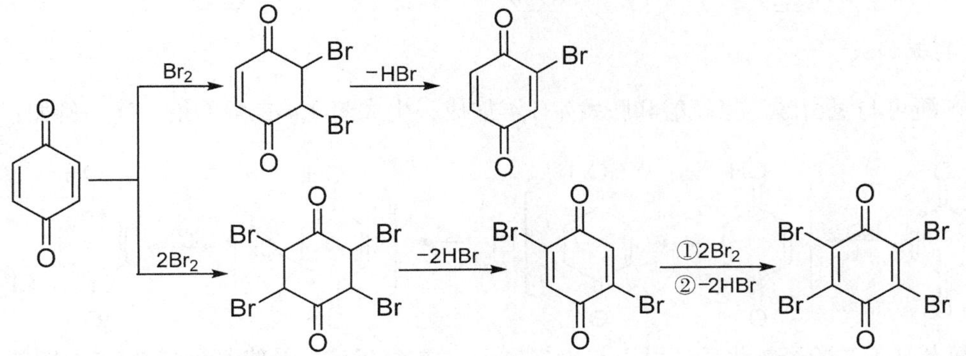

2) 第尔斯-阿尔德环加成反应

对苯醌作为非常好的亲双烯体，很容易与共轭双烯发生第尔斯-阿尔德环加成反应。例如：

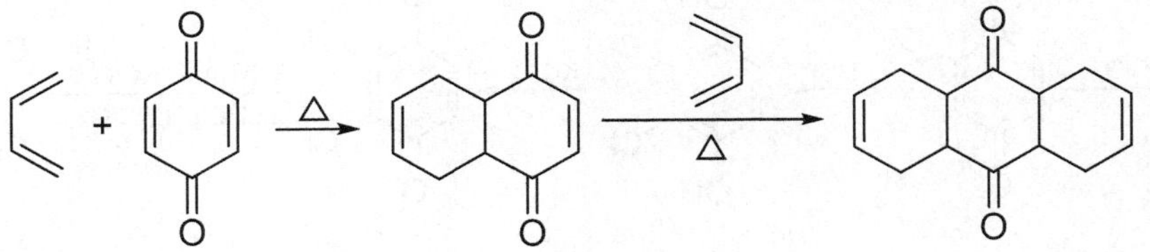

2. 羰基的加成

1) 与格氏试剂的加成

对苯醌与一分子的格氏试剂反应生成醌醇。在酸性条件下，醌醇重排成烃基取代的对苯二酚。

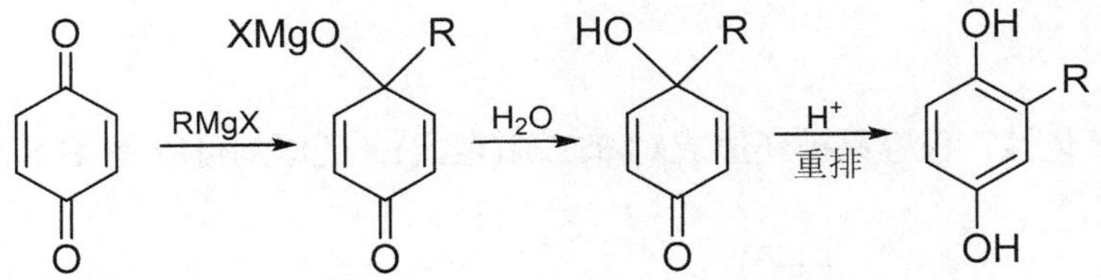

重排反应机理如下：

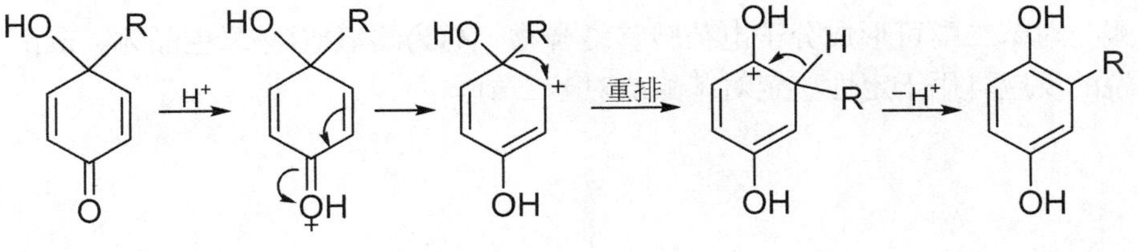

2) 与氨衍生物的缩合反应

对苯醌分子中的羰基可与氨的衍生物发生缩合反应，这是醛、酮的典型反应。例如：

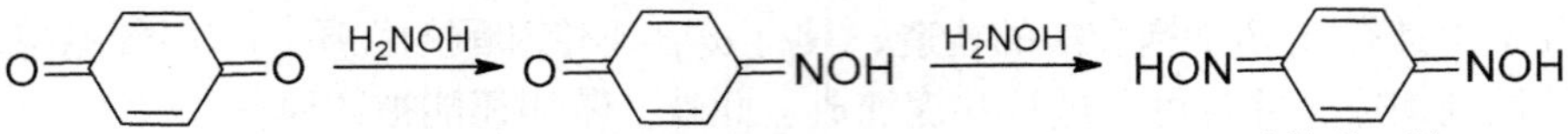

对苯醌单肟　　对苯醌二肟

对苯醌单肟与由苯酚和亚硝酸反应得到的对亚硝基苯酚是互变异构体，在溶液中主要以对苯醌单肟的形式存在。

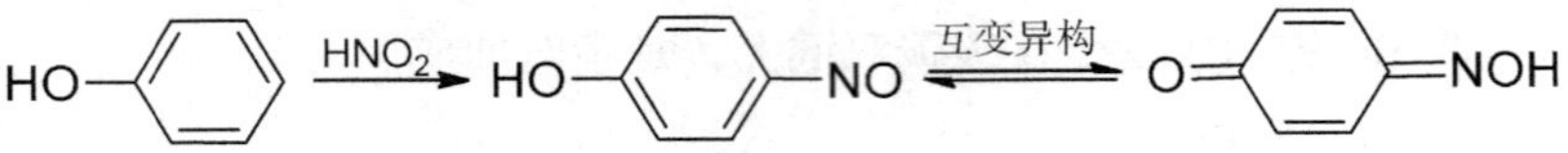

3. 共轭加成

对苯醌可与氢卤酸、氢氰酸和胺发生 1,4-加成，生成苯-1,4-二酚的衍生物。例如：

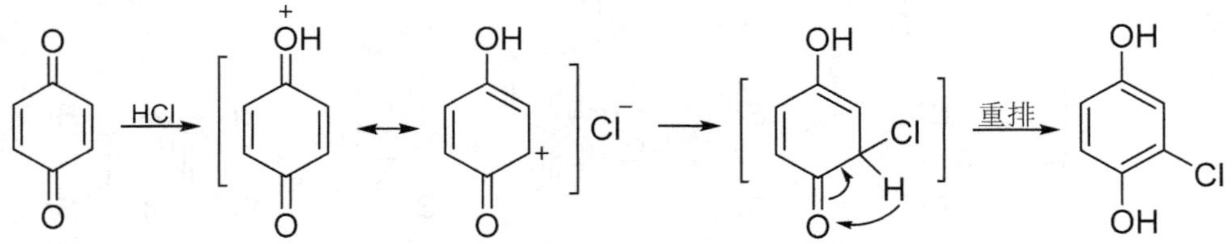

2-氯苯-1,4-二酚经氧化后还可以与 HCl 加成。重复反应，最终可得到 2,3,5,6-四氯-1,4-苯醌(黄色片状晶体，m.p. 90℃)。

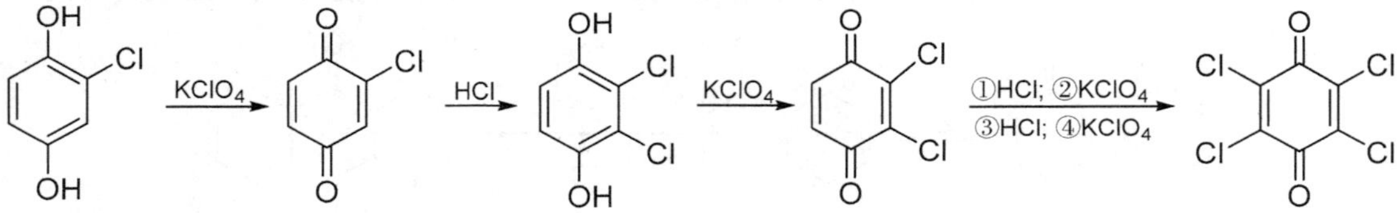

又如：

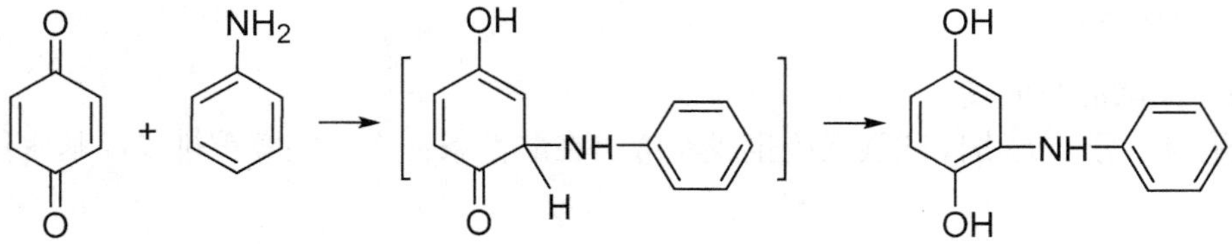

4. 还原反应

对苯醌具有氧化性，很容易被还原成对苯二酚(氢醌)，还原剂可以是 H_2S、HI、$Na_2S_2O_3$、$FeCl_2$、Fe/H_2O 等。

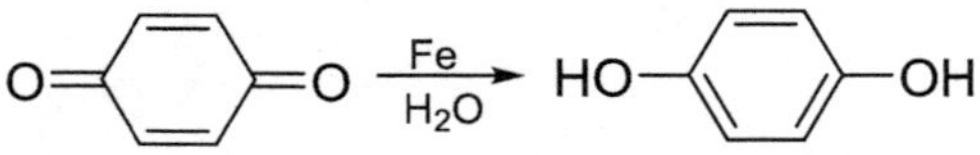

对苯醌与对苯二酚可形成分子电荷转移络合物，称为醌氢醌(深绿色晶体，m.p. 171℃)。生成醌氢醌的反应可用于定性鉴定对苯醌或对苯二酚。

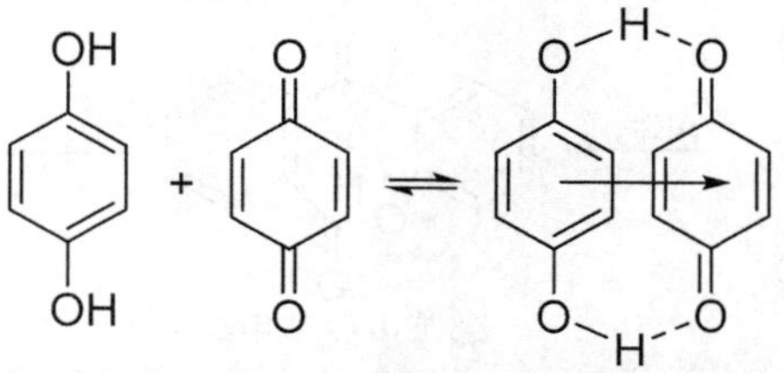

醌氢醌是等物质的量的醌和氢醌络合生成的，其中醌和氢醌的环相互平行并交替重叠地排列着。这一类络合物是由一个富 π 电子的环(电子给予体)和一个带有强吸电子而缺少 π 电子的环(电子接受体)，通过静电吸引在一起组成的，所以称为电子给予体-电子接受体络合物，或称为电荷转移络合物。在醌氢醌络合物中，醌是电子受体，氢醌是电子给体。

醌具有一定的氧化能力，特别是当醌环上连有较多的吸电子基团时，其氧化能力增强，可作为脱氢试剂用于有机合成。例如：

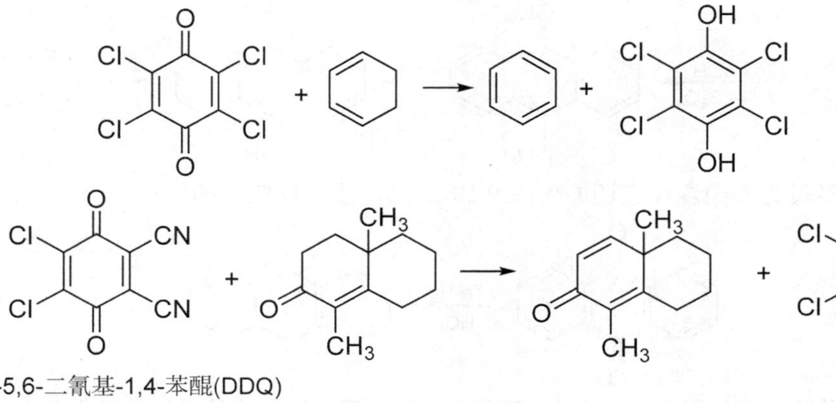

10.3.2　萘醌

萘醌有 1,2-萘醌、1,4-萘醌和 2,6-萘醌三种异构体。萘醌具有与苯醌类似的化学性质。1,4-萘醌为黄色固体，m.p. 125℃，可由萘氧化得到 1,4-萘醌，也可通过萘二酚、萘二胺或氨基萘酚来制备。

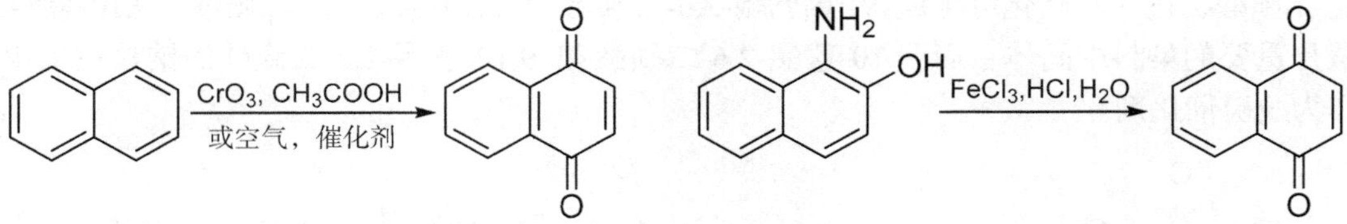

10.3.3　蒽醌

已知存在的蒽醌有 1,2-蒽醌、1,4-蒽醌和 9,10-蒽醌三种异构体，其中最重要的是 9,10-蒽醌。9,10-蒽醌可由蒽氧化或苯与邻苯二甲酸酐发生酰基化反应然后脱水制得。

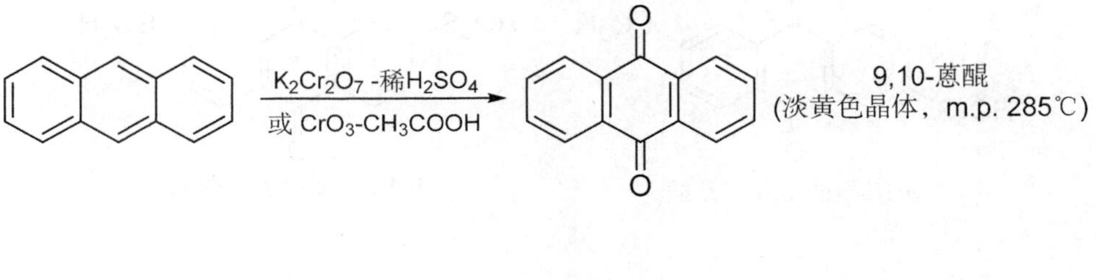

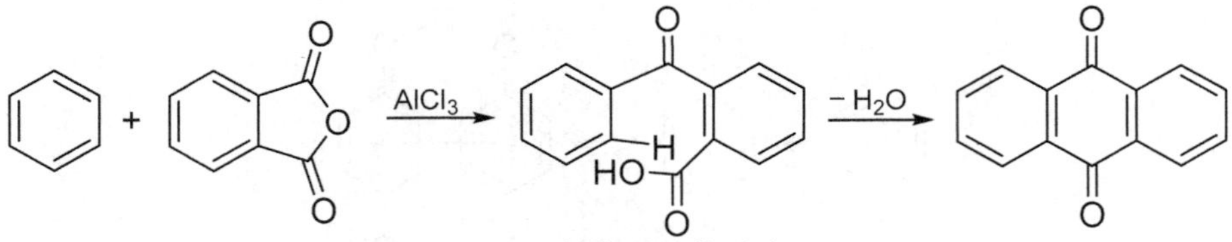

邻苯甲酰苯甲酸

1. 还原反应

蒽醌比较稳定，不易被氧化，不被弱还原剂还原。在锌和氢氧化钠或在保险粉($Na_2S_2O_4$)的碱溶液中，9,10-蒽醌被还原成蒽-9,10-二酚钠，溶于碱性溶液中呈血红色。蒽-9,10-二酚钠在酸性条件下转化为蒽-9,10-二酚，它容易被空气氧化成 9,10-蒽醌。这个性质可用来鉴别、分离和提纯蒽醌。

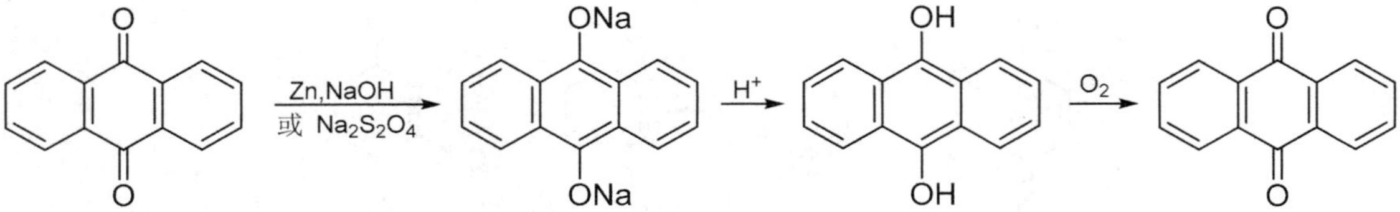

9,10-蒽醌经过克莱门森反应还原生成 9,10-二氢化蒽。反应式如下：

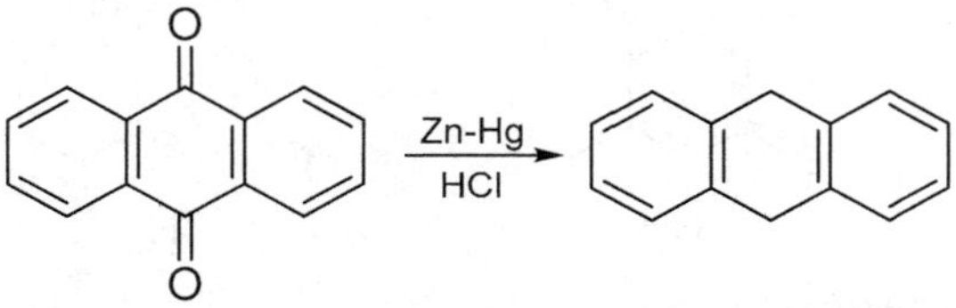

蒽醌的硫酸溶液能使糖类化合物呈蓝绿色，用于糖类化合物的定性检验和定量分析。

2. 苯环上的亲电取代

蒽醌分子中的两个羰基使两个苯环钝化，不易发生芳环上的亲电取代反应。例如，9,10-蒽醌不发生 Friedel-Crafts 反应，很难用浓 H_2SO_4 磺化，但与发烟硫酸作用，可磺化生成 9,10-蒽醌-2-磺酸，进一步磺化可生成 9,10-蒽醌-2,6-二磺酸和 9,10-蒽醌-2,7-二磺酸。9,10-蒽醌-2-磺酸是重要的染料中间体，而 9,10-蒽醌-2,6-二磺酸和 9,10-蒽醌-2,7-二磺酸的钠盐在工业上可作为脱硫催化剂。

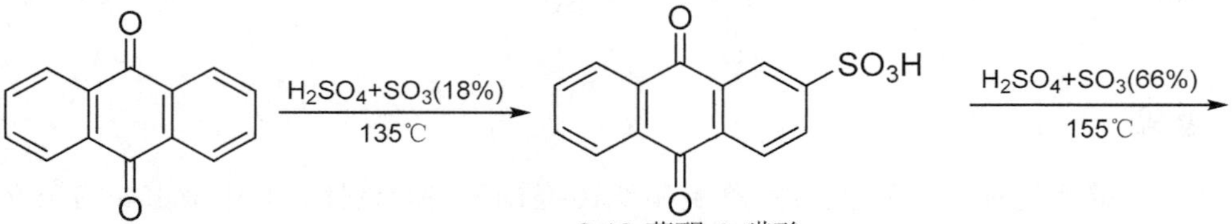

9,10-蒽醌-2-磺酸

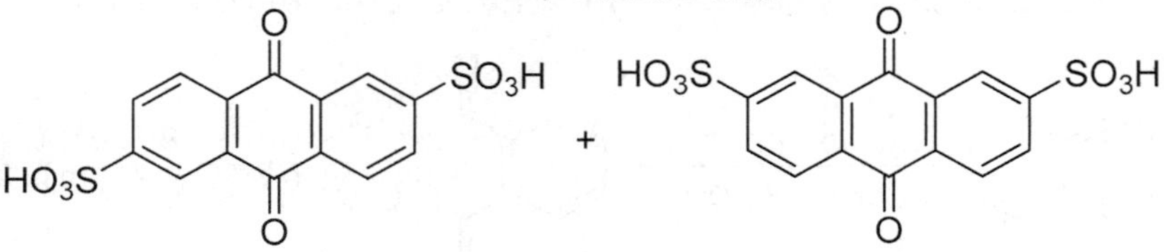

9,10-蒽醌-2,6-二磺酸　　9,10-蒽醌-2,7-二磺酸

在 $HgSO_4$ 催化下，9,10-蒽醌与发烟硫酸作用先生成 9,10-蒽醌-1-磺酸，继续磺化则得到 9,10-蒽醌-1,5-二磺酸和 9,10-蒽醌-1,8-二磺酸。

蒽醌磺酸分子中的磺酸基团很活泼，可以被氨基、卤素、羟基等取代。例如：

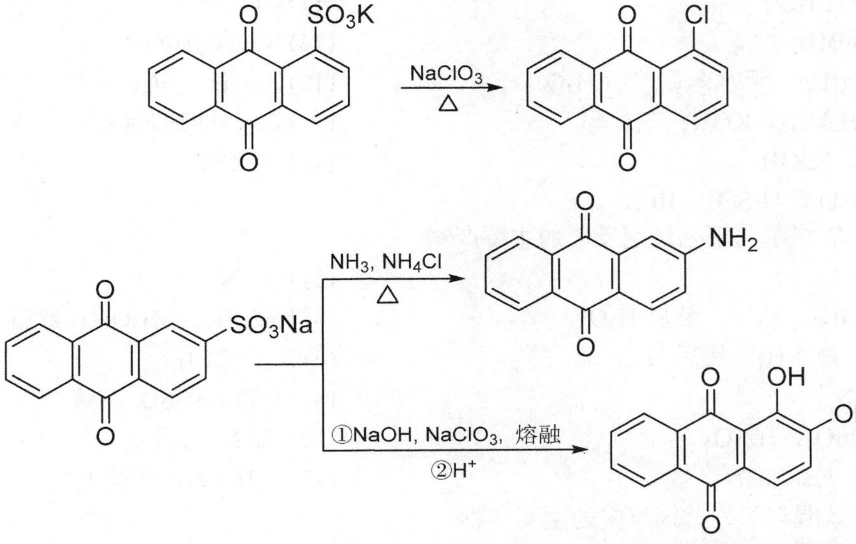

1, 2-二羟基-9,10-蒽醌又称茜素，红色针状晶体，m.p. 289℃，为最早被人工合成的天然染料。

习　题

10.1　写出苯甲醛与下列试剂反应的主要产物。

(1) HCN，HO^-
(2) C_2H_5MgBr，干醚；然后 H_3O^+
(3) n-C_4H_9Li；然后 H_3O^+
(4) $CH_3C{\equiv}CNa$，液 NH_3；然后 H_3O^+
(5) $BrCH_2COOC_2H_5$，Zn，苯；然后 H_3O^+
(6) $Ph_3P{=}CHCH_2CH_3$
(7) CH_2N_2
(8) C_2H_5OH，干燥 HCl
(9) 饱和 $NaHSO_3$ 溶液
(10) NH_2OH
(11) 苯肼
(12) 2, 4-二硝基苯肼
(13) 氨基脲
(14) 苯胺
(15) 托伦试剂
(16) 费林试剂
(17) $KMnO_4$，H_2SO_4
(18) CH_3CO_3H
(19) $LiAlH_4$；然后 H_3O^+
(20) $NaBH_4$
(21) 浓 NaOH
(22) CH_2O，浓 NaOH

(23) CH_3CHO，稀 NaOH
(24) $(CH_3CO)_2O$，CH_3COOK
(25) HNO_3，H_2SO_4，10℃
(26) $Al[OCH(CH_3)_2]_3$，$(CH_3)_2CHOH$

10.2 写出苯乙酮与下列试剂反应的主要产物。

(1) HCN，HO^-
(2) C_6H_5MgBr；然后 H_3O^+
(3) $CH_3C{\equiv}CNa$；然后 H_3O^+
(4) $BrCH_2COOC_2H_5$，Zn；然后 H_3O^+
(5) $Ph_3P{=}CH_2$
(6) $HOCH_2CH_2OH$，干燥 HCl
(7) $HSCH_2CH_2SH$，H^+
(8) 饱和 $NaHSO_3$ 溶液
(9) $H_2N\text{-}NH_2$
(10) $C_6H_5NHNH_2$
(11) 托伦试剂
(12) CF_3CO_3H
(13) $NaBH_4$
(14) Na，C_2H_5OH
(15) Mg-Hg，无水苯；然后 H_3O^+
(16) Zn-Hg，HCl
(17) NH_2NH_2，KOH，三甘醇
(18) Br_2，CH_3COOH
(19) I_2，NaOH
(20) 稀 OH^-
(21) HNO_3，H_2SO_4，10℃

10.3 写出丁-2-烯醛与下列试剂反应的主要产物。

(1) HBr
(2) H_2，Ni
(3) $LiAlH_4$，乙醚；然后 H_3O^+
(4) $NaBH_4$，C_2H_5OH；然后 H_2O
(5) Li，液 NH_3；然后 H_3O^+
(6) Br_2，CCl_4
(7) HCN
(8) 饱和 $NaHSO_3$ 溶液
(9) $KMnO_4$，H_2SO_4
(10) 稀 NaOH
(11) 丁-1,3-二烯
(12) C_2H_5OH，干燥 HCl

10.4 写出对苯醌与下列试剂反应的主要产物。

(1) $2Br_2$
(2) 环戊二烯
(3) CH_3MgI，干醚；然后 H_3O^+
(4) H_2NOH
(5) HCl
(6) $C_6H_5NH_2$
(7) CH_3OH
(8) HCN
(9) Fe，H_2O

10.5 用简单的化学方法鉴别下列各组化合物。

(1) A. 戊醛　B. 戊-2-酮　C. 戊-3-酮　D. 环己酮
(2) A. 己-2-酮　B. 己-3-酮　C. 己二醛　D. 己-5-酮醛
(3) A. 苯甲醛　B. 苯乙醛　C. 苯乙酮　D. 苯基丙酮
(4) A. 甲醛　B. 乙醛　C. 丙酮　D. 正丙醇
(5) A. 丙酮　B. 戊-2, 4-二酮　C. 苯甲醇　D. 苯酚
(6) A. 1-溴丁烷　B. 丁-1-醇　C. 丁-2-醇　D. 叔丁醇　E. 丁醛　F. 丁酮　G. 正丁醚

10.6 分离下列各组化合物。

(1) 丁醛、戊-3-酮和正丁醇
(2) 苯酚、环己酮和正丁醚
(3) 对甲苯酚、对甲基苯甲醛和对羟基苯甲酸

10.7 下列化合物哪些能发生碘仿反应？哪些能顺利地与饱和 $NaHSO_3$ 溶液加成？哪些能发生银镜反应？哪些能发生羟醛缩合反应？哪些能发生康尼查罗反应？哪些能与费林试剂反应？

(1) $CH_3CHOHCH_2CH_2CH_3$
(2) CH_3CH_2CHO
(3) $CH_3CH_2CH_2OH$

(4) CH_3COCH_3　(5) $C_6H_5CH(OH)CH_3$　(6) $C_6H_5COCH_3$

(7) $CH_3COCH_2CH_2COCH_3$　(8) 环己酮　(9) CH_3CHO

(10) $C_6H_5CH_2CHO$　(11) $C_6H_5CH_2CH_2OH$　(12) C_6H_5CHO

10.8　写出下列反应的机理。

(1) 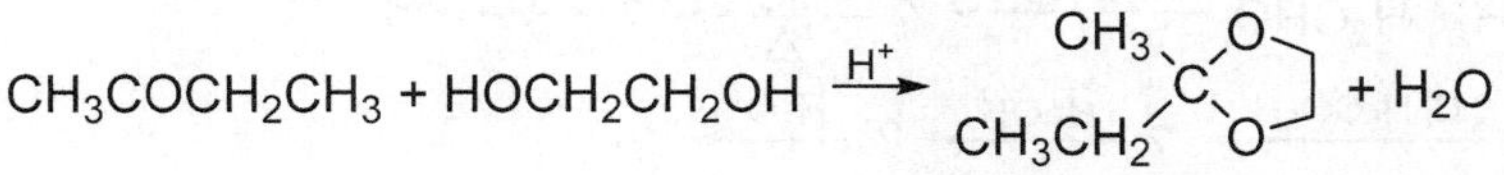

(2) 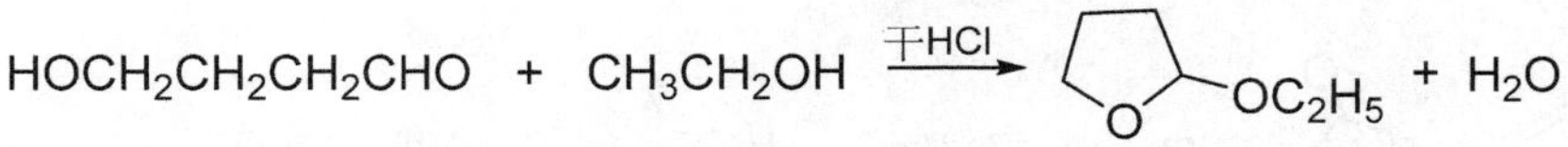

(3) $C_6H_5CHO + H_2N\text{-}NH_2 \xrightarrow{H^+} C_6H_5CH{=}N\text{-}NH_2 + H_2O$

(4) $CH_3(Ph)C{=}N\text{-}OH \xrightarrow{H_2SO_4} CH_3CONHPh$

(5) $PhCHO + HCHO \xrightarrow{\text{浓}NaOH} PhCH_2OH + HCOONa$

(6) $PhCOCH_3 \xrightarrow{I_2,\ NaOH} PhCOONa + CHI_3$

(7) 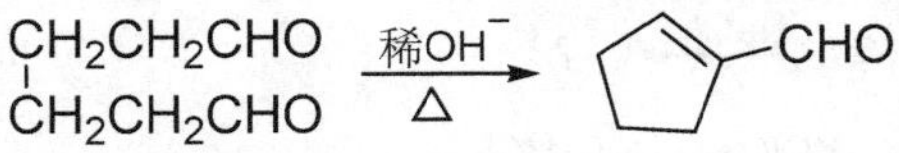

(8) 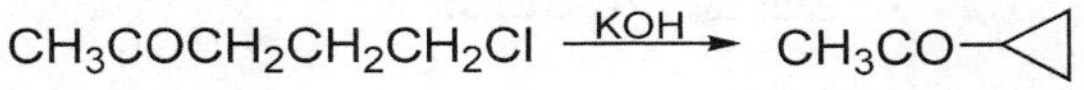

10.9　完成下列反应。

(1) 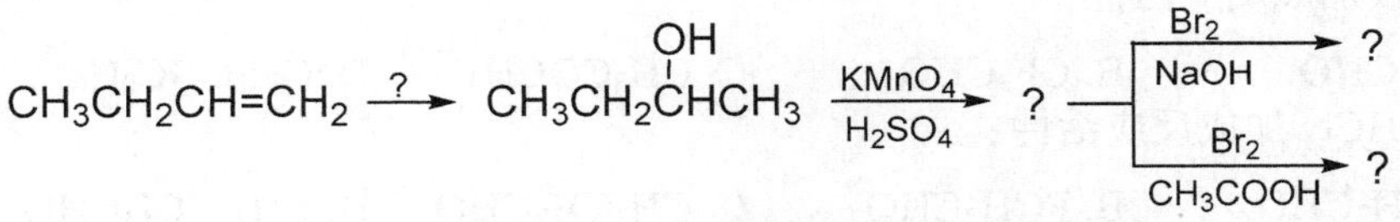

(2) $CH_3C{\equiv}CH + H_2O \xrightarrow[H_2SO_4]{HgSO_4} ? \xrightarrow{C_2H_5MgBr} ? \xrightarrow{H_3O^+} ? \xrightarrow{HBr} ?$

(3) 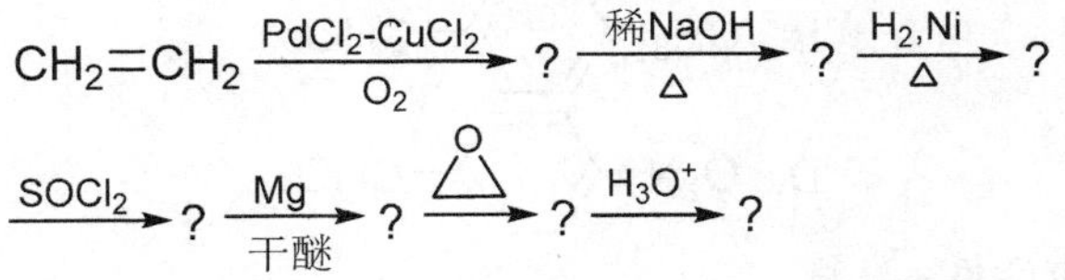

(4) $CH_3CH{=}CH_2 \xrightarrow[O_2,\ \triangle]{PdCl_2\text{-}CuCl_2} ? \xrightarrow[\text{②}H_3O^+]{\text{①}CH_3C{=}CNa} ? \xrightarrow[H_2]{\text{林德拉催化剂}} ?$

(5) $PhOH \xrightarrow[Ni]{H_2} ? \xrightarrow[H_2SO_4]{K_2Cr_2O_7} ? \xrightarrow{2CH_3SH} ? \xrightarrow[Ni]{H_2} ?$

(6) $PhCHO + CH_3CHO \xrightarrow[\triangle]{\text{稀}NaOH} ? \xrightarrow[\text{干}HCl]{HOCH_2CH_2OH} ? \xrightarrow[Ni]{H_2} ? \xrightarrow{H^+,H_2O} ?$

(7) 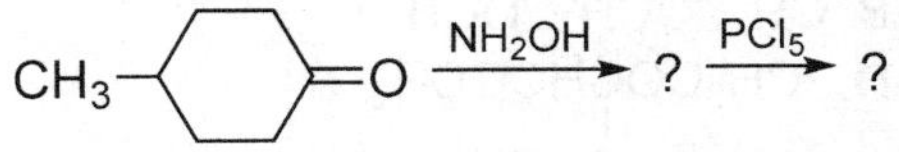

(8) $(CH_3)_2CHCHO \xrightarrow[CH_3COOH]{Br_2} ? \xrightarrow[\text{干}HCl]{2CH_3OH} ? \xrightarrow[\text{干醚}]{Mg} ? \xrightarrow{(CH_3)_2CHCHO} ? \xrightarrow{H_3O^+} ?$

(9) $2CH_3COCH_3 \xrightarrow[\text{②}H_2O]{\text{①}Mg\text{-}Hg} ? \xrightarrow[\triangle]{H^+} ? \xrightarrow{?} (CH_3)_3CCOOH + CHBr_3$

(10) $PhOH \xrightarrow{NaOH,C_2H_5Br} ? \xrightarrow[AlCl_3]{CH_3CH_2CH_2COCl} ? \xrightarrow[HCl]{Zn\text{-}Hg} ?$

(11) $CH_3COCH_2CH_2COCH_3 \xrightarrow[\triangle]{\text{稀}NaOH} ? \xrightarrow{HBr} ?$

(12) 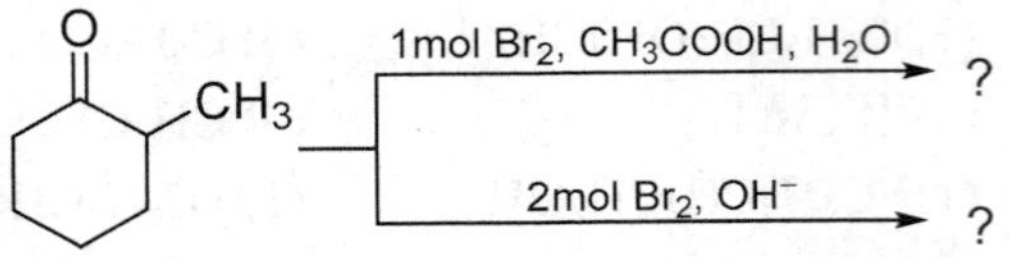

(13) $CH_3COCH_2CH_2CHO \xrightarrow{1mol\ HCN} ? \xrightarrow[\Delta]{NaOH} ? \xrightarrow{H_3O^+} ?$

(14) 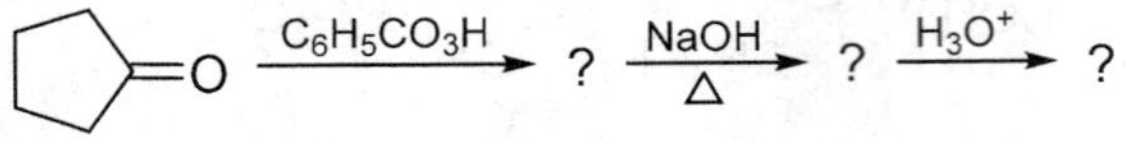

(15) 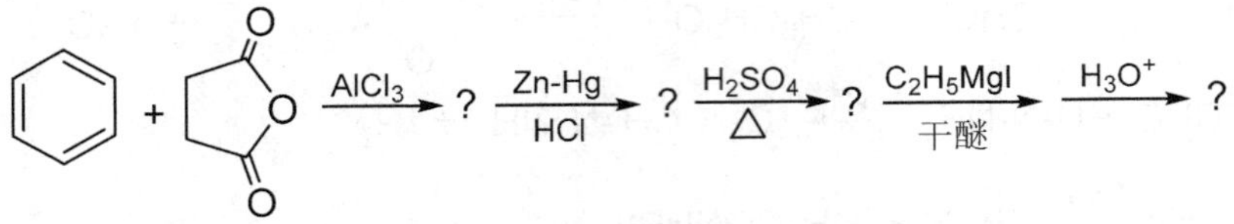

(16) $CH_3CH_2CH_2OH \xrightarrow{CrO_3\cdot 吡啶} ? \xrightarrow[HO^-]{3CH_2O} ?$

(17) $PhOH \xrightarrow{K_2Cr_2O_7\text{-}H_2SO_4} ? \xrightarrow[干醚]{CH_3MgI} \xrightarrow{H_2O} ? \xrightarrow[重排]{H^+} ?$

(18) 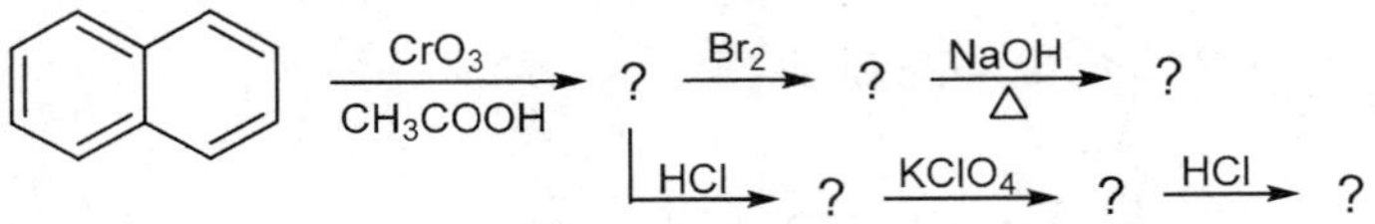

10.10 排列顺序。

(1) 亲核加成反应活性：

A. CH_3CHO　　B. CF_3CHO　　C. CH_3COCH_3　　D. $CH_3COC_2H_5$

(2) 与 HCN 加成反应活性：

A. $ClCH_2CHO$　　B. FCH_2CHO　　C. CH_3CH_2CHO　　D. $CH_2{=}CHCHO$

(3) 与 HCN 加成反应活性：

A. 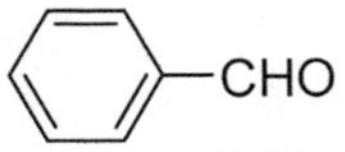　　B. 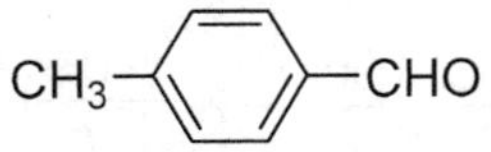

C. 　　D. 

(4) 与饱和 $NaHSO_3$ 溶液反应活性：

A. $ClCH_2CHO$　　B. $ClCH_2COCH_3$　　C. PhCHO　　D. $PhCOCH_3$

(5) 酸性：

A. CH_3CHO　　B. CH_3COCH_3　　C. $CH_3COCH_2COCH_3$　　D. $PhCOCH_2COCH_3$

(6) 烯醇式含量：

A. $CH_3COCH_2CH_3$　　B. $CH_3COCH_2COCH_3$

C. $CH_3COCH_2COOC_2H_5$　　D. $CH_3COCH(COCH_3)COCH_3$

(7) 烯醇式含量：

A. 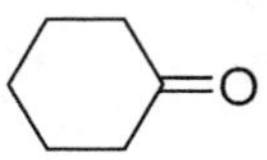　　B. 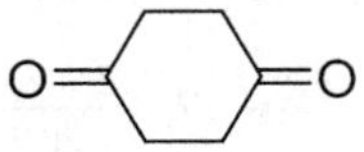　　C. 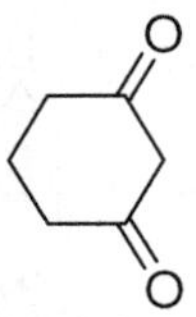　　D. 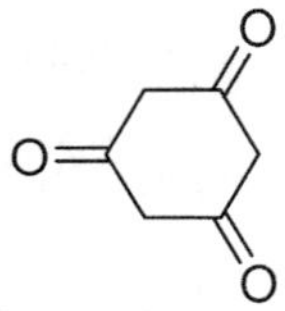

(8) 稳定性：

A. 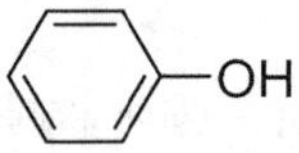　B. 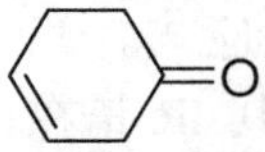　C. 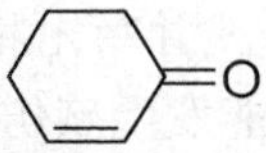　D. 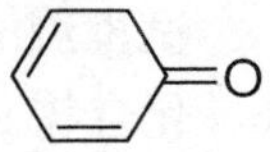

10.11　以 C_2～C_4 的烯烃、苯、甲苯为原料合成下列化合物。(无机试剂任选)

(1) 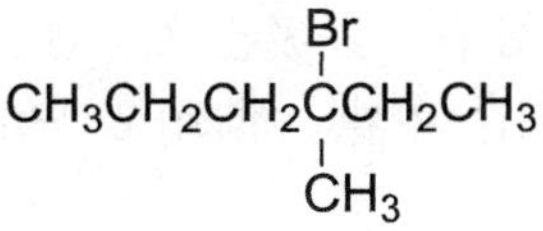

(2) 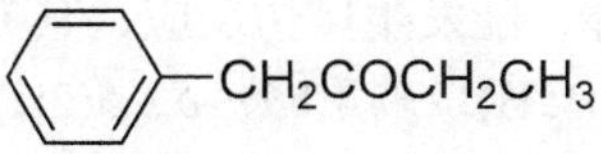

(3) 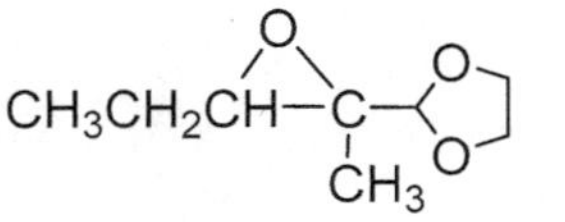

(4) 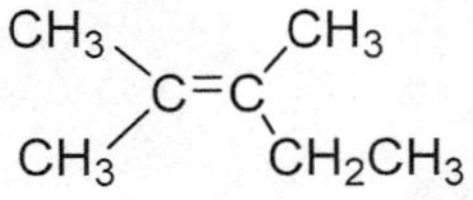

(5) 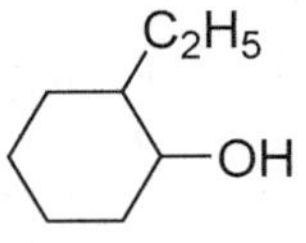

(6) $OHCCH_2CH_2CH_2CH_2CHO$

(7) 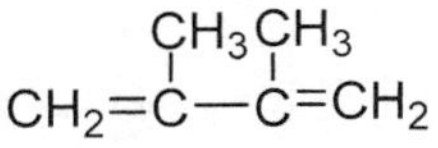

(8) 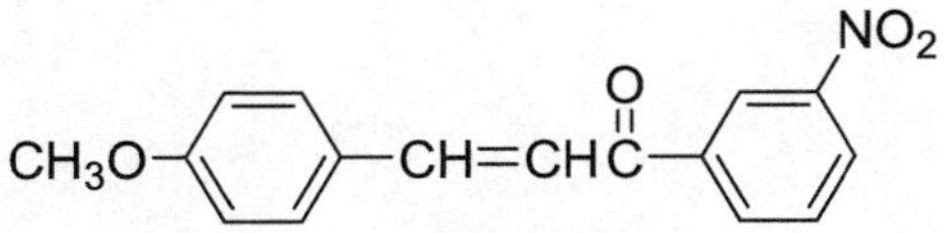

(9) 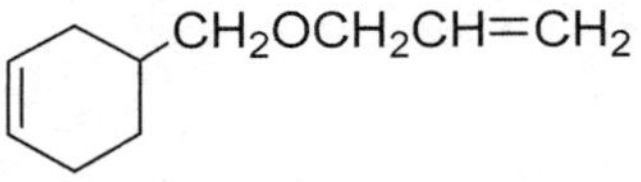

(10) 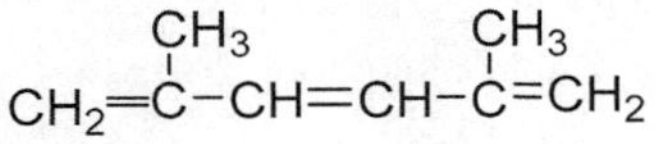

(11) 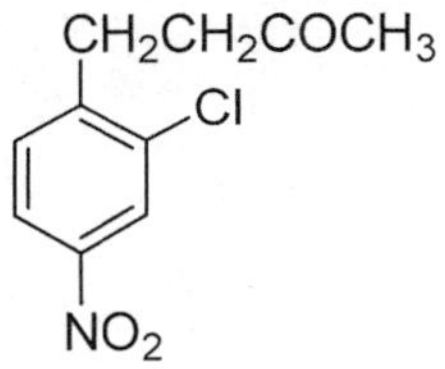

(12) 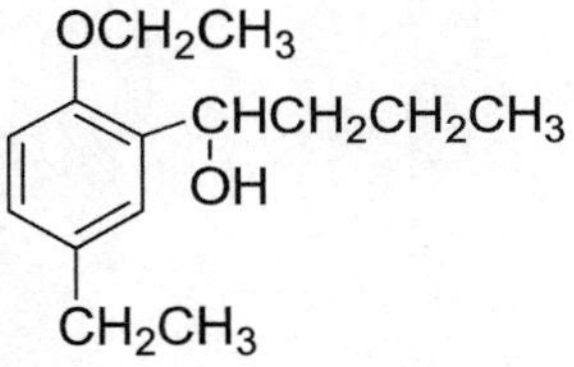

(13) 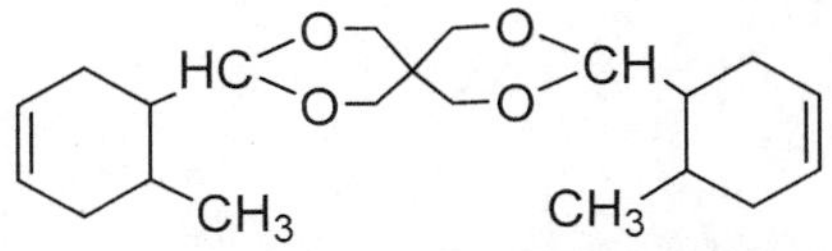

(14) 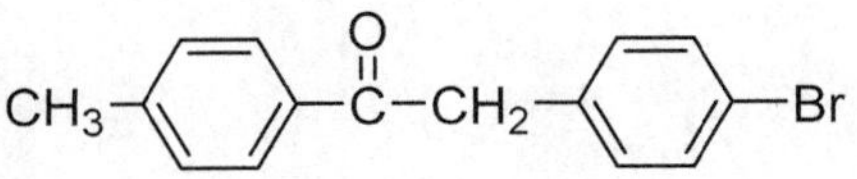

10.12　化合物 A($C_8H_{14}O$)，可使溴水迅速褪色，也可以与苯肼反应。A 经 $KMnO_4$ 氧化生成一分子丙酮及另一化合物 B。B 具有酸性，与 NaClO 反应生成一分子氯仿和一分子丁二酸。试写出 A、B 的构造式及相关反应式。

10.13　化合物 A($C_7H_{12}O$)，能与苯肼反应，也能发生碘仿反应。A 经催化加氢得 B($C_7H_{14}O$)，B 与浓 H_2SO_4 共热得 C(C_7H_{12})，C 无顺反异构，C 用冷的中性 $KMnO_4$ 氧化得 D($C_7H_{14}O_2$)，D 与 I_2-NaOH 溶液反应酸化后得碘仿和化合物 E($C_6H_{10}O_3$)。试推测 A～E 的构造式并写出相应的反应式。

10.14　化合物 A($C_6H_{12}O$)与羟胺有反应，A 与托伦试剂、饱和 $NaHSO_3$ 溶液均无反应。A 催化加氢得 B($C_6H_{14}O$)，B 与浓 H_2SO_4 共热生成 C(C_6H_{12})，C 经臭氧化分解生成分子式为 C_3H_6O 的两种化合物 D 和 E。D 有碘仿反应而无银镜反应，E 有银镜反应而无碘仿反应。试写出 A～E 的构造式及相关的反应式。

10.15　化合物 A($C_8H_{14}O$)能使 Br_2-CCl_4 溶液褪色，并能与苯肼作用，但不与托伦试剂作用。A 经臭氧解生成 B($C_5H_8O_2$)和 C(C_3H_6O)。B 能与托伦试剂作用，而且可与羟氨反应生成二肟，当 B 与 I_2-NaOH 作用再经酸化，可生成碘仿和 D($C_4H_6O_4$)。D 加热后放出

CO_2 生成丙酸，C 的 IR 谱在 1700cm^{-1} 附近有强吸收峰，^{1}H NMR 谱只有一组单峰。试推测 A～D 的构造式并写出相应的反应式。

10.16 化合物 A($C_9H_{10}O$)不能发生碘仿反应，其 IR 谱在 1690cm^{-1} 处有一强吸收峰，^{1}H NMR 谱数据如下：δ 7.7(5H)，多重峰；δ 3.0(2H)，四重峰；δ 1.2(3H)，三重峰。化合物 B 为 A 的异构体，能发生碘仿反应，其 IR 谱在 1705cm^{-1} 处有一强吸收峰。^{1}H NMR 谱数据如下：δ 7.1(5H)，多重峰；δ 3.5(2H)，单峰；δ 2.0(3H)，单峰。推断 A、B 的结构。

第 11 章　羧酸及其衍生物　酰基碳上的亲核取代反应

分子中含有羧基(—COOH)的化合物称为羧酸。根据与羧基连接的烃基结构不同，羧酸可以分为脂肪族羧酸、脂环族羧酸和芳香族羧酸。脂肪族羧酸的羧基连接在脂肪烃基上，又可以分为饱和脂肪酸和不饱和脂肪酸；脂环族羧酸的羧基连接在脂环烃基上；芳香族羧酸的羧基连接在芳香烃基上。例如：

CH_3COOH　　$CH_2{=}CHCOOH$

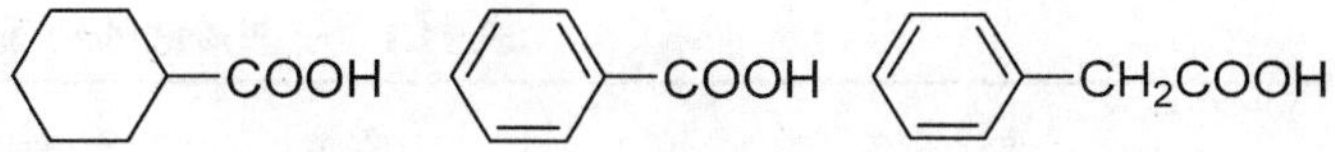

乙酸(饱和脂肪酸)　丙烯酸(不饱和脂肪酸)　环己烷甲酸　苯甲酸　苯乙酸

脂肪族羧酸　脂环族羧酸　芳香族羧酸

根据分子中所含有的羧基数目不同，羧酸可分为一元酸、二元酸及多元酸。

$CH_3CH_2CH_2COOH$　　$HOOC(CH_2)_4COOH$

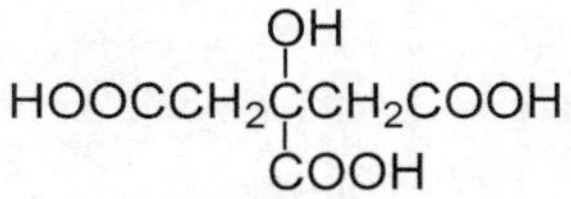

丁酸(一元酸)　己二酸(二元酸)　柠檬酸(三元酸)

11.1　羧酸的物理性质

甲酸、乙酸、丙酸是具有刺激性酸味的液体，丁酸到壬酸是具有腐败气味的油状液体。癸酸以上的羧酸是蜡状固体。二元羧酸和芳香族羧酸是晶状固体。

羧酸的沸点比相对分子质量相同的醇的沸点高。例如：

	$HCOOH$	CH_3CH_2OH	CH_3COOH	$CH_3CH_2CH_2OH$
相对分子质量	46	46	60	60
沸点/℃	101	78	118	98

这是因为羧酸分子间形成两个氢键，氢键的强度比醇大。例如，乙醇分子间氢键键能为 $26kJ \cdot mol^{-1}$，而甲酸分子间氢键键能为 $30.2kJ \cdot mol^{-1}$。经测定，低级羧酸在气态仍以二缔合体存在。

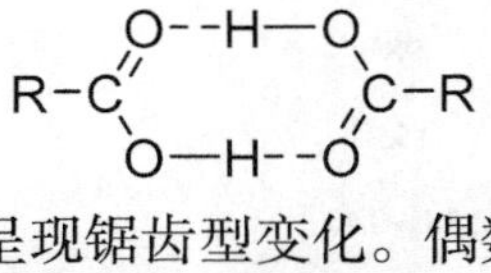

羧酸的熔点随碳原子数的增加呈现锯齿型变化。偶数碳原子的羧酸比前后奇数碳原子的羧酸熔点高。直链饱和一元羧酸的熔点变化如图 11.1 所示。

羧酸分子和水分子间能形成氢键，所以低级的羧酸，如甲酸至丁酸，能与水混溶。随着羧酸分子中碳原子数的增加，羧酸在水中溶解度迅速减小，C_{10} 以上的羧酸几乎不溶于水。表 11.1 列出一些羧酸的物理常数。

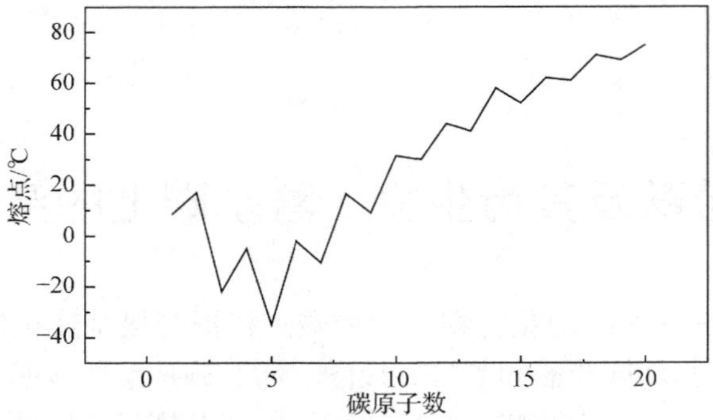

图 11.1 直链饱和一元羧酸的熔点

表 11.1 一些羧酸的物理常数

名称(俗名)	熔点/℃	沸点/℃	水中溶解度/[g · (100g)$^{-1}$]	相对密度(d_4^{20})
甲酸	8.4	101	∞	1.220
乙酸	17	118	∞	1.0492
丙酸	−22	141	∞	0.9934
正丁酸	−5	163	∞	0.9577
正戊酸	−35	186～187	4.97	0.9391
正己酸	−2	205	0.968	0.9274
正辛酸	16.5	239	0.068	0.9088
正癸酸	31.5	270	0.015	0.8858(40℃)
十二酸	44	225/13.3kPa	0.0055	0.8679(50℃)
十四酸	58.5	326	0.0020	0.8439(60℃)
十六酸	63	351.5	0.00072	0.853(62℃)
十八酸	71	383	0.00029	0.9408
丙烯酸	13	142	溶	1.0511
顺-十八碳-9-烯酸(油酸)	16.3	286/13.3kPa	不溶	0.8935
顺,顺-十八碳-9,12-二烯酸(亚油酸)	−5	230/2.13kPa	不溶	0.9022
乙二酸	189.5(无水物)		9	1.650
丙二酸	135.6		74	1.619(16℃)
丁二酸	187～189		5.8	1.572(25℃)
戊二酸	98		63.9	1.424(25℃)
己二酸	153		1.5	1.360(25℃)
顺丁烯二酸(马来酸)	138～140		78.8	1.590
反丁烯二酸(富马酸)	287		0.7	1.635
苯甲酸(安息香酸)	122.4		0.34，溶于热水	1.2695(15℃)
邻苯二甲酸	206～208(分解)		0.7	1.593
对苯二甲酸	300(升华)		0.002	1.510
3-苯基丙烯酸(肉桂酸)	135～136		溶于热水	1.2475(4℃)

11.2 羧酸的化学性质

羧酸的官能团为羧基(—COOH)。羧基中的碳原子成键时是用三个 sp^2 杂化轨道分别与烃基中的碳原子(或氢原子)、羟基氧和羰基中的氧原子相结合，形成三个 σ 键，这三个 σ 键在同一个平面上，键角大约为 120°。碳原子中未参与杂化的 p 轨道与羰基氧原子的 p 轨道进行“肩并肩”重叠形成一个 π 键。羧基中羰基的 π 键与羟基氧上的一对未共用电子存在 p-π 共轭作用，其共轭结构和共振式表示如下：

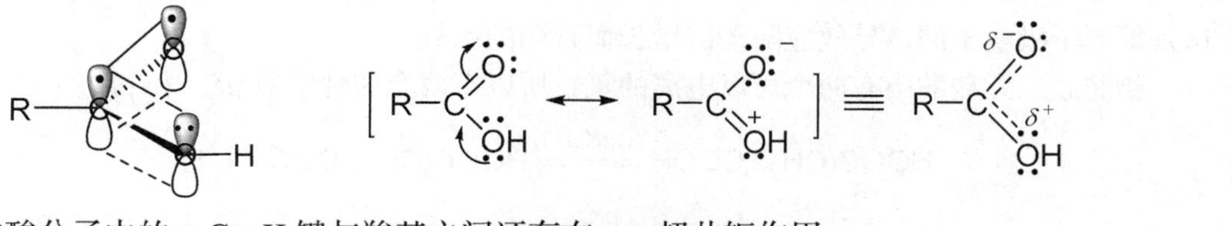

另外，羧酸分子中的 α-C—H 键与羧基之间还存在 σ-π 超共轭作用。

羧基中的 p-π 共轭作用的结果，一方面使 O—H 键减弱，容易电离出 H^+，使羧酸具有明显的酸性；另一方面，羧酸羰基碳原子上的正电性比醛、酮的减少，使羧基中碳原子的亲核加成反应的活性降低，还原反应也比较难。羧酸 α-H 的活性也比醛、酮的低。

羧酸的化学性质主要表现在官能团羧基以及受羧基影响较大的 α-碳原子上，可简要表示如下：

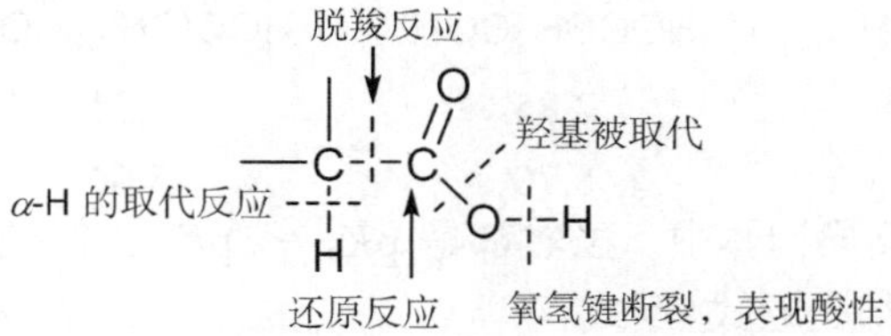

11.2.1 羧酸的酸性和成盐反应

羧酸具有明显的酸性，其水溶液可使蓝色石蕊试纸变红。这是由于在水溶液中，羧基中 O—H 键发生断裂，离解出氢离子。

$$RCOOH + H_2O \rightleftharpoons RCOO^- + H_3O^+$$

一般羧酸的 pK_a 值在 3～5，相对于无机酸如 HCl、H_2SO_4 等，羧酸为弱酸，但比碳酸($pK_a = 6$)、苯酚($pK_a = 10.00$)和甲醇($pK_a = 15.9$)的酸性都强。羧酸比醇的酸性强，这可以从以下两个方面得到解释：一方面，从 O—H 键电离能来看，羧酸的电离能(如乙酸电离能为 $1448kJ \cdot mol^{-1}$)明显比醇(如乙醇为 $1586kJ \cdot mol^{-1}$)低，因此羧酸比醇容易电离；另一方面，从电离后生成的氧负离子的稳定性来看，醇的烷氧基负离子由于不存在共振，负电荷集中在氧原子上，而羧酸根负离子由于存在以下共振，具有 2 个能量相等的共振结构式，负电荷平均分布在 2 个氧原子上，负电荷得以分散，所以羧酸根负离子的稳定性比烷氧负离子大得多。

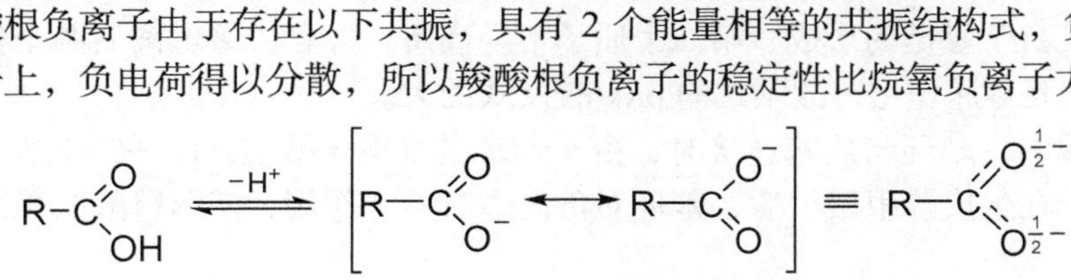

X 射线衍射实验证明，甲酸中碳氧双键键长为 0.123nm，碳氧单键键长为 0.134nm，说明甲酸中两个碳氧键不等同。而甲酸钠中两个碳氧键键长是等同的，均为 0.126nm，说明甲酸钠中没有单、双键之分，负电荷离域在三个原子之间，形成了三中心四电子的共轭 π 键。

电子效应对羧酸的酸性产生影响。吸电子基团会使羧酸的酸性增强，推电子基团会使羧酸的酸性减弱。例如，下列化合物酸性顺序为

$$Cl_3CCOOH > Cl_2CHCOOH > ClCH_2COOH > CH_3COOH > CH_3CH_2COOH$$

这是氯原子吸电子和甲基推电子的诱导效应影响所致。

$$CH_3CH_2CHClCOOH > CH_3CHClCH_2COOH > Cl(CH_2)_3COOH > CH_3(CH_2)_2COOH$$

这是氯原子吸电子的诱导效应随碳链增长而减弱的缘故。

脂肪族二元羧酸中有两个可以电离的氢，所以有两个酸性常数 pK_{a1} 和 pK_{a2}：

$$HOOC(CH_2)_nCOOH \xrightleftharpoons{pK_{a1}} HOOC(CH_2)_nCOO^- + H^+$$

$$HOOC(CH_2)_nCOO^- \xrightleftharpoons{pK_{a2}} {}^-OOC(CH_2)_nCOO^- + H^+$$

二元酸的 pK_{a1} 比相应的一元酸如乙酸、丙酸和丁酸的小，这是羧基吸电子诱导效应使酸性增强的结果。第一个羧基电离后，变成羧酸根负离子，羧酸根负离子具有推电子诱导效应，使第二个羧基电离比较困难，因此 pK_{a1} < pK_{a2}。这种差别随着两个羧基距离的增大而减小。例如：

	HOOC–COOH	$HOOCCH_2COOH$	$HOOC(CH_2)_2COOH$	$HOOC(CH_2)_3COOH$
pK_{a1}	1.27	2.85	4.21	4.43
pK_{a2}	4.27	5.70	5.64	5.41

在丁烯二酸的两个顺反异构体中，虽然都是 pK_{a1} < pK_{a2}，但是对于 pK_{a1} 而言，是顺式<反式；而对于 pK_{a2} 来说，却是顺式>反式：

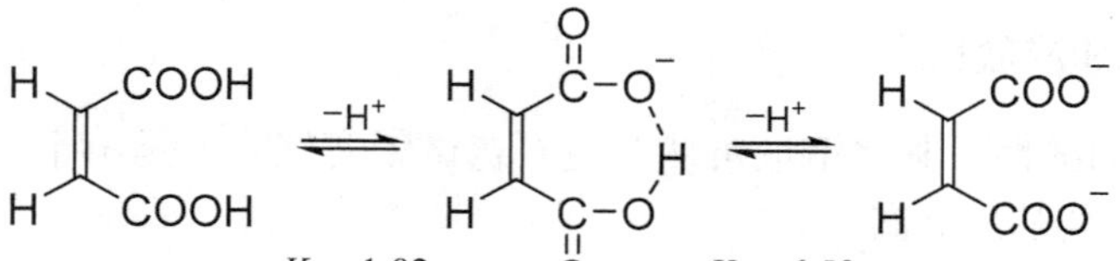

pK_{a1}=1.92　　　pK_{a2}=6.59

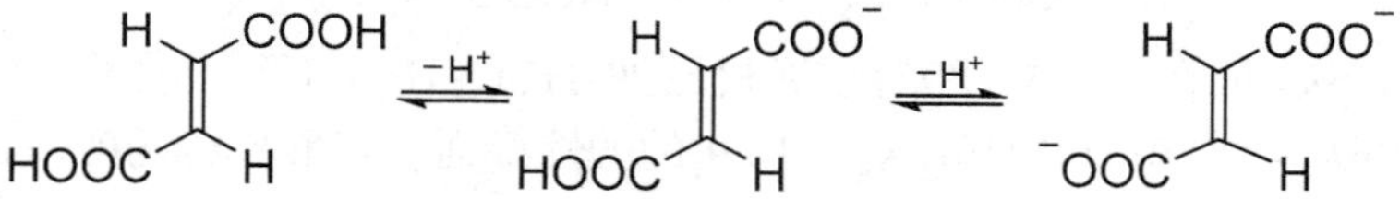

pK_{a1}=3.03　　　pK_{a2}=4.54

这说明与反丁烯二酸相比，顺丁烯二酸第一步电离容易，第二步电离不容易。这是由于顺丁烯二酸可通过分子内氢键的形成来稳定一级电离生成的羧酸根负离子，使顺式的 pK_{a1} 比反式的小；但又由于氢键的形成，第二个质子不易离解，并且二级电离后两个负电荷同时在双键同侧，有相互排斥作用，故顺式的 pK_{a2} 较反式的大。

在芳香羧酸中，苯环与羧基连接时，由于苯环的推电子效应(+I，+C)使苯甲酸的酸性比甲酸弱；但由于在生成苯甲酸根后，苯环对负离子有稳定作用，使苯甲酸的酸性比乙酸、丙

酸和环己烷甲酸强：

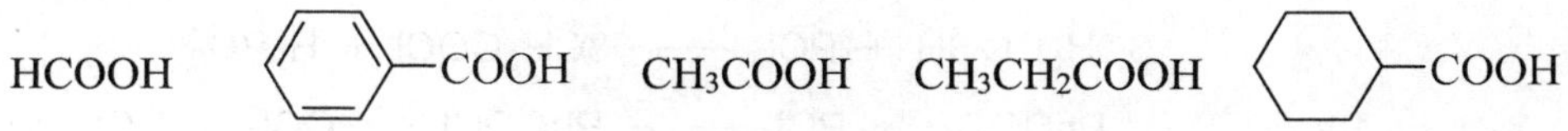

pK_a　　3.77　　4.17　　4.76　　4.84　　4.87

对于取代的芳香羧酸，由于取代基不仅存在诱导效应，有的还存在共轭效应，若取代基在邻位，还有空间因素的影响，因此影响其酸性的因素比较复杂。但对于大部分取代基来说，一般还是吸电子取代基增强酸性，给电子取代基降低酸性。例如：

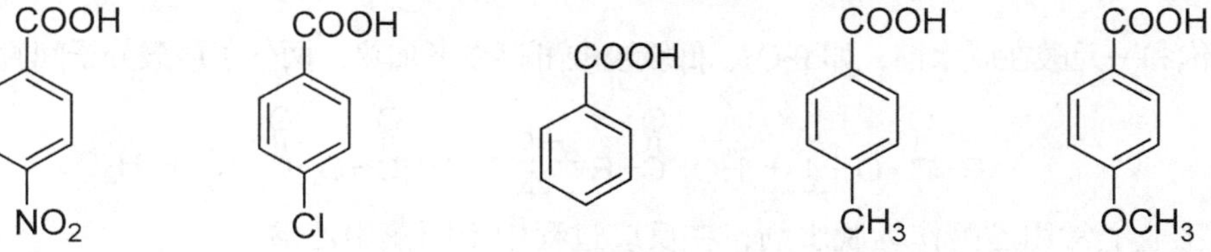

pK_a　　3.42　　3.97　　4.17　　4.38　　4.47

羧酸具有酸性，可以与 NaOH、Na_2CO_3、$NaHCO_3$ 等碱反应生成羧酸盐：

$$RCOOH + NaOH \longrightarrow RCOONa + H_2O$$

$$RCOOH + Na_2CO_3 \longrightarrow RCOONa + CO_2 + H_2O$$

羧酸盐具有盐的一般性质，不挥发。羧酸的钾、钠和铵盐溶于水，羧酸的重金属盐不溶于水。羧酸的钠盐与无机强酸作用又可游离出羧酸：

$$RCOONa + HCl \longrightarrow RCOOH + NaCl$$

可利用这一性质来分离和提纯不溶于水的羧酸。

11.2.2　羧酸羧基中的羟基被取代——羧酸衍生物的生成

羧酸羧基中的羟基分别被卤原子(X=Cl，Br)、酰氧基(RCOO—)、烷氧基(RO—)和氨基(—NH_2)或取代氨基(—NHR、—NRR′)取代，生成酰卤、酸酐、酯和酰胺，这四类化合物统称为羧酸衍生物。

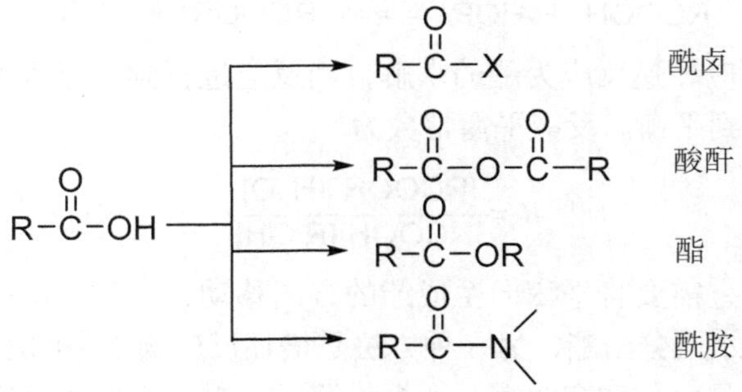

1. 酰卤的生成

羧酸与三氯化磷(PCl_3)、五氯化磷(PCl_5)或氯化亚砜(亚硫酰氯 $SOCl_2$)反应时，羧基中的羟基被氯原子取代生成酰氯：

$$3RCOOH + PCl_3\ (\text{b.p. }75℃) \longrightarrow 3RCOCl + P(OH)_3$$

$$RCOOH + PCl_5 \longrightarrow RCOCl + POCl_3\ (\text{b.p. }105℃) + HCl$$

$$RCOOH + SOCl_2\ (\text{b.p. }76℃) \longrightarrow RCOCl + HCl\uparrow + SO_2\uparrow$$

例如：

$$3CH_3COOH + PCl_3 \longrightarrow 3CH_3COCl + H_3PO_3$$

$$PhCOOH + PCl_5 \longrightarrow PhCOCl + POCl_3 + HCl$$

产物可用蒸馏方法提纯，因此应根据原料和产物沸点的差异选择适当的试剂。

酰溴常用 PBr_3 与羧酸反应制备。

2. 酸酐的生成

饱和一元酸在脱水剂，如 P_2O_5、低级羧酸酐存在下加热，两分子羧酸分子间脱水生成酸酐：

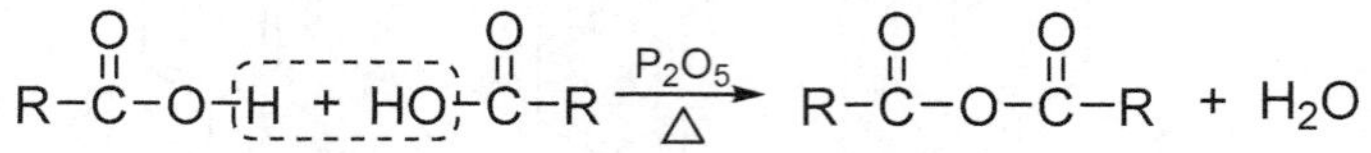

工业上常用乙酐作为脱水剂，在反应过程中不断蒸出乙酸：

$$2RCOOH + (CH_3CO)_2O \xrightleftharpoons{\triangle} (RCO)_2O + 2CH_3COOH$$

乙酐是由乙烯酮制得的。反应式如下：

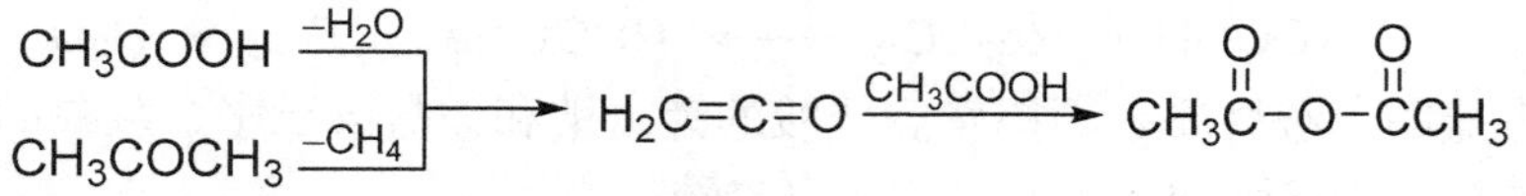

甲酸一般不发生分子间脱水生成酐，但在浓 H_2SO_4 中加热，分解生成 CO 和 H_2O，可用来制取高纯度的 CO。

$$HCOOH \xrightarrow[\triangle]{\text{浓 } H_2SO_4} CO + H_2O$$

3. 酯的生成

羧酸和醇在酸(如 H_2SO_4、苯磺酸等)催化下生成酯和水的反应，称为酯化反应：

$$RCOOH + HOR' \xrightleftharpoons{H^+} RCOOR' + H_2O$$

酯化反应是一个可逆反应，逆反应为酯的水解，当反应进行到一定程度时，达到平衡。催化剂的作用是加速反应达到平衡。反应平衡常数为

$$K = \frac{[RCOOR'][H_2O]}{[RCOOH][R'OH]}$$

为了提高酯的产率，需要将平衡向生成酯的方向移动，一种方法是在反应过程中不断地从反应体系中除去产物水或分出酯，另一种方法是增加反应物之一的浓度。

酯化反应生成的水是由羧酸和醇哪一个提供羟基、哪一个提供氢呢？使用同位素标记的 ^{18}O 的伯醇和仲醇与羧酸反应，结果发现生成的酯中含有 ^{18}O，而生成的水中不含有 ^{18}O，这就表明，在伯醇和仲醇与羧酸反应时，是由醇进行 O—H 键断裂提供氢、羧酸进行 C—O 单键断裂提供羟基生成水：

$$RCOOH + H-\overset{18}{O}R' \rightleftharpoons RCO\overset{18}{O}R' + H_2O$$

这类酯化反应的机理为：在酸的作用下，羧酸中的羰基发生质子化生成 **1**，使羰基碳原子带有更多的正电性，从而使醇容易进行亲核加成，生成一个四面体结构的中间体 **2**，然后

2 发生质子转移生成 **3**，**3** 进行消除反应脱水得到 **4**，**4** 去质子后生成酯：

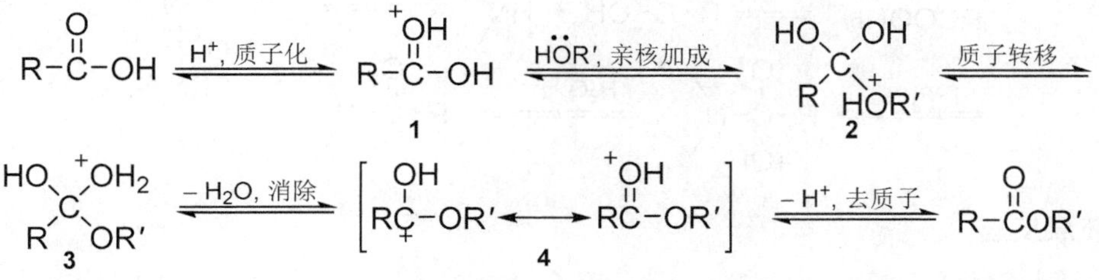

羧酸与伯醇、仲醇酯化时，绝大多数属于这个反应机理。不同的羧酸和醇按此机理进行酯化反应的活性一般有如下顺序：

羧酸　$HCOOH > CH_3COOH > RCH_2COOH > R_2CHCOOH > R_3CCOOH$

醇　　$CH_3OH > RCH_2OH > R_2CHOH$

这是因为，不论是羧酸还是醇中烃基体积增大，均不利于亲核试剂醇进攻羧酸中羰基碳原子，从而减小了反应速率。芳香族羧酸的酯化反应要比脂肪族羧酸困难一些。

羧酸与叔醇的酯化与伯醇和仲醇的情况不同，反应是羧酸进行 O—H 单键断裂提供氢、醇进行 C—O 键断裂提供羟基生成水：

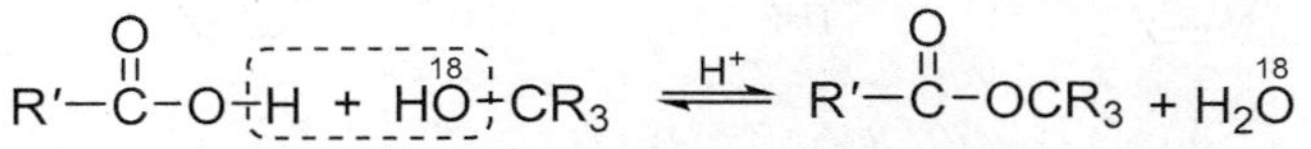

该类酯化反应的机理为：在酸的作用下，叔醇容易形成碳正离子，碳正离子和羧酸结合生成质子化的酯，然后脱去质子生成酯：

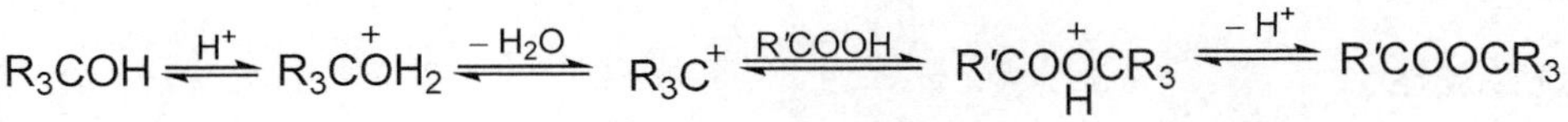

碳正离子很容易脱水生成烯烃，因此羧酸与叔醇的酯化反应产率一般很低，所以叔醇的酯一般不用直接酯化的方法制备。

4. 酰胺的生成

羧酸与氨或伯胺、仲胺反应，生成羧酸铵盐，羧酸铵盐受热后分子内脱水生成酰胺：

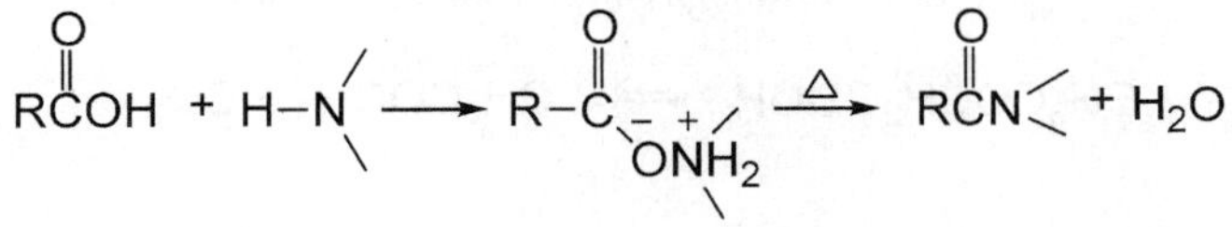

例如：

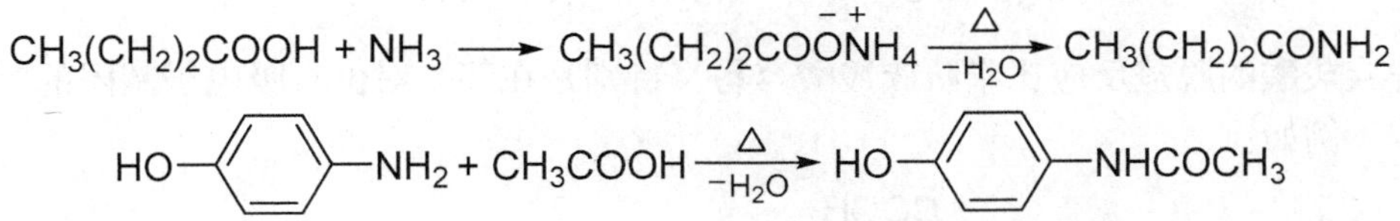

对乙酰氨基苯酚(扑热息痛)

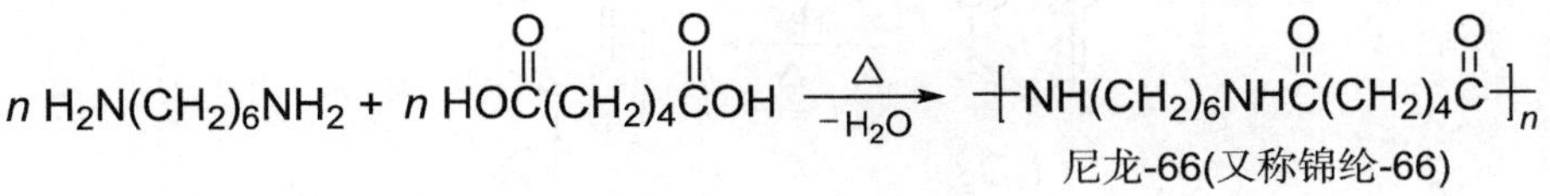

尼龙-66(又称锦纶-66)

羧酸铵热解生成酰胺的反应机理为

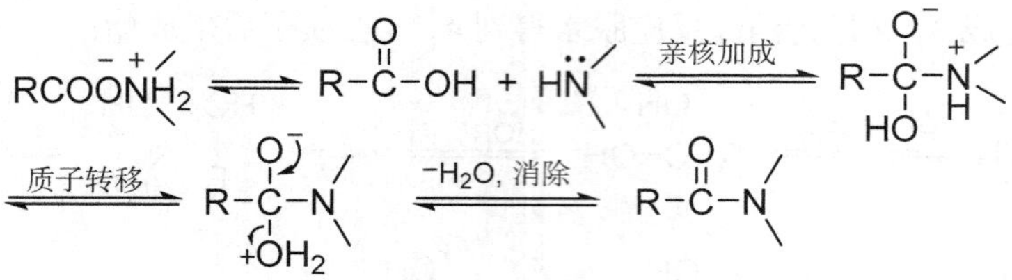

11.2.3　还原反应

羧酸很难被还原，但 $LiAlH_4$ 能顺利地将羧酸直接还原为伯醇：

$$RCOOH \xrightarrow[\text{干醚}]{LiAlH_4} \xrightarrow[H^+]{H_2O} RCH_2OH$$

例如：

$$(CH_3)_3CCOOH \xrightarrow[\text{干醚}]{LiAlH_4} \xrightarrow{H_3O^+} (CH_3)_3CCH_2OH$$

乙硼烷也可将羧酸还原为伯醇。例如：

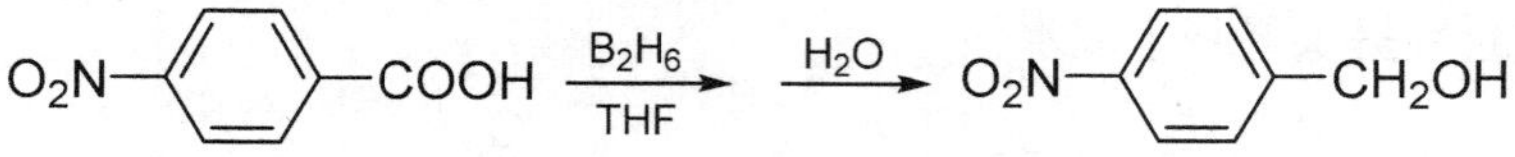

11.2.4　脱羧反应

羧酸或它的盐在不同的反应条件下进行反应，失去 CO_2，得到不同产物。该类反应称为羧酸的脱羧反应。

1. 脱羧成烃

大多数羧酸或它的盐受热后可以发生脱羧反应生成烃。例如：

$$CH_3COONa + NaOH \xrightarrow[\triangle]{CaO} CH_4 + Na_2CO_3$$

在羧酸的 α-C 上带有吸电子基如硝基、卤素、羰基、氰基等，容易脱羧。例如：

$$Cl_3CCOONa \xrightarrow[50℃]{H_2O} CHCl_3 + CO_2$$

$$CH_3COCH_2COOH \xrightarrow{\triangle} CH_3COCH_3 + CO_2$$

反应机理如下：

$$Cl_3CCOO^- \xrightarrow[50℃]{-CO_2} Cl_3C^- \xrightarrow[-HO^-]{H_2O} CHCl_3$$

芳香族羧酸的脱羧反应比脂肪族羧酸容易，特别是在邻、对位有吸电子基团的芳酸特别容易脱羧。例如：

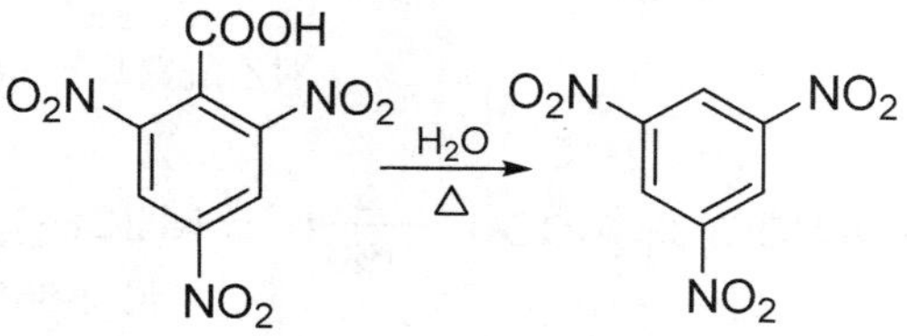

2. 脱羧卤化

1) 亨斯狄克反应

羧酸与 Ag_2O 反应得羧酸的银盐，在无水 CCl_4 中与 Br_2 或 I_2 反应，失去 CO_2，生成比羧酸少一个碳原子的溴代烷或碘代烷。此反应称为亨斯狄克(Hunsdiecker)反应。

$$RCOOH + Ag_2O \longrightarrow RCOOAg \xrightarrow[CCl_4]{Br_2} RBr + CO_2 + AgBr$$

由于该反应制备无水羧酸银比较麻烦，Cristol 对此反应进行了改进，直接用羧酸与红色氧化汞、Br_2 在 CCl_4 中反应：

$$2RCOOH + HgO + 2Br_2 \xrightarrow{CCl_4} 2RBr + HgBr_2 + 2CO_2 + H_2O$$

2) 科奇反应

四乙酸铅、金属卤化物(锂、钾、钙的卤化物)和羧酸反应，脱羧卤化得到比羧酸少一个碳原子的卤代烷，这个反应称为科奇(Kochi)反应。

$$RCOOH + Pb(OCOCH_3)_4 + LiCl \longrightarrow RCl + CH_3COOLi + Pb(OCOCH_3)_2 + CH_3COOH + CO_2$$

科奇反应方法简便、经济，对一级、二级和三级卤代烷产率均很好。

3. 脱羧偶联

高浓度的羧酸钠盐在中性或弱酸性溶液中进行电解，阳极处产生羧酸脱羧偶联的产物烷烃和 CO_2，阴极处生成 NaOH 和 H_2。

$$2RCOONa + 2H_2O \xrightarrow{\text{电解}} \overbrace{R{-}R + 2CO_2}^{\text{阳极产物}} + \overbrace{2NaOH + H_2}^{\text{阴极产物}}$$

此电解反应所用的羧酸，碳原子数最好在 10 个左右。反应是通过自由基机理进行的：

$$2RCOO^- \xrightarrow{-e} 2RCOO\cdot \xrightarrow{-CO_2} 2R\cdot \longrightarrow R{-}R$$

11.2.5　二元羧酸受热后的变化

二元羧酸两个羧基的位置不同，在受热时可能发生不同的反应，有的脱羧、有的脱水、有的同时脱水脱羧。例如：

$$HOOCCOOH \xrightarrow[\text{或}H_2SO_4, 100℃]{160\sim180℃} HCOOH + CO_2 \qquad \text{脱羧}$$

$$HCOOH \xrightarrow{\triangle} CO + H_2O$$

$$HOOCCH_2COOH \xrightarrow{140\sim160℃} CH_3COOH + CO_2 \qquad \text{脱羧}$$

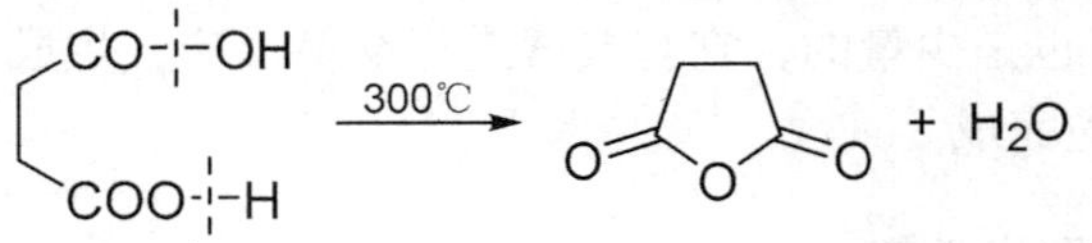

脱水

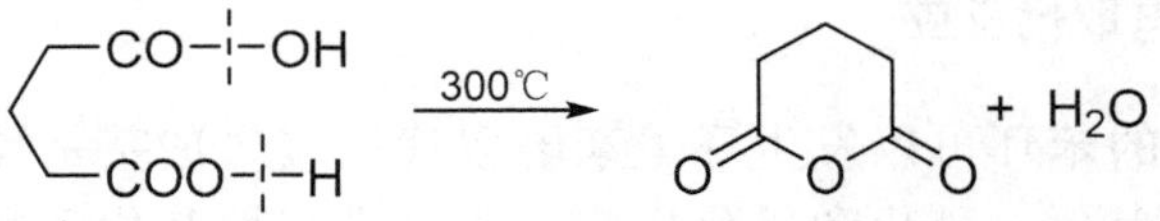

脱水

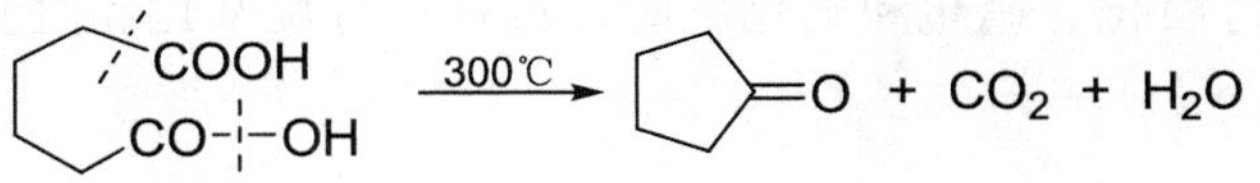

脱水脱羧

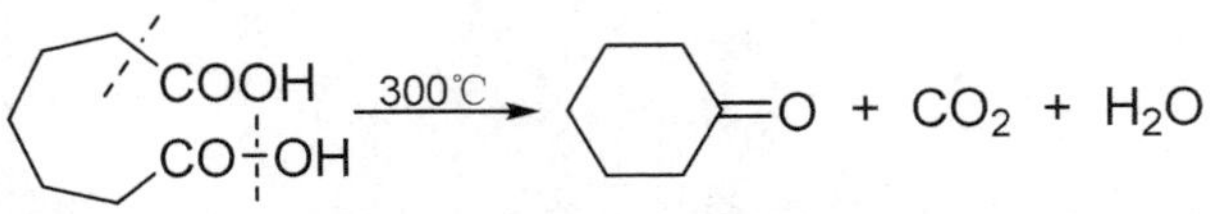

脱水脱羧

庚二酸以上的二元酸在高温时发生分子间的脱水，形成高分子的酸酐，不形成大于六元的环状化合物。芳香族二元酸也能进行上述反应。例如：

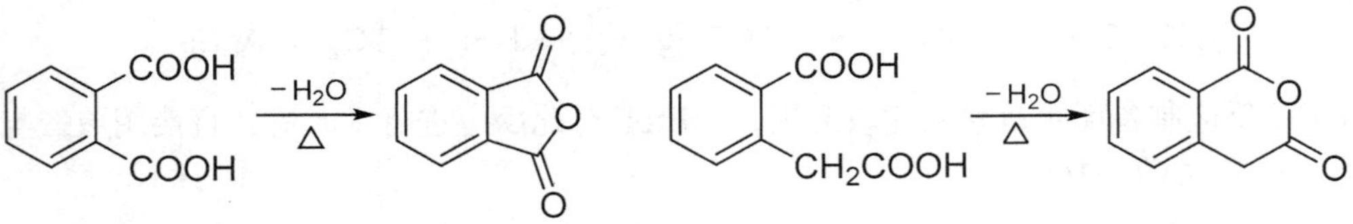

根据以上反应，可以得出一个结论：在有机反应中有成环可能时，一般倾向于形成张力较小的五元环或六元环，这称为布兰(Blanc)规则。这是布兰(G. Blanc)在研究各种二元酸和乙酸酐加热反应后总结得到的结果。

11.2.6　羧酸 *α*-H 的卤化反应

羧酸分子中的 *α*-H 由于受到羧基的影响，具有一定的活性，但不如醛、酮的 *α*-H 活性高，这是由于羧基中羰基与羟基共轭，减少了碳原子的正电性，吸电子能力减弱，从而降低了 *α*-H 的活泼性。在催化剂如红磷、PCl_3 或 PBr_3 等存在下，卤素(Cl_2、Br_2)与羧酸作用，羧酸中的 *α*-H 被卤素取代，得到 *α*-卤代酸。控制卤素用量，可得到一元或多元卤代酸：

$$RCH_2COOH \xrightarrow[\triangle]{X_2,\ P} RCHXCOOH \xrightarrow[\triangle]{X_2,\ P} RCX_2COOH \quad (X=Cl,Br)$$

这个反应称为黑尔-福尔哈德-泽林斯基(Hell-Volhard-Zelinsky)反应。例如：

$$CH_3COOH \xrightarrow[P]{Cl_2} ClCH_2COOH \xrightarrow[\triangle]{Cl_2} Cl_2CHCOOH \xrightarrow[\triangle]{Cl_2} Cl_3CCOOH$$

反应机理为

$$2P + 3X_2 \longrightarrow 2PX_3$$

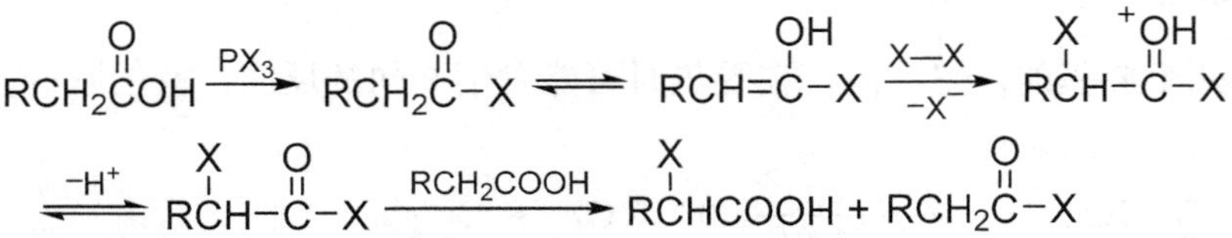

三卤化磷的作用是将羧酸变成酰卤，因为酰卤的 *α*-H 比羧酸的 *α*-H 活泼，有更大的倾向生成烯醇式异构体，易受卤素正离子进攻发生亲电加成，生成 *α*-卤代酰卤。由于使用的催化剂是催化量的，因此 *α*-卤代酰卤也是少量的，它与羧酸进行交换反应，生成 *α*-卤代酸和酰卤，酰卤再循环反应下去直至反应完成。

11.2.7　芳香族羧酸芳环上的亲电取代反应

对于芳香族羧酸，分子中的苯环可以发生环上亲电取代反应。羧基是钝化苯环的间位定位基，因此芳酸可以进行卤化、硝化和磺化反应，很难进行烷基化和酰基化反应。例如：

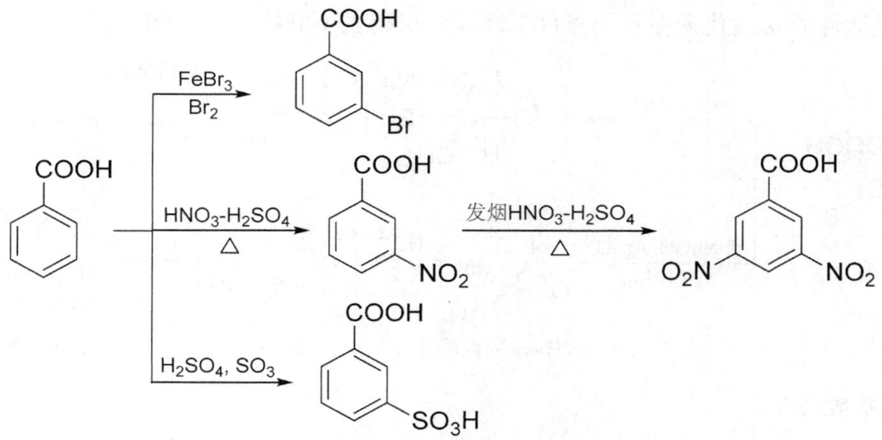

11.3 羟 基 酸

羟基(—OH)取代了羧酸分子中烃基上氢原子而成的化合物称为羟基酸。根据羟基与羧基之间的相对位置不同，可以将羟基酸分为 *α*-羟基酸、*β*-羟基酸、*γ*-羟基酸、…、*ω*-羟基酸。羟基连在碳链末端位置上的羟基酸称为 *ω*-羟基酸。许多羟基酸存在于自然界天然产物中。例如：

α-羟基丙酸(乳酸)　　2-羟基丁二酸(苹果酸)　　2,3-二羟基丁二酸(酒石酸)　　邻羟基苯甲酸(水杨酸)

11.3.1 羟基酸的合成

羟基酸可通过含羟基的化合物分子中引入羧基或羧酸分子中引入羟基的方法来制备。

1. *α*-羟基酸的合成

1) *α*-羟基腈水解

α-羟基酸可以由醛、酮与 HCN 加成得 *α*-羟基腈，然后水解得到。

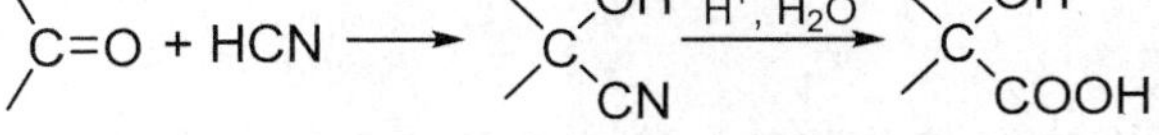

例如：

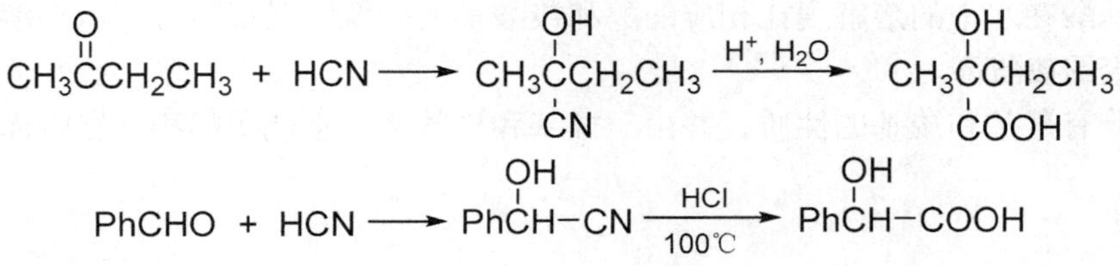

2) *α*-卤代酸水解

α-羟基酸也可由 *α*-卤代酸水解得到。例如：

$$CH_3COOH \xrightarrow{Cl_2,P} ClCH_2COOH \xrightarrow[(2)\ H^+]{(1)HO^-,H_2O} HOCH_2COOH$$

具有光活性的α-卤代酸在不同条件下反应，可得到不同构型的产物。例如：

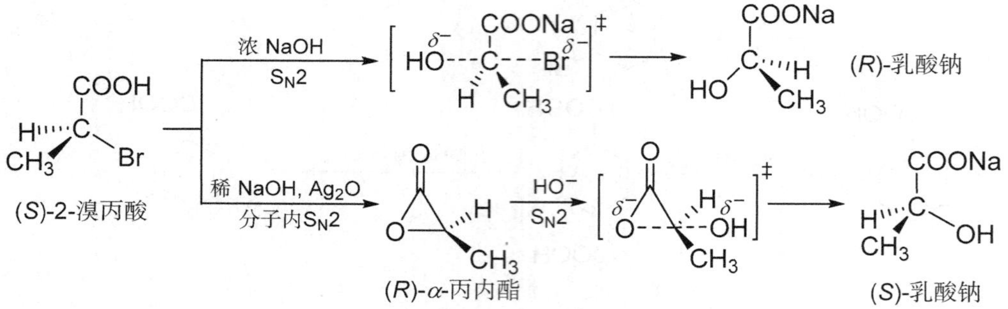

2. β-羟基酸的合成

1) β-羟基腈水解

烯烃与次氯酸亲电加成得到 β-氯醇，β-氯醇再与 KCN 进行亲核取代反应得到 β-羟基腈，β-羟基腈水解得到 β-羟基酸。

$$RCH{=}CH_2 \xrightarrow{HOCl} RCHOHCH_2Cl \xrightarrow{KCN} RCHOHCH_2CN \xrightarrow{H^+,\ H_2O} RCHOHCH_2COOH$$

2) Reformatsky 反应

α-卤代羧酸酯与锌形成有机锌化合物，再与醛、酮发生亲核加成反应，得到 β-羟基羧酸酯，将酯水解后得 β-羟基酸。例如：

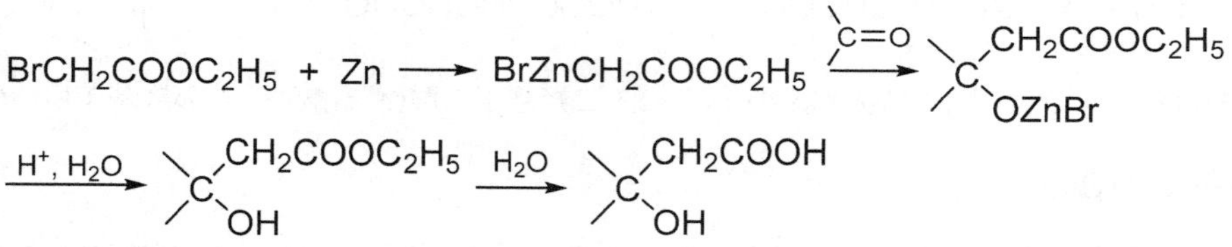

3. ω-羟基酸的合成

将二元酸单酯分子中酯基还原为羟基，可得到 ω-羟基酸。

$$HOOC(CH_2)_nCOOC_2H_5 \xrightarrow[\text{或 } NaBH_4]{Na\text{-}C_2H_5OH} \xrightarrow{H_3O^+} HOOC(CH_2)_nCH_2OH$$

11.3.2　羟基酸的性质

由于羟基酸分子中含有羟基和羧基，这两个基团都能分别与水形成氢键，都是亲水基团，因此羟基酸在水中的溶解度比相应的醇和羧酸都大，低级羟基酸可与水混溶。羟基酸的熔点也比相应的羧酸高。

羟基酸兼有羟基和羧基的性质，并由于羟基和羧基两个官能团的相互影响而具有一些特殊的性质。

1. 酸性

在羟基酸分子中，由于羟基的吸电子诱导效应，羟基酸的酸性增强，羟基离羧基距离越近，酸性越强。例如：

	$HOCH_2COOH$		CH_3COOH	$CH_3CHOHCOOH$		$HOCH_2CH_2COOH$		CH_3CH_2COOH
pK_a	3.85	<	4.76	3.86	<	4.51	<	4.87

邻羟基苯甲酸的酸性比苯甲酸强，主要是由于羟基处于羧基邻位时，可形成分子内氢键，有利于电离后的羧酸根负离子稳定，因而酸性增加。

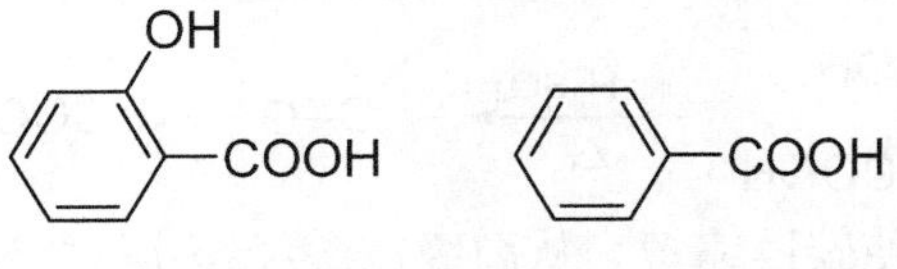

pK_a　　2.98　　<　　4.17

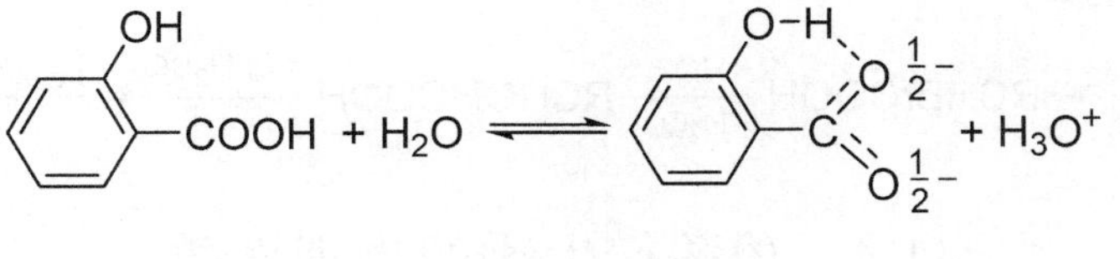

2. 脱水反应

羟基酸受热或与脱水剂共热脱水时，由于羟基和羧基的相对位置不同，脱水反应的产物也不同。

α-羟基酸受热时，可以进行两分子间的羧基与羟基相互酯化脱水，生成交酯。

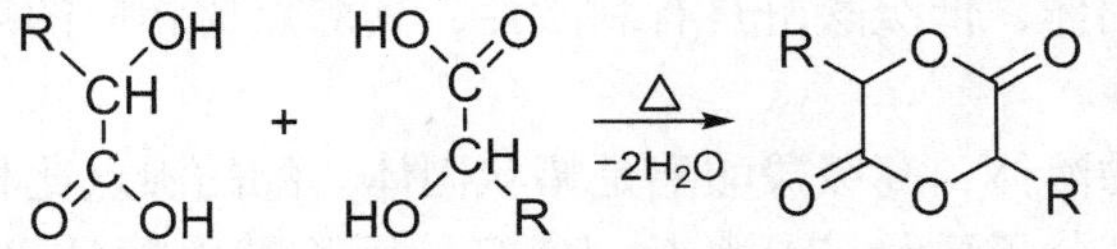

交酯

β-羟基酸受热时，容易发生分子内脱水生成 α, β-不饱和酸。

$$RCHOHCH_2COOH \xrightarrow[\triangle]{稀H^+或稀HO^-} RCH{=}CHCOOH + H_2O$$

γ-羟基酸和 δ-羟基酸很容易发生分子内脱水生成五元环和六元环的内酯。

γ-羟基酸　　γ-丁内酯　　δ-羟基酸　　δ-戊内酯

羟基和羧基之间相隔 5 个或 5 个以上碳原子的羟基酸，受热后发生分子间的酯化脱水，生成链状结构的聚酯。

$$m\,\underset{(n\geqslant 5)}{HO(CH_2)_nCOOH} \longrightarrow H\!\left[O(CH_2)_nCO\right]_m\!OH + (m-1)\,H_2O$$

3. 氧化和分解反应

α-羟基酸和 β-羟基酸与 $KMnO_4$ 共热氧化，可生成 α-酮酸和 β-酮酸，此产物在氧化体系中不稳定，易脱羧转变成醛、酮，醛可进一步被氧化为羧酸。

$$RCHOHCOOH \xrightarrow{KMnO_4} RCOCOOH \xrightarrow{-CO_2} RCHO \xrightarrow{KMnO_4} RCOOH$$

$$RCHOHCH_2COOH \xrightarrow{KMnO_4} RCOCH_2COOH \xrightarrow{-CO_2} RCOCH_3$$

α-羟基酸用浓 H_2SO_4 加热处理，发生分解，生成醛或酮及 CO 和 H_2O：

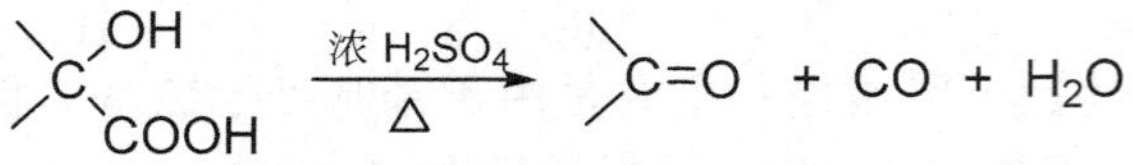

α-羟基酸用稀 H_2SO_4 或盐酸加热处理，则分解为醛或酮和甲酸：

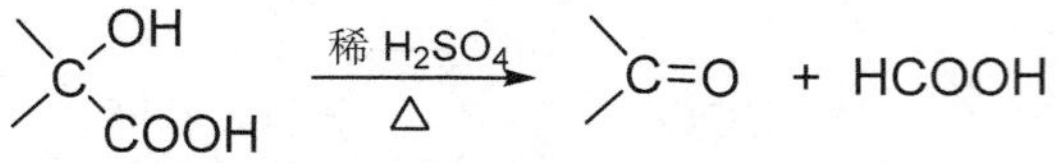

此反应在有机合成上可用来使碳链缩短，从高级羧酸经 α-溴代、水解，然后分解合成少一个碳原子的高级醛。例如：

$$RCH_2COOH \xrightarrow[P]{Br_2} RCHBrCOOH \xrightarrow[H_2O]{HO^-} RCHOHCOOH \xrightarrow[\triangle]{稀\ H_2SO_4} RCHO + HCOOH$$

11.4 羧酸衍生物的物理性质

低级酰氯是无色液体，具有强烈的刺激性。由于酰氯分子间没有氢键，因此它们的沸点比相应的羧酸低。例如，乙酸的沸点为 118℃，而乙酰氯的沸点只有 51℃。低级酰氯不溶于水，遇水分解。

酸酐是无色的液体或固体，低级酸酐具有刺激性，其沸点比相应的羧酸高。酸酐不溶于水，低级酸酐遇水分解。

低级羧酸酯是有香味的液体，高级羧酸酯是蜡状固体。酯的沸点比相对分子质量相近的羧酸低。例如，丙酸(相对分子质量 74)沸点 141℃，而乙酸甲酯(相对分子质量 74)沸点 57.5℃。羧酸酯难溶于水。

甲酰胺是液体，其他酰胺大多为固体。酰胺的沸点比相对分子质量相近的羧酸高。例如，乙酸(相对分子质量 60)沸点为 118℃，熔点为 17℃，而乙酰胺(相对分子质量 59)沸点为 221℃，熔点为 82℃。这是因为酰胺分子间形成的氢键强。酰胺在水中溶解度也比相对分子质量相近的醇和酯高，也是因为酰胺分子和水分子间形成氢键。*N,N*-二甲基甲酰胺(缩写 DMF)与水混溶，是常用的非质子溶剂。

酰氯、酸酐、酯、酰胺一般都溶于乙醚、三氯甲烷、苯等有机溶剂。

表 11.2 给出一些羧酸衍生物的物理常数。

表 11.2 一些羧酸衍生物的物理常数

化合物	熔点/℃	沸点/℃	化合物	熔点/℃	沸点/℃
乙酰氯	−112	51	乙酸乙酯	−83	77
丙酰氯	−94	80	乙酸丁酯	−77	126
正丁酰氯	−89	102	乙酸异戊酯	−78	142
苯甲酰氯	−1	197	苯甲酸乙酯	−34	213
乙酸酐	−73	140	丙二酸二乙酯	−50	199
丙酸酐	−45	169	乙酰乙酸乙酯	−80	180.4
丁二酸酐	119.6	261	甲酰胺	3	200(分解)

续表

化合物	熔点/℃	沸点/℃	化合物	熔点/℃	沸点/℃
顺丁烯二酸酐	53	202	乙酰胺	82	221
苯甲酸酐	42	360	丙酰胺	79	213
邻苯二甲酸酐	131	284	正丁酰胺	116	216
甲酸甲酯	−100	32	苯甲酰胺	130	290
甲酸乙酯	−80	54	*N*,*N*-二甲基甲酰胺	−61	153
乙酸甲酯	−98	57.5	邻苯二甲酰亚胺	238	升华

11.5　羧酸衍生物的化学性质

羧酸羧基中的羟基被卤素(—X)、酰氧基(R′COO—)、烷氧基(R′O—)、氨基(—NH_2)或烷氨基(—NHR′或—NR'_2)置换后产生酰卤(RCOX)、酸酐(RCOOCOR′)、酯(RCOOR′)和酰胺($RCONH_2$、RCONHR′或$RCONR'_2$)。习惯上将这些化合物称为羧酸衍生物。这些化合物中都有酰基(RCO—)，所以它们又统称为酰基化合物。它们的结构与羧酸相似，可用通式表示如下：

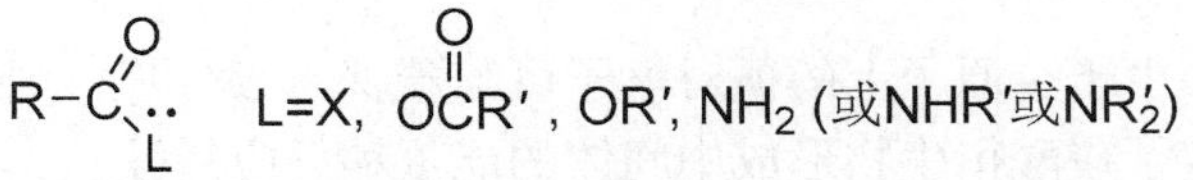

其中，酰基碳原子为 sp^2 杂化，形成平面型结构。由于 L 中的 X、O 及 N 原子上均有未共用电子对，它们所处的 p 轨道可以与酰基中的 π 键形成 p-π 共轭体系。其共轭结构与共振式表示如下：

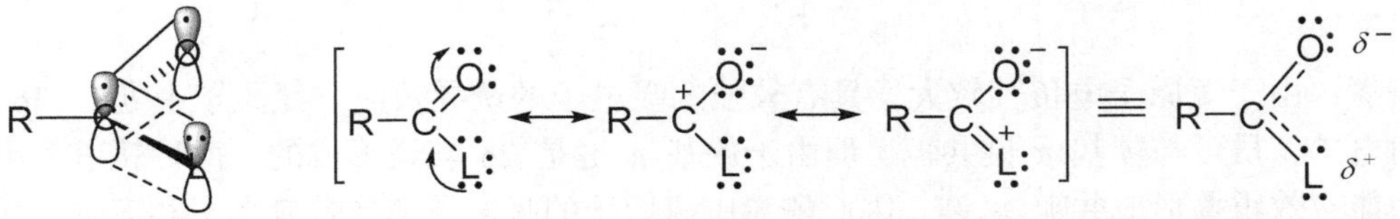

在羧酸衍生物的分子结构中，由于 L 基团不同，它们发生共轭效应的程度是不同的，因此羧酸衍生物的反应活性也不相同。

羧酸衍生物的化学性质主要表现为酰基碳上的亲核取代反应、还原反应和涉及 *α*-H 的反应等。

11.5.1　羧酸衍生物酰基碳上的亲核取代反应

羧酸衍生物的典型反应为酰基碳上的亲核取代反应。羧酸衍生物都可以与水、醇、氨等亲核试剂反应，结果在这些分子中引入了酰基。这类反应可以用通式表示如下：

$$\mathrm{RCOL + HNu \longrightarrow RCONu + HL}$$

反应机理是，首先亲核试剂进攻羧酸衍生物中的酰基碳原子，发生亲核加成，形成一个具有四面体结构的中间体，然后中间体消除一个基团，生成另外一种酰基化合物，得到取代产物。反应可在中性溶液、碱性溶液或酸性溶液中进行。

在中性溶液中：

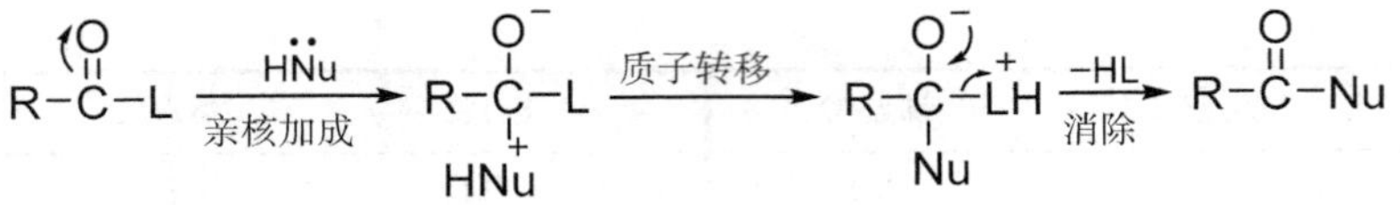

在碱性溶液中：

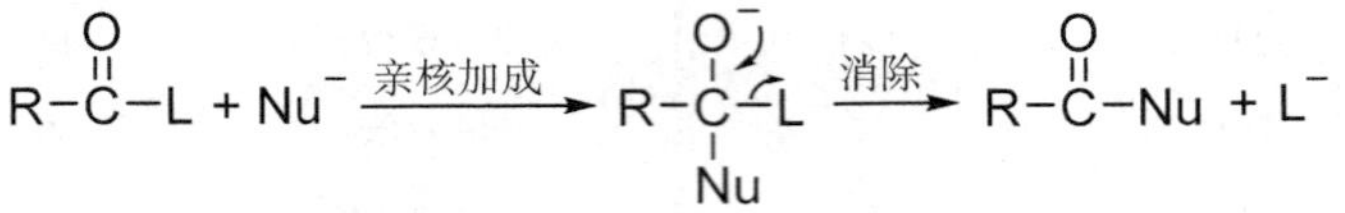

在酸性溶液中：

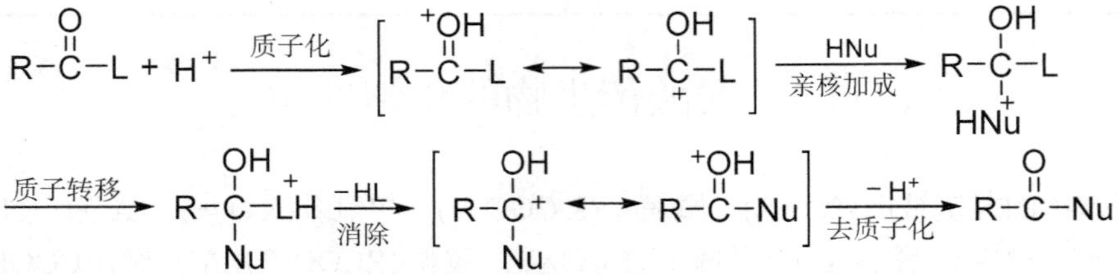

在羧酸衍生物中，酰基碳原子上的亲核取代反应的活性由两方面因素决定。

1. 四面体中间体形成的速率

在羧酸衍生物中，由于杂原子上的孤对电子可与羰基 π 键共轭，形成三种可能的共振结构式，其相对贡献决定了羧酸衍生物形成中间体的能量和反应活性。

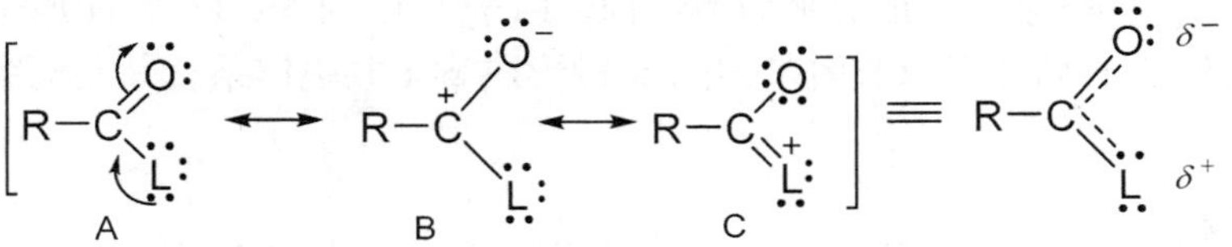

酰氯：由于氯原子电负性较大，具有较强的吸电子的诱导效应。氯原子中处在 3p 轨道的孤对电子，虽可与羰基 π 键共轭，但由于羰基 π 键是 2p 轨道形成的，两种轨道大小不相等，不能有效重叠形成共轭 π 键，因此酰氯中氯原子的吸电子诱导效应大于共轭效应，酰基碳带有正电性。带有正电性的酰基碳具有较高的反应活性，容易与亲核试剂反应。所以羧酸衍生物中酰氯的反应活性最高。

酰胺：在酰胺分子中，氮原子 2p 轨道和羰基的 2p 轨道大小类似，氮原子上的孤对电子与羰基 π 键发生较强的共轭，氮原子成为较好的电子给体，组成较强的共轭 π 键。在这个共轭体系中，碳原子电子层已充满八个电子，具有较低的能量，而碳氮键增强，具有部分双键的性质，很难断裂。所以酰胺是羧酸衍生物中反应活性最低的。

酸酐：

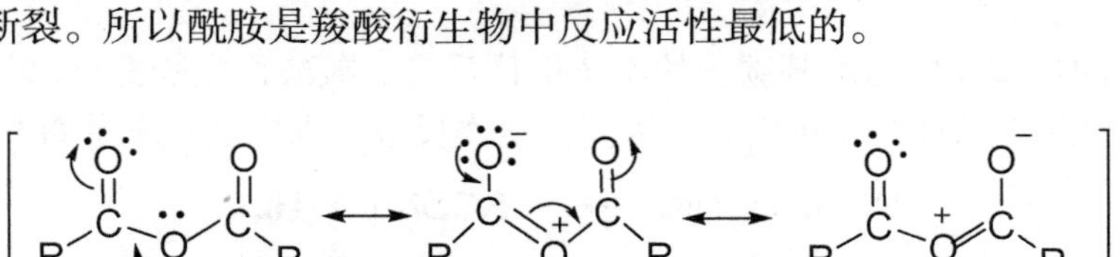

在酸酐分子中，氧原子上的孤对电子与羰基 π 键共轭，由于氧原子的电负性比氮原子大，对价电子约束力较强，与氮原子相比，不能很好地给出电子与羰基 π 键共轭。所以酸酐在羧酸衍生物中的反应活性是比酰胺强、比酰氯弱。所以从羧酸衍生物酰基碳上的正电性多少，或者从共轭结构中共振结构式 C 的贡献多少，可判断羧酸衍生物进行亲核取代反应的活

性顺序为：

$$RCOCl > RCOOCOR' > RCOOR' > RCONH_2$$

2. 离去基团的性质

如果离去基团 L 比亲核试剂中 Nu 更容易离去，反应就容易发生，否则反应就不容易发生。

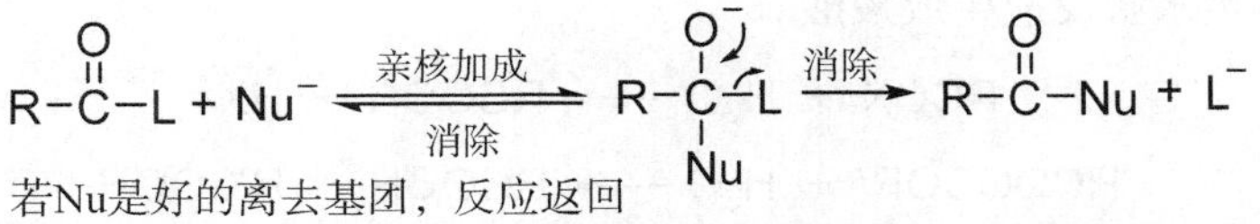

离去基团的性质与碱性有关。弱碱离去后较稳定，是个好的离去基团；强碱离去后较不稳定，是个不好的离去基团。因此，离去基团的离去能力随碱性增加而由好的离去基团变为不好的离去基团。

最弱的碱 最好的离去基团　Cl^-　H_2O　ROH　$RCOO^-$　NH_3　HO^-　RO^-　H_2N^- ⟶ 最强的碱 最不好的离去基团

综合羧酸衍生物酰基碳原子上的正电性和离去基团离去能力两方面因素，可以推断羧酸衍生物进行酰基碳原子上的亲核取代反应即加成-消除反应的活性顺序为

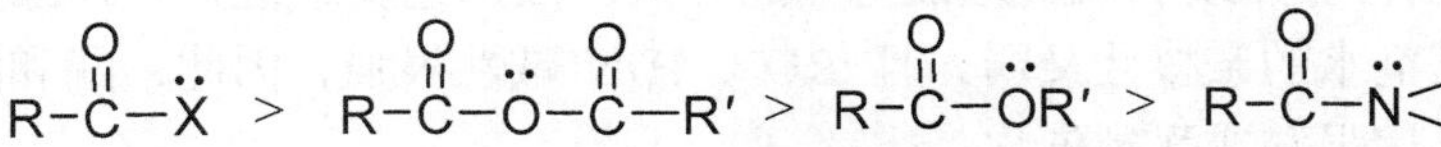

羧酸衍生物的反应活性可以用下面相互转变的线路图表示。

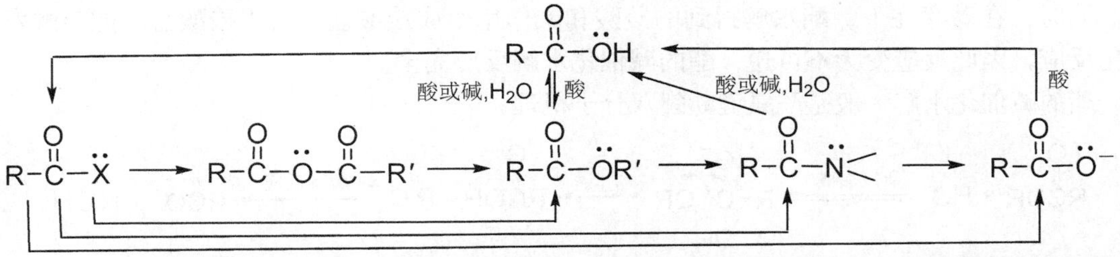

可以看出：酰卤和酸酐活性较高，无需催化剂可直接转变成反应活性较低的酯和酰胺；酯和酰胺必须在酸或碱催化剂作用下才能转变为其他衍生物；羧酸和酯之间可通过酯化反应和水解反应实现相互转变；羧酸根负离子可用一个强酸，通过酸碱反应转变为羧酸。

比较羧酸衍生物酰基碳上的亲核取代反应与醛、酮羰基的亲核加成反应，这两类反应的第一步是相同的，都是亲核试剂进攻羰基碳原子生成四面体中间体。

酰基碳上的亲核取代反应为：

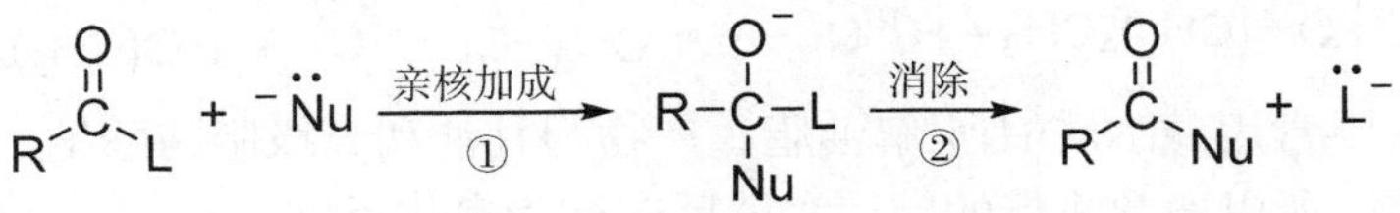

醛、酮羰基的亲核加成反应为：

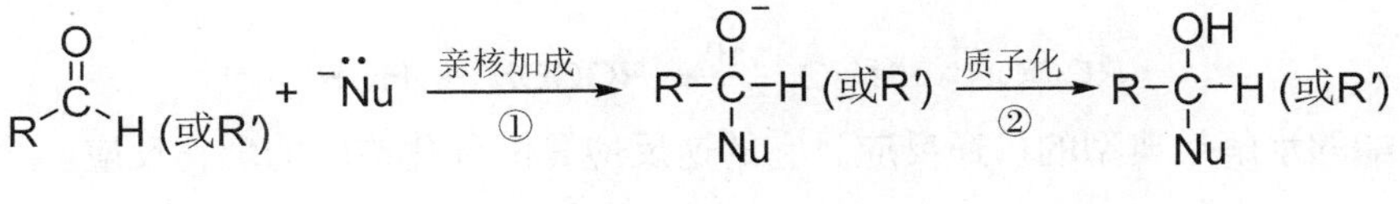

不同的是第二步。羧酸衍生物形成的四面体中间体有一个较易离去的基团 L，结果第二步是离去基以负离子的形式离去，发生消除，生成取代产物。而在醛、酮形成的四面体中间体中，没有好的离去基，结果第二步是质子化生成加成产物。对于醛和酮，如果要发生亲核取代，那么第二步则为离去基以 H^-(醛中的氢)或 R^-的形式离去。而 H^-和 R^-是极强的碱，极不稳定，很难离去，结果是发生质子化生成加成产物。

1) 羧酸衍生物的水解反应

羧酸衍生物发生水解反应生成羧酸。

$$RCOX + H_2O \longrightarrow RCOOH + HX$$

$$RCOOCOR' + H_2O \longrightarrow RCOOH + R'COOH$$

$$RCOOR' + H_2O \xrightarrow{H^+或HO^-} RCOOH + R'OH$$

$$RCONH_2 + H_2O \xrightarrow{H^+或HO^-} RCOOH + NH_3$$

根据羧酸衍生物水解反应的产物，可推测羧酸衍生物的结构。

由于酰卤和酸酐反应活性好，同时离去基团离去后形成的负离子 X^-和 $RCOO^-$的碱性很弱，因此很容易发生水解反应。低级的酰卤和酸酐与水反应剧烈。随着相对分子质量的增大，在水中溶解度降低，与水反应逐渐减慢。必要时，可采用加入合适的溶剂(如四氢呋喃、二氧六环)使成均相、加热或加入酸碱催化剂的方法，以加速反应进行。而酯和酰胺由于反应活性较差，亲核试剂水的亲核性又弱，且 RO^-、H_2N^-碱性很强，因此，酯和酰胺水解比酰卤和酸酐困难，需要用强酸或强碱催化。

酯在强碱作用下水解时，亲核试剂是 HO^-而不是 H_2O，亲核性增强，因而提高了反应速率。同时，在碱存在下，酯水解得到的羧酸和碱作用生成羧酸盐，由于羧酸盐不能与醇发生酯化反应，因此反应变为不可逆，酯的碱催化水解反应完全。

酯的碱催化水解一般是酰氧键断裂双分子机理：

该反应机理的实验依据：①酯的碱催化水解反应动力学是二级反应，$v = k$[酯][HO^-]，表明一个酯分子和一个 HO^-参与反应，该反应为双分子机理。在此反应中，碱不仅是催化剂，而且是试剂，因此碱的用量比酯的用量(物质的量)多。②用同位素方法研究，在 $H^{18}O^-$存在的情况下，乙酸戊酯水解，结果得到的羧酸负离子中有 ^{18}O 原子，而戊醇中没有 ^{18}O 原子，这说明水解是酰氧键断裂而不是烷氧键断裂。

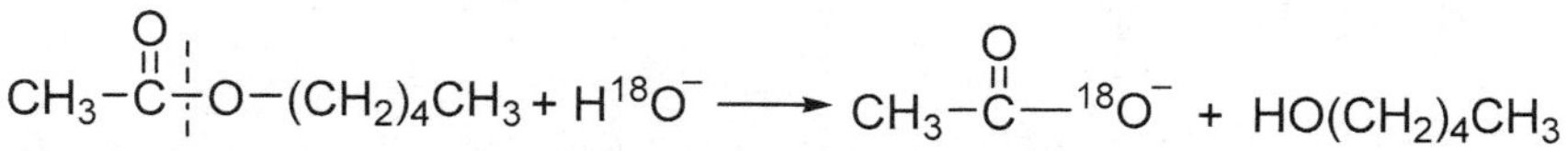

在油脂工业中，常用碱(NaOH)水解油脂，产物为甘油和高级脂肪酸钠。高级脂肪酸钠加工成型后就是肥皂，所以通常将酯的碱性水解反应称为皂化反应。

酯水解也可在酸性条件下进行：

$$RCOOR' + H_2O \overset{H^+}{\rightleftharpoons} RCOOH + HOR'$$

酸催化酯的水解是典型的可逆反应，它的逆反应是酸催化羧酸的酯化反应。

一般情况下，酸催化一级醇、二级醇的酯水解是酰氧键断裂双分子机理：

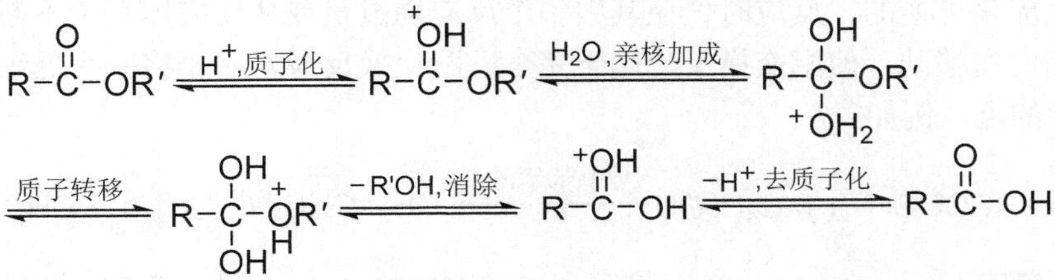

对于能形成稳定的碳正离子的三级醇的酯，在酸催化水解反应中是烷氧键断裂单分子机理：

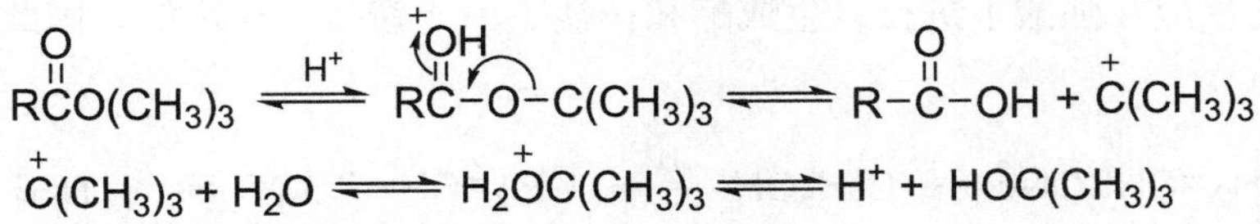

该机理可以通过同位素实验得到证实：

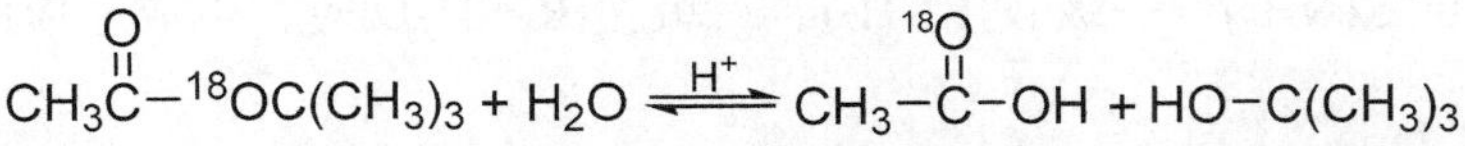

酰胺的水解反应比其他羧酸衍生物的水解困难，需要强酸、强碱及长时间的回流，才能水解为酸和氨(或胺)。反应机理与酯的水解反应机理相同。

2) 醇解反应

羧酸衍生物与醇反应得到酯。反应式如下：

$$RCOX + HOR'' \longrightarrow RCOOR'' + HX$$

$$RCOOCOR + HOR'' \longrightarrow RCOOR'' + RCOOH$$

$$RCOOR' + HOR'' \xrightleftharpoons{H^+或HO^-} RCOOR'' + R'OH$$

$$RCONH_2 + HOR'' \xrightarrow{H^+} RCOOR'' + NH_3$$

酰氯和酸酐很容易与醇、酚反应得到酯。例如：

$$CH_3CH_2COCl + HOC(CH_3)_3 \xrightarrow{Et_3N} CH_3CH_2COOC(CH_3)_3 + (CH_3CH_2)_3\overset{+}{N}HCl^-$$

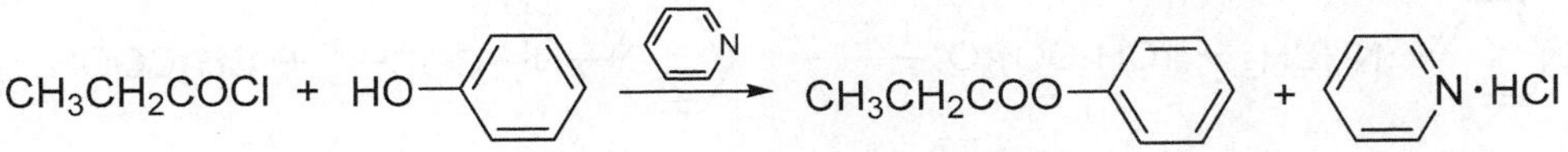

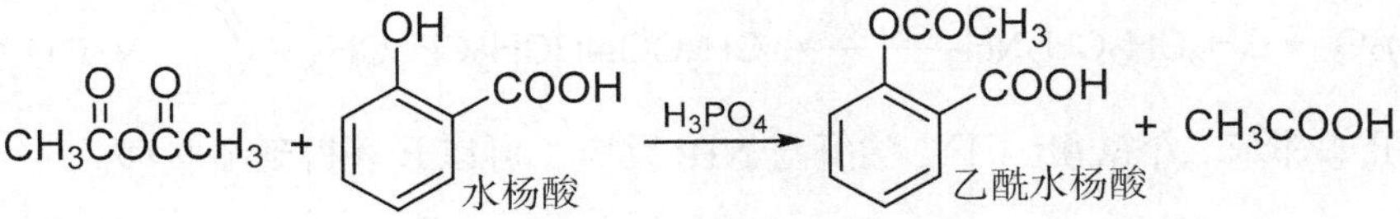

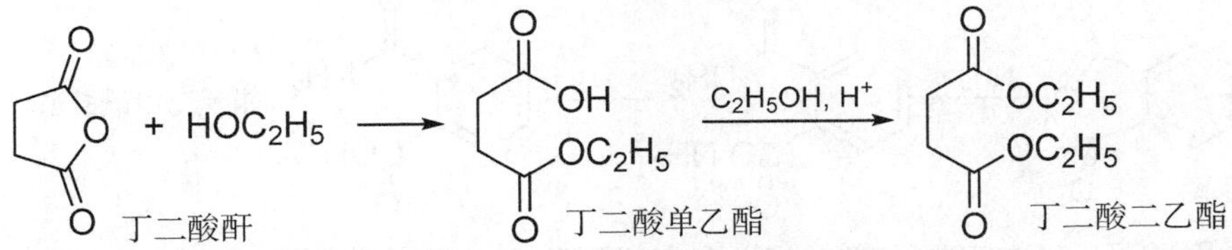

酯的醇解反应又得到新的酯和新的醇，这一反应又称为酯交换反应。这一反应需要在酸

(氯化氢、H_2SO_4 或对甲苯磺酸)或碱(醇钠)催化下进行，反应机理与酯的酸催化或碱催化水解机理类似。反应是可逆的，反应时，使其中一个反应物过量或从反应体系中不断除去某一产物，可使平衡向右移动，使酯交换反应趋于完全。酯交换反应常用于将一个低沸点醇的酯转化为高沸点醇的酯。例如：

$$CH_2{=}CHCOOCH_3 + n\text{-}C_4H_9OH \xrightarrow{\text{对甲苯磺酸}} CH_2{=}CHCOOC_4H_9\text{-}n + CH_3OH$$

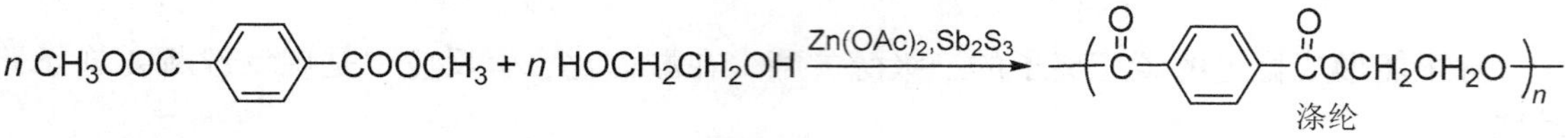

酰胺与醇的反应在强酸下进行，生成酯和铵盐。由于铵盐是稳定的，因此该反应是不可逆的。

$$CH_2{=}CHCONH_2 + C_2H_5OH \xrightarrow{H^+} CH_2{=}CH{-}COOC_2H_5 + NH_4^+$$

3) 氨(胺)解反应

羧酸衍生物与氨(NH_3)、一级胺(RNH_2)、二级胺(R_2NH)反应，生成相应的酰胺。反应式如下：

$$RCOX + H{-}N\lt \longrightarrow RCON\lt + HX$$

$$RCOOCOR + H{-}N\lt \longrightarrow RCON\lt + RCOOH$$

$$RCOOR' + H{-}N\lt \longrightarrow RCON\lt + R'OH$$

$$RCONH_2 + H{-}N\lt \longrightarrow RCON\lt + NH_3$$

酰氯与氨、伯胺、仲胺作用生成酰胺和铵盐。为减少反应物胺的消耗，可在碱性条件下进行，常用 NaOH、吡啶、三乙胺、二甲苯胺等。例如：

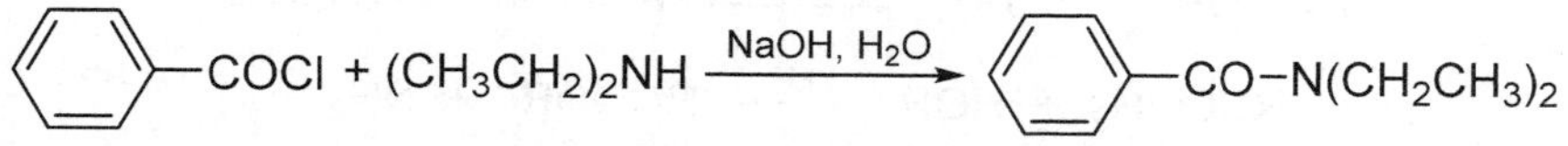

酸酐与胺反应，主要用于伯胺和仲胺的乙酰化，可以在中性条件下或用少量酸、碱催化。例如：

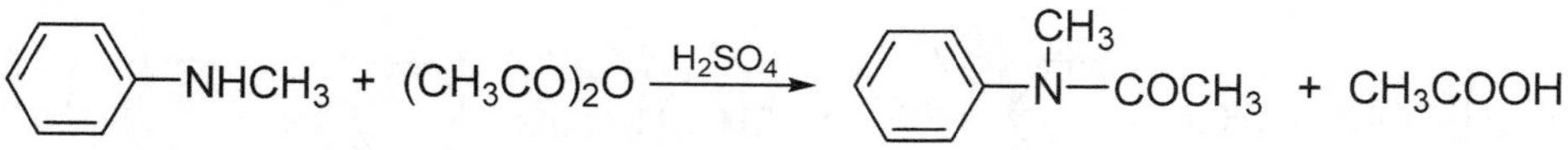

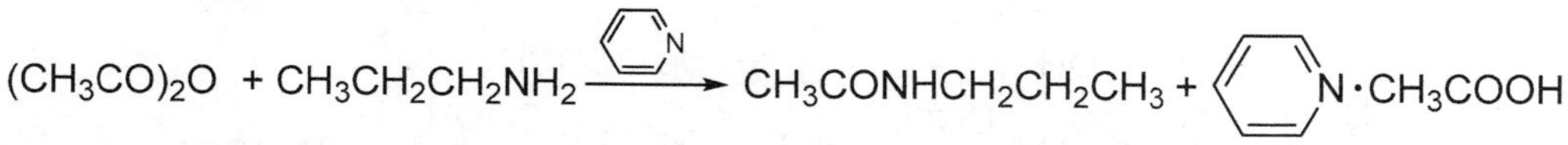

环状酸酐如邻苯二甲酸酐、丁二酸酐与 NH_3 反应，可以开环得到酰胺酸。

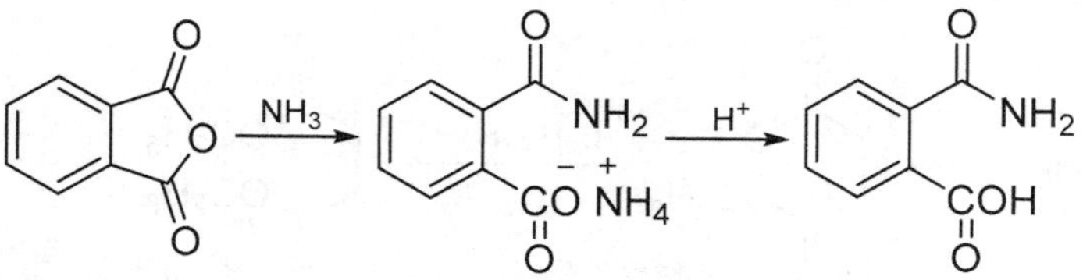

邻苯二甲酰胺酸

邻苯二甲酸酐、丁二酸酐与氨(或胺)在高温下反应，可以得到酰亚胺。

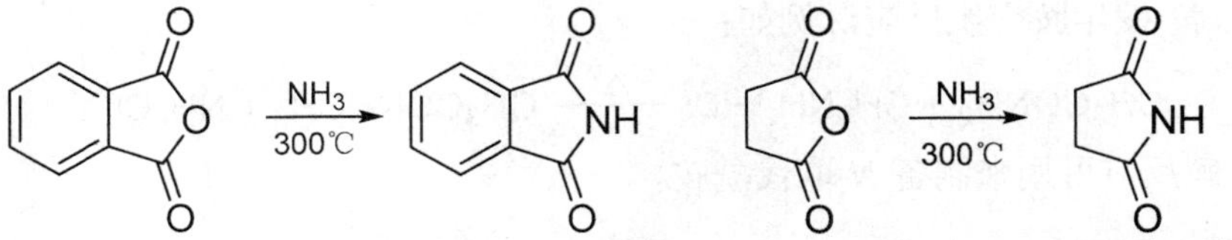

邻苯二甲酰亚胺　　　　　　丁二酰亚胺

酰亚胺分子中氮上的氢由于两个酰基吸电子的作用而具有弱酸性，在碱性溶液中可以成盐。丁二酰亚胺及邻苯二甲酰亚胺的盐是一个亲核试剂，可与伯卤代烷发生 S_N2 反应，产物经水解得到伯胺，可用于伯胺的合成。这种制备纯伯胺的方法称为 Gabriel 合成法。例如：

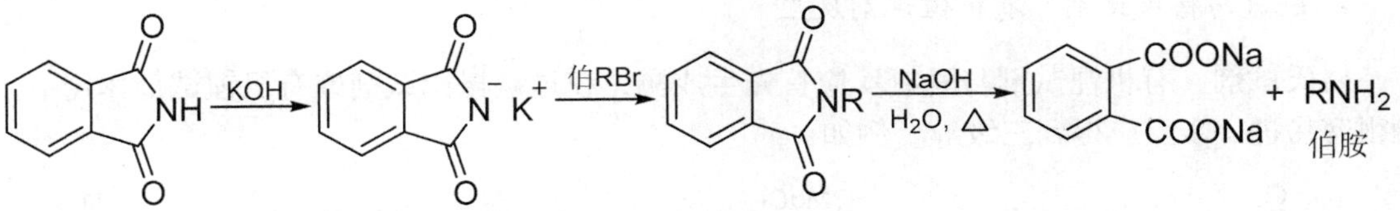

酰亚胺可以与 Br_2 反应。例如：

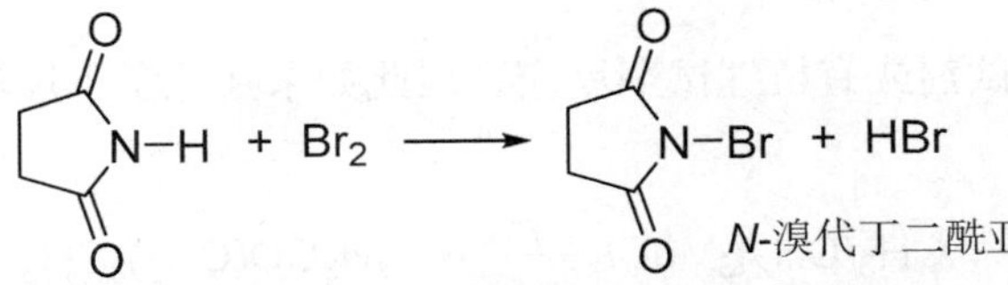

N-溴代丁二酰亚胺(NBS)

N-溴代丁二酰亚胺(简写为 NBS)是一个重要的溴化试剂，用于烯烃和芳烃的 α-位溴化反应。例如：

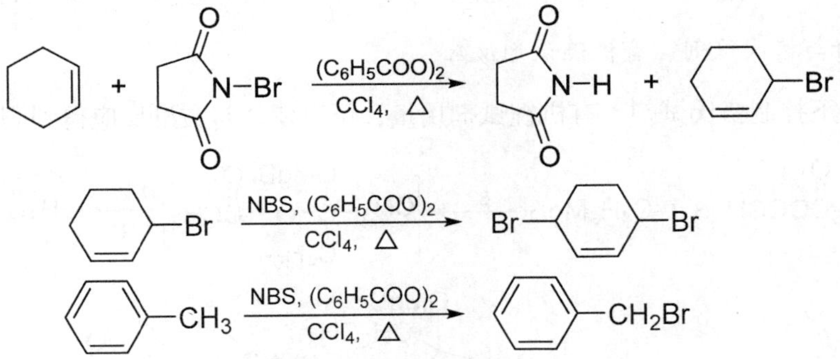

酯与氨、一级胺和二级胺反应得到酰胺和醇。例如：

$$CH_3CH_2\overset{HO}{\overset{|}{C}H}\overset{O}{\overset{\|}{C}}OC_2H_5 + NH_3 \xrightarrow{H_2O} CH_3CH_2\overset{HO}{\overset{|}{C}H}\overset{O}{\overset{\|}{C}}-NH_2 + C_2H_5OH$$

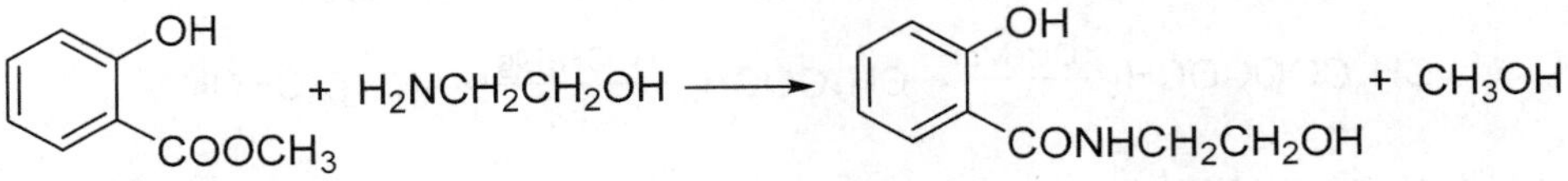

肼和羟胺也能与酯发生反应。反应式如下：

$$RCOOC_2H_5 + H_2N-NH_2 \longrightarrow \underset{\text{酰肼}}{RCONHNH_2} + C_2H_5OH$$

$$RCOOC_2H_5 + NH_2OH \cdot HCl \longrightarrow \underset{N\text{-羟基酰胺}}{RCONHOH} + C_2H_5OH + HCl$$

酰胺与氨(胺)发生胺交换反应。例如：

$$CH_3CONH_2 + CH_3NH_2 \cdot HCl \xrightarrow{\triangle} CH_3CONHCH_3 + NH_4Cl$$

所以酰胺的胺解反应可用来制备 *N*-取代酰胺。

11.5.2　羧酸衍生物与金属有机化合物的反应

金属有机化合物作为强亲核试剂，可以与羧酸衍生物发生酰基碳上的亲核取代反应，生成酮。有的金属有机化合物还可进一步与酮反应得到三级醇，而且反应不可逆。

1. 酰氯与格氏试剂、有机锂试剂反应

格氏试剂、有机锂试剂与酰氯反应首先生成酮，在过量格氏试剂或有机锂试剂作用下，酮很容易进一步反应得到三级醇。例如：

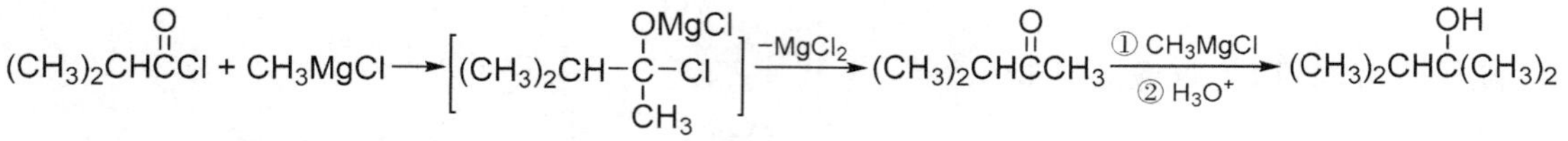

酰氯比酮更容易与格氏试剂或有机锂试剂反应，因此如果在低温下反应并控制格氏试剂的用量，可以得到酮。例如：

$$CH_3COCl + CH_3(CH_2)_3MgCl \xrightarrow{-70℃} CH_3CO(CH_2)_3CH_3$$

另外，对有空间阻碍的反应物酰氯或格氏试剂，反应也可以停在生成酮一步。例如：

$$(CH_3)_2CHCOCl + (CH_3)_3CMgCl \xrightarrow{\text{干醚}} (CH_3)_2CHCOC(CH_3)_3$$

2. 酸酐与格氏试剂、有机锂试剂反应

在低温下控制格氏试剂、有机锂试剂用量，可以使之与酸酐反应得到酮：

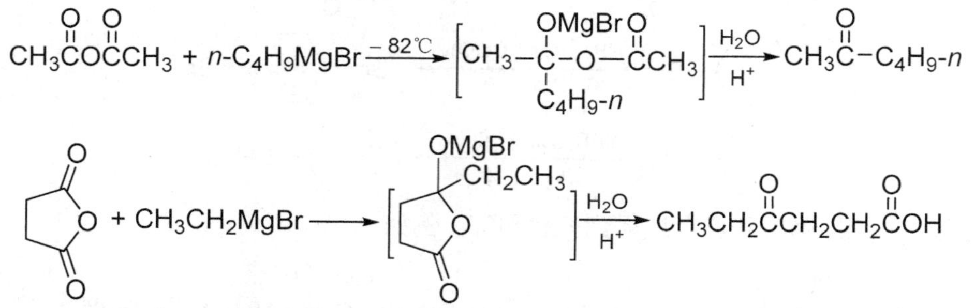

酸酐与过量格氏试剂或有机锂试剂作用，最后生成三级醇。例如：

$$CH_3COOCOCH_3 \xrightarrow{CH_3MgI} CH_3COCH_3 \xrightarrow[\text{② } H_3O^+]{\text{① } CH_3MgI} (CH_3)_3C{-}OH$$

3. 酯与金属有机化合物反应

甲酸酯与格氏试剂反应，先生成醛，醛进一步反应得到有两个相同烃基的二级醇。其他羧酸酯与格氏试剂反应生成酮，酮进一步与格氏试剂反应得到含有两个相同烃基的三级醇。由于醛和酮比酯更容易与格氏试剂反应，因此酯与格氏试剂的反应一般不会停留在生成醛或酮的阶段，最后得到的是醇。

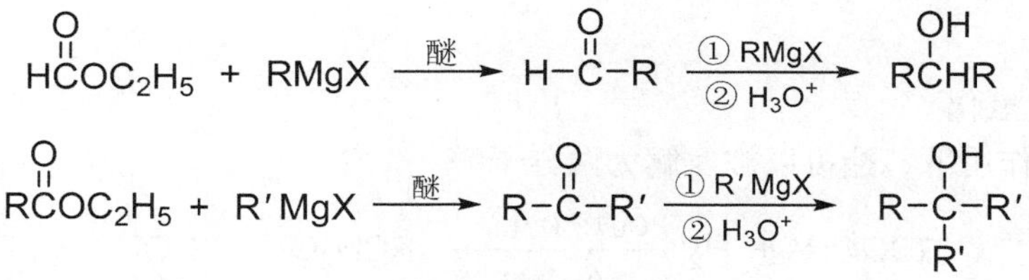

有机锂化合物与格氏试剂一样，与酯反应得到醇。

4. 酰胺与金属有机化合物反应

酰胺也能与金属有机化合物反应，但消耗金属有机化合物较多，一般不用于有机合成。由于醛和酮比酰胺更容易与格氏试剂反应，因此酰胺与格氏试剂的反应一般也不会停留在生成醛或酮的阶段，最后得到的是醇。

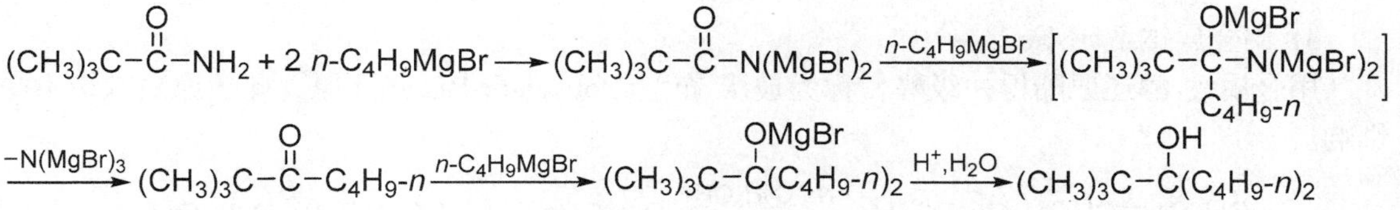

11.5.3　羧酸衍生物的还原反应

1. 酰氯的还原

1) 催化氢化

催化氢化可以将酰氯还原成一级醇。

$$RCOCl + H_2 \xrightarrow{Pd} RCH_2OH$$

在钯催化剂中加入少量的硫-喹啉以减低活性，用这种部分钝化的催化剂可将酰氯还原成醛，而不至于进一步还原成醇。

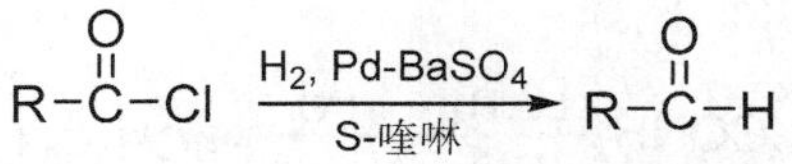

这种方法称为罗森蒙德(Rosenmund)还原法。如果反应物分子中有硝基、卤素、酯基等基团，不被还原。

2) 络合金属氢化物还原

$LiAlH_4$ 和 $NaBH_4$ 都可以将酰氯还原成一级醇。$LiAlH_4$ 中的氢可以被一个、两个、三个烷氧基取代。例如：

$$LiAlH_4 + 2CH_3CH_2OH \xrightarrow{\text{醚}} 2H_2 + LiAlH_2(OC_2H_5)_2 \quad \text{二乙氧基氢化铝锂}$$

$$LiAlH_4 + 3t\text{-BuOH} \xrightarrow{\text{醚}} 3H_2 + LiAlH(OBu\text{-}t)_3 \quad \text{三叔丁氧基氢化铝锂}$$

由于烷氧基大小不同以及取代程度不同，这些试剂的活性也不同。烷氧基取代越多，还原反应活性越低，因而反应的选择性越强。例如，三叔丁氧基氢化铝锂可以将酰氯还原为醛，它与醛、酮反应很慢，而与硝基、酯基和氰基不反应。

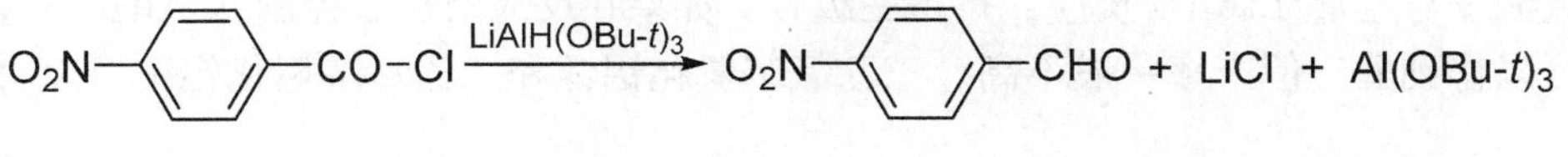

2. 酯的还原

1) 酯的催化氢化

在催化剂的作用下，酯可以被氢解为两分子醇：

$$RCOOR' + H_2 \xrightarrow[\Delta,\,压力]{Cu/Cr\,催化剂} RCH_2OH + HOR'$$

这个反应在工业上常被用于高级脂肪酸酯制备高级脂肪醇。高级脂肪酸酯中的双键同时被还原，但苯环在氢解过程中保持不变。

2) 用络合金属氢化物还原

$LiAlH_4$ 可以将酯还原成一级醇。例如：

$$PhCH_2COOC_2H_5 \xrightarrow[乙醚]{LiAlH_4} \xrightarrow{H_2O} PhCH_2CH_2OH + C_2H_5OH$$

3) 用金属钠-醇还原

用金属钠-醇还原酯得一级醇，称为玻沃-布兰(Bouveault-Blanc)还原，此还原法双键不受影响。

$$CH_3CH{=}CHCH_2COOC_2H_5 \xrightarrow[\Delta]{Na\text{-}C_2H_5OH} CH_3CH{=}CHCH_2CH_2OH + C_2H_5OH$$

3. 酰胺的还原

1) 催化氢化

酰胺在高温高压下催化氢化，得到胺。

$$RCONH_2 \xrightarrow[\Delta,\,压力]{H_2,\,Cu/Cr\,催化剂} RCH_2NH_2$$

2) 用络合金属氢化物还原

一级酰胺 $RCONH_2$ 可以被 $LiAlH_4$ 还原为一级胺 RCH_2NH_2，二级酰胺 $RCONHR'$ 可以被 $LiAlH_4$ 还原为二级胺 RCH_2NHR'。例如：

$$PhCH_2CONH_2 \xrightarrow[乙醚]{LiAlH_4} \xrightarrow{H_2O} PhCH_2CH_2NH_2$$

$$CH_3CONHPh \xrightarrow[乙醚]{LiAlH_4} \xrightarrow{H_2O} CH_3CH_2NHPh$$

反应时，首先是强碱性的 $LiAlH_4$ 和弱酸性的酰胺氮上的氢反应生成盐 **i** 和 AlH_3，放出氢气；然后 AlH_3 与 **i** 进行加成，形成中间物 **ii**；**ii** 再发生消除反应得到 **iii**；**iii** 与另外一分子 $LiAlH_4$ 再进一步还原，水解得到胺。

$$RCONH_2 + LiAlH_4 \rightleftharpoons \underset{\mathbf{i}}{RCO\overset{-}{N}HL\overset{+}{i}} + AlH_3 + H_2$$

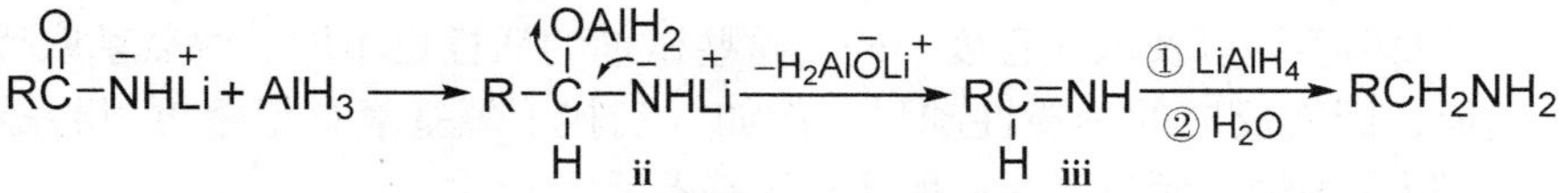

三级酰胺与过量 $LiAlH_4$ 反应，可得三级胺。如果在反应时小心控制 $LiAlH_4$ 不过量，最后水解可以得到醛，但产率一般不高。三乙氧基氢化铝锂和二乙氧基氢化铝锂可以将三级酰

胺还原为醛，产率较高。例如：

$$CH_3CH_2CH_2CON(CH_3)_2 \xrightarrow[\text{② } H_2O]{\text{① } LiAlH(OCH_2CH_3)_3} CH_3CH_2CH_2CHO + (CH_3)_2NH$$

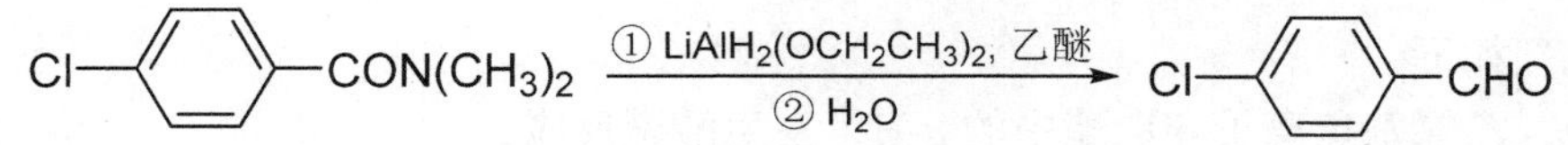

11.5.4 羧酸衍生物 α-H 的反应

1. 酰卤的 α-H 卤化反应

由于酰卤中卤素的吸电子效应，酰卤的 α-H 活泼，比较容易形成烯醇，然后烯醇与卤素反应，生成 α-卤代酰卤。反应机理如下：

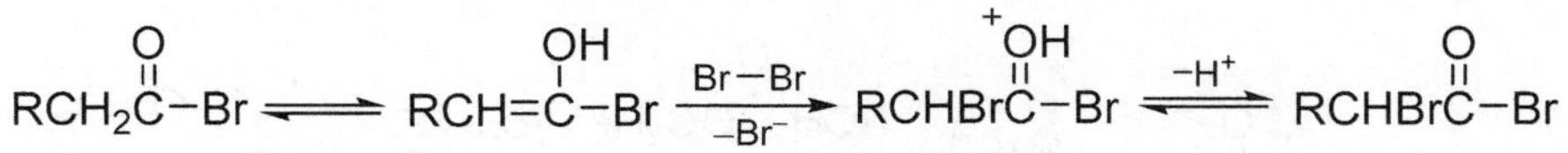

例如：

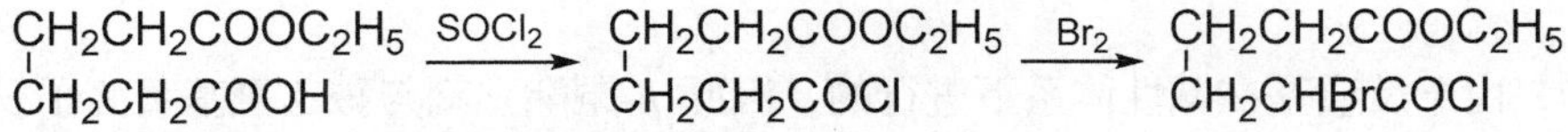

可以看出，酰卤的 α-H 比简单酯的 α-H 更活泼。

2. 酯的 α-H 反应

1) 在强碱作用下酯的 α 位与醛、酮、酰卤和伯卤代烷的反应

受酯基吸电子作用的影响，酯分子中的 α-H 具有活性。在强碱的作用下，酯中的 α-H 被夺取，形成负离子，这是一个好的亲核试剂，可以与醛、酮发生羰基的亲核加成反应形成 β-羟基酯，可以与酰氯或酸酐发生酰基碳上的亲核取代反应生成 β-酮酯，还可以与伯卤代烷发生饱和碳上的亲核取代反应使酯的 α 位烷基化。

常用的强碱有二异丙基胺锂(LDA)和环己基异丙基胺锂，它们的结构如下：

$[(CH_3)_2CH]_2N^-Li^+$　二异丙基胺锂　　环己基异丙基胺锂

例如：

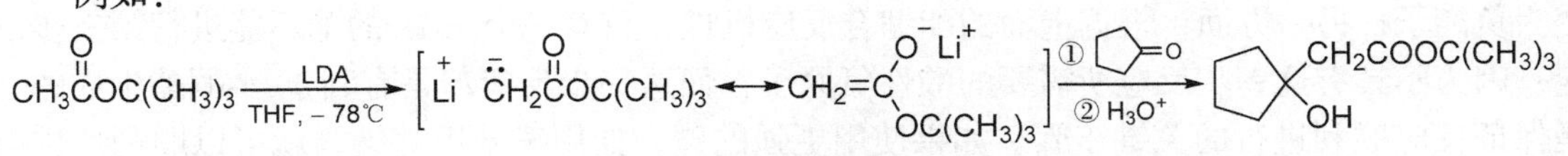

$$CH_3COOC_2H_5 \xrightarrow[\text{THF, } -78^\circ C]{LDA} \xrightarrow[\text{② } H_3O^+]{\text{① } CH_3CH_2COCl} CH_3CH_2COCH_2COOC_2H_5$$

$$CH_3CH_2CH_2COOC_2H_5 \xrightarrow[\text{THF, } -78^\circ C]{LDA} \xrightarrow[\text{② } H_3O^+]{\text{① } CH_3CH_2I} (CH_3CH_2)_2CHCOOC_2H_5$$

2) 克莱森(Claisen)酯缩合反应

(1) 克莱森酯缩合反应及机理。

在碱性试剂的作用下，含有 α-H 的酯与另外一分子酯失去一分子醇，得到 β-酮酯(或称为 β-羰基酯)，该反应称为克莱森酯缩合反应。例如：

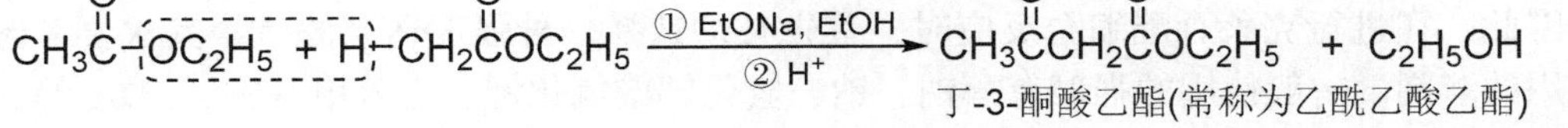

丁-3-酮酸乙酯(常称为乙酰乙酸乙酯)

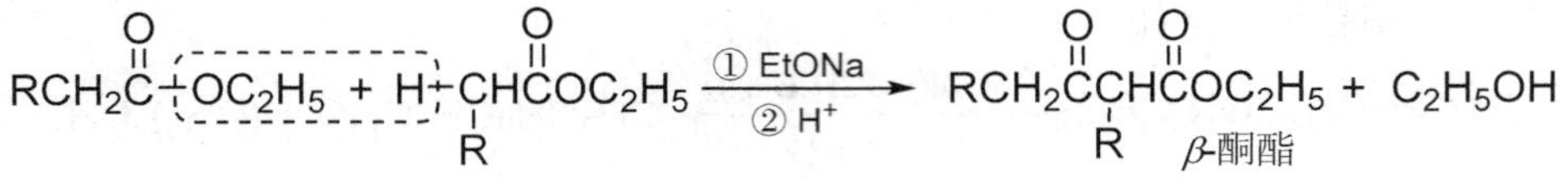

反应机理如下：

第一步，乙氧基负离子夺取酯中的 α-H，发生酸碱反应：

$$RCH_2COOC_2H_5 + C_2H_5O^- \rightleftharpoons R\ddot{C}HCOOC_2H_5 + C_2H_5OH$$

较弱的酸($pK_a \approx 25$)　　较弱的碱　　较强的碱　　较强的酸($pK_a \approx 16$)

在这一平衡体系中，羧酸酯形成的负离子浓度非常低。

第二步，羧酸酯形成的负离子进攻另外一分子酯的羰基碳原子，发生亲核取代反应，生成 β-酮酯：

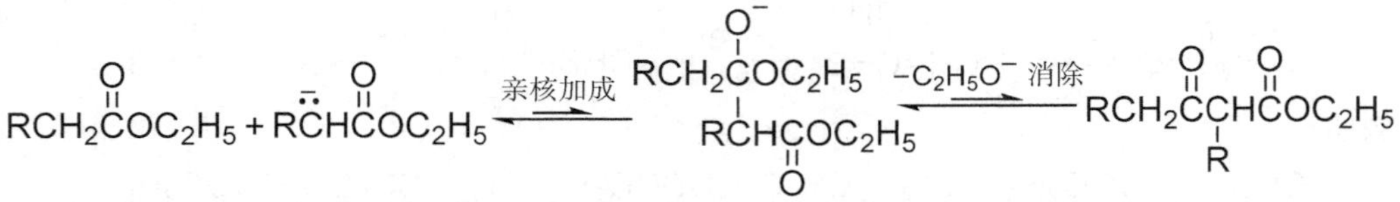

第三步，由于反应是在碱性体系下进行的，因此 β-酮酯立刻与碱乙氧基负离子发生酸碱反应生成盐：

较强的酸($pK_a \approx 11$)　　较强的碱　　较弱的碱　　较弱的酸($pK_a \approx 16$)

这是关键的一步，这一平衡有利于反应向产物方向进行。另外，在反应时不断蒸出产物乙醇，更使整个反应向右进行。

第四步，将第三步生成的 β-酮酯负离子盐进行酸化，生成最后的产物 β-酮酯：

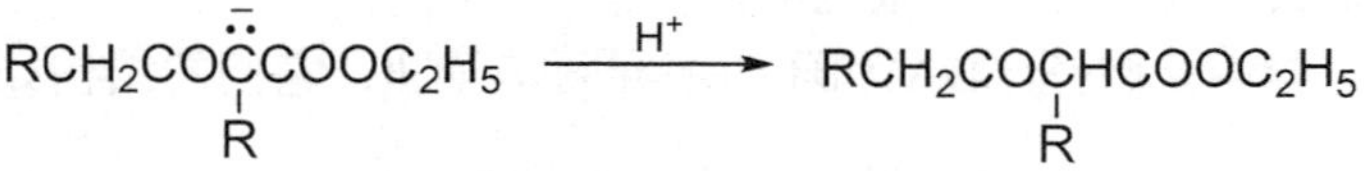

当酯中只含有一个 α-H 时，不能用醇钠使其发生酯缩合反应。这是因为，一方面，对于只含有一个 α-H 的酯，由于烃基的推电子诱导效应，α-H 酸性减弱，需要更强的碱才能将酯变为负离子；另一方面，根据上面的酯缩合反应机理，只有一个 α-H 的酯不能进行第三步反应，因为不具有这一步反应所需要的酸性氢原子，而这一步反应却是有利于 β-酮酯生成的，是保证反应顺利进行的关键步骤。如果使用更强的碱，如用三苯甲基钠，就可以顺利地进行酯缩合反应。例如：

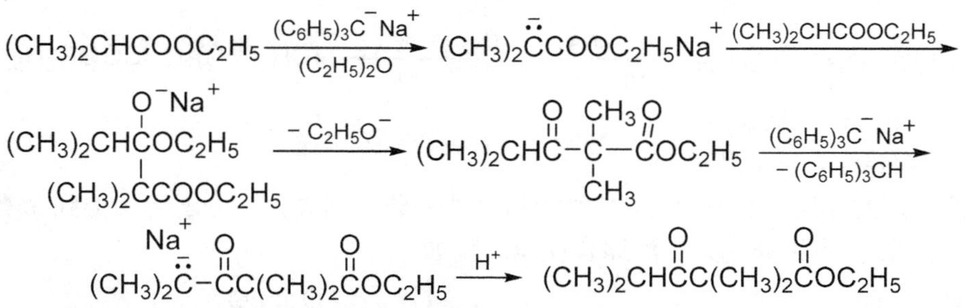

因此，在进行克莱森酯缩合反应时，首先必须选择一种强度适当的碱，其次要考虑反应时使用的溶剂。一般使用的强碱有醇钠、钠、氢化钠或氢化钾、三苯甲基钠、LDA 等，常用

的溶剂是非质子溶剂，如醚、苯、DMF 等。

克莱森酯缩合反应是可逆的，因此，β-酮酯在碱的催化下可与一分子醇进行克莱森酯缩合反应的逆反应，分解为两分子酯(醇解)：

$$CH_3COCH_2COOC_2H_5 + C_2H_5OH \xrightarrow[180℃]{C_2H_5ONa} 2CH_3COOC_2H_5$$

反应机理为

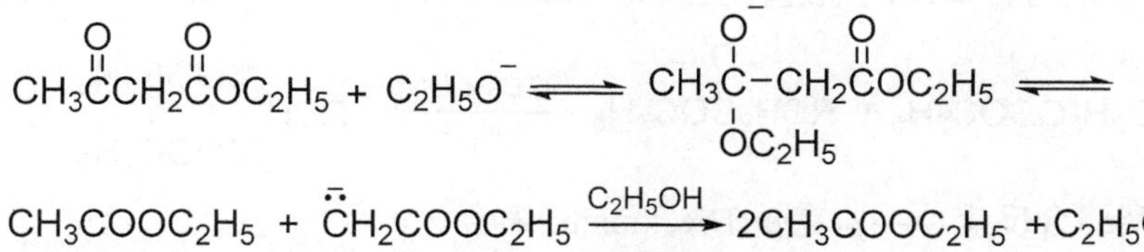

克莱森酯缩合反应及其逆反应在合成上具有重要作用。

(2) 交叉的克莱森酯缩合反应。

如果用两种不同的含 α-H 的酯进行克莱森酯缩合反应，生成的产物有 4 种。

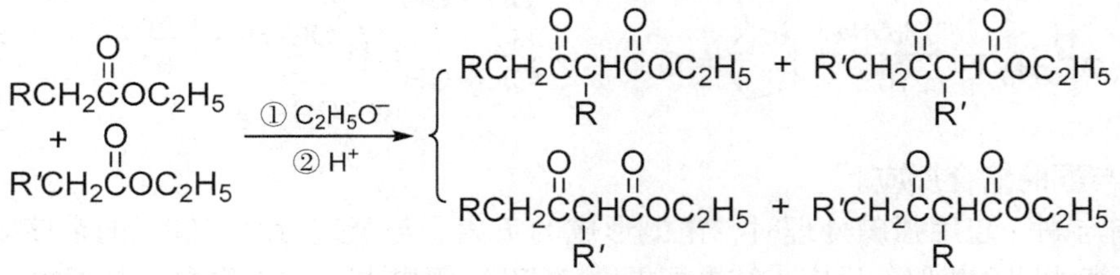

由于产物复杂，分离困难，在制备上无实用价值。但是当选用一个有 α-H 的酯与另一个无 α-H 的酯如甲酸酯、苯甲酸酯、草酸酯、碳酸酯等进行缩合反应时，生成的产物就减少到两种，若控制好反应条件，就可以使交叉克莱森酯缩合产物成为主产物，这个反应就可以用于制备。

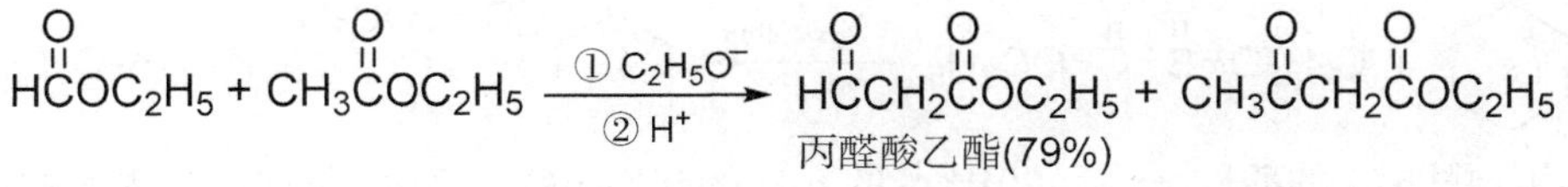

又如：

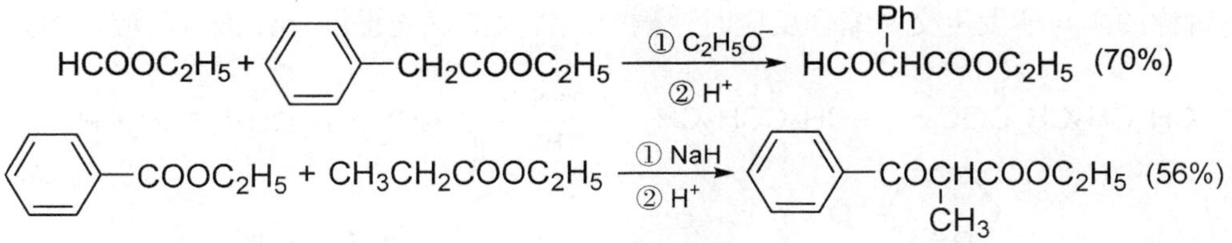

草酸酯分子中一个酯基的吸电子诱导效应，增加了另一个酯羰基的亲电性，比较容易和其他酯发生交叉缩合反应。例如：

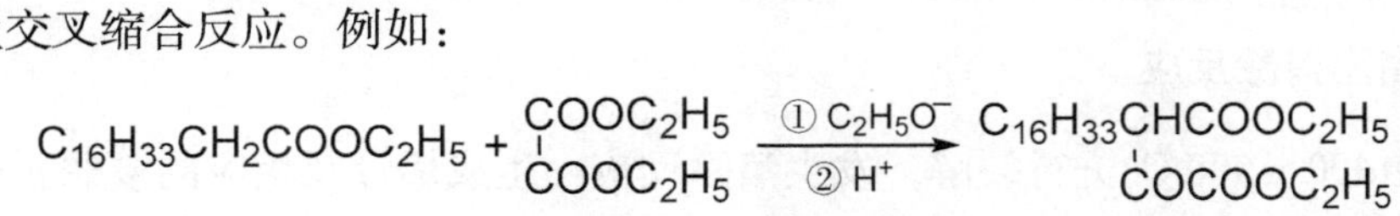

草酸酯的缩合产物具有 α-酮酯基团，受热时可失去一分子 CO，生成取代的丙二酸酯。例如：

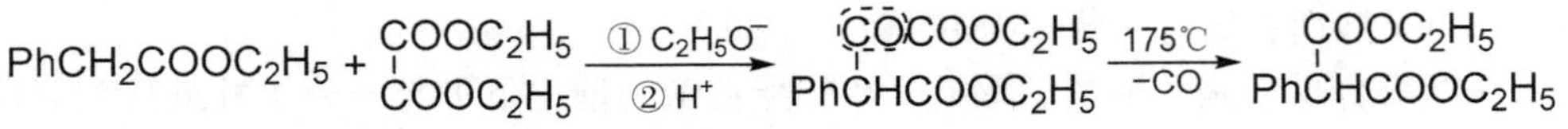

草酸酯缩合后的产物还可用来合成 α-酮酸。例如：

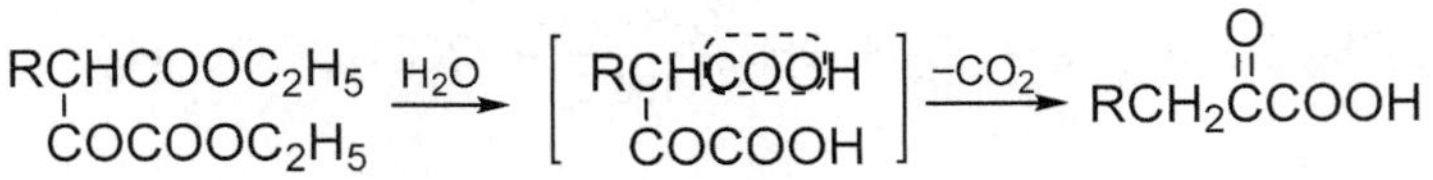

α-酮酸

碳酸二乙酯可以与含 α-H 的酯进行交叉克莱森酯缩合反应，合成取代丙二酸酯。

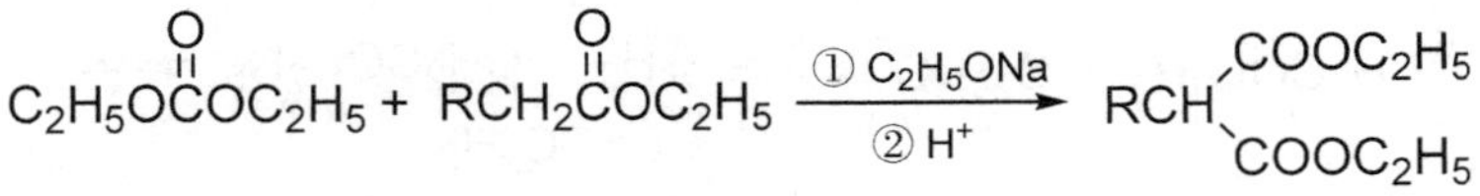

(3) 分子内酯缩合反应——迪克曼(Dieckmann)缩合。

当己二酸二酯和庚二酸二酯与强碱一起作用时，结果发生分子内的克莱森酯缩合反应，得到环状的酯缩合产物——五元、六元环状的 β-酮酯。

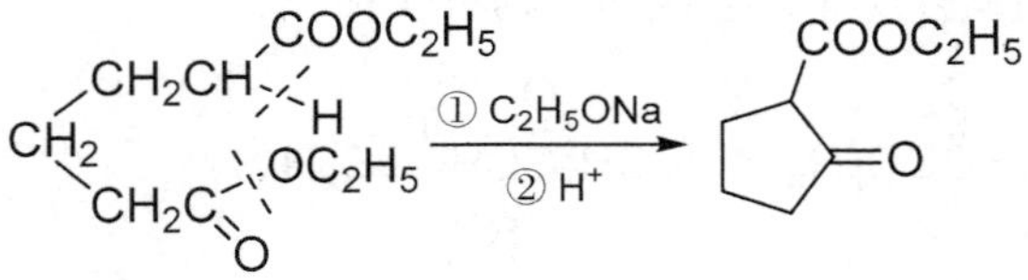

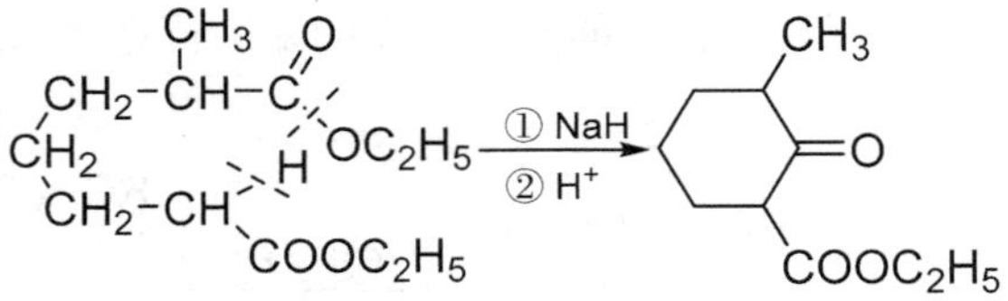

(4) 酯与酮的缩合反应。

当将酯与酮一起用强碱处理时，由酮形成的负离子与酯进行酰基碳上的亲核取代反应，发生与克莱森酯缩合相似的反应，结果酯提供烷氧基，酮提供 α-H，失去一分子醇，生成 β-二酮。例如：

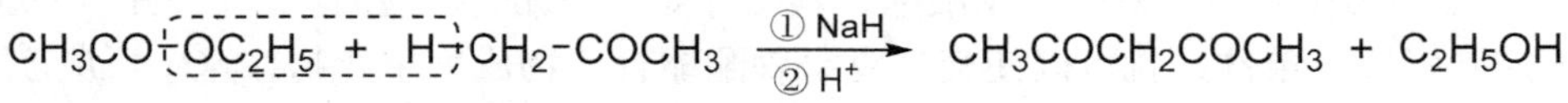

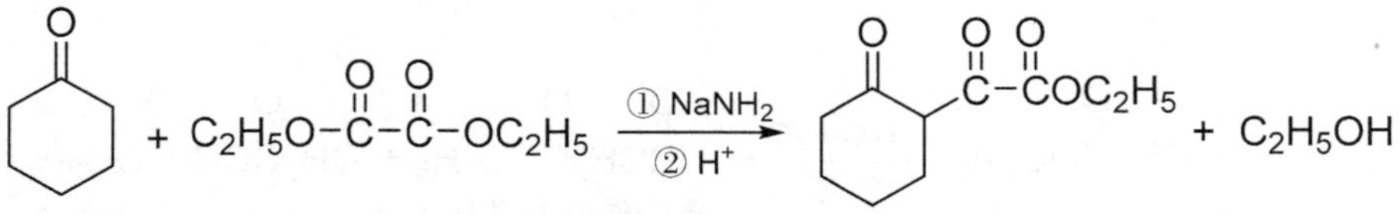

这是由于酮 α-H 的酸性($pK_a \approx 20$)比酯的 α-H 的酸性($pK_a \approx 25$)大得多。在强碱的作用下，酮比酯更容易失去质子，形成负离子。

不对称的酮与酯发生交叉缩合反应时，酮中酸性大的优先提供 α-H 进行反应。例如：

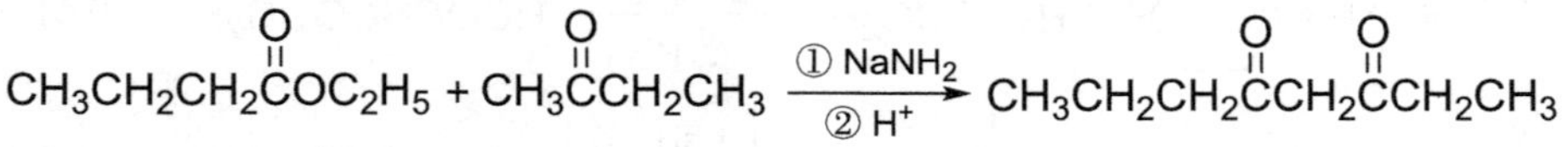

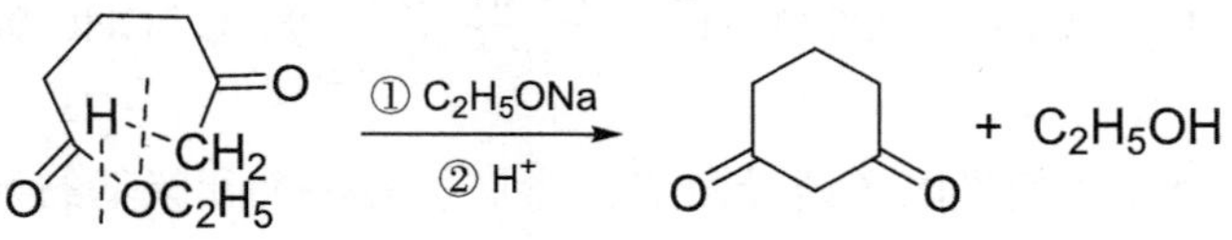

11.5.5　酯的高温消除反应

酯在高温(400～500℃)进行裂解，发生消除反应，生成烯烃及相应的羧酸。这是合成烯烃的一种方法。例如：

$$CH_3COOCH_2CH_2CH_2CH_3 \xrightarrow{500℃} CH_2{=}CHCH_2CH_3 + CH_3COOH$$

该反应产生的烯烃双键不会转移，无重排反应发生。而醇在酸催化下脱水生成烯烃，在反应中可能发生双键转移，得到重排产物。

该反应机理是协同反应，通过六中心环状过渡态进行。

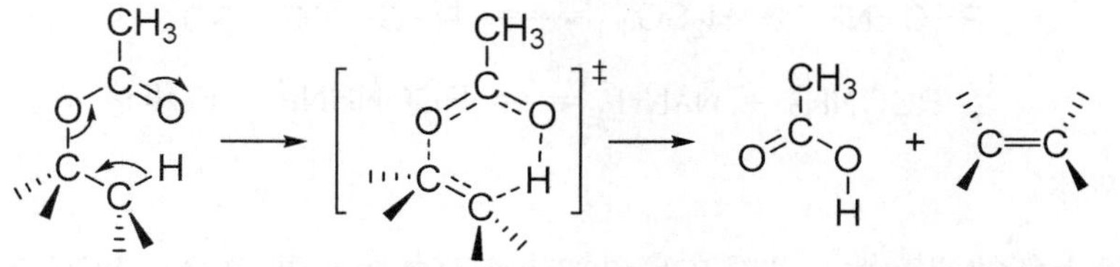

这是一个分子内通过环状过渡态的消除反应，分子的构象处于重叠式，被消除的酰氧基与 β-H 是同时离开的，并处于同侧，是顺式消除。

如果羧酸酯有两种 β-H，可以得到两种消除产物，其中以酸性大、位阻小的 β-H 被消除为主要产物。例如：

$$CH_3-\underset{}{\overset{OCOCH_3}{\overset{|}{C}H}}-CH_2CH_3 \xrightarrow{500℃} \underset{57\%}{CH_2=CH-CH_2CH_3} + \underset{43\%}{CH_3-CH=CHCH_3}$$

如果被消除的 β-H 有两个，以大的基团处于反式为主。例如：

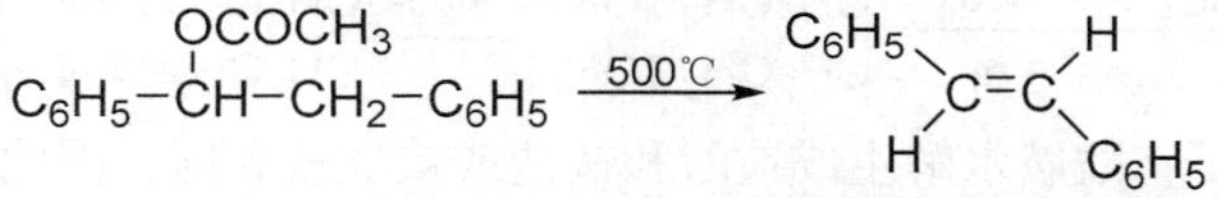

因为部分重叠式构象(i)比全重叠式构象(ii)稳定，(i)顺式消除得反式产物。

(i) 部分重叠式构象　　　(ii) 全重叠式构象

11.5.6　酰卤的活性及与钠盐的反应

在羧酸衍生物中，酰卤的反应活性最高。它除了可以发生前述亲核取代反应外，还可以与弱亲核试剂如羧酸盐、过氧化钠发生亲核取代反应。

酰卤与羧酸盐反应得到酸酐，可以利用这一反应来制备不对称酸酐。

$$R-\overset{O}{\overset{\|}{C}}-X + \overset{+}{Na}\overset{-}{O}-\overset{O}{\overset{\|}{C}}-R' \longrightarrow R-\overset{O}{\overset{\|}{C}}-O-\overset{O}{\overset{\|}{C}}-R' + NaX$$

酰卤与过氧化钠反应得到一类很重要的有机过氧化物，这可以作为自由基反应的引发剂。例如：

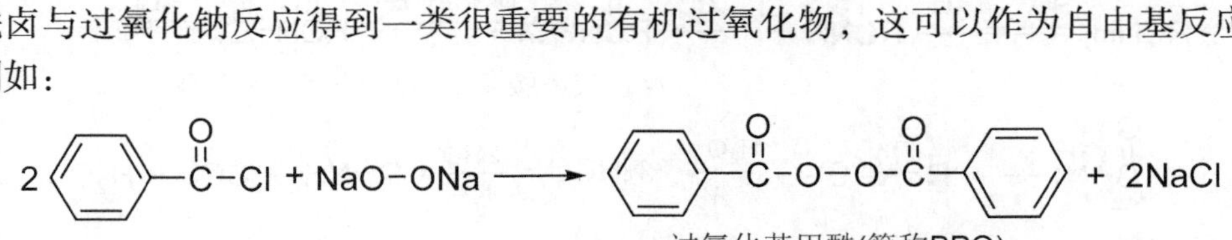

过氧化苯甲酰(简称BPO)

11.5.7　酰胺的酸碱性及脱水反应

1. 酰胺的酸碱性

酰胺分子中酰基吸电子的结果是酰胺的碱性比氨明显减弱，而氮上氢的酸性比 NH_3 强，与醇相近。酰胺是中性物质，但与强酸如浓 H_2SO_4 相遇，质子与酰胺羰基上的氧结合成𬭩盐，生成质子化的酰胺，表现碱性；用强碱如醇钠、$NaNH_2$ 处理，得到酰胺盐，表现酸性。

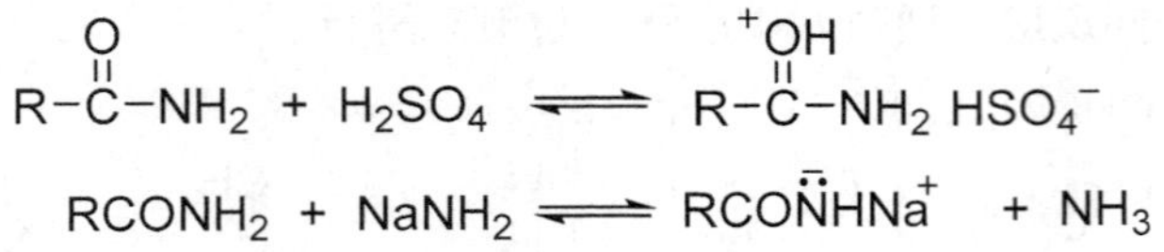

2. 酰胺的脱水

由于酰胺氮上氢的活泼性，酰胺在高温加热或有强吸水剂 P_2O_5、$POCl_3$、$SOCl_2$ 等存在下，可以发生分子内脱水生成腈。这是实验室中制备腈的一种方法：

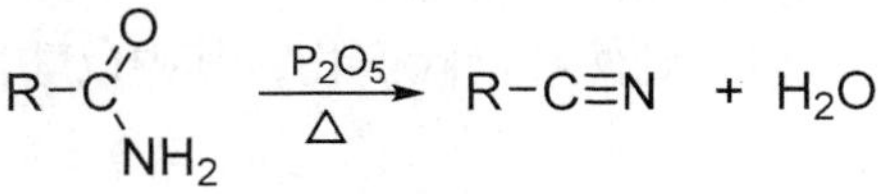

例如：

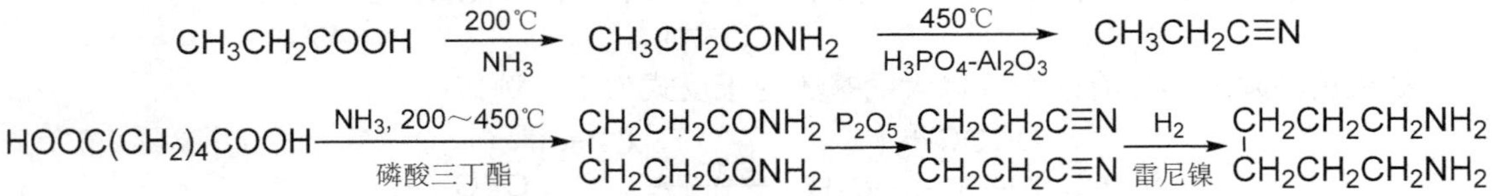

在酸或碱的催化下，酰胺水解生成羧酸和铵盐或羧酸盐和氨，因此羧酸、酰胺和腈有下列转化关系：

$$RCOOH + NH_3 \longrightarrow RCOONH_4 \underset{+H_2O}{\overset{-H_2O}{\rightleftharpoons}} RCONH_2 \underset{+H_2O}{\overset{-H_2O}{\rightleftharpoons}} RC\equiv N$$

11.5.8　霍夫曼酰胺降级反应

将一级酰胺用 Cl_2 或 Br_2 在碱性溶液中处理，或用 NaOCl、NaOBr 处理，得到比一级酰胺少一个碳原子的伯胺。这个反应称为霍夫曼(Hofmann)酰胺降级反应。

$$RCONH_2 \xrightarrow[\text{或}NaOBr\text{ 或 }Br_2,NaOH]{NaOCl\text{ 或 }Cl_2,NaOH} R-NH_2$$

反应机理如下：

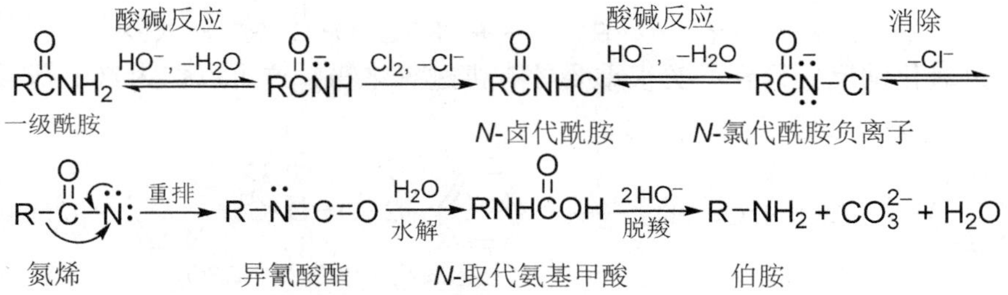

重排的推动力是异氰酸酯的能量比氮烯低，稳定性较大。这不仅是由于异氰酸酯比氮烯多一个共价键，而且是由于氮烯中氮的价电子层只有 6 个电子，是一个缺电子氮，而异氰酸酯中氮原子的价电子层已经达到了 8 个电子。

霍夫曼重排是分子内重排，不生成交叉产物，重排时迁移基团烃基的构型保持不变。

11.6　β-二羰基化合物

凡是分子中两个羰基被一个饱和碳原子隔开，即具有—$COCH_2CO$—基本构造的化合物，统称为 1,3-二羰基化合物或 β-二羰基化合物。这两个羰基可以是酮羰基，也可以是羧酸或酯中的羰基。因此，β-二羰基化合物分为以下几类：

β-二羰基化合物
- β-二酮　　　如 $CH_3COCH_2COCH_3$(戊-2,4-二酮)
- β-酮酸及其酯　　如 $CH_3COCH_2COOC_2H_5$(乙酰乙酸乙酯)
- β-二元酸及其酯　如 $CH_2(COOC_2H_5)_2$(丙二酸二乙酯)

β-二羰基化合物具有处于两个羰基之间的活性甲叉基，这个甲叉基上的氢原子具有较大的酸性($pK_a \approx 10～14$)，在碱的作用下易形成碳负离子。碳负离子是一个很好的亲核试剂，可以与伯卤代烷发生饱和碳上的亲核取代反应，还可以与酰氯发生酰基碳上的亲核取代反应，在 β-二羰基化合物分子中引入新的基团。因此 β-二羰基化合物是重要的有机合成试剂。

本节主要讨论乙酰乙酸乙酯和丙二酸二乙酯的合成、性质及在有机合成中的应用。

11.6.1　乙酰乙酸乙酯

1. 乙酰乙酸乙酯的合成

在实验室中乙酰乙酸乙酯是利用克莱森酯缩合反应制备的，这是合成β-酮酯的主要方法：

$$2CH_3COOC_2H_5 \xrightarrow[\text{② } H^+]{\text{① } C_2H_5ONa} CH_3COCH_2COOC_2H_5 + C_2H_5OH$$

在工业上乙酰乙酸乙酯是由乙烯酮的二聚体经过醇解得到的：

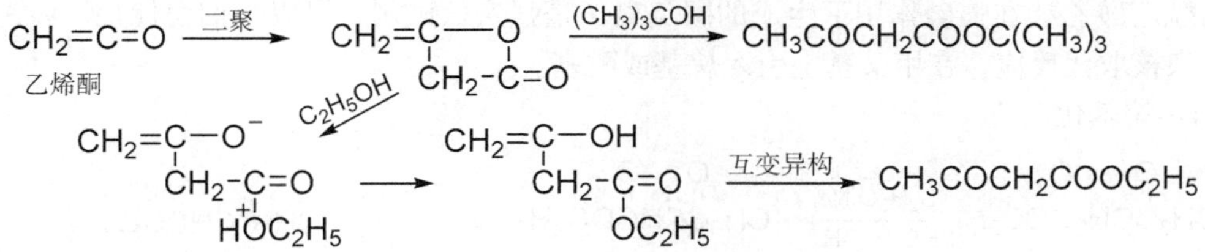

2. 乙酰乙酸乙酯的互变异构

乙酰乙酸乙酯是由酮式和烯醇式两个异构体组成的。在室温下，这两个异构体之间相互转变很快，达到平衡时，酮式含量为 92.5%，烯醇式含量为 7.5%。乙酰乙酸乙酯中烯醇式含量要大大高于一般醛、酮、酯中的烯醇式含量，这与乙酰乙酸乙酯的烯醇式结构中存在分子内氢键而形成六元环结构和存在共轭体系有关。

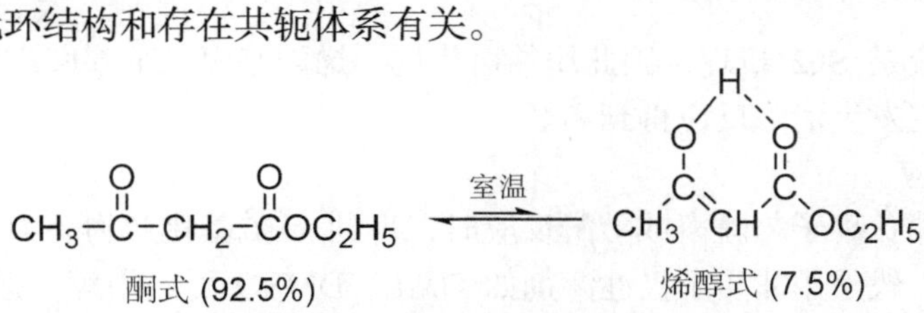

在室温下，这个平衡体系彼此转变得很快，但在低温(−78℃)时，乙酰乙酸乙酯酮式及烯醇式二者互变的速率很慢，在适当的条件下，可以把两者分开。乙酰乙酸乙酯中的酮式和烯

醇式结构可以通过以下实验事实得到证实。

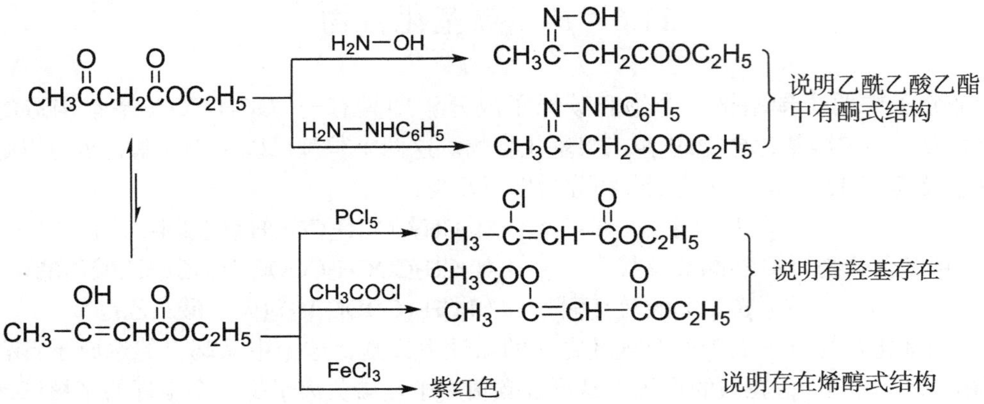

3. 乙酰乙酸乙酯的化学性质

1) 酸性

乙酰乙酸乙酯中甲叉基质子具有明显的酸性，在强碱作用下容易生成碳负离子，由于负电荷可以离域在两个羰基之间，因此比较稳定。

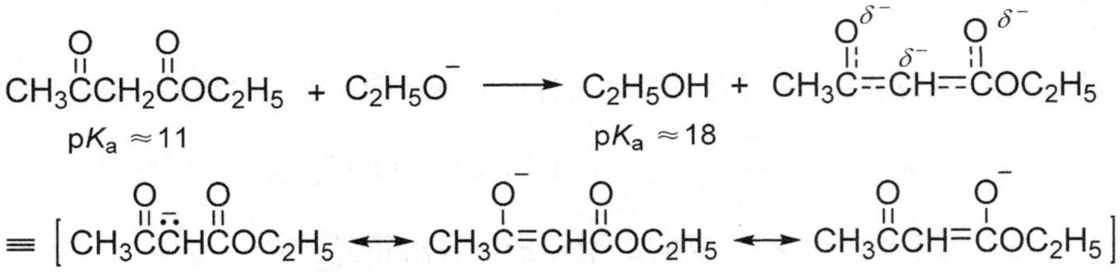

乙酰乙酸乙酯在强碱作用下生成的碳负离子是强亲核试剂，可以与伯卤代烷、酰卤或酸酐发生亲核取代反应，在甲叉基上引入烷基或酰基。

(1) α-烷基化反应。

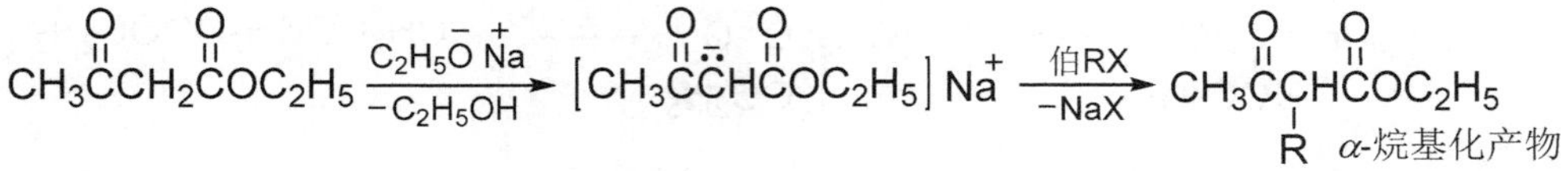

一烷基取代的乙酰乙酸乙酯中甲叉基上还有一个氢原子，它的酸性比乙酰乙酸乙酯弱，在更强的碱作用下可以发生第二次烷基化。

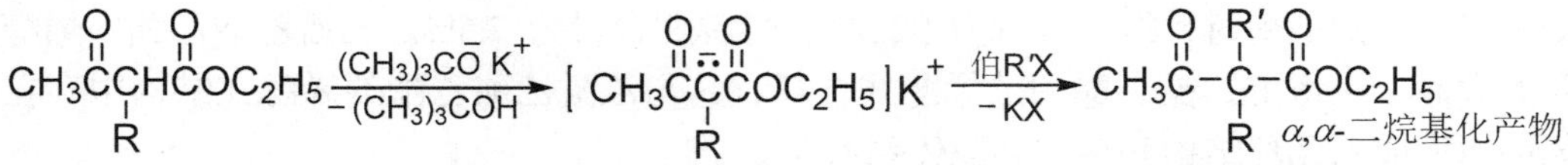

由于烷基化反应是 S_N2 机理，因此用伯卤代烷、烯丙基卤、苄基卤产率较高，仲卤代烷产率较低，叔卤代烷发生消除反应得到烯烃。

(2) α-酰基化反应。

当乙酰乙酸乙酯负离子与酰卤或酸酐反应时，得到 α-酰基化产物。为了避免酰卤或酸酐被醇解，这个反应一般是用非质子极性溶剂如 DMF、DMSO 而不用醇，强碱用 NaH 而不是醇钠。

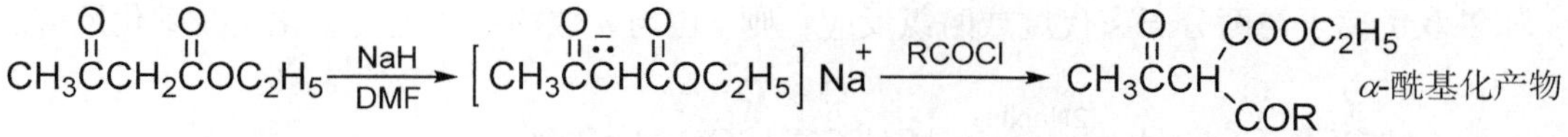

乙酰乙酸乙酯在碱的作用下形成的负离子，负电荷可以在碳上也可以在氧上，因此具有两个反应活性中心。在一般情况下，除主要生成碳烷基化或酰基化产物外，还产生少量相应的氧烷基化或酰基化产物。

2) 乙酰乙酸乙酯皂化后脱羧——乙酰乙酸乙酯酮式分解

乙酰乙酸乙酯在碱性条件下水解，酸化后生成 *β*-酮酸——乙酰乙酸，由于在羧基的 *α*-C 上有一个吸电子的酰基，因此它很容易脱羧，在加热情况下放出 CO_2，生成丙酮，这一过程称为乙酰乙酸乙酯的酮式分解。

$$CH_3COCH_2COOC_2H_5 \xrightarrow[\text{② } H^+]{\text{① 稀 NaOH, } H_2O, \triangle} CH_3COCH_2COOH \xrightarrow[-CO_2]{\triangle} CH_3COCH_3$$

β-酮酸的脱羧反应机理一般认为是经过一个六元环的过渡态。

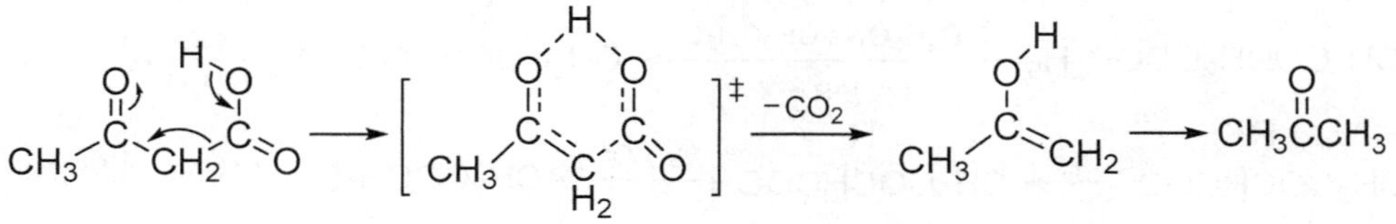

3) 乙酰乙酸乙酯酸式分解

乙酰乙酸乙酯与浓的强碱溶液共热，然后酸化，得到的主要产物是两个酸，所以称为酸式分解：

$$CH_3COCH_2COOC_2H_5 \xrightarrow{\text{浓 NaOH}} \xrightarrow{H^+} CH_3COOH + CH_3COOH + C_2H_5OH$$

反应机理如下：

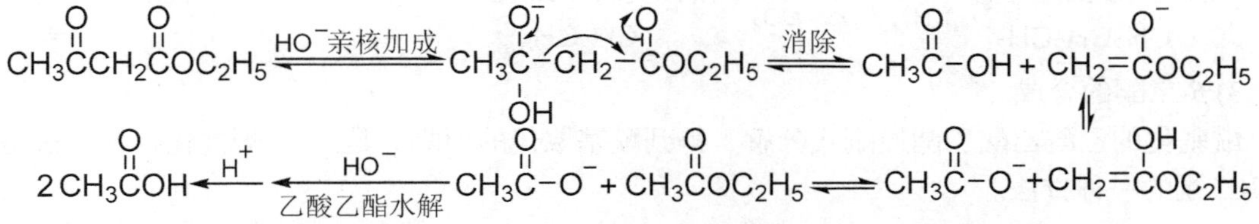

对于酰化的乙酰乙酸乙酯，容易用碱分解，脱去乙酰基得到新的 *β*-酮酯：

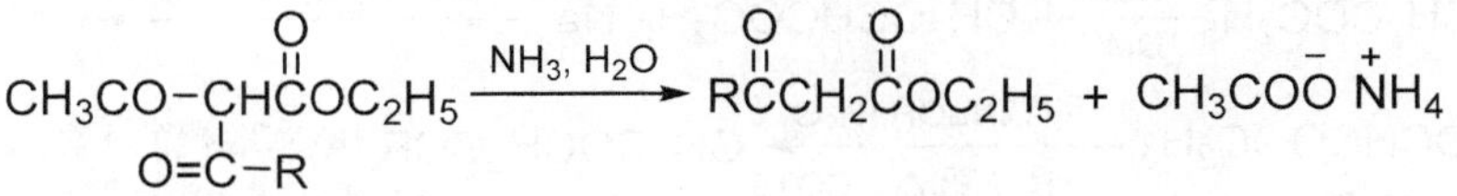

4) 乙酰乙酸乙酯的 *γ*-烷基化及 *γ*-酰基化

一分子乙酰乙酸乙酯在两分子强碱如 KNH_2、$NaNH_2$、NaH、RLi 等作用下，形成共轭稳定的双负离子，再与一分子卤代烷或酰氯反应，可在 *γ* 位烷基化、酰基化，而不是在 *α* 位。这是因为 *γ*-H 酸性比 *α*-H 的弱，*γ*-碳负离子亲核性较 *α*-碳负离子的强，所以在 *γ* 位发生反应。一取代后剩余的 *α*-碳负离子可加 NH_4Cl 中和：

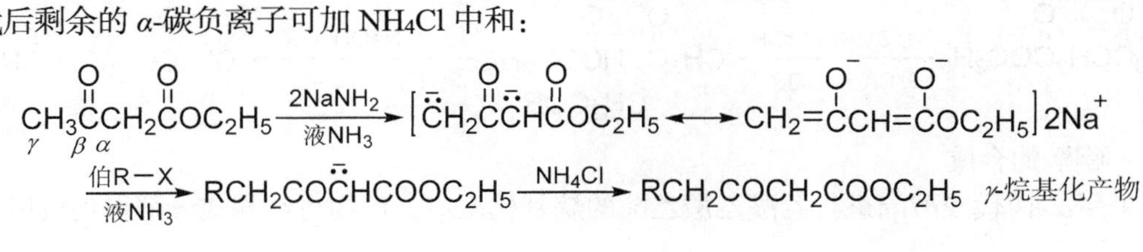

如果双负离子与两分子卤代烷或酰氯反应，则 γ 位与 α 位均可发生烷基化及酰基化反应。

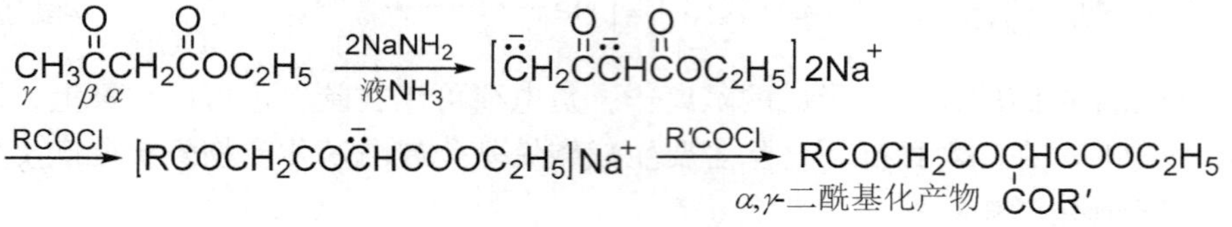

4. 乙酰乙酸乙酯在有机合成中的应用

乙酰乙酸乙酯所进行的烷基化、酰基化、酮式分解、酸式分解等一系列反应在有机合成上的应用，称为乙酰乙酸乙酯合成法。乙酰乙酸乙酯是合成取代丙酮最常用的试剂。

1) 一烷基取代丙酮的合成

乙酰乙酸乙酯进行一次烷基化反应得到一烷基 α 位取代的乙酰乙酸乙酯，然后用稀 NaOH 溶液水解，酸化反应混合物，加热脱羧得到一烷基取代的丙酮。

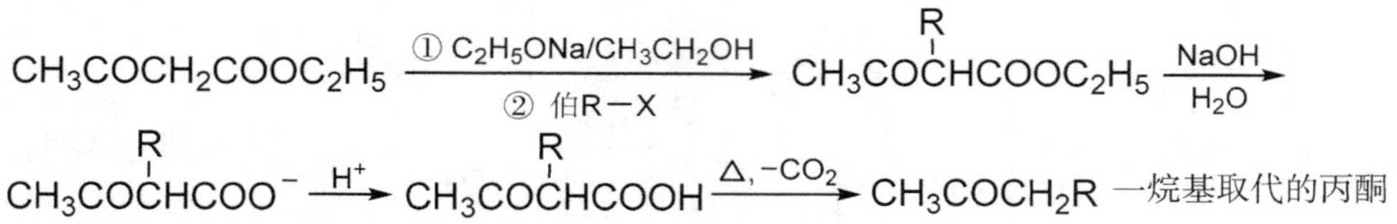

2) α, α-二烷基取代丙酮的合成

二次烷基化的乙酰乙酸乙酯经酮式分解得到 α, α-二烷基取代的丙酮。例如：

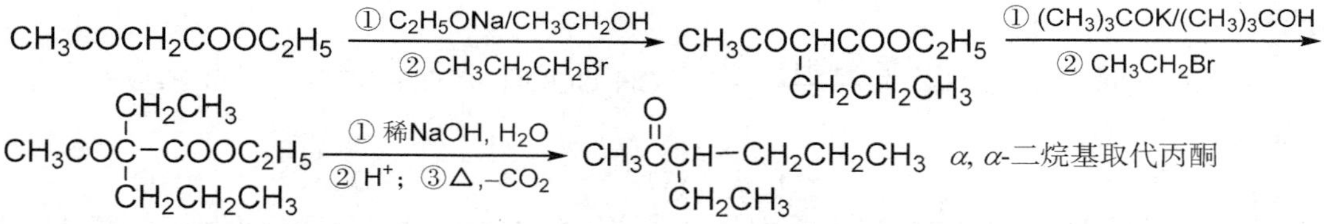

3) β-二酮的合成

酰基化的乙酰乙酸乙酯经酮式分解，得到酰基取代的丙酮，是 β-二酮类化合物，这是合成 β-二酮的一种方法。

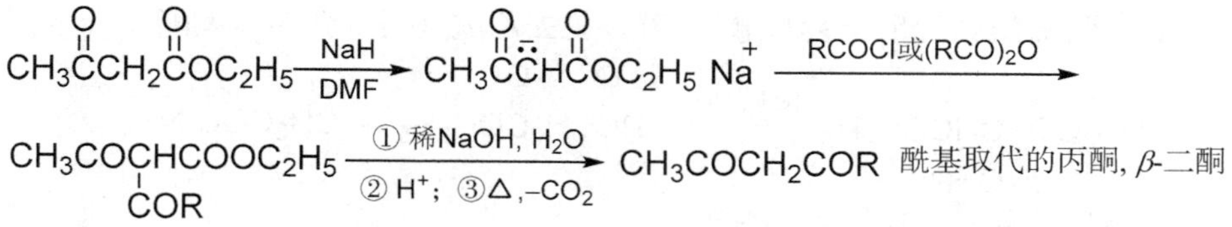

4) γ-二酮的合成

如果是以 α-卤代酮进行乙酰乙酸乙酯的烷基化反应，产物经酮式分解得到酰甲基取代的丙酮，即 γ-二酮。这是合成 γ-二酮的一种方法。

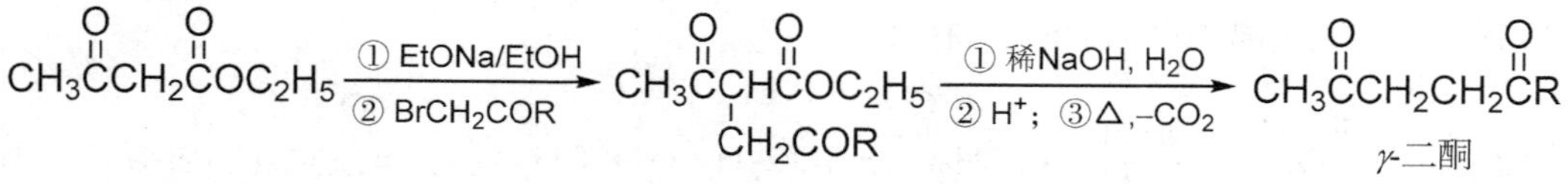

5) γ-酮酸的合成

如果用 α-卤代羧酸酯进行乙酰乙酸乙酯的烷基化反应，产物再经酮式分解得到羧甲基取

代的丙酮，即γ-酮酸。这是合成γ-酮酸的一种方法。

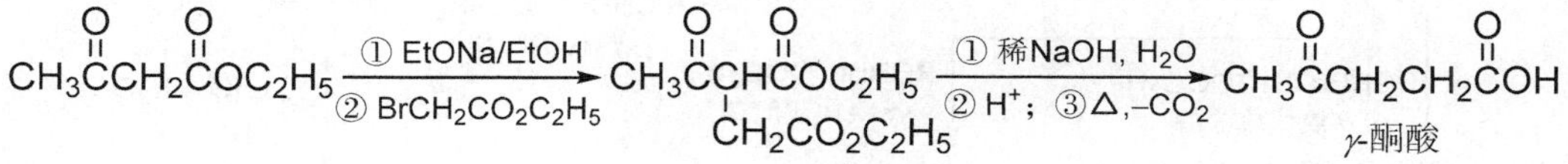

11.6.2　丙二酸二乙酯

1. 丙二酸二乙酯的合成

丙二酸二乙酯可以经过以下反应制备：

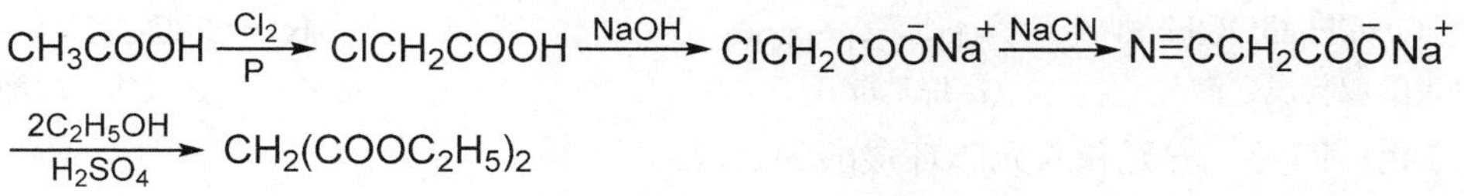

2. 丙二酸二乙酯的性质及在有机合成中的应用

丙二酸二乙酯与乙酰乙酸乙酯的性质是相似的。丙二酸二乙酯分子中甲叉基上的质子也具有酸性，但比乙酰乙酸乙酯中甲叉基质子酸性弱。与强碱作用也形成碳负离子，碳负离子作为强亲核试剂也可以与卤代烷或酰氯发生亲核取代反应，得到烷基取代的丙二酸二乙酯或酰基取代的丙二酸二乙酯。

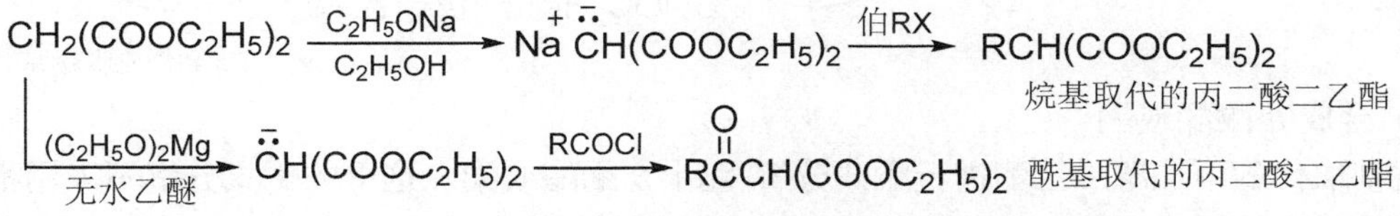

丙二酸二乙酯的烷基化、酰基化、水解、脱羧等一系列反应在有机合成中的应用，称为丙二酸二乙酯合成法。这是制备取代乙酸最有效的方法。

1) 一烷基取代乙酸和二烷基取代乙酸的合成

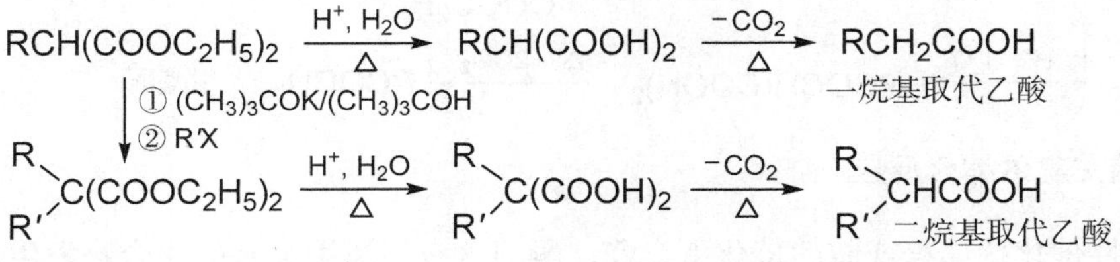

2) 二元酸的合成

将 1mol 二卤烷和 2mol 丙二酸二乙酯的碳负离子反应，产物再经水解、脱羧，就得到二元酸。

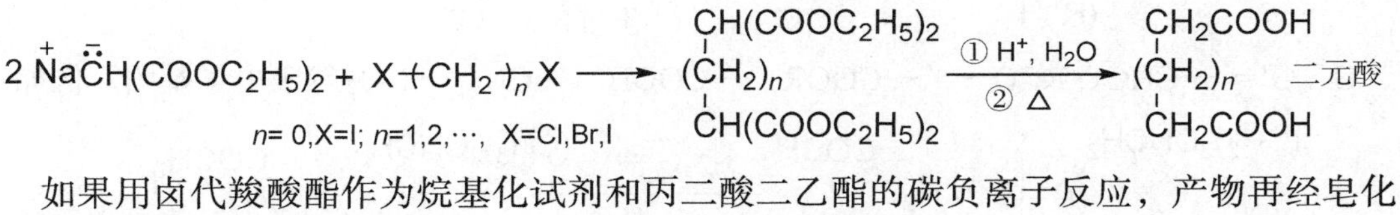

如果用卤代羧酸酯作为烷基化试剂和丙二酸二乙酯的碳负离子反应，产物再经皂化、酸化、脱羧也可以合成二元酸。

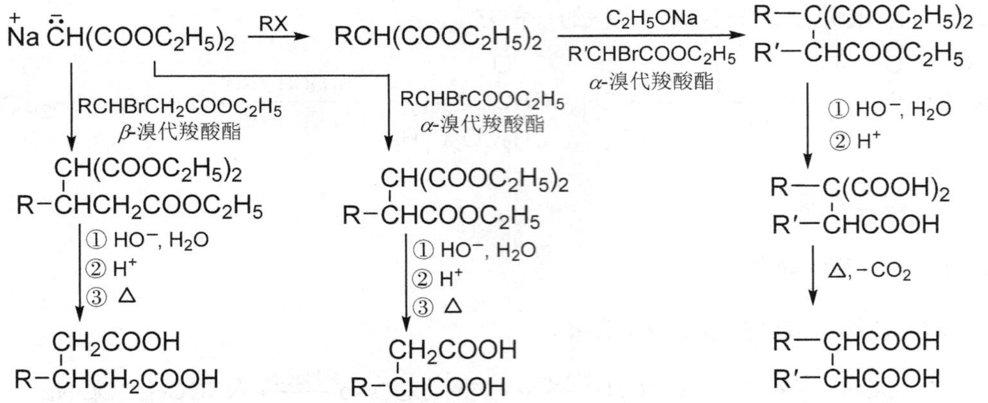

β-烷基取代戊二酸　　α-烷基取代丁二酸　　α,α′-二烷基取代丁二酸

3) 三元、四元、五元和六元脂环羧酸的合成

用 1mol 醇钠处理 1mol 丙二酸二乙酯，然后与 1mol 二卤代烷反应得到卤代烷基丙二酸酯，接着再用 1mol 强碱处理，使之发生分子内亲核取代反应，成环得到三元、四元、五元和六元脂环化合物。

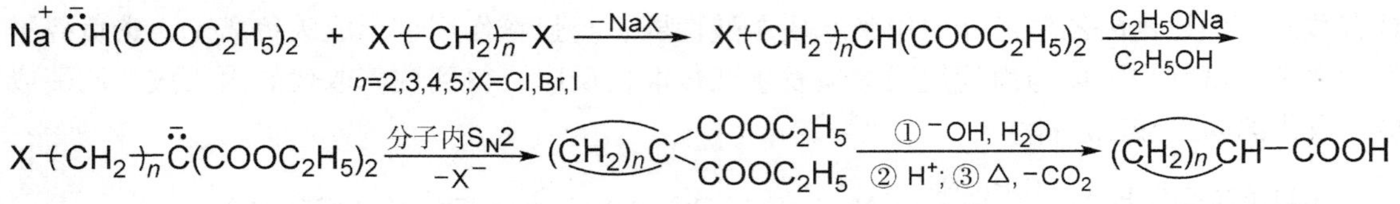

三元、四元、五元和六元脂环烷甲酸

4) 合成 β-酮酯或酮

酰基取代的丙二酸二乙酯进行酮式分解得到 β-酮酯或酮。这里的酮式分解不采用稀碱水解，因为碱会使酰基脱掉，但可以用酸水解，并控制仅水解一个酯基，然后脱羧可得到 β-酮酯；若 2 个酯基都水解，经脱羧则得到甲基酮。

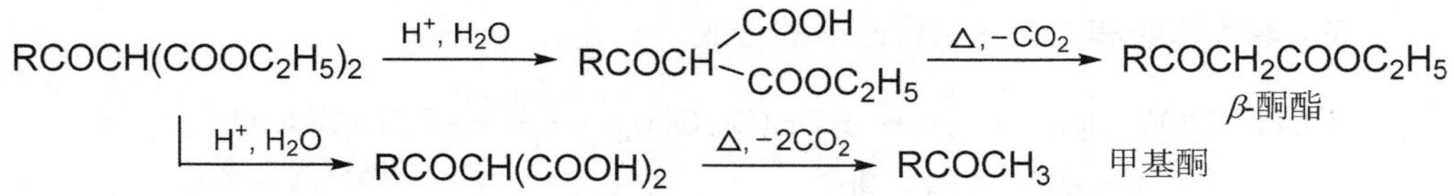

11.6.3　克脑文盖尔缩合反应

在弱碱性催化剂如氨或胺的催化下，醛、酮与含有活泼甲叉基的化合物发生反应失去一分子水，这类缩合反应称为克脑文盖尔(Knoevenagel)缩合反应。

G、G′= —CHO、RCO—、—COOR、—COOH、—CN、$—NO_2$ 等吸电子基团。例如：

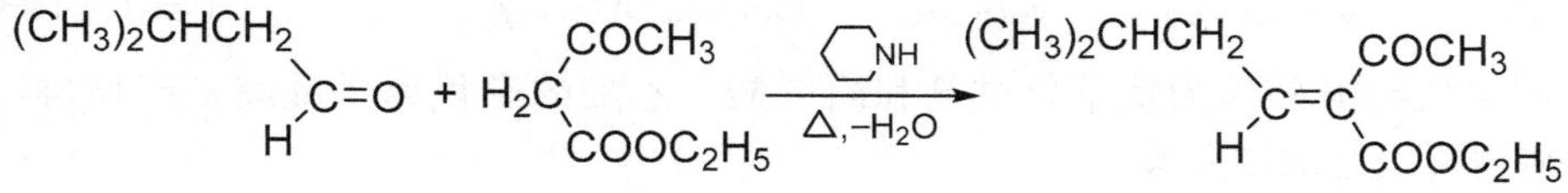

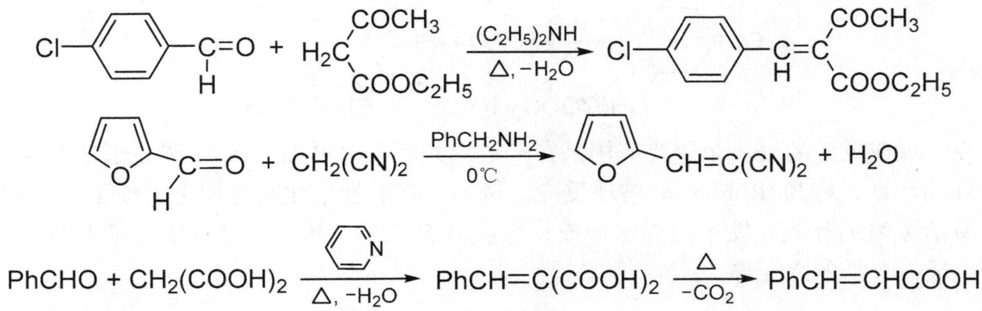

克脑文盖尔缩合反应常用来合成 α,β-不饱和酸。

这类反应的机理与羟醛缩合类似，用一般式表示如下：

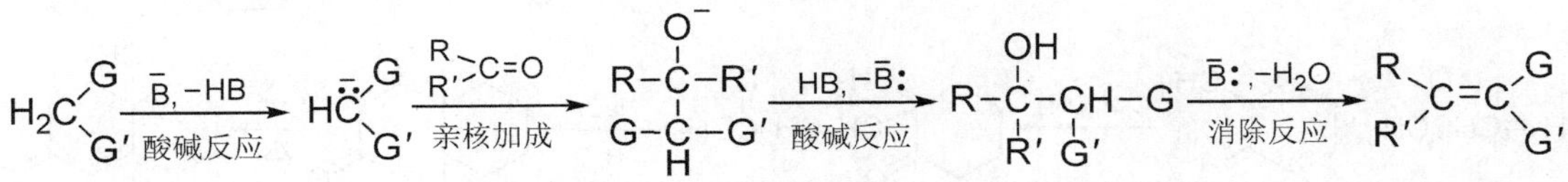

克脑文盖尔缩合反应仅需要催化量的碱，醛和酮都可以进行这类反应，但醛比酮的产率高得多。

11.6.4　迈克尔加成反应

α,β-不饱和羰基化合物和来自活泼甲叉基化合物的碳负离子发生 1,4-加成(共轭加成)反应，称为迈克尔(Michael)加成反应。反应的结果总是碳负离子加到 α,β-不饱和羰基化合物的 β-C 原子上，而 α-C 原子上则加上一个 H^+。例如：

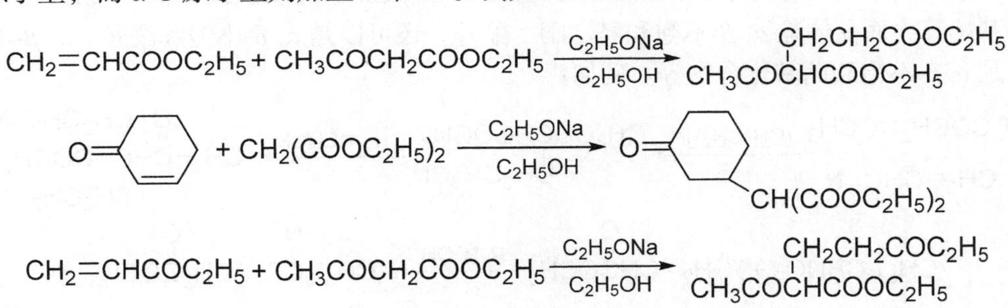

其反应机理如下：

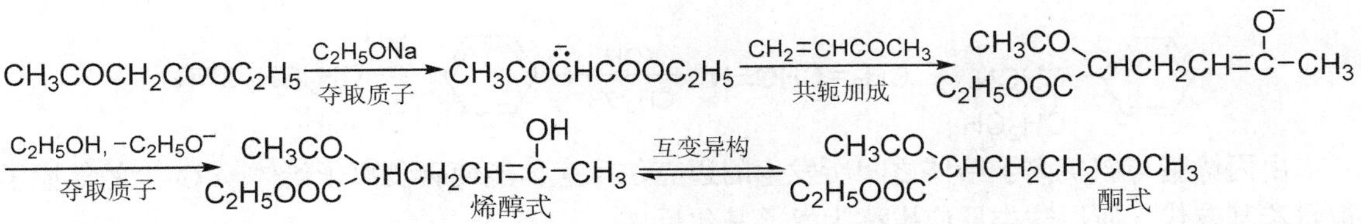

α,β-不饱和羰基化合物与乙酰乙酸乙酯或丙二酸二乙酯进行迈克尔加成反应，加成产物经水解、脱羧可以得到 1,5-二羰基化合物。因此迈克尔加成反应是合成 1,5-二羰基化合物的有效方法。例如：

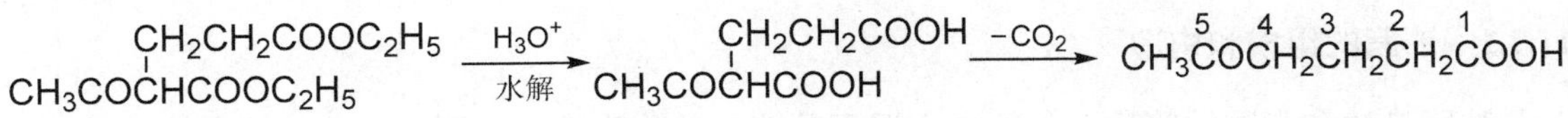

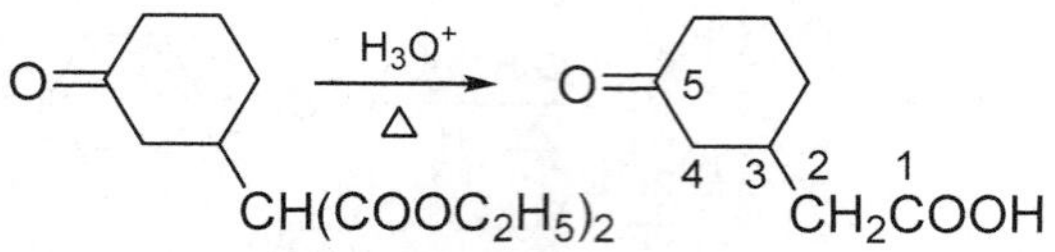

迈克尔加成反应的另一个重要应用是在一个六元环系上再加上 4 个碳原子，形成一个二并六元环的环系，称为 Robinson 增环反应。例如，在碱性催化剂作用下，使丁-3-烯-2-酮与一个具有活泼氢的环酮先发生迈克尔加成，生成 1,5-二酮，然后使之发生分子内的羟醛缩合反应，生成一个新的六元环。

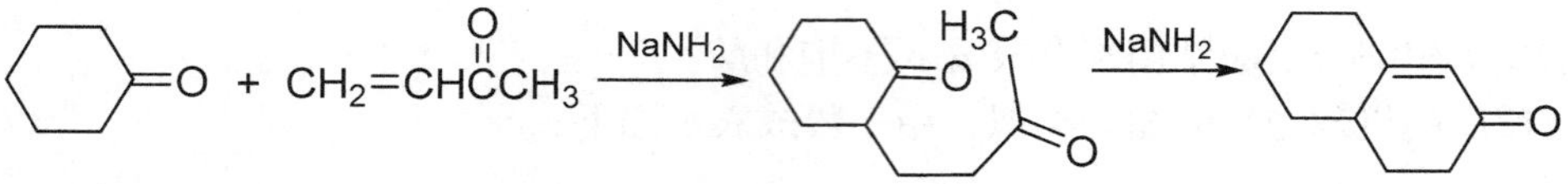

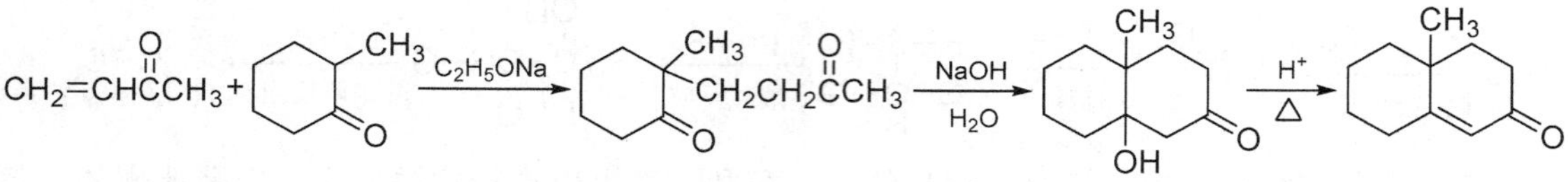

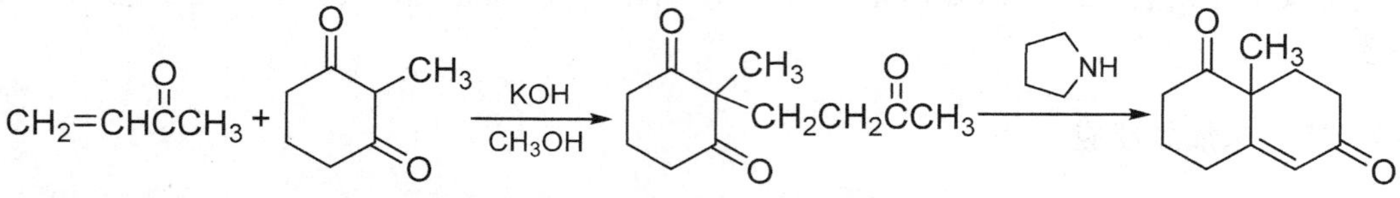

实验表明，不对称酮的加成主要发生在带有甲基的碳原子上。

迈克尔加成反应范围很广，包括各种亲核的碳负离子(给体)和亲电的共轭体系(受体)之间的反应。碳负离子的给体除了乙酰乙酸乙酯、丙二酸二乙酯外，还可以是氰基乙酸酯、醛、酮或硝基烷等，而受体除 *α*, *β*-不饱和醛、酮、酯外，还可以是 *α*, *β*-不饱和酰胺、*α*, *β*-不饱和腈甚至是 *α*, *β*-不饱和硝基化合物等。例如：

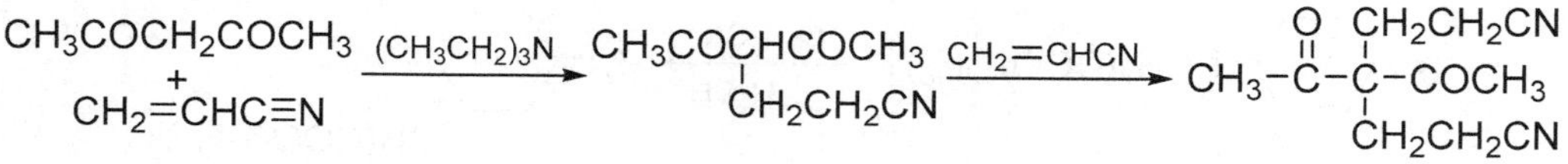

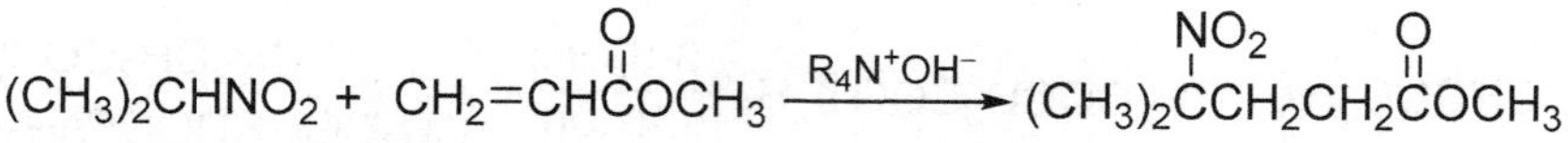

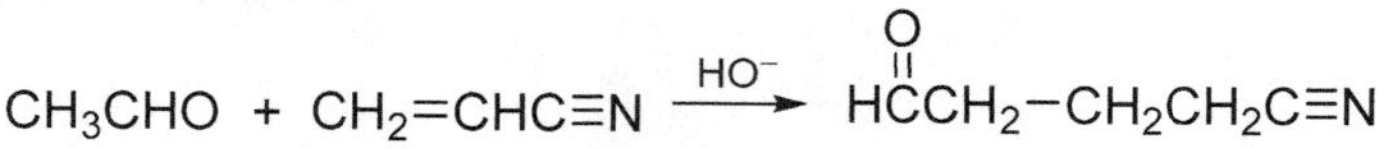

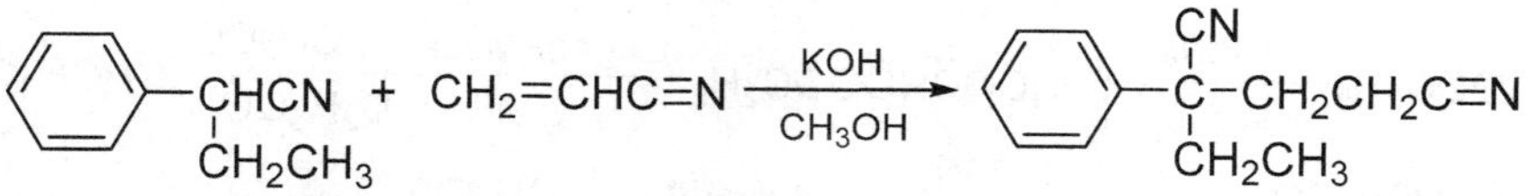

由丙烯腈与碳负离子给体之间所发生的迈克尔反应，能使碳负离子给体 *α*-C 上的氢原子被氰乙基取代，所以这类反应也称为氰乙基化反应。

11.7 油　　脂

11.7.1 油脂的组成和构造

油脂是油和脂肪的简称。一般在室温下是液体的称为油，如豆油、花生油和桐油等。在室温下是固体或半固体的称为脂肪，如牛油、猪油等。油脂的化学组成均是高级脂肪酸和甘油形成的酯，即高级脂肪酸甘油酯。其分子构造式为

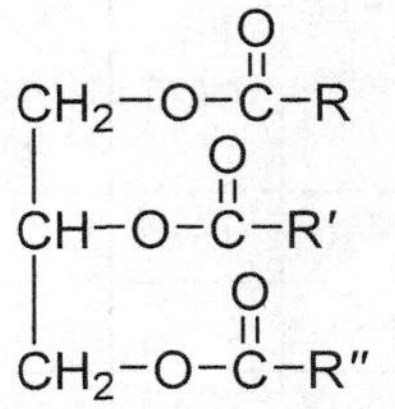

三种高级脂肪酸可以是相同或不相同的，一般是含有 10 个碳以上的偶数碳原子的羧酸。常见的饱和酸有

$CH_3(CH_2)_{10}COOH$
十二酸(月桂酸)，m.p. 44℃

$CH_3(CH_2)_{12}COOH$
十四酸(豆蔻酸)，m.p. 54.4℃

$CH_3(CH_2)_{14}COOH$
十六酸(软脂酸)，m.p. 63℃

$CH_3(CH_2)_{16}COOH$
十八酸(硬脂酸)，m.p. 70℃

常见的不饱和酸有

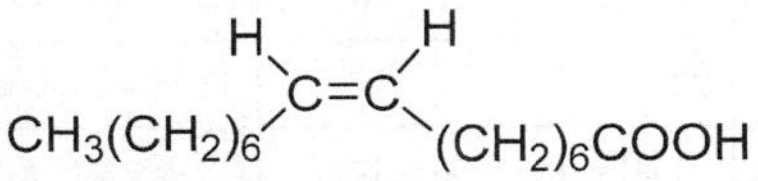

顺-十六碳-8-烯酸(鳖酸)，16∶1　8C

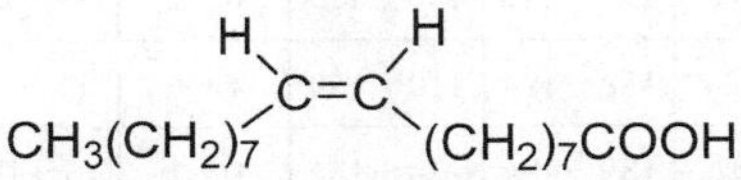

顺-十八碳-9-烯酸(油酸)，18∶1　9C，m.p. 13℃

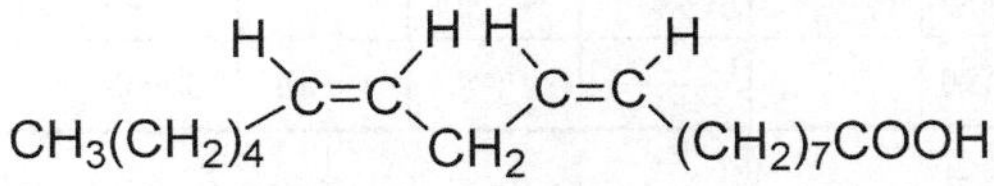

顺,顺-十八碳-9,12-二烯酸(亚油酸)，18∶2　9C 12C，m.p. –5℃

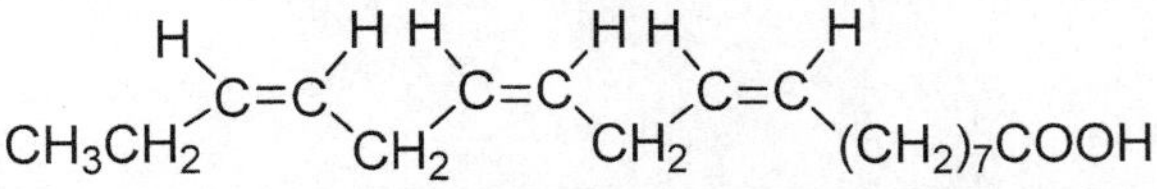

顺,顺,顺-十八碳-9,12,15-三烯酸(亚麻酸)，18∶3　9C 12C 15C，m.p. –11℃

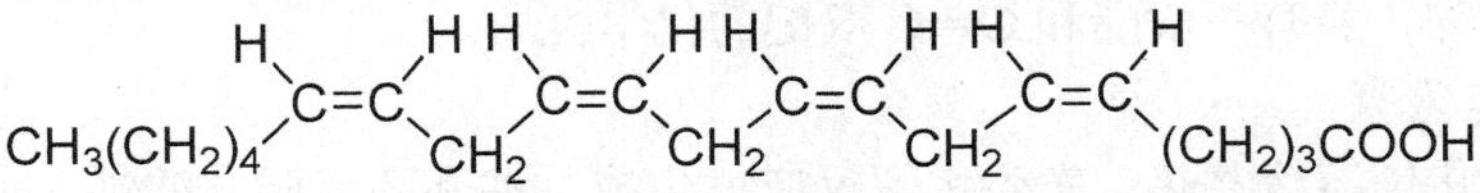

顺,顺,顺,顺-二十碳-5,8,11,14-四烯酸(花生油酸)，20∶4　5C 8C 11C 14C，m.p. –49.5℃

此处，代号常用来代表不饱和羧酸的碳原子数及双键的数目和位置。例如，亚油酸代号为 18∶2 9C 12C，“18” 表示是一个十八个碳的酸，“2” 代表两个双键，“9C” 代表顺式双键在 C^9 与 C^{10} 之间，“12C” 代表顺式双键在 C^{12} 与 C^{13} 之间。

此外，还有少量的羟基不饱和酸和环氧酸。

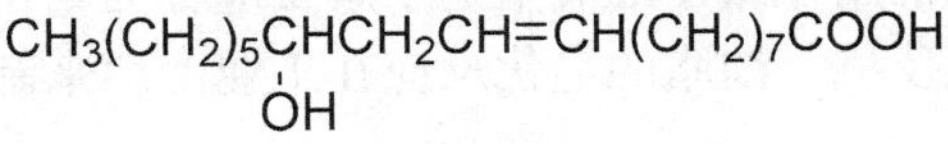

蓖麻油酸

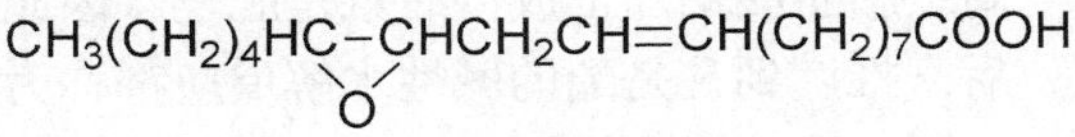

12,13-环氧油酸

油和脂肪二者之间的差别在于油的分子组成中以不饱和酸和相对分子质量较低的酸较多，而脂肪中以饱和的相对分子质量较高的酸较多。一些常见油脂的组成、皂化值及碘值见表 11.3。

表 11.3　一些常见油脂的组成、皂化值及碘值

<table>
<tr><th rowspan="2">分类</th><th rowspan="2">油脂名称</th><th rowspan="2">皂化值</th><th rowspan="2">碘值</th><th colspan="7">脂肪酸的组成/%</th></tr>
<tr><th>十四酸</th><th>十六酸</th><th>十八酸</th><th>顺-十六碳-9-烯酸</th><th>顺-十八碳-9-烯酸</th><th>顺,顺-十八碳-9,12-二烯酸</th><th>其他酸</th></tr>
<tr><td rowspan="5">脂肪</td><td>椰子油</td><td>250～260</td><td>8～10</td><td>17～20</td><td>4～10</td><td>1～5</td><td></td><td>2～10</td><td>0～2</td><td>45～51 十二酸</td></tr>
<tr><td>棕榈油</td><td>196～210</td><td>48～58</td><td>1～3</td><td>34～43</td><td>3～6</td><td></td><td>38～40</td><td>5～11</td><td></td></tr>
<tr><td>奶油</td><td>216～235</td><td>26～45</td><td>7～9</td><td>23～26</td><td>10～13</td><td>5</td><td>30～40</td><td>4～5</td><td>3～4 丁酸
2C_{20}～C_{22}不饱和酸</td></tr>
<tr><td>猪油</td><td>193～200</td><td>46～66</td><td>1～2</td><td>28～30</td><td>12～18</td><td>1～3</td><td>41～48</td><td>6～7</td><td></td></tr>
<tr><td>牛油</td><td>190～200</td><td>31～47</td><td>2～3</td><td>24～32</td><td>14～32</td><td>1～3</td><td>35～48</td><td>2～4</td><td></td></tr>
<tr><td rowspan="3">不干性油</td><td>蓖麻油</td><td>176～187</td><td>81～90</td><td rowspan="3">0～1</td><td>0～1</td><td></td><td></td><td>0～9</td><td>3～7</td><td>80～92 蓖麻酸</td></tr>
<tr><td>橄榄油</td><td>185～200</td><td>74～94</td><td>5～15</td><td>1～4</td><td>0～1</td><td>69～84</td><td>4～12</td><td></td></tr>
<tr><td>花生油</td><td>185～195</td><td>83～98</td><td>6～9</td><td>2～6</td><td>0～1</td><td>50～70</td><td>13～26</td><td>2～5 二十酸</td></tr>
<tr><td rowspan="2">半干性油</td><td>棉籽油</td><td>191～196</td><td>103～115</td><td>0～2</td><td>19～24</td><td>1～2</td><td>0～2</td><td>23～33</td><td>40～48</td><td></td></tr>
<tr><td>鲸脂油</td><td>188～194</td><td>110～150</td><td>4～6</td><td>11～18</td><td>2～4</td><td>13～18</td><td>33～38</td><td></td><td>11～20C_{20}不饱和酸</td></tr>
<tr><td rowspan="3">干性油</td><td>大豆油</td><td>189～194</td><td>124～136</td><td>0～1</td><td>6～10</td><td>2～4</td><td></td><td>21～29</td><td>50～59</td><td>4～8 亚麻酸</td></tr>
<tr><td>亚麻油</td><td>189～196</td><td>170～240</td><td></td><td>4～7</td><td>2～5</td><td></td><td>9～38</td><td>50～59</td><td>25～58 亚麻酸</td></tr>
<tr><td>桐油</td><td>189～195</td><td>160～170</td><td></td><td></td><td></td><td>4～16</td><td>3～43</td><td>0～1</td><td>74～91 桐油酸</td></tr>
</table>

11.7.2　油脂的性质和应用

1. 油脂的性质

油脂的相对密度为 0.9～0.95，不溶于水，溶于烃类、氯仿、四氯化碳等有机溶剂。天然油脂是一种混合物，兼有一般酯和 C═C 双键的化学性质。

1) 皂化和皂化值

油脂和氢氧化钠溶液共热，发生水解反应，生成甘油和高级脂肪酸钠。

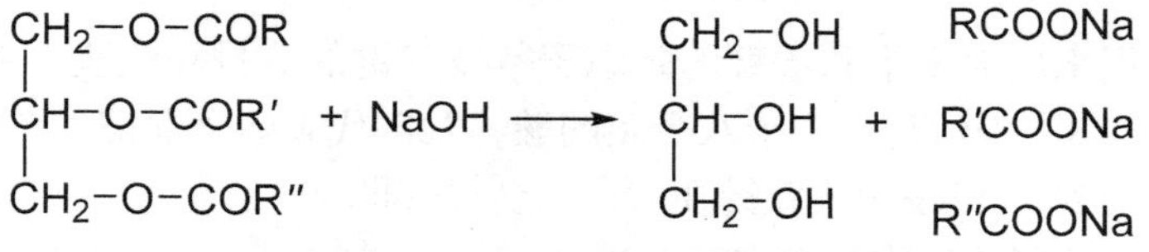

高级脂肪酸钠加工成型后就是肥皂，因此常把油脂在碱性溶液中的水解反应称为皂化反应，后来推广到凡是酯的碱性水解反应都称为皂化反应。油脂的皂化反应在工业上用来制造肥皂，同时得到副产物甘油。

由于油脂的组成不同，组成中的脂肪酸相对分子质量也不相同，因此，不同油脂皂化时所需要的碱的量各不相同。1g 油脂皂化时所需要的氢氧化钾的质量(单位：mg)称为皂化值。从皂化值可大致了解油脂的平均相对分子质量。皂化值越大，油脂的平均相对分子质量越小。

2) 高级脂肪酸和脂肪醇的来源

油脂在碱性条件下与甲醇(或乙醇)反应，生成高级脂肪酸甲酯(或乙酯)和丙三醇(甘油)，这类反应称为酯交换反应。

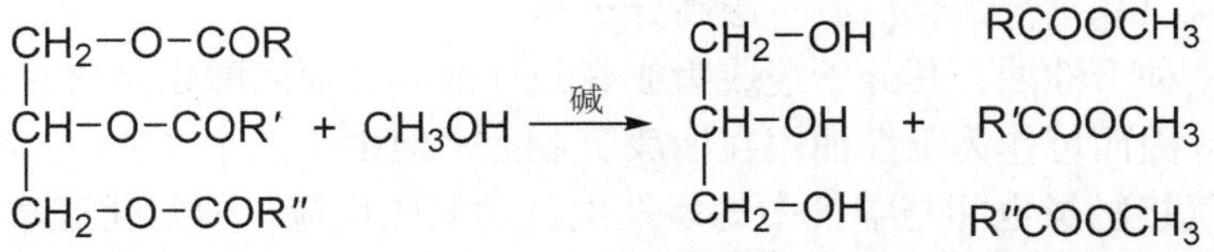

油脂与甲醇(或乙醇)进行酯交换反应可得到混合的高级脂肪酸甲酯或乙酯。将混合酯进行分馏可得到纯度超过 90%的各种脂肪酸酯。将这种纯的酯进行水解反应可得各种纯的高级脂肪酸，这是纯的 C_{10}～C_{18} 脂肪酸的主要来源。混合的或纯的高级脂肪酸酯用催化氢化或化学还原法还原可得到高级脂肪醇。

$$RCOOCH_3 \longrightarrow RCOOH + CH_3OH$$

$$CH_3(CH_2)_{10}COOC_2H_5 \xrightarrow[\triangle]{Na + C_2H_5OH} CH_3(CH_2)_{10}CH_2OH + CH_3CH_2OH$$

也可用油脂直接进行催化加氢得到高级脂肪醇和甘油。

3) 加成反应

油脂分子中含有不饱和脂肪酸，其中的 C═C 双键可与氢或卤素发生加成反应。例如，在催化剂雷尼镍的作用下，在约 200℃时，将氢气通入油中，油中 C═C 双键与氢气发生加成，使液体的油转变为固体脂肪状物质，这种反应称为油脂的氢化反应或油脂的硬化反应。工业上常利用这种反应将植物油转变成人造脂肪(或称硬化油)。油脂分子中的 C═C 双键也可与卤素发生加成。根据加成反应中所需的卤素量来测定油脂的不饱和程度。例如，用 100g 油脂和碘发生加成时所需碘的质量(单位：g)作为碘值。利用碘值表示油脂的不饱和程度。碘值越大，油脂的不饱和程度越大。但是实际测定油脂的碘值时，用的不是碘而是 ICl 或 IBr，因为碘与 C═C 双键加成很困难。其反应是

$$HgCl_2 + 2I_2 \longrightarrow HgI_2 + 2ICl$$

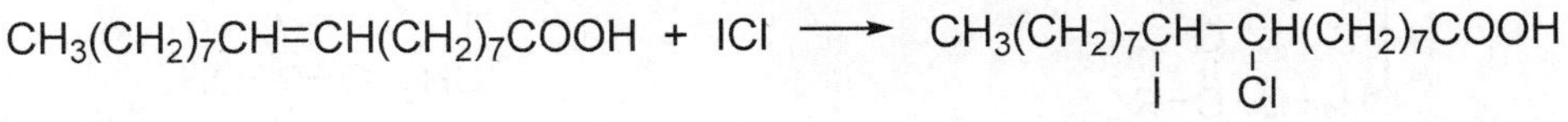

4) 油脂的干化

油脂长时间放置在空气中容易发生腐败变质，产生难闻的臭味。这是油脂受空气中的氧或微生物作用，发生水解、氧化等一系列反应，生成挥发性的醛、酮、酸等混合物的缘故。

有些油如桐油，在空气中可生成一层硬而有弹性的薄膜，这种现象称为油的干化。具有这种性质的油称为干性油。桐油就是一种典型的干性油，广泛用在油漆工业上。桐油之所以有这种特性，是由其分子构造决定的。桐油的主要组成是桐油酸甘油酯。桐油酸是十八碳三烯酸。其中的三个 C═C 双键处于共轭状态，结构式为

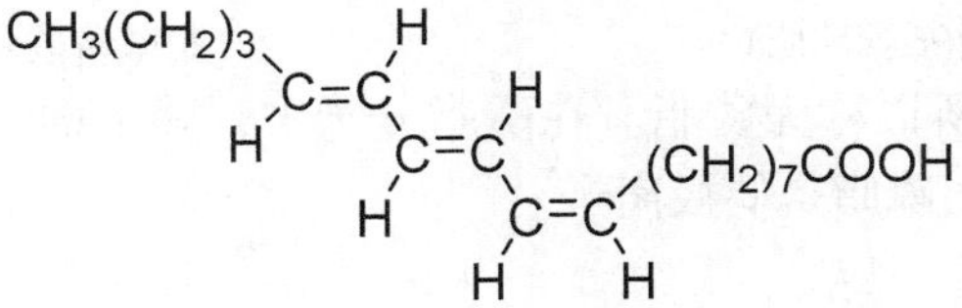

共轭π键两边的甲叉基受到共轭π键的影响变得比较活泼，容易与空气中的氧发生自动氧化生成自由基，自由基自行结合形成一层高分子膜。

亚麻油也是一种干性油，其分子组成为亚麻酸甘油酯。亚麻酸也是含有三个 C═C 双键的十八碳三烯酸，因而可作为干性油用在油漆工业上。但由于三个 C═C 双键不处于共轭状态，这种油和空气接触虽也能与空气中的氧发生自动氧化反应，但氧化速率较慢，形成的膜比较软，不是好的干性油。

2. 油脂的应用

油脂是人类食物中不可缺少的营养成分。食物中的脂肪在人体内被氧化时，单位质量放出的能量(约 45kJ · g^{-1})最高，超出蛋白质和碳水化合物放出能量(二者均为 19.2kJ · g^{-1})的一倍以上，所以要控制脂肪的摄入量，以保持身体健康。油脂在工业上也有广泛的应用。由油脂得到的高级脂肪酸和高级醇都是洗涤工业、化妆品工业的重要原料。

11.7.3　蜡

蜡广泛地存在于自然界动植物体内，主要成分是高级脂肪酸和高级一元醇所组成的酯。例如，蜂蜡的主要成分是软脂酸蜂蜡酯($C_{15}H_{31}COOC_{30}H_{61}$)，鲸蜡的主要成分是软脂酸鲸蜡酯($C_{15}H_{31}COOC_{16}H_{33}$)，白蜡的主要成分是蜡酸蜡酯($C_{25}H_{51}COOC_{26}H_{53}$)。习惯上将一切油腻的可熔的(熔点一般在 36～100℃)蜡状固体称为蜡，将来源于矿物如石油中的蜡称为石蜡。石蜡的组分是长链烷烃，与来自动植物体内的蜡在组分上完全不同。

11.7.4　磷脂

油脂是高级脂肪酸甘油酯，广泛存在于动植物体内，分子构造为三酰化甘油。在动植物体内还存在一种与油脂类似的物质称为类脂，类脂的母体结构是二酰化甘油磷酸酯。

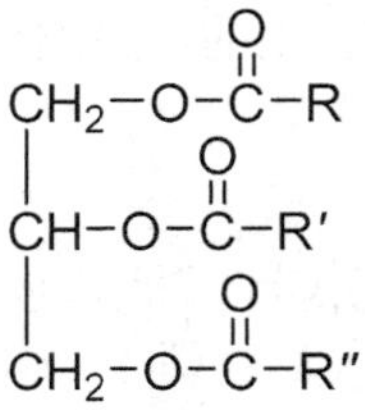

三酰化甘油

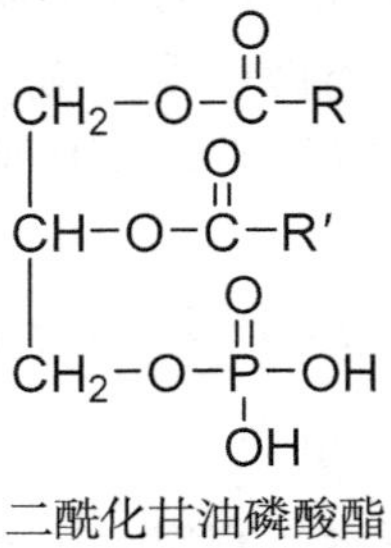

二酰化甘油磷酸酯

存在于植物的种子、蛋黄及动物大脑中的类脂是由二酰化甘油磷酸酯衍生出来的二取代的磷酸酯，如乙醇胺磷酸甘油酯和胆碱磷酸甘油酯，其分子构造式分别为

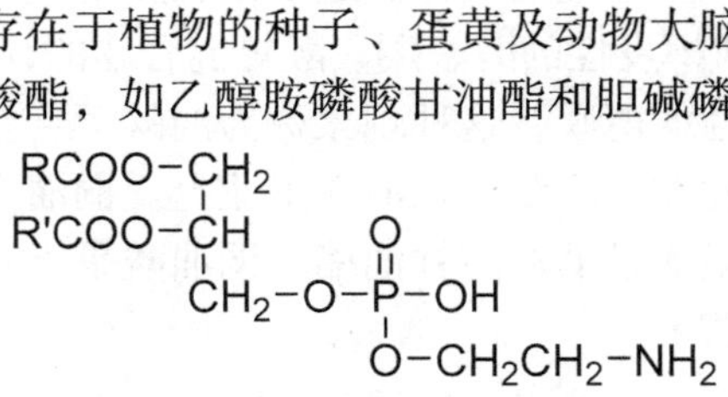

乙醇胺磷酸甘油酯(α-脑磷脂)

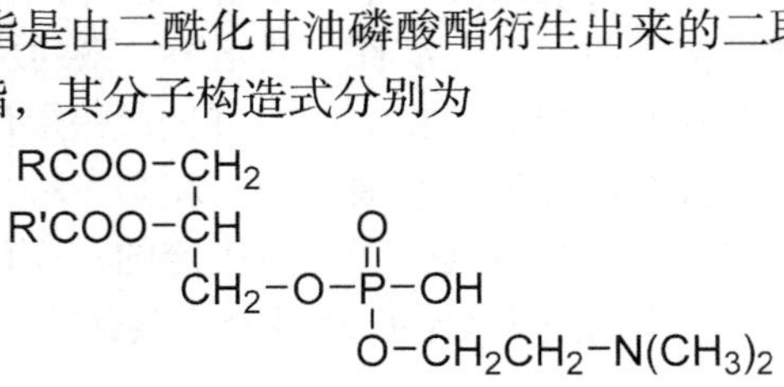

胆碱磷酸甘油酯(α-卵磷脂)

这些类脂物质都含有磷，所以称为磷脂。在磷脂分子中，磷上的—OH 表现为酸性，而分子中的氨基表现为碱性，因而磷脂是偶极离子。

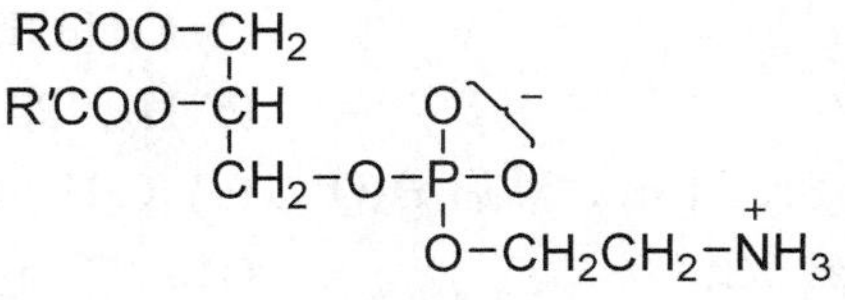

α-脑磷脂

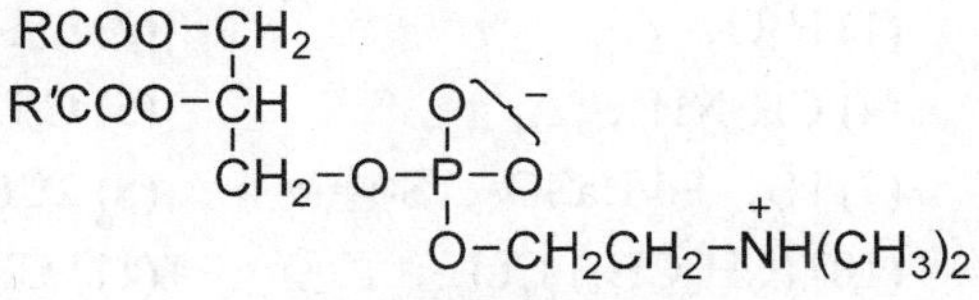

α-卵磷脂

在 α-脑磷脂、α-卵磷脂中的酰基都是相应的 16 个碳及以上的高级脂肪酸，如硬脂酸、软脂酸、油酸、亚油酸等。由于这类分子是偶极离子，可分为两个部分：一部分是长链的非极性的烃基，是疏水部分；另一部分是两性离子，是亲水部分。因此磷脂的结构和肥皂的结构类似。在水中，磷脂排成两列，亲水的极性基团指向水面，疏水性基团受水的排斥聚集在一起，尾尾相连，形成磷脂的双分子层，如图 11.2 所示。

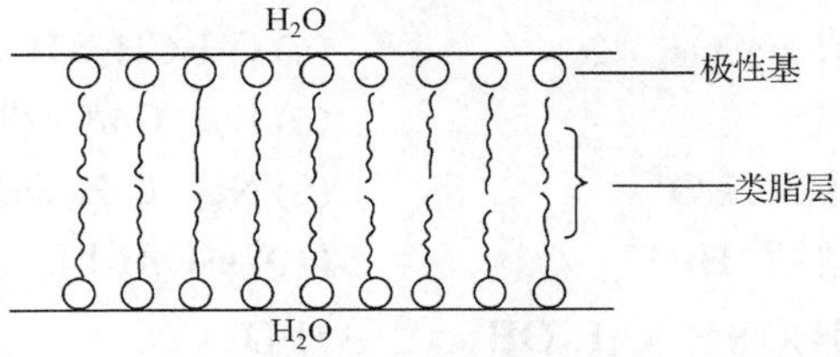

图 11.2　磷脂双分子层横截面

磷脂存在于一切细胞的细胞膜中，是生物体的基本结构要素。磷脂在细胞中就是以双分子层形式存在的，它们构成的壁不仅包住了细胞，而且非常有选择性地控制着各种物质如营养物、废物、激素等的进出。

习　题

11.1　写出正丁酸与下列试剂反应的主要产物。

(1) $NaHCO_3$　　(2) $SOCl_2$，△

(3) $(CH_3CO)_2O$，△　　(4) C_2H_5OH，少量浓 H_2SO_4，△

(5) NH_3，△　　(6) $LiAlH_4$，干醚，然后 H_3O^+

(7) B_2H_6-THF，然后 H_2O　　(8) HgO，Br_2，△

(9) 催化量 P，Cl_2，△　　(10) PBr_3，△

(11) P_2O_5，△　　(12) $Pb(OCOCH_3)_4$，KBr，△

11.2　写出苯甲酸与下列试剂反应的主要产物，不发生反应的则注明无反应。

(1) NaOH，H_2O　　(2) Na_2CO_3，H_2O

(3) $NaHCO_3$，H_2O　　(4) $Ca(OH)_2$，H_2O

(5) NH_3，H_2O　　(6) NH_3，高温

(7) $CH_3CH_2CH_2OH$，少量浓 H_2SO_4，△　　(8) $(CH_3CO)_2O$，△

(9) P_2O_5，△　　(10) $LiAlH_4$-THF，然后 H_3O^+

(11) $NaBH_4$，C_2H_5OH　　(12) 热 $KMnO_4$溶液

(13) PBr_3，△　　(14) PCl_5，△

(15) $SOCl_2$，△　　(16) Br_2，Fe，△

(17) 浓 HNO_3-浓 H_2SO_4，△　　(18) $H_2SO_4 \cdot SO_3$，△

(19) CH_3CH_2Cl，$AlCl_3$　　(20) CH_3COCl，$AlCl_3$

11.3　写出丙酰氯与下列试剂反应的主要产物。

(1) H_2O，△　(2) C_2H_5OH，△　(3) C_6H_5OH，△

(4) CH_3NH_2，△　(5) $C_6H_5NH_2$，△　(6) H_2，Pd

(7) H_2，$Pd/BaSO_4$，S-喹啉　(8) $2CH_3CH_2MgBr$，干醚，然后 H_3O^+　(9) $(C_2H_5)_2Cd$

(10) $(CH_3CH_2)_2CuLi$，乙醚　(11) CH_3COONa，△　(12) $1/2Na_2O_2$

11.4　写出丁二酸酐与下列试剂反应的主要产物。

(1) H_2O，△　(2) C_2H_5OH，浓 H_2SO_4，△

(3) NH_3，然后 H^+　(4) NH_3，300℃

(5) *n*-C_4H_9MgBr，干醚，低温，然后 H_3O^+　(6) $2CH_3CH_2MgI$，干醚，然后 H_3O^+

11.5　写出丙酸乙酯与下列试剂反应的主要产物。

(1) H_2O，H^+，△　(2) H_2O, HO^-，△，然后 H^+

(3) 过量 C_2H_5OH，浓 H_2SO_4，△　(4) $CH_3CH_2NH_2$，△

(5) $NH_2OH \cdot HCl$　(6) H_2，Cu/Cr 催化剂，△，加压

(7) $LiAlH_4$，乙醚，然后 H_3O^+　(8) Na，C_2H_5OH，△

(9) CH_3MgI，干醚，然后 H_3O^+　(10) *n*-C_4H_9Li，然后 H_3O^+

(11) $HCOOC_2H_5$，C_2H_5ONa，C_2H_5OH，然后 H_3O^+

(12) 500℃

(13) $C_2H_5OCOOC_2H_5$，C_2H_5ONa，C_2H_5OH，然后 H_3O^+

(14) CH_3COCH_3，NaH，然后 H_3O^+

(15) $(COOC_2H_5)_2$，C_2H_5ONa，C_2H_5OH，然后 H_3O^+

(16) $C_6H_5COOC_2H_5$，C_2H_5ONa，C_2H_5OH，然后 H_3O^+

11.6　写出苯甲酰胺与下列试剂反应的主要产物。

(1) H_2O，H^+，△　(2) H_2O，HO^-，△

(3) C_2H_5OH，H^+，△　(4) $LiAlH_4$，乙醚，然后 H_3O^+

(5) P_2O_5，△　(6) Cl_2，NaOH，△

11.7　用简单的化学方法鉴别下列各组化合物。

(1) A. 甲酸　B. 丙酸　C. 丙二酸　D. 丙烯酸

(2) A. 丙酸　B. 丙酰氯　C. 丙酸乙酯　D. 丙酰胺

(3) A. 丙酸乙酯　B. 乙酸丙酯　C. 丙烯酸甲酯　D. 乙酰乙酸乙酯

(4) A. 乙酰乙酸乙酯　B. 丙二酸二乙酯

C. 2,2-二甲基丁-3-酮酸乙酯　D. 苯甲酰乙酸乙酯

(5) A. 乙醇　B. 乙醚　C. 乙醛　D. 乙酸

(6) A. 水杨酸　B. 苯甲酸　C. 苯酚　D. 苯甲醚

11.8　分离下列各组化合物。

(1) 丁酸、丁酸乙酯和乙酰乙酸乙酯

(2) 苯甲酸、苯酚、正丁醚和环己酮

(3) 水杨酸、水杨酸甲酯、苯甲醛和苯甲醚

(4) *α*-萘甲酸、*α*-萘酚、*α*-萘甲醇和萘

11.9　写出下列反应的机理。

(1) 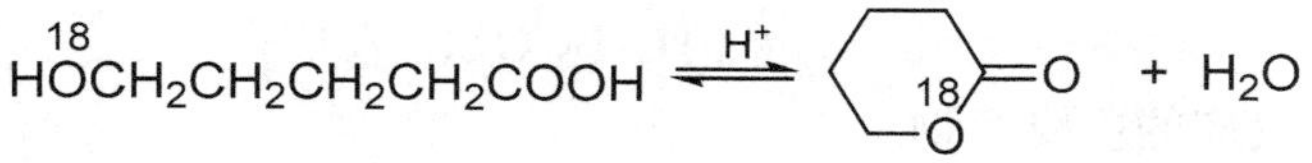

(2) $CH_3COO(CH_3)_3 + H_2\overset{18}{O} \overset{H^+}{\rightleftharpoons} CH_3COOH + (CH_3)_3C\overset{18}{O}H$

(3) $PhCH_2COOH \xrightarrow{\text{红磷}, Br_2} PhCHBrCOOH$

(4) $2CH_3COOC_2H_5 \xrightarrow[\text{②} H^+]{\text{①} C_2H_5ONa, C_2H_5OH} CH_3COCH_2COOC_2H_5$

(5) $PhCOOC_2H_5 + CH_3COOC_2H_5 \xrightarrow[\text{②} H^+]{\text{①} C_2H_5ONa, C_2H_5OH} PhCOCH_2COOC_2H_5$

(6) 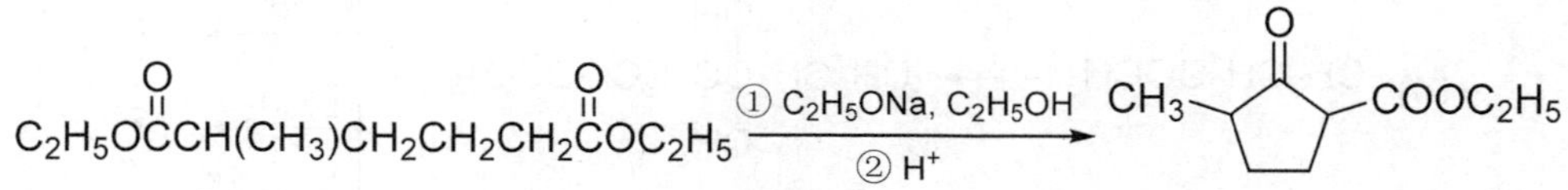

(7) 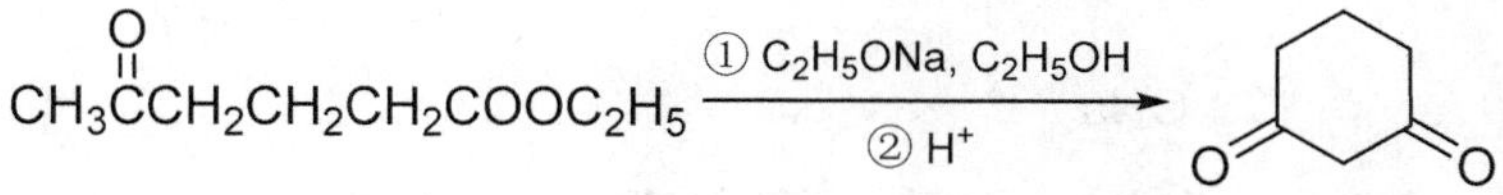

(8) 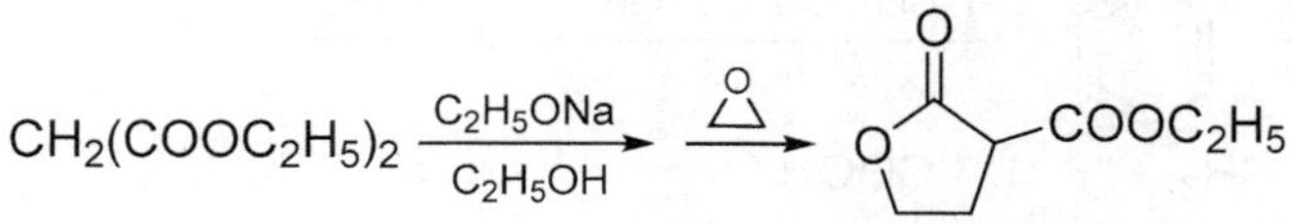

(9) $(CH_3)_2CHCH_2CONH_2 \xrightarrow{Br_2, NaOH} (CH_3)_2CHCH_2NH_2$

(10) 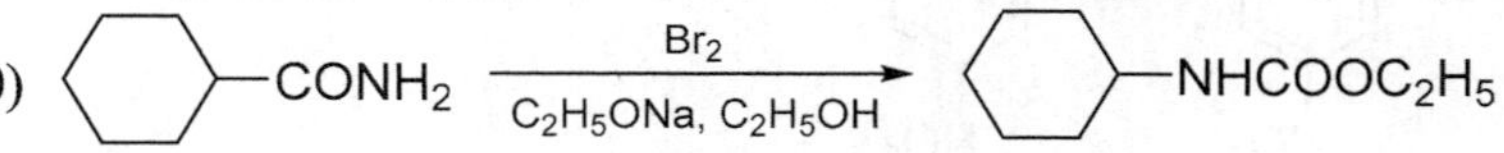

11.10 完成下列反应。

(1) $CH_3CH_2CH{=}CH_2 \xrightarrow[\triangle]{KMnO_4} ? \xrightarrow{SOCl_2} ? \xrightarrow{CH_3COONa} ?$

(2) $PhCH_2COOH \xrightarrow{?} PhCHClCOOH \xrightarrow[\text{浓}H_2SO_4]{C_2H_5OH} ?$

(3) $HOOCCH_2(CH_3)CH_2COOH \xrightarrow{300℃} ? \xrightarrow{CH_3OH} ? \xrightarrow{SOCl_2} ?$

(4) $PhCH_3 \xrightarrow{?} PhCOOH \xrightarrow{NaOH} ? \xrightarrow{?} PhCOOCH_2Ph$

(5) $(CH_3)_2CHCH_2OH \xrightarrow[\triangle]{KMnO_4} ? \xrightarrow{PCl_5} ? \xrightarrow{NH_3} ? \xrightarrow{P_2O_5} ?$

(6) $PhOH \xrightarrow{H_2,\ Pt} ? \xrightarrow{HNO_3} ? \xrightarrow{300℃} ? \xrightarrow[?H_3O^+]{?CH_3CH_2MgBr} ?$

(7) 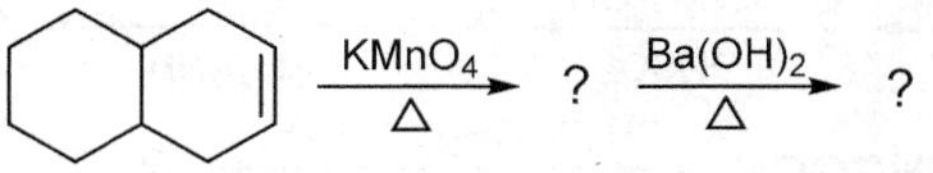

(8) $CH_2{=}CH_2 \xrightarrow{Br_2} ? \xrightarrow{2NaCN} ? \xrightarrow{H_3O^+} ? \xrightarrow{300℃} ? \xrightarrow[\text{高温}]{NH_3} ? \xrightarrow{Br_2} ? \xrightarrow{\text{环己烯}} ?$

(9) $PhCHO + (CH_3CO)_2O \xrightarrow[\triangle]{CH_3COONa} ? \xrightarrow{HBr} ? \xrightarrow[H_2O, \triangle]{NaOH} ?$

(10) 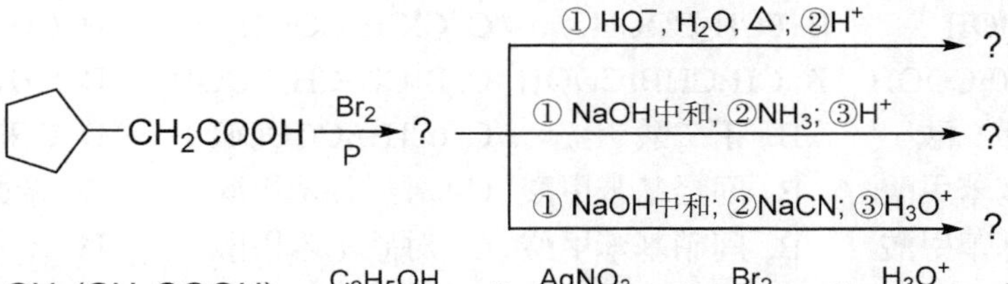

(11) $CH_2(CH_2COOH)_2 \xrightarrow[\text{浓}H_2SO_4]{C_2H_5OH} ? \xrightarrow[KOH]{AgNO_3} ? \xrightarrow[CCl_4]{Br_2} ? \xrightarrow[\triangle]{H_3O^+} ? \xrightarrow{NaCO_3, H_2O} ?$

(12) 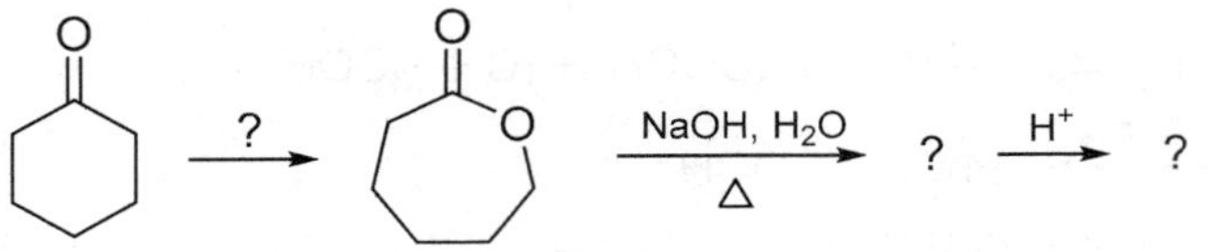

(13) $PhCH_3 \xrightarrow[hv]{2Cl_2}$? $\xrightarrow{HO^-, H_2O}$? $\xrightarrow{HCN}$? $\xrightarrow{H_3O^+}$? $\xrightarrow{\Delta}$?

(14) 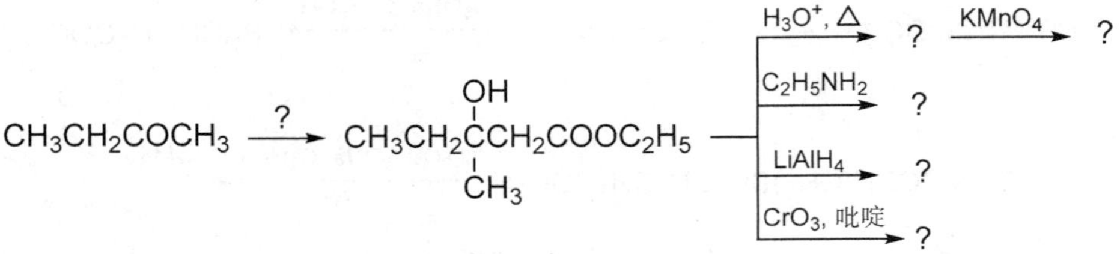

(15) 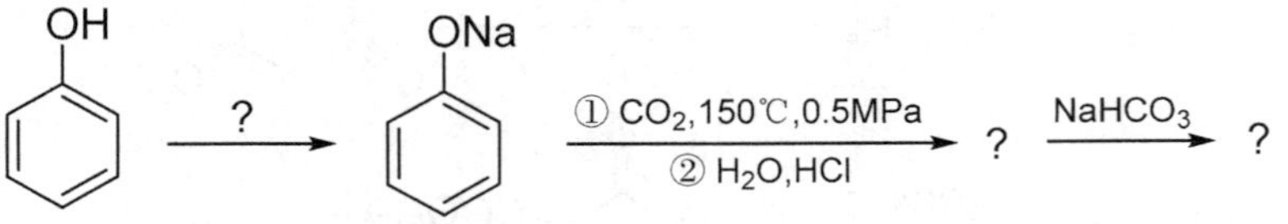

(16) 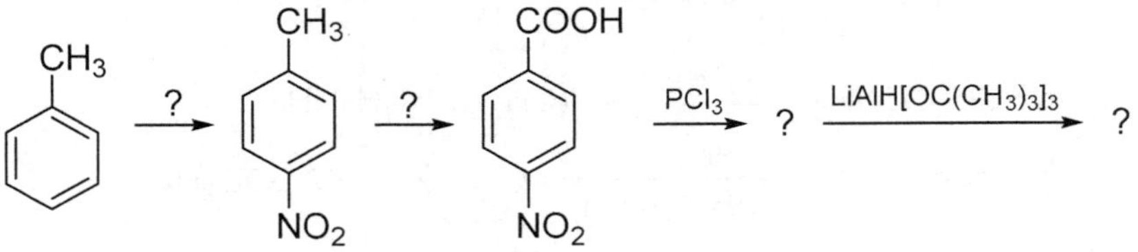

(17) $CH_3CH_2CONH_2 \xrightarrow{NaClO}$? $\xrightarrow{CH_3CH_2COCl}$? $\xrightarrow[②H_3O^+]{① LiAlH_4}$? $\xrightarrow{CH_3CH_2COCl}$?

(18) $CH_3COOC_2H_5 \xrightarrow{2C_6H_5MgBr}$? $\xrightarrow{H_3O^+}$? $\xrightarrow{?}$ CH_3CClPh_2

(19) $CH_3CH_2CH_2COC_2H_5 \xrightarrow[-78℃]{LDA, THF}$? $\xrightarrow[② H_2O]{① CH_3COCl}$?

(20) 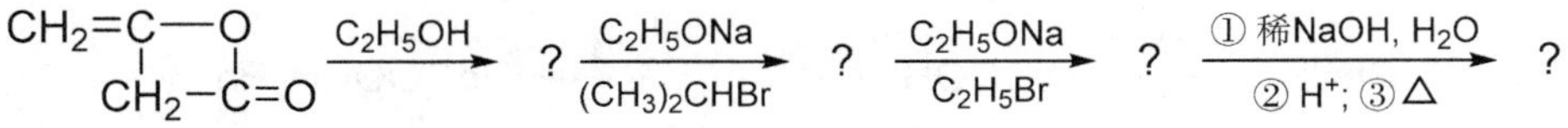

(21) $2CH_3COOC_2H_5 \xrightarrow[② H^+]{① C_2H_5ONa}$? $\xrightarrow[DMF]{NaH}$? $\xrightarrow{(CH_3)_2CHCOCl}$? $\xrightarrow[② H^+; ③ \Delta]{① 稀NaOH, H_2O}$?

(22) 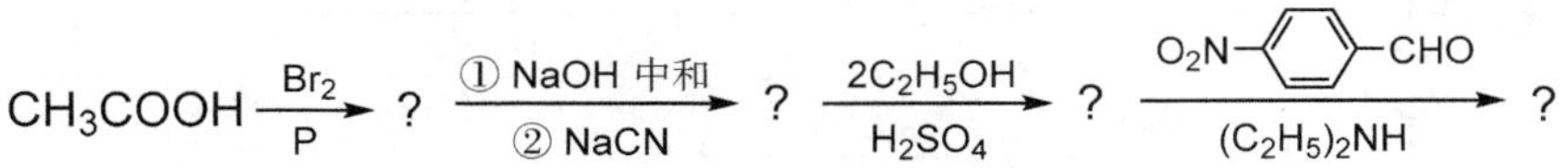

(23) PhCHO + ? $\xrightarrow[\Delta]{HO^-}$ $PhCH{=}CHCOCH_3 \xrightarrow[C_2H_5ONa, C_2H_5OH]{CH_3COCH_2COOC_2H_5}$?

(24) $CH_3COOC_2H_5 + CH_3COCH_2CH_3 \xrightarrow[② H^+]{① NaNH_2}$? $\xrightarrow[(C_2H_5)_3N]{2CH_2{=}CHCN}$?

11.11 将下列各组化合物按酸性强弱排列成序。

(1) A. CH_3COOH B. FCH_2COOH C. $ClCH_2COOH$ D. CH_3OCH_2COOH

(2) A. $CH_3CHFCOOH$ B. $CH_3CHBrCOOH$ C. $BrCH_2CH_2COOH$ D. $CH_3CHClCOOH$

(3) A. 顺丁烯二酸 B. 丁二酸 C. $(CH_3)_3CCOOH$ D. CH_3CH_2COOH

(4) A. 邻羟基苯甲酸 B. 间羟基苯甲酸 C. 对羟基苯甲酸 D. 苯酚

(5) A. 邻硝基苯甲酸 B. 间硝基苯甲酸 C. 对硝基苯甲酸 D. 苯甲酸

(6) A. 对甲氧基苯甲酸 B. 对氯苯甲酸 C. 苯甲酸 D. 苯酚

(7) A. 乙二酸　B. 乙酸　C. 苯甲酸　D. 丙二酸

(8) A. CH_3COOH　B. C_6H_5COOH　C. C_2H_5OH　D. $HC\equiv CH$

(9) A. 苯乙酸　B. 苯酚　C. 碳酸　D. 对甲苯酚

(10) A. $CH_3COCH_2COCH_3$　B. $CH_2(COOC_2H_5)_2$　C. $CH_3COCH_2COOC_2H_5$

(11) A. $CH_3CH_2\overset{\overset{+}{O}H}{\overset{\|}{C}}Br$　B. $CH_3CH_2\overset{\overset{+}{O}H}{\overset{\|}{C}}OC_2H_5$

C. $CH_3CH_2\overset{\overset{+}{O}H}{\overset{\|}{C}}NH_2$　D. $CH_3CH_2\overset{\overset{+}{O}H}{\overset{\|}{C}}CH_3$

11.12　将下列各组化合物按碱性强弱排列成序。

(1) A. CH_3CONH_2　B. $CH_3CONHCH_3$　C. $CH_3CONHC_6H_5$　D. 邻苯二甲酰亚胺

(2) A. CH_3CONH_2　B. $CH_3CON(CH_3)_2$　C. NH_3　D. 丁二酰亚胺

(3) A. $HOCH_2COO^-$　B. $H_3\overset{+}{N}CH_2COO^-$　C. $HSCH_2COO^-$

(4) A. $PhCO\ddot{C}HCOCF_3$　B. $PhCO\ddot{C}HCOCH_3$　C. $CH_3CO\ddot{C}HCOCH_3$

(5) A. $CH_3CH_2COO^-$　B. PhO^-　C. $CH_3CH_2O^-$　D. $(CH_3)_3CO^-$

E. $HC\equiv C^-$　F. $CH_3CH_2^-$　G. $CH_2=CH^-$

11.13　写出下列化合物加热后生成的主要产物。

(1) α-羟基己酸　(2) β-羟基己酸　(3) γ-羟基己酸

(4) δ-羟基己酸　(5) ε-羟基己酸　(6) 草酸(乙二酸)

(7) 乙基丙二酸　(8) 邻苯二甲酸　(9) 戊二酸

(10) 己二酸　(11) 庚二酸　(12) 3-氧代庚二酸

11.14　将下列各组化合物按反应活性大小排列成序。

(1) 与丙酸酯化：

A. CH_3CH_2OH　B. CH_3OH

C. $CH_3CH_2CH_2OH$　D. $(CH_3)_2CHCH_2OH$

(2) 与苯乙醇酯化：

A. CH_3COOH　B. $(CH_3)_2CHCOOH$

C. $CH_3CH_2CH_2COOH$　D. $(CH_3)_3CCOOH$

(3) 与乙醇酯化：

A. 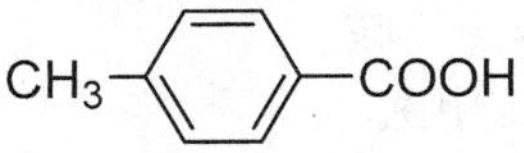　B. 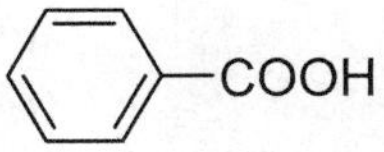

C. 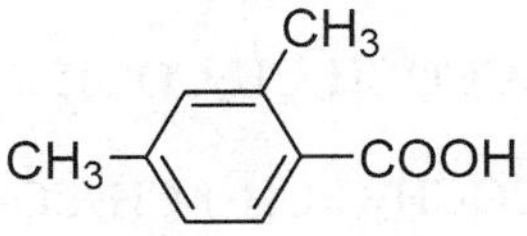　D. 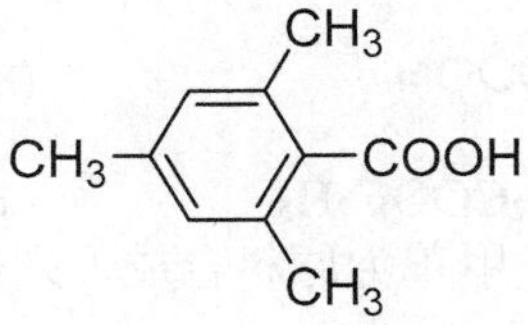

(4) 碱水解：

A. 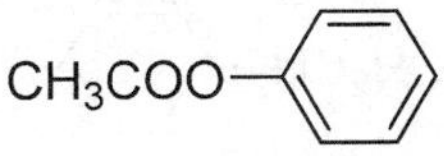　B. 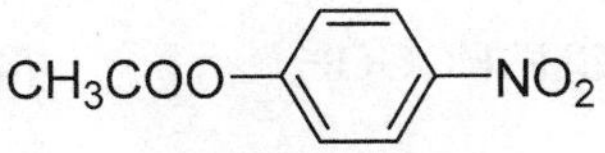

C. 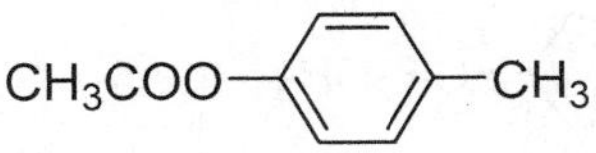　D. 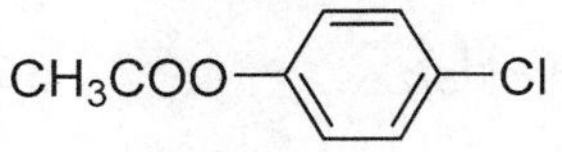

(5) 碱水解：

A. $(CH_3)_3CCOOCH_3$　　B. CH_3COOCH_3

C. $(CH_3)_2CHCOOCH_3$　　D. $CH_3CH_2COOCH_3$

(6) 与正丁醇反应：

A. $CH_3CH_2COOC_2H_5$　　B. CH_3CH_2COCl

C. $CH_3CH_2CONH_2$　　D. $(CH_3CH_2CO)_2O$

(7) α-碳上溴化：

A. 丙酸乙酯　　B. 丙酰氯　　C. 丙酸　　D. 丙酮

(8) 烯醇化反应：

A. $(CH_3CO)_2CHCOOC_2H_5$　　B. $CH_3COCH_2COOC_2H_5$

C. $CH_3COCH_2COCH_3$　　D. $CH_3COCH(C_2H_5)COOC_2H_5$

E. $CH_3COC_2H_5$　　F. $CH_3COOC_2H_5$

11.15 以乙酰乙酸乙酯为原料之一合成下列化合物。

(1) 庚-2-酮

(2) 仲丁基甲基酮

(3) 苯甲酰丙酮

(4) 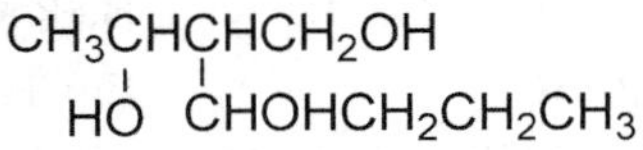

(5) 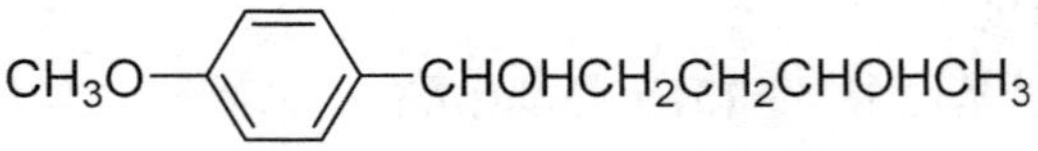

(6) $CH_3COCH_2CH_2COCH_3$

(7) 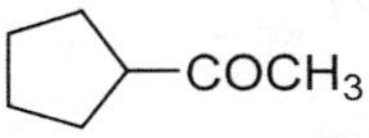

(8) 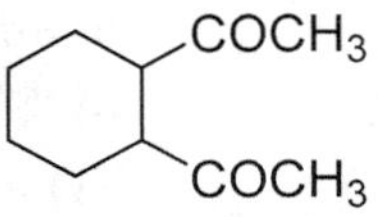

(9) $(CH_3CH_2)_2CHCOOH$

(10) $CH_3CH_2CH_2CH{=}CHCOOH$

(11) 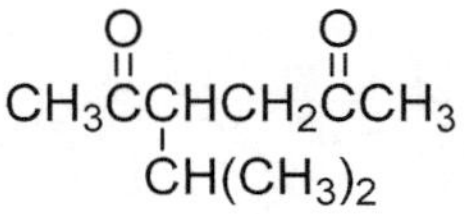

(12) 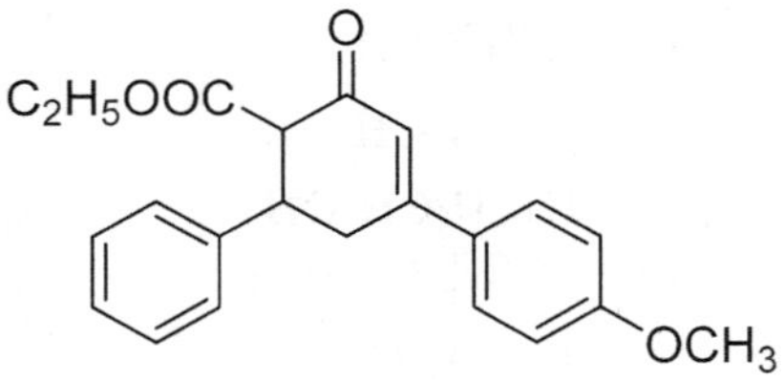

11.16 以丙二酸二乙酯为原料之一合成下列化合物。

(1) 2-乙基戊酸

(2) 庚二酸

(3) 3-乙基戊二酸

(4) 2-苯基丁二酸

(5) 2-乙基-3-丙基丁二酸

(6) 环丙烷甲酸

(7) 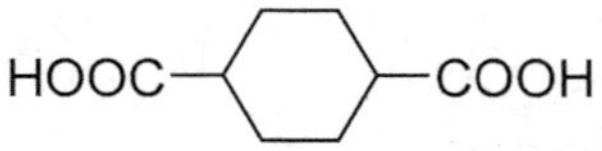

(8) $(CH_3)_3CCOCH_2CH_2COOH$

(9) $(CH_3)_2CHCH_2COCH_2COOC_2H_5$

(10) $CH_3COCH_2C(CH_3)_2CH_2COOH$

11.17 以 C_2～C_4 的烯烃、苯、甲苯为原料合成下列化合物。(无机试剂任选)

(1) $CH_3CH_2CH_2CH_2COOH$

(2) $CH_3CHOHCH_2COOH$

(3) 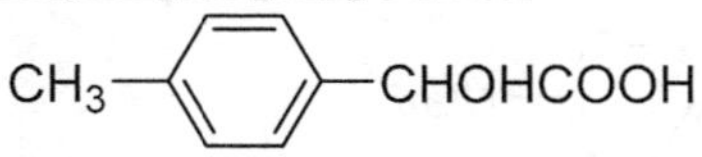

(4) 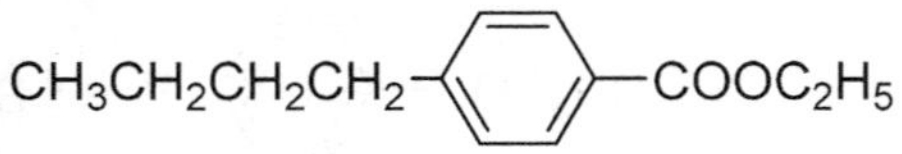

(5) 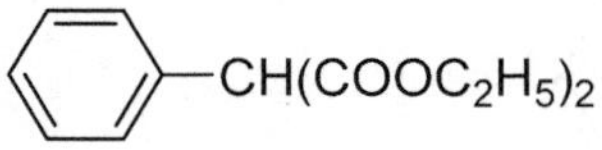

(6) 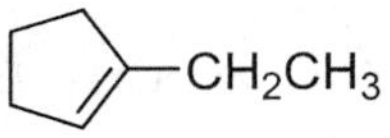

(7) 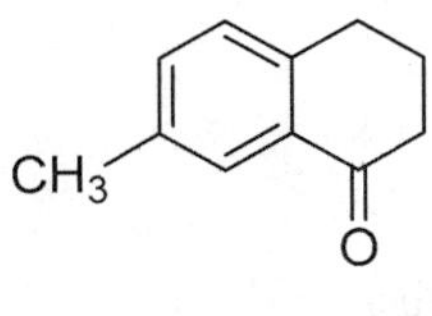

(8) 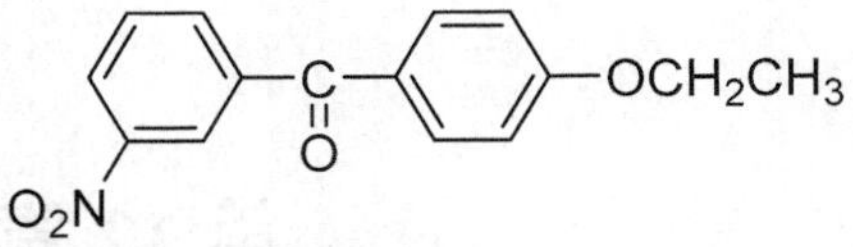

(9) 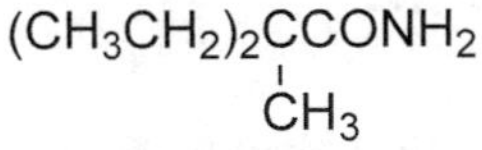

(10) 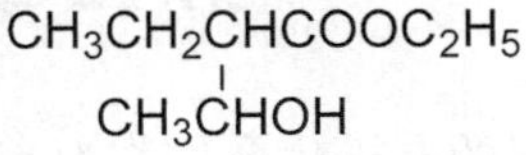

(11) 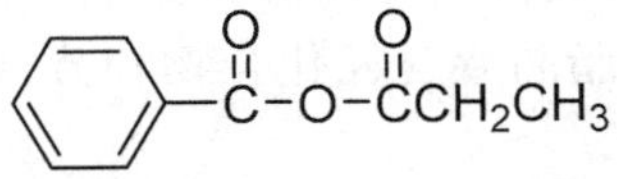

(12) 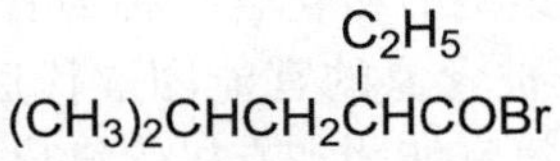

11.18　化合物 A($C_4H_8O_3$)可以与 Na_2CO_3 溶液反应，放出 CO_2。A 受热后反应生成化合物 B($C_4H_6O_2$)，B 可以使 Br_2-CCl_4 溶液褪色。A 被 $KMnO_4$ 氧化生成 C($C_4H_6O_3$)。C 受热后放出 CO_2 气体，生成 D(C_3H_6O)。D 可以发生碘仿反应。根据以上实验事实推测 A～D 的构造，并写出每步反应式。

11.19　化合物 A 含有 C、H、O、N 四种元素，溶于水，不溶于乙醚。A 受热后失去一分子水生成化合物 B，B 与 NaOH 溶液回流反应，放出有气味的气体，残余物酸化后得到一种不含氮的酸性物质 C。C 与 $LiAlH_4$ 反应生成的物质 D 与浓 H_2SO_4 共热，得到一个烯烃 E，E 的相对分子质量为 56。E 经臭氧分解后得到一个醛 F 和一个酮 G。根据以上实验结果推断化合物 A～G 的构造，并写出各步反应式。

11.20　化合物 A($C_{10}H_{12}$)经臭氧分解生成化合物 B(C_3H_6O)和 C(C_7H_6O)，B 不与硝酸银的氨溶液反应，C 则反应，酸化后生成化合物 D($C_7H_6O_2$)。D 与 PCl_3 反应生成 E，E 与氨作用生成 F(C_7H_7NO)。F 在 NaOH 溶液中与 Br_2 反应，生成化合物 G(C_6H_7N)。G 为一弱碱，其 pK_b 值远大于甲胺。写出化合物 A～G 的构造式及相关反应式。

11.21　化合物 A($C_{15}H_{16}O_2$)，不与 2,4-二硝基苯肼反应，但用 $K_2Cr_2O_7$-H_2SO_4 氧化可得化合物 B($C_{15}H_{12}O_4$)。B 加热后得化合物 C($C_{14}H_{12}O_2$)。C 的 IR 数据为：3300～2500cm^{-1}，强、宽；1700cm^{-1}，强；1650～1450cm^{-1}，中强；920cm^{-1}，强；730cm^{-1}，强；698cm^{-1}，强。核磁共振氢谱数据为：δ 7.30(10H)，单峰；δ 5.1(1H)，单峰；δ 8.12(1H)，单峰。试确定化合物 A、B、C 的构造式。

11.22　从肉豆蔻中得到的三肉豆蔻精是一种白色结晶的酯，m.p. 54～55℃，它是肉豆蔻的主要成分，将它与热的 NaOH 溶液一起加热，则以很高的回收率得到唯一的脂肪酸肉豆蔻酸(十四烷酸)，m.p. 52～53℃。写出三肉豆蔻精的结构式。

第 12 章　有机含氮化合物

含有氮元素的有机化合物称为有机含氮化合物。有机含氮化合物可以看作烃分子中一个或几个氢原子被含氮的官能团取代后的物质，可分为脂肪族含氮化合物和芳香族含氮化合物。常见的含氮官能团和有机含氮化合物如表 12.1 所示。

表 12.1　常见的含氮官能团和有机含氮化合物的类型

化合物类型	官能团	实例	
硝基化合物	—NO_2(硝基)	CH_3NO_2	硝基甲烷
硝酸酯	—ONO_2(硝基氧基)	n-$C_5H_{11}ONO_2$	硝酸正戊酯
亚硝基化合物	—NO(亚硝基)	Ph—NO	亚硝基苯
亚硝酸酯	—ONO(亚硝基氧基)	n-C_4H_9ONO	亚硝酸正丁酯
胺	—NH_2(氨基)	CH_3NH_2	甲胺
酰胺	—$CONH_2$(氨基羰基)	CH_3CONH_2	乙酰胺
肼	—NH—NH_2(肼基)	PhNH—NH_2	苯肼
肟	═N—OH(羟氨亚基)	CH_3CH═NOH	乙醛肟
腈	—C≡N(氰基)	CH_2═CH—C≡N	丙烯腈
异腈(胩)	—N≡C(异氰基)	CH_3N≡C	异氰基甲烷(甲胩)
异氰酸酯	—N═C═O(异氰氧基)	CH_3CH_2—N═C═O	异氰酸乙酯
重氮化合物	—N_2	CH_2N_2	重氮甲烷
胍		$(H_2N)_2C$═NH	胍

本章主要讨论硝基化合物、胺、季铵盐和季铵碱、重氮和偶氮化合物、腈、异腈和异氰酸酯等有机含氮化合物。

12.1　硝基化合物

烃分子中一个或几个氢原子被硝基(—NO_2)取代后的物质称为硝基化合物。

12.1.1　硝基化合物的物理性质

硝基是个很强的吸电子基，有较大的偶极矩(如硝基甲烷 $\mu = 3.56$deb)。所以硝基化合物分子间虽然不能形成氢键，但是由于具有较大的极性，它们的沸点比相对分子质量相近的醛、酮和醇都高。例如：

	CH_3NO_2	CH_3CH_2CHO	CH_3COCH_3	$CH_3CH_2CH_2OH$
相对分子质量	61	58	58	60
沸点/℃	101	49	56	97.2

硝基甲烷在水中的溶解度是 $10g \cdot (100g)^{-1}$，低级脂肪族硝基化合物微溶于水。液体硝基化合物化学稳定性较好，是良好的有机溶剂。

芳香族一硝基化合物是无色或淡黄色高沸点液体或固体，有苦杏仁气味。多硝基化合物多为黄色固体。它们均不溶于水，易溶于某些有机溶剂，如乙醚、四氯化碳等。它们的相对密度大于 1。许多硝基化合物有毒，其蒸气可透过皮肤被肌体吸收而中毒，使用时应该注意。表 12.2 列出一些芳香族硝基化合物的物理常数。

表 12.2　一些芳香族硝基化合物的物理常数

名称	熔点/℃	沸点/℃	相对密度(d_4^{20})
硝基苯	5.7	210.8	1.203
邻二硝基苯	118	319(103191Pa)	1.565(17℃)
间二硝基苯	89.8	303(102658Pa)	1.571(0℃)
对二硝基苯	174	299(103591Pa)	1.625
1,3,5-三硝基苯	122		1.688
邻硝基甲苯	−9.5(α), −4(β)	222	1.163
间硝基甲苯	16	231	1.157
对硝基甲苯	52	238.5	1.286
2,4-二硝基甲苯	70		1.521(15℃)
2,4,6-三硝基甲苯	80.6		

12.1.2　硝基化合物的化学性质

氮原子的基态电子层结构为 $1s^22s^22p^3$。硝基化合物中，氮原子成键时是 sp^2 杂化，其中两个 sp^2 杂化轨道与 2 个氧原子形成 2 个 N—O σ 键，另一个 sp^2 杂化轨道与碳原子形成 N—C σ 键。未参与杂化的 p 轨道上的单电子，与两个氧原子的 p 轨道互相平行重叠，形成包括 3 个原子、4 个电子在内的共轭 π 键。因此，硝基的结构是对称的，两个氮氧键是等同的，实验测得键长均为 0.121nm。因此，硝基化合物也可用共振结构式表示。

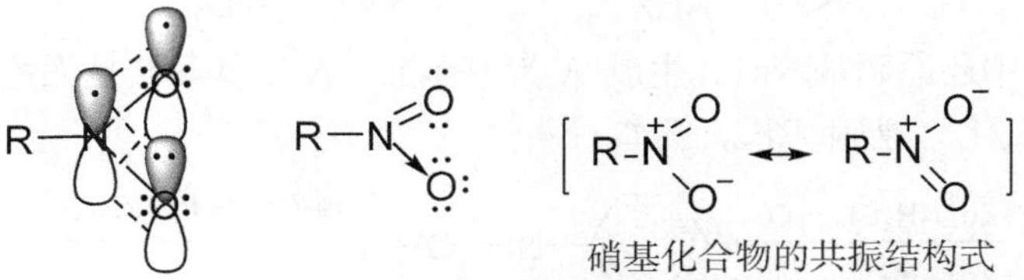

硝基化合物的共振结构式

在芳香族硝基化合物中，与苯环直接相连的硝基氮原子上的 p 轨道还与苯环上 6 个碳原子的 6 个 p 轨道相互平行重叠，形成一个大的共轭 π 键。硝基强的吸电子诱导效应和吸电子共轭效应，使硝基苯环上的电子云密度比苯低。

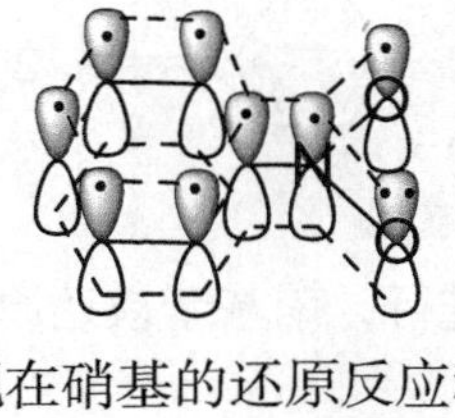

硝基化合物的化学性质主要表现在硝基的还原反应和硝基烷 α-H 的反应。

1. 还原反应

(1) 催化氢化或在酸性还原体系中，如 Zn、Fe、Sn 或 $SnCl_2$ 和盐酸、硫酸或乙酸等，硝基化合物可被还原为伯胺。

$$R-NO_2 + 3H_2 \xrightarrow{\text{雷尼镍}} R-NH_2 + 2H_2O$$

$$Ar-NO_2 \xrightarrow{\text{Fe, HCl}} Ar-NH_2$$

例如：

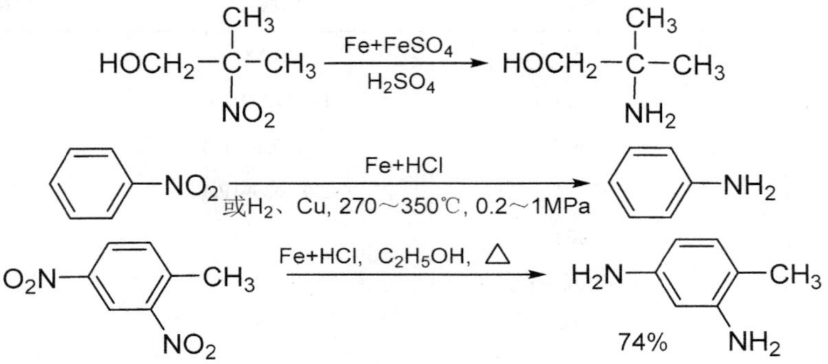

金属还原的过程是：

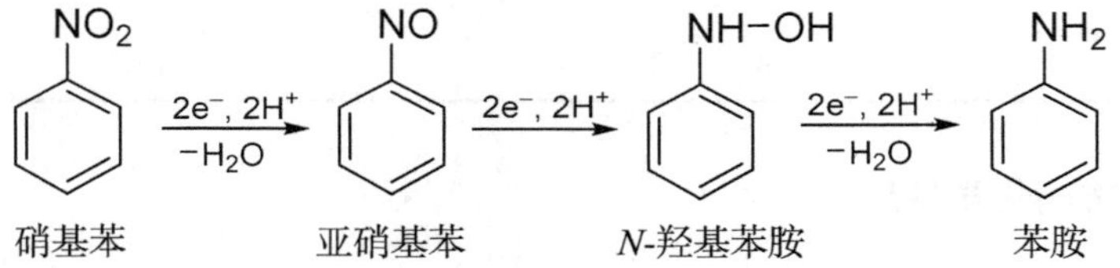

当苯环上有可被还原的羰基时，可选用氯化亚锡和浓盐酸作为还原剂比较合适，因为它只还原硝基成为氨基。

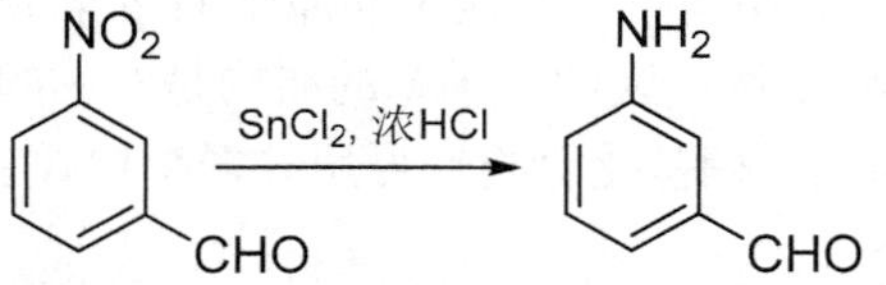

(2) 在中性介质中还原硝基苯时，生成 *N*-羟基苯胺。*N*-羟基苯胺是无色固体，熔点 82℃，溶解于水，它可被氧化为亚硝基苯。例如：

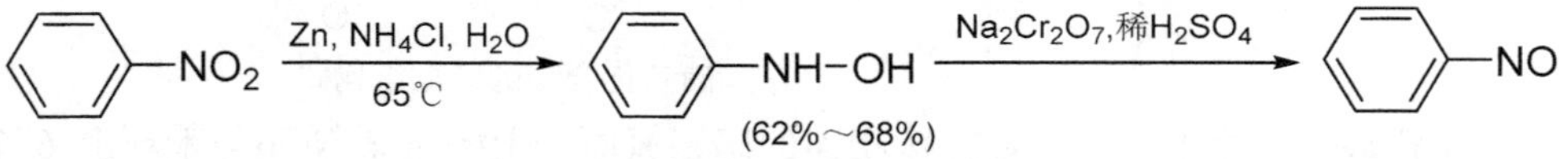

亚硝基苯是无色固体，熔点 68℃。当熔化为液体时呈绿色。这是因为亚硝基苯在固体时是以无色的双分子形式存在，而在液体时是以绿色的单分子形式存在。

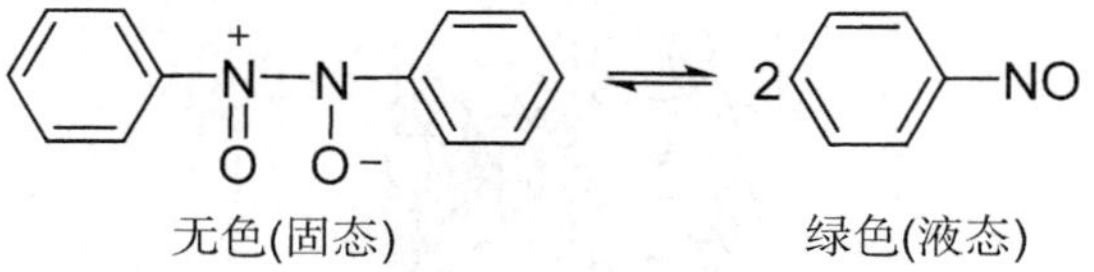

(3) 如果还原反应在碱性介质中进行，硝基苯被还原为双分子缩合的产物。

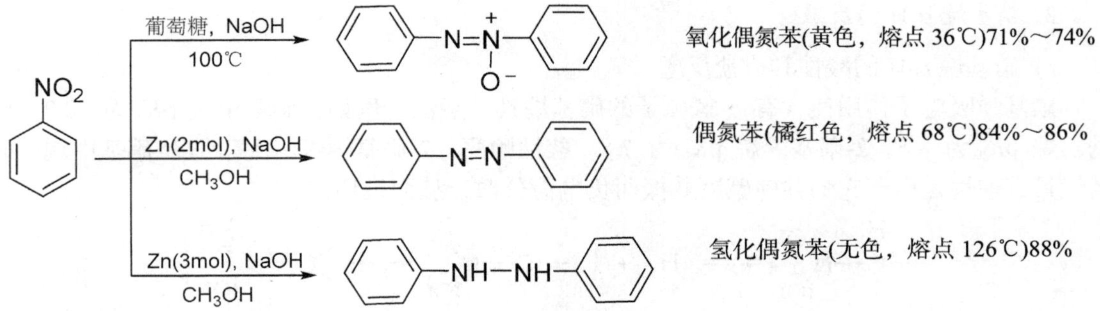

它们之间可通过下面的氧化和还原反应相互转变：

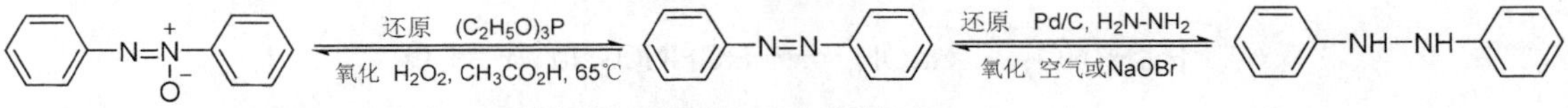

所有这些双分子缩合产物在酸性条件下都被还原为苯胺。

氢化偶氮苯在强酸溶液中发生重排，生成联苯胺——联苯胺重排。

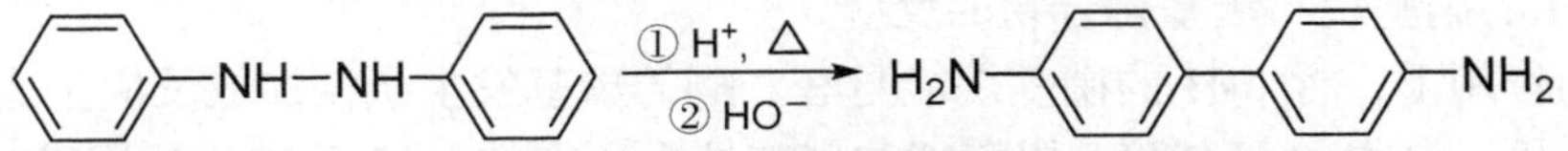

联苯胺重排的反应历程有多种说法，讨论较多的是极化过渡态理论。

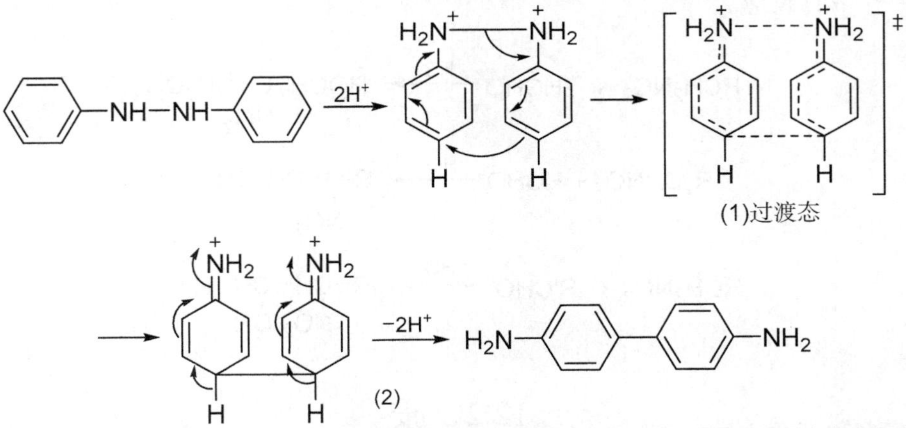

氢化偶氮苯在强酸作用下，生成两个氮原子被质子化的盐。相连的两个氮原子由于都带有正电荷而相斥，因此氮-氮键较易断裂。在氮-氮键断裂的同时，苯环中的电子进行转移，通过过渡态(1)形成活性中间体(2)。(2)失去两个质子，生成联苯胺。

联苯胺曾经是染料工业的重要原料。在工业上就是通过上述的联苯胺重排制备的。但联苯胺是一种致癌物，长期接触可能引起膀胱癌，发病潜伏期 15～20 年，现在工业上已很少使用。

(4) 对于芳香族多硝基化合物，若使用合适的还原剂，如硫氢化钠或硫氢化铵，在适当条件下，可选择将其中的一个硝基还原为氨基。

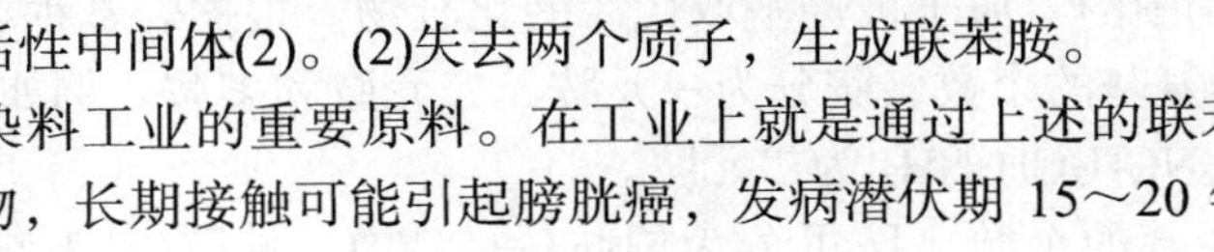

部分还原是实验室或工业上制备间硝基苯胺的方法。

2. 硝基烷 α-H 的反应

1) 硝基烷 α-H 的酸性和成盐反应

硝基强吸电子作用使含有 α-氢原子的硝基烷具有酸性。例如，硝基甲烷 pK_a 为 10.2，硝基乙烷 pK_a 为 8.5，2-硝基丙烷 pK_a 为 7.8。酸性顺序：2-硝基丙烷>硝基乙烷>硝基甲烷。硝基烷具有酸性是由于它的共轭碱因共振而负电荷分散，从而被稳定。

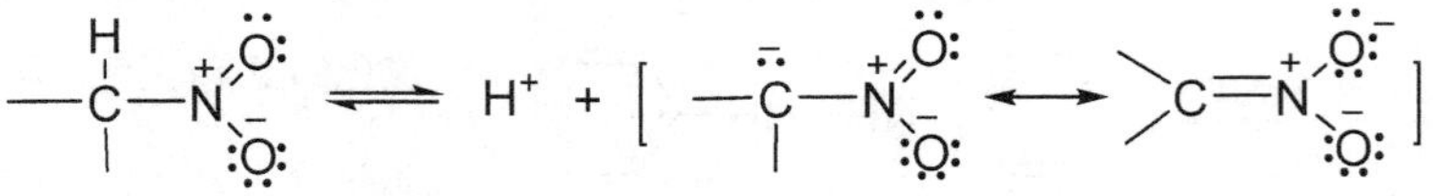

因此，具有 α-H 的硝基烷能与碱反应生成盐，溶于强碱(如 NaOH)水溶液中。

$$RCH_2NO_2 + NaOH \longrightarrow R\ddot{C}HNO_2^-Na^+ + H_2O$$

$$R_2CHNO_2 + NaOH \longrightarrow R_2\ddot{C}^-NO_2Na^+ + H_2O$$

2) 含 α-H 的硝基烷与羰基化合物的反应

在稀碱的作用下，含 α-H 的硝基烷能与醛、酮的羰基发生亲核加成反应生成 β-硝基醇，进而硝基被还原可制得 β-氨基醇。甲醛能与硝基烷中所有的 α-H 反应，其他醛、酮一般只和硝基烷中一个 α-H 反应。

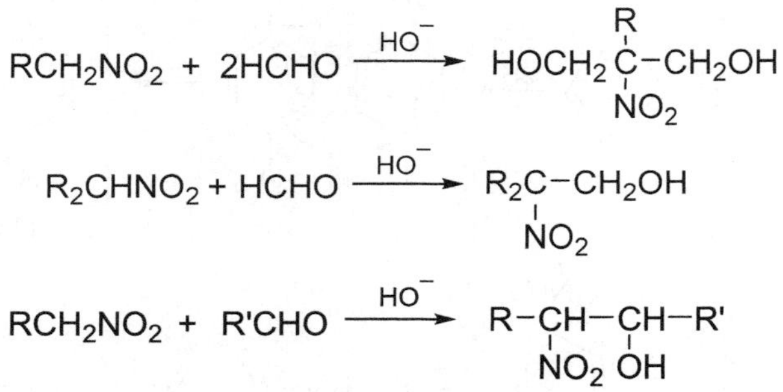

12.2 胺

胺是氨分子(NH_3)中的氢原子被烃基取代后的化合物。根据烃基种类不同，胺可分为脂肪胺和芳香胺。根据氨基的个数，胺分为一元胺、二元胺和多胺。例如，乙胺 $CH_3CH_2NH_2$ 为一元胺，乙二胺 $H_2NCH_2CH_2NH_2$ 为二元胺。

根据氮原子上烃基的个数，胺可分为伯胺(一级胺)、仲胺(二级胺)和叔胺(三级胺)。氨分子中一个氢原子被烃基取代的化合物(RNH_2)称为伯胺；两个氢原子被烃基取代的化合物(R_2NH)称为仲胺；三个氢原子被烃基取代的化合物(R_3N)称为叔胺。胺的伯、仲、叔的含义和醇及卤代烷的伯、仲、叔的含义是完全不同的。伯、仲、叔胺是指氮原子和一个、两个、三个烃基相连的胺，而伯、仲、叔醇或卤代烷是指醇羟基或卤素与伯、仲、叔碳原子相连。例如：

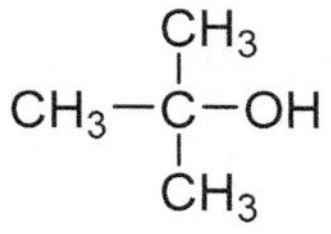
(叔醇)

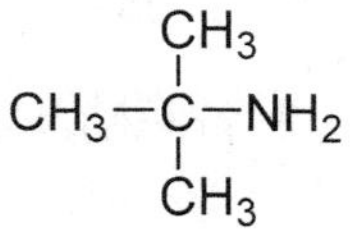
(伯胺)

$CH_3-CH(CH_3)-OH$　(仲醇)　　$CH_3-CH(CH_3)-NHCH_3$　(仲胺)

CH_3CH_2-OH　(伯醇)　　$(CH_3CH_2)_3N$　(叔胺)

12.2.1　胺的物理性质

常温时，除甲胺、二甲胺、三甲胺和乙胺是气体外，其他胺是液体或固体。低级胺的气味与氨类似，还有一些鱼腥气味；高级胺由于不易挥发，气味要淡得多。低级胺(如甲胺、二甲胺、三甲胺、乙胺、二乙胺、三乙胺等)易溶于水，溶解度一般是随着分子中碳原子数(或相对分子质量)的增大而减小，高级胺则难溶或不溶于水。表 12.3 列出一些胺的物理常数。

表 12.3　一些胺的物理常数

名称	构造式	熔点/℃	沸点/℃	水中溶解度/[g · (100g)$^{-1}$]	pK_b
甲胺	CH_3NH_2	−92	−7.5	易溶	3.38
乙胺	$CH_3CH_2NH_2$	−80	17	∞	3.36
正丙胺	$CH_3CH_2CH_2NH_2$	−83	49	∞	3.33
异丙胺	$(CH_3)_2CHNH_2$	−101	34	∞	3.28
正丁胺	$CH_3(CH_2)_2CH_2NH_2$	−50	78	易溶	3.39
异丁胺	$(CH_3)_2CHCH_2NH_2$	−85	68	∞	3.50
仲丁胺	$CH_3CH_2CH(CH_3)NH_2$	−104	63	∞	3.44
叔丁胺	$(CH_3)_3CNH_2$	−67	46	∞	3.55
二甲胺	$(CH_3)_2NH$	−96	7.5	易溶	3.27
二乙胺	$(CH_3CH_2)_2NH$	−39	55	易溶	3.06
二正丙胺	$(CH_3CH_2CH_2)_2NH$	−63	110	易溶	3.02
三甲胺	$(CH_3)_3N$	−117	3	91	4.21
三乙胺	$(CH_3CH_2)_3N$	−115	89	14	3.25
三正丙胺	$(CH_3CH_2CH_2)_3N$	−93	157	微溶	3.36

12.2.2　胺的化学性质

氮原子的基态电子层结构为 $1s^22s^22p^3$，在胺分子中氮原子成键时采用 sp^3 杂化轨道与其他原子形成共价键。氮原子的三个 sp^3 杂化轨道分别与氢原子和/或碳原子形成三条 σ 键，孤对电子占据另一个 sp^3 杂化轨道。因而胺分子呈棱锥形结构。氨、甲胺和三甲胺结构如下：

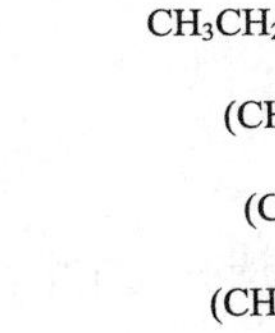

氨

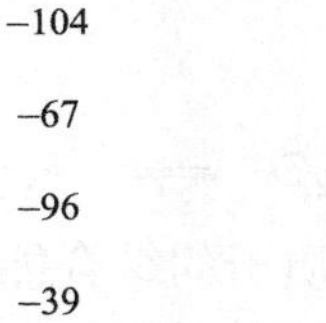

甲胺

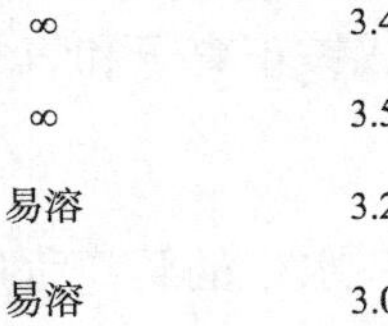

三甲胺

当胺分子中氮原子连接三个不同的基团时，若将孤对电子占据的轨道看成是第四个“取代基"，它就是手性分子，有一对对映体。例如：

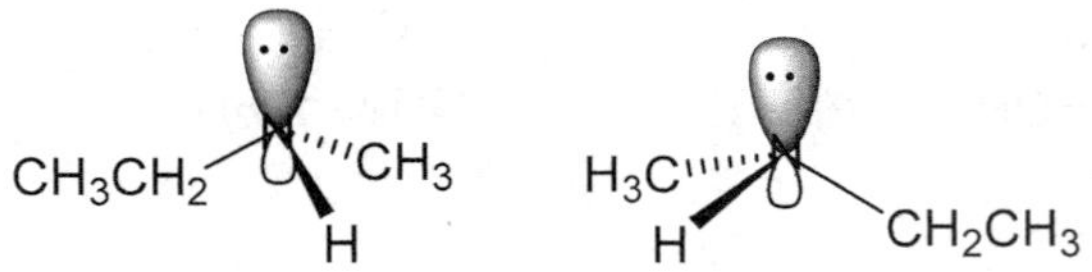

但这对对映体没有分离得到，原因是这对对映体之间的构型转化所需活化能很低，约为 $25kJ \cdot mol^{-1}$，在常温以每秒 10^3～10^5 次的速率进行构型反转，因而无法分离得到它们中的任何一个。对映体构型相互转化是通过平面过渡态进行的，这时氮原子采用 sp^2 杂化轨道，孤对电子处在 p 轨道上：

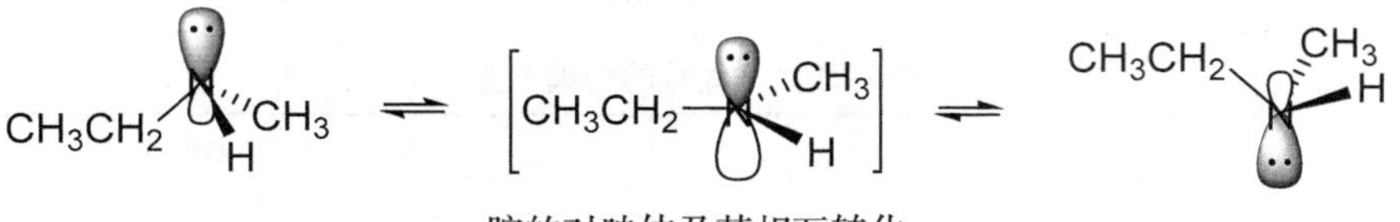

胺的对映体及其相互转化

芳香胺中氮原子与芳环直接连接，氮原子为 sp^2 杂化，氮原子的孤对电子与苯环的 π 电子形成共轭体系。

胺的化学性质主要表现在其官能团氨基上，氮上的孤对电子使胺具有碱性和亲核性，作为亲核试剂可以发生一系列反应，另外胺可以被氧化。

1. 胺的碱性

胺分子中的氮原子具有孤对电子，可以为碱。当胺溶于水时，可从水分子中夺取一个质子，形成铵正离子和氢氧根负离子。

$$R-\ddot{N}H_2 + H_2O \rightleftharpoons R-\overset{+}{N}H_3 + HO^-$$

胺在水中的解离程度可显示出胺与质子的结合能力，即胺的碱性强弱。因此，可用胺在水中的解离常数 K_b 或其对数负值 pK_b 表示胺的碱性强度。

$$K_b = \frac{[R\overset{+}{N}H_3][HO^-]}{[R\text{-}NH_2]} \qquad pK_b = -\lg K_b$$

K_b 越大或 pK_b 越小，说明胺的氮与质子结合能力越强，也就是胺的碱性越强。

影响脂肪胺碱性强弱的因素，一是烷基推电子的诱导效应，它使得胺分子中氮原子上电子密度增大，有利于与质子结合，因而碱性增强。胺中烷基越多，碱性也应该越强。单从电子效应的影响来看，可以预测脂肪胺碱性强度顺序应该是：$R_3N > R_2NH > RNH_2 > NH_3$。

但是，实验测定下列脂肪胺在水中的 pK_b 为

	$:NH_3$	$CH_3\ddot{N}H_2$	$(CH_3)_2\ddot{N}H$	$(CH_3)_3N:$
pK_b	4.76	3.38	3.27	4.21

可以看出，NH_3 分子中引入一个烷基后的伯胺，碱性明显增强，引入两个烷基后的仲胺，碱性继续增强。但是引入三个烷基后的叔胺，碱性反而比仲胺和伯胺减弱了。这说明影响脂肪胺碱性强弱的不只是胺分子中氮原子上的电子密度。影响脂肪胺碱性强弱的第二个因素是胺与质子结合后生成的铵正离子的稳定性，铵正离子越稳定，越容易生成，胺的碱性越强。铵正离子氮原子上连接的氢原子越多，通过氢原子与水分子形成氢键的数目越多，从而通过形成氢键在水中的溶剂化作用越强。通过水的溶剂化作用，铵正离子在水中的稳定性顺序是

$$\overset{+}{N}H_4 > R\text{-}\overset{+}{N}H_3 > R_2\overset{+}{N}H_2 > R_3\overset{+}{N}H$$

可以与水形成氢键的数量：　4 个　3 个　2 个　1 个

铵正离子稳定性越强的，胺的碱性越强。可以看出，电子效应和溶剂化作用对碱性的影响是相反的。综合两种影响因素的结果，脂肪胺在水中的碱性强弱顺序是

$$R_2NH > RNH_2 > R_3N > NH_3$$

此外，空间位阻也对胺的碱性有影响。烷基空间体积大，不利于质子与氨基的结合，会导致胺的碱性降低。

在不同溶剂中，三类胺的碱性强弱顺序也可能不同。实验发现，在氯苯中丁胺碱性强弱顺序是

$$(CH_3CH_2CH_2CH_2)_3N > (CH_3CH_2CH_2CH_2)_2NH > CH_3CH_2CH_2CH_2NH_2$$

芳胺是弱碱，其碱性比氨和脂肪胺都弱(如苯胺 pK_b 是 9.40，氨是 4.76，脂肪胺 pK_b 约为 3.4)。这是由于苯胺分子中氨基氮原子上的孤对电子与苯环的共轭作用降低了苯胺分子中氨基氮原子上的电子密度，从而减弱了其与质子结合的能力，因而碱性减弱。

芳胺的碱性强弱受苯环上取代基的性质和位置影响。一般来说，对于—OH、—NH_2、—OR 等取代基，由于这些基团给电子共轭效应大于吸电子诱导效应，给电子共轭效应可通过共轭体系交替传递，使取代基的邻、对位电子密度增加，因此当这些取代基位于氨基的邻、对位时，芳胺的碱性增强；但当这些基团处于氨基的间位时，主要表现为吸电子诱导效应，使得芳胺的碱性减弱。

当芳胺苯环上带有硝基(—NO_2)等取代基时，无论这些基团处于芳胺氨基的邻位、对位还是间位，它都是吸电子的基团，使芳胺苯环上以及氨基氮上电子密度降低，因而相应的芳胺的碱性减弱。表 12.4 列出一些取代苯胺的 pK_b。

表 12.4　一些取代苯胺的 pK_b

取代基	pK_b		
	邻位	间位	对位
—H	9.40	9.40	9.40
—OH	9.28	9.83	8.66
—OMe	9.48	9.77	8.50
—CH_3	9.56	9.28	8.90
—NO_2	14.26	11.53	13.00
—Cl	11.35	10.48	10.02

当芳胺分子中氨基氮原子上带有两个或三个苯环时，如二苯胺、三苯胺，其碱性进一步减弱。

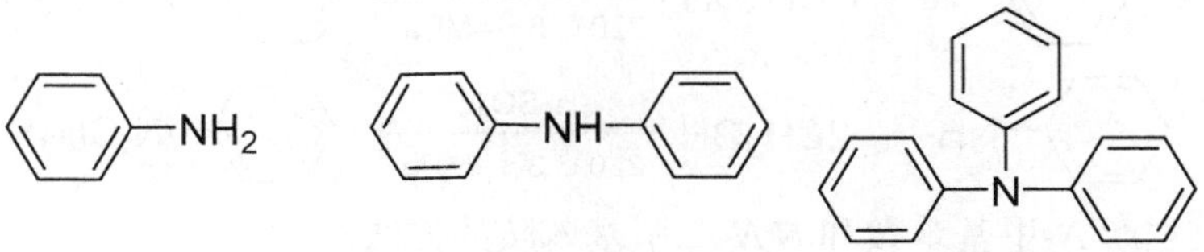

pK_b　9.4　13.8　中性

脂肪族胺和芳胺都可以与强酸(如稀盐酸、稀硫酸)作用生成铵盐。

$$R-NH_2 + HCl \longrightarrow R-\overset{+}{N}H_3\overset{-}{Cl}$$

铵盐一般是无色固体，易溶于水，而不溶于非极性的有机溶剂，如苯、汽油等。

铵盐是弱碱的盐，用强碱处理时，可重新生成胺。

$$R\text{-}\overset{+}{N}H_3\overset{-}{Cl} + NaOH \longrightarrow R-NH_2 + H_2O + NaCl$$

可利用这个性质进行胺的分离和提纯。将不溶于水的胺和不溶于水的其他类有机化合物用稀盐酸处理，胺与稀盐酸成盐并溶于稀盐酸中，而其他类有机化合物不溶于稀盐酸，分出酸性水层，再用碱处理即可游离出胺。

2. 胺的亲核性

1) 胺的烃基化反应

氨和胺分子中的氮原子上具有孤对电子，既是碱，也是亲核试剂，能与伯卤代烷发生亲核取代反应。该反应为卤代烷的氨(胺)解反应，也称为氨(胺)的烷基化反应。反应按 S_N2 机理进行。例如：

$$CH_3CH_2Cl + NH_3 \longrightarrow CH_3CH_2\overset{+}{N}H_3\overset{-}{Cl} \xrightarrow{NH_3} CH_3CH_2NH_2 + NH_4Cl$$

伯胺还可以与卤代烷反应生成仲胺。例如：

$$CH_3CH_2NH_2 + CH_3CH_2Cl \longrightarrow (CH_3CH_2)_2\overset{+}{N}H_2\overset{-}{Cl} \xrightarrow{NH_3} (CH_3CH_2)_2NH + NH_4Cl$$

仲胺还可以与卤代烷反应生成叔胺。例如：

$$(CH_3CH_2)_2NH + CH_3CH_2Cl \longrightarrow (CH_3CH_2)_3\overset{+}{N}H\overset{-}{Cl} \xrightarrow{NH_3} (CH_3CH_2)_3N + NH_4Cl$$

叔胺还可以与卤代烷反应生成季铵盐。例如：

$$(CH_3CH_2)_3N + CH_3CH_2Cl \longrightarrow (CH_3CH_2)_4\overset{+}{N}\overset{-}{Cl}$$

因此氨的烷基化反应的结果是生成伯胺、仲胺、叔胺和季铵盐的混合物。如果氨大大过量，伯胺成为主要产物。上述混合物可用精馏方法，将伯胺、仲胺和叔胺分离。

芳胺也能与卤代烷反应，生成仲胺、叔胺和季铵盐。例如：

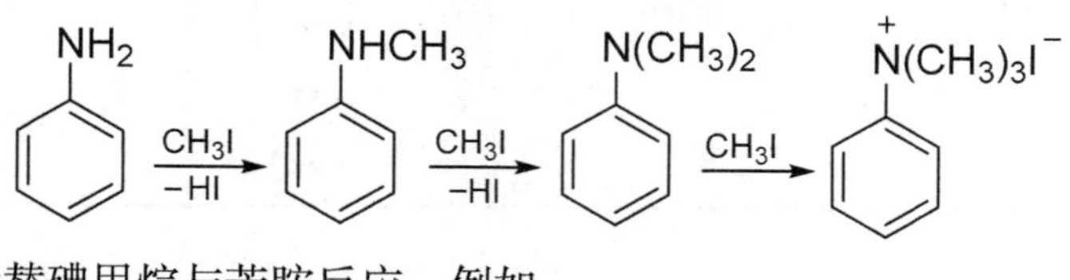

可以用甲醇代替碘甲烷与芳胺反应。例如：

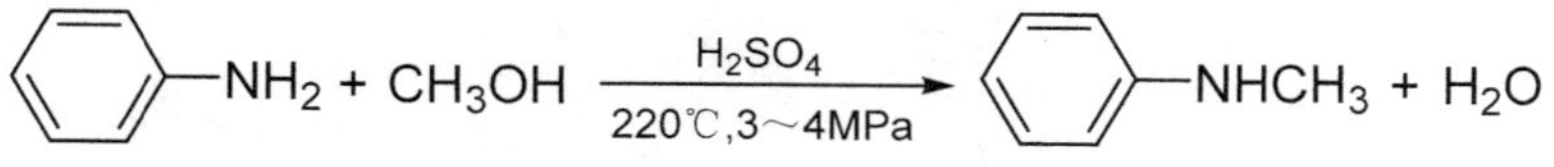

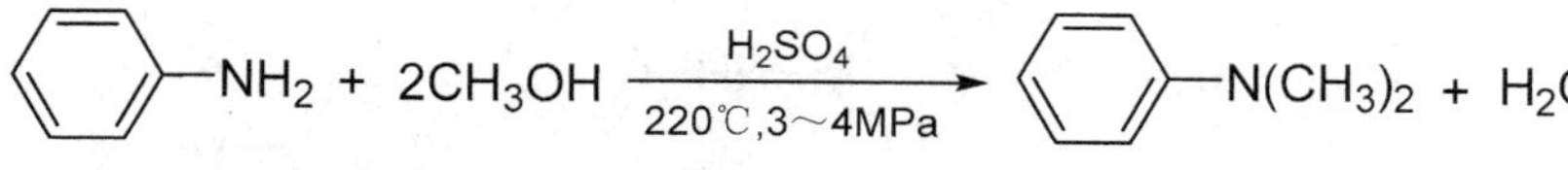

这是工业上生产 *N*-甲基苯胺和 *N*,*N*-二甲基苯胺的方法。

用苯胺盐酸盐和略过量的苯胺一起加热，进行苯环上的亲核取代反应，可制得二苯胺。

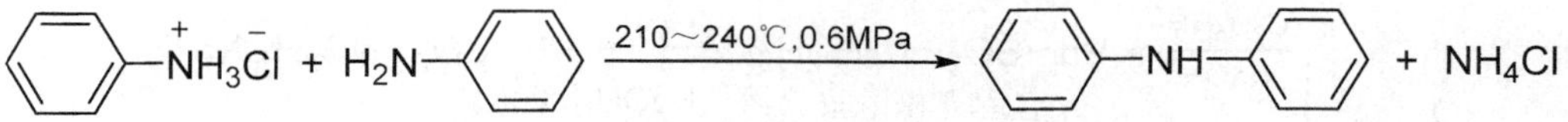

二苯胺和碘苯在碳酸钾的作用下，可制得三苯胺。

2) 胺的酰基化反应

伯胺和仲胺分子中氮原子上都含有氢原子，能与酰基化试剂酰氯和酸酐反应，生成酰胺。例如：

$$CH_3COCl + 2CH_3CH_2NH_2 \longrightarrow CH_3CONHCH_2CH_3 + CH_3CH_2\overset{+}{N}H_3\overset{-}{Cl}$$

$$(CH_3CO)_2O + 2CH_3CH_2NH_2 \longrightarrow CH_3CONHCH_2CH_3 + CH_3CO\overset{-}{O}\overset{+}{N}H_3CH_2CH_3$$

$$CH_3COCl + 2(CH_3CH_2)_2NH \longrightarrow CH_3CON(CH_2CH_3)_2 + (CH_3CH_2)_2\overset{+}{N}H_2\overset{-}{Cl}$$

$$(CH_3CO)_2O + 2(CH_3CH_2)_2NH \longrightarrow CH_3CON(CH_2CH_3)_2 + CH_3CO\overset{-}{O}\overset{+}{H_2}N(CH_2CH_3)_2$$

叔胺分子中氮原子上没有氢原子，不能与酰氯或酸酐反应。

酰胺是具有一定熔点的固体，通过测定酰胺的熔点，可以确定原来的胺。因此，伯胺、仲胺的酰基化反应可以用来鉴定伯胺和仲胺。酰基化产物经酸或碱催化水解可重新生成原来的胺。因此，可利用酰胺的这个性质提纯胺。

$$CH_3CONHCH_2CH_3 + H_2O \xrightarrow{\text{酸或碱}} CH_3COOH + CH_3CH_2NH_2$$

$$CH_3CON(CH_2CH_3)_2 + H_2O \xrightarrow{\text{酸或碱}} CH_3COOH + (CH_3CH_2)_2NH$$

伯芳胺、仲芳胺也能与酰氯或酸酐反应生成酰胺。叔芳胺分子中没有氢原子，不能进行酰基化反应。

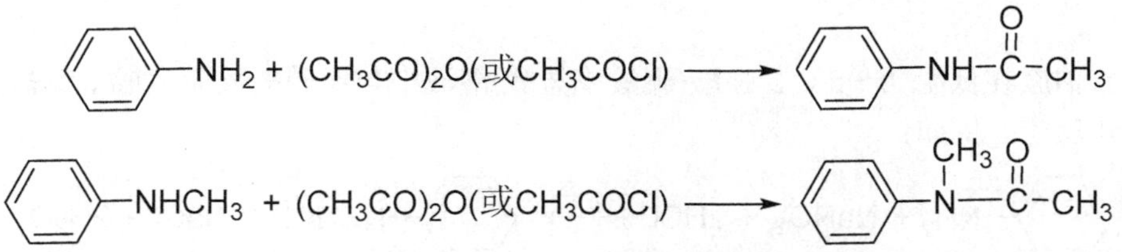

芳胺的酰化产物在酸或碱的催化下水解生成原来的芳胺，此反应可用在芳香族化合物的合成上保护氨基。例如，苯胺容易被氧化，不能直接硝化制备对硝基苯胺，因此，可通过酰化反应，将氨基保护后再进行硝化反应制备对硝基苯胺。

伯芳胺、仲芳胺的酰化反应还常用于它们的定性鉴定以及叔芳胺的分离。

3) 胺的磺酰化反应

磺酰氯 RSO_2Cl 具有类似酰氯的性质，是一个磺酰化试剂。伯胺和仲胺分子中氮原子上都有氢原子，都可以与磺酰氯(如苯磺酰氯、对甲苯磺酰氯等)反应，生成相应的磺酰胺。胺与磺酰氯的反应称为兴斯堡(Hinsberg)反应。磺酰氯被称为兴斯堡试剂。

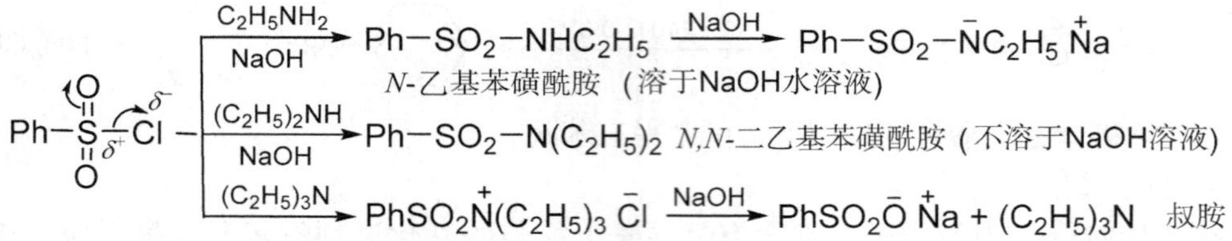

磺酰胺是具有一定熔点的晶体，通过测定其熔点，可确定原来的胺。磺酰胺具有类似酰胺的性质，可以水解生成磺酸和原来的胺。

伯胺、仲胺和叔胺与磺酰氯在 NaOH 溶液中反应情况不同，伯胺反应的产物 *N*-烷基苯磺酰胺其氮原子上还有一个氢，因受磺酰基吸电子的作用，具有弱酸性，可与碱反应成盐，因而溶于碱溶液中。仲胺反应的产物 *N,N*-二烷基苯磺酰胺不溶于碱溶液。叔胺与磺酰氯不发生磺酰化反应，但可以成盐，此磺酸盐很容易水解回原来的叔胺。可利用这个性质分离和鉴别伯胺、仲胺和叔胺。

3. 胺与亚硝酸的反应

伯胺、仲胺和叔胺在不同条件下可与亚硝酸发生不同的反应。

伯胺与亚硝酸(常用盐酸和亚硝酸钠)反应生成不稳定的重氮盐。脂肪族重氮盐即使在低温下也会自动分解生成碳正离子，放出定量氮气。生成的碳正离子可与体系中的负离子反应，也可发生重排，生成更稳定的碳正离子，最后生成醇、烯烃等复杂的混合物。例如：

$$CH_3CH_2CH_2CH_2NH_2 \xrightarrow{NaNO_2+HCl} CH_3(CH_2)_3\overset{+}{N}{\equiv}N{:}\overset{-}{Cl} \xrightarrow{-N_2} CH_3CH_2CH_2\overset{+}{C}H_2 \longrightarrow \begin{cases} CH_3CH_2CH{=}CH_2 \\ CH_3CH_2CH_2CH_2Cl \\ CH_3CH_2CH_2CH_2OH \end{cases}$$

由于产物复杂，没有制备意义。但是由于反应定量放出氮气，因此在分析上可定量地测定伯胺。

芳香族伯胺在低温 0～5℃、强酸(硫酸或盐酸)溶液中与亚硝酸反应生成重氮盐，此反应称为重氮化反应。例如：

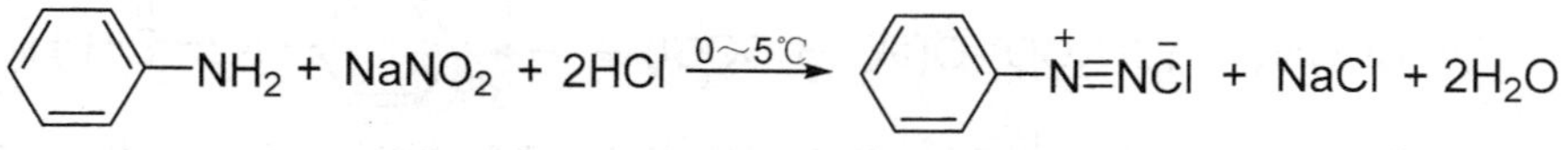

氯化苯重氮盐

芳香族重氮盐在低温下具有一定的稳定性，在有机合成中具有重要的作用(见 12.4.2 中 2)。

仲胺和亚硝酸反应生成黄色油状或固体的 *N*-亚硝基化合物。

$$R_2NH + NaNO_2 + HCl \longrightarrow R_2N{-}NO + NaCl + H_2O$$

N-亚硝基胺

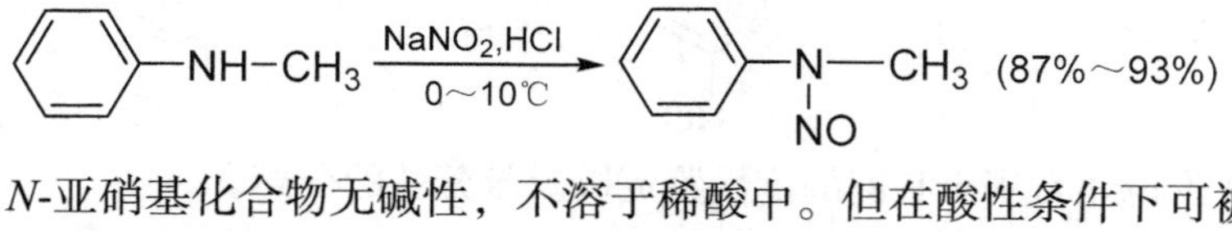

(87%～93%)　*N*-甲基-*N*-亚硝基苯胺

N-亚硝基化合物无碱性，不溶于稀酸中。但在酸性条件下可被金属(如 $SnCl_2$-盐酸)还原为原来的胺。因此，可利用此反应提纯仲胺。

脂肪族叔胺在同样条件下只发生酸碱反应。芳香族叔胺与亚硝酸进行苯环上的亲电取代反应，生成对亚硝基化合物。

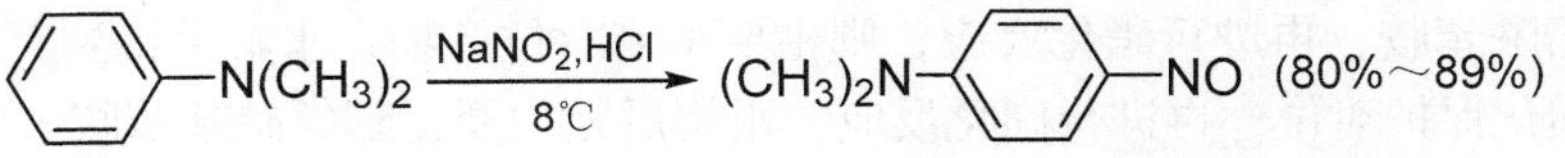

N,N-二甲基-4-亚硝基苯胺

4. 胺的氧化反应

脂肪族胺容易被氧化。伯胺氧化产物复杂，无制备意义。仲胺被过氧化氢氧化可生成羟胺，但产率很低。

$$R_2NH + H_2O_2 \longrightarrow R_2N\text{-}OH + H_2O$$

叔胺可被过氧化氢或过酸氧化生成叔胺氧化物。

$$R_3N\colon + H_2O_2 \longrightarrow R_3\overset{+}{N}—\overset{-}{O} + H_2O$$

叔胺氧化物具有四面体结构，氮原子在四面体中心，氧原子和三个取代基在四面体四个顶点上，若三个取代基不同时，则有一对对映体存在，具有旋光性。

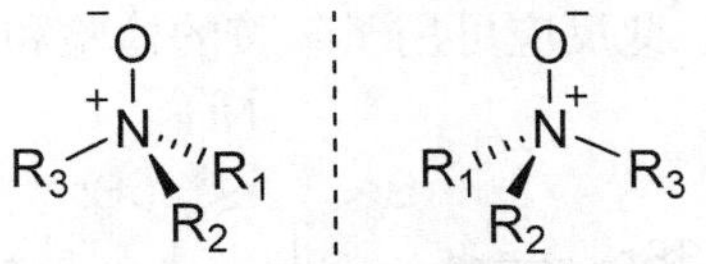

叔胺氧化物是个偶极很大(三甲胺氧化物 μ=4.87deb)的极性分子，熔点和沸点都很高，易溶于水，但不溶于醚、苯等有机溶剂。

芳胺也很容易被氧化。例如，苯胺放置在空气中逐渐被氧化成黄色、棕色最后呈红色。芳胺用不同的氧化剂进行氧化反应，其产物是不同的。例如，苯胺用二氧化锰-稀硫酸或重铬酸钾-稀硫酸进行氧化则生成对苯醌。

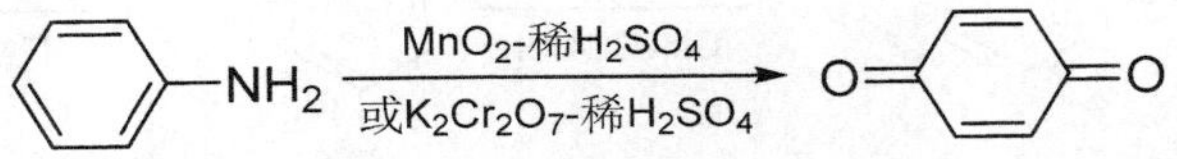

若用过三氟乙酸作氧化剂，则氨基可被氧化为硝基。例如：

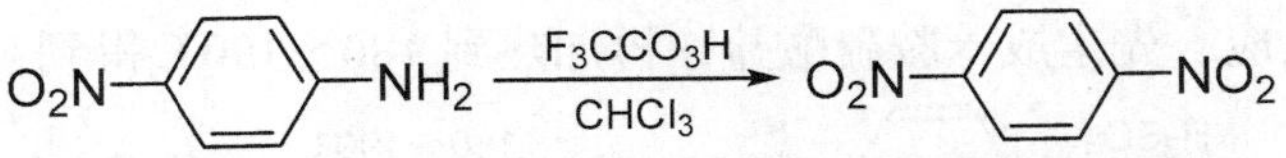

如果叔胺用过氧化氢或过氧乙酸进行氧化，则得叔胺氧化物。例如：

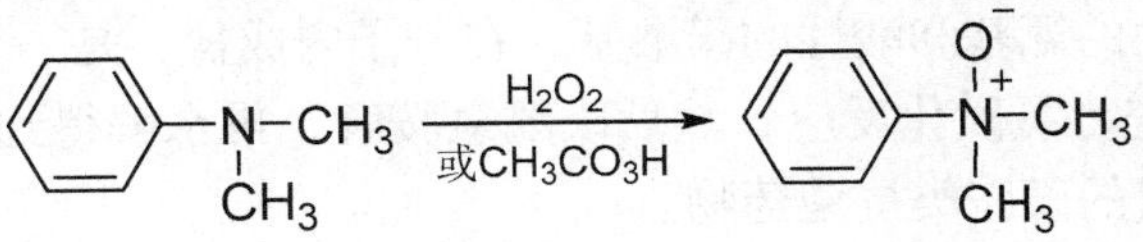

N,N-二甲基苯胺氧化物

5. 芳胺苯环上的亲电取代反应

氨基是很强的活化苯环的邻对位定位基，芳胺很容易进行芳环上的亲电取代反应。

1) 硝化反应

苯胺用硝酸进行硝化反应时，氨基容易被氧化，为了避免该副反应，可先将苯胺溶于浓硫酸，成为硫酸盐，再进行硝化。因为—NH_3^+是间位定位基，硝化产物为间硝基苯胺。

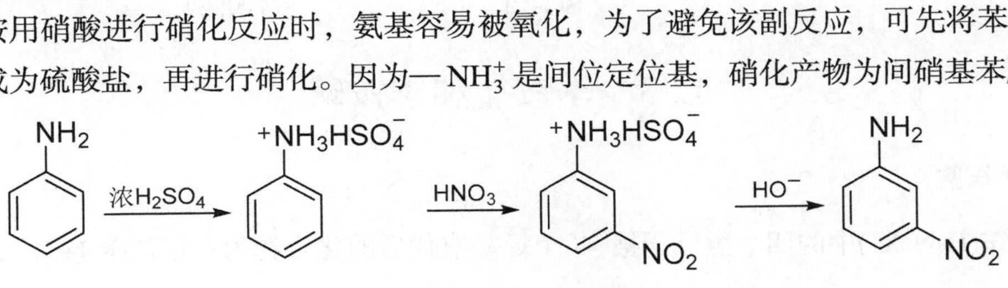

如果将苯胺先转化为乙酰苯胺，再进行硝化反应，则主要得到对位产物，水解后得到对硝基苯胺。乙酰苯胺先进行磺化保护对位，再进行硝化反应，水解后则主要得到邻硝基苯胺。

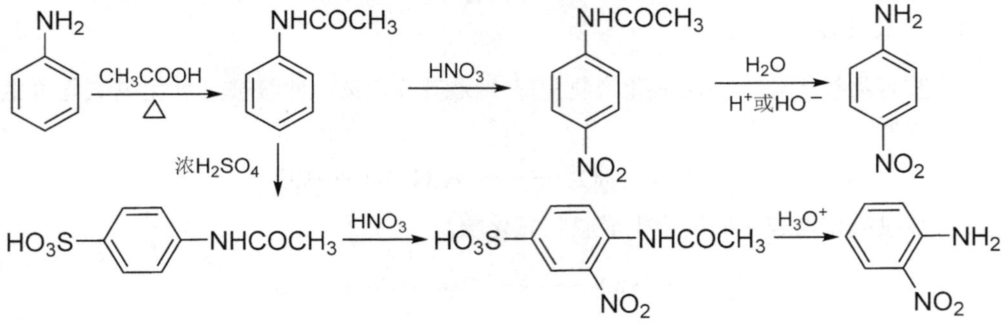

2) 卤化反应

苯胺很容易与氯或溴发生苯环上亲电取代反应。例如，将溴水滴加到苯胺水溶液中，立即生成 2,4,6-三溴苯胺白色沉淀。此反应可用于苯胺的检验和定量分析。

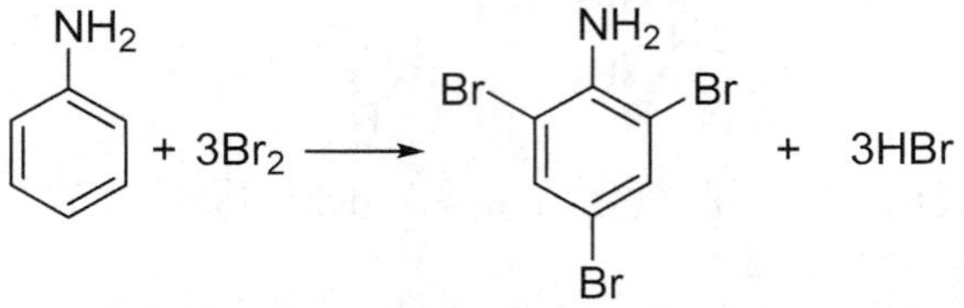

如果将苯胺先变成乙酰苯胺，再进行溴化反应，则几乎全部得到对位产物。

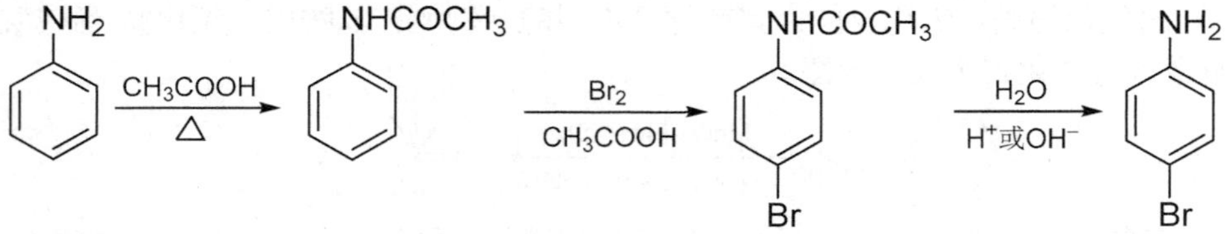

3) 磺化和氯磺化反应

苯胺与浓硫酸反应，先生成苯胺硫酸盐，再加热到 180～190℃得到对氨基苯磺酸。

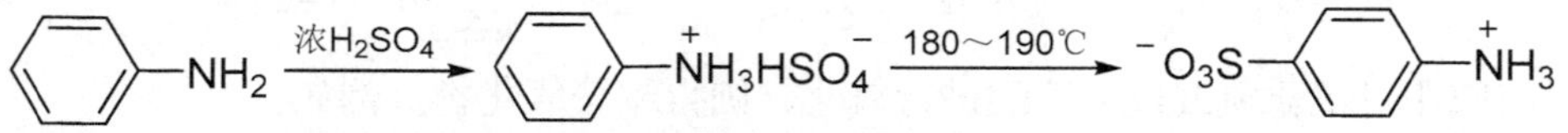

对氨基苯磺酸分子内同时含有碱性的氨基和酸性的磺酸基，在分子内成盐，是一个内盐。

将苯胺先转化为乙酰苯胺，进行氯磺化反应，然后磺酰氯胺解，再水解得到对氨基苯磺酰胺。对氨基苯磺酰胺是人工合成的磺胺类抗菌药物。

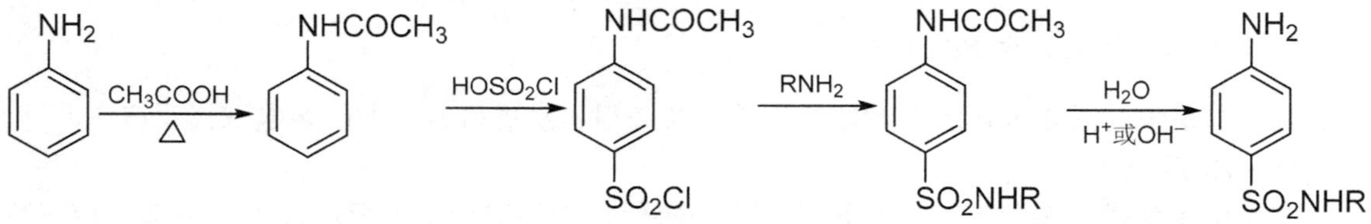

12.3 季铵盐和季铵碱

12.3.1 季铵盐

卤化铵($H_4N^+X^-$)中的四个氢原子被 4 个烃基取代后的化合物为季铵盐($R_4N^+X^-$)，是氨被彻底烃基化的产物。叔胺与卤代烃加热反应生成季铵盐。例如：

$$4NH_3 + 4CH_3CH_2Br \longrightarrow (CH_3CH_2)_4\overset{+}{N}\overset{-}{Br} + 3NH_4Br$$

$$CH_3(CH_2)_{10}CH_2N(CH_3)_2 + CH_3Br \xrightarrow{\triangle} CH_3(CH_2)_{10}CH_2\overset{+}{N}(CH_3)_3\overset{-}{Br}$$

季铵正离子是四面体结构。当氮原子连有四个不同的基团时，是手性的，存在对映体。例如，碘化乙基甲基苯基烯丙基铵就存在一对对映体，可被拆分为右旋体和左旋体。

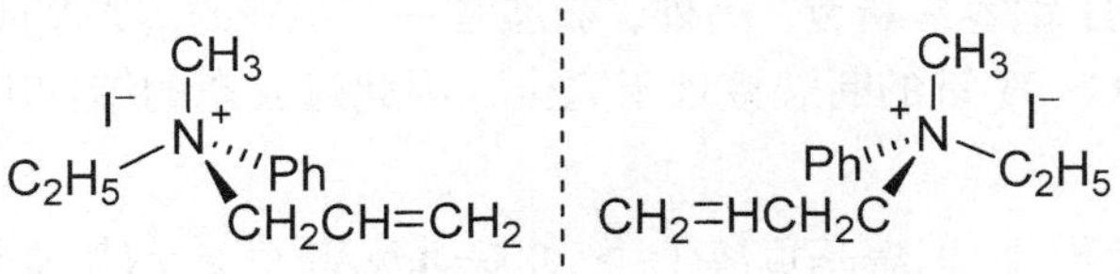

季铵盐在高温时分解为叔胺和卤代烷。

$$R_4\overset{+}{N}\overset{-}{Br} \xrightarrow{\triangle} R_3N + R-Br$$

季铵盐和伯、仲、叔胺的盐有很大的不同。在与强碱反应性上，伯、仲、叔胺的盐与强碱反应可游离出胺，而季铵盐与强碱反应不能游离出胺，而是得到与季铵碱的平衡混合物。

$$R_4\overset{+}{N}\overset{-}{Cl} + KOH \rightleftharpoons R_4\overset{+}{N}\overset{-}{O}H + KCl$$

反应在醇溶液中进行，如果用 AgOH(湿的 Ag_2O)代替 KOH 与之反应，则生成的 AgCl 在醇中溶解度很小，即析出 AgCl 沉淀，使反应向右移动，得到季铵碱。

$$R_4\overset{+}{N}\overset{-}{Cl} + AgOH \longrightarrow R_4\overset{+}{N}\overset{-}{O}H + AgCl\downarrow$$

季铵盐是离子型化合物，是白色固体，具有无机盐的性质，熔点高，在水中和有机溶剂中都有一定的溶解性，因此常用作相转移催化剂将水溶性试剂从水相转移到有机相中与底物进行反应，常用的相转移催化剂有氯化四丁基铵和氯化苄基三甲基铵。另外，含 C_{12} 以上烷基的季铵盐还是一类阳离子表面活性剂，可强烈地吸附在细菌表面，损害控制细胞渗透性的原子渍膜，从而导致细菌的死亡。因此，季铵盐是一类具有高效杀菌活性的表面活性剂，代表性化合物为溴化苄基十二烷基二甲基铵。

12.3.2　季铵碱

在醇溶液中 AgOH 与季铵盐反应，制得季铵碱。季铵碱是强碱，其碱性与 NaOH、KOH 相当，易潮解，溶于水，常用于吸收 CO_2。

季铵碱受热时，如果烃基中 $^{\beta}C$ 上没有氢原子，则发生 S_N2 取代反应，得到分解的产物叔胺和醇。

$$HO^- \curvearrowright CH_3\overset{+}{N}(CH_3)_3 \longrightarrow HO-CH_3 + N(CH_3)_3$$

如果季铵碱 $^{\beta}C$ 上有氢原子，则受热后发生消除反应，生成烯烃和叔胺。这个反应为季铵碱的消除反应。例如：

$$\overset{\beta}{C}H_3\overset{\alpha}{C}H_2-\overset{+}{N}(CH_3)_3\overset{-}{O}H \longrightarrow CH_2=CH_2 + (CH_3)_3N + H_2O$$

如果季铵碱分子中含有两种不同的可被消除的氢原子，则反应主要从含氢较多的碳原子上消去氢原子，生成取代基较少的烯烃。这是霍夫曼总结了大量实验结果后得出的一条经验规则，称为霍夫曼规则。例如：

$$CH_3-\underset{}{\overset{H}{C}}H-\underset{^+N(CH_3)_3}{\overset{H}{C}}H-CH_2\overset{-}{O}H \xrightarrow{\triangle} \underset{95\%}{CH_3CH_2CH{=}CH_2} + \underset{5\%}{CH_3CH{=}CHCH_3} + N(CH_3)_3 + H_2O$$

季铵碱霍夫曼消除反应属于 E2 机理，离去基团叔胺和 β-H 处于反式共平面。

季铵碱的 E2 反应中，由于—NR_3^+强吸电子的诱导效应，β-H 具有较强的酸性，在强碱条件下容易被夺取，$^{\beta}$C—H 键容易断裂。另外，叔胺是一个不好的离去基团，过渡态中 C—N 键断裂不明显，而此时 $^{\beta}$C—H 键的断裂接近于完全，因此过渡态的结构类似于碳负离子，而碳负离子稳定性顺序是

甲基负离子 > 伯烷基负离子 > 仲烷基负离子 > 叔烷基负离子

碳负离子上烷基取代基多，由于烷基的推电子诱导效应，碳负离子带负电荷增多，能量高，反应活化能高，反应活性低。此时，碱优先夺取酸性强的 $^{\beta}$C—H，形成能量低、稳定、结构类似碳负离子的过渡态。

$^{\beta}$C 原子上烷基取代基多，能量高　　　　$^{\beta}$C 原子上烷基取代基少，能量低

因此，季铵碱的消除反应主要进行霍夫曼消除，得到取代基少的烯烃。

季铵碱霍夫曼消除分解为胺和烯烃，常用来测定胺的构造。用过量的碘甲烷处理被测定的胺，使胺转变为季铵盐，再用湿的 Ag_2O 处理，使之生成季铵碱，加热季铵碱，使其霍夫曼消除分解，得到叔胺和烯烃。根据得到的烯烃的构造，可推断原来胺的构造。例如：

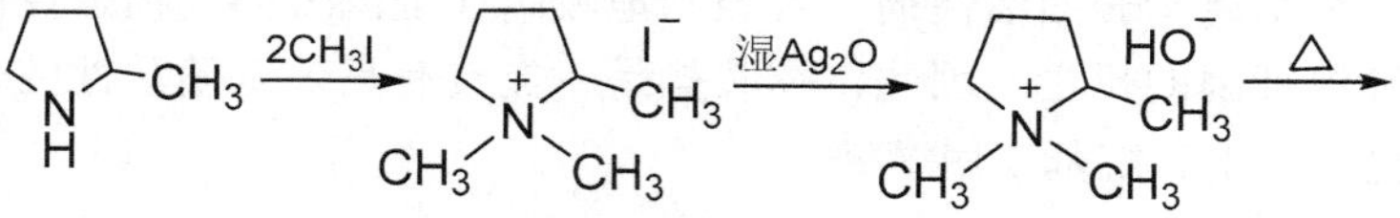

$$CH_2{=}CHCH_2CH_2CH_2N(CH_3)_2 \xrightarrow{CH_3I} CH_2{=}CHCH_2CH_2CH_2\overset{+}{N}(CH_3)\ \overset{-}{I} \xrightarrow{湿Ag_2O}$$

$$CH_2{=}CHCH_2CH_2CH_2\overset{+}{N}(CH_3)_3\overset{-}{O}H \xrightarrow{\triangle} CH_2{=}CHCH_2CH{=}CH_2 + N(CH_3)_3 + H_2O$$

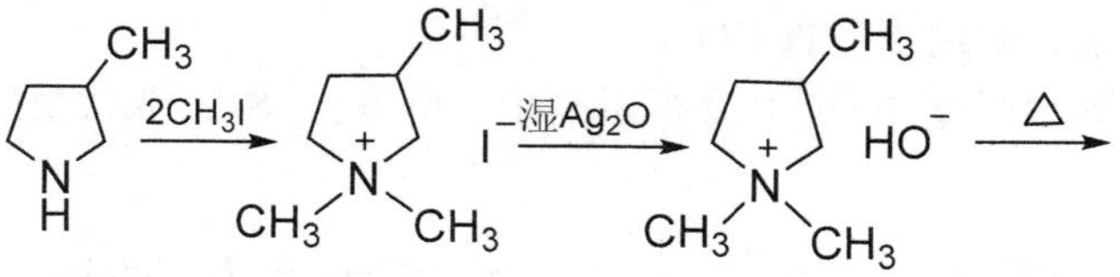

$$CH_2{=}C(CH_3)CH_2CH_2N(CH_3)_2 \xrightarrow{CH_3I} CH_2{=}C(CH_3)CH_2CH_2\overset{+}{N}(CH_3)_3\overset{-}{I} \xrightarrow{湿Ag_2O}$$

$$CH_2{=}C(CH_3)CH_2CH_2\overset{+}{N}(CH_3)_3\overset{-}{O}H \xrightarrow{\triangle} CH_2{=}C(CH_3)CH{=}CH_2 + N(CH_3)_3 + H_2O$$

12.4 重氮化合物

在基团—N═N—中，只有一个氮原子和烃基碳相连，另一个氮原子不连接原子或者不

连接碳而是连接其他原子，这样的化合物称为重氮化合物。例如：

CH_2N_2

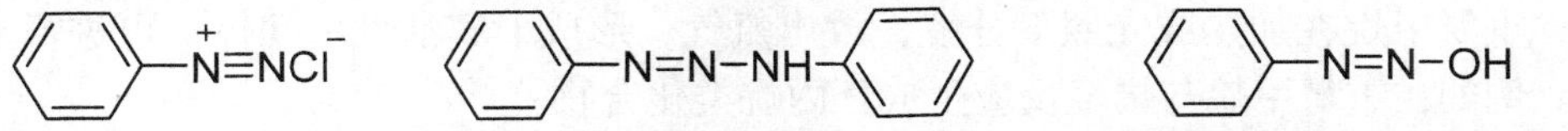

重氮甲烷　氯化苯重氮盐　苯乙氮烯氨基苯(苯重氮氨基苯)　苯乙氮烯醇(氢氧化重氮苯)

12.4.1　重氮甲烷

1. 重氮甲烷的结构

脂肪族中最重要的重氮化合物是重氮甲烷 CH_2N_2，它是一个线型分子，其结构可用共振式表示如下

$$\overset{-}{\ddot{C}}H_2-\overset{+}{N}\equiv N: \longleftrightarrow CH_2=\overset{+}{N}=\overset{-}{\ddot{N}}:$$

2. 重氮甲烷的制备

重氮甲烷最常用的制备方法是用浓氢氧化钾溶液处理 *N*-甲基-*N*-亚硝基对甲苯磺酰胺。

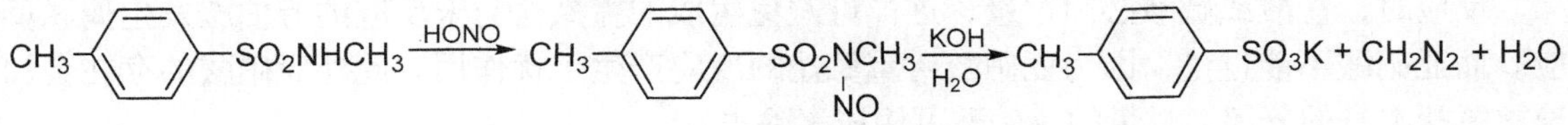

3. 重氮甲烷的性质

重氮甲烷是黄色剧毒气体，即使在低温下也能发生爆炸，熔点–145℃，沸点–23℃，能溶于乙醚，通常是使用它的乙醚溶液。

1) 重氮甲烷与酸性化合物反应

重氮甲烷是重要的甲基化试剂，如重氮甲烷与酸性化合物羧酸反应生成甲酯，在酸性条件下重氮甲烷也可和醇、酚反应生成甲醚。

$$RCOOH + CH_2N_2 \longrightarrow RCOOCH_3 + N_2 \qquad PhOH + CH_2N_2 \longrightarrow PhOCH_3$$

将重氮甲烷的乙醚溶液与酸或酚的乙醚溶液在室温下混合，立即反应生成酯或醚，放出氮气。该反应产率很高，副反应少，容易分离，缺点是重氮甲烷有剧毒。

2) 重氮甲烷与醛、酮反应

CH_2N_2 与醛反应得到甲基酮；与酮反应得到多一个碳原子的酮和环氧化合物。

$$R\overset{O}{\overset{\|}{C}}H \xrightarrow{CH_2N_2} R\overset{O}{\overset{\|}{C}}CH_3 \qquad R\overset{O}{\overset{\|}{C}}R' \xrightarrow{CH_2N_2} RCH_2\overset{O}{\overset{\|}{C}}R' + R\overset{O}{\overset{\|}{C}}CH_2R'$$

反应机理如下：

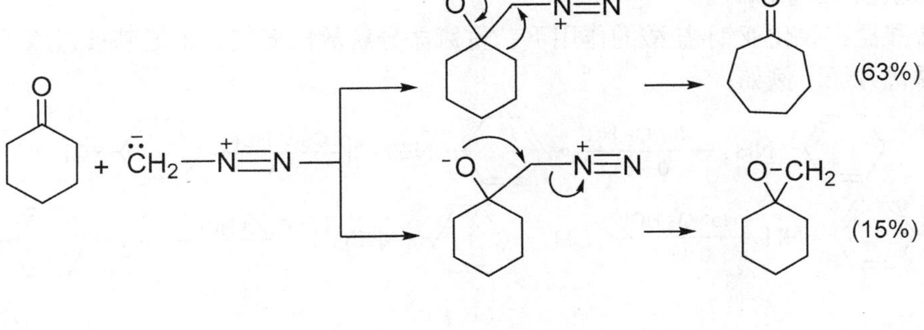

3) 重氮甲烷形成卡宾后的反应

重氮甲烷在加热或光照下分解，放出氮气，形成卡宾活性中间体，可进行卡宾的系列反应。例如，重氮甲烷与烯烃反应生成环丙烷类化合物：

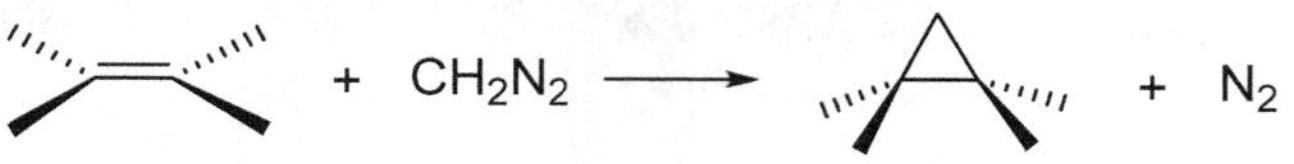

12.4.2 芳香族重氮盐

1. 芳香族重氮盐的制备——重氮化反应

芳香族伯胺在低温 0～5℃，强酸(硫酸或盐酸)溶液中与亚硝酸进行重氮化反应，生成重氮盐。例如：

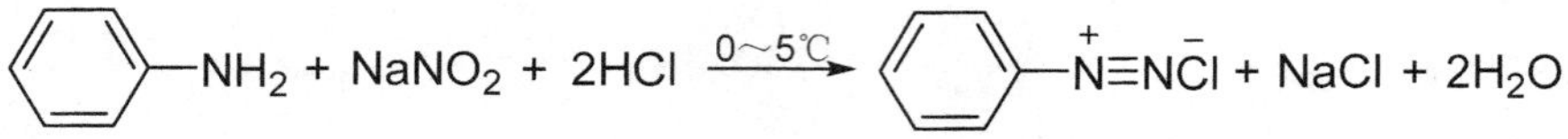

氯化苯重氮盐

反应时，盐酸或硫酸必须过量，这样可避免生成的重氮盐与未反应的芳伯胺发生偶联反应。而亚硝酸不能过量，因为亚硝酸对重氮盐的反应产生干扰作用。此外亚硝酸的存在会加速重氮盐本身的分解。过量的亚硝酸可用尿素除去。

$$2HNO_2 + H_2NCONH_2 \longrightarrow 2N_2 + CO_2 + 3H_2O$$

重氮化反应机理：

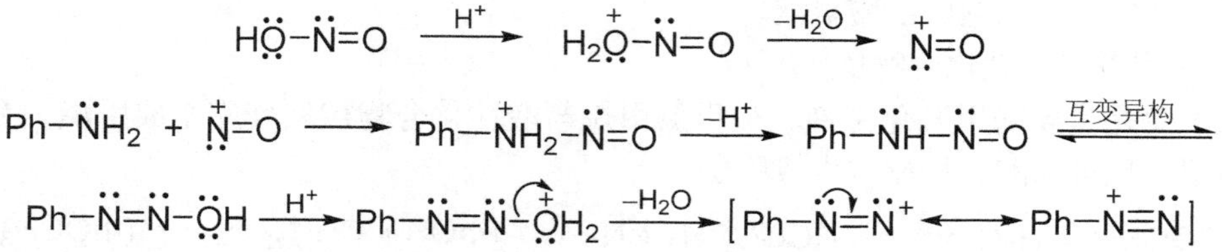

重氮化反应一般在低温(0～5℃)水溶液中进行，重氮盐易溶于水，不溶于有机溶剂，不稳定，温度升高容易分解，所以用重氮盐进行反应时，直接用重氮盐水溶液，而不是将重氮盐分离出来。干燥的重氮盐不稳定，受热或震动会爆炸。

2. 芳香族重氮盐的反应及其在有机合成中的应用

重氮盐的反应可分为两类——失去氮的反应和保留氮的反应。

1) 失去氮的反应

重氮盐在反应时分解，放出氮气，重氮基被其他原子或基团取代。

(1) 重氮基被卤素取代。

重氮盐酸盐在氯化亚铜-盐酸的作用下，重氮盐分解放出氮气，重氮基被氯原子取代，生成相应的氯代芳烃。例如：

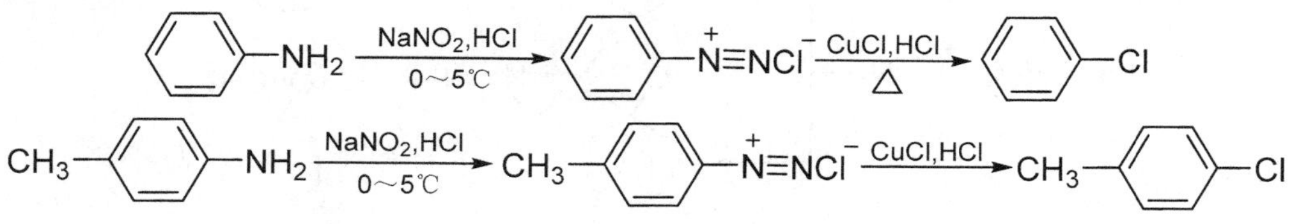

如果重氮氢溴酸盐与溴化亚铜-氢溴酸反应，可得到相应的溴化物。例如：

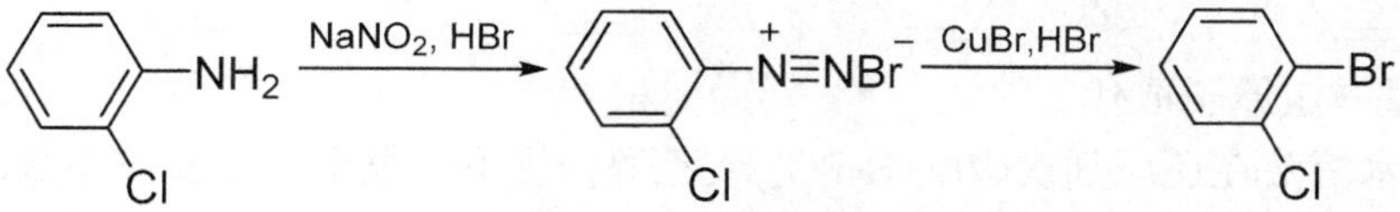

在亚铜盐催化下，芳香重氮盐被氯原子、溴原子取代的反应称为桑德迈尔(Sandmeyer)反应。

重氮盐与碘化钾反应，不需要碘化亚铜催化，就能生成相应的碘化物。

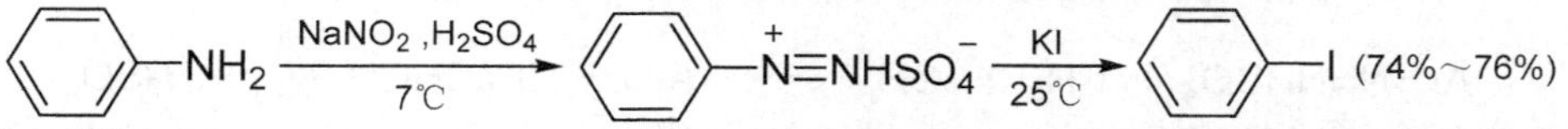

重氮盐被氟原子取代不同于以上反应。例如，苯胺与氟硼酸(硼酸溶于氢氟酸)反应，生成苯胺氟硼酸盐，它再与亚硝酸反应生成氟硼酸重氮盐。加热干燥的氟硼酸重氮盐，盐分解生成氟苯、三氟化硼和氮气。

$$\text{Ph—NH}_2 + \text{HBF}_4 \longrightarrow \text{Ph—}\overset{+}{\text{N}}\text{H}_3\overset{-}{\text{B}}\text{F}_4 \xrightarrow{\text{HNO}_2} \text{Ph—}\overset{+}{\text{N}}{\equiv}\text{N}\overset{-}{\text{B}}\text{F}_4 + 2\text{H}_2\text{O}$$

$$\text{Ph—}\overset{+}{\text{N}}{\equiv}\text{N}\overset{-}{\text{B}}\text{F}_4 \xrightarrow{\triangle} \underset{(51\%\sim57\%)}{\text{PhF}} + \text{BF}_3 + \text{N}_2$$

这个反应称为希曼(Schiemann)反应。这是在芳环上引入氟原子的重要方法。

以上介绍的将芳胺的氨基转变为卤素的反应，常用来制备不能通过芳环亲电取代反应直接卤化法得到的卤代芳烃。

(2) 重氮基被氰基取代。

重氮盐与氰化亚铜-氰化钾反应，重氮基被氰基取代，放出氮气。该反应是在亚铜盐存在下进行的，所以也是桑德迈尔反应。例如：

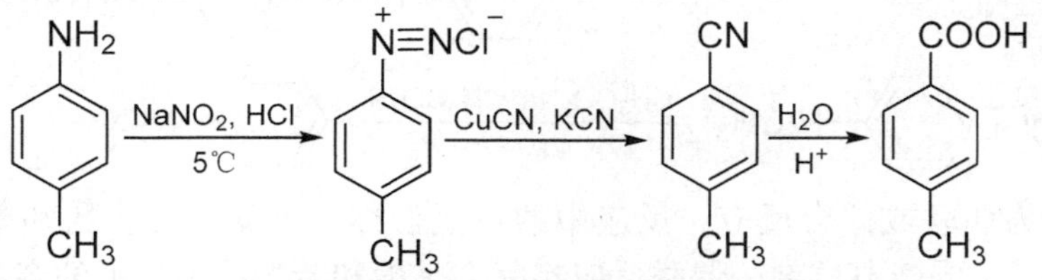

由氰基(—CN)水解生成羧酸，是制备芳香族羧酸的一种重要方法。

(3) 重氮基被羟基取代。

将重氮盐溶液慢慢加到热的 40%～50%硫酸中，重氮盐分解放出氮气，生成酚。例如：

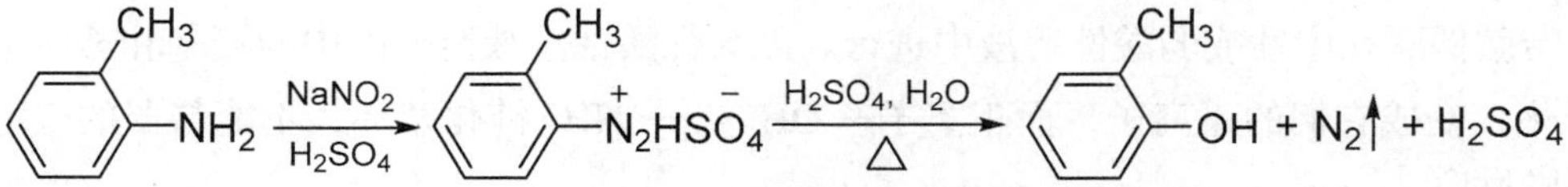

酚能与重氮盐发生偶联反应，溶液的酸性越强，偶联反应越慢，所以为了减少偶联反应，反应必须在过量的强酸溶液中进行。

这是制备酚的一种重要方法，常用于制备用其他方法不易得到的酚类。例如：

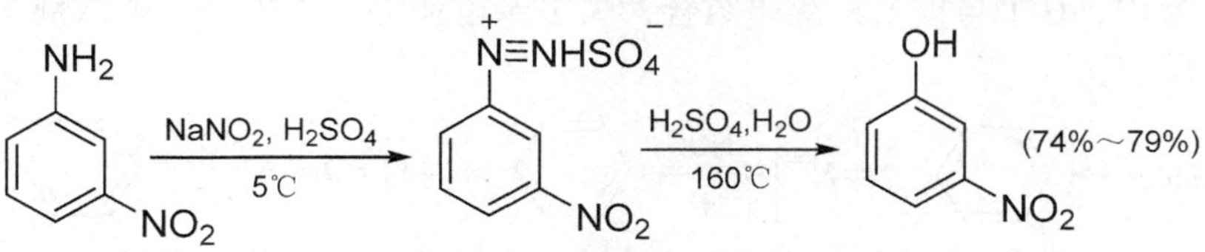

重氮盐水解是芳环上的亲核取代反应，经过苯基正离子的历程：

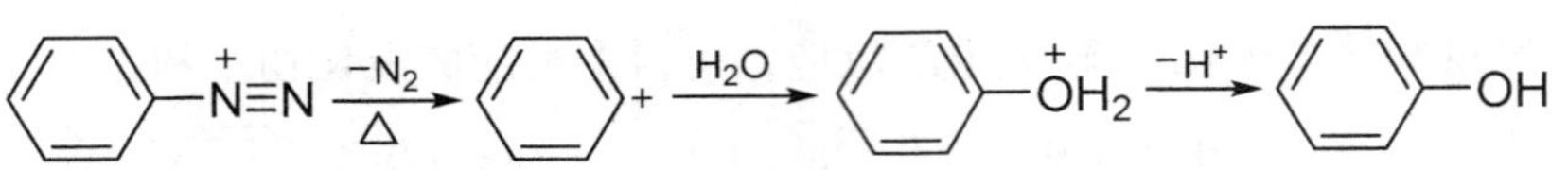

(4) 重氮基被氢原子取代。

重氮盐的水溶液在还原剂次磷酸(H_3PO_2)或乙醇作用下，发生重氮盐被还原，放出氮气，重氮基被氢原子取代。

$$Ar-\overset{+}{N}{\equiv}N\overset{-}{HSO_4} + H_3PO_2 + H_2O \longrightarrow ArH + H_3PO_3 + N_2\uparrow + H_2SO_4$$

$$Ar-\overset{+}{N}{\equiv}N\overset{-}{HSO_4} + CH_3CH_2OH \longrightarrow ArH + CH_3CHO + N_2\uparrow + H_2SO_4$$

重氮盐被氢原子取代，提供一个从芳环上除去氨基—NH_2 或硝基—NO_2 的方法，在合成上非常有用，可以合成用其他方法不易得到的芳香族化合物。例如：

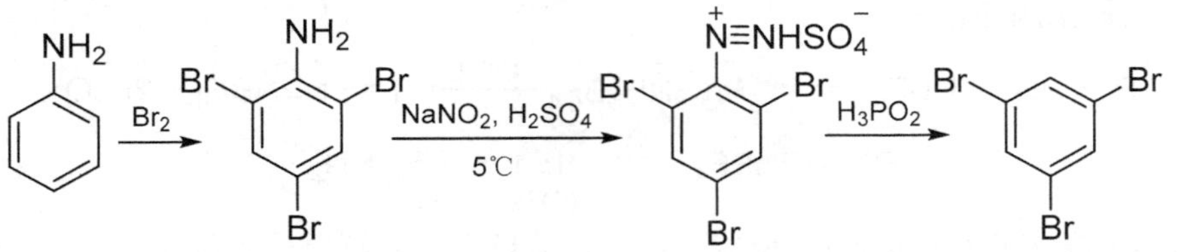

2) 保留氮的反应

重氮盐在进行反应时不分解，两个氮原子仍连接在芳环上，反应发生在重氮基上。

(1) 偶联反应。

在弱酸性或弱碱性溶液中，重氮盐能与酚类或芳胺类等反应，生成偶氮化合物。例如：

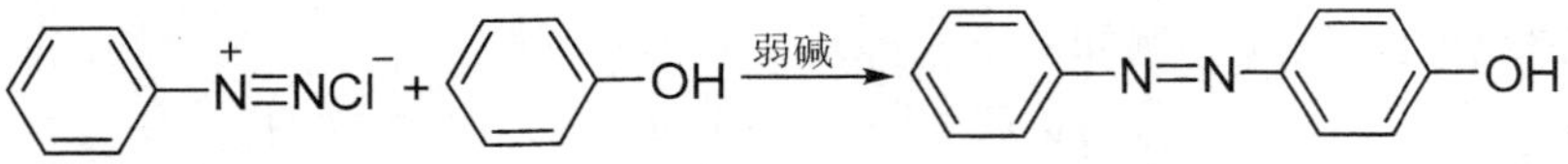
对羟基偶氮苯

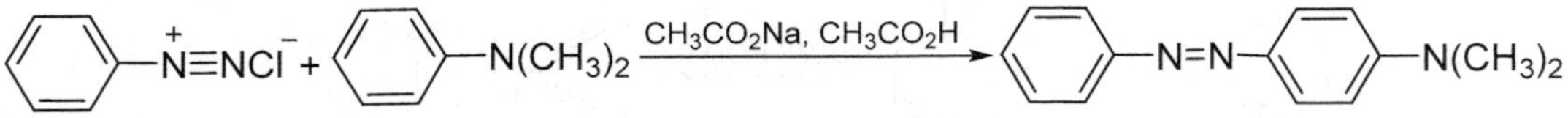

这类反应称为偶联或偶合反应，反应中的重氮盐称为重氮组分，酚和芳胺称为偶联组分。重氮盐正离子是弱亲电试剂，偶联反应实际上是酚和芳胺的苯环上的亲电取代反应，所以在偶联组分上给电子基团—OH、—NR_2、—NHR、—NH_2 增加了芳环上的电子密度，反应容易进行，重氮组分中重氮基团邻、对位有吸电子基团时，增强亲电试剂的亲电能力，对反应有利。在反应条件上，只能在弱酸性或弱碱性溶液中进行，一般酚的偶联在弱碱性溶液中进行，芳胺偶联在中性或弱酸性溶液中进行。因为强酸性溶液能使酚中的羟基和芳胺中的氨基质子化，变成它们的正离子，而正离子—OH_2^+、—NH_3^+ 钝化苯环，不能与弱的亲电试剂发生偶联反应。

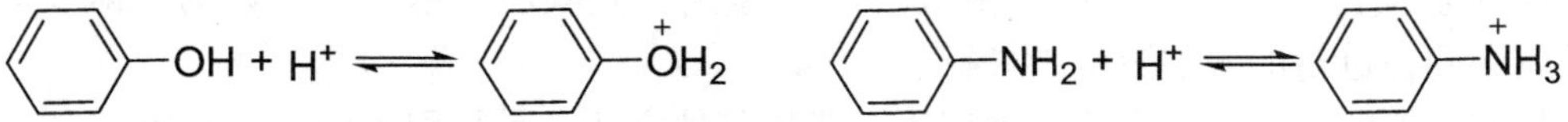

在强碱溶液中，HO^-与重氮正离子结合，失去亲电能力，不再是亲电试剂，不能与酚和芳胺进行偶联反应。

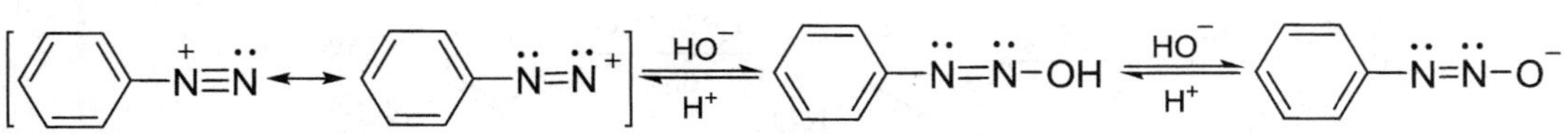

由于重氮正离子体积较大，偶联反应一般发生在酚或芳胺活化基团的对位。当对位已被

其他基团占据时，取代发生在邻位。例如：

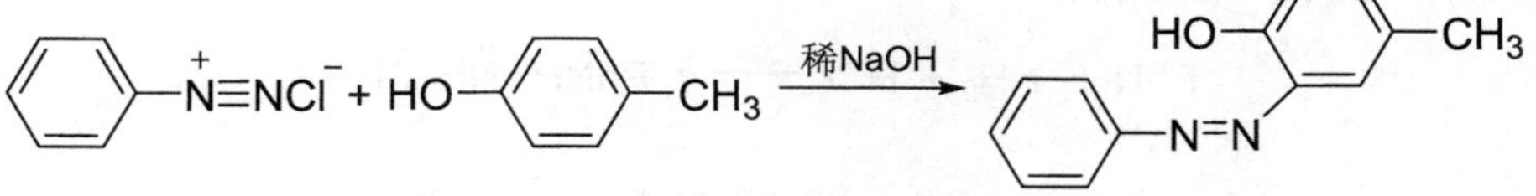

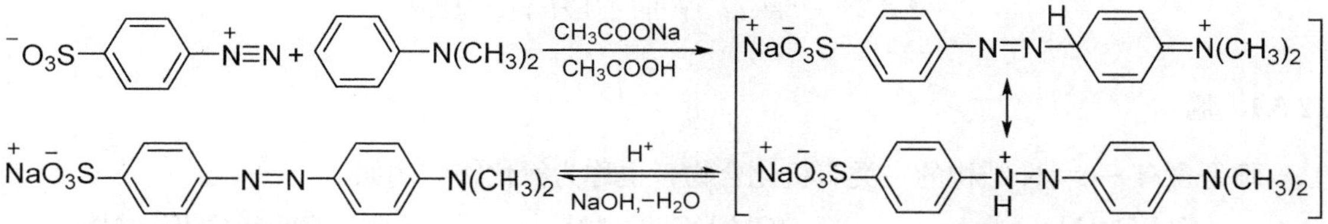

甲基橙(钠盐)　pH>4.4 黄色　　　　pH<3.1 红色

甲基橙是常用的酸碱指示剂，在 pH < 3.1 的溶液中呈红色，在 pH > 4.4 的溶液中呈黄色。其原因是在不同的 pH 溶液中，结构不同。偶联反应常用来合成偶氮染料。

重氮盐与伯芳胺、仲芳胺偶联发生在芳胺的氮原子上，生成产物为重氮氨基化合物。例如：

苯重氮氨基苯(63%～73%)
(黄色固体，熔点98℃)

在苯胺中，将苯重氮氨基苯与少量苯胺盐酸盐一起加热，则重氮氨基苯发生重排生成对氨基偶氮苯。

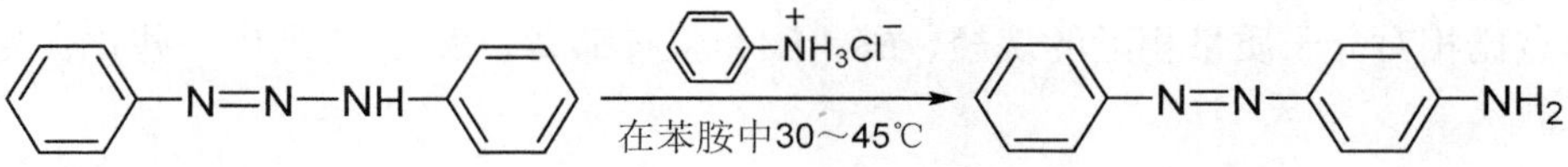

其反应历程是：

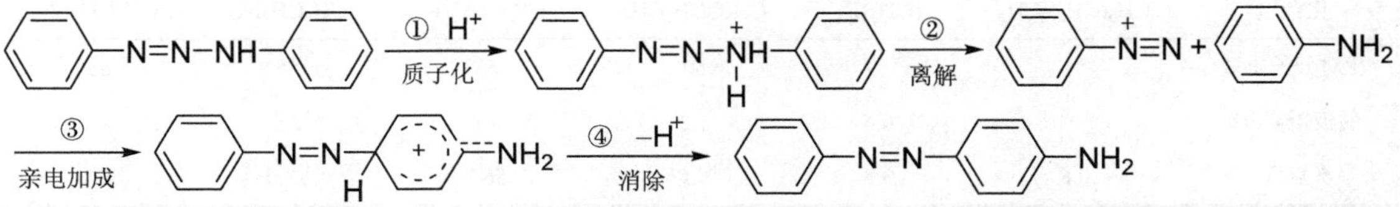

实验证明，重排时若加入邻甲苯胺，则在产物中除有正常的重排产物外，还有重排产物 4-氨基-3-甲基偶氮苯，这说明反应中经历了苯重氮正离子的过程。

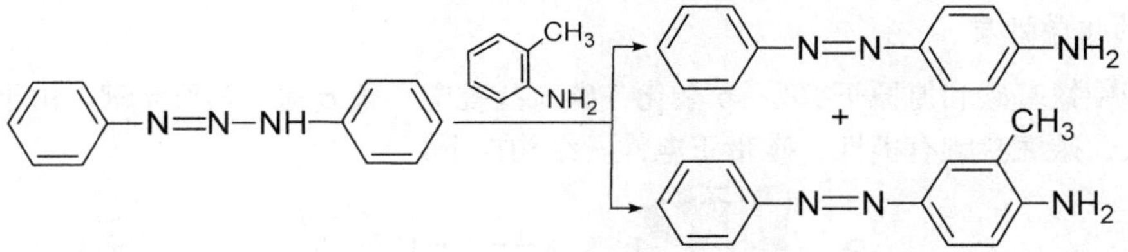

(2) 重氮盐的还原反应。

还原剂亚硫酸钠、氯化亚锡-盐酸等能将重氮盐还原，生成苯肼。这是实验室和工业上制备苯肼的一种方法。

$$PhN^{+}{\equiv}NCl^{-} \xrightarrow{Na_2SO_3} PhNH{-}NHSO_3Na \xrightarrow[100℃]{HCl} PhNH{-}N^{+}H_3Cl^{-} \xrightarrow{HO^{-}} PhNH{-}NH_2$$

苯肼(80%～84%)

苯肼是无色油状液体，易溶于水。有毒，熔点 24℃，沸点 243℃，具有还原性，在空气中由于被氧化变成棕色至更深的颜色。在工业上苯肼是制造某些染料和医药的原料。苯肼是碱($pK_b = 8.80$)，与酸作用生成盐。

$$PhNH-NH_2 + HCl \longrightarrow PhNH-\overset{+}{N}H_3\overset{-}{Cl}$$

12.5　腈、异腈和异氰酸酯

12.5.1　腈

腈是含有—C≡N 结构的一类有机化合物，也称为氰化物。例如：

$CH_3C{\equiv}N$　乙腈　　$(CH_3)_2CHC{\equiv}N$　异丁腈　　$CH_2{=}CHC{\equiv}N$　丙烯腈

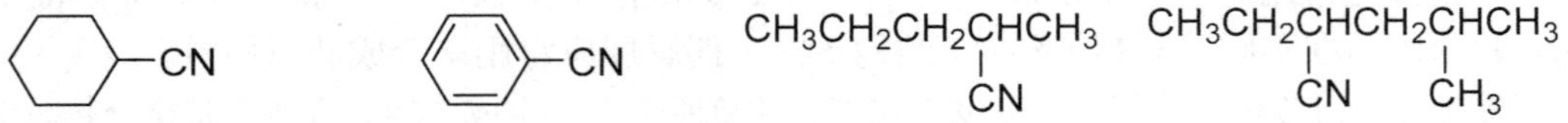

环己烷甲腈　　苯甲腈　　2-甲基戊腈　　2-乙基-4-甲基戊腈

1. 腈的物理性质

低级的腈为无色液体，高级腈为固体。乙腈溶于水，丁腈以上的高级腈难溶于水。纯腈没有毒，但腈中总含有少量的异腈，异腈毒性很大。腈分子间没有氢键，但由于偶极矩较大，其沸点比相对分子质量相近的烷烃、醚、酮和叔胺都高。表 12.5 列出一些化合物的偶极矩和沸点。

表 12.5　一些化合物的偶极矩和沸点

化合物	$CH_3(CH_2)_2CH_3$	$(CH_3)_3N$	$CH_3OCH_2CH_3$	CH_3COCH_3	CH_3CH_2NC	CH_3CH_2CN
相对分子质量	58	59	60	58	55	55
偶极矩 μ/deb	0	0.6	1.2	2.8	2.9	3.3
沸点/℃	0.6	3.8	6.4	56.5	78.0	97.0

比较表 12.5 中几类化合物的沸点可见，偶极矩越大，分子间作用力越强，沸点越高。

2. 腈的化学性质

腈分子中氰基碳和氮原子都是 sp 杂化，碳氮叁键中一条 σ 键，2 条 π 键。由于氮原子电负性比碳大，碳氮叁键有极性，碳带正电性。结构如下：

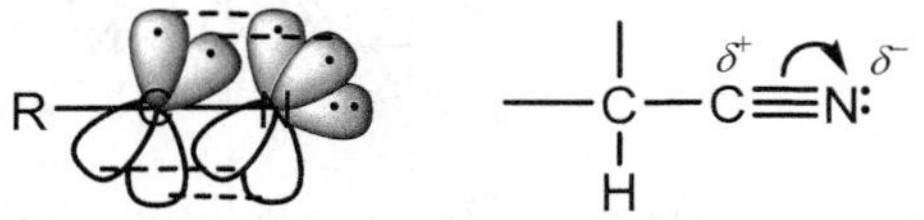

腈的化学性质主要表现在其官能团氰基上和受氰基吸电子作用影响较大的 α-H 上。

1) 水解反应

在酸或碱的催化下，腈完全水解生成羧酸。这是制备羧酸的一种方法。

$$R-CN \xrightarrow[H_2O]{H^+或HO^-} R-COOH$$

在过氧化氢的碱溶液中，腈部分水解生成酰胺。这是制备酰胺的一种方法。

$$\text{R-CN} + \text{H}_2\text{O}_2 \xrightarrow[\text{H}_2\text{O}]{\text{NaOH}} \text{R}-\overset{\text{O}}{\overset{\|}{\text{C}}}-\text{NH}_2 + \frac{1}{2}\text{O}_2$$

叔烷基腈与 80% H_2SO_4 共热，则部分水解生成酰胺：

$$\text{R}_3\text{C}-\text{CN} \xrightarrow[\triangle]{80\%\text{H}_2\text{SO}_4} \text{R}_3\text{C}-\overset{\text{O}}{\overset{\|}{\text{C}}}-\text{NH}_2$$

因为叔烷基腈的立体阻碍大，生成的酰胺难以进一步水解生成酸。

2) 醇解反应

在酸催化下腈醇解生成酯。

$$\text{R}-\text{CN} + \text{CH}_3\text{CH}_2\text{OH} \xrightarrow{\text{H}^+} \text{R}-\overset{\text{O}}{\overset{\|}{\text{C}}}-\text{OCH}_2\text{CH}_3$$

3) 还原反应

在催化氢化或还原剂 $LiAlH_4$ 的作用下，腈被还原生成伯胺。这是制备伯胺的一种方法。

$$\text{N}\equiv\text{C}(\text{CH}_2)_4\text{C}\equiv\text{N} \xrightarrow{\text{H}_2,\ \text{Ni}} \text{H}_2\text{N}(\text{CH}_2)_6\text{NH}_2$$

4) 与格氏试剂的反应

格氏试剂可以与腈中的极性氰基发生亲核加成反应，加成产物水解后得到酮。过量的格氏试剂能与酮继续进行羰基的亲核加成反应，水解后得到含有两个相同烃基的叔醇。

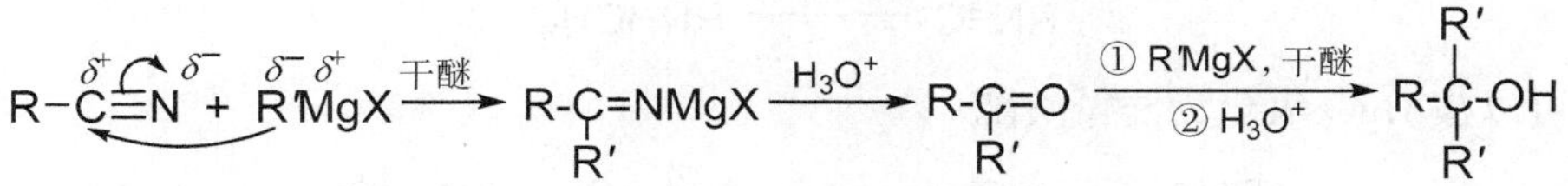

5) α-H 的反应

受到氰基吸电子诱导效应的影响，腈的 α-H 具有一定的酸性。在碱的作用下，形成碳负离子，作为强的亲核试剂可以进行许多缩合反应。例如，可以与酯进行缩合，也可以发生克脑文盖尔缩合反应和迈克尔加成反应等。例如：

$$\text{PhCOOC}_2\text{H}_5 + \text{CH}_3\text{CN} \xrightarrow[\text{② CH}_3\text{COOH}]{\text{① NaNH}_2} \text{PhCOCH}_2\text{CN} + \text{CH}_3\text{CH}_2\text{OH}$$

6) 丙烯腈的性质

丙烯腈是无色液体，沸点 78℃。工业上用丙烯氨氧法生产丙烯腈。将丙烯、氨、空气和水蒸气(稀释剂)按一定比例，通过装有氧化钼(MoO_3)和氧化铋为主的催化剂，在约 470℃进行反应，生成丙烯腈。

$$\text{CH}_2=\text{CH}-\text{CH}_3 + \text{NH}_3 + \frac{3}{2}\text{O}_2 \xrightarrow[\text{约470℃}]{\text{催化剂}} \text{CH}_2=\text{CH}-\text{CN} + 3\text{H}_2\text{O}$$

丙烯腈是重要的化工原料。在引发剂存在下，丙烯腈可聚合成线型高分子化合物——聚丙烯腈。聚丙烯腈可以制成合成纤维——腈纶。腈纶质地柔软、类似羊毛，具有保暖性好、耐日光、耐酸和耐多数溶剂等优点。

丙烯腈部分水解可得到丙烯酰胺，以丙烯酰胺为单体可生产聚丙烯酰胺。

丙烯腈可与丁-1,3-二烯共聚生产丁腈橡胶。

12.5.2 异腈

异腈(RN≡C)是腈的构造异构体。异腈命名时以烃作为母体，异氰基(—N≡C)作为取代基，命名为异腈基某烃。例如：

CH_3CH_2—NC　异氰基乙烷

$CH_3CH_2CH_2CH(NC)CH_3$　2-异氰基戊烷

异腈的结构为

$$—N \rightleftarrows C: \quad 或 \quad —\overset{+}{N}≡\overset{-}{C}:$$

常用加热伯胺、氯仿和氢氧化钾的醇溶液进行伯胺的异氰化反应来合成异腈。

$$R—NH_2 + CHCl_3 + 3KOH \xrightarrow{\triangle} RN≡C + 3KCl + 3H_2O$$

异腈和腈的化学性质有很大不同。腈无味，无毒。异腈具有恶臭味，是剧毒物质。异腈对碱稳定，但易被稀酸水解，生成伯胺和甲酸。

$$RN≡C + 2H_2O \xrightarrow[\triangle]{H^+} RNH_2 + HCOOH$$

异腈水解生成物是伯胺，这说明异腈分子中氮直接与烃基中碳原子相连。

异腈催化加氢生成含有甲基的仲胺：

$$RN≡C \xrightarrow{2H_2,\ Ni} RNHCH_3$$

异腈可以被 HgO 氧化为异氰酸酯：

$$RN≡C + HgO \longrightarrow R—N=C=O \quad 异氰酸酯$$

异腈可以异构化为腈：

$$RNC \xrightarrow{\triangle} RCN$$

12.5.3 异氰酸酯

异氰酸酯结构为 R—N═C═O 或 Ar—N═C═O，其命名与羧酸酯相似。例如：

$CH_3-CH(CH_3)-N=C=O$

异氰酸异丙酯

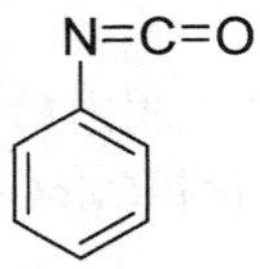

异氰酸苯酯

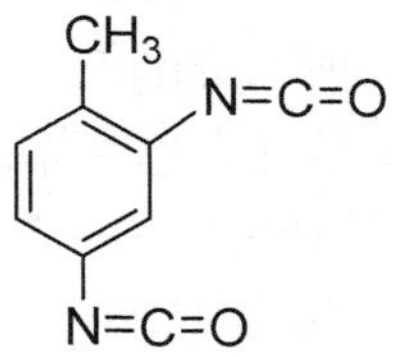

甲苯-2,4-二异氰酸酯

伯胺与光气($COCl_2$)反应生成 *N*-烷氨基甲酰氯，*N*-烷氨基甲酰氯受热消除反应脱去氯化氢即生成异氰酸酯。例如：

$$2R-NH_2 + Cl-\overset{O}{\overset{\|}{C}}-Cl \xrightarrow{-R-\overset{+}{N}H_3\overset{-}{Cl}} \underset{N\text{-烷氨基甲酰氯}}{R-NH-\overset{O}{\overset{\|}{C}}-Cl} \xrightarrow[\triangle]{-HCl} R-N=C=O$$

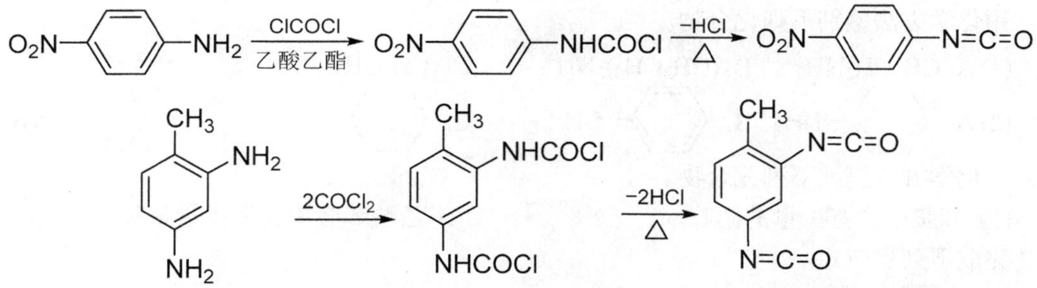

异氰酸酯最典型的化学性质是与含有活泼氢的水、醇、酚、酸、氨和胺的反应。反应时这些亲核试剂与异氰酸酯中的碳氧双键进行羰基的亲核加成反应，加成产物不稳定，重排得到氨基甲酸及其衍生物。反应通式：

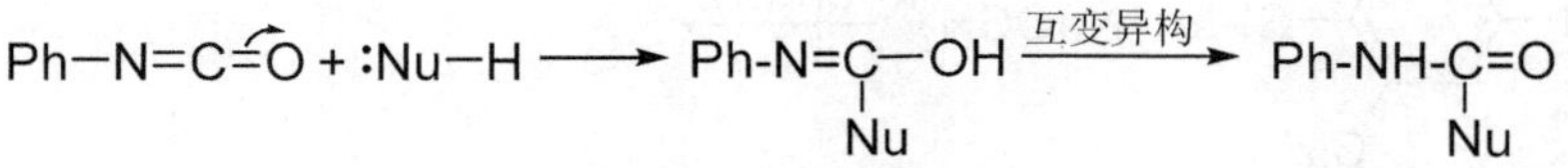

$$Ph{-}N{=}C{=}O + HO{-}H \longrightarrow Ph{-}NH{-}CO{-}OH \longrightarrow Ph{-}NH_2 + CO_2$$

$$Ph{-}N{=}C{=}O + RO{-}H \longrightarrow Ph{-}NH{-}COOR$$

$$Ph{-}N{=}C{=}O + ArO{-}H \longrightarrow Ph{-}NH{-}COOAr$$

$$Ph{-}N{=}C{=}O + R{-}COOH \longrightarrow Ph{-}NH{-}CO{-}O{-}COR$$

$$Ph{-}N{=}C{=}O + NH_2{-}H \longrightarrow Ph{-}NH{-}CO{-}NH_2$$

$$Ph{-}N{=}C{=}O + R{-}NH{-}H \longrightarrow Ph{-}NH{-}CO{-}NHR$$

在有机分析中常用异氰酸苯酯鉴定醇、酚和胺等。甲苯-2,4-二异氰酸酯常用来生产聚氨酯泡沫塑料。

习　　题

12.1　比较下列化合物的碱性。

(1) A. NH_3　B. $CH_2CH_2NH_2$　C. $PhNH_2$　D. Ph_2NH

(2) A. 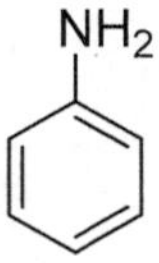　B. 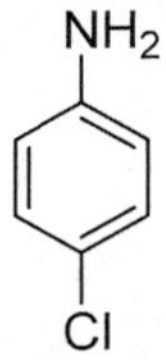　C. 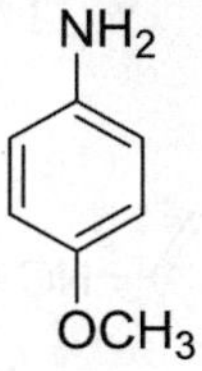　D. 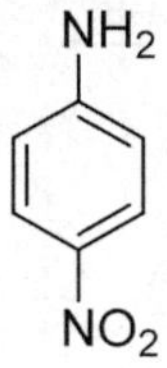　E. 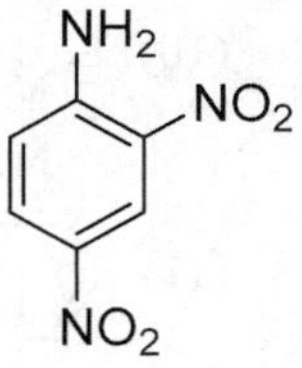

(3) A. 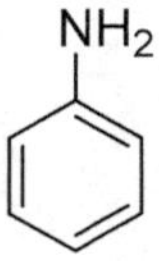　B. 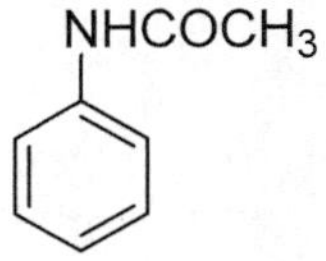　C. 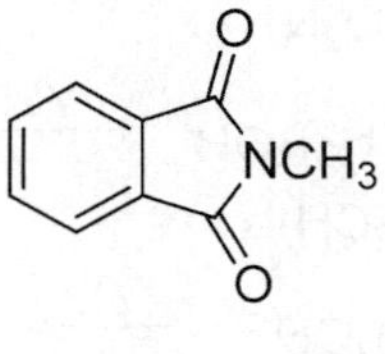　D. $(CH_3)_4\overset{+}{N}\overset{-}{O}H$

(4) A. 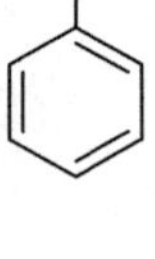　B. 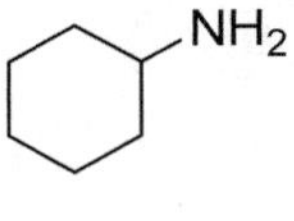　C. 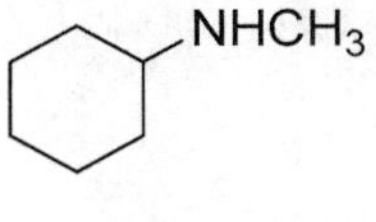　D. 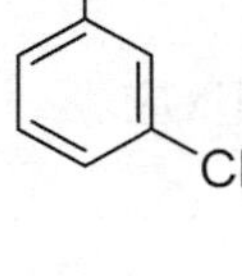

12.2　用化学方法鉴别下列化合物。

(1) A. $CH_3CH_2NH_2$　B. $(CH_3CH_2)_2NH$　C. $(CH_3CH_2)_3N$

(2) 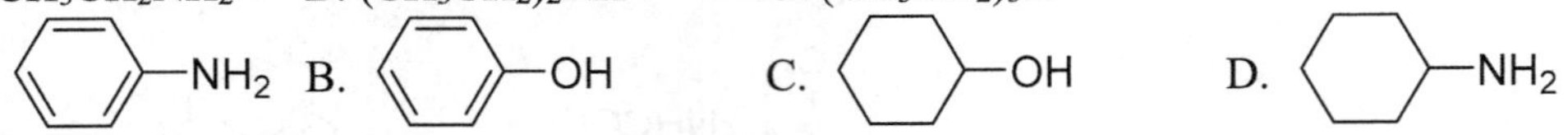

12.3　用化学方法提纯下列化合物。

(1) 苯胺中含有少量的硝基苯　(2) 乙酰苯胺中含有少量苯胺

12.4　完成下列反应式。

(1) 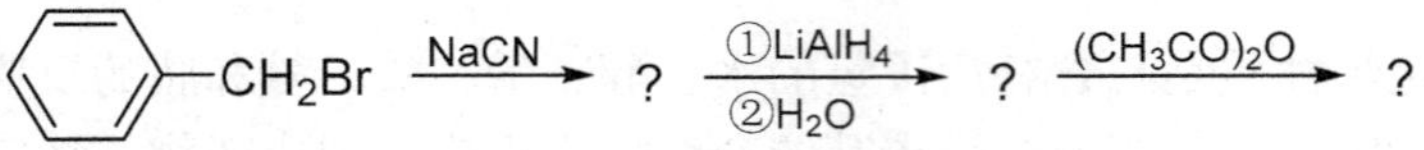

(2) CH_3NO_2 + HCHO(过量) $\xrightarrow{HO^-}$?

(3) 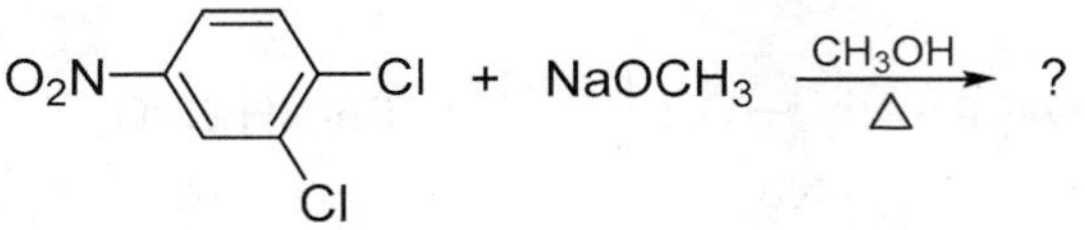

(4) 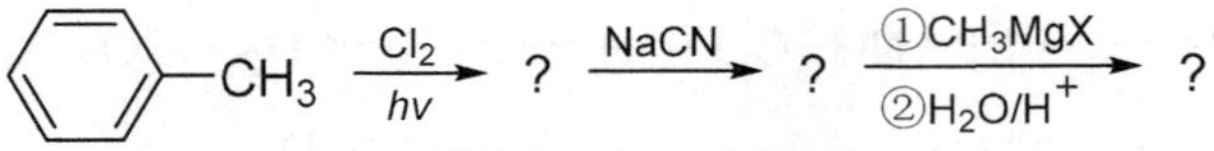

(5) 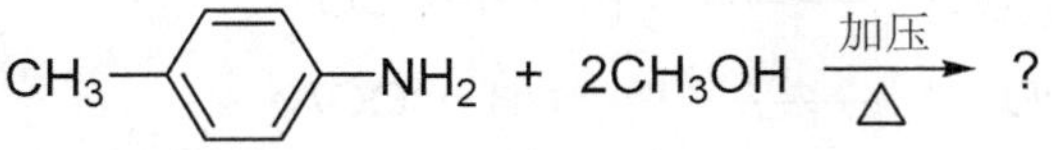

(6) 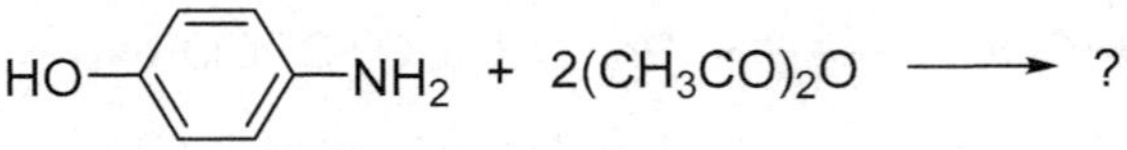

(7) 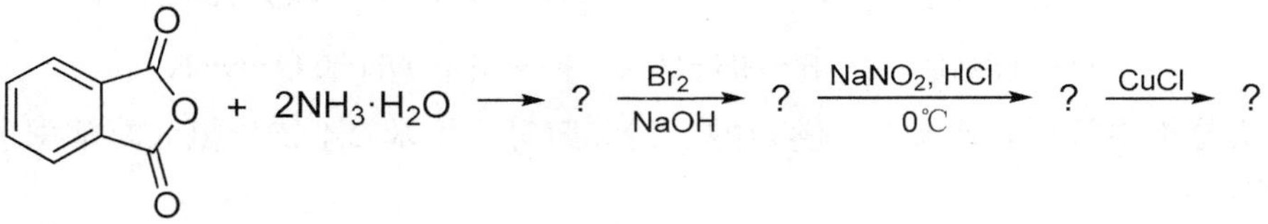

(8) 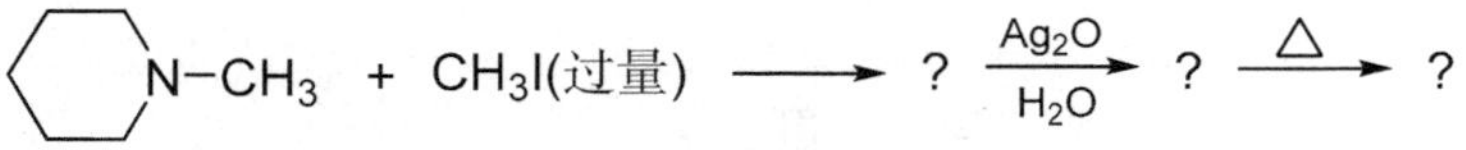

(9) 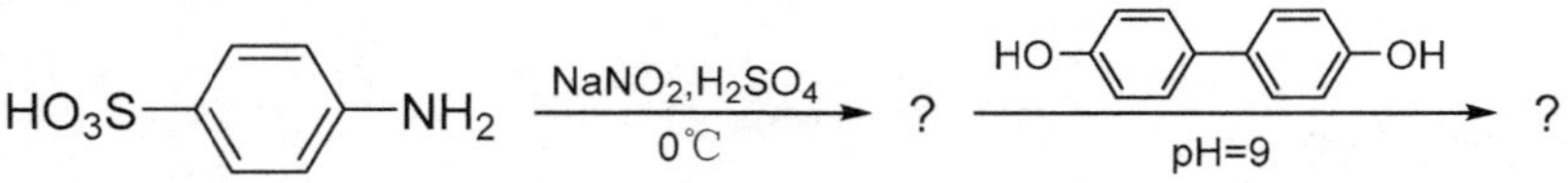

(10) 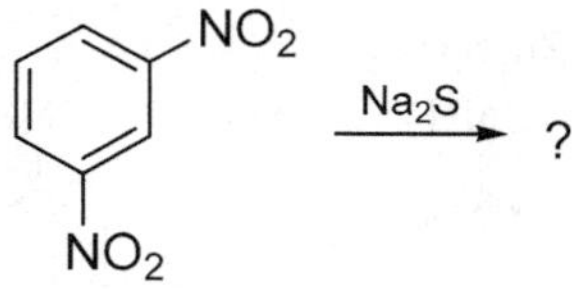

(11) 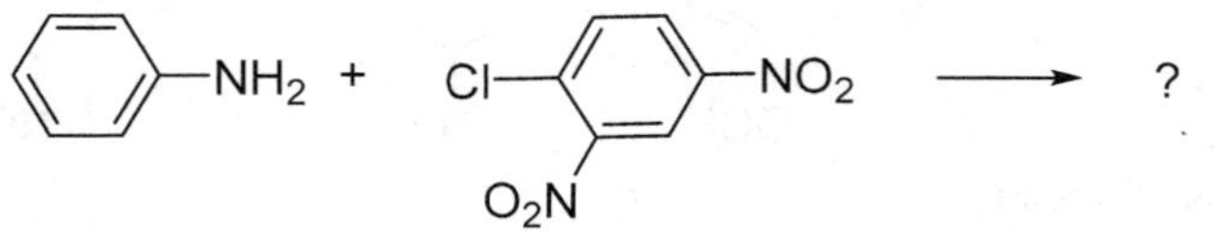

(12) 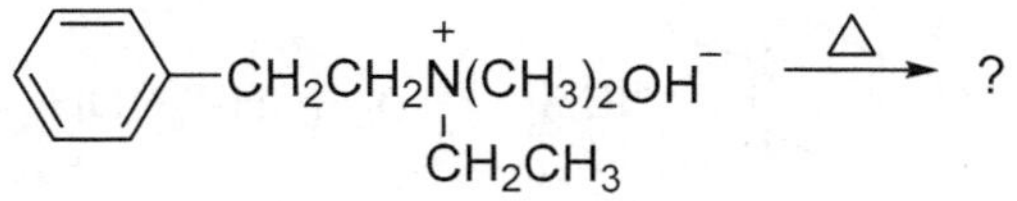

(13) $(CH_3)_2CHCH_2\overset{+}{N}(CH_3)_2OH^-$ (N 上连 $CH_2CH_2CH_3$) $\xrightarrow{\triangle}$?

12.5　完成下列反应。

(1) $CH_2{=}CH_2 \xrightarrow[H_2O]{Cl_2} ? \xrightarrow{Ca(OH)_2} ? \xrightarrow{HOCH_2CH_2OH} ? \xrightarrow{SOCl_2} ?$

$\xrightarrow{2NH(CH_2COONa)_2} \xrightarrow{?} \begin{array}{l} CH_2OCH_2CH_2N(CH_2COOH)_2 \\ | \\ CH_2OCH_2CH_2N(CH_2COOH)_2 \end{array}$

(2) $CH_3CH{=}CH_2 \xrightarrow{?} ClCH_2CH{=}CH_2 \xrightarrow{?} ClCH_2\underset{\displaystyle Cl}{\underset{|}{C}H}CH_2Cl$

$\xrightarrow{?} ClCH_2CCl{=}CH_2 \xrightarrow{?} CH_2{=}CClCH_2\overset{+}{N}(CH_3)_3Cl^-$

(3) 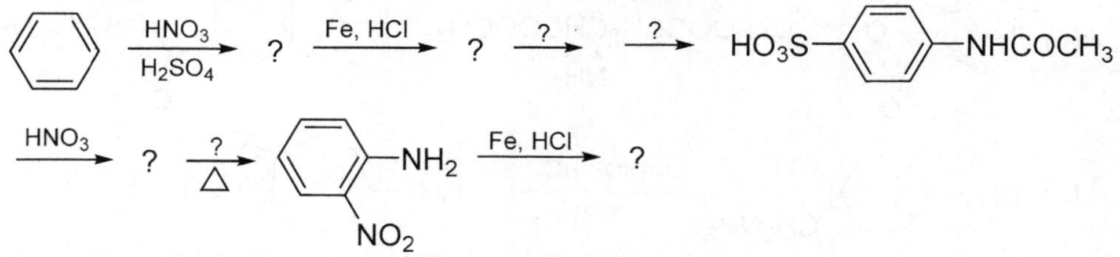

12.6　完成下列合成。

(1) 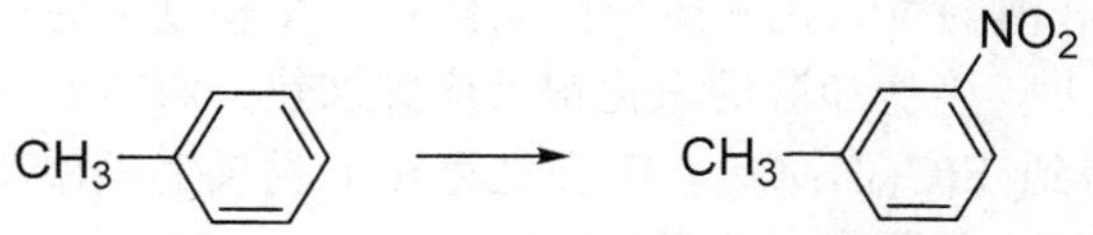

(2) 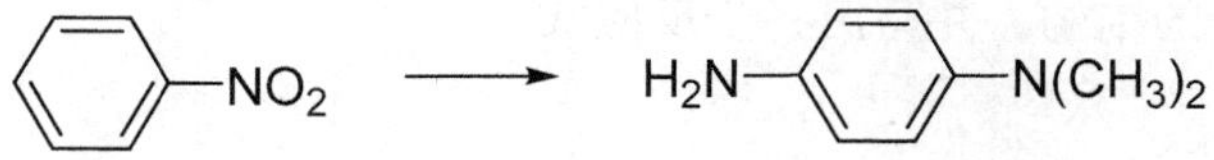

(3) 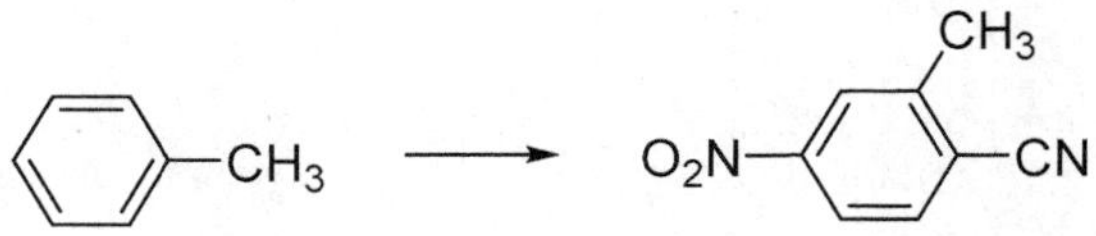

(4) 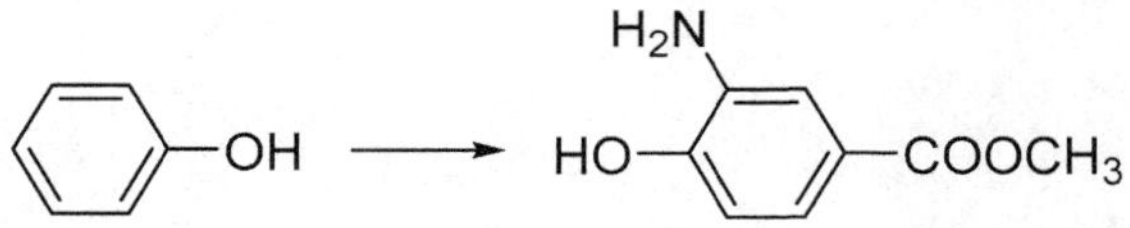

(5) 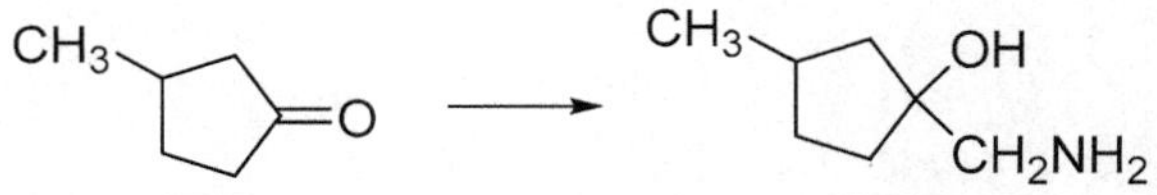

(6) 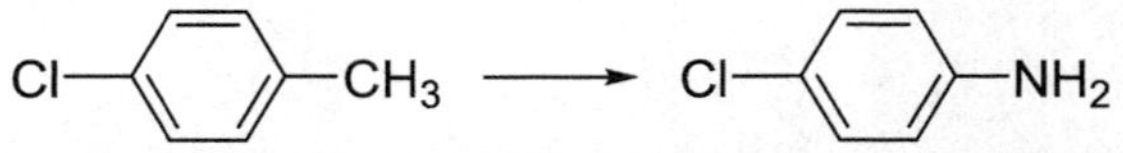

12.7　用苯、甲苯及四个碳以下的化合物为原料合成下列化合物。

(1) 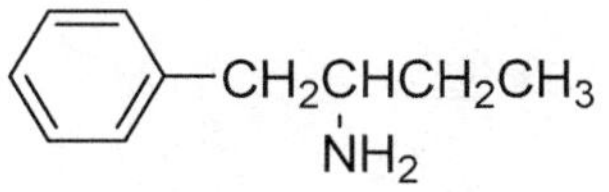

(2) 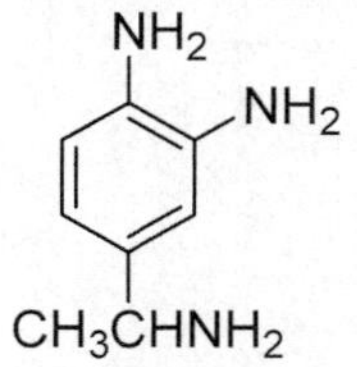

(3) 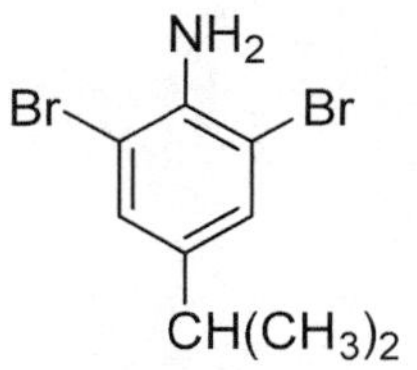

(4) 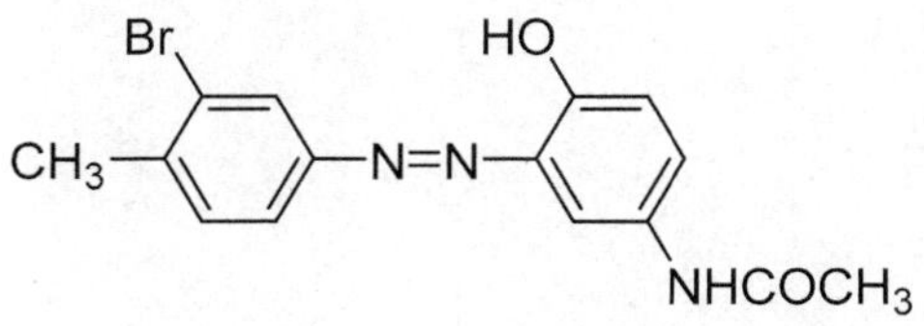

(5) 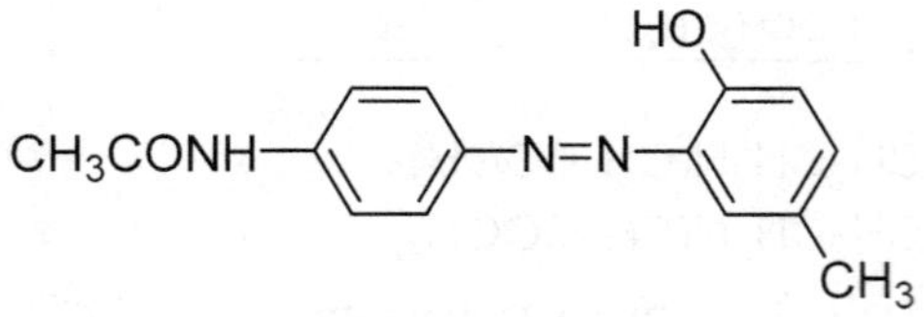

12.8 提出下列反应可能的反应机理。

(1) 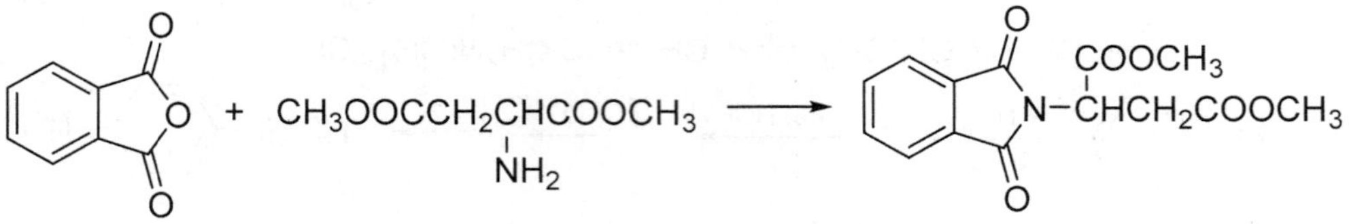

(2) 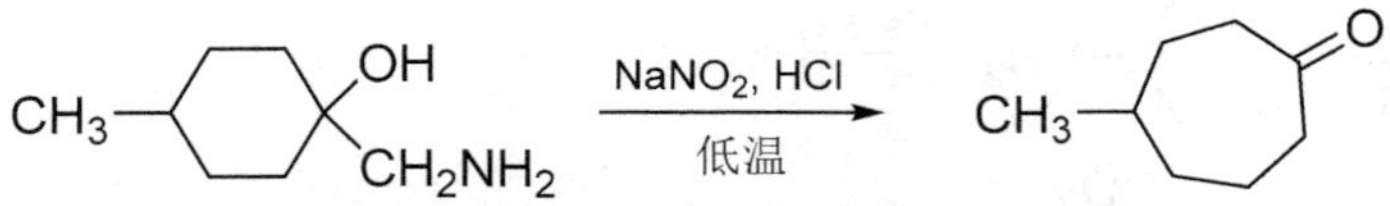

12.9 某碱性化合物 A(C_4H_9N)，经臭氧化再水解得到的产物中有一种是甲醛。A 经催化加氢得 B($C_4H_{11}N$)。B 也可由戊酰胺和溴的氢氧化钠溶液反应得到。A 和过量的碘甲烷作用生成盐 C，其分子式为 $C_7H_{16}N^+I^-$。该盐和湿的氧化银反应并加热分解得到 D(C_4H_6)，D 和丁炔二酸二甲酯加热反应得到 E($C_{10}H_{12}O_4$)。E 在钯存在下脱氢生成邻苯二甲酸二甲酯。试推测化合物 A～E 的结构，并写出各步反应式。

第 13 章　杂环化合物

在有机环状化合物中，环上除碳原子外，还包含氧、硫、氮等杂原子的化合物称为杂环化合物。杂环化合物种类很多，是有机化合物中数目最多的一类。广义上的杂环化合物可分为芳香杂环化合物和非芳香杂环化合物。前者结构上具有 $4n+2$ 个 π 电子的闭合共轭体系，性质上具有类似苯的芳香性。非芳香杂环化合物如环氧乙烷、四氢呋喃、丁二酸酐、ε-己内酰胺等，具有与相应的开链化合物类似的性质，一般都在有关章节中与开链化合物一起讨论，而不放在杂环化合物中讲述。本章介绍的杂环化合物是指芳香杂环化合物。

13.1　杂环化合物的命名

杂环化合物命名比较复杂，国际上多用习惯命名法。中国化学会根据我国文字特点，规定了杂环化合物的命名规则。对于基本杂环母体的特定名称，原则上使用与杂环化合物的英文名称发音相近的汉字，并在汉字左边加“口”字旁来命名杂环化合物。例如：

呋喃(furan)

噻吩(thiophene)

吡咯(pyrrole)

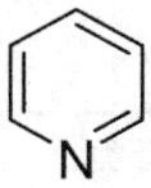
吡啶(pyridine)

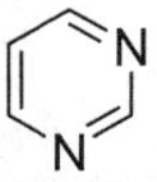
嘧啶(pyrimidine)

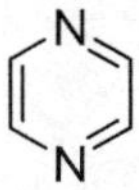
吡嗪(pyrazine)

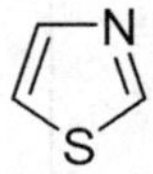
噻唑(thiazole)

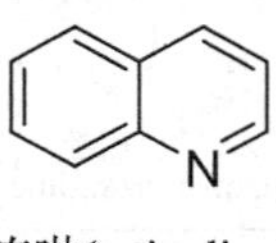
喹啉(quinoline)

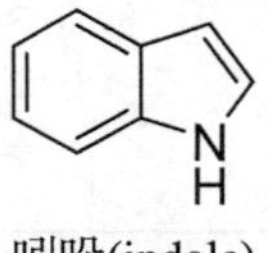
吲哚(indole)

当环上有取代基时，命名时以杂环为母体，含有一个杂原子的单杂环从杂原子开始定为 1 位依次编号，并按最低系列原则使取代基的位次组最小。如果不致引起误会，也可以用希腊字母表示取代基在环上的位置，靠近杂原子的为 α 位，隔一个原子的为 β 位，再其次是 γ 位。例如：

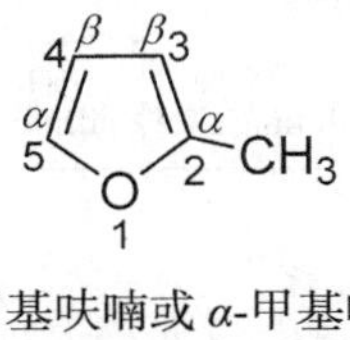
2-甲基呋喃或 α-甲基呋喃

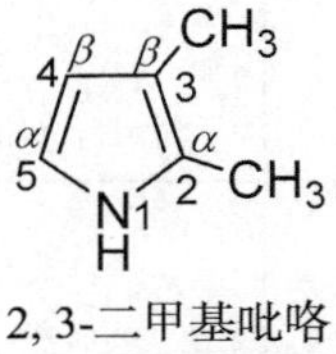
2, 3-二甲基吡咯

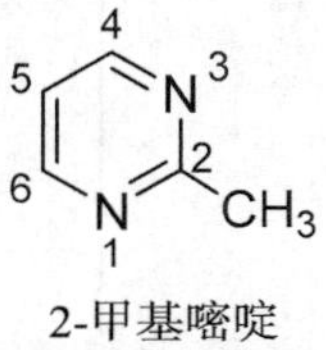
2-甲基嘧啶

当环中含有两个或更多个不同的杂原子时，编号按照 O→S→N 的次序，排在前面的编号最小。如果环中含有的杂原子相同，则从带有氢原子或取代基的那个杂原子开始编号，并使各杂原子的位次组最小。例如：

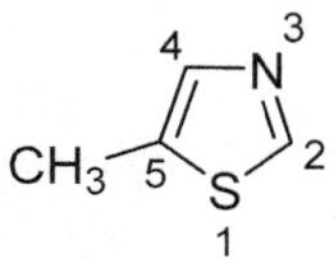

5-甲基噻唑

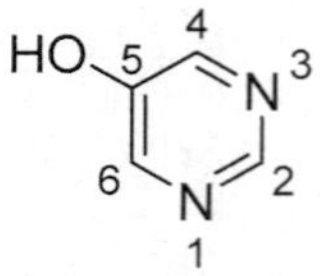

5-羟基嘧啶

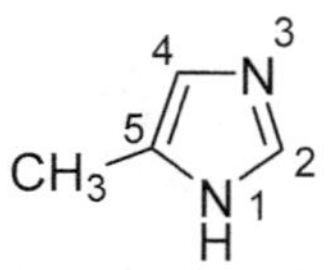

5-甲基咪唑

苯并杂环的稠杂环化合物，编号方式与稠环芳烃相同，但一般是从杂原子开始编号，编完杂原子所在的环，再编苯环。少数稠杂环有特定的编号顺序。几个常见的稠杂环化合物的名称和编号如下：

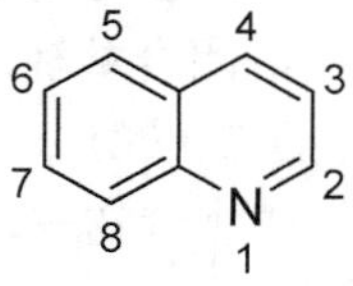

喹啉

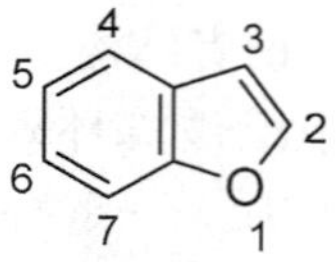

苯并呋喃(benzofuran)

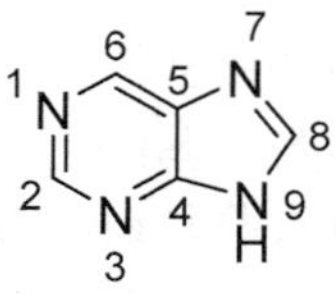

嘌呤(purine)

当杂原子在环上位置不同时，如喹啉和异喹啉、吲哚和异吲哚，视为构造异构体。

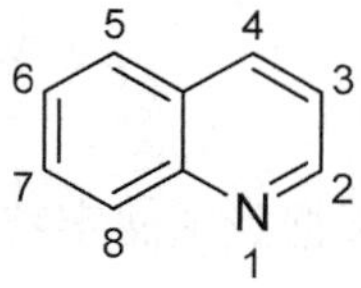

喹啉

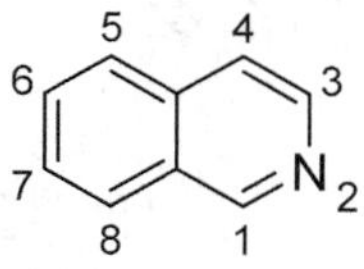

异喹啉

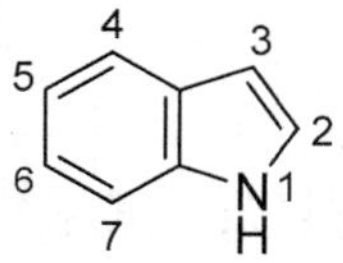

吲哚

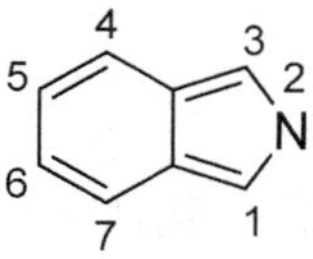

异吲哚

一些常见的杂环化合物及其名称列于表 13.1。

表 13.1　一些杂环化合物的分类和名称

杂环分类		碳环母体	重要的杂环
单杂环	五元杂环	 环戊二烯	 呋喃 furan　噻吩 thiophene　吡咯 pyrrole　噻唑 thiazole　咪唑 imidazole
	六元杂环	 苯	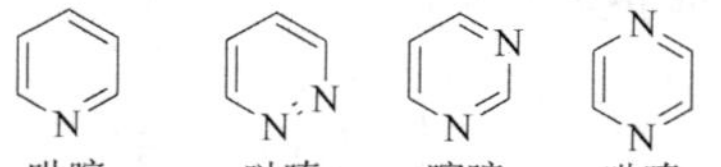 吡啶 pyridine　哒嗪 pyridazine　嘧啶 pyrimidine　吡嗪 pyrazine
稠杂环		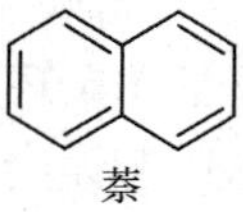 萘	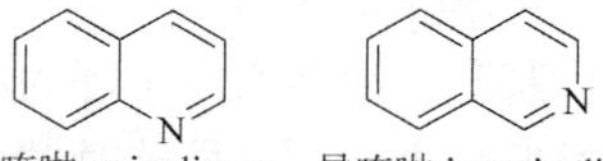 喹啉 quinoline　异喹啉 isoquinoline
		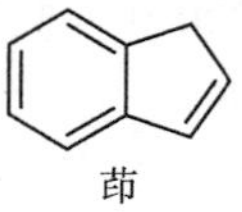 茚	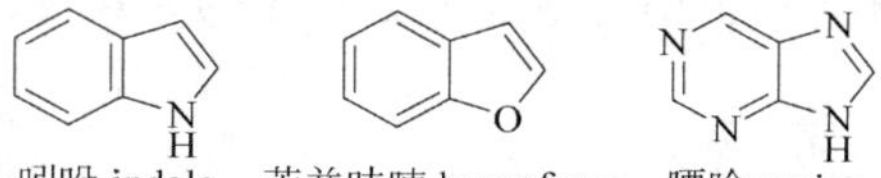 吲哚 indole　苯并呋喃 benzofuran　嘌呤 purine
		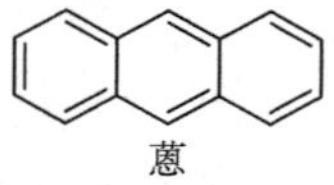 蒽	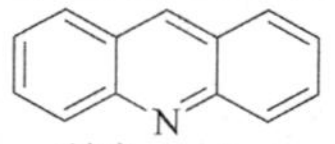 吖啶 acridine

杂环化合物种类繁多，本章只介绍几种典型的杂环化合物。五元杂环只介绍呋喃、吡咯、噻吩以及它们的几种重要衍生物，六元杂环只介绍吡啶。这几种简单杂环母体的衍生物广泛

存在于自然界，对它们的结构和性质研究，是深入了解更复杂的杂环化合物的基础。

13.2　五元杂环化合物

呋喃、吡咯和噻吩是常见的五元杂环化合物。

13.2.1　呋喃、吡咯和噻吩的结构

呋喃、吡咯和噻吩的构造式是：

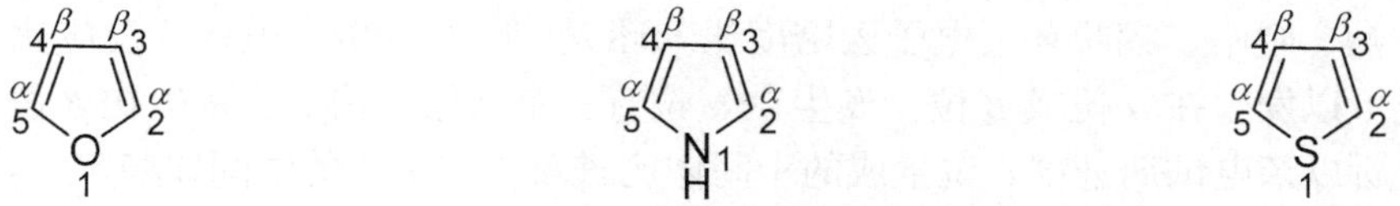

呋喃　　吡咯　　噻吩

呋喃、吡咯、噻吩分子中四个碳原子和一个杂原子成键时，都是 sp^2 杂化。相邻两个原子之间各用 sp^2 杂化轨道相互重叠形成 σ 键。每个碳原子还有一个未杂化的 p 轨道各带有一个 p 电子，杂原子有一个未杂化的 p 轨道带有一对 p 电子。分子中四个碳原子和一个杂原子在同一平面内，它们的 p 轨道相互平行并垂直于分子平面，从而发生"肩并肩"重叠，形成含有 6 个电子的闭合共轭 π 键，符合 Hückel $4n+2$ 规则，所以呋喃、吡咯、噻吩都具有芳香性。

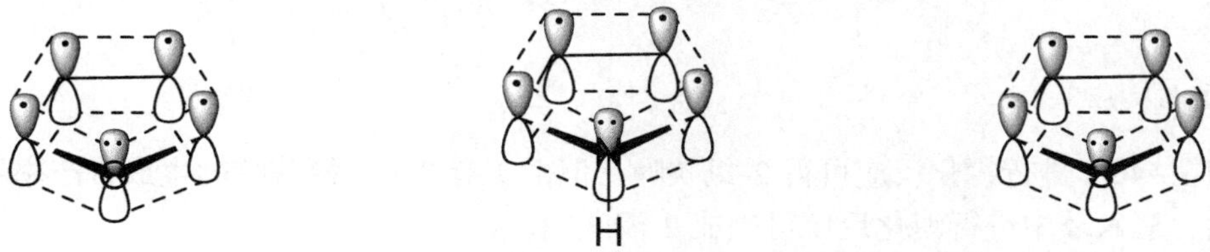

呋喃　　吡咯　　噻吩

苯分子是六个碳原子六个 p 轨道重叠形成的六电子共轭 π 键，而呋喃、吡咯、噻吩是五个原子五个 p 轨道重叠形成的六电子共轭 π 键。显然，呋喃、吡咯、噻吩环上电子云密度比苯环上电子云密度大，因而呋喃、吡咯、噻吩环上亲电取代反应都比苯容易。

苯分子的共振能为 $150kJ \cdot mol^{-1}$，而呋喃、吡咯、噻吩的共振能分别为 $66.9kJ \cdot mol^{-1}$、$87.8kJ \cdot mol^{-1}$、$121.3kJ \cdot mol^{-1}$。共振能越大，分子越稳定，所以苯和呋喃、吡咯、噻吩的稳定性和芳香性顺序为

苯 > 噻吩 > 吡咯 > 呋喃

呋喃、吡咯和噻吩分子中键长(单位：nm)如下：

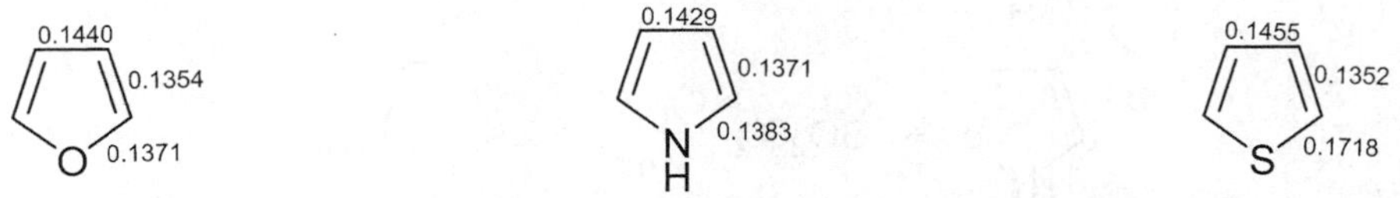

苯分子中碳碳键长都是 0.140nm，而这三个五元杂环分子中键长是不同的，它们环上的单、双键不像苯分子那样平均化。因此呋喃、吡咯、噻吩有一定程度的不饱和性，比苯容易发生加成反应。

13.2.2　呋喃、吡咯和噻吩的物理性质

呋喃是无色液体，沸点 32℃，难溶于水，易溶于乙醇、乙醚等有机溶剂，具有类似氯仿

的气味。呋喃的蒸气与松片(用盐酸浸渍过)相遇即呈绿色，此反应用来检验呋喃的存在。

吡咯是无色液体，沸点131℃，不溶于水，易溶于乙醇、乙醚和苯等有机溶剂。吡咯的蒸气遇松片(用浓盐酸浸渍过)呈红色，此反应可用来检验吡咯。吡咯易被空气氧化，使颜色变深。吡咯具有类似苯胺的气味。

噻吩是无色液体，沸点84℃，不溶于水，易溶于乙醇、乙醚和苯等有机溶剂。在浓硫酸作用下，噻吩遇上松片呈蓝色，此反应可用来检验噻吩。噻吩对热稳定，加热到850℃仍不分解。

13.2.3 呋喃、吡咯和噻吩的化学性质

由于呋喃、吡咯、噻吩环上电子云密度比苯环大，因此发生亲电取代反应比苯容易。亲电取代反应可以发生在 α 位或 β 位。发生在 α 位有三个共振结构式，发生在 β 位只有两个共振结构式，所以亲电试剂进攻 α 位生成的中间体比进攻 β 位生成的中间体稳定。呋喃、吡咯、噻吩环上亲电取代反应主要生成 α 位取代产物。

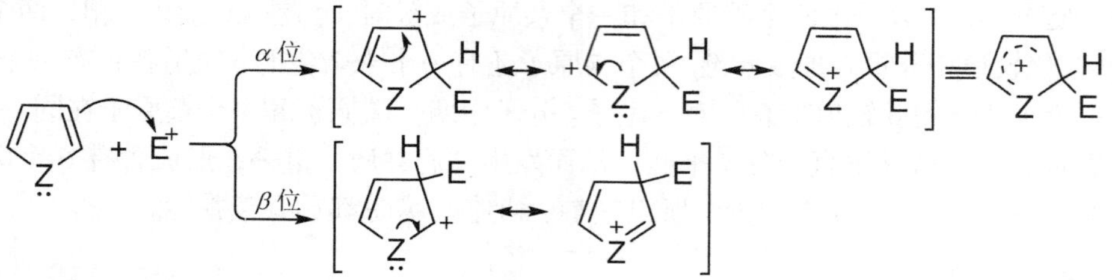

1. 卤化反应

呋喃在–40℃进行氯化反应可得2-氯呋喃，但由于有2,5-二氯呋喃的生成，产率不高。呋喃在溶剂二氧六环中进行溴化反应可生成2-溴呋喃。

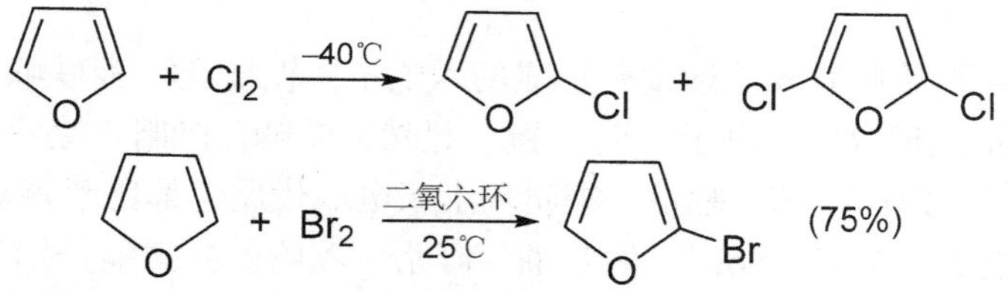

吡咯即使在较低温度下溴化得到的也常是四溴吡咯。

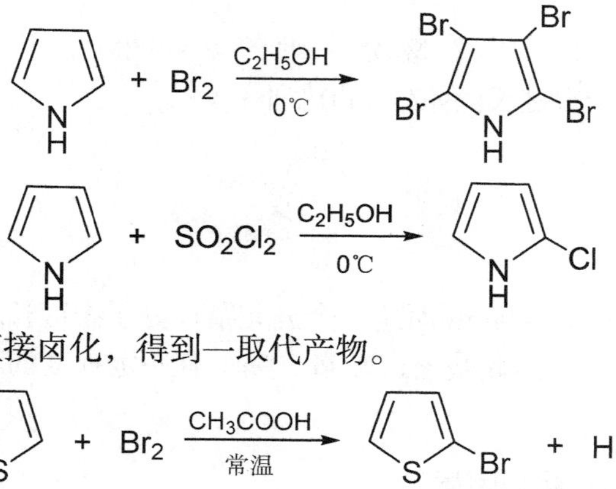

噻吩可以在常温下直接卤化，得到一取代产物。

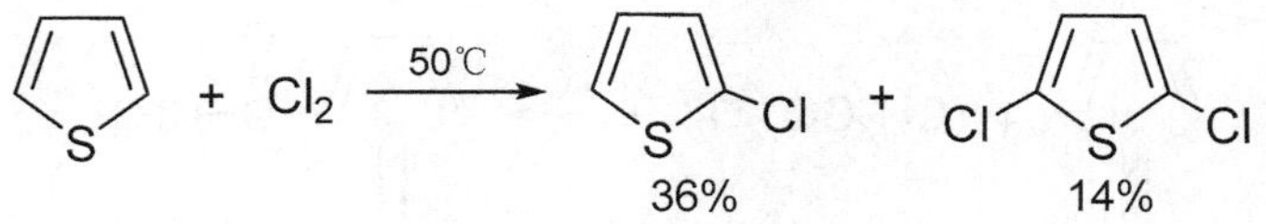

2. 硝化反应

硝化反应在较低温度下用弱的硝化试剂乙酸硝酸酐进行。

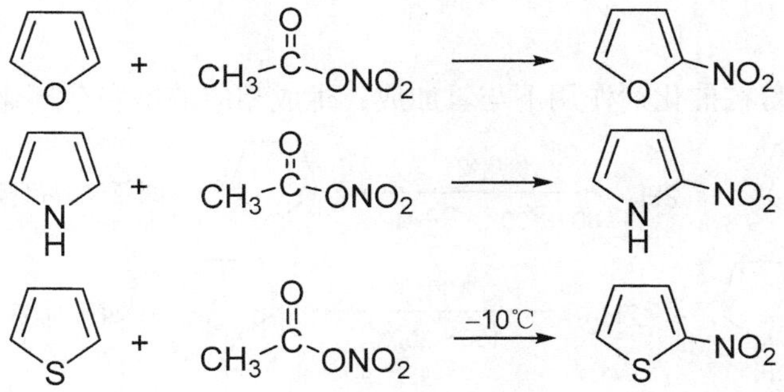

3. 磺化反应

呋喃、吡咯、噻吩可用温和的磺化试剂吡啶-三氧化硫进行磺化。

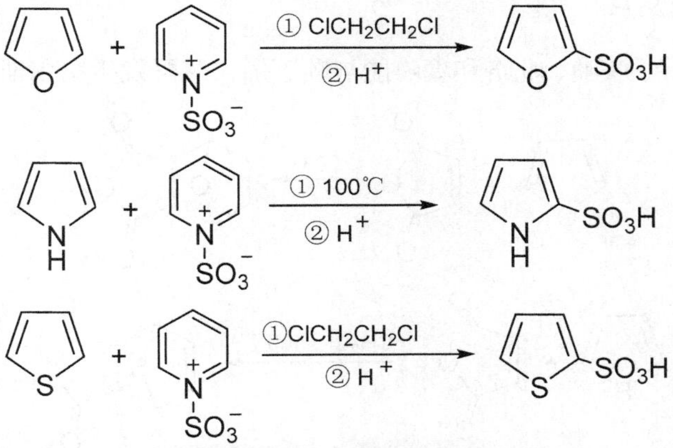

噻吩环对酸稳定，在常温下用浓硫酸磺化即得到噻吩-2-磺酸。

由于噻吩的沸点与苯相近，在蒸馏煤焦油时，噻吩和苯一起蒸出，很难分开。一般用浓硫酸多次萃取含噻吩的苯。这时噻吩被磺化溶于浓硫酸中，而苯不溶，分层后分离出噻吩-2-磺酸。在加热条件下，将噻吩-2-磺酸水解可得到噻吩。

4. 酰基化反应

呋喃、吡咯、噻吩环上电子云密度比苯环大，亲电取代反应比苯容易，所以它们的酰基化反应常用活性较小的酸酐作为酰化试剂，催化剂选用活性比 $AlCl_3$ 更弱的催化剂，如 H_3PO_4、BF_3 等。

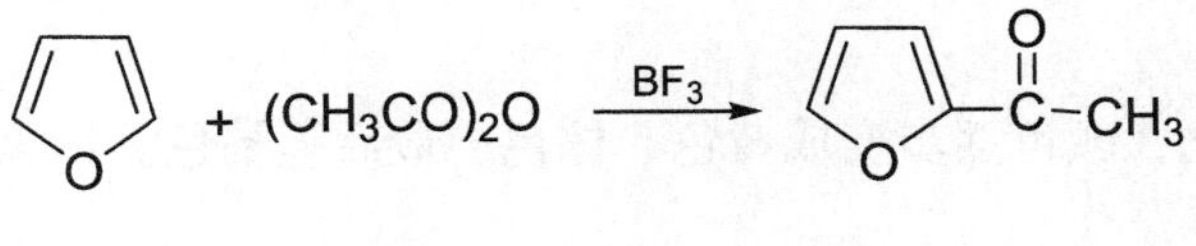

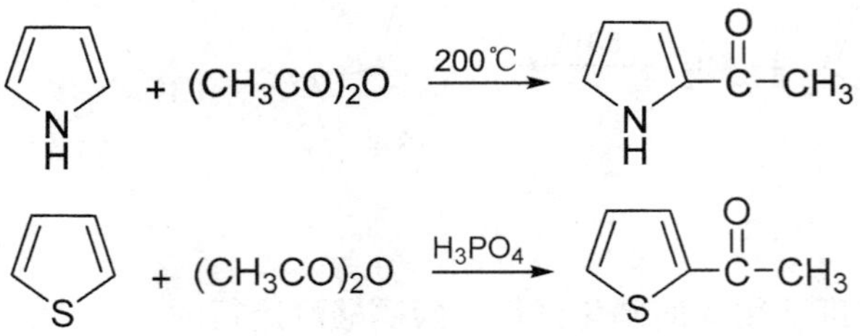

5. 加氢反应

呋喃、吡咯、噻吩在催化剂作用下与氢加成，生成相应的饱和杂环化合物。

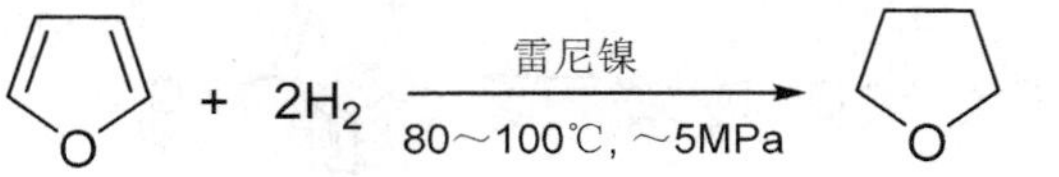

四氢呋喃(THF)

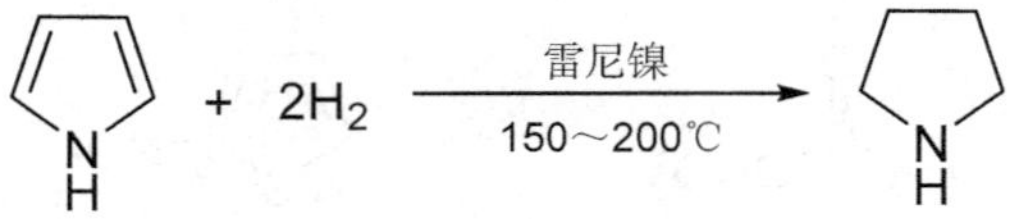

四氢吡咯

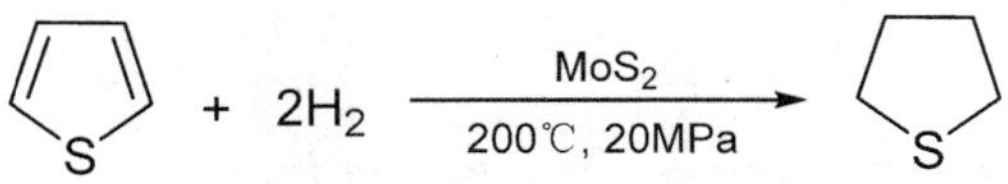

四氢噻吩

6. 第尔斯-阿尔德反应

类似于共轭二烯烃，呋喃、吡咯和噻吩能与顺丁烯二酸酐发生第尔斯-阿尔德环加成反应。

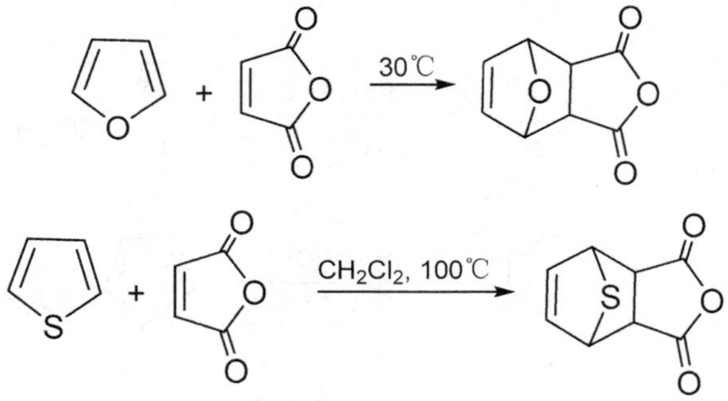

13.2.4　糠醛

α-呋喃甲醛俗名糠醛，最初是米糠和稀酸一起加热时得到，故得名糠醛。糠醛的制法是用玉米芯与稀 H_2SO_4 在一定温度和压力下反应。

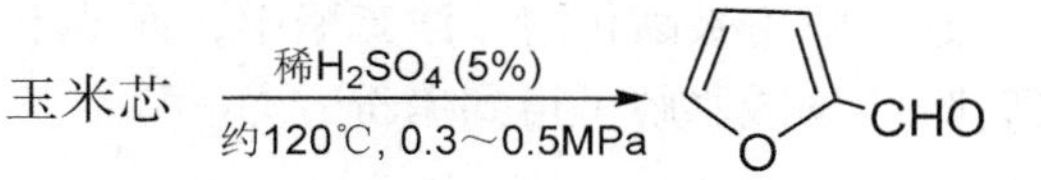

糠醛是无色液体，沸点 162℃，相对密度 1.156，微溶于水，能溶于乙醇、乙醚、丙酮、苯、四氯化碳等有机溶剂。糠醛在乙酸中与苯胺作用呈红色，此反应可用来检验糠醛。

糠醛的主要化学性质如下。

1. 氧化反应

糠醛易被空气氧化，颜色逐步变成黄色、棕色，最后呈褐色。如果用碱性高锰酸钾氧化糠醛可得糠酸。

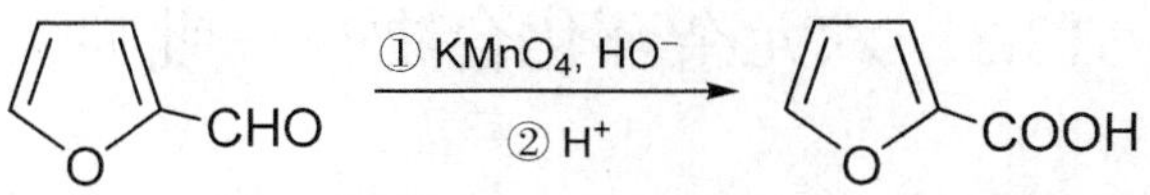

工业上采用铜或银的氧化物作催化剂，加热，用空气氧化糠醛成糠酸。

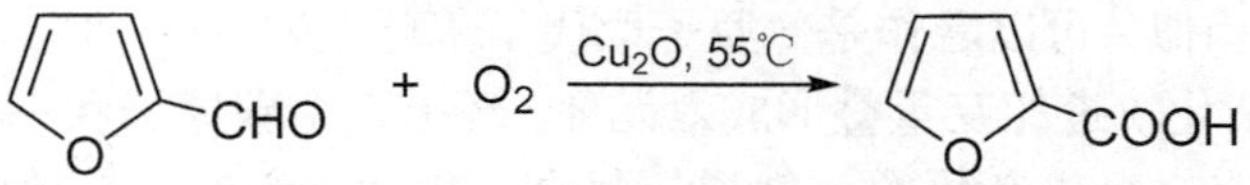

在催化剂 V_2O_5 作用下，糠醛在 320～350℃可被空气氧化成顺丁烯二酸酐。

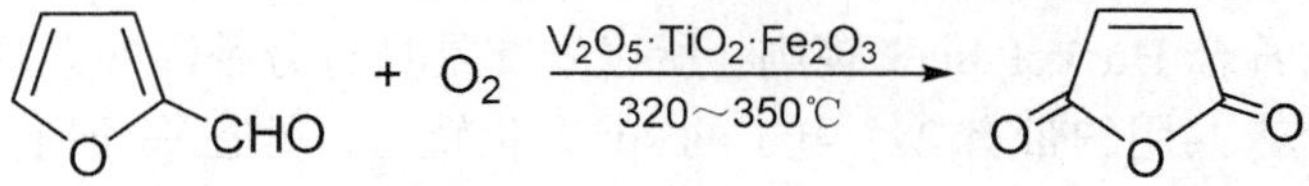

这是工业制备顺丁烯二酸酐的一种方法。

2. 还原反应

糠醛可在不同的条件下还原成不同的产物。例如，在氧化酮、氧化铬催化下加氢，糠醛被还原成糠醇。

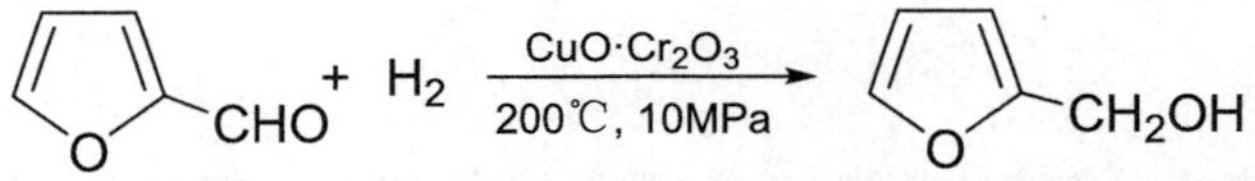

糠醇

如果用催化剂雷尼镍，则糠醛的醛基和呋喃环同时被还原得到四氢糠醇。

四氢糠醇

3. 康尼查罗反应和佩金反应

作为无 α-H 的醛，与苯甲醛类似，糠醛也可以发生康尼查罗反应和佩金反应等。

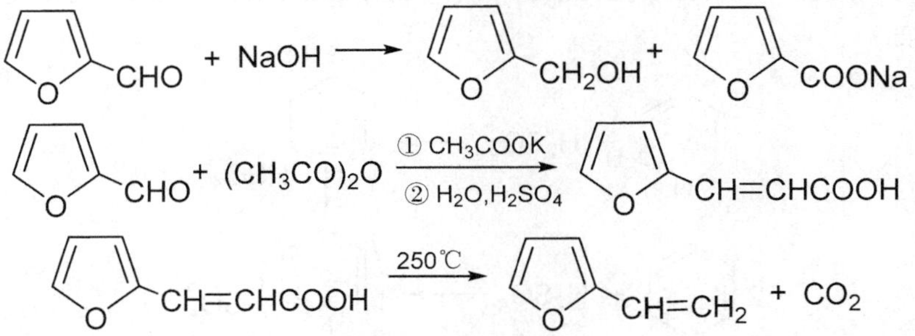

乙烯基糠醛可聚合生成含有糠醛的高分子化合物。

4. 催化脱羰基

在催化剂(ZnO、MnO_2、Cr_2O_3)作用下，约 400℃时，糠醛和水蒸气通过催化剂即脱去羰基，生成呋喃。这是制备呋喃的一种方法。

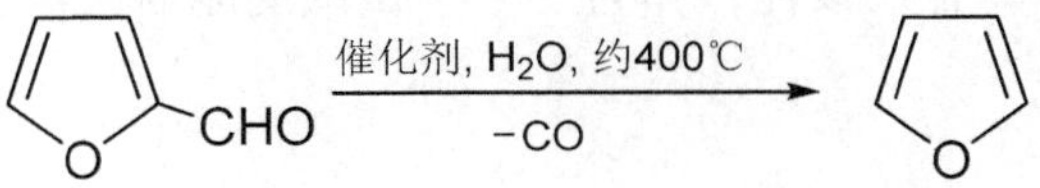

13.3　六元杂环化合物——吡啶

13.3.1　吡啶的结构

吡啶的结构与苯相似，可以看作是氮原子取代了苯环上的一个 CH。在吡啶分子中碳原子和氮原子都是用 sp^2 杂化轨道相互重叠形成六元环，环上五个碳原子和一个氮原子在同一个平面内，每个原子上都有一个未杂化的 p 轨道，每个 p 轨道上都有一个单电子，六个 p 轨道相互平行并垂直于吡啶环平面，这六个 p 轨道侧面相互重叠形成一个含有六个 p 电子的闭合共轭 π 键，其 π 电子数符合 Hückel $4n+2$ 规则，所以吡啶是具有芳香性的杂环化合物。吡啶分子中氮原子上还有一个未共用的带有 2 个电子的 sp^2 杂化轨道，处在平面内。

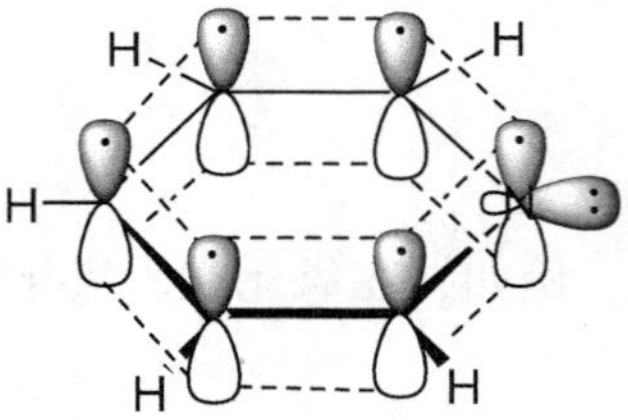

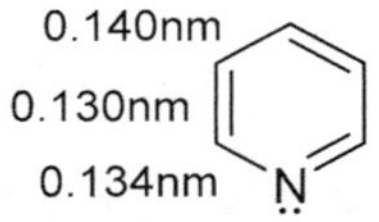

13.3.2　吡啶的物理性质

吡啶是具有特殊臭味的无色液体，沸点 115℃，熔点–42℃，能与水、乙醇、乙醚等多种有机溶剂混溶，还能溶解许多有机化合物和无机化合物，是有机合成中常用的溶剂。

13.3.3　吡啶的化学性质

1. 碱性和亲核性

由于吡啶环上氮原子有一对电子未参与共轭，因而吡啶具有弱碱性，其碱性($pK_b = 8.8$)比脂肪胺(CH_3NH_2，$pK_b = 3.36$)弱，但比苯胺($pK_b = 9.3$)和吡咯($pK_b = 13.4$)强。吡啶能与强酸反应生成盐。例如：

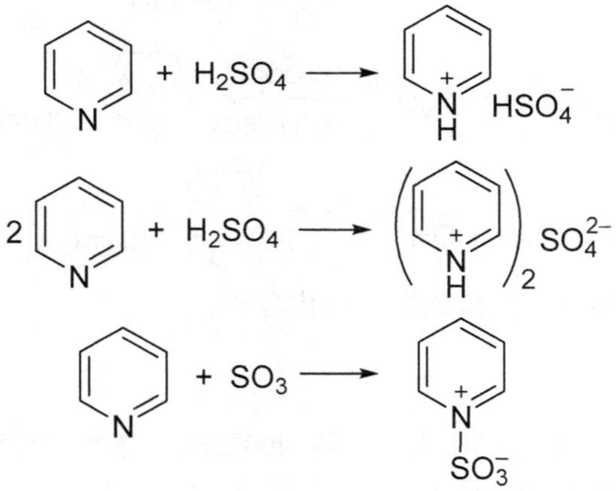

吡啶与脂肪叔胺一样具有亲核性，作为一个亲核试剂能与卤代烷、酰卤等反应生成吡啶盐。例如：

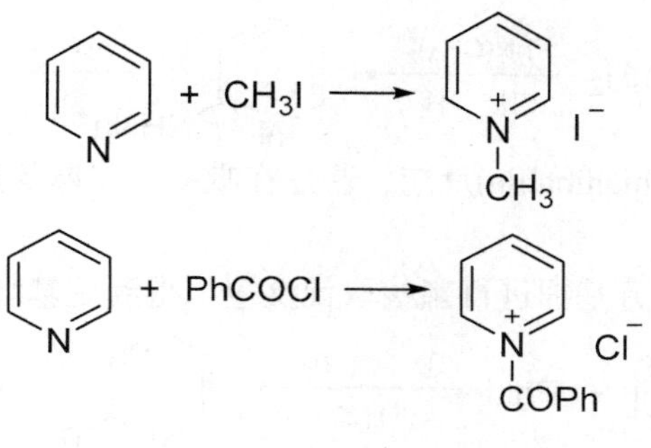

2. 亲电取代反应

吡啶具有芳香性，能进行亲电取代反应，但由于氮的电负性(3.1)大，强的吸电子诱导效应降低了环上的电子密度，因而吡啶的亲电取代反应比苯困难。只有在较高温度，用不同的催化剂和亲电试剂才能发生卤化、硝化和磺化反应。吡啶不发生 Friedel-Crafts 烷基化和酰基化反应。

吡啶的亲电取代反应主要发生在 β 位。

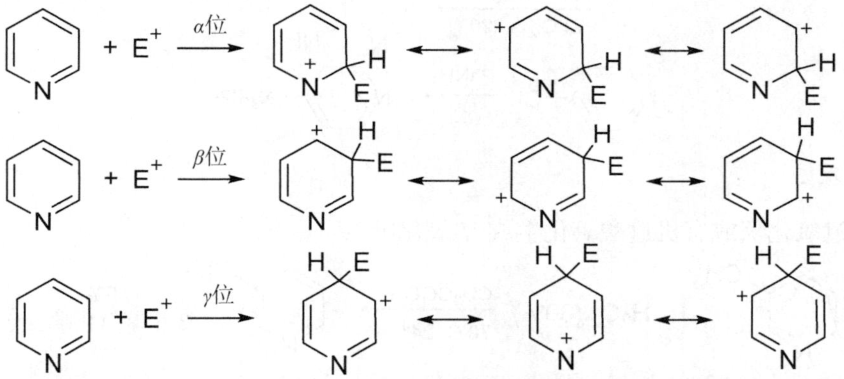

这是由于当取代发生在 α 位或 γ 位，其反应中间体总有一个共振结构式的正电荷在电负性较大的氮原子上，不稳定；而取代发生在 β 位，三个共振结构式中没有正电荷在氮原子上的，较稳定。即反应发生在 β 位比发生在 α 位或 γ 位生成的中间体更稳定，更有利于取代产物生成。因此，吡啶亲电取代反应主要发生在 β 位。例如：

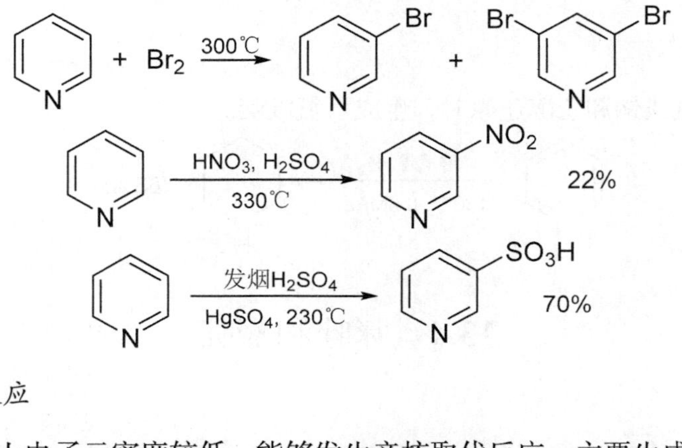

3. 亲核取代反应

吡啶分子中环上电子云密度较低，能够发生亲核取代反应，主要生成 α-取代物。例如，吡啶与氨基钠反应，生成 α-氨基吡啶。

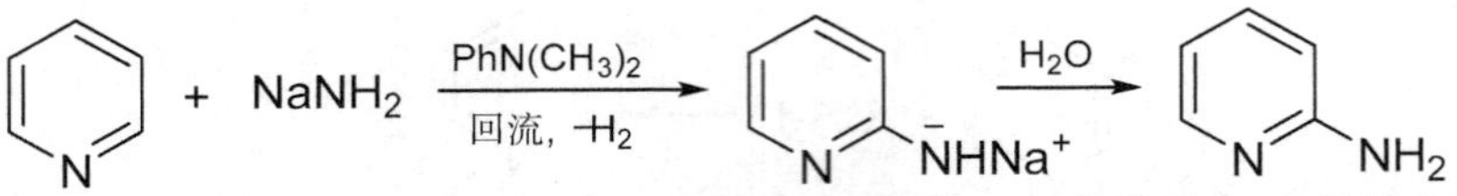

该反应称为齐齐巴宾(Chichibabin)反应，这是在吡啶、喹啉及其衍生物的氮杂环上直接引入氨基的有效方法。

吡啶还可以与烷基锂和芳基锂进行亲核取代反应，得到烷基吡啶或芳基吡啶。

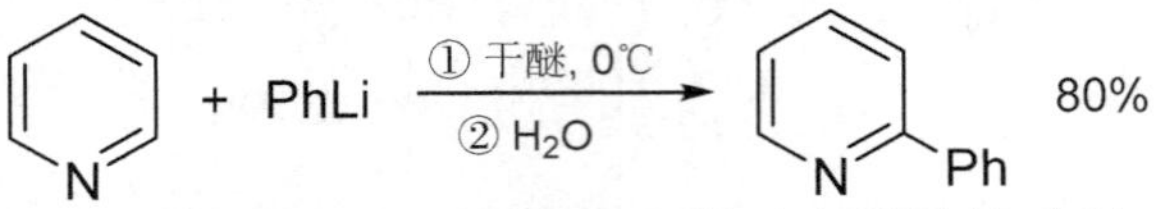

如果在吡啶环上带有较易离去的基团，亲核取代反应则较易进行。例如，Br^-和 Cl^-是较好的离去基团，α-卤代吡啶和 γ-卤代吡啶较易进行亲核取代反应。例如：

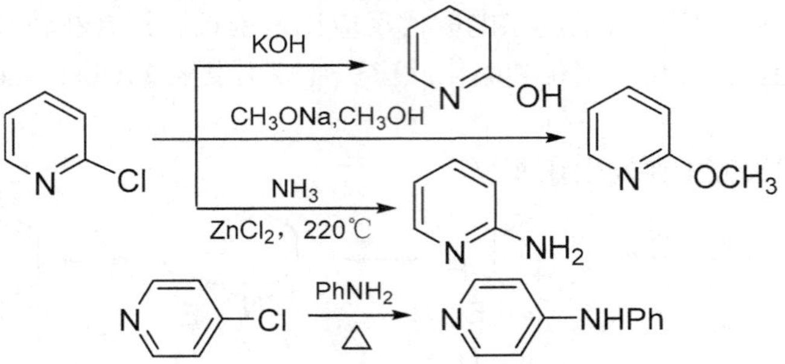

4. 氧化反应

吡啶用过氧化氢或有机过酸氧化生成 *N*-氧化吡啶。

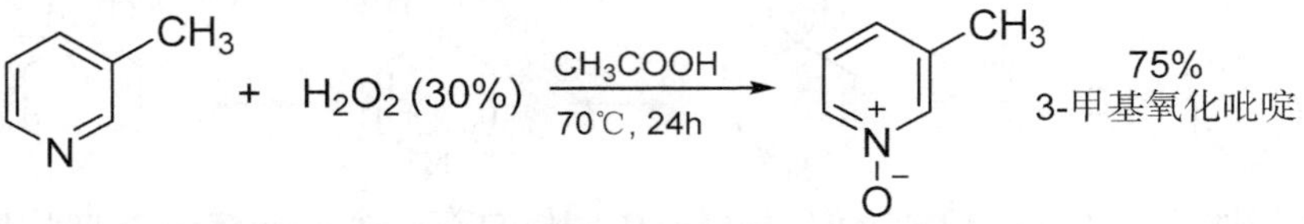

在强氧化剂作用下，甲基吡啶的侧链易被氧化生成吡啶甲酸。

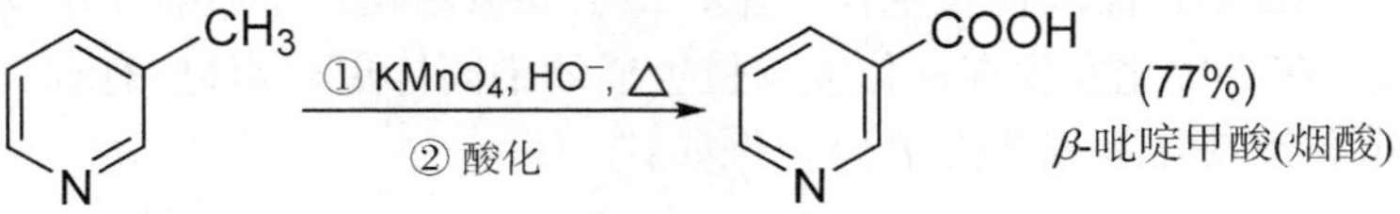

5. 还原反应

吡啶用催化加氢或钠和乙醇还原时，生成六氢吡啶。

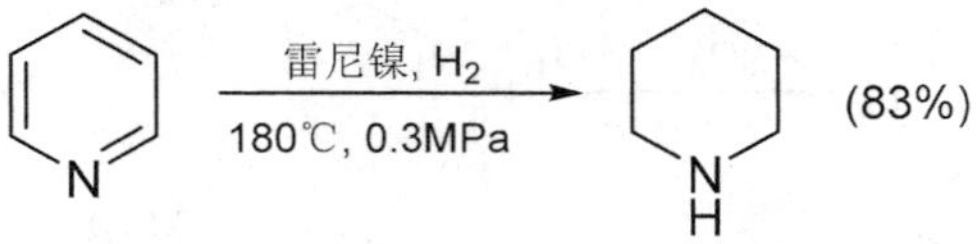

13.4　咪唑和嘧啶

13.4.1　咪唑

含有两个杂原子的含氮五元杂环化合物称为唑。1,3-二氮五元杂环称为咪唑。咪唑是棱柱形晶体，熔点 90℃，沸点 257℃，易溶于水、乙醇和乙醚等。咪唑有互变异构体。

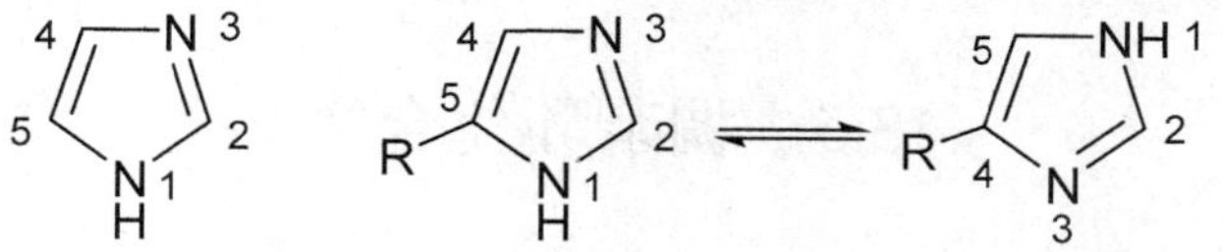

咪唑　　5-取代咪唑　　4-取代咪唑

许多天然产物和药物分子中含有咪唑环。例如：

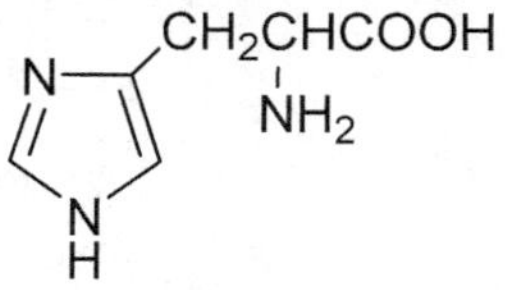

组氨酸

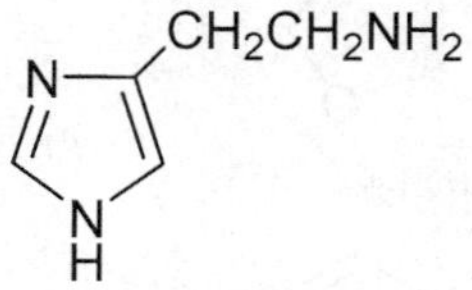

组胺

咪唑与强酸和强碱反应成盐。

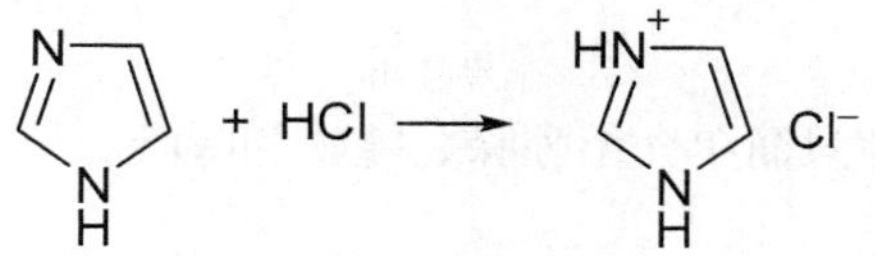

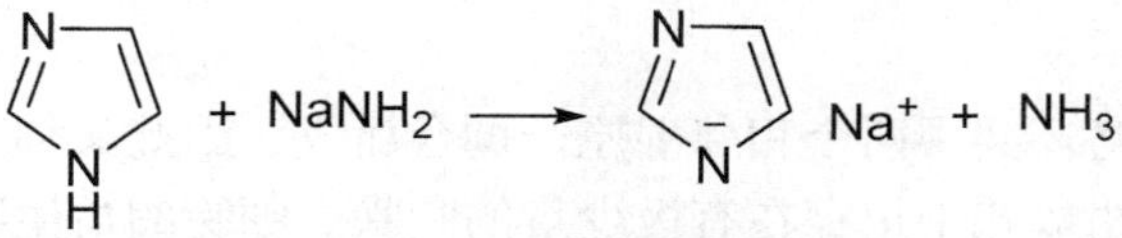

咪唑能与硝酸和硫酸发生硝化反应，生成 4(5)-硝基咪唑。

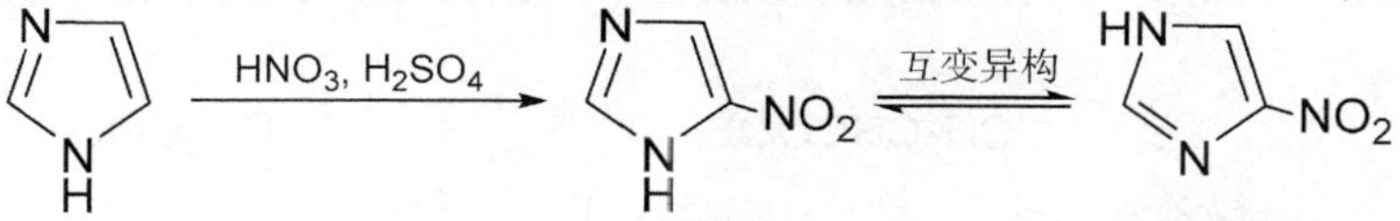

5-硝基咪唑　　4-硝基咪唑

13.4.2 嘧啶

含有两个氮原子的六元杂环化合物称为二嗪。1,3-二嗪称为嘧啶。嘧啶是无色液体，熔点 20℃，沸点 123℃，溶于水、乙醇和乙醚等。

嘧啶衍生物广泛存在于自然界，具有特殊的生理作用。例如，尿嘧啶、胞嘧啶、胸腺嘧啶都是核酸的重要组成部分。磺胺嘧啶是抗菌消炎药，鲁米那是安眠药。

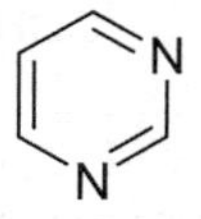

嘧啶

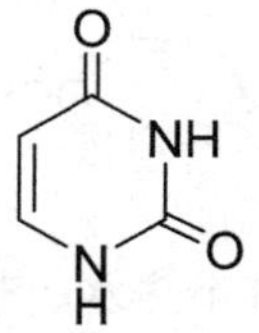

尿嘧啶

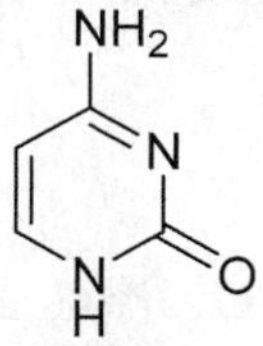

胞嘧啶

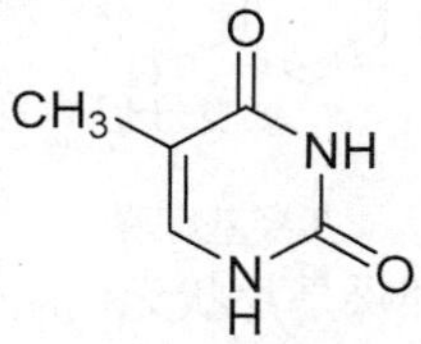

胸腺嘧啶

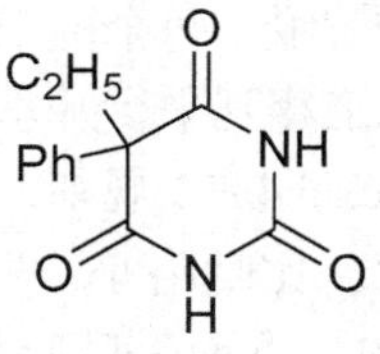

鲁米那

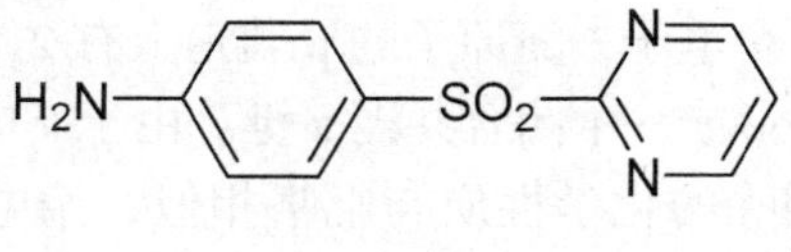

磺胺嘧啶

嘧啶的化学性质与吡啶相似。

13.5　稠杂环化合物

稠杂环化合物是苯环与杂环、杂环与杂环共用两个相邻碳原子的化合物。例如：

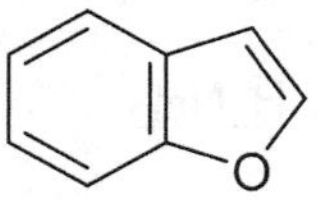

苯并呋喃

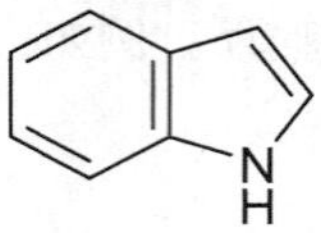

吲哚

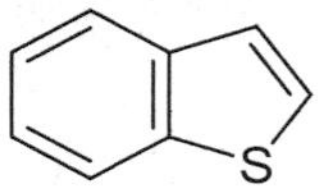

苯并噻吩

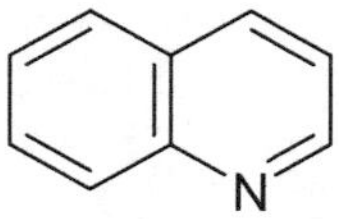

喹啉

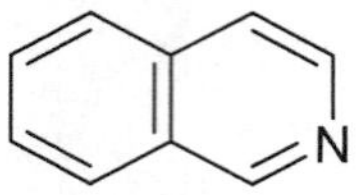

异喹啉

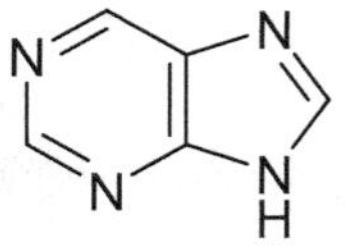

嘌呤

在稠杂环化合物中，本节只简单介绍吲哚、喹啉和嘌呤。

13.5.1　吲哚

吲哚是由苯环和吡咯环共用两个相邻碳原子稠合而成，因此又称苯并吡咯。吲哚存在于煤焦油中，在素馨花、柑橘花中也存在有极少量的吲哚。吲哚的衍生物以多种多样的形式存在于自然界。例如，色氨酸、β-吲哚乙酸、β-羟基吲哚和利血平等都是吲哚的衍生物。它们的构造式分别如下。

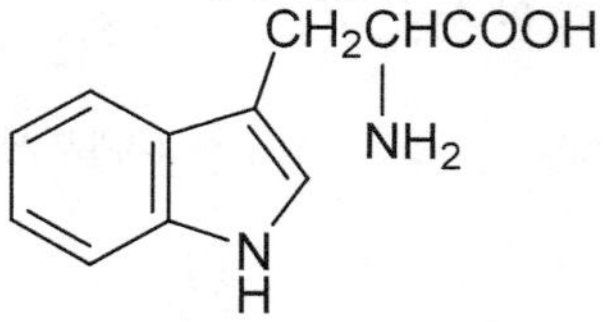

色氨酸

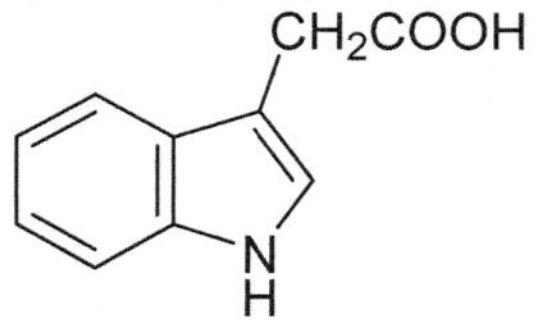

β-吲哚乙酸

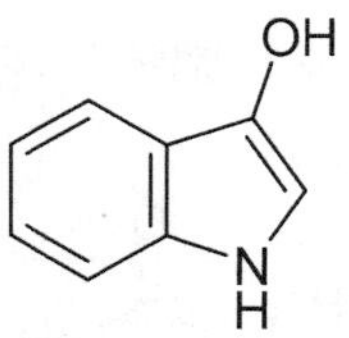

β-羟基吲哚

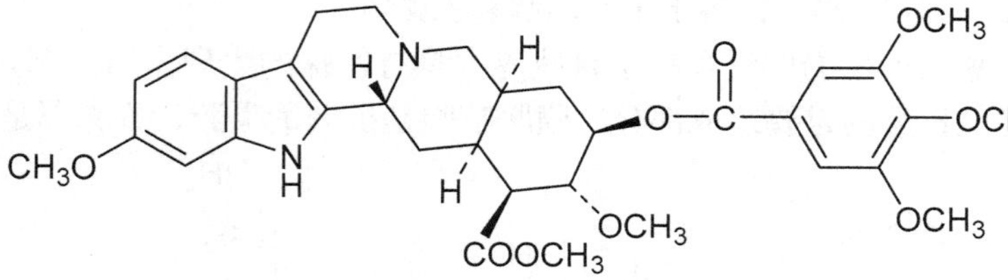

利血平

吲哚是片状无色晶体，熔点 52℃，沸点 253℃，可溶于热水、热乙醇、乙醚和苯等有机溶剂。含杂质的吲哚有臭味，但纯净的吲哚在稀酸中有愉快的香味，可用作香料。

吲哚是平面形结构。环上八个碳原子和一个氮原子都是 sp^2 杂化，每个碳未杂化的 p 轨道上各有 1 个电子，氮原子的 p 轨道上有 2 个电子，这样九个 p 轨道相互平行并垂直于环平面，相互重叠形成一个闭合共轭 π 键。由于 π 电子是 10 个，符合 Hückel $4n+2$ 规则，具有芳香性。

吲哚的化学性质与吡咯相似，亲电取代反应活性比苯大，比吡咯小。吲哚的 β 位较活泼，所以亲电取代反应主要发生在 β 位，生成 β 位取代产物。下面是吲哚的卤化、硝化和磺化反应。

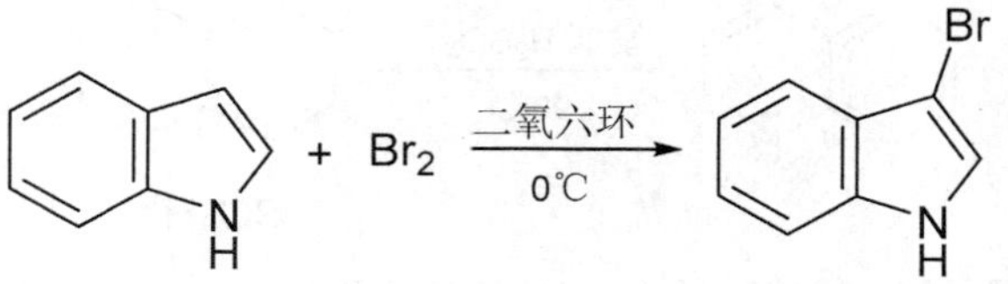

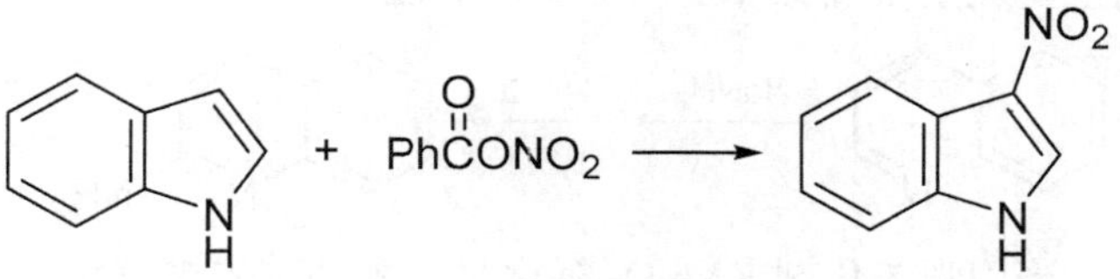

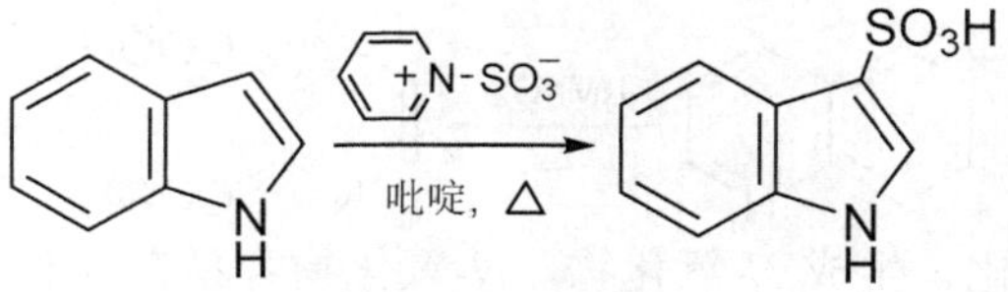

13.5.2　喹啉和异喹啉

喹啉是由苯环和吡啶环稠合而成，因此又称苯并吡啶。奎宁、氯喹、阿托方等都是喹啉的衍生物。

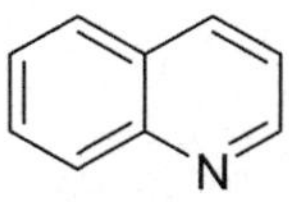
喹啉

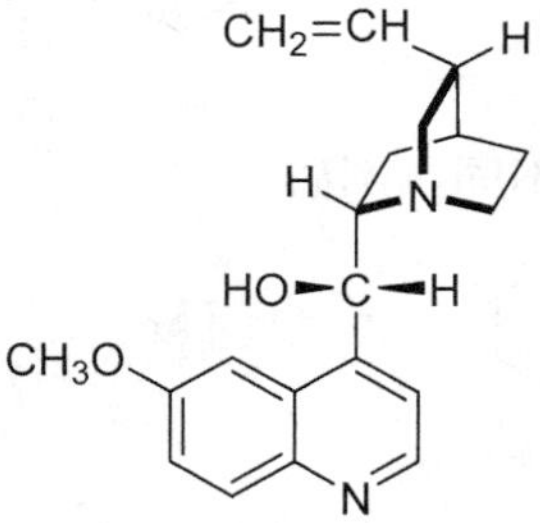
奎宁

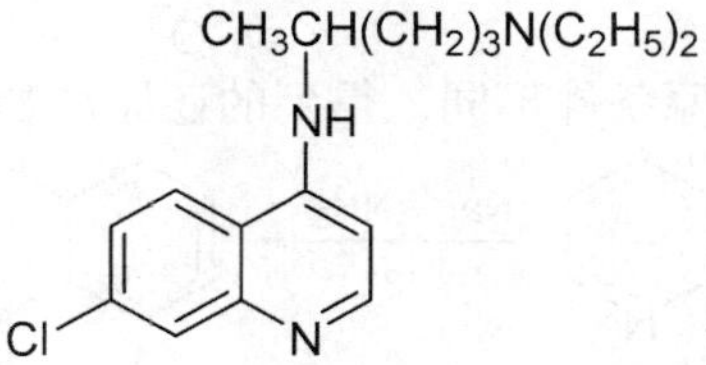
氯喹

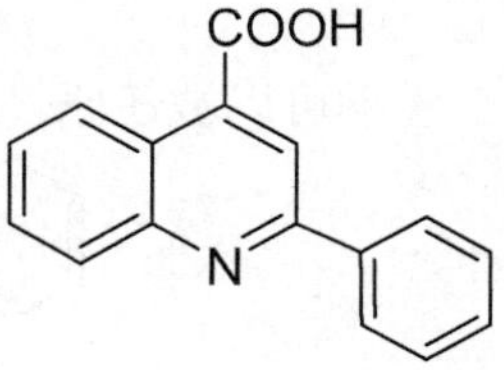
阿托方

喹啉是无色油状液体，熔点−15℃，沸点 238℃，遇光或放置空气中变黄。喹啉具有特殊气味，难溶于水，能溶于乙醇、乙醚和氯仿等有机溶剂。

喹啉具有弱碱性($pK_b = 9.5$)，能与酸形成铵盐，与卤代烷形成季铵盐。喹啉有类似苯的性质，也有吡啶的性质。既可以发生亲电取代反应，也可以发生亲核取代反应。

喹啉的亲电取代反应主要发生在苯环上，在 5 位和 8 位。

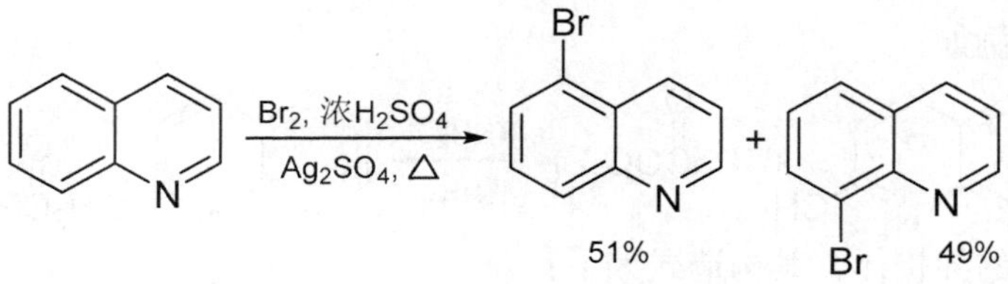

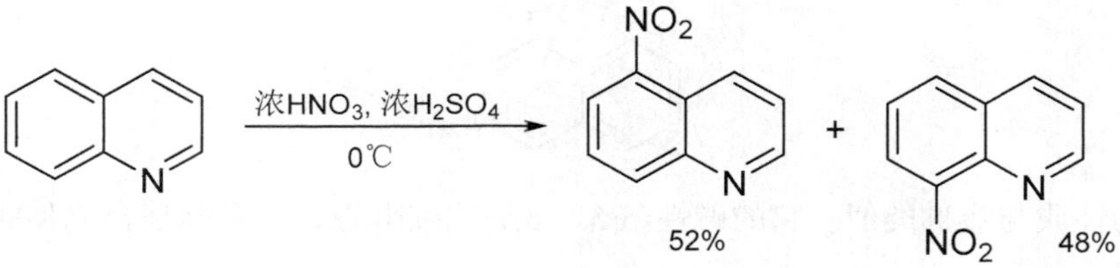

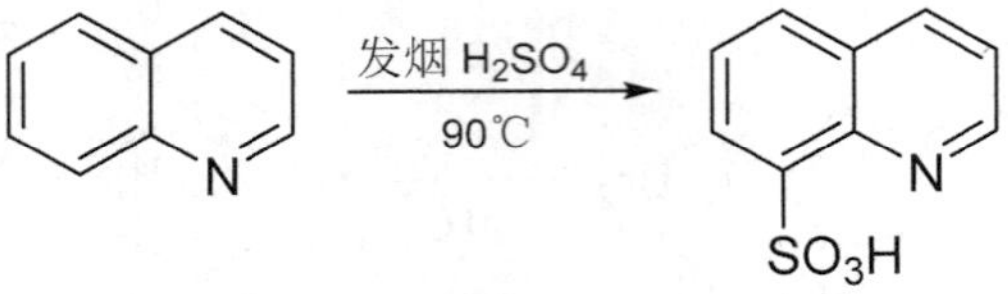

喹啉的亲核取代主要发生在吡啶环上，主要在 2 位。

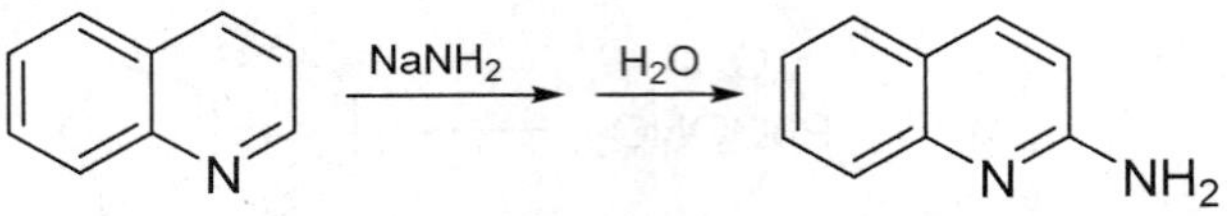

喹啉较难被氧化。当用强氧化剂 $KMnO_4$ 氧化时，苯环首先被氧化。

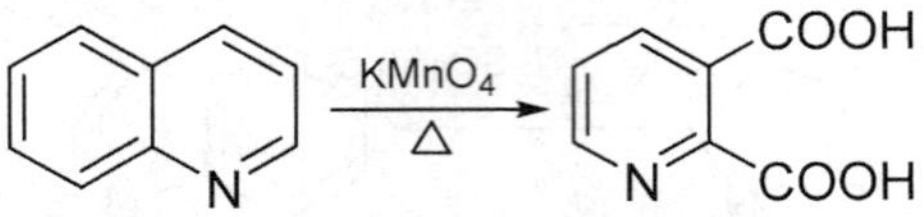

喹啉可被过氧化氢氧化，生成 *N*-氧化物。*N*-氧化物容易在 4 位上发生亲电取代。用这种方法，可使亲电取代发生在吡啶环上。

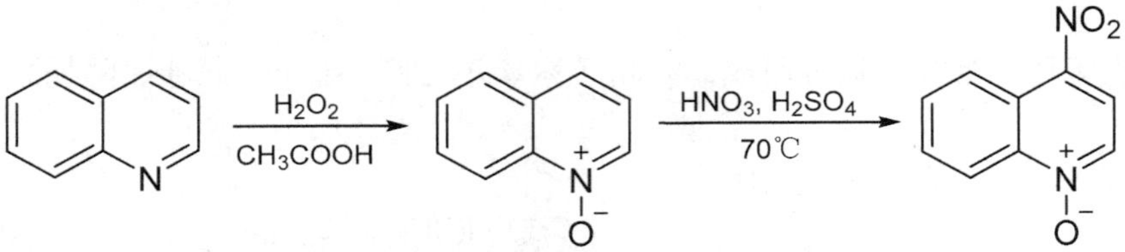

喹啉可以被还原，还原条件不同，得到的还原产物不同。例如：

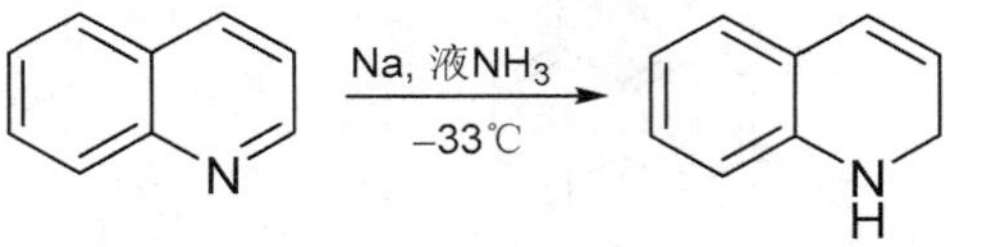

1,2-二氢喹啉

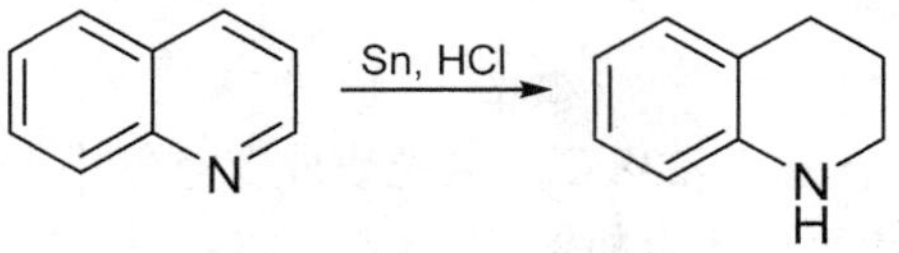

1,2,3,4-四氢喹啉

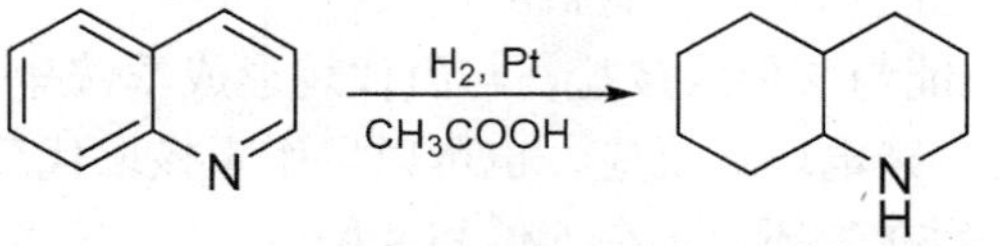

十氢喹啉

与吡啶相似，喹啉 2 位和 4 位侧链上的 α-H 有一定的酸性，在强碱性催化下可以与醛、酮和酯发生反应。例如：

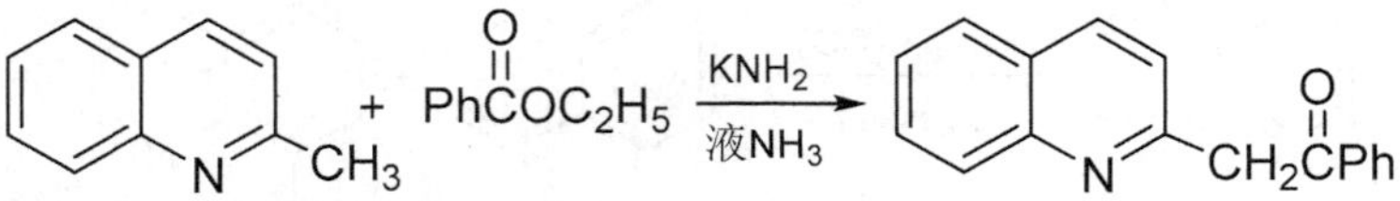

异喹啉是喹啉的异构体，其构造式如下：

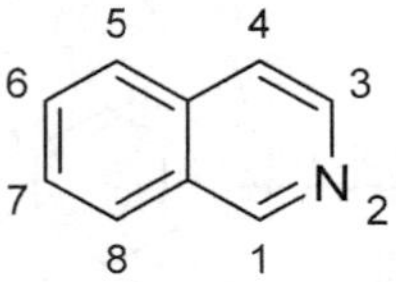

异喹啉的性质与喹啉类似。它的碱性($pK_b = 8.9$)比喹啉强。异喹啉是合成某些药物和染料等的重要原料。

13.5.3　嘌呤

嘌呤可以看作是嘧啶和咪唑共用相邻的两个碳原子稠合而成的化合物。

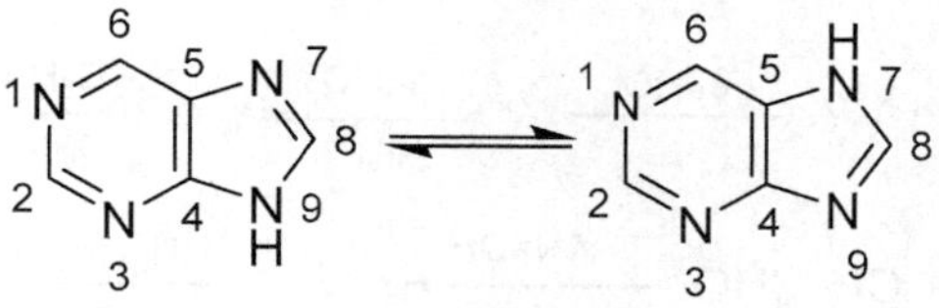

嘌呤

嘌呤是无色晶体，熔点 216℃，易溶于水。嘌呤本身在自然界中并不存在，但其衍生物广泛存在于生物界中。例如，腺嘌呤和鸟嘌呤是核酸的组成部分；核酸的代谢产物之一尿酸也含有嘌呤环；咖啡碱也可以看作是嘌呤的衍生物。

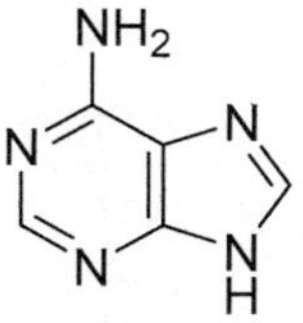

腺嘌呤

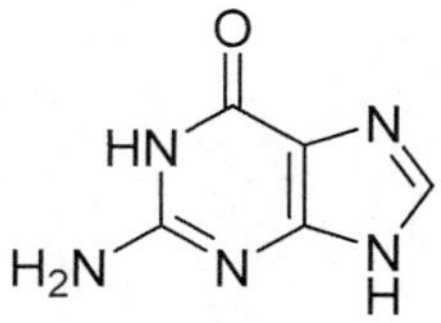

鸟嘌呤

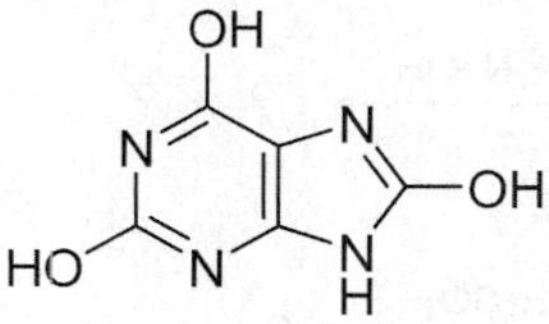

尿酸

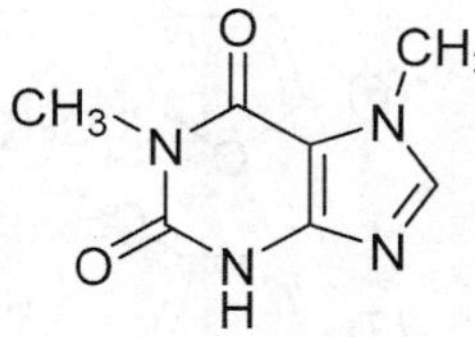

咖啡碱

咖啡碱可以从茶叶中提取。咖啡碱能兴奋中枢神经，对心脏和肾脏也有兴奋作用，在医药上可以用作强心剂和利尿剂。

习　题

13.1　命名下列化合物。

(1) 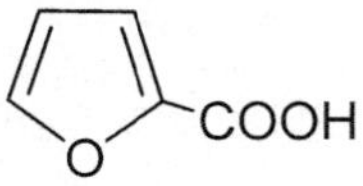

(2) 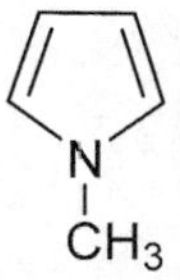

(3) 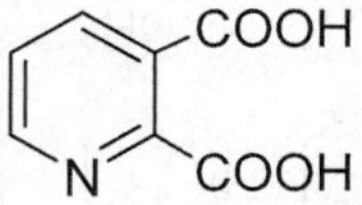

(4) 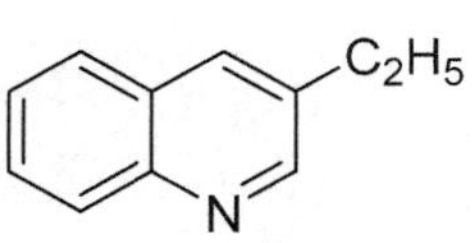

(5) 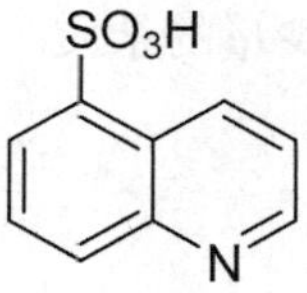

(6) 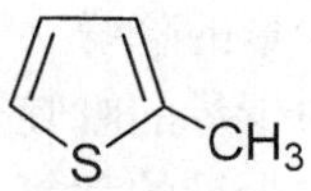

(7) 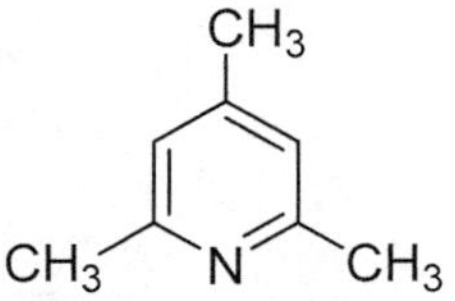

(8) 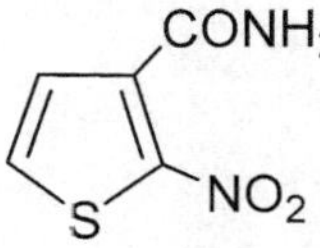

13.2　解释下列实验事实。

(1) 呋喃、噻吩和吡咯比苯更容易进行亲电取代反应。

(2) 呋喃、噻吩和吡咯的亲电取代反应主要发生在 α 位。

13.3　写出下列反应的主要产物。

(1) 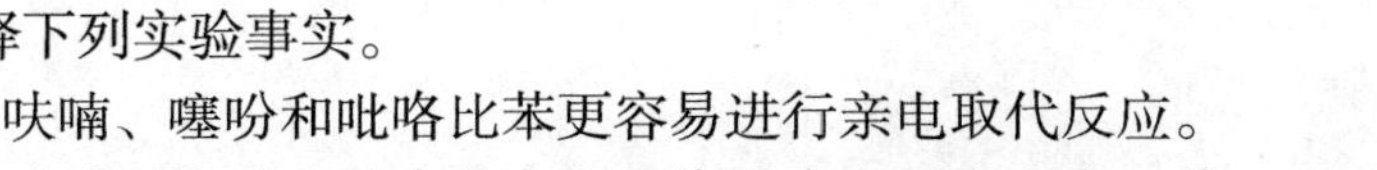

(2) 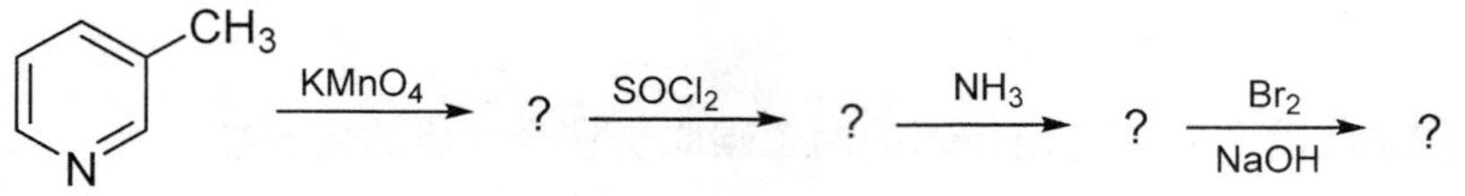

(3) 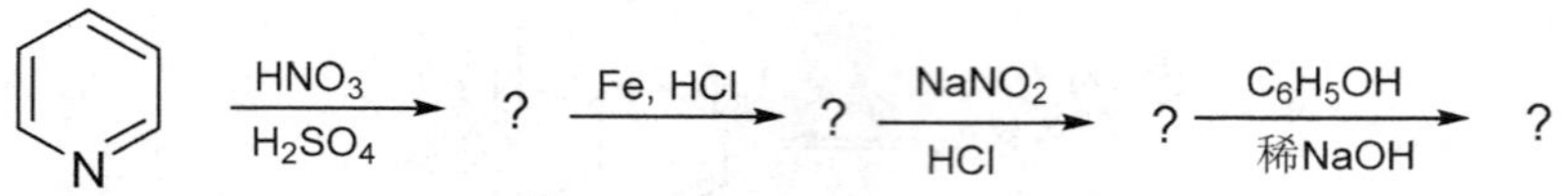

(4) 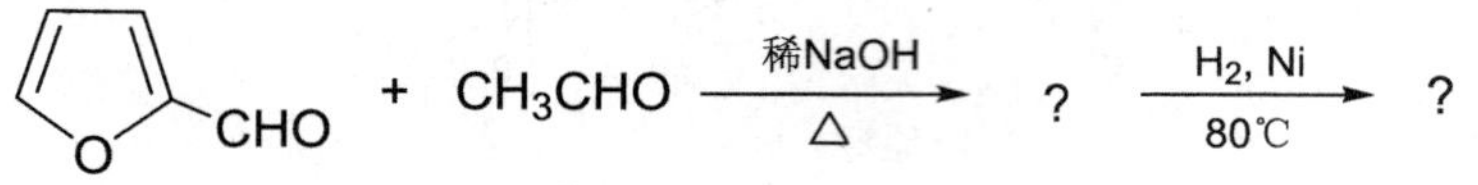

(5) 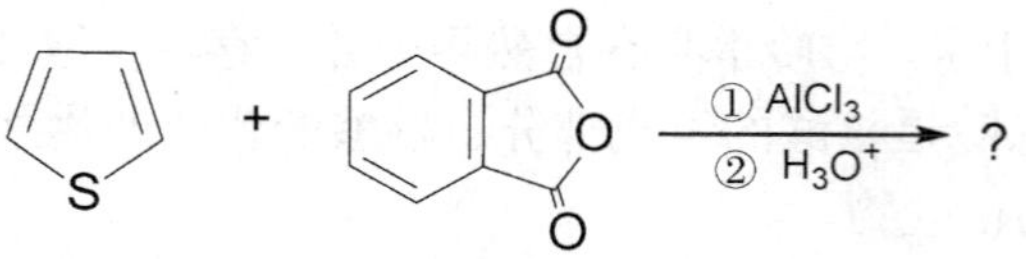

(6) 

(7) 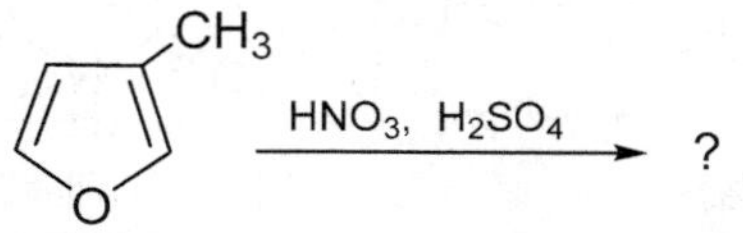

(8) 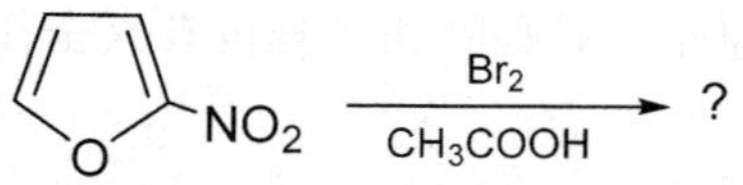

13.4　按碱性大小将下列各组化合物排列成序。

(1) 甲胺、苯胺、氨、吡咯、喹啉、吡啶

(2) 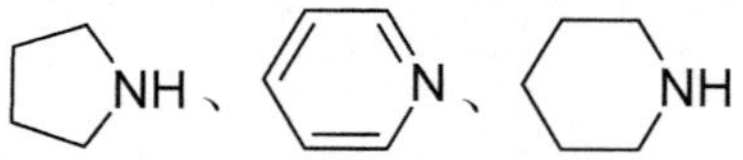

(3) 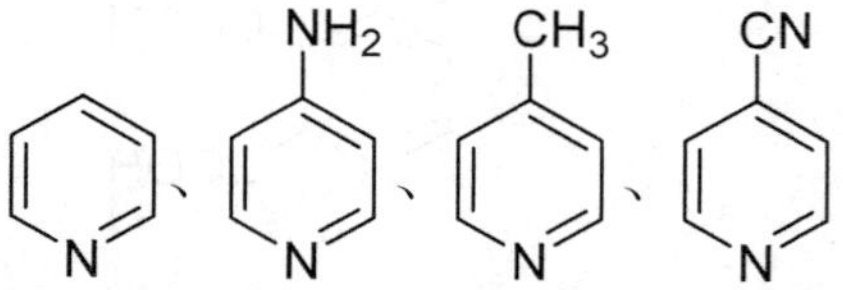

13.5　用合理的方法除去下列化合物中少量的杂质。

(1) 苯中少量的噻吩

(2) 甲苯中少量的吡啶

(3) 吡啶中少量的六氢吡啶

13.6　用化学方法区别下列各组化合物。

(1) 噻吩和苯

(2) 呋喃甲醛和苯甲醛

(3) 呋喃和四氢呋喃

(4) 吡啶和 α-甲基吡啶

13.7　完成下列转化。

(1) 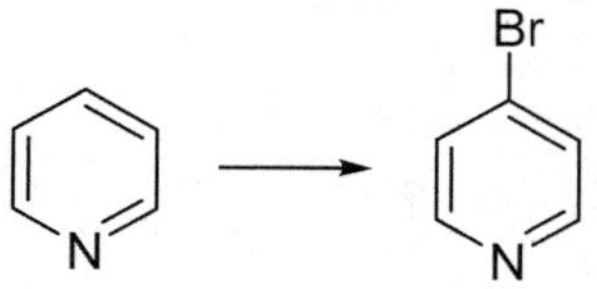

(2) 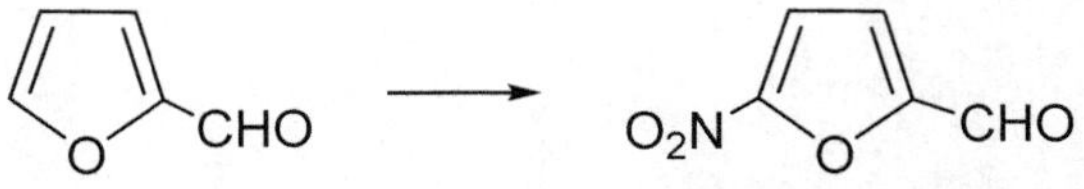

(3) 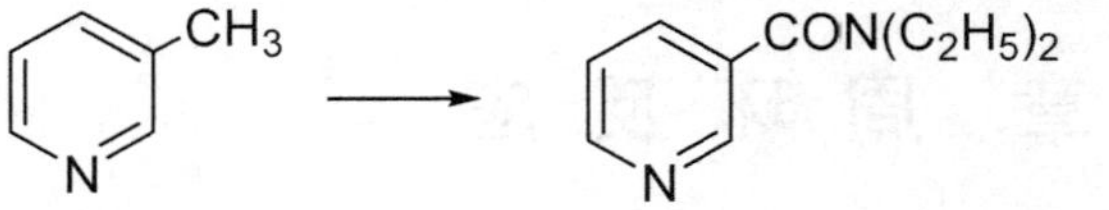

(4) 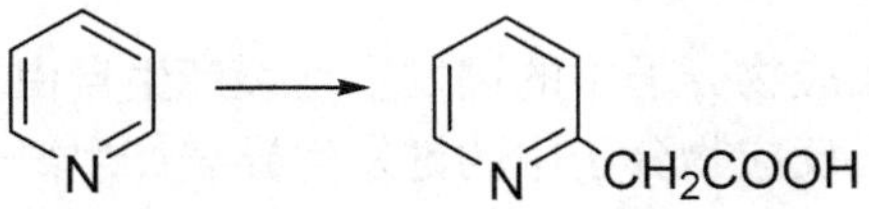

(5) 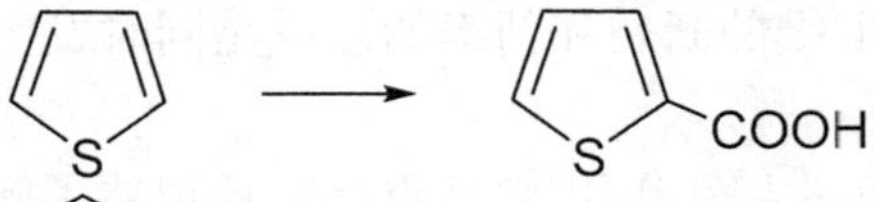

(6) 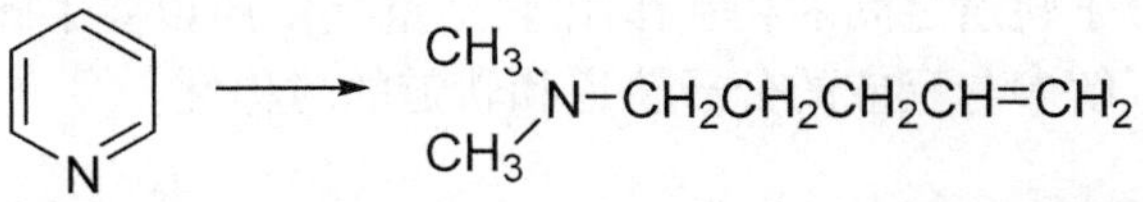

13.8　计算下述各化合物中共轭 π 电子的数目，并指出哪些具有芳香性。

(1) 　(2) 　(3) 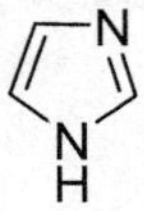　(4) 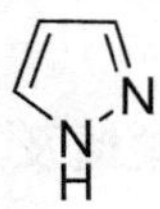

(5) 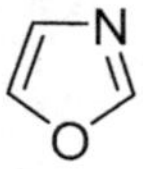　(6) 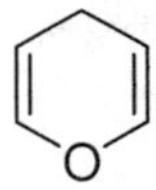　(7) 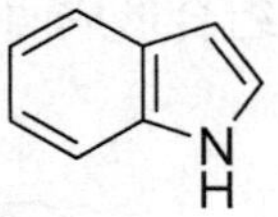　(8) 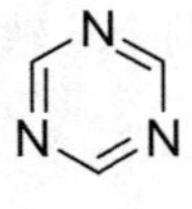

(9) 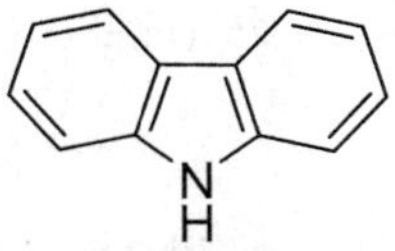　(10) 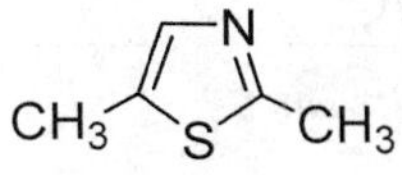

13.9　写出下列反应的机理。

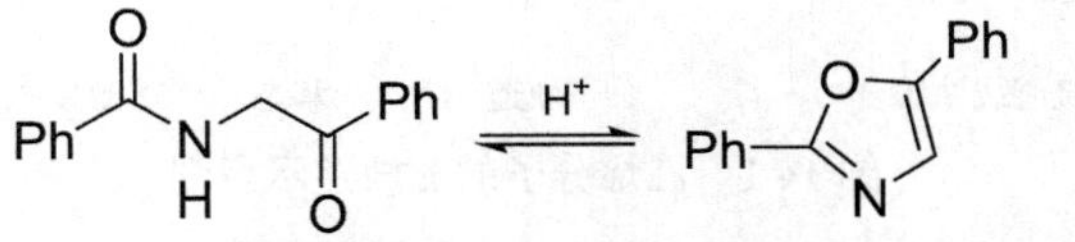

13.10　左液碱 A($C_8H_{15}NO$)是存在于古柯植物中的一种生物碱，它不溶于 NaOH 溶液而能溶于 HCl 溶液，与苯磺酰氯生成盐，与苯肼能生成相应的苯腙，与 I_2-NaOH 作用生成黄色沉淀和一种羧酸 B 的盐，B 的分子式为 $C_7H_{13}NO_2$，后者被 CrO_3 强烈氧化则变为左液酸 C($C_6H_{11}NO_2$)，C 为 *N*-取代氢化吡咯-2-甲酸。试推测 A、B 和 C 的结构式并写出相应反应式。

第 14 章　周 环 反 应

有机化学反应可分为三类：①均裂反应：反应物分子中的键发生均裂产生自由基的反应，所以均裂反应也称为自由基反应；②异裂反应：反应物分子中的键发生异裂产生离子的反应，所以异裂反应也称为离子反应；③协同反应：旧键的断裂和新键的形成是同时发生的反应。周环反应是指过渡态是环状的协同反应。

周环反应涉及反应物分子中的分子轨道之间的相互作用(轨道重叠)，所以要了解周环反应的机理和产物的立体化学，就必须了解参与反应的分子轨道和轨道的对称性。

14.1　分子轨道及其对称性

14.1.1　乙烯分子轨道及其对称性

乙烯分子中两个 p 轨道线性组合形成两个分子轨道，即成键轨道 π 和反键轨道 π^*，如图 14.1 所示。

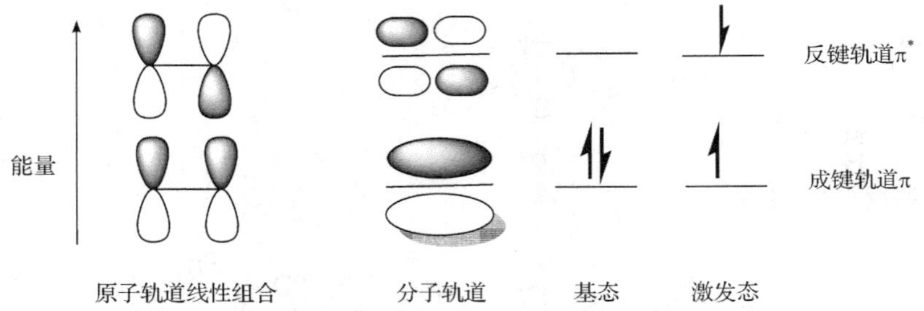

图 14.1　乙烯分子的 π 轨道示意图

π 和 π^*分子轨道，对于对称元素对称面 *m* 和二重旋转轴 C_2 的对称性是不同的。对称面是垂直且平分 C—C σ 键键轴的平面。对于 *m*，π 轨道是对称的(symmetric，简称为 S)，π^*轨道是反对称的(antisymmetric，简称为 A)。C_2 轴是在分子平面内且平分 C—C σ 键的一条直线。对于 C_2 轴，π 轨道是反对称的，π^*轨道是对称的，如图 14.2 所示。

14.1.2　烯丙基自由基分子轨道及其对称性

烯丙基自由基(CH_2═$CHCH_2$•)中，三个碳原子的 p 轨道线性组合形成三个分子轨道，即成键轨道 Ψ_1、非键轨道 Ψ_2 和反键轨道 Ψ_3。其轨道图像和对称性如图 14.3 所示。

14.1.3　丁-1,3-二烯分子轨道及其对称性

丁-1,3-二烯(CH_2═CH—CH═CH_2)分子中，四个碳原子的 p 轨道线性组合形成四个分子轨道，即成键轨道 Ψ_1 及 Ψ_2、反键轨道 Ψ_3 及 Ψ_4，其轨道图像和对称性如图 14.4 所示。

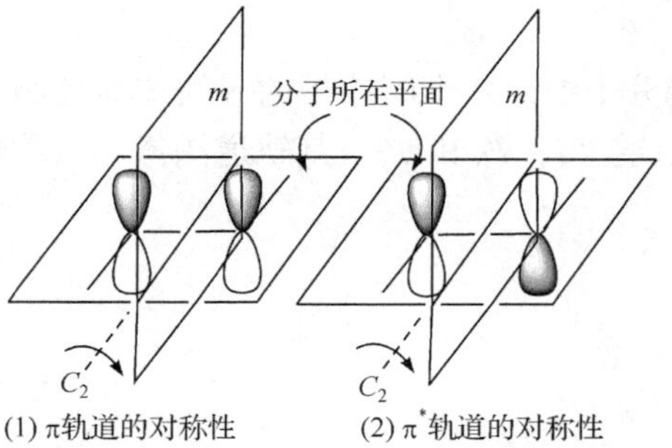

图 14.2　乙烯分子 π 和 π*轨道的对称性

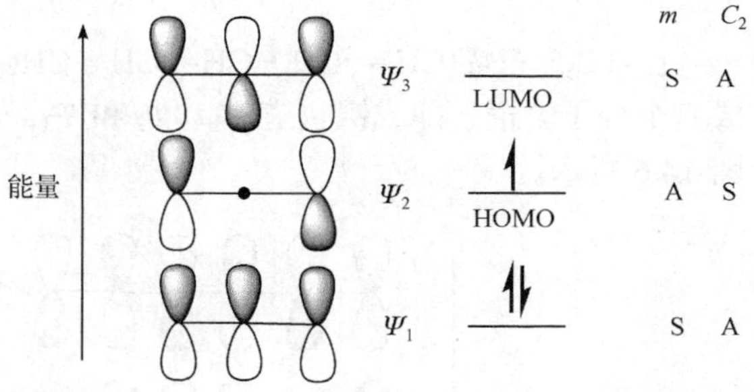

图 14.3　烯丙基自由基的轨道图像和对称性

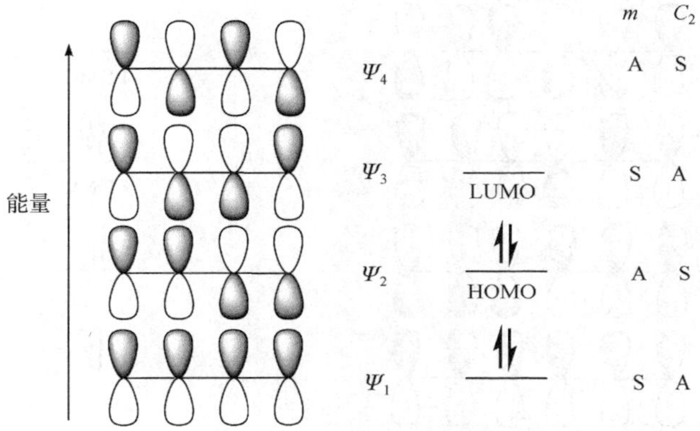

图 14.4　丁-1,3-二烯分子轨道图像和对称性

14.1.4　戊-2,4-二烯自由基分子轨道及其对称性

戊-2,4-二烯自由基(CH_2═CH—CH═CH—CH_2·)中，五个碳原子的 p 轨道线性组合形成五个分子轨道。即成键轨道 Ψ_1 及 Ψ_2、非键轨道 Ψ_3、反键轨道 Ψ_4 及 Ψ_5。其轨道图像和对称性如图 14.5 所示。

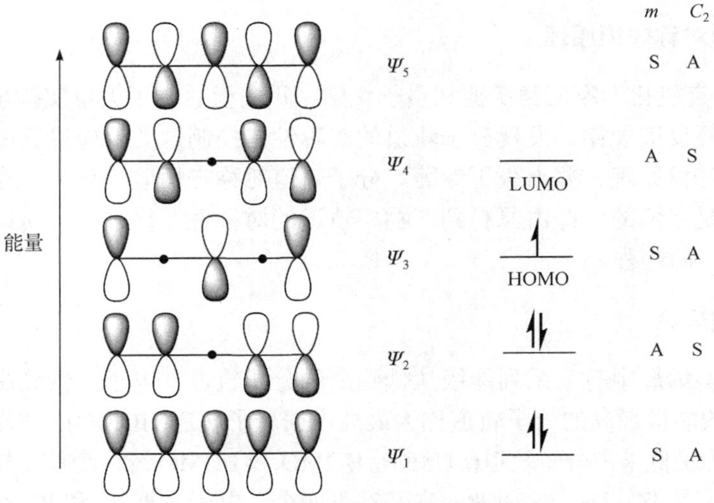

图 14.5　戊-2,4-二烯自由基的轨道图像和对称性

14.1.5　己-1,3,5-三烯分子轨道及其对称性

己-1,3,5-三烯(CH_2═CH—CH═CH—CH═CH_2)分子中，六个碳原子的 p 轨道线性组合形成六个分子轨道，即成键轨道 Ψ_1、Ψ_2 和 Ψ_3，反键轨道 Ψ_4、Ψ_5 和 Ψ_6。其轨道图像和对称性如图 14.6 所示。

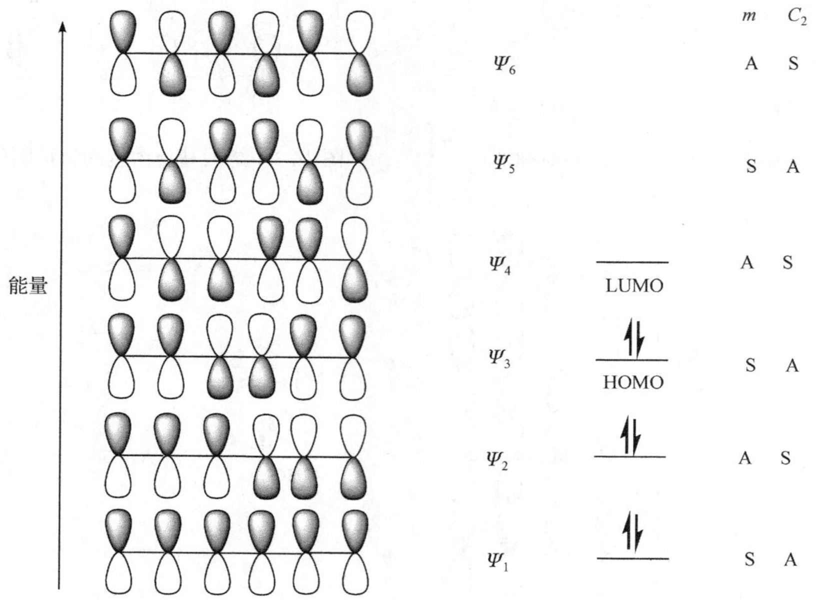

图 14.6　己-1,3,5-三烯分子轨道图像和对称性

14.2　分子轨道对称守恒原理和前线轨道理论

用分子轨道对称性研究有机反应机理，主要采用伍德沃德(R. B. Woodward)与霍夫曼(R. Hoffmann)的分子轨道对称守恒原理和福田谦一的前线轨道理论。

14.2.1　分子轨道对称守恒原理

1969 年美国有机化学家伍德沃德和量子化学家霍夫曼总结了大量实验事实，从实践和理论两方面探索周环反应规律，发现分子轨道的对称性是控制这类反应进程的关键因素，提出了分子轨道对称守恒原理，并出版了专著。分子轨道对称守恒原理认为，在周环反应中，分子轨道的对称性是守恒的，即由原料到产物，轨道的对称性始终不变，所以分子轨道的对称性控制着整个反应的进程。

14.2.2　前线轨道理论

在直链共轭多烯烃中有一系列能级从低到高的分子轨道，电子从低到高填入到分子轨道中。已填有电子的能量最高的分子轨道称为最高占据分子轨道(HOMO)，未填有电子的能量最低的分子轨道称为最低未占分子轨道(LUMO)。HOMO 和 LUMO 统称为前线轨道。例如，丁-1,3-二烯四个分子轨道是 Ψ_1、Ψ_2、Ψ_3 和 Ψ_4。在基态下四个 π 电子占据 Ψ_1 和 Ψ_2 分子轨道，Ψ_3 和 Ψ_4 未有电子占据是空轨道。这时 HOMO 是 Ψ_2，LUMO 是 Ψ_3。在光照下，丁-1,3-二烯分子吸收

光能，分子中处于能量最高占有轨道中的一个电子被激发到能量最低的未占有电子的空轨道中，分子处于激发态。在激发态 HOMO 是 Ψ_3，LUMO 是 Ψ_4。

前线轨道理论认为，在周环反应中前线轨道的对称性决定了反应的方式和条件。这就要求参加反应的前线轨道对称性必须匹配，才能实现分子轨道正与正重叠、负与负重叠，完成反应。分子间的化学反应起决定性作用的是“价电子”，即取决于 HOMO 的电子。因为 HOMO 中的电子能量最高，被束缚得比较松弛，最易进行反应。这就是将分子的反应集中在前线轨道的原因。

周环反应主要包括电环化反应、环加成反应和 σ 键迁移反应。下面将用伍德沃德与霍夫曼的分子轨道对称守恒原理和福田谦一的前线轨道理论对这三类反应进行阐述。

14.3　电环化反应

在热或光的作用下，共轭烯烃闭环转变为环烯烃和环烯烃开环转变为共轭烯烃的反应称为电环化反应。

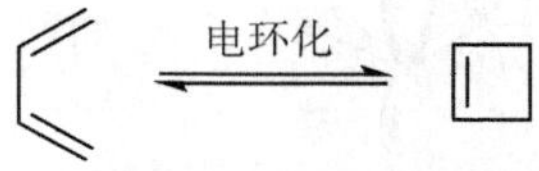

根据共轭多烯烃分子中 π 电子数，将共轭多烯烃分为两类：一类是含有 $4n\pi(n = 1,2,3\cdots)$ 电子体系的共轭多烯烃，如丁-1,3-二烯等；另一类是含有 $(4n+2)\pi(n=1,2,3\cdots)$ 电子体系的共轭多烯烃，如己-1,3,5-三烯等。

14.3.1　$4n\pi$ 电子体系的共轭烯烃

丁-1,3-二烯、己-2,4-二烯都是典型的 $4n\pi$ 电子体系的共轭烯烃。己-2,4-二烯有三个顺反异构体：

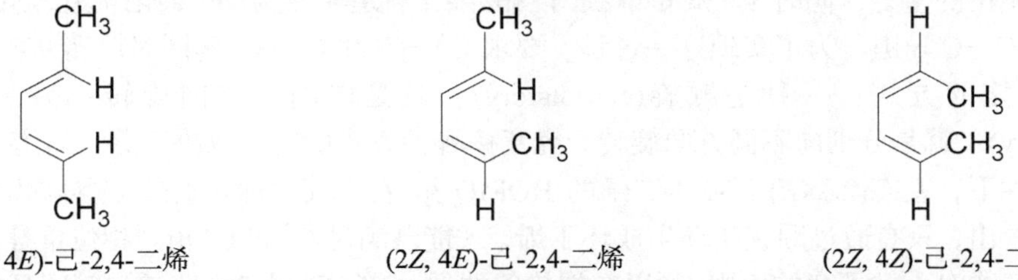

(2*E*, 4*E*)-己-2,4-二烯　(2*Z*, 4*E*)-己-2,4-二烯　(2*Z*, 4*Z*)-己-2,4-二烯

而(2*Z*,4*Z*)-己-2,4-二烯由于两个甲基立体阻碍比较大，不稳定，难以存在。(2*Z*,4*E*)-己-2,4-二烯进行电环化反应时，在加热条件下生成顺-3,4-二甲基环丁烯，在光照条件下生成反-3,4-二甲基环丁烯。

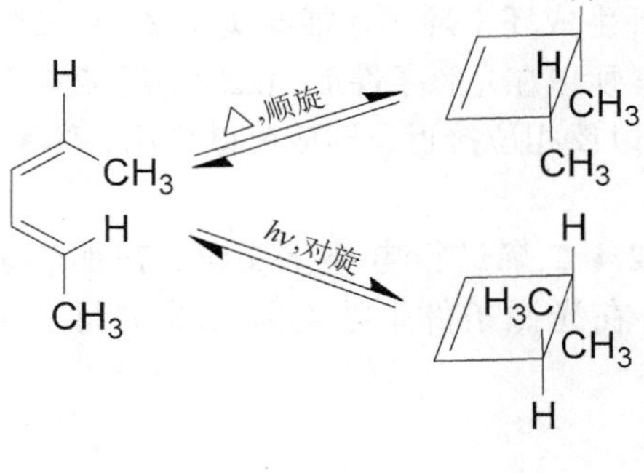

顺-3,4-二甲基环丁烯

反-3,4-二甲基环丁烯

该反应是如何进行的？前线轨道理论又怎样用分子轨道的图像和对称性来说明电环化反应的选择规律？

(2*Z*,4*E*)-己-2,4-二烯分子中的 4 个 2p 原子轨道线性组合成 4 个 π 分子轨道，如图 14.7 所示。

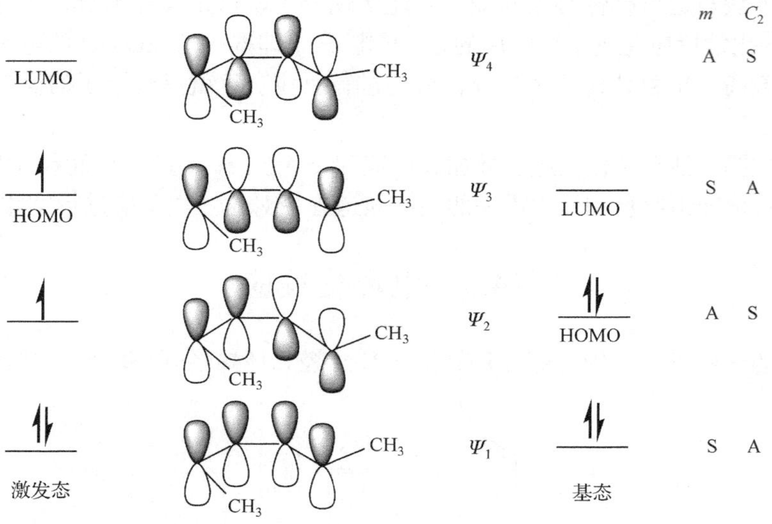

图 14.7　(2*Z*,4*E*)-己-2,4-二烯 π 分子轨道

在基态时，4 个 π 电子占据两个能量最低的分子轨道 Ψ_1 和 Ψ_2，Ψ_2 为最高占有两个电子的分子轨道(HOMO)，HOMO 的对称性决定电环反应的立体选择性。现在来分析(2*Z*,4*E*)-己-2,4-二烯的闭环反应。

(2*Z*,4*E*)-己-2,4-二烯要反应生成顺-3,4-二甲基环丁烯，需要在碳原子 C^2 和 C^5 上的 p 轨道进行相同相位的重叠，同时 C^2 和 C^5 碳原子 sp^2 杂化轨道转变为 sp^3 杂化轨道，从而在 C^2 和 C^5 间形成 C—C σ 键。为了实现这一过程，要求 C^2—C^3 和 C^4—C^5 键同时旋转 90°。这种旋转有两种可能的方式：一种是顺旋(conrotatory)，就是向同一方向旋转；另一种是对旋(dis-rotatory)，就是分别向不同方向旋转。究竟按哪种方式旋转，取决于分子轨道的对称性。在加热条件下，基态(2*Z*,4*E*)-己-2,4-二烯的 HOMO 是 Ψ_2，其对称元素是 C_2 对称轴，从 Ψ_2 的图像可以看出，只有通过顺旋闭环生成环丁烯，才能既满足 C^2 和 C^5 相同相位重叠，又能满足反应物和产物对称性不变的原则。所以在加热条件下，(2*Z*,4*E*)-己-2,4-二烯顺旋闭环生成顺-3,4-二甲基环丁烯。顺旋是对称性允许的。如果是对旋，C^2 和 C^5 反相位接近，形成反键作用，体系的能量升高，不能形成环丁烯，如图 14.8 所示。

在光照条件下，激发态(2*Z*,4*E*)-己-2,4-二烯的 HOMO 是 Ψ_3，其对称元素是 *m* 对称面。从 Ψ_3 的图像可以看出，只有通过对旋闭环生成环丁烯，才能既满足 C^2 和 C^5 相同相位重叠，又能满足反应物和产物对称性不变的原则。所以在光照条件下，(2*Z*,4*E*)-己-2,4-二烯对旋闭环生成反-3,4-二甲基环丁烯。如果顺旋 C^2 和 C^5 以反相位接近，形成反键作用，体系能量高，不能形成环丁烯，如图 14.9 所示。

同样按照上述分析，(2*E*,4*E*)-己-2,4-二烯进行电环化反应，在加热条件下按照顺旋方式进行，生成反-3,4-二甲基环丁烯；在光照条件下按对旋方式进行，生成顺-3,4-二甲基环丁烯。

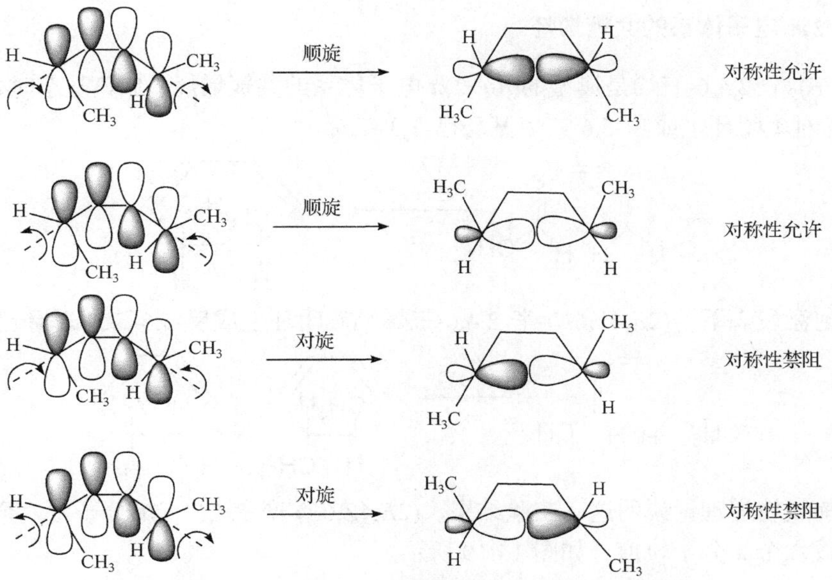

图 14.8 (2*Z*,4*E*)-己-2,4-二烯分子加热时的闭环反应

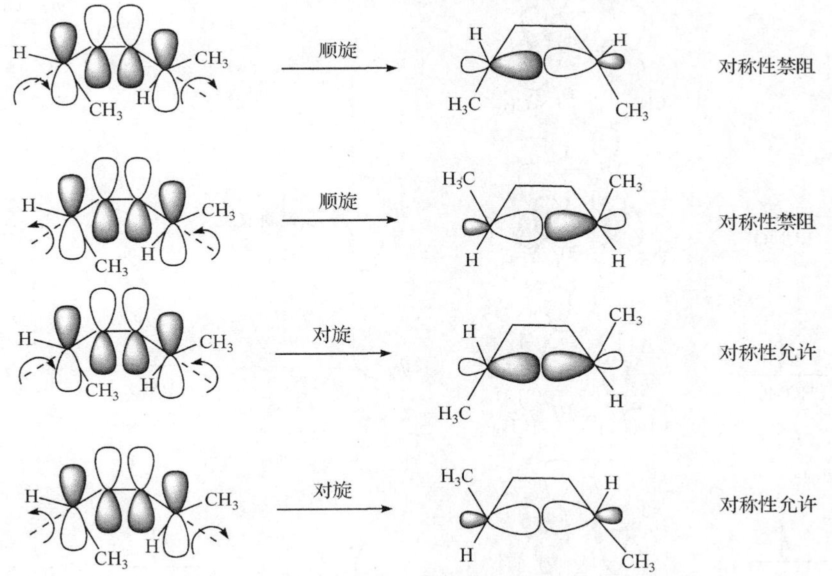

图 14.9 (2*Z*,4*E*)-己-2,4-二烯分子光照时的闭环反应

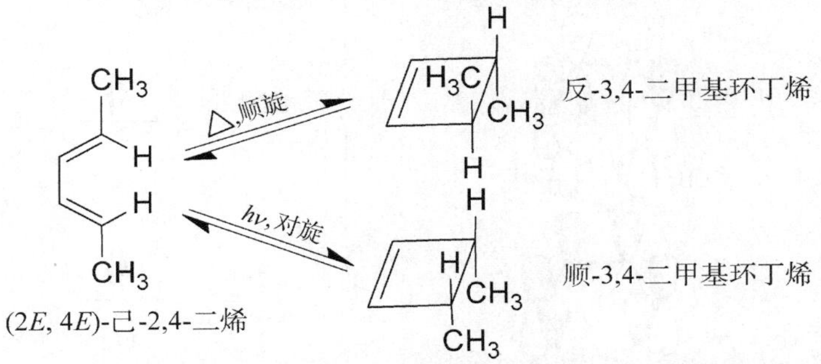

可以归纳出一条选择规律：4*n*π 电子体系共轭烯烃电环化反应，在加热条件下基态按顺旋方式进行，在光照条件下激发态按对旋方式进行。

14.3.2 (4*n*+2)π 电子体系的共轭烯烃

(2*E*,4*Z*,6*E*)-辛-2,4,6-三烯是典型的(4*n*+2)π 电子体系的共轭烯烃。加热基态时，(2*E*,4*Z*,6*E*)-辛-2,4,6-三烯对旋闭环生成顺-5,6-二甲基环己-1,3-二烯。

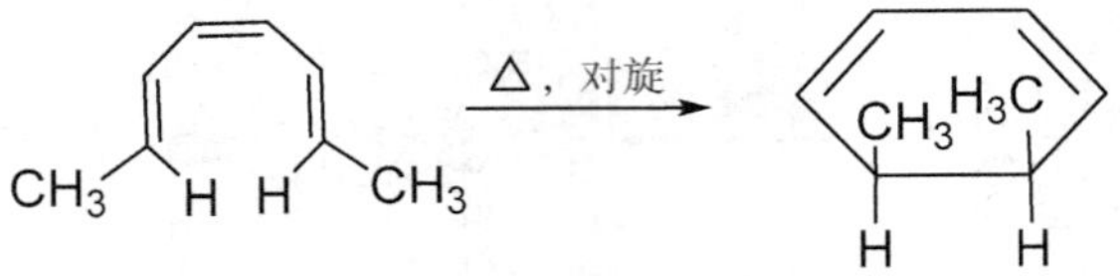

在光照射激发态下，(2*E*,4*Z*,6*E*)-辛-2,4,6-三烯顺旋闭环生成反-5,6-二甲基环己-1,3-二烯。

下面用前线轨道理论说明这一实验结果。(2*E*,4*Z*,6*E*)-辛-2,4,6-三烯分子中六个 2p 原子轨道线性组合成六个 π 分子轨道，如图 14.10 所示。

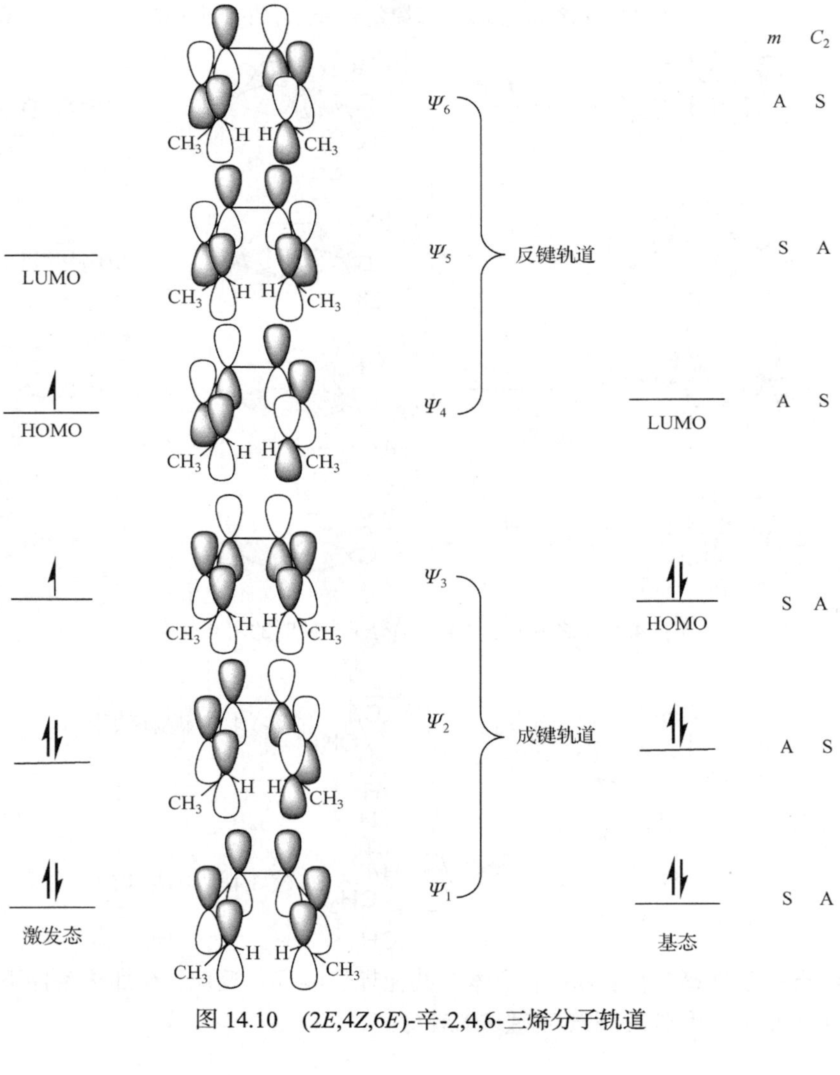

图 14.10 (2*E*,4*Z*,6*E*)-辛-2,4,6-三烯分子轨道

基态六个 π 电子占据 Ψ_1、Ψ_2 和 Ψ_3 三个能级最低的分子轨道，Ψ_3 是 HOMO。在加热基态时，HOMO 的对称性决定该电环化反应的立体选择性，Ψ_3 中存在的对称元素是对称面 *m*，C^2 和 C^7 的 p 轨道相位相同，如果使之成键，必须对旋。对旋是对称性允许的，顺旋是对称性禁阻的。

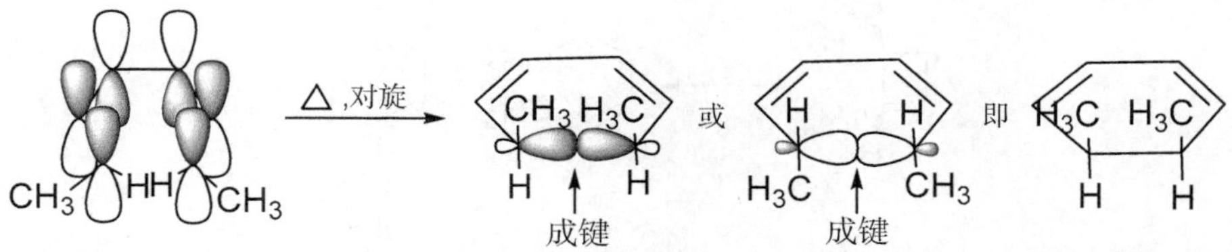

在光照条件下，分子处于激发态，HOMO 是 Ψ_4。Ψ_4 的对称性决定该电环化反应的主体选择性。Ψ_4 的对称元素是 C_2 二次对称轴，C^2 和 C^7 的 p 轨道位相相反，如果使之成键必须顺旋。所以顺旋是对称允许的，对旋是对称禁阻的。

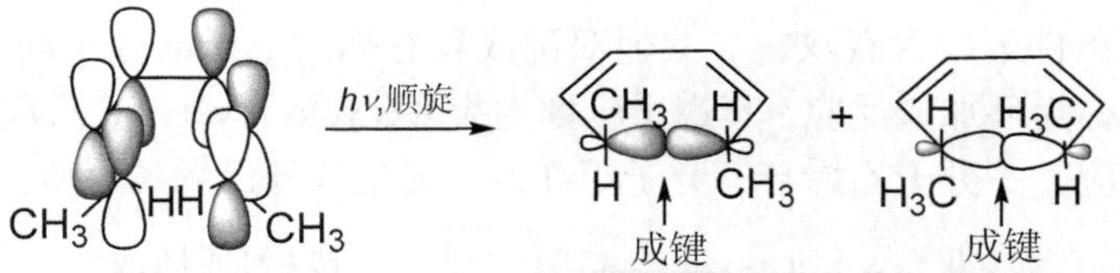

因此，对$(4n+2)\pi$ 电子体系的共轭烯烃进行电环化反应，在加热条件下按照对旋方式进行，在光照条件下按顺旋方式进行。

电环化反应的一般规律总结见表 14.1。

表 14.1 电环化反应的一般规律

π 电子数	反应条件	旋转方式
4*n*	加热	顺旋
	光照	对旋
4*n*+2	加热	对旋
	光照	顺旋

电环化反应是可逆反应。共轭烯烃可闭环生成环烯烃，环烯烃可开环生成共轭烯烃。反应的方向取决于反应物和产物的稳定性，丁-1,3-二烯-环丁烯可逆反应中，闭环生成的环丁烯相当于破坏了两条 π 键和 π-π 共轭体系，形成一个 σ 键和一个 π 键，净结果是破坏一个 π 键形成一个 σ 键，由于 σ 键的键能比 π 键大，降低了分子的能量，因此仅从键能的改变角度分析，有利于环丁烯的生成。但环丁烯分子张力较大，分子不稳定，净结果仍有利于丁-1,3-二烯的生成。但在己-1,3,5-三烯-环己-1,3-二烯可逆反应中，由于环己-1,3-二烯张力不大，反应有利于环己-1,3-二烯的生成。总之，较小张力的环有利于闭环反应，而高张力的环有利于开环反应。

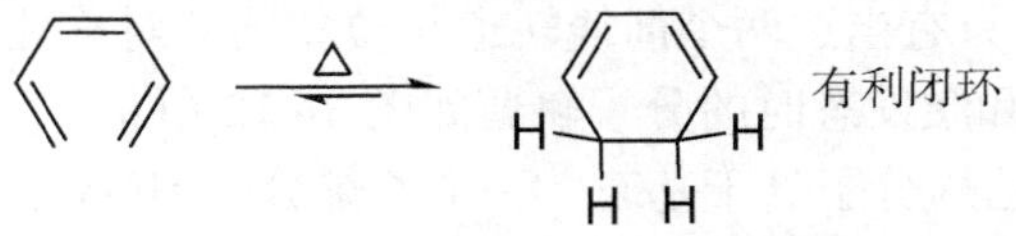

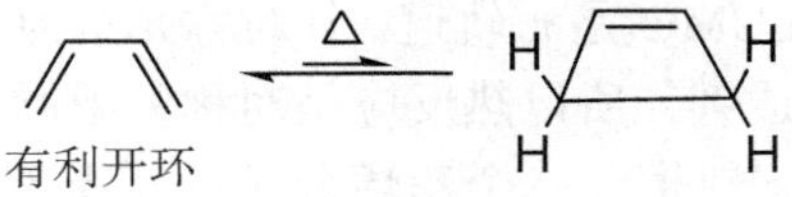

由于电环化反应的闭环反应和开环反应是可逆反应，因此轨道对称守恒原理也同样应用到环烯烃的开环反应。例如，反-3,4-二甲基环丁烯，在加热条件下开环反应，只能按照顺旋开环以获得己-2,4-二烯(HOMO 中两端 p 轨道是对称的)，生成的产物为(2*E*,2*E*)-己-2,4-二烯。

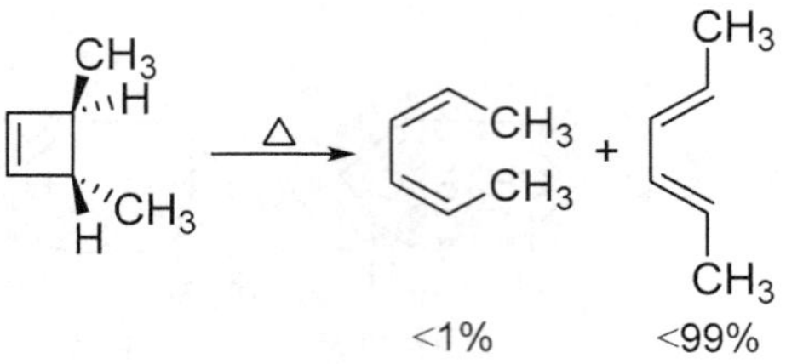

14.4　环加成反应

在加热或光照条件下，含有双键、共轭双键或具有孤对电子的分子间相互作用形成稳定环状化合物的反应称为环加成反应，其逆反应称为裂环(cyclo-reversion)反应。例如，两分子乙烯生成环丁烷的反应，一分子乙烯与一分子丁-1,3-二烯生成环己烯的反应。

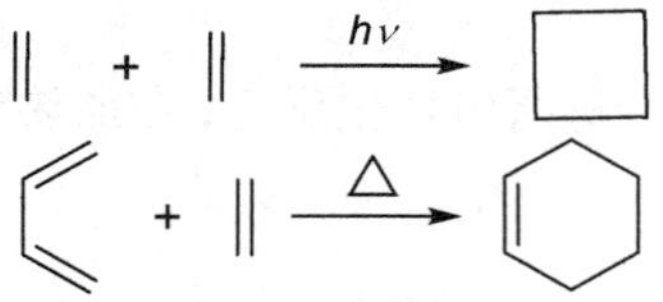

环加成反应可根据反应物中 π 电子数来分类。两分子乙烯生成环丁烷的反应为[2+2]环加成反应。丁-1,3-二烯与乙烯生成环己烯的第尔斯-阿尔德反应为[4+2]环加成反应。

环加成反应是双分子反应，两个分子的 π 键通过环加成反应变成两个 σ 键。σ 键的形成要求在分子的两端同时发生轨道重叠，如果重叠发生在组分的同一侧称为同面环加成(synfacial cycloaddition)，常用字母 s 表示，如果重叠发生在组分的两侧称为异面环(antarafacial cycloaddition)加成，常用字母 a 表示。两分子乙烯的同面-同面(s,s)接近有利于轨道重叠形成 σ 键。所以大多数环加成属于(s,s)接近，同面环加成。对于两个烯烃的同面-异面(s,a)接近，这种接近显然不利于环加成反应的进行，如图 14.11 所示。

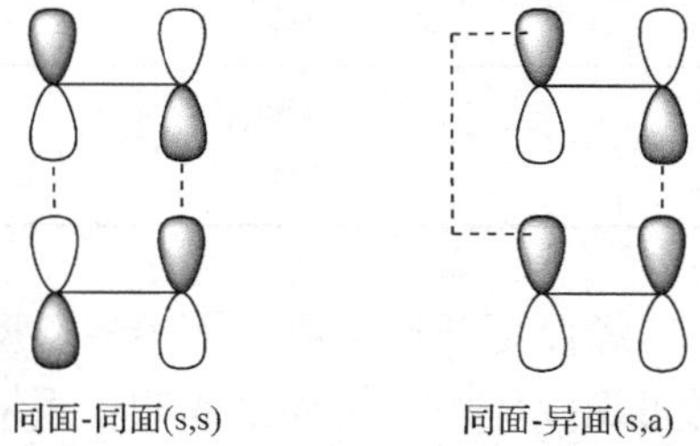

图 14.11　两个乙烯分子的不同趋近方式

14.4.1　[2+2]环加成

两分子乙烯转变成环丁烷时，两个 π 键转变成两个 σ 键。现在用前线轨道理论来分析这个转变过程。前线轨道理论认为，两分子间的环加成起决定性作用的轨道是一个分子的 HOMO 和另一个分子的 LUMO。只有当这两个前线轨道相位相同即对称性匹配时，才能发生重叠形成 σ 键。乙烯分子在基态和激发态时的分子轨道如图 14.12 所示。

在加热条件下，两个乙烯分子处于基态，一个乙烯分子 HOMO 是 π 轨道，其对称元素为 *m* 对称面，另一个乙烯分子的 LUMO 是 π^*轨道，其对称元素为 C_2 对称轴，二者分子轨道对称性不同，相位相反，不能重叠成键，所以热反应是对称禁阻的。在光照条件下，一个乙烯分子处于激发态，其 HOMO 为 π^*轨道，一个乙烯分子处于基态其 LUMO 也是 π^*轨道。它们

图 14.12　乙烯的 π 分子轨道及 π 电子在基态和激发态时的排布

的对称性均为 C_2 对称轴，相位相同，可以重叠成键，所以光反应是对称允许的，如图 14.13 所示。

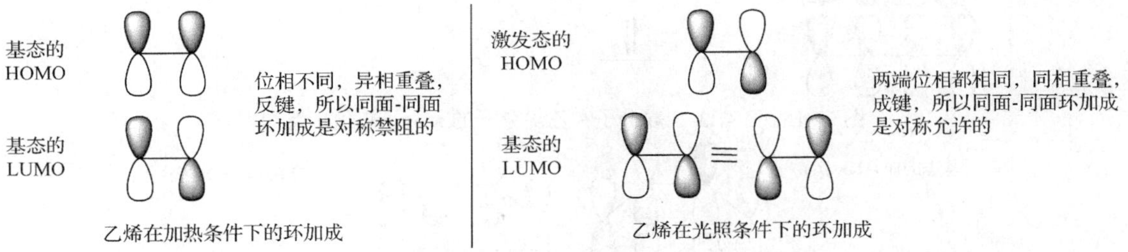

图 14.13　两分子乙烯的环加成反应

例如，(*Z*)-丁-2-烯在光照射下，一分子激发态的 HOMO 和另一分子基态的 LUMO 是对称允许的，两分子的(*Z*)-丁-2-烯以同面-同面接近，生成两种四甲基环丁烷，如图 14.14 所示。

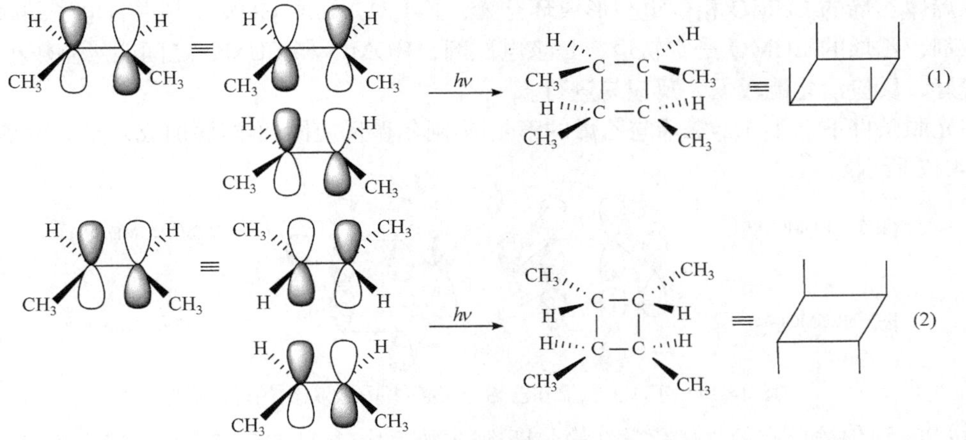

图 14.14　光照下两分子(*Z*)-丁-2-烯的环加成反应

14.4.2　[4+2]环加成

在有机化学中研究最多的环加成反应就是第尔斯-阿尔德反应，也是[4+2]环加成反应最典型的例子。例如，丁-1,3-二烯与乙烯进行环加成生成环己烯的反应。

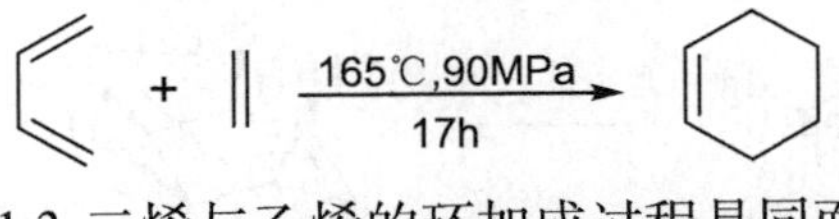

前线轨道理论认为，丁-1,3-二烯与乙烯的环加成过程是同面-同面接近，分子轨道重叠。从丁-1,3-二烯分子的 HOMO 和 LUMO、乙烯分子的 HOMO 和 LUMO(图 14.15)可看出，在加热条件下，无论是丁-1,3-二烯的 HOMO(Ψ_2)与乙烯的 LUMO(Ψ_2)，还是丁-1,3-二烯的 LUMO(Ψ_3)

与乙烯的 HOMO(Ψ_1)，其对称性是一致的，相位相同可重叠形成 σ 键。所以在加热条件下[4+2]环加成是对称允许的，如图 14.16 所示。

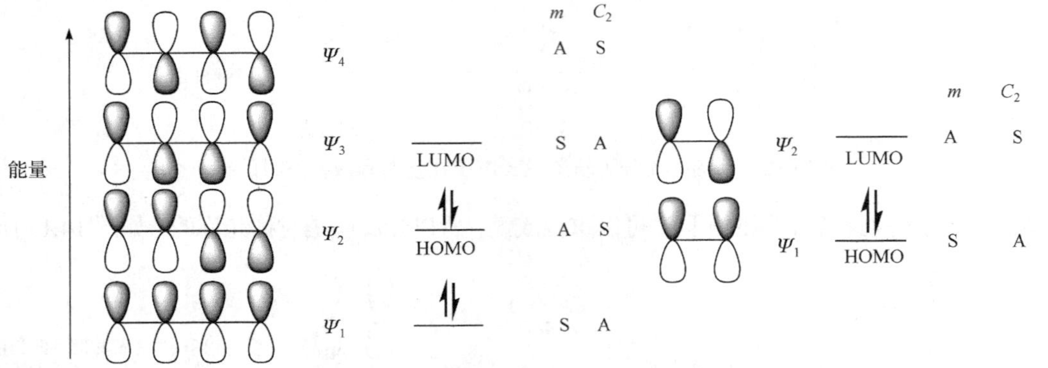

图 14.15　丁-1,3-二烯分子和乙烯分子的 π 分子轨道示意图

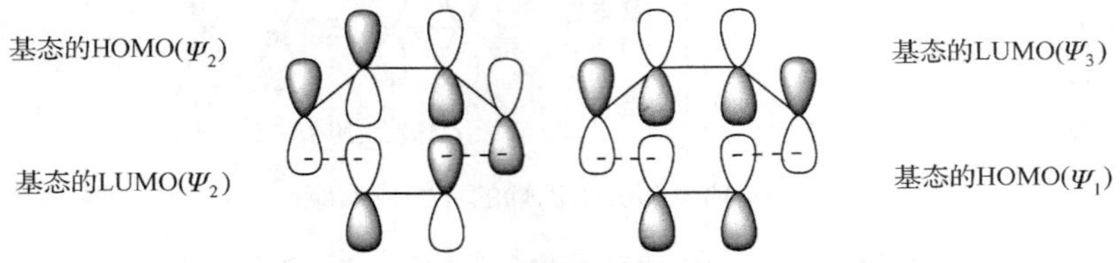

图 14.16　丁二烯和乙烯加热条件下(基态)的环加成

在正常条件下，对于第尔斯-阿尔德的[4+2]环加成反应，选择双烯体丁-1,3-二烯的 HOMO 和亲双烯体乙烯的 LUMO 相位重叠形成环己烯，丁-1,3-二烯的 HOMO 是占有电子的轨道，是亲核试剂，乙烯的 LUMO 是空轨道，是亲电试剂，HOMO 和 LUMO 之间能量差较小，轨道重叠得好，反应活化能较低，反应易进行。

在光照条件下，丁-1,3-二烯与乙烯的第尔斯-阿尔德反应同面-同面加成，是对称禁阻的，如图 14.17 所示。

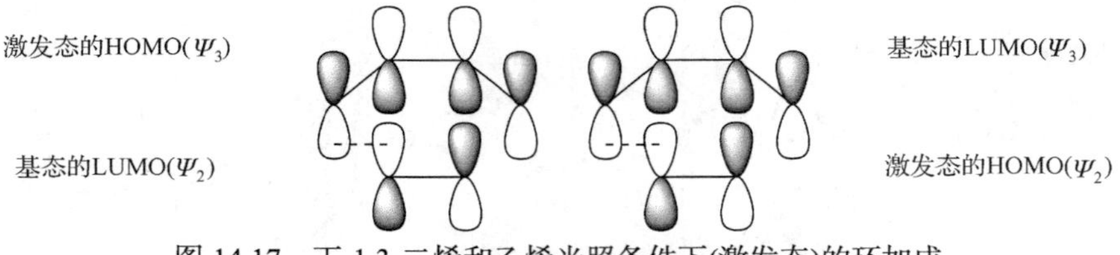

图 14.17　丁-1,3-二烯和乙烯光照条件下(激发态)的环加成

第尔斯-阿尔德反应的立体化学在第尔斯-阿尔德反应(参见 5.5.2 节)中已有阐述，这里再介绍一下第尔斯-阿尔德反应的空间定向性。

当双烯体上有给电子取代基，而亲双烯体上有不饱和基团，如羰基、羧基、酯基、氰基和硝基等与亲双烯体的 π 键共轭时，优先生成内向加成产物。例如，戊-1,3-二烯与丙烯酸甲酯的加成反应，得到内向加成产物。

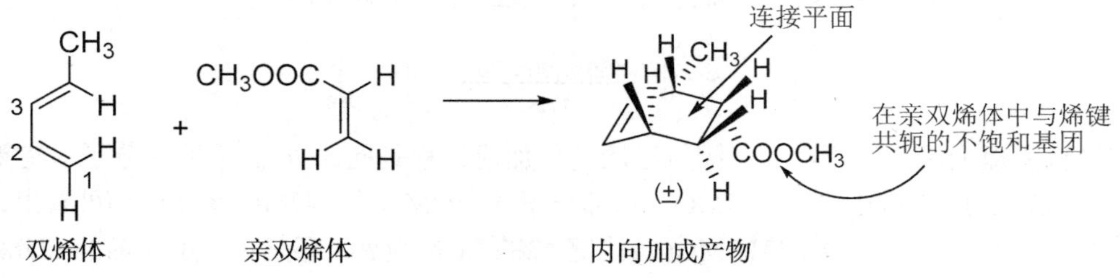

内向加成产物是指加成产物中的双键和亲双烯体中与 π 键共轭的不饱和基团处于连接平面的同侧，两者处于异侧的称为外向加成产物。例如，环戊二烯与顺丁烯二酸酐的加成，得到两种加成产物，即内向加成产物和外向加成产物：

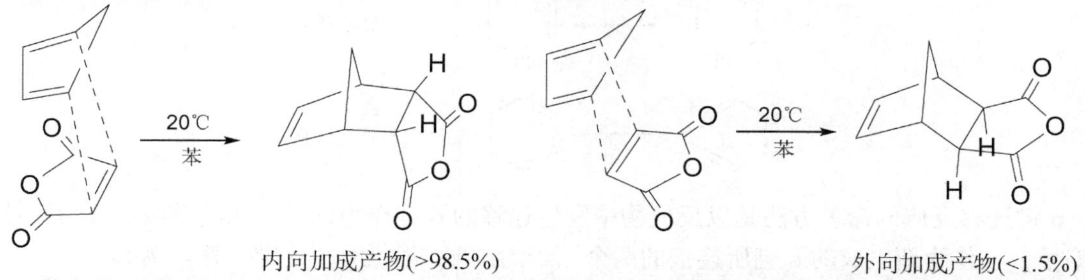

第尔斯-阿尔德反应主要生成内向加成产物，可用前线轨道理论予以说明。前线轨道理论认为，在加热条件下，无论是内向加成还是外向加成，都是对称性允许的。

环戊二烯二聚的加成反应过渡态如图 14.18 所示。从图 14.18 可以看出，内向加成时，亲双烯体中的其他不饱和基团靠近双烯体中新生成的双键那一边，在其过渡态中除了 C^1 与 $C^{2'}$、C^4 与 $C^{1'}$的轨道重叠与生成 σ 键外，C^2 与 $C^{3'}$、C^3 与 $C^{4'}$的轨道相位相同，也有轨道作用。这种轨道作用称为次级轨道效应。而这种次级轨道效应在外向加成的过渡态是没有的。次级轨道效应降低了内向加成过渡态的能量，使内向加成活化能比外向加成的低，反应速率比外向加成快，所以内向加成产物为主。

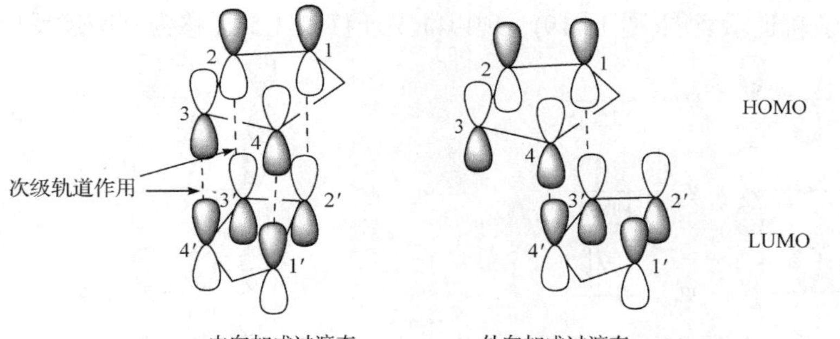

图 14.18 环戊二烯二聚的内向加成过渡态和外向加成过渡态

如果第尔斯-阿尔德环加成反应中没有次级轨道效应存在，得到的将是内向加成产物和外向加成产物的混合物。例如，环戊二烯与乙酸乙烯酯的加成反应，得到内向加成产物和外向加成产物的混合物。

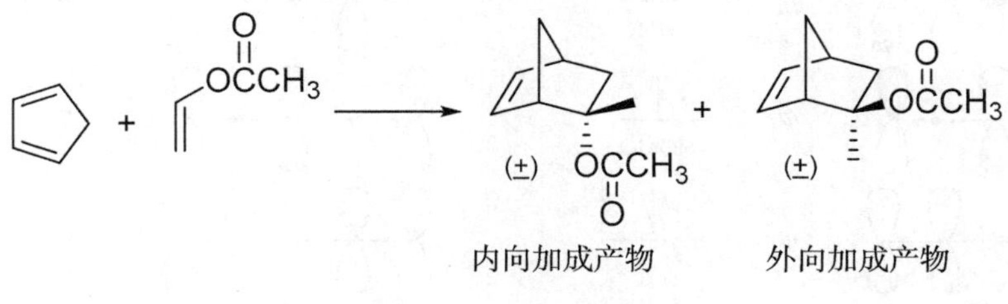

14.5 σ 键迁移反应

在分子内一个连接在 π 体系或共轭 π 体系中的 σ 键迁移到一个新的位置，而 π 键或共轭 π 键也随着迁移，这类反应称为 σ 键迁移反应。例如：

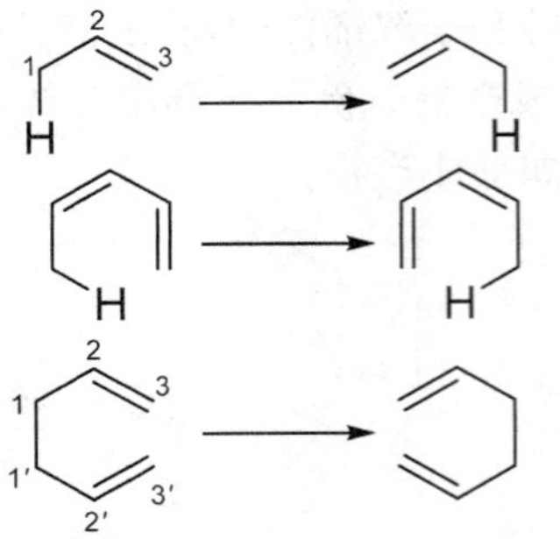

[1,3] σ 迁移

[1,5] σ 迁移

[3,3] σ 迁移

σ 键迁移反应的命名方法是以反应物中发生迁移的 σ 键作为标准，从断键两端开始编号，用编号 i、j 作为新生成的 σ 键所连接的两个原子的位置，称为[i, j] σ 键迁移。例如：

$CH_3-CH=CH-CH=CH_2 \longrightarrow CH_2=CH-CH_2-CH=CH_2$　　[1,3] σ 迁移

$CH_3-CH=CH-CH=CH_2 \longrightarrow CH_2=CH-CH=CH-CH_3$　　[1,5] σ 迁移

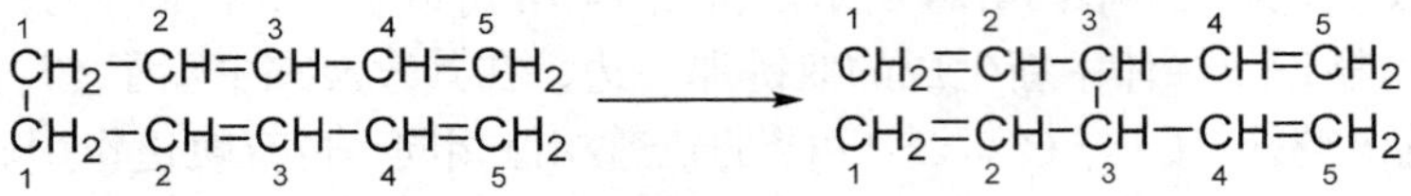

[3,3] σ 迁移

σ 键迁移有两种不同的立体化学途径：一种是迁移的原子或基团在 π 体系同侧生成新键，称为同面迁移；另一种是迁移的原子或基团在 π 体系的另一侧面生成新键，称为异面迁移。下面列举出烯丙基自由基($CH_2═CH—CH_2·$)和戊-2,4-二烯自由基($CH_2═CHCH═CHCH_2·$)的基态和激发态分子轨道示意图(图 14.19)，现以[1,3]迁移和[1,5]迁移为例阐述反应的立体选择性。

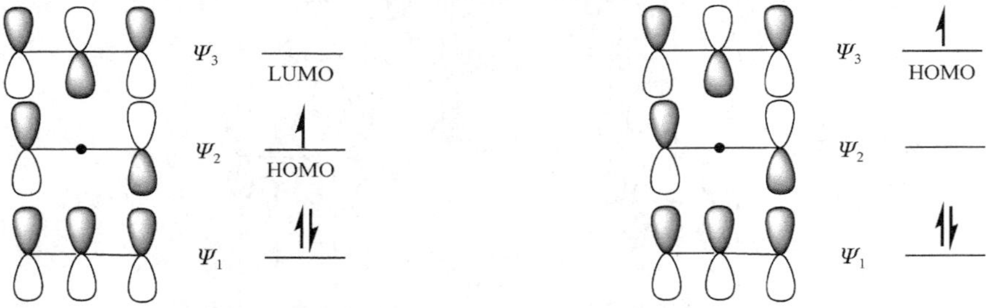

烯丙基自由基的π轨道(基态)　　　烯丙基自由基的π轨道(激发态)

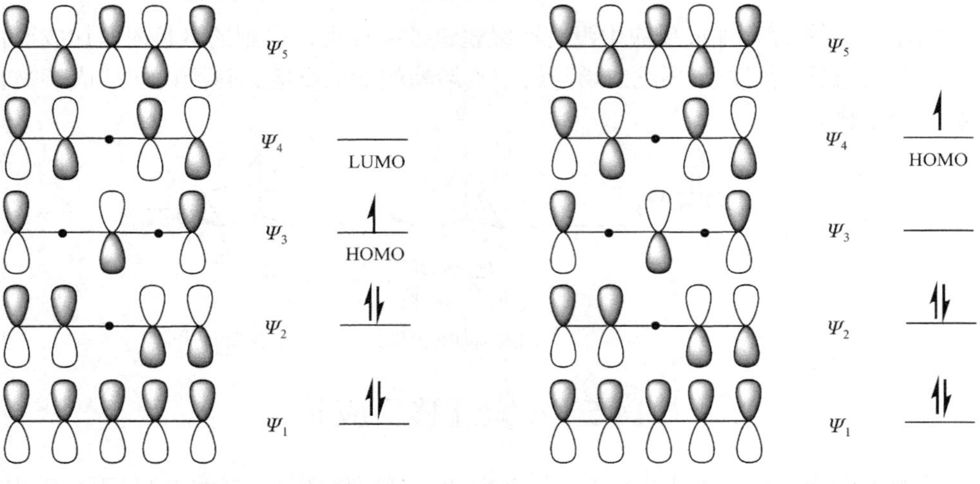

戊-2,4-二烯自由基的π轨道(基态)　　　戊-2,4-二烯自由基的π轨道(激发态)

图 14.19　烯丙基自由基和戊-2,4-二烯自由基的基态和激发态分子轨道示意图

14.5.1　H[*i*, *j*] σ 迁移

最简单的 σ 迁移是 H[1,3] σ 迁移。

以丙烯的 H[1,3]σ 迁移为例，前线轨道理论处理 σ 迁移反应时，是将丙烯看作烯丙基自由基(CH_2═CH—CH_2·)和氢原子组成的体系。σ 迁移的选择性完全取决于烯丙基自由基的 HOMO 的对称性，如图 14.20 所示。

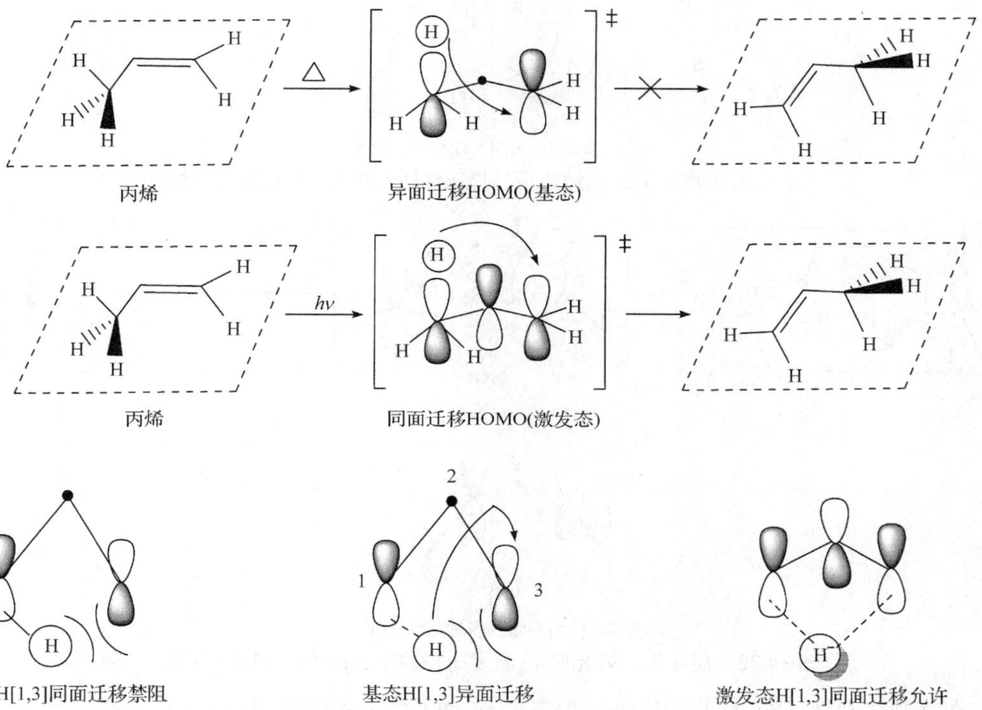

图 14.20　丙烯的 H[1,3]σ 迁移

在加热条件下，烯丙基自由基处于基态，其 HOMO 是 Ψ_2，两端碳原子的 p 轨道相位相反，氢原子 s 轨道不能同时与相位相反的碳原子 p 轨道重叠成键。所以在加热条件下，对于同面迁移，对称性禁阻。对于异面迁移，虽然轨道相位相匹配，但需绕过分子平面，需要很高的活化能，σ 迁移也不易进行。

在光照下，烯丙基自由基 Ψ_2 中一个电子跃迁到反键轨道 Ψ_3 上，Ψ_3 为 HOMO，其轨道对称性相同，氢原子 s 轨道可与此匹配成键，所以在光照下(激发态)，H[1,3]同面迁移，是对称性允许的。

对于 H[1,5] σ 迁移，如戊-1,3-二烯，其过渡态为戊-2,4-二烯自由基和氢原子。在加热下戊-2,4-二烯自由基基态的 HOMO 是 Ψ_3，其对称元素为对称面 *m*，两端碳原子 p 轨道相位相同，氢原子的 s 轨道可同时与此相互连接，所以在加热下(基态)，H[1,5] σ 同面迁移对称性允许，如图 14.21 所示。

在光照下(激发态)，戊-2,4-二烯自由基的 HOMO 为 Ψ_4，其轨道对称性与氢原子轨道不匹配，所以在激发态 H[1,5] σ 同面迁移对称性禁阻，如图 14.22 所示。

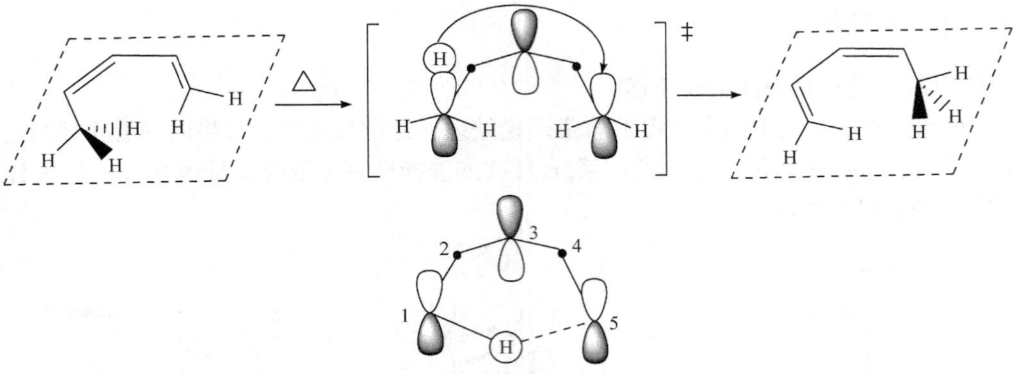

基态H[1,5]同面迁移对称性允许

图 14.21 戊-1,3-二烯加热下(基态)的 H[1,5] σ 同面迁移对称性允许

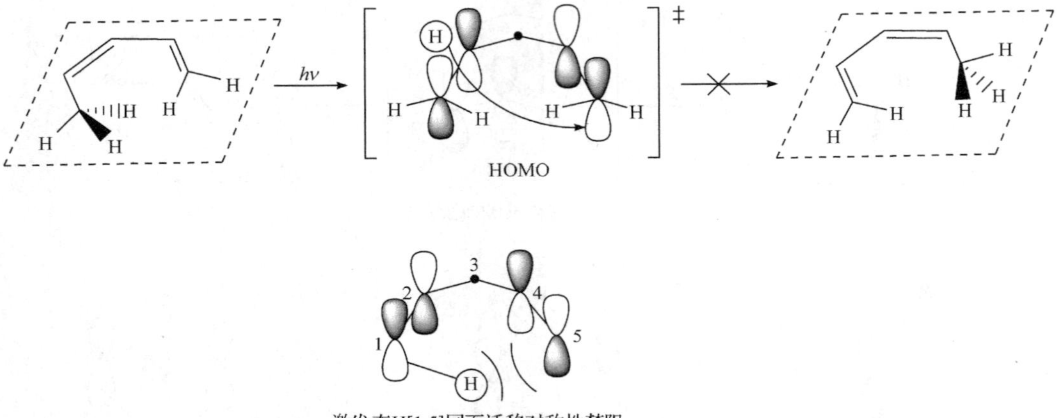

激发态H[1,5]同面迁移对称性禁阻

图 14.22 戊-1,3-二烯光照下(激发态)的 H[1,5] σ 同面迁移对称性禁阻

在加热条件下 H[1,3] σ 迁移未见报道，而 H[1,5] σ 迁移是很普遍的。例如：

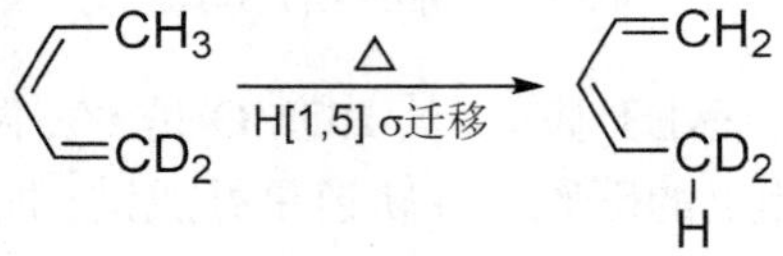

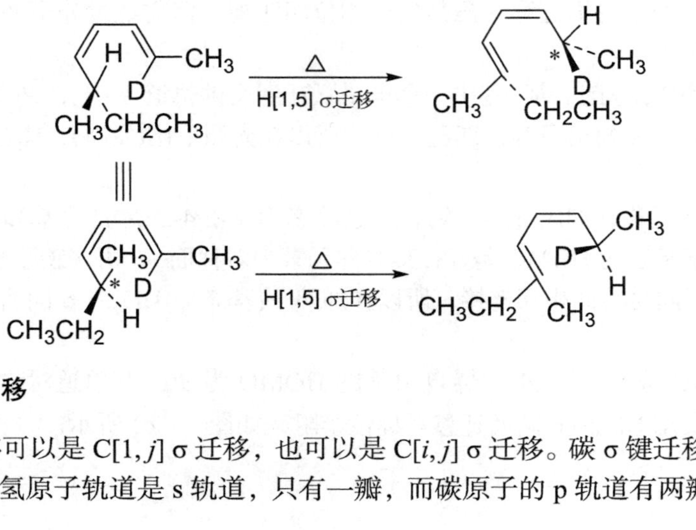

14.5.2 C[*i*, *j*] σ 迁移

碳原子 σ 迁移可以是 C[1, *j*] σ 迁移，也可以是 C[*i*, *j*] σ 迁移。碳 σ 键迁移和氢 σ 键迁移有很大的不同，因为氢原子轨道是 s 轨道，只有一瓣，而碳原子的 p 轨道有两瓣，这两瓣相位相

反。所以碳原子就可以用它的 p 轨道一瓣和 π 键体系两端轨道重叠成键，迁移基团构型保持不变；也可以用它的 p 轨道两瓣和 π 键体系两端轨道重叠成键，迁移后迁移基团构型反转，如图 14.23 所示。

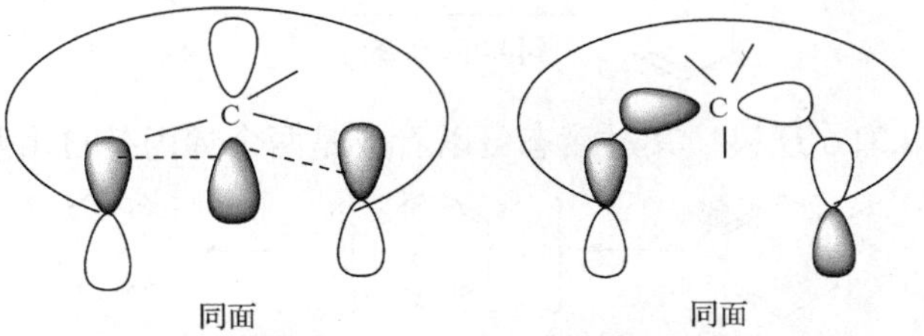

图 14.23 碳 σ 键迁移反应的立体化学

1. C[1, *j*] σ 迁移

σ 迁移也存在同面迁移和异面迁移，但常见的是同面迁移。对于同面的 C[1, *j*] σ 迁移，可以认为是烷基 R·在一个奇数碳共轭体系自由基上的移动。例如，C[1,3] σ 迁移，基态烯丙基自由基的 HOMO 是 Ψ_2，对于对称面 *m* 是反对称的，两端轨道的相位相反，迁移基团 R·只能用它的 p 轨道两瓣和 π 体系两端轨道重叠成键，所以迁移过程伴随构型反转。对于 C[1,5] σ 键迁移，基态戊-2,4-二烯自由基的 HOMO 是 Ψ_3，对于对称面 *m* 是对称的，π 体系两端轨道的相位相同，迁移基 R·可以用它的 p 轨道一瓣和 π 体系两端轨道重叠成键，所以迁移过程的迁移基团构型保持不变。例如，二环[3,2,0]庚-2-烯衍生物通过 C[1,3]σ 迁移生成外向降冰片烯衍生物，反应过程中 C^7 从 C^1 迁移到 C^3，并伴随构型反转。

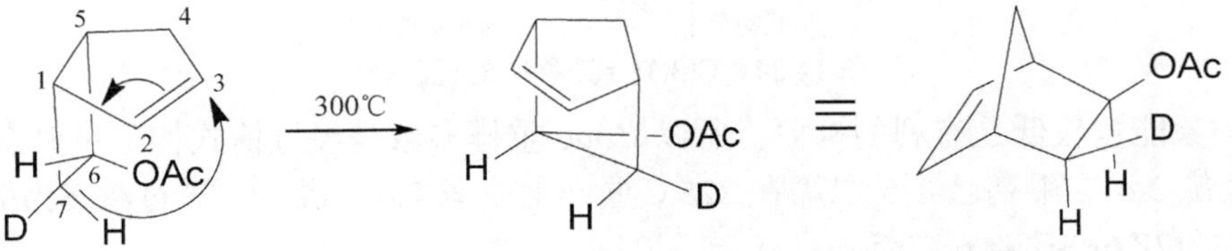

又如，6,9-二甲基螺[4,4]壬-1,3-二烯通过 C[1,5] σ 迁移生成二甲基二环[4,3,0]壬二烯异构体。在 C[1,5] σ 迁移过程中，C^6 从 C^5 迁移到 C^4，C^6 的构型保持不变。

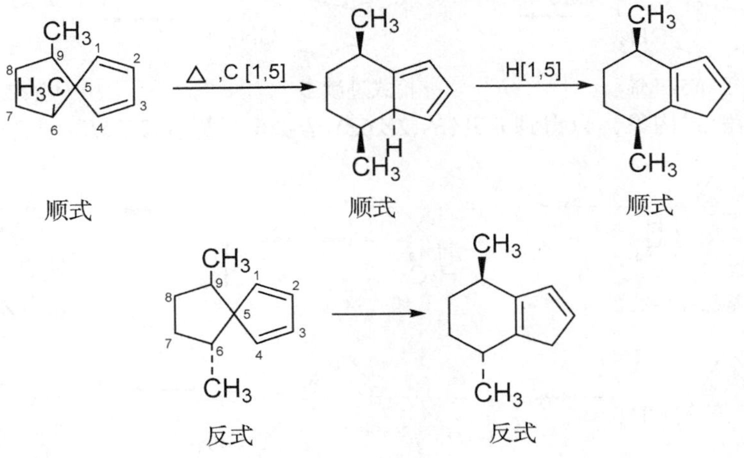

2. C[3,3] σ 迁移

3-甲基己-1,5-二烯加热到 300℃可重排得到庚-1,5-二烯，这个反应被称为 Cope 重排。

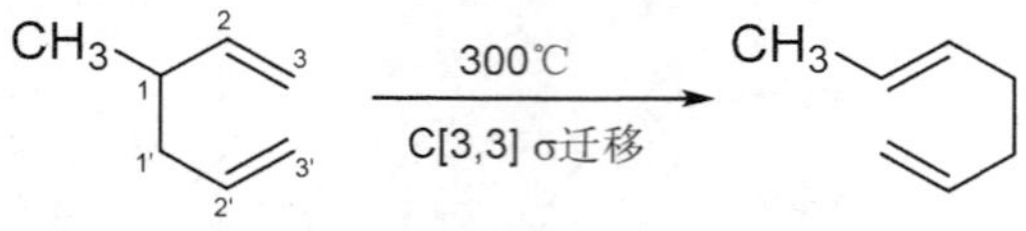

其重排机理是 C[3,3] σ 迁移，其过渡态可以看成是两个烯丙基自由基组成的体系。

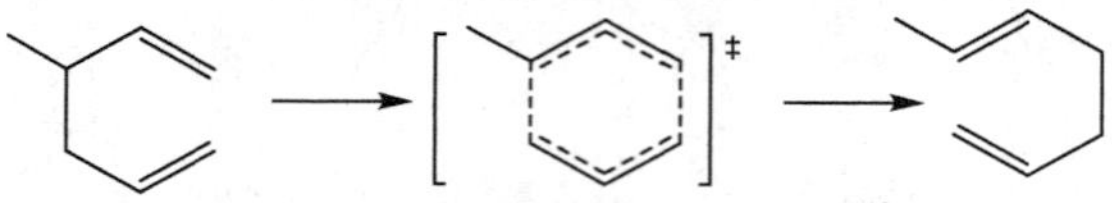

烯丙基自由基的 HOMO 是 Ψ_2，在重排过程中，两个 Ψ_2 轨道处于两个接近的平面上，两端碳原子轨道相位相同，可以重叠成键。在碳原子 1 和 1′之间的键开始破裂时，3 和 3′之间就开始成键，这样的过渡态对称性是允许的。在 C[3,3] σ 键迁移过程中可经过两种过渡态，即过渡态为椅式构象和船式构象，如图 14.24 所示。

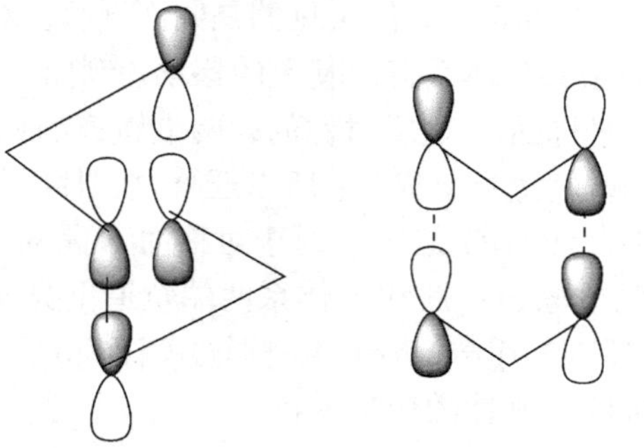

(a) 椅式构象　　(b) 船式构象

图 14.24　C[3,3] σ 迁移中的过渡态

椅式构象能量较低是有利的构象，所以 Cope 重排多数是经过椅式构象过渡态完成的。例如，内消旋 3,4-二甲基己-1,5-二烯在 225℃重排生成辛-2,6-二烯时，若过渡态为椅式构象则可得 99.7%的(2*Z*,6*E*)-辛-2,6-二烯。

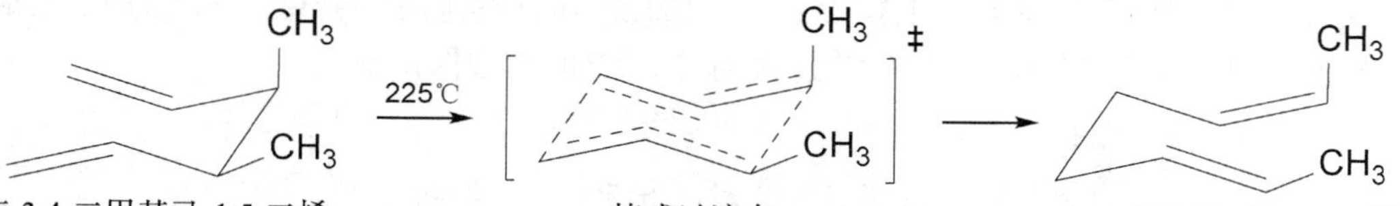

内消旋-3,4-二甲基己-1,5-二烯　　椅式过渡态　　(2*Z*,6*E*)-辛-2,6-二烯

若过渡态为船式构象，只得到 0.3%的(2*Z*,6*Z*)-辛-2,6-二烯或(2*E*,6*E*)-辛-2,6-二烯。

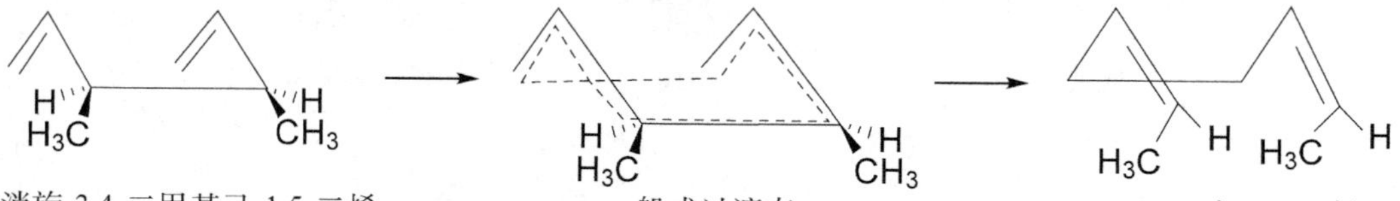

内消旋-3,4-二甲基己-1,5-二烯　　船式过渡态　　(2*Z*,6*Z*)-辛-2,6-二烯

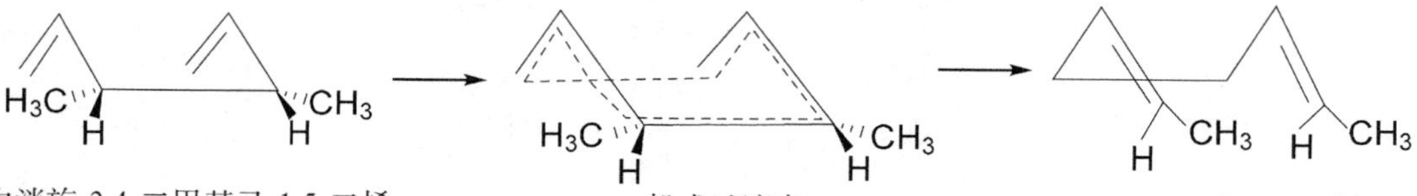

内消旋-3,4-二甲基己-1,5-二烯　　船式过渡态　　(2*E*,6*E*)-辛-2,6-二烯

3. 克莱森重排

在加热条件下，烯丙基苯基醚分子中的烯丙基从氧原子转移到苯环碳原子上生成邻烯丙基苯酚，这个反应被称为克莱森重排(参见 9.4.3)。

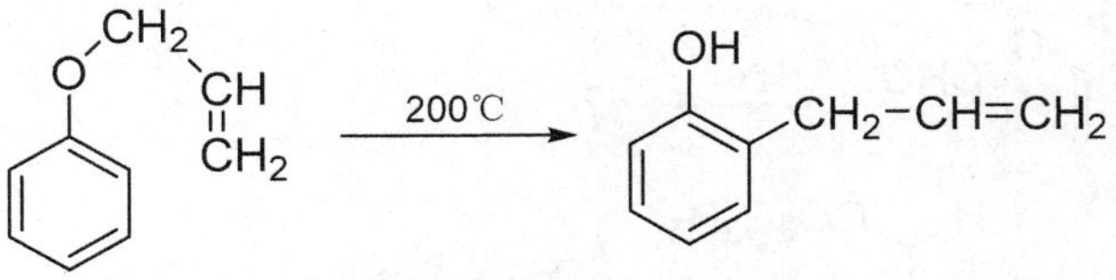

其反应历程是经过 C—O σ 键的 C[3,3]迁移反应。

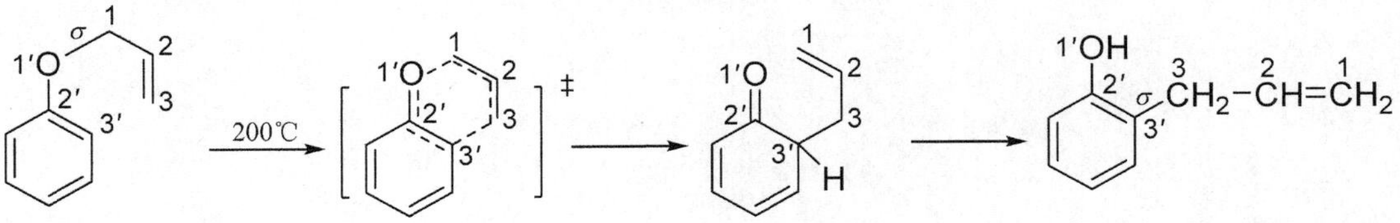

习 题

14.1 戊-2,4-二烯基体系是由五个碳原子的 p 轨道组成的五个 π 分子轨道。

(1) 画出它们的五个 π 分子轨道。

(2) 戊-2,4-二烯正离子、自由基和负离子处在基态和激发态时，电子是如何排布的？

(3) 在基态和激发态时，它们各自的 HOMO 和 LUMO 是哪一个分子轨道？

14.2 完成下列反应。

(1) 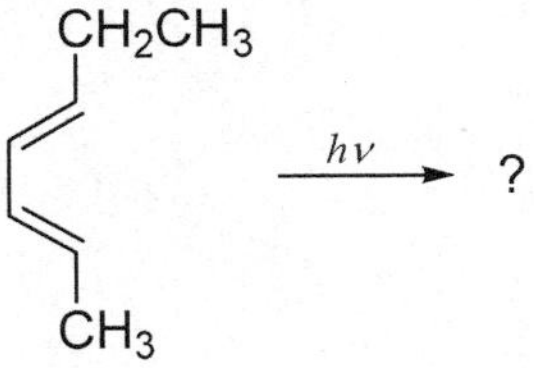

(2) 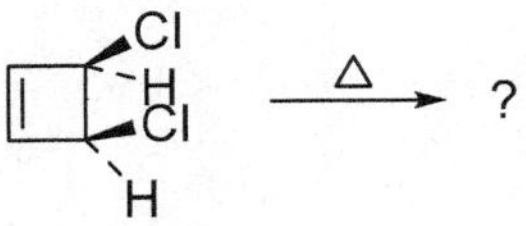

(3) 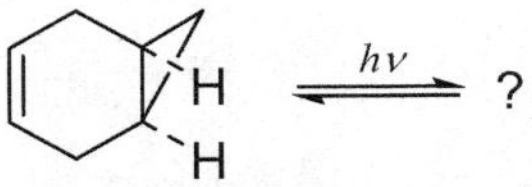

14.3 写出下列电环化反应在光照条件下的产物，用分子轨道图形说明该产物的立体构型。

(1) 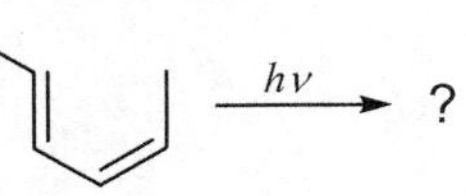

(2) 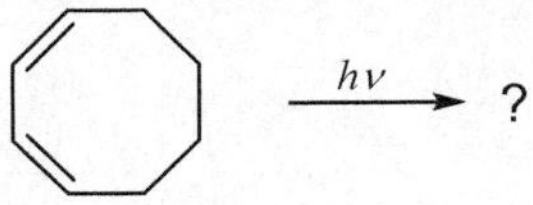

(3) 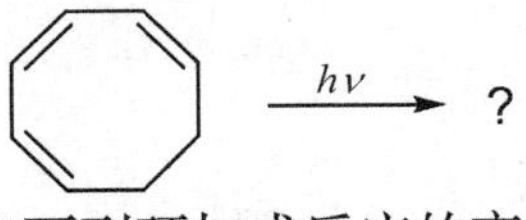

14.4 写出下列环加成反应的产物。

(1) (*Z*)-丁-2-烯 + (*E*)-丁-2-烯 $\xrightarrow{h\nu}$?

(2) 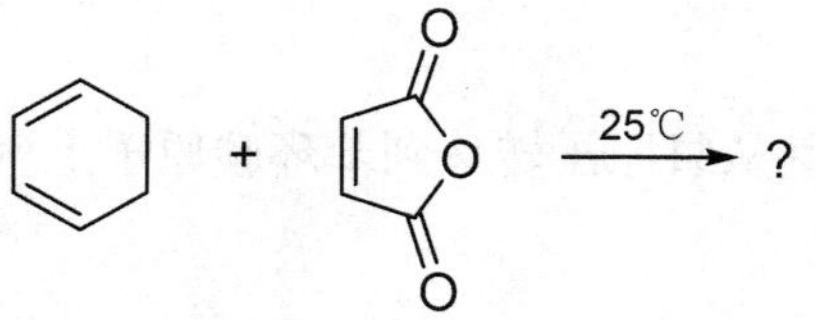

(3) 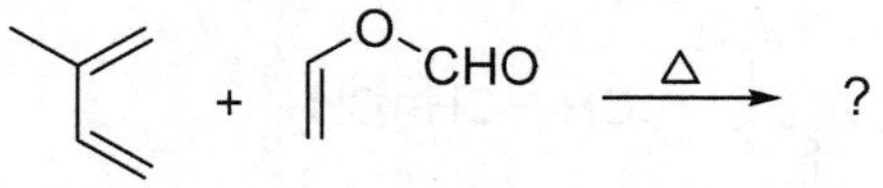

(4) 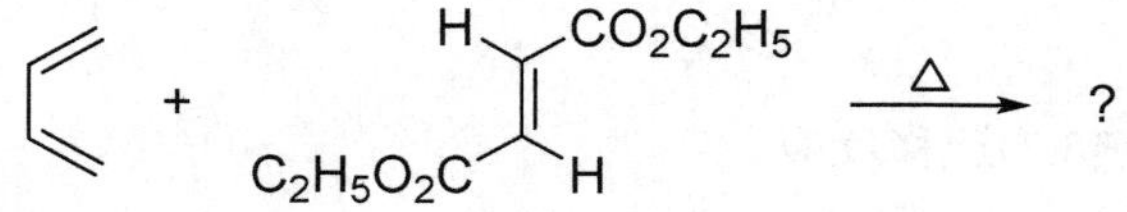

第 15 章 氨基酸、多肽和蛋白质

15.1 氨基酸的分类、结构和命名

以羧酸为母体，氨基为取代基，氨基酸就可看作氨基取代羧酸碳链上氢原子后的化合物。根据氨基取代羧酸碳链上氢的位置不同，氨基酸可分为 α-氨基酸、β-氨基酸、γ-氨基酸等。自然界中已发现的氨基酸大多数为 α-氨基酸。蛋白质是人类生命活动中不可缺少的大分子物质，是由约 20 种 α-氨基酸通过分子间脱水形成的酰胺键而构成的聚合物——聚酰胺，因此 α-氨基酸是构成蛋白质的基石。

组成蛋白质的 20 余种 α-氨基酸，除甘氨酸(α-氨基乙酸)外，其余的 α-氨基酸分子中都含有手性碳原子，都是手性分子。其一对对映体可用费歇尔投影式表示如下：

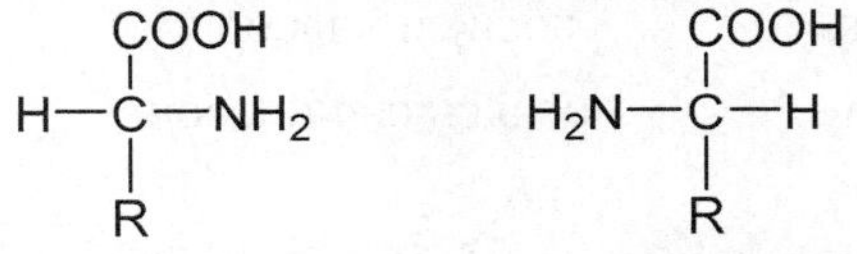

D-α-氨基酸　　　　L-α-氨基酸

α-氨基酸的构型常用 D/L 相对构型标记法命名。D/L 相对标记法采用 α-氨基酸与甘油醛构型相关联的方法，与 L-甘油醛构型相同者即为 L-α-氨基酸。

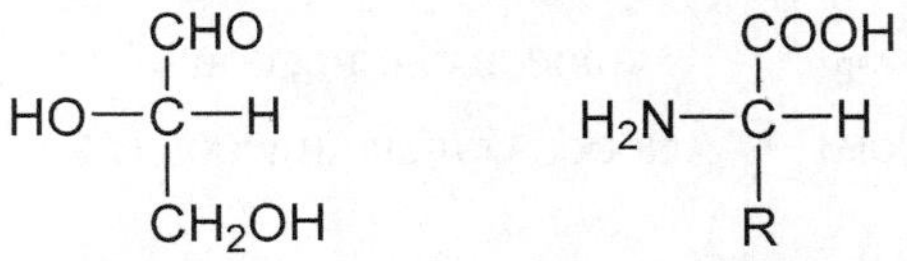

L-甘油醛　　　　L-α-氨基酸

蛋白质水解得到的 α-氨基酸的构型都是 L-型，即都是 L-α-氨基酸。它们的结构、名称、缩写符号、熔点、溶解度和等电点(pI)如表 15.1 所示。

表 15.1　氨基酸的名称、结构和物理性质

中文名称	英文名称	缩写	结构	分解点 /℃	等电点 (pI)	水中溶解度(25℃) /[g·(100g)$^{-1}$]
中性氨基酸						
甘氨酸	glycine	Gly	H_2NCH_2COOH	233	5.97	25
丙氨酸	alanine	Ala	$CH_3CH(NH_2)COOH$	297	6.00	16.7
缬氨酸	valine	Val	$(CH_3)_2CHCH(NH_2)COOH$	315	5.97	8.9
亮氨酸	leucine	Leu	$(CH_3)_2CHCH_2CH(NH_2)COOH$	293	5.98	2.4
异亮氨酸	isoleucine	Ile	$C_2H_5CH(CH_3)CH(NH_2)COOH$	284	6.02	4.1
苯丙氨酸	phenylalanine	Phe	$C_6H_5CH_2CH(NH_2)COOH$	283	5.48	3.0
天冬酰胺	asparagine	Asn	$H_2NCOCH_2CH(NH_2)COOH$	234	5.41	3.5

续表

中文名称	英文名称	缩写	结构	分解点/℃	等电点(pI)	水中溶解度(25℃)/[g·(100g)$^{-1}$]
谷酰胺	glutamine	Gln	$H_2NCOCH_2CH_2CH(NH_2)COOH$	185	5.70	3.7
半胱氨酸	cysteine	Cys	$HSCH_2CH(NH_2)COOH$	—	5.02	—
胱氨酸	cystine	Cys-Cys	S—$CH_2CH(NH_2)COOH$ | S—$CH_2CH(NH_2)COOH$	258	5.06	—
苏氨酸	threonine	Thr	$CH_3CH(OH)CH(NH_2)COOH$	225	5.60	易溶
蛋氨酸	methionine	Met	$CH_3SCH_2CH_2CH(NH_2)COOH$	280	5.74	3.4
色氨酸	tryptophan	Try	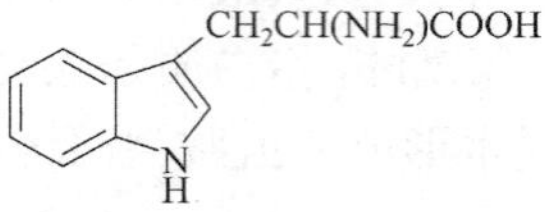	289	5.88	1.1
脯氨酸	proline	Pro	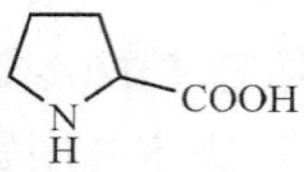	220	6.30	162
丝氨酸	serine	Ser	$HOCH_2CH(NH_2)COOH$	228	5.68	5.0
酪氨酸	tyrosine	Tyr	$HOC_6H_4CH_2CH(NH_2)COOH$	342	5.67	0.04
羟基脯氨酸	hydroxyproline	Hyp	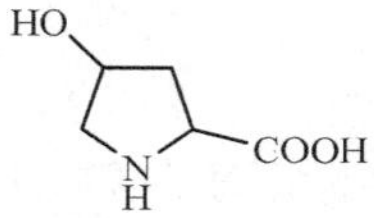	270	6.33	—
酸性氨基酸						
天门冬氨酸	aspartic acid	Asp	$HOOCCH_2CH(NH_2)COOH$	270	2.77	0.54
谷氨酸	glutamic acid	Glu	$HOOCCH_2CH_2CH(NH_2)COOH$	247	3.22	0.86
碱性氨基酸						
赖氨酸	lysine	Lys	$H_2N(CH_2)_4CH(NH_2)COOH$	225	9.74	易溶
精氨酸	arginine	Arg	H_2NC—$NH(CH_2)_3CH(NH_2)COOH$ ‖ NH	244	10.76	15
组氨酸	histidine	His	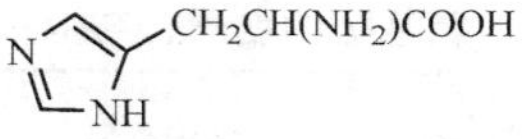	287	7.59	4.2

从表 15.1 中可以看出，甘氨酸、丙氨酸等 α-氨基酸，分子中的氨基数和羧基数相等，这类氨基酸属于中性氨基酸。因为氨基的碱性和羧基的酸性不是恰好抵消的，所以也不是真正中性的。谷氨酸和天门冬氨酸分子中的羧基数多于氨基数，被称为酸性氨基酸。而赖氨酸、精氨酸和组氨酸分子中的氨基数多于羧基数，被称为碱性氨基酸。

自然界中存在的 α-氨基酸一般是根据其来源或性质命名的。氨基酸的系统命名是将羧酸作为母体，氨基作为取代基。例如：

$$\underset{\displaystyle CH_3}{\underset{|}{CH_3-CH}}-CH_2-\underset{\displaystyle NH_2}{\underset{|}{CH}}-COOH \qquad\qquad HOOCCH_2CH_2\underset{\displaystyle NH_2}{\underset{|}{CH}}COOH$$

2-氨基-4-甲基戊酸(亮氨酸)　　　　2-氨基戊二酸(谷氨酸)

15.2　氨基酸的化学性质

15.2.1　偶极离子和等电点

氨基酸分子中存在氨基(—NH_2)和羧基(—COOH)，所以氨基酸既可以与酸(如盐酸)反应生成铵盐，也可以与碱(如氢氧化钠)作用生成羧酸盐。

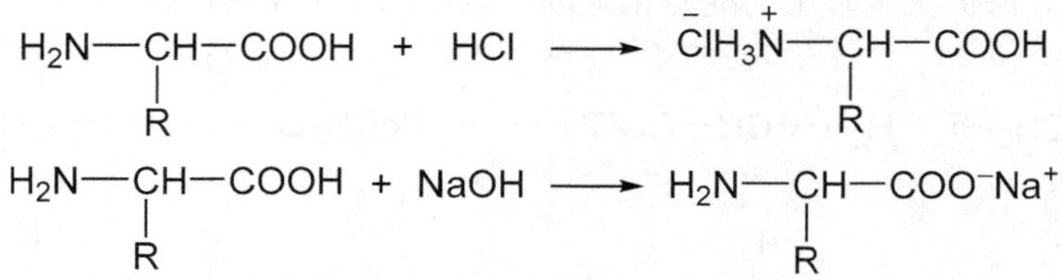

在氨基酸分子内的氨基和羧基也可相互作用生成分子内既含有铵正离子又含有羧酸根负离子的内盐，这种内盐称为两性离子或偶极离子。其结构式是

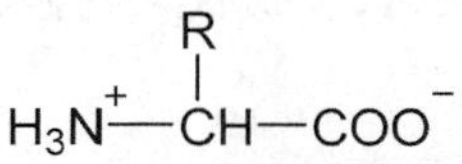

氨基酸主要以偶极离子形式存在，所以氨基酸晶体熔点高，在200℃以上，极性大，不溶于苯、乙醚等有机溶剂，在水中有一定的溶解度。

氨基酸在水溶液中既可以与H^+结合生成正离子，又可以给出H^+生成负离子，形成如下的电离平衡体系：

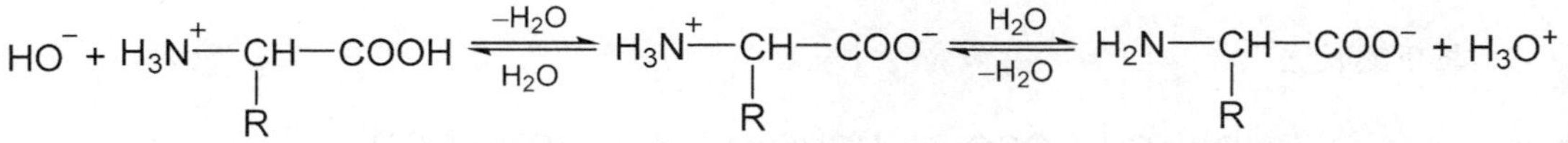

所以氨基酸水溶液主要以正离子、负离子和偶极离子三种形式存在。氨基酸的酸性常数 K_a，实际上代表的是氨基酸中铵正离子的酸性强度；碱性常数 K_b，代表的是氨基酸中羧酸根负离子的碱性强度。即以偶极离子形式存在的氨基酸，酸性基团是—$^+NH_3$，碱性基团是—COO^-。由于—COO^-负离子结合H^+的能力与—$^+NH_3$正离子给出H^+的能力不完全相同，因此在氨基酸水溶液中氨基酸正离子与负离子的量是不相等的。也就是中性氨基酸的水溶液 pH 不等于 7，一般略小于 7，即负离子略多一些。在这个体系中加一些酸，可以增加氨基酸正离子。如果加入的酸适量，可使负离子和正离子的量相等，这时溶液的 pH 就是该氨基酸的等电点(pI)。

氨基酸的等电点不是中性点。氨基酸在等电点时，由于正离子和负离子的量恰好相等，在电场中观察不到氨基酸向阴极或阳极的移动。氨基酸在等电点时，两性离子浓度最大，在水中的溶解度最小。由于不同的氨基酸具有不同的等电点，因此可通过调节溶液的 pH 至某一种氨基酸的等电点，而将其从混合物中分离出来。

15.2.2　氨基的反应

氨基酸分子中含有氨基，能发生氨基的反应。

1. 酰基化反应

氨基酸的氨基具有亲核性，能与酰氯或酸酐进行羧酸衍生物酰基碳上的亲核取代反应，

生成 *N*-酰基氨基酸。例如：

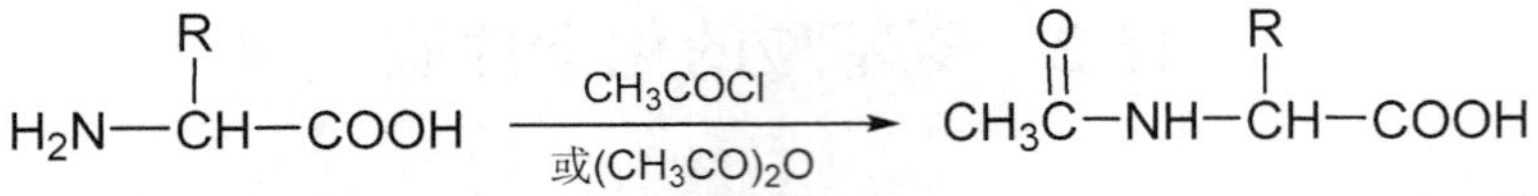

在多肽和蛋白质的合成中，需要将一种氨基酸的羧基和另一种氨基酸的氨基反应生成二肽或多肽。在此反应中，为了避免同一种氨基酸的氨基与羧基反应，常通过酰基化反应将氨基保护起来，以保证一种氨基酸的羧基(氨基已被保护)只与另一种氨基酸的氨基(氨基未被保护)反应生成二肽。保护氨基常用的酰基化试剂为氯甲酸苄酯(CbzCl)和氯甲酸叔丁酯(BocCl)。

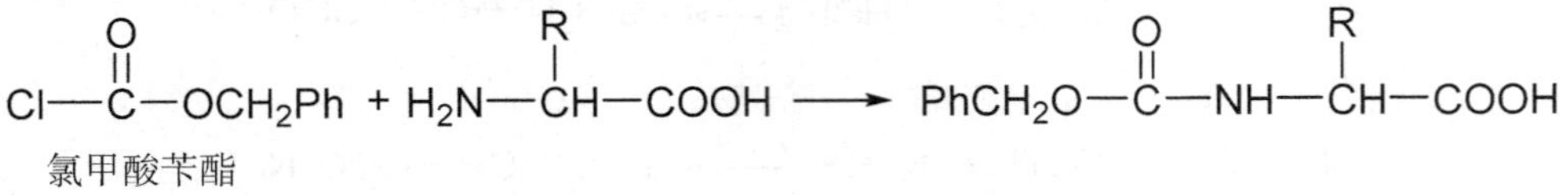

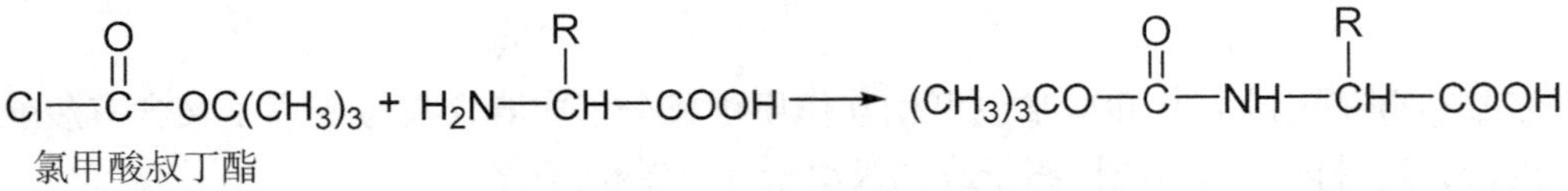

这类酰基化试剂容易引入，而当二肽形成后又容易脱去。重要的是在脱去保护基时，对已形成的酰胺键没有影响。

2. 与亚硝酸反应

氨基酸的氨基与亚硝酸发生重氮化反应，重氮盐分解后放出氮气并生成羟基酸，可用于氨基的定性和定量分析。

$$H_2NCH_2COOH + HNO_2 \longrightarrow HOCH_2COOH + N_2\uparrow + H_2O$$

3. 与甲醛反应

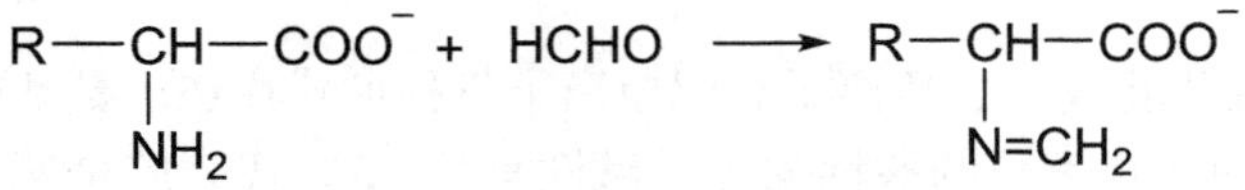

4. 烃基化反应

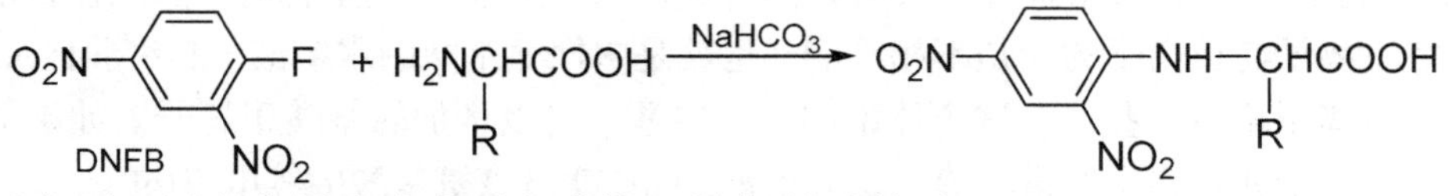

此反应可以用来分析多肽或蛋白质的 N 端氨基酸单元。

15.2.3　羧基的反应

氨基酸分子中含有羧基，能进行羧基所特有的反应，如生成酰氯和酯的反应等。氨基酸能与五氯化磷或亚硫酰氯反应生成酰氯，也可以与醇反应生成酯。氨基酰氯的形成在多肽的合成中用来活化羧基，而酯的形成是用来保护羧基。

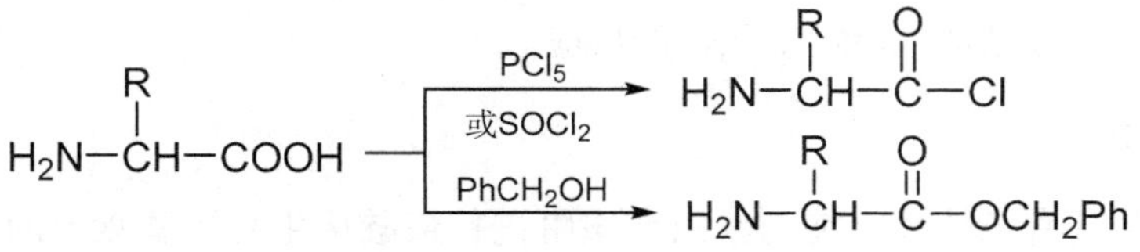

15.2.4　与茚三酮的反应

茚三酮和水合茚三酮的结构式如下：

茚三酮　　水合茚三酮

α-氨基酸与水合茚三酮一起加热，生成蓝紫色物质。该反应非常灵敏，是鉴别 α-氨基酸的常用方法。β-氨基酸和 γ-氨基酸不发生这个反应，但伯胺、氨和铵盐等能发生这个反应。其反应过程如下：

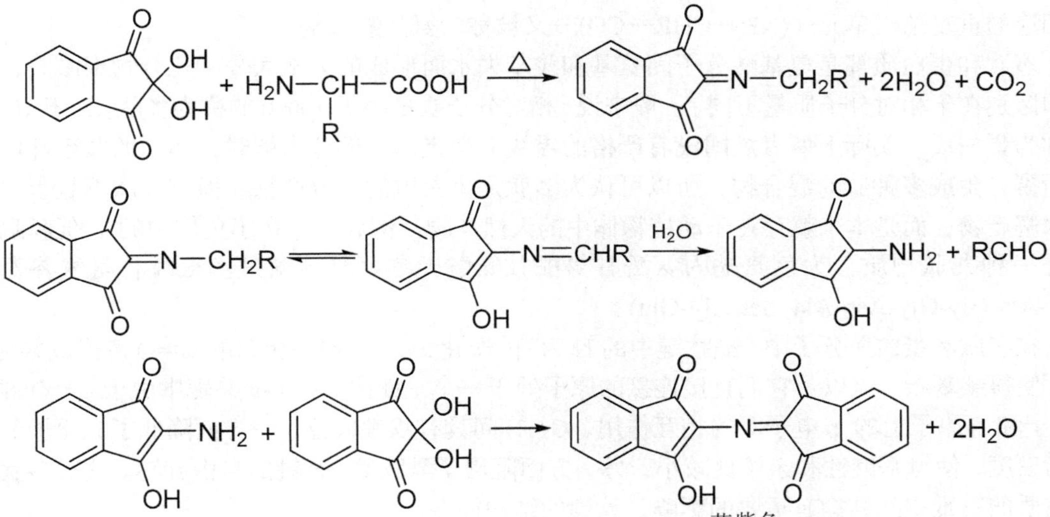

蓝紫色

15.3　多　　肽

15.3.1　多肽的命名和结构

一个氨基酸的羧基和另一个氨基酸的氨基失水形成的化合物称为肽，其中形成的酰胺键称为肽键。两个氨基酸失水形成的化合物称为二肽。肽也是两性离子，在肽分子链中带有—$^+NH_3$ 的一端称为 N 端，带有—COO^-的一端称为 C 端。

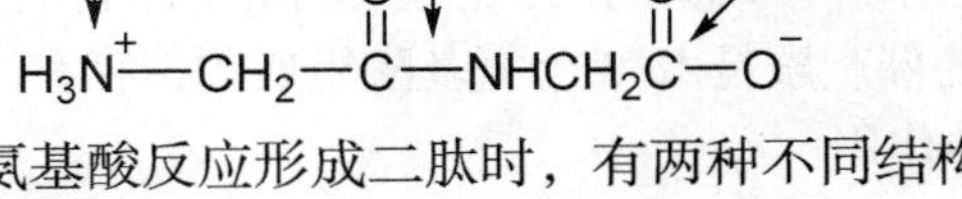

甘氨酰甘氨酸

当两个不同的氨基酸反应形成二肽时，有两种不同结构的产物。例如，由甘氨酸和丙氨酸形成的二肽有如下两种结构：

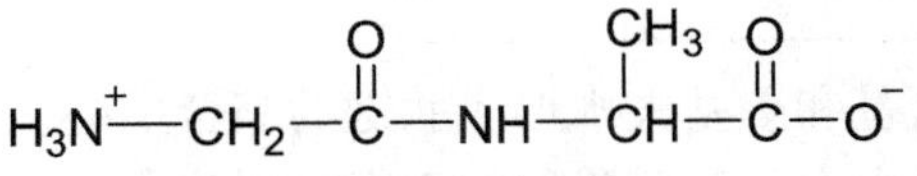

甘氨酰丙氨酸

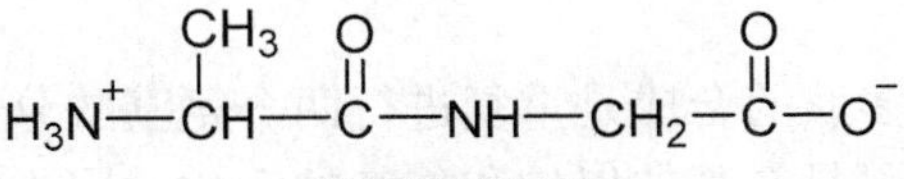

丙氨酰甘氨酸

三个不同的氨基酸相互反应可形成 6 种不同结构的三肽。随着氨基酸数目的增加，形成肽的数量也大大增多。

多肽命名时，以含 C 端的氨基酸为母体，把其他氨基酸单元称为氨基酰。在命名时，按肽分子链中顺序将各氨基酰从 N 端至 C 端依次写在母体氨基酸名称的前面，即得肽分子的名称。例如：

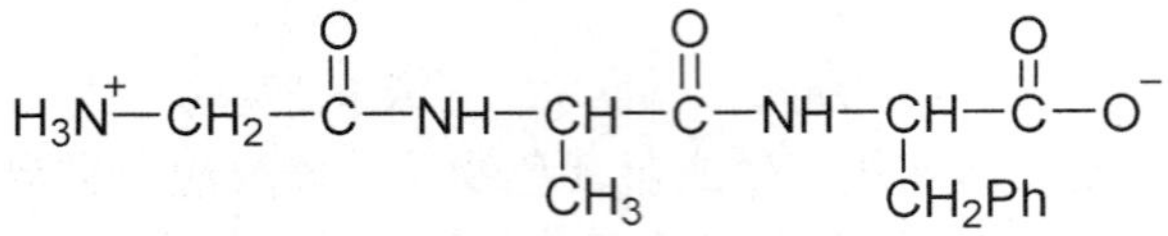

甘氨酰丙氨酰苯丙氨酸

上面的命名也可简称为甘-丙-苯，或用英文缩写符号 Gly-Ala-Phe 表示。在多肽分子中，由肽键相连的重复结构单元—(NH—CHR—CO)—又被称为氨基酸残基。

多肽和蛋白质都是氨基酸分子间氨基和羧基失水而形成的天然大分子化合物聚酰胺，它们的区别在于相对分子质量不同。一般来说，相对分子质量小于 10000 的称为多肽，大于 10000 的称为蛋白质。实际上两者之间没有严格的界线。当蛋白质部分水解时，不同的肽键都可发生断裂，生成多种肽的混合物，所以可认为多肽是蛋白质的水解产物。但有些肽不是蛋白质的水解产物，而是本来就存在于动植物体中的天然产物。例如，存在于兔体中的 δ-促睡眠肽就是一种九肽物质，为色氨酰丙氨酰甘氨酰甘氨酰天冬氨酰丙氨酰丝氨酰甘氨酰谷氨酸(Try-Ala-Gly-Gly-Asp-Ala- Ser-Gly-Glu)。

在多肽和蛋白质分子中，酰胺键中的 N 为 sp^2 杂化，C—N 键和相邻的 C═O 键形成共轭 π 键，使得羰基碳、氮以及它们直接连接的原子处于一个平面内。在 p-π 共轭中由于 C═O 键的 π 电子和 N 原子上的 p 电子对的相互作用，C—N 间具有双键成分，一方面降低了氮原子上的电荷密度，使氨基碱性和亲核性减小，另一方面阻碍了酰胺 C—N 键的自由旋转。这对多肽和蛋白质的三维空间结构有重要的影响。肽键的结构如下：

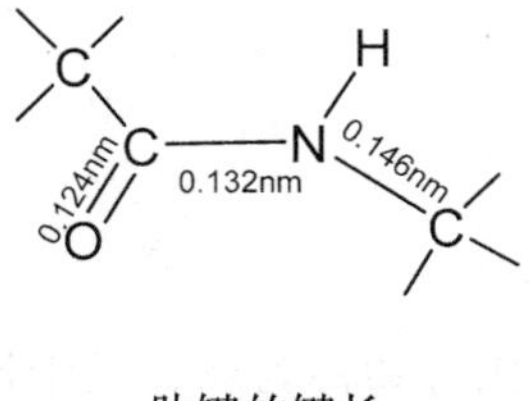

肽键的键长

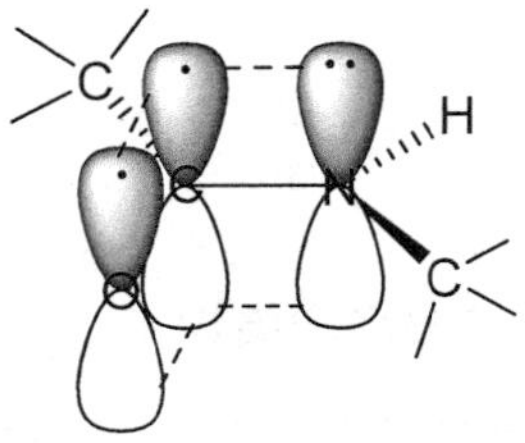

肽键中的共轭 π 键

15.3.2　多肽的合成

多肽和蛋白质存在于动植物体中，具有特殊的生理功能，是生命不可缺少的物质。将氨基酸按一定顺序通过酰胺键连接起来，形成具有与天然产物相同生理活性的化合物，这就是多肽的合成。例如，1953 年合成的催产素是由 8 个氨基酸组成的，存在于垂体后叶腺中，具有促进子宫收缩和促进乳汁分泌的作用。

催产素

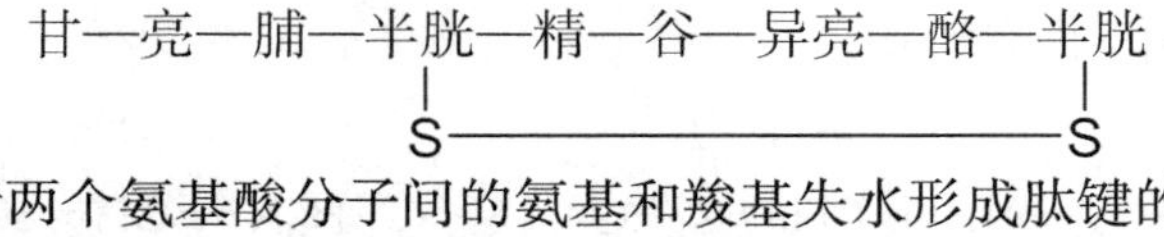

多肽的合成是重复进行两个氨基酸分子间的氨基和羧基失水形成肽键的缩合反应。其关键步骤是氨基的保护和羧基的活化，因为氨基酸是含有氨基和羧基的双官能团化合物，多肽

的合成要求氨基酸按一定顺序通过肽键连接起来，即要求某一种氨基酸的氨基只能与另一种氨基酸的羧基失水形成酰胺键，而不能相反或同一种氨基酸的羧基和氨基失水形成肽键。要做到这点，必须对一种氨基酸的氨基进行保护使其不能进行酰基化反应，而对其羧基进行活化使其更易进行酰基化反应。

1. 氨基的保护

保护氨基的试剂常用氯甲酸苄酯和氯甲酸叔丁酯。例如，合成丙-甘二肽，可用氯甲酸苄酯与丙氨酸反应生成苯甲氧羰基丙氨酸，使丙氨酸的氨基保护起来，然后将苯甲氧羰基丙氨酸变成酰氯，使羧基活化，再与甘氨酸反应，使丙氨酸、甘氨酸通过肽键按丙-甘顺序连接起来。反应式如下：

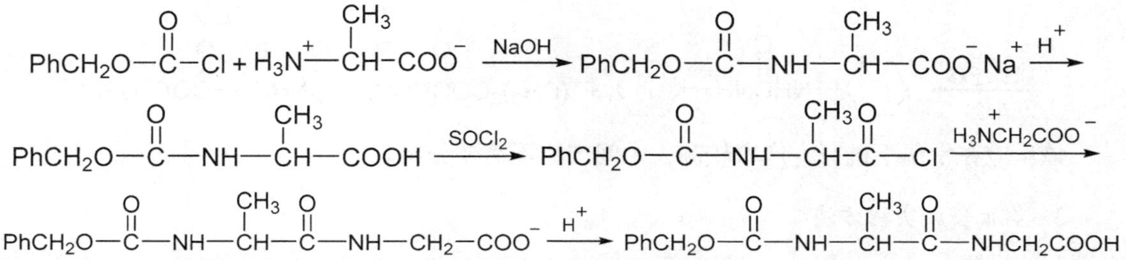

将上面生成的产物用催化氢化法进行氢解，可将苯甲氧羰基除去，而二肽分子中酰胺键不变，得到丙-甘二肽。

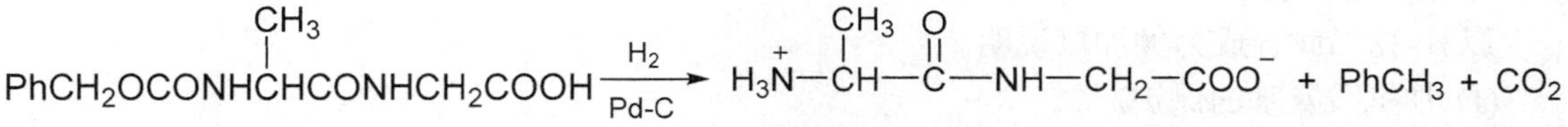

保护基苄氧羰基 $PhCH_2OCO$-(benzoxycarbonyl)，习惯上用 Z-代表，中间物可写成 Z-丙-甘或 Z-Ala-Gly。氯甲酸叔丁酯$(CH_3)_3COCOCl$ 是在多肽合成中另一种常用的保护氨基的化合物，叔丁氧羰基$(CH_3)_3COCO$-(*t*-butoxycarbonyl)习惯上用缩写 Boc-表示。

2. 羧基的活化

活化羧基常用的方法是将羧基转变成酰氯、酯或酸酐。因为在这些羧酸衍生物中羰基碳正电荷增加，有利于具有亲核性的氨基进攻。例如，将氨基已被保护的氨基酸与氯甲酸乙酯反应使羧基活化，与另一个氨基酸容易进行酰化反应，生成肽键。

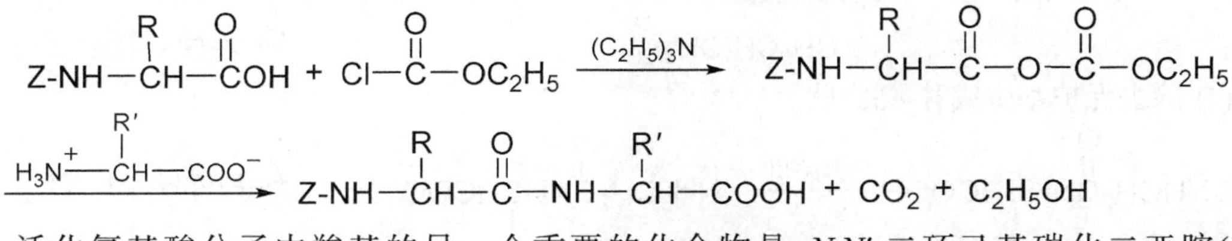

活化氨基酸分子中羧基的另一个重要的化合物是 *N,N'*-二环己基碳化二亚胺(*N,N'*-dicyclohexylcarbodiimide，DCC)。该化合物具有累积双键，中心碳原子容易被亲核试剂进攻，与氨基已被保护的氨基酸的羧基发生加成反应，生成具有很大反应活性的中间产物。该中间产物再与另一个保护了羧基的氨基酸的氨基发生羧酸衍生物酰基碳上的亲核取代反应，形成肽键。

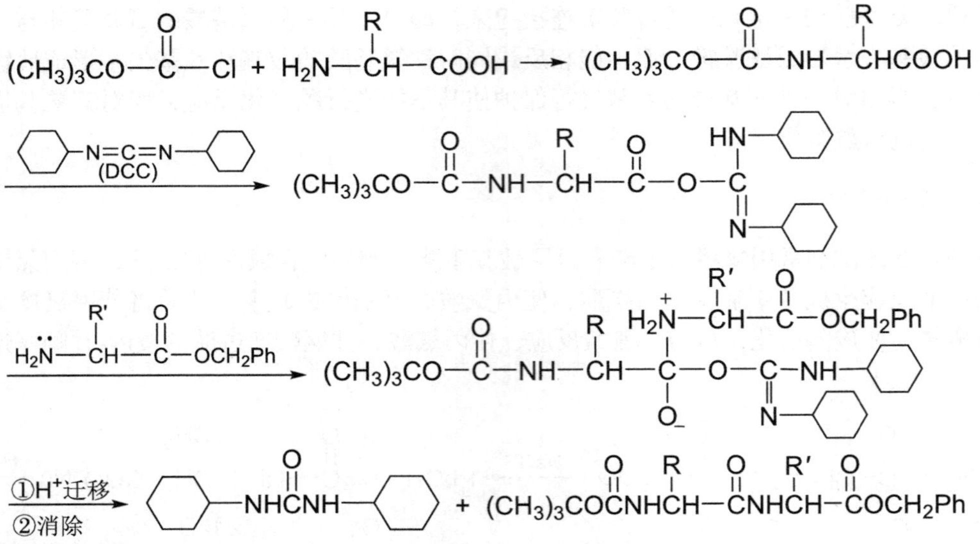

该反应在常温下进行，产率较高，中间产物不需要分离。

3. 多肽合成实施方法

前面介绍了在进行肽的合成时常用的氨基保护和羧基活化方法。下面将以具体实例介绍合成肽的两种方法。

1) 经典合成法

以甘-亮二肽合成为例加以说明。

(1) 甘氨酸氨基的保护。

$$PhCH_2O-\overset{\overset{O}{\|}}{C}-Cl + H_3\overset{+}{N}CH_2COO^- \longrightarrow PhCH_2O-\overset{\overset{O}{\|}}{C}-NHCH_2COOH$$

(2) 保护了氨基的甘氨酸中羧基的活化。

$$Z\text{-}NHCH_2COOH + SOCl_2 \longrightarrow Z\text{-}NHCH_2\overset{\overset{O}{\|}}{C}-Cl$$

(3) 与亮氨酸连接形成肽键。

$$Z\text{-}NHCH_2\overset{\overset{O}{\|}}{C}-Cl + H_3\overset{+}{N}\underset{\underset{CH_2CH(CH_3)_2}{|}}{C}HCOO^- \longrightarrow Z\text{-}NHCH_2\overset{\overset{O}{\|}}{C}NH\underset{\underset{CH_2CH(CH_3)_2}{|}}{C}HCOOH$$

(4) 除去保护基生成甘-亮二肽。

$$Z\text{-}NHCH_2\overset{\overset{O}{\|}}{C}NH\underset{\underset{CH_2CH(CH_3)_2}{|}}{C}HCOOH \xrightarrow{H_2/Pd} \overset{+}{N}H_3CH_2\overset{\overset{O}{\|}}{C}NH\underset{\underset{CH_2CH(CH_3)_2}{|}}{C}HCOO^- + PhCH_3 + CO_2$$

这种方法可重复进行。每循环一次增加一个氨基酸残基，直至得到需要的肽。1953 年，就是利用这种方法合成了九肽——激素催产素。这种肽的经典合成法在合成许多具有生理活性的多肽上取得过令人印象深刻的成功。但在肽的合成时，每一次循环即每增加一个氨基酸残基都经历一次分离、提纯过程，费时费力而且产物的产率节节减少，所以这种方法实际上不适用于长链多肽化合物的合成。

1965 年，我国科学工作者在世界上率先合成出在生理活性上与天然产物基本相同的牛胰岛素。牛胰岛素的化学结构于 1955 年由英国科学家桑格测定。牛胰岛素分子是一条由 21 个氨基酸组成的 A 链和另一条由 30 个氨基酸组成的 B 链，通过两对二硫链连接而成的一个双链分子，而且 A 链本身还有一对二硫键。1958 年 12 月中国科学院上海有机化学研究所和北京大学化学系负责合成 A 链，中国科学院上海生物化学研究所负责合成 B 链，历经 600 多次失败，经过近 200 步合成，在 1965 年 9 月 17 日完成了结晶牛胰岛素的全合成。经过严格鉴定，它的结构、生物活性、物理化学性质、结晶形状和天然的牛胰岛素完全一样。这是世界上第一个人工合成的蛋白质，为人类认识生命、揭开生命奥秘迈出了可喜的一大步。这项成果获 1982 年国家自然科学奖一等奖。

2) 固相合成法

1963 年，美国化学家 R. B. Merrifield 提出了合成肽的新方法——固相合成法，该方法使肽的合成有了革命性的突破。固相合成法的基本原理是：选择一个带有基团—CH_2Cl 的微珠型网状聚苯乙烯——二乙烯基苯树脂作为载体，这个载体被溶剂所溶胀，形成具有流动性的凝胶，凝胶可看成不溶于溶剂的固相，肽的合成就是在这种固相基体上进行的。首先将氨基已被保护的氨基酸与树脂上的—CH_2Cl 反应，形成酯挂在树脂上。然后除去保护基，使其与另一个氨基已被保护的氨基酸在活化羧基的试剂 DCC 作用下反应，生成一个氨基被保护的二肽。用 HBr-CH_3COOH 处理，除去保护基得到二肽。重复上述反应，待所有的氨基酸都依次连接上后，用 HBr-CF_3COOH 处理，将肽链从树脂上断裂下来。在这种合成方法中，生成的肽是挂在树脂上的，是不溶解的，在每次反应后，只需将杂质洗去，而将挂在树脂上的肽分离出来。这样就省去了许多分离、提纯的步骤。整个合成过程和操作步骤可示意如下。

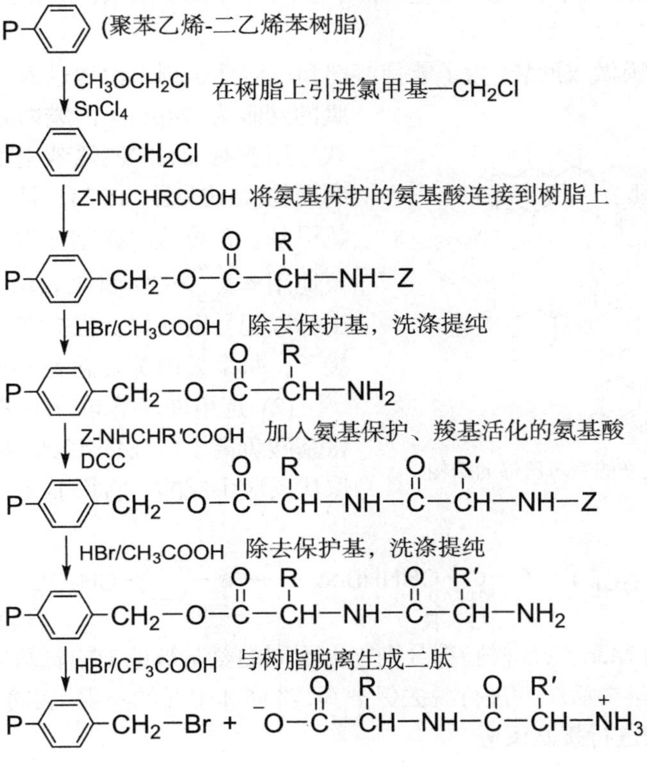

重复上述过程可合成三肽、四肽等多肽产物。

该方法有以下优点：

(1) 在肽的全部合成过程中，可通过加入过量的试剂和单体原料促使反应进行完全，所以每步反应产率较高。

(2) 由于每步产物都挂在固相载体上，而未反应的原料和副产物都在溶液中，因此很容易通过简单的过滤和洗涤将这些杂质除去。

(3) 由于以上两种原因，全部过程操作简便，节省时间。

Merrifield 已将这种合成方法自动化，研制出了“蛋白质合成仪”。采用这种仪器仅用六周就合成了由 124 个氨基酸残基组成的核糖核酸酶。由此，他于 1984 年获得诺贝尔化学奖。

15.3.3　组合合成

1963 年，Merrifield 提出了使用二乙烯苯(约 2%)和苯乙烯共聚物树脂作为固相载体合成多肽的方法。由于该合成技术对多肽的合成有较大的突破，被认为是有机合成的一种变革。到 20 世纪 80 年代中期，利用 Merrifield 固相合成法合成了许多多肽，使得固相合成技术得到很好的开发和完善。但用这种技术只能合成一条肽链，要想合成出众多的肽链，仍需花费相当长的时间。由于对蛋白质-蛋白质识别情况研究的需要，要求方便快捷地制备出数百个多肽，这就必须开发新的合成技术。在这种背景下，一个多快好省的组合合成技术诞生了。组合合成就是在一个反应器内使用相同的反应条件同时制备出多种多肽。在这里只简单地介绍 R. A. Houghten 于 1985 年提出的网袋内多肽合成法和 A. Furka 于 1988 年提出的混合均分合成法。

1. 网袋内多肽合成法

1985 年，Houghten 为了在相同反应条件下能同时合成多条肽，提出了网袋内多肽合成法。其基本内容如下：

(1) 选用聚丙烯膜做成网袋，为了能使溶剂和可溶性试剂自由地进入，而树脂珠又不漏出，膜的网眼为 74μm。网袋内装满树脂珠，该树脂珠是用含有 2%二乙烯苯交联的聚苯乙烯凝胶状高聚物(结构见图 15.1)，且在高聚物苯环上带有氯甲基，常将这种树脂称为 Merrifield 树脂，形象地用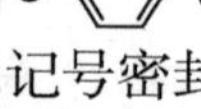CH_2Cl来表示。将装满树脂珠的袋子标以记号密封好。根据需要可做成几十个这种袋子，每个袋内都装满 Merrifield 树脂。

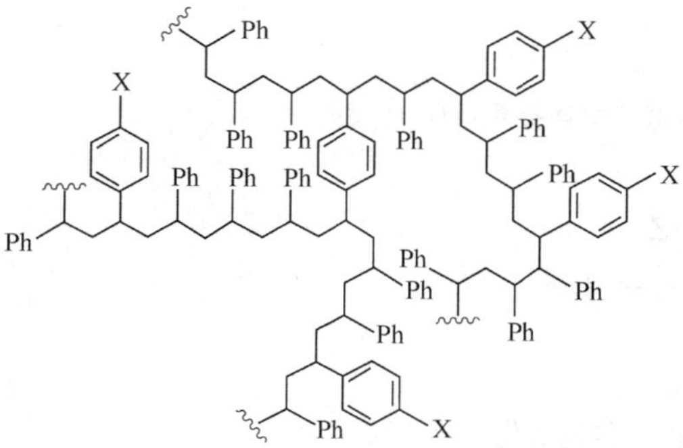

图 15.1　二乙烯苯交联的聚苯乙烯的结构

(2) 选用许多不同的用 Boc 将氨基保护了的氨基酸负离子与 Merrifield 树脂中的氯进行亲核取代反应生成酯，将用 Boc 保护的氨基酸连到树脂上。反应式如下：

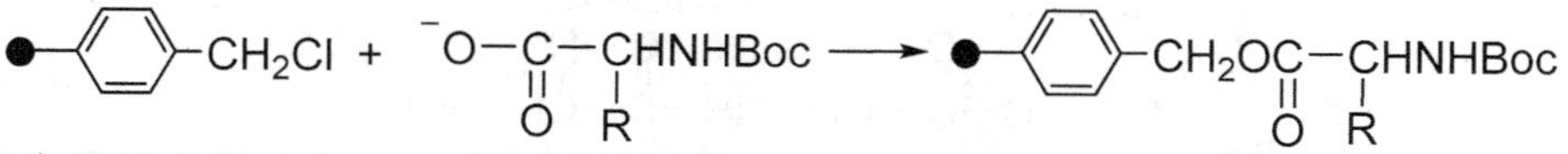

这样，每个袋子内的 Merrifield 树脂都分别连上不同的氨基被保护的氨基酸。

(3) 将这些袋子集中后统一进行脱去保护基、洗涤和中和的步骤。再将这些袋子分成几组，准备和不同的氨基酸进行接肽反应。

(4) 根据需要可设计几个不同反应的反应器，以实现与不同的氨基酸进行接肽反应。

(5) 将每组袋子分别放入不同的反应器中，在 DCC 作用下进行接肽反应生成二肽。

(6) 重复上述步骤(3)～(5)，可以实现三肽、四肽等多肽的合成。

(7) 用 HF/苯甲醚试剂，使用专门设计的同时可以处理 20 个袋子的装置将多肽从树脂珠上切下，从而同时得到几十种多肽。

使用这种网袋内多肽合成方法，在 4 周时间内就可制备出 260 个多肽，明显地改善了合成效率，被认为是组合合成的典型范例。

2. 混合均分合成法

混合均分合成法由 A. Furka 在 1988 年提出，并在 1988～1991 年得以发展。由于该法提供了快速高效地生成巨大数目的多肽和其他有机化合物的途径，因此自问世以来受到许多科学家的欢迎，并进一步使该法得以开发和完善。

混合均分合成法的主要内容是：

(1) 选择 Merrifield 树脂作为固相载体，将一定数量的这种载体分成相等的几部分，每一部分都独自与用 Boc 基保护了氨基的氨基酸或其他单体原料进行反应，将不同的用 Boc 基保护了氨基的氨基酸连接到载体上。

(2) 这些连有不同氨基酸的树脂载体通过脱保护基、洗涤和中和步骤后合并，经彻底混合均匀后再分成相等的几部分。

(3) 每一部分独自与氨基被 Boc 基保护的氨基酸(一般是第一步有几种氨基酸，以后就用几种)进行接肽等一系列反应，生成二肽混合物。

(4) 重复上述步骤，可得三肽混合物、四肽混合物和多肽混合物。

以 Merrifield 树脂为固相载体，A、B、C 三种氨基酸在这种载体上运用混合均分合成法生成三肽混合物的过程如图 15.2 所示(图中小黑圆“●”表示 Merrifield 树脂)。

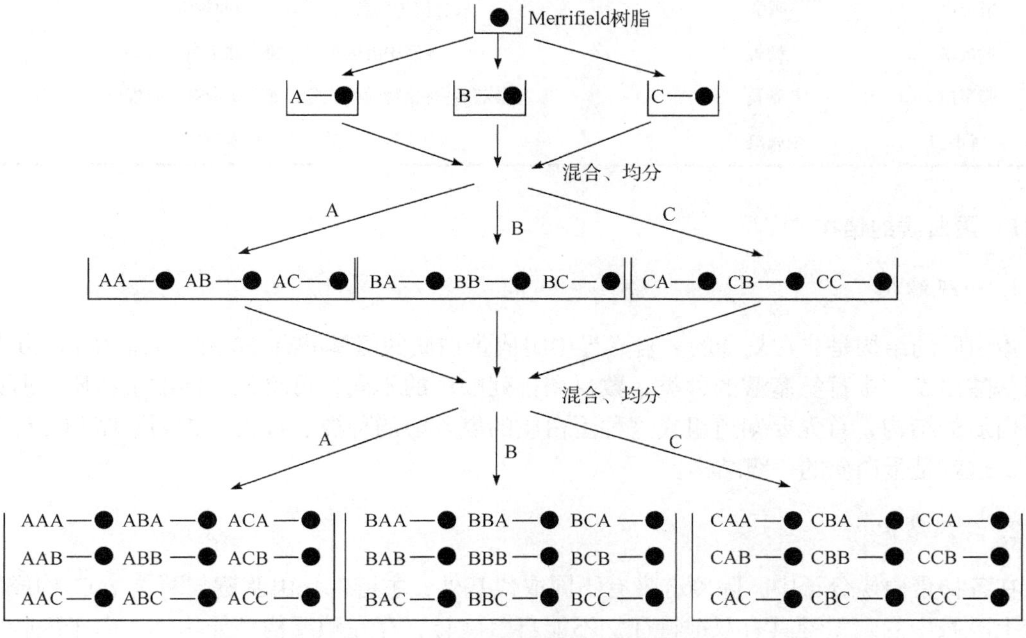

图 15.2　混合均分合成法合成过程

从图 15.2 可以看出，运用混合均分合成法，由 A、B、C 三种氨基酸合成了三组混合物，每组混合物包括 9 个三肽，共计 27 个三肽。对三组三肽混合物的活性进行测试，任何给出活性的混合物都可揭示其中活性化合物的结构，从而发现活性最好的化合物。

15.4 蛋 白 质

蛋白质是由 20 种左右的 α-氨基酸通过肽键连接而成的聚酰胺类高分子化合物，相对分子质量从 1 万到数千万。蛋白质分为两大类：纤维状蛋白质和球状蛋白质。

纤维状蛋白质分子像一条线，且倾向于排列成纤维状，不溶于水。纤维状蛋白质是动物组织的主要结构材料，如皮肤、头发、指甲、羊毛和羽毛中的角蛋白等。

球状蛋白质分子链折叠成近乎球形，分子在进行折叠时，分子中的憎水部分向里聚集在一起。亲水基团倾向于分布在表面上，因此球形蛋白质易溶于水，由于分子很大，这些溶液呈胶状。球状蛋白质具有维护和调节生命过程中各种有关功能的作用。由球状蛋白质构成的有酶、激素、血红蛋白等。

蛋白质又常根据化学组成分为单纯蛋白质和结合蛋白质，根据功能分为活性蛋白质和非活性蛋白质。

结合蛋白质水解的最终产物除 α-氨基酸外，还有非蛋白质部分，称为辅基。结合蛋白质可根据辅基的不同进行分类(表 15.2)。

表 15.2　结合蛋白质的分类

结合蛋白质	辅基	实例
核蛋白	核酸	动植物细胞核和细胞浆内，如染色体蛋白、核蛋白
色蛋白	色素	动物血红蛋白、植物叶绿蛋白和细胞色素
磷蛋白	磷酸	染色质中磷蛋白、卵黄中的卵黄蛋白
糖蛋白	糖类	唾液中的糖蛋白、免疫球蛋白
脂蛋白	脂类	血浆和各种生物膜的成分，如乳糜微粒、脂蛋白
金属蛋白	金属离子	铜蛋白、激素、胰岛素等

15.4.1　蛋白质的结构

1. 一级结构

蛋白质的结构是非常复杂的。自然界中组成蛋白质的氨基酸有 20 种左右。由这 20 种左右氨基酸出发，根据氨基酸的种类、数目和排列顺序的不同，可组成不同的蛋白质。所以研究蛋白质的结构，首先要知道组成这种蛋白质的氨基酸的种类、数目、排列顺序和二硫键的位置，这就是蛋白质的一级结构。

2. 二级结构

在各种蛋白质分子中，除侧链带有不同取代基外，主链都是由肽键与两端 α-C 构成的。主链上酰胺中的碳氮键具有双键特征，不能自由旋转，存在顺反构型异构体。由于酰胺中碳和氮原子连接的基团空间体积较大，因此肽链的构型均是以反式存在。同时肽键与两端 α-C 构成一个平面，称为肽平面，蛋白质由这些肽平面连接而成。

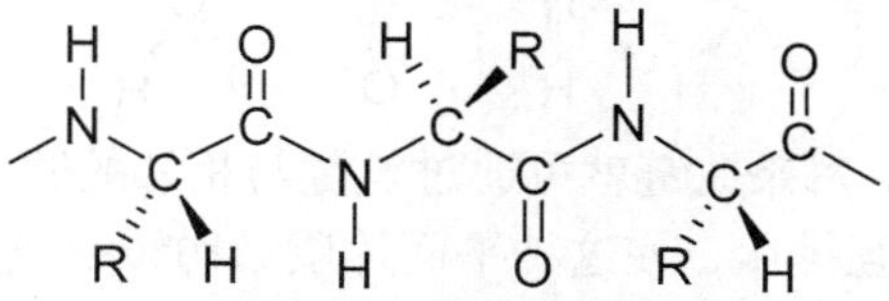

但是肽键的氮和碳上其他以单键相连的基团是可以自由转动的，因此肽链可以有多种构象异构体。

蛋白质的二级结构是指多肽链主链骨架中各个肽段所形成的规则的或无规则的构象。由于肽键中酰基上的氧能与其他肽键中氨基上的氢形成氢键，从而可以使肽链排列成有规则的构象。最常见的蛋白质二级结构有 α-螺旋结构、β-折叠结构、无规卷曲和 β-转角等。

1) α-螺旋结构

许多天然蛋白质中，由于氨基酸残基侧链 R 基比较大，不利于每条肽链与相邻肽链分子间作用，这时每条肽链以不同部位之间的氢键维持肽链主链骨架围绕一个轴盘成螺旋形构象。螺旋的方向有左手和右手之分，因此螺旋分为左手螺旋和右手螺旋。按照氢键的形成方式不同，可以将螺旋分为 α-螺旋和 γ-螺旋。右手 α-螺旋是最稳定的构象，存在于大多数蛋白质中。α-螺旋结构肽链每隔 3.6 个残基上升一圈，每圈轴向升高 0.54nm。螺旋间依靠每个残基的 N—H 上的氢与后面第四个残基的 C═O 双键中的氧之间形成氢键，方向与螺旋轴大致平行，肽链中的每个残基都参与形成氢键，保持了 α-螺旋结构的稳定性。X 射线衍射实验表明，α-角蛋白的每条肽链都盘成螺旋形。蛋白质的 α-螺旋结构如图 15.3 所示。

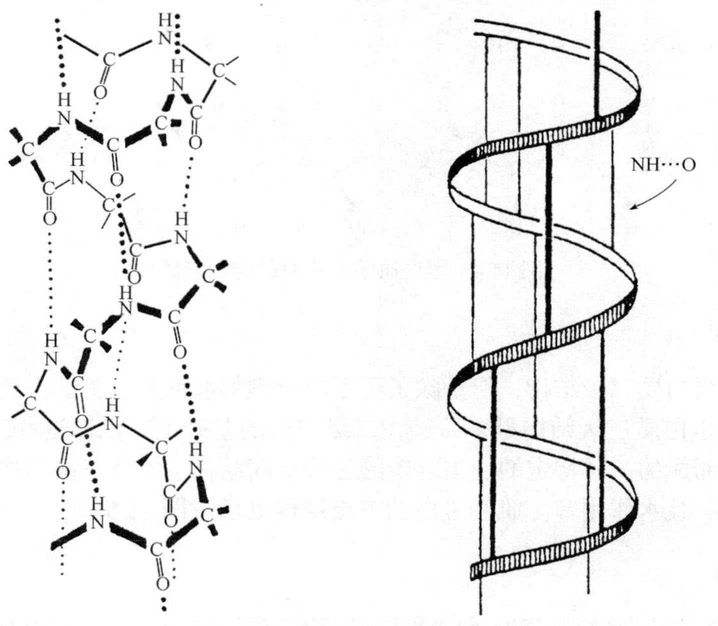

图 15.3　蛋白质的 α-螺旋结构示意图

2) β-折叠结构

一个肽链完全伸展呈平面锯齿形排列时，肽链中侧链上的 R 基沿肽链呈反式排列：

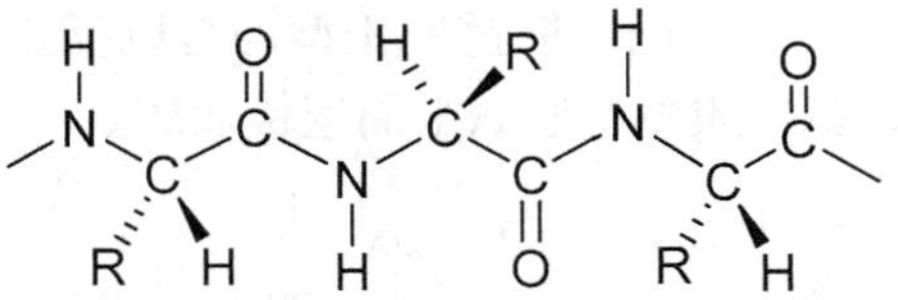

如果 R 基比较小或中等，每条肽链就可通过氢键与相邻的肽链相连，形成平面片层结构。但由于两条肽链间 R 基团相互排斥，使这种平面片层结构转变成为折叠形结构，这就是 β-折叠形构象(图 15.4)。例如，丝心蛋白的结构就是 β-折叠构象。β-折叠层有两种不同类型：平行结构，肽链的排列从 N 端到 C 端为同一方向；反平行结构，一条肽链从 N 端到 C 端，另一条刚好相反。

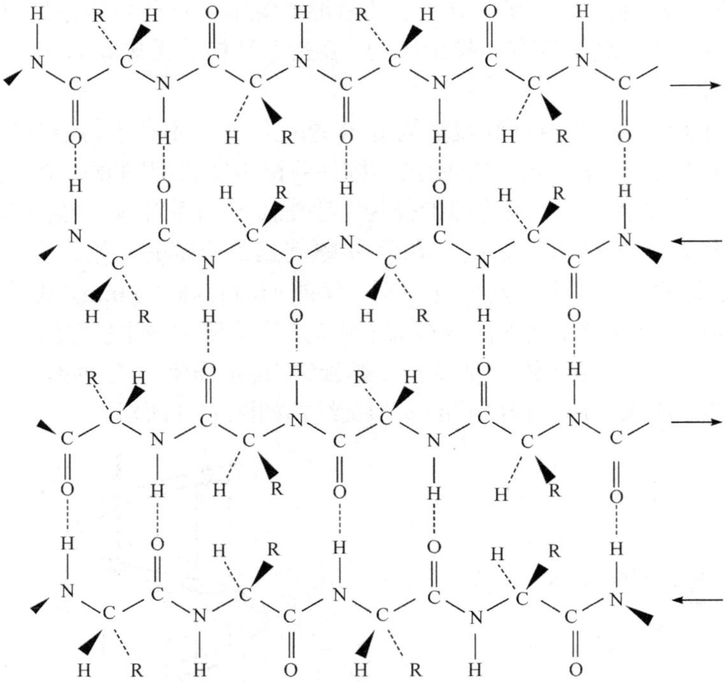

图 15.4　蛋白质的 β-折叠结构示意图

3. 三级结构

氢键维持了蛋白质二级结构，但是除了可形成氢键的肽键外，侧链上还含有羟基、巯基、羧基及氨基等。蛋白质三级结构是多肽链在二级结构的基础上，依靠这些基团的相互作用进一步卷曲、折叠而成的一种特定的、更复杂的三维空间结构。维持三级结构的作用力有氢键、离子键、二硫键、疏水作用等。肌红蛋白的三级结构见示意图 15.5。

4. 四级结构

蛋白质是由若干个肽链组成的。每个肽链都具有三级结构。具有三级结构的肽链称为亚基，亚基间可借助静电引力聚集在一起成为聚集态，这就是蛋白质的四级结构。例如，马血红蛋白的四级结构是由四个亚基构成的，每一个亚基由一条螺旋链和一个血红素构成(图 15.6)。

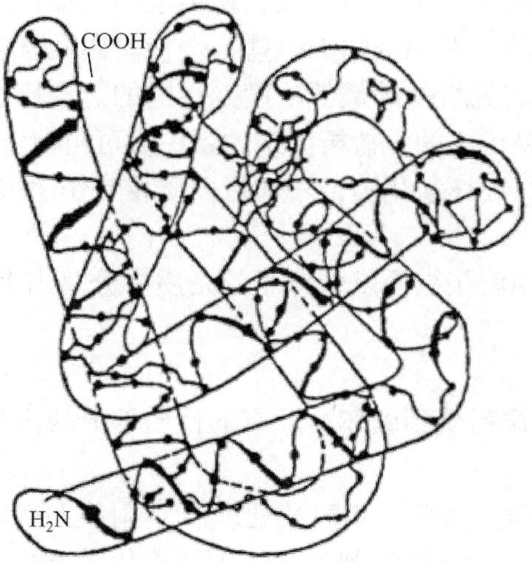

图 15.5　肌红蛋白的三级结构示意图

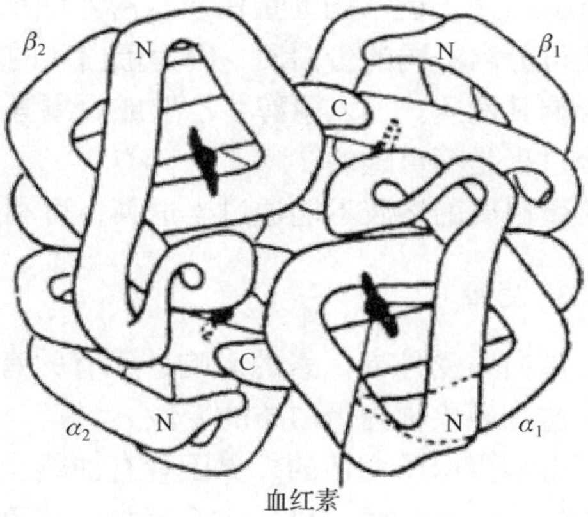

图 15.6　马血红蛋白的四级结构示意图

15.4.2　蛋白质的性质

1. 两性电离和等电点

蛋白质是多种氨基酸按一定顺序以肽键相连的天然高分子化合物。在蛋白质分子的 C 端是—COO^-负离子，N 端是—$^+NH_3$ 正离子，因此蛋白质分子也是偶极离子。蛋白质的电离情况比氨基酸复杂得多，但是蛋白质在强碱性溶液中仍以负离子存在，而在强酸性溶液中以正离子存在，所以蛋白质也有等电点。不同的蛋白质具有不同的等电点。在等电点时，正离子和负离子的量相等，在电场中不发生迁移，蛋白质在水中的溶解度最小，容易析出。利用这个性质可分离蛋白质。

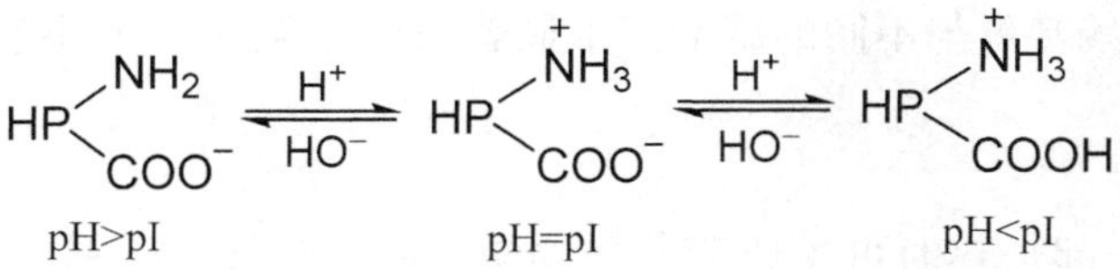

(HP代表蛋白质中的肽链)

2. 蛋白质溶液

纤维状蛋白质是不溶于水的，球状蛋白质是溶于水的。但是由于蛋白质分子很大，球状蛋白质的水溶液是呈胶状的。由于蛋白质分子表面具有氨基、羧基、羟基、—CONH—等亲水基团，它们都能与水形成氢键，吸附水分子。蛋白质分子的表面都被水层包围着，从而增强了蛋白质溶液的稳定性。蛋白质分子表面有许多极性基团，在非等电点时带有相同的电荷，使蛋白质分子颗粒不易接近而沉淀。蛋白质分子是高分子化合物，相对分子质量很大，分子颗粒的直径一般在 1～100nm，属于胶体分散系，具有胶体溶液的特性，如布朗运动、丁达尔效应、电泳、不能透过半透膜等特点。

如果在蛋白质溶液中加入脱水剂除去水层，结果蛋白质分子会凝集而从溶液中析出。改变溶液的 pH，使其达到等电点，蛋白质分子也会从溶液中沉淀出来，所以蛋白质溶液的稳定性是有条件的、相对的。

许多无机盐，如硫酸铵、硫酸镁等加入到蛋白质溶液中，蛋白质就从溶液中沉淀出来，称为盐析。盐析作用对所有的蛋白质溶液都是存在的，即用浓的无机盐都会使蛋白质从溶液中沉淀出来。但不同的蛋白质从溶液中沉淀出来所需无机盐的最低浓度是不同的。利用这一性质可分离不同的蛋白质，因为蛋白质的盐析作用是可逆的，盐析出来的蛋白质可再溶于水，不影响其性质。加入甲醇、乙醇或丙酮等有机溶剂，破坏水化膜，增加蛋白质相互作用沉淀，这个过程是不可逆的。

蛋白质的溶胶不能透过半透膜，可利用这一性质将蛋白质从低分子的杂质中分离出来。

3. 变性

蛋白质受外界因素的影响，原有的有序的空间排列受到破坏，原有的性质部分或全部丧失，这种现象称为蛋白质的变性。

影响蛋白质变性的外界因素有加热、干燥、高压、振荡、超声波处理、X 射线照射等物理方法，以及加酸、碱、重金属盐、尿素、三氯乙酸、有机溶剂乙醇、丙酮等化学方法。这些方法影响最大的是蛋白质的二级结构。即这些方法对蛋白质分子作用的结果是破坏了蛋白质肽链中或肽链间的氢键，使蛋白质的性质发生了根本的变化。用紫外线或酒精进行消毒，就是使细菌或病毒的蛋白质失去致病能力。用放射性同位素杀死癌细胞也是因为蛋白质变性的结果。

4. 水解

蛋白质在酸、碱或水解酶的催化作用下，可发生水解反应，使蛋白质中的肽键断裂生成多肽、二肽，最后生成 α-氨基酸。可用 Van Slyke 测定氨基(—NH_2)的方法判断水解是否完全。当水解完全时，氨基氮是恒定的。

5. 显色反应

蛋白质分子中不同的氨基酸残基可与不同的试剂产生显著的显色反应，可用这些反应定性或定量地鉴定蛋白质。

1) 茚三酮反应

茚三酮水合物与 α-氨基酸一起加热时可生成蓝紫色物质，蛋白质与茚三酮也有此显色反应。

2) 黄色反应

带有苯环氨基酸的蛋白质遇到浓硝酸后即变成黄色，这是这类蛋白质的黄色反应。例如，苯丙氨酸、酪氨酸和色氨酸分子中都有苯环，当蛋白质肽链中带有这类带有苯环的氨基酸时，遇浓硝酸都呈黄色，这是由于在苯环上发生硝化反应而生成硝基化合物。

3) 双缩脲反应

在多肽或蛋白质的氢氧化钠溶液中，加入少量稀硫酸铜溶液时，溶液变成紫色或粉红色。这种反应称为双缩脲反应。

习　题

15.1　用 *R/S* 标记法给出下列 α-氨基酸的系统命名。

(1) 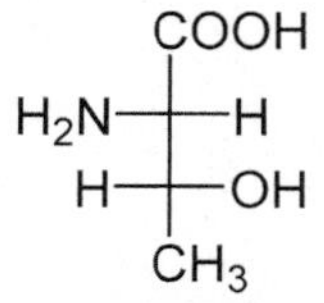　(2) 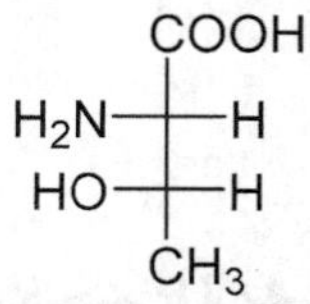　(3) 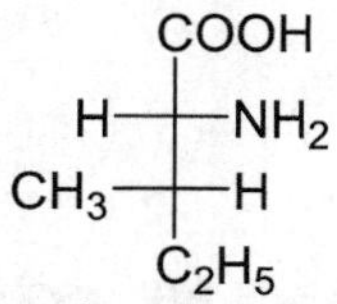

15.2　写出下列 α-氨基酸的 Fischer 投影式，并用 *R/S* 标记法给出它们的构型。

(1) L-丙氨酸　(2) L-丝氨酸　(3) L-半胱氨酸

15.3　写出下列氨基酸分别与过量的 HCl、NaOH 溶液反应的产物。

(1) 脯氨酸　(2) 谷氨酸　(3) 苏氨酸　(4) 色氨酸

15.4　写出下列反应的产物。

(1) 天门冬氨酸+热的 NaOH 溶液

(2) 酪氨酸+溴水

(3) 脯氨酸+碘甲烷(过量)

(4) 谷氨酸+1mol $NaHCO_3$

(5) 丙氨酸+$NaNO_2$+HCl

(6) 甘氨酸+CH_3CH_2OH+H^+

15.5　写出下列化合物于 pH=2、7 和 12 时，在水溶液中占优势的结构。

(1) 异亮氨酸　(2) 赖氨酸　(3) 天门冬氨酸

(4) 赖氨酸　(5) 甘氨酸

15.6　写出含有 Ala、Gly 和 Phe 三种氨基酸的三肽的所有可能结构式。

15.7　一种五肽经部分水解生成下列三种三肽，试推测该五肽的结构。

Gly-Glu-Arg　Glu-Arg-Gly　Arg-Gly-Phe

15.8　一个多肽由下列氨基酸组成：

Arg，Cys，Glu，Gly_2，Leu，Phe_2，Try，Val

将这个多肽部分水解后能生成下列三肽：

Val-Cys-Gly + Gly-Phe-Phe + Glu-Arg-Gly + Try-Leu-Val + Gly-Glu-Arg

试写出这个多肽的氨基酸连接顺序。

15.9　写出用 Merrifield 固相合成法合成 Phe-Ala-Leu 的有关步骤。

15.10　血管舒缓激肽是一个九肽，由下列氨基酸组成：两个精氨酸、一个甘氨酸、两个苯丙氨酸、三个脯氨酸和一个丝氨酸。应用 2,4-二硝基氟苯和酸肽酶水解，发现两个末端残基都是精氨酸；血管舒缓激肽部分酸性水解时，得到下列二肽和三肽：

Phe-Ser + Pro-Gly-Phe + Pro-Pro + Ser-Pro-Phe + Phe-Arg + Arg-Pro

写出血管舒缓激肽的结构。

15.11　DNA 和 RNA 在结构上有哪些主要的区别？

第 16 章　碳水化合物和核酸

16.1　碳水化合物

16.1.1　碳水化合物的定义和分类

由 C、H、O 三种元素组成，分子中氢和氧的比例和水分子相同，为 2∶1，这类化合物称为碳水化合物。因此可将碳水化合物的通式写为 $C_n(H_2O)_m$(n、m 均为正整数，二者可以相同，也可以不同)。例如，葡萄糖的分子式为 $C_6H_{12}O_6$，可表示为 $C_6(H_2O)_6$；蔗糖的分子式为 $C_{12}H_{22}O_{11}$，可表示为 $C_{12}(H_2O)_{11}$。后来发现，这种表示并不确切，因为这类化合物并不是由碳和水结合而成的，而且有些化合物，如鼠李糖($C_6H_{12}O_5$)，分子式虽不符合通式 $C_n(H_2O)_m$，但其构造和性质与这类化合物相同。也有另一类化合物，如甲醛(CH_2O)、乙酸($C_2H_4O_2$)，分子式虽符合通式 $C_n(H_2O)_m$，但构造和性质与碳水化合物完全不同。因此，碳水化合物这一名称不能准确地表示这类化合物，只是历史留下来的，至今仍然沿用而已。准确地说，碳水化合物是一类多羟基醛或多羟基酮，或能水解成多羟基醛或多羟基酮的化合物。

碳水化合物也称为糖，它分为单糖、低聚糖和多糖三类。

1) 单糖

不能简单水解成更小糖分子的碳水化合物，称为单糖，如葡萄糖、果糖、木糖、核糖和2-脱氧核糖。

2) 低聚糖

能够水解成两个或几个单糖分子的碳水化合物，称为低聚糖，如蔗糖为二聚糖。

3) 多糖

能够水解成许多个单糖分子的碳水化合物，称为多糖，如淀粉、纤维素等。

16.1.2　单糖

单糖可进一步分类。分子中含有醛基的称为醛糖，根据醛糖分子中的碳原子数目可分为丙醛糖、丁醛糖、戊醛糖和己醛糖等。单糖分子中含有酮基的称为酮糖，如戊酮糖、己酮糖等。

单糖中最重要的是己醛糖(如葡萄糖等)和己-2-酮糖(如果糖等)。

1. 几种重要单糖的构造、构型和构象

1) 丙醛糖

丙醛糖俗名甘油醛，系统名为 2,3-二羟基丙醛，是最简单的一种糖。它的重要性在于用它作为标准来确定单糖分子的构型。丙醛糖构造式为 $HOCH_2CHOHCHO$。分子中有一个手性碳原子，因此该分子有两种构型，组成一对对映体。其费歇尔投影式可表示如下：

D-(+)-甘油醛　　L-(–)-甘油醛

单糖是多羟基醛或多羟基酮，分子中有手性碳原子，是具有旋光性的化合物。对于糖类化合物一般要知道它们的旋光性(包括旋光度和旋光方向)和分子构型。旋光性可通过旋光仪直接测出，而单糖的分子构型就是以 D-(+)-甘油醛作为标准来确定的。具体方法：对于一个单糖分子，首先寻找离羰基最远的手性碳原子，然后将该手性碳原子的构型与甘油醛的 2 个构型进行比较，与 D-(+)-甘油醛的构型相同者为 D 型，与 L-(–)-甘油醛的构型相同者为 L 型。例如：

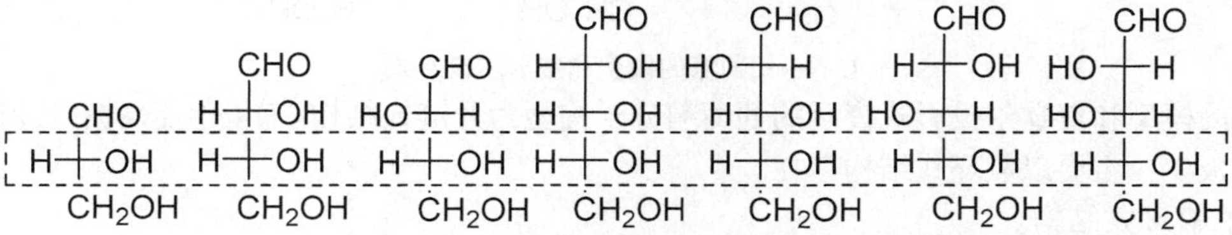

D-(+)-甘油醛　D-(–)-赤藓糖　D-(–)-苏阿糖　D-(–)-核糖　D-(–)-阿拉伯糖　D-(+)-木糖　D-(–)-来苏糖

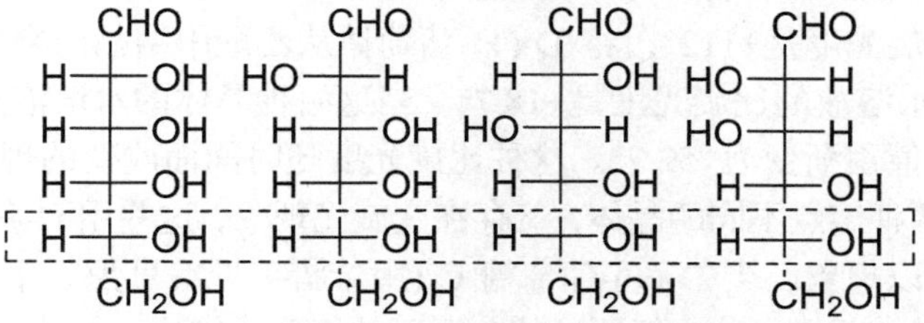

D-(+)-阿洛糖　D-(+)-阿卓糖　D-(+)-葡萄糖　D-(+)-甘露糖

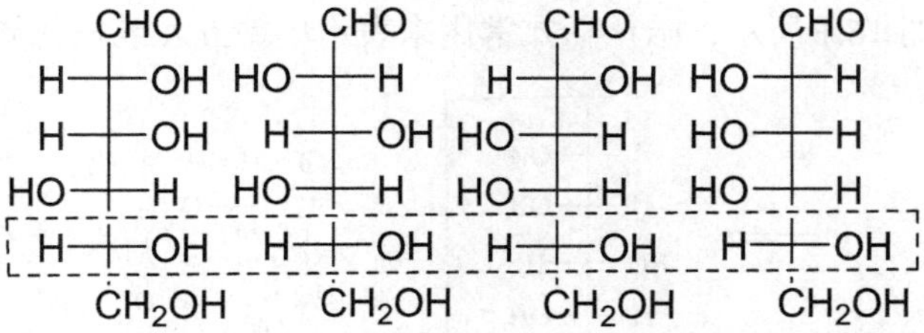

D-(–)-古罗糖　D-(–)-艾杜糖　D-(+)-半乳糖　D-(+)-塔罗糖

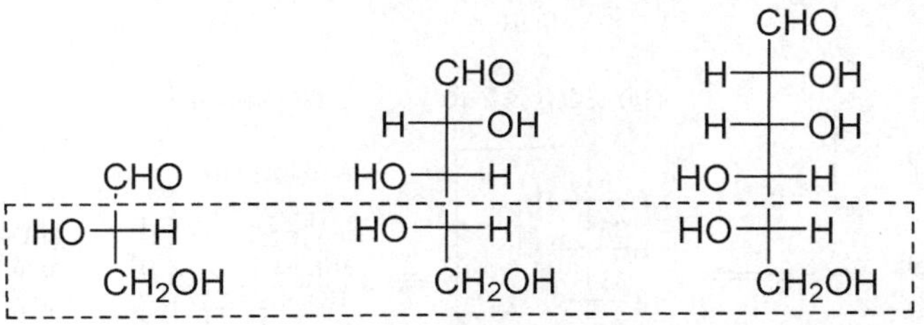

L-(–)-甘油醛　L-(+)-阿拉伯糖　L-(–)-甘露糖

由以上例子可以看出，构型与旋光性之间没有必然联系，即 D 型不一定是右旋的，L 型不一定是左旋的。

2) 葡萄糖

(1) 开链式结构。

葡萄糖是己醛糖，己醛糖的分子式为 $C_6H_{12}O_6$，构造式是

$$HOCH_2\overset{*}{C}HOH\overset{*}{C}HOH\overset{*}{C}HOH\overset{*}{C}HOHCHO$$

分子中有 4 个手性碳原子，共有 $2^4 = 16$ 个立体异构体。葡萄糖是 16 个立体异构体中的一个。从自然界得到的葡萄糖是 D-(+)-葡萄糖。其分子模型和费歇尔投影式如下：

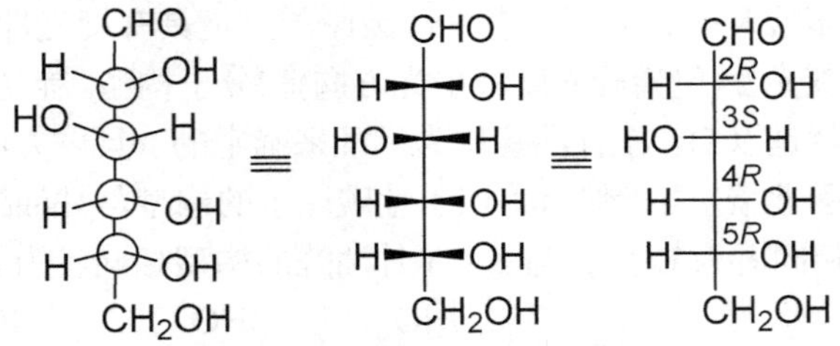

D-(+)-葡萄糖的模型和费歇尔投影式

用上面的模型和费歇尔投影式表示的葡萄糖分子构型为开链式结构。D-(+)-葡萄糖以开链式结构存在极少，主要以氧环式结构存在。

(2) 氧环式结构。

D-(+)-葡萄糖有两种晶体：将 D-(+)-葡萄糖从水溶液中结晶出来的晶体，熔点是 146℃，新配制的水溶液的比旋光度是+112°；将 D-(+)-葡萄糖从乙酸中结晶出来的另一种晶体的熔点是 150℃，新配制的水溶液的比旋光度是+18.7°。当这两种晶体的水溶液放置一段时间后，比旋光度都由原来的数值逐渐变为+52.7°。这种比旋光度随时间而改变的现象称为变旋光现象。

D-(+)-葡萄糖有两种熔点不同的晶体，又存在变旋光现象，这些用 D-(+)-葡萄糖的开链式结构是无法解释的。可以想象，当 D-(+)-葡萄糖 C^5(用希腊字母编号为 δ)上的—OH 与分子内的—CHO 形成半缩醛时，可得一种含氧原子的六元环的氧环式结构，并使 C^1 成为一个新的手性碳原子，得到两个构型异构体。这种氧环式结构称为 D-(+)-葡萄糖 δ-氧环式结构，用费歇尔投影式和哈沃斯式表示如图 16.1 所示，哈沃斯式常用来表示单糖五元或六元氧环式结构的构型式。

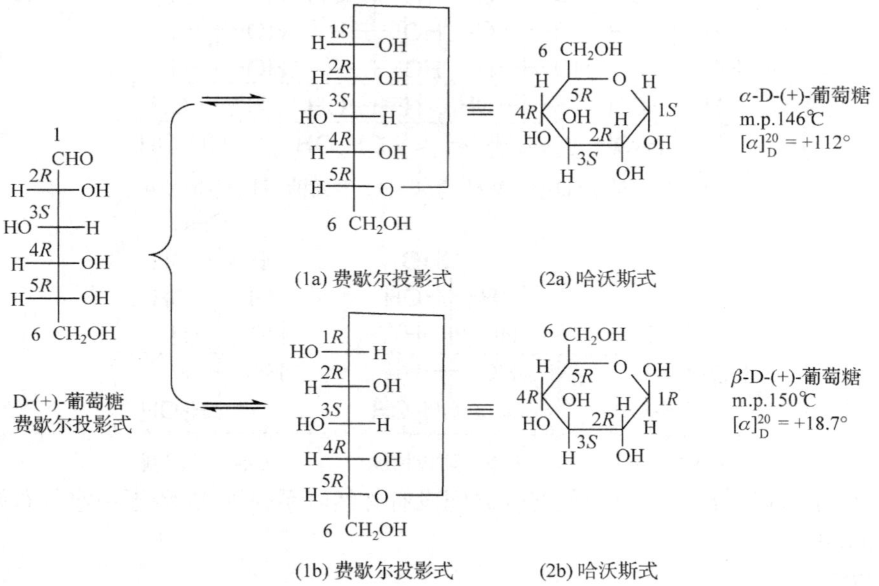

图 16.1　D-(+)-葡萄糖 δ-氧环式结构

从图 16.1 可以看出，D-(+)-葡萄糖分子中，C^5 上的羟基与醛基—CHO 加成形成半缩醛，新形成的手性碳原子 C^1(半缩醛碳原子)称为苷原子，它所连接的羟基(半缩醛羟基)称为苷羟基。在哈沃斯表示式中，苷羟基与决定构型的 C^5 上的羟甲基($HOCH_2$—)处于环平面反式即异侧者称为 α 型，即 α-D-(+)-葡萄糖；处在环平面顺式即同侧者称为 β 型，即 β-D-(+)-葡萄糖。可以看出，一个开链式可以形成两个氧环式，得 α 和 β 两个异构体。这两个异构体之间的差别仅在于第一个新形成的手性碳原子的构型不同，而其他手性碳原子的构型完全相同，这种异构体称为差向异构体。对于 α-D-(+)-葡萄糖和 β-D-(+)-葡萄糖两个差向异构体来说，构型不同的手性碳原子处在第一位，所以又称异头物，苷原子又称为异头碳。

从图 16.1 可直观地看出，D-(+)-葡萄糖的费歇尔投影式转变成氧环的费歇尔投影式(1a 和 1b)。在下面的图示中可形象地理解如何由费歇尔投影式转变为哈沃斯式。

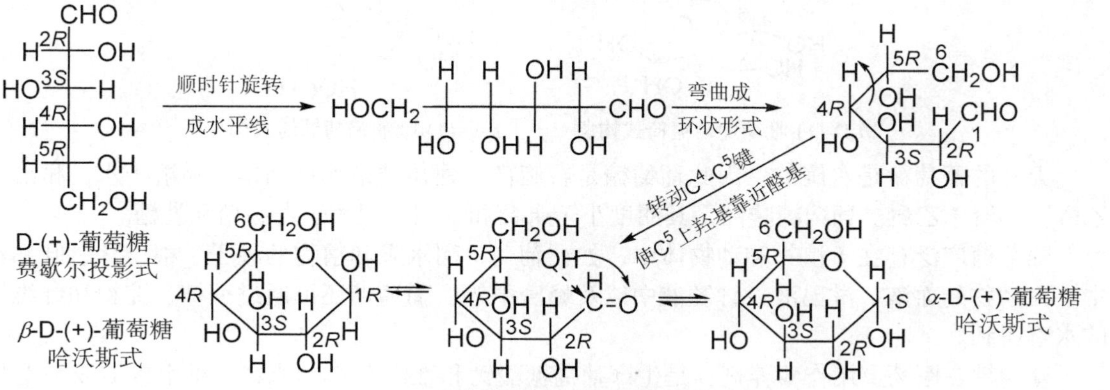

D-(+)-葡萄糖哈沃斯结构式的形成

葡萄糖 δ-氧环式结构中的氧环式骨架与吡喃环相似，因此，把葡萄糖 δ-氧环式结构称为吡喃葡萄糖，所以有 α-D-(+)-吡喃葡萄糖和 β-D-(+)-吡喃葡萄糖 2 种构型，结构式如下：

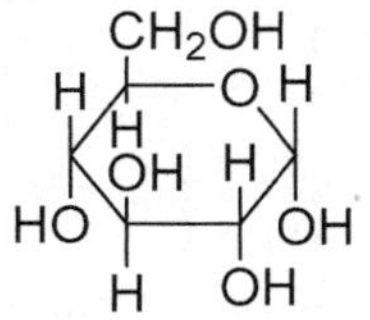

α-D-(+)-吡喃葡萄糖

m.p.146℃，$[\alpha]_D^{20} = +112°$

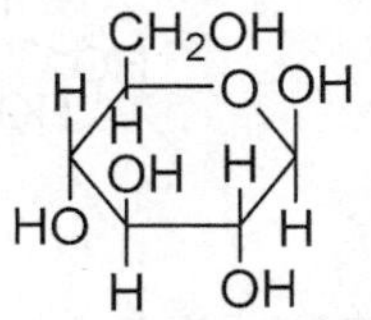

β-D-(+)-吡喃葡萄糖

m.p.150℃，$[\alpha]_D^{20} = +18.7°$

在 D-(+)-葡萄糖分子中 C^4(也称为 γ-C)上的羟基与醛基—CHO 加成形成半缩醛，可得一种包含氧原子的五元环的 γ-氧环式结构。

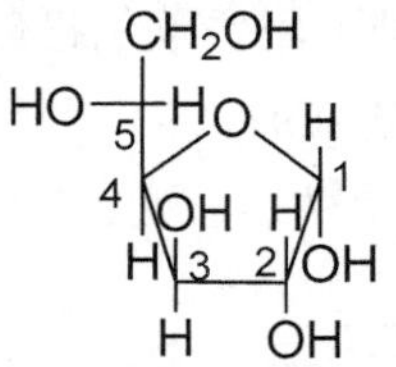

α-D-(+)-呋喃葡萄糖

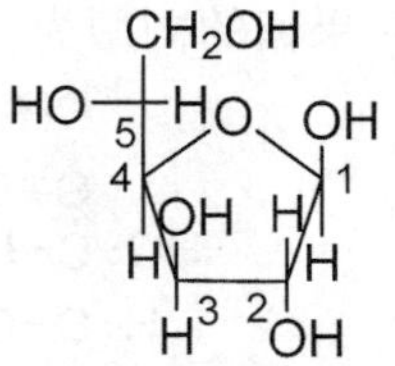

β-D-(+)-呋喃葡萄糖

此氧环式骨架与呋喃环相似，称为 D-呋喃葡萄糖。它同样存在差向异构体，即 α-D-呋喃葡萄糖和 β-D-呋喃葡萄糖。

α-D-(+)-吡喃葡萄糖和 β-D-(+)-吡喃葡萄糖水溶液放置后，两种异构体可通过开链式相互转变，比旋光度也随之改变达到恒定值，即变旋光现象。达到平衡时，开链式结构极少，呋喃葡萄糖只占不到 1%，吡喃葡萄糖约占 99%。吡喃葡萄糖中，α-D-(+)-吡喃葡萄糖占 36.4%，β-D-(+)-吡喃葡萄糖占 63.6%。说明 β-异构体比 α-异构体稳定，含量多。

(3) 构象。

D-(+)-吡喃葡萄糖氧环式结构中的六元环与环已烷相似，只是氧环式中的一个氧原子代替了环已烷中的一个 CH_2，所以可以用环已烷的构象近似表示吡喃葡萄糖中氧环式的构象，其稳定构象也是椅式。在 β-D-(+)-吡喃葡萄糖的椅式构象中，所有较大取代基(—OH，—CH_2OH)都在 e 键上，而在 α-D-(+)-吡喃葡萄糖的椅式构象中，苷羟基处在 a 键上。所以 β-D-(+)-吡喃葡萄糖比 α-D-(+)-吡喃葡萄糖稳定。

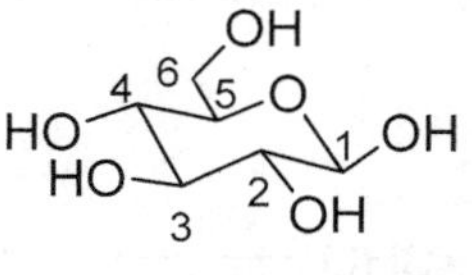

β-D-(+)-吡喃葡萄糖椅式构象

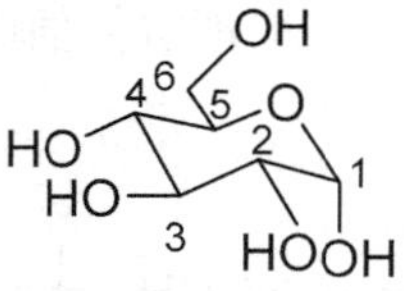

α-D-(+)-吡喃葡萄糖椅式构象

天然的葡萄糖是右旋的，因此葡萄糖是右旋糖。葡萄糖是无色晶体，易溶于水，稍溶于乙醇，不溶于乙醚。葡萄糖味甜，其甜度小于果糖和蔗糖，但大于麦芽糖和乳糖。

葡萄糖广泛存在于植物和动物体中，如在葡萄、甜水果和植物的种子、根、茎、叶和花中，在动物的血液、淋巴液、骨髓液中以及蜂蜜中等。葡萄糖还可通过蔗糖、淀粉和纤维素的水解得到。

葡萄糖在医药上用作营养剂，是生产葡萄糖酸钙和维生素 C 的原料。维生素 C 又称为抗坏血酸，其分子构型是

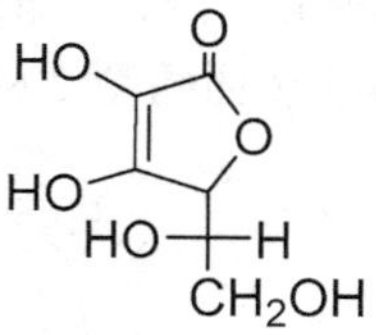

L-抗坏血酸(维生素 C)

3) 果糖

果糖是已-2-酮糖，分子式是 $C_6H_{12}O_6$，构造式为

$$HOCH_2\overset{*}{C}HOH\overset{*}{C}HOH\overset{*}{C}HOHCOCH_2OH$$

分子中有三个手性碳原子，因此有 2^3=8 个立体异构体，果糖是其中的一个。天然果糖是左旋的，即(–)-果糖。在(–)-果糖分子中离羰基最远的手性碳原子的构型与 D-(+)-甘油醛的构型相同。所以，(–)-果糖的构型为 D 型，称为 D-(–)-果糖。其构型可用费歇尔投影式表示如下：

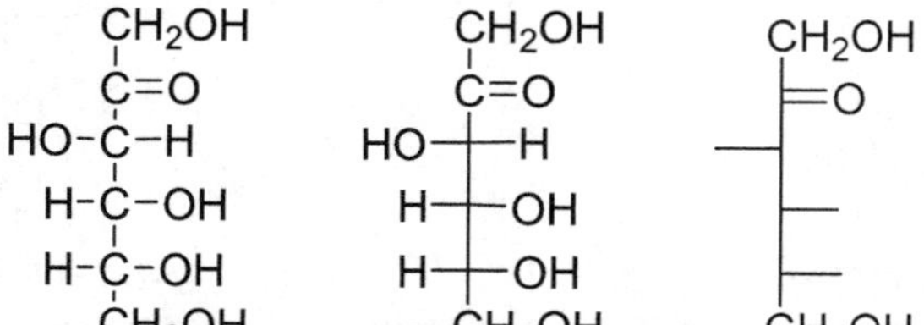

这是 D-(–)-果糖的开链式结构。D-(–)-果糖常以氧环式结构存在，D-(–)-果糖的氧环式结构有两类：一类是 C^6 上羟基(—OH)与羰基形成半缩酮，这样形成的氧环式是六元环(δ-氧环式)，称为 D-(–)-吡喃果糖，有 α-D-(–)-吡喃果糖和 β-D-(–)-吡喃果糖两种构型；另一类是 C^5 上羟基(—OH)与羰基形成半缩酮，这样形成的氧环式是五元环(γ-氧环式)，称为 D-(–)-呋喃果糖，D-(–)-

呋喃果糖也有 α-D-(–)-呋喃果糖和 β-D-(–)-呋喃果糖两种构型。

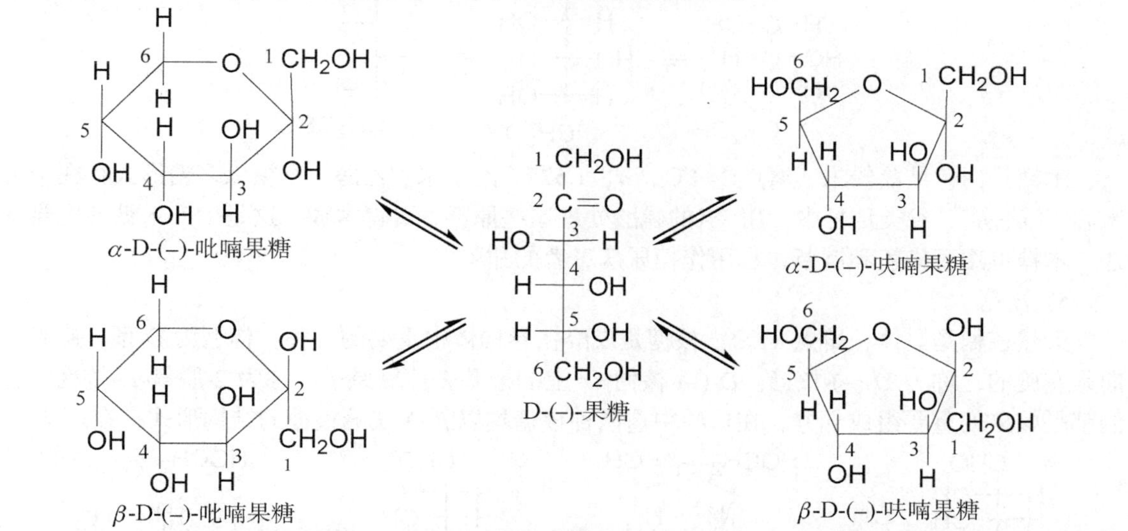

所以在 D-(–)-果糖水溶液中既存在少量的开链式，也存在 δ-氧环式吡喃果糖[α-D-(–)-吡喃果糖和 β-D-(–)-吡喃果糖]和 γ-氧环式呋喃果糖[α-D-(–)-呋喃果糖和 β-D-(–)-呋喃果糖]，这五种结构通过开链式结构形成平衡混合物。

α-D-(–)-吡喃果糖和 β-D-(–)-吡喃果糖的椅式构象式表示如下：

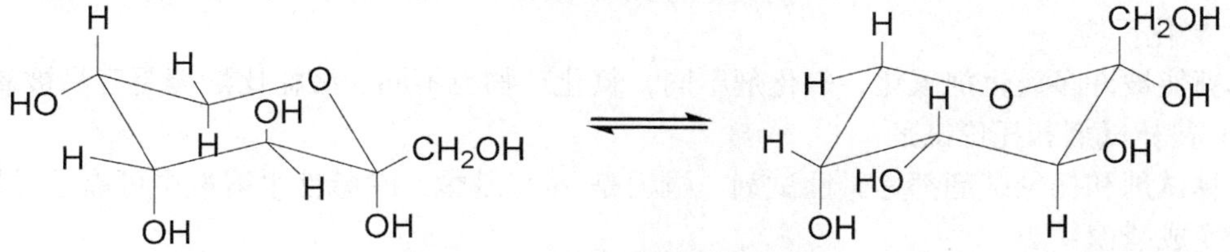

α-D-(–)-吡喃果糖的椅式构象

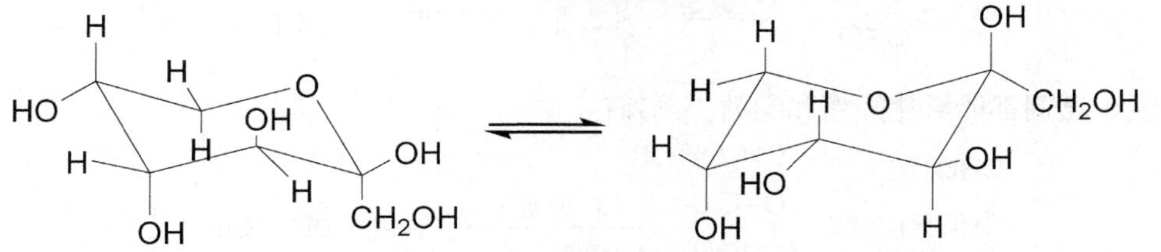

β-D-(–)-吡喃果糖的椅式构象

天然果糖是左旋的，是左旋糖，无色晶体，熔点 104℃(分解)，d_4^{20} 1.60，易溶于水、吡啶，可溶于乙醇[1g · (15mL 乙醇)$^{-1}$]，不溶于乙醚。果糖味甜，甜度是蔗糖的 1.5 倍，是糖类中最甜的糖。果糖广泛存在于蜂蜜、水果和植物的种子中，可用作食物和营养剂。

4) 木糖

木糖是戊醛糖，分子式是 $C_5H_{10}O_5$，构造式是

$$HOCH_2\overset{*}{C}HOH\overset{*}{C}HOH\overset{*}{C}HOHCHO$$

分子中有三个手性碳原子，有 2^3=8 个立体异构体，木糖是其中的一个。木糖是右旋糖，即(+)-木糖。木糖分子中离醛基最远的手性碳原子的构型与 D-(+)-甘油醛相同，所以(+)-木糖的构型为 D 型，称为 D-(+)-木糖。其构型可用费歇尔投影式表示如下：

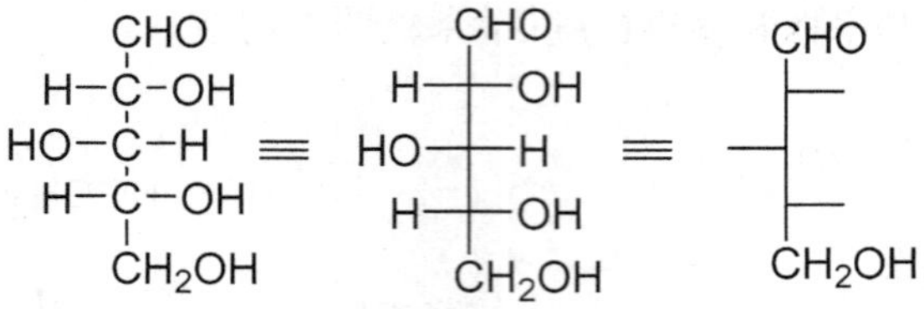

木糖是白色结晶粉末，熔点 144℃，d_4^{20} 1.525，溶于水和乙醇。木糖以多糖形式存在于玉米芯、棉籽壳、谷类秸秆中，用 8%的硫酸处理这些原料，可得木糖，这是生产木糖的主要方法。木糖可用于染色和制革，也用作糖尿病患者的甜料。

5) 核糖

天然核糖是晶体，熔点 87℃。核糖是戊醛糖异构体中重要的一种，构型为 D 型，旋光方向是左旋的，称为 D-(–)-核糖。D-(–)-核糖 C^2 上的羟基去掉氧原子后称为 2-脱氧-D-核糖。它们都是核酸的重要组成部分，在核酸中这两种核糖均以 *β*-D-呋喃核糖的结构形式存在。

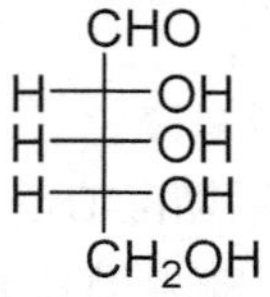
D-(–)-核糖

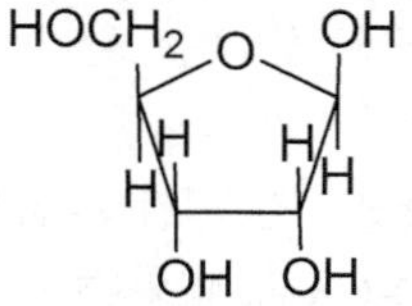
β-D-(–)-呋喃核糖

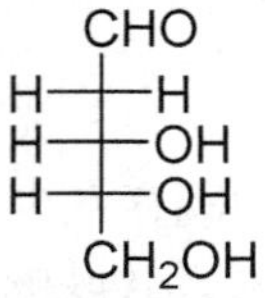
2-脱氧-D-核糖

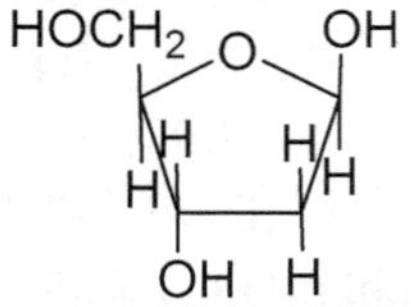
β-2-脱氧-D-呋喃核糖

2. 单糖的化学性质

1) 氧化反应

单糖能被许多氧化剂氧化，氧化剂不同，氧化产物也不同。醛糖比酮糖更容易被氧化。

(1) 费林试剂和托伦试剂。

费林试剂和托伦试剂都是碱性试剂。酮糖是 *α*-羟基酮，在碱性水溶液中可以通过异构化反应转变成醛糖：

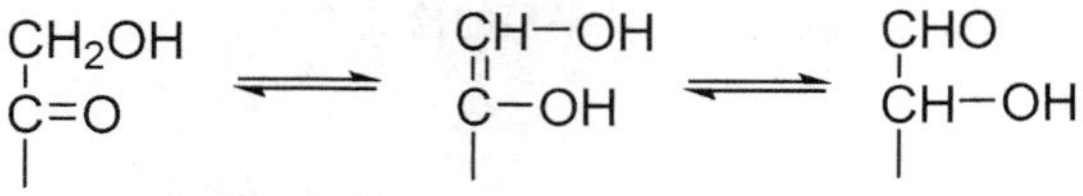

所以这两个试剂都能氧化醛糖和酮糖。例如：

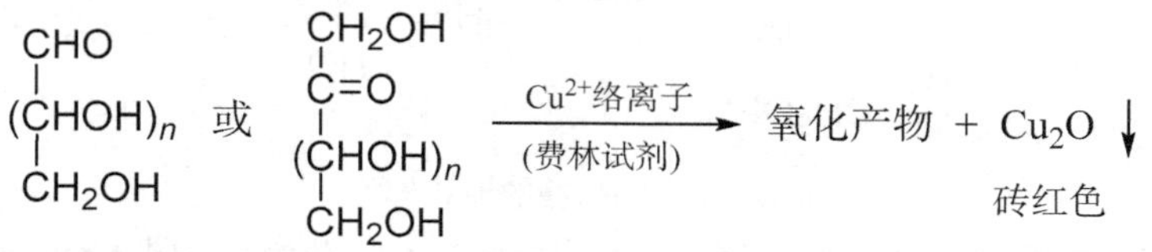

费林试剂和醛糖或酮糖反应时，Cu^{2+}络离子蓝色消失，产生砖红色 Cu_2O 沉淀。此反应常用来鉴别单糖。

托伦试剂和葡萄糖反应生成的银附着在玻璃制品上，所以该反应在工业上用于玻璃器皿镀银。

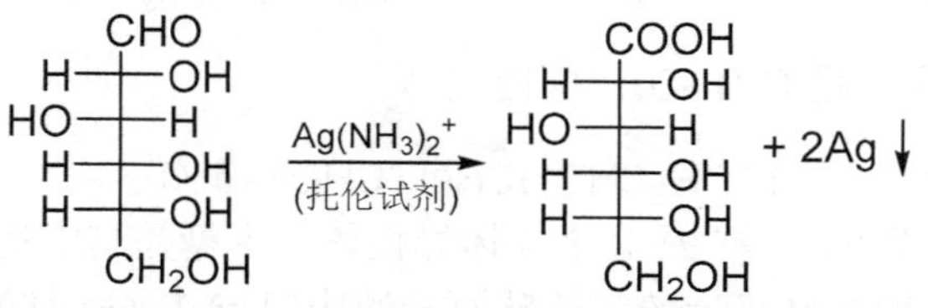

费林试剂或托伦试剂能氧化醛糖或酮糖，或者说醛糖或酮糖能还原费林试剂或托伦试剂，所以常称醛糖或酮糖为还原糖。具有半缩醛基或半缩酮基的糖也是还原糖，缩醛或缩酮的糖

不能还原费林试剂或托伦试剂，为非还原糖。

用费林试剂或托伦试剂氧化醛糖或酮糖时，一般得到的产物为混合物，没有制备价值。

(2) 溴水。

溴水是一种酸性试剂，它不会引起醛糖和酮糖的互变异构使酮糖转变为醛糖，所以溴水只能氧化醛糖，不能氧化酮糖。常用溴水氧化醛糖或酮糖的反应来区分醛糖和酮糖。

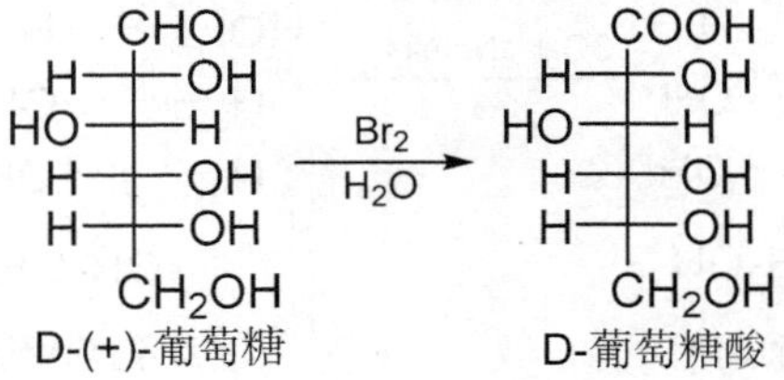

(3) 硝酸。

硝酸是强氧化剂，用它来氧化醛糖时，既可使—CHO 氧化，也可使伯醇羟基氧化，生成二元酸。

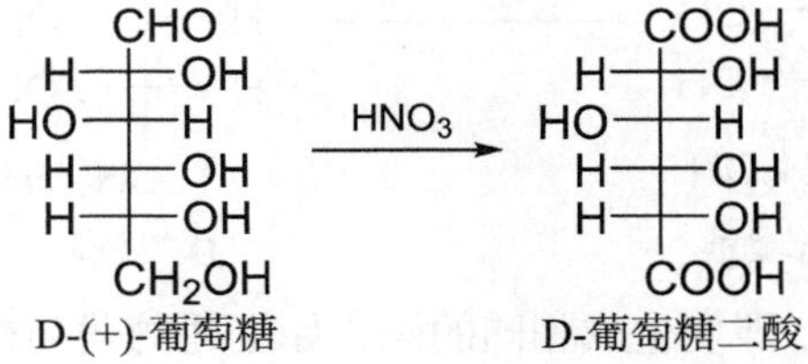

(4) 高碘酸。

醛糖和酮糖分子中含有多个 α-二醇，含有 α-羟基醛或 α-羟基酮，很容易被高碘酸氧化，发生碳碳键断裂，生成醛、酮和酸。例如：

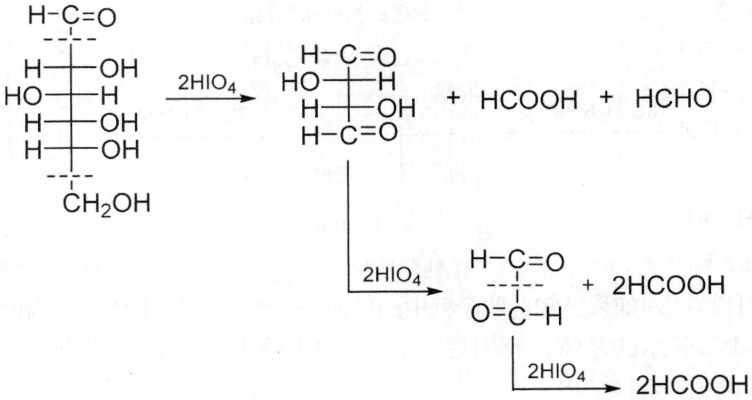

2) 还原反应

醛糖或酮糖分子中的羰基可被还原剂如 $NaBH_4$ 还原，也可用催化加氢法还原。例如：

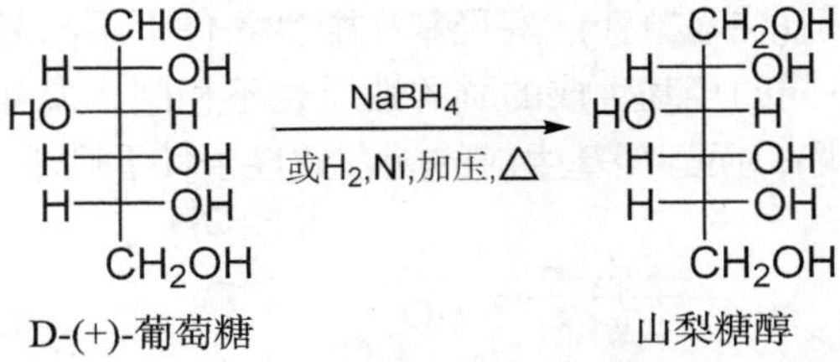

山梨糖醇为无毒、无臭、无色晶体，是合成维生素 C 和表面活性剂的重要原料。

3) 生成糖脎

醛糖、酮糖分子中的羰基和苯肼作用生成腙，当用 3mol 的苯肼与 1mol 的醛糖或酮糖反应时，则在 C^1 和 C^2 处都生成腙，这种双腙称为脎。例如：

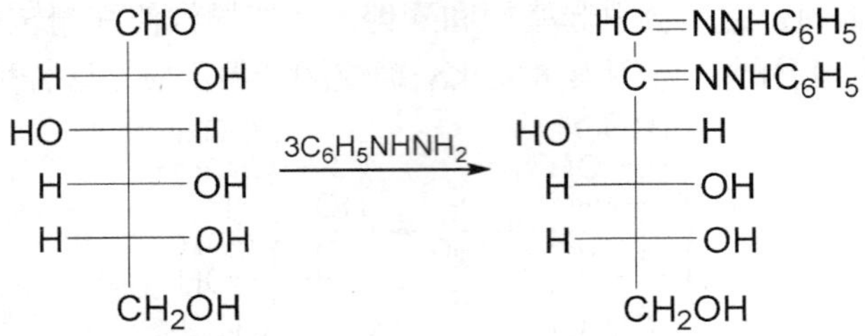

D-(+)-葡萄糖　　D-葡萄糖脎

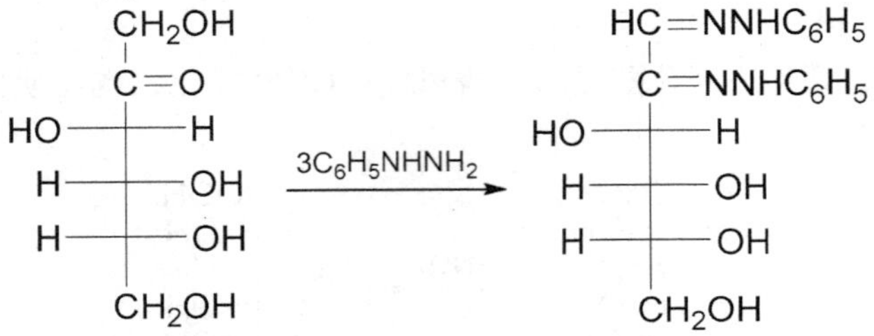

D-(−)-果糖　　D-果糖脎

不同的糖生成不同的脎，即使生成相同的脎，如上述的葡萄糖和果糖生成的脎是相同的，但它们析出脎的时间也不相同，因此可利用生成脎的反应鉴别糖。

苯肼只与醛糖或酮糖的 C^1 和 C^2 上的羰基反应生成脎，因此 C^3、C^4 和 C^5 构型相同的己糖，都生成相同的脎，这可用来确定糖的构型。例如：

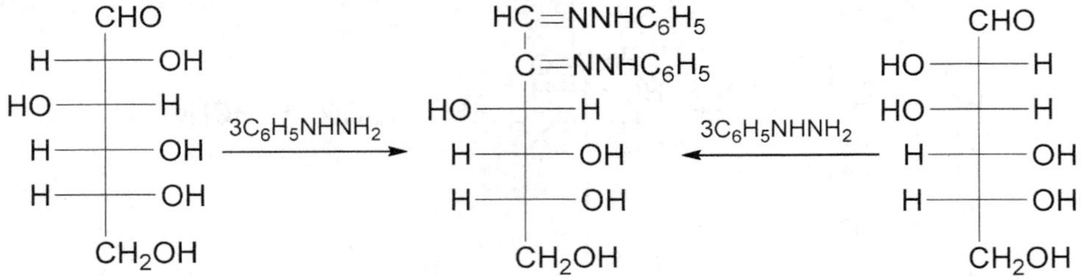

D-(+)-葡萄糖　　D-葡萄糖脎　　D-(+)-甘露糖

从上述反应可以看出，如果已知这两个糖中的任何一个糖的构型，则另一个糖的构型即可确定。

糖脎是黄色难溶于水的晶体，有固定的熔点，不同的脎有不同的晶型。

4) 生成醚和酯

D-(+)-葡萄糖的氧环式结构中有两类羟基即苷羟基(或称半缩醛羟基)和醇羟基。这两类羟基在变成醚时反应条件完全不同。在酸性条件下，D-(+)-吡喃葡萄糖的苷羟基可与甲醇或高碳醇反应，生成甲醚(甲苷)或烷基醚(烷基糖苷)。醇羟基在酸性条件下不与醇反应，只有在碱性条件下才与醇反应生成醚。两种不同的羟基生成的醚的性质也不相同，烷基苷经酸性水解重新转变成原来的醇和半缩醛(或半缩酮)，而醇羟基生成的醚在酸性条件下则不发生水解反应。

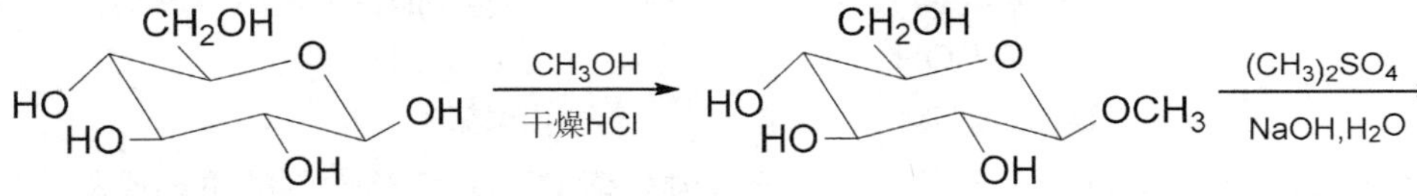

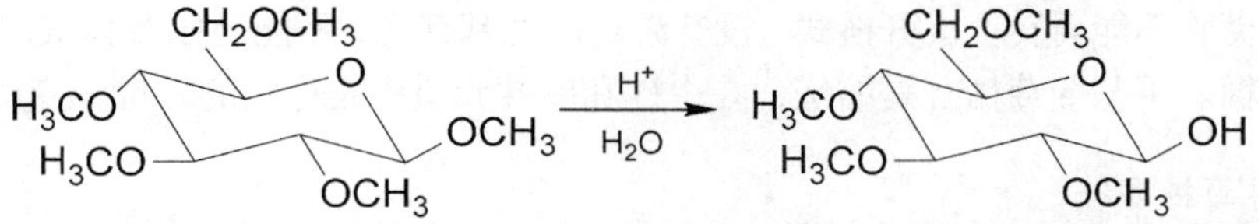

苷羟基和醇羟基在碱性条件下都可与乙酐或乙酰氯反应生成葡萄糖五乙酸酯。

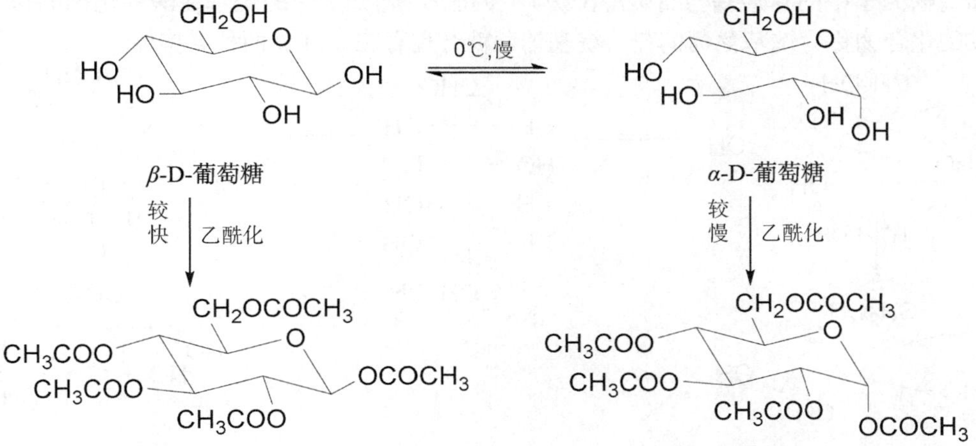

β-D-葡萄糖五乙酸酯　　　　　　　　　　α-D-葡萄糖五乙酸酯

在低温(如 0℃)、碱性(如吡啶)条件下，葡萄糖乙酰化反应的速率比 α、β 异构体之间互变速率大，所以给出相应的葡萄糖五乙酸酯。但在较高温度时，两种异构体互变速率增大，而 β-异构体乙酰化反应速率比 α-异构体大，所以 β-D-葡萄糖五乙酸酯为主要产物。

16.1.3　糖苷

葡萄糖分子中的苷羟基(半缩醛羟基)与另一单糖分子中的苷羟基或醇羟基或脂肪醇中的羟基在酸催化下失水生成的化合物称为葡萄糖苷，简称苷，也称配糖体。

1. 甲基葡萄糖苷(甲苷)

D-(+)-葡萄糖在氯化氢催化作用下与甲醇反应则生成甲基-D-(+)-葡萄糖苷。由于葡萄糖苷羟基有 α、β 两种构型，因此就有甲基-α-葡萄糖苷和甲基-β-葡萄糖苷两种构型。

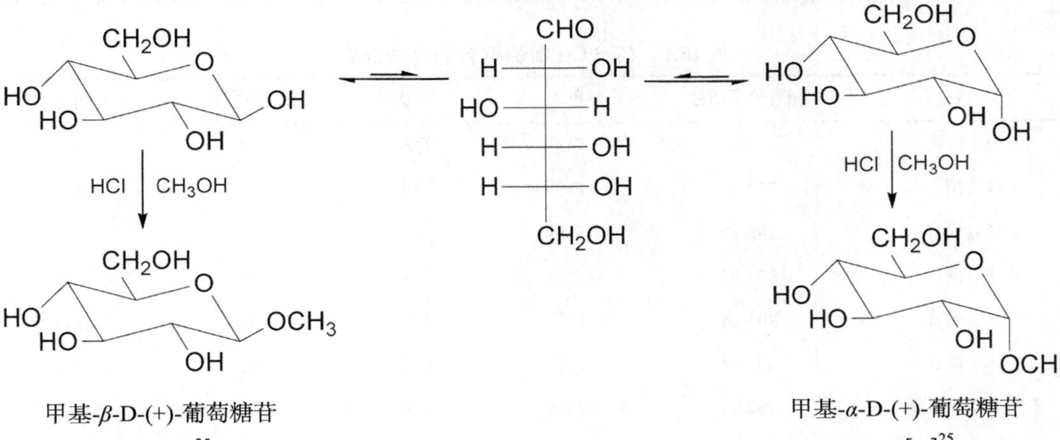

甲基-β-D-(+)-葡萄糖苷　　　　　　　　　　甲基-α-D-(+)-葡萄糖苷

m.p.107℃，$[\alpha]_D^{25} = -33°$　　　　　　　　m.p.165℃，$[\alpha]_D^{25} = +158°$

甲基葡萄糖苷不能再转变成开链式，没有游离的醛基存在，不能还原费林试剂和托伦试剂，所以是非还原糖。甲基葡萄糖苷是缩醛，在中性和碱性介质中是稳定的，也无变旋光现象。

2. 烷基葡萄糖多苷

葡萄糖分子中的苷羟基与高碳醇(C_8以上的脂肪醇)分子中的羟基在酸催化剂的作用下失水形成的化合物称为烷基葡萄糖苷。烷基葡萄糖苷也存在 α 和 β 两种异构体。

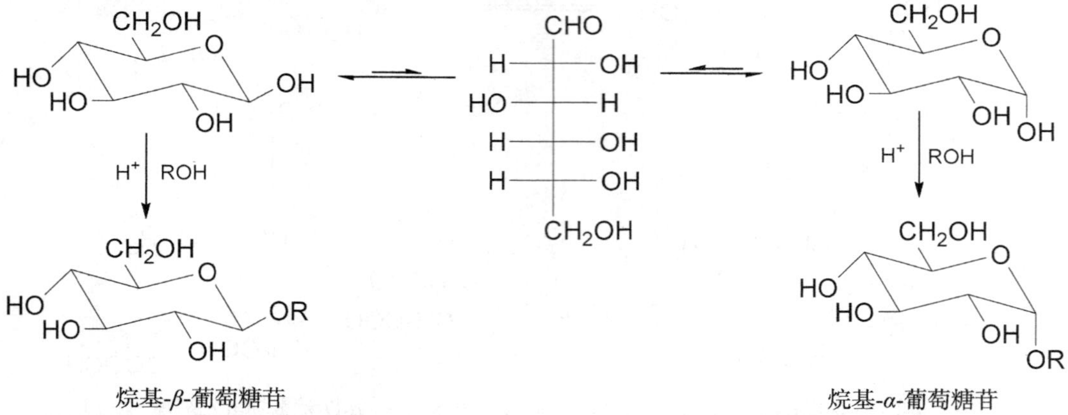

在葡萄糖与高碳醇反应生成烷基葡萄糖苷时，葡萄糖分子中苷羟基也可与其他葡萄糖分子中的苷羟基或醇羟基反应生成二聚、三聚、……、多聚葡萄糖。这些多聚葡萄糖中的苷羟基再与高碳醇中的羟基反应可生成烷基二聚、三聚、……、多聚葡萄糖苷，总称烷基多聚葡萄糖苷，简称烷基多苷(alkyl polyglycosides，APG)。烷基多苷是一类复杂混合物的总称，既包含 α 和 β 两种构型异构体，也包含葡萄糖不同聚合度的糖苷。可用如下通式表示：

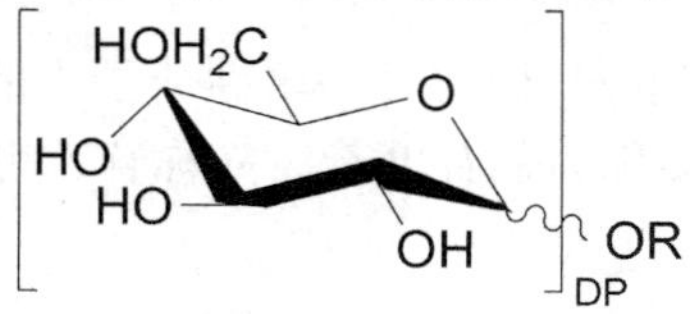

式中，DP 为葡萄糖的平均聚合度；R 为 C_8 以上的烷基。

APG 是一种复杂的混合物，一般为白色粉末，没有确定的熔点，从软化点到流动点有一个较宽的熔程，具有吸潮性，微溶于水，不溶于一般的有机溶剂。一些 APG 的物理性质见表 16.1。

表 16.1　C_8～C_{18} 葡萄糖苷的物理性质

化合物	相对分子质量	色泽	形状	软化点/℃	分解点/℃
n～C_8 糖苷	292.37	白色	粉末	55	268
n～C_{10} 糖苷	320. 43	白色	粉末	62	290
n～C_{12} 糖苷	348. 48	白色	粉末	75	285
n～C_{14} 糖苷	376.53	白色	粉末	75	289
n～C_{16} 糖苷	404. 59	白色	粉末	78	277
n～C_{18} 糖苷	432.64	白色	粉末	85	290
2-乙基己基糖苷	292.37	浅黄色	油状		268
2-戊基壬基糖苷	376.53	浅黄色	油状		289

烷基糖苷是由两部分组成的：一部分是糖的残基(糖去掉半缩醛羟基)；另一部分是配基(醇中烷氧基)。糖的残基和配基所连接的键称为苷键。糖的残基结构中有多个亲水的羟基，所以整个残基是亲水基团，决定烷基糖苷在水中的溶解性。配基中憎水的烃基是不溶于水的。随着烃基碳原子数的增加，烷基糖苷在水中的溶解度减小。烷基糖苷的这种结构决定着烷基糖苷的性质和应用。例如，正辛基葡萄糖单苷和正癸基葡萄糖单苷是溶于水的，而正十二烷基葡萄糖单苷、正十四烷基葡萄糖单苷以及更高碳烷基葡萄糖单苷是不溶于水的。这就是说，在葡萄糖相同聚合度下，随着憎水的烃基碳原子数增加，烷基多苷在水中的溶解度减小。而在烃基一定时，随着葡萄糖聚合度的增加，烷基多苷在水中的溶解度增加。例如，十二烷基葡萄糖单苷不溶于水，而十二烷基葡萄糖二苷即十二烷基麦芽糖苷溶于水。

烷基多苷是 20 世纪 90 年代发展起来的一种新型的非离子表面活性剂，具有表面张力小、去脂肪能力强、配伍性好等特点。其主要原料是自然界再生速率快的动植物，产品性能温和，对人体无毒、无刺激性，完全为生物降解，所以是一类环保型的绿色产品，是 21 世纪大力发展的一种新产品。

烷基多苷的合成目前主要采用以下两种方法。

(1) 直接法。

在酸催化下，葡萄糖直接与高碳脂肪醇(一般是 C_8 以上的醇)反应生成烷基糖苷。

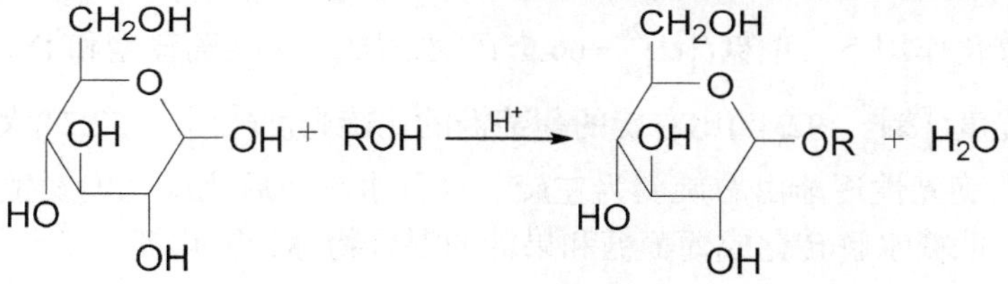

(2) 两步法。

首先，在酸催化下葡萄糖与低碳醇(常用的是正丁醇)反应生成低碳糖苷(如丁基糖苷)，低碳糖苷再与高碳醇进行缩醛交换反应，生成高碳糖苷。

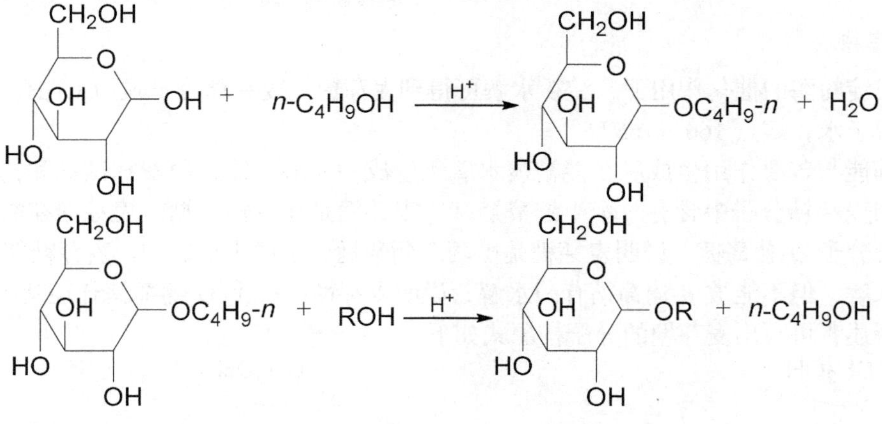

16.1.4 二糖

二糖是能被水解成两个单糖分子的糖类化合物，可看成是一个单糖分子中的苷羟基与另一单糖分子中的苷羟基或醇羟基脱去一分子水后形成的化合物。在自然界存在的二糖中，构成二糖的单糖主要是己醛糖——葡萄糖和己酮糖——果糖。二糖分为还原性二糖和非还原性二糖。最重要的二糖有蔗糖、麦芽糖和纤维二糖等。

1. 蔗糖

蔗糖分子式为 $C_{12}H_{22}O_{11}$，是无色晶体，熔点 180℃，$[\alpha]_D^{20}$ +66.5°，易溶于水，是常用的食糖，来源于甘蔗和甜菜。

实验发现：①一分子蔗糖在酸或酶的催化下，可水解成一分子 D-(+)-葡萄糖和一分子 D-(–)-果糖。这说明蔗糖是由等量的 D-葡萄糖和 D-果糖失水的产物。②蔗糖不能与苯肼作用生成腙或脎，无变旋光现象，不能还原费林试剂和托伦试剂。这说明蔗糖是由 D-葡萄糖的苷羟基和 D-果糖的苷羟基失水后的产物，在蔗糖分子中无苷羟基存在，不能由氧环式转变成开链式，故不能表现出醛基的典型反应。蔗糖是非还原性的二糖。③蔗糖既能被麦芽酶水解，又能被转化酶水解，说明蔗糖既是 α-D-葡萄糖苷，也是 β-D-果糖苷。因为麦芽酶只能水解 α-D-葡萄糖苷，转化酶只能水解 β-D-果糖苷。根据以上实验结果可得出蔗糖的结构式是

β-D-呋喃果糖基-α-D-吡喃葡萄糖基(蔗糖)

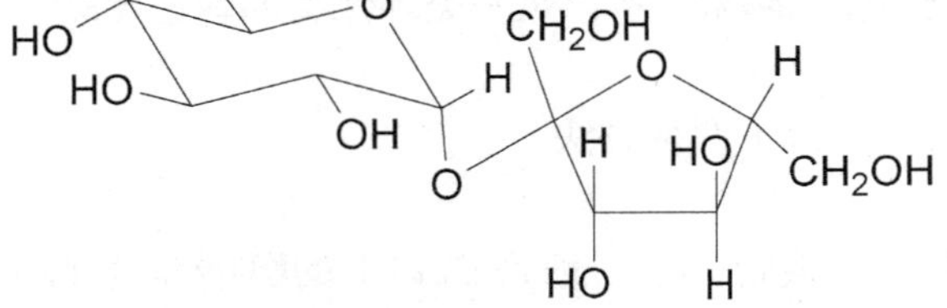

在酸或酶的催化作用下，蔗糖($[\alpha]_D^{20}$ +66.5°)可水解成 D-(+)-葡萄糖和 D-(–)-果糖。因为左旋的果糖的比旋光度($[\alpha]_D^{20}$ –92.4°)比右旋的葡萄糖的比旋光度($[\alpha]_D^{20}$ +52.7°)大，所以蔗糖在水解过程中，溶液的旋光性逐渐由右旋变为左旋。这种水解前后比旋光度发生转变的反应，称为糖的转化反应。蔗糖水解转化成葡萄糖和果糖的混合物称为转化糖。

$$C_{12}H_{22}O_{11} + H_2O \xrightarrow{H^+} C_6H_{12}O_6 + C_6H_{12}O_6$$

蔗糖 $[\alpha]_D^{20}$ +66.5°　　D-(+)-葡萄糖 $[\alpha]_D^{20}$ +52.7°　　D-(–)-果糖 $[\alpha]_D^{20}$ –92.4°

转化糖 $[\alpha]_D^{20}$ –20°

2. 麦芽糖

在酸或淀粉酶的催化作用下，淀粉水解可得到麦芽糖。麦芽糖分子式为 $C_{12}H_{22}O_{11}$，白色晶体，易溶于水，熔点 160～165℃。

麦芽糖能与苯肼作用生成脎，能被溴水氧化生成一元酸，能还原费林试剂和托伦试剂。这些都说明麦芽糖分子中含有一个半缩醛羟基。麦芽糖是还原性二糖。麦芽糖在酸催化下可水解生成两分子 D-葡萄糖，说明麦芽糖是由两个葡萄糖分子脱水形成的。麦芽糖能被 α-D-葡萄糖苷酶水解，但不能被 β-葡萄糖苷酶水解，说明麦芽糖中一个 D-葡萄糖苷羟基的构型为 α 型。综上所述，可写出麦芽糖的分子构象式如下：

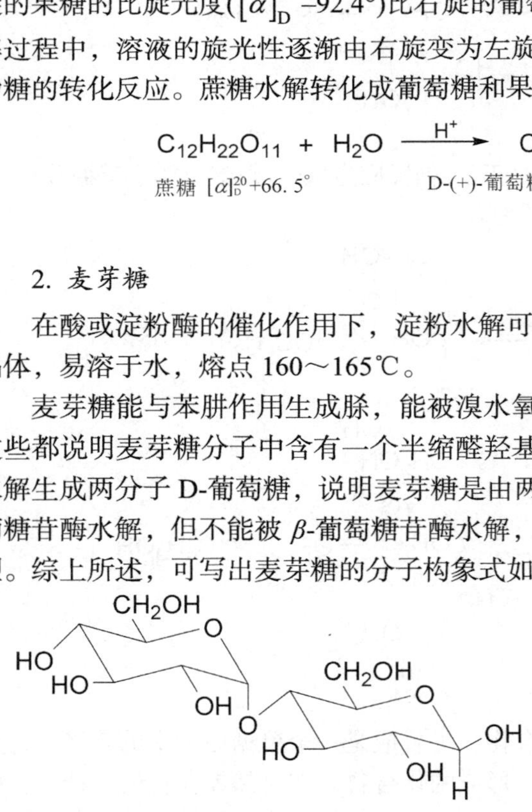

D-麦芽糖(β-异头物)

4-O-α-D-吡喃葡萄糖基-β-D-吡喃葡萄糖

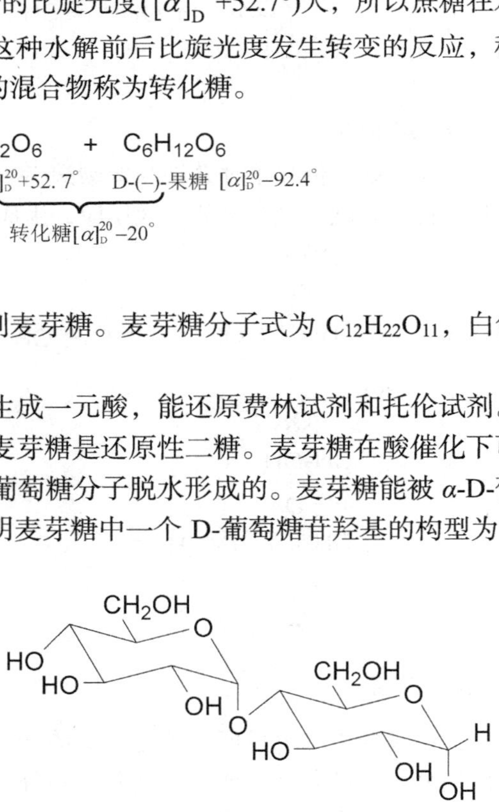

D-麦芽糖(α-异头物)

4-O-α-D-吡喃葡萄糖基-α-D-吡喃葡萄糖

麦芽糖的 α-异头物也称为 α-麦芽糖，$[\alpha]_D^{20}$ +168°。麦芽糖的 β-异头物也称为 β-麦芽糖，$[\alpha]_D^{20}$ + 112°。在水溶液中经变旋光达到平衡后，混合物 $[\alpha]_D^{20}$ +136°。

3. 纤维二糖

纤维素部分水解可得到纤维二糖，分子式为 $C_{12}H_{22}O_{11}$，白色晶体，熔点 225℃，易溶于水，是右旋糖。

纤维二糖和麦芽糖的化学性质相似。纤维二糖能与苯肼作用生成脎，能还原费林试剂和托伦试剂，是还原糖。纤维二糖经水解也得两分子 D-(+)-葡萄糖。但不同的是，纤维二糖能被 β-葡萄糖苷酶水解，而不能被 α-葡萄糖苷酶水解。这表明纤维二糖分子中的苷键是 β 型而不是 α 型。纤维二糖的结构式是

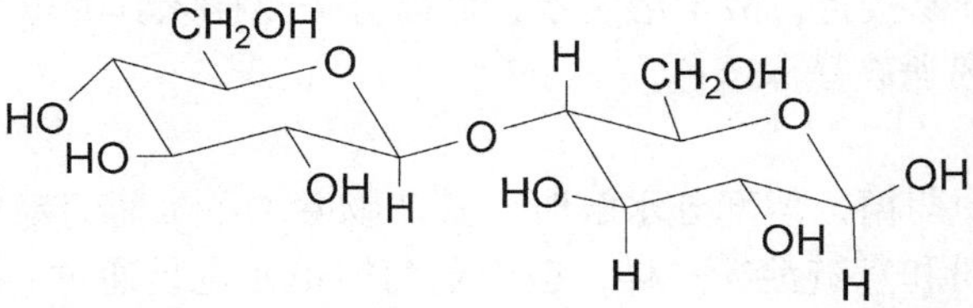

纤维二糖 (β-异头物)
4-*O*-β-D-吡喃葡萄糖基-β-D-吡喃葡萄糖

纤维二糖和麦芽糖从构象上对比，二者的微小差别在于苷键不同，麦芽糖是 α 型，纤维二糖是 β 型，但生理活性差别很大，麦芽糖有甜味，纤维二糖无味，前者能在人体内分解消化，后者不能。

16.1.5　多糖

由多个单糖分子通过苷键结合而成的天然高分子化合物称为多糖。多糖末端虽然含有苷羟基，但因多糖相对分子质量太大，苷羟基所占比例极小，因此无还原性。自然界存在的最主要的多糖是淀粉和纤维素。

1. 淀粉

淀粉的分子式是$(C_6H_{10}O_5)_n$，存在于植物的种子、茎和块根中，是人类的三大食物来源之一。淀粉是无色、无味、无臭的粒状物。不溶于一般的有机溶剂，无还原性。淀粉在酸催化剂作用下水解依次生成糊精、麦芽糖和异麦芽糖，最终产物为 D-(+)-葡萄糖。

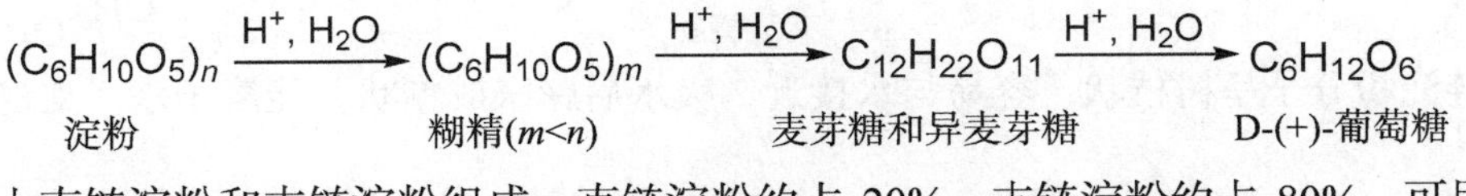

淀粉由直链淀粉和支链淀粉组成，直链淀粉约占 20%，支链淀粉约占 80%，可用多种方法将这两种淀粉分开。例如，利用两类淀粉在不同浓度的硫酸镁溶液中的沉淀速率不同，可将它们分开——分步沉淀法。操作：将淀粉加入到 10%的硫酸镁溶液中，直链淀粉沉淀析出，支链淀粉不沉淀析出。分离出沉淀后，再向溶液中加入硫酸镁，使溶液中硫酸镁浓度达到 13%，支链淀粉沉淀析出，分离出支链淀粉。这样可将直链淀粉和支链淀粉分开，分离效率约 90%，产品纯度约 90%。

1) 直链淀粉

将直链淀粉在稀酸中进行水解时所得到的唯一二糖是(+)-麦芽糖，继续水解得到的唯一单

糖是 D-(+)-葡萄糖。因此，可以认为，直链淀粉是由许多 D-(+)-葡萄糖通过 α-1,4-糖苷键连接而成的。其结构式如下：

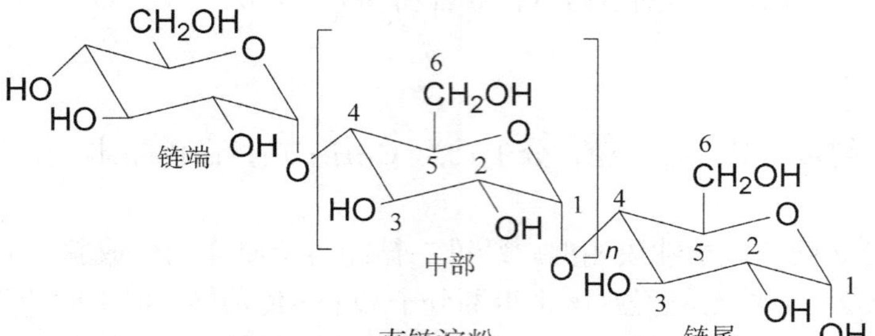

直链淀粉

直链淀粉是由 100～400 个葡萄糖单元组成的线型聚合物。这些线型链以螺旋形式盘绕起来形成紧密堆积的线圈式结构。水分子不易接近，故不溶于水，而碘分子易插入其通道中形成深蓝色的淀粉-碘络合物，所以直链淀粉遇碘呈深蓝色。

2) 支链淀粉

支链淀粉水解时最终产物为 D-(+)-葡萄糖，但部分水解时，其产物除 D-(+)-葡萄糖外，还有麦芽糖和异麦芽糖。这说明支链淀粉和直链淀粉一样，链中葡萄糖单元也是通过 α-1,4-糖苷键连接的。但是，由于异麦芽糖是由两个 D-葡萄糖单元通过 α-1,6-糖苷键连接而成的，因此，支链淀粉链中除了以 α-1,4-糖苷键连接外，还有以 α-1,6-糖苷键连接的。支链淀粉结构如下：

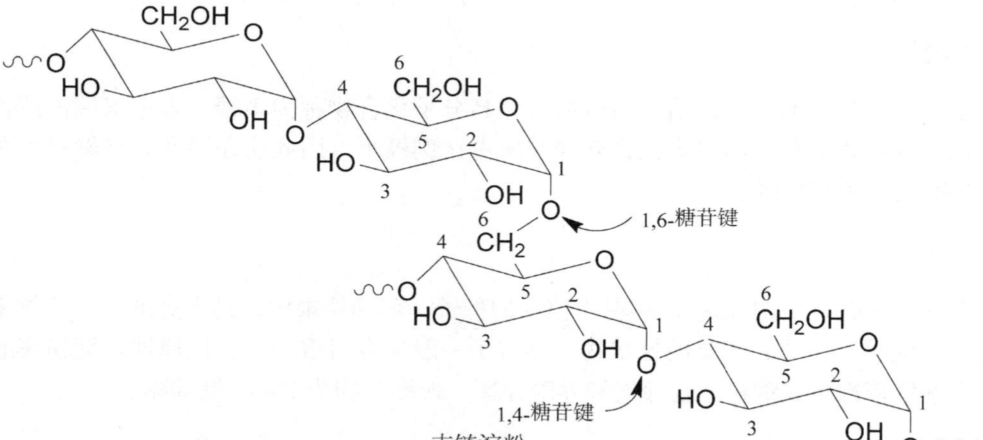

支链淀粉

支链淀粉分子呈树枝状，容易与水接近，吸水后膨胀成糊状，能溶于水。支链淀粉遇碘呈紫色。

3) 淀粉的改性

改变淀粉分子中某些 D-吡喃葡萄糖基单元的化学结构，称为淀粉的改性。淀粉经水解、糊精化或用化学试剂处理都能使之改性。将淀粉与化学试剂作用得到的产物称为淀粉的衍生物。

(1) 二醛淀粉。

高碘酸及其钠盐氧化淀粉时，淀粉分子中葡萄糖单元的 C^2 和 C^3 上的羟基被氧化成醛基，C^2—C^3 键断裂，生成二醛淀粉。这是一种高度专一性反应。

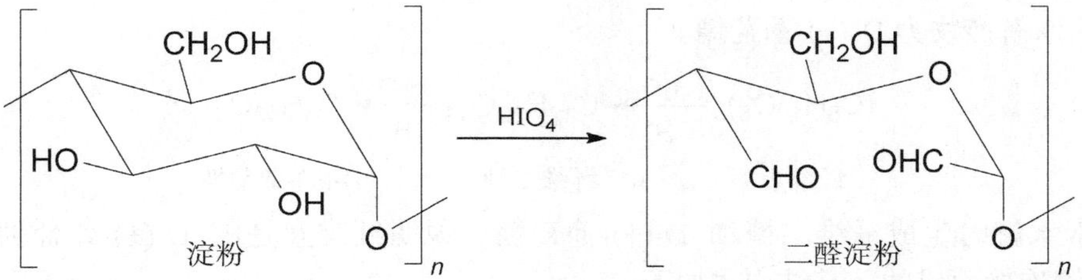

工业上生产二醛淀粉的条件为 pH 1.0～1.2，反应温度 35～40℃，高碘酸和淀粉的物质的量之比为 1.0～1.2，反应时间约 18h，醛基含量大于 90%，收率为 98%。

二醛淀粉在造纸工业上用来制造吸水纸，在皮革工业上用作鞣料，在医疗上用于辅助治疗尿毒症等。

(2) 羧甲基淀粉。

在氢氧化钠的作用下，淀粉与氯乙酸钠反应生成羧甲基淀粉钠。这是一种双分子亲核取代反应，反应式如下：

$$\text{淀粉}-OH + NaOH \longrightarrow \text{淀粉}-O^{-}Na^{+} + H_2O$$

$$\text{淀粉}-O^{-}Na^{+} + ClCH_2COONa \longrightarrow \text{淀粉}-OCH_2COONa + NaCl$$

羧甲基取代反应主要发生在淀粉分子中葡萄糖基单元的 C^2 和 C^3 原子上。因为葡萄糖基单元上最多有 3 个可被取代的羟基，其取代度的最大值为 3。取代度是指每个葡萄糖基中羟基被取代的平均值。羧甲基取代反应既可在水介质中进行，主要用来制备低取代度的产品，也可在非水介质(如异丙醇、丙酮和乙醇)中进行，主要用来制备高取代度产品。

羧甲基淀粉钠用在食品工业中作为增稠剂、稳定剂和保鲜剂。在纺织工业上作为上浆剂和印花色浆增黏剂等。

(3) 接枝淀粉。

将淀粉和丙烯腈分散于水中，在引发剂过氧化氢和硫酸亚铁铵的作用下，进行接枝共聚，生成的共聚物侧链上带有氰基，用碱处理得到分子内含有氨甲酰基和羧基的共聚物。

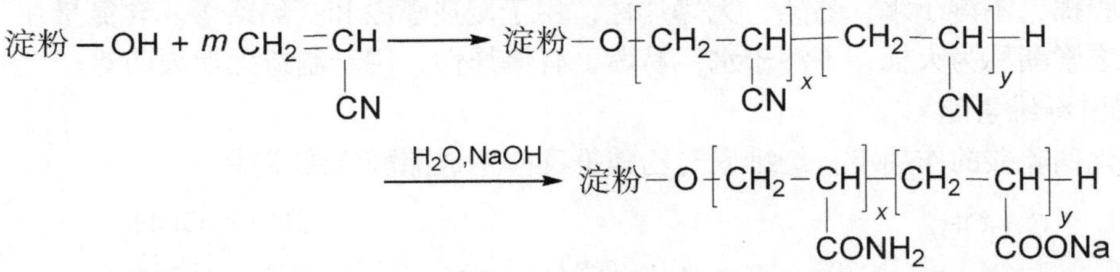

淀粉和丙烯腈的接枝共聚物具有很强的吸水能力，能够吸收本身质量 1000 倍以上的水，可使种子在干旱条件下发芽生长，也可用作吸水纸等。

2. 纤维素

纤维素的分子式为$(C_6H_{10}O_5)_n$，n 为 500～5000，相对分子质量比淀粉大很多。纤维素是由很多单糖通过糖苷键连接而成的天然高分子化合物。在自然界分布很广，是木材和棉花的主要成分。棉花中含纤维素 92%～95%，木材中含纤维素 41%～53%。纤维素是人类生活中不可缺少的物质。

纤维素无色、无味、无臭，不溶于水，也不溶于一般的有机溶剂，没有还原性。

纤维素水解比淀粉困难，一般需要在浓酸或在稀酸加压下进行。其部分水解产物为纤维二糖，最后水解产物为 D-(+)-葡萄糖。

$$\underset{\text{纤维素}}{(C_6H_{10}O_5)_n} \xrightarrow[H^+]{H_2O} \underset{\text{纤维二糖}}{C_{12}H_{22}O_{11}} \xrightarrow[H^+]{H_2O} \underset{\text{D-(+)-葡萄糖}}{C_6H_{12}O_6}$$

纤维素水解时生成纤维二糖和 D-(+)-葡萄糖，说明纤维素是由 D-(+)-葡萄糖单元通过 β-1,4-糖苷键连接而成的，其结构式如下：

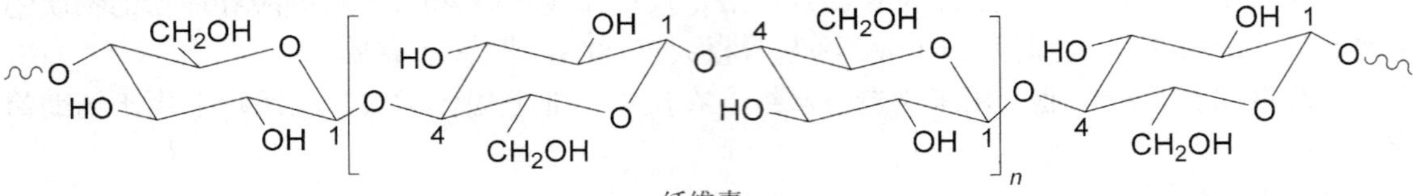

纤维素

纤维素与淀粉不同，不能作为人类的食物，因为人类的消化酶不能断裂 β-1,4-糖苷键。而牛等反刍动物由于消化道中存在能断裂 β-1,4-糖苷键的 β-葡萄糖苷酶，因此纤维素(如草等)可作为这类动物的食物。

纤维素中每个葡萄糖单元上都存在三个羟基，所以纤维素具有醇的性质，可发生醚化、酯化等反应。

1) 硝酸纤维素

用浓硝酸和浓硫酸处理纤维素，则生成硝酸纤维素酯。

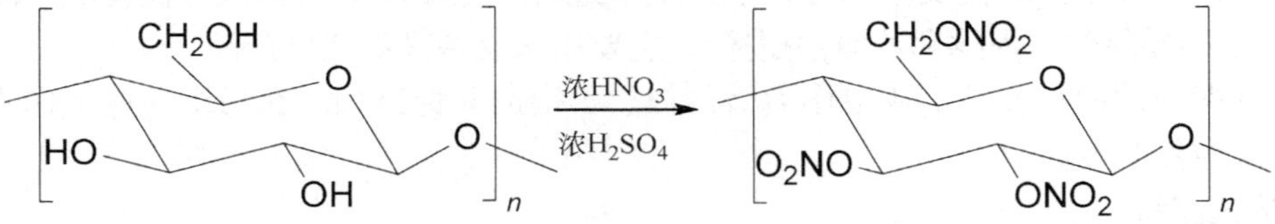

硝酸纤维素酯

反应条件不同，硝化程度不同，产物的性质和应用也不同。含氮量 11%左右的硝化纤维素酯称为胶棉，不溶于水，易燃，无爆炸性，用于制造喷漆和赛璐珞等。含氮量在 13%左右的硝化纤维素酯称为火棉，不溶于水，易燃，有爆炸性，用于制造无烟火药等。

2) 醋酸纤维素酯

在催化剂硫酸的作用下，纤维素与乙酸酐反应生成醋酸纤维素酯。

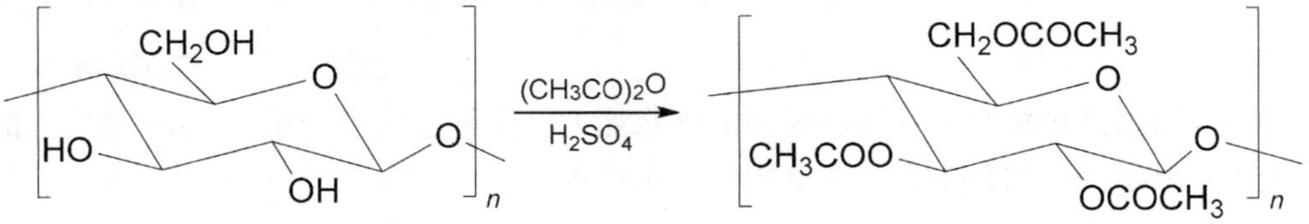

三醋酸纤维素酯

三醋酸纤维素酯部分水解可得二醋酸纤维素酯。二醋酸纤维素酯溶于丙酮，不易燃烧，主要用于制造胶片片基。

3. 纤维素醚

在氢氧化钠作用下，纤维素与卤代烷反应生成纤维素醚。例如，纤维素与碘甲烷或硫酸二甲酯在氢氧化钠作用下进行反应生成纤维素甲醚等。在氢氧化钠作用下，纤维素与氯乙酸钠反应生成羧甲基纤维素钠。

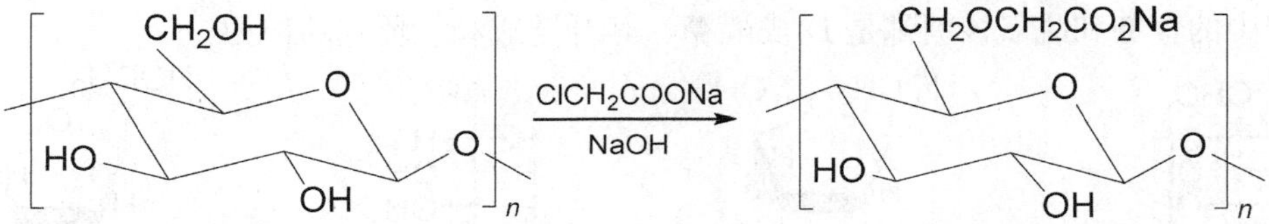

羧甲基纤维素是纤维素醚的一种，通常使用的是其钠盐，它是白色粉末，吸水性很强，易溶于水，与水形成黏性的胶状物质，常用在石油钻井中作为泥浆稳定剂等。

16.2　核　　酸

核酸是从细胞核中分离得到的一种生物高分子化合物，因具有酸性，故称核酸。核酸不仅存在于细胞核中，也存在于细胞质中，特别是在细胞质的质粒中核酸含量丰富。核酸是以核蛋白的形式存在于细胞中的，核蛋白是由核酸和蛋白质结合而成的。如果将核蛋白进行水解，可得蛋白质和核酸。核酸用稀酸或稀碱进行水解，先生成核苷酸，核苷酸继续水解可得到核苷和磷酸，核苷再水解得到戊糖和杂环碱。

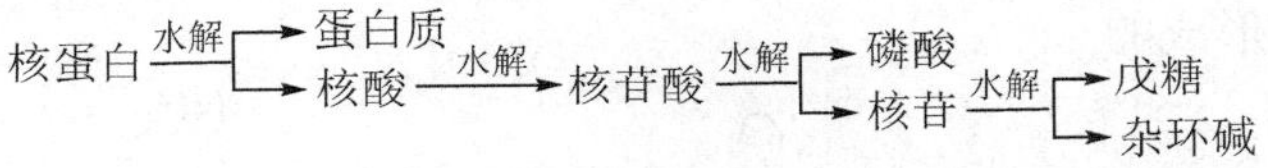

核酸分为两类，一类是存在于细胞质中的核酸，称为核糖核酸(ribonucleic acid，RNA)；另一类是存在于细胞核中的核酸，称为脱氧核糖核酸(deoxyribonucleic acid，DNA)。

将核糖核酸和脱氧核糖核酸分别彻底水解，核糖核酸彻底水解的产物为核糖、磷酸和杂环碱，其中杂环碱包括腺嘌呤、鸟嘌呤、胞嘧啶和尿嘧啶。脱氧核糖核酸彻底水解的产物为脱氧核糖、磷酸和杂环碱，其中杂环碱包括腺嘌呤、鸟嘌呤、胞嘧啶和胸腺嘧啶。

可见核酸中杂环碱都是嘌呤和嘧啶的衍生物。

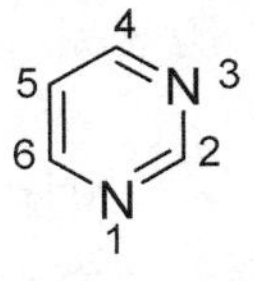
嘧啶

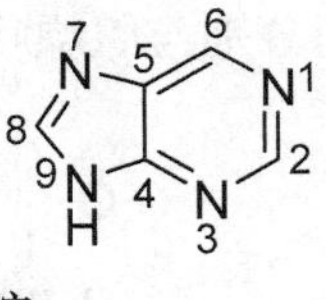
嘌呤

嘧啶的衍生物有尿嘧啶、胞嘧啶和胸腺嘧啶：

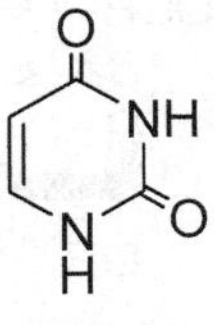
尿嘧啶

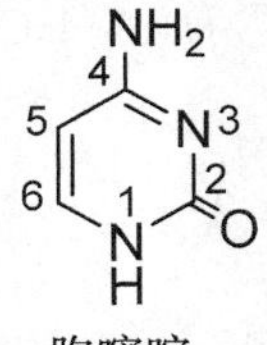
胞嘧啶

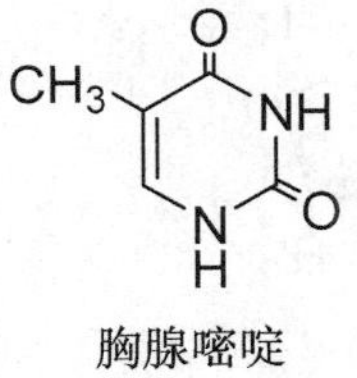
胸腺嘧啶

嘌呤的衍生物有腺嘌呤和鸟嘌呤：

腺嘌呤

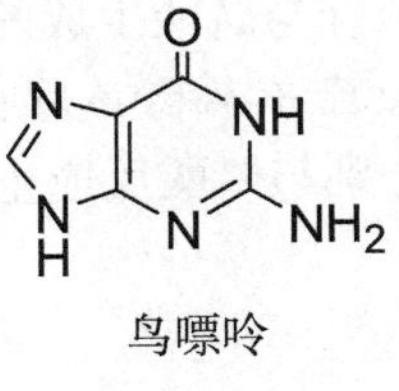
鸟嘌呤

核酸中的核糖和脱氧核糖都是 D-戊醛糖，其开链式和氧环式结构为

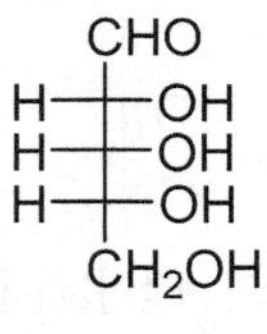

D-(–)-核糖

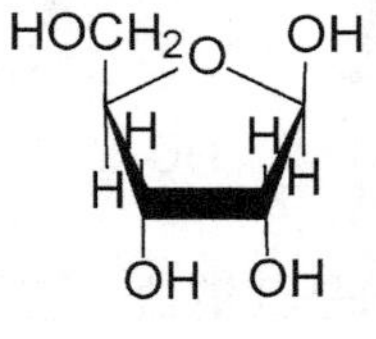

β-D-(–)-呋喃核糖

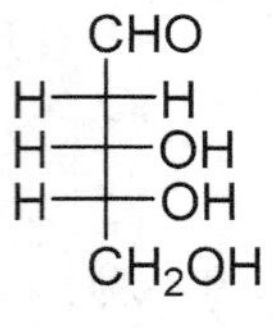

2-脱氧-D-核糖

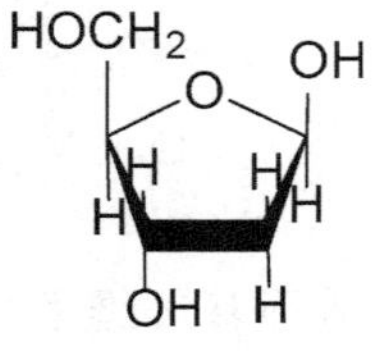

β-2-脱氧-D-呋喃核糖

16.2.1　核苷和核苷酸

核苷是由核糖或脱氧核糖与杂环碱组成的。核苷酸是由核苷和磷酸形成的酯，即由核苷中核糖(或脱氧核糖)3′、5′位上的羟基分别与磷酸形成的酯。核酸是由许多个核苷酸聚合而成的，因此核酸又称为多核苷酸。了解了核酸、核苷酸、核苷、核糖和杂环碱之间的关系，加上组成 RNA 和 DNA 的杂环碱，就很容易写出组成 RNA 和 DNA 的核苷和核苷酸，进而可写出 RNA 和 DNA 的分子结构。

RNA 的核苷是核糖分别和腺嘌呤、鸟嘌呤、胞嘧啶、尿嘧啶组成的。X 射线分析证实，RNA 中的核苷是由核糖 1′位上的羟基与腺嘌呤、鸟嘌呤环上 9 位或胞嘧啶、尿嘧啶环上 1 位氮原子上的氢失水而形成的。

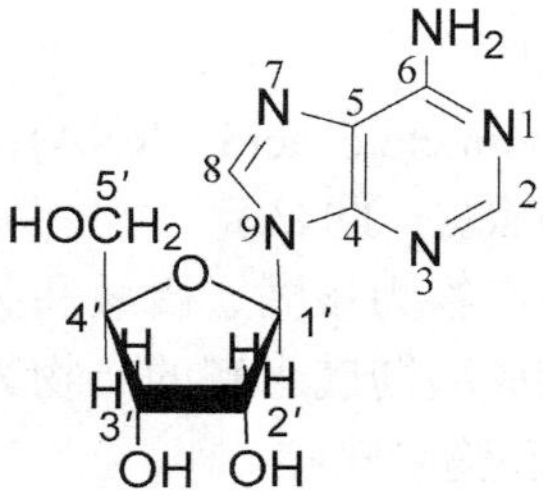

腺嘌呤核苷(腺苷)

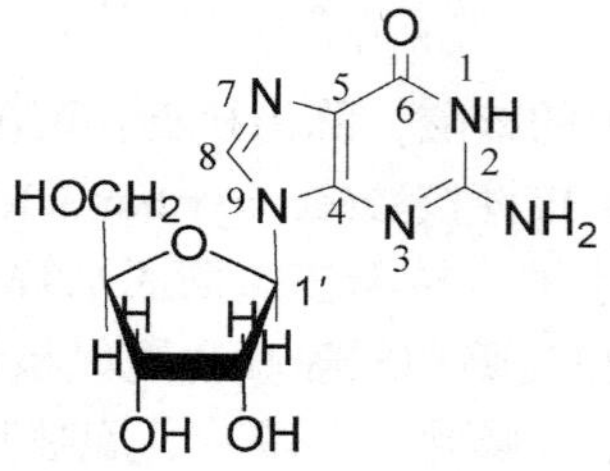

鸟嘌呤核苷(鸟苷)

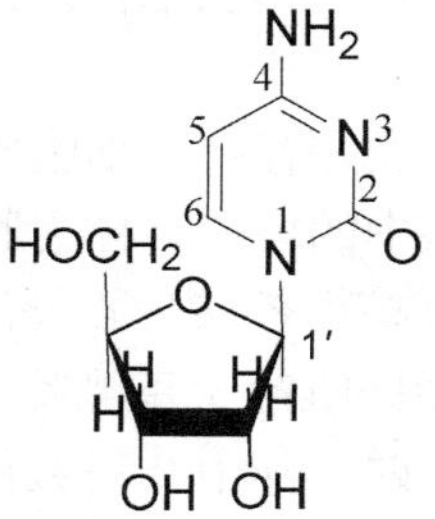

胞嘧啶核苷(胞苷)

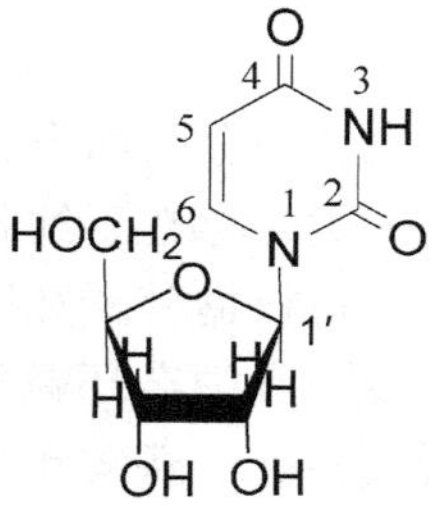

尿嘧啶核苷(尿苷)

DNA 中的核苷则是脱氧核糖分别与腺嘌呤、鸟嘌呤、胞嘧啶、胸腺嘧啶构成的，形成对应的脱氧核苷。

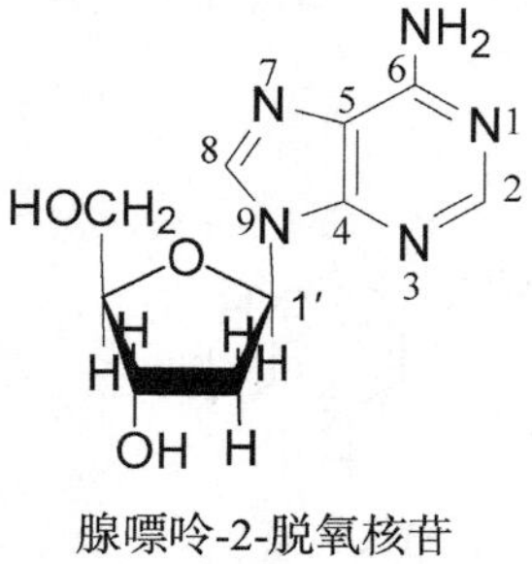

腺嘌呤-2-脱氧核苷
(脱氧腺苷)

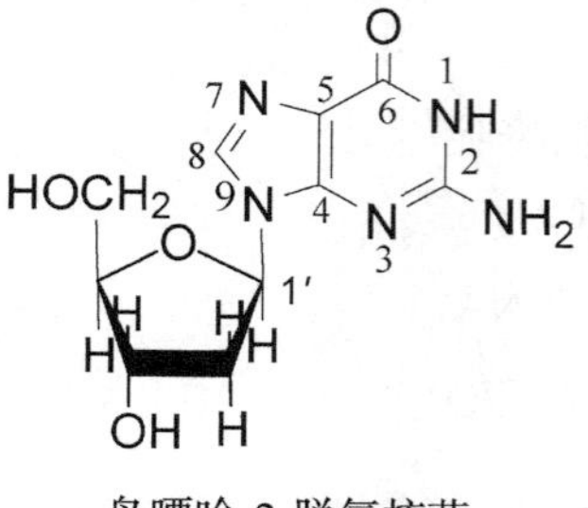

鸟嘌呤-2-脱氧核苷
(脱氧鸟苷)

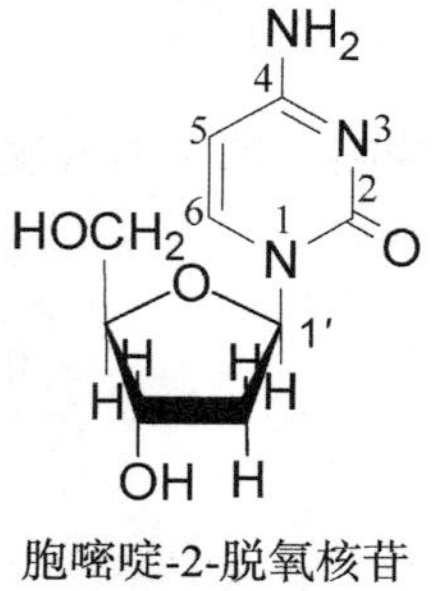

胞嘧啶-2-脱氧核苷
(脱氧胞苷)

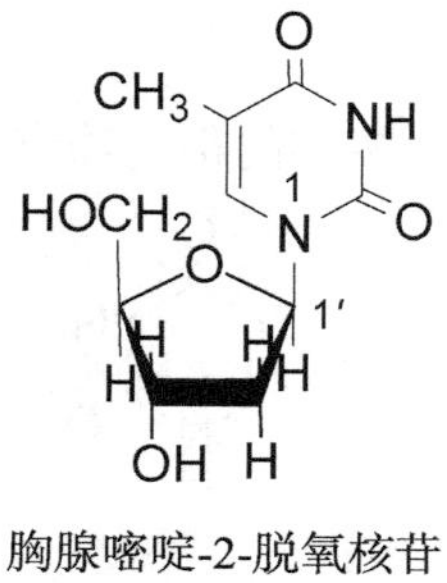

胸腺嘧啶-2-脱氧核苷
(脱氧胸腺苷)

核苷酸是由核苷与磷酸生成的酯。例如，在 RNA 的腺苷上核糖上的 3′或 5′位上的羟基可分别与磷酸生成腺苷-3′-磷酸或腺苷-5′-磷酸。在 DNA 的胞嘧啶-2-脱氧核苷上核糖中的 3′位或 5′位上的羟基可分别与磷酸反应生成脱氧胞苷-3′-磷酸或脱氧胞苷-5′-磷酸。

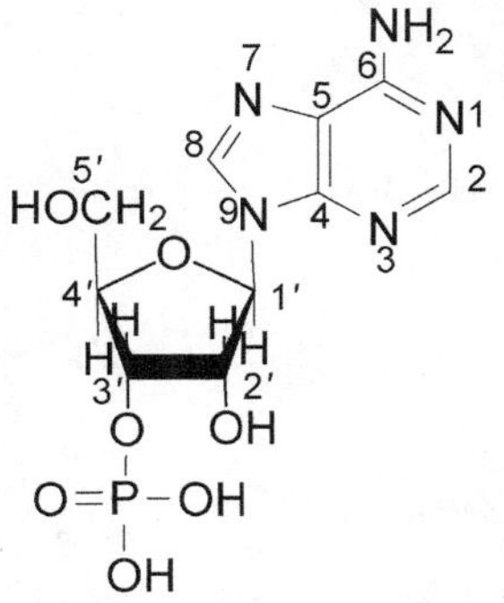

腺苷-3′-磷酸(3-腺嘌呤核苷酸)

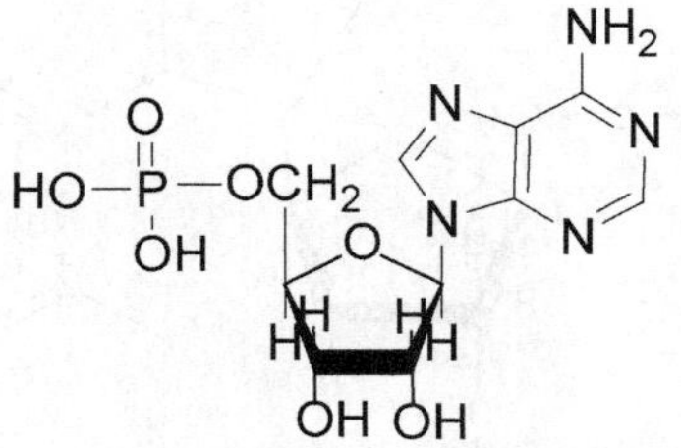

腺苷-5′-磷酸(5-腺嘌呤核苷酸)

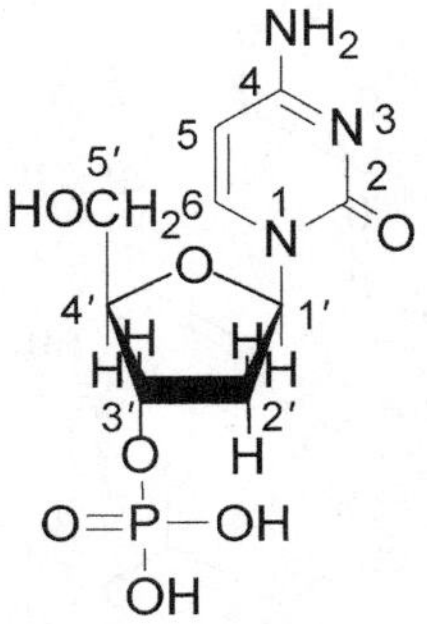

脱氧胞苷-3′-磷酸

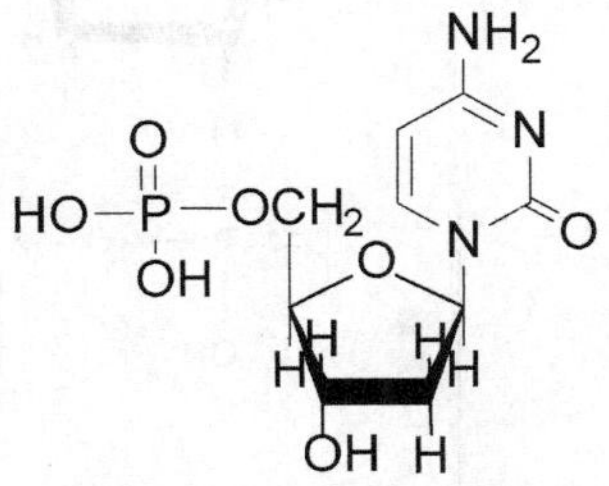

脱氧胞苷-5′-磷酸

16.2.2 核酸的结构

核酸分为两类即脱氧核糖核酸(DNA)和核糖核酸(RNA)。

1. DNA 分子的一级结构

(1) 脱氧核糖分别与胞嘧啶、胸腺嘧啶、腺嘌呤、鸟嘌呤形成 4 个核苷，即胞嘧啶-2-脱氧核苷(脱氧胞苷)、胸腺嘧啶-2-脱氧核苷(脱氧胸腺苷)、腺嘌呤-2-脱氧核苷(脱氧腺苷)、鸟嘌呤-2-脱氧核苷(脱氧鸟苷)。

(2) 4 个核苷中糖基上的 3′位或 5′位上的羟基与磷酸作用生成核苷酸。生成的 4 个核苷酸是胞嘧啶核苷酸、胸腺嘧啶核苷酸、腺嘌呤核苷酸和鸟嘌呤核苷酸。

(3) 一个核苷酸的脱氧核糖基 5′位上的磷酸与另一个核酸的脱氧核糖基 3′位上的羟基通过形成的磷酸二酯键将二者连接起来。这种磷酸二酯键是核酸结构中具有特色的部分，常用符号 C-3′-O-P-O-C-5′表示。DNA 分子部分一级结构如图 16.2 所示。

2. RNA 分子的一级结构

(1) 核糖分别和胞嘧啶、尿嘧啶、腺嘌呤和鸟嘌呤形成 4 个核苷，即胞嘧啶核苷(胞苷)、尿嘧啶核苷(尿苷)、腺嘌呤核苷(腺苷)和鸟嘌呤核苷(鸟苷)。

(2) 4 个核苷中糖基上的 3′位或 5′位上的羟基与磷酸作用，生成核苷酸。生成的 4 个核苷酸是胞嘧啶核苷酸、尿嘧啶核苷酸、腺嘌呤核苷酸和鸟嘌呤核苷酸。

(3) 一个核苷酸核糖基 5′位上的磷酸与另一个核苷酸的核糖基 3′位上的羟基通过形成的磷酸二酯键将二者连接起来。分子中的磷酸二酯键也常用符号 C-3′-O-P-O-C-5′表示。RNA 分子部分一级结构如图 16.3 所示。

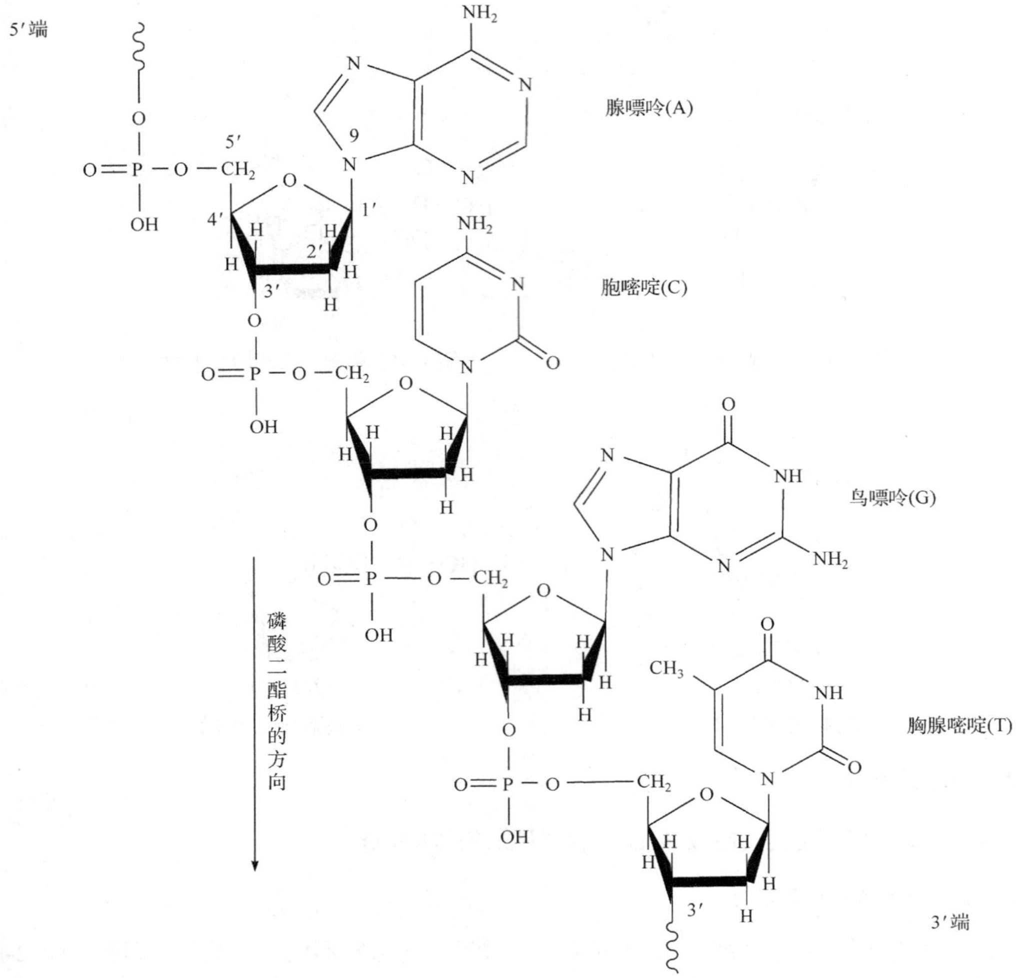

图 16.2　DNA 分子部分一级结构示意图

前面介绍的 DNA 和 RNA 分子结构只涉及组成这两个分子的核苷酸种类和排列顺序(或称碱基顺序)，这种结构为一级结构。DNA 和 RNA 的一级结构决定了它们的基本性质。

3. DNA 的二级结构

组成 DNA 分子链的有 4 个核苷酸，它们是胞嘧啶核苷酸、胸腺嘧啶核苷酸、腺嘌呤核苷酸和鸟嘌呤核苷酸。由于这 4 种核苷酸在组成 DNA 分子时有多种可能的排列顺序，因而也就有多种可能的 DNA 分子链。但是 DNA 是以两条链结合的形式存在的，通过 X 射线衍射分析研究，Watson 和 Crick 提出 DNA 分子中的两条链是通过氢键结合在一起的双螺旋结构(图 16.4)，即两条脱氧核糖核酸链以同一轴线按右旋相对盘绕成双螺旋结构，链上的碱基裹在双螺旋的内部，每两个碱基以氢键的形式形成一层阶梯。两条链上的碱基之间存在着构造互补性，腺嘌呤与胸腺嘧啶成对，形成两条氢键，鸟嘌呤与胞嘧啶成对，形成三条氢键，称为碱基对，这种碱基对称为互补碱基。

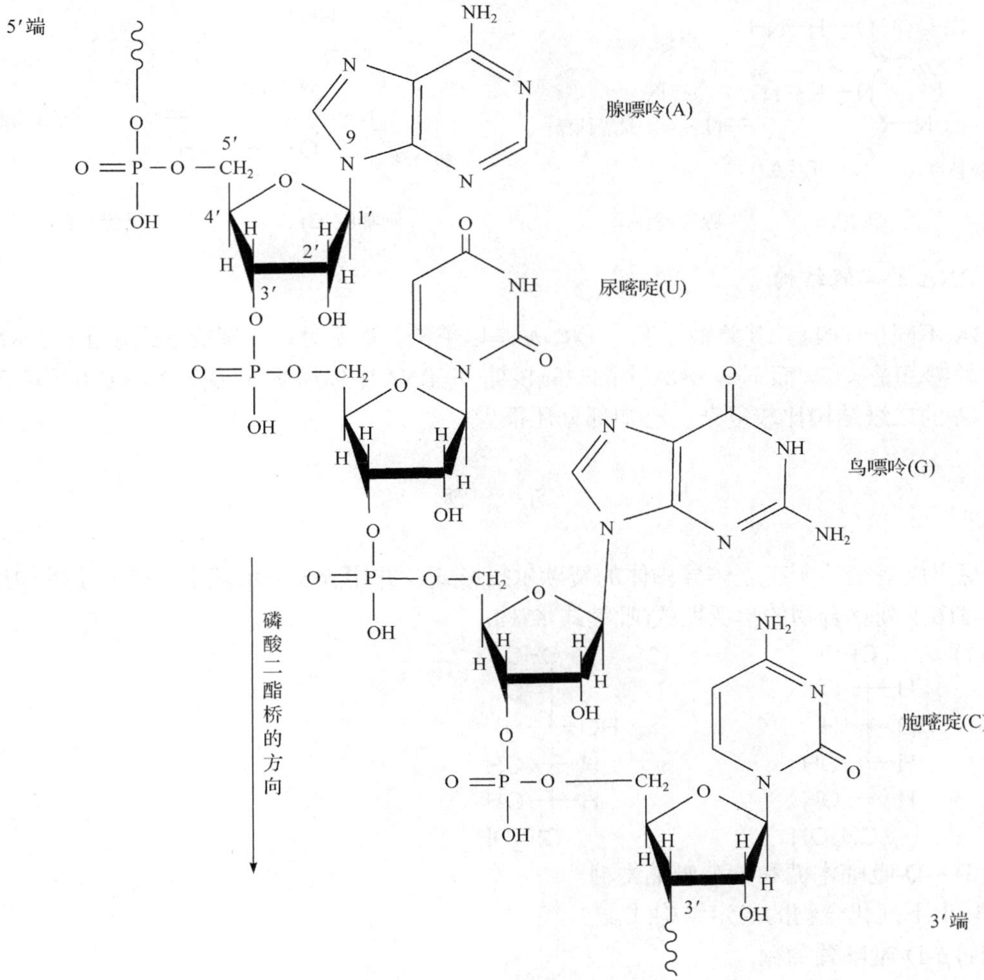

图 16.3　RNA 分子部分一级结构示意图

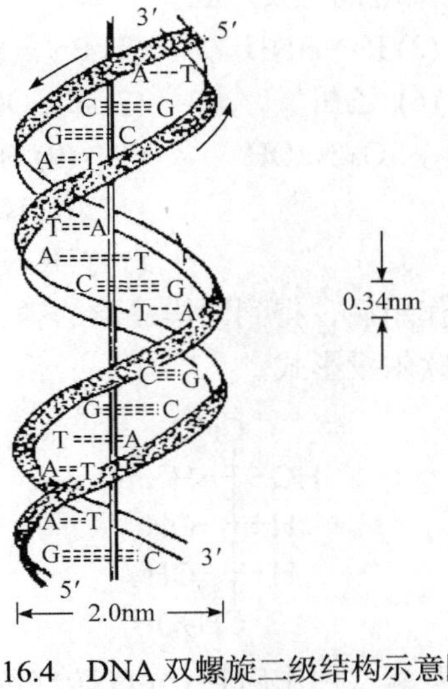

图 16.4　DNA 双螺旋二级结构示意图

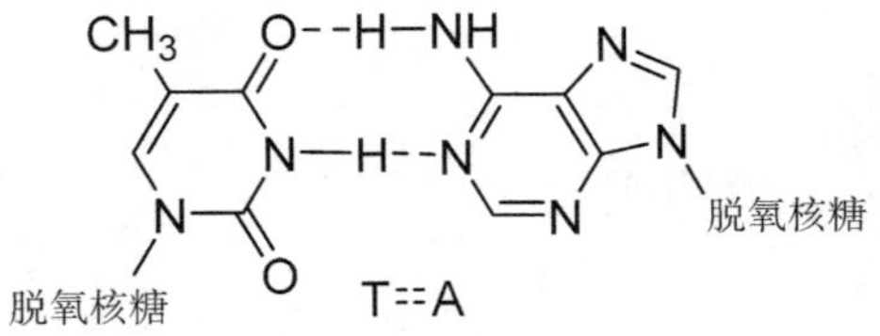

胸腺嘧啶(T)　　腺嘌呤(A)

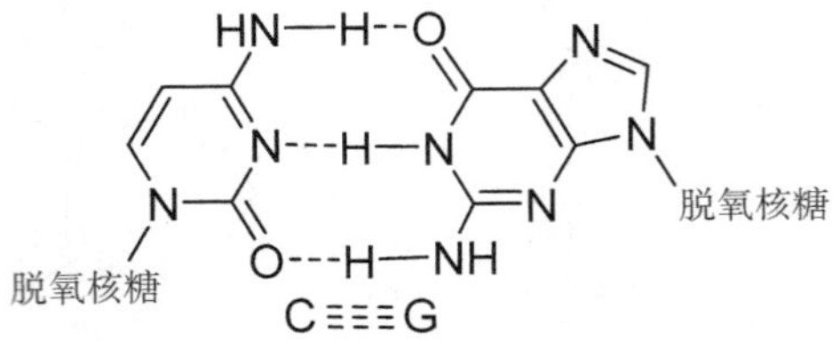

胞嘧啶(C)　　鸟嘌呤(G)

4. RNA 的二级结构

RNA 不同于 DNA，其差别如下：①RNA 是以单链，而不是以双螺旋形式存在；②RNA 分子链中的糖基是核糖，而不是 DNA 中的脱氧核糖；③RNA 中以尿嘧啶代替 DNA 中的胸腺嘧啶。

RNA 的二级结构比较复杂，已知部分还很少。

习　　题

16.1　写出戊醛糖的所有立体异构体的费歇尔投影式，并用 *R/S* 表示其手性碳原子的构型。

16.2　写出下列化合物的哈沃斯式(吡喃式)结构。

(1)
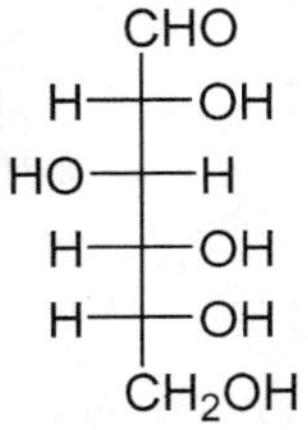

(2)
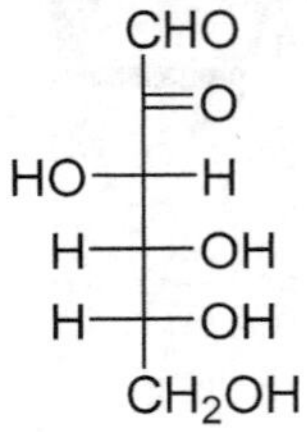

(3) *α*-D-吡喃木糖和 *α*-L-吡喃木糖

16.3　写出下列化合物的稳定结构式。

(1) *β*-D-吡喃葡萄糖

(2) *β*-L-吡喃葡萄糖

16.4　写出 D-葡萄糖与下列试剂反应的主要产物。

(1) NH_2OH　(2) $PhNHNH_2$　(3) Br_2，H_2O　(4) HNO_3

(5) HIO_4　(6) 乙酐　(7) PhCOCl/吡啶　(8) CH_3OH/HCl

(9) CH_3OH/HCl，然后$(CH_3)_2SO_4$/NaOH　(10) (9)的产物用稀 HCl 处理

(11) (10) 反应后再强氧化　(12) H_2/Ni

(13) $NaBH_4$　(14) HCN，H_2O/H^+

16.5　有三个单糖和过量的苯肼作用后，得到同样晶形的脎。其中一个的费歇尔投影式如下，写出其他两个异构体的费歇尔投影式。

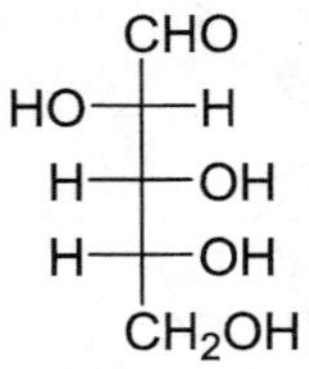

16.6　醛糖与苯肼反应成脎，与费林试剂作用有 Cu_2O 砖红色沉淀生成，表现为典型的醛基性

质，但与典型的醛试剂饱和 $NaHSO_3$ 溶液不反应，试解释。

16.7　用化学方法鉴别下列各组化合物。

(1) 甲基-D-吡喃葡萄糖苷、2-*O*-甲基-D-吡喃葡萄糖和 3-*O*-甲基-D-吡喃葡萄糖。

(2) 甲基-D-吡喃葡萄糖苷和麦芽糖。

(3) D-葡萄糖和果糖。

(4) D-葡萄糖和己六醇。

(5) 蔗糖和麦芽糖。

(6) 蔗糖和淀粉。

16.8　下列哪些化合物有还原性?

(1)
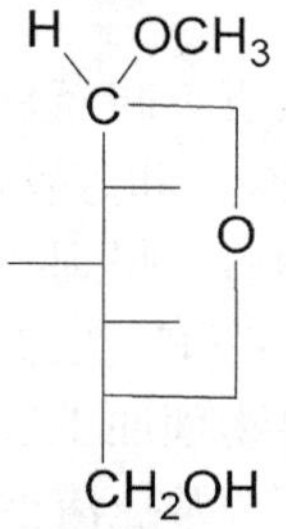

(2)
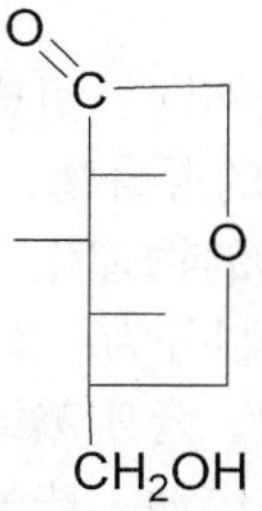

(3)
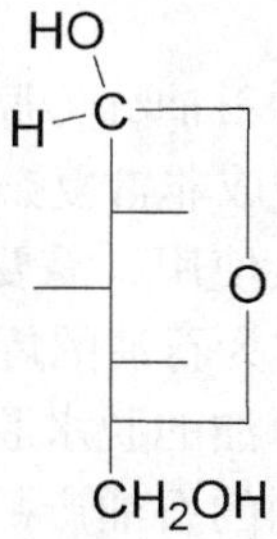

(4) L-甘露糖　(5) L-阿拉伯糖　(6) 淀粉

(7) 蔗糖　(8) 纤维素

16.9　已知 5-羟基庚-2-酮以两种环状半缩醛形式存在，写出这两种结构，判断哪一个比较稳定。

16.10　化合物 A 和 B 是两种有旋光性的丁醛糖，它们与苯肼作用能生成相同的脎。化合物 A 被 HNO_3 氧化成的四碳二元酸有旋光性，而 B 被 HNO_3 氧化后生成四碳二元酸无旋光性。试写出 A 和 B 的构造式。

16.11　某二糖分子为 $C_{12}H_{22}O_{11}$，可以还原费林溶液，用 β-葡萄苷酶水解为两分子的吡喃葡萄糖。若将此二糖甲基化后再水解，则得到等量的 2,3,4,6-四-*O*-甲基-D-吡喃葡萄糖和 2,3,4-三-*O*-甲基-D-吡喃葡萄糖。试推测该二糖的结构，并写出其稳定的构象式。

第 17 章　有机化合物的来源和制备

石油、天然气、煤等化石燃料不仅是重要的能源，也是重要的有机化工原料。生物资源不仅可以提供食品，作为可再生资源，也能够作为原料提供有机化工产品。

17.1　石油及其产品

从地下开采出来的石油称为原油，因地域不同、组成不同、所含杂质不同而呈现不同的状态和色泽。石油的组成非常复杂，主要是烃的混合物，包括烷烃、环烷烃和芳香烃。

原油一般不能直接使用，需要经过一系列的物理化学加工过程处理后，得到各种石油产品，通常将这一过程称为石油的炼制。石油炼制分为一次加工、二次加工和三次加工。

一次加工主要是原油的脱水脱盐等预处理、常压蒸馏和减压蒸馏等物理加工过程。常压蒸馏得到沸点范围不同的石油产品，如汽油、煤油、柴油和常压渣油等。常压渣油再经减压蒸馏得到润滑油、凡士林、石蜡和减压渣油等产品。减压渣油可作为燃料油、石油沥青或石油焦的原料。

二次加工主要是将常减压蒸馏过程中沸点比较高的馏分油经过化学及物理过程，包括热裂化、催化裂化、催化重整、加氢裂化等，生产更多的燃油和化工原料。

在加热或催化剂作用下，碳原子数较多的大分子烃进行复杂的裂化反应，发生碳链的断裂、脱氢、异构化、环化、芳构化等反应，生成相对分子质量较小的烷烃、烯烃、环烷烃、芳烃、氢气和汽油、柴油等。石脑油是炼油厂加工原油获得的一种油品，裂解 100 万吨石脑油大约可生产 25 万吨乙烯、15 万吨丙烯、3.2 万吨丁二烯、5.8 万吨苯、4.7 万吨甲苯和 2.4 万吨二甲苯。

在催化剂的作用下，链状烷烃经过脱氢环化、环烷烃脱氢芳构化、直链烷烃异构化及加氢裂化等反应，转化制备高辛烷值、较高芳烃含量的汽油或者生产芳香烃的加工方法称为催化重整。催化重整生产芳香烃的主要反应如下：

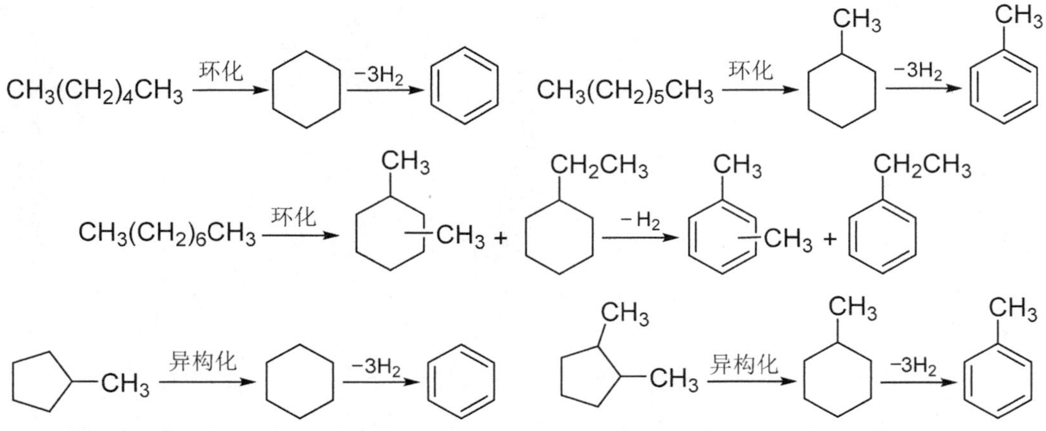

年处理 10 万吨石脑油的铂重整装置，可生产约 0.7 万吨苯、1.3 万吨甲苯和其他芳烃 0.76 万吨。

三次加工是将二次加工的部分产品进一步加工，生产高辛烷值汽油和化学品的过程，包括石油烃烷基化、直链烷烃异构化和烯烃叠合等反应。

石油经过加工得到的乙烯、丙烯、丁二烯(常称为“三烯”)和苯、甲苯、二甲苯(常称为“三苯”)，是有机化工重要的基础原料。图 17.1～图 17.4 列出了由这些重要的基础原料制备的多种基本有机化工产品。

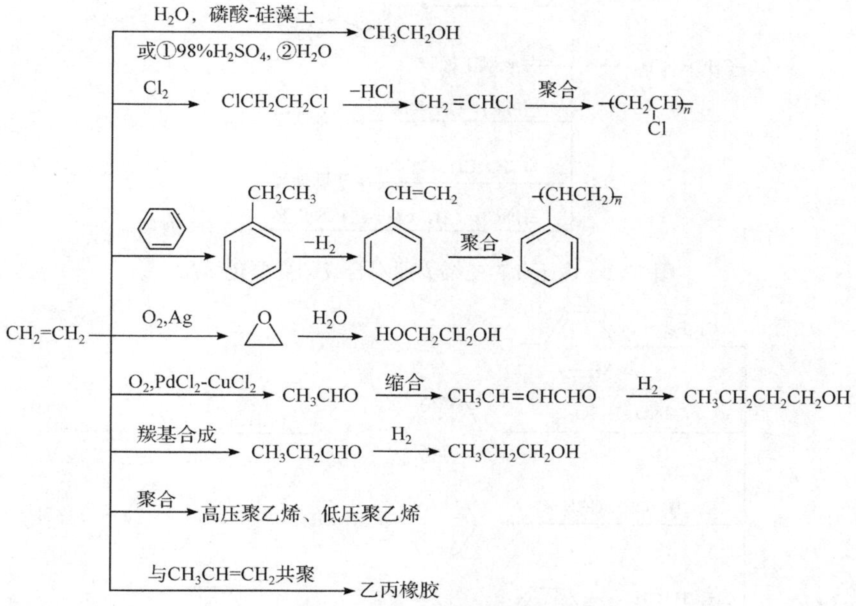

图 17.1　由乙烯为原料合成的主要化学品

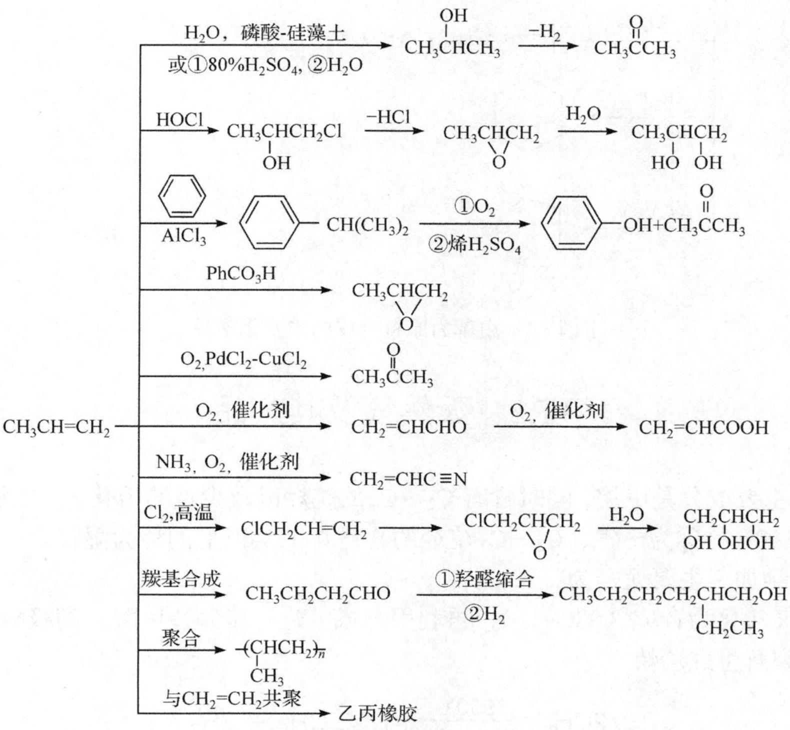

图 17.2　由丙烯为原料合成的主要化学品

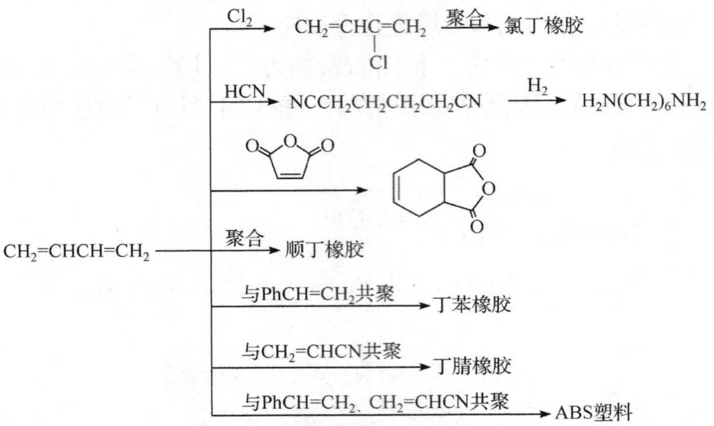

图 17.3　由丁-1,3-二烯为原料合成的主要化学品

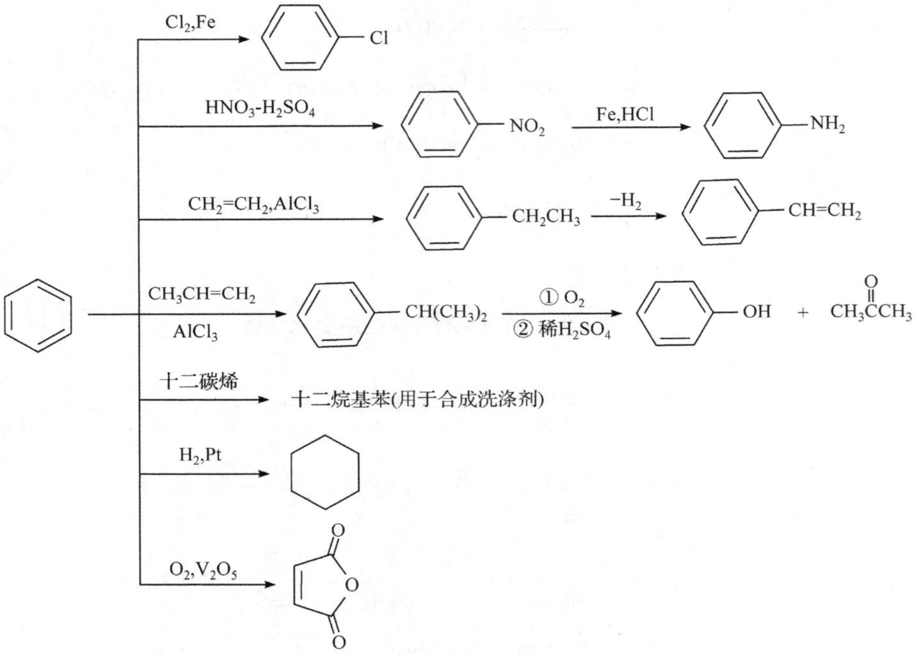

图 17.4　由苯为原料合成的主要化学品

17.2　天然气及其产品

天然气的主要成分是甲烷，同时含有 C_2～C_4 的烷烃以及少量的硫化氢、二氧化碳等气体。甲烷含量高于 90%的称为干气，C_2～C_4 烷烃的含量在 15%以上的称为湿气。

天然气化学加工主要途径为：

(1) 天然气转化为合成气($CO+H_2$)，再利用合成气进一步制造甲醇、高级醇和合成氨等。

(2) 高温裂解生成乙炔。

$$2CH_4 \xrightarrow[0.01\sim0.1s]{1500℃} HC\equiv CH + 3H_2$$

$$4CH_4 + O_2 \longrightarrow HC{\equiv}CH + 2CO + 7H_2$$

以乙炔为原料，可以合成多种化工产品。图 17.5 列出了由乙炔制备的多种基本有机化工产品。

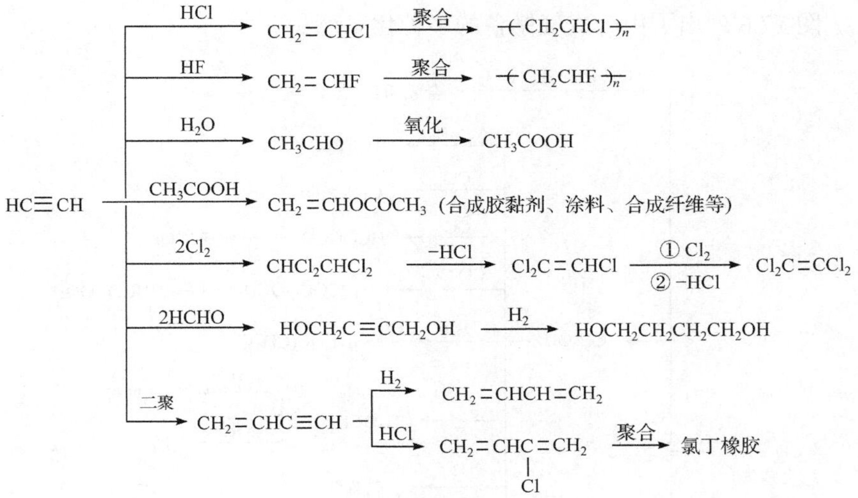

图 17.5　由乙炔为原料合成的主要化学品

(3) 通过氯化、氧化和硫化等反应转化为氯甲烷、甲醇、二硫化碳等产品。

湿天然气中的 C_2～C_4烷烃经裂解、氧化、氧化脱氢或异构化脱氢等反应，可以生产乙烯、丙烯、丙烯酸、顺丁烯二酸酐、异丁烯等产品。

17.3　煤及其产品

煤由有机物和无机物组成。有机物主要是由碳、氢、氧、氮、硫等元素组成的复杂的高分子化合物，是煤的主要组成部分，也是煤加工利用的主要部分。煤中的无机物包括矿物质和水分。煤的化学加工主要途径如下。

1) 煤的干馏

煤的干馏也称为焦化，是在隔绝空气的炼焦炉内加热煤，使其分解生成焦炉气、煤焦油和焦炭。煤在 900～1100℃的干馏称为高温干馏，在 500～600℃的干馏称为低温干馏。

焦炉气中可分离出苯、甲苯和二甲苯等。煤焦油中含有多种芳香族化合物，可以分离出苯、甲苯、二甲苯、联苯、萘、甲基萘、蒽、菲等芳烃和苯酚、甲苯酚、二甲酚等酚类化合物。焦炭主要用于冶炼钢铁，也可以用来与生石灰反应生产碳化钙即电石。电石与水反应生成乙炔。不过此法耗电量大，环境污染严重，已逐渐不再采用。

2) 煤的气化

煤的气化是煤和气化剂在 900～1300℃转化为煤气的过程，气化剂是水蒸气、空气或氧气。煤气中的有效成分包括一氧化碳、氢气和甲烷，不仅可以作为燃料使用，还是合成氨、合成甲醇和 C_1 化学品的基本原料。

3) 煤的液化

通过化学加工将煤转化为液体燃料的过程称为煤的液化。煤液化分为直接加氢液化和间接液化两类。煤直接加氢液化是在高温、高压和催化剂作用下转化成液态烃的过程。将煤先转化成合成气，再在催化剂的作用下将合成气转化为烃类和含氧化合物燃料的过程，称为煤的间接液化。图 17.6 列出了由合成气制备的多种化工产品。

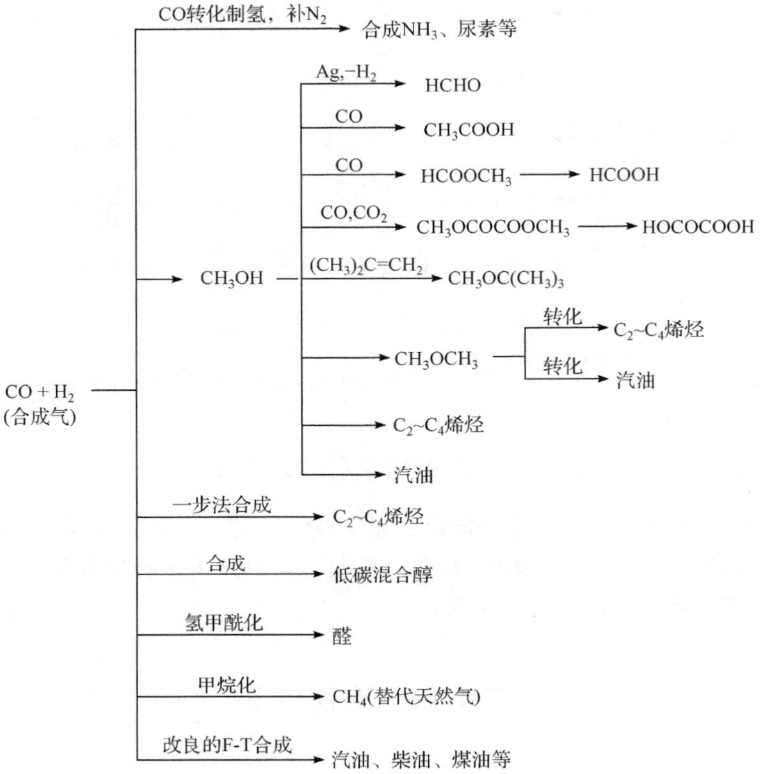

图 17.6　由合成气为原料合成的主要化学品

煤的液化不仅可以生产汽油、柴油、液化石油气等燃料，还可以生产芳烃、环烷烃、酚和烯烃等化工原料。

17.4　生物资源及其产品

生物资源中含有丰富的碳水化合物、油脂和蛋白质，作为原料经过化学加工可以生产化工产品。一种方法是直接提取其中固有的化学物质；另一种方法是利用化学或生物化学的方法，将其分解为化工产品。

例如，玉米、土豆、小麦、大米、木薯等植物的果实和种子，含有丰富的淀粉，淀粉为多糖类化合物，在淀粉酶的作用下，可以水解为麦芽糖和葡萄糖，再加入酵母菌发酵则转化为乙醇。

$$\underset{\text{淀粉}}{(C_6H_{10}O_5)_n} \xrightarrow[\text{淀粉酶}]{H_2O} \underset{\text{麦芽糖}}{C_{12}H_{22}O_{11}} \xrightarrow[\text{淀粉酶}]{H_2O} \underset{\text{葡萄糖}}{C_6H_{12}O_6} \xrightarrow{\text{酵母}} CH_3CH_2OH + CO_2$$

淀粉发酵还可以生产甲醇、丙醇、异丙醇、丁醇、丙酮、乙酸、柠檬酸和乳酸等化工产品。淀粉经过物理、化学或生物化学的方法加工，改变其化学结构和性质，制得具有特殊结构性能和用途的改性淀粉，如磷酸淀粉、醋酸淀粉、氧化淀粉、羧甲基淀粉等，可广泛用于食品、医药、纺织、化妆品等领域。

许多农作物的秸秆、木材等植物中含有丰富的纤维素，是多糖类化合物，经过水解可以得到葡萄糖和戊糖，葡萄糖用酵母菌发酵可得到乙醇，戊糖在酸性介质中脱水可以得到糠醛。纤维素经化学加工制得的羟甲基纤维素、羟乙基纤维素和羧甲基纤维素等，可以作为增稠剂、胶黏剂和污垢悬浮剂使用，醋酸纤维是感光胶片的基材。

动植物中的油脂是高级脂肪酸的甘油酯，经过水解可以制取高级脂肪酸和甘油。油脂经过催化加氢可以得到高级脂肪醇。所以，油脂是工业上制备高级脂肪酸和高级脂肪醇的主要原料。

例如，椰子油是 C_8～C_{18} 脂肪酸的甘油酯，其中十二酸含量为 45%～51%，十四酸含量为 17%～20%，所以工业上常用椰子油为原料，生产十二酸、十四酸和十二醇、十四醇。

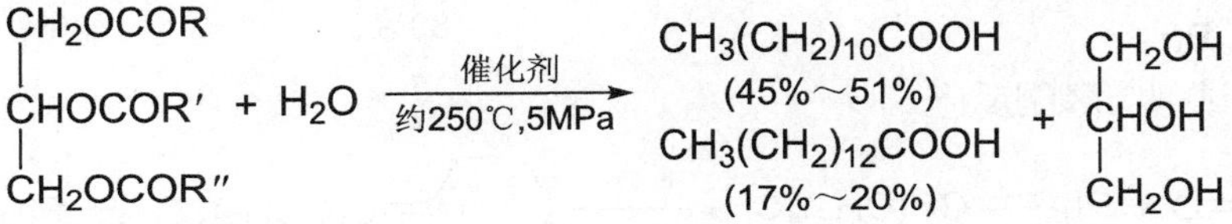

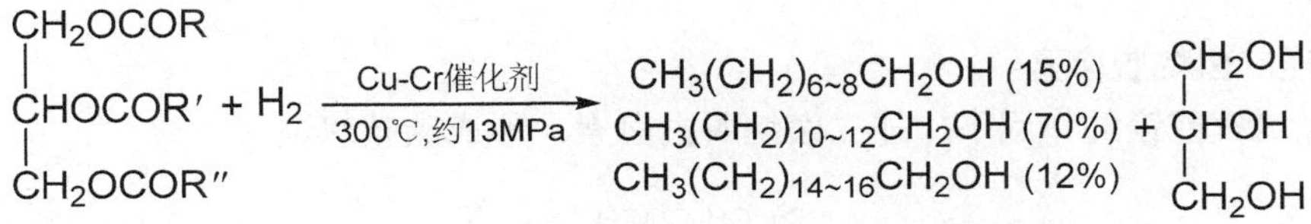

17.5　有机合成

有机合成是制备有机化合物最主要的方法。从原料出发，要合成所需结构的化合物，一般可以设计多条合成路线。原料不同，反应步骤不同，合成路线也不同。有时相同的原料也可通过不同的合成路线得到同一化合物。所以，选择合适的合成路线是进行有机合成时要首先考虑的问题。合成路线的选择要遵循以下原则：反应步骤少、产率高、原料易得。

从原料到目标化合物，除了要考虑官能团的转换外，还要考虑碳骨架的变化和立体构型的产生。

17.5.1　主要官能团形成方法

有机化合物中的官能团是有机反应的中心，有机合成是将原料中官能团转化为产物中官能团的过程。掌握官能团的形成方法及其在有机合成中的应用是十分重要的。

1. 碳碳双键的形成方法

1) 醇脱水

在酸性催化剂的作用下，醇分子内脱水，符合札依采夫规则，形成碳碳双键。

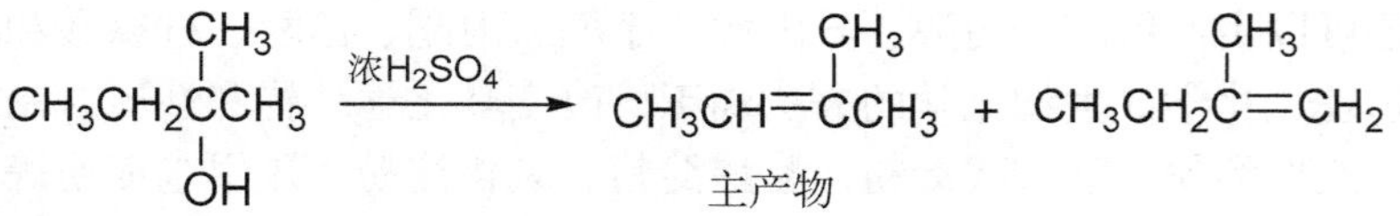

2) 卤代烷脱卤化氢

卤代烷与强碱的醇溶液共热，脱去一分子卤化氢，形成碳碳双键。氯代烷、溴代烷和碘代烷的消除反应符合札依采夫规则。

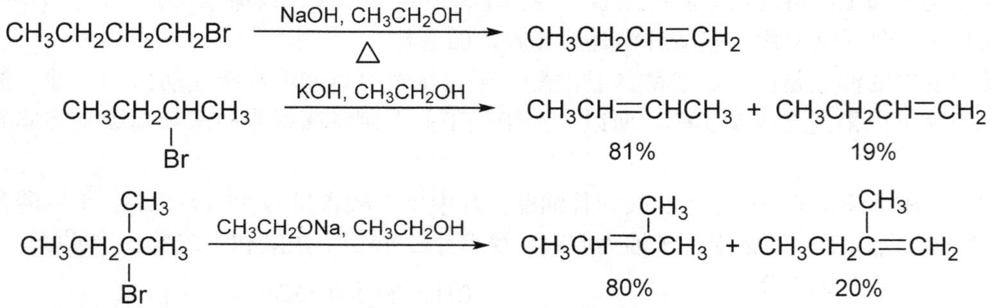

3) 维悌希试剂与醛酮反应

4) 连二卤烷脱卤素

在金属锌或镁的作用下，连二卤烷脱去卤素，形成碳碳双键。

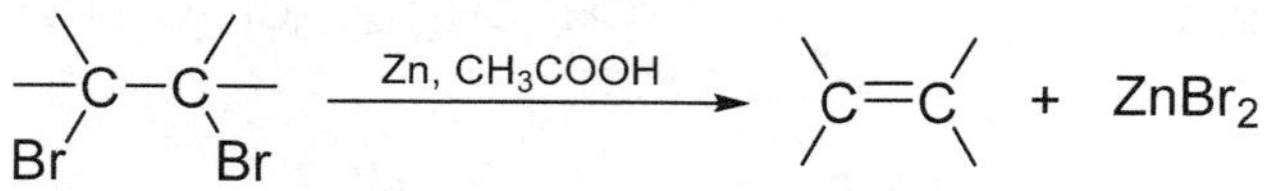

5) 炔烃部分加氢或还原

炔烃进行部分加氢或还原，碳碳叁键转化为碳碳双键。非末端炔烃在林德拉催化剂或 P-2 催化剂的作用下加氢反应，得到顺式烯烃；非末端炔烃与钠和液氨进行还原反应，得到反式烯烃。

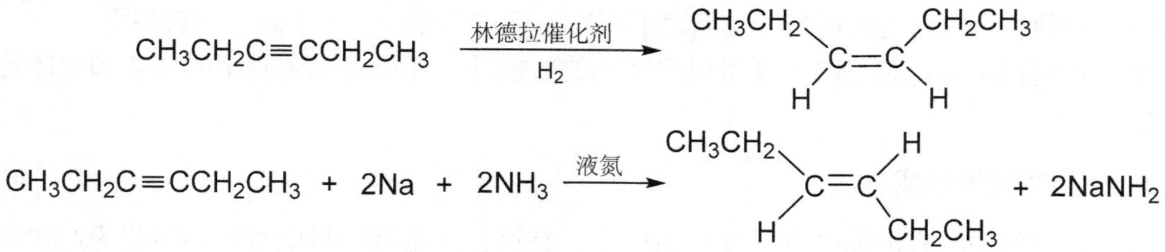

2. 碳碳叁键的形成方法

1) 二卤烷消除两分子卤化氢

邻二卤烷或同碳二卤烷与过量的强碱共热，脱去两分子卤化氢，形成碳碳叁键。

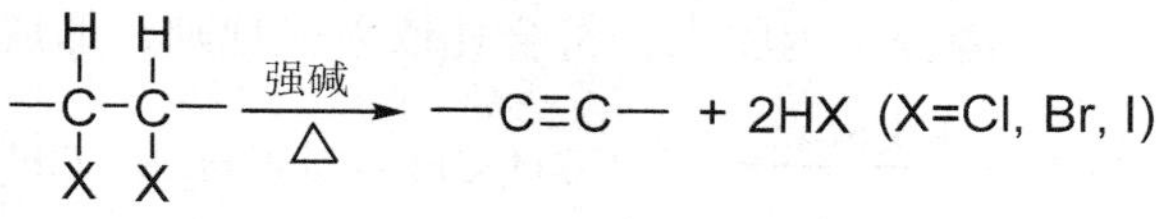

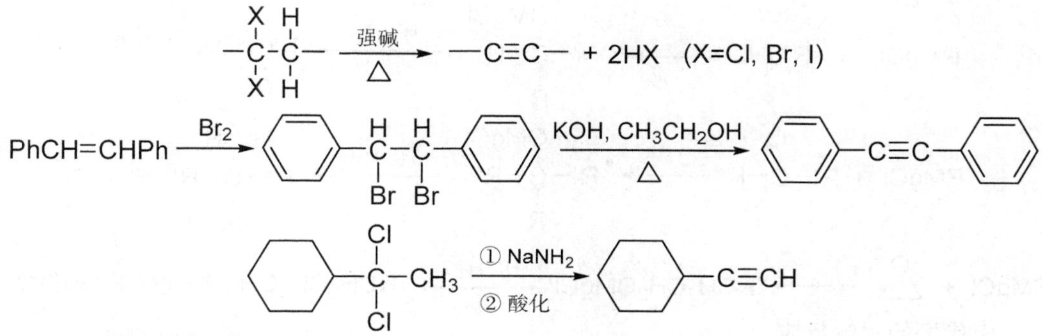

2) 乙炔和末端炔烃的烷基化

利用炔氢的烷基化反应可以合成炔烃。

$$CH\equiv CH \xrightarrow[-33℃]{NaNH_2\text{-液}NH_3} CH\equiv \bar{C}Na^+ \xrightarrow{\text{伯}R-X} CH\equiv C-R$$

$$RC\equiv CH \xrightarrow[-33℃]{NaNH_2\text{-液}NH_3} RC\equiv \bar{C}Na^+ \xrightarrow{\text{伯}R'-X} RC\equiv CR'$$

3. 分子中引入羟基的方法

1) 由烯烃的碳碳双键转化

在酸催化下，烯烃的直接水合是与水加成生成醇。烯烃的间接水合是先与硫酸加成生成硫酸氢酯后再水解，得到醇。加成反应符合马尔科夫尼科夫规则。

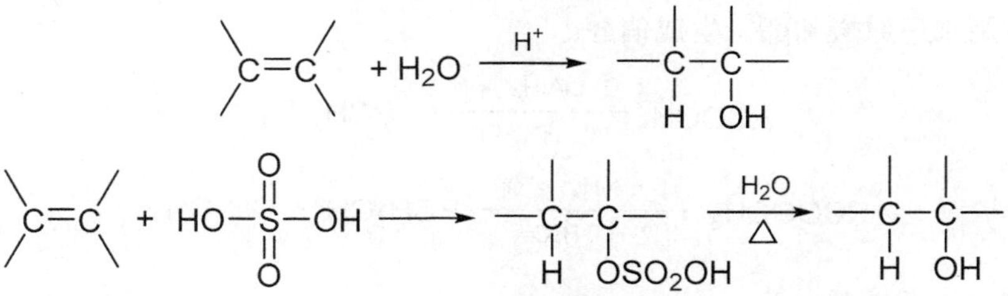

硫酸氢酯

2) 烯烃的硼氢化-氧化反应

烯烃的硼氢化-氧化反应合成醇，反应为顺式加成，符合反马尔科夫尼科夫规则。

$$RCH=CH_2 \xrightarrow[\text{② } H_2O_2,\ HO^-]{\text{① } B_2H_6\text{-THF}} RCH_2CH_2OH$$

3) 烯烃的羟汞化-脱汞反应

烯烃的羟汞化-脱汞反应合成醇，反应符合马尔科夫尼科夫规则。

$$RCH=CH_2 \xrightarrow[\text{② } NaBH_4]{\text{① } Hg(OCOCH_3)_2,\ THF,\ H_2O} RCH(OH)CH_3$$

4) 格氏试剂法

格氏试剂与醛、酮或环氧乙烷反应，水解后生成醇。这是合成碳原子数较多的高级醇的重要方法。

$$RMgCl + HCHO \longrightarrow RCH_2OMgCl \xrightarrow{H^+,\ H_2O} RCH_2OH$$ 多1个碳原子的伯醇

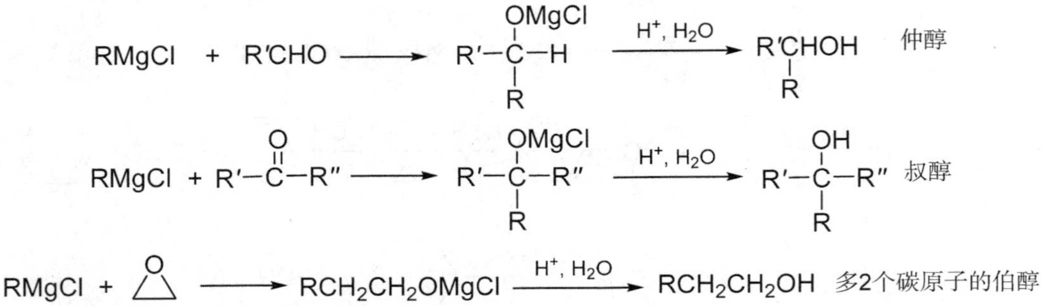

5) 卤代烃的水解反应

$$RCH_2Cl + H_2O \xrightarrow[\triangle]{NaOH} RCH_2OH$$

6) 醛、酮、酸或酯的还原反应

LiAlH₄、NaBH₄或 Na-醇可以将醛还原为伯醇，将酮还原为仲醇。

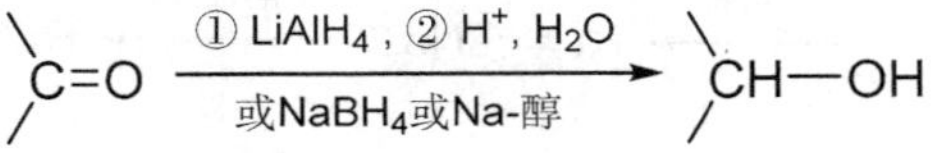

$$CH_3(CH_2)_5CHO \xrightarrow[\text{② } H^+,\ H_2O]{\text{① } LiAlH_4\text{，干醚}} CH_3(CH_2)_5CH_2OH$$

$$CH_3(CH_2)_5\underset{\underset{O}{\|}}{C}CH_3 \xrightarrow{Na\text{-}CH_3CH_2OH} CH_3(CH_2)_5\underset{\underset{OH}{|}}{C}HCH_3$$

LiAlH₄常用来还原酸和酯，生成伯醇。

$$RCOOH \xrightarrow[\text{② } H^+,\ H_2O]{\text{① } LiAlH_4\text{，干醚}} RCH_2OH$$

$$RCOOCH_3 \xrightarrow[\text{② } H^+,\ H_2O]{\text{① } LiAlH_4\text{，干醚}} RCH_2OH + CH_3OH$$

4. 分子中引入卤素的方法

1) 由羟基转化

醇与氢卤酸、卤化磷或氯化亚砜反应，羟基被卤素取代，得到卤代烃。

$$ROH \xrightarrow{HX\text{或卤化磷或}SOCl_2} RX$$

2) 由烃取代或加成

$$CH_2{=}CHCH_3 + Cl_2 \xrightarrow{500℃} CH_2{=}CHCH_2Cl + HCl$$

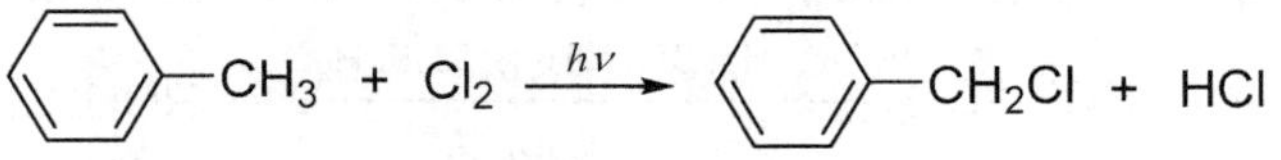

$$CH_2{=}CH_2 + Cl_2 \longrightarrow ClCH_2CH_2Cl$$

$$CH_3CH{=}CH_2 + HBr \xrightarrow{\text{无有机过氧化物}} CH_3\underset{\underset{Br}{|}}{C}HCH_3$$

$$CH_3CH{=}CH_2 + HBr \xrightarrow{\text{有机过氧化物}} CH_3CH_2CH_2Br$$

3) 卤素交换制备碘代烷

氯代烷或溴代烷与碘化钠在丙酮中反应，生成碘代烷和不溶于丙酮的氯化钠或溴化钠。

$$CH_2{=}CHCH_2Cl + NaI \xrightarrow{CH_3COCH_3} CH_2{=}CHCH_2I + NaCl\downarrow$$

5. 羰基的形成方法

1) 烯烃的羰基合成

在高温、高压、催化剂的作用下，末端烯烃与一氧化碳和氢反应，生成多一个碳原子的醛，这个反应称为烯烃的羰基合成。例如：

$$CH_3CH{=}CH_2 + CO + H_2 \xrightarrow[\sim170℃,\ \sim25MPa]{[Co(CO)_4]_2} CH_3CH_2CH_2CHO + CH_3\overset{\displaystyle CH_3}{\overset{|}{C}}HCHO$$

2) 伯醇和仲醇的氧化

伯醇、仲醇氧化，分别生成醛、酮。

$$RCH_2OH \xrightarrow[\triangle]{K_2Cr_2O_7\text{-稀}H_2SO_4} RCHO$$

$$R\overset{\displaystyle OH}{\overset{|}{C}}HR' \xrightarrow[\triangle]{K_2Cr_2O_7\text{-稀}H_2SO_4} R\overset{\displaystyle O}{\overset{\|}{C}}R'$$

3) 酰氯的部分还原

$$R\overset{\displaystyle O}{\overset{\|}{C}}Cl \xrightarrow[②\ H^+]{①\ LiAlH(OBu\text{-}t)_3} R\overset{\displaystyle O}{\overset{\|}{C}}H$$

4) 芳环的酰基化反应制备芳香酮

芳香族化合物与酰卤或酸酐进行芳环上的酰基化反应，符合芳环上亲电取代定位规律，在芳环上引入酰基，这是制备芳香酮的一个重要方法。

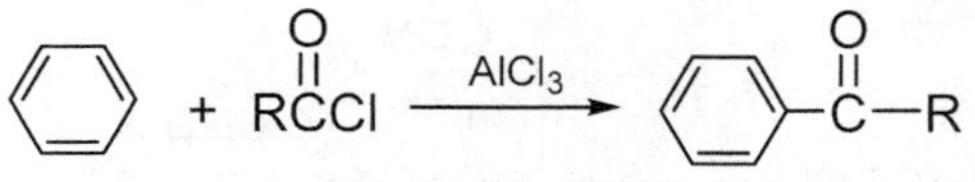

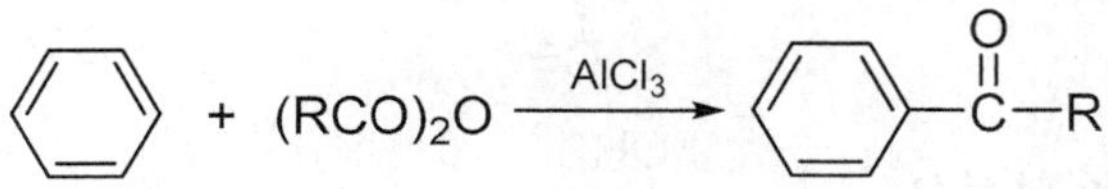

6. 羧基的形成方法

1) 伯醇或醛的氧化

$$RCH_2OH \xrightarrow{KMnO_4} RCOOH$$

$$RCHO \xrightarrow{HNO_3} RCOOH$$

2) 格氏试剂与二氧化碳反应后水解

$$RMgCl + CO_2 \longrightarrow R\overset{\displaystyle O}{\overset{\|}{C}}OMgCl \xrightarrow{H^+,\ H_2O} RCOOH$$

3) 腈的水解

伯卤代烷与氰化钠反应，生成腈。腈在酸性或碱性条件下水解反应，生成羧酸。

$$RCH_2Br + NaCN \longrightarrow RCH_2CN \xrightarrow{H^+,\ H_2O} RCH_2COOH$$

17.5.2 增长碳链的反应

在有机合成中经常遇到需要增长碳链的反应。增长碳链的方法有伯卤烷的亲核取代、羰基的亲核加成、苯环的烷基化和酰基化、酰卤或酸酐的亲核取代等反应。

1. 伯卤烷的亲核取代反应

伯卤烷与含有碳原子的亲核试剂进行亲核取代反应，增长碳链。例如：

$$RCH_2Br + NaCN \longrightarrow RCH_2CN$$

$$RCH_2Br + NaC{\equiv}CH \longrightarrow RCH_2C{\equiv}CH$$

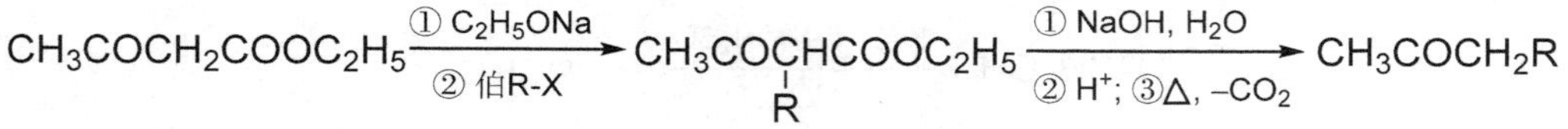

$$CH_2(COOC_2H_5)_2 \xrightarrow[\text{② 伯R-X}]{\text{① } C_2H_5ONa} RCH(COOC_2H_5)_2 \xrightarrow[\text{② } H^+;\ \text{③}\Delta,\ -CO_2]{\text{① NaOH, } H_2O} RCH_2COOH$$

2. 羰基的亲核加成反应

醛或酮中的羰基与含碳的亲核试剂进行亲核加成反应，形成新的碳碳键，增长碳链。

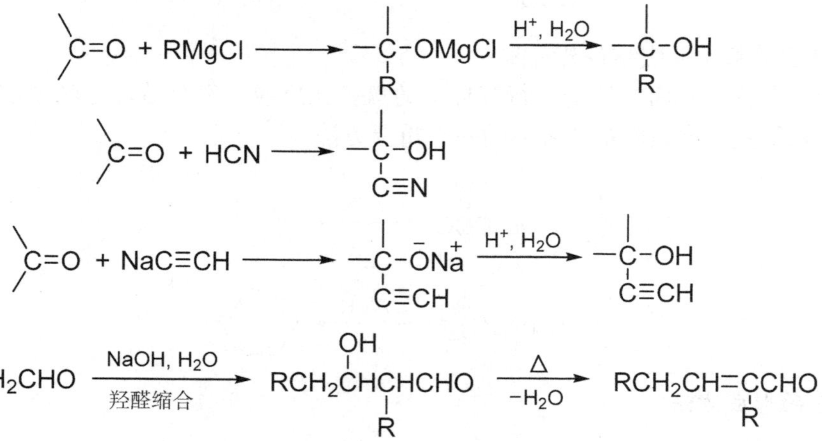

格氏试剂分别与环氧乙烷、二氧化碳发生亲核加成反应，水解后可以分别得到比原料多两个碳原子的伯醇和比原料多一个碳原子的羧酸。

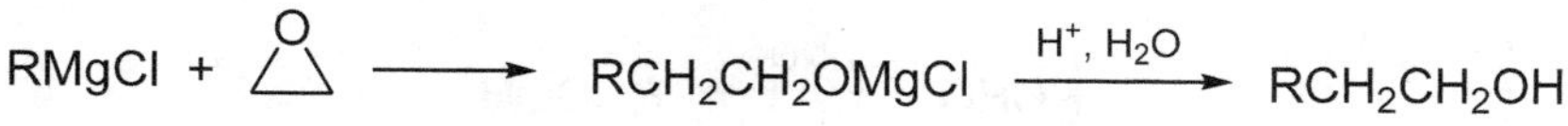

$$RMgCl + CO_2 \longrightarrow RCOOMgCl \xrightarrow{H^+,\ H_2O} RCOOH$$

3. 苯环的烷基化和酰基化反应

芳香族化合物发生苯环上的烷基化和酰基化反应，在苯环上引入烷基和酰基，增长碳链。

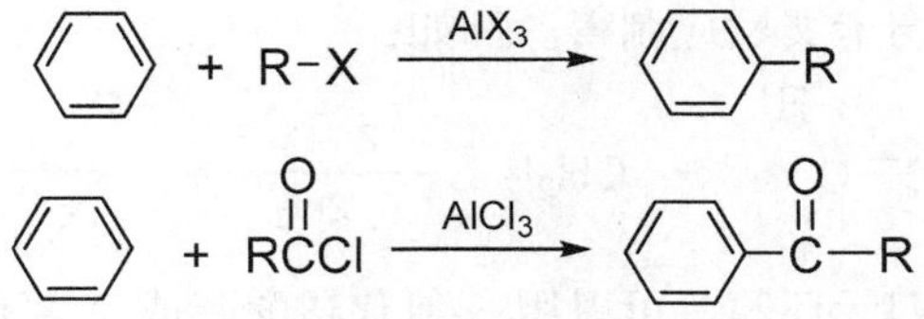

4. 羧酸衍生物的亲核取代反应

乙酰乙酸乙酯、丙二酸二乙酯可以与酰卤或酸酐进行亲核取代反应，得到酰基取代的乙酰乙酸乙酯和酰基取代的丙二酸二乙酯，增长碳链。

$$CH_3COCH_2COOC_2H_5 \xrightarrow[\text{② RCOCl或(RCO)}_2\text{O}]{\text{① NaH, DMF}} CH_3COCH(COR)COOC_2H_5$$

$$CH_2(COOC_2H_5)_2 \xrightarrow[\text{② RCOCl}]{\text{① }(C_2H_5O)_2Mg} RCOCH(COOC_2H_5)_2$$

克莱森酯缩合反应也增长碳链。

$$RCH_2COOC_2H_5 \xrightarrow[\text{② H}^+\text{, H}_2\text{O}]{\text{① C}_2\text{H}_5\text{ONa, C}_2\text{H}_5\text{OH}} RCH_2COCH(R)COOC_2H_5$$

17.5.3　缩短碳链的反应

缩短碳链也是在有机合成中经常遇到的。烯烃碳碳双键和炔烃碳碳叁键的氧化断裂、碘仿反应、酰胺的霍夫曼降级反应、羧酸的脱羧反应等都是缩短碳链的反应。

$$RCH{=}CH_2 \xrightarrow{\text{臭氧解}} RCH{=}O + CH_2{=}O$$

$$RCH{=}CR'R'' \xrightarrow{KMnO_4} RCOOH + O{=}CR'R''$$

$$RCOOH \xrightarrow{NH_3} RCO\overset{-}{O}\overset{+}{N}H_4 \xrightarrow{-H_2O} RCONH_2 \xrightarrow{NaClO} R{-}NH_2$$

$$RCOCH_3 \xrightarrow{I_2,\ NaOH} RCOONa + CHI_3$$

$$RCOOH + Pb(OCOCH_3)_4 + LiCl \longrightarrow RCl + CH_3COOLi + Pb(OCOCH_3)_2 + CH_3COOH + CO_2$$

17.5.4　成环反应

在要合成的化合物中有碳环时，需要利用链状化合物的成环反应。

用二溴烷烃与丙二酸二乙酯先进行分子间亲核取代反应，再进行分子内亲核取代反应，可以形成三至六元环。例如：

$$CH_2(COOC_2H_5)_2 \xrightarrow[\text{② Br(CH}_2)_n\text{Br }(n=2,3,4,5)]{\text{① CH}_3\text{CH}_2\text{ONa, CH}_3\text{CH}_2\text{OH}} Br(CH_2)_nCH(COOC_2H_5)_2$$

$$\xrightarrow[CH_3CH_2OH]{CH_3CH_2ONa} \overbrace{(CH_2)_n\ C}(COOC_2H_5)_2 \xrightarrow[\text{② H}^+\text{; ③}\Delta,\ -CO_2]{\text{① NaOH, H}_2\text{O}} \overbrace{(CH_2)_n\ CH}COOH$$

环丙烷可以利用烯烃与卡宾反应制得。例如：

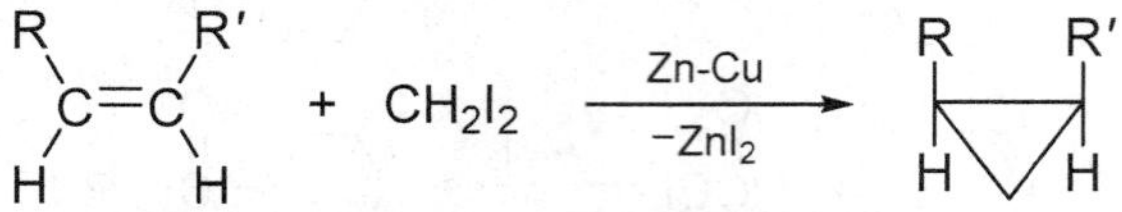

对于小环如三元环、四元环等，可以用 γ-氯代羧酸酯或 δ-氯代羧酸酯在碱性条件下进行分子内亲核取代反应制得。例如：

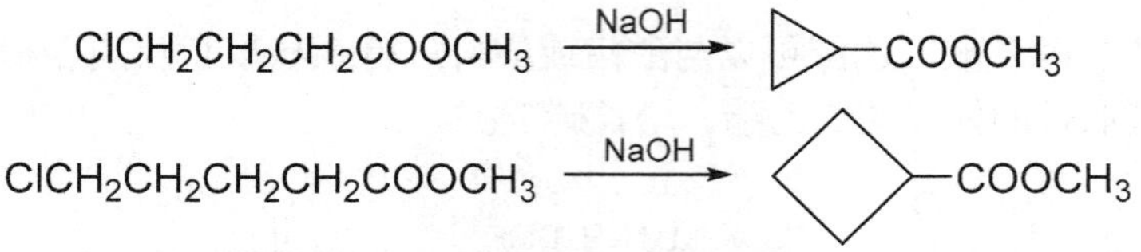

对于五元环、六元环，可以用分子内羟醛缩合或分子内酯缩合反应来合成，也可以通过二元酸的脱水脱羧反应来合成。例如：

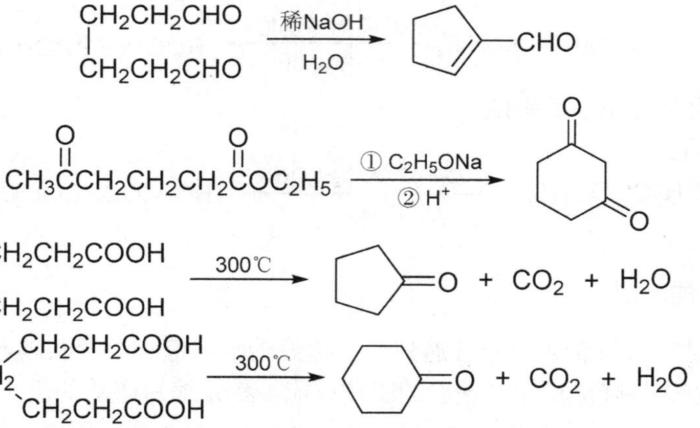

六元环还可以通过第尔斯-阿尔德环加成反应、苯环的加氢反应来形成。例如：

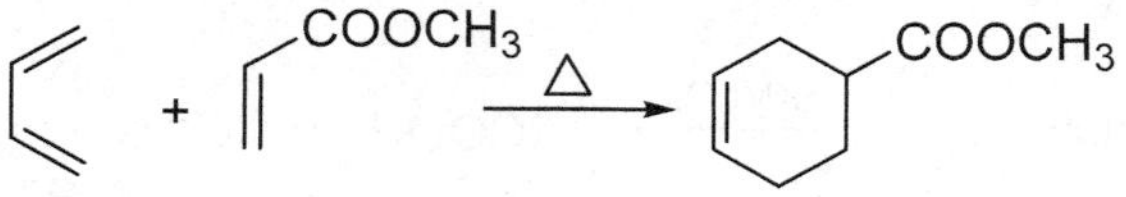

17.5.5 立体构型的控制

在一个反应中，一个立体异构体的产生大大超过另外其他可能的立体异构体，该反应称为立体选择反应。利用立体选择反应可以合成具有立体构型的产物。

烯烃与溴的亲电加成反应是反式加成，是立体选择反应。顺-丁-2-烯与溴的加成得到一对对映体，而反-丁-2-烯与溴的加成得到内消旋体。

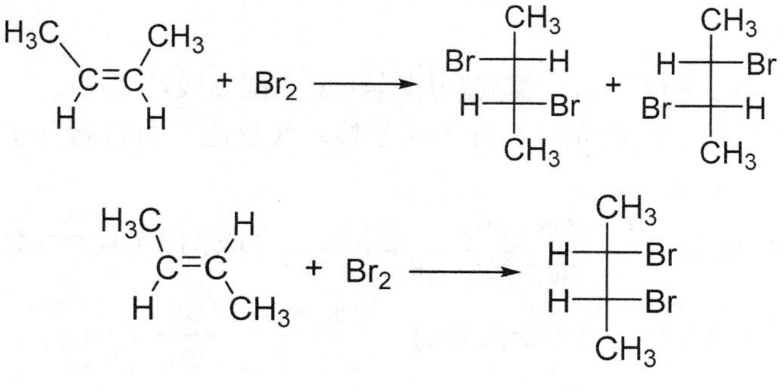

环己烯用冷的稀高锰酸钾或 OsO_4 进行氧化，得到顺-环己-1,2-二醇。用有机过酸进行氧化，然后水解，得到反-环己-1,2-二醇。

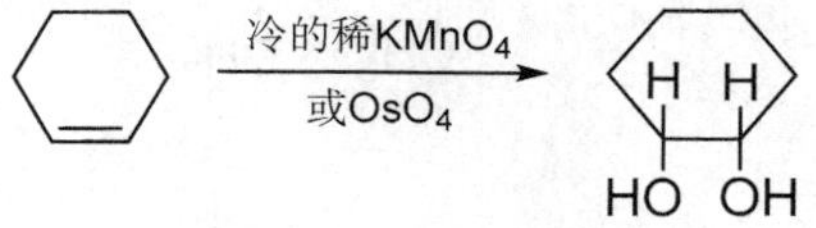

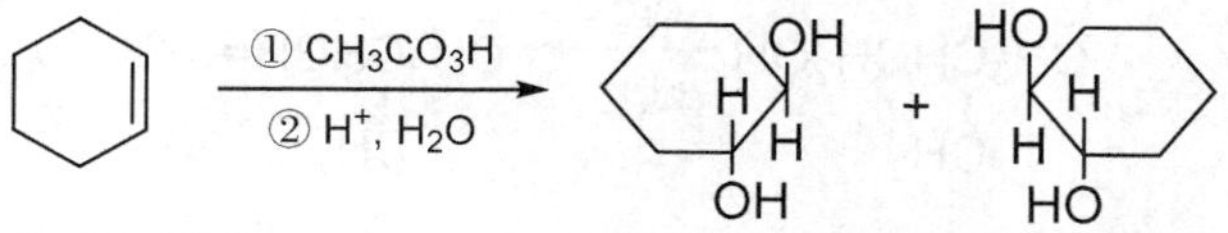

非末端炔烃用林德拉催化剂进行部分加氢反应，得到顺式烯烃。用钠-液氨进行还原，得到反式烯烃。

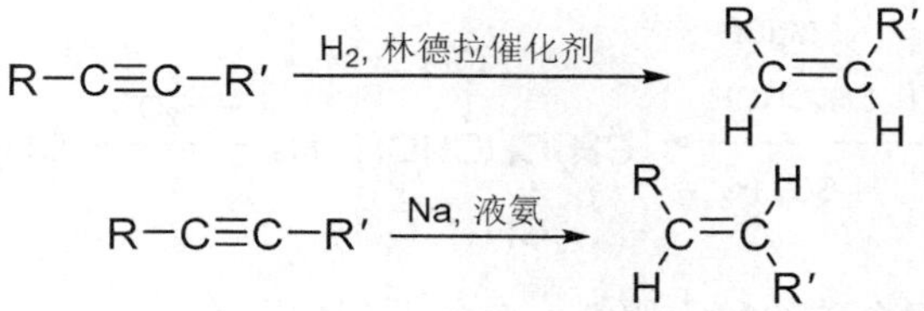

17.6　有机合成实例

例 17.1　以不多于四个碳的醇为原料，合成下列化合物。

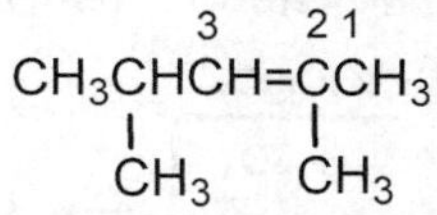

解析　目标产物为烯烃，双键在 C^2 和 C^3 间。烯烃最常用的合成方法是由醇脱水得到，醇羟基在 C^2 或 C^3 位置均可。即

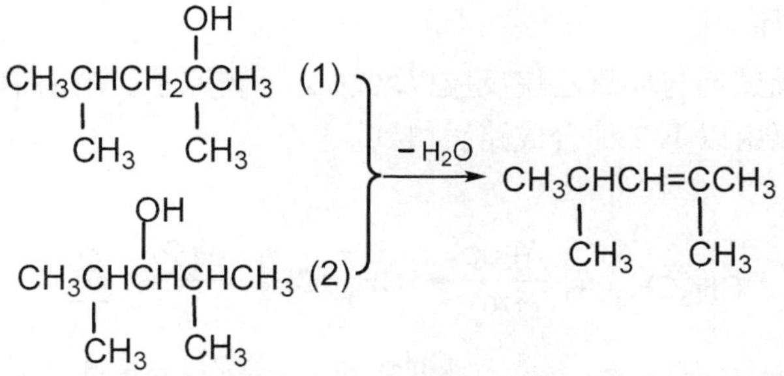

化合物(1)为叔醇，可以由格氏试剂与酮反应得到。化合物(2)为仲醇，可以由格氏试剂与醛反应得到。据此，目标化合物可以由以下 2 种合成路线得到。

合成路线 1：

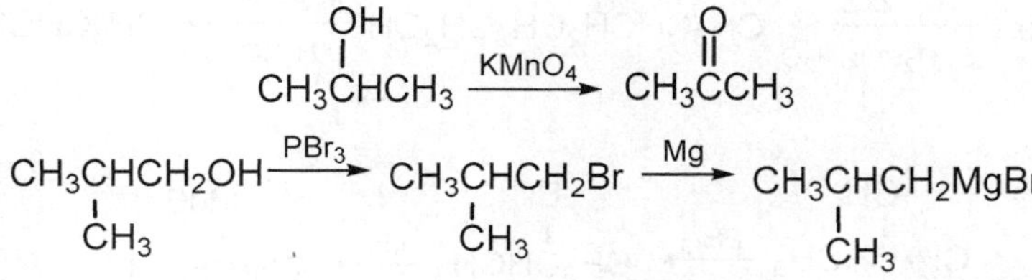

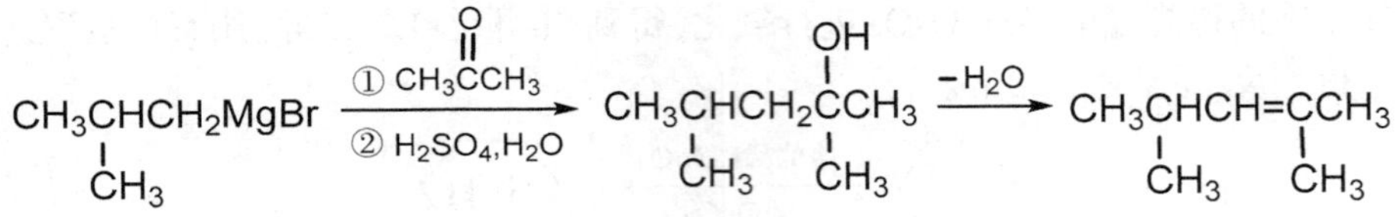

合成路线 2：

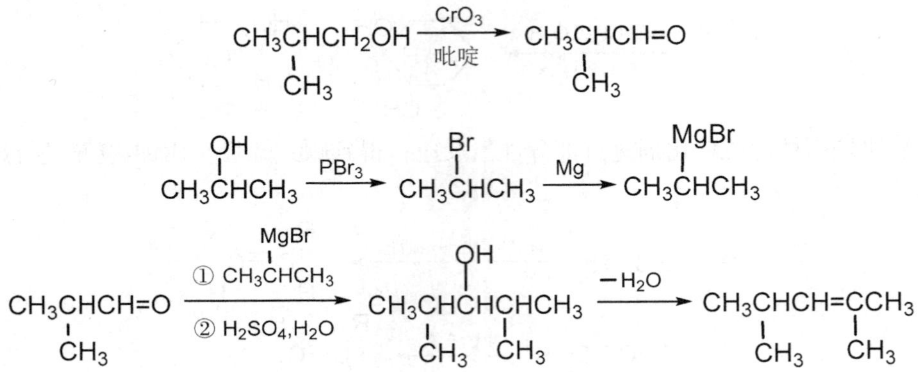

例 17.2　以不多于四个碳的醇为原料，合成下列化合物。

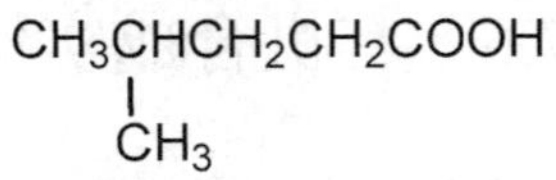

解析　目标产物为羧酸，可由伯醇氧化得到，也可由腈水解得到。

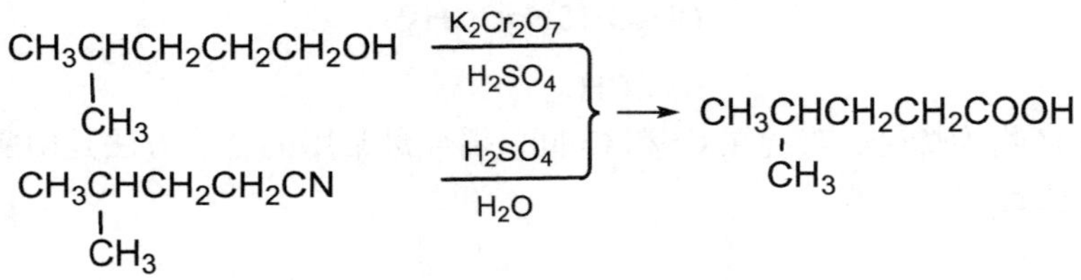

其中，伯醇由格氏试剂与环氧乙烷反应以增加 2 个碳原子，腈由伯溴代烷与 NaCN 反应得到。目标化合物可以由以下 2 种合成路线得到。

合成路线 1：

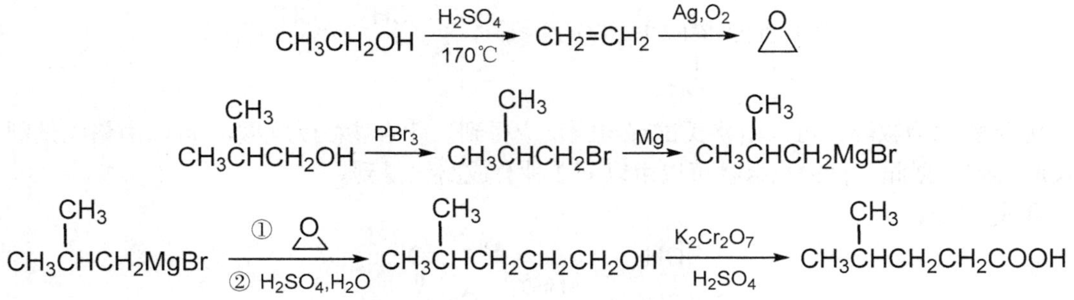

合成路线 2：

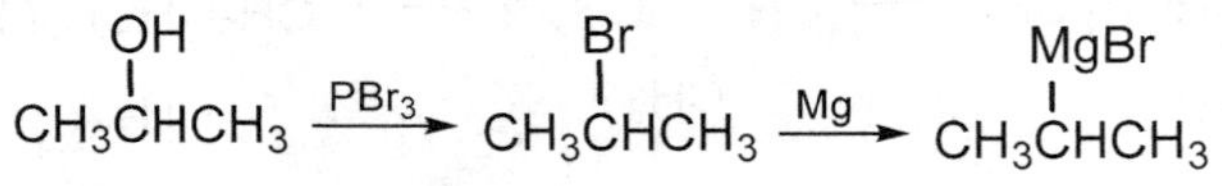

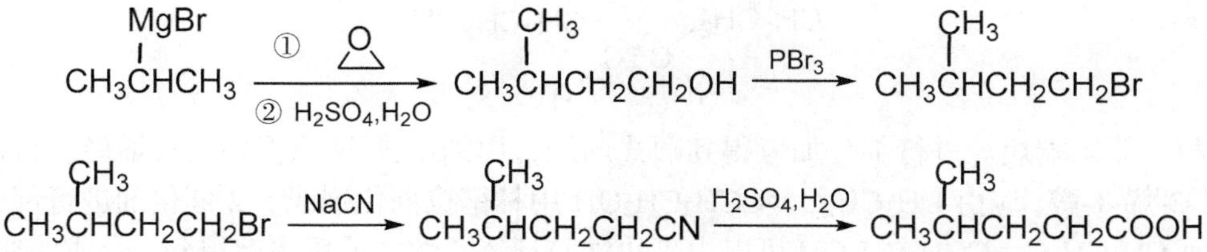

例 17.3　完成下列转化。

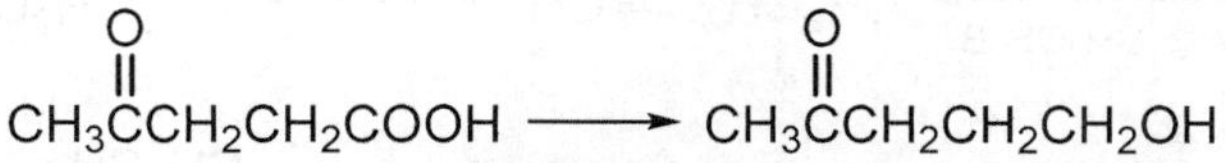

解析　目标产物只是将原料中的羧基还原为羟基。原料中有羰基存在，考虑到无论用化学还原还是催化氢化，羧基在还原为醇的同时羰基也被还原。在这种情况下，就需要先将羰基保护起来，再还原羧基。当羧基还原反应完成后，再将羰基的保护基团除去，恢复羰基的结构。保护酮羰基最常用乙二醇，与酮形成环状缩酮。保护醛羰基最常用乙醇或甲醇，在酸性条件下与醛形成缩醛。

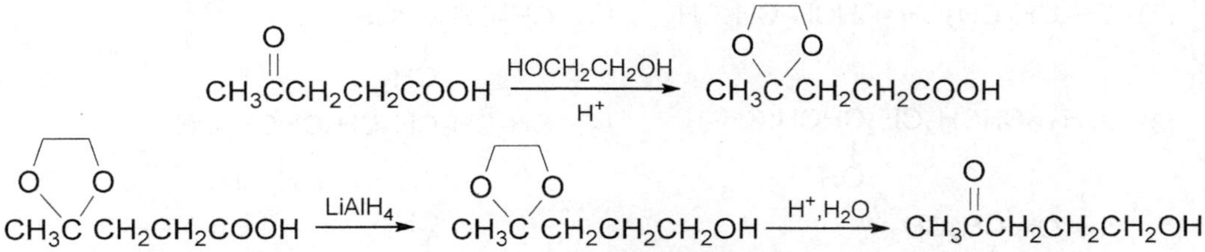

例 17.4　以 $HOCH_2CH_2CH_2Br$ 为原料，合成 $HOCH_2CH_2CH_2C(CH_3)_2OH$。

解析　目标产物是将原料中的溴代烷部分制备成格氏试剂，然后与丙酮反应得到叔醇。但原料中的羟基会与格氏试剂反应，因此在制备格氏试剂之前需要将羟基先保护起来。保护羟基常用二氢吡喃，它与羟基反应形成缩醛。

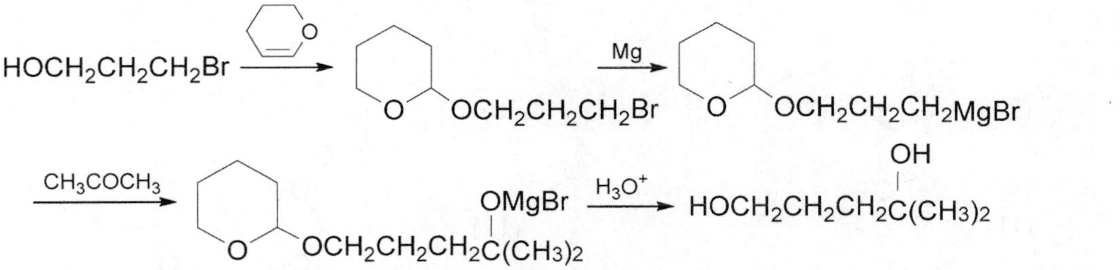

例 17.5　以 $H_2NCH_2CH_2CHO$ 为原料，合成 $H_2NCH_2CH_2COOH$。

解析　目标产物是将原料中的醛氧化为羧酸。但氨基是个活泼基团，具有碱性和亲核性，又有弱酸性可以分解格氏试剂，特别容易被氧化剂氧化，所以常需要被保护。保护氨基的方法是与酰氯或酸酐反应转化为酰胺。

$$H_2NCH_2CH_2CHO \xrightarrow{(CH_3CO)_2O} CH_3CONHCH_2CH_2CHO$$

$$\xrightarrow{KMnO_4} CH_3CONHCH_2CH_2COOH \xrightarrow{H_3O^+} H_2NCH_2CH_2COOH$$

例 17.6　合成下列化合物。

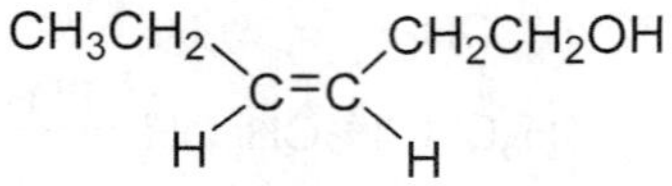

解析　非末端炔烃进行部分加氢得到顺式烯烃，用钠-液氨还原得到反式烯烃。目标产物是顺-己-3-烯-1-醇，应由 $CH_3CH_2C\equiv CCH_2CH_2OH$ 用林德拉催化剂或 P-2 催化剂进行部分加氢得到。而 $CH_3CH_2C\equiv CCH_2CH_2OH$ 可以由丁炔钠与环氧乙烷加成后水解得到。合成路线如下：

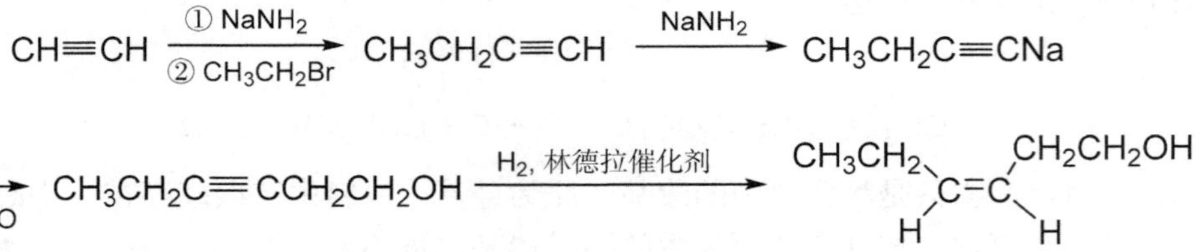

习　　题

17.1　由不多于 4 个碳的烯烃、乙炔和必要的无机试剂为原料，合成下列化合物。

(1) $CH_3CH_2CH_2CH=CHCH_2CH_2CH_3$

(2) 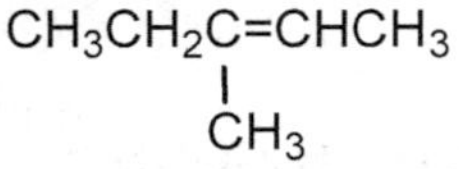

(3) 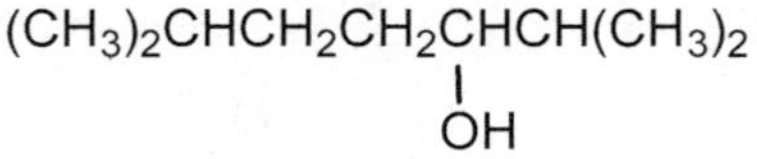

(4) 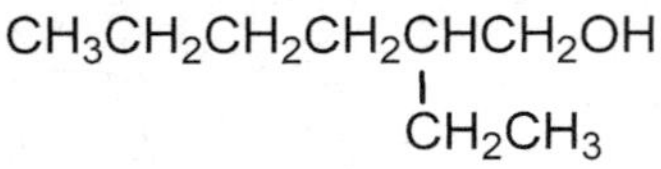

(5) 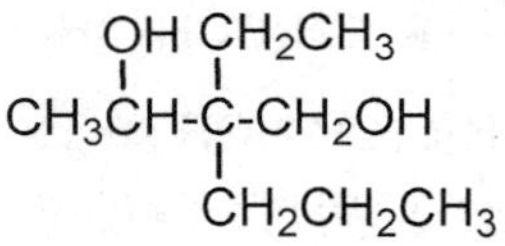

(6) 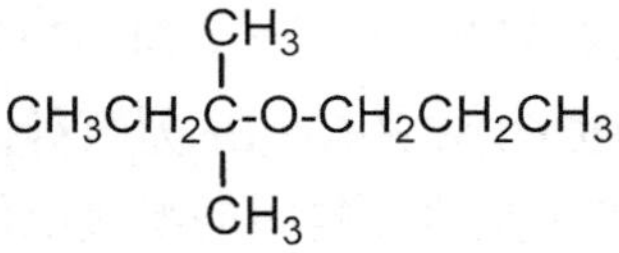

(7) 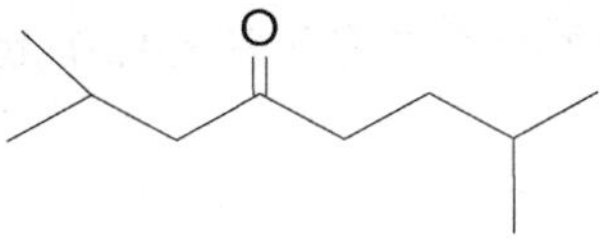

(8) 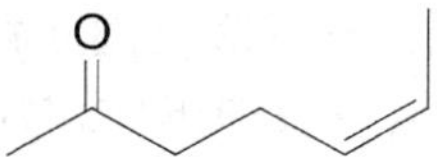

(9) 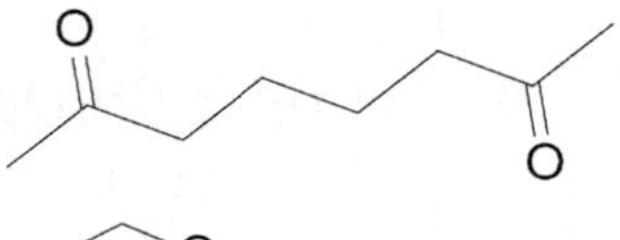

(10) 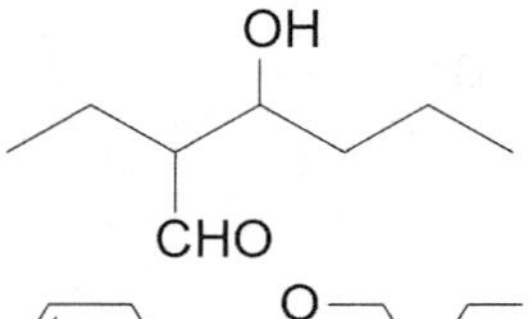

(11) 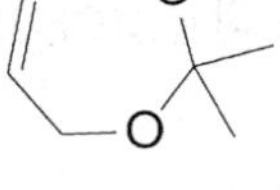

(12) 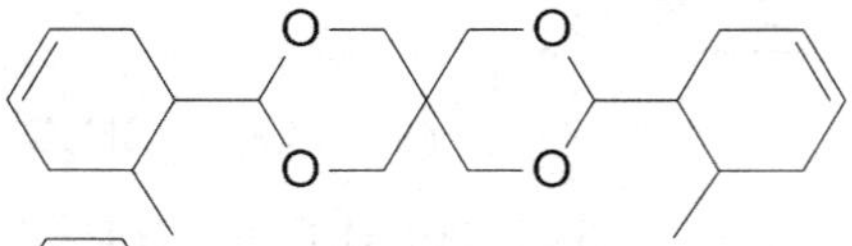

(13) 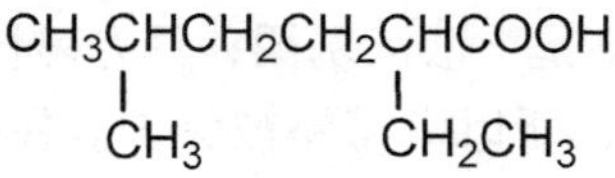

(14) 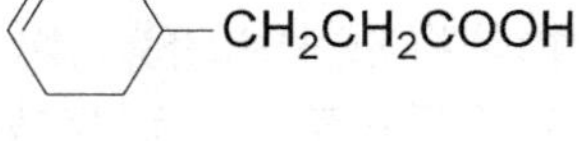

(15) 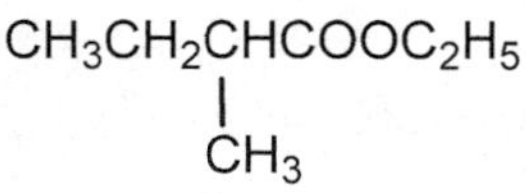

(16) 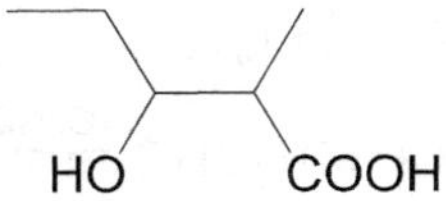

(17) 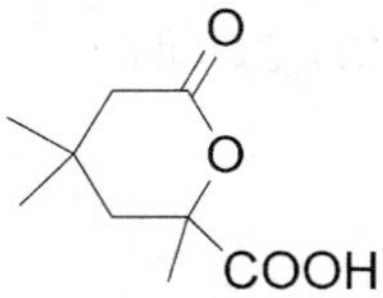

(18) 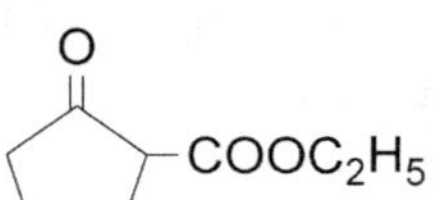

17.2　由苯、甲苯、不多于 4 个碳的烯烃和必要的无机试剂为原料，合成下列化合物。

(1) 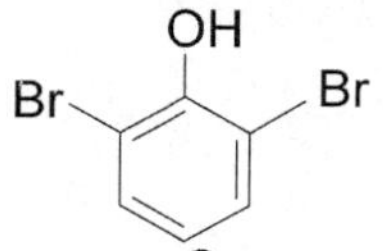

(2) 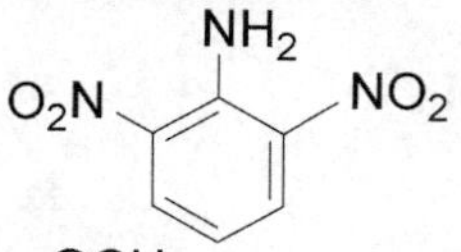

(3) 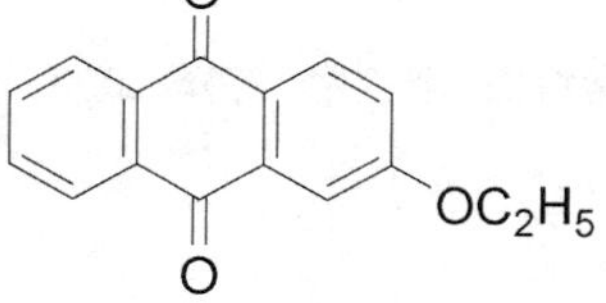

(4) 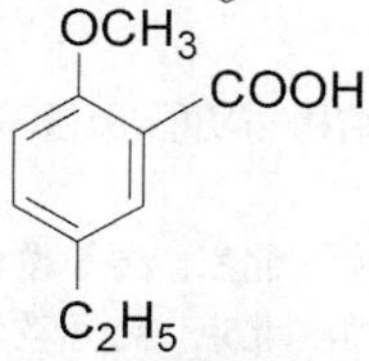

(5) 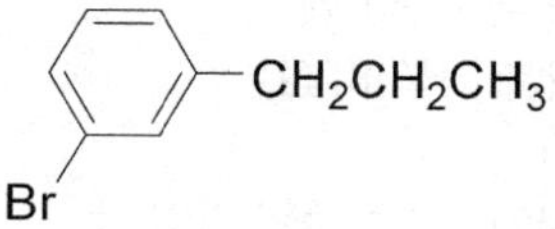

(6) 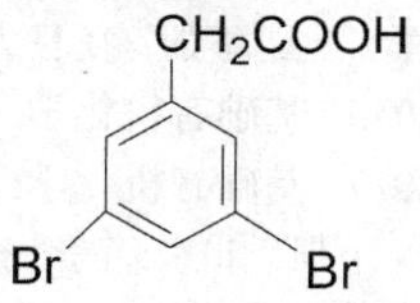

(7) 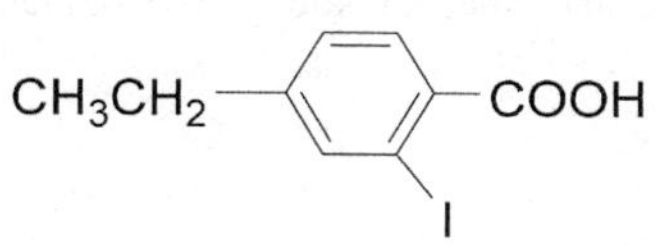

(8) 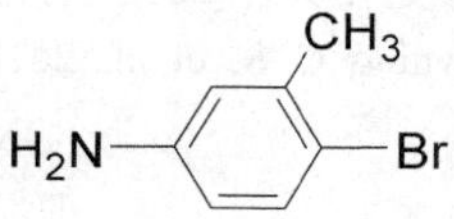

(9) 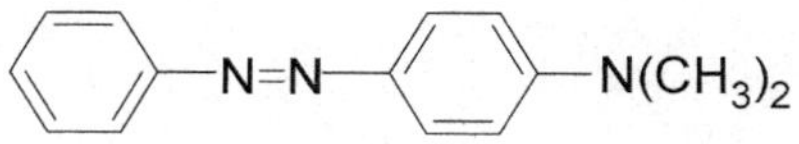

(10) 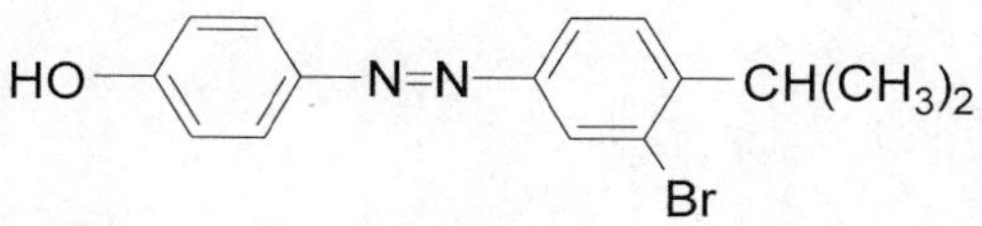

(11) 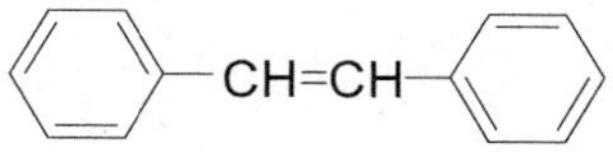

(12) 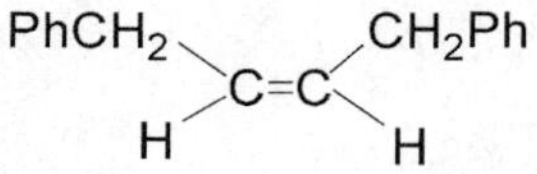

(13) 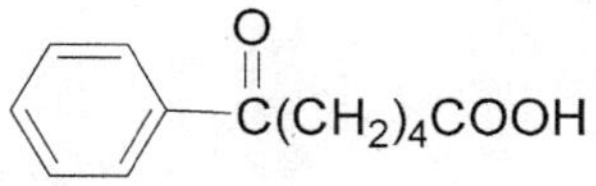

(14) 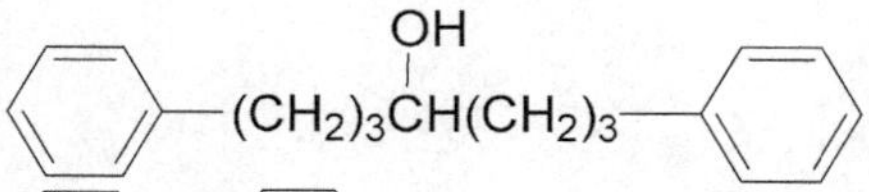

(15) 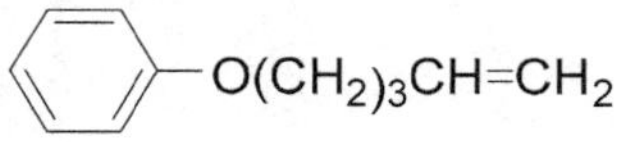

(16) 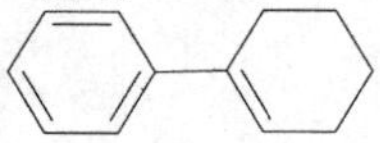

(17) 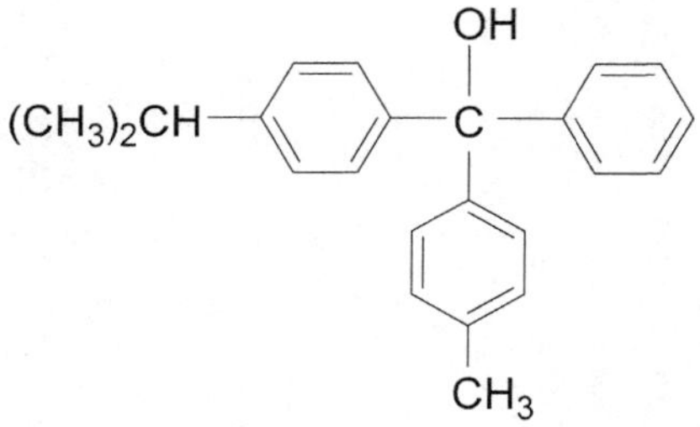

(18) 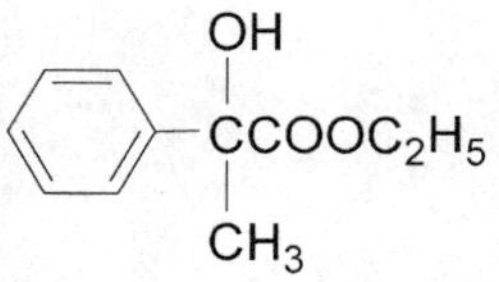

(19) 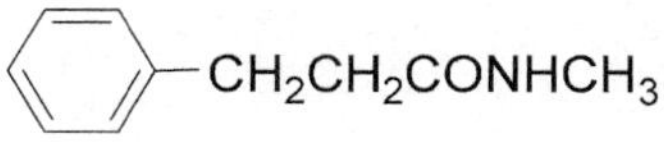

(20) 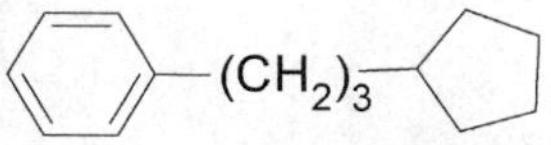

(21) 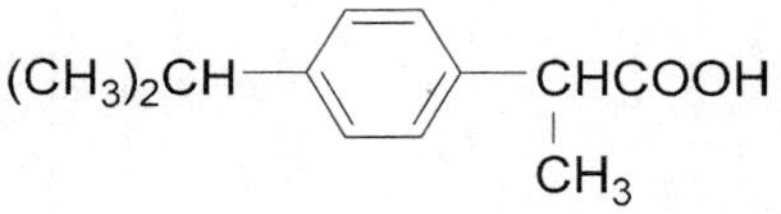

(22) 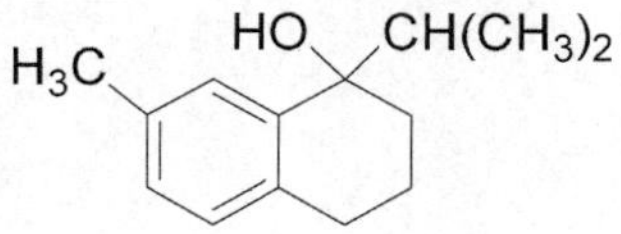

参 考 文 献

福尔哈特, 肖尔. 2020. 有机化学结构与功能(原著第八版). 戴立信, 席振峰, 罗三中, 等译. 北京: 化学工业出版社

胡宏纹. 2020. 有机化学: 上册. 5 版. 北京: 高等教育出版社

胡宏纹. 2021. 有机化学: 下册. 5 版. 北京: 高等教育出版社

莫里森, 博伊德. 1980. 有机化学: 上、下册. 复旦大学化学系有机化学教研组译. 北京: 科学出版社

邢其毅, 裴伟伟, 徐瑞秋, 等. 2016. 基础有机化学: 上册. 4 版. 北京: 北京大学出版社

邢其毅, 裴伟伟, 徐瑞秋, 等. 2017. 基础有机化学: 下册. 4 版. 北京: 北京大学出版社

张黯. 1990. 有机化学教程: 上、下册. 北京: 高等教育出版社

中国化学会有机化合物命名审定委员会. 2018. 有机化合物命名原则(2017). 北京: 科学出版社

Ogilvie W, Ackroyd N, Browning C S, et al. 2018. Organic chemistry: mechanistic patterns. Nelson: Nelson Education Ltd.